전기전자공학개론

7판

Teach Yourself
Electricity and Electronics 7th Ed.

JN434597

McGraw Hill Education

한빛아카데미
Hanbit Academy, Inc.

전기전자공학 개론 7판 Teach Yourself Electricity and Electronics 7th Ed.

초판발행 2023년 12월 26일
2쇄발행 2025년 1월 20일

지은이 Stan Gibilisco, Simon Monk / **옮긴이** 백수황, 안재혁, 양대종 / **펴낸이** 전태호
펴낸곳 한빛아카데미(주) / **주소** 서울시 서대문구 연희로2길 62 한빛아카데미(주) 2층
전화 02-336-7112 / **팩스** 02-336-7199
등록 2013년 1월 14일 제2017-000063호 / **ISBN** 979-11-5664-013-4 93560

총괄 박현진 / **책임편집** 김평화 / **기획** 김평화 / **편집** 송유림 / **진행** 송유림
디자인 이아란 / **전산편집** 임희남 / **제작** 박성우, 김정우
영업 김태진, 김성삼, 이정훈, 임현기, 이성훈, 김주성 / **마케팅** 김호철, 심지연

이 책에 대한 의견이나 오탈자 및 잘못된 내용은 출판사 홈페이지나 아래 이메일로 알려주십시오.
파본은 구매처에서 교환하실 수 있습니다. 책값은 뒤표지에 표시되어 있습니다.
홈페이지 www.hanbit.co.kr / **이메일** question@hanbit.co.kr

지은이 및 옮긴이 소개

지은이

Stan Gibilisco

Stan Gibiliisco(1955 ~ 2020)는 작가이자 전자공학 애호가, 엔지니어, HAM 무선 통신사(radio operator)이다. 수많은 기술 서적 및 수십 개의 잡지 기사를 포함해 맥그로힐(McGraw-Hill)의 Demystified 시리즈와 Know-It-All 시리즈 작업에 참여했다. 그의 저서인 『Encyclopedia of Electronics』(TAB Books, 1985)는 미국 도서관 협회에서 "1980년대 최고의 참고문헌" 중 하나로 인용되기도 했다.

Simon Monk

Simon Monk는 사이버네틱스 및 컴퓨터 과학 분야에서 석사 학위를 취득하고, 소프트웨어 공학 분야에서 박사 학위를 취득했다. 산업체로 복귀하기 전 수년간 학자로 일했으며 모바일 소프트웨어 회사인 모모트(Momote Ltd)를 공동 창립했다. 그는 어릴 때부터 전자공학에 관심이 있었고, 이후 아내 Linda와 함께 설립한 회사인 몽크메이크스(MonkMakes Ltd)의 제품을 설계하기도 했다. Monk가 집필한 전자공학 관련 도서로는 『Programming Arduino』(맥그로힐, 2011), 『Hacking Electronics』(TAB Books, 2013), 『Programming the Raspberry Pi』(맥그로힐, 2012) 등이 있다.

옮긴이

백수황 swbaek@smu.ac.kr

상명대학교 휴먼지능로봇공학과 교수이자 스타트업 ㈜비욘드로봇의 창업자이다. 한양대학교에서 학사 및 박사 학위를 취득했다. 현대 케피코 기술연구소에서 차량용 모터 구동시스템을 연구하는 책임연구원으로 근무했으며, 호남대학교 미래자동차공학부에서 교육과 연구활동을 수행했다. 주요 연구 분야는 전자기해석, 모터 최적 설계이며 최근 인공지능 융합기술을 활용한 스마트모빌리티 및 로봇 구동용 모터시스템을 중점적으로 연구하고 있다.

안재혁 jaehyuk@cnu.ac.com

충남대학교 전자공학과 교수로, 한국과학기술원(KAIST)에서 학사 및 박사 학위를 취득했다. 미국 펜실베니아 대학교(University of Pennsylvania)에서 박사후연구원으로 근무했다. 한국반도체학술대회 분과위원장을 역임했고, 현재 ㈔마이크로나노시스템학회 이사를 맡고 있다. 주요 연구 분야는 반도체 소자, 마이크로 및 나노공정, 화학/바이오센서 등이다.

양대종 daejong@kongju.ac.kr

공주대학교 기계자동차공학부 교수로, 부산대학교 기계공학부에서 학사, 한국과학기술원(KAIST) 기계공학과에서 박사 학위를 받았다. 미국 캘리포니아 대학교(University of California) 샌디에이고 캠퍼스와 캘리포니아 공과대학교(California Institute of Technology)에서 박사후연구원으로 근무했다. 마이크로 및 나노 소자를 제작하는 연구를 수행하고 있으며, 이를 화학 및 바이오 센서에 활용하고 있다.

번역 담당 부분

- 1 ~ 8장, 30장, 31장 : 양대종
- 9 ~ 18장, 32장 : 백수황
- 19 ~ 29장 : 안재혁

지은이 머리말

이 책은 전기전자공학개론의 정규 강좌를 수강하지 않은 학생들도 전기와 전자의 기초를 배울 수 있도록 구성했다. 따라서 이 책은 독학을 위한 학습 가이드로 삼을 수도 있고, 수업용 교재로도 활용할 수 있다. 이번 7판에서는 현대 전자공학에 관한 최신 정보를 담았고, 집적회로의 사용과 실용적인 전자회로 설계를 훨씬 더 강조했다.

수학이나 물리학에 대한 복습이 필요하다면 해당 주제를 다룬 맥그로힐 출판사의 책들 중 이 책의 저자인 Stan Gibiliisco가 저술한 여러 책을 참고하기를 권한다. 특히 수학적 지식에 대한 기반을 강화하고 싶다면 『Algebra Know-It-All』과 『Pre-Calculus Know-It-All』이라는 책을, 실용적(실습적)인 역량을 키우고 싶다면 『Electricity Experiments You Can Do at Home』이라는 책을 추천한다.

만약 마이크로컨트롤러를 이해하는 것이 어렵다면 『Programming Arduino : Getting Started with Sketches』 및 『Programming Arduino Next Steps : Going Further with Sketches』가 도움이 될 것이다.

더 나은 개정판을 만들기 위한 아이디어나 제안은 언제나 환영한다.

지은이 Simon Monk

옮긴이 머리말

이 책은 전기전자공학의 전공 입문자와 비전공자들의 관심을 끌 수 있도록 전기전자공학 전반에 관한 지식을 쉽게 설명합니다. 전기전자공학의 발전은 인류 문명의 발전에 커다란 기여를 해왔는데, 이 책은 이런 배경을 이론적으로 이해할 수 있도록 강조해 설명합니다. 이 책의 본문에서는 복잡한 수식을 나열하지 않고, 핵심적인 수식과 그림을 제공해 개념을 이해하기 쉽게 작성했습니다. 그리고 다양한 문제와 풀이를 제공해 독자 스스로 각 장을 얼마나 이해했는지 검증할 수 있도록 구성했습니다. 오늘날 전기전자공학은 다양하게 응용되며 우리의 삶 곳곳에 깊숙하게 스며들어 있고, 나날이 발전하고 있습니다. 독자들이 이 책을 통해 전기전자공학을 친숙하게 이해하고, 해당 전공 분야의 기초를 다지는 데 도움이 되길 기대합니다.

옮긴이 **백수황**

이 책은 비전공자들이 전기와 전자의 기초를 습득하는 데 탁월한 자료로 활용할 수 있습니다. 전체적인 전기전자공학의 기본 원리를 소개하며 동시에 입문자들이 세부 전공 분야로 나아갈 수 있는 토대를 제공합니다. 전기전자공학의 다양한 주제들을 깊이 있게 다루고 있으므로 독자들은 이 책을 통해 학문의 다양한 측면을 탐험하며 이해의 폭을 확장할 수 있을 것입니다. 또한 각 분야 간의 유기성을 이해하는 데 큰 도움을 줘 전공 지식을 효과적으로 통합할 수 있습니다. 이 책의 예제와 연습문제는 학습자들이 스스로 학습의 정도를 파악하고, 개념을 확립하는 데 큰 도움을 줄 것입니다.

옮긴이 **안재혁**

이 책은 전기전자공학에 익숙하지 않은 비전공자 또는 이제 막 전기전자공학을 공부하기 시작한 입문자들에게 적합합니다. 원자의 구성부터 시작해 센서와 안테나의 동작, 아두이노를 이용한 응용까지 광범위한 내용을 다루고 있습니다. 전기전자적인 현상을 실제 생활과 연관지어 설명하고, 복잡한 계산보다는 원리를 설명하는 데 집중하고 있는 것이 이 책의 특징이자 장점입니다. 독자들은 이 책을 바탕으로 전기전자공학의 기초 개념을 수월하게 습득할 수 있고, 공부의 방향을 잡는 길잡이로 활용할 수 있을 것입니다.

옮긴이 **양대종**

미리보기

학습목표

- 물질을 구성하는 원소와 원자의 구성 및 특성을 이해할 수 있다.
- 원소끼리 결합해 만들어지는 화합물과 원소의 원자가 결합해 만들어지는 분자에 대해 이해할 수 있다.
- 전자의 흐름과 관련된 물체의 특성과 현상을 이해할 수 있다.

학습목표

해당 장에서 학습해야 할 내용을 제시합니다.

가시선 방향파

전자파는 무언가에 의해 경로가 휘지 않는 이상 직진한다. 전파는 나무나 목조 주택과 같이 전도성이 없고 불투명한 물체라도 어느 정도는 투과하기 때문에, 송신 안테나에서 수신 안테나가 보이지 않을 때도 **가시선**line-of-sight 방향파가 발생할 수 있다. 가시선 방향파는 직접파와 반사파로 구성된다.

❶ **직접파**direct wave : 파장이 가장 긴 파는 장애물에 의한 영향을 가장 적게 받는다. 초저주파, 저주파, 중파 주파수에서 직접파는 사물 주위를 **회절**diffract[1]할 수 있다. 주파수가 증가하면, 특히 3 MHz 이상의 주파수가 되면 장애물은 직접파를 점점 더 크게 차단한다.

❷ **반사파**reflected wave : 전자기 에너지는 지표면, 그리고 전선과 강철빔 같은 전도성 물체로부터 반사된다. 반사파는 항상 직접파보다 더 멀리 나아간다.

두 파는 위상이 완벽하게 일치한 상태로 수신 안테나에 도착할 수도 있지만 보통은 그렇지 않다. 직접파와 반사파가 같은 세기와 180°의 위상차를 가지고 수신 안테나에 도착하면 신호를 받기 어려운 **음영 지점**dead spot(난청 지역)이 발생한다. 두 파가 서로 뒤집힌 위상을 갖고(반대 위상) 수신 안테나에 도착해도 동일한 효과가 발생한다.

1 (옮긴이) 회절은 파동이 장애물이나 좁은 틈을 통과할 때 빛이 휘어져서 확산되는 현상을 의미한다.

주요 용어와 개념

핵심이 되는 용어와 개념을 한눈에 파악할 수 있도록 보여줍니다.

옮긴이 주석

독자의 이해를 돕기 위해 추가 설명을 제시합니다.

예제

본문에서 다룬 개념을 적용한 문제와 그에 대한 상세한 풀이를 제시합니다.

예제 26-1

R_1과 R_2는 1 kΩ이고, C_1은 100 nF일 때 발진기의 주파수와 듀티 사이클은 얼마인가?

풀이

각 주기에서 켜진 시간은 $T_{on} = 0.693(R_1 + R_2)C = 0.693 \times 2\text{k}\Omega \times 100\text{nF} = 138.6\mu s$이고, 꺼진 시간은 $T_{off} = 0.693R_2C = 0.693 \times 1\text{k}\Omega \times 100\text{nF} = 69.3\mu s$이다. 총 주기는 다음과 같다.

$$T = 136.6 + 69.3 = 207.9\mu s$$

따라서 주파수는 4.81 kHz이고, 듀티 사이클은 $100\,T_{on}/(T_{on} + T_{off}) = 66.67\%$가 된다.

이런 계산을 수행할 때 온라인 계산기[2]를 활용하면 시간을 절약할 수 있다. 555 타이머는 매우 효율성이 높은 칩으로, 인터넷[3]에서 555 타이머를 사용한 회로 예제와 정보를 구할 수 있다.

연습문제

01 다음 중 원자핵의 양성자 수와 항상 동일한 것은 무엇인가?
(a) 원자번호
(b) 원자량
(c) 전자의 수
(d) 중성자와 전자를 합한 수

02 다음 중 원자핵의 중성자 수와 때때로 동일한 것은 무엇인가?
(a) 원자번호
(b) 원자량
(c) 양성자의 수
(d) (a), (b), (c) 중 한 가지 이상

06 다음 중 원자량이 1보다 큰 원자를 갖는 원소의 특성으로 옳은 것은 무엇인가?
(a) 존재할 수 없다.
(b) 항상 전하를 가진다.
(c) 주위 원자들과 양성자를 공유한다.
(d) 자연에서 흔하게 발견된다.

07 다음 중 3개의 원자들로 구성되는 화합물의 특성으로 옳은 것은 무엇인가?
(a) 존재할 수 없다.
(b) 항상 전하를 가진다.
(c) 주위 원자들과 양성자를 공유한다.
(d) 자연에서 흔하게 발견된다.

연습문제

해당 장에서 학습한 내용을 확인할 수 있는 문제를 제시합니다.

■ 강의 보조 자료

한빛아카데미 홈페이지에서 '교수회원'으로 가입하신 분은 인증 후 교수용 강의 보조 자료를 제공받을 수 있습니다. 한빛아카데미 홈페이지 상단의 <교수전용공간> 메뉴를 클릭하세요.

http://www.hanbit.co.kr/academy

■ 함께 읽으면 좋은 도서

1. American Radio Relay League, Inc., *The ARRL Handbook for Radio Communications. Newington, CT : ARRL*, revised annually.
2. Gibilisco, Stan, *Ham and Shortwave Radio for the Electronics Hobbyist*, New York : McGraw-Hill, 2014.
3. Gibilisco, Stan, *Technical Math Demystified. New York : McGraw-Hill*, 2006.
4. Gussow, Milton, *Schaum's Easy Outline of Basic Electricity Revised, New York : McGraw-Hill* 2011.
5. Kybett, Harry, *All New Electronics Self-Teaching Guide* 3rd ed. Hoboken, NJ : John Wiley & Sons, Inc., 2008.
6. Kybett, Harry and Boysen, Earl, *Complete Electronics Self-Teaching Guide with Projects*, 4th ed. Hoboken, NJ : John Wiley & Sons, Inc., 2012.
7. Mims, Forrest, *Getting Started in Electronics*. Niles, IL : Master Publishing, 2003.
8. Monk, Simon, *Hacking Electronics*. New York : McGraw-Hill, 2013.
9. Monk, Simon, *Programming Arduino : Getting Started with Sketches*. New York : McGraw-Hill, 2011.
10. Monk, Simon, *Programming Arduino Next Steps : Going Further with Sketches*. New York : McGraw-Hill, 2013.
11. Morrison, Ralph, *Electricity : A Self-Teaching Guide*, 3rd ed. Hoboken, NJ : John Wiley & Sons, Inc., 2003.
12. Platt, Charles, *Make : Electronics : Learning by Discovery : A hands-On Primer for the New Electronics Enthusiast*, 2021.
13. Santiago, John, *Circuit Analysis for Dummies*. Hoboken, NJ : John Wiley & Sons, Inc., 2013.
14. Shamieh, Cathleen, *Electronics for Dummies*, 3rd ed. Hoboken, NJ : John Wiley & Sons, Inc., 2015.
15. Slone, Randy, *TAB Electronics Guide to Understanding Electricity and Electronics*, 2nd ed. New York : McGraw-Hill, 2000.

목차

PART 1 직류

CHAPTER 01 기초 물리 개념

CHAPTER 02 전기 단위

CHAPTER 03 계측기

CHAPTER 04 직류 회로의 기초

CHAPTER 05 직류 회로 해석

CHAPTER 06 저항기

CHAPTER 07 전지와 배터리

CHAPTER 08 자성

PART 2 | 교류

CHAPTER 09 교류의 기초

CHAPTER 10 인덕턴스

CHAPTER 11 커패시턴스

CHAPTER 12 위상

CHAPTER 13 유도성 리액턴스

PART 3 | 기초 전자공학

CHAPTER 19 반도체 개론

CHAPTER 20 다이오드 응용

CHAPTER 21 바이폴라 트랜지스터

CHAPTER 22 전계효과 트랜지스터

CHAPTER 23 집적회로(IC)

CHAPTER 24 전원 공급 장치

CHAPTER 25 증폭기

CHAPTER 26 발진기

CHAPTER 27 무선 송신기와 수신기

CHAPTER 28 디지털의 기초

PART 4 | 특수 장치와 시스템

CHAPTER 29 마이크로컨트롤러

CHAPTER 30 아두이노

CHAPTER 31 변환기와 센서

CHAPTER 32 RF 통신용 안테나

PART 1

직류

Direct Current

CHAPTER 01

기초 물리 개념

Background Physics

학습목표

- 물질을 구성하는 원소와 원자의 구성 및 특성을 이해할 수 있다.
- 원소끼리 결합해 만들어지는 화합물과 원소의 원자가 결합해 만들어지는 분자에 대해 이해할 수 있다.
- 전자의 흐름과 관련된 물체의 특성과 현상을 이해할 수 있다.

전기전자공학의 기초를 다지기 위해서는 몇 가지의 물리적 원리를 반드시 이해해야 한다. 과학에서는 '얼마나 많은'에 해당하는 정량적인 것과 '무엇'에 해당하는 정성적인 것에 대해 이야기한다. 지금은 '얼마나 많은'에 대한 것은 뒤로 미루고, '무엇'에 대한 이야기부터 시작해 보자.

원자

모든 물질은 일정하게 운동하고 있는, 셀 수 없이 많은 작은 입자로 이루어져 있다. 이런 입자들은 우리가 봐온 어떤 것보다도 밀도가 높다. 일상에서 접하는 물질은 대개 공간을 차지하지만 그 공간은 거의 비어있어 '실제 물질'이 존재하지 않는다. 단지 아주 작은 입자가 믿을 수 없을 정도로 빠르게 움직이고 있어 물체가 연속으로 보이는 것이다. 각 화학 **원소**element는 **원자**atom라고 하는 고유한 형태를 띤 입자를 갖고 있다.

서로 다른 원소의 원자들은 항상 서로 다르다. 하나의 원자에 미세한 차이가 발생하더라도 엄청난 특성 변화를 가져올 수 있다. 인간은 순수한 **산소**oxygen를 호흡하며 살 수 있지만 순수한 **질소**nitrogen로 된 대기에서는 살 수 없다. 산소는 금속을 부식시킬 수 있지만 질소는 그럴 수 없다. 목재는 순수한 산소가 있는 대기에서는 연소되지만 순수한 질소가 있는 대기에서는 발화조차 되지 않는다. 그렇지만 산소와 질소 모두 상온과 대기압에서 **기체**gas이고, 색이 없으며 냄새가 나지 않는다. 두 물질의 특성이 다른 이유는 산소의 **양성자**proton는 8개이지만 질소의 양성자는 7개이기 때문이다.

자연은 원자 구조의 미세한 차이로 인해 물질의 주요 특성이 달라지는 무수한 예를 보여준다. 어떤 경우에는 원자 자체에 강제적인 변화를 줄 수 있다(예 핵융합 반응에서 수소를 헬륨으로 변환시키는 것). 반면에 작은 변화이지만 인간의 힘으로는 너무 어려워서 할 수 없는 일도 있다(예 납을 금으로 변환시키는 것).

양성자, 중성자, 원자번호

원소는 원자의 중심부, 즉 **핵**nucleus에 의해 고유한 **정체성**identity이 결정된다. 원자핵은 엄청난 밀도를 가진 **양성자**proton와 **중성자**neutron라는 두 종류의 입자를 갖는다. 단단하게 뭉친 양성자나 중성자 한 스푼은 지구에서는 수 톤의 무게가 나간다. 양성자와 중성자의 질량은 거의 같다. 그러나 양성자는 **전하**electric charge를 갖는 반면에 중성자는 전하를 갖지 않는다.

우주에서 가장 간단하고, 가장 풍부하게 존재하는 원소인 수소는 핵에 하나의 양성자를 가지고 있다. 때때로 수소의 핵은 하나의 양성자와 함께 1개 또는 2개의 중성자를 갖기도 하지만 이는 극히 드문 일이다. 수소 다음으로 흔한 원소는 헬륨이다.

일반적으로 헬륨 원자의 핵에는 양성자 2개와 중성자 2개가 있다. 태양 내부에서는 핵융합이 일어나 수소가 헬륨으로 바뀌는데, 이때 발생하는 에너지가 태양을 빛나게 한다. 이런 핵융합 과정은 수소 폭탄에서 에너지가 발생하는 과정과 동일하다.

우주에 존재하는 모든 양성자는 서로 동일하며 중성자 역시 마찬가지이다. 원소의 독특한 성질을 결정하는, 원소의 핵에 있는 양성자의 수를 **원자번호**atomic number라고 한다. 원자핵에 3개의 양성자가 있으면 **리튬**lithium이다. 리튬은 상온에서 가벼운 금속 고체이며 산소나 염소 같은 기체와 쉽게 반응한다. 그리고 원자핵에 4개의 양성자가 있으면 **베릴륨**beryllium이 된다. 베릴륨 역시 상온에서 가벼운 금속 고체이다. 그러나 여기에 3개의 양성자를 추가하면 상온에서 기체인 **질소**nitrogen가 된다.

일반적으로 어떤 원소의 핵이 갖고 있는 양성자 수가 증가할수록 중성자 수도 증가한다. 따라서 납과 같이 원자번호가 큰 원소는 **탄소**carbon처럼 원소번호가 작은 원소보다 밀도가 매우 높다. 한 손에는 납덩어리를 쥐고 다른 한 손에는 비슷한 크기의 숯 덩어리를 쥐고 있는 경우를 생각해 보자. 그러면 이 차이가 쉽게 이해될 것이다.

동위원소 및 원자량

주어진 한 원소에서, 예를 들어 산소 원자의 중성자의 수가 다양하게 변할 수 있다. 그러나 중성자 수가 어떤 값을 갖든 그 원소는 원자번호에 따른 고유한 특성을 유지한다. 중성자 수가 달라지면 동일 원소에 대한 **동위원소**isotope들이 다양하게 생겨난다.

원소마다 자연에서 가장 흔히 존재하는 특정 동위원소가 하나씩 있지만 모든 원소는 다중의 동위원소를 갖고 있다. 원자핵의 중성자 수가 바뀌면 무게와 밀도 차이가 생긴다. 따라서 핵에 (하나의 양성자와 함께) 1개 또는 2개의 중성자를 갖는 수소를 **중수소**heavy hydrogen라고 부르는 것은 의미가 있다.

원소의 **원자량**atomic weight은 원자핵 내의 양성자 수와 중성자 수를 합한 것과 거의 같다. 일반적인 탄소의 원자량은 12이며 C12라고 표시하고 '탄소 12'라고 읽는다. 그러나 드물게 발견되는 탄소 동위원소는 원자량이 14에 가깝기 때문에 C14라고 표시하고 '탄소 14'라고 읽는다.

전자

원자핵을 둘러싼 입자의 군집을 **전자**electron라고 한다. 전자 1개는 정성적으로는 양성자와 반대지만 정량적으로는 동일한 크기의 전하를 운반한다. 물리학자들은 임의로 전자의 전하를 **음성**negative이라고 부르고, 양성자의 전하를 **양성**positive이라고 한다. 1개의 전자 또는 양성자에 부여된 전하는 최소 전하량이 된다. 모든 전하량은 전하량이 아무리 커도 이론적으로는 이 **단위전하**unit electric charge의 정수배가 된다.

초창기에는 원자를 케이크 속의 건포도처럼 전자들이 핵에 파묻혀 있는 것으로 인식했다. 그 후 과학자들은 [그림 1-1]과 같이 전자들이 원자핵 주위를 돌고 있다고 생각했고, 원자가 마치 행성(전자)이 돌고 있는 작은 태양계와 유사하다고 여겼다.

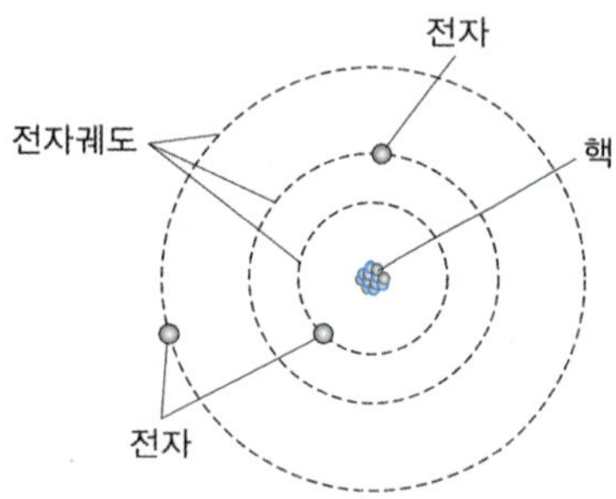

[그림 1-1] 1900년경에 개발된 원자의 초기 모델. 정전기적인 인력 때문에 전자가 원자핵 주위에서 궤도를 이루고 있다.

오늘날에는 전자가 매우 빠르고 복잡한 패턴으로 움직이며 특정 순간에 정확히 그 위치를 지정할 수 없다고 생각한다. 그러나 어떤 순간에 전자는 구의 표면으로 정의된 영역에 존재한다고 여긴다. 원자핵을 중심으로 하는 이런 가상의 구를 **전자껍질**electron shell이라고 한다. 전자껍질에는 예측할 수 있는 특정한 반경이 있고, 전자껍질의 반경이 증가할수록 전자껍질에 존재하는 전자의 에너지도 증가한다. 에너지를 얻은 전자들은 [그림 1-2]와 같이 일반적으로 동일 원자 내의 어떤 전자껍질에서 다른 전자껍질로 점프한다. 반대로 에너지를 잃은 전자들은 어떤 전자껍질에서 다른 전자껍질로 떨어진다.

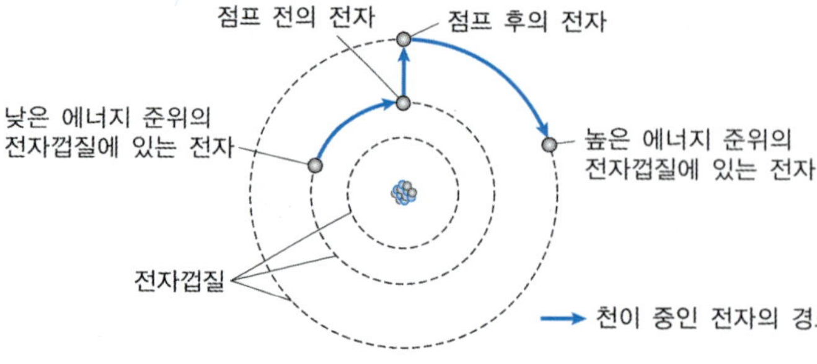

[그림 1-2] 전자는 전자껍질로 정의된 준위를 따라 핵 주위를 돌아다닌다. 이 준위는 불연속 에너지 상태에 해당하며 이때 전자는 원자 내에서 에너지를 얻는다.

어떤 물질에서는 전자가 한 원자에서 다른 원자로 쉽게 이동할 수 있지만 어떤 물질에서는 그렇지 않다. 그러나 어떤 경우든 양성자를 움직이는 것보다 전자를 움직이는 것이 쉽다. 물질 내에서 전자가 움직이면 거의 항상 전기가 발생한다. 전자는 양성자나 중성자보다 훨씬 가볍다. 원자의 핵에 비하면 사실상 전자는 실질적으로 무게가 없다고 생각할 수 있다.

대부분 한 원자 내에 있는 전자 수는 양성자 수와 같다. 따라서 음전하는 양전하와 정확하게 상쇄되어 결국 **전기적으로 중성**인 상태의 원자를 얻는다. 여기서 '중성'은 '순전하가 없는 상태'를 의미한다. 어떤 상태에서는 전자가 넘치거나 부족해질 수 있다. 높은 방사 에너지나 열, 전기장이 존재할 때는 원자의 균형이 깨져 전자들이 충돌하거나 밖으로 튕겨나가 원자에서 분리될 수 있다.

이온

만약 원자 내에 양성자보다 전자가 많거나 적다면 그 원자는 전하를 띠게 된다. 전자가 부족하면 원자는 양전하를 띠고, 전자가 넘치면 음전하를 띤다. 그러나 원소의 정체성은 전자의 과잉이나 부족과 관계없이 동일하다. 극단적인 경우에는 모든 전자가 원자에서 분리되어 핵만 남을 수도 있지만 이런 경우에도 원소의 정체성은 변하지 않는다. 이렇게 전하를 띤 원자를 **이온**ion이라 하고, 어떤 물질이 이온을 많이 갖고 있다면 그 물질이 **이온화되었다고** 한다.

지구의 대기 가스는 높은 고도에서, 그리고 특히 낮 시간에 많이 이온화된다. 태양의 복사뿐만 아니라 아원자 입자들이 우주에서 고속으로 날아오면서 핵에서 전자를 떼어낸다. 이 이온화된 기체들이 지구의 다양한 고도에 응집되어 지상의 무선 송신기에서 나온 신호를 다시 지구로 돌려보내 장거리 방송과 통신을 가능하게 한다.

보통 전기가 잘 흐르지 않거나 부도체인 물체도 이온화되면 전기가 잘 통한다. 예를 들어, 이온화된 공기는 수백 또는 수천 미터에 걸쳐 **벼락**(불빛을 만들어내는 갑작스러운 전기적 **방전**discharge)을 만들어낸다. 이때 강력한 전기장에 의해 **채널**channel이라는 구불거리는 좁은 길을 따라 이온화가 일어난다. 벼락이 치는 동안 원자핵은 흩어진 전자를 재빨리 끌어당기고, 공기는 전기적으로 중성인 보통 상태로 되돌아간다.

하나의 원소는 가장 흔한 형태의 동위원소와 다른 동위원소나 이온으로 존재할 수 있다. 예를 들어, 탄소 원자는 통상적인 6개가 아닌 8개의 중성자를 가질 수 있다. 즉 C12가 아니라 C14가 된다. 그리고 하나의 전자를 떼어내 양성의 단위 전하(양의 이온)를 가질 수 있다. 물리학자와 화학자는 양의 전하를 띈 이온을 **양이온**cation이라고 부르고, 반대로 음의 전하를 띈 이온을 **음이온**anion이라고 부른다.

화합물

2개 또는 그 이상의 다른 원소의 원자들이 서로 전자를 공유하며 결합해 화학적 **화합물** compound 을 형성할 수 있다. 물은 가장 일반적인 화합물 중 하나로, 수소 원자 2개와 산소 원자 1개가 결합한 것이다. 많은 화학적 화합물은 자연에서 발생한다. 그러나 화학 실험실에서 더 많은 화합물이 만들어질 수 있다.

화합물은 단순히 원소가 혼합된 것과는 다르다. 수소 가스와 산소 가스를 혼합하면 색과 냄새가 없는 가스가 만들어진다. 그러나 섬광(스파크)이나 열을 가하면 원자들이 화학적 반응을 일으키면서 빛과 열을 내고, 서로 결합해 물이라는 화합물을 만들어낸다. 이상적인 상태에서는 [그림 1-3]과 같이 원자들이 순식간에 결합하면서 혼성분자가 되고, 이때 격렬한 폭발이 일어날 것이다.

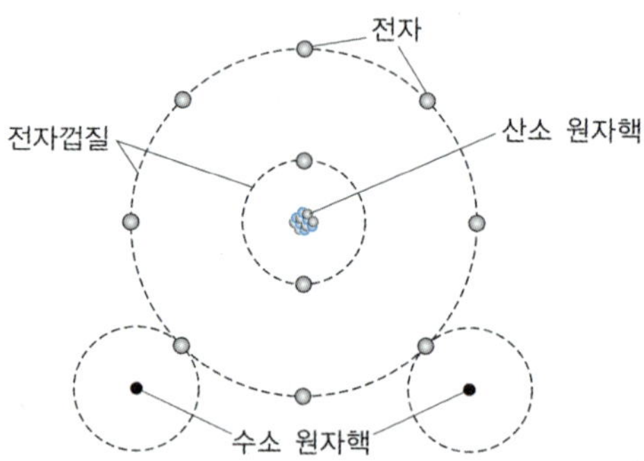

[그림 1-3] 수소 원자 2개가 산소 원자 1개와 전자를 쉽게 공유한다.

항상 그런 것은 아니지만 화합물은 종종 그 화합물을 구성하는 원소 중 그 어느 것과도 확연히 다른 특성을 보인다. 상온과 대기압에서 수소와 산소는 모두 기체 상태이다. 그러나 동일한 조건에서 물은 주로 액체 상태로 존재한다. 표준 압력에서 물은 일정 온도 이하가 되면 고체가 되고, 반대로 충분히 뜨거워지면 수소와 산소처럼 냄새와 색이 없는 기체가 된다.

또 다른 화합물의 예로 녹을 들 수 있다. 녹은 **철** iron 이 산소와 결합했을 때 형성된다. 철은 흐릿한 회색 고체이고, 산소는 기체이다. 녹은 적갈색을 띠는데, 이 색은 철과 산소의 색과는 전혀 다르다. 또 녹을 만드는 화학적 반응은 물을 만드는 반응보다 긴 시간이 필요하다.

분자

여러 원소의 원자들이 2개 또는 그 이상 서로 결합해 생기는 입자를 **분자** molecule 라고 한다. [그림 1-3]은 물 분자를 나타낸 것이다. 일반적으로 지구 대기 중의 산소 원자는 짝을 이뤄 분자를 이루기 때문에 산소를 O_2로 기호화한 것을 자주 보게 된다. 'O'는 산소를, 아래첨자 2는 분자

1개당 원자가 2개라는 것을 의미한다. 물 분자는 수소 원자 2개와 산소 원자 1개를 갖고 있음을 나타내기 위해 H_2O 라고 적는다.

때때로 산소 원자는 원자 상태로 존재한다. 이럴 때는 기본 입자를 O 라고 적어 단독 원자임을 나타낸다. 때로는 산소 원자 3개가 서로 강하게 결합되어 **오존**ozone이라는 분자를 만들기도 한다. O_3로 기호화하는 오존은 환경과 관련된 뉴스에서 자주 등장한다. 한 원소가 원자 1개로 존재하면 그 물질을 **단원자**monatomic분자라고 하고, 원자 2개로 이뤄진 분자로 존재하면 **이원자**diatomic분자, 원자 3개로 이뤄진 분자로 존재하면 **삼원자**triatomic분자라고 한다.

고체, 액체, 기체에 상관없이 모든 물질은 꾸준히 움직이는 분자나 원자로 구성된다. 온도를 높이면 주어진 매질에서 입자는 더 빨리 움직인다. 고체 상태에서의 분자들은 단단하게 서로 묶여 있는 형태여서 많이 움직일 수 없다([그림 1-4(a)]). 액체 상태에서는 분자들 사이에 공간이 좀 더 있어서 서로 미끄러져 지나간다([그림 1-4(b)]). 그리고 기체 상태에서는 분자가 더 넓게 퍼져 있어서 자유롭게 날아다닐 수 있고, 종종 서로 충돌하기도 한다([그림 1-4(c)]).

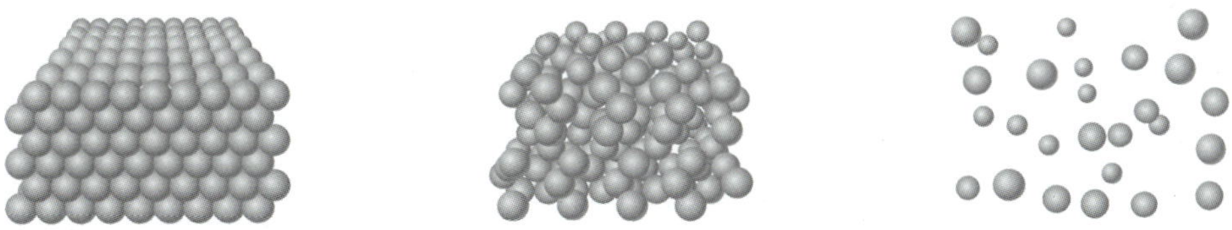

(a) 고체 (b) 액체 (c) 기체

[그림 1-4] 고체, 액체, 기체의 분자 정렬을 단순화한 모형

전도체

전자들이 자유롭게 움직일 수 있는 물질을 **전기 전도체**electrical conductor라고 한다. 상온에서 가장 전도성이 좋다고 알려진 물질은 순수한 은silver이다. 구리copper와 알루미늄aluminum도 상온에서 전도성이 좋다. 좋은 전도체가 될 수 있는 금속이 많지만 대부분의 전기회로와 시스템에서는 구리와 알루미늄 도선이 많이 쓰인다.

어떤 액체는 전기가 잘 통한다. 수은mercury이 좋은 예다. 소금물도 전기가 잘 통하지만, 용해되어있는 소금의 농도에 따라 그 정도가 다르다. 공기와 같은 기체나 기체 혼합물은 원자 간 또는 분자 간의 거리가 멀어서 전자들을 서로 교환하기 어려우므로 전기 전도성이 좋지 않다. 그러나 기체가 이온화되면 전도성이 좋아진다.

전도체에서는 전자가 원자 사이를 점프해 이동하며 대부분 [그림 1-5]와 같이 음성으로 대전된 영역에서 양성으로 대전된 영역으로 이동한다. 전형적인 전기회로에서는 수 조, 수 경 또는 그 이상의 전자들이 매 초마다 특정 지점을 통과한다.

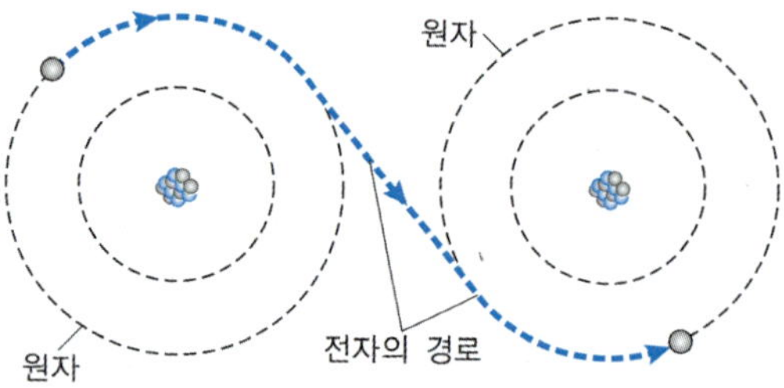

[그림 1-5] 전도체에서는 전자가 원자 사이를 쉽게 이동할 수 있다.

절연체

전기적인 **절연체**insulator는 가끔 아주 적은 양의 전자 이동이 있긴 하지만 보통 전자가 원자 사이를 이동하지 못하게 막는다. 대부분의 기체가 좋은 절연체이며 유리, 마른 나무, 건조한 종이, 플라스틱도 좋은 절연체이다. 일반적으로는 순수한 물도 절연체이다. 그러나 어떤 물질이 녹아 있다면 전기가 통할 수 있다. 순수한 금속은 좋은 전도체로 사용되지만 몇몇 금속 산화물은 좋은 절연체 역할을 한다.

절연 물질을 **유전체**dielectric라고 부르기도 한다. 이 용어는 어떤 물질이 전하가 서로 일정거리 떨어져 있는 **전기 쌍극자**electric dipole를 형성한다는 사실에서 유래했다. 전기 쌍극자는 전하의 차이를 같게 만들려는 전자의 흐름을 방해한다. 유전체는 전자가 직접 지나갈 수 없게 만든 **커패시터**capacitor와 같이 특별한 소자에 사용된다.

전기 시스템에서는 보통 자기나 유리를 절연체로 이용한다. 수동적인 의미에서 애자insulator라고 하는 이런 장치는 응용 분야에 맞게 모양과 크기가 다르게 제작된다. 애자는 높은 **전압**을 운반하는 송전선에서 볼 수 있으며 전선이 철탑과 **단락**short circuit되거나 젖은 나무 전주를 통해 **누출**bleedoff, 즉 서서히 방전되지 않도록 전선을 잡아준다.

굳이 원한다면 거의 모든 절연체에서 강제로 이온화를 발생시켜 절연체에 전자가 이동하도록 할 수 있다. 절연체의 원자에서 떨어져 나온 전자는 자유롭게 돌아다닌다. 때때로 정상적인 절연체가 섬광에 의해 타거나 녹아내리고 구멍이 나게 되면 물체는 절연 특성을 잃어버리고, 전자는 절연체를 관통해 움직일 수 있게 된다.

저항기

탄소와 같은 일부 물질에서 전자는 원자 사이를 잘 움직일 수 있다. 이런 물질의 **전도율**conductivity은 탄소 페이스트에 점토와 같은 불순물을 첨가하거나 가늘고 긴 다발의 코일로 감으면 조절할 수 있다. 이렇게 특정 값의 전도율을 갖도록 소자를 만든 것을 **저항기**resistor라고 한다. 저항기는 장비나 시스템에서 전자가 흐르는 정도를 제한하거나 조절한다. 전도율이 높을수록 **저항**resistance은 낮아지고, 반대로 전도율이 낮아질수록 저항은 커진다. 즉 전도율과 저항은 **반비례**한다.

저항은 **옴**ohm(Ω)이라는 단위를 사용한다. Ω으로 표시된 저항이 커지면 전자의 움직임을 방해하는 정도도 커진다. 전선은 저항을 **단위길이**(cm, m, km)**당 Ω**으로 지정하기도 한다. 전기 시스템에서 저항은 전기를 열로 바꿔 원하는 **효율**efficiency은 떨어뜨리고, 원하지 않는 **손실**loss은 증가시키므로 저항(**옴의 값**)을 최소화해야 한다.

반도체

반도체semiconductor 내에서 전자는 어떤 조건에서는 쉽게 흐르고, 또 다른 조건에서는 그렇지 못하기도 한다. 어떤 반도체에서는 양질의 도체처럼 전자가 쉽게 이동하지만 또 다른 반도체에서는 절연체처럼 전도성이 좋지 못하다. 그러나 반도체는 근본적으로 순수한 금속판, 절연체 또는 저항기와는 차이가 있다. 화학자는 반도체 소자를 제작하는 공정에서 물질이 어떤 때는 전기가 잘 흐르도록, 어떤 때는 전기가 잘 흐르지 않도록 조건을 바꿔 전도율을 조절할 수 있다. 반도체는 **다이오드**diode, **트랜지스터**transistor, **집적회로**integrated circuit에서 찾아볼 수 있다.

반도체는 주로 실리콘silicon, 셀레늄selenium 또는 갈륨gallium과 같은 물질로 구성되며 인듐indium이나 **안티몬**antimony과 같은 불순물을 첨가해 도핑된다. **갈륨비소 다이오드**gallium-arsenide diode나 **금속산화물 트랜지스터**metal-oxide transistor 또는 **실리콘 정류기**silicon rectifier라는 말을 들어본 적 있는가? 이런 물질들 내에서 전자가 움직임으로써 전기 전도가 발생하는데, 물리적인 상세 과정은 다소 복잡하다. 때때로 전자보다 **정공**hole의 움직임을 언급하기도 한다. 정공은 일종의 전자가 결핍된 형태이다. 즉 보통 때는 전자가 존재하다가 어떤 이유로 전자를 잃어버린 곳이라고 볼 수 있다. [그림 1-6]과 같이 정공은 전자의 흐름과 반대로 움직인다.

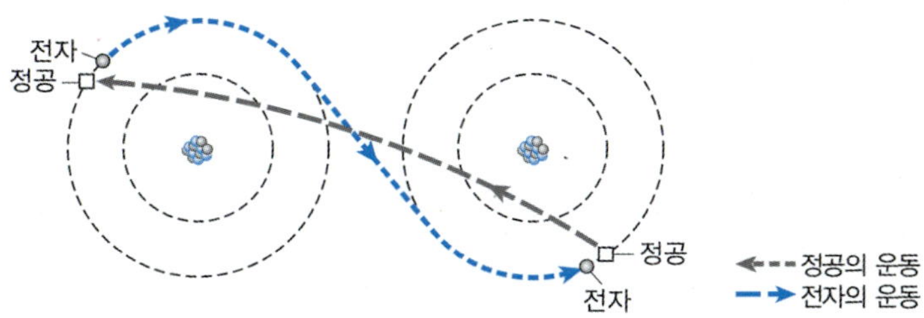

[그림 1-6] 반도체 물질의 정공은 전자가 운동하는 방향과 반대로 움직인다.

물질 내부의 다수의 **전하 반송자**charge carriers(운반자, 캐리어)가 전자라면 **N형 반도체**N-type semiconductor가 된다. 반대로 다수의 전하 반송자가 정공이라면 **P형 반도체**P-type semiconductor가 된다. P형 물질은 소수의 전자를 통과시키고, N형 물질은 소수의 정공을 운반한다. 반도체에서 상대적으로 수가 더 많은 전하 반송자를 **다수 반송자**major carrier라고 하고, 상대적으로 수가 적은 전하 반송자를 **소수 반송자**minor carrier라고 한다.

전류

전하 반송자가 어떤 물질을 통과해 흐를 때마다 **전류**current가 발생한다. 전류는 1초 동안 어떤 한 점을 통과하는 전자나 정공의 수로 간접적으로 표현하고 측정한다. 전류는 전도체나 저항기 또는 반도체를 빠른 속도로 통과해 흐른다. 그러나 실제로 전하 반송자는 진공에서 움직이는 빛의 속도보다 매우 느리게 움직인다.

시스템 내에서 매우 작은 전류가 흐른다고 해도 1초 동안 무수히 많은 전하 반송자가 어떤 지점을 통과한다. 가정용 전기회로에서 100 W의 전등에는 초당 약 6×10^{18}개의 전하 반송자가 흐르고, 제일 작은 전구라도 초당 10^{15}개 정도의 전하 반송자가 흐른다. 초당 전하 반송자의 수로 전류를 표현하는 것은 매우 불편하므로 초당 **쿨롱**coulomb(C)으로 전류를 표현한다. 1 C은 약 6,240,000,000,000,000,000(6.24×10^{18})개의 전자 또는 정공으로 생각할 수 있다. 초당 1 C의 전하 반송자가 어떤 지점을 통과했다면 1 A가 된다. **암페어**ampere(A)는 전류를 나타내는 표준 단위이다. 책상 위의 60 W 전등에는 약 0.5 A의 전류가 흐른다. 일반적인 전열기는 10 A ~ 12 A 범위의 전류가 흐른다.

전류가 저항(아무리 좋은 전도체라고 해도 저항은 항상 0이 아닌 유한한 값을 갖는다)을 통과할 때는 열이 발생하고, 때로는 빛도 발생한다. 구형 **백열전구**incandescent lamp는 필라멘트에 흐르는 전류가 가시광선을 내도록 신중하게 고려해 설계된 것이다.

정전기

밑창이 단단한 신발을 신고 카펫 위를 걷다 보면 몸에 전자의 수가 많아지거나 부족해지면서 **정전기**static electricity가 일어날 수 있다. 접지되거나 큰 물체와 연결된 금속을 손으로 만지기 전까지는 전하가 흐르지 않는데, 이를 **정**static이라고 한다. 금속과 접촉하면 급속 방전이 일어나면서 섬광과 '딱' 하는 소리, 깜짝 놀라는 느낌을 받게 된다.

머리카락에 평소보다 많은 전하가 모이면 머리카락 끝이 일어선다. 이는 각 머리카락이 같은 극성을 갖게 되어 서로 밀어내기 때문이다. 방전이 일어나면 섬광은 1 cm 이상 발생하며 대부분의 사람은 깜짝 놀라고, 심한 경우 다칠 수 있다. 다행히 보통의 카펫이나 신발로는 그 정도로 심하게 방전되지 않는다. 그러나 [그림 1-7]과 같이 물리학 실험실에서 볼 수 있는 **밴 더 그래프 정전발전기**Van de Graaff generator는 수 cm까지 섬광을 일으킬 수 있다. 따라서 그 주변에서 작업할 때는 위험할 수 있으므로 조심해야 한다.

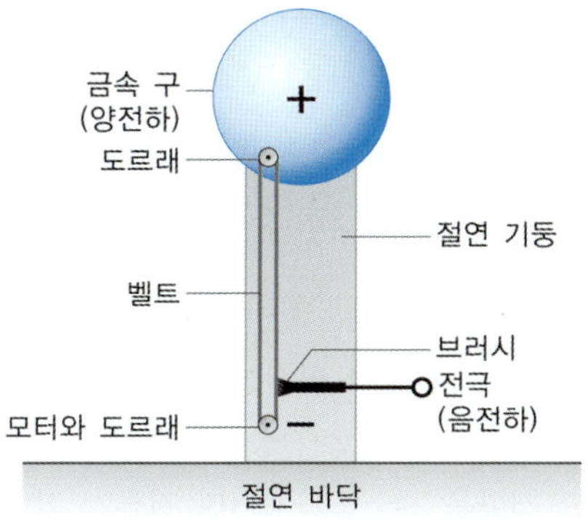

[그림 1-7] 밴 더 그래프 정전발전기를 단순화한 그림. 이 기계는 수 cm까지 섬광을 일으키는 전하를 만들 수 있다.

번개는 지구에서 발생하는 가장 특별한 정전기 효과의 예이다. 번개는 보통 구름과 구름 사이, 구름과 대지 사이에서 발생하며 번개가 발생하기 전 거대한 정전하의 축적이 이뤄진다. [그림 1-8]은 **구름과 구름 사이(❶), 구름과 대지 사이(❷)**에서 만들어지는 전기 쌍극자를 나타낸다. ❷의 경우 대지의 양전하가 폭풍우 구름의 하부를 따라 움직인다.

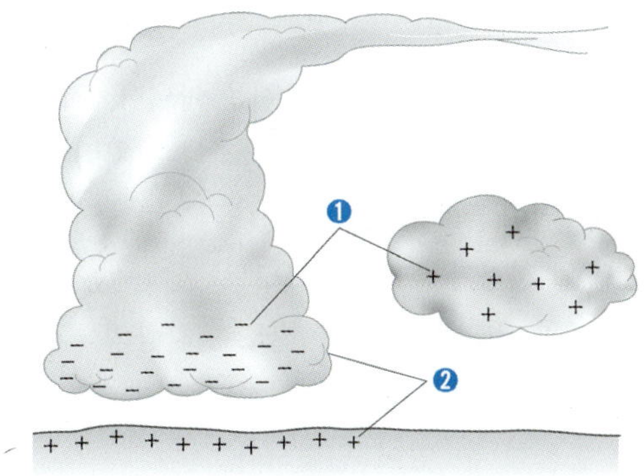

[그림 1-8] 정전하는 구름과 구름 사이(❶) 또는 구름과 대지 사이(❷)에서 만들어진다.

기전력(전압)

전하 반송자는 밀거나 당기는 것처럼 방향이 잘 정의된 힘을 받을 때 질서정연하게 움직인다. 이런 힘은 번개와 같이 정전하의 축적 때문에 발생한다. 한 곳에는 **양극**(전자의 부족), 다른 한 곳에는 **음극**(전자의 과잉)으로 전하가 축적되면 강력한 **기전력**electromotive force(EMF)이 발생한다. 기전력은 **볼트**volt(V) 단위로 표현하고 측정한다.

일반 가정용 전기의 유효 기전력 또는 유효 전압은 110 V ~ 130 V (보통 117 V)이다(우리나라는 220 V). 미국과 여러 나라에서 완전히 충전된 자동차의 새 배터리는 12.6 V 에 근접한 기전력을 갖는다. 건조한 오후에 밑창이 단단한 신발을 신고 카펫 위를 걸을 때 얻는 정전하는 수천 V 에 이르며 번개가 치기 전의 정전하는 수백만 V 에 이른다.

1 Ω 의 저항을 가진 소자 양단에 1 V 의 기전력을 인가하면 저항을 통해 1 A 의 전류가 흐른다. 직류 회로에서 전류(A)는 전압(V)을 저항(Ω)으로 나눈 값이다. 이것이 전기분야 고전 이론의 기초인 **옴의 법칙**Ohm's Law이다. 만약 동일한 저항의 소자 양단에 전압을 2배 증가시켜 인가하면 소자에 흐르는 전류는 2배가 된다. 반대로 전압을 고정하고 저항을 2배 증가시키면 전류는 절반으로 줄어든다. 옴의 법칙에 대해서는 나중에 자세히 배울 것이다.

앞서 본 것처럼 정전기가 생성될 때 어떤 전류도 흐르지 않으면서 기전력이 존재할 수 있다. 또한 스위치가 꺼져 있을 때 전등의 양 단자 간에도 전류가 흐르지 않으면서 기전력이 존재하기도 한다. 일반적인 플래시 전지를 어떤 것에도 연결하지 않으면 양 단자 간에 전류 없는 기전력이 존재한다. 두 점 간에 기전력이 존재할 때 그 두 점 간에 도전성 경로를 만들면 전류가 흐른다. 따라서 전압이나 기전력을 **전위**electric potential 또는 **전위차**potential difference라고 부르기도 한다. 기전력은 주어진 정상적인 상태에서 전하 반송자를 움직이게 하는 **잠재력**potential이다.

거대한 기전력이라고 해서 전도체나 저항체를 통해 많은 전류를 흐르게 하는 것은 아니다. 카펫 위를 얼마 동안 걷고 난 뒤의 우리 몸을 생각해 보자. 기전력은 수천 V 로 치명적인 것처럼 보이지만 사실 우리 몸에 축적된 전하 반송자의 쿨롱 값은 얼마 되지 않는다. 상대적으로 표현하자면 외부 물체를 만질 때 손가락을 통해서는 그렇게 많은 전자가 흐르지 않으므로 심한 충격을 받지 않는다. 그러나 117 V (미국의 일반적인 가정용 전원) 정도의 기전력이라도 전하량의 쿨롱 값이 크다면 우리 몸에 치명적인 전류를 흐르게 할 수 있다. 따라서 전원에 연결된 전기 기기를 수리할 때는 발전소가 무제한의 쿨롱 값으로 전하를 공급할 수 있어 위험하다.

비전기적 에너지

과학 실험을 통해 비전기적 형태의 에너지가 포함되는 현상을 목격할 수 있다. 가시광선이 좋은 예이다. 백열전구는 전기를 우리가 볼 수 있는 방사 에너지로 변환시킨다. 이 때문에 사람들은 전기를 사용해 우리의 삶을 편리하게 하는 장치를 발명한 토마스 에디슨Thomas Edison을 좋아한다. 가시광선은 전기로도 변환될 수 있다. **광전지**photovoltaic cell(**태양전지**solar cell라고도 함)가 여기 해당한다.

백열전구는 빛 외에도 항상 열을 발생시킨다. 사실 백열전구는 빛보다 열을 더 많이 발생시킨다. 전기에너지를 열에너지로 변환시킬 목적으로 만들어진 전열기를 사용해 본 적이 있을 것이다. 여기서 열은 **적외선**infrared(IR)이라고 하는 방사에너지의 한 종류이다. 적외선은 가시광선과 유사하지만 **파장**wavelength이 길어서 사람의 눈에는 보이지 않는다.

전기는 **전파**radio wave, **자외선**ultraviolet ray(UV), **X선**X-ray으로 변환할 수 있다. 그러기 위해서는 **무선 송신기**radio transmitter, **수은 증기램프**mercury-vapor lamp, **전자관**electron tubes과 같은 특별한 장치가 필요하다. 빠르게 움직이는 양성자, 중성자, 전자, 원자핵 또한 비전기적인 형태의 에너지를 만들어낸다.

도체가 자기장 내부를 이동할 때 도체에는 전류가 흐른다. 이런 효과를 사용하면 기계에너지를 전기에너지로 바꾸는 **발전기**electric generator를 만들 수 있다. 발전기를 반대로도 동작시킬 수 있는데, 이때는 전기에너지를 기계에너지로 변환시키는 **모터**electric motor가 된다.

자기장은 독특한 형태의 에너지를 갖는다. **자기**magnetism과학은 전기와 밀접한 관계가 있다. 가장 오래되고 보편적인 자기원은 지구를 둘러싸고 있는 **지자기장**geomagnetic field이다. 지자기장은 지구의 핵의 철 원자가 정렬함으로써 발생한다.

자기장의 변화는 맥동하는 전기장을 만들고, 맥동하는 전기장은 다시 변화하는 자기장을 만든다. **전자기**electromagnetism라고 하는 이런 현상을 통해 먼 거리에 무선으로 신호를 보낼 수 있다. 전기장과 자기장은 공간을 통해 계속해서 서로를 반복해 발생시킨다.

건전지dry cell, **습전지**wet cell, **배터리**battery는 **화학에너지**chemical energy를 전기에너지로 변환시킨다. 예를 들어, 자동차 배터리에서는 산이 금속 전극과 반응해 전위차를 발생시킨다. 배터리의 양쪽 극을 유한한 저항을 가진 소자에 연결하면 전류가 흐른다. 배터리 내의 화학적인 반응 때문에 얼마 동안 계속 전류가 흐르다가 결국에는 배터리의 모든 에너지를 소모하게 된다. 납축전지(또는 다른 형태의 배터리)에 다시 화학에너지를 저장하려면 일정 시간 동안 전류를 흘려주면 된다. 그러나 어떤 배터리(예 일반적인 전등용 건전지와 배터리)는 화학에너지를 모두 소모하면 다시 사용할 수 없다.

연습문제

01 다음 중 원자핵의 양성자 수와 항상 동일한 것은 무엇인가?

(a) 원자번호
(b) 원자량
(c) 전자의 수
(d) 중성자와 전자를 합한 수

02 다음 중 원자핵의 중성자 수와 때때로 동일한 것은 무엇인가?

(a) 원자번호
(b) 원자량
(c) 양성자의 수
(d) (a), (b), (c) 중 한 가지 이상

03 다음 중 원자량과 항상 동일한 것은 무엇인가?

(a) 전자의 수
(b) 양성자의 수
(c) 중성자의 수
(d) 대략 중성자와 양성자를 합한 수

04 다음 중 원자가 순 음전하를 가질 때 그것을 무엇이라 부르는가?

(a) 음이온
(b) 양이온
(c) 이원자분자
(d) 양전자

05 다음 중 원자에 대한 설명으로 옳은 것은 무엇인가?

(a) 하나 이상의 동위원소를 가질 수 있다.
(b) 단 하나의 동위원소를 갖는다.
(c) 중성자보다 많은 수의 양성자를 가질 수 없다.
(d) 양성자보다 많은 수의 중성자를 가질 수 없다.

06 다음 중 원자량이 1보다 큰 원자를 갖는 원소의 특성으로 옳은 것은 무엇인가?

(a) 존재할 수 없다.
(b) 항상 전하를 가진다.
(c) 주위 원자들과 양성자를 공유한다.
(d) 자연에서 흔하게 발견된다.

07 다음 중 3개의 원자들로 구성되는 화합물의 특성으로 옳은 것은 무엇인가?

(a) 존재할 수 없다.
(b) 항상 전하를 가진다.
(c) 주위 원자들과 양성자를 공유한다.
(d) 자연에서 흔하게 발견된다.

08 다음 중 이온화의 결과가 아닌 것은 무엇인가?

(a) 물질의 전도성이 향상된다.
(b) 원자가 양성자들을 얻거나 잃는다.
(c) 전기적으로 중성인 원자에 전하를 띠게 한다.
(d) 원자가 전자들을 얻거나 잃는다.

09 다음 중 가장 전도성이 낮은 물질은 무엇인가?

(a) 수은
(b) 알루미늄
(c) 유리
(d) 은

10 다음 중 전자들이 원자 사이를 가장 쉽게 움직일 수 있는 물질은 무엇인가?

(a) 구리
(b) 순수한 물
(c) 건조한 공기
(d) 도자기

11 6Ω의 저항을 갖는 소자의 양단에 12V의 전압을 가했을 때 소자를 통해 흐르는 전류는 얼마인가?

(a) 0.5A
(b) 2A
(c) 72A
(d) 이 질문에 답하기 위해서는 정보가 더 필요하다.

12 [연습문제 11]에서 전압을 고정하고, 저항을 2배 증가시키면 소자를 통해 흐르는 전류는 어떻게 되는가?

(a) 변하지 않는다.
(b) 절반으로 감소한다.
(c) 2배 증가한다.
(d) 4배 증가한다.

13 다음 중 정전기라는 용어의 의미로 옳은 것은 무엇인가?

(a) 전류가 없는 전압
(b) 전압이 없는 전류
(c) 무한대의 저항을 통해 흐르는 전류
(d) 절대 변하지 않는 전압

14 다음 중 유전체에 대한 일반적인 설명으로 옳은 것은 무엇인가?

(a) 지극히 낮은 저항(실질적으로 제로)을 갖는다.
(b) 지극히 높은 저항(실질적으로 무한대)을 갖는다.
(c) 통과해 흐르는 전류에 의존하는 저항을 갖는다.
(d) 두 가지의 다른 전압을 동시에 갖는다.

15 다음 중 어떤 지점을 1초 동안 통과하는 전자의 수를 표현하는 단위는 무엇인가?

(a) 쿨롱(C)
(b) 볼트(V)
(c) 옴(Ω)
(d) 암페어(A)

16 다음 중 번개가 칠 때 채널이라는 용어가 의미하는 것은 무엇인가?

(a) 이온화된 공기의 전류 운반 통로
(b) 교류 전류의 주파수
(c) 양성자와 중성자들이 이동하는 흐름
(d) 찬 가스의 흐름

17 다음 중 기전력(EMF)을 다르게 표현한 것은 무엇인가?

(a) 전류
(b) 전하
(c) 전압
(d) 저항

18 건조한 겨울 오후에 발을 끌며 카펫 위를 걷는다면 땅에 대해 어느 정도의 전위차를 얻을 수 있는가?

(a) 1V 또는 2V
(b) 약 200V
(c) 수백만 V
(d) (a), (b), (c) 모두 답이 아니다.

연습문제

19 다음 중 화학에너지를 곧바로 전기에너지로 변환시키는 소자는 무엇인가?

(a) 발전기
(b) 건전지
(c) 모터
(d) 광전지

20 다음 중 가시광선을 곧바로 전기에너지로 변환시키는 소자는 무엇인가?

(a) 발전기
(b) 건전지
(c) 모터
(d) 광전지

정답

01 a	02 d	03 d	04 a	05 a	06 d	07 d	08 b	09 c	10 a
11 b	12 b	13 a	14 b	15 d	16 a	17 c	18 d	19 b	20 d

CHAPTER 02

전기 단위

Electrical Units

학습목표

- 전압과 전류, 저항의 특성과 각 단위를 이해할 수 있다.
- 저항과 컨덕턴스의 관계, 그리고 컨덕턴스의 단위인 S를 이해할 수 있다.
- 전류가 저항에 의해 소모되는 전력과 이를 측정하는 단위인 W를 이해할 수 있다.
- 전력과 에너지의 관계를 파악하고, 에너지의 단위를 이해할 수 있다.
- 교류 파형의 주파수 단위인 Hz를 이해할 수 있다.
- 전류가 흐를 때의 자속선 모양과 자성의 단위를 이해할 수 있다.

이번 장에서는 직류 회로에서 사용하는 표준 단위에 대해 알아본다. 이들 중 많은 원리들이 교류 시스템에서도 공통적으로 적용되고 있다.

볼트

1장에서 기전력(EMF) 또는 전위차의 표준 단위인 볼트에 대해 배웠다. 두 지점 또는 두 물체 사이에 전위차가 존재하면 항상 전자가 넘치거나 부족한 정전하 축적 현상이 발생한다. 발전소와 전기화학 반응, 반도체 칩을 때리는 광선 및 기타 현상에서 전압을 생성할 수 있다. 또한 고정된 자계에 전도체를 통과시키거나 고정된 전도체 주위를 변동하는 자계가 둘러쌀 때도 기전력을 얻을 수 있다.

극[pole]이라 부르는 두 지점 사이의 전위차는 언제나 [그림 2-1]과 같이 **전속선**[electric lines of flux]으로 표시되는 **전기장**[electric field]을 만든다. 여기서 한 쌍의 전하극을 **전기쌍극자**[electric dipole]라고 한다. 한 극은 상대적으로 **양**[positive]인 전하를 운반하고, 다른 극은 상대적으로 **음**[negative]인 전하를 운반한다. 양극은 음극보다 항상 전자 수가 부족한데, 이때 전자 수는 절대적이 아닌 상대적인 개념임을 유의해야 한다. 두 극 모두 완전히 중성적인 상태인 외부 기준점에 비해 전자가 많거나 부족해도 전기쌍극자는 존재할 수 있다.

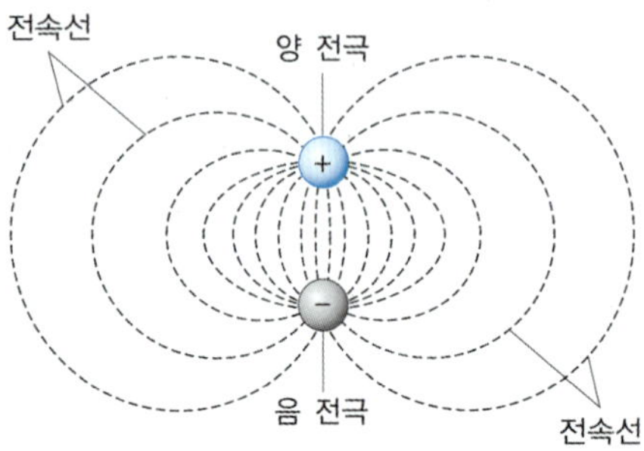

[그림 2-1] 전속선은 항상 전하의 극 근처에 존재한다.

볼트[volt]는 V로 표시한다. 경우에 따라 볼트보다 작은 단위인 밀리볼트($1\,\text{mV} = 0.001\,\text{V}$) 또는 마이크로볼트($1\,\mu\text{V} = 0.000001\,\text{V}$)를 사용하고, 더 큰 단위인 킬로볼트($1\,\text{kV} = 1{,}000\,\text{V}$) 또는 메가볼트($1\,\text{MV} = 1{,}000\,\text{kV}$)를 쓰기도 한다.

일반적으로 건전지의 두 극에는 1.2 V ~ 1.7 V의 전위차가 존재한다. 자동차 배터리는 12 V ~ 14 V 정도이다. 가정에서 사용하는 교류 배선에서는 전위차가 극성을 바꿔가며 나타나며 전등이나 소형 가전은 대략 117 V(우리나라의 경우 220 V), 세탁기나 오븐 등의 대형 가전은 234 V의 유효 전압을 사용한다. 일부 고출력 무선기기에서는 수천 볼트의 기전력이 발생할 수 있다. 지구에서는 뇌우, 모래폭풍, 폭발하는 화산 등에서 최대 1 MV의 전위차가 발생한다.

전압voltage이 존재한다는 것은 일반 회로에서 두 전극 사이에 길이 생기면 전자로 대표되는 전하 반송자가 두 전극 사이를 이동할 것이라는 의미이다. 전압이란 전하 반송자를 강제로 움직이게 하는 구동력 또는 압력을 의미한다. 다른 모든 조건이 동일할 때 고전압은 저전압보다 단위시간당 전하 반송자를 더 많이 흐르게 하므로 많은 전류를 생산한다. 그러나 이는 실제 시스템의 상황을 지나치게 단순화한 것으로, 실제로 다른 모든 조건이 동일한 경우는 거의 없다.

전류 흐름

만약 전위차가 있는 두 극 사이에 전도성 또는 반전도성 통로가 만들어지면 두 극 간의 전하가 동일해지도록 전하 반송자들이 흐른다. 이 전류는 통로가 본래대로 계속 유지되고, 두 극 사이에 전하차가 있는 동안 계속 흐른다.

경우에 따라서 전류가 한참 흐른 뒤 두 전극의 전하차가 0으로 줄어들기도 한다. 이 현상은 번개가 치거나 카펫에서 발을 끌며 돌아다닌 후 라디에이터를 만질 때 발생한다. 이때 두 극 간의 전하는 순식간에 동일해진다. 반면에 전하가 소멸되기까지 긴 시간이 걸리는 경우도 있다. 건전지의 양극과 음극 사이를 전선으로 직접 연결하면 전지는 몇 분 후 완전히 방전된다. 또한 손전등을 만들기 위해 전구와 전지를 연결하면 한두 시간 정도는 지나야 전하의 차이가 0이 된다.

가정에서 쓰는 전기회로에서는 정전이 발생하지 않는 한 절대로 전하차가 0이 되지 않는다. (해서는 안 되지만) 교류 콘센트를 단락시키면 퓨즈나 차단기가 바로 끊어지고 전하차는 0으로 떨어진다. 만약 표준 전구를 콘센트에 정상적으로 연결하면 전류가 흘러도 전하차는 지속되고, 완전한 기전력이 유지된다. 즉 발전소는 많은 전구에 117 V 의 전위차를 무기한 유지할 수 있다.

전압이 아닌 전류 때문에 발생한 끔찍한 전기 사고에 대해 들어본 적이 있는가? 글자 그대로는 사실이지만 이는 말장난일 뿐이다. 그것은 '불을 피우지 않은 채 열로 사람을 태워버린다.'는 말과 같다. 그러나 치명적인 전류는 인체에 어느 정도의 전류를 흘리기에 충분한 기전력이 있어야 발생할 수 있다. 이론적으로는 인체의 저항이 매우 낮을 때 두 손으로 1.5 V 의 건전지를 만지면 많은 전류가 흐를 수 있지만 걱정할 필요는 없다. 손전등용 전지를 만지는 것은 위험하지 않다. 다만 가정에서 사용하는 전원은 조심해야 한다. 117 V 나 220 V 의 기전력은 사람이 사망할 수 있는 정도의 전류를 흐르게 할 수 있다.

옴의 법칙으로 돌아가 보자. 컨덕턴스(또는 저항)가 변하지 않는 전기회로에서 전류는 가한 전압에 정비례한다. 전압이 2배가 되면 전류도 2배가 되고, 전압이 절반으로 줄어들면 전류도 절반으로 줄어든다. 이런 관계는 [그림 2-2]와 같다. 여기서 전원은 단위시간당 전하 반송자를 필요한 수만큼 지속적으로 공급할 수 있다고 가정한다.

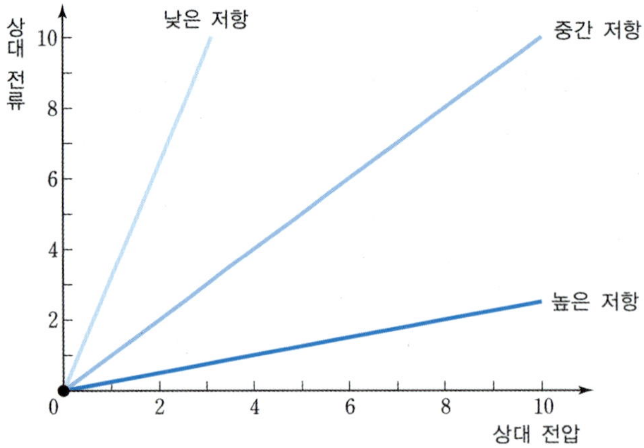

[그림 2-2] 낮은 저항, 중간 저항, 높은 저항에 대한 상대 전류 대 상대 전압

암페어

전류는 어떤 지점에서 단위시간당 흐르는 전하 반송자의 양을 의미한다. 전류의 표준 단위는 **암페어**ampere로, 1암페어는 어떤 지점에서 매 초당 1쿨롱coulomb, 즉 6,240,000,000,000,000,000 또는 6.24×10^{18}개의 전하 반송자가 흐르는 것을 나타낸다.

A로 표시하는 암페어는 상대적으로 큰 전류 단위이다. 암페어보다 작은 단위로 밀리암페어 ($1\,\text{mA} = 0.001\,\text{A}$) 또는 마이크로암페어($1\,\mu\text{A} = 0.001\,\text{mA} = 0.000001\,\text{A}$)를 사용하기도 하고, 나노암페어($1\,\text{nA} = 0.001\,\mu\text{A} = 0.000000001\,\text{A}$)를 사용하기도 한다.

수 mA의 전류도 사람에게는 치명적일 수 있다. 약 50 mA 정도의 전류는 사람에게 심각한 쇼크를 주며 100 mA의 전류가 심장을 통과하면 사망할 수도 있다. 가정에서 사용하는 전구에는 0.5 A ~ 1 A, 전기다리미에는 10 A 정도의 전류가 흐른다. 집의 크기나 가전제품의 종류, 시간에 따라 다르지만 한 집 전체가 사용하는 전류는 보통 10 A ~ 100 A이다.

회로에 흐르는 전류는 전압과 저항에 따라 다르다. 일부 전기 시스템에서는 1,000 A 같이 매우 큰 전류가 흐를 수 있다. 이 정도의 전류는 거대한 발전기의 출력단에 금속 막대를 직접 붙여 놓을 때 발생한다. 금속 막대는 저항이 매우 낮아서 발전기에서는 매 초마다 상당한 쿨롱의 전하 반송자를 막대에 통과시킬 수 있다. 어떤 반도체 전자 소자는 수 nA의 전류로도 충분히 동작한다. 몇몇 전자시계는 매우 낮은 전류가 흐르므로 선반 위에 놓아두더라도 배터리가 오래 지속된다.

저항과 옴

저항은 회로가 전류의 흐름을 거슬러 방해하는 것을 **양**quantity으로 표시한다. 저항은 정원용 호스의 직경의 역수에 비교할 수 있다(컨덕턴스는 정원용 호스의 직경에 비교된다). 금속선에서는 이런 비유가 잘 맞는데, 같은 금속으로 제작한 경우 직경이 작은 금속선은 직경이 큰 금속선에 비해 저항이 높다.

저항의 표준 단위는 **옴**ohm이라 하고, Ω(오메가)라는 그리스 대문자로 표시한다. 킬로옴 $(1,000\,\Omega = 1\,\text{k}\Omega)$이나 메가옴$(1\,\text{M}\Omega = 1,000\,\text{k}\Omega = 1,000,000\,\Omega)$도 사용한다.

전선은 **단위길이당 저항**resistance per unit length으로 성능을 평가한다. 이런 목적으로 사용하는 표준 단위는 미터당 저항(Ω/m) 또는 피트당 저항(Ω/ft)이다. 경우에 따라 킬로미터당 저항(Ω/km)도 쓰인다. [표 2-1]은 상온에서 **미국 전선 규격**American Wire Gauge(AWG)으로 정의된, 다양한 크기를 갖는 구리선의 단위길이당 저항을 나타낸 것이다.

[표 2-1] 상온에서 전선의 치수에 따른 구리선의 단위길이당 저항 (기준 : 미국 전선 규격(AWG))

전선 치수 [AWG #]	저항률 [Ω/km]
2	0.52
4	0.83
6	1.3
8	2.7
10	3.3
12	5.3
14	8.4
16	13
18	21
20	34
22	54
24	86
26	140
28	220
30	350

전원 공급 장치에서 전하 반송자를 무한히 공급할 수 있다고 가정해 보자. $1\,\Omega$의 저항값을 갖는 소자 양단에 $1\,\text{V}$의 전위차를 인가하면 $1\,\text{A}$의 전류가 흐르고, 저항이 $2\,\Omega$으로 증가하면 $0.5\,\text{A}$의 전류가 흐른다. 저항이 $\frac{1}{5}$인 $0.2\,\Omega$으로 감소하면 전류는 $1\,\text{A}$에서 $5\,\text{A}$로 5배 증가한다. 이렇게 전압이 일정하다면 전류는 저항에 반비례한다. [그림 2-3]은 전압이 $1\,\text{V}$로 고정된 상태에서 다양한 저항값을 가진 소자를 통과해 흐르는 전류를 나타낸다.

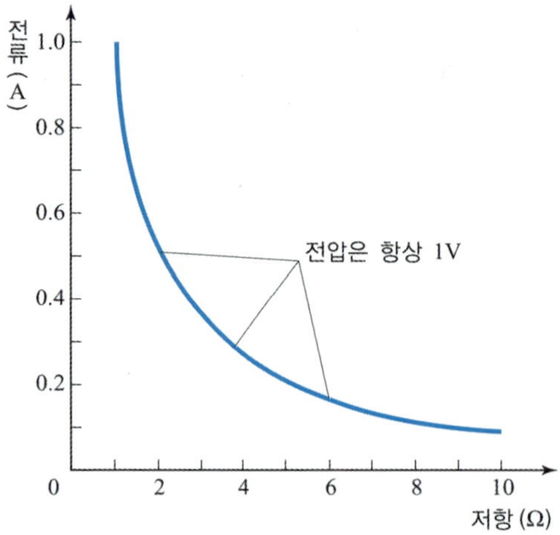

[그림 2-3] 일정 전압 1V에 대해 저항의 함수로서 전기 소자를 통과하는 전류

[그림 2-4]와 같이 전류가 소자를 통과할 때는 반드시 소자 양단에 전위차가 발생한다. 일정한 저항값을 갖도록 제작된 소자를 **저항기** resistor라고 하는데, 일반적으로 전위차는 저항기를 통과하는 전류에 비례한다. 이 책의 후반부에서 다루겠지만 이런 현상은 전자회로 설계에 활용된다.

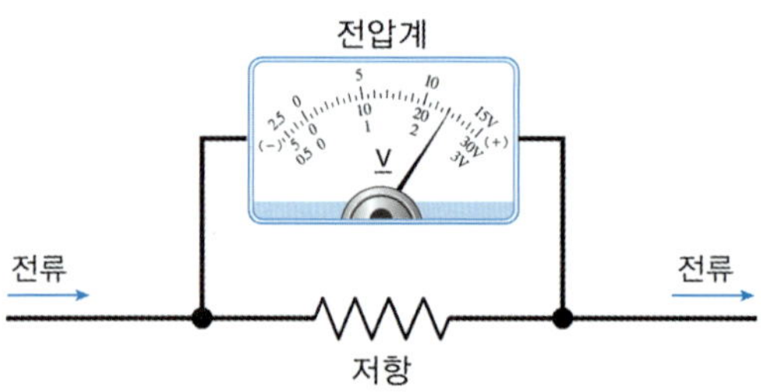

[그림 2-4] 전류가 저항을 가진 소자를 통과할 때 항상 소자 양단에 전위차가 존재한다.

전기회로는 항상 저항을 갖는다. 세상에 완전한 도체(저항이 0인 물체)는 없다. 특정 도체의 온도를 **절대온도 0도** 근처까지 낮춘다면 물체가 저항을 잃어버려 긴 시간 동안 전류가 흐를 수 있다. 이런 현상을 **초전도성** superconductivity이라고 한다. 그러나 절대적인 완전 도체는 없다.

세상에 완벽한 무저항 물체가 없는 것처럼 무한대 저항의 절대 부도체도 존재하지 않는다. 건조한 공기라고 해도 어느 정도의 전류가 흐른다. 단지 무시할 수 있을 만큼 미미할 뿐이다. 일부 전자적 응용을 할 때 공학자는 " '거의 무한대' 저항의 물질을 선택한다."고 말한다. 이는 비유적인 표현으로, 실제로는 저항이 너무 커서 모든 상황에서 '무한대'의 저항체인 것처럼 생각할 수 있다는 의미이다.

전자공학에서 소자의 저항은 종종 소자가 동작하는 환경에 따라서 변화한다. 예를 들어, 트랜지스터의 경우 저항이 높을 수도 있고 낮을 수도 있다. 저항의 크기 변화는 초당 수천 ~ 수십억 번 발생할 수 있다. 이런 현상을 이용해 발진기, 증폭기와 디지털 장치들이 무선 송수신기, 통신망, 컴퓨터, 위성통신 등에서 여러 가지 기능을 담당한다.

컨덕턴스와 지멘스

전기공이나 공학자들은 저항 대신에 물질의 **컨덕턴스**conductance를 이야기하기도 한다. 컨덕턴스의 표준 단위는 **지멘스**siemens(S)이다. 어떤 물체의 컨덕턴스가 1 S라는 것은 저항이 1 Ω이라는 뜻이다. 만약 저항이 2배가 되면 컨덕턴스는 $\frac{1}{2}$로 줄어들고, 반대로 저항이 $\frac{1}{2}$이 되면 컨덕턴스는 2배로 증가한다. 한순간 하나의 소자나 회로에서 S 단위로 나타낸 컨덕턴스는 Ω 단위로 나타낸 저항과 항상 역수 관계이다.

저항[Ω]을 알면 1을 저항으로 나눠 컨덕턴스[S]를 구할 수 있다. 역으로 컨덕턴스[S]를 알고 있을 경우 1을 컨덕턴스로 나눠 저항[Ω]을 구할 수 있다. 계산이나 수식에서 저항은 대문자 이탤릭 R, 컨덕턴스는 대문자 이탤릭 G로 표기한다. 저항 R[Ω]과 컨덕턴스 G[S]의 관계는 다음과 같다.

$$G = \frac{1}{R}, \quad R = \frac{1}{G}$$

실제 회로에서는 S보다 작은 단위인 밀리지멘스(1 mS = 1 kΩ)나 마이크로지멘스(1 μS = 1 MΩ) 또는 S보다 큰 단위인 킬로지멘스(1 kS = 0.001 Ω), 메가지멘스(1 MS = 0.000001 Ω)를 사용하기도 한다. 굵고 짧은 철선은 수 kS의 컨덕턴스를, 굵은 구리 도선이나 은 도선은 수 MS의 컨덕턴스를 갖는다.

저항이 50 Ω인 소자의 컨덕턴스는 $\frac{1}{50}$ S 또는 0.02 S(20 mS)이다. 컨덕턴스가 20 S인 도선의 저항은 $\frac{1}{20}$ Ω 또는 0.05 Ω이다. mΩ을 잘 사용하지는 않지만 기술적으로는 0.05 Ω의 도선이 50 mΩ의 저항을 갖는다고 말하는 것이 타당하다.

소자나 회로, 시스템의 전도율을 결정할 때 주의를 기울이지 않으면 잘못된 값을 계산하게 된다. 예를 들어, 단위길이당 저항이 10 Ω/km인 도선의 전도율을 $\frac{1}{10}$ S/km 또는 0.1 S/km라고 말할 수 없다. 1 km 도선의 컨덕턴스는 0.1 S이지만 2 km 도선은 저항이 20 Ω이 되므로 컨덕턴스가 2배가 아니라 $\frac{1}{2}$배가 된다. 1 km인 도선의 전도율이 0.1 S/km이면 2 km인 도선은 0.2 S의 컨덕턴스를 갖는다고 생각할 수 있지만 이는 사실과 다르다. 컨덕턴스는 도선의 길이가 증가할 때 감소한다는 사실에 유의해야 한다.

[그림 2-5]는 단위길이당 저항이 10 Ω/km인 도선에 대해 길이에 따른 저항과 컨덕턴스의 변화를 나타낸 것이다.

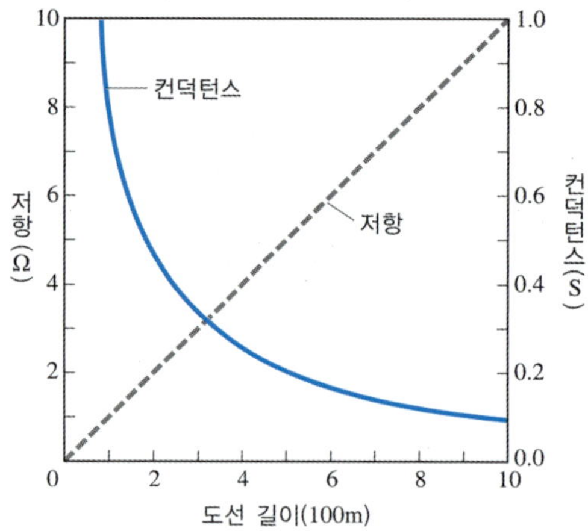

[그림 2-5] **저항률이 $10\Omega/\mathrm{km}$ 인 도선의 길이에 따른 저항과 컨덕턴스의 변화**

전력과 와트

저항성 소자에 전류가 흐를 때마다 소자의 온도가 상승한다. **열**heat의 세기는 **전력**power을 나타내는 단위인 **와트**watt(W)로 측정할 수 있으며 수식에서는 P로 표시한다. 전력은 기계적인 운동, 전파, 가시광선 또는 잡음과 같이 다양한 형태로 나타난다. 그러나 세상에는 효율이 100%인 시스템이 없으므로 전기 및 전자기기에서는 항상 열이 발생한다. 즉 전력의 일부가 항상 손실되고, 주로 열의 형태로 사라진다.

[그림 2-4]를 다시 보면 실제 전류와 전압이 얼마인지는 모르지만 저항기 양단에 전위차가 발생하고 전류가 흐르는 것을 알 수 있다. 저항기 양단의 전압을 V[V], 전류를 I[A]라고 하면 저항기에서 소비되는 전력 P[W]는 다음과 같다.

$$P = VI$$

직렬로 연결된 건전지 2개를 사용해 3V의 전압을 저항(전구라고 가정)에 걸어주고 저항에 0.2A의 전류가 흐른다고 가정하면 $V = 3\,\mathrm{V}$, $I = 0.2\,\mathrm{A}$가 된다. 이때 전력 P는 다음과 같다.

$$P = VI = 3 \times 0.2 = 0.6\,\mathrm{W}$$

전압이 220V이고 400mA의 전류가 흐른다고 가정하자. 전력을 계산하기 위해 전류를 암페어[A] 단위로 환산하면 $400\,\mathrm{mA} = \dfrac{400}{1{,}000}\,\mathrm{A} = 0.400\,\mathrm{A}$가 되고, 전력은 다음과 같다.

$$P = VI = 220 \times 0.400 = 88.0\,\mathrm{W}$$

종종 밀리와트(mW), 마이크로와트(μW), 킬로와트(kW), 메가와트(MW)라는 것을 접하게 될 것이다. 지금부터는 접두어만 보고도 어떤 단위를 뜻하는지 알아야 한다. 잘 모르겠다면 [표 2-2]에 표시된 접두어 승수를 참고하기 바란다.

[표 2-2] 10^{-12} 단위부터 10^{12} 단위까지의 접두어 승수

접두어	기호	승수
피코(pico-)	p	0.000000000001(또는 10^{-12})
나노(nano-)	n	0.000000001(또는 10^{-9})
마이크로(micro-)	μ	0.000001(또는 10^{-6})
밀리(milli-)	m	0.001(또는 10^{-3})
센티(centi-)	c	0.01(또는 10^{-2})
데시(deci-)	d	0.1(또는 10^{-1})
킬로(kilo-)	k	1,000(또는 10^{3})
메가(mega-)	M	1,000,000(또는 10^{6})
기가(giga-)	G	1,000,000,000(또는 10^{9})
테라(tera-)	T	1,000,000,000,000(또는 10^{12})

전력 방정식을 활용해 소자를 통과하는 전류 또는 양단의 전위차를 다음의 식을 사용해 구할 수 있다.

$$I = \frac{P}{V}, \quad V = \frac{P}{I}$$

이 식들을 사용하기 전에 반드시 표준 단위(V, A, W)로 변환해야 한다. 그렇지 않으면 답이 10의 몇 승배로 크거나 작은 값이 될 수 있다.

표기법

기호와 약자를 이탤릭체로 표기하기도 한다. 종종 아래첨자를 사용하는데, 때로는 아래첨자도 이탤릭체로 표기한다. 전기전자 분야에서 사용하는 규칙은 다음과 같다.

- 볼트(V), 암페어(A), 와트(W) 단위의 약자는 이탤릭체로 표시하지 않는다.
- 저항(R), 전지(B), 커패시터(C), 인덕터(L)와 같은 물체나 부품의 약자는 이탤릭체로 표시하지 않는다.
- 킬로(k-), 마이크로(μ-), 메가(M-), 나노(n-)와 같이 양을 나타내는 접두어는 이탤릭체로 표시하지 않는다.
- 그림에 명칭이 붙는 점은 이탤릭체로 표시하기도 하고, 하지 않기도 한다. 예를 들어, 한 점을 P 또는 *P*로 표시해도 된다. 일관성만 유지된다면 문제되지 않는다.
- 수학에서 사용하는 시간(t), 진공에서 빛의 속력(c), 속도(v), 가속도(a)와 같은 상수나 변수는 항상 이탤릭체로 표시한다.

- 전압(V), 전류(I), 저항(R), 전력(P)과 같은 전기적인 물리량은 항상 이탤릭체로 표시한다.
- 숫자로 표시된 아래첨자는 이탤릭체로 표시하지 않는다. 즉 특정 저항기를 $\mathrm{R_2}$로는 표시하지만 R_{2}로는 표시하지 않고, 특정 전류의 양을 I_4로는 표시하지만 I_{4}로는 표시하지 않는다.
- 숫자가 아닌 아래첨자에 대해서는 일반적인 기호 표기법을 적용한다.

때때로 하나의 그림이나 단락 내에서 사용하는 동일한 기호에 대해 어떤 곳은 이탤릭체를 사용하고, 어떤 곳은 사용하지 않는 경우가 있다. 예를 들어, $\mathrm{R_3}$과 R_3이라는 표현이 함께 사용될 수 있다. 이때 $\mathrm{R_3}$은 저항기의 조합 중 '세 번째 **저항기**resistor'를, R_3은 저항의 조합 중 '세 번째 **저항**resistance의 값'을 뜻한다. 나중에 저항기의 조합에서 n번째 저항기(R_n), 저항의 조합에서 n번째 저항값(R_n)에 대해 언급할 것이다.

에너지와 와트시

전력과 에너지라는 용어는 같은 의미일까? 그렇지 않다. **에너지**energy는 일정 시간 동안 소비된 전력을 의미하지만 **전력**power은 특정 순간에 에너지가 소비되는 순간 비율을 의미한다.

에너지는 **줄**joules(J)이라는 단위로 측정한다. 1 J은 1 W 전력으로 1초 동안 소비하는 에너지에 해당하는 1와트초(1 W·s 또는 1 Ws)를 의미한다. 전기에서는 와트시(W·h 또는 Wh)나 킬로와트시(kW·h 또는 kWh로)를 많이 사용한다. 이름이 뜻하는 것처럼 와트시는 1 W로 1시간 동안 소비하는 에너지를 나타내고, 1 kWh는 1 kW로 1시간 동안 소비하는 에너지를 의미한다.

1 Wh는 어느 정도 크기의 에너지일까? 60 W 전구는 1시간에 60 Wh의 에너지를 소비하는데, 이는 1분당 1 Wh(1 Wh/min)이다. 100W 램프는 $\frac{1}{100}$시간(36초) 동안 1 Wh를 소비한다. 전력을 2배로 키우면 1 Wh를 소비하는 데 소요되는 시간은 $\frac{1}{2}$로 줄어든다. 그러나 일상에서는 항상 일정하게 전력이 소비되지 않고, 매 시간마다 달라질 수 있다.

[그림 2-6]은 1 Wh를 소비하는 가상의 기기 2개를 나타낸다. 기기 A는 항상 60 W를 사용해 1분당 1 Wh의 에너지를 소비하고, 기기 B는 0에서 출발해 60 W 이상까지 증가하면서 전력을 소비한다. 그렇다면 기기 B는 실제로 1 Wh의 에너지를 사용한다고 할 수 있을까? 이를 알아내려면 그림에서 면적을 계산해야 한다. 이 경우 삼각형상이므로 면적은 밑변과 높이의 곱의 반이다. 즉 기기 B는 72초(1.2분 또는 $\frac{1.2}{60} = 0.02$시간) 동안 전력을 공급받고, 면적은 $\frac{1}{2} \times 100 \times 0.02 = 1$ Wh가 된다.

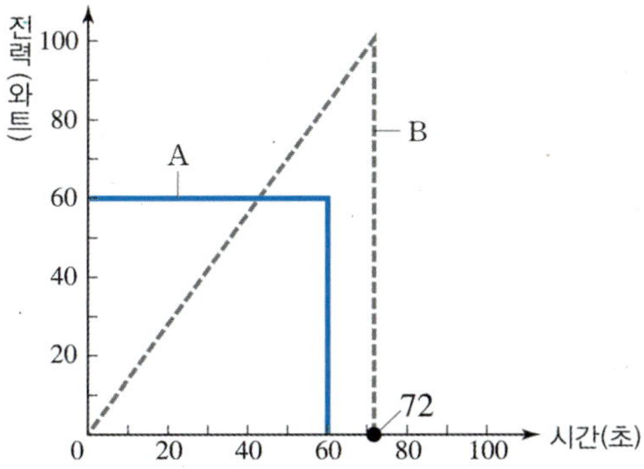

[그림 2-6] 1Wh 에너지를 소비하는 2개의 장치. 기기 A는 시간에 따라 일정한 양의 전력을 소비한다. 기기 B는 시간에 따라 증가하는 전력을 소비한다.

에너지를 계산할 때는 항상 단위 사용에 주의해야 한다. [그림 2-6]과 같이 와트시를 사용하려면 와트와 시를 곱해야 한다. 만약 와트와 분, 또는 와트와 초를 곱하면 단위가 달라져 잘못된 답을 얻게 되고, 어떠한 기술적 정의도 없는 단위를 얻게 되기도 한다.

때때로 시간에 대한 전력 그래프는 사각형이나 삼각형이 아닌 복잡한 곡선이 된다. 예를 들어, 하루 동안 가정에서 사용한 전력을 시간에 따라 나타내면 [그림 2-7]과 같은 곡선이 될 수 있을 것이다. 곡선의 면적을 계산하는 것은 단순하지 않다. 이때 일정 시간 동안 소비한 전력을 계산하기 위해 다른 방법을 활용할 수 있다. 킬로와트시(kWh)로 전기에너지를 측정하는 특별한 기기를 사용하면 된다.

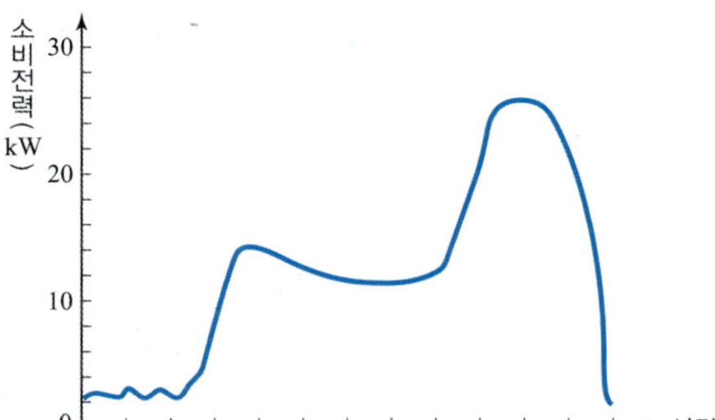

[그림 2-7] 가상의 가정에서 하루 동안 사용하는 전력

매달 전력회사에서는 사람을 보내거나 무선기기를 사용해 kWh로 표시된 계측기 숫자를 기록하고, 현재 값에서 지난달의 값을 뺀다. 그러면 며칠 뒤 각 가정은 1개월 동안 사용한 전기요금 청구서를 받는다. 전력계(실제로는 '에너지 측정계'지만 잘못 불리고 있다)는 [그림 2-7]과 같이 불규칙한 곡선 아래의 면적을 고급수학으로 계산하지 않고, 총 소비에너지를 자동으로 추적해 측정한다.

그 외 다른 에너지 단위들

J 외에 에너지를 표시하는 단위로는 **erg**가 있다. 1erg는 0.0000001J과 같은 값으로, 적은 양의 에너지를 표시할 때 사용한다.

또한 영국식 열량 단위인 Btu[British thermal unit]는 1,055J과 같고, 공조 장치의 냉각용량 또는 가열용량을 표시하는 데 사용한다. 방의 온도를 화씨 85도에서 75도로 냉각하려면 Btu로 정의된 일정량의 에너지가 필요하다. 만약 가정에 에어컨이나 난방기를 설치하고 싶다면 전문가를 불러 적합한 제품 크기를 결정해야 한다. 전문가는 가열 또는 냉각을 위해 기기가 얼마나 강력해야 하는지를 시간당 Btu로 알려줄 것이다.

물리학자들은 J뿐만 아니라 **전자볼트**[electron-volt](eV)라는 에너지 단위도 사용한다. 이는 매우 작은 에너지 단위로서 0.00000000000000000016J과 같으며 1.6×10^{-19}J로 표시한다. 1eV란 1V의 전계에서 하나의 전자가 얻는 에너지를 의미한다. 원자 물리학자들은 메가전자볼트(MeV, 1MeV = 1,000,000eV), 기가전자볼트(GeV, 1GeV = 1,000MeV), 테라전자볼트(TeV, 1TeV = 1,000GeV)를 사용해 입자 가속기의 정격을 표현한다.

기계 분야에서는 **풋파운드**[foot-pound](ft-lb)라는 에너지 단위를 사용한다. 1ft-lb는 1파운드 무게를 1ft만큼 수직으로 들어올릴 때의 일의 양으로, 1.356J과 같다.

[표 2-3]은 지금까지 다룬 모든 에너지 단위를 요약한 것이다. 이 표는 어떤 에너지를 J로 변환하거나 다른 에너지 단위로 변환할 때 필요한 단위 간 변환 계수를 나타낸다. 표에는 Wh와 kWh가 포함되어 있는데, 전기전자 분야에서 이 둘이 아닌 다른 에너지 단위를 사용할 일은 거의 없을 것이다.

[표 2-3] 줄과 다양한 에너지 단위 간 변환 계수

단위	왼쪽의 에너지 단위를 J로 바꾸기 위해 다음 값을 곱한다.	J로 표시된 에너지를 왼쪽의 에너지 단위로 바꾸기 위해 다음 값을 곱한다.
영국열량단위 [Btu]	1,055	0.000948
전자볼트 [eV]	1.6×10^{-19}	6.2×10^{18}
에르그 [erg]	0.0000001(또는 10^{-7})	10,000,000(또는 10^{7})
풋파운드 [ft-lb]	1.356	0.738
와트시 [Wh]	3,600	0.000278
킬로와트시 [kWh]	3,600,000(또는 3.6×10^{6})	0.000000278(또는 2.78×10^{-7})

교류와 헤르츠

직류direct current는 언제나 같은 방향으로 흐르지만 가정에서 사용하는 전류는 일정한 시간마다 방향을 바꿔서 흐른다. 미국을 비롯한 대부분의 나라에서는 $\frac{1}{120}$ 초마다 전류가 방향을 바꾸면서 매 $\frac{1}{60}$ 초마다 완전한 하나의 주기를 완성한다. 어떤 나라에서는 $\frac{1}{100}$ 초마다 전류가 방향을 바꾸면서 $\frac{1}{50}$ 초가 한 주기인 경우도 있다. 이처럼 주기적으로 전류가 반대로 흐르는 것을 **교류**alternating current라고 한다.

[그림 2-8]은 일반적인 117 V 교류 전압이 시간에 따라 변화하는 모습을 나타낸 것이다. 자세히 살펴보면 양과 음의 기전력의 최댓값이 117 V가 아니라 165 V에 가까운 것을 알 수 있다. 일반적으로 교류에서 **실효 전압**effective voltage은 **최대 순간 전압**instantaneous maximum voltage이나 **피크 전압**peak voltage과 일치하지 않는다. [그림 2-8]에서 실효값은 피크값의 약 0.707배이고, 이론적으로 실효값은 피크값을 $\sqrt{2}$로 나눈 값이 된다. 반대로 피크값은 실효값의 약 1.414배가 되고, 정확히는 실효값의 $\sqrt{2}$ 배가 된다.

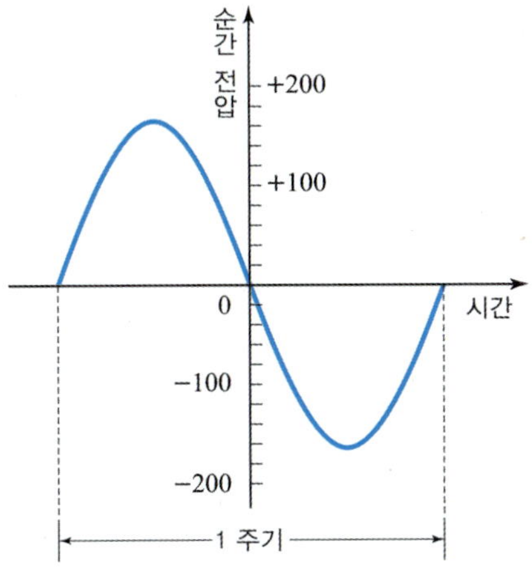

[그림 2-8] **교류의 한 주기. 순간 전압이란 특정 순간에서의 전압이다. 피크 전압은 약 ± 165 V이다.**

Hz 기호로 표시하는 **헤르츠**hertz는 **교류 주파수**AC frequency의 기본 단위이다. 1 Hz란 1초당 하나의 주기가 완성된다는 것을 의미한다. 일반적인 교류는 $\frac{1}{60}$ 초마다 반복되므로 교류는 60 Hz의 주파수를 갖는다고 말한다. 미국에서는 60 Hz를 교류의 표준 주파수로 사용하고, 일부 나라에서는 50 Hz를 사용한다.

무선통신에서는 킬로헤르츠(kHz), 메가헤르츠(MHz), 기가헤르츠(GHz)를 사용하며 값은 다음과 같다.

- 1 kHz = 1,000 Hz = 10^3 Hz
- 1 MHz = 1,000 kHz = 1,000,000 Hz = 10^6 Hz
- 1 GHz = 1,000 MHz = 1,000,000 kHz = 1,000,000,000 Hz = 10^9 Hz

항상 그런 것은 아니지만 파형은 일반적으로 [그림 2-8]과 같다. 이를 **사인파**sine wave 또는 **사인 곡선**sinusoid이라고 한다.

정류와 맥동 직류

배터리나 직류 전원은 [그림 2-9]와 같이 시간에 따른 전압이 수평 직선으로 나타난다. 순수한 직류는 피크 전압과 실효 전압이 동일하다. 어떤 시스템에서는 배터리 대신 다른 전원으로부터 전력을 공급받을 때 순간 직류전압이 시간에 따라 급격히 교란된다. 이런 현상은 [그림 2-8]과 같은 사인파를 **정류기**rectifier 회로에 통과시킬 때 발생한다. 정류기 회로는 전류를 한 방향으로만 흐르게 하는 회로이다.

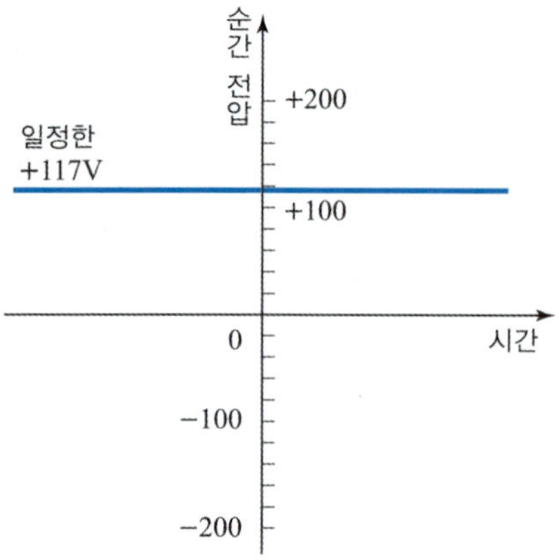

[그림 2-9] 순수 직류의 표현

정류rectification는 교류를 직류로 바꾼다. 정류를 하기 위해서는 **다이오드**diode라는 소자를 사용한다. 교류 파형을 정류할 때는 교류 파형의 반을 자르거나 반전시켜 **맥동하는**pulsating 직류를 얻는다. [그림 2-10]은 두 종류의 맥동하는 직류를 나타낸 것이다. [그림 2-10(a)]는 단순히 교류의 한 사이클에서 절반인 음의 부분을 제거한 것이고, [그림 2-10(b)]는 한 주기 중 음의 절반을 반전시켜 양의 부분으로 만들어 거울 이미지를 만든 것이다. (a)는 파형의 절반만 포함하는 **반파 정류**half-wave rectification를 나타내고, (b)는 2개의 절반 파형 모두가 출력에 기여하는 **전파 정류**full-wave rectification를 나타낸다. 전파 정류기의 출력은 입력처럼 방향을 바꾸면서 흐르지는 않지만 일부가 차단되는 일 없이 모든 입력 전류가 한 방향으로 계속 흐른다.

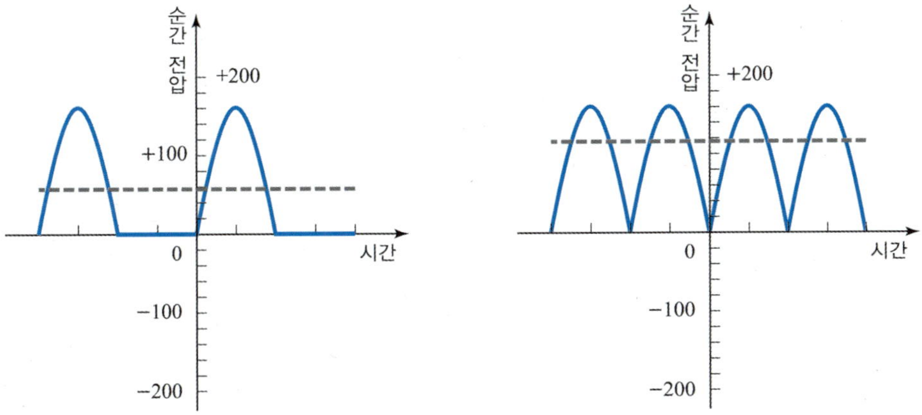

(a) 교류의 반파 정류　　　　(b) 교류의 전파 정류

[그림 2-10] 교류의 반파 정류와 전파 정류. 실효 전압은 점선으로 나타냈다.

피크값과 비교해 맥동하는 직류에 대한 실효값은 교류 파형이 반파 정류인지 전파 정류인지에 따라 달라진다. [그림 2-10]을 보면 실효값은 점선으로 나타내고, 순간 전압은 실선으로 나타냈다. 순간 전압은 매 순간 변화한다. [그림 2-10(b)]에서 실효값은 교류 피크값의 $2^{-1/2}$배이고, 대략 0.707배가 된다. 이는 정류 전 처음 교류 파형에서의 실효값과 동일하며 많은 종류의 소자에 대해 전류 흐름의 방향만 다른 것은 실효값에 어떤 차이를 가져오지 않는다. 그러나 [그림 2-10(a)]에서는 원래 파형의 $\frac{1}{2}$ 이 손실되므로 실효값은 피크값의 $\frac{2^{-1/2}}{2}$배, 대략 0.354배가 된다.

미국에서 사용하는 가정용 전원의 피크값은 약 165 V 이고, 실효값은 약 117 V 이다(우리나라의 경우 피크값은 311 V, 실효값은 220 V). 만약 이 전압을 전파 정류로 만들면 피크값과 실효값이 전원의 값들과 동일하다. 그러나 반파 정류로 만들면 피크값은 전원의 값과 같지만 실효값은 약 58.5 V 로 낮아진다.

안전

전기 장치의 안전에 대해 한 가지 규칙만은 꼭 알아둬야 한다. 결코 잊어서는 안 된다. 부주의한 움직임 하나가 누군가를 죽일 수도 있다.

⚠ 주의 사항

만약 당신이 전기 장치를 안전하게 다룰 수 있을지 조금이라도 의심이 든다면 일단 할 수 없다고 가정하고, 전문가에게 맡겨라.

실효값이 약 117 V인 가정용 전기기기(대형 가전기기의 경우 2배 정도 높은 전압을 사용)가 사람의 심장을 관통하는 전류를 흘리면 사망에 이를 수 있다. 점화 코일처럼 어떤 장치는 자동차 배터리로부터도 치명적인 전류를 만들 수 있다. 어떤 종류의 회로와 절차, 장치가 안전한지, 그리고 어떤 종류가 불안전한지에 확신이 들지 않는다면 전문가에게 문의하는 것이 좋다.

자성

전류가 흐를 때, 즉 전하 반송자가 움직일 때 주변에 **자기장**magnetic field이 발생한다. 직선 도선에 전류가 흐르면 도선을 중심으로 원형으로 **자속선**magnetic lines of flux이 만들어진다. 자속선은 형체가 있는 물질이 아니지만 자기장을 표현할 때 유용하다. 예를 들어, 1 cm^2당 100개의 자속선처럼 단위면적당 자속선 수를 자기장의 상대적 세기를 표시하는 용어로 사용한다.

자기장은 특정 물질의 원자들이 정렬될 때 생긴다. 철은 이런 성질을 가진 대표적인 물질이다. 지구 자전과 태양의 자기장에 의해 지구의 핵에 있는 철 원자들이 어느 정도 정렬된다. 지구를 둘러싸고 있는 자기장 때문에 대전된 입자들이 한쪽으로 집중되는 흥미로운 현상이 발생하면 이로 인해 태양 폭풍이 진행되는 동안 오로라 현상을 볼 수 있다.

전선을 감아서 코일을 만들면 지구를 둘러싸고 있는 자기장과 같은 모양의 자속선이 만들어진다. [그림 2-11]과 같이 두 **자극**magnetic pole이 만들어지는데, 철이나 강철 또는 자화가 잘 일어나는 물질로 코일 내부에 코어를 만들면 자기장의 세기를 증가시킬 수 있다. 이런 물질을 **강자성체**ferromagnetic materials라고 한다.

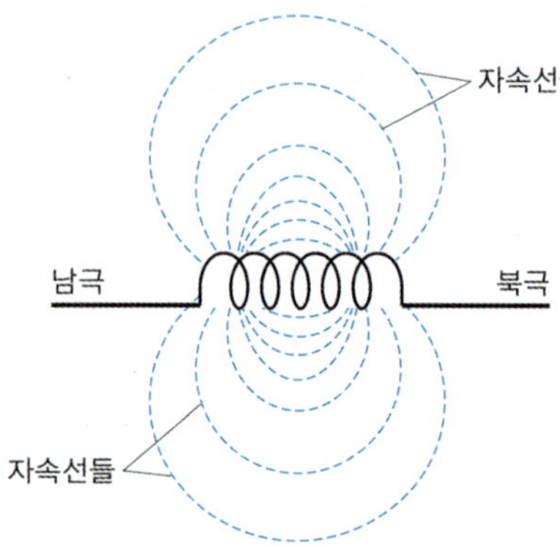

[그림 2-11] 전류가 흐르는 도선 주위를 둘러싼 자속선. 자속선은 자극에 모여든다.

강자성 심은 코일 속과 그 주변에 존재하는 자성의 총 양을 증가시키는 것은 아니지만 더 강한 장을 만들 수 있다. 이는 전자석이 동작하는 원리로 변압기 동작에도 이용된다. 학술적으로 자속선은 북극에서 나와서 남극으로 모인다. 따라서 자기장은 코일 또는 막대자석의 북극 끝에서 나와서 주위 공간의 자속선을 따라 남극 끝으로 흐른다.

자성의 단위

자기장의 전체 양을 표시할 때 **웨버**weber(Wb)라는 단위를 사용한다. 1 Wb는 1볼트초(1 V·s)와 같다. 좀 더 세기가 약한 자기장에 대해서는 **맥스웰**maxwell(Mx)이라는 단위를 사용한다. 1 Mx은 0.00000001 Wb 또는 0.01 μV·s와 같다.

자기장에서 **자속선의 밀도**flux density는 m^2나 cm^2당 웨버 또는 맥스웰로 표현할 수 있다. 자속선의 밀도가 m^2당 1 Wb인 경우(1 Wb/m^2)를 **1테슬라**tesla(T)라고 한다. **1가우스**gauss(G)는 0.0001 T 또는 1 Mx/cm^2와 같다.

도선에 흐르는 전류가 증가하면 일반적으로 도선 주변의 자속 밀도도 증가한다. 동일한 전류가 흐를 때 코일 형태로 된 도선은 직선 형태의 도선보다 훨씬 높은 자속 밀도를 만들어 낸다. 또한 동일한 전류가 흐르는 동일한 직경의 코일에서 코일의 감긴 횟수가 많을수록 코일 속과 그 주변의 자속 밀도도 증가한다.

자기장의 세기를 **암페어-턴**ampere-turns(At)으로 나타내기도 한다. 암페어-턴은 **기자력**magneto-motive force이라 불리는 현상을 양적으로 표현한다. 1 A의 전류가 흐르는 도선이 폐곡선 1개로 되어 있을 때 1 At이라는 기자력을 만들어내며 전류는 고정하고, 도선을 2번 감으면 기자력은 2배가 된다. 물론 감은 수는 고정하고, 전류가 2배가 되어도 기자력이 2배가 된다. 가령 10 A의 전류가 흐르는 도선이 10번 감긴 코일의 기자력은 $10 \times 10 = 100$ At이 된다. 또한 100 mA (0.1 A)의 전류가 흐르는 도선이 200번 감긴 코일에는 $0.1 \times 200 = 20$ At의 기자력이 발생한다.

간혹 **길버트**gilbert(Gb)라는 기자력 단위를 사용하기도 한다. 1 Gb는 약 0.796 At과 같고, 반대로 1 At은 약 1.26 Gb가 된다.

TIP

직류가 흐르는 코일의 기자력은 단지 코일에 흐르는 전류와 감은 코일 횟수에만 의존한다. 그 외에는 다른 어떤 것도 차이를 유발하지 않는다.

연습문제

01 다음 중 고정된 양극을 가진 전기쌍극자에서 양전하의 중심의 상태로 옳은 것은 무엇인가?

(a) 음전하 중심보다 전자 수가 많다.
(b) 음전하 중심과 전자 수가 동일하다.
(c) 음전하 중심보다 전자 수가 적다.
(d) 음전하 중심보다 전자 수가 많을 수도, 같을 수도, 적을 수도 있다.

02 직류 전압이 걸린 두 지점이 있다. 한 지점을 왼손으로, 다른 한 지점을 오른손으로 만졌을 때 다음 중 감전사 위험이 가장 큰 전압은 어느 것인가?

(a) 1.5 V
(b) 15 V
(c) 150 V
(d) 위 세 전압의 감전사 위험은 동일하다. 사람을 죽이는 것은 전압이 아니라 전류이기 때문이다.

03 저항에 인가하는 직류 전압을 100배 증가시키고, 전류를 일정하게 유지하기 위해 저항도 증가시켰다.(저항이 타지 않는다고 가정했을 때) 저항이 소비하는 전력은 이전 대비 어떻게 되는가?

(a) 100배가 된다.
(b) 10배가 된다.
(c) 변함이 없다.
(d) $\frac{1}{10}$ 배가 된다.

04 도선의 컨덕턴스가 500 mS일 때 저항은 얼마인가?

(a) 0.02 Ω
(b) 0.2 Ω
(c) 2 Ω
(d) 도선에 흐르는 전류의 크기에 의존한다.

05 도선의 저항이 330 Ω일 때 컨덕턴스는 얼마인가?

(a) 0.303 mS
(b) 3.03 mS
(c) 30.3 mS
(d) 303 mS

06 13.8 V의 직류로 동작하는 자동차 시스템에 정격이 15.0 A인 회로 차단기가 장착되어 있다. 차단기가 동작하려면 얼마 이상의 전력을 요구하는 기기가 이 시스템에 연결되어야 하는가?

(a) 207 W (b) 20.7 W
(c) 1.09 W (d) 920 mW

07 히터가 한 주기 동안 1,000,000 J의 에너지로 공간을 데울 때 이 에너지는 몇 Btu인가?

(a) 1,055 Btu
(b) 948 Btu
(c) 10.55 Btu
(d) (a), (b), (c) 모두 답이 아니다. Btu는 에너지 단위가 아니라 전력 단위이기 때문이다.

08 6.00 V의 배터리가 전구에 4.00 W의 전력을 공급하고 있다. 전구에 흐르는 전류는 얼마인가?

(a) 24.0 A
(b) 1.50 A
(c) 667 mA
(d) 전류를 계산하려면 전구의 저항을 알아야 한다.

09 전선 200m의 컨덕턴스가 900mS라고 가정하자. 동일한 전선이 600m가 되면 컨덕턴스는 얼마가 되는가?

(a) 8.10S
(b) 2.70S
(c) 300mS
(d) 100mS

10 다음 중 에너지의 단위는 무엇인가?

(a) erg
(b) kWh
(c) J
(d) (a), (b), (c) 모두

11 교류 주기가 0.02초마다 한 주기를 반복할 때의 주파수는 얼마인가?

(a) 500Hz
(b) 200Hz
(c) 50Hz
(d) 20Hz

12 대한민국과 미국을 제외한 많은 나라에서 사용하고 있는 교류 전원의 주파수는 얼마인가?

(a) 33Hz
(b) 50Hz
(c) 75Hz
(d) 100Hz

13 다음 중 전류가 흐르는 직선 도선 근처의 자속선 모양에 대한 설명으로 옳은 것은 무엇인가?

(a) 중심에 도선이 있는 동심원들
(b) 도선과 평행한 직선들
(c) 도선을 직각으로 통과해 지나가는 직선들
(d) 도선에서 출발해 도선에 수직인 평면들에 놓인 나선형 선들

14 다음 중 부하(직류 저항이 있는 부품)에 걸린 높은 직류 전압에 대한 설명으로 옳은 것은 무엇인가?

(a) 컨덕턴스가 나빠지게 만든다.
(b) 부하가 작은 저항이라도 높은 직류 전압이 존재할 수 있다.
(c) 부하를 통해 많은 전류를 변함없이 흘린다.
(d) (a), (b), (c) 모두

15 코일 도선에 직류가 흐를 때 다음 중 이 코일의 기자력은 무엇에 의존하는가?

(a) 코일의 감은 횟수
(b) 코일의 직경
(c) 코일의 저항
(d) 코일이 감긴 물질

16 철가루로 만들어진 봉에 코일을 100번 감고 코일에 3A의 전류를 흘렸다고 가정하자. 봉을 제거하고 코일을 공심으로 한다면 기자력은 어떻게 변하는가?

(a) 감소한다.
(b) 증가한다.
(c) 동일하다.
(d) 0으로 떨어진다.

17 다음 중 기자력을 표현할 수 있는 단위는 무엇인가?

(a) At/m^2
(b) Wb/m^2
(c) Mx/m^2
(d) (a), (b), (c) 모두 답이 아니다.

연습문제

18 다음 중 교류 사인파가 입력될 때 전파 정류기의 출력은 어떤 상태가 되는가?

(a) 피크 전압과 동일한 값의 평균 전압을 갖는다.
(b) 배터리가 제공하는 것과 같은 일정한 직류가 된다.
(c) 맥동하는 직류가 된다.
(d) 동일한 사인파이다.

19 다음 중 교류 사인파가 입력될 때 반파 정류기의 출력은 어떤 상태가 되는가?

(a) 피크 전압과 동일한 값의 평균 전압을 갖는다.
(b) 배터리가 제공하는 것과 같은 일정한 직류가 된다.
(c) 맥동하는 직류가 된다.
(d) 동일한 사인파이다.

20 다음 중 자기장의 전체 양을 표시하는 단위는 무엇인가?

(a) 웨버(Wb)
(b) 쿨롱(C)
(c) 볼트(V)
(d) 와트(W)

정답

01 c	**02** c	**03** a	**04** c	**05** b	**06** a	**07** b	**08** c	**09** c	**10** d
11 c	**12** b	**13** a	**14** b	**15** a	**16** c	**17** d	**18** c	**19** c	**20** a

CHAPTER 03

계측기

Measuring Devices

학습목표

- 다양한 전기적 양을 측정하는 계측기의 개념을 이해할 수 있다.
- 가장 널리 사용되고 있는 전압계, 전류계, 저항계 및 멀티미터의 동작 원리와 측정 방법을 이해할 수 있다.
- 그 외 다양한 계측기의 구조와 동작 원리를 파악하고 측정 방법을 이해할 수 있다.

이번 장에서는 전기적 양을 측정하는 계측기에 대해 살펴본다. 어떤 계측기는 전기장과 자기장이 장의 세기에 비례해 힘을 만들어내는 원리를 바탕으로 동작한다. 또 어떤 계측기는 전하 반송자가 저항값을 알고 있는 물질을 통과할 때 만들어내는 열을 측정해 전류를 결정한다. 또 다른 계측기에는 측정되는 전하 반송자의 양에 따라 속도가 변하는 소형 모터가 들어 있다. 그러나 가장 일반적인 타입의 계측기는 아날로그 측정 결과를 (처리하기 위해) 디지털 형식으로 변환해 표시한다.

전자기 편향

초기 연구자들은 전류가 자기장을 생성한다는 사실을 밝혀냈다. 도선 근처에 나침반을 놓 으면 자기장을 감지할 수 있는데, 도선에 전류가 흐르지 않으면 나침반의 침은 북자극을 가리킨다. 그러나 도선에 배터리를 연결해 직류 전류를 흘리면 나침반의 침은 동쪽이나 서쪽을 가리킨다. 편향 정도는 나침반과 도선 사이의 거리, 도선에 흐르는 전류에 따라 달라진다. 이런 현상은 **전자기 편향**electromagnetic deflection이라고 불렸고, 지금까지도 그렇게 불리고 있다.

연구자들은 나침반과 도선을 다양하게 배치해 보면서 나침반의 침을 회전시키는 데 얼마만큼의 힘이 필요한지 연구했고, 가능하면 민감한 장치를 만들기를 원했다. [그림 3-1]과 같이 나침반 주위를 도선으로 감으면 작은 전류도 감지할 수 있었는데 이런 효과를 **동전기**galvanism라고 하고, 나침반에 코일을 감은 장치를 **검류계**galvanometer라고 한다. 검류계의 침이 움직이는 정도는 도선에 흐르는 전류에 비례한다. 이렇게 연구자들은 전류를 측정하는 장치 제작에는 거의 성공했다. 그러나 어떤 방식으로 검류계를 보정해야 하는지는 알아내지 못했다.

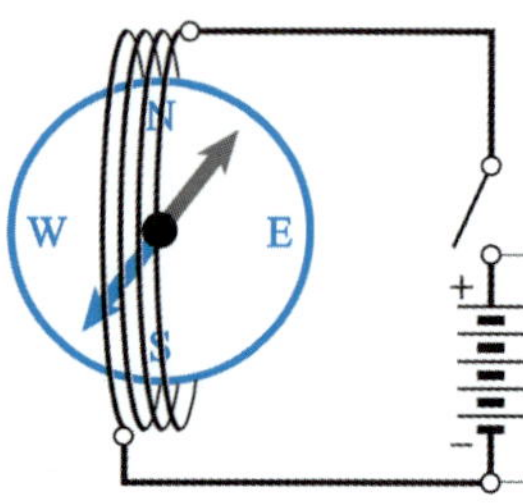

[그림 3-1] 간단한 검류계

여러분도 집에서 검류계를 만들 수 있다. 저렴한 나침반과 60 cm 정도의 에나멜 도선, 그리고 6 V 랜턴 배터리만 있으면 된다. [그림 3-1]과 같이 도선으로 나침반을 4 ~ 5번 감고, 도선에 배터리를 연결하지 않았을 때 나침반의 바늘이 도선과 나란한 방향이 되도록 배치한다. 책상처럼 평평한 곳에 나침반을 놓은 뒤 도선의 한쪽은 배터리의 음극 단자에 연결하고, 다른 한쪽을 배터리의 양극 단자에 잠깐 접촉하면서 나침반의 바늘을 관찰한다. 이때 도선과 배터리를 수초 이상 연결하지 않도록 주의한다.

철물점에서 **저항기** resistor와 **선형 전위차계** linear-taper potentiometer를 구입해 검류계가 전류를 어떻게 측정하는지 알아볼 수 있다. 6 V 손전등용 배터리와 최소 $\frac{1}{4}$ W를 소비하고 최소 정격이 330 Ω인 고정저항기, 그리고 최대 저항값이 10 kΩ인 전위차계를 준비한다. [그림 3-2]와 같이 도선의 한쪽 끝과 배터리의 한쪽 끝 사이에 직렬로 저항기와 전위차계를 연결하고, 전위차계의 중앙 접점과 전위차계의 한쪽 끝을 연결한다. 결과적으로 회로에서 두 단자를 사용한다고 보면 된다.

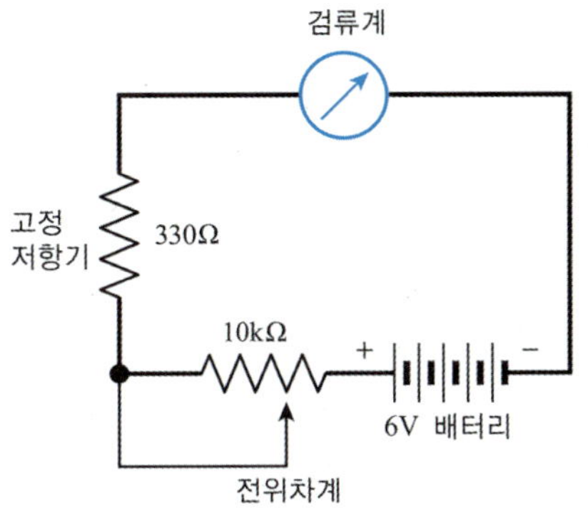

[그림 3-2] 검류계가 상대적 전류값을 가리키는 방법을 설명하는 회로

전위차계를 조절하면 도선에 흐르는 전류에 따라 나침반 바늘이 얼마나 편향되는지 알 수 있다. 저항이 감소할수록 전류는 증가하고, 나침반 바늘이 회전하는 각도는 커진다. 이때 전위차계의 설정을 조작하면 전류를 조절할 수 있고, 배터리를 반대로 연결하면 나침반 바늘이 반대 방향으로 회전하게 할 수 있다. 초기에는 나침반의 침이 회전하는 각도를 전류에 대한 그림으로 그려서 검류계를 보정했다. 이는 다음 장에서 배울 옴의 법칙을 사용해 전압을 저항으로 나눠 전류를 이론적으로 계산한 것이다.

정전기 편향

자기장과 마찬가지로 전기장도 힘을 만들어낸다. 춥고 건조한 날씨에 머리카락이 서는 현상을 한 번쯤은 본 적 있을 것이다. 추운 겨울에 밑창이 단단한 신발을 신고 카펫 위를 비비면서 걸어 다니면 머리카락을 세울 수 있다. 번개가 치기 직전에 머리카락이 선다는 이야기를 들어본 적이 있는가? 항상 그런 것은 아니지만 그런 경우도 있다.

검전기 electroscope는 정전기력을 설명할 때 사용하는 일반적인 기기이다. 검전기는 [그림 3-3]과 같이 공기를 통한 전류 흐름이 금속박을 방해하지 못하도록 용기를 밀폐시키고, 용기 안에 잎 모양의 금속박 2개를 금속 막대에 붙인 구조로 되어 있다.

이 검전기에서 대전된 물체가 금속 막대 머리에 가까워지거나 접촉하면 잎 모양의 금속박은 전자가 넘치거나 부족해서 서로 멀어지는데 이는 동일한 두 극이 서로 밀어내는 것과 동일하다. 잎 모양의 금속박이 서로 멀어지는 정도는 전하량에 따라 달라진다. 그러나 검전기는 편향되는 정도와 전하량을 정확히 알 수 없어 그렇게 좋은 계측기라고 할 수 없다. 그러나 인장 스프링 또는 자석의 힘에 거슬러서 정전기력을 작용시킴으로써 감도가 좋고, 정확한 **정전기 계측기** electrostatic meter를 만들 수 있다.

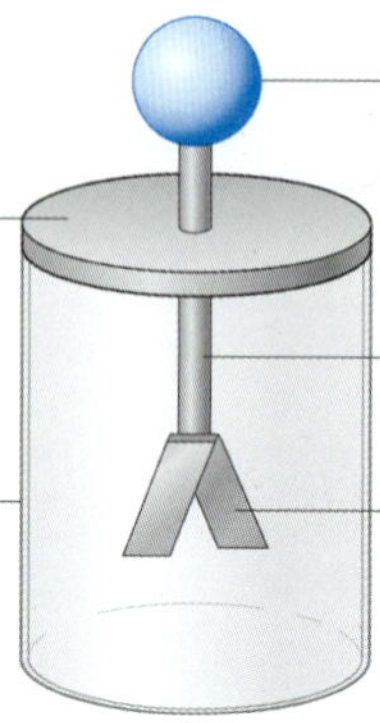

[그림 3-3] 검전기는 정전하의 존재를 감지할 수 있다.

정전기 계측기는 직류뿐만 아니라 교류의 전하량도 측정할 수 있다. 이런 성질은 검류계와 같은 전자기 계측기와 비교했을 때 장점이라고 할 수 있다. 만약 [그림 3-1]과 같이 검류계 코일에 교류 전원을 인가하면 검류계 바늘이 한 번은 이쪽으로, 한 번은 반대쪽으로 움직이게 되는데 그 속도가 너무 빨라서 어떤 방향인지 구분할 수 없다. 그러나 교류를 정전기 계측기에 연결하면 극성에 관계없이 항상 금속판이 서로를 밀어낸다. 즉 교류인 경우에도 힘의 방향에는 변화가 없다.

대부분의 검전기는 민감하지 않아서 교류 전압이 117 V 인 경우 큰 편향이 나타나지 않는다. 그렇다고 검전기에 117 V 를 연결하면 안 된다. 접촉했을 때 감전사할 수 있기 때문이다.

정전기 계측기에는 또 다른 유용한 성질이 있다. 이 기기는 금속판으로 전하가 이동하는 초기 순간에만 미약한 전류가 잠깐 흐르고, 이후에는 전류가 흐르지 않는다. 때때로 공학자들은 측정기로 많은 양의 전류가 흐르는 것을 원하지 않는다. 이런 전류의 유출이 측정하려는 회로의 동작에 영향을 주기 때문이다. 반면에 검류계는 검침을 위해 항상 일정량의 전류가 필요하다.

실험용 검전기를 사용하려면 마른 헝겊에 유리막대를 문지른 뒤 검전기를 대전시켜야 한다. 유리 막대를 검전기에서 떼면 잎 모양의 금속박은 계속 떨어진 채로 남아있다. 즉 금속판에 전하들이 잡힌 것이다. 만약 검전기에서 전류가 흘러나가면 금속박은 늘어져서 다시 붙는다. 이는 마치 검류계에서 배터리를 분리했을 때 바늘이 북쪽을 가리키는 것과 같다.

열적 가열

0이 아닌 어떤 저항값을 가진 물체를 통과해 전류가 흐르면 물체의 온도는 상승한다. 온도 상승 정도는 전류에 따라 달라지며 전류가 많이 흐르면 열도 많이 발생한다. 물성을 알고 있는 금속이나 합금을 사용해 특정 길이와 굵기를 가진 도선을 만든 뒤 도선의 온도를 측정하기 위해 민감하고 정확한 온도계를 사용하고, 전체 조립품을 열이 차단되도록 잘 포장하면 **열선 계측기**hot-wire meter가 완성된다. 열이란 전류의 방향과 관계없으므로 이 계측기는 직류뿐만 아니라 교류도 측정할 수 있다. 완성된 열선 계측기는 수 GHz까지도 교류를 측정할 수 있다.

서로 다른 종류의 금속을 서로 맞붙이면 **접합점**junction이라는 경계가 형성되며 이를 다양한 형태의 열선 계측기에 대한 동작 원리로 이용할 수 있다. 이 접합점에 전류가 흐르면 열이 발생하며 이를 **열전대 원리**thermocouple principle라고 한다. 열선 계측기처럼 이 열전대로 가열 정도를 측정할 수 있다. 열전대 원리는 반대로도 작용한다. 열전대에 열을 가했을 때 발생하는 직류를 검류계로 측정할 수 있다. 이런 현상을 이용해 **전자온도계**electronic thermometer를 만들 수 있다.

전류계

도선을 감은 나침반은 전류를 측정하기에는 효과적이지만 동작이 까다롭다는 단점이 있다. 나침반을 반드시 평평한 곳에 둬야 하고, 전류가 흐르지 않을 때의 나침반 침은 코일과 나란해야 한다. 또한 전류가 흐르지 않을 때는 나침반의 침이 'N'(즉 **자기 방위**magnetic azimuth 0°)을 향하도록 둬야 한다. 이런 제약은 복잡한 전자 시스템이 있는 실험실에서 매우 성가신 일이므로 전문 엔지니어는 현장에서 나침반으로 된 검류계를 거의 사용하지 않는다.

검류계에 가해지는 외부 자기장은 꼭 지구 자기장일 필요는 없다. 계측기 근처나 내부에 있는 영구자석으로도 필요한 자기장을 만들 수 있다. 계측기의 자석은 **지구 자기장**geomagnetic field보다 훨씬 강력한 자기력을 만들어내므로 과거에 사용하던 검류계보다 더 미세한 전류를 측정할 수 있다. 이런 계측기는 어떤 방향으로든, 또는 어떻게 기울여 놓든 항상 동일하게 동작한다. 코일을 계측기의 표시침에 직접 연결하고 자석에서 발생하는 자기장 내에 있는 스프링 베어링에 매단다. 이것이 백 년 이상 된 **다르송발 계측기**D'Arsonval movement라는 계측 방법으로, 일부 기기는 아직까지도 이 검침 방법을 이용한다. [그림 3-4]는 다르송발 전류계의 동작 원리를 나타낸 것이다.

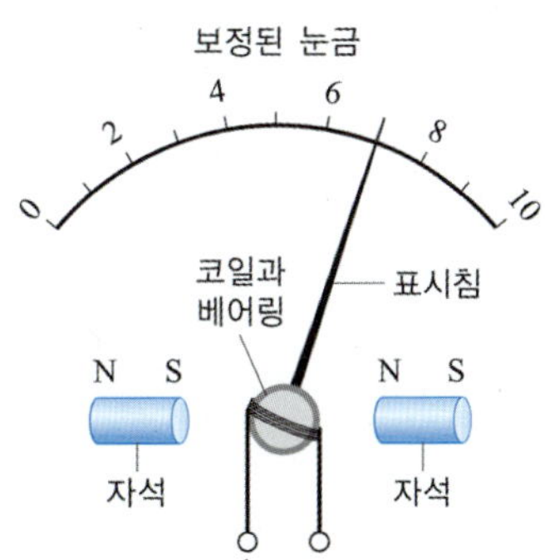

[그림 3-4] 전류를 측정하기 위한 다르송발 계측기의 기능도

표시침을 영구자석에 붙이고, 자석 주위에 일정한 형태로 코일을 감으면 다른 종류의 다르송발 계측기가 만들어진다. 코일에 전류가 흐르면 자기장이 발생하고, 코일과 자석을 서로 바르게 정렬하면 힘이 발생한다. 다만 이렇게 하면 동작은 하지만 영구자석의 질량 때문에 표시침의 반응이 늦어져 실제 다르송발 계측기보다 **오버슈트**overshoot하기 쉽다. 오버슈트 상황에서는 자석의 질량 관성 때문에 표시침이 실제 가리켜야 하는 값보다 넘어간 값을 가리키면서 여러 번 앞뒤로 왔다 갔다 하다가 올바른 지점에 머물게 된다.

한편 다르송발 계측기의 영구자석 대신 **전자석**electromagnet을 이용하는 방법도 있다. 전자석에는 계측기의 표시침에 붙어 있는 코일에 흐르는 전류와 동일한 전류가 흐른다. 전자석을 사용하면 계측기 내에 있는 커다란 영구자석을 제거할 수 있고, 시간이 지나면서 영구자석의 자성이 약해져 측정 감도가 변하는 단점을 극복할 수 있다(영구자석은 열과 심한 기계적 진동에 노출되거나 오랜 시간이 지나면 자성이 사라질 수 있다).

다르송발 계측기의 감도는 계측기 내부에서 특정한 힘을 만드는 데 필요한 전류량에 따라 다르게 나타난다. 마찬가지로 그 힘은 (영구자석을 사용한다면) 영구자석의 강도와 코일을 감은 횟수에 따라 다르다. 자석의 강도가 강하거나 코일을 감은 횟수가 늘어나면 주어진 힘을 만들어내는 데 필요한 전류량이 작아진다. 전자석 형태의 다르송발 계측기에서는 코일을 감은 횟수가 감도에 영향을 준다. 전류가 일정하면 힘은 코일을 감은 횟수에 직접적으로 비례한다. 코일에서 만들어내는 기자력이 커질수록 주어진 전류에서 표시침의 편향이 커지며 주어진 표시침의 편향을 얻는 데 필요한 전류는 적어진다. 가장 민감한 다르송발 전류계는 $1\,\mu\text{A}$ 또는 $2\,\mu\text{A}$를 측정할 수 있다. 일반적인 마이크로 전류계에서 (바늘이 멈춤핀에 도달하기 직전인) **최고 눈금 편향**full-scale deflection을 야기하는 전류가 약 $50\,\mu\text{A}$ 정도로 작아질 수 있다.

경우에 따라 넓은 범위의 전류를 측정할 필요가 있다. 그러나 전류계의 측정 범위를 변경하는 것은 쉽지 않다. 전류계 내부에 있는 코일을 감은 횟수나 자석의 강도를 변경해야 하기 때문이다. 모든 전류계는 아무리 잘 만들어도 (극도로 작은 값이지만 0이 아닌 크기의) **내부 저항**internal resistance이 있다. 만약 전류계의 내부 저항과 동일한 저항기를 전류계와 병렬로 연결하면 외부 저항기에 전류가 $\frac{1}{2}$만큼 흐르고, 나머지 $\frac{1}{2}$의 전류는 전류계의 내부 저항기에 흐른다. 이때 전류계를 최대 눈금으로 편향시키는 전류는 전류계를 홀로 사용했을 때와 비교해 2배로 증가한다.

특정 값의 저항기를 선택하면 어떤 전류계라도 10배, 100배, 1,000배와 같은 고정 배율로 전류계의 측정 범위를 증가시킬 수 있다. 저항기는 필요한 전류가 흘러도 과열되지 않아야 한다. 저항기에는 계측기/저항기의 조합에 흐르는 대부분의 전류가 흘러가고, 계측기에는 $\frac{1}{10}$, $\frac{1}{100}$, $\frac{1}{1,000}$의 전류가 흐르도록 한다. [그림 3-5]와 같은 이런 용도의 저항기를 **분류기**shunt라고 한다.

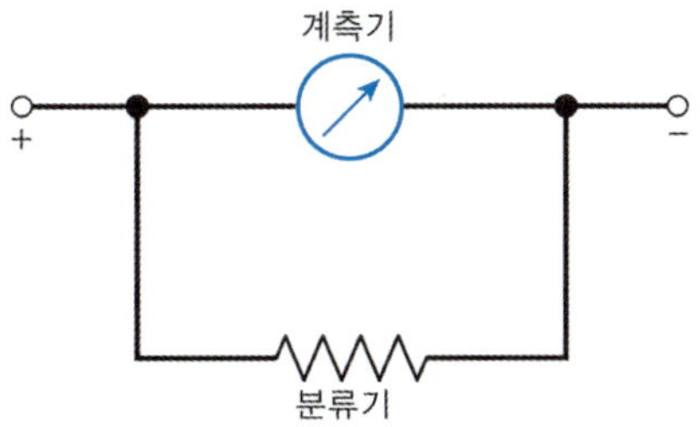

[그림 3-5] 계측기의 감도를 줄이기 위해 미터 분류기라고 하는 저항기를 전류 검출용 계측기에 병렬로 연결할 수 있다.

전압계

앞에서 본 바와 같이 전류는 전하 반송자들의 흐름으로 구성된다. 기전력(EMF) 또는 전위차라고도 하는 전압은 전류를 흐르게 하는 전기적인 압력이다. 저항값이 일정한 회로가 주어졌을 때 회로를 흐르는 전류는 회로에 걸린 전압에 비례한다.

초기 연구자들은 전류계로 전압을 간접적으로 측정할 수 있다고 생각했다. 전류계는 저항이 낮지만 일정한 저항을 지닌 회로로 동작한다. 전류계를 배터리와 같은 전압원에 직접 연결하면 전류계의 표시침은 편향된다. 전류계를 배터리에 바로 연결하면 전류계의 표시침이 핀에 닿게 되어 영구적으로 고장이 난다. 따라서 절대로 mA 전류계나 μA 전류계를 전원에 바로 연결해서는 안 된다. 0 A ~ 10 A 범위를 측정할 수 있는 전류계를 배터리에 연결하면 표시침이 눈금 끝까지 움직이지는 않더라도 전류계 코일이 급격하게 배터리를 소모시킨다. 이런 상태에서 자동차의 납축전지와 같은 배터리는 파열되거나 폭발할 수 있다.

앞서 배운 전류계는 낮은 내부 저항을 갖는다. 전류계는 회로의 다른 부분과 직렬로 연결되어야 하기 때문이다. 측정하려는 회로에서 전류계는 회로의 동작에 영향을 주어서는 안 되며 이상적으로는 짧은 구리 도선처럼 단락 회로로 보여야 한다. 그렇다고 해서 전류계를 전원에 바로 연결하라는 것은 아니다. 전류계에 직렬로 높은 저항을 위치시키고, 배터리나 다른 전원에 연결하면 더 이상 단락 회로가 되지 않고, 전류계는 전원의 전압에 비례해 값을 표시할 것이다. 측정 범위가 작은 전류계일수록 큰 저항을 연결해야 의미 있는 값을 얻을 수 있다. 마이크로 전류계에 아주 높은 저항이 직렬로 연결되어 있다면 전원에서 매우 작은 전류만 끌어내는 **전압계** voltmeter를 구성할 수 있다.

마이크로 전류계에 [그림 3-6]과 같이 서로 다른 크기의 저항들을 연결해 다양한 측정 범위를 갖는 전압계를 만들 수 있다. 전압계는 큰 저항값을 가진 내부 저항을 갖는다. 전압이 증가할수록 필요로 하는 직렬 저항값도 증가해야 하므로 측정 전압이 높을수록 전압계의 내부 저항값은 높아진다.

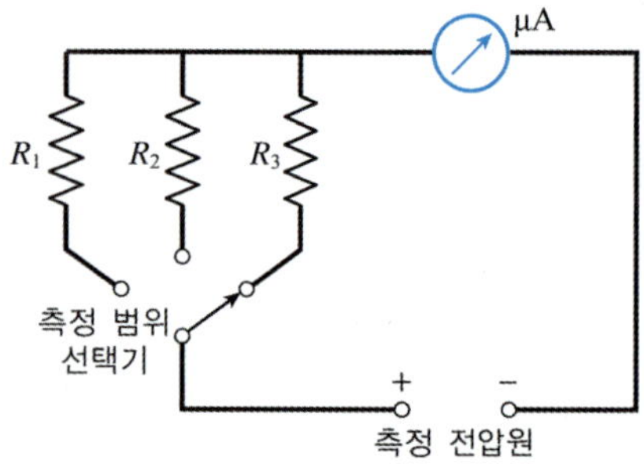

[그림 3-6] **직류 전압을 측정하기 위해 마이크로 전류계를 사용하는 간단한 회로**

높은 내부 저항을 가져야 하는 전압계는 저항값이 높을수록 좋다(이상적인 전압계는 무한대의 내부 저항을 갖는다). 전압계는 전원으로부터 의미 있는 크기로 전류를 끌어내서는 안 되고, 이상적으로는 전류를 전혀 흘리지 말아야 한다. 전압계를 연결할 때와 연결하지 않을 때 미미하게라도 회로 동작에서 차이가 발생해서는 안 된다. 전압계에 흐르는 전류가 작을수록 전원과 연결되어 동작하는 모든 회로에 미치는 영향은 줄어든다.

또 다른 전압계는 전자기 편향이 아니라 정전기 편향을 이용한다. 자기장과 마찬가지로 전기장 역시 힘을 만들어낸다. 따라서 한 쌍의 대전된 금속판은 서로 당기거나 밀어낸다. **정전압계** electrostatic voltmeter는 서로 반대 전하량을 가지거나 큰 전위차를 가진 2개의 금속판이 서로 당기는 힘을 이용하는 것으로, [그림 3-7]은 이런 정전압계의 동작 원리를 나타낸다. 정전압계는 사실상 보정된 민감한 검전기이다. 이 계측기는 근본적으로 전원에서 전류를 끌어내지 않는다. 2개의 금속판 사이에는 거의 완벽한 부도체인 공기만 있다. 잘 설계된 정전압계는 직류뿐만 아니라 교류 전압도 측정할 수 있지만 이런 계측기는 쉽게 망가지고, 기계적인 진동은 값을 읽을 때 영향을 미친다.

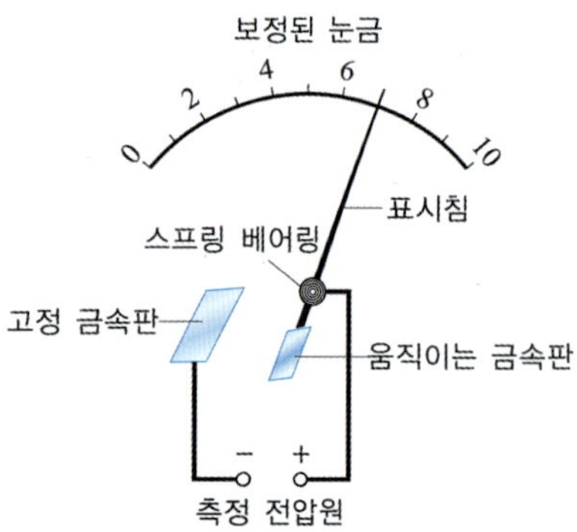

[그림 3-7] **정전압계 동작의 기능도**

저항계

다른 조건이 모두 동일할 때 회로에 흐르는 전류는 저항에 따라 다르다. 이런 원리를 사용해 소자나 기기 또는 회로의 직류 저항을 측정할 수 있다.

[그림 3-8]과 같이 한 세트의 전환이 가능한 고정 저항들과 일정한 전압을 공급하는 배터리를 밀리 전류계 또는 마이크로 전류계와 직렬로 연결하면 **저항계**ohmmeter를 만들 수 있다. 저항을 신중히 선택하면 원하는 어떤 범위의 저항값도 측정할 수 있는 계측기를 만들 수 있다. 전형적인 저항계는 1Ω 이하에서 수십 MΩ까지 측정할 수 있다. 이론적으로 완벽한 부도체를 나타내는 무한대의 저항을 저항계 눈금에서는 영점으로 한다. 직렬 저항값을 기준으로 측정 범위의 최솟값을 1Ω, 10Ω, 100Ω, 1kΩ, 10kΩ 등과 같이 설정한다.

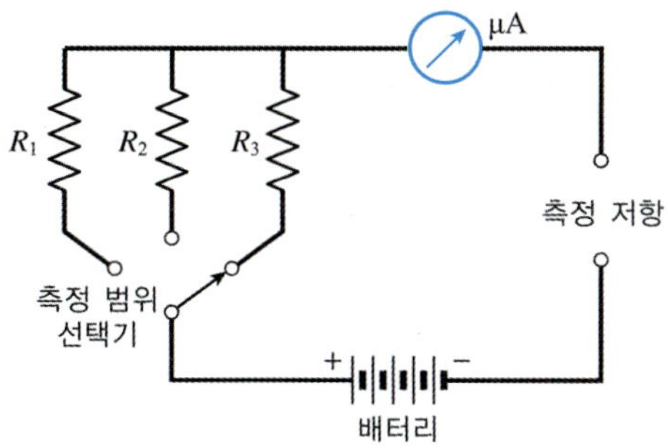

[그림 3-8] 직류 저항을 측정하기 위해 밀리 전류계를 사용한 회로

다르송발 검류계로 구성된 아날로그 저항계는 반대 방향으로 눈금을 읽는다. 즉 최대 저항은 저항계 눈금 왼쪽에 있고, 오른쪽으로 갈수록 저항값이 낮아진다. 저항계는 제조사나 보정기관에서 보정받아야 하는데, 직렬 저항기의 작은 오차는 측정 저항값에 엄청난 오차를 만들 수 있다. 따라서 저항기의 **오차 범위**tolerance는 보통 1% 이내로 정확해야 한다. 한편 저항계가 올바르게 동작하려면 저항계 내부 배터리는 정확하고, 일정한 전압을 공급해야 한다.

밀리 전류계나 마이크로 전류계에서 만들어진 저항계는 항상 **비선형 측정 눈금**nonlinear scale을 갖는다. 따라서 눈금에서 가리키는 지점에 따라 저항 증분의 값이 다르다. 대부분의 저항계는 무한대 끝으로 갈수록 눈금이 점점 좁아진다. 이런 비선형성 때문에 저항계에 직렬로 연결된 저항기를 잘 선택해야 큰 저항을 쉽게 읽을 수 있다.

저항계를 사용할 때는 먼저 제일 높은 저항 범위에 설정한 뒤 회로와 연결한다. 그다음 눈금이 읽을 수 있는 범위에 들어올 때까지 스위치로 저항계의 측정 범위를 낮춘다. 그리고 범위 선택 스위치에 적혀 있는 값과 눈금에서 표시침이 가리키는 값을 곱한다. [그림 3-9]는 저항계를 읽는 방법이다. 그림에서 저항계는 4.7을 가리키고, 범위 스위치는 1k로 설정하고 있다. 즉 4.7kΩ 또는 4,700Ω의 저항을 가리키고 있다.

[그림 3-9] 저항계. 이 경우 저항계는 $4.7 \times 1\,\mathrm{k}\Omega$ 또는 $4{,}700\,\Omega$을 가리킨다.

저항계가 연결되는 회로의 두 지점 사이에 전위차가 있으면 계측기 값을 읽을 때 오차가 발생한다. 그러면 외부 전압에 의해 저항계 내부에 있는 배터리의 전압이 증가하거나 감소해 저항계는 경우에 따라 무한대보다 큰 값을 가리킨다. 즉 저항계의 표시침이 눈금 왼쪽 끝에 있는 핀과 부딪친다. 따라서 저항계로 직류 저항을 측정할 때는 저항계 단자를 연결하려는 두 지점 사이에 전위차가 없는지 항상 확인해야 한다. 저항계를 사용하기 전에 전압계를 이용하면 측정 지점 양단의 전압을 쉽게 측정할 수 있다. 만약 두 지점 사이에 전위차가 존재한다면 저항을 측정하기 전에 회로의 전원을 끊어야 한다.

디지털 멀티미터

디지털 멀티미터 digital multimeter(DMM)는 전자 연구실에서 가장 일반적으로 사용되는 계측기이다. 앞서 다뤘던 모든 측정 장치는 디지털 멀티미터를 사용하기 위한 바탕이 된다.

[그림 3-10]과 같은 디지털 멀티미터는 높은 정밀도와 정확도로 교류와 직류 모두에서 전압과 전류를 측정할 수 있다. 또한 저항과 커패시턴스, 주파수를 측정할 수 있을 뿐만 아니라 특수 모드에서는 다이오드와 같은 다른 전자부품을 테스트하고, 특수한 탐침을 사용해 온도도 측정할 수 있다.

입문자라면 20 ~ 30달러(우리나라 기준 약 3 ~ 5만원) 범위에서도 쓸만한 디지털 멀티미터를 구매할 수 있다.

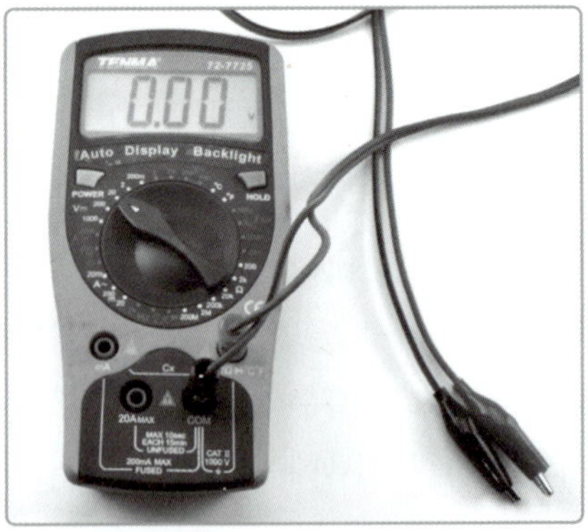

[그림 3-10] 저가형 디지털 멀티미터

디지털 멀티미터는 아날로그 측정 기술과 측정 결과를 처리하는 마이크로컨트롤러(소형 컴퓨터), 측정값이 표시되는 디지털 화면(일반적으로 LCD)으로 구성된다. 디지털 멀티미터는 높은 임피던스 증폭기를 사용해 측정기 자체가 측정하려는 양에 거의 영향을 미치지 않게 한다.

일부 디지털 멀티미터에는 USB 또는 블루투스 인터페이스가 있어 측정값을 컴퓨터에 기록할 수 있다. 대부분의 디지털 멀티미터의 입력 임피던스는 10 MΩ 이상이다.

그러나 디지털 멀티미터의 이런 명백한 장점에도 불구하고 많은 사람들이 여전히 아날로그 멀티미터를 사용하고 있다. 때때로 전기 기계식 계측기의 바늘의 움직임이 빠르게 변화하는 일련의 숫자보다 측정 대상에 대해 더 많은 정보를 알려줄 수 있기 때문이다.

주파수 계수기

디지털 멀티미터도 때로는 꽤나 낮은 주파수를 측정할 수 있다. 그러나 더 넓은 범위를 측정하는 데에 특화된 장비로 **주파수 계수기**frequency counter가 있다.

주파수 계수기는 모터의 회전수를 세는 계량기와 유사한 방식으로 펄스 또는 주기를 세어서 교류 파형의 주파수를 측정한다. 주파수 카운터는 내부에 움직이는 부품 없이 전자적으로 작동하며 초당 수천, 수백만 또는 수십억 개의 펄스를 추적해 디지털 숫자로 표시해 나타낼 수 있다.

주파수 계수기의 정확도는 **고정 시간**lock-in time에 따라 달라진다. 이는 몇 분의 1초에서 수초까지 변할 수 있다. 일반적인 주파수 계수기의 고정 시간은 0.1초, 1초 또는 10초이다. 만약 고정 시간을 10배 증가시키면 정확도를 한 자리 숫자만큼 더 높일 수 있다. 현재 사용되는 주파수 계수기는 6, 7, 8자리 숫자까지 나타낼 수 있고, 복잡한 실험에 사용하는 장비라면 10자릿수 이상의 주파수를 측정할 수 있다.

그 외의 계측기

다음은 전기나 전자 분야에서 사용하기는 하지만 그다지 보편적이지는 않은 계측기들이다.

광도계

사진사들은 보통 전문적인 용어로 **조도계**illuminometer라고 하는 **광도계**light meter를 사용해 가시광선의 세기를 측정한다. [그림 3-11]과 같이 계측기의 감도를 조절하는 **전위차계**potentiometer(가변 저항기)를 사용하고, 마이크로 전류계를 태양전지(**광전지**photovoltaic cell)에 연결하면 광도계를 만들 수 있다. 좀 더 복잡한 계측기는 **전계효과 트랜지스터 전압계**field effect transistor voltmeter(FETVM)의 동작과 유사한 방법의 직류 증폭기를 사용해 감도를 높이고 여러 다른 영역의 값을 표시한다.

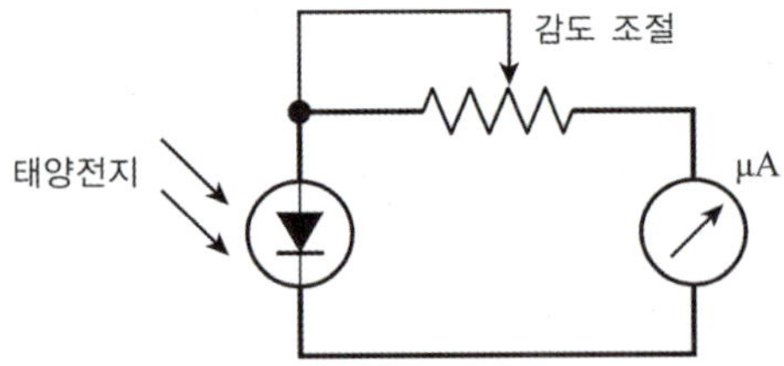

[그림 3-11] 감도를 조절할 수 있는 전위차계가 부착된 간단한 광도계

태양전지는 동일한 파장의 빛에 대해 사람의 눈과 동일하게 반응하지 않는다. 일반적인 태양전지의 빛의 파장에 대한 감도는 사람의 눈이 반응하는 감도와 다르다. 이 문제는 태양전지 앞면에 특별히 설계된 색 필터를 부착해 해결할 수 있다. 이 방법을 통해 태양전지는 동일한 파장에 대해 사람의 눈과 같은 감도를 갖는다. 광도계를 만드는 사람들은 공장에서 **루멘스**lumens 또는 **칸델라**candela와 같은 표준 조도 단위로 가시광선의 세기를 표시하도록 계측기를 보정한다.

[그림 3-11]과 같은 계측기를 적절하게 수정하면 **적외선**infrared ray(IR)이나 **자외선**ultraviolet ray(UV)의 세기를 대략적으로 측정할 수 있는 계측기로 사용할 수 있다. 다양한 특수 태양전지는 적외선이나 자외선처럼 눈에 보이지 않는 파장에서 최고 감도를 보여준다.

오실로스코프

전자공학자들에게 친숙한 계측기인 **오실로스코프**oscilloscope는 그래프로 측정값을 표시한다. 이 계측기는 초당 수백, 수천 또는 수백만 번 **진동하는**oscillate(주기적으로 변하는) 양을 측정하고 기록한다.

예전 오실로스코프는 텔레비전 수상기와 유사한 **음극선관**cathode ray tube(CRT)을 사용해 형광면에 전자빔을 주사해 그래프를 그렸다. [그림 3-12]와 같이 현대의 오실로스코프는 측정값을 디지털화한 뒤 컴퓨터 화면에 표시한다. 디지털 오실로스코프는 일반적으로 동급의 CRT 기반 오실로스코프보다 저렴하므로 현재 CRT 기반 오실로스코프는 잘 사용하지 않는다.

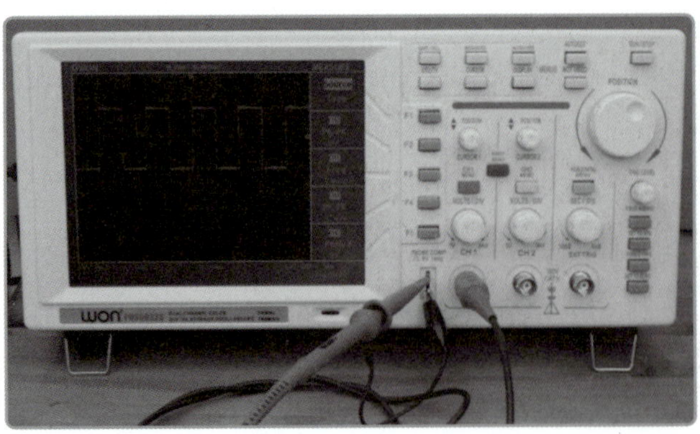

[그림 3-12] 디지털 오실로스코프

일반적인 디지털 오실로스코프는 2개의 서로 다른 신호를 동시에 표시할 수 있고, 저가형 오실로스코프도 최대 수십 MHz의 주파수에서 작동할 수 있다. 또한 디지털 오실로스코프(DSO)는 측정값을 디지털 메모리에 저장하므로 측정한 신호를 언제든지 분석할 수 있다.

오실로스코프는 신호 파형의 모양을 관찰 및 분석하고, 실효값이 아니라 피크 신호 레벨을 측정하는 데도 유용하다. 오실로스코프를 사용해 파형의 주파수를 간접적으로 측정할 수 있다. 오실로스코프의 가로축은 시간을, 세로축은 신호의 순간 전압을 나타낸다. 또한 입력단에 값을 알고 있는 저항기를 연결해 전력이나 전류를 간접적으로 측정할 수도 있다.

기술자와 공학자는 신호의 파형이 어때야 하는지 직관적으로 알아야 한다. 그러면 측정할 회로가 제대로 동작하고 있는지를 오실로스코프의 화면을 보고 종종 확인할 수 있다.

막대그래프 계측기

저렴하고 단순한 계측기는 일렬로 배치된 **발광 다이오드**Light-Emitting Diodes(LED) 또는 디지털 눈금을 가진 LCD로 구성되어 있으며 전류, 전압 또는 전력을 대략적인 값으로 나타낸다. 다른 디지털 계측기와 마찬가지로 이 계측기에는 기계적인 운동 부위가 없다. 이 계측기는 아날로그 계측기에서 상대적으로 눈금을 읽는 것과 비슷한 느낌을 제공한다. [그림 3-13]은 무선송신기에서 kW 전력을 표시하기 위해 설계된 막대그래프 계측기로, 이 계측기는 변동하는 값을 비교적 잘 표시할 수 있다. 이 그림에서 계측기는 0.8 kW 또는 800 W를 표시한다.

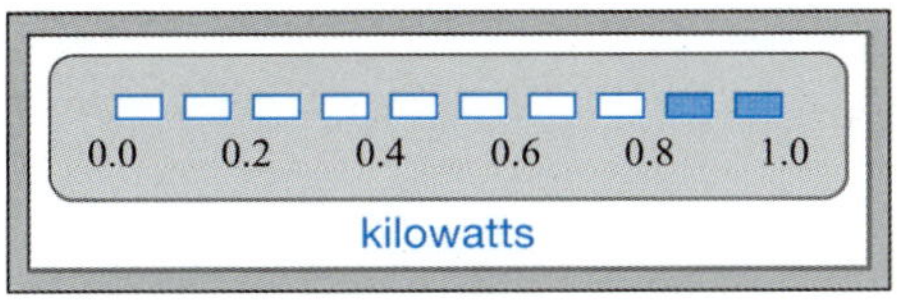

[그림 3-13] 막대그래프 계측기. 이 경우 표시값은 전체의 80%인 0.8kW 또는 800W이다.

막대그래프 계측기의 주된 단점은 대부분 정확한 값을 제공하지 않고, 단지 근삿값만을 보여준다는 것이다. 따라서 막대그래프 계측기를 실험실에서는 거의 사용하지 않는다. 또한 막대그래프 계측기는 신호 레벨이 계측기에서 설정된 두 값 사이의 값을 가질 때 LED나 LCD가 간헐적으로 켜졌다 꺼졌다 하면서 깜빡이는데, 이는 사용자를 불편하게 한다.

연습문제

01 다음 중 오실로스코프를 사용하는 목적으로 옳은 것은 무엇인가?

(a) 교류 파형을 관찰하기 위해
(b) 정전 전하를 탐지하기 위해
(c) 매우 높은 저항을 측정하기 위해
(d) 전력을 측정하기 위해

02 다음 중 정전기 편향을 이용하는 측정기는 전자기 편향을 이용하는 장치에 비해 어떤 것을 측정할 때 장점이 있는가?

(a) 교류파의 주파수
(b) 직류 전압뿐 아니라 교류 전압
(c) 전계 세기뿐 아니라 자계 세기
(d) (a), (b), (c) 모두

03 다음 중 전자온도계는 어떤 직류 출력을 측정해 동작하는가?

(a) 태양전지
(b) 검전기
(c) 조도계
(d) 열전대

04 다음 중 [그림 3-14]의 막대그래프 계측기가 가리키는 전압은 무엇인가?

(a) 0.040 mV
(b) 0.40 mV
(c) 4.0 mV
(d) 40 mV

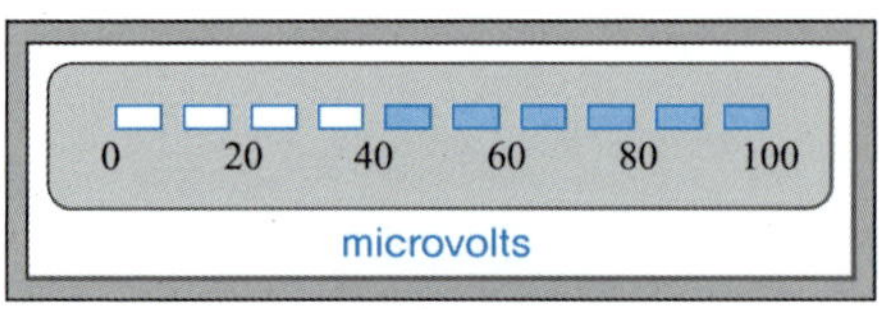

[그림 3-14] [연습문제 04]를 위한 그림

05 다음 중 아날로그 멀티미터와 디지털 멀티미터를 비교한 설명 중 옳은 것은 무엇인가?

(a) 판독값의 작은 변화를 시각화하기 더 쉽다.
(b) 디지털 멀티미터가 아날로그 멀티미터보다 훨씬 비싸다.
(c) 디지털 멀티미터의 판독값이 더 정밀하다.
(d) (a), (b), (c) 모두

06 다음 중 오실로스코프로 측정하거나 분석하기에 적당한 것은 무엇인가?

(a) 교류 신호의 파형
(b) 교류 신호의 주파수
(c) 교류 신호의 피크-피크 전압
(d) (a), (b), (c) 모두

07 다음 중 가정용 전기 계측기는 월 사용량을 기준으로 무엇을 측정한 것인가?

(a) 에너지
(b) 전압
(c) 전류
(d) 전력

08 12 V의 배터리에 저항과 검류계를 직렬로 연결했다고 가정하자. 전류에 의해 검류계의 표시침이 서쪽으로 20° 편향됐을 때 표시침을 서쪽으로 30° 편향시키려면 어떻게 해야 하는가?

(a) 배터리 극은 그대로 두고 저항을 낮춘다.
(b) 배터리 극은 그대로 두고 저항을 높인다.
(c) 배터리 극을 반대로 하고 저항을 낮춘다.
(d) 배터리 극을 반대로 하고 저항을 높인다.

09 다음 중 정전기력은 직접적으로 어떤 일을 발생시키는가?

(a) 극성이 반대인 전하를 가진 두 물체가 서로 밀어내게 한다.
(b) 같은 극성을 띤 전하를 가진 두 물체가 서로 밀어내게 한다.
(c) 전압이 너무 높을 때 전도체에 흐르는 전류를 멈추게 한다.
(d) 극성에 의존해 나침반의 표시침이 좌우로 바뀌게 한다.

10 다음 중 디지털 멀티미터가 가질 가능성이 가장 낮은 기능은 무엇인가?

(a) 소음 측정
(b) 온도 측정
(c) 커패시턴스 측정
(d) 주파수 측정

11 실제 저항이 표시된 값과 같은지 알아보기 위해 330Ω 저항기의 저항값을 측정하려 한다. [그림 3-9]와 같이 무한대(맨 왼쪽)에서 1(맨 오른쪽)까지, 그리고 중간쯤 6이 표시된, 비선형 눈금을 가진 아날로그 저항계가 있다. 저항계의 측정 범위 선택 스위치는 6가지이며 ×1에서 ×100k까지 10배씩 표시되어 있다. 다음 중 가장 정확한 측정을 할 수 있는 범위 스위치는 무엇인가?

(a) ×1
(b) ×100
(c) ×10k
(d) ×100k

12 다음 중 이상적인 전류계의 내부 저항으로 옳은 것은 무엇인가?

(a) 무한대의 내부 저항
(b) 적정한 내부 저항
(c) 낮은 내부 저항
(d) 0인 내부 저항

13 다음 중 전기회로에 연결된 배터리의 전압을 직접 측정하려면 직류 전압계를 어디에 놓아야 하는가?

(a) 배터리의 어느 한 극과 접지 사이
(b) 배터리의 음극과 회로의 입력 사이
(c) 배터리의 양극과 회로의 입력 사이
(d) 배터리의 음극과 배터리의 양극 사이

14 다음 중 이상적인 전압계의 내부 저항으로 옳은 것은 무엇인가?

(a) 무한대의 내부 저항
(b) 적정한 내부 저항
(c) 낮은 내부 저항
(d) 0인 내부 저항

15 다음 중 전압계가 높은 내부 저항을 갖고 있어야 하는 이유는 무엇인가?

(a) 측정하려는 회로에서 최대의 전류를 끌어내기 위해
(b) 계측기를 사용하는 사람의 전기적 쇼크 위험을 최소화하기 위해
(c) 측정하고자 하는 회로에 대한 방해를 최소화하기 위해
(d) 계측기가 타버릴 가능성을 최소화하기 위해

연습문제

16 다음 중 디지털 멀티미터로 전압을 측정할 때 일반적인 입력 임피던스는 얼마인가?

(a) 10Ω 미만
(b) 100kΩ 이상
(c) 1MΩ 이상
(d) 10MΩ 이상

17 다음 중 일반적인 막대그래프 계측기의 특징이 아닌 것은 무엇인가?

(a) 유용한 범위
(b) 민감도
(c) 정밀도
(d) 물리적인 견고함 ruggedness

18 다음 중 아날로그 저항기의 특징으로 옳은 것은 무엇인가?

(a) 비선형 눈금
(b) 높은 전류 요구사항
(c) 막대그래프 표시기
(d) 교류 전원 사용

19 다음 중 다르송발 동작을 볼 수 있는 아날로그 계측기는 무엇인가?

(a) 전압계
(b) 전류계
(c) 저항계
(d) (a), (b), (c) 중 어느 것이나

20 다음 중 디지털 오실로스코프에 대한 설명으로 옳은 것은 무엇인가?

(a) 1MHz 미만의 저주파수에서만 작동한다.
(b) CRT 기반 오실로스코프보다 더 비싸다.
(c) 일부는 분석을 위해 측정값을 저장할 수 있다.
(d) 1개의 채널만 갖는 것이 일반적이다.

정답

01 a	02 b	03 d	04 a	05 c	06 d	07 a	08 a	09 b	10 a
11 b	12 d	13 d	14 a	15 c	16 d	17 c	18 a	19 d	20 c

CHAPTER

04

직류 회로의 기초

Direct-Current Circuit Basics

학습목표

- 회로 설계를 위한 회로도의 개념을 이해할 수 있다.
- 회로를 구성하는 부품의 기호 표기법을 익히고, 도식적 의미를 이해할 수 있다.
- 옴의 법칙을 이용한 전압, 전류, 저항 및 전력 계산법을 이해할 수 있다.
- 직병렬 저항기의 특성을 이해할 수 있다.

이 장에서는 회로를 설계하고 조립하는 데 사용하는 회로도에 대해 배운다. 공학자들은 이 회로를 배선 약도 또는 개략도라고 부른다. 또한 간단한 직류 회로에서 전류, 전압, 저항, 전력이 어떻게 상호작용하는지 배우게 된다.

도식적 기호들

도선과 같은 **전도체**electrical conductor를 표현할 때는 수평 또는 위아래로 직선을 그린다. 도선을 그릴 때 모퉁이를 돌아가게 나타낼 수 있지만 개략도에는 모퉁이 수를 최소화해야 한다. 이렇게 하면 다른 사람이 읽기 쉬운 깔끔한 개략도를 그릴 수 있다.

도선 2개가 교차할 때 교차하는 지점에 속이 채워진 점이 없다면 두 선은 교차점에서 연결되지 않은 것이다. 연결된 교차점을 그릴 때는 몇 개의 도선들이 만나든 분명하게 볼 수 있도록 속이 채워진 점을 그려야 한다.

저항기는 [그림 4-1(a)]와 같이 지그재그로 그린다. 두 단자 사이의 가변 저항기 또는 전위차계는 [그림 4-1(b)]와 같이 화살표가 관통하는 지그재그로, 세 단자를 가진 전위차계는 [그림 4-1(c)]와 같이 지그재그와 그것의 옆을 가리키는 화살표로 그린다.

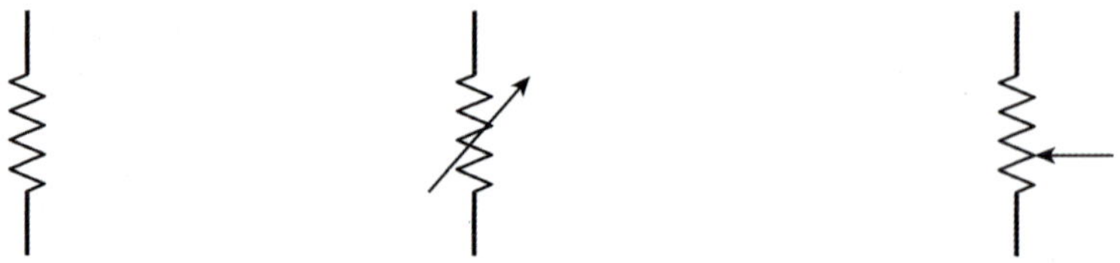

(a) 고정 저항기 (b) 두 단자를 가진 가변 저항기 (c) 세 단자를 가진 전위차계

[그림 4-1] 저항기의 기호들

전기화학 전지를 기호로 나타낼 때는 [그림 4-2(a)]처럼 평행선 2개를 사용하고, 한 선을 다른 선보다 길게 그린다. 긴 선은 양극(+) 단자를, 짧은 선은 음극(−) 단자를 나타낸다. 2개 이상의 전지가 직렬로 연결된 배터리를 나타낼 때는 [그림 4-2(b)]처럼 긴 선과 짧은 선을 번갈아 가면서 여러 개 그린다. 전지와 마찬가지로 끝단의 긴 선은 양극 단자를, 끝단의 짧은 선은 음극 단자를 나타낸다.

(a) 하나의 전기화학 전지 (b) 여러 개의 전기화학 전지가 연결된 배터리

[그림 4-2] 전지와 배터리의 기호

계측기는 원 모양으로 그린다. 때로는 [그림 4-3(a)]처럼 원 내부에 화살표를 그리고, mA 나 V 와 같이 계측기 형태를 의미하는 문구를 원과 나란히 적는다. 또는 [그림 4-3(b)]처럼 화살표 없이 원 안에 계측기 형태의 글씨만 적기도 한다. 어떤 방식을 사용해도 문제는 없지만 작업이 진행되는 동안에는 일관된 형식의 기호를 사용해야 한다.

(a) 원의 바깥쪽에 명칭이 있는 계측기 기호 (b) 원의 안쪽에 명칭이 있는 계측기 기호

[그림 4-3] 밀리암페어 전류계를 나타내는 기호들

[그림 4-4]는 일상적으로 사용되는 기호들을 나타낸 것이다. 이들은 다이오드, 커패시터, 공심 고정 인덕터, 적층철심 고정 인덕터, 섀시접지, 대지접지, 교류 전원, 단자 쌍, (특수한 소자나 장치를 의미하는) 속에 이름이 적힌 사각형의 블랙박스이다.

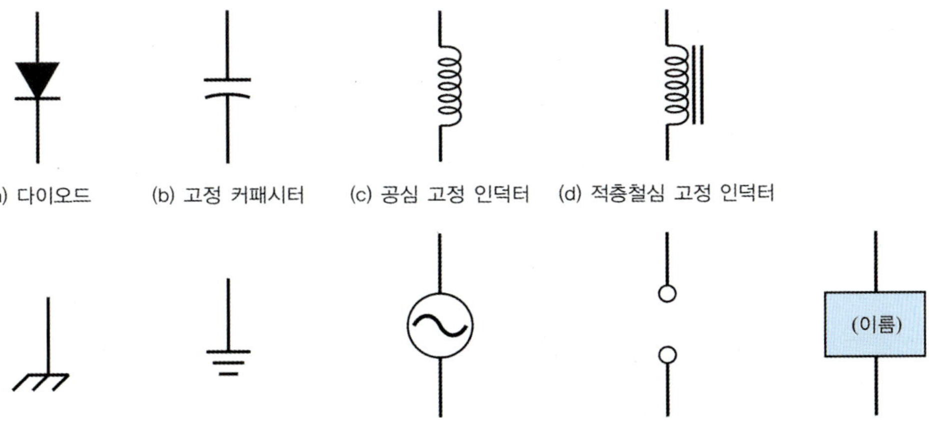

(a) 다이오드 (b) 고정 커패시터 (c) 공심 고정 인덕터 (d) 적층철심 고정 인덕터

(e) 섀시접지 (f) 대지접지 (g) 교류 전원 (h) 단자 쌍 (i) 특수 소자 또는 장치

[그림 4-4] 여러 소자의 도식적 기호

회로의 단순화

대부분의 직류 회로는 [그림 4-5]와 같이 크게 전원, 도체, 저항으로 단순화할 수 있다. 전압을 V, 전류를 I, 저항을 R이라 하고, 표준 단위는 각각 V, A, Ω을 사용한다. 이탤릭체는 수학적인 변수(이 경우 전압, 전류, 저항)를 나타내고, 이탤릭체가 아닌 글자는 물리량의 단위를 나타낸다.

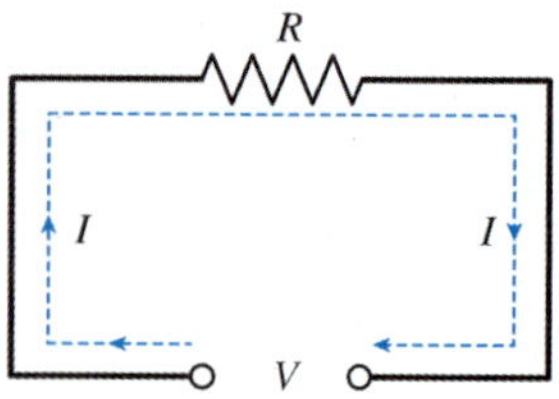

[그림 4-5] 전압 V, 전류 I, 저항 R을 가진 직류 회로의 기본 요소

앞서 직류 회로를 공부하며 전압, 전류, 저항 사이의 관계를 배웠다. 이 값 중 하나가 바뀌면 다른 두 값도 바뀐다. 저항이 작아지면 전류가 증가하고, 기전력이 증가하면 전류 또한 증가한다. 회로 내 전류가 증가하면 저항에 걸리는 전압도 증가한다. 이 세 요소 사이의 관계를 정의한 식이 옴의 법칙이다.

옴의 법칙

옴의 법칙 Ohm's Law은 1800년대에 독일의 물리학자인 옴Georg Simon Ohm이 처음 사용한 것에서 유래했다. 전류와 저항을 알고 있을 때 전압은 다음의 식을 사용해 계산한다.

$$V = IR$$

전압과 저항을 알고 있을 때 전류는 다음의 식을 사용해 계산한다.

$$I = \frac{V}{R}$$

또 전압과 전류를 알고 있을 때 저항은 다음의 식을 사용해 계산한다.

$$R = \frac{V}{I}$$

이처럼 한 가지 공식만 알면 나머지 두 가지 식을 유도할 수 있다. 이런 세 변수는 [그림 4-6]과 같이 **옴의 법칙 삼각형**Ohm's Law triangle으로 나타낼 수 있다. 특정 계수에 대한 공식을 찾으려면 그 기호를 가리고, 나머지 두 요소의 위치를 읽으면 된다.

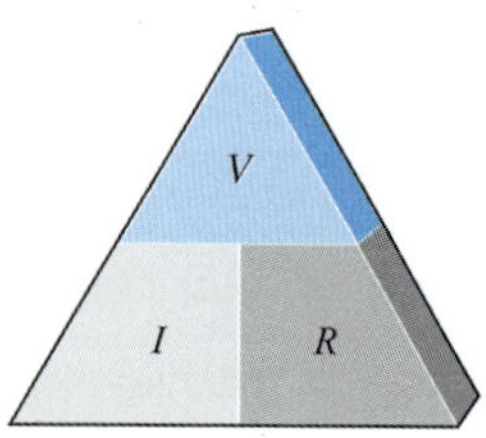

[그림 4-6] 옴의 법칙 삼각형. 각각 V, A, Ω 단위로 표현된 전압 V, 전류 I, 저항 R의 관계를 나타낸다.

옴의 법칙을 사용해 올바르게 계산하려면 단위를 적절히 사용해야 한다. 주로 V, A, Ω과 같은 표준 단위를 사용한다. 만약 V, mA, Ω을 사용하거나 kV, μA, MΩ을 사용한다면 올바른 답을 얻을 수 없다. 따라서 처음에 V, A, Ω 이외의 다른 단위가 있다면 계산하기 전에 표준 단위로 바꿔야 한다. 계산이 끝난 뒤에는 원하는 단위로 바꿀 수 있다. 예를 들어, 계산 결과로 13,500,000Ω이 나왔다면 13.5MΩ으로 고칠 수 있지만 계산 도중에는 13,500,000(또는 1.35×10^7)으로 표현해야 한다.

전류 계산

회로에서 전류를 구하려면 전압과 저항을 알고 있거나 그 값을 추정할 수 있어야 한다. [그림 4-7]은 가변 직류 전원과 전압계, 도선, 전류계, 전위차계로 구성된 회로이다.

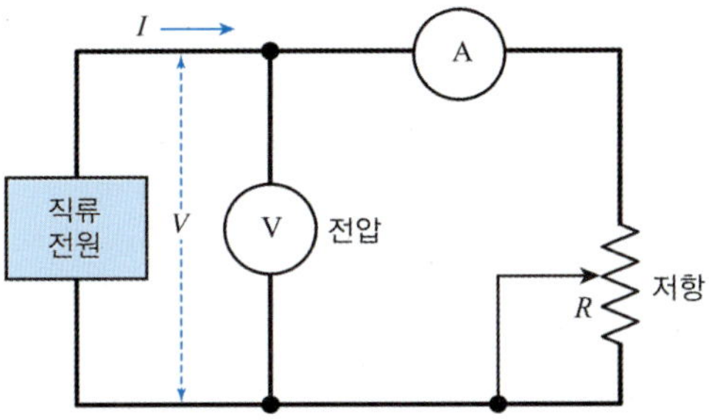

[그림 4-7] 옴의 법칙 계산을 위한 회로

예제 4-1

[그림 4-7]에서 직류 전원이 36V, 전위차계의 저항이 18Ω이라면 전류는 얼마인가?

풀이

식 $I = \frac{V}{R}$를 이용한다. V와 R의 단위가 각각 V와 Ω이므로 주어진 값을 공식에 대입한다.

$$I = \frac{V}{R} = \frac{36}{18} = 2.0\ \text{A}$$

예제 4-2

[그림 4-7]에서 직류 전원이 72V, 전위차계가 12kΩ으로 맞춰져 있다면 전류는 얼마인가?

풀이

먼저 저항 12kΩ을 12,000Ω으로 환산한 뒤 공식의 V와 R에 값을 대입한다.

$$I = \frac{V}{R} = \frac{72}{12{,}000} = 0.0060\ \text{A} = 6.0\ \text{mA}$$

예제 4-3

[그림 4-7]에서 직류 전원이 26 kV가 나오게 조절하고, 저항이 13 MΩ이 되도록 전위차계를 조절하면 전류는 얼마인가?

풀이

저항 13 MΩ은 13,000,000 Ω으로 환산하고, 전압 26 kV는 26,000 V로 환산한 뒤, 공식에 대입한다.

$$I = \frac{V}{R} = \frac{26,000}{13,000,000} = 0.0020\,\mathrm{A} = 2.0\,\mathrm{mA}$$

전압 계산

전류와 저항을 알면 옴의 법칙을 사용해 두 지점 사이의 직류 전압을 계산할 수 있다.

예제 4-4

[그림 4-7]의 전위차계가 500 Ω으로 설정되어 있고, 전류가 20 mA라면 직류 전압은 얼마인가?

풀이

식 $V = IR$을 이용한다. 전류 20 mA를 0.020 A로 환산한 뒤 전류와 저항을 곱한다.

$$V = IR = 0.020 \times 500 = 10\,\mathrm{V}$$

예제 4-5

[그림 4-7]의 전위차계가 2.33 kΩ으로 설정되어 있고, 전류가 250 mA라면 전압은 얼마인가?

풀이

계산하기 전에 저항과 전류를 먼저 Ω과 A로 변환한다. 저항 2.33 kΩ을 2,330 Ω, 전류 250 mA를 0.250 A로 환산한 뒤 다음과 같이 전압을 계산한다.

$$V = IR = 0.250 \times 2,330 = 582.5\,\mathrm{V}$$

이 결과를 반올림하면 583 V가 된다.

예제 4-6

[그림 4-7]에서 전류계가 1.25 A를 가리키고, 전위차계가 203Ω을 가리키면 전압은 얼마인가?

풀이

전류와 저항의 단위가 모두 표준 단위이다. 따라서 주어진 값을 공식에 바로 대입한다. 계산 전의 값보다 더 정밀한 자릿수로는 계산 결괏값을 정당화할 수 없으므로 결과를 반올림한다.

$$V = IR = 1.25 \times 203 = 253.75\,\text{V} = 254\,\text{V}$$

유효숫자의 규칙

유능한 공학자나 과학자는 **유효숫자의 규칙**rule of significant figures을 따른다. 유효숫자의 규칙은 계산이 끝난 뒤 입력된 값의 최소 유효숫자 수에 맞춰 항상 답을 반올림하는 것이다.

[예제 4-6]에 이 규칙을 적용하면 세 자리 유효숫자로 답을 반올림해야 하며 그 결과 254 V를 얻게 된다. 저항이 203Ω으로 최소 유효숫자가 3개이기 때문이다. 만약 저항값이 203.0Ω으로 주어져도 계산값을 254 V로 반올림해야 하고, 저항값이 203.00Ω으로 주어진다고 해도 계산값은 여전히 254 V로 반올림해야 한다. 전류의 최소 유효숫자 수가 3개이기 때문이다.

만약 이 규칙을 몰랐거나 사용해보지 않았다면 익숙해질 때까지 시간이 조금 필요할 것이다. 익숙해지면 의식하지 않아도 자연스럽게 사용할 수 있을 것이다.

저항 계산

전압과 전류를 알면 옴의 법칙을 사용해 두 지점 사이의 저항을 계산할 수 있다.

예제 4-7

[그림 4-7]에서 전압계가 12 V, 전류계가 2.0 A를 가리킬 때 전위차계의 저항은 얼마인가?

풀이

식 $R = \frac{V}{I}$를 이용한다. 전압과 전류의 단위가 V와 A이므로 주어진 값을 공식에 대입한다.

$$R = \frac{V}{I} = \frac{12}{2.0} = 6.0\Omega$$

예제 4-8

[그림 4-7]에서 전류가 24mA, 전압이 360mV일 때 저항은 얼마인가?

풀이

먼저 A와 V로 변환하면 전류는 0.024A이고, 전압은 0.360V가 된다. 이 값들을 공식에 대입해 계산한다.

$$R = \frac{V}{I} = \frac{0.360}{0.024} = 15\Omega$$

예제 4-9

[그림 4-7]에서 전류계가 175μA, 전압계가 1.11kV를 가리킬 때 저항은 얼마인가?

풀이

먼저 A와 V로 변환하면 전류는 0.000175A이고, 전압은 1,110V가 된다. 이 값들을 공식에 대입한 뒤 반올림한다.

$$R = \frac{V}{I} = \frac{1,110}{0.000175} = 6,342,857\Omega = 6.34\text{M}\Omega$$

전력 계산

[그림 4-7]에서 직류 회로의 전력은 다음 식을 이용해 계산할 수 있다.

$$P = VI$$

전압이 직접 주어지지 않았더라도 전류와 저항값이 주어진다면 전압을 계산할 수 있다. 전압을 구하기 위해 옴의 법칙을 떠올려 보자.

$$V = IR$$

만약 V를 모르고, I와 R만 안다면 전력 P는 다음과 같다.

$$P = VI = (IR)I = I^2R$$

만약 I를 모르고, V와 R만 안다면 다음과 같이 I를 구할 수 있다.

$$I = \frac{V}{R}$$

그다음 전압-전류 곱의 전력 식에 I를 대입하면 다음과 같은 식을 얻을 수 있다.

$$P = VI = V\left(\frac{V}{R}\right) = \frac{V^2}{R}$$

예제 4-10

[그림 4-7]에서 전압계가 15V, 전류계가 70mA를 가리킬 때 전위차계에서 소모하는 전력은 얼마인가?

풀이

식 $P = VI$를 이용한다. 먼저 전류를 0.070A로 환산한 뒤(마지막 0이 유효숫자라는 사실을 명심하자), 15V를 곱해 전력값을 얻는다.

$$P = VI = 15 \times 0.070 = 1.05\,\text{W}$$

입력 데이터가 두 자리의 유효숫자를 가지므로 반올림하면 1.1W가 된다.

예제 4-11

[그림 4-7]에서 저항이 470Ω, 전압이 6.30V일 때 전위차계에서 소모하는 전력은 얼마인가?

풀이

단위를 변환할 필요가 없으므로 주어진 값을 식에 대입해 계산한다.

$$P = \frac{V^2}{R} = \frac{6.30 \times 6.30}{470} = 0.0844\,\text{W} = 84.4\,\text{mW}$$

예제 4-12

[그림 4-7]에서 저항이 33kΩ이고, 전류가 756mA일 때 전위차계에서 소모되는 전력은 얼마인가?

풀이

먼저 Ω과 A로 변환한 뒤 식 $P = I^2R$을 이용한다. 저항을 33,000Ω, 전류를 0.756A로 환산한 뒤 식에 대입해 계산한다.

$$P = 0.756 \times 0.756 \times 33{,}000 = 18{,}861\,\text{W} = 18.9\,\text{kW}$$

참고로 보통의 전위차계는 이렇게 큰 전력을 소모할 수 없다. 대부분의 전위차계의 정격은 1W 정도이다.

예제 4-13

저항 33.0kΩ에 전류 60.0μA를 공급하려면 전압이 얼마나 필요한가?

풀이

오른쪽 끝의 숫자 0도 중요하므로 입력 숫자는 모두 세 자리 유효숫자를 갖는다(오른쪽 끝의 숫자 0이 없으면 두 자리 유효숫자를 갖는다). Ω과 A로 단위를 변환한 뒤 공식에 대입해 전압을 계산한다.

$$V = IR = 0.0000600 \times 33{,}000 = 1.98\,\mathrm{V}$$

직렬 저항

둘 이상의 저항들이 직렬로 연결될 때 전체 저항값을 얻으려면 모든 저항값을 더하면 된다.

예제 4-14

[그림 4-8]처럼 220Ω, 330Ω, 470Ω의 저항값을 가진 저항 3개가 직렬로 연결되었다고 가정해 보자. 전체 저항값 R은 얼마인가?

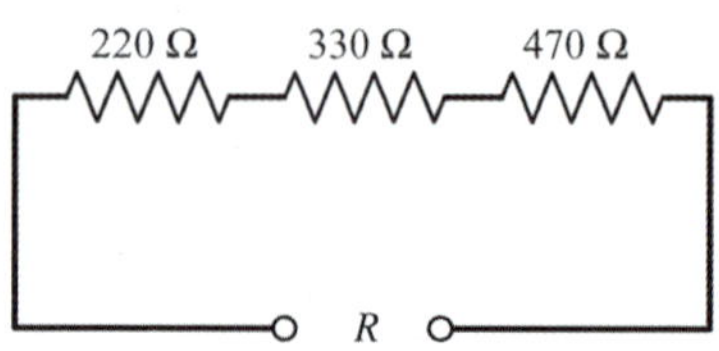

[그림 4-8] 저항기 3개가 직렬로 연결된 개략도

풀이

Ω 단위의 저항값을 모두 알고 있으므로 더하기만 하면 전체 저항값을 얻을 수 있다.

$$R = 220 + 330 + 470 = 1{,}020\,\Omega = 1.02\,\mathrm{k\Omega}$$

사실 이것은 순수 이론이다. 현실에서 이 회로를 구성하면 정확한 저항값은 부품의 **공차**tolerance에 따라 다르다. 공차는 제조 과정에서 생긴 변동 결과로, 공급자들이 지정한 특정한 값으로부터 실제 값이 얼마나 변화하는지 예측한 것이다.

병렬 저항

병렬 저항은 저항 대신 **컨덕턴스**conductance를 고려해 계산할 수 있다. 컨덕턴스는 **지멘스**siemens(S)라는 단위를 사용한다('siemens'라는 단어는 단수와 복수가 모두 같다). 컨덕턴스를 병렬로 연결하면 저항을 직렬로 연결한 것과 마찬가지로 값을 더하면 된다. Ω으로 된 값을 모두 S로 바꾼 뒤 값을 모두 더하고, 그 결과를 다시 Ω으로 환산하면 된다.

공학자는 파라미터 또는 수학적 변수로 쓰이는 컨덕턴스를 대문자 이탤릭체 G로 표현한다. S로 표시되는 컨덕턴스는 Ω으로 표시되는 저항의 역수와 같다. 이는 R과 G가 0이 아니라면 다음 두 식으로 나타낼 수 있다.

$$G = \frac{1}{R}, \quad R = \frac{1}{G}$$

예제 4-15

저항기 5개가 병렬로 연결되었다고 가정하자. [그림 4-9]와 같이 $\mathrm{R_1} \sim \mathrm{R_5}$는 저항기들이고, 전체 저항은 R이다. 각각의 저항기가 $R_1 = 10\Omega$, $R_2 = 20\Omega$, $R_3 = 40\Omega$, $R_4 = 50\Omega$, $R_5 = 100\Omega$일 때 전체 저항 R은 얼마인가? (저항기는 정체 R로, 저항값은 수학 변수처럼 이탤릭체 R로 표시한 것에 주의하라.)

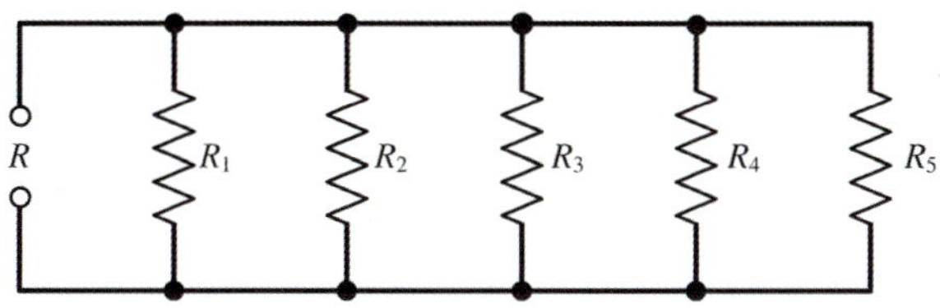

[그림 4-9] $\mathrm{R_1} \sim \mathrm{R_5}$ 저항기 5개가 병렬로 연결되어 있고, 전체 저항은 R이다.

풀이

이 문제를 풀기 위해서는 다음과 같이 모든 저항값을 역수로 취해 컨덕턴스로 환산하는 것부터 시작해야 한다.

$$G_1 = \frac{1}{R_1} = \frac{1}{10} = 0.10\,\mathrm{S} \qquad G_2 = \frac{1}{R_2} = \frac{1}{20} = 0.050\,\mathrm{S}$$

$$G_3 = \frac{1}{R_3} = \frac{1}{40} = 0.025\,\mathrm{S} \qquad G_4 = \frac{1}{R_4} = \frac{1}{50} = 0.020\,\mathrm{S}$$

$$G_5 = \frac{1}{R_5} = \frac{1}{100} = 0.0100\,\mathrm{S}$$

컨덕턴스를 모두 더하면 다음과 같다.

$$G = 0.10 + 0.050 + 0.025 + 0.020 + 0.0100 = 0.205\,\mathrm{S}$$

이 값을 두 자리 유효숫자로 반올림하면 저항값의 합은 다음과 같다.

$$R = \frac{1}{G} = \frac{1}{0.205} = 4.9\Omega$$

병렬 저항을 컨덕턴스로 환산하지 않고 직접 계산할 수도 있다. 그러나 그렇게 하면 계산이 복잡해진다. [그림 4-9]를 다시 풀면 저항을 다음 식에 따라 합산할 수 있다.

$$R = \frac{1}{\frac{1}{R_1} + \frac{1}{R_2} + \frac{1}{R_3} + \frac{1}{R_4} + \frac{1}{R_5}}$$

간혹 병렬로 연결된 저항값이 모두 같은 경우를 접하게 될 것이다. 이럴 때 저항값 하나를 저항기 개수로 나누면 전체 저항값이 된다. 예를 들어, 80Ω 저항기 2개가 병렬로 연결되어 있으면 전체 저항값은 $\frac{80}{2} = 40\Omega$이고, 저항기 4개가 병렬로 연결되어 있으면 전체 저항값은 $\frac{80}{4} = 20\Omega$이다. 저항기 5개가 병렬로 연결되어 있으면 전체 저항값은 $\frac{80}{5} = 16\Omega$이다.

예제 4-16

[그림 4-9]와 같이 5개의 저항기 $R_1 \sim R_5$가 병렬로 연결되었다고 가정하자. 각 저항이 1.800kΩ이라면 전체 저항 R은 얼마인가?

풀이

전체 저항 R을 구하려면 저항 하나를 1,800Ω으로 환산한 뒤 5로 나누면 된다.

$$R = \frac{1{,}800}{5} = 360.0\Omega$$

여기서 입력값은 1.800kΩ으로, 유효숫자가 4개이기 때문에 결괏값 역시 유효숫자가 4개이다. 나눈 값 5는 저항기의 배열에서 저항기 5개를 나타내므로 정확한 수이다.

전력 분배

전원 하나에 여러 개의 저항기를 연결하면 각 저항기에 전류가 흐른다. 만약 전원의 전압을 알고 있다면 전체 저항값을 계산한 뒤 각 저항기의 조합을 한 저항기로 취급해서 전체 전류가 얼마인지 알 수 있다.

만약 회로망에서 저항기들의 값이 모두 같다면 저항기들이 직렬로 연결되든 병렬로 연결되든 전원의 전력은 모든 저항기에 고르게 나뉜다. 예를 들어, 배터리에 똑같은 저항기 8개가 직렬로 연결되어 있다면 각 저항기는 부하의 $\frac{1}{8}$ 만큼의 전력을 소비한다. 만약 동일한 배터리에 저항기를 병렬로 연결한다면 직렬로 연결했을 때보다 전력을 더 많이 소비한다. 그러나 각 저항기는 직렬로 연결했을 때와 마찬가지로 전체 전력의 $\frac{1}{8}$ 을 소비한다.

만약 회로망에 있는 저항기들의 값이 모두 같지 않다면 일부 저항기는 다른 저항기에 비해 많은 전력을 소비하게 된다.

직병렬 저항

저항값이 모두 같은 저항기들로 세트를 구성할 때 병렬로 묶인 저항기를 직렬로 연결하거나, 직렬로 묶인 저항기를 병렬로 연결할 수 있다. 어떤 경우에도 하나의 저항기가 갖는 전력 용량에 비해 전체 전력량을 월등히 키운 직병렬 회로망을 얻을 수 있다.

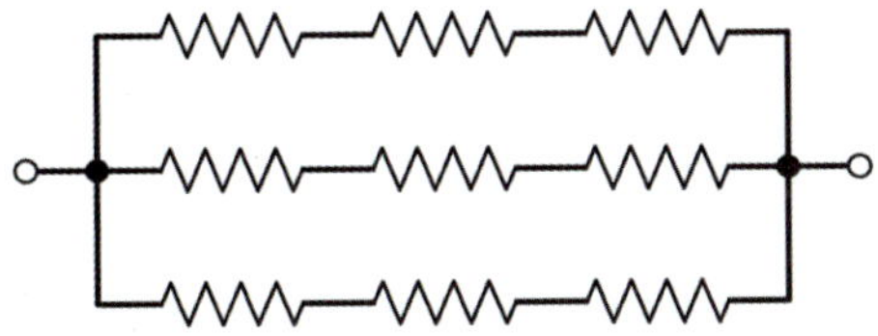

(a) 직렬로 연결된 저항기들이 다시 병렬로 연결된 것

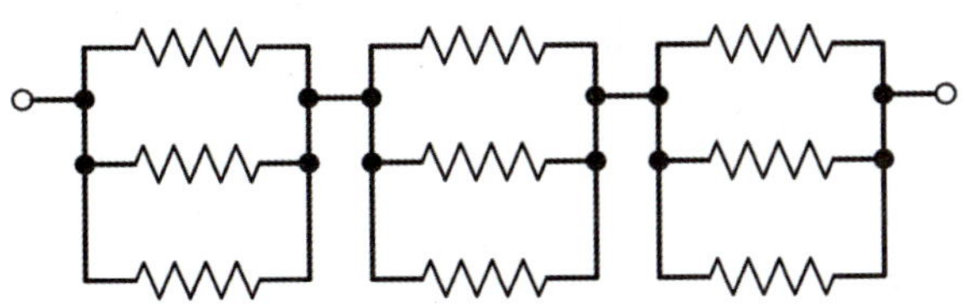

(b) 병렬로 연결된 저항기들이 다시 직렬로 연결된 것

[그림 4-10] 직병렬 저항기 행렬의 두 가지 예. $n=3$인 $n\times n$ 대칭행렬의 예를 보여준다.

직병렬 회로망의 전체 저항값이 회로망 중의 한 저항값과 동일한 경우도 있다. 만약 소자들이 모두 동일하고, $n \times n$ 행렬의 회로망으로 정렬된다면 이런 일이 가능하다. 이는 n이 정수일 때 [그림 4-10(a)]처럼 직렬로 묶인 n개의 저항기를 다시 n개의 병렬로 연결하거나 [그림 4-10(b)]처럼 병렬로 묶인 n개의 저항기를 다시 n개의 직렬로 연결하는 것을 의미한다. 이런 두 가지 배열은 실제로 동일한 저항값을 갖는다.

저항값이 모두 같은 상태에서 동일한 전력 소비를 하는 $n \times n$ 직병렬 저항기는 하나의 저항기에서 소비하는 전력의 n^2 배에 해당하는 전력 용량을 갖는다. 예를 들어, 하나의 저항기가 2 W의 전력 용량을 갖고, 3×3 직병렬 행렬이라면 $3^2 \times 2 = 9 \times 2 = 18$ W의 전력을 감당할 수 있다. 만약 $\frac{1}{2}$ W 저항기가 10×10 배열로 구성되었다면 $10^2 \times \frac{1}{2} = 50$ W까지의 전력을 소비할 수 있다. 즉 각 저항기의 전력 용량에 행렬의 전체 저항기 개수를 곱하면 된다.

앞서 언급한 계산은 모든 저항기가 각각 동일한 저항값과 정격 소비 전력을 가졌을 때만 가능하다. 만약 저항기의 저항값이나 정격이 조금이라도 다르다면 일부 소자에 감당할 수 있는 양보다 더 많은 전류가 흘러 결국 타버릴 것이다. 그렇게 되면 회로망에서 전류 분포가 달라지고, 두 번째 저항기 또한 손상될 가능성이 높아져 소자 파괴의 연쇄반응이 발생할 수 있다.

만약 50 W를 견디는 저항기가 필요하고, 어떤 직병렬 회로망이 75 W까지 견딜 수 있다면 이 저항기는 사용해도 괜찮다. 그러나 운만 믿고 48 W까지 견디는 회로망을 사용하는 것은 피해야 한다. 적어도 최소 정격을 넘어 10% 정도의 오차를 허용할 수 있어야 한다. 즉 회로망이 50 W를 소비해야 한다면 55 W 또는 조금 더 많은 전력을 견딜 수 있게 만들어야 한다. 불필요하게 과다할 필요는 없다. 마침 갖고 있던 저항기를 조합해 쉽게 맞출 수 있는 조합이라면 몰라도 그렇지 않다면 50 W로 대처할 수 있을 때 500 W를 견디는 회로를 구성하는 것은 자원 낭비하는 것이다.

동일한 저항기들로 구성된 비대칭 직병렬 회로망이 감당하는 전력 용량은 저항기 하나가 감당하는 전력에 비해 증가할 수 있다. 그러나 이때 전체 저항값은 개별 저항값과 다르다. 전체 전력 용량값을 구하려면 회로망이 대칭이든 비대칭이든 상관없이 저항기 하나가 감당할 수 있는 전력 용량과 전체 저항기 개수를 곱하면 된다. 이는 모든 저항기가 각각 동일한 저항값과 동일한 정격 소비 전력을 가졌을 때만 해당한다.

연습문제

01 0.50 W까지의 전력을 방출하는 33 Ω 저항기가 여러 개 있다고 가정하자. 16 W의 전력을 소비하되 2 W의 안전 여유가 있는 33 Ω 저항기를 얻으려면 저항기를 어떻게 연결해야 하는가?

(a) 6×6 직병렬 행렬 저항
(b) 9×4 직병렬 행렬 저항
(c) 3×12 직병렬 행렬 저항
(d) (a), (b), (c) 중 어느 것이나

02 330 Ω 저항기에 6.30 V를 공급하는 전지를 연결했다고 가정하자. 저항기의 소비 전력은 얼마인가?

(a) 19.0 mW
(b) 8.31 mW
(c) 120 mW
(d) 계산하기 위해서는 더 많은 정보가 필요하다.

03 소자 10개를 병렬로 연결했을 때 각 소자가 0.15 S 직류 컨덕턴스를 갖는다면 이 조합의 전체 직류 컨덕턴스는 얼마인가?

(a) 0.015 S
(b) 0.15 S
(c) 1.5 S
(d) 15 S

04 1.00 W까지의 전력을 방출하는 100 Ω 저항기가 여러 개 있다고 가정하자. 다음 중 12 W의 전력을 소비하되 2.5 W의 안전 여유가 있는 100 Ω 저항을 얻기 위한 가장 작은 $n \times n$ 행렬 회로망은 무엇인가?

(a) 5×5 행렬
(b) 4×4 행렬
(c) 3×3 행렬
(d) 2×2 행렬

05 330 Ω 저항기에 6.3 V 전지를 연결하면 얼마의 전류가 흐르는가?

(a) 72 mA
(b) 36 mA
(c) 12 mA
(d) 19 mA

06 어떤 저항에 2.2 V 전압이 인가될 때 그 저항이 400 mW를 소비한다면 저항은 얼마인가?

(a) 12 Ω
(b) 24 Ω
(c) 48 Ω
(d) 96 Ω

07 1,100 Ω의 저항기 8개를 병렬로 연결했을 때 전체 저항은 얼마인가?

(a) 8,800 Ω
(b) 4,840 Ω
(c) 1,100 Ω
(d) 137.5 Ω

08 12 V 배터리에 저항기 3개를 병렬로 연결했다. 각 저항기의 값이 600 Ω, 300 Ω, 200 Ω일 때 300 Ω 저항기에 흐르는 전류는 얼마인가?

(a) 80 mA
(b) 40 mA
(c) 33 mA
(d) 11 mA

연습문제

09 다음 중 일정한 직류 전압이 공급되는 배터리를 연결한 상태에서 저항기의 컨덕턴스를 16배 감소시킨다면 저항기에서 소비되는 전력은 어떻게 변하는가?

(a) 16배 감소한다.
(b) 4배 감소한다.
(c) 4배 증가한다.
(d) 16배 증가한다.

10 저항기 양단의 직류 전압을 2배 증가시키고, 저항기의 저항도 2배 증가시킨다면 저항기가 소비하는 전력은 어떻게 변하는가?

(a) 절반으로 감소한다.
(b) 동일하다.
(c) 2배가 된다.
(d) 4배가 된다.

11 저항기 양단의 직류 전압을 2배 증가시키고, 저항기의 저항도 2배 증가시킨다면 저항기에 흐르는 전류는 어떻게 변하는가?

(a) 절반으로 감소한다.
(b) 같다.
(c) 2배가 된다.
(d) 4배가 된다.

12 소자에 흐르는 전류(A)와 소자의 저항(Ω)을 알 때 소자가 소비하는 에너지(J)를 계산할 수 있는 방법은 무엇인가?

(a) 전류를 제곱하고 저항을 곱한다.
(b) 전류와 저항을 곱한다.
(c) 저항을 전류로 나눈다.
(d) 계산하기 위해서는 더 많은 정보가 필요하다.

13 3.333333 kΩ 저항기에 33.300 mA의 직류가 흐른다고 가정하자. 다음 중 유효숫자를 고려해 저항기에 걸리는 전압을 가장 잘 표현한 것은 무엇인가?

(a) 111 V
(b) 111.0 V
(c) 111.00 V
(d) 110.999 V

14 전위차계에 18.5 mA의 직류가 흐르고, 저항이 1.12 kΩ이라면 소비 전력은 얼마인가?

(a) 383 mW
(b) 20.7 mW
(c) 60.5 mW
(d) 67.8 mW

15 70.0 Ω인 저항기 7개를 병렬로 연결하고, 12.6 V 배터리를 연결했다. 배터리에 흐르는 전류는 얼마인가?

(a) 25.7 mA
(b) 1.26 A
(c) 794 mA
(d) 180 mA

16 [연습문제 15]에서 저항기 3개를 제거했다고 가정하자. 남아있는 4개의 저항기 중 어느 하나에 흐르는 전류는 어떻게 되는가?

(a) 0으로 감소한다.
(b) 이전 값의 $\frac{4}{7}$가 된다.
(c) 동일하다.
(d) 이전 값의 $\frac{7}{4}$이 된다.

17 180Ω, 270Ω, 680Ω인 저항기 3개를 12.6 V 배터리에 직렬로 연결했다. 세 저항기에서 소비되는 총 전력은 얼마인가?

(a) 7.12 W
(b) 89.7 W
(c) 11.2 mW
(d) 140 mW

18 다음 중 직류 시스템을 다룰 때 공학자들이 사용하는 기본 단위는 무엇인가?

(a) 암페어, 볼트, 옴
(b) 와트, 줄, 볼트
(c) 지멘스, 암페어, 줄
(d) 에르그erg, 줄, 옴

19 0.250 S의 컨덕턴스를 가진 부품에 3.00 A의 직류 전류가 흐른다. 이때 이 부품 양단의 전위차는 얼마인가?

(a) 0.750 V
(b) 12.0 V
(c) 36.0 V
(d) 계산하기 위해서는 더 많은 정보가 필요하다.

20 0.250 S의 컨덕턴스를 가진 부품에 3.00 A의 직류 전류가 흐른다. 이때 이 부품이 소비하는 전력은 얼마인가?

(a) 750 mW
(b) 2.25 W
(c) 36.0 W
(d) 계산하기 위해서는 더 많은 정보가 필요하다.

정답

01 a	02 c	03 c	04 b	05 d	06 a	07 d	08 b	09 a	10 c
11 b	12 d	13 c	14 a	15 b	16 c	17 d	18 a	19 b	20 c

CHAPTER

05

직류 회로 해석

Direct-Current Circuit Analysis

학습목표

- 직렬 저항으로 구성된 회로의 전류와 전압 특성을 이해할 수 있다.
- 병렬 저항으로 구성된 회로의 전류와 전압 특성을 이해할 수 있다.
- 직렬 회로와 병렬 회로의 전력 분배 특성 및 장단점을 이해할 수 있다.
- 키르히호프의 전류 법칙과 전압 법칙을 통해 회로 해석 능력을 기를 수 있다.
- 전압 분배 회로를 이해하고, 적절한 전압 분배 회로 설계를 위한 저항과 공급 전압의 상호관계를 이해할 수 있다.

이 장에서는 직류 회로에 대해 추가적으로 배우고, 다양한 조건에서 직류 회로가 어떻게 동작하는지를 배운다. 이런 동작 원리는 대부분의 교류 회로에서도 동일하게 적용된다는 것을 기억하자.

직렬 저항에 흐르는 전류

여러 개의 전구가 연결된 크리스마스 트리의 조명을 떠올려 보자. 저가형 조명은 고장이 나면 어떤 전구가 고장 났는지 찾기 어렵다. [그림 5-1]과 같이 일련의 전구가 직류 전원과 연결된 직렬 회로에서 어떤 임의의 점에 흐르는 전류는 다른 임의의 점에 흐르는 전류와 동일하다. 여기서 두 전구 사이의 도선에 전류계 A를 연결해 전류를 측정한다. 만약 전류계를 전류가 흐르는 다른 임의의 점으로 옮겨도 동일한 전류값을 가리킬 것이다. 이처럼 직렬로 연결된 직류 회로에서는 소자가 무엇이고, 저항값이 모두 같거나 다른 것과는 관계없이 동일한 전류가 흐른다.

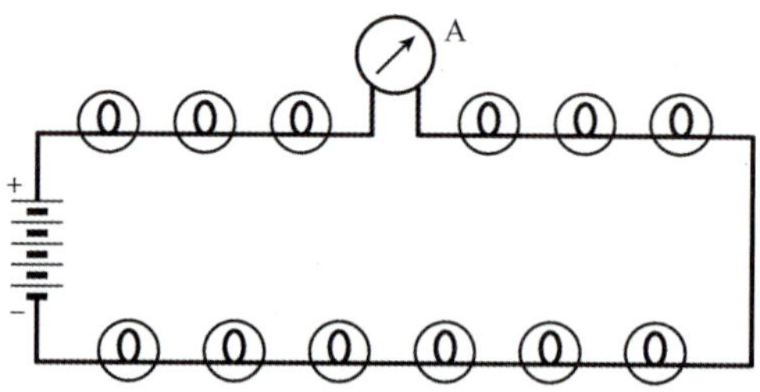

[그림 5-1] 회로에서 직렬로 연결된 전구들과 전류계 A

[그림 5-1]의 전구들이 서로 다른 저항값을 가져도 전류는 회로의 모든 점에서 동일하다. 그러나 어떤 전구는 다른 전구보다 많은 전력을 소비할 수도 있는데, 이런 상황은 문제가 되기도 한다. 즉 어떤 전구는 매우 밝지만 어떤 전구는 불이 거의 들어오지 않을 수 있다. 이렇게 직렬 회로에서는 각 소자들 사이의 저항값이 조금만 달라져도 전력을 분배할 때 중대한 문제가 발생할 수 있다.

[그림 5-1]의 전구 중 하나가 타버렸다고 가정하자. 그렇게 되면 모든 전구에 불이 나갈 것이다. 고장 난 전구 소켓을 제거하고 회로를 이으면 나머지 전구들에 불이 들어온다. 그러나 전체 저항이 감소했으므로 전구를 통과하는 전류는 증가하고, 회로에 남아있는 각 전구에는 정격보다 다소 많은 전류가 흐르게 될 것이다. 그러면 곧 과전류로 인해 또 다른 전구가 타버릴 것이다. 만약 타버린 전구를 하나 더 제거하고 회로를 연결하면 전류는 전보다 더욱 증가할 것이므로 곧바로 또 다른 전구가 타버린다고 해도 놀랄 일은 아니다.

직렬 저항의 양단 전압

[그림 5-1]의 모든 전구는 동일한 저항값을 가지므로 각 전구에 걸리는 전압은 모두 동일하다. 만약 전원이 120 V 인 회로에 저항값이 동일한 전구 12개가 직렬로 연결되어 있다면 각 전구의 전압은 전체의 $\frac{1}{12}$ 인 10 V 이다. 모든 전구를 좀 더 밝거나 어두운 것으로 교체해도 직렬로 연결된 전구들이 동일하다면 전압의 균일 분포는 계속 지속될 것이다.

[그림 5-2]의 회로에서 각각의 저항값이 동일하든 동일하지 않든 모든 저항기에는 동일한 전류가 흐른다. 각 저항 R_n의 양단에는 특정 저항기의 저항과 전류를 곱한 값인 전압 V_n이 걸린다. 전체 전압은 전압 V_n이 직렬로 연결되어 있으므로 각 전압을 더하면 된다. 모든 저항기에 걸리는 전압을 전부 더하면 전압원의 전압인 V가 된다. 만약 그렇지 않으면 '유령의 기전력'이 어딘가에서 전압을 더하거나 빼고 있을 것이다. 그러나 그런 일은 일어나지 않는다. 전압은 어딘가에서 갑자기 생겨나거나 사라질 수 없기 때문이다.

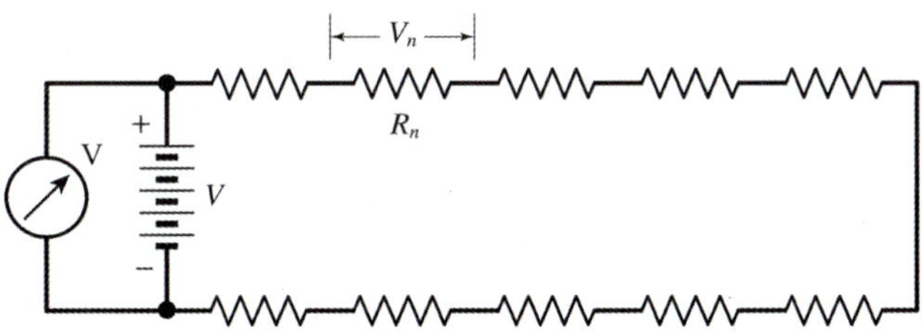

[그림 5-2] 직렬 회로에서의 전압 분석

다른 시각으로 이 상황을 살펴보자. [그림 5-2]의 전압계 V 는 배터리 양단에 연결되어 있으므로 배터리의 전압 V를 나타낸다. 또한 전압계 V 는 전체 저항의 조합에 가로질러 연결되어 있으므로 전체 저항에 걸린 전압인 V_n의 합을 나타낸다. 이는 전압계 V 는 배터리 전압 V를 측정한 것이지만 직렬로 연결된 저항 조합에 걸린 전압인 V_n의 합을 측정한 것이라고 생각해도 된다는 뜻이다. 따라서 V는 모든 V_n의 합과 같다.

[그림 5-2]의 회로처럼 특정한 저항 R_n에 걸리는 전압 V_n을 계산하려면 전압을 전류와 저항으로 표시하는 옴의 법칙이 필요하다. 여기에 다음과 같이 옴의 법칙을 적용할 수 있다.

$$V_n = IR_n$$

V_n은 특정 저항기에 걸리는 전위차를 V 로 나타낸 것이고, I는 전체 회로에 흐르는 전류, 즉 특정 저항기에 흐르는 전류를 A 로 나타낸 것이다. R_n은 Ω으로 표시되는 특정 저항기의 값이다. 전류 I를 결정하려면 모든 저항의 합인 전체 저항 R과 공급 전압 V를 알아야 한다. 이를 위해 다음과 같은 식을 사용한다.

$$I = \frac{V}{R}$$

이 식의 I를 첫 번째 식에 대입하면 다음과 같다.

$$V_n = \left(\frac{V}{R}\right) R_n = V\left(\frac{R_n}{R}\right)$$

이 식은 흥미로운 사실을 보여주는데, 직렬 회로 내 각각의 저항기에는 전체 공급 전압에 비례하는 전압이 걸리고, 또 전체 저항에 대한 각 저항의 비율에 비례하는 전압이 걸린다. 공학자와 기술자는 이런 비례 관계를 이용해 **전압 분배기**voltage divider 회로를 구성한다.

예제 5-1

[그림 5-2]에 직렬로 연결된 저항기 10개가 있다. 여기서 5개는 20Ω, 나머지 5개는 30Ω이라 가정하자. 배터리가 직류 25V를 공급한다면 20Ω 저항기 하나에 얼마만큼의 전위차가 발생하는가? 그리고 30Ω 저항기 하나에는 얼마만큼의 전위차가 발생하는가?

풀이

직렬로 연결된 전체 저항 R을 구한 뒤 R과 배터리 전압 V를 이용해 전류 I를 구해보자. 일단 전류를 알면 각 저항기에 걸리는 전압을 찾을 수 있다. 전체 저항은 다음과 같다.

$$R = (20 \times 5) + (30 \times 5) = 100 + 150 = 250\,\Omega$$

따라서 회로의 임의의 점에 흐르는 전류는 다음과 같다.

$$I = \frac{V}{R} = \frac{25}{250} = 0.10\,\text{A}$$

$R_n = 20\,\Omega$이라면 $V_n = IR_n = 0.10 \times 20 = 2.0\,\text{V}$이고, $R_n = 30\,\Omega$이라면 $V_n = IR_n = 0.10 \times 30 = 3.0\,\text{V}$이다.

저항기에 걸리는 전압을 모두 더하면 공급 전압이 되는 것을 확인해 보자. 각각 2.0V 전압이 걸린 저항기가 5개 있으므로 전체 전압은 총 10V가 되고, 각각 3.0V 전압이 걸린 5개의 저항기에는 총 15V의 전압이 걸린다. 따라서 저항기들에 걸리는 전압의 총합은 $V = 10 + 15 = 25\,\text{V}$가 된다.

예제 5-2

[예제 5-1]에서 다뤘던 [그림 5-2]의 회로에서 20Ω 저항기 중 3개가 단락되고, 30Ω 저항기 중 2개가 단락되었다면 전체 저항에 걸리는 전압은 어떻게 되는가?

풀이

20Ω 저항기 3개가 단락되고 30Ω 저항기 2개가 단락되었으므로 20Ω 저항기 2개와 30Ω 저항기 3개를 연결한 것이 된다. 따라서 전체 저항은 다음과 같다.

$$R = (20 \times 2) + (30 \times 3) = 40 + 90 = 130\,\Omega$$

그러므로 전류는 다음과 같다.

$$I = \frac{V}{R} = \frac{25}{130} = 0.19\,\mathrm{A}$$

R_n이 단락되지 않은 20Ω 저항이라면 V_n에 걸리는 전압은 다음과 같다.

$$IR_n = 0.19 \times 20 = 3.8\,\mathrm{V}$$

또한 R_n이 단락되지 않은 30Ω 저항이라면 V_n에 걸리는 전압은 다음과 같다.

$$IR_n = 0.19 \times 30 = 5.7\,\mathrm{V}$$

전체 전압을 확인하기 위해 모두 합한 뒤 유효숫자 두 자리로 반올림하면 다음과 같이 된다.

$$V = (2 \times 3.8) + (3 \times 5.7) = 7.6 + 17.1 = 25\,\mathrm{V}$$

병렬 저항의 양단 전압

[그림 5-3]과 같이 직류 배터리에 전구 여러 개가 병렬로 연결되어 있다고 생각해 보자. 병렬 구성에서는 전구 하나가 타버려도 문제를 해결하는 것이 어렵지 않고, 불량 전구가 꺼지면 어떤 것이 불량인지 바로 찾을 수 있다. 병렬 회로는 직렬 회로와는 또 다른 장점이 있는데, 한 소자의 저항이 변해도 다른 소자가 소모하는 전력에는 영향을 주지 않는다는 것이다.

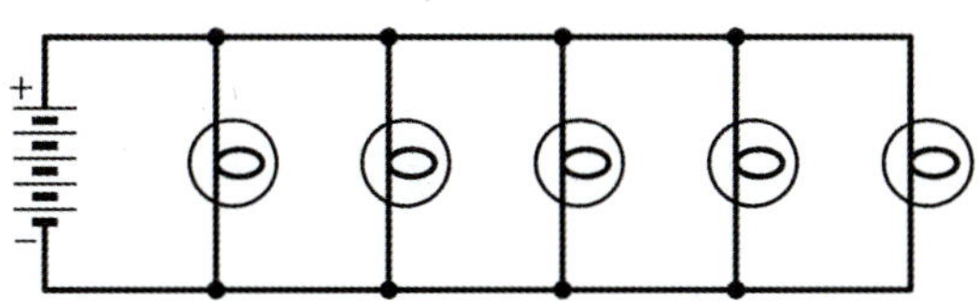

[그림 5-3] 병렬로 연결된 전구들

병렬 회로에서 각 소자에 걸리는 전압은 공급 전압 또는 배터리의 전압과 같다. 각 소자에 흐르는 전류는 그 소자의 저항값에만 영향을 받고, 다른 소자의 저항값에는 영향을 받지 않는다. 즉 소자들은 직렬 회로에서는 서로 영향을 미치지만, 병렬 회로에서는 독립적으로 동작한다.

만약 병렬 회로에서 가지 하나가 개방되거나 연결이 끊어지고 제거되더라도 다른 가지의 상태는 변하지 않는다. 병렬 회로에 새로운 가지가 추가되어도 전원이 필요한 만큼 증가된 전류를 더 공급할 수 있다면 가지의 상태는 이전과 같이 유지된다. 병렬 회로는 직렬 회로보다 전반적으로 더 안정적이므로 공학자들은 거의 모든 회로에서 병렬 회로를 사용한다.

병렬 저항에 흐르는 전류

[그림 5-4]는 저항기가 병렬로 연결된 일반적인 회로이다. 저항기의 저항값을 R_n, 전체 저항을 R, 배터리의 전압을 V라고 하자. 전류계 A를 사용해 저항 R_n이 있는 특정 가지 n을 흐르는 전류 I_n을 측정할 수 있다.

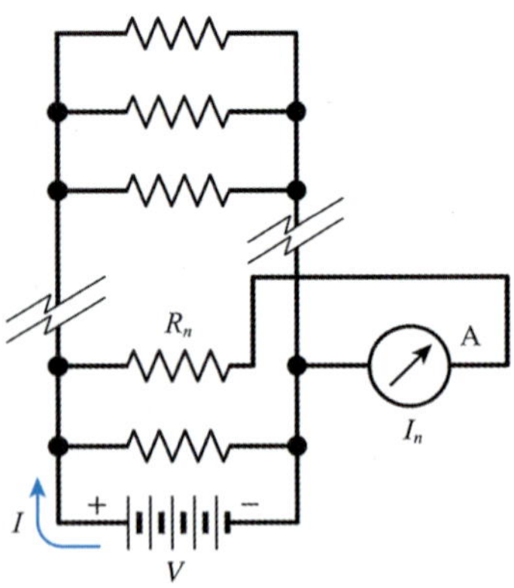

[그림 5-4] **병렬 회로에서의 전류 분석**

[그림 5-4]와 같은 병렬 회로에서 소자에 흐르는 전류 I_n의 합은 전원에서 흐르는 전체 전류 I와 같다. 병렬 회로에서는 전류가 각 소자들에 나뉘는데, 이는 직렬 회로에서 각 소자들에 전압이 나뉘는 것과 같다.

[그림 5-4]에서 전류가 배터리의 양극(+) 단자에서 바깥쪽을 향하도록 그린 것을 보았는가? 혼란스러워 할 필요는 없다. 일반적인 도선에서 전하 반송자 역할을 하는 전자는 배터리의 음극(−) 단자에서 양극(+) 단자를 향해 흘러나간다. 그러나 과학자들은 관습적으로 전류라고 부르는 이론적인 전류는 양(+)에서 음(−)으로 흐른다고 생각한다.

예제 5-3

[그림 5-4]의 배터리가 24V를 공급하고, 각 저항값이 100Ω인 저항기 10개가 병렬로 연결되었다고 가정하자. 이때 배터리에 흐르는 전체 전류 I는 얼마인가?

풀이

먼저 전체 저항을 구한다. 모든 저항기의 값이 동일하므로 $R_n = 100$을 10으로 나눠 $R = 10\Omega$을 구한다. 그다음 다음과 같이 전류를 계산한다.

$$I = \frac{V}{R} = \frac{24}{10} = 2.4\,\text{A}$$

예제 5-4

[예제 5-3]에서 다뤘던 [그림 5-4] 회로에서 전류계 A를 저항 R_n 하나의 전류를 측정하도록 연결했을 때 전류계의 전류값은 얼마인가?

풀이

회로 각 가지에 흐르는 전류 I_n을 구해야 한다. 각 가지에는 동일한 전압 24V가 걸리고, 각 저항기는 모두 $R_n = 100\Omega$이다. 옴의 법칙을 사용해 전류계의 전류를 구하면 다음과 같다.

$$I_n = \frac{V}{R_n} = \frac{24}{100} = 0.24\,\text{A}$$

병렬 회로이므로 각각의 가지에 흐르는 전류 I_n을 모두 더하면 전체 전류 I가 된다. 10개의 가지에 각각 0.24A가 흐르므로 전체 전류는 다음과 같다.

$$I = 0.24 \times 10 = 2.4\,\text{A}$$

이 값은 예상했던 것처럼 [예제 5-3]의 답과 같다.

예제 5-5

저항기 3개를 병렬로 연결하고, 배터리는 $V = 12\,\text{V}$의 전압을 공급한다고 가정하자. 저항값은 $R_1 = 24\Omega$, $R_2 = 48\Omega$, $R_3 = 60\Omega$이고, 이 저항기에 흐르는 전류가 각각 I_1, I_2, I_3일 때 R_2에 흐르는 전류 I_2는 얼마인가?

풀이

회로에서 R_2를 유일한 저항기라고 생각하고 옴의 법칙을 적용하면 된다. R_2가 병렬 조합의 한 부분일 뿐이라는 사실은 걱정하지 않아도 된다. 다른 가지들은 I_2에 영향을 주지 않으므로 전류는 다음과 같다.

$$I_2 = \frac{V}{R_2} = \frac{12}{48} = 0.25\,\text{A}$$

예제 5-6

[예제 5-5]에서 병렬 연결된 저항기 전체가 배터리로부터 끌어오는 전류는 얼마인가?

풀이

이 문제는 두 가지 방법으로 접근할 수 있다. 첫 번째 방법은 병렬 연결된 전체 저항 R을 구한 뒤 전체 전류 I를 계산하는 것이다. 두 번째 방법은 저항기 R_1, R_2, R_3에 흐르는 전류 I_1, I_2, I_3를 각각 구한 뒤 모두 더하는 것이다.

❶ 첫 번째 방법을 사용한다면 다음과 같이 저항 R_n을 컨덕턴스 G_n으로 바꾼다.

$$G_1 = \frac{1}{R_1} = \frac{1}{24} = 0.04167\,\mathrm{S}$$

$$G_2 = \frac{1}{R_2} = \frac{1}{48} = 0.02083\,\mathrm{S}$$

$$G_3 = \frac{1}{R_3} = \frac{1}{60} = 0.01667\,\mathrm{S}$$

이를 모두 더하면 총 컨덕턴스는 $G = 0.07917\,\mathrm{S}$가 된다. 따라서 전체 저항은 다음과 같다.

$$R = \frac{1}{G} = \frac{1}{0.07917} = 12.631\,\Omega$$

다시 옴의 법칙을 사용해 다음과 같이 전류를 구한다.

$$I = \frac{V}{R} = \frac{12}{12.631} = 0.95\,\mathrm{A}$$

누적된 반올림 오차를 최소화하기 위해 계산 중 여분의 자릿수를 남겨뒀다가 마지막에 반올림했다.

❷ 두 번째 방법을 사용한다면 다음과 같이 옴의 법칙을 사용해 각 저항에 흐르는 전류를 계산한다.

$$I_1 = \frac{V}{R_1} = \frac{12}{24} = 0.5000\,\mathrm{A}$$

$$I_2 = \frac{V}{R_2} = \frac{12}{48} = 0.2500\,\mathrm{A}$$

$$I_3 = \frac{V}{R_3} = \frac{12}{60} = 0.2000\,\mathrm{A}$$

위의 값을 모두 더하면 총 전류는 다음과 같다.

$$I = I_1 + I_2 + I_3 = 0.5000 + 0.2500 + 0.2000 = 0.95\,\mathrm{A}$$

여기서도 계산 중 여분의 자릿수를 남겨뒀다가 마지막에 유효숫자 2개로 반올림했다.

직렬 회로에서의 전력 분배

직렬로 연결된 저항기에서 소비되는 전력을 계산하기 위해서는 전체 전류 I를 계산한 뒤 다음 식을 사용해 저항 R_n에 의해 소비되는 전력 P_n을 결정하면 된다.

$$P_n = I^2 R_n$$

직렬로 연결된 저항기에서 소비되는 전체 전력(단위는 와트로 표시)은 각 저항기에서 소비되는 전력의 합과 같다.

예제 5-7

150 V가 공급되는 직렬 회로에서 저항이 각각 $R_1 = 200\,\Omega$, $R_2 = 400\,\Omega$, $R_3 = 600\,\Omega$일 때 R_2에서 소비하는 전력은 얼마인가?

풀이

먼저 전체 회로에 흐르는 전류를 구한다. 저항기들이 직렬로 연결되어 있으므로 전체 저항은 다음과 같다.

$$R = 200 + 400 + 600 = 1{,}200\,\Omega$$

옴의 법칙을 사용하면 다음과 같이 전류를 구할 수 있다.

$$I = \frac{150}{1{,}200} = 0.125\,\text{A}$$

따라서 R_2에 의해 소비되는 전력은 다음과 같이 구할 수 있다.

$$P_2 = I^2 R_2 = 0.125 \times 0.125 \times 400 = 6.25\,\text{W}$$

예제 5-8

두 가지 방법을 사용해 [예제 5-7]의 회로에서 전체 소비 전력 P를 계산하라.

풀이

❶ 첫 번째 방법은 먼저 각 저항별로 소비되는 전력을 구한 뒤 모두 더하는 것이다. [예제 5-7]에서 이미 P_2를 구했으므로 전류는 0.125 A라는 것을 알고 있다. 이제 전류와 저항에 따른 전력을 구하는 식을 사용해 다음과 같이 계산할 수 있다.

$$P_1 = I^2 R_1 = 0.125 \times 0.125 \times 200 = 3.125\,\text{W}$$
$$P_3 = I^2 R_3 = 0.125 \times 0.125 \times 600 = 9.375\,\text{W}$$

3개의 전력(P_1, P_2, P_3)을 더하면 전력 $P = 3.125 + 6.25 + 9.375 = 18.75\,\text{W}$가 되고, 입력 데이터의 유효숫자가 3개이므로 반올림하면 18.8 W가 된다.

② 두 번째 방법은 전체 저항을 구한 뒤 구한 값과 [예제 5-7]에서 계산한 전류를 사용해 전력을 구하는 것이다. 직렬 연결된 전체 저항이 $R = 1{,}200\,\Omega$이므로 전체 소비 전력은 다음과 같다.

$$P = I^2R = 0.125 \times 0.125 \times 1{,}200 = 18.75\text{W}$$

다시 이 값을 반올림하면 18.8W가 된다.

병렬 회로에서의 전력 분배

저항이 병렬로 연결되었다면 각 저항에 흐르는 전류가 서로 다르다. 전류는 저항이 모두 같은 경우에만 동일하다. 그러나 임의의 저항기에 걸리는 전압은 다른 저항기에 걸리는 전압과 항상 동일하다. 다음 식을 통해 임의의 저항 R_n이 소비하는 전력 P_n을 구할 수 있다.

$$P_n = \frac{V^2}{R_n}$$

여기서 V는 공급 전압을 의미한다. 직렬 회로와 마찬가지로 병렬 직류 회로에서의 총 소비 전력은 각 저항에 의해 소비되는 전력의 합과 같다.

예제 5-9

직류 회로에서 전압 $V = 3.0\,\text{V}$인 배터리에 $R_1 = 22\,\Omega$, $R_2 = 47\,\Omega$, $R_3 = 68\,\Omega$인 저항 3개가 병렬로 연결되었다고 가정하자. 이때 각 저항에 의해 소비되는 전력을 계산하라.

풀이

공급 전압의 제곱인 V^2을 찾는 것부터 시작하자. 이 값은 여러 번 사용될 것이다.

$$V^2 = 3.0 \times 3.0 = 9.0$$

저항 R_1은 다음의 전력을 소비한다.

$$P_1 = \frac{9.0}{22} = 0.4091\,\text{W}$$

이 값을 반올림하면 0.41W이고, 저항 R_2는 다음의 전력을 소비한다.

$$P_2 = \frac{9.0}{47} = 0.1915\,\text{W}$$

이 값을 반올림하면 0.19 W이고, 저항 R_3은 다음의 전력을 소비한다.

$$P_3 = \frac{9.0}{68} = 0.1324\,\text{W}$$

이 값을 반올림하면 0.13 W이다.

예제 5-10

두 가지 방법을 사용해 [예제 5-9]의 저항 회로에서 소비되는 전체 전력을 계산하라.

풀이

❶ 첫 번째 방법은 [예제 5-9]의 답 P_1, P_2, P_3를 모두 더하는 것이다. 만약 유효숫자를 4개 사용한다면 전체 소비 전력은 다음과 같다.

$$P = 0.4091 + 0.1915 + 0.1324 = 0.7330\,\text{W}$$

이 값을 반올림하면 0.73 W가 된다.

❷ 두 번째 방법은 병렬로 연결된 전체 저항 R을 구한 뒤 전체 저항과 배터리의 전압으로부터 전력을 계산하는 것이다. 유효숫자를 4개 사용한다면 전체 저항은 $R = 12.28\,\Omega$이다. 전체 소비 전력을 계산하면 다음과 같다.

$$P = \frac{V^2}{R} = \frac{9.0}{12.28} = 0.7329\,\text{W}$$

이 값을 반올림하면 0.73 W가 된다.

Tip & Note

전기전자공학에서 직류 회로를 해석할 때는 항상 다음과 같은 특정 법칙을 따른다.

- 직렬 회로에서 전류는 모든 점에서 같다.
- 병렬 회로에서 저항기 하나에 걸리는 전압은 다른 임의의 저항기에 걸리는 전압과 같고, 전체 저항에 걸리는 전압과 같다.
- 직렬 회로에서 각 저항기에 걸리는 전압의 합은 공급 전압과 같다.
- 병렬 회로에서 저항기에 흐르는 전류를 모두 더하면 전원에서 흐르는 전류와 항상 같다.
- 직렬 회로와 병렬 회로에서 전체 소비 전력은 각 저항기에서 소비되는 전력의 합과 같다.

이제 직류 회로를 지배하는 가장 유명한 법칙 두 가지에 대해 능숙해지도록 하자. 이 두 법칙은 광범위하게 적용되고, 복잡한 직병렬 직류 회로망의 해석을 가능하게 한다.

키르히호프 제1법칙

물리학자인 키르히호프Gustav Robert Kirchhoff(1824 ~ 1887)는 다른 사람들이 전류가 어떻게 흐르는지에 대해 잘 알기 전부터 이를 연구하고 실험했다. 그는 상식에 기초해 직류 회로의 두 가지 중요한 성질을 이끌어냈다. 키르히호프는 임의의 직류 회로에서 한 지점으로 들어가는 전류와 그 지점에서 나오는 전류가 동일하다고 판단했다. 이는 아무리 많은 가지가 한 점으로 들어가고 나간다고 해도 변함이 없다. [그림 5-5]는 이 원리를 두 가지 예를 통해 나타낸 것이다.

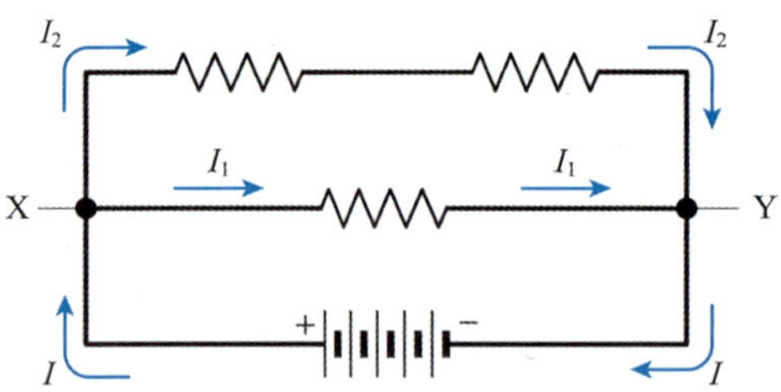

(a) 점 X나 점 Y에 흘러 들어가는 전체 전류와 흘러나오는 전체 전류는 서로 같다. 즉 $I = I_1 + I_2$이다.

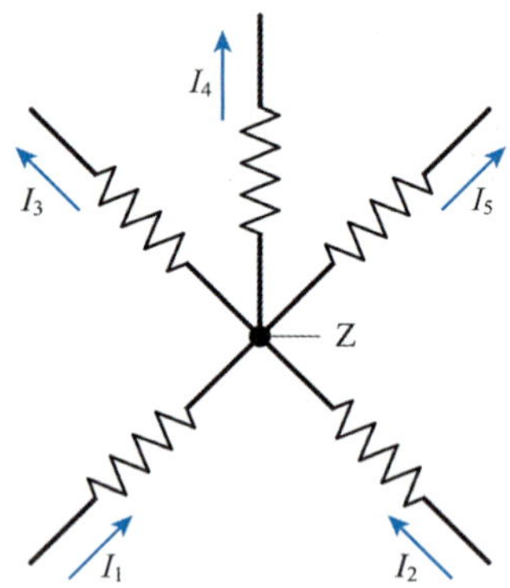

(b) 점 Z에 흘러 들어가는 전체 전류는 점 Z에서 흘러나오는 전체 전류와 같다. 즉 $I_1 + I_2 = I_3 + I_4 + I_5$이다.

[그림 5-5] 키르히호프 제1법칙

[그림 5-5(a)]를 보면 점 X에 흘러 들어가는 전체 전류 I는 나오는 총 전류 $I_1 + I_2$와 같다. 또한 점 Y에 흘러 들어가는 총 전류 $I_2 + I_1$는 나오는 전체 전류 I와 같다. [그림 5-5(b)]를 보면 점 Z에 흘러 들어가는 총 전류 $I_1 + I_2$는 나오는 전체 전류 $I_3 + I_4 + I_5$와 같다. 이는 키르히호프 제1법칙의 두 가지 예로, 이 법칙을 **키르히호프의 전류 법칙**Kirchhoff's Current Law 또는 **전류 보존의 원리**current-conservation principle라고 한다.

예제 5-11

[그림 5-5(a)]를 참고하자. 저항기 3개는 모두 100Ω이고, $I_1 = 2.0\,\mathrm{A}$, $I_2 = 1.0\,\mathrm{A}$라고 가정했을 때 배터리의 전압은 얼마인가?

풀이

먼저 전체 저항기가 배터리에 요구하는 전체 전류 I를 구한다. 각 가지에 흐르는 전류를 더하면 다음과 같다.

$$I = I_1 + I_2 = 2.0 + 1.0 = 3.0\,\mathrm{A}$$

이제 전체 회로의 저항을 구한다. 직렬로 연결된 100Ω 저항기 2개를 더하면 200Ω이 된다. 이는 세 번째 100Ω 저항기와 병렬로 연결되어 있다. 따라서 배터리에 연결된 총 저항 R은 66.67Ω이다. 이제 옴의 법칙을 사용하면 다음과 같이 전압을 계산할 수 있다.

$$V = IR = 3.0 \times 66.67 = 200\,\mathrm{V}$$

예제 5-12

[그림 5-5(b)]의 회로에서 점 Z 아래에 있는 저항기 2개는 각각 100Ω이고, 위에 있는 저항기 3개는 각각 10.0Ω이라고 한다. 100Ω의 저항기에 각각 500mA의 전류가 흐른다고 가정했을 때 10.0Ω의 저항기에 흐르는 전류는 얼마인가? 또한 10.0Ω 저항기에 걸리는 전위차는 얼마인가?

풀이

점 Z에 들어가는 총 전류는 $500\,\mathrm{mA} + 500\,\mathrm{mA} = 1.00\,\mathrm{A}$이다. 키르히호프 제1법칙에 따르면 점 Z에서 동일한 전류가 나와서 10.0Ω의 동일한 값을 가진 저항기에 동일하게 나뉘어 흐른다. 그러므로 저항기 3개 중 하나에 흐르는 전류는 $\frac{1.00}{3} = 0.333\,\mathrm{A}$이다. 옴의 법칙을 사용하면 10.0Ω의 저항기 R에 걸리는 전위차 V를 다음과 같이 계산할 수 있다.

$$V = IR = 0.333 \times 10.0 = 3.33\,\mathrm{V}$$

키르히호프 제2법칙

임의의 직류 회로의 어떤 점에서 출발해 회로를 한 바퀴 돌 때까지 극성을 고려한 전압의 합은 항상 0이다. 이것이 직관에 어긋난다고 생각되는가? 키르히호프의 머릿속으로 들어가 그의 생각을 살펴보자.

키르히호프가 제2법칙을 세울 때는 아무것도 없는 공간에서 갑자기 전위차가 발생할 수 없고, 또 아무것도 없는 곳으로 사라지지 않는다고 생각했다. 만약 직류 회로를 한 바퀴 돌아 제자리로 돌아온다면(회로가 아무리 복잡해도) 시작점과 도착점이 동일하므로 두 점 사이의 전위차는 0이어야 한다. 한 바퀴를 도는 동안 무슨 일이 일어나도 상관없다. 경로에 따라 전압은 출발점에 비해 상대적으로 높을 수도 있고, 낮을 수도 있다. 즉 (+)가 되고, (−)가 되며 다시 (+)가 될 수 있다. 그러나 마지막에 그 전압을 모두 더하면 0이 된다. 즉 점과 점 자체의 전위차가 0이다. 이 원리를 키르히호프 제2법칙이라고 하며 **키르히호프의 전압 법칙**Kirchhoff's Voltage Law 또는 **전압 보존의 원리**voltage-conservation principle라고 한다.

만약 극성을 무시한다면 어떤 복잡한 직류 회로에서 각 저항기에 걸리는 전압의 합은 공급 전압이 된다. 키르히호프 제2법칙은 각 저항기에 걸리는 전위차의 극성이 공급 전력의 극성과 반대가 되는 것을 고려해 이 원리를 확장한 것이다. [그림 5-6]은 키르히호프 제2법칙의 예이다. 배터리 전압 V의 극성은 각 저항기에 걸리는 전압 $V_1+V_2+V_3+V_4$를 합한 것과 반대의 극성이 된다. 따라서 극성을 고려했을 때 다음과 같은 식이 된다.

$$V+V_1+V_2+V_3+V_4=0$$

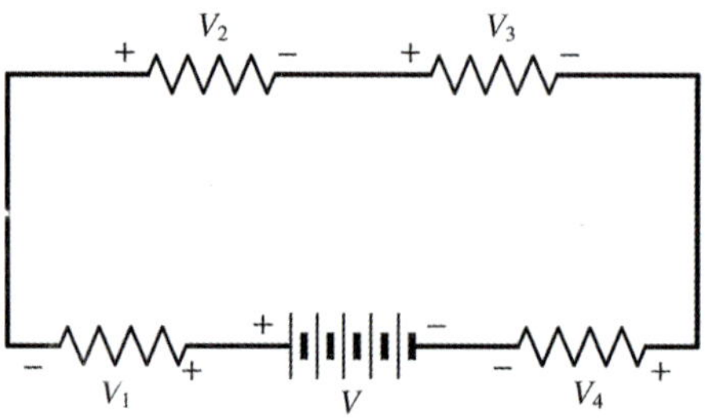

[그림 5-6] 키르히호프 제2법칙. 각 저항 양단의 전압을 합한 것은 공급 전압과 같고, 극성이 반대이므로 $V+V_1+V_2+V_3+V_4=0$이다.

예제 5-13

[그림 5-6]을 참고하자. 각 저항을 $R_1=50\Omega$, $R_2=60\Omega$, $R_3=70\Omega$, $R_4=80\Omega$이라고 하고, 회로에 전류 $I=500\,\text{mA}$가 흐른다고 가정하자. 각 저항기에 걸리는 전압 V_1, V_2, V_3, V_4는 얼마인가? 그리고 배터리 전압 V는 얼마인가?

풀이

먼저 옴의 법칙을 사용해 각 저항기에 걸리는 전압 V_1, V_2, V_3, V_4를 구한다. 전류를 $I=0.500\,\text{A}$와 같이 A로 환산한 뒤 저항 R_1, R_2, R_3, R_4에 대해 다음과 같은 전위차를 구한다.

$$V_1 = IR_1 = 0.500 \times 50 = 25\,\text{V} \qquad V_2 = IR_2 = 0.500 \times 60 = 30\,\text{V}$$
$$V_3 = IR_3 = 0.500 \times 70 = 35\,\text{V} \qquad V_4 = IR_4 = 0.500 \times 80 = 40\,\text{V}$$

배터리의 전압은 각 전압을 합한 것과 같으므로 다음과 같다.

$$V = V_1 + V_2 + V_3 + V_4 = 25 + 30 + 35 + 40 = 130\,\text{V}$$

예제 5-14

[그림 5-6]의 배터리 전압이 20V라고 가정하자. 각 저항기의 전압이 V_1, V_2, V_3, V_4이고, 저항비가 1:2:3:4라면 전압 V_3는 얼마인가?

풀이

이 문제에서는 전류에 대한 정보와 정확한 저항값을 알려주지 않았다. 그러나 V_3를 구할 때는 이런 정보가 필요하지 않다. 실제 저항값에 관계없이 저항값의 비가 1:2:3:4를 유지한다면 전압비 $V_1 : V_2 : V_3 : V_4$는 항상 저항값의 비와 같다. 따라서 이 비율을 만족시키는 저항이라면 어떤 저항값을 가정해서 사용해도 된다.

R_n에 걸린 전압을 V_n이라고 하자. n의 범위는 1에서 4이고, 저항값은 다음과 같다고 가정한다.

V_1이 걸리는 저항 : $R_1 = 1.0\,\Omega$
V_2가 걸리는 저항 : $R_2 = 2.0\,\Omega$
V_3이 걸리는 저항 : $R_3 = 3.0\,\Omega$
V_4가 걸리는 저항 : $R_4 = 4.0\,\Omega$

이런 저항값은 주어진 비율을 따른다. 전체 저항은 다음과 같다.

$$R = R_1 + R_2 + R_3 + R_4 = 1.0 + 2.0 + 3.0 + 4.0 = 10\,\Omega$$

전체 직렬 조합을 통해 흐르는 전류를 계산하면 다음과 같다.

$$I = \frac{V}{R} = \frac{20}{10} = 2.0\,\text{A}$$

옴의 법칙을 사용해 R_3에 걸리는 전위차 V_3를 다음과 같이 계산할 수 있다.

$$V_3 = IR_3 = 2.0 \times 3.0 = 6.0\,\text{V}$$

전압 분배

앞서 살펴본 것처럼 직렬로 연결된 저항값들은 전압의 비를 만들어낸다. **전압 분배 회로망**voltage-divider network을 설계하면 이런 비가 특정 조건을 만족하도록 할 수 있다.

전압 분배 회로망을 설계할 때 배터리나 전원에 과전류가 흐르지 않도록 하면서 가능하면 작은 저항값을 갖게 해야 한다. 전압 분배기를 실제 회로에 사용할 때 그 회로의 **내부 저항** 때문에 전압 분배기가 오작동하는 것을 바라지는 않을 것이다. 전원의 전류 공급 능력이 허용되는 한 전압 분배기의 저항값들이 작을 때 전압 분배기는 중간 전압들을 가장 효율적으로 고정시킨다.

[그림 5-7]은 전압 분배의 원리를 나타낸 것이다. 각 저항값은 R_1, R_2, R_3, $\cdots$, R_n이고, 전체 저항값은 다음과 같다.

$$R = R_1 + R_2 + R_3 + \cdots + R_n$$

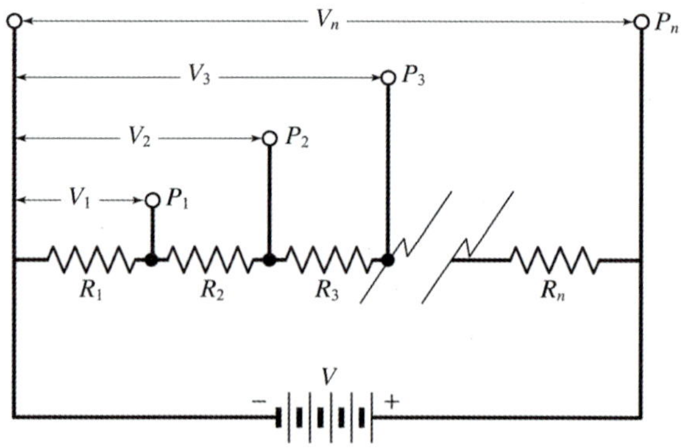

[그림 5-7] 전압 분배 회로의 일반적인 배열

배터리의 전압은 V이고, 회로의 전류 I는 $\frac{V}{R}$와 같다. 특정 지점 P_1, P_2, P_3, $\cdots$, P_n과 배터리의 음극(−) 단자에 대한 전위차를 V_1, V_2, V_3, $\cdots$, V_n이라고 한다. 마지막 전압 V_n은 배터리의 전압 V와 같다. 다른 모든 전압은 V보다 작으며 값이 차츰 증가하는 순서로 나열되어 있다. 수학적으로는 다음과 같이 표현하는데, 여기서 기호 <는 '~보다 작다'는 의미이다.

$$V_1 < V_2 < V_3 < \cdots < V_n = V$$

각 지점에서의 전압은 그 지점까지의 저항을 합한 총 저항값에 공급 전압을 곱한 값에 비례해 증가한다. 이를 식으로 나타내면 다음과 같다.

$$V_1 = V\frac{R_1}{R}$$

$$V_2 = V\frac{(R_1 + R_2)}{R}$$

$$V_3 = V\frac{(R_1 + R_2 + R_3)}{R}$$

이런 과정은 마지막 지점까지 계속된다.

$$V_n = V\frac{(R_1 + R_2 + R_3 + \cdots + R_n)}{R} = V\frac{R}{R} = V$$

예제 5-15

어떤 일을 하기 위해 전자 장치를 만들고 있다고 가정하자. 배터리의 전압은 $V = 9.0\,\mathrm{V}$이고, 배터리의 음극(−) 단자를 **공통접지**common ground(**섀시접지**chassis ground라고도 함)에 연결한다. 직류 전압이 공통접지에 대해 $+2.5\,\mathrm{V}$가 되는 지점을 얻기 위해 전압 분배 회로망을 만들려고 할 때 최대한 정확하게 한 쌍의 직류 저항을 구하라. 저항은 직렬로 연결되고, 회로에 어떠한 외부 회로도 연결하지 않는 한 그들 사이에는 $+2.5\,\mathrm{V}$가 측정되어야 한다.

풀이

[그림 5-8]은 회로망으로, 문제를 만족시키는 저항의 조합은 무수히 많다. 전압 분배기를 어떤 외부 회로에도 연결하지 않는 한 저항 사이의 전압은 다음과 같다.

$$\frac{R_1}{R_1 + R_2} = \frac{V_1}{V}$$

전체 저항을 다음과 같이 정하자.

$$R_1 + R_2 = 100\,\Omega$$

이때 두 저항기 사이 지점에서 $V_1 = +2.5\,\mathrm{V}$를 얻어야 하므로 다음과 같이 계산한다.

$$\frac{V_1}{V} = \frac{2.5}{9.0} = 0.28$$

전체 저항에 대한 R_1의 비가 전압비와 같도록 해야 하므로 다음과 같다.

$$\frac{R_1}{R_1 + R_2} = 0.28$$

전체 저항 $R_1 + R_2$가 100Ω인 회로를 만든다고 하면 앞선 식에서 $R_1 + R_2$에 100을 넣어 계산한다. 그러면 다음과 같은 값을 얻을 수 있다.

$$\frac{R_1}{100} = 0.28$$

따라서 $R_1 = 28\Omega$, $R_2 = 100 - 28 = 72\Omega$이다.

실제 상황에서는 가장 작은 R 값을 선택하려고 할 것이다. 이는 회로의 성질과 배터리에서 전류를 공급할 수 있는 정도에 의존하며 대략 100Ω 정도가 된다. 실제 저항값들이 아니라 그 저항값들의 비율이 단자의 전압을 결정한다.

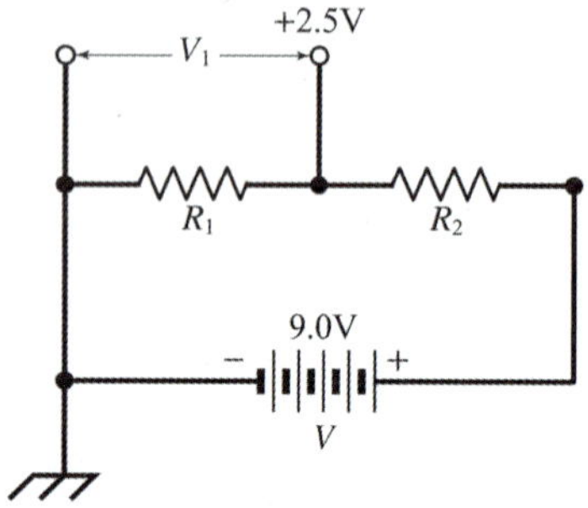

[그림 5-8] 직류 전원 9.0V에서 2.5V를 유도하는 전압 분배 회로망

예제 5-16

[예제 5-15]에서 직렬 저항에 흐르는 전류 I는 몇 mA인가?

풀이

옴의 법칙을 사용하면 다음과 같이 전류 I를 구할 수 있다.

$$I = \frac{V}{R_1 + R_2} = \frac{9.0}{100} = 0.090\,\text{A} = 90\,\text{mA}$$

예제 5-17

[그림 5-8]의 전압 분배 회로망에 600 mA의 전류가 흐르고, R_1 양단에 연결된 장치가 정상적으로 동작한다고 가정하자. 배터리가 $V=9.00\,\text{V}$를 공급할 때 저항기 사이에 $+2.50\,\text{V}$가 측정되기를 원한다면 R_1과 R_2를 얼마로 선택해야 하는가?

풀이

먼저 옴의 법칙을 사용해 전체 저항을 계산해 보자. 600 mA를 A로 환산하면 $I=0.600\,\text{A}$가 되므로 다음과 같다.

$$R_1+R_2=\frac{V}{I}=\frac{9.00}{0.600}=15.0\,\Omega$$

저항값의 비를 적용하면 다음과 같다.

$$\frac{R_1}{R_1+R_2}=\frac{2.5}{9.0}=0.28$$

따라서 각 저항값의 크기는 다음과 같이 선택해야 한다.

$$R_1=0.280\times 15.0=4.20\,\Omega$$

$$R_2=15.0-4.20=10.8\,\Omega$$

연습문제

01 정상적으로 동작하는 10개의 전등이 직렬로 연결되어 있고, 모두 한 배터리로부터 전력을 공급받는다. 갑자기 전구 하나가 타버려 그 자리가 개방 회로가 되었다면 다음 중 어떤 일이 일어나는가?

(a) 다른 전구의 불이 모두 나간다.
(b) 배터리로부터 나온 전체 전류가 약간 증가한다.
(c) 배터리로부터 나온 전체 전류가 약간 감소한다.
(d) 배터리로부터 나온 전체 전류는 변하지 않는다.

02 직렬로 연결된 저항기 4개가 12.0 V 배터리와 연결되어 있다. [그림 5-9]처럼 저항값이 $R_1 = 47\Omega$, $R_2 = 22\Omega$, $R_3 = 33\Omega$, $R_4 = 82\Omega$일 때 R_3에 흐르는 전류는 얼마인가?

(a) 0.72 A (b) 0.36 A
(c) 0.065 A (d) 0.015 A

03 [그림 5-9]의 회로에서 직렬로 연결된 저항 R_2와 R_3 조합에 걸린 전위차는 얼마인가?

(a) 7.5 V (b) 3.6 V
(c) 8.8 V (d) 12 V

04 [그림 5-9]의 회로에서 직렬로 연결된 저항 R_2와 R_3 조합에서 소비되는 전력은 얼마인가?

(a) 3.6 W (b) 1.8 W
(c) 0.46 W (d) 0.23 W

05 [그림 5-9]의 회로의 R_3에서 소비되는 전력은 얼마인가?

(a) 0.14 W (b) 0.28 W
(c) 1.1 W (d) 2.2 W

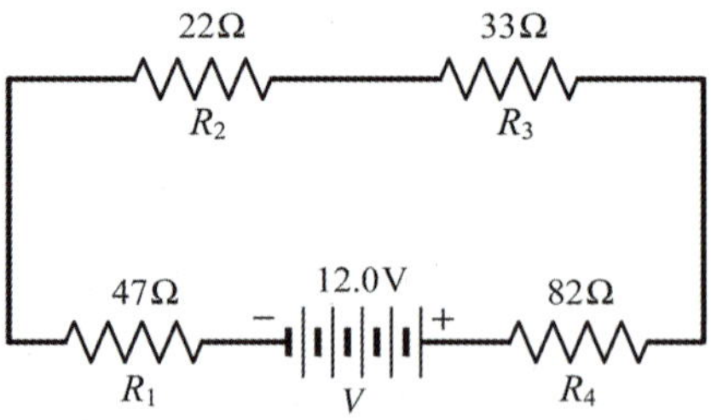

[그림 5-9] [연습문제 02~05]를 위한 그림

06 다음 중 괄호에 공통적으로 들어갈 적절한 말은 무엇인가?

> 1개의 배터리와 둘 이상의 저항을 포함한 병렬 직류 회로에서 어떤 저항에 대한 (　　)은/는 나머지 다른 어떤 저항에 대한 (　　)와/과 같다.

(a) 양단 사이의 전위차
(b) 흐르는 전류
(c) 소비 전력
(d) 컨덕턴스

07 [그림 5-9]에서 배터리가 12.0 V를 공급한다고 가정하자. 저항기들의 저항값은 모르지만 그 값이 모두 같다고 가정하면 전압 V_2는 얼마인가?

(a) 12.0 V (b) 6.00 V
(c) 4.00 V (d) 3.00 V

08 저항기 3개가 병렬로 연결되어 있고, 양단에 4.5 V 배터리가 연결되어 있다. [그림 5-10]처럼 저항값이 $R_1 = 820\Omega$, $R_2 = 1.5\,k\Omega$, $R_3 = 2.2\,k\Omega$일 때 저항기 R_2에 걸리는 전압은 얼마인가?

(a) 3.0 mV
(b) 1.5 V
(c) 4.5 V
(d) 계산하기 위해서는 더 많은 정보가 필요하다.

09 [그림 5-10]의 회로에서 저항기 R_2에 흐르는 전류는 얼마인가?

(a) 3.0 mA
(b) 14 mA
(c) 333 mA
(d) 계산하기 위해서는 더 많은 정보가 필요하다.

10 [그림 5-10]의 회로에서 저항기 R_2가 배터리로부터 소비하는 전력은 얼마인가?

(a) 14 mW
(b) 333 mW
(c) 9.0 μW
(d) 계산하기 위해서는 더 많은 정보가 필요하다.

11 [그림 5-10]의 회로에서 저항 회로의 순 컨덕턴스를 구하려면 어떻게 해야 하는가?

(a) 저항들의 컨덕턴스를 더한다.
(b) 저항들의 컨덕턴스 평균을 구한다.
(c) 저항들의 컨덕턴스 합의 역수를 구한다.
(d) 저항들의 컨덕턴스 평균의 역수를 구한다.

12 [그림 5-10]의 회로에서 전체 저항 회로망이 소비하는 에너지는 얼마인가?

(a) 5.5 J
(b) 9.2 J
(c) 47 J
(d) 이 질문에 답하려면 정보가 더 필요하다.

13 [그림 5-10]의 회로에서 다른 값은 그대로 두고, R_1 값만 820Ω에서 8.2Ω으로 바꾸면 전체 회로망의 소비 전력은 어떻게 변하는가?

(a) 다소 줄어든다.
(b) 많이 줄어든다.
(c) 다소 늘어난다.
(d) 많이 늘어난다.

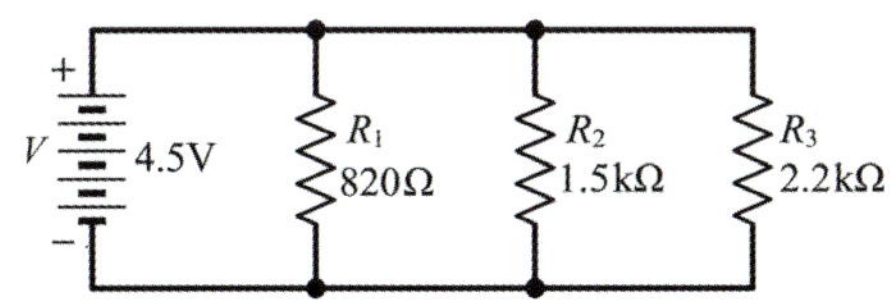

[그림 5-10] [연습문제 08~13]을 위한 그림

14 [그림 5-5(b)]에서 $I_3 + I_4 + I_5 = 250\,mA$라고 가정하자. 만약 $I_1 = 100\,mA$라면 점 Z의 오른쪽 아래 저항기에 흐르는 전류 I_2는 얼마인가?

(a) 33 mA　　(b) 50 mA
(c) 150 mA　　(d) 300 mA

연습문제

15 [그림 5-7]을 참고하라. 10개의 저항기로 구성된 회로에서 모든 저항이 100Ω이고, 배터리 전압이 6.3V라고 가정하자. 만약 모든 저항을 200Ω으로 2배 증가시키면 P_2 지점의 전압은 어떻게 변하는가?

(a) 2배가 된다.
(b) 동일하다.
(c) 절반으로 낮아진다.
(d) 계산하기 위해서는 더 많은 정보가 필요하다.

16 [그림 5-7]을 참고하라. 10개의 저항기로 구성된 회로에서 모든 저항이 100Ω이 아니라 50Ω이라고 가정하자. 저항을 바꾼 것에 더해 배터리 전압을 2배로 올려 12.6V로 하면 P_2 지점의 전압은 어떻게 변하는가?

(a) 2배가 된다.
(b) 동일하다.
(c) 절반으로 낮아진다.
(d) 계산하기 위해서는 더 많은 정보가 필요하다.

17 100Ω의 저항기 4개를 직렬로 연결한 뒤 배터리 전압을 공급해 회로 전체가 4.00W를 소비한다고 가정하자. 각 저항에서 소비하는 전력은 얼마인가?

(a) 125mW (b) 250mW
(c) 500mW (d) 1.00W

18 100Ω의 저항기 4개를 병렬로 연결한 뒤 배터리 전압을 공급해 회로 전체가 4.00W를 소비한다고 가정하자. 각 저항에서 소비하는 전력은 얼마인가?

(a) 125mW (b) 250mW
(c) 500mW (d) 1.00W

19 100Ω의 저항기 4개를 2×2 직병렬 매트릭스로 연결한 뒤 배터리 전압을 공급해 회로 전체가 4.00W를 소비한다고 가정하자. 각 저항에서 소비하는 전력은 얼마인가?

(a) 125mW (b) 250mW
(c) 500mW (d) 1.00W

20 다음 중 전압 분배 회로망을 설계하고 제작할 때 전원으로부터 너무 많은 전류를 끌어오지 않게 하면서 저항값을 가능한 한 작게 해야 하는 이유는 무엇인가?

(a) 회로망의 동작에 외부 소자들이 주는 영향을 최소화하기 위해
(b) 회로망의 각 지점에서의 전압을 최대화하기 위해
(c) 회로망의 각 지점에서의 전압을 최소화하기 위해
(d) 회로망에 연결된 외부 소자들에게 과도한 스트레스를 주지 않기 위해

정답

01 a	**02** c	**03** b	**04** d	**05** a	**06** a	**07** d	**08** c	**09** a	**10** a
11 a	**12** d	**13** d	**14** c	**15** b	**16** a	**17** d	**18** d	**19** d	**20** a

CHAPTER 06

저항기

Resistors

학습목표

- 전압 분배, 바이어싱, 전류 제한 등 다양한 저항기의 용도를 이해할 수 있다.
- 저항값이 변하지 않는 고정 저항기의 종류와 구조, 특징을 이해할 수 있다.
- 저항값을 조절할 수 있는 가변 저항기의 종류와 구조, 특징을 이해할 수 있다.
- 실제 회로에서 저항기를 사용하기 위해 확인해야 할 주요 특성을 살펴보고, 저항값을 표기하는 방법을 이해할 수 있다.

모든 전기 소자, 장비, 시스템은 저항을 갖고 있다. 실제로 완전한 도체는 존재하지 않는다. 지금까지 배운 회로에는 전류를 줄이거나 제한하도록 설계된 소자들이 있었다. 이번 장에서는 **저항기** resistor라고 하는 이런 소자에 대해 알아본다.

저항기의 목적

저항기는 전류의 흐름을 방해하는 아주 단순한 작용만으로도 전기 및 전자 장치에서 다양한 역할을 하며 일반적으로 다음과 같이 응용된다.

전압 분배

앞서 저항기를 사용해 전압 분배기를 설계하는 방법에 대해 배웠다. 저항기는 이 작업을 수행하면서 전력 일부를 소비하지만 외부 회로나 시스템이 정상적으로 동작할 수 있도록 전위차를 발생시킨다. 예를 들어, 잘 만들어진 전압 분배기는 증폭기가 효율적이고, 안정적이며 최소한의 왜곡으로 동작할 수 있게 한다.

바이어싱

바이폴라 트랜지스터 bipolar transister와 **전계효과 트랜지스터** field-effect transister에서 **바이어스** bias는 한쪽 전극 또는 접지에 대해 한쪽 전극에 의도적으로 특정 직류 전압을 인가하는 것을 의미한다. 저항기 회로망은 이와 같은 기능을 할 수 있다.

무선 송신기의 증폭기는 오실레이터나 낮은 레벨의 수신 증폭기에서 사용하는 것과 다른 바이어스로 동작한다. 때로는 트랜지스터에 바이어스를 가하기 위해 작은 저항으로 전압 분배기를 만들어야 하며 어떤 경우에는 한 개의 저항기가 그 역할을 한다.

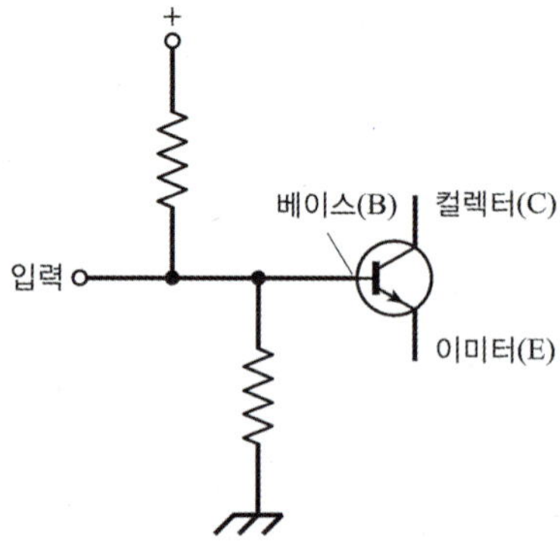

[그림 6-1] 트랜지스터 회로에서 한 쌍의 저항기가 전압 분배기 역할을 할 수 있다.

[그림 6-1]은 한 쌍의 저항기로 구성된 전압 분배기에서 바이어스를 얻고 있는 바이폴라 트랜지스터이다. **이미터**emitter(E)와 **베이스**base(B), **컬렉터**collector(C)라고 하는 트랜지스터 전극에 대해서는 이 책의 후반부에서 배울 것이다.

전류 제한

저항기를 사용해 전류를 제한하는 일반적인 용도 중 하나는 발광 다이오드(LED)를 사용할 때다. 발광 다이오드는 순방향 전압을 갖는데, 이는 발광 다이오드를 통해 흐르는 전류의 양에 따라 크게 달라지지 않는다. 일반적으로 빨간색 발광 다이오드는 1.8V가 걸린다. 따라서 이런 발광 다이오드를 5V 공급 장치에 직접 연결하면 발광 다이오드에 너무 많은 전류가 흐를 것이고, 과열되며 타버릴 것이다.

[그림 6-2]는 발광 다이오드와 직렬로 연결된 전류 제한 저항기이다. 키르히호프의 전류 법칙에 따라 저항기에 흐르는 전류는 발광 다이오드로도 흘러간다. 발광 다이오드의 순방향 전압과 공급 전압이 각각 1.8V와 5V로 고정되어 있다면 적절한 저항기를 선택해 발광 다이오드의 전류를 설정할 수 있다(일반적으로 20mA이다).

$$R = \frac{V}{I} = \frac{(5 - 1.8)}{0.02} = 160\,\Omega$$

[그림 6-2] 저항기는 발광 다이오드로 흐르는 전류를 제한한다.

전력 소산

어떤 경우에는 전력을 열로 소산하는 저항기가 필요할 수도 있다. 그런 저항기는 **모조**dummy 소자가 되어서 회로에서 저항기가 더 복잡한 역할을 하는 것처럼 보이게 한다.

예를 들어, 무선 송신기를 시험할 때 [그림 6-3]과 같이 안테나가 위치한 곳에 거대한 저항기를 설치할 수 있다. 저항기는 이렇게 공기 중의 통신과 상호 간섭 없이 고출력으로 긴 시간 동안 무선 송신기를 테스트하게 해준다. 송신기의 출력은 어떤 신호도 방사하지 않으면서 저항기를 가열시킨다. 그러나 송신기는 저항기가 마치 실제 안테나처럼 보인다. 만약 저항기가 알맞은 저항값을 갖고 있다면 송신기에서는 저항기가 완벽한 안테나처럼 보일 것이다.

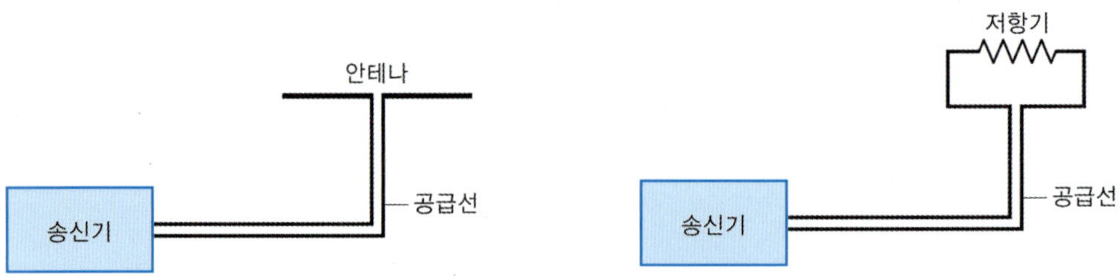

(a) 실제 안테나와 연결된 무선 송신기 (b) 저항성 모조 안테나와 연결된 동일한 송신기

[그림 6-3] 실제 안테나와 모조 안테나를 활용한 무선 송신기 시험

하이파이 오디오 장치와 같이 전력증폭기의 입력단에서 저항기의 전력 소모 특성을 적절히 이용할 수 있다. 간혹 회로에 입력 신호를 공급하는, 즉 증폭기를 구동하는 회로는 지나치게 높은 전력을 만들어낸다. 이런 때는 저항기나 저항기로 구성된 회로망이 증폭기에 입력 신호가 과도하게 들어가지 않게 전력을 소산할 수 있다. 어떤 타입의 증폭기라도 지나치게 높은 입력 신호를 회로에 공급하는 **과구동** overdrive은 신호의 왜곡과 효율 저하, 기타 여러 가지 문제를 야기할 수 있다.

방전

고전압 직류 전원 공급 장치는 **리플** ripple로 알려진 전류의 맥동을 잔잔하게 만들기 위해 커패시터(경우에 따라 다른 소자들과 함께)를 사용한다. 이런 **필터 커패시터** filter capacitor는 전하를 받아들여 잠시 저장한다. 어떤 전원 공급 장치에서는 전체 시스템이 꺼진 뒤에도 전원의 총 출력 전압(가령 750 V 정도)을 오랫동안 유지하기도 한다. 이런 전원 공급 장치를 누군가가 수리하거나 테스트하려고 하면 이 전압 때문에 치명적인 충격을 받을 수 있다.

만약 전원 공급 장치에서 **방전 저항기** bleeder resistor를 각 필터 커패시터와 병렬로 연결하면 저항기는 커패시터에 축적된 전하를 흘려보내 전원 공급 장치를 수리하거나 테스트하는 사람이 감전사하지 않게 한다. [그림 6-4]에서 도는 방전 저항기 R은 전원 공급 장치의 동작에 영향을 주지 않도록 높은 저항값을 가져야 한다. 그러나 전원이 끊어진 뒤에는 짧은 시간 동안 커패시터 C를 방전시킬 수 있을 정도로 낮은 저항값을 가져야 한다.

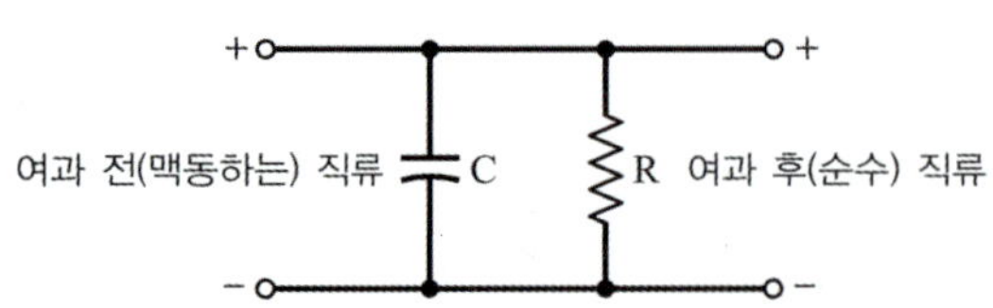

[그림 6-4] 전원 공급 장치에서 필터 커패시터(C)와 병렬로 연결된 방전 저항기(R)

만약 전원 공급 장치에 방전 저항기가 연결되어 있어도 현명한 공학자나 기술자는 회로의 전원을 차단시키고, 조작하기 전에 절연 장갑을 낀 뒤 절연 손잡이가 있는 드라이버나 도체로 된

공구를 사용해 모든 커패시터를 단락시킬 것이다. 전원 공급 장치에 방전 저항기가 있다고 해도 잔량의 전하를 제거하려면 잠깐이라도 시간이 걸릴 수 있고, 방전 저항기가 고장 나 있을 수도 있기 때문이다.

임피던스 정합

증폭기 2개를 **결합**coupling하거나 증폭기의 입력과 출력 회로에서 저항기가 훨씬 정교하게 응용된 사례를 접할 수 있다. 가능한 최대의 증폭을 얻으려면 증폭기의 출력과 다음 단 증폭기의 입력 사이, 그리고 신호원과 증폭기 입력 사이의 **임피던스**impedance가 정확히 일치해야 한다. 이런 원리는 증폭기의 출력과 **부하**load에서도 적용되며 이때 부하는 스피커, 헤드셋 또는 어느 것이든 될 수 있다. 임피던스는 직류 저항의 개념을 교류로 확장한 개념이라고 생각할 수 있다. 임피던스에 대해서는 이 책의 PART 2에서 배울 것이다.

고정 저항기

앞으로의 엔지니어링 과정에서 저항기는 가장 자주 사용될 소자이다. 고정 저항기에 대한 논의로 [그림 6-5] ~ [그림 6-7]은 회로 기판의 밑면 구리 패드에 납땜하도록 설계된 소위 **스루홀**through-hole 소자를 나타낸다. 오늘날 대부분의 저항기는 소위 '**칩 저항기**chip resistors' 또는 **표면 실장 장치**surface mount device(SMD) 저항기이다. 이런 작은 저항기는 일반적으로 '필름' 저항기이며 스루홀 저항기와 동일한 방식으로 작동한다. 다음은 가장 일반적인 유형의 저항기들이다.

탄소합성 저항기

저항기를 만드는 가장 저렴한 방법은 다음과 같다. 먼저 탄소가루(괜찮은 전기 전도체)와 비전도성의 고체 또는 **반죽**paste을 혼합해 끈적거리는 점토와 같이 만든 것을 원통 모양으로 압축한다. 그다음 [그림 6-5]와 같이 양쪽에 도선을 삽입하고, 덩어리 전체가 굳도록 둔다. 최종 산출물의 저항값은 탄소와 비전도성 물질의 비율과 삽입한 도선 사이의 물리적인 거리에 따라 달라진다. 이를 통해 **탄소합성 저항기**carbon-composition resistor를 만든다.

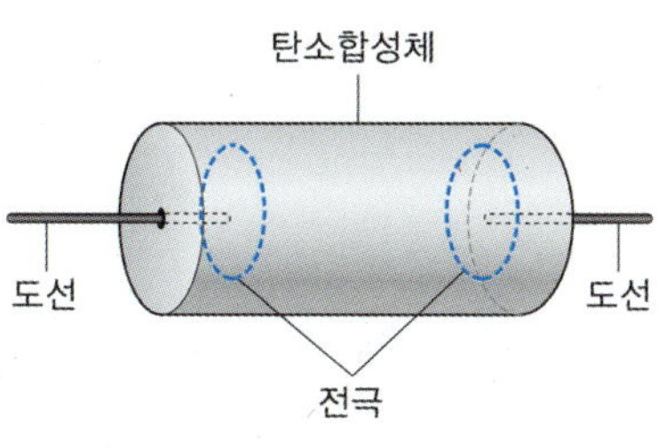

[그림 6-5] 탄소합성 저항기의 구성

탄소합성 저항기는 저항값의 범위가 넓고, 리액턴스가 없다. 리액턴스가 없다는 것은 회로 내에서 순수한 저항 성분을 나타내며 **유도성 리액턴스**inductive reactance나 **용량성 리액턴스**capacitive reactance가 없다는 의미이다. (나중에 두 가지 형태의 리액턴스에 대해 배울 것이다.) 이런 특성 덕분에 탄소합성 저항기는 무선 송수신기를 구성할 때 유용하게 쓰인다. 무선 송수신기에서는 작은 외부 리액턴스도 문제를 일으킬 수 있기 때문이다.

탄소합성 저항기는 물리적인 크기와 질량에 비례해 전력을 소비한다. 전자공학에서 다루는 대부분의 탄소합성 저항기는 $\frac{1}{4}$ W 또는 $\frac{1}{2}$ W의 전력을 감당한다. 소형화된 저전력 회로에서는 $\frac{1}{8}$ W급도 찾아볼 수 있고, 전기적 내구성이 요구되는 회로에는 1 W 또는 2 W급도 사용한다. 경우에 따라 50 W 또는 60 W 전력에서 동작하는 저항기도 찾아볼 수 있지만 흔하지는 않다.

권선 저항기

전도성이 좋지 않은 물질로 만든 긴 도선으로도 저항을 얻을 수 있다. 이런 도선은 [그림 6-6]과 같이 원통 주위를 감은 코일 모양으로 만들 수 있다. 저항값은 어떤 굵기(또는 **게이지**gauge)의 도선으로 어떤 길이로 감느냐에 따라 달라진다. 이런 방식으로 만들어진 소자를 **권선 저항기**wirewound resistor라고 한다.

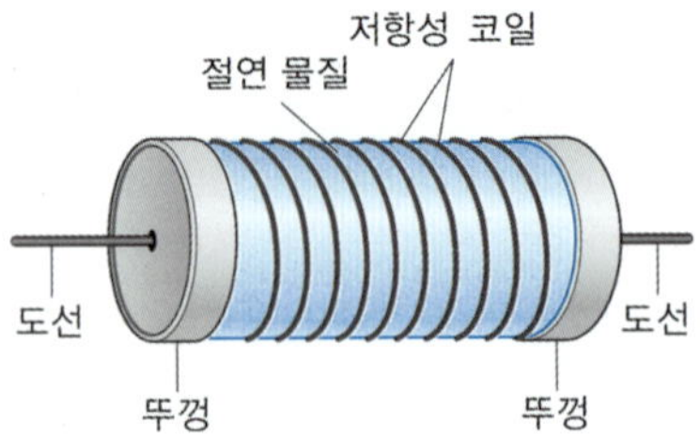

[그림 6-6] 권선 저항기의 구성

권선 저항기의 저항은 일반적으로 작은 값에서 중간 값 정도이고, 범위가 매우 좁아 때로 오차 범위가 ±1% 이내이다. 이런 소자는 **정밀한 공차**close tolerance 또는 **엄격한 공차**tight tolerance를 갖는다고 말한다. 권선 저항기는 매우 큰 전력을 제어할 수 있다는 점이 가장 큰 장점이다. 그러나 권선 저항기는 코일 형태이므로 항상 약간의 유도성 리액턴스를 갖는다는 단점이 있다. 따라서 고주파 교류나 무선 주파수(RF) 전류가 흐르는 상황에서는 사용하기 어렵다.

피막형 저항기

특정한 저항값을 얻기 위해 탄소 페이스트, 저항성 도선 또는 세라믹과 금속의 혼합물로 필름 또는 박막으로 된 원통형을 만든다. 이런 것을 **탄소피막 저항기**carbon-film resistor 또는 **금속피막 저항기**metal-film resistor라고 한다. 외관상으로는 탄소합성 저항기로 보이지만 [그림 6-7]의 구조를 보면 다르다는 것을 알 수 있다. 피막형 저항기는 가장 일반적인 유형의 저항기이다.

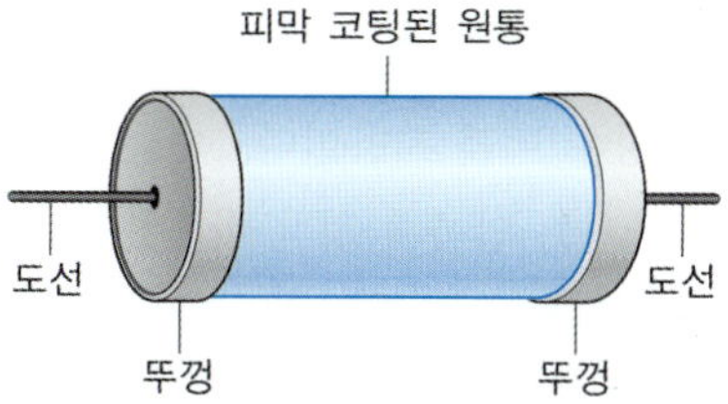

[그림 6-7] 피막형 저항기의 구조

원통은 자기, 유리, 또는 열가소성 물질 같은 절연체로 구성되어 있으며 이 원통에 다양한 방법으로 필름을 입혀 원하는 저항값을 만들 수 있다. 금속피막 저항기는 극도로 정밀한 공차를 갖도록 제작할 수 있고, 피막형 저항기는 보통 작은 값에서 높은 중간 값의 저항값을 갖는다.

탄소합성 저항기 같은 피막형 저항기는 유도성 리액턴스가 거의 없어서 높은 주파수를 갖는 교류를 응용할 때 중요한 자원이 된다. 그러나 일반적으로 피막형 저항기는 크기가 동일한 탄소합성 저항기나 권선 저항기 대비 큰 전력을 다룰 수 없다.

전위차계

[그림 6-8(a)]는 가변 저항기로 동작하는 **전위차계**potentiometer의 구조이고, [그림 6-8(b)]는 이런 전위차계의 도식 기호이다. 피막형 고정 저항기에서 본 것과 유사한 저항성 띠는 $\frac{3}{4}$ 정도의 원형(270° 원호)으로 양 끝단에 단자가 연결되어 있다. 이 띠는 고정된 저항값을 나타낸다. 저항값을 변화시키기 위해서는 회전축과 베어링에 연결된 미끄럼 접촉면을 세 번째 단자(중앙 단자)로 연결한다. 전위차계는 중앙 단자와 어느 한쪽 끝 단자 사이의 저항값을 0에서부터 전체 띠의 저항값까지 바꿀 수 있으며 대부분의 전위차계는 중간 정도의 전압에서 작은 전류만을 다룰 수 있다. 전자공학 분야에서 일하다 보면 **선형-테이퍼 전위차계**linear-taper potentiometer와 **오디오-테이퍼 전위차계**audio-taper potentiometer를 자주 접하게 될 것이다.

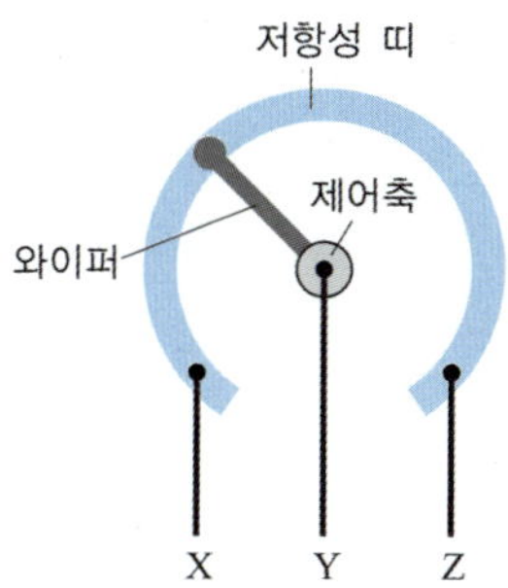

(a) 회전식 전위차계를 단순화한 구조도

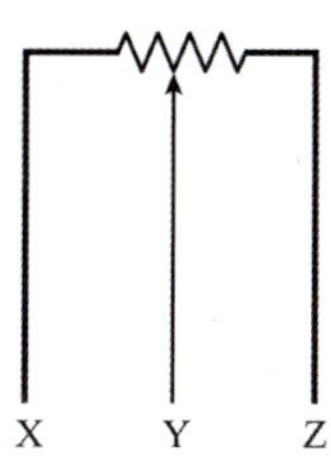

(b) 회전식 전위차계의 도식 기호

[그림 6-8] 회전식 전위차계

선형-테이퍼 전위차계

선형-테이퍼 전위차계는 모든 구간에서 일정한 밀도를 가진 저항성 띠를 사용한다. 중앙 단자와 어느 한쪽 끝 단자 사이의 저항값은 결과적으로 제어축이 돌아가는 만큼 일정한 비율로 변화한다. 보통 공학자들은 전자 시험기기 내에서 선형-테이퍼 전위차계의 사용을 선호하는 편이다. 그러나 소비자용 전자제품에서도 선형-테이퍼 전위차계를 찾아볼 수 있다.

0 ~ 270Ω 사이의 값을 갖는 선형-테이퍼 전위차계를 생각해 보자. 대부분 전위차계에서는 제어축이 약 270° 까지 회전하고, 중앙과 한쪽 단자 사이의 저항값은 제어축이 한쪽 단자로부터 회전한 각도에 따라 증가한다. 또 중앙과 다른 한쪽 단자 사이의 저항값은 270 에서 제어축이 회전한 각도를 뺀 값이 된다. 따라서 중앙 단자와 양 끝단 사이의 저항값은 제어축의 각도 위치에 대한 선형 함수가 된다.

오디오-테이퍼 전위차계

무선 수신기나 하이파이 오디오 증폭기의 소리 제어와 같은 용도로 선형-테이퍼 전위차계를 사용하는 것은 부적합하다. 인간은 소리의 세기를 실제 음향 출력의 선형적인 증감이 아니라 **대수**logarithm적인 변화에 따라 감지한다. 만약 무선 수신기나 오디오 시스템의 음량(또는 **이득**gain)을 조절하기 위해 선형-테이퍼 전위차계를 사용한다면 어떤 제어 부분에서는 소리의 음량이 천천히 바뀌고, 또 다른 부분에서는 급격하게 바뀔 것이다. 따라서 기기는 정상적으로 동작해도 사용자에게는 친화적이지 않을 것이다.

오디오-테이퍼 전위차계는 적절하게 선택해서 바르게 설치한다면 인간이 소리를 인지하는 방식으로 보정할 수 있다. 중앙과 어느 한쪽 단자 사이의 저항값은 회전하는 제어축의 회전각 위치에 대해 **비선형 함수**nonlinear function로 변화한다. 어떤 공학자는 회전각에 대한 저항값이 대수곡선을 따른다고 해서 이런 형태의 기기를 **로그-테이퍼 전위차계**logarithm-taper potentiometer, log-taper potentiometer라고 한다. 회전축을 돌리면 실제 전력은 대수적으로 변해도 소리의 강도는 선형적으로 변하는 것처럼 들린다.

습동형 전위차계

원형 띠 대신 직선형 저항성 띠를 사용해 상하 또는 좌우로 저항값을 조절하는 전위차계가 있다. 이런 가변 저항기를 **습동형 전위차계**slide potentiometer라고 한다. 습동형 전위차계는 하이파이 오디오의 **그래픽 이퀄라이저**graphic equalizer에서 증폭기의 이득을 조절하기 위해 사용되며 회전식 제어보다 직선형 제어를 선호하는 사람이 주로 사용한다. 습동형 전위차계는 선형-테이퍼 형태와 오디오-테이퍼 형태가 모두 있다.

저항기의 세부 사항

특별한 목적을 달성하기 위해 저항기를 선택할 때는 정확한 특성이나 세부 사항을 충족하는 저항기를 확보해야 한다. 저항기의 가장 중요한 사양 몇 가지를 알아보자.

옴 값

이론상 저항기의 옴 값은 가장 낮은 값(은으로 만들어진 막대 같은 것)에서 가장 높은 값(건조한 공기) 사이의 값이다. 실제로 약 0.1Ω보다 작거나 약 100MΩ보다 큰 저항기는 거의 찾아볼 수 없다. 그러나 모든 가능한 옴 값의 저항기를 제작하는 것은 아니다. 대신 다양한 범위에서 사용할 수 있도록 제작한다. 일반적으로 E12로 불리우는 간격으로 제작하는데, 이는 10을 다음과 같이 등비적으로 12등분 한 것이다.

(1.0, 1.2, 1.5, 1.8, 2.2, 2.7, 3.3, 3.9, 4.7, 5.6, 6.8, 8.2)

물론 E12 제품군뿐만 아니라 E24, E48, E96, 심지어 E192 제품군도 있다. 그러나 E12보다 더 세부적인 값의 저항이 필요한 경우는 드물다.

공차

앞서 본 위의 E12 집합은 ±10% 공차 내에 있는 표준 저항기의 값을 나타낸다. 이는 저항값이 표시된 값보다 10% 많거나 적을 수 있다는 의미이다. 예를 들어, 470Ω 저항기의 경우 정격값에 비해 47Ω만큼 크거나 작을 수 있다. 이는 정격공차 내에 있는 것, 즉 423Ω ~ 517Ω의 범위이다.

실제로 최신 제조 기술로 인해 허용 오차는 실제로 훨씬 더 엄격해졌다. E12 저항기의 경우 공차는 ±2% 정도이다.

공학자는 측정된 저항값이 아닌 **정격**rated 저항값에 기초해 공차값을 계산한다. 예를 들어, 470Ω 저항기를 측정한 결과 실제 저항값이 427Ω이라고 생각해 보자. 이 차이는 지정된 값의 ±10% 이내이다. 그러나 측정 결과 420Ω의 저항값을 갖는다면 이 값은 정격값의 범위 밖에 있으므로 불량품이다.

극도의 정밀도가 필요한 응용 분야에서 사용되는 ±0.2% 공차의 더 엄격한 저항기도 있다. 작은 오차가 큰 차이를 발생시키는 회로나 시스템에서는 이런 고품질의 저항기가 사용된다.

정격 전력

제조된 저항기는 사양에 적힌 대로 항상 저항기가 안전하게 소비할 수 있는 전력을 견뎌낸다. 소비 정격은 소자가 특정한 양의 전력을 일정하게 한없이 계속 소비할 수 있다는 것을 의미하는 **연속 정격**continuous duty을 가리킨다.

다음과 같이 전류 I[A]와 저항 R[Ω]로 표시되는 전력 P[W] 공식을 사용하면 주어진 저항기가 얼마의 전류를 흘릴 수 있는지 계산할 수 있다.

$$P = I^2 R$$

이 식은 정격 소비 전력과 저항을 이용해 다음과 같이 최대 허용 전류를 표현할 수 있다. 여기서 $\frac{1}{2}$은 제곱근을 나타낸다.

$$I = \left(\frac{P}{R}\right)^{\frac{1}{2}}$$

동일한 단위 저항기를 2× 2, 3× 3, 4× 4 또는 더 많은 직병렬 행렬로 서로 연결하면 주어진 저항기의 정격 전력을 효과적으로 정수배만큼 높일 수 있다. 만약 47Ω의 45W 저항기가 필요한데 47Ω의 1W 저항기만 많다면 저항기 7개를 일곱 세트로 구성해(7× 7 직병렬 행렬) 7× 7W, 즉 49W를 견딜 수 있는 47Ω의 저항 소자를 얻을 수 있다.

저항기의 저항값처럼 정격 소비 전력도 오차 여유가 정의되어 있다. 훌륭한 공학자는 정격값을 올리려고 하지 않는다. 즉 0.27W의 저항기가 필요할 때 $\frac{1}{4}$W 저항기를 사용하지 않는다. 실제로는 제조업자들이 제공한 오차에 추가해 스스로 안정적인 동작을 감안한 오차 여유를 더 둔다. 예를 들어, 오차가 10% 허용되더라도 $\frac{1}{4}$W 저항기가 0.225W보다 더 큰 전력을 감당하게 요구하지 않는다. 또는 1W 저항기가 약 0.9W보다 큰 전력을 소비하게 요구하지 않는다.

저항기가 열을 방출하는 유일한 경로는 저항 주위를 순환하는 공기이며 어느 정도의 열은 저항이 납땜된 회로 기판으로 전달된다. 따라서 저항기가 밀폐되어 통풍이 잘 되지 않는다면 추가 여유를 두어야 한다.

온도 보상

모든 저항기는 온도가 급격하게 올라가거나 내려갈 때 저항값이 변한다. 저항기는 전력을 소비하도록 설계되었으므로 동작하는 동안 뜨거워진다. 보통은 소자를 상당히 가열시킬 정도로 저항기에 흐르는 전류가 충분히 올라가지 않지만 어떤 경우에는 높은 전류가 흐르게 되고, 이때 발생된 열이 저항값을 변화시킬 수 있다. 이렇게 열에 의한 저항값 변화 효과가 크게 나타나면 민감한 회로는 저항기가 차가운 상태에서 동작할 때와는 다르게 동작할 것이다. 최악의 경우에는 변덕스러운 저항기 하나 때문에 전체 장치나 시스템이 고장 나기도 한다.

저항기 제조사들은 저항기의 온도가 올라갈 때 저항값이 바뀌면서 발생하는 문제를 막기 위해 다양한 방법을 사용하는데, 그중 한 가지는 저항기의 열이 올라갈 때 저항값이 크게 바뀌지 않도록 특별하게 제작하는 것이다. 이런 소자들을 **온도 보상**temperature compensated 부품이라고 하는데, 온도 보상 기능을 가진 저항기는 일반적인 저항기에 비해 가격이 몇 배 이상 비싸다.

따라서 온도 보상 저항기를 하나 구입하는 것보다 소자에서 소비되는 전력의 몇 배에 해당하는 정격 전력을 갖는 저항기나 직병렬 행렬의 저항기로 꾸미는 것이 낫다. 이런 기법을 **오버엔지니어링**over-engineering이라고 한다. 이 기법은 저항기 또는 직병렬 행렬의 저항기가 저항값이 심각하게 변할 정도의 고온에 이르는 것을 막는다. 또 다른 방법으로 여러 개의 저항기를 사용하는 것이 있는데, 의도했던 저항값의 5배가 되는 저항기 5개를 병렬로 연결하는 것이다. 또는 의도했던 저항값의 $\frac{1}{4}$ 배가 되는 저항기 4개를 직렬로 연결하는 방법도 있다.

소자의 전력 용량을 증가시키기 위해 어떤 방법을 사용한다고 해도 서로 저항값이 다르거나 정격 전력이 다른 저항기를 하나의 행렬로 결합해서 사용하면 안 된다. 만약 서로 다른 저항기를 연결하면 그중 하나의 저항기가 부하의 대부분을 맡고, 다른 저항기는 아무런 역할을 하지 못한다. 이와 같은 조합은 앞서 나온 뜨거운 저항기 하나보다 나은 점이 없다. 대전류를 다루거나 저항기에서 열이 발생하지 않게 하기 위해 "저항기 조직"을 구성한다면 언제나 **동일한**identical 저항기들로만 묶어야 한다.

온도 보상 저항기 설계의 통찰력

만약 나름대로 온도 보상 저항기를 만든다고 할 때 필요로 하는 저항값의 절반 또는 2배 값을 가진, 그러나 저항값 대 온도 간 특성이 서로 반대인 저항기 2개를 직렬 또는 병렬로 연결해서 사용할 수 있을까? 아주 좋은 질문이다. 만약 그런 저항기를 찾을 수 있다면 온도가 증가할 때 저항값이 줄어드는 소자(**부특성 온도계수**negative temperature coefficient를 가진 소자)는 온도가 올라갈 때 저항값이 증가하는 소자(**정특성 온도계수**positive temperature coefficient를 가진 소자)로 인한 발열 문제를 부분적으로든 전부든 해결할 수 있을 것이다. 이런 방법은 때때로 회로의 발열 문제에 대해 효과적으로 사용될 수 있다. 그러나 불행히도 이상적인 반대 저항기 2개를 찾는 것은 저항기를 모두 조합해보고, 직병렬 행렬로 구성하는 것보다 시간이 많이 걸릴 것이다.

저항기의 색 코드

대부분의 **스루홀**through-hole 저항기는 공차와 저항값을 나타내는 색 띠를 갖고 있다. 탄소합성 저항기와 피막형 저항기의 둘레에서 두르는 3~5개의 색 띠를 찾아볼 수 있을 것이다. 다른 저항기들은 공차나 저항값을 바로 알 수 있도록 숫자로 표시할 만큼 부피가 크다.

축 방향 리드 axial lead(양 끝에서 바로 튀어나온 도선)가 있는 저항기 표면에는 [그림 6-9(a)]와 같이 첫 번째, 두 번째, 세 번째, 네 번째, 다섯 번째 띠가 정렬되어 있다. **방사형 리드** radial lead(소자의 몸체 축에 대해 직각으로 꺾여 나온 도선)가 있는 저항기 표면에는 [그림 6-9(b)]와 같이 색 영역이 정렬되어 있다. 첫 번째와 두 번째 영역은 0부터 9 중 하나의 수를 나타내고, 세 번째 영역은 10의 거듭제곱을 의미한다(네 번째, 다섯 번째 영역은 잠시 신경 쓰지 않아도 된다). [표 6-1]은 저항기상의 다양한 색과 그에 해당하는 숫자를 표시한 것이다.

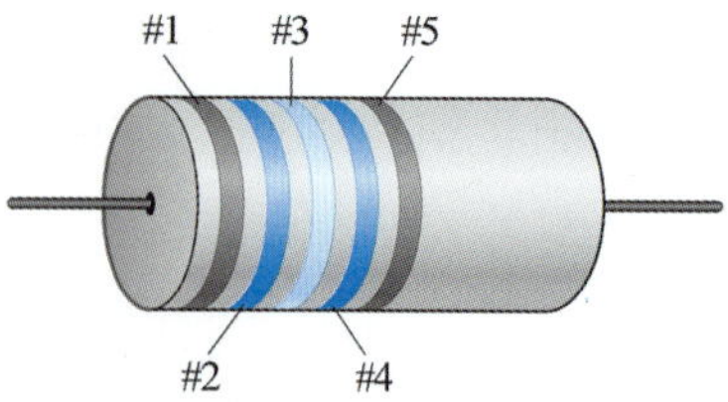

(a) 축 리드가 있는 저항기상의 색 코드 띠 위치

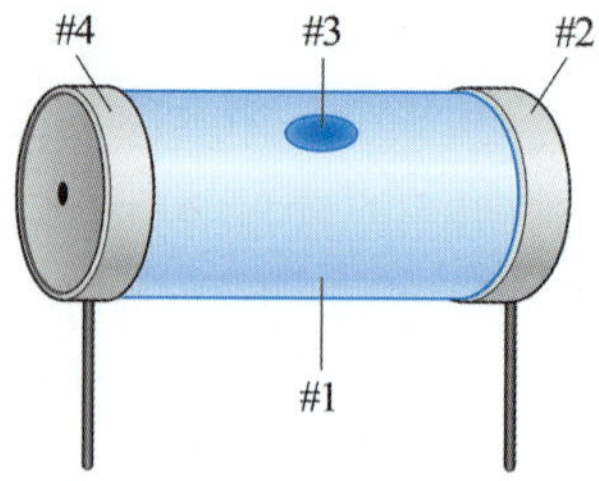

(b) 방사형 리드가 있는 저항기상의 색 코드 표시기 위치

[그림 6-9] 저항기의 색 코드 위치

[표 6-1] 고정 저항기상에 표시된 처음 3개의 띠에 대한 색상 코드. 네 번째와 다섯 번째 띠에 대해서는 본문을 참고하라.

띠 색	숫자(첫 번째와 두 번째 띠)	제곱수(세 번째 띠)
검은색(black)	0	1
갈색(brown)	1	10
빨간색(red)	2	100
주황색(orange)	3	1,000(1k)
노란색(yellow)	4	10^4(10k)
초록색(green)	5	10^5(100k)
파란색(blue)	6	10^6(1M)
보라색(violet)	7	10^7(10M)
회색(gray)	8	10^8(100M)
흰색(white)	9	10^9(1,000M 또는 1G)

예를 들어, 노란색, 보라색, 빨간색 순으로 3개의 띠가 있는 저항기를 생각해 보자. [표 6-1]을 참고하면 왼쪽에서 오른쪽으로, 다음과 같이 읽을 수 있다.

- 노란색 : 4
- 보라색 : 7
- 빨간색 : × 100

따라서 정격 저항값은 4,700Ω 또는 4.7kΩ이라는 것을 알 수 있다. 다른 예로 파란색, 회색, 주황색 순으로 3개의 띠가 있는 저항기를 생각해 보자. [표 6-1]을 참고하면 다음과 같이 읽을 수 있다.

- 파란색 : 6
- 회색 : 8
- 주황색 : × 1,000

이 저항기는 68,000Ω 또는 68kΩ이다.

만약 저항기에 네 번째 색 띠가 있다면([그림 6-9(a)] 또는 [그림 6-9(b)]의 #4) 이 색 띠는 공차를 알려주는 것이다. 은색 띠는 ±10%, 금색 띠는 ±5%를 나타낸다.

[그림 6-10]에 표시된 것처럼 SMD 저항기에는 색 띠가 없고, 대신 매우 작은 글씨로 숫자가 인쇄되어 있다. 두 저항기 모두 1001로 표시되어 있으며 4자리 색상 코드와 같이 100 뒤에 0이 하나 더 추가되어 1,000Ω 또는 1kΩ의 저항값을 나타낸다.

[그림 6-10] SMD 저항기와 크기 비교를 위한 성냥

연습문제

01 수선 기술자로서 전원 공급기를 끈 뒤 전원 공급기의 고전압으로 충전된 필터 커패시터에 의한 감전사 위험을 방지하면서, 전원 공급기의 전원을 켰을 때 공급기의 성능을 방해하지 않으려면 어떻게 해야 하는가?

(a) 일을 시작하기 전에 전원 공급기를 끄고 10분 기다린다.
(b) 모든 필터 커패시터를 영구히 단락시킨다.
(c) 인덕터를 모든 커패시터와 직렬로 설치한다.
(d) (a), (b), (c) 모두 답이 아니다.

02 정격 저항값이 330Ω ± 10%인 저항기 묶음이 있다. 옴 미터를 가지고 이들 중 3개를 측정해 다음의 (a), (b), (c) 값을 얻었다. 다음 중 정격의 오차 범위에서 벗어난 불량품은 무엇인가?

(a) 299Ω
(b) 305Ω
(c) 362Ω
(d) (a), (b), (c) 모두 양품이다.

03 다음 중 14MHz에서 동작하는 회로에 사용하기 적합한 저항기는 무엇인가?

(a) 탄소합성형
(b) 탄소피막형
(c) 금속피막형
(d) (a), (b), (c) 모두

04 다음 중 저항기를 발광 다이오드에 직렬로 연결하는 이유는 무엇인가?

(a) 전하 방전
(b) 전력 소산
(c) 전류 제한
(d) 전압 분배

05 다음 중 모조 안테나로 동작하는 부품은 무엇인가?

(a) 인덕터
(b) 저항기
(c) 커패시터
(d) 단락 회로

06 트랜지스터 증폭기 회로도에서 베이스와 접지 사이, 그리고 베이스와 배터리의 (+)극 사이에 저항기가 있는 것을 볼 수 있다. 다음 중 이 저항기들의 목적으로 옳은 것은 무엇인가?

(a) 트랜지스터로 흐르는 전류를 최대화한다.
(b) 베이스에 존재할 수도 있는 과잉 전하를 방전시킨다.
(c) 베이스에 바이어스를 최적화시킨다.
(d) 트랜지스터가 단락되는 것을 막는다.

07 저항기 표면에 왼쪽에서 오른쪽 방향으로 초록색, 빨간색, 갈색 띠가 있을 때 다음 중 저항값은 얼마인가?

(a) 68Ω
(b) 520Ω
(c) 8.2kΩ
(d) 18kΩ

08 발광 다이오드에 흐르는 전류를 제한하는 가장 흔한 방법은 다음 중 어디에 저항기를 연결하는 것인가?

(a) 발광 다이오드와 병렬로 연결
(b) 전압원의 양극과 접지
(c) 발광 다이오드와 직렬로 연결
(d) (a), (b), (c) 모두

09 다음 중 200 W 권선 저항기가 가장 잘 동작하는 때는 언제인가?

(a) 전류 제한을 목적으로 고출력 RF 증폭기 트랜지스터의 이미터와 직렬로 연결될 때
(b) 전압 제한을 목적으로 저출력 RF 증폭기 트랜지스터의 컬렉터와 직렬로 연결될 때
(c) 출력의 리플을 최소화할 목적으로 전원 공급기의 필터 커패시터와 직렬로 연결될 때
(d) 탄소 기반 저항기보다 더 큰 전력을 소모할 수 있는 저항기가 필요한 모든 직류 회로에서

10 저항값이 470 Ω인 저항기가 연속적으로 15 mA의 전류를 흘린다. 필요 이상으로 높지 않으면서 충분한 저항기의 정격 전력은 얼마인가?

(a) $\frac{1}{4}$ W
(b) 1 W
(c) 2 W
(d) 5 W

11 [연습문제 10]의 저항기에 걸리는 전압을 유효숫자 두 자리로 나타내면 얼마인가?

(a) 0.15 V
(b) 7.1 V
(c) 10 V
(d) 70 V

12 470 Ω이 정격인 저항기가 490 Ω으로 측정되었을 때 다음 중 실제 측정한 값과 제조사의 정격값 사이의 오차는 몇 %인가?

(a) +4.08%
(b) +4.26%
(c) −4.08%
(d) −4.26%

13 다음 중 오디오-테이퍼 전위차계에서 저항은 무엇에 비례하는가?

(a) 제어축의 각도 변위
(b) 제어축의 각도 변위에 대한 로그
(c) 제어축의 각도 변위에 대한 제곱
(d) 제어축의 각도 변위에 대한 제곱근

14 [그림 6-4]의 회로를 800 V의 직류 전원 공급기에 연결한다. 이때 저항값이 적절한 저항기를 고른다면 어떻게 되는가?

(a) 수선 기술자가 죽을지도 모를 가능성을 줄인다.
(b) 커패시터가 단락 또는 개방되는 것을 막는다.
(c) 전체적으로 전원 공급기의 효율을 최대화한다.
(d) 커패시터가 제대로 동작하는 것과 관계없이 출력 리플을 제거한다.

15 9 V의 배터리에 100 Ω의 저항기와 순방향 전압이 3 V인 발광 다이오드를 직렬로 연결했을 때 발광 다이오드에 흐르는 전류는 얼마인가?

(a) 60 mA
(b) 90 mA
(c) 120 mA
(d) 계산하기 위해서는 더 많은 정보가 필요하다.

16 탄소합성 저항기에 빨간색, 빨간색, 빨간색, 은색 띠가 있을 때 제조사가 제공한 정격 저항값은 얼마인가?

(a) 22 Ω ± 10%
(b) 220 Ω ± 10%
(c) 2.2 kΩ ± 10%
(d) 22 kΩ ± 10%

연습문제

17 4704라고 표시된 SMD 저항기의 저항값은 얼마인가?

(a) 474Ω
(b) 470Ω
(c) 470kΩ
(d) 4.7MΩ

18 다음 중 오디오 증폭기의 음량 조절용으로 가장 좋은 성능을 얻을 수 있는 것은 무엇인가?

(a) 로그-테이퍼 전위차계
(b) 선형-테이퍼 전위차계
(c) 권선 저항기
(d) 금속피막 저항기

19 다음 중 그래픽 이퀄라이저를 하이파이 시스템에 설치하려고 한다면 어떤 것을 사용하겠는가?

(a) 권선 저항기
(b) 전압 분배기
(c) 습동형 전위차계
(d) 회전형 전위차계

20 다음 중 리액턴스가 제일 작은 저항기는 무엇인가?

(a) 탄소합성 저항기
(b) 유도성 저항기
(c) 권선 저항기
(d) 용량성 저항기

정답

01 d	**02** d	**03** d	**04** c	**05** b	**06** c	**07** b	**08** c	**09** d	**10** a
11 b	**12** b	**13** b	**14** a	**15** a	**16** c	**17** d	**18** a	**19** c	**20** a

CHAPTER 07

전지와 배터리

Cells and Batteries

학습목표

- 전기화학 에너지의 구조와 특징을 이해할 수 있다.
- 일상생활 및 산업계에서 널리 사용되는 다양한 전기 화학 전지와 배터리의 특징을 이해할 수 있다.
- 대체 에너지원으로 각광받고 있는 태양전지(광전지)의 구조와 동작 원리를 이해할 수 있다.
- 새롭게 대두되고 있는 연료전지의 종류와 특징을 이해할 수 있다.

전기 분야에서 **전지** cell는 직류 에너지원의 단위이고, 전지가 2개 이상 직렬, 병렬, 직병렬로 연결되어 있을 때 **배터리** battery라고 한다. 전지와 배터리의 형태는 매우 다양하고, 새로운 것들이 계속해서 개발되고 있다. 이번 장에서는 전지와 배터리에 대해 배운다.

전기화학 에너지

초창기에 전기를 연구하던 물리학자들은 금속이 어떤 화학 물질과 접촉했을 때 경우에 따라 두 금속 사이에 전위차가 발생한다는 것을 알아냈다. 이 실험으로부터 최초의 **전기화학 전지** electrochemical cell가 발견되었다.

납 조각과 이산화 납 조각을 [그림 7-1]과 같이 산성 용액에 담그면 끊임없이 전위차가 발생한다. 초기 실험에서는 금속 사이에 검류계를 연결해 전압을 확인했다. 검류계와 직렬로 연결된 저항기는 검류계에 전류가 과하게 흐르지 못하게 해 전지 내부의 산성 용액이 끓지 않게 한다. 최근에는 전압계를 사용해 전위차를 측정할 수 있다.

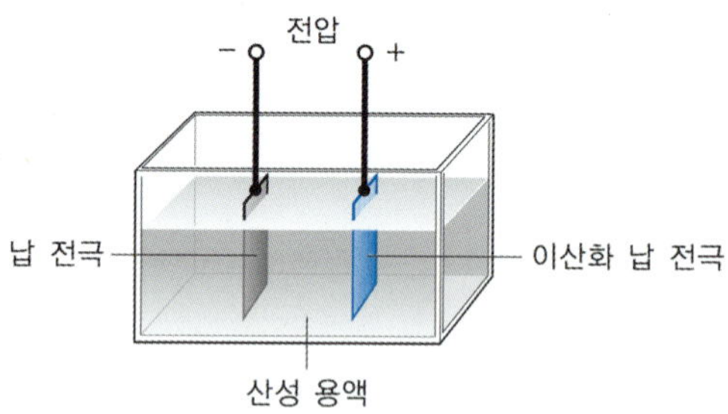

[그림 7-1] 납-산 전기화학 전지의 구성

[그림 7-1]과 같은 전지 양단에 저항기를 연결해 오랫동안 전류의 흐름을 관찰하면 전류는 점차 줄어들고, 전극에는 피막이 생긴다. 결국 산성 용액에 있는 모든 **화학에너지** chemical energy는 **전기에너지** electrical energy로 바뀌며 저항기와 전지 내 화학 용액에서 **열에너지** thermal energy로 소모되어 **운동에너지** kinetic energy의 형태로 주위 환경으로 사라진다.

일회용 및 충전식 전지 및 배터리

어떤 전지는 화학에너지가 모두 소진되면 버려야 한다. 이런 전지를 **일차 전지** primary cell라고 한다. 반면에 납-산 형태와 같은 다른 전지들은 충전을 하면 화학에너지를 다시 돌려받을 수 있다. 이런 전지를 **이차 전지** secondary cell라고 한다.

일차 전지는 손전등과 트랜지스터 라디오 등의 다양한 전자제품에 사용된다. 일차 전지는 **건전지** dry cell나 **아연-탄소 전지** zinc-carbon cell, 또는 **알칼리 전지** alkaline cell라고도 부르며 금속 전극과 함께 마른 **전해질** electrolyte 반죽(전도성 화학 물질)을 붙인다.

마트의 배터리 코너에 가면 AAA 배터리, D 배터리, 카메라 배터리, 시계 배터리와 같은 일차 전지를 볼 수 있다(이들은 사실 배터리가 아닌 전지이다). 또한 9V 트랜지스터 배터리와 대형 6V 랜턴 배터리도 볼 수 있다. 마트에서는 충전식 전지도 찾아볼 수 있지만 보통 건전지보다 몇 배나 비싸고, 충전기도 몇 천 원 정도 한다. 그러나 충전지는 수백 번 사용할 수 있으므로 결과적으로 몇 배의 돈을 절약할 수 있다.

자동차나 트럭에 있는 배터리는 여러 개의 이차 전지를 직렬로 연결한 것이다. 이런 전지는 **자체 발전기**alternator 또는 외부 충전 장치를 이용해 충전한다. 일반적인 **자동차용 배터리**automotive battery는 [그림 7-1]과 같은 전지를 사용한다. 이 배터리는 양단을 단락시키거나 큰 전류가 흐르게 부하를 연결하면 안 된다. 황산과 같은 산성 용액이 배터리 용기 밖으로 분출될 수 있기 때문이다. 분출된 산성 용액은 피부와 눈에 심각한 상처를 줄 수 있다. 사실 전지나 배터리를 단락시키는 것은 주위 물질과 도선, 소자를 파괴하거나 피해를 주므로 좋지 않은 생각이다. 때로는 단락된 전지와 배터리에서 불이 날 정도로 열을 발생시키기도 한다.

전기 자동차의 배터리는 매우 많은 양의 에너지를 저장하기 위해 직렬 및 병렬로 배열된 수백 또는 수천 개의 충전식 전지로 구성된다.

직렬 및 병렬로 연결된 전지들

2개 또는 여러 개의 전기화학 전지로 배터리를 만들기 위해서는 항상 화학 성분이 서로 동일하고, 물리적 크기와 질량이 같은 전지를 사용해야 한다. 즉 세트의 모든 전지는 동일해야 한다. 이런 원리는 다음과 같이 일반화할 수 있다.

- **전지를 직렬로 연결할 때** : 무부하 출력 전압(전지에 전류가 흐르지 않을 때)은 전지 전압과 전지의 개수를 곱한 것과 같다. 반면에 흘릴 수 있는 최대 전류(전지가 생산할 수 있는 최대 전류)는 하나의 전지에서 최대로 흐르는 전류와 같다.
- **전지를 병렬로 연결할 때** : 무부하 출력 전압(전지에 전류가 흐르지 않을 때)은 하나의 전지가 갖는 무부하 출력 전압과 같다. 반면에 흘릴 수 있는 최대 전류는 하나의 전지가 흘리는 최대 전류와 전지의 개수를 곱한 값과 같다.

저장 용량

공학자는 일반적으로 와트시(Wh)와 킬로와트시(kWh)라는 두 가지 전기에너지 단위를 사용한다. 모든 전기화학 전지나 배터리는 고갈되기 전에 추출할 수 있는 전기에너지의 양을 갖고 있으며 이 에너지의 양을 Wh 또는 kWh로 정의할 수 있다. 어떤 공학자들은 전압을 알고 있는 전지나 배터리의 용량을 암페어시(Ah)라는 단위로 표현한다.

예를 들어, 정격이 2 Ah 인 배터리는 1시간 동안 2 A, 2시간 동안 1 A, 20시간 동안 100 mA를 공급할 수 있다. 전류(A)와 시간(h)을 곱해 2가 되는 경우는 무수히 많다. 실제로 사용한다면 **보관 수명**shelf life과 **최대 공급 가능 전류**maximum deliverable current를 고려해야 한다. 보관 수명은 배터리를 전혀 사용하지 않으면서 배터리가 성능을 지속할 수 있는 시간으로, 보통 몇 년 정도이다. 최대 공급 가능 전류는 배터리의 **내부 저항**internal resistance으로 출력 전압이 심각하게 줄어드는 상황 없이 배터리에서 최대로 공급할 수 있는 전류이다.

소형 전지는 수 mAh에서 100 mAh 또는 200 mAh 정도의 정격용량을 갖는다. 중형 전지는 500 mAh에서 1 Ah 정도를 공급할 수 있고, 대형 자동차 배터리는 50 Ah까지도 공급할 수 있다. Wh인 에너지 용량은 Ah와 배터리 전압을 곱한 값이다. 특별한 화학 물질로 이뤄진 전지나 배터리의 저장 용량은 전지나 배터리의 물리적인 크기에 직접적으로 비례한다. 따라서 부피가 20 cm^3인 전지의 저장 용량은 동일 물질로 구성되고, 부피가 10 cm^3인 전지 저장 용량의 2배가 된다.

이론적으로 **이상적인 전지**나 **배터리**는 [그림 7-1]과 같이 일정한 시간 동안 일정한 전류를 공급하다가 갑자기 전류가 줄어든다. 어떤 종류의 전지와 배터리는 **균일 방전 곡선**flat discharge curve과 같은 그래프로 표시되는 완벽한 수준에 접근한다. 그러나 대부분의 전지와 배터리는 완벽하지 못하다. 어떤 것들은 이상적인 동작과 거리가 멀기 때문에 사용하기 시작하면서부터 서서히 전류가 줄어든다. 만약 일정한 부하에 대해 공급되는 전류가 초깃값의 절반이 되면 전지나 배터리가 **약화**weak되었다고 하며 이때는 전지나 배터리를 교체해야 한다. 만약 전지나 배터리의 전류가 0이 되면 전지나 배터리가 **소멸**dead되었다고 한다. [그림 7-2]에서 곡선 아래의 면적은 Wh로 표현한 전지나 배터리의 총저장 용량을 나타낸다.

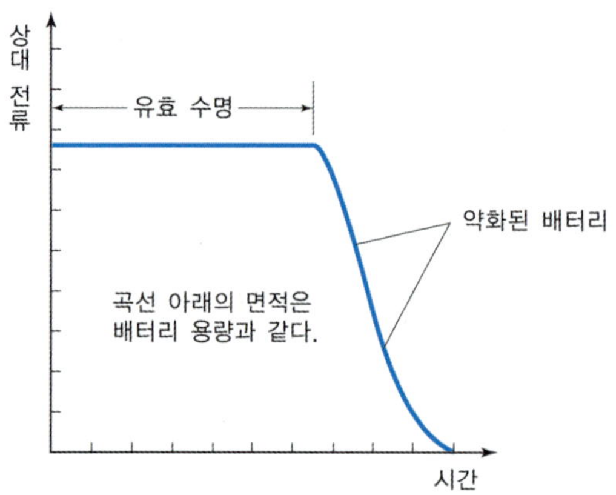

[그림 7-2] 이상적인 균일 방전 곡선

마트의 전지와 배터리

마트에서 파는 대부분의 전지는 1.5V 직류이다. 전지는 크기에 따라 AAA(매우 작음), AA(작음), C(중간), D(큼)로 나뉘며 간혹 직류 6V 또는 직류 9V 배터리도 찾아볼 수 있다.

아연-탄소 전지

[그림 7-3]은 **아연-탄소 전지** zinc-carbon cell의 투시도이다. 아연은 음극(−)으로 용기를 형성하고, 탄소 막대는 양극(+)이 된다. 전해질은 이산화망간과 탄소의 반죽으로 되어 있다. 아연-탄소 전지는 그렇게 비싸지 않고, 통상의 온도 및 중간에서 높은 값의 전류 범위에서 잘 동작한다. 너무 춥거나 더운 곳에서는 잘 동작하지 않는다.

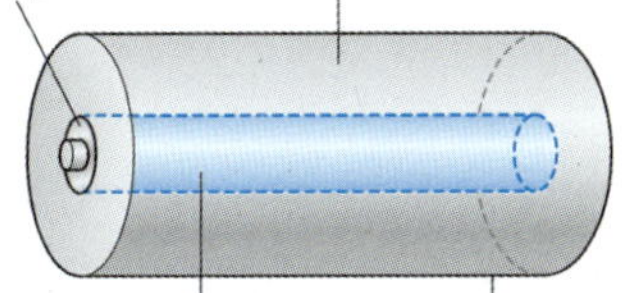

[그림 7-3] 아연-탄소 전기화학 전지의 구조

알칼리 전지

알칼리 전지 alkaline cell는 과립 형태의 아연을 음극(−)으로, 수산화칼륨을 전해질로 쓰며 **분극기** polarizer가 양극(+)의 역할을 한다. 알칼리 전지는 구조가 아연-탄소 전지와 유사하지만 아연-탄소 전지보다 낮은 온도에서 동작할 수 있고, 대부분의 전자 장치에서 더 오래 동작한다. 알칼리 전지는 트랜지스터 라디오, 계산기와 휴대용 미디어 플레이어에 사용하기에 적합하다. 보관 수명도 아연-탄소 전지보다 월등히 길다. 따라서 동일한 크기의 아연-탄소 전지보다 비싸다.

9V 배터리

트랜지스터 배터리 transistor battery는 작은 상자 모양의 용기 안에 6개의 작은 아연-탄소 전지나 알칼리 전지가 직렬로 연결되어 들어 있다. 각 전지는 1.5V를 공급하므로 배터리는 총 9V를 공급한다. 배터리의 전압은 각 전지의 전압보다 높다. 그러나 에너지 용량은 C급이나 D급 크기의 전지 하나보다 작다. 전지나 배터리에서 얻을 수 있는 전기에너지는 그 안에 저장된 화학에너지의 양에 직접 비례해 변화한다. 즉 전기 에너지는 전지의 부피(물리적인 크기)나 질량(화학적인 물질의 양)의 함수이다. C급이나 D급 크기의 전지는 트랜지스터 배터리보다 부피와 질량이 크므로 화학적 구성물이 동일하다면 더 많은 에너지를 저장할 수 있다. 트랜지스터 배터리는 현관문 개폐기 리모컨, TV와 오디오 리모컨, 계산기 등과 같은 저전류 전자기기에서 찾아볼 수 있다.

리튬 배터리

최근 몇 년 동안 리튬 전지 기술은 일회용과 충전식 배터리의 새로운 물결을 이끌며 차세대 휴대폰, 노트북, 전기 자동차에 전력을 공급하는 데 사용되고 있다.

일회용 리튬 전지와 배터리

리튬 전지lithium cell는 1980년대 초반에 인기를 얻었다. 리튬 전지를 만드는 화학적인 조성은 다양하지만 모든 리튬 전지는 가볍고 반응을 잘하는 금속인 리튬을 포함한다. 리튬 전지는 일반적으로 1.5 V ~ 3.5 V를 공급하며 제작 과정에 사용된 화학물질에 따라 가격이 달라진다. 리튬 전지는 다른 전지와 마찬가지로 리튬 전지를 쌓아서 배터리를 만들 수 있다.

리튬 배터리lithium battery는 보통 마이크로컴퓨터의 메모리를 위한 **예비용 전력 공급**backup power supply용으로 사용된다. 리튬 전지와 배터리의 보관 수명은 월등히 길다. 예를 들어, 메모리 백업 또는 **디지털 액정**Liquid-Crystal-Display(LCD) 시계의 전력을 공급하는 등 매우 낮은 전류를 사용하는 응용 분야에서 수년 동안 전력을 공급할 수 있다. 이런 전지들은 단위 부피 또는 단위 질량당 제공하는 에너지 용량이 높다.

리튬-폴리머(LiPo) 전지와 배터리

리튬-폴리머 전지lithium-polymer cell는 3.7 V에서 (완전 충전할 경우) 4.35 V를 공급한다. 따라서 종종 1개의 전지 또는 2개의 전지를 사용한 7.4 V 배터리로 동작한다. 또한 더 큰 배터리는 **랩톱**laptop과 기타 고출력 장치에 사용된다.

리튬-폴리머 전지는 쉽게 구현 가능한 다른 어떤 배터리 기술보다 에너지 밀도가 매우 높다. 따라서 재충전 배터리가 필요한 대부분의 응용 분야에서 널리 사용되고 있다. 그러나 리튬-폴리머 전지는 과충전되면 불이 붙기 쉬우므로 충전할 때 주의해야 한다. 과도하게 방전시키면 배터리가 망가지기 쉽다. 어떤 전지는 과충전과 과방전을 자동으로 막아주는 집적회로(IC)를 내장하고 있다. 2개 이상의 전지로 구성된 리튬-폴리머 전지에서, 각 전지는 각각 특별히 고안된 충전기를 사용해야 한다.

납-산 배터리

납-산 전지lead-acid cell의 기본적인 구성은 이미 살펴본 적이 있다. 황산 용액에 담긴 납 전극(음극)과 납-이산화 전극(양극)이 있는 이 전지는 재충전해서 사용할 수 있다.

자동차 배터리는 납-산 전지들을 직렬로 연결시킨 집합체로 구성되며 전지에는 자유롭게 흐르는 액체 상태의 산이 들어 있다. 만약 이 배터리를 한쪽으로 기울이거나 위아래를 뒤집으면 산

전해액의 일부가 흘러나와 위험하다. 어떤 납-산 배터리는 반고체 상태의 전해질을 사용한다. 이 배터리는 전자제품이나 노트북 컴퓨터, 그리고 정전이 되어도 몇 분 동안 데스크톱 컴퓨터를 동작시킬 수 있는 **무정전 전원 공급 장치**Uninterruptible Power Supplies(UPS)에서 찾아볼 수 있다.

자동차나 트럭에 있는 대형 납-산 배터리는 수십 암페어시(Ah)를 저장할 수 있다. 무정전 전원 공급 장치에 있는 것처럼 크기가 작으면 용량이 적지만 용도가 광범위하다. 이 배터리의 중요한 특성은 여러 번 충전해서 사용할 수 있고, 가격도 비싸지 않으며 일부 재충전 가능한 전지나 배터리에 나타나는 불규칙 방전 특성을 걱정할 필요가 없다는 것이다. 그러나 납의 무거운 무게와 독성으로 인한 문제, 더 가볍고 친환경적인 전지의 제작 비용 감소로 납-산 전지의 사용량은 점차 줄어들고 있다.

니켈 금속 수소 전지와 배터리

니켈 배터리 Nickel-based battery는 전지들을 묶어서 사용할 수 있고, 경우에 따라서는 전지들을 묶어서 바로 전자제품에 연결할 수 있다. 또한 배터리가 장치의 일부가 되기도 한다. 모든 니켈 전지들은 재충전이 가능하며 관리만 잘하면 수백 번, 심지어 수천 번 충전과 방전이 가능하다.

구성과 응용

니켈 전지의 크기와 모양은 다양하다. **원통형 전지**cylindrical cell는 일반적인 건전지와 닮았다. 카메라와 손목시계, 메모리 백업 장치, 소형 기기에서는 **단추 모양의 전지**button cell를 찾아볼 수 있다. **침수형 전지**flooded cell는 내구성이 강한 전자 시스템과 전기화학 시스템에 사용되고, 어떤 것은 용량이 1,000 Ah 이상이다. **우주선용 전지**spacecraft cell는 가혹한 우주 환경에서 견딜 수 있도록 밀폐되고, 열 차단이 잘되는 패키지로 제작된다.

대부분의 궤도 위성은 절반의 시간을 어둠 속에서, 나머지 절반을 태양광 속에서 보낸다(매우 드물지만 위성이 면밀히 정해진 궤도를 계속해서 돌거나 해돋이 또는 해넘이 지역에서 계속 머무르기도 한다. 그런 위성은 항상 태양을 바라본다). **태양광 패널**solar panel은 위성이 태양광을 받는 동안 동작할 수 있다. 그러나 지구가 태양을 가리는 동안에는 전기화학 배터리가 위성의 전자 장치에 전력을 공급해야 한다. 태양광 패널은 궤도의 절반인 낮 동안에는 위성에 전원을 공급하는 것뿐만 아니라 전기화학 배터리도 충전할 수 있다.

주의 사항

니켈 전지는 완전히 죽을 때까지 방전시키면 안 된다. 전지의 극성이나 배터리 내의 하나 또는 그 이상의 전지에 있는 극성이 영원히 반대로 되어 전지가 파괴된다.

니켈 전지와 배터리는 종종 **메모리 효과** 또는 **메모리 드레인**memory drain이라는 성가신 특성을 보인다. 이는 이 전지를 반복적으로 사용하고, 매번 같은 정도로 방전시키면 전지가 갖고 있는 대부분의 용량을 잃어버려 얼마 되지 않아 못 쓰게 되는 것이다. 이런 니켈 전지 또는 배터리의 문제를 해결하려면 전지가 정확히 동작하지 않을 때까지 사용하고, 충전하면 된다. 그다음 이런 과정을 계속 반복하면 된다. 이 방법이 효과가 없어지면 전지가 오래된 것이므로 회복시키려 애쓰지 말고 새 전지나 배터리를 구입하는 것을 권한다.

니켈 전지와 배터리는 몇 시간에 걸쳐 배터리를 완전히 충전시킬 수 있는 충전기와 함께 사용하는 것이 가장 좋다. 물론 **급속**high-rate 또는 quick **충전**도 가능하지만 이 경우 전지나 배터리에 너무 많은 전류를 강제로 가하게 된다. 사용하는 전지나 배터리에 맞는 전용 충전기를 사용하는 것이 가장 좋다.

광전지와 배터리

태양전지solar cell라고도 하는 **광전지**PhotoVoltaic cells(PV)는 전기화학 전지와 근본적으로 다르다. 광전지는 가시광선, 적외선(IR), 자외선(UV)을 직접 직류 전기로 변환한다.

구조와 성능

[그림 7-4]는 광전지의 내부 구조이다. 평판 반도체 P-N 접합은 전지 내에 활성 영역을 만들고, 복사에너지가 바로 P형 실리콘을 강타할 수 있도록 투명한 재질로 덮여 있다. 양극을 형성하는 금속 막대들은 매우 가는 도선으로 서로 연결되어 있다. 음극은 뒷면이 **기판**substrate이라는 금속판으로 되어 있으며 N형 실리콘과 붙어 있다.

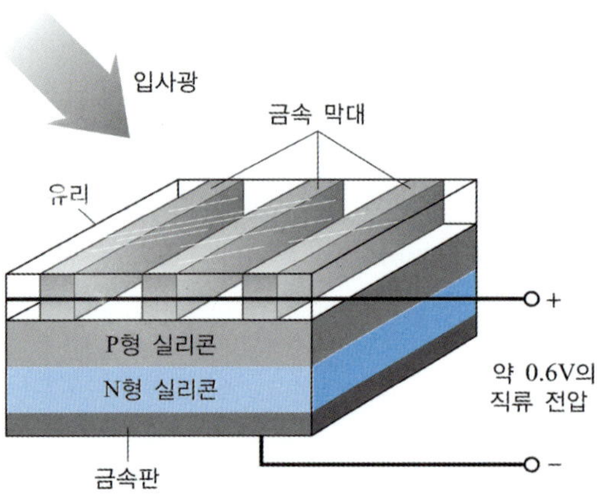

[그림 7-4] 실리콘 광전지의 구조

대부분의 실리콘 광전지는 직사광선에서 약 0.6 V의 직류 전압을 공급한다. 요구하는 전류가 낮으면 약한 직사광선이나 전등으로도 태양전지에서 전체 출력 전압을 생산할 수 있다. 요구하는 전류가 높아질수록 전지는 전체 출력 전압을 생산하기 위해 강한 빛을 받아야 한다. 그러나 빛이 아무리 밝더라도 태양전지가 만들어 낼 수 있는 최대 전류에는 한계가 있다. 더 많은 전류를 얻기 위해서는 많은 전지를 병렬로 연결해야 한다.

많은 광전지를 직병렬로 연결한 것을 **태양광 패널**solar panel이라고 한다. 큰 태양광 패널은 전지 20개를 직렬로 연결한 묶음 50세트가 병렬로 연결되어 있다. 직렬 연결은 전압을 올려주고, 병렬 연결은 공급할 수 있는 전류를 높여준다. 때로는 이 태양광 패널들을 직렬 또는 병렬로 연결해 광대한 배열을 만든 것을 보게 될 것이다.

실제 응용 사례

최근 대체 에너지원으로 태양전지에 대해 많은 연구가 진행되면서 가격은 낮아지고, 효율은 개선되고 있다. 태양광 패널은 지구 궤도를 도는 위성과 행성 간 우주선에 널리 이용되고 있다. 유명한 화성 탐사 로봇은 만약 태양광 패널이 없었다면 작업을 하지 못했을 것이다. 일부 대체 에너지 열광자들은 상업적 전기와 무관하게 전원을 공급하기 위해 태양광 패널을 납-산 또는 니켈-카드뮴 형태처럼 재충전할 수 있는 배터리와 연결해 사용하는 시스템을 만들고 있다.

완전히 독립적으로 운영되는 태양/배터리 전력 시스템을 **독립형**stand-alone 시스템이라고 한다. 이 시스템은 대형 태양광 패널과 대용량 납-산 배터리, 직류를 교류로 변환하는 **전력 인버터**power inverter, 복잡한 충전 회로를 포함한다. 이런 시스템은 당연히 낮에 해가 비치는 환경에서 가장 잘 동작한다. 온전히 햇빛이 날 때 최대로 공급할 수 있는 전력은 패널의 표면 면적에 의존한다.

태양전지는 독립형이든 재충전할 수 있는 배터리가 보충으로 있든 전력회사 시설과 **상호작용하는**interactive 배치로 가정용 전기 시스템에 연결할 수 있다. 태양에너지 시스템이 가정에 필요한 전력을 자체적으로 공급할 수 없을 때는 전력회사가 부족한 부분을 채울 수 있다. 반대로 태양에너지 시스템이 가정에서 필요한 전력량보다 더 많은 전력을 생산할 때는 전력회사가 남는 에너지를 소비자로부터 구입할 수 있다.

연료전지

1900년대 후반에 **연료전지**fuel cell라고 하는 새로운 전기화학 전력 장치가 출현했다. 많은 과학자와 기술자는 연료전지가 기존의 석탄과 석유, 천연가스 에너지를 대체할 수 있을 것이라 예상하고 있다.

수소 연료

연구 개발 초기에 연료전지 중에서 가장 많이 언급된 **수소 연료전지**hydrogen fuel cell는 이름에서 알 수 있듯 수소에서 전기를 얻는다. 수소는 산소와 결합해(산화되어) 에너지와 물이 된다. 수소 연료전지는 공해가 없고, 독성을 띤 부산물도 없다. 수소 연료전지가 완전히 소모되었을 때 다시 에너지를 얻으려면 새로운 수소를 공급하기만 하면 된다. 산소는 지구 대기에서 얻을 수 있기 때문이다.

연료전지 내의 수소는 글자 그대로 탄다기보다는 매우 낮은 온도에서 조절된 상태로 산화된다. **양자교환막**Proton Exchange Membrane(PEM) 연료전지는 가장 널리 사용되는 연료전지 중 하나이다. PEM 수소 연료전지는 무부하 상태에서 약 0.7 V의 직류를 만들어낸다. 좀 더 높은 전압을 얻으려면 PEM 연료전지 여러 개를 직렬로 연결하면 된다. 직렬로 연결된 연료전지 묶음은 기술적으로 배터리가 되지만 공학자들은 이를 **스택**stack이라 부른다.

상용 제조업자들은 다양한 크기의 연료전지 스택을 제공한다. 책을 가득 채운 여행용 가방의 크기와 무게 정도인 스택은 소형 전기차에 전력을 공급할 수 있다. **마이크로 연료전지**micro fuel cell라고 하는 매우 작은 전지는 직류를 공급해 기존의 일반적인 전지나 배터리로 구동하던 장치를 작동시킬 수 있다. 휴대용 라디오와 손전등, 노트북 컴퓨터가 여기에 해당한다.

다른 연료

연료전지는 수소 외에도 다른 에너지원을 사용할 수 있다. 산소와 결합해 에너지를 생산한다면 거의 모든 것이 연료전지가 될 수 있다. 알코올의 한 형태인 **메탄올**methanol은 상온에서 액체로 존재하므로 수소보다 이동과 저장이 쉽다. **프로판**propane도 연료전지에 전원을 공급하며 바비큐를 굽는 그릴이나 교외에 있는 집의 난방 시스템을 위한 저장탱크에 저장할 수 있다. 천연가스로 알려진 **메탄**methane 역시 연료전지로 쓰일 수 있다. 가연성 물질은 이론적으로 연료전지로 동작할 수 있다. 심지어 기름이나 휘발유도 가능하다.

일부 과학자는 사회에서 지금까지 가장 많은 에너지로 사용되고 있는 **화석연료**fossil fuels가 에너지원으로 사용되는 것을 반대한다. 이런 생각을 엘리트적인 사고라고 생각해 어느 정도 멀리할 수도 있다. 그러나 다른 측면에서의 실제적인 관심사 역시 인지해야 한다.

지구의 화석연료는 유한하다. 또한 다가올 수십 년 동안, 특히 개발도상국에서 수요가 지속적으로 증가할 것이다. 오늘날의 신형 대체 에너지가 선진국에서 채택한 미래의 연료가 될 것이다. 따라서 우리가 노력하는 정도에 따라 그 날이 좀 더 빨리 다가올 것이다.

유망한 기술

현재까지도 연료전지는 주로 비싼 가격 때문에 일반 분야에서 통상적인 전기화학 전지와 배터리를 대체하지 못하고 있다. 수소는 우주에서 가장 풍부하고 간단한 화학 원소로, 에너지를 모두 사용한 뒤에도 독성을 띤 부산물이 없어서 연료전지로 사용하기에 이상적인 것으로 보인다. 그러나 수소를 저장하고 수송하는 일은 어렵고, 비용이 많이 든다. 특히 영구적인 파이프라인과 연결되어 있지 않은 시스템의 연료전지나 스택의 경우 이런 단점이 더 두드러진다.

1970년대에 한 물리학 교사가 재미있는 시나리오를 제안했다. 메탄을 운반하도록 이미 설계된 파이프라인에 수소 가스를 통과시키자는 것이었다. 사실 수소는 메탄에 비해 작은 틈새로도 쉽게 방출되기 때문에 수소를 안전하게 다루기 위해서는 일부 시설을 수정해야 한다. 그러나 수소를 합리적인 가격으로 풍부하게 얻을 수 있다면 집이나 사무실에서 사용하는 대형 연료전지 스택에 전력을 공급할 수 있다. 전력 인버터는 그런 스택의 직류를 교류로 변경시킬 수 있다. 이런 종류의 전형적인 가정용 전력 시스템은 작은 방이나 지하실 한쪽 구석에 쉽게 설치할 수 있다는 장점이 있다.

연습문제

01 다음 중 상계거래제도를 적용한 가정용 태양 발전 시스템에 대한 설명으로 옳은 것은 무엇인가?

(a) 낮에는 저장용 배터리를 사용해 동작하고, 밤에는 배터리를 재충전한다.
(b) 전등 같은 간단한 것은 동작시킬 수 없지만 컴퓨터 같은 복잡한 시스템은 동작시킬 수 있다.
(c) 전력회사와 독립적으로 운영된다.
(d) 가정에서 필요한 전력량보다 태양광 패널이 더 많은 전력을 생산한다면 집주인이 전력회사에 에너지를 판매할 수 있다.

02 다음 중 괄호에 들어갈 적절한 말은 무엇인가?

> 배터리 방전 그래프를 그렸을 때 얼마 동안 일정한 전류를 흘리다가 빠르게 떨어졌다면 배터리는 (　　) 방전 특성을 갖고 있는 것이다.

(a) 일정불변한uniform
(b) 균일한flat
(c) 로그
(d) 선형

03 다음 중 차를 출발시킬 때 사용하는 재충전 배터리는 무엇으로 구성되는가?

(a) 독립형 전지들
(b) 일차 전지들
(c) 이차 전지들
(d) 상호작용하는 전지들

04 다음 중 모든 다른 요인을 고정했을 때 전기화학 배터리가 공급할 수 있는 총 에너지는 무엇에 의존하는가?

(a) 배터리 전압
(b) 배터리 내 전지의 수
(c) 배터리의 크기와 질량
(d) 배터리를 비추는 빛의 밝기

05 다음 중 여러 개의 동일한 전지를 직렬로 연결해 만든 배터리의 무부하 전압에 대한 설명으로 옳은 것은 무엇인가?

(a) 전지 하나가 생산하는 전압보다 높다.
(b) 전지 하나가 생산하는 전압과 같다.
(c) 전지 하나가 생산하는 전압보다 낮다.
(d) 전류에 의존한다.

06 다음 중 밝은 햇빛 아래에서 무부하 상태일 때 PV 전지의 출력 전압에 대한 설명으로 옳은 것은 무엇인가?

(a) 가능한 최댓값에 도달한다.
(b) 시간이 지나면 줄어든다.
(c) 시간이 지나면 증가한다.
(d) 0과 같다.

07 다음 중 전력 인버터가 하지 않는 동작은 무엇인가?

(a) 배터리로 가전제품이 동작하게 한다.
(b) 교류를 직류로 변경한다.
(c) 직류를 교류로 변경한다.
(d) 가정용 태양광 시스템 내에서 동작한다.

08 다음 중 괄호에 들어갈 적절한 말은 무엇인가?

> 때로는 메모리 드레인이 (   ) 전지나 배터리에서 발생한다.

(a) 일차
(b) 알칼리
(c) 광전
(d) 니켈

09 동일한 전지 5개를 병렬로 연결했다. 각 전지는 무부하 상태에서 1.5 V를 출력하고, 무거운 부하에서 12 A까지 전류를 공급할 수 있다. 다음 중 전체 배터리가 갖는 특성으로 옳은 것은 무엇인가?

(a) 무부하 전압 1.5 V, 최대 공급 전류 12 A
(b) 무부하 전압 1.5 V, 최대 공급 전류 60 A
(c) 무부하 전압 7.5 V, 최대 공급 전류 12 A
(d) 무부하 전압 7.5 V, 최대 공급 전류 60 A

10 다음 중 대부분의 자동차 배터리가 포함하고 있는 것은 무엇인가?

(a) 황산
(b) 니켈
(c) 카드뮴
(d) P형 실리콘

11 6.3 V, 5.2 Ah 인 새 랜턴 배터리가 있다. 이 배터리에 63 Ω 저항기를 직접 연결하면 얼마나 오랫동안 전류가 흐르는가?

(a) 31분
(b) 5시간 12분
(c) 2일 4시간
(d) 21일 16시간

12 다음 중 배터리가 공급할 수 있는 최대 전류는 무엇에 의존하는가?

(a) 배터리의 화학 합성물
(b) 배터리 내 전지의 수
(c) 무부하 출력 전압
(d) 무부하 출력 전력

13 다음 중 에너지 밀도가 가장 높은 배터리는 무엇인가?

(a) 납-산
(b) 리튬-폴리머
(c) 니켈 금속 수소
(d) 알칼리

14 다음 중 실리콘 PV 패널이 공급할 수 있는 최대 전력은 무엇에 의존하는가?

(a) 패널의 표면적
(b) 패널 내 전지의 전압
(c) 무부하 출력 전압
(d) 무부하 출력 전류

15 다음 중 [그림 7-2]의 특성을 보여주는 전지나 배터리가 가진 것은 무엇인가?

(a) 비선형 출력 전압
(b) 거의 이상적인 방전 특성
(c) 빈약한 에너지 감당 능력
(d) 비선형 전력 저장 용량

16 다음 중 괄호에 들어갈 적절한 말은 무엇인가?

> 트랜지스터 배터리의 전압은 가게에서 구입한 AA 크기의 손전등용 전지 (   ) 개를 직렬로 연결한 전압과 같다.

(a) 3 (b) 4
(c) 6 (d) 9

연습문제

17 전류 요구량이 2.0A 이하일 때 정확하게 1.5V를 공급하는 2개의 동일한 알칼리 전지를 직렬로 연결했다. 이 조합에 1.5kΩ 저항기를 연결한다면 이 저항기에 흐르는 전류는 얼마인가?

(a) 0.5mA
(b) 1.0mA
(c) 2.0mA
(d) 4.0mA

18 [연습문제 17]의 알칼리 전지 2개를 병렬로 연결할 때 이 조합에 1.5kΩ 저항기를 연결한다면 이 저항기에 흐르는 전류는 얼마인가?

(a) 0.5mA
(b) 1.0mA
(c) 2.0mA
(d) 4.0mA

19 전류 요구량이 2.0A 이하일 때 정확하게 1.5V를 공급하는 2개의 동일한 알칼리 전지를 직렬로 연결했다. 이 조합에 1.5kΩ 저항기를 연결한다면 이 저항기가 소비하는 전력은 얼마인가?

(a) 1.5mW
(b) 3.0mW
(c) 6.0mW
(d) 12mW

20 [연습문제 19]의 알칼리 전지 2개를 병렬로 연결할 때 이 조합에 1.5kΩ 저항기를 연결한다면 이 저항기가 소비하는 전력은 얼마인가?

(a) 1.5mW
(b) 3.0mW
(c) 6.0mW
(d) 12mW

정답

01 d	**02** b	**03** c	**04** c	**05** a	**06** a	**07** b	**08** d	**09** b	**10** a
11 c	**12** a	**13** b	**14** a	**15** b	**16** c	**17** c	**18** b	**19** c	**20** a

CHAPTER

08 자성

Magnetism

학습목표

- 지구 자기장에 대해 이해할 수 있다.
- 자기력의 원인 및 전류에 따른 자속밀도와 자기장의 세기에 대해 이해할 수 있다.
- 투자율, 보자력 등의 자성 물질에 대한 정의와 특징을 이해할 수 있다.
- 일상에서 사용하고 있는 자성을 이용한 기기의 동작 원리를 이해할 수 있다.

전하가 움직이면 자기장이 발생하고, 반대로 자기장 내에서 도체가 움직이면 도체에 전류가 흐른다. 이번 장에서는 이런 자기장과 자성에 대해 배운다.

지구 자기장

지구의 핵은 대부분 철로 구성되어 있으며 이 핵의 온도가 매우 높아서 철의 일부는 액체 상태로 존재한다. 지구가 지축을 중심으로 회전하면 핵에 있는 액체 상태의 철은 대류 현상의 흐름을 보이고, 이로 인해 **지구 자기장** geomagnetism이 발생한다. 지구 자기장은 지구를 감싸고 우주를 향해 수천 km까지 뻗어 나간다.

지구의 자극과 축

지구 자기장은 고전적인 막대자석처럼 극을 갖는다. 지구 표면에는 이런 극이 북극과 남극에 존재한다. 그러나 **지리적 극점** geographic pole(지구의 축과 표면이 교차하는 점)과는 거리가 상당히 떨어져 있다. **지자기의 자력선** geomagnetic lines of flux은 지자기장 극에서 모이거나 분산된다. 지자기장 극을 연결하는 **자기장 축** geomagnetic axis은 지구의 **자전축** geographic axis에 대해 약간 기울어져 있다.

태양에서 나오는 대전된 아원자 입자(원자 구성 입자)는 끊임없이 태양계 밖으로 흘러나와 지자기를 교란시킨다. **태양풍** solar wind이라고 하는 이 현상은 지자기의 대칭성을 깨뜨린다. 태양을 향한 지구 표면에서는 자력선이 조밀해지고, 태양의 반대쪽을 향한 지구 표면에서는 자력선이 듬성해진다. 이런 현상은 자기장이 있는 목성에서도 유사하게 일어난다. 지구가 회전함에 따라 지구 자기장은 태양에서 멀어지는 방향으로 우주 공간 내에서 춤춘다.

자기 나침반

수천 년 전에도 관찰력이 좋은 사람은 지자기의 발생 원리까지는 알지 못했어도 **천연자석** loadstone이라고 불리는 돌을 줄에 매달았을 때 항상 이 돌이 북쪽–남쪽을 향하는 것을 보고 지자기의 존재를 알았다. 오래전 뱃사람이나 탐험가들은 이런 현상을 공기 중에 있는 힘 때문이라고 생각했다. 수 세기 동안 이런 현상의 근거는 밝혀지지 않았지만 모험가들은 이를 유용하게 사용했다. 오늘날에도 **자기 나침반** magnetic compass은 항해를 도와주는 중요한 물건으로, GPS Global Positional System와 같은 복잡한 항해 장치가 고장 났을 때 유용할 수 있다.

지구 자기장은 작은 막대자석으로 만들어진 나침반 침 주위의 자기장과 상호작용한다. 이런 상호작용은 나침반 침에 힘을 가하고, 침은 근처에 있는 지구 자기장의 자력선과 나란한 방향으로 정렬된다. 힘은 지구의 표면과 나란한 수평면뿐만 아니라 수직면으로도 작용한다. 수직으로 작용하는 힘은 지구 자극에서 같은 거리에 있는 둥근 선으로 표현되는 **지구 자기장의 적도** geomagnetic equator에서 소멸되는데, 거기에서 힘은 완전히 수평이 된다.

지구 자기장의 위도geomagnetic latitude가 증가할수록, 즉 북쪽이나 남쪽 지구 자기장의 극에 가까울수록 **자기력**magnetic force은 나침반 침을 위나 아래로 점점 더 기울게 한다. 이렇게 어떤 특정 지점에서 수직 방향으로 작용하는 힘의 성분 크기를 **지자기 복각**geomagnetic inclination이라고 한다. 자기 나침반에 이런 특징이 있는 것을 알고 있었는가? 침의 한쪽은 나침반의 바닥 쪽으로 내려가고, 다른 한쪽은 유리 방향으로 올라온다.

지구 자기장의 축과 지리적인 축이 일치하지 않으므로 나침반 침은 실제 지리상 북쪽에서 약간 동쪽이나 서쪽으로 치우친 곳을 가리킨다. 벗어나는 정도는 표면상의 위치가 어딘지에 따라 달라진다. 이렇게 지구 자기장의 북쪽(나침반이 가리키는 북쪽)과 지리적인 북쪽(실제 북쪽)의 각도 차이를 **지자기 편각**geomagnetic declination이라고 한다.

자기력

어렸을 때 어떤 금속에 자석이 붙는 것을 본 적이 있을 것이다. 철, 니켈, 일부 다른 원소들과 이들 중 어떤 것을 포함하고 있는 합금 또는 고체 혼합물은 **강자성 물질**ferromagnetic material을 만든다. 자석은 이런 금속들에 힘을 발휘한다. 자석은 일반적으로 전류가 흐르지 않는 금속에 대해서는 힘을 발휘하지 않는다. 즉 전기적으로 절연체는 일반적인 상태에서 절대 자석을 끌어당기지 않는다.

원인과 힘

영구자석permanent magnet을 강자성체 근처에 두면 강자성체의 원자들은 일부 정렬되면서 일시적으로 자화(물체가 자성을 지니는 현상)된다. 이렇게 원자가 정렬되면 자성체의 원자들과 자석의 원자들 간에 자기력이 형성된다. 모든 개별적 원자는 작은 자석처럼 행동하며 각각의 원자가 일제히 상호작용하면 물체 전체가 하나의 자석처럼 행동하게 된다. 영구자석은 항상 강자성체를 끌어당긴다. 만약 영구자석 2개를 서로 가까이 두면 자석을 강자성체 근처에 뒀을 때보다 더 큰 자기력을 볼 수 있다. 서로 다른 두 극(S극 근처에 N극 또는 N극 근처에 S극)을 가까이하면 두 막대자석 사이에서 상호작용하는 힘은 명백히 인력이다. 반대로 같은 극(N극 근처에 N극 또는 S극 근처에 S극)을 가까이하면 척력이 작용한다. 어떤 방식이든 두 자석 사이의 거리가 가까워질수록 힘은 증가한다.

어떤 **전자석**electromagnet은 사람의 힘으로는 떼어놓을 수 없을 만큼 강하게 붙어 있고, 어떤 전자석은 서로의 척력에 대항해 둘을 붙일 수 없을 정도로 강하게 밀어내는 자기장을 만든다(이 장의 끝부분에서 전자석이 어떻게 동작하는지 살펴볼 것이다). 공사 현장에서는 무거운 고철이나 강철 뭉치들을 이곳저곳으로 옮길 때 거대한 전자석을 사용한다. 또 다른 전자석은 어떤 물체가 다른 물체 위에 떠 있게 하는 척력을 만들 수 있다. 이런 현상을 **자기부상**magnetic levitation이라 한다.

운동하는 전하 반송자

강자성체 내의 원자들이 임의의 방향이 아닌 어떤 방향으로 정렬되어 있을 때 자기장은 강자성체를 감싼다. 또한 자기장은 **전하 반송자**charge carrier가 움직이면 만들어진다. 도선에서는 전자들이 도체를 따라 원자 사이를 점진적으로 옮겨 다니는데, 영구자석에서는 전자가 궤도 운동을 하면 **유효 전류**effective current가 발생한다.

자기장은 도체를 통해 흐르는 전하 반송자의 운동뿐만 아니라 공간상에서 대전된 입자의 운동으로도 발생할 수 있다. 태양은 계속해서 양성자와 헬륨 원자핵을 방출하고, 이들은 양전하를 운반한다. 이런 입자들이 공간을 이동하면서 만들어내는 유효 전류는 자기장을 발생시킨다. 이 자기장이 지구 자기장과 상호작용할 때 아원자 입자들은 지구 자기장 축 방향으로 방향을 바꾸고 가속된다.

태양 표면에서 **태양 섬광**solar flare이라고 하는 폭발이 일어나면 태양은 대전된 아원자 입자를 평소보다 훨씬 많이 방출한다. 이런 입자들이 지구 자기장 축으로 다가오면 입자들의 자기장이 지구 자기장을 교란시켜 **지구 자기장 폭풍**geomagnetic storm이 발생한다. 지구 자기장 폭풍은 지구의 초고층 대기를 변화시켜 단파 무선통신에 영향을 주고, **오로라**aurora 현상을 만든다. 오로라 현상은 위도가 높은 지역에서 주로 발생한다. 만약 지자기 폭풍이 충분히 강하다면 지구 표면에서 유선통신과 전력 전송에 교란을 일으킬 수 있다.

자력선

물리학자들은 자기장을 **자력선**flux line으로 그려서 생각한다. 자기장의 세기는 cm^2, m^2와 같은 일정한 단면적을 직각으로 통과하는 자력선 수에 따라 달라진다. 자력선은 실제로 보이는 선은 아니다. 그러나 간단한 실험을 통해 그 존재를 볼 수 있다.

철가루를 종이 위에 놓고 종이 밑에 영구자석을 놓는 고전적인 실험을 해본 적 있는가? 철가루는 자석 근처에 있는 자기장의 모양을 대략적으로 보여주는 형태로 정렬된다. 막대자석의 경우 [그림 8-1]과 같이 특정한 형태의 자력선을 나타내는 자기장을 갖는다.

또 다른 실험으로 종이를 직각으로 관통하는 전류가 흐르는 도선을 생각해 볼 수 있다. 철가루는 도선이 종이를 지나가는 점을 중심으로 원 모양으로 모인다. 이 실험은 전류가 흐르는 직선형 도선 주위의 자력선이 도선을 직각으로 관통하는 면에 중심이 동일한 원들을 만드는 것을 보여준다. 모든 원형 자력선의 중심은 [그림 8-2]와 같이 전하 반송자가 움직이는 경로인 도선에 있다.

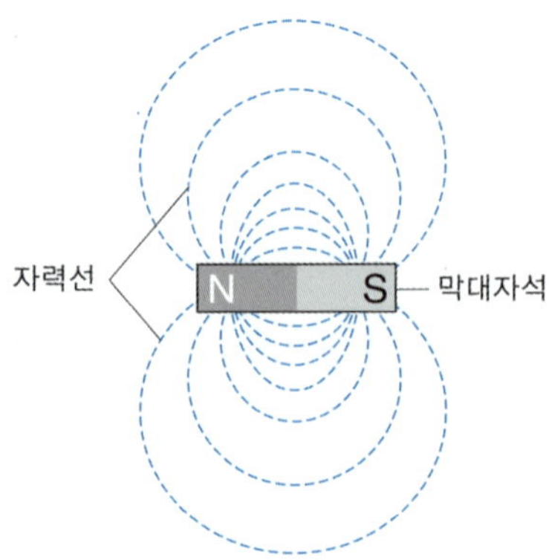

[그림 8-1] 막대자석 주위의 자력선

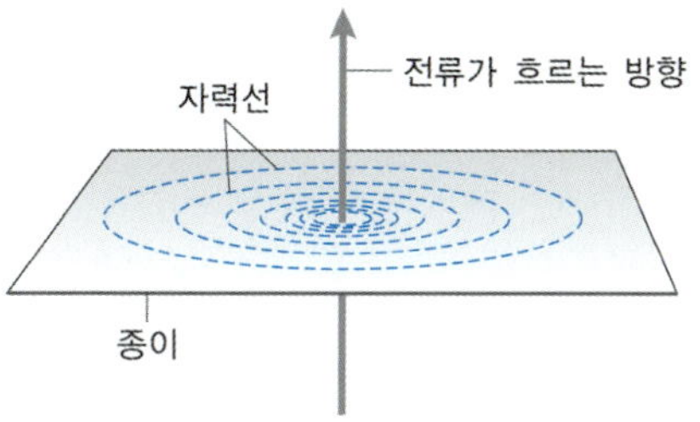

[그림 8-2] 직선 도선을 따라 이동하는 전하 반송자에 의해 생성된 자력선

극

자기장은 전류가 흐르는 도선 또는 영구자석 근처 임의의 지점에서 특정한 방향을 갖는다. 자력선은 자기장의 방향과 나란하다. 과학자들은 자기장이 **북극**north pole에서 시작해 **남극**south pole에서 끝나는 것으로 생각했다. 그러나 이들 극은 사실 지구 자기장의 극과 일치하지 않으며 그 반대이다. 남극이 자기장 나침반의 북극을 잡아당기므로 지구 자기장의 북극은 실제로 남극이 되기 때문이다. 북극 역시 나침반의 남극을 잡아당기기 때문에 실제로 지구 자기장의 남극은 북극이다. 영구자석은 (항상 그런 것은 아니지만) 일반적으로 극의 위치를 찾을 수 있다. 자기장은 전류가 흐르는 도선 주위에서 끝없이 회전한다.

우주에 떠다니는 대전된 전하 입자(예 양성자)는 **전기적 단극**electric monopole을 형성하고, 전력선의 시작점과 끝점이 일치하지 않는다. 또한 양전하는 음전하와 반드시 짝지을 필요가 없다. 정지된 대전 입자 주위의 전속선은 사방으로 이론적으로는 무한하게 뻗어 나간다. 그러나 자기장은 더 엄격한 법칙에 따라 행동한다. 일반적인 환경에서 모든 자력선은 닫힌 루프를 이루며 자석 근처에서는 항상 시작점(N극)과 끝점(S극)을 찾을 수 있다. 전류가 흐르는 도선 주위에서 닫힌 루프는 원을 형성한다.

자기쌍극자

전류가 흐르는 도선 주위의 자기장은 처음에 단극자 또는 극이 없는 곳에서 발생한다고 가정했을지도 모른다. 중심이 동일한 자력선 원들은 어느 지점에서도 시작하거나 끝나는 것처럼 보이지 않는다. 그러나 그런 원에서도 **자기쌍극자**magnetic dipole(매우 근접한 서로 다른 극을 지닌 한 쌍)를 정의해 시작과 끝점을 정할 수 있다.

전류가 흐르는 도선과 나란한 종이 한 장이 있고, 도선이 종이의 한 모서리를 따라간다고 생각해 보자. 그러면 도선 주위의 원형 자력선이 종이를 통과해 지나가는데, 한 면에서 나와 다른 쪽 면으로 들어가므로 가상 자석을 만들 수 있다. 여기서 가상 자석의 N극은 자력선이 나오는 종이의 면과 일치하고, 가상 자석의 S극은 자력선이 들어가는 종이의 반대쪽 면과 일치한다.

자기쌍극자 근처에 있는 자력선들은 항상 두 극에 연결된다. 자력선의 일부는 좁은 범위에서 직선으로 보일지 몰라도 넓은 범위에서는 항상 곡선형이다. 막대자석 주위에서 가장 강한 자기장은 극 근처에서 일어나고, 극에서는 자력선이 서로 모이거나 흩어진다. 전류가 흐르는 도선 주위에서는 가장 강한 자기장이 도선 가까운 곳에서 발생한다.

자기장의 세기

일반적으로 자기장의 크기 또는 양을 **웨버**weber(Wb)라고 한다. 약한 자기장에 대해서는 **맥스웰**Maxwell(Mx) 단위를 사용할 수 있다. 1 Wb는 100,000,000 Mx과 같고, 이들의 관계는 다음과 같이 정리할 수 있다.

$$1\,\mathrm{Wb} = 10^{8}\,\mathrm{Mx}$$
$$1\,\mathrm{Mx} = 10^{-8}\,\mathrm{Wb}$$

테슬라와 가우스

영구자석이나 전자석에 대한 자석의 세기는 Wb나 Mx 단위로 나타내지만 **테슬라**tesla(T) 또는 **가우스**gauss(G) 단위를 더 많이 사용한다. 테슬라와 가우스 단위는 특정 단면적을 직각으로 통과하는 자력선으로, 자기장의 세기를 정의한다.

자속밀도flux density 또는 단위 단면적에 대한 자력선의 수는 포괄적인 자기량보다 자기적 효과를 잘 표현한 것이다. 수식에서는 자력선 밀도를 문자 B를 사용해 표시한다. 1 T의 자속밀도는 $1\,\mathrm{Wb/m^2}$와 같고, 1 G의 자속밀도는 $1\,\mathrm{Mx/cm^2}$와 같다. 계산하면 1 G는 0.0001 (10^{-4}) T와 같다. 이들의 관계를 정리하면 다음과 같다.

$$1\,\mathrm{G} = 10^{-4}\,\mathrm{T}$$
$$1\,\mathrm{T} = 10^{4}\,\mathrm{G}$$

테슬라를 가우스(gausses가 아니라 gauss)로 변환하려면 10^4을 곱하면 된다. 가우스를 테슬라로 변환하려면 10^{-4}을 곱한다.

양과 밀도

Wb와 T 또는 Mx과 G를 구분하는 것이 헷갈린다면 일반 전구를 생각해 보자. 15 W 전력의 가시광을 방출하는 전등이 있다고 할 때 이를 완전히 감싸면 15 W의 빛은 감싼 방의 크기와는 관계없이 방의 내벽을 비추게 된다. 그러나 이런 개념은 빛의 밝기를 제대로 이해하는 것을 방해한다. 전등 하나의 빛은 벽장 하나를 비추기에는 충분하지만 체육관을 비출 만큼 충분하다고는 말할 수 없다. 이때 중요한 점은 **단위면적당**per unit of area W의 양이다. 하나의 전등이 **전체적으로**overall 많은 W의 빛을 방출한다는 것은 자석이 Wb 또는 Mx 단위로 표시된 큰 자기량 값을 갖는다는 뜻이다. 그러나 전등이 단위면적당 많은 W를 생산한다는 것은 자기장이 T 또는 G 단위로 표시된 높은 자속밀도를 갖는다는 뜻이다.

기자력

루프 형태의 도선, **솔레노이드형**solenoidal(헬리컬) 코일, 그리고 막대 모양의 전자석을 다룰 때 **기자력**magnetomotive force이라는 현상은 **암페어-턴**(At)이라는 단위로 수량화할 수 있다. 기자력은 단위에 나타난 대로 코일 또는 루프에 흐르는 암페어 값에 코일이나 루프를 감은 **횟수**number of turns를 곱한 값이다.

도선을 루프로 구부리고, 1A의 전류를 흘리면 루프 내부에 1At의 기자력이 발생한다. 만약 길이가 같은 도선(또는 다른 도선)을 50번 감고, 1A의 전류를 흘리면 처음보다 50배 증가한 50At의 기자력이 발생한다. 만약 도선을 50번 감은 루프에 $\frac{1}{50}$ A(= 20 mA)의 전류를 흘리면 기자력은 1At으로 되돌아간다.

때때로 기자력은 **길버트**gilbert(Gb)라는 단위를 이용해 표현한다. 1Gb는 대략 0.7958At으로, 1At 보다는 다소 작은 단위이다. 따라서 Gb 값을 At 값으로 변환하려면 0.7958을 곱해야 한다. 반대로 At 값을 Gb 값으로 변환하려면 1.257을 곱해야 한다.

기자력은 코어의 재질이나 루프 반경에 영향을 받지 않는다. 심지어 솔레노이드형 코일 내부에 금속 막대를 둬도 도선에 흐르는 전류가 일정하다면 기자력은 변하지 않는다. 작은 코일에 도선을 100번 감아 1A 전류를 흘릴 때의 기자력과 거대한 코일에 도선을 100번 감아 1A 전류를 흘릴 때의 기자력은 동일하다. 즉 기자력은 전류와 턴 수에만 영향을 받는다.

전류에 대한 자속밀도

공기나 진공 상태에서 일정한 직류가 흐르는 직선 도선의 경우 자속밀도는 도선 근처에서 가장 크고, 도선에서 멀어질수록 작아진다. 자속밀도는 직선 도선에 흐르는 전류와 도선에서 떨어진 거리의 함수로 간단하게 나타낼 수 있다.

두께가 무한히 가늘고, 무한히 긴 직선 도선(이상적인 경우)에 I[A]의 전류가 흐른다고 가정하자. 자속밀도를 B[T]라고 하고, [그림 8-3]과 같이 도선에 수직인 면상에 도선에서 r[m] 만큼 떨어진 한 점 P가 존재한다. 이때 점 P에서의 자속밀도는 다음 식으로 구할 수 있다. 상수값 2×10^{-7}은 원하는 유효숫자 개수가 몇 개든 사용할 수 있을 만큼 수학적으로 정확한 값이다.

$$B = 2\times 10^{-7}\frac{I}{r}$$

물론 두께가 0이면서 무한히 긴 도선은 접할 수 없을 것이다. 그러나 도선 두께가 r에 비해 매우 작고, 점 P에서 볼 때 직선형이 타당하다면 이 식은 거의 모든 경우에 아주 잘 맞는다.

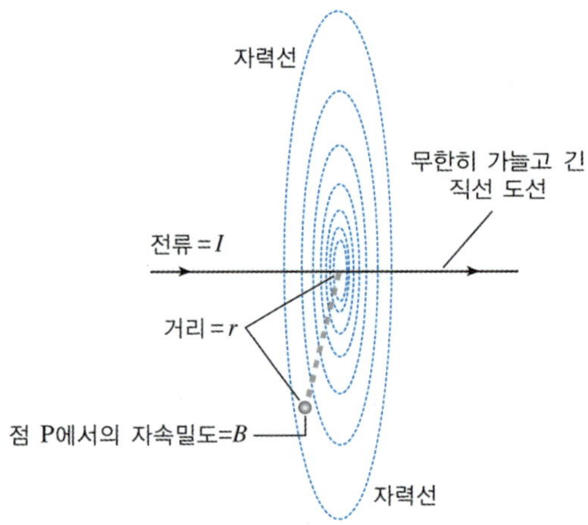

[그림 8-3] 자속밀도는 일정한 전류가 흐르는 도선으로부터 떨어진 거리에 반비례하며 변한다.

예제 8-1

400 mA의 직류가 흐르는 가느다란 직선 도선에서 200 mm 만큼 떨어진 지점의 자속밀도 B_t는 몇 T인가?

풀이

먼저 모든 양을 표준 단위(SI)로 변환해야 한다. 즉 $r = 0.200\,\text{m}$, $I = 0.400\,\text{A}$ 이다. 이 값을 식에 대입하면 다음과 같이 자속밀도를 구할 수 있다.

$$B_t = 2.00 \times 10^{-7} \times 0.400/0.200 = 4.00 \times 10^{-7}\,\text{T}$$

예제 8-2

[예제 8-1]의 점 P에서 자속밀도 B_g는 몇 G인가?

풀이

T를 G로 변환해야 하므로 [예제 8-1]의 답에 10^4을 곱하면 된다.

$$B_g = 4.00 \times 10^{-7} \times 10^4 = 4.00 \times 10^{-3}\,\text{G}$$

전자석

전하 반송자가 운동하면 항상 자기장이 만들어진다. 이런 자기장은 전류가 많이 흐르고 도선이 많이 감겨 있는 촘촘한 코일에서 상당한 세기를 가질 수 있다. [그림 8-4]와 같이 코일 내부에 **코어**core라고 하는 강자성 막대를 두면 자력선이 코어에 집중되고, 전자석이 만들어진다.

대부분의 전자석은 원통형 코어를 가진다. 반경에 대한 길이 비율은 다양한데, 매우 작다면 통통한 펠릿이 되고, 매우 크다면 가느다란 막대형이 된다. 반경에 대한 길이 비율과 관계없이 도선에 흐르는 전류에 의해 만들어진 자력선은 일시적으로 코어를 자화시킨다.

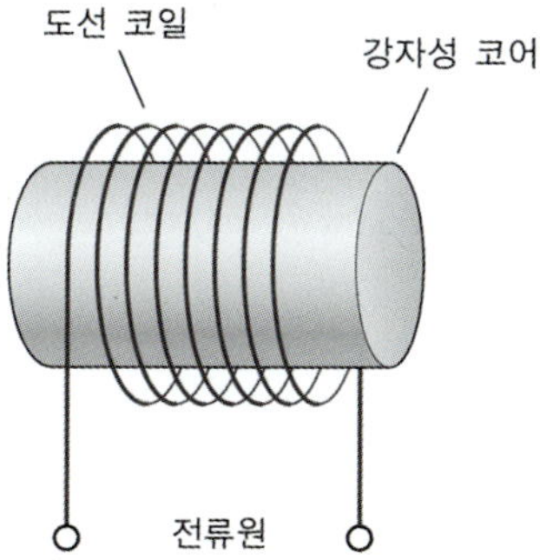

[그림 8-4] 간단한 전자석

직류형

크기가 큰 철 볼트나 못 주변을 절연 도선으로 수백 번 정도 감으면 직류 전자석을 만들 수 있다. 이런 물건들은 철물점에서 찾아볼 수 있는데, 가능하면 철물점에서 볼트가 강자성체인지 시험해봐야 한다(만약 영구자석이 볼트에 붙으면 볼트는 강자성체이다). 이상적으로 볼트는 직경이 적어도 1 cm, 길이는 15 cm 정도가 되어야 하고, 부드러운 구리로 만든 절연 도선을 사용해야 한다.

전자석을 만들기 위해서는 볼트 주위를 도선으로 최소한 수십 번 감아야 한다. 같은 방향으로 도선을 감고, 층으로 쌓아도 좋다. 그리고 절연 테이프를 사용해 도선을 단단히 고정시킨다. AA전지 4개로 이루어진 6 V 배터리는 전자석을 동작시킬 만큼 충분한 직류를 공급할 수 있다. 공급 전류를 늘리려면 배터리를 병렬로 2개 이상 연결하면 된다. 도선은 배터리와 한 번에 수 초 이상 연결하지 않도록 한다.

⚠ 주의 사항

이 실험을 위해 차량용 납-산 배터리를 사용하면 안 된다. 전자석에 의해 만들어진 준단락 회로는 차량용 배터리의 산을 끓어오르게 할 수 있고, 심각한 상해를 초래할 수 있다.

모든 직류 전자석에는 영구자석처럼 N극과 S극이 있다. 자기장은 코일에 전류가 흐르는 동안 존재하고, 전원을 제거하면 거의 소멸한다. 적은 양의 **잔류 자기**residual magnetism는 전류가 코일에 흐르지 않아도 코어에 남아있지만 그 세기는 매우 작다.

교류형

전류원으로 랜턴 배터리를 사용하는 대신 코일 끝을 교류 전원 콘센트에 바로 연결하면 굉장히 강력한 전자석을 만들 수 있을지 생각해본 적 있는가? 이론적으로는 가능하다. 그러나 절대로 그렇게 해서는 안 된다. 스스로는 감전사의 위험에, 집은 전기로 인한 화재 위험에 노출시키고, 십중팔구 퓨즈가 끊어지거나 차단기가 내려가서 해당 장치에 전원이 공급되지 않게 될 것이다. 어떤 건물들에는 과부하 시 전선에 과도한 전류가 흐르는 것을 막는 정격 퓨즈나 차단기가 구비되어 있지 않다. 만약 안전한 교류 전자석을 만들어서 시험하고 싶다면 『*Electricity Experiments You Can Do at Home*』(McGraw-Hill, 2010)을 참고하기 바란다.

일부 상용 전자석은 60 Hz의 교류에서 동작한다. 이런 전자석은 강자성체에 붙는다. 자기장의 극은 전류가 반대 방향이 될 때마다 바뀐다. 전류는 매초 120회 변동하며 N-S-N 극이 60번 변한다. 또한 자기장의 순간적인 세기는 교류 주기에 따라 변화하고, $\frac{1}{120}$초 간격으로 최댓값, $\frac{1}{120}$초 간격으로 0이 된다. 2개의 이웃한 최댓값 혹은 이웃한 0값은 $\frac{1}{4}$ 주기 또는 $\frac{1}{240}$초만큼 떨어져 있다.

교류 전자석의 한 극에 영구자석이나 직류 전자석을 가까이하면 교류 전자기적 현상으로 어떠한 힘도 생기지 않는다. 일정한 외부 자기장과 교류 자기장 사이에서 크기는 같지만 방향이 반대인 인력과 척력이 발생하기 때문이다. 그러나 교류 전자석에 전류가 흐르든 흐르지 않든 영구자석이나 직류 전자석은 교류 전자석의 코어를 끌어당긴다.

기술 노트

배터리와 같은 직류 전원은 어떤 전자석과도 항상 같은 극성을 유지하는 자기장을 생성한다. 반면에 교류 전원은 항상 주기적으로 극을 바꾸는 자기장을 만든다.

예제 8-3

교류 전자석에 60 Hz 대신 80 Hz의 교류를 입력한다고 가정하자. 교류 자기장과 근처에 있는 영구자석이나 직류 전자석 사이에서는 어떤 상호작용이 발생하는가?

풀이

코어의 재료가 동일하다고 가정하면 80 Hz일 때와 60 Hz일 때의 상황이 다르지 않다. 이론적으로 교류 주파수는 교류 전자석의 동작에 아무런 영향을 주지 않는다. 그러나 실제로는 교류 전자석의 인덕턴스가 전류 흐름을 방해하므로 높은 교류 주파수에서는 자기장이 약해진다. **유도성 리액턴스**inductive reactance라고 하는 특성은 코일을 감은 횟수와 강자성체 코어의 특성에 영향을 받는다.

자성 물질

강자성 물질은 자유공간에서보다 자력선이 좀 더 조밀하게 모이게 한다. 많은 물질은 자력선을 자유공간에서의 밀도보다 더 희박하게 만드는데, 이런 물질을 **반자성체** diamagnetic라고 한다. 밀랍, 건조한 목재, 비스무트bismuth, 은 등이 반자성체이다. 어떤 반자성체라도 반자성체 내에서 자기장의 세기가 줄어드는 정도가 강자성체에서 자기장의 세기가 증가하는 만큼 크지는 않다. 보통 반자성체는 자석 간 상호작용을 줄이기 위해 자석을 물리적으로 분리하는 용도로 사용된다.

투자율

투자율 permeability은 진공상태에서의 자력선 밀도에 대해 강자성체가 자력선을 집중시키는 정도를 나타낸 것으로, 과학자들은 진공의 투자율 값을 1로 정했다. 만약 공심 코일(코어가 공기인 코일)이 있는 코일에 직류를 흘리면 코일 내부의 자력선은 진공에서의 자력선과 거의 동일하다. 따라서 공기의 투자율도 거의 정확히 1이다(공기의 투자율이 진공에 비해 아주 조금 높지만 실제로는 거의 문제되지 않는다).

만약 코일 내부에 강자성체 코어를 넣으면 자속밀도는 증가하며 때로는 매우 큰 비율로 증가한다. 정의에 따르면 투자율은 자속밀도가 증가하는 비율과 동일하다. 예를 들어, 어떤 물질이 코일 내의 자속밀도를 공기나 진공에서보다 60배 증가시키면 그 물질의 투자율은 60이다. 또한 반자성체의 투자율 값은 1보다 작지만 그렇게 많이 작지는 않다. [표 8-1]은 일반적인 물체에 대한 투자율 값을 나타낸 것이다.

[표 8-1] **일반적인 물질에 대한 투자율 값**

물질	투자율(대략적인 값)
건조한 공기(해수면에서)	1.0
강자성체 합금	3,000 ~ 1,000,000
알루미늄	1보다 약간 큼
비스무트	1보다 약간 작음
코발트	60~70
압축분말형 철	100 ~ 3,000
정제된 고체 철	3,000 ~ 8,000
정제되지 않은 고체 철	60 ~ 100
니켈	50 ~ 60
은	1보다 약간 작음
강철	300 ~ 600
진공 상태	1.0(정의에 의한 정확한 수치)
왁스	1보다 약간 작음
마른 나무	1보다 약간 작음

보자력

철과 같은 물체를 코일로 감싼 뒤 대전류를 흘려 강한 자기장의 영향을 받게 하면 코일에 흐르던 전류가 끊어진 뒤에도 약간의 잔류자성이 항상 남게 된다. **잔류 자기**remanence라고 하는 **보자력**retentivity은 어떤 물체가 그 물체에 가한 자기장을 얼마나 기억하고 있는지를 수치화한 것이다. 강자성체 주위를 코일로 감고 코어 내부의 자속이 최대가 되도록 충분히 전류를 흘렸다고 가정하자. 이런 상태를 **코어 포화**core saturation라고 한다. 이런 상황에서 자속밀도를 측정하고 B_{max}(T 또는 G) 값을 얻는다. 이제 코일에서 전류를 제거한 뒤 다시 코어 내부의 자속밀도를 측정해 B_{rem}(T 또는 G) 값을 얻는다. 그러면 코어 물질의 보자력 B_{r}은 다음과 같은 비율로 표현된다.

$$B_{\mathrm{r}} = \frac{B_{\mathrm{rem}}}{B_{\mathrm{max}}}$$

이 값을 백분율로 표시하면 다음과 같다.

$$B_{\mathrm{r}\%} = 100 \times \frac{B_{\mathrm{rem}}}{B_{\mathrm{max}}}$$

예를 들어, 전류가 흐르는 코일로 금속 막대를 감쌌을 때 자속밀도가 135 G에 도달하며 이 135 G는 그 물질에 대한 최대 자속밀도를 나타낸다고 가정하자(어떤 물질이든 최댓값은 항상 존재하며 물질마다 다르다. 코일의 전류를 더 증가시키거나 코일을 감은 횟수를 더 늘려도 물질은 더 이상 자화되지 않는다). 이제 코일에 전류를 제거하고 난 후 막대에 19 G가 남았다면 보자력 B_{r}은 다음과 같다.

$$B_{\mathrm{r}} = \frac{19}{135} = 0.14$$

이 값을 백분율로 표시하면 다음과 같다.

$$B_{\mathrm{r}\%} = 100 \times \frac{19}{135} = 14\%$$

어떤 강자성체 물질은 높은 보자력을 바탕으로 훌륭한 영구자석이 되지만 어떤 강자성체는 보자력이 형편없다. 이 경우 전자석의 코어로서는 훌륭한 역할을 하지만 좋은 영구자석은 될 수 없다. 만약 강자성체의 보자력이 낮다면 강자성체는 교류 전자석의 코어로서 기능할 수 있다. 코어의 자기장 극성은 코일에 흐르는 전류의 변화를 기민하게 따라가기 때문이다. 만약 물체가 보자력이 높다면 자기적으로 느리게 동작하고, 자기장이 코일의 전류 반전을 따라가는 데 문제가 발생한다. 이런 종류의 물질은 교류 전자석에서 사용하기에 적합하지 않다.

예제 8-4

전자석을 만들기 위해 금속 코어 주위에 도선을 감은 코일이 있다고 가정하자. 코일에 가변직류 전원을 연결하고, 코어 내부에 0.500 T의 자속밀도가 발생하게 했다. 전류원을 차단했을 때 코어의 자속밀도가 500 G로 떨어졌다면 이 코어 물질의 보자력은 얼마인가?

풀이

먼저 전속밀도의 값을 동일한 단위로 변환하자. $1\,\mathrm{T} = 10^4\,\mathrm{G}$ 이므로 코일에 전류가 흐를 때 G로 된 자속밀도는 $0.500 \times 10^4 = 5{,}000\,\mathrm{G}$이고, 전류가 제거된 후에는 500 G이다. 이 값으로 비율을 계산하면 다음과 같다.

$$B_{\mathrm{r}} = \frac{500}{5{,}000} = 0.100$$

이 값을 백분율로 나타내면 다음과 같다.

$$B_{\mathrm{r}\%} = 100 \times \frac{500}{5{,}000} = 100 \times 0.100 = 10.0\,\%$$

영구자석

공학자들은 어떤 모양의 강자성체도 영구자석으로 만들 수 있다. 자석의 세기는 두 가지 요소의 영향을 받는다.

- 자석을 만드는 재료의 보자력
- 재료를 자화시키는 양

강력한 영구자석을 제조할 때는 보자력이 높은 합금이 필요하다. 자화력이 가장 높은 합금은 알루미늄, 니켈, 코발트를 특별한 비율로 합성해 얻는다. 때로는 소량의 구리와 티타늄을 포함하기도 한다. 영구자석의 수명을 길게 만들기 위해서는 높은 직류 전류가 연속적으로 흐르고 있는 거대한 코일 내에 합금을 둔다.

어떤 철이나 강철 조각이라고 해도 자화시킬 수 있다. 일부 기술자는 컴퓨터, 무선 송수신기, 그 외 여러 장치에서 접촉하기 곤란한 곳의 나사를 제거하거나 설치할 때 자화된 공구를 사용한다. 만약 자화된 공구를 사용하고 싶다면 공구의 금속 축을 강력한 막대자석으로 수십 번 내려치면 된다. 그러나 일단 공구에 잔류 자성이 남아있다면 공구는 오랜 시간 동안 자화된다는 것을 주의해야 한다.

긴 코일 내의 자속밀도

솔레노이드solenoid로 알려진 긴 헬리컬 코일이 단층으로 n번 감겨 있다고 생각해 보자. 코일의 길이는 s[m]이고, 지속적으로 I[A]의 직류 전류가 흐르며 투자율이 μ인 강자성 코어가 들어 있다. 코어가 포화 상태에 도달하지 않았다고 가정하면 코어 내의 자속밀도 B_t[T]는 다음과 같이 계산할 수 있다.

$$B_t = 4\pi \times 10^{-7} \mu n I / s \approx 1.2566 \times 10^{-6} \mu n I / s$$

만약 자속밀도 B_g[G]를 계산하고 싶다면 다음 식을 사용한다.

$$B_g = 4\pi \times 10^{-3} \mu n I / s \approx 0.012566 \mu n I / s$$

예제 8-5

어떤 전류가 흐르는 직류 전자석을 생각해 보자. 이 전자석의 길이는 20 cm 이고, 도선이 100번 감겨 있다. 코어의 투자율은 $\mu = 100$이고, 아직 포화되지 않았다. 코어 내부의 자속밀도가 $B_g = 20$ G로 측정되었을 때 코일에 흐르는 전류는 얼마인가?

풀이

먼저 적절한 단위로 변환하자. 전자석의 길이가 20 cm 이므로 $s = 0.20$ m 가 된다. 자속밀도는 20 G이므로 다음 식을 사용해 I를 구한다.

$$B_g = 0.012566 \mu n I / s$$

양변을 I로 나누면 다음과 같다.

$$\frac{B_g}{I} = 0.012566 \mu n / s$$

다시 양변을 B_g로 나누면 다음과 같다.

$$I^{-1} = 0.012566 \mu n / (s B_g)$$

마지막으로 양변에 역수를 취하면 다음과 같다.

$$I = 79.580 s B_g / (\mu n)$$

문제에서 주어진 수를 대입하면 I는 다음과 같다.

$$I = 79.580 s B_g / (\mu n) = \frac{79.580 \times 0.20 \times 20}{100 \times 100}$$

$$= 79.580 \times 4.0 \times 10^{-4} = 0.031832\,\text{A} = 31.832\,\text{mA}$$

이 결과를 반올림하면 32 mA가 된다.

자성을 사용하는 기기

전기 릴레이와 초인종, 전기 해머electric hammer, 그리고 여러 종류의 기계들은 솔레노이드의 원리를 이용한다. 영구자석과 결합한 복잡한 전자석은 모터, 측정기, 발전기 및 기타 전기기계 장치를 구성한다.

차임벨

[그림 8-5]는 **차임**chime이라고 하는 초인종이다. 초인종의 솔레노이드는 전자석으로 구성된다. 이 초인종은 중심이 비어있는 형태의 강자성 코어가 축을 구성하고, 그 비어있는 곳을 **해머**hammer라고 하는 철 막대가 관통하는 구조이다. 코일에는 도선을 많이 감아서, 코일에 상당한 전류가 흐를 때 전자석이 높은 자속밀도를 생성한다.

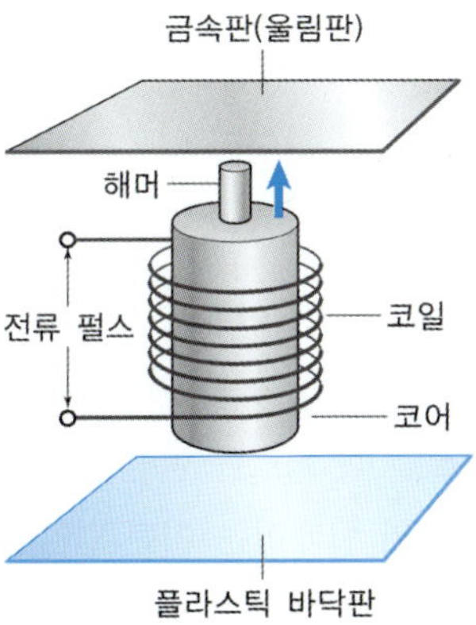

[그림 8-5] 초인종(차임)의 구조

코일에 전류가 흐르지 않을 때는 중력에 의해 막대가 아래로 내려가서 플라스틱 바닥판에 머문다. 반대로 코일에 전류 펄스가 흐르면 막대는 빠른 속도로 위를 향해 움직인다. 자기장은 코어와 같은 길이인 막대의 양쪽 끝이 코어의 양쪽 끝과 정렬되게 만들려고 한다. 그러나 막대의 운동량이 위쪽을 향해 있어 막대가 코어를 통과해 울림판을 때리게 되고, 그때 벨 소리가 나면서 철 막대가 다시 원래 위치로 되돌아온다.

릴레이

기계를 스위치로 제어할 때 제어하는 기계 근처에 항상 스위치를 둘 수는 없다. 예를 들어, 제어 지점에서 50 m 떨어진 2개의 서로 다른 안테나 간 통신 시스템을 스위칭한다고 가정하자. 무선 안테나 시스템은 회로의 어떤 부분에 남아있어야 하는 고주파 교류(무선 신호)를 전송한다. **릴레이**relay는 이런 원격제어 스위칭을 하기 위해 솔레노이드를 사용한다.

[그림 8-6(a)]는 간단한 릴레이의 한 예이고, [그림 8-6(b)]는 동일한 기기의 회로도이다. 코일에 전류가 흐르지 않을 때 **전기자**armature라고 하는 이동 가능한 레버가 스프링에 의해 한쪽(그림의 위쪽 방향)에 붙어 있다. 이런 상태에서 단자 X는 단자 Y와 접촉하고 있고, 단자 Z와는 떨어져 있다. 코일에 충분한 전류가 흐를 때 전기자는 다른 쪽(그림의 아래쪽 방향)으로 움직이고, 단자 X는 단자 Y와 떨어지며 단자 Z에 연결된다.

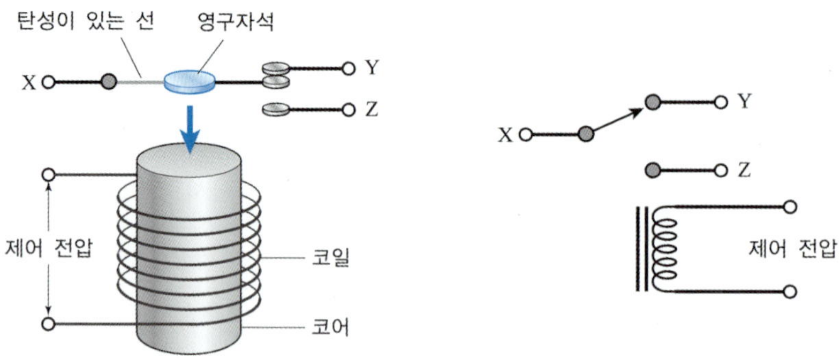

(a) 간단한 릴레이 그림 (b) 릴레이의 기호

[그림 8-6] **간단한 릴레이와 회로도**

평상시 닫힌 릴레이normally closed relay는 코일에 전류가 흐르지 않을 때 회로를 연결해 동작시키고, 코일에 전류가 흐를 때 회로를 차단한다('평상시'는 코일에 전류가 흐르지 않는 상태를 의미한다). 반대로 **평상시 열린 릴레이**normally open relay는 코일에 전류가 흐를 때 회로를 연결해 동작시키고, 코일에 전류가 흐르지 않을 때 회로를 차단한다. [그림 8-6]의 릴레이는 어떤 단자를 선택하는지에 따라 평상시 닫힌 릴레이 또는 평상시 열린 릴레이로 동작할 수 있다. 또한 한 선을 서로 다른 두 회로 사이에서 스위칭시킬 수 있다.

요즘에는 큰 전류나 전압을 다뤄야 하는 회로와 시스템에서 릴레이를 우선적으로 설치한다. 낮은 전류나 전압을 사용하는 분야에서는 전자식 반도체 스위치를 사용하는데, 전자식 반도체 스위치는 움직이는 부분이 없어서 릴레이보다 높은 성능과 신뢰성을 제공한다.

직류 모터

자기장은 상당히 큰 기계적인 힘을 만들 수 있고, 이 힘은 유용하게 사용될 수 있다. **직류 모터**DC motor는 직류를 회전하는 기계 에너지로 변환한다. 이런 의미에서 직류 모터는 특별한 **전기-기계 변환기**electro-mechanical transducer를 구성한다. 직류 모터의 크기는 나노 규모nanoscale(박테리아보다 작은 크기)부터 메가 규모megascale(집보다 큰 크기)까지 다양하다. 나노 크기의 모터는 사람의 혈관을 순회하거나 인체 내부 장기의 동작을 바꿀 수 있다. 메가 크기의 모터는 시간당 수백 km의 속도로 기차를 끌고 갈 수 있다.

직류 모터에서는 자기장을 생성시키는 코일 세트에 전원을 연결한다. 그다음 반대 극은 당기고, 같은 극은 밀어내도록 스위칭해서 일정한 토크(회전력)가 발생하도록 한다. 전류가 증가할수록 모터가 만드는 토크도 증가하고, 일정한 속도로 모터를 움직이게 하는 에너지 역시 증가한다.

[그림 8-7]은 단순화한 직류 모터이다. **전기자 코일** armature coil은 모터 축과 함께 회전하며 **계자 코일** field coil이라고 하는 2개의 코일 세트는 고정되어 있다. 일부 모터는 계자코일 대신 영구 자석을 사용한다. 축이 매번 반 바퀴를 돌 때마다 **정류자** commutator가 전기자 코일의 전류 방향을 반대로 바꾼다. 그러면 축의 토크가 같은 각의 방향으로 계속된다. 축의 **각운동량** angular momentum (회전 운동량)은 전류가 반대 방향이 되었을 때도 관성으로 인해 어떤 지점에서 멈추지 않는다.

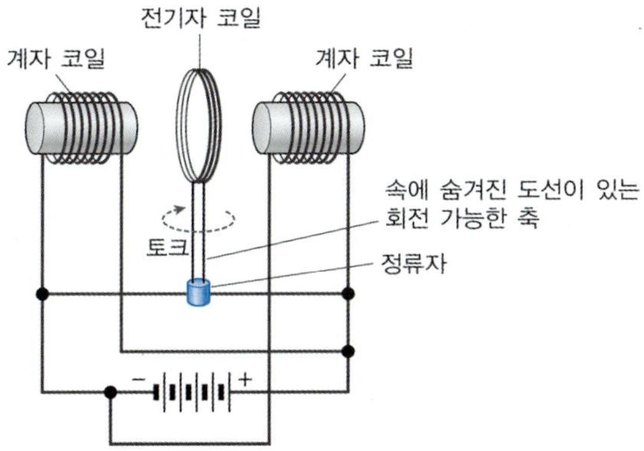

[그림 8-7] 단순화한 직류 모터의 구조도

발전기

발전기와 모터는 서로 반대되는 기능을 수행하지만 그 구조는 서로 닮았다. **발전기** generator는 특별한 **기계-전기 변환기** mechano-electrical transducer라고 말할 수 있다(실제로 사용하는 용어는 아니다). 어떤 발전기는 모터로도 사용할 수 있는데, 이런 장치를 **전동 발전기** motor-generator라고 한다.

전형적인 발전기는 코일이 강한 자기장에서 회전할 때 교류를 만들어내며 가솔린 모터, 터빈 또는 다른 기계적인 에너지원으로 회전축을 구동할 수 있다. 일부 발전기는 맥동 직류를 출력하기 위해 정류기를 사용한다. 정밀한 기기에서 사용하는 순수한 직류는 이런 맥동 직류를 필터로 걸러 사용한다.

연습문제

01 솔레노이드 코일이 50번 감겨 있고, 500 mA의 전류가 흐를 때 기자력은 얼마인가?

(a) 25 At
(b) 50 At
(c) 500 At
(d) (a), (b), (c) 모두 답이 아니다.

02 다음 중 랜턴 배터리에 연결된, 전자석으로 만들어진 자기장에 대한 설명으로 옳은 것은 무엇인가?

(a) 매 순간 세기가 변하고, 주기적으로 극이 바뀐다.
(b) 매 순간 세기가 변하지만 항상 같은 극을 유지한다.
(c) 세기가 항상 일정하게 유지되지만 주기적으로 극이 바뀐다.
(d) 세기가 항상 일정하게 유지되고, 항상 같은 극을 유지한다.

03 다음 중 강자성체에 대한 설명으로 옳은 것은 무엇인가?

(a) 전자석의 코어로 사용할 수 없다.
(b) 자석을 끌어당기거나 자석에 들러붙지 않는다.
(c) 자유공간보다 자속선들을 조밀하게 묶어 준다.
(d) 투자율이 0이다.

04 다음 중 막대자석의 양끝 근처의 자속선의 모양으로 옳은 것은 무엇인가?

(a) 막대 축에 평행인 직선들
(b) 막대 축에 수직인 직선들
(c) 중심이 막대 축에 놓인 원들
(d) 막대 끝으로 들어가는(또는 막대 끝으로부터 밖으로 나가는) 곡선들

05 다음 중 랜턴 배터리에 연결했을 때 교류 자기장을 생성하는 전자석을 만들기 위해서는 어떤 특성을 가진 코어를 사용해야 하는가?

(a) 높은 투자율과 높은 보자력
(b) 높은 투자율과 낮은 보자력
(c) 낮은 투자율과 높은 보자력
(d) 알려진 특성이 없어 그런 전자석은 만들 수 없다.

06 금속 막대를 둘러싼 코일에 직류가 흐를 때 금속 막대는 최대 800 G의 자속밀도를 지탱할 수 있다. 코일의 막대를 제거해 공기로 채웠더니 공기 내 자속밀도가 20 G로 내려갔다. 금속 막대의 투자율은 얼마인가?

(a) 계산하려면 더 많은 정보가 필요하다.
(b) 40
(c) 0.025
(d) 410

07 [연습문제 06]에서 금속 막대의 보자력은 얼마인가?

(a) 계산하려면 더 많은 정보가 필요하다.
(b) 40
(c) 0.025
(d) 410

08 다음 중 자속밀도를 표현하는 단위는 무엇인가?

(a) 테슬라(T)
(b) 암페어(A)
(c) 쿨롱(C)
(d) 지멘스(S)

09 600 mA의 직류가 흐르는 얇은 직선 도선에서 2.00 m 떨어진 지점의 자속밀도는 얼마인가?

(a) 6.00×10^{-7} T
(b) 6.00×10^{-8} T
(c) 3.00×10^{-7} T
(d) 3.00×10^{-8} T

10 막대 모양의 강자성체 코어 주위를 절연 구리 도선으로 70번 감았다. 코일에 22 A의 직류를 흘리다가 전류를 2배 올려 44 A를 흘렸다. 만약 코어가 포화 상태에 도달했고, 3.3 A 또는 그 이상의 전류를 코일을 통해 흘린다면 이런 전류 증가는 코어 내부의 자속밀도를 어떻게 변화시키는가?

(a) 동일하게 유지된다.
(b) $\sqrt{2}$ 배 증가한다.
(c) 2배 증가한다.
(d) 4배 증가한다.

11 다음 중 평상시 열린 릴레이는 어떤 경우에 외부 회로를 연결해 동작시키는가?

(a) 코일에 전류가 흐르는 것과는 관계없다.
(b) 코일에 전류가 흐를 때만
(c) 코일에 전류가 흐르지 않을 때만
(d) 코일에 교류가 흐를 때만

12 다음 중 지구 표면의 특정 지점에서 지자기 편각geomagnetic declination에 대한 설명으로 옳은 것은 무엇인가?

(a) 지구 자력선의 수직 편향
(b) 지자기의 수평 편향
(c) 수평면을 통과하는 지자기의 자속밀도
(d) 지자기의 북극과 실제 북극 사이의 각도 차이

13 다음 중 강력한 영구 자석을 만들기 위해 필요한 합금의 특성은 무엇인가?

(a) 낮은 투자율
(b) 높은 밀도
(c) 높은 보자력
(d) 단위길이당 낮은 저항

14 다음 중 전류가 흐르는 도선의 코일이 진공에 위치할 때 코일 내 자속밀도는 어떻게 되는가?

(a) 0으로 작아진다.
(b) 강자성 코어가 있을 때보다 증가한다.
(c) 강자성 코어가 있을 때보다 감소한다.
(d) 강자성 코어가 있을 때와 동일하다.

15 다음 중 지자기 적도 지점에서 지자기력은 나침반 침에 어떤 방향으로 작용하는가?

(a) 수평
(b) 수직
(c) 비스듬하다.
(d) 존재하지 않는다.

16 솔레노이드 코일이 1,000번 감겨 있고, 이 코일이 30.00 mA의 직류를 흘릴 때 기자력은 얼마인가?

(a) 코일의 길이와 직경, 코어 재료에 따라 달라진다.
(b) 37.71 Gb
(c) 1,131 Gb
(d) 6.885 Gb

연습문제

17 다음 중 솔레노이드 코일이 60번 감겨 있고, 이것을 6.3V 랜턴 배터리에 연결하면 코일이 생성한 기자력은 어떻게 되는가?

(a) 코일의 직경에 따라 달라진다.
(b) 코일의 직류 컨덕턴스에 따라 달라진다.
(c) 코일의 코어 재료에 따라 달라진다.
(d) (a), (b), (c) 모두

18 [연습문제 17]에서 다른 조건은 유지하고, 코일 내부에 비 투자율이 16.0인 강자성체 막대를 삽입하면 기자력은 어떻게 변하는가?

(a) 4.00배 증가한다.
(b) 16.0배 증가한다.
(c) 256배 증가한다.
(d) 변화하지 않는다.

19 다음 중 2개의 전자석 양끝 사이에 작용하는 자기력은 무엇에 따라 달라지는가?

(a) 전자석의 코어 재료
(b) 양 끝 사이의 거리
(c) 코일의 전류
(d) (a), (b), (c) 모두

20 다음 중 지자기 폭풍이 동반하는 현상은 무엇인가?

(a) 북부 지방의 광선(북방의 오로라)
(b) 태양 직경의 갑작스러운 변화
(c) 지구 자기장의 극성 반전
(d) 바로 인접한 곳에서의 뇌우

정답

01 a	**02** d	**03** c	**04** d	**05** d	**06** b	**07** a	**08** a	**09** b	**10** a
11 b	**12** d	**13** c	**14** c	**15** a	**16** b	**17** b	**18** d	**19** d	**20** a

PART 2

교류

Alternating Current

CHAPTER

09

교류의 기초

Alternating-Current Basics

학습목표

- 직류와 비교해 교류의 정의와 특성을 이해할 수 있다.
- 교류의 여러 가지 파형을 살펴보고, 그 성질을 이해할 수 있다.
- 교류의 파형을 이루는 주파수 스펙트럼과 주기, 진폭에 대해 이해할 수 있다.
- 교류를 활용한 발전기의 원리 및 교류의 적합성을 이해할 수 있다.

직류는 **방향**(**극성**polarity)과 **강도**(**진폭**amplitude)라는 두 변수로 표현할 수 있다. 그러나 교류를 완전히 이해하려면 더 많은 것을 살펴봐야 한다. 이번 장에서는 교류의 기초에 대해 배운다.

교류의 정의

대부분의 사람들은 교류라는 용어가 교류 콘센트 및 고전압의 개념과 관련이 있다고 생각한다. 교류 콘센트는 실제로 교류를 의미하는 것이 맞지만 이 장과 다음 장에서 살펴볼 교류는 대부분 저전압 교류와 관련이 있다.

직류는 변하지 않는다. 그러나 교류의 주요 특징은 신호의 변화와 관련이 있다. 커패시터와 인덕터는 변화하는 전압과 전류를 살펴볼 때만 유용한 역할을 하는 구성 요소이다.

직류나 전압은 시간이 지나도 극성이 일정하게 유지된다. 진폭(암페어, 볼트 또는 와트의 수)은 시시각각 변동할 수 있지만 전하 반송자는 회로의 어느 지점에서든 항상 같은 방향으로 흐르고, 전하 극은 항상 동일한 상대 방향을 유지한다. 교류에서는 전하 반송자의 흐름과 극성이 일정한 간격으로 반전된다. 교류의 **순간 진폭**instantaneous amplitude(주어진 순간의 진폭)은 주로 반복되는 극성 반전 때문에 변화한다. 그러나 어떤 경우에는 극성이 계속 반전되더라도 진폭이 일정하게 유지된다. 이런 극성의 반복적인 변화는 교류를 근본적으로 직류와 다르게 만든다.

대부분의 전자제품은 교류와 관련이 있으므로 오디오 증폭기 및 라디오 등이 어떻게 작동하는지 이해하려면 반드시 교류를 이해해야 한다. 직류에서 옴의 법칙을 사용하는 방법을 배운 것처럼 교류에서도 교류의 동작을 이해하는 데 도움이 되는 몇 가지 수학적 모델이 있다.

주기와 주파수

주기적 교류 파동periodic AC wave에서 **순간 진폭 대 시간**instantaneous amplitude versus time의 함수 관계는 반복되고, 따라서 동일한 파형이 무기한 되풀이된다. 파형이 한 번 완전히 반복되면 한 **사이클**cycle이 되고, 한 사이클과 다음번 사이클 사이의 시간 길이는 파동의 **주기**period가 된다. 파동의 주기는 이론적으로 아주 작은 수분의 1초에서부터 수 세기에 이르는 긴 시간까지 다양할 수 있다. 교류 파동의 주기는 초 단위로 나타내며 문자 T로 표기한다.

예전의 과학자나 공학자들은 교류의 주파수를 **단위시간당 사이클 수**Cycles Per Second(CPS)로 나타냈다. 또한 단위시간당 수천 사이클, 수백만 사이클, 수십억 사이클과 같은 중간 주파수 및 고주파수를 나타내기 위해 각각 **킬로사이클**kilocycle, **메가사이클**megacycle 또는 **기가사이클**gigacycle을 사용했다.

그러나 오늘날에는 주파수를 **헤르츠**hertz(Hz)로 나타낸다. 헤르츠와 단위시간당 사이클 수는 동일하며 1 Hz = 1 CPS, 10 Hz = 10 CPS가 된다. 중간 주파수 및 고주파수는 **킬로헤르츠**kilohertz(kHz), **메가헤르츠**megahertz(MHz) 또는 **기가헤르츠**gigahertz(GHz)를 사용해 다음과 같이 나타낸다.

$$1\,\text{kHz} = 1{,}000\,\text{Hz}$$
$$1\,\text{MHz} = 1{,}000\,\text{kHz} = 1{,}000{,}000\,\text{Hz} = 10^6\,\text{Hz}$$
$$1\,\text{GHz} = 1{,}000\,\text{MHz} = 1{,}000{,}000{,}000\,\text{Hz} = 10^9\,\text{Hz}$$

때로는 교류의 주파수를 표기하기 위해 더 큰 단위인 **테라헤르츠**terahertz(THz)를 사용하기도 한다. 1 THz의 주파수는 1조(1,000,000,000,000 또는 10^{12})Hz이다. 일반적으로 교류는 높은 주파수를 갖지 않지만 **전자기 복사**electromagnetic radiation는 높은 주파수를 갖기도 한다. 헤르츠로 표기된 교류 파동의 주파수 f는 초 단위로 표기된 주기 T의 역수이다. 주파수와 주기의 관계를 수학적으로 나타낸 것은 다음과 같다.

$$f = \frac{1}{T}, \quad T = \frac{1}{f}$$

어떤 교류 파동은 모든 에너지가 한 주파수 안에 들어있다. 이런 파동을 **순수**pure하다고 표현한다. 그러나 보통 교류 파동은 **주**main 주파수 또는 **기본**fundamental 주파수의 배수 주파수 성분에 해당하는 에너지가 들어있으며 때로는 기본 주파수와 어떤 논리적 연관성도 없는 것 같은 주파수에 에너지가 존재할 수도 있다. 앞으로 수백, 수천 또는 무한대의 서로 다른 성분 주파수에 에너지가 들어있는 **복잡한 교류 파동**complex AC wave을 보게 될 것이다.

사인파

교류의 가장 간단한 형태는 **사인파**sine-wave, 즉 **사인 곡선**sinusoidal 모양이다. 사인파에서 전류의 방향은 규칙적인 간격으로 반전되며 전류 대 시간 곡선은 삼각법에 따라 그린 **사인함수**sine function의 그래프 형태와 같다. [그림 9-1]은 사인파의 일반적인 형태(완전한 두 주기)이다.

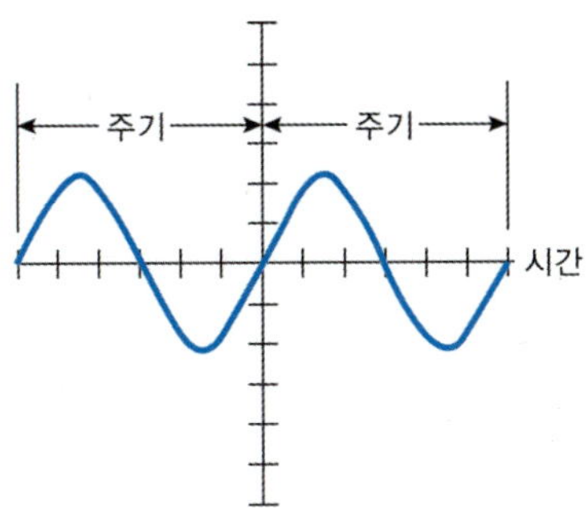

[그림 9-1] 사인파. 주기는 한 사이클이 완성되는 데 걸리는 시간을 의미한다.

단 하나의 주파수에 모든 에너지가 들어있는 교류 파동은 시간의 함수로 진폭을 그리면 완벽한 사인 곡선을 나타낸다. 반대로 교류 파동이 완벽한 사인 곡선을 구성하면 모든 에너지가 단 하나의 주파수에 존재한다.

실제로 파동은 **오실로스코프**oscilloscope에 표시될 때 사인 곡선처럼 보일 수 있지만 실제로는 육안으로 관찰할 수 없는 수준의 작은 결함이 있는 불완전한 사인파일 경우가 있다. 그러나 순수한 단일 주파수 교류 파동은 오실로스코프 화면에서 볼 때 사인 곡선으로 보이고, 실제로도 **완벽한**flawless 사인 곡선을 구성한다.

방형파

오실로스코프 화면상에서 **방형파**square wave(**구형파**)는 사각형 또는 직사각형처럼 보인다. [그림 9-2]는 방형파의 일반적인 형태이다. 방형파에서 양(+)과 음(−)의 주기 사이에 순조로운 전환은 없고, 이 변이는 (적어도 이론적으로는) 순간적으로 발생한다.

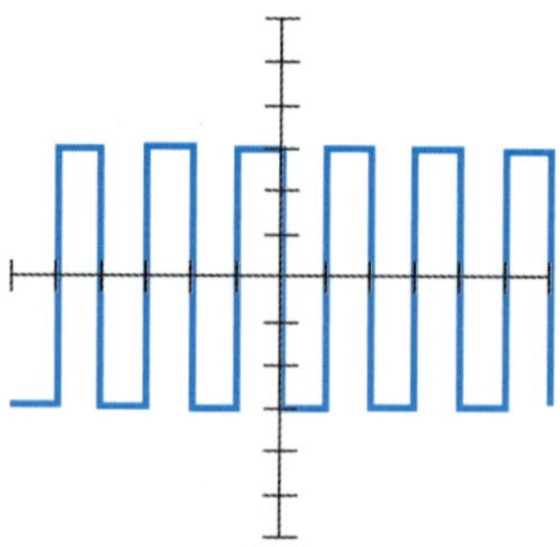

[그림 9-2] 방형파

순수한 방형파는 음(−)과 양(+)의 **피크**peak값이 동일하므로 파동의 절댓값 진폭은 절대 변하지 않는다. 절반의 시간 동안에는 $+x$ 값을, 나머지 절반의 시간 동안에는 $-x$ 값을 갖는다(여기서 x는 특정한 전류(A) 또는 전압(V) 값을 의미한다). 어떤 방형파들은 음(−)과 양(+)의 진폭이 달라서 한쪽으로 치우친 형태로 나타나기도 한다.

경우에 따라서 방형파가 양(+)의 극성에 머무르는 시간은 음(−)의 극성에 머무르는 시간보다 길거나 짧을 수 있다. 이는 **비대칭 방형파**asymmetrical square wave, 보다 정확하게는 **방형파**rectangular wave(**구형파**)의 예시가 된다.

톱니파

어떤 교류 파동은 오실로스코프 화면상에서 상승하거나 하강할 때 모두 경사진 직선 모양으로 나타난다. 이때 선의 기울기는 그 크기가 얼마나 빨리 변하는지를 나타낸다. 이 파동은 톱니 같은 모양으로 나타나서 **톱니파** sawtooth wave라고 한다. 다양한 테스트용 전자 장치와 음향 신시사이저sound synthesizer는 여러 가지 주파수와 진폭을 가진 톱니파를 발생시킬 수 있다.

[그림 9-3]의 톱니파는 양(+)으로 올라가는 기울기(**상승** rise)는 방형파와 같이 가파르지만 음(−)으로 내려가는 기울기(**하강** decay)는 그다지 가파르지 않다. 여기서 2개의 연속하는 펄스에서 동일한 위치에 있는 두 지점 간 시간 간격이 파의 주기이다.

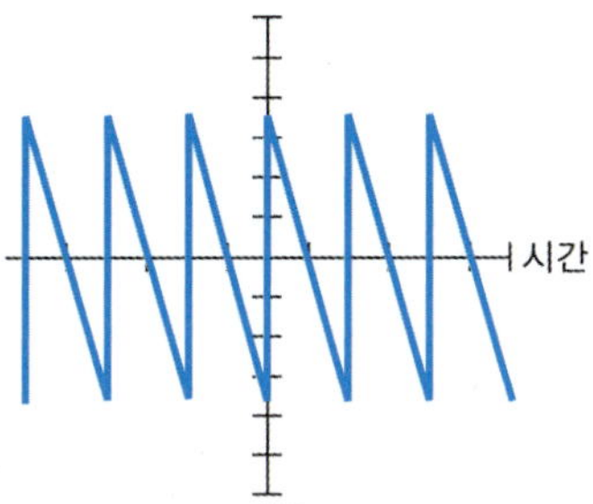

[그림 9-3] **빠른 상승과 느린 하강을 하는 톱니파**

[그림 9-4]의 톱니파는 일정한 기울기로 한정적인 상승을 하고, 순간적인 하강을 한다. 이 파동은 각각의 개별적인 사이클이 위로 올라가는 경사면처럼 보이기 때문에 **램프** ramp라고 부른다. 램프는 오래된 텔레비전 수신기와 오실로스코프에서 전자빔을 **주사** scanning하는 회로에서 사용한다. 램프는 상승 시간 동안 **음극선관** Cathode-Ray-Tube(CRT) 화면을 가로질러 왼쪽에서 오른쪽으로, 일정한 속도로 전자빔을 이동시키는 **추적** trace을 실시한다. 그다음 하강 시간 동안 전자빔을 순간적으로 원위치로 되돌리고, 다시 화면을 가로질러 다음 추적을 하게 한다.

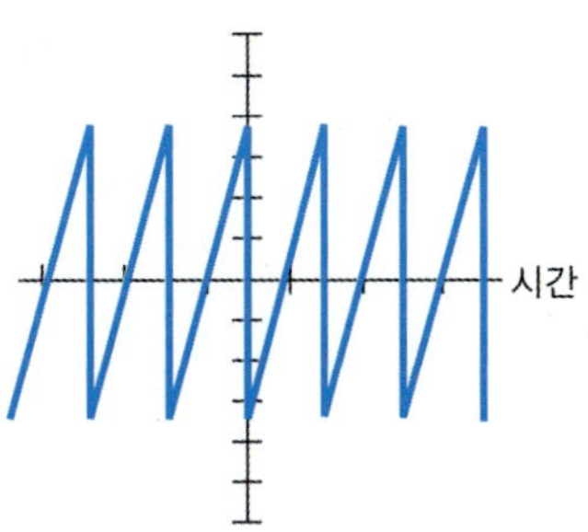

[그림 9-4] **느린 상승과 빠른 하강을 하는 톱니파**

톱니파의 상승과 하강 경사도는 다양하게 조합할 수 있다. 예를 들어, [그림 9-5]는 상승과 하강 중 어떤 것도 순간적으로 발생하지 않으며 상승 시간과 하강 시간이 동일하다. 이런 파형을 **삼각파** triangular wave 라고 한다.

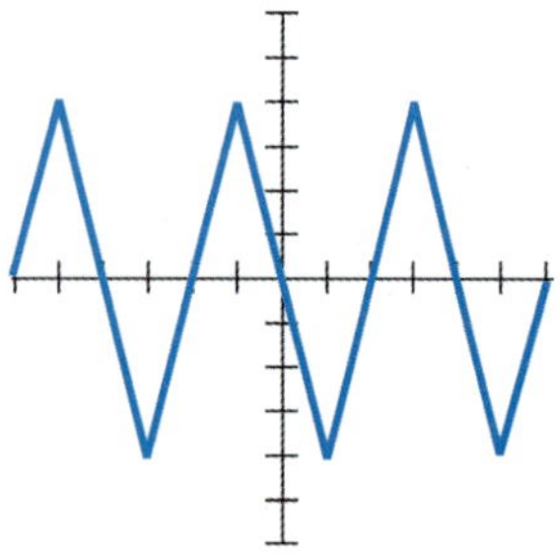

[그림 9-5] **상승률과 하강률이 동일한 삼각파**

복잡한 파형

파형이 일정한 주기를 갖고, 극성이 양(+)과 음(−) 사이를 계속 반복하는 스위칭 특성을 갖는다면 파형의 실제 형태가 아무리 복잡하게 나타나더라도 교류라고 할 수 있다. [그림 9-6]은 복잡한 교류 파형의 한 가지 예로, 이 파형은 주기와 주파수를 정의할 수 있다. 계속 반복되는 교류 파형에서 나타나는 동일한 두 지점 간의 시간 간격이 파동의 주기이다.

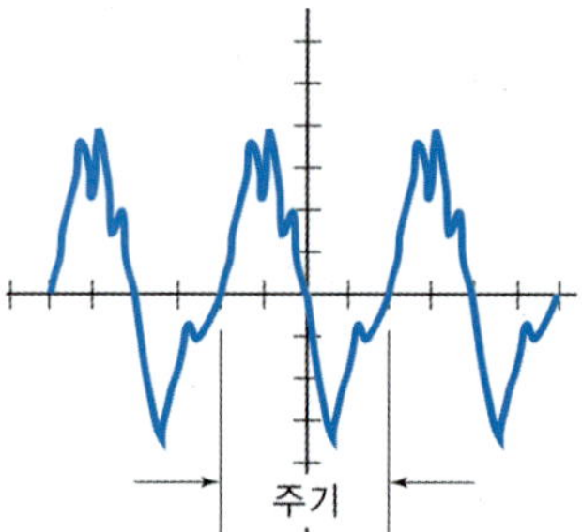

[그림 9-6] **복잡한 파형**

어떤 파동은 주기를 확인하는 것이 어렵거나 거의 불가능한데, 이는 하나의 파동이 진폭이 동일한 두 주파수 성분을 가질 때 나타난다. 이 파동의 **주파수 스펙트럼** frequency spectrum 은 여러 양상을 띤다. 즉 서로 다른 2개의 주파수에 동일한 양의 에너지가 들어있기 때문에 우리가 고려할 부분이 더 짧은 주기(더 높은 주파수 성분)인지 또는 더 긴 주기(더 낮은 주파수 성분)인지 결정할 수 없다.

주파수 스펙트럼

오실로스코프는 진폭의 그래프를 시간의 함수로 나타낸다. 그래프의 가로축인 시간은 함수의 **독립 변수** independent variable 또는 **정의역** domain을 의미한다. 그런데 만약 복잡한 신호의 진폭을 시간 함수가 아닌 주파수 함수로 보려면 어떻게 해야 할까? (많은 디지털 오실로스코프가 스펙트럼 분석기로도 동작할 수 있지만) 이 경우에는 **스펙트럼 분석기** spectrum analyzer를 이용해 주파수 스펙트럼을 분석하면 된다. 가로축은 독립 변수인 주파수를 나타내며 그 값은 임의로 조정할 수 있는 최소 주파수(좌측 끝)에서 최대 주파수(우측 끝) 범위에 걸쳐 있다.

교류 사인파는 스펙트럼 분석기 상에서 [그림 9-7(a)]와 같이 단 1개의 **핍** pip 또는 수직선으로 나타난다. 이 파동은 모든 에너지가 한 주파수에 집중되어 있다. 대부분 교류 파동은 기본 주파수의 에너지와 함께 **고조파** harmonic 에너지를 포함한다. 고조파는 교류 파동의 기본 주파수의 정수배에서 발생하는 이차 파동이다. 예를 들어, 만약 60 Hz가 교류 파동의 기본 주파수라면 고조파는 120 Hz, 180 Hz, 240 Hz 등으로 계속 존재할 수 있다. 여기서 120 Hz 파동은 **제2고조파** second harmonic, 180 Hz 파동은 **제3고조파** third harmonic, 240 Hz 파동은 **제4고조파** fourth harmonic가 된다.

만약 파동이 기본 주파수의 n배에 해당하는 주파수를 갖는다면(여기서 n은 임의의 정수) 그 파동을 ***n*번째 고조파** nth harmonic라고 한다. [그림 9-7(b)]는 스펙트럼 분석기 화면상에서 볼 수 있는 것으로, 몇 개의 고조파 핍과 파동의 기본 주파수 핍이 함께 나타나 있다.

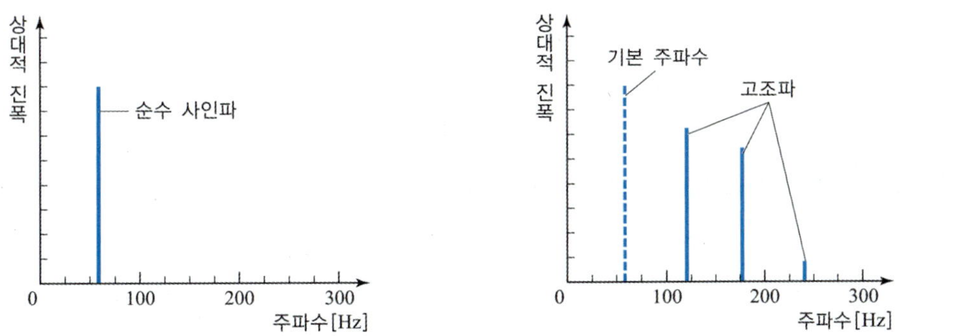

(a) 순수한 60 Hz의 사인파의 스펙트럼 다이어그램 (b) 60 Hz와 3개의 고조파를 갖는 파형의 스펙트럼 다이어그램

[그림 9-7] 주파수 스펙트럼 다이어그램

방형파와 톱니파는 기본 주파수에 있는 에너지에 추가적으로 고조파 에너지를 포함한다. 많은 고조파 에너지를 갖고 있으므로 더 복잡한 다른 파형도 가능하다. 이때 파동의 정확한 모양은 고조파에서의 에너지양과 고조파 사이에 분포된 에너지 분포 방식에 따라 달라진다.

상상해 볼 수 있는 주파수 분포를 가진 불규칙한 어떤 파동을 생각해 보자. [그림 9-8]은 **진폭 변조** Amplitude-Modulated(AM)된 음성 라디오 신호를 나타낸 스펙트럼(주파수 도메인) 화면으로, 많은 양의 에너지가 수직선으로 나타난 주파수에 집중된 것을 볼 수 있다. 이때 수직선은 신호의 **반송파 주파수** carrier frequency를 나타낸다. 반송파 주파수가 아닌 반송파 주변에도 많은 양의 에너지가 존재하는데, 이 부분이 신호의 음성 정보를 담고 있어서 학문적으로 신호의 **정보** intelligence라고 한다.

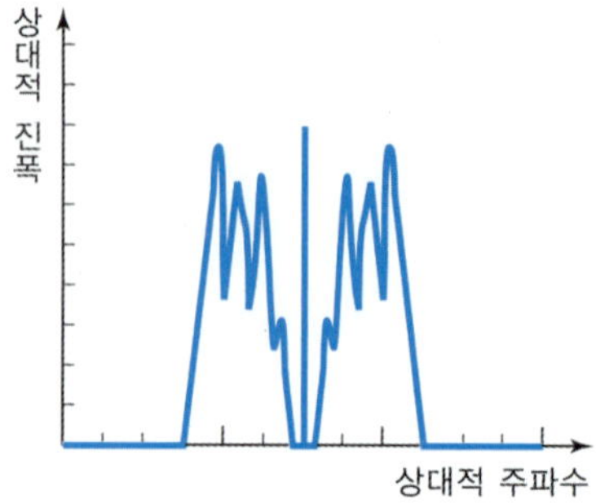

[그림 9-8] 변조된 라디오 신호의 스펙트럼 다이어그램

한 사이클의 분할

공학자는 교류 사이클을 분석하고, 참고하기 위해 작은 부분들로 나눈다. 특히 순수한 사인파를 다룰 때 하나의 완전한 사이클은 원 주위를 한 바퀴 도는 것에 비유할 수 있다.

각도

일반적으로 하나의 교류 사이클은 **각도** degrees 또는 **위상각** degrees of phase이라는 360개의 동일한 조각으로 나뉜다. 이때 이 조각은 온도를 표시할 때 사용하는 것과 동일한 표준 각도 기호(°)를 사용한다. 사이클에서 파동의 진폭이 0이면서 양(+)의 값으로 증가하는 지점을 위상값 0°로, 그다음 사이클에서의 동일한 지점을 위상 값 360°로 지정한다. 이 두 극단 사이의 값은 다음과 같이 정리할 수 있다.

- 사이클의 $\frac{1}{8}$이 되는 지점의 위상은 45°에 해당한다.
- 사이클의 $\frac{1}{4}$이 되는 지점의 위상은 90°에 해당한다.
- 사이클의 $\frac{3}{8}$이 되는 지점의 위상은 135°에 해당한다.
- 사이클의 $\frac{1}{2}$이 되는 지점의 위상은 180°에 해당한다.

• 사이클의 $\frac{5}{8}$이 되는 지점의 위상은 225°에 해당한다.

• 사이클의 $\frac{3}{4}$이 되는 지점의 위상은 270°에 해당한다.

• 사이클의 $\frac{7}{8}$이 되는 지점의 위상은 315°에 해당한다.

물론 그 외의 지점도 계산할 수 있다. 특정한 한 지점에 해당하는 각도 값을 구하려면 그 점이 한 사이클의 몇 분의 일에 해당하는지 나타내는 분수 값에 360°를 곱하면 된다. 반대로 그 점의 사이클 분수 값을 구하려면 각도 값을 360으로 나누면 된다. [그림 9-9]는 완벽한 하나의 사인파 사이클로, 처음부터 끝까지 진행하면서 만나는 여러 각도의 점을 나타낸다.

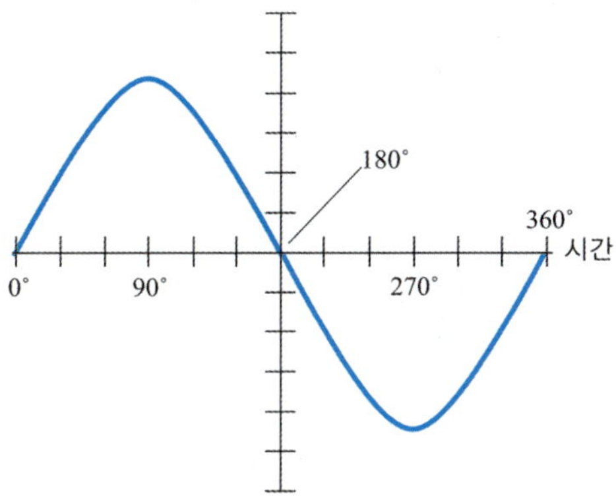

[그림 9-9] 하나의 사인 곡선 파형의 주기는 360개의 동일한 각도로 나눌 수 있다.

라디안

각도를 표현하는 다른 방법으로 1개의 파동 사이클을 2π의 동일한 조각으로 나누는 방법이 있다. 여기서 π pi는 원의 원주를 직경으로 나눈 비율로, 약 3.1416이다. 위상의 한 **라디안** radian(rad)은 약 57.296°이다. 물리학자는 종종 파동의 주파수를 Hz 단위 대신 **단위시간당 라디안** radians per second(rad/s)으로 표현한다. 이때 360°의 완전한 사이클이 2π 라디안이 되므로 단위시간당 라디안으로 주어진 파동의 **각주파수** angular frequency는 Hz 단위의 주파수에 2π(약 6.2832)를 곱한 값과 같다.

Tip & Note

• **60분법** : 원주 전체에 대한 중심각을 360°(도)로 동일하게 나누고(등분하고), 다시 1°를 60′(분)으로, 1′을 60″(초)로 등분해 표현하는 방법

• **호도법** : 반지름이 1m인 단위 원에서 단위 원호의 길이(1m)에 해당하는 중심각을 1라디안으로 표현하는 방법

위상차

두 교류 파동의 주파수가 정확히 같더라도 위상이 같지 않으면(동기화되지 않았다면) 서로 다른 결과를 가져올 수 있다. 이는 교류 파동이 함께 더해져 제3의 파동, 즉 **합성 파동**composite wave을 만들 때 분명하게 드러난다. 일정한 주파수를 유지하면서 동일한(정반대일지라도) 양과 음의 피크 진폭을 갖는 교류 파동, 즉 순수한 사인파의 조합에서 다음과 같은 여러 가지 사실을 살펴볼 수 있다.

- **주파수와 진폭은 동일하지만 위상이 180°($\frac{1}{2}$사이클) 차이가 나는 경우**
  두 파가 서로를 정확하게 상쇄시키므로 신호를 전혀 관측할 수 없다.
- **주파수와 진폭이 동일하고, 위상이 일치하는**phase coincidence **경우**
  합성 파동의 주파수와 위상은 원래 신호와 동일하지만 진폭은 합성 전 각 파동의 2배가 된다.
- **주파수는 동일하지만 진폭이 서로 다르고, 위상이 180°($\frac{1}{2}$사이클) 차이가 나는 경우**
  합성 파동의 주파수는 원래 신호와 동일하지만 진폭은 두 파동 간 차이와 같고, 위상은 두 파동 중 더 강한 파동과 일치한다.
- **주파수는 동일하지만 진폭이 다르고, 위상이 일치하는 경우**
  합성 파동의 주파수와 위상은 원래 신호와 동일하지만 진폭은 두 파동의 합과 같다.
- **주파수는 동일하지만 위상이 75° 또는 2.1라디안처럼 특정한 양만큼 차이가 나는 경우**
  합성 파동의 주파수는 원래 신호와 동일하지만 진폭이나 위상 및 파형은 원래 신호와 같을 필요가 없다. 이런 경우는 매우 다양한 형태로 발생할 수 있다.

미국의 대부분의 가정 벽에서 공급되는 전기는 위상 성분이 오직 하나인 60 Hz 사인파로 구성된다. 그러나 대부분의 전기 설비 회사는 한 사이클의 $\frac{1}{3}$인 120° 씩 위상이 서로 다른 3개의 분리된 60 Hz 파동을 조합해 장거리로 에너지를 전송한다. 이런 모드를 **3상 교류**three-phase AC라고 한다. 이 3개의 파동은 각각 총 전력의 $\frac{1}{3}$씩 전송한다.

> **⚠ 주의 사항**
>
> 두 파동이 정확하게 동일한 주파수를 가질 때만 두 교류의 파동 간 상대적인 위상을 정의할 수 있다. 주파수가 조금만 달라져도 한 파동의 다른 파동에 대한 상대적인 위상을 정의할 수 없다. 한 파동의 일련의 주기가 계속해서 다른 파동의 일련의 순환을 '따라잡고 지나가는 현상'이 반복되기 때문이다.

진폭의 표현

측정하는 양에 따라 전류면 A, 전압이면 V, 전력이면 W로 교류 파동의 진폭을 명시한다. 어떤 경우라도 진폭을 측정하고, 표현하는 프레임이 시간이라는 점을 알아야만 한다. 시간 축의 한 점에서 파동의 진폭을 살펴보기를 원하는가? 또는 시간에 의존하지 않는 어떤 양으로 진폭을 표현하기를 원하는가?

순간 진폭

교류 파동의 **순간 진폭**instantaneous amplitude은 시간상의 어떤 정확한 시점 또는 순간에서의 진폭을 의미한다. 이 값은 파동이 사이클을 진행할 때 끊임없이 변화한다. 순간 진폭이 변화하는 방식은 파형에 따라 달라지며 순간 진폭값은 파형의 그래프 화면상에서 각각의 점으로 표현할 수 있다.

피크 진폭

교류 파동의 **피크 진폭**pk amplitude: peak amplitude은 순간 진폭이 가질 수 있는 양(+) 또는 음(−)의 값에서 최대인 값을 의미한다. 교류 파동의 **양의 피크 진폭**positive peak amplitude(pk+)과 **음의 피크 진폭**negative peak amplitude(pk−)은 정확하게 거울에 비친 이미지처럼 되는 경우가 많다. 그러나 때로는 현상이 더 복잡해지는데, [그림 9-9]는 양(+)의 피크 진폭이 음(−)의 피크 진폭과 동일하고, 극성만 다른 파동이다. [그림 9-10]은 양(+)의 피크 진폭과 음(−)의 피크 진폭이 동일하지 않아 불균형한 파동이다.

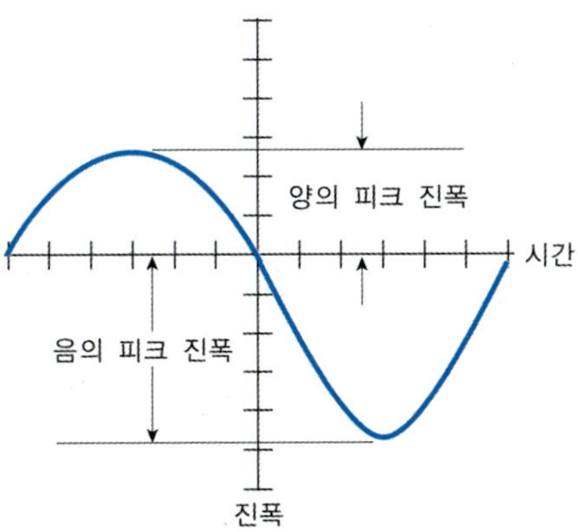

[그림 9-10] **양과 음의 피크 진폭이 동일하지 않은 파동**

명확하게는 그래프상의 수평축에서부터 **최대**maximum 순간 전압 진폭점(파형의 **마루**crest)까지 양의(상향) 변위를 파형의 양(+)의 피크 진폭으로 정의할 수 있다. 반대로 수평축에서부터 **최소**minimum 순간 진폭점(파형의 **골**trough)까지 음의(하향) 변위를 파형의 음(−)의 피크 진폭으로 정의할 수 있다.

피크-피크 진폭

[그림 9-11]과 같이 파동의 **피크-피크 진폭**pk-pk amplitude: peak-to-peak amplitude은 양(+)의 피크 진폭과 음(-)의 피크 진폭 간의 **순**net 차이를 의미한다. 만약 교류 파동이 [그림 9-9]처럼 양과 음의 피크 진폭값이 동일하고, 극성은 반대라면 피크-피크 진폭은 양의 피크 진폭값에 대해 정확히 2배, 음의 피크 진폭에 대해 정확히 -2배가 된다. 그러나 [그림 9-10]처럼 균형이 잡히지 않은 파동은 이렇게 간단하게 기술할 수 없다.

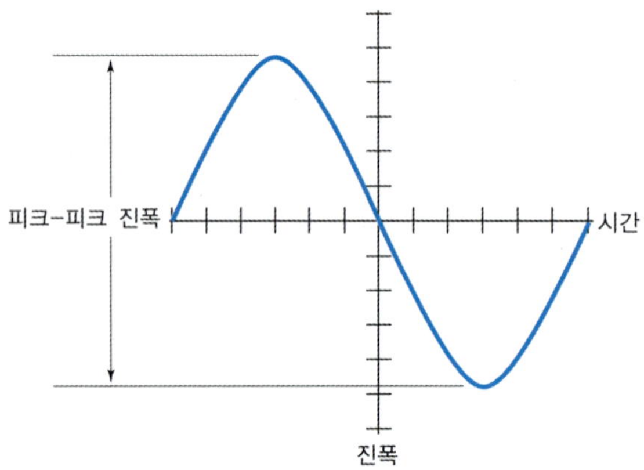

[그림 9-11] 사인파의 피크-피크 진폭

실효 진폭

우리는 종종 교류 파형의 **유효 진폭**effective amplitude을 정량화하거나 표현하고 싶을 것이다. 교류 파형의 유효 진폭은 교류 파형과 동일한 일반 효과를 만들기 위해 직류 전원이 생성해야 하는 전압, 전류 또는 전력을 구성한다. 예를 들어, 벽면 콘센트가 117V를 제공한다면 일반적으로 117 유효 전압을 의미한다. 일반적으로 유효 전압은 피크 전압 또는 피크-피크 전압과 다르다.

유효 교류 파형의 크기에 대한 가장 일반적인 표현은 **실효 진폭**Root-Mean-Sqaure(RMS)이다. RMS는 교류 파형에 대해 어떻게 작업하는지를 반영한다. 먼저 모든 값을 양(+)으로 만들기 위해 모든 순간의 진폭값을 하나하나 제곱한다. 완전한 하나의 사이클에 대해 모두 양의 값이 된 파형의 평균값을 구하고, 마지막으로 구해진 평균의 제곱근을 취한다. RMS의 체계는 실제 파형의 유효 동작을 반영하며 실제로 전자 계량 장치는 직접 RMS 판독값을 제공해 계산을 수행한다.

사인파 RMS 값

값은 동일하면서 부호가 정반대인 양과 음의 피크 진폭을 갖는 순수한 사인파는 다음의 다섯 가지 규칙을 따른다.

- RMS 값은 양의 피크 값의 약 0.707배이고, 음의 피크 값의 -0.707배이다.
- RMS 값은 피크-피크 값의 약 0.354배이다.

- 양의 피크 값은 RMS 값의 약 1.141배이고, 음의 피크 값은 RMS 값의 약 −1.141배이다.
- 피크-피크 값은 RMS 값의 약 2.828배이다.
- (극성 부호를 고려해 양과 음의 피크 값을 합하면) 평균값은 언제나 0이다.

앞으로 종종 **유틸리티**utility 교류, 라디오 주파수(RF) 교류, 음성 주파수(AF) 교류 신호를 다루게 될 때 파동의 RMS 진폭을 지정해 사용할 것이다.

그 외의 RMS 값

사인파가 아니라면 RMS 진폭에 대해 다른 규칙을 따라야 한다. 예를 들어, 완전한 방형파일 때 RMS 값은 양의 피크 값 또는 음의 피크 값의 크기와 동일하고, 피크-피크 값의 $\frac{1}{2}$ 이다. 톱니파와 불규칙파일 때 RMS 값과 피크 값 사이의 관계는 파동의 정확한 모양에 따라 다르다.

> **기술 노트**
>
> 불규칙한 파동의 평균 전압은 정확한 파형을 알지 못하면 구할 수 없다. 이런 계산을 하려면 보통 컴퓨터와 복잡한 파형 분석기가 필요하다.

중첩된 직류

때때로 파동은 교류와 직류 성분을 모두 갖는다. 배터리와 같은 직류 전압 전원을 건물 내 전력용 본선과 같은 교류 전압 전원과 직렬로 연결해 교류/직류 조합을 얻을 수 있다. 예를 들어, [그림 9-12]와 같이 벽의 콘센트에 직렬로 12 V 배터리를 연결했다고 가정하자. 단 상상만 하고, 시도해서는 안 된다.

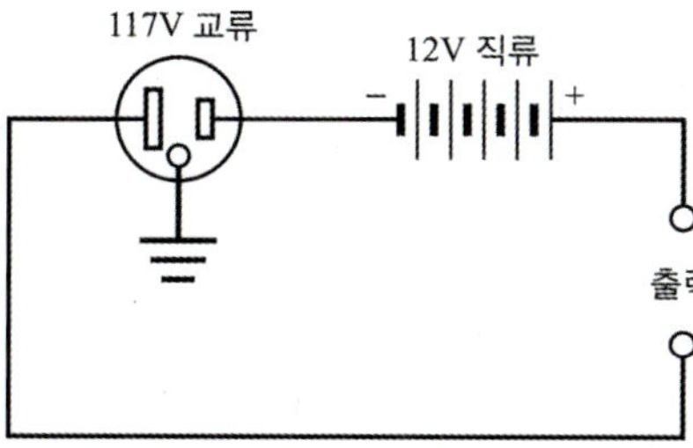

[그림 9-12] 직류 전원을 교류 전원과 직렬로 연결한 회로

> **주의 사항**
>
> 이 실험을 시도하면 안 된다. 배터리가 파열되고, 화학약품 페이스트paste나 액체 때문에 다칠 수 있다.

교류 파형은 배터리의 극성에 따라 12V만큼 양(+) 또는 음(−)으로 옮겨간다. 그 결과 출력에는 한쪽 피크가 다른 쪽 피크보다 24V(배터리 전압의 2배) 큰 사인파가 조합 전압으로 나타난다.

어떤 교류 파동이라도 직류 성분을 중첩해 가질 수 있다. 만약 직류 성분이 교류 파동의 한쪽 피크 값을 초과한다면 요동 또는 맥동하는 직류가 된다. 예를 들어, 200V 직류 전원을 피크 전압이 대략 ±165V인 일반적인 교류 전력용 콘센트 출력과 직렬로 연결하면 이런 일이 일어날 것이다. [그림 9-13]과 같이 평균값은 +200V이지만, 순간 값은 이보다 매우 높거나 매우 낮은 값으로 맥동하는 형태의 직류 파형이 된다.

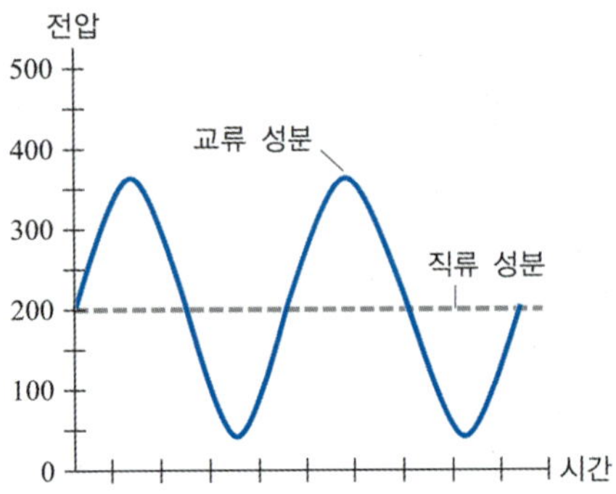

[그림 9-13] 117V 교류 사인파 전원을 +200V 직류 전원과 직렬로 연결했을 때의 파형

발전기

[그림 9-14]와 같이 자기장 내에서 코일을 회전시키면 교류 전압을 생성할 수 있다. 교류 전압은 전선 코일의 양 끝단에 나타난다. 발전기가 생성할 수 있는 교류 전압의 크기는 자석(자계)의 세기, 전선 코일을 감은 **턴**turn 수, 그리고 자석 또는 코일이 회전하는 회전 속도에 따라 달라진다. 교류 주파수는 오직 회전 속도에 의해서만 달라진다. 일반적으로 이 속도는 교류 전력용에서 분당 3,600회전Revolutions Per Minute(RPM), 즉 초당 완전한 60회전Revolutions Per Second(RPS)이다. 따라서 교류 출력 주파수는 60Hz이다.

전구나 전기 히터 같은 **부하**load를 교류 발전기에 연결하면(출력에 아무 것도 연결되지 않은) **무부하 조건**no-load condition일 때와 비교했을 때 발전기 축을 회전시키는 것이 더 어려울 것이다. 발전기에서 필요한 전력량이 증가하면 발전기를 가동시키기 위해 필요한 기계적 입력도 증가한다. 이는 발전기를 고정 자전거에 연결하고, 페달을 밟아 전 도시에 전력을 공급하는 일이 왜 불가능한지 알려준다. 아무 일도 하지 않고 무언가를 얻을 수는 없다.

발전기에서 발생하는 전기적 출력(전력)은 발전기를 가동시키는 기계적 입력보다 결코 클 수 없다. 실제로 발전기에서는 주로 열과 같은 약간의 에너지 손실이 항상 존재한다. 사람 한 명이 작은 라디오나 텔레비전을 동작시킬 수 있을 정도의 전력은 만들 수 있을지 몰라도 도시에 필요한 전기를 공급하는 것은 불가능하다.

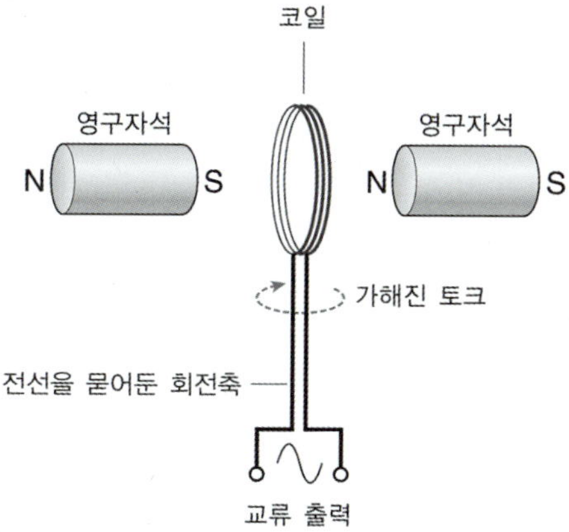

[그림 9-14] 교류 발전기의 기능적 다이어그램

발전기의 **효율** efficiency은 가동시키는 기계적 입력에 대한 전기적 출력의 비율이다. 출력 전력과 기계력은 모두 같은 단위로(W나 kW와 같은) 측정되며 백분율로 구할 때는 비율에 100을 곱한다. 실제로는 어떤 발전기도 효율이 100%일 수 없다. 그러나 훌륭한 발전기는 꽤 근접한 값이 나오기도 한다.

발전소에서는 거대한 터빈이 발전기를 가동한다. 가열된 증기는 고압으로 터빈을 회전시키는 힘을 발휘한다. 이 증기는 화석 연료의 연소, 핵반응 또는 지구 내부 깊숙한 곳에서의 열과 같은 자연적 에너지원에서 끌어낸다. 많은 발전소에서는 움직이는 물이 직접 터빈을 운전하고, 어떤 시설에서는 바람이 그 역할을 한다. 이런 자연 에너지원들은 적절히 동력으로 이용한다면 거대한 기계력을 제공할 수 있는데, 이는 발전소가 어떻게 MW급의 전력을 생산할 수 있는지 설명해준다.

왜 직류가 아니고 교류인가?

전력 회사에서 왜 직류가 아니라 교류를 생산하는지 궁금한가? 이론적으로 교류는 직류보다 더 복잡해 보일 수 있다. 그러나 교류는 실제로 많은 사람들에게 전기를 공급하고자 할 때 구현하기 더 쉽다는 것이 입증되었다.

교류 형태의 전기는 전압 변환에 적합하지만, 직류 형태는 그렇지 못하다. 또한 전기화학 전지는 직류를 직접 생산하지만 많은 인구에게 공급할 수는 없다. 수백만 명의 소비자에게 서비스를 제공하려면 떨어지거나 흐르는 물, 조수, 바람, 화석 연료, 제어된 핵반응 또는 지열의 엄청난 힘이 필요하다. 이런 모든 에너지원은 교류 발전기를 회전시키는 터빈을 구동할 수 있다.

기술 영역은 태양광-전기 에너지의 영역으로도 발전하고 있다. 언젠가는 사용하는 전기의 많은 부분이 **광기전성**photovoltaic 발전소에서 직류로 생산되어 공급될 것이다. 또한 **태양광 패널**panel의 거대한 **배열**array을 직렬로 연결하면 고전압을 얻을 수 있을 것이다.

토마스 에디슨Thomas Edison은 전기 인프라가 설계 및 개발되기 전부터 전력을 전송하기 위해 교류보다 직류를 선호했다. 그의 동료들은 교류가 더 잘 작동할 것이라고 주장했지만 에디슨은 동시대 사람들이 모르는 것, 즉 매우 높은 전압에서 직류는 교류보다 장거리에서 보다 효율적으로 전송된다는 것을 알고 있었다. 길이가 긴 와이어는 교류보다 직류에서 **유효 저항**effective resistance(**옴 손실**ohmic loss이라고도 함)이 적고, 와이어를 둘러싼 자기장의 형태로 소비되는 에너지가 적다.

흥미롭게도 전기 에너지를 공유하기 위해 유럽 본토에서 영국으로 연결되는 링크와 같은 **상호 연결**interconnects은 교류가 아닌 초고전압 직류 전압의 형태로 전송된다. 따라서 언젠가는 직류-전류 고압 송전선을 애용하게 될 수도 있다. 만약 직류-전류 고압 송전 시스템의 구축 비용을 합리적인 수준으로 낮추는 방법을 찾아낸다면 에디슨은 뒤늦은 승리자가 될 수 있을 것이다.

연습문제

01 어떤 직류 성분도 없는 완벽한 교류 사인파가 주어졌을 때 피크-피크 전압은 얼마인가?

(a) 양의 피크 전압의 $\frac{1}{2}$
(b) 양의 피크 전압
(c) 양의 피크 전압의 2배
(d) 양의 피크 전압의 4배

02 어떤 직류 성분도 없는 완벽한 교류 사인파가 주어졌을 때 $\frac{\pi}{2}$ 라디안의 위상은 얼마인가?

(a) 한 전체 사이클의 $\frac{1}{6}$
(b) 한 전체 사이클의 $\frac{1}{4}$
(c) 한 전체 사이클의 $\frac{1}{3}$
(d) 한 전체 사이클의 $\frac{2}{3}$

03 다음 중 방형파(구형파)에 대한 설명으로 옳은 것은 무엇인가?

(a) 순간적인 상승 시간과 한정적인 하강 시간을 갖는다.
(b) 한정적인 상승 시간과 순간적인 하강 시간을 갖는다.
(c) 한정적인 상승 시간과 동일한 값의 유한한 하강 시간을 갖는다.
(d) 순간적인 상승 시간과 순간적인 하강 시간을 갖는다.

04 공학자는 교류 사인파가 100 Hz의 주파수를 갖는다고 한다. 물리학자가 말하는 이 파동의 각주파수는 얼마인가?

(a) 50π rad/s
(b) 100π rad/s
(c) 200π rad/s
(d) $100\pi^2$ rad/s

05 [그림 9-15]는 오실로스코프 화면에 나타날 수 있는 교류 파형을 보여준다. 각 수직 구간은 100 mV를, 각 수평 구간은 100 μs를 나타낼 때 이 파동의 주파수는 얼마인가?

(a) 2.00 kHz
(b) 5.00 kHz
(c) 10.0 kHz
(d) 그래프의 정보가 충분하지 않다.

06 [그림 9-15]의 그래프 모양을 바탕으로 판단할 때, 파동의 음의 피크 전압은 얼마인가? 양의 전압은 수직 스케일상에서 위로 올라가고, 음의 전압은 아래로 내려간다.

(a) −250 mV pk−
(b) −500 mV pk−
(c) −750 mV pk−
(d) 그래프의 정보가 충분하지 않다.

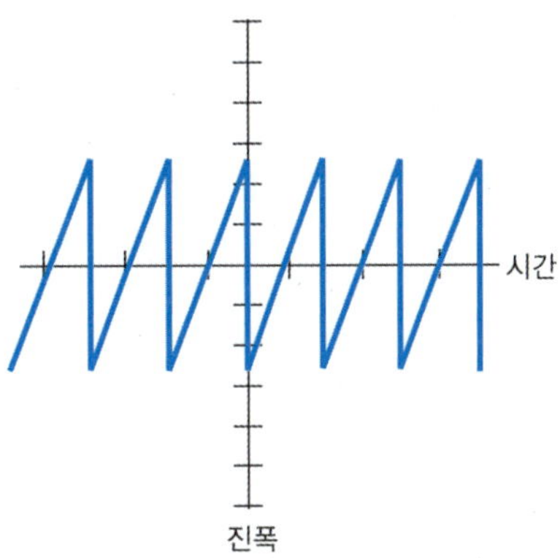

[그림 9-15] [연습문제 05~06]을 위한 그림

07 [그림 9-16]의 파형에서 각 수직 구간은 100 mV를, 각 수평 구간은 100 μs를 나타낸다. 다음 중 이 파동의 주기는 얼마인가?

(a) 100 μs
(b) 200 μs
(c) 400 μs
(d) 그래프의 정보가 충분하지 않다.

연습문제

08 [그림 9-16]과 같은 파동의 피크-피크 전압은 얼마인가? 각 수직 구간은 100 mV를, 각 수평 구간은 100 μs를 나타낸다.

(a) 100 mV pk-pk
(b) 200 mV pk-pk
(c) 400 mV pk-pk
(d) 그래프의 정보가 충분하지 않다.

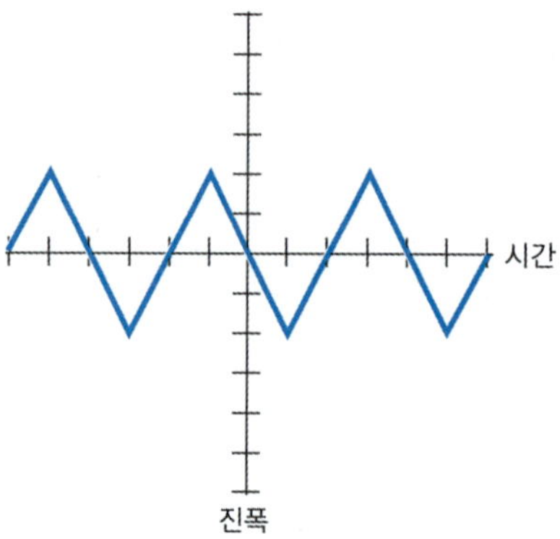

[그림 9-16] [연습문제 07~08]을 위한 그림

09 [그림 9-17]의 파형에서 각 수직 구간은 100 mV, 다음 중 각 수평 구간은 100 μs를 나타낸다. 이 파동의 주기는 얼마인가?

(a) 100 μs
(b) 200 μs
(c) 400 μs
(d) 그래프의 정보가 충분하지 않다.

10 [그림 9-17]과 같은 파동의 주파수는 얼마인가?

(a) 1.25 kHz
(b) 2.50 kHz
(c) 500 kHz
(d) 그래프의 정보가 충분하지 않다.

11 [그림 9-17]과 같은 파동의 양의 피크 전압은 얼마인가? 양의 전압은 수직 스케일상에서 위로 올라가고, 음의 전압은 아래로 내려간다.

(a) +240 mV pk+
(b) +120 mV pk+
(c) +480 mV pk+
(d) 그래프의 정보가 충분하지 않다.

12 [그림 9-17]과 같은 파동의 음의 피크 전압은 얼마인가?

(a) −100 mV pk−
(b) −200 mV pk−
(c) −500 mV pk−
(d) 그래프의 정보가 충분하지 않다.

13 [그림 9-17]과 같은 파동의 피크-피크 전압은 얼마인가?

(a) 170 mV pk-pk
(b) 141 mV pk-pk
(c) 340 mV pk-pk
(d) 그래프의 정보가 충분하지 않다.

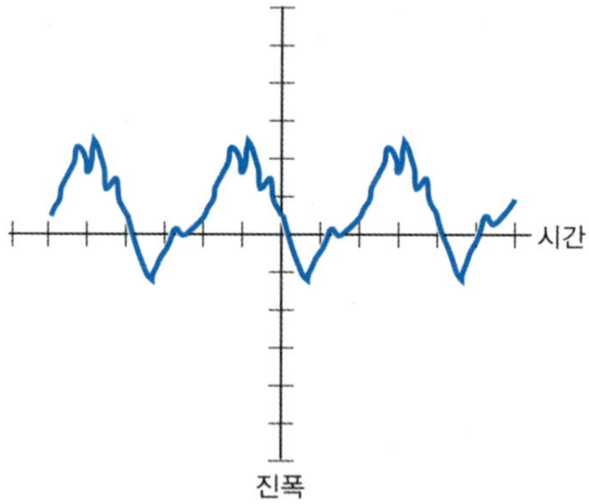

[그림 9-17] [연습문제 09~13]을 위한 그림

14 크기를 모르는 직류 성분과 함께 두 사인파의 주파수가 동일하다. 두 파동의 직류 성분은 동일하지 않지만 위상은 일치한다. 직류 성분이 없을 때 한 파동은 +21 V pk+이고, 다른 한 파동은 +17 V pk+이다. 이 합성 파동의 양의 피크 전압은 얼마인가?

(a) +38 V pk+
(b) +19 V pk+
(c) 0
(d) 이 질문에 답하기 위해서는 정보가 더 필요하다.

15 주파수가 동일한 두 사인파가 +10 V의 직류 성분을 갖고, 위상은 일치한다. +10 V의 직류 성분을 포함할 때 한 파동은 +21 V pk+이고, 다른 한 파동은+17 V pk+이다. 이 합성 파동의 양의 피크 전압은 얼마인가?

(a) +58 V pk+
(b) +48 V pk+
(c) +38 V pk+
(d) 이 질문에 답하기 위해서는 정보가 더 필요하다.

16 주파수가 동일한 두 사인파는 모두 직류 성분이 없고, 위상은 180° 차이가 난다. 한 파동은 +21 V pk+, 다른 한 파동은 +17 V pk+이다. 이 합성 파동의 양의 피크 전압은 얼마인가?

(a) +38 V pk+
(b) +19 V pk+
(c) +8 V pk+
(d) +4 V pk+

17 두 교류 파동의 주파수는 동일하고, 위상은 정확히 한 사이클의 $\frac{1}{6}$ 만큼 다르다. 다음 중 이 두 파동 간의 위상차는 얼마인가?

(a) 120° (b) 90°
(c) 60° (d) 45°

18 MHz로 표시된 교류 파동의 주파수에 대한 설명으로 옳은 것은 무엇인가?

(a) 초로 표시된 주기의 역수의 1,000,000배 값과 같다.
(b) 초로 표시된 주기의 역수의 1,000배 값과 같다.
(c) 초로 표시된 주기의 역수의 0.001배 값과 같다.
(d) 초로 표시된 주기의 역수의 0.000001배 값과 같다.

19 주기가 10.0 μs인 교류 파동의 제7고조파 주파수는 얼마인가?

(a) 7.00 MHz
(b) 3.50 MHz
(c) 700 kHz
(d) 350 kHz

20 다음 중 126 V 직류 배터리를 벽 콘센트에서 제공되는 120 V RMS(양의 피크 전압이나 음의 피크 전압이 아님) 사인파 교류와 직렬로 연결했을 때 얻을 수 있는 것은 무엇인가?

(a) 순수 직류
(b) 양과 음의 피크 전압이 동일한 교류
(c) 양과 음의 피크 전압이 다른 교류
(d) 변동하는 직류

정답

01 c	02 b	03 d	04 c	05 b	06 a	07 c	08 c	09 c	10 b
11 a	12 a	13 c	14 d	15 c	16 d	17 c	18 d	19 c	20 c

CHAPTER 10

인덕턴스

Inductance

학습목표

- 인덕턴스의 특성과 단위에 대해 이해할 수 있다.
- 인덕터의 직병렬 연결에 따른 총 인덕턴스를 계산할 수 있다.
- 인덕터 간의 상호작용을 이해할 수 있다.
- 인덕터 코일의 여러 가지 종류와 특성을 이해할 수 있다.
- RF 주파수에서 사용되는 인덕터의 특징을 이해할 수 있다.

이 장에서는 에너지를 자기장으로 저장해 교류의 흐름을 방해하는 전기 소자에 대해 배운다. 우리는 이런 전기 소자를 **인덕터** inductor, 그 작용을 **인덕턴스** inductance 라고 한다. 인덕터는 일반적으로 코일로 구성되지만 일정 길이의 와이어(전선)나 케이블로도 인덕터를 구성할 수 있다. 커패시터와 인덕터는 교류를 사용할 때만 흥미로운 일을 한다.

인덕턴스의 특성

길이가 약 160만 km인 긴 전선이 있다고 가정하자. 이 전선으로 [그림 10-1]과 같이 하나의 큰 **루프** loop 를 만들고, 그 끝을 배터리 양단에 연결해 전선을 통해 전류를 흘린다고 했을 때 이 실험에 짧은 전선을 사용하면 즉시 전류가 흐를 것이다. 그리고 그 전류는 오직 전선 내 저항과 배터리 내 저항에 의해서만 제한되는 수준까지 도달할 것이다. 그러나 매우 긴 전선을 사용하므로 음(−)의 배터리 단자에서 출발한 전자가 루프를 돌아 양(+)의 단자로 돌아가기까지는 얼마간의 시간이 필요하다. 따라서 전류가 최고 수준까지 오르려면 약간의 시간이 걸릴 것이다.

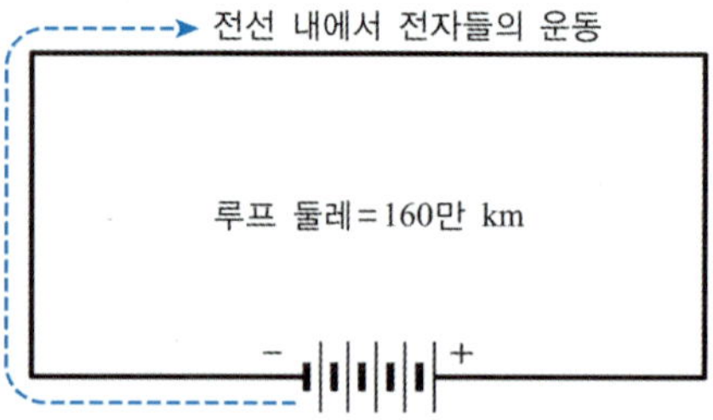

[그림 10-1] 인덕턴스의 원리를 설명하기 위해 가상의 거대한 전선 루프를 사용한다.

전류가 루프의 일부분에만 흐르는 처음 얼마 동안에는 루프에 의해 생성된 자기장은 작게 출발한다. 그러다 전자가 루프를 돌아 흐르면서 자기장이 증가하기 시작한다. [그림 10-2]와 같이 전자가 양의 배터리 단자에 도달해 정상전류가 전체 루프에 흐르면 자기장은 최댓값에 도달하고, 그 뒤에는 평평하게 유지된다. 이때 자기장에는 일정한 에너지가 저장된다.

저장된 에너지의 양은 루프의 **인덕턴스** inductance 에 따라 달라지고, 이 인덕턴스는 루프 전체의 크기에 따라 달라진다. 인덕턴스는 하나의 특성 또는 수학적 변수로, 대문자 이탤릭체 L로 기호화해 표시한다. 루프는 하나의 **인덕터** inductor 를 구성한다. 인덕터는 대문자 정체 L로 표시한다.

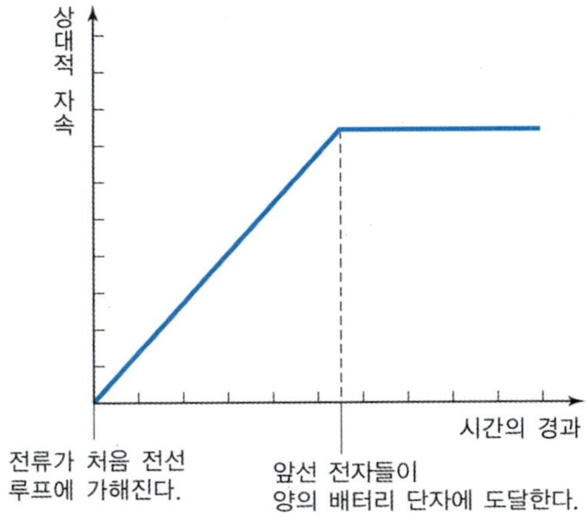

[그림 10-2] 시간의 함수로 나타낸 전류원에 연결된 거대한 전선 루프의 안과 주위에 형성된 상대적인 자속

전선 루프를 약 160만 km 정도의 루프로 만들어 모든 지점에서 측정하는 것은 어려운 일이지만 꽤 긴 길이의 전선을 감아 촘촘한 소형 코일로 만들 수는 있다. 그렇게 하면 한 바퀴만 회전한 루프에서 생성된 자속과 비교했을 때 코일을 만든 경우의 자속과 인덕턴스는 증가한다. 만약 전선 코일의 내부에 **코어** core 라고 하는 강자성체 막대기를 위치시키면 자속 밀도가 증가해 인덕턴스를 한층 더 증가시킬 수 있다.

강자성체 코어에서 얻을 수 있는 인덕턴스 L 값은 **공심 코어** air core 나 고체 플라스틱 코어, 건조한 고체 나무 코어를 가진 유사한 크기의 코일에서 얻을 수 있는 인덕턴스 값보다 몇 배 더 크다(플라스틱과 건조한 나무의 투자율 값은 공기 또는 진공 투자율과 거의 비슷하다. 때때로 인덕턴스를 크게 변화시키지 않고 코일 코어나 '**폼** form'으로 플라스틱이나 건조한 나무 같은 물질을 사용해 구조적 견고성을 더하기도 한다). 인덕터가 감당할 수 있는 전류는 전선의 직경에 따라 달라진다. 그러나 L 값은 코일의 전선을 감은 회전수, 코일의 직경, 코일의 전체적인 모양에 따라 달라진다.

다른 모든 요인을 고정했을 때 나선형 코일의 인덕턴스는 전선을 감은 회전수와 코일의 직경에 정비례한다(정확하게는 단위길이당 코일의 인덕턴스는 단위길이당 전선을 감은 회전수의 제곱과 코일의 단면적에 정비례한다). 만약 모든 다른 변수를 일정하게 유지하고, 일정한 회전수와 직경을 가진 어떤 코일을 잡아당겨 그 길이를 '늘이면' 코일의 인덕턴스는 감소한다. 반대로 다른 모든 요인을 고정하고, 길게 늘인 코일을 압축해서 '밀어 넣으면' 코일의 인덕턴스는 증가한다.

정상적인 환경에서 코일(또는 인덕터로 기능하도록 설계된 어떤 다른 형태의 소자)의 인덕턴스는 가해지는 신호의 강도에 관계없이 일정하게 유지된다. 여기서 '정상적이지 않은 환경'이란 가해진 신호가 너무 강해 인덕터 전선이 녹거나 코어 물질이 과도하게 가열되는 것을 의미한다. 이상적인 관점에서 보면 잘 설계된 전기 또는 전자 시스템이라면 이런 일이 발생하지 않아야 한다.

인덕턴스의 단위

배터리를 인덕터의 양단에 연결할 때 전류가 상승하는 비율은 인덕턴스에 따라 달라진다. 인덕턴스가 클수록 주어진 배터리 전압에 대한 전류의 상승률은 느려진다. 인덕턴스의 단위는 '인덕터 양단 간 전압'과 '전류 상승률' 간의 비율로 나타낸다. 1**헨리**henry(H)의 인덕턴스는 인덕터의 전류가 단위 초당 1암페어(1 A/s) 비율로 증가하거나 감소할 때 인덕터의 양단의 전위차가 V 임을 나타낸다.

H는 매우 큰 단위의 인덕턴스이다. 어떤 전원 공급 장치의 **필터초크**filter choke는 수 H의 인덕턴스를 갖기도 한다. 그러나 이런 큰 인덕터는 흔하지 않다. 일반적으로 인덕턴스는 **밀리헨리**(mH)나 **마이크로헨리**(μH), **나노헨리**(nH)로 표현한다. 단위를 정리하면 다음과 같다.

$$1\,\text{mH} = 0.001\,\text{H} = 10^{-3}\,\text{H}$$
$$1\,\mu\text{H} = 0.001\,\text{mH} = 10^{-6}\,\text{H}$$
$$1\,\text{nH} = 0.001\,\mu\text{H} = 10^{-9}\,\text{H}$$

전선을 몇 번만 회전해서 감은 작은 코일은 작은 인덕턴스를 생성한다. 이때 전류는 빠르게 변하고, 유도된 전압은 작다. 강자성체 코어를 갖는 큰 코일의 경우, 그리고 전선 회전수가 많은 경우에는 높은 인덕턴스를 가지므로 전류 변화는 느리고, 유도된 전압은 크다. L 값이 큰 코일을 통해 전류가 상승하거나 감쇠할 때는 배터리에서 흐르는 전류가 배터리 자체의 전압보다 몇 배나 큰 치명적인 전위차를 코일 양단에 유발할 수 있다. 내부 연소 엔진에 사용되는 것과 같은 **점화 코일**spark coil에도 이 원리가 이용된다. 이는 큰 인덕턴스의 코일이 얼마나 위험한지 말해준다.

직렬 연결된 인덕터

둘 또는 그 이상의 인덕터를 직렬로 연결하고, 전류를 흘리면서 가까이 위치시킨다고 가정하자. 인덕터 주위의 자기장이 서로 상호작용하지 않는다면 직렬 연결된 저항들과 마찬가지로 인덕턴스 값은 모두 더해진다. 즉 **순 인덕턴스**net inductance 또는 총 인덕턴스는 각 인덕턴스 값을 더한 값과 같다. 이처럼 숫자를 간단히 더하는 규칙을 적용하기 위해서는 모든 인덕터가 동일한 크기의 단위를 사용해야 한다.

인덕턴스 L_1, L_2, L_3, $\cdots$, L_n을 직렬로 연결한다고 가정하자. 인덕터의 자기장이 서로 상호작용하지 않는, 즉 **상호 인덕턴스**mutual inductance가 존재하지 않는 한 총 인덕턴스 값 L은 다음과 같이 계산한다.

$$L = L_1 + L_2 + L_3 + \cdots + L_n$$

예제 10-1

[그림 10-3]과 같이 직렬로 연결된 3개의 인덕턴스 L_1, L_2, L_3가 있다. 상호 인덕턴스가 존재하지 않고, 각 인덕턴스가 40.0 mH라고 가정할 때 총 인덕턴스 L은 얼마인가?

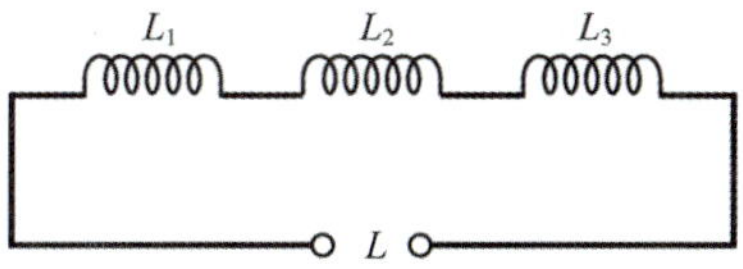

[그림 10-3] **직렬 연결된 인덕턴스**

풀이

각 인덕턴스 값을 합하면 다음과 같이 총 인덕턴스를 구할 수 있다.

$$L = L_1 + L_2 + L_3 = 40.0 + 40.0 + 40.0 = 120\,\mathrm{mH}$$

예제 10-2

인덕턴스 값이 $L_1 = 20.0\,\mathrm{mH}$, $L_2 = 55.0\,\mu\mathrm{H}$, $L_3 = 400\,\mathrm{nH}$인, 상호 인덕턴스가 없는 3개의 인덕터가 있다. 이 인덕터들을 [그림 10-3]과 같이 직렬로 연결했을 때 세 소자의 총 인덕턴스 L은 몇 mH인가?

풀이

먼저 모든 인덕턴스를 동일한 단위인 μH로 변환하면 다음과 같은 값을 얻는다.

$$L_1 = 20.0\,\mathrm{mH} = 20{,}000\,\mu\mathrm{H}$$
$$L_2 = 55.0\,\mu\mathrm{H}$$
$$L_3 = 400\,\mathrm{nH} = 0.400\,\mu\mathrm{H}$$

총 인덕턴스는 이 세 값을 더한 값과 같다.

$$L = 20{,}000 + 55.0 + 0.400 = 20{,}055.4\,\mu\mathrm{H}$$

이 값을 mH로 변환하면 20.0554 mH이고, 반올림하면 20.1 mH가 된다.

병렬 연결된 인덕터

둘 또는 그 이상의 인덕터가 병렬로 연결되었을 때 상호 인덕턴스가 없다면 병렬 연결된 저항처럼 그 값을 계산하면 된다. 여러 인덕턴스 L_1, L_2, L_3, $\cdots$, L_n이 모두 병렬로 연결되었다고 가정했을 때 총 인덕턴스 L은 다음과 같이 계산한다. 이때 직렬 연결된 인덕턴스와 마찬가지로 모든 단위가 일치하는지 확인해야 한다.

$$L = \frac{1}{\left(\frac{1}{L_1} + \frac{1}{L_2} + \frac{1}{L_3} + \cdots + \frac{1}{L_n}\right)} = \left(\frac{1}{L_1} + \frac{1}{L_2} + \frac{1}{L_3} + \cdots + \frac{1}{L_n}\right)^{-1}$$

예제 10-3

[그림 10-4]와 같이 병렬로 연결된 3개의 인덕턴스 L_1, L_2, L_3가 있다. 상호 인덕턴스가 없고, 각 인덕턴스를 40 mH라고 가정할 때 총 인덕턴스 L은 얼마인가?

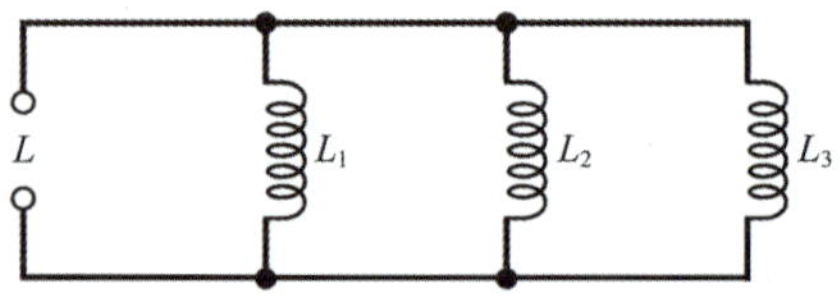

[그림 10-4] 병렬 연결된 인덕턴스

풀이

앞에서 정의된 수식을 이용하면 다음과 같다.

$$L = \frac{1}{\left(\frac{1}{L_1} + \frac{1}{L_2} + \frac{1}{L_3}\right)} = \frac{1}{\left(\frac{1}{40} + \frac{1}{40} + \frac{1}{40}\right)}$$

$$= \frac{1}{\left(\frac{3}{40}\right)} = \frac{40}{3} = 13.333\,\text{mH}$$

원래 인덕턴스 값이 두 자리의 유효숫자이므로 이 값을 반올림하면 13 mH가 된다.

예제 10-4

4개의 인덕턴스 $L_1 = 75.0\,\text{mH}$, $L_2 = 40.0\,\text{mH}$, $L_3 = 333\,\mu\text{H}$, $L_4 = 7.00\,\text{H}$를 병렬로 연결했고, 상호 인덕턴스가 없다고 가정하자. 총 인덕턴스 L은 얼마인가?

풀이

표준 단위로 H를 사용하면 다음과 같다.

$$L_1 = 0.0750\,\text{H} \qquad L_2 = 0.0400\,\text{H}$$
$$L_3 = 0.000333\,\text{H} \qquad L_4 = 7.00\,\text{H}$$

이 값을 병렬 인덕턴스 수식에 대입하면 다음과 같다.

$$L = \frac{1}{\left(\frac{1}{0.0750} + \frac{1}{0.0400} + \frac{1}{0.000333} + \cdots + \frac{1}{7.00}\right)}$$
$$= \frac{1}{(13.33 + 25.0 + 3{,}003 + 0.143)}$$
$$= \frac{1}{3{,}041.473} = 0.00032879\text{H} = 328.79\,\mu\text{H}$$

이 값을 반올림하면 $329\,\mu$H이다. 이 값은 $333\,\mu$H인 인덕터가 하나만 존재할 때보다 조금 작다.

인덕터 간의 상호작용

실제 회로에서는 일반적으로 둘 또는 그 이상의 **솔레노이드형**solenoidal(원통형 또는 나선형) 코일 사이에 약간의 상호 인덕턴스가 존재한다. 코일 바깥쪽에는 자기장이 상당량 뻗어나가 존재하므로 상호 간에 영향을 피하는 것은 어렵다. 이런 현상은 근접한 일정 길이의 전선 사이에서도 발생하고, 특히 높은 교류 주파수에서 잘 발생한다. 때때로 상호 인덕턴스는 유해한 영향을 끼치기도, 그렇지 않기도 하다. 솔레노이드형으로 감는 것보다 **토로이드형**toroidal(도넛형)으로 감으면 코일 간 상호 인덕턴스를 최소화할 수 있다. 또한 전선을 **차폐**shielding하면 상호 인덕턴스를 최소화할 수 있다. 즉 전선을 절연시키고, 접지된 금속 **편조**braid나 박판으로 금속을 감싸면 된다. 가장 흔하게 사용되는 차폐된 전선은 **동축 케이블**coaxial cable 형태이다.

결합 계수

결합 계수coefficient of coupling의 기호는 k이다. 결합 계수는 두 인덕터가 상호작용하는 정도, 즉 자기장이 서로를 강화 또는 상쇄시키는지를 0(상호작용 없음)부터 1(최대의 가능한 상호작용)까지의 숫자로 나타낸다. 두 코일이 멀리 떨어져서 분리되어 있으면 가능한 최소의 결합 계수인 0을 갖고($k = 0$), 같은 형상으로 한 코일 바로 위에 다른 코일을 감은 형태라면 가능한 최대 결합 계수($k = 1$)를 갖는다. 모든 다른 요인은 고정하고, 두 인덕터를 가까이 가져가면 k는 증가한다.

결합 계수를 백분율로 표현하기 위해 결합 계수 k에 100을 곱하고, 퍼센트 기호(%)를 붙여 $k_{\%} = 0\,\%$에서 $k_{\%} = 100\,\%$까지의 범위로 정의할 수 있다.

상호 인덕턴스

두 인덕터 간의 **상호 인덕턴스**mutual inductance는 대문자 이탤릭체 M으로 표기한다. 단위는 인덕턴스와 같은 H, mH, μH 또는 nH로 표현할 수 있다. 어느 두 인덕터에 대한 M값은 두 인덕턴스 값과 두 인덕터 사이의 결합 계수에 따라 달라진다.

인덕터 값이 L_1과 L_2(모두 동일한 크기의 단위로 표현됨)인 두 인덕터가 있다고 가정하자. 결합 계수가 k라면 두 인덕턴스 값을 곱하고, 제곱근을 계산한 뒤 k를 곱해서 상호 인덕턴스 M을 구한다. 수학적으로 표현하면 다음과 같다. 이 때 $\frac{1}{2}$제곱은 양의 제곱근을 의미한다.

$$M = k(L_1 L_2)^{\frac{1}{2}}$$

상호 인덕턴스의 영향

상호 인덕턴스는 직렬 연결된 한 쌍의 코일이 갖는 순 인덕턴스를 상호 인덕턴스가 0인 경우와 비교해 증가시키거나 감소시킬 수 있다. 코일 주위의 자기장은 두 코일에 공급된 교류의 위상 관계에 따라 서로를 강화 또는 상쇄시킨다. 두 교류 파동과, 두 교류 파동이 유발한 자기장이 동위상이면 인덕턴스는 상호 인덕턴스가 0일 때보다 증가한다. 만약 두 파동의 위상이 반대라면 순 인덕턴스는 상호 인덕턴스가 0일 때보다 감소한다.

직렬로 연결된 두 인덕터 사이에 **강화시키는**reinforcing 상호 인덕턴스가 존재하면 총 인덕턴스 L은 다음과 같이 계산한다.

$$L = L_1 + L_2 + 2M$$

이때 L_1과 L_2는 개별 인덕턴스 값이고, M은 상호 인덕턴스이다. 모든 인덕턴스는 동일한 크기의 단위를 갖는다. 직렬로 연결된 두 인덕터 사이에 **상쇄시키는**opposing 상호 인덕턴스가 존재하면 총 인덕턴스 L은 다음과 같이 계산한다.

$$L = L_1 + L_2 - 2M$$

마찬가지로 이때 L_1과 L_2는 개별 인덕턴스 값이고, M은 상호 인덕턴스이다. 앞서 본 것처럼 모든 인덕턴스는 동일한 크기의 단위를 갖는다.

예제 10-5

각각 30μH와 50μH의 인덕턴스를 가진 두 코일이 [그림 10-5]와 같이 그 자기장을 강화시키는 방향으로 직렬 연결되었다고 가정하자. 결합 계수가 0.500이라면 총 인덕턴스 L은 얼마인가?

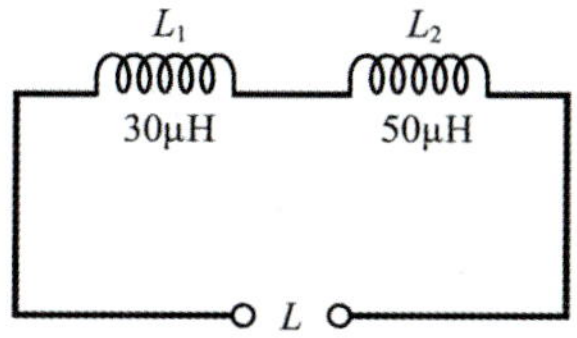

[그림 10-5] [예제 10-5]를 위한 그림

풀이

먼저 k를 이용해 M을 계산하면 다음과 같다.

$$M = 0.500(50 \times 30)^{\frac{1}{2}} = 19.4\,\mu\text{H}$$

총 인덕턴스를 계산하면 다음과 같다.

$$L = L_1 + L_2 + 2M = 30 + 50 + 38.8 = 118.8\,\mu\text{H}$$

이 값을 반올림하면 $120\,\mu\text{H}$가 된다.

예제 10-6

인덕턴스가 각각 $L_1 = 835\,\mu\text{H}$, $L_2 = 2.44\,\text{mH}$인 두 코일이 있다. [그림 10-6]과 같이 결합 계수가 0.922이고, 그들의 자기장이 서로를 상쇄시키도록 두 인덕터를 직렬로 연결했다. 총 인덕턴스 L은 얼마인가?

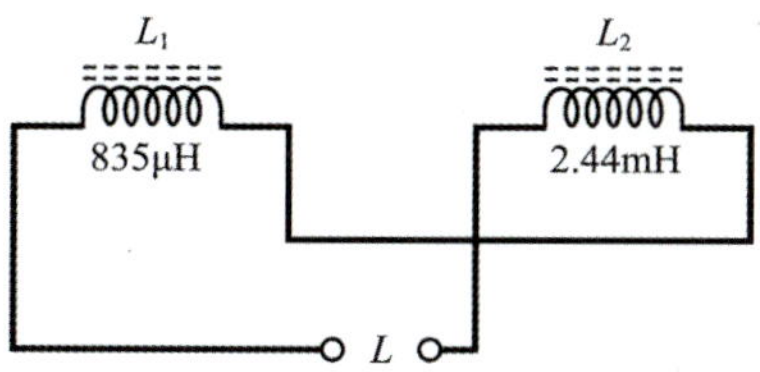

[그림 10-6] [예제 10-6]을 위한 그림

풀이

각 코일의 인덕턴스가 서로 다른 단위이므로 먼저 모든 인덕턴스를 동일한 단위인 μH로 변환하면 $L_1 = 835\,\mu\text{H}$, $L_2 = 2{,}440\,\mu\text{H}$이다. k를 이용해 M을 계산하면 다음과 같다.

$$M = 0.922(835 \times 2{,}440)^{\frac{1}{2}} = 1{,}316\,\mu\text{H}$$

총 인덕턴스는 다음과 같다.

$$L = L_1 + L_2 - 2M = 835 + 2{,}440 - 2{,}632 = 643\,\mu\text{H}$$

공심 코일

평탄하고 곧은 형태의 일정 길이의 전선을 제외하고, 가장 간단한 인덕터는 절연되거나 에나멜을 입힌 전선으로 만든 코일이다. 플라스틱 또는 다른 비강자성체 재료로 만든 속이 빈 원통에 코일을 감아서 **공심 코일**air-core coil을 만들 수 있다. 실제로 공심 코일에서 얻을 수 있는 인덕턴스의 범위는 수 nH에서부터 약 1 mH 사이이다. 가한 교류 신호의 주파수는 공심 코일의 인덕턴스에 영향을 주지는 않지만 교류 주파수가 증가할수록 작은 값의 인덕턴스라고 해도 중대한 영향을 주게 된다.

굵은 전선으로 만든, 반경이 큰 공심 코일은 큰 전류를 운반할 수 있고, 높은 전압을 다룰 수 있다. 공기는 열로 인해 소모되는 에너지가 거의 없으므로 투자율이 낮음에도 불구하고 효율적인 코어 물질이 된다. 따라서 공심 코일 설계는 높은 전력의 **RF 송신기**Radio-Frequency transmitter, 증폭기 또는 **동조 회로망**tuning network을 만들 때 효율적이다. 그러나 공심 코일은 특히 고전류와 고전압을 감당하도록 설계할 때 크기가 인덕턴스에 비례해 큰 물리적 공간을 차지한다.

강자성체 코어

인덕터 제조자는 강자성체 물질의 샘플을 분말로 잘게 부수고, 그 분말을 다양한 모양으로 굳힌다. 이렇게 제작한 코어는 주어진 일정 회전수를 갖는 코일의 인덕턴스를 크게 증가시킨다. 사용된 혼합물에 따라 자속 밀도를 약 10^6배까지 증가시킬 수 있다. 따라서 그 안에 **분말-철코어**powdered-iron core를 넣으면 물리적으로 소형인 코일에서도 큰 인덕턴스를 얻을 수 있다. 분말-철 코어는 **중간 가청 주파수**Audio Frequency(AF)에서 **무선 주파수**Radio Frequency(RF) 범위까지 잘 동작한다.

코어의 포화

분말-철 코어의 코일에 일정량 이상의 전류가 흐르면 코어는 **포화**saturate된다. 인덕터 코어가 포화 상태에서 동작할 때 강자성체 재료는 함유할 수 있는 최대 한도의 자속을 유지한다. 따라서 코일 전류가 더 증가해도 그에 상응하는 코어 내부의 자속 증가를 일으키지 못할 것이다. 실제 시스템에서 이런 효과는 임곗값 이상으로 코일 전류가 흐를 때 인덕턴스가 감소하는 원인이 된다. 극단적인 경우, 코일의 포화 때문에 상당량의 전력이 열로 손실되어 코일에 **손실이 많이 발생하게**lossy 된다.

투자율 튜닝

오래된 아날로그 무선 수신기 내부를 본 적이 있다면 상단에 구멍이 있는 작은 금속 상자 같은 구성 요소가 있는 것을 보았을 것이다. 여기에 스크루드라이버를 사용해 인덕터를 조정할 수 있다.

만약 강자성체 코어를 솔레노이드 코일 안으로 밀어 넣거나 바깥으로 빼면 회전수를 바꾸지 않고 솔레노이드 코일을 **튜닝할 수 있다**tune(솔레노이드 코일의 인덕턴스를 변화시킬 수 있다). 코어를 코일 내로 밀어 넣거나 바깥으로 빼는 동작은 코일 내부의 유효 투자율을 바꾸는 것이므로, 이런 방법을 **투자율 튜닝**permeability tuning이라고 한다. [그림 10-7]과 같이 나사 축에 코어를 부착해 코어의 안팎 위치를 정확하게 조절할 수 있다. 만약 나사 축을 시계 방향으로 회전시키면 코어는 코일 안으로 들어가고, 인덕턴스는 증가한다. 반대로 나사 축을 반시계 방향으로 회전시키면 코어는 코일 밖으로 빠지고, 인덕턴스는 감소한다.

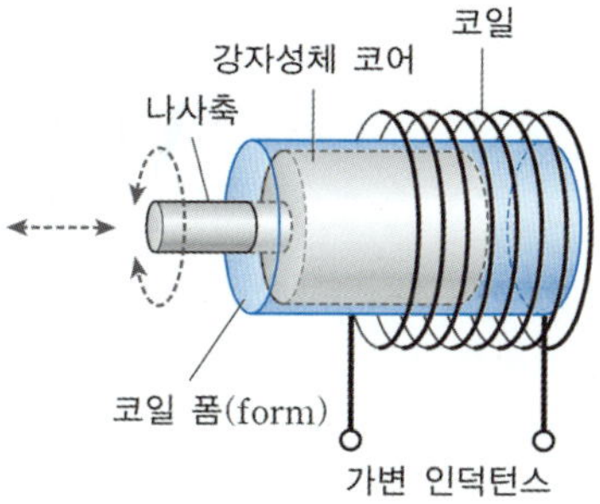

[그림 10-7] 강자성체 코어를 솔레노이드형 코일 안팎으로 움직여서 투자율 튜닝을 할 수 있다.

토로이드

강자성체 코어를 갖는 코일을 조립할 때 반드시 전선을 막대형 코어에만 감아야 하는 것은 아니다. 도넛 모양의 **토로이드**toroid라는 기하학적 구조의 코어에도 사용할 수 있다. [그림 10-8]은 강자성체 토로이드 코어에 코일을 감는 방법을 나타낸 것이다.

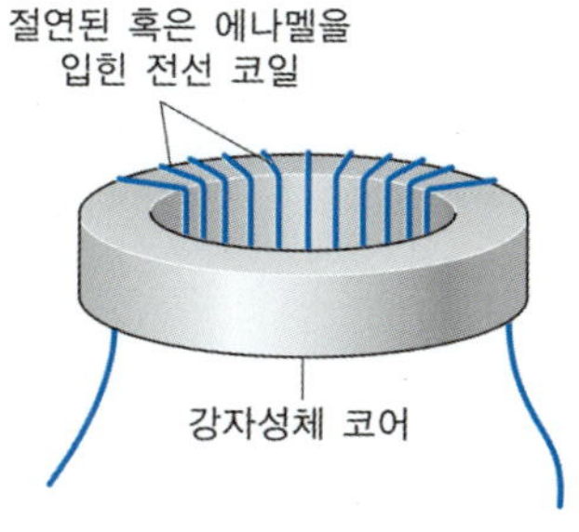

[그림 10-8] 토로이드형 코일이 도넛 모양의 강자성체 코어를 둘러싼다.

토로이드형 코일toroidal coil은 솔레노이드형 코일과 비교했을 때 적어도 세 가지의 장점이 있다.

- 일정한 인덕턴스를 얻기 위한 전선의 회전수가 더 작다.
- 인덕턴스와 전류 운반 용량이 주어졌을 때 더 소형으로 제작할 수 있다.
- 본질적으로 토로이드 내의 모든 자속이 코어 물질 내부에 포함된다. 이 현상은 실제로 토로이드와 토로이드 근처에 있는 다른 소자와의 원하지 않는 상호 인덕턴스를 감소시켜 준다.

그러나 토로이드형 코일은 투자율 튜닝이 어렵다는 한계가 있다. 이는 코어가 완전한 원을 구성해 항상 완벽한 일체 코일을 형성하기 때문이다. 대부분의 사람은 솔레노이드형 코일보다 토로이드형 코일의 전선을 감는데 더 어려움을 느끼고, 특히 감아야 할 횟수가 많을 때 더욱 그렇다. 어떤 경우에는 공간적으로 서로 분리되어 있는 둘 또는 그 이상의 코일 사이에서 발생하는 상호 인덕턴스를 실질적으로 필요로 할want 때가 있다. 이런 경우에 토로이드를 사용한다면 상호 인덕턴스를 갖게 하기 위해 반드시 두 코일을 같은 코어에 감아야만 한다.

포트 코어

토로이드 구조 외에 자속을 가두는 다른 방법으로 [그림 10-9]와 같이 고리 모양의 전선 코일을 강자성체 껍질로 둘러싸서 **포트 코어**pot core를 얻는 방법이 있다. 전형적인 포트 코어는 2개의 반쪽으로 구성되며 그중 하나의 내부에 코일을 감고 있다. 전선은 작은 구멍 또는 슬롯을 통해 코어 밖으로 나온다.

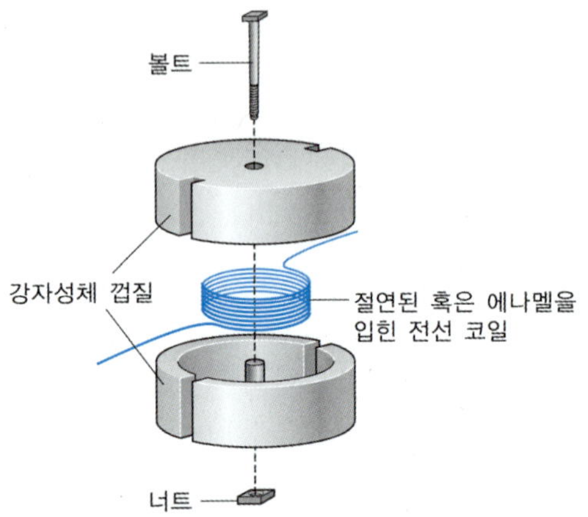

[그림 10-9] **포트 코어의 분해도. 포트 코어는 강자성체 껍질 내부에 코일을 감는다.**

포트 코어는 토로이드와 유사한 장점이 있다. 포트 코어의 **껍질**shell은 물리적 구조물 밖으로 자속이 뻗어나가는 것을 막으므로 코일과 근처의 다른 어떤 것 사이에 존재하는 상호 인덕턴스가 항상 0이다. 즉 포트 코어에서는 물리적 크기가 같은 솔레노이드형 코일에서 얻을 수 있는 것보다 훨씬 더 큰 인덕턴스를 얻을 수 있다. 만약 소형 공간에서 큰 인덕턴스를 얻고 싶다면 토로이드보다 포트 코어가 훨씬 낫다.

포트 코어 코일은 전체 AF 주파수 영역에 걸쳐서, 심지어는 극단의 최소 주파수(약 20 Hz)에서도 유용하다. 그러나 포트 코어 코일은 수백 kHz를 넘어선 주파수에서는 제대로 기능하지 못한다. 기하학적인 구조 때문에 포트 코어 코일은 투자율 튜닝도 할 수 없다. 만약 다른 모든 요인을 고정하고, 껍질의 투자율을 증가시키면 인덕턴스는 증가한다. 신호가 얼마나 강하고 약한지는 문제가 되지 않는다.

RF에서의 인덕터

무선 주파수(RF) 스펙트럼은 수 kHz부터 100 GHz를 넘어서까지 분포한다. 일반적으로 인덕터는 이 주파수 범위의 낮은 값 쪽에서 강자성체 코어를 사용한다. 그리고 주파수가 증가하면서 낮은 투자율을 갖는 코어를 주로 사용한다. 약 30 MHz 이하의 주파수에서 사용하기 위해 설계된 RF 시스템에서는 주로 토로이드를 사용하고, 30 MHz 이상의 주파수에서는 공심 코어 코일을 더 자주 사용한다.

전송선 인덕터

약 100 MHz 주파수에서는 전선 **루프**loop나 코일 대신 일정 길이의 **전송선**transmission line으로 인덕터를 만든다. 대부분의 전송선은 **평행 전선**parallel-wire line 타입이나 **동축선**coaxial line 타입 중 하나이다.

평행 전선

평행 전선 전송선은 [그림 10-10]과 같이 서로 일정한 간격을 두고 나란한 2개의 전선으로 구성된다. 일정 간격으로 전선에 붙인 **폴리에틸렌 막대**polyethylene rod는 두 전선의 간격을 일정하게 고정시킨다. 폴리에틸렌 고체 또는 창을 낸 **망**windowed web도 같은 용도로 사용될 수 있다. 전선을 분리하는 물질(스페이서spacer)은 전송선의 **유전체**dielectric를 구성한다.

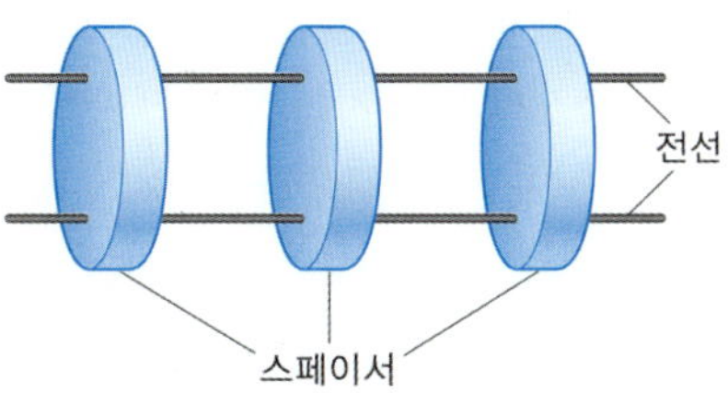

[그림 10-10] 평행 전선 전송선. 스페이서는 튼튼한 절연 물질로 제작된다.

동축선

동축선(동축 전송선)은 **중심 도체** center conductor 전선을 포함하며 이 전선은 [그림 10-11]과 같이 **차폐물** shield이라고 하는 관 모양의 **편조** braid 또는 파이프에 둘러싸여 있다. 고체 폴리에틸렌 구슬 beads(소형 토로이드 모양과 유사함)이나 일정 길이의 연속적인 호스 모양의 발포 또는 고체 폴리에틸렌은 차폐물과 중심 도체를 분리시키고, 그들 사이의 간격을 유지하며 절연체로 동작한다.

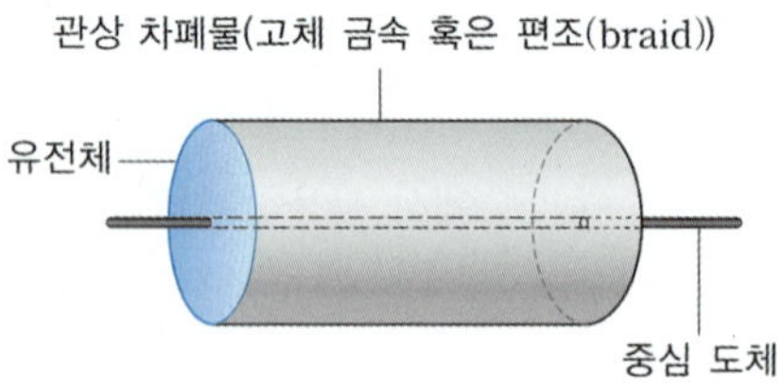

[그림 10-11] 동축선(동축 전송선). 유전체 물질은 관상 차폐물 축을 따라 중심에 있는 도체를 보호한다.

전선 인덕턴스

전선 길이가 90°(파장의 $\frac{1}{4}$)보다 짧을 때 전선 도체를 한쪽 끝에서 직접적으로 함께 directly together 연결하면 짧은 길이의 전송선은 인덕터로 동작한다. 이런 인덕터를 설계하기 위해서는 약간의 책략이 필요하다. 즉 효과를 보려면 반드시 일정 범위의 주파수에서만 동작시켜야 한다.

만약 f가 MHz 단위의 주파수라면 **자유공간** free space(진공)에서 cm 단위로 표시된 $\frac{1}{4}$ 파장(s_{cm})은 다음 식으로 구할 수 있다.

$$s_{cm} = \frac{7,500}{f}$$

전송선을 따라 RF 에너지가 움직이는 속도는 유전체가 있는 경우 감소하므로 실제 $\frac{1}{4}$ 파장 전송선의 길이는 자유공간에서의 $\frac{1}{4}$ 파장 길이보다 짧아진다. 실제로 전송선의 $\frac{1}{4}$ **전기 파장** electrical wavelength은 자유공간에서의 $\frac{1}{4}$ 파장 길이의 약 0.66(또는 66%)인 것에서부터 약 0.95(또는 95%)인 것에 이르는 어느 범위에나 존재한다. 이처럼 **파장이 짧아지는 인자** shortening factor를 전선의 **속도 인자** velocity factor라고 한다. 이는 전선에서의 RF 파동 속도를 진공에서의 RF 파동 속도(광속)로 나눈 것을 의미한다. 만약 특정 전송선에서의 속도 인자를 v로 나타내면 센티미터 단위로 표시된 $\frac{1}{4}$ 파장(s_{cm}) 전선 길이에 대한 식은 다음과 같이 수정된다.

$$s_{cm} = \frac{7,500\,v}{f}$$

길이가 매우 짧은(전기적 각도가 작은) 전선은 작은 인덕턴스 값을 유발한다. 그러나 전선 길이가 $\frac{1}{4}$ 파장에 접근하면서 인덕턴스가 점차 증가한다.

전송선 인덕터는 한 가지의 중요한 방식에 있어 코일과 다르게 동작한다. 코일의 인덕턴스는 주파수가 변화하는 것에 거의 영향을 받지 않는다. 그러나 전송선의 인덕터 값은 주파수가 올라가거나 내려갈 때 그 값이 **급격하게**drastically 변화한다. 먼저 주파수가 증가하면서 인덕턴스 역시 증가한다. 어떤 **임계**critical 주파수로 접근해가면 인덕턴스는 마냥 커지다가 **무한대로 접근한다**approaching infinity. 임계 주파수에서 전선 양 끝 간의 길이가 정확히 $\frac{1}{4}$ 전기 파장인 전선은 그 전선의 한쪽 끝이 단락되어 있는 한 신호-입력단 쪽에서 바라볼 때 개방 회로처럼 동작한다.

만약 가해진 교류 신호의 주파수를 계속 증가시켜 전선의 전기 길이가 $\frac{1}{4}$ 파장을 넘어서면 전선은 인덕터라기보다 **커패시터**capacitor로 동작한다(11장에서 커패시터에 대해 배울 것이다). 전선은 $\frac{1}{2}$ 전기 파장이 되는 주파수가 될 때까지 계속 커패시터로 동작한다. 전선 양 끝 간 길이가 정확히 $\frac{1}{2}$ 전기 파장이 되는 두 번째 임계점에 주파수가 다다르면 이 길이의 전선은 단락 회로처럼 동작한다. 이는 전선의 신호단 쪽 끝의 상황(단락)이 단락된 다른 쪽 끝의 상황과 같다. 만약 주파수를 점차 무기한으로 증가시키면 전선은 다시 인덕터처럼, 그다음에는 개방 회로처럼, 그다음에는 커패시터처럼, 단락 회로처럼, 다시 인덕터처럼 동작하는 현상이 반복될 것이다. 각 임계(또는 천이) 주파수는 전선의 전기 길이가 정확히 $\frac{1}{4}$ 파장의 정수배와 같을 때마다 존재한다.

표류 인덕턴스

전선의 길이가 얼마나 짧은지 또는 동작 주파수가 얼마인지에 관계없이 임의 길이의 전선은 어떤 값의 인덕턴스를 갖는다. 전송선에서와 같이 어떤 고정된 길이의 전선이 갖는 인덕턴스는 주파수가 증가하면 증가한다.

무선 통신 장치에서 전선의 인덕턴스와 전선 간 인덕턴스는 문제가 될 수 있다. 회로 발진을 원하지 않을 때도 회로는 발진하는 신호를 생성할 수 있기 때문이다. 그리고 수신기는 중간에서 가로채지 말아야 할 신호에 대해서도 반응할지도 모르며 송신기는 승인되지 않은 주파수로 신호를 발송할 수도 있다. 또한 어떤 회로의 주파수 응답이 예측할 수 없는 방향으로 변화할 수도 있고, 따라서 장치의 성능이 저하될 수도 있다. 때때로 이런 **표류 인덕턴스**stray inductance의 영향은 작거나 무시될 수 있다. 그러나 어떤 상황에서는 표류 인덕턴스가 중대한 오작동이나 갑작스러운 시스템 파손까지 일으킬 수 있다.

표류 인덕턴스를 최소화하려면 둘 또는 그 이상으로 존재하는 민감한 회로나 부품 사이에 동축 케이블을 사용해야 한다. 그리고 장치의 **공통접지**common ground에 각 케이블 부품의 차폐물을 연결해야 한다. 어떤 시스템에서는 각 회로를 전기적으로 절연시키기 위해 금속 상자로 빈틈없이 둘러싸야 할지도 모른다.

연습문제

01 다음 중 솔레노이드형 코일 대비 토로이드형 코일의 장점으로 옳은 것은 무엇인가?

(a) 솔레노이드와 달리 토로이드는 투자율 튜닝이 쉽다.
(b) 토로이드는 동일한 굵기의 전선으로 솔레노이드보다 더 많은 전류를 운반할 수 있다.
(c) 토로이드는 강자성체 코어와 함께 기능할 수 있지만 솔레노이드는 그럴 수 없다.
(d) 토로이드는 원하지 않는 상호 인덕턴스를 사실상 허용하지 않지만 솔레노이드는 허용한다.

02 44.0 mH 토로이드형 인덕터 4개를 병렬로 연결했고, 상호 인덕턴스가 없을 때 총 인덕턴스는 얼마인가?

(a) 11.0 mH
(b) 22.0 mH
(c) 88.0 mH
(d) 176 mH

03 44.0 mH 솔레노이드형 인덕터 2개를 직렬로 연결했고, 상호 인덕턴스가 없을 때 총 인덕턴스는 얼마인가?

(a) 22.0 mH
(b) 88.0 mH
(c) 176 mH
(d) 352 mH

04 [그림 10-12]에서 두 인덕터는 모두 40 mH 이다. 두 인덕터의 자기장은 서로 상쇄 작용을 하고, 약간의 상호 인덕턴스가 존재한다. 총 인덕턴스는 얼마인가?

(a) 80 mH보다 작다.
(b) 정확히 80 mH이다.
(c) 80 mH보다 크다.
(d) 0이다.

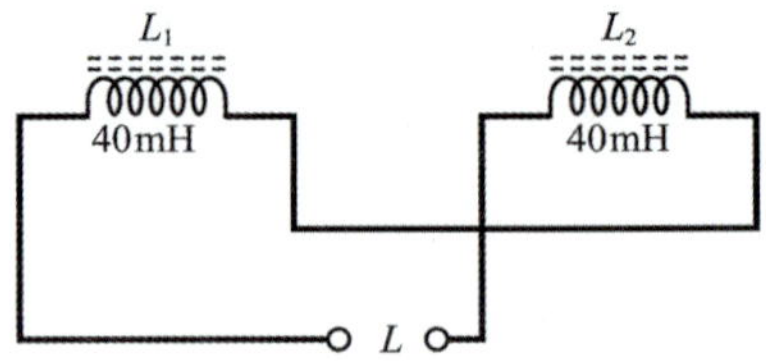

[그림 10-12] [연습문제 04]를 위한 그림

05 [그림 10-13]에서 두 인덕터는 모두 40 μH이다. 두 인덕터의 자기장은 서로 강화 작용을 하고, 약간의 상호 인덕턴스가 존재한다. 총 인덕턴스는 얼마인가?

(a) 80 μH보다 작다.
(b) 정확히 80 μH이다.
(c) 80 μH보다 크다.
(d) 160 μH이다.

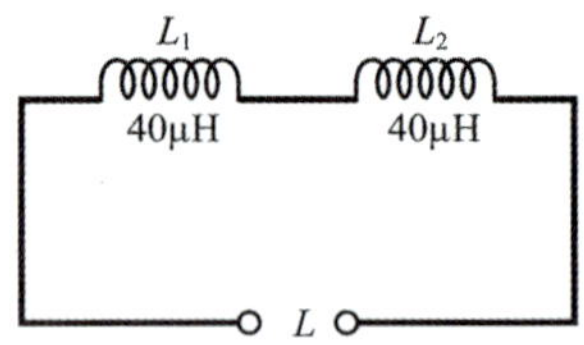

[그림 10-13] [연습문제 05]를 위한 그림

06 다음 중 100번 감은 코일에서 가능한 가장 작은 인덕턴스를 얻기 위해 사용해야 하는 것은 무엇인가?

(a) 공심 솔레노이드
(b) 분말-철 코어 솔레노이드
(c) 포트 코어 코일
(d) 분말-철 코어 토로이드

07 모든 다른 요인이 일정하게 유지된다고 가정하자. 다음 중 포트-코어 코일의 인덕턴스에 영향을 끼치는 것은 무엇인가?

(a) 인가한 신호의 주파수
(b) 인가한 신호의 진폭
(c) 인가한 신호의 파형
(d) 코어 물질의 투자율

08 모든 외부 요인이 일정하게 유지된다고 가정하자. 공심 코일에서 감은 횟수를 증가시키면 인덕턴스는 어떻게 되는가?

(a) 증가한다.
(b) 동일하게 유지된다.
(c) 감소한다.
(d) 0에 접근한다.

09 다른 요인은 그대로 두고, 토로이드 코일에 인가한 교류 신호의 진폭을 증가시키면 코일의 인덕턴스는 어떻게 되는가?

(a) 증가한다.
(b) 변화하지 않는다.
(c) 감소한다.
(d) 0에 접근한다.

10 다른 요인은 그대로 두고, 솔레노이드 코일의 인덕턴스를 증가시키려면 무엇을 증가시켜야 하는가?

(a) 신호의 주파수
(b) 코어 투자율
(c) 신호의 강도
(d) 전선 직경

11 500 μH 인덕터 코일과 900 μH 인덕터 코일을 직렬로 연결했고, 두 코일은 서로 완전히 겹치게 감아 결합 계수가 1이다. 두 코일의 솔레노이드 자기장은 서로를 강화한다. 코일 사이의 상호 인덕턴스는 얼마인가?

(a) 1.40 mH
(b) 700 μH
(c) 671 μH
(d) 계산하기 위해서는 더 많은 정보가 필요하다.

12 [연습문제 11]의 총 인덕턴스는 얼마인가?

(a) 2.74 mH
(b) 2.04 mH
(c) 2.01 mH
(d) 계산하기 위해서는 더 많은 정보가 필요하다.

13 다음 중 유용한 인덕턴스를 얻기 위해 공심 솔레노이드 코일을 사용할 것 같은 주파수는 무엇인가?

(a) 6 kHz
(b) 20 MHz
(c) 900 GHz
(d) (a), (b), (c) 중 어느 것이나

14 각각 50번씩 감은 2개의 공심 코일이 직경 2 cm 인 루프의 형태로 존재한다. 두 루프 형태 코일의 축을 일치시키고, 서로 멀리 위치시킨 뒤 점점 가까이 가져간다. 이때 결합 계수는 어떻게 되는가?

(a) 감소한다.
(b) 동일하게 유지된다.
(c) 증가한다.
(d) 이 질문에 답하기 위해서는 정보가 더 필요하다.

15 다음 중 [연습문제 14]와 같이 실행했을 때 두 코일 간 상호 인덕턴스는 어떻게 변화하는가?

(a) 감소한다.
(b) 동일하게 유지된다.
(c) 증가한다.
(d) 이 질문에 답하기 위해서는 정보가 더 필요하다.

연습문제

16 각각 50번씩 감은 2개의 공심 코일이 직경 2cm인 루프의 형태로 존재한다. 각 코일을 포트 코어 껍질로 둘러싸고, 코일의 축을 일치시키면서 서로 멀리 위치시킨 뒤 점점 가까이 가져간다. 이때 결합 계수는 어떻게 변화되는가?

(a) 감소한다.
(b) 동일하게 유지된다.
(c) 증가한다.
(d) 이 질문에 답하기 위해서는 정보가 더 필요하다.

17 다음 중 [연습문제 16]과 같이 실행했을 때 두 코일 간 상호 인덕턴스는 어떻게 변화하는가?

(a) 감소한다.
(b) 동일하게 유지된다.
(c) 증가한다.
(d) 이 질문에 답하기 위해서는 정보가 더 필요하다.

18 먼 쪽 끝에서 전선이 함께 연결된 일정 길이의 전송선을 생각해 보자. 전선의 속도 인자가 0.750이고, 개방된(가까운 쪽) 끝에 100MHz의 신호를 인가한다고 가정하자. 이 전선이 $\frac{1}{4}$ 전기 파장이 되게 하려면 전선의 전체 길이를 얼마가 되게 잘라야 하는가?

(a) 1.13m (b) 79.5cm
(c) 56.3cm (d) 23.1cm

19 다른 요인은 그대로 두고, [연습문제 18]에서 주파수를 90MHz로 감소시키고, 전선의 먼 쪽 끝을 함께 연결한 것은 그대로 유지한다면 개방된(가까운 쪽) 끝에서 교류 신호원은 어떤 회로가 연결되었다고 볼see 것인가?

(a) 커패시턴스 (b) 단락 회로
(c) 인덕턴스 (d) 개방 회로

20 다른 요인은 그대로 두고, [연습문제 18]에서 주파수를 230MHz로 증가시키고, 전선의 먼 쪽 끝을 함께 연결한 것은 그대로 유지한다면 개방된(가까운 쪽) 끝에서 교류 신호원은 어떤 회로가 연결되었다고 볼see 것인가?

(a) 커패시턴스 (b) 단락 회로
(c) 인덕턴스 (d) 개방 회로

정답

01 d	02 a	03 b	04 a	05 c	06 a	07 d	08 a	09 b	10 b
11 c	12 a	13 b	14 c	15 d	16 b	17 b	18 c	19 c	20 c

CHAPTER

11

커패시턴스

Capacitance

학습목표

- 커패시턴스의 특성 및 단위에 대해 이해할 수 있다.
- 커패시턴스의 직병렬 연결에 따른 총 커패시턴스를 계산할 수 있다.
- 고정 커패시터와 가변 커패시터의 종류 및 응용 분야에 대해 이해할 수 있다.
- 커패시터를 특정한 응용 분야에 사용할 때 주의해야 할 두 가지 규격을 이해할 수 있다.

전기 저항은 '**무차별한 물리적인 힘**brute force'에 의해 교류 또는 직류 전하 반송자(일반적으로 전자)의 흐름을 느리게 한다. **인덕턴스**inductance는 에너지를 자기장으로 저장해 교류 전하 반송자의 흐름을 방해한다. 그리고 **커패시턴스**capacitance는 에너지를 전기장으로 저장해 교류 전하 반송자의 흐름을 방해한다.

인덕터와 마찬가지로 커패시터는 교류와 함께 자체적으로(독립적으로) 널리 사용된다. 많은 배터리 전원을 사용하는 전자 장치에는 인덕터가 전혀 없을 수도 있다. 그러나 몇 개의 커패시터를 포함하지 않은 회로를 찾는 것은 매우 드물다.

커패시턴스의 특성

전기를 잘 전도하는 금속으로 된 2개의 커다란 얇은 평판이 있고, 그 두 판이 네브라스카 주State of Nebraska의 크기(우리나라 면적의 약 2배)와 같은 표면적을 갖는다고 가정하자. 하나의 판 위에 다른 판을 위치시키고, 두 판이 서로 평행하도록 유지하면서 공간적으로 수 cm 만큼 분리시킨다. 그리고 [그림 11-1]과 같이 두 판을 배터리 단자에 연결하면 한 판은 양(+)으로, 다른 한 판은 음(−)으로 전기적으로 충전된다.

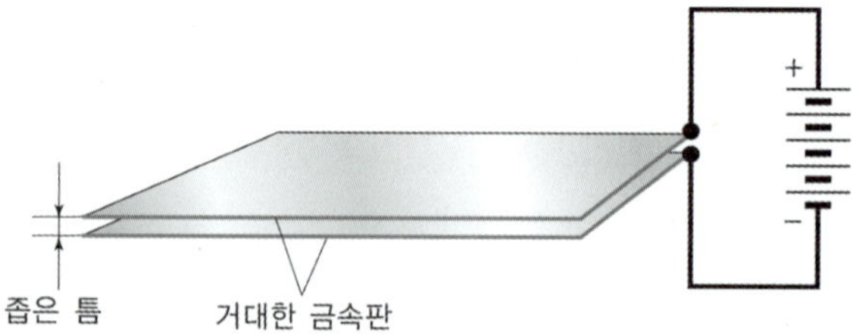

[그림 11-1] 2개의 커다란 전도성 금속 평판으로 구성된 가상의 커패시터

만약 판의 크기가 작으면 두 판은 거의 즉시 충전되어 배터리 전압과 상대적으로 동일한 전압을 얻을 것이다. 반대로 판이 너무 크고 무거우면 음극판이 여분의 전자로 **채워지는**fill up 데 약간의 시간이 걸리고, 또 양극판이 여분의 전자를 **배출하는**drained out 데 동일한 시간이 소요될 것이다. 결국 두 판 사이의 전압은 배터리 전압과 같아지며 두 판 사이 공간에 전기장이 존재하게 될 것이다.

두 금속 평판이 즉각적으로 충전될 수 없으므로 배터리를 연결한 직후에는 전기장의 값이 작게 나타날 것이다. 전하량은 차츰 시간이 흐르면서 증가하며 증가율은 두 판의 표면적과 판 사이의 간격에 따라 달라진다. [그림 11-2]는 이 전기장의 강도를 시간의 함수로 나타낸 것이다. 두 판 사이의 공간과 두 판이 전기에너지를 저장하는 능력을 **커패시턴스**capacitance라고 정의한다. 커패시턴스는 수량 또는 변수로서 대문자 이탤릭체 C로 표기한다.

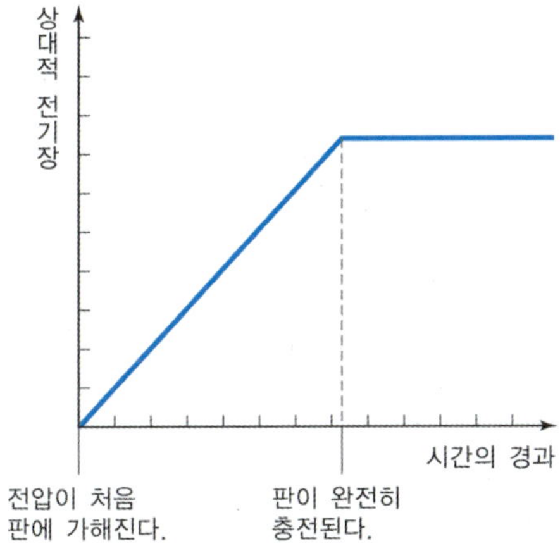

[그림 11-2] 전압원에 연결된 두 금속 평판 사이의 상대적인 전기장 세기를 시간의 함수로 나타낸 특성

간단한 커패시터

앞서 언급한 거대한 규모의 커패시터는 실제로는 제작할 수 없다. 그러나 얇은 **금속막**foil으로 된 두 판 사이에 종이 또는 플라스틱 같은 얇은 비전도성 재료를 넣어 두 판을 분리시킬 수 있다. 그 뒤에 전체적인 구조물을 말면 작은 물리적 부피 내에서 넓은 상호 표면적을 얻을 수 있다. 이 경우 두 판 사이에서 발생하는 전기장의 양과 강도가 충분히 커지므로 많은 양의 커패시턴스를 가진 소자가 된다. 또는 여러 개의 판으로 구성된 2개의 분리된 세트를 만들어 그 사이에 절연 세라믹 재료의 층을 서로 **맞물린**mesh 형태로 만들 수도 있다.

커패시터의 두 판 사이에 한 층의 고체 **유전체**dielectric를 끼워 넣으면 판들의 표면적을 증가시키지 않더라도 전속 밀도가 몇 배로 증가한다. 이 방법으로 커패시턴스 값은 크지만 물리적으로는 소형인 소자를 얻을 수 있다. 이 커패시터가 감당할 수 있는 전압은 금속판이나 조각의 두께, 두 판 사이의 간격에 따라 달라진다. 또한 소자 제작에 사용한 유전체 재료의 종류에 따라서도 달라진다. 보통 커패시턴스는 전도성 **판**plate이나 박판의 상호 표면적에 정비례하지만 전도성 박판 사이의 간격에는 반비례한다. 이런 관계는 다음과 같이 요약할 수 있다.

- 박판 사이의 간격을 일정하게 유지하고, 박판의 상호 면적을 증가시키면 커패시턴스는 증가한다.
- 박판 사이의 간격을 일정하게 유지하고, 박판의 상호 면적을 감소시키면 커패시턴스는 감소한다.
- 박판의 상호 면적을 일정하게 유지하고, 박판 사이의 간격을 가깝게 하면 커패시턴스는 증가한다.
- 박판의 상호 면적을 일정하게 유지하고, 박판 사이의 간격을 멀리 하면 커패시턴스는 감소한다.

특정 소자의 커패시턴스는 금속판 또는 박판 사이의 재료의 **유전 상수** dielectric constant에 따라 달라진다. 유전 상수는 숫자로 표시된다. 국제 표준에 따른 관례상 진공의 유전 상수 값은 정확히 1이다. 금속 판 또는 박판 사이에 진공이 존재하는 축전기를 선택한 뒤 유전 상수가 k인 재료로 모든 공간을 채우면 커패시턴스는 k배만큼 증가한다. 건조한 공기의 유전 상수는 거의 정확히 1이다(1보다 약간 더 크지만 걱정하지 않아도 되는 차이이다). [표 11-1]은 몇 가지의 일반적인 물질들에 대한 유전 상수를 나열한 것이다. 오늘날 회로에 사용되는 대부분의 커패시터는 **티탄산 바륨** barium titanate처럼 유전 상수가 매우 높은 세라믹 화합물을 사용하는 소형 표면 실장 장치(SMD) 방식으로 제작된다.

[표 11-1] 커패시터에 사용되는 여러 물질의 유전 상수. 공기와 진공을 제외한 모든 값은 근사치를 나타낸다.

물질	유전상수(근사치)
해수면에서 건조한 공기(Air, dry, at sea level)	1.0
유리(Glass)	4.8 ~ 8.0
운모(Mica)	4.0 ~ 6.0
마일라(Mylar)	2.9 ~ 3.1
종이(Paper)	3.0 ~ 3.5
투명하고 단단한 플라스틱(Plastic, hard, clear)	3.0 ~ 4.0
폴리에틸렌(Polyethylene)	2.2 ~ 2.3
폴리스티렌(Polystyrene)	2.4 ~ 2.8
폴리염화비닐(Polyvinyl chloride)	3.1 ~ 3.3
자기(Porcelain)	5.3 ~ 6.0
석영(Quartz)	3.6 ~ 4.0
스트론튬 티탄산염(Strontium titanate)	300 ~ 320
티탄산 바륨(Barium titanate)	1,000 ~ 2,000
테플론(Teflon)	2.0 ~ 2.2
산화 티타늄(Titanium oxide)	160 ~ 180
진공(Vacuum)	1.0

커패시턴스의 단위

커패시터의 두 판에 배터리를 연결하면 커패시턴스에 따라 두 판 사이의 전위차는 결정된 일정 비율로 상승한다. 커패시턴스가 클수록 두 판 간 전압의 시간 변화율은 더 느려진다. 커패시턴스의 표준 단위는 두 판이 충전될 때 '흐르는 전류'와 '두 판 사이 전압의 시간 변화율' 사이의 비율로 나타낸다. **1패럿**(F)의 커패시턴스는 1 V/s 의 전압 증가가 있을 때 1 A 의 전류가 흐르는 것을 의미한다. 또한 1 F 의 커패시턴스는 1 C 의 전하량에 대해 1 V 의 전위차를 유발한다.

패럿은 매우 큰 커패시턴스 단위이다. '슈퍼 커패시터' 또는 '울트라 커패시터'라고 하는 특수한 종류의 커패시터를 제외하면 실제로 값이 1 F인 커패시터는 거의 볼 수 없다. 커패시턴스 값은 대부분 **마이크로패럿**(μF)과 **나노패럿**(nF), 그리고 **피코패럿**(pF)을 사용해 표현한다.

$$1\,\mu\text{F} = 0.000001\,\text{F} = 10^{-6}\,\text{F}$$
$$1\,\text{nF} = 0.001\,\mu\text{F} = 10^{-9}\,\text{F}$$
$$1\,\text{pF} = 0.001\,\text{nF} = 10^{-12}\,\text{F}$$

밀리패럿(mF)은 이론적으로 0.001 F 또는 10^{-3} F을 의미하지만 일반적으로 사용되지는 않는다.

하드웨어 제조자는 물리적으로는 소형이지만 커패시턴스 값은 아주 큰 소자를 제작할 수 있다. 반대로 어떤 커패시터는 커패시턴스 값은 작지만 물리적인 부피는 크기도 하다. 다른 모든 요인이 고정되어 있다면 커패시터의 물리적 크기는 감당할 수 있는 전압에 비례하며 정격 전압이 높을수록 소자의 크기는 점점 커진다.

직렬 연결된 커패시터

커패시터 간의 상호작용은 거의 볼 수 없다. 따라서 전선 코일을 다룰 때는 상호 인덕턴스를 고려했지만 여기서는 **상호 커패시턴스**mutual capacitance를 고려할 필요가 없다. 둘 또는 그 이상의 커패시터를 직렬로 연결했을 때 소자 간에 상호 커패시턴스가 없다고 가정하면 커패시턴스 값은 병렬로 연결된 저항처럼 구하면 된다. 만약 같은 값의 두 커패시턴스를 직렬로 연결하면 총 커패시턴스는 각 소자의 개별 커패시턴스 값의 절반이다. 즉 여러 커패시터를 직렬로 연결하면 일반적으로 총 커패시턴스는 어느 개별 소자보다도 값이 작다. 저항과 인덕턴스처럼 어떤 조합의 총 커패시턴스를 계산할 때는 항상 같은 크기의 단위를 사용해야 한다.

C_1, C_2, C_3, $\cdots$, C_n 값을 가진 여러 개의 커패시터가 직렬로 연결되어 있을 때 총 커패시턴스 C는 다음과 같이 구할 수 있다.

$$C = \frac{1}{\left(\frac{1}{C_1} + \frac{1}{C_2} + \frac{1}{C_3} + \cdots + \frac{1}{C_n}\right)}$$

만약 둘 또는 그 이상의 커패시터를 직렬로 연결했을 때 한 값이 다른 값에 비해 몇 배나 작은 커패시턴스 값을 갖는다면 대부분의 실용적인 용도에서는 총 커패시턴스가 최솟값의 커패시턴스와 같다고 취급한다.

예제 11-1

$C_1 = 0.10\,\mu\text{F}$ 이고, $C_2 = 0.050\,\mu\text{F}$ 인 값을 갖는 두 커패시턴스가 [그림 11-3]과 같이 직렬로 연결되었다고 가정하자. 총 커패시턴스는 얼마인가?

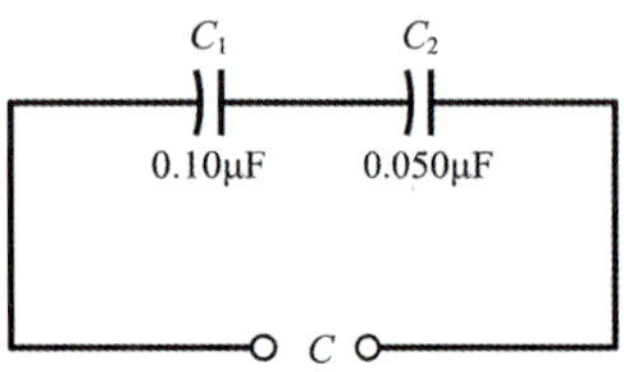

[그림 11-3] **직렬 연결된 커패시터**

풀이

[μF] 단위를 계산에 사용하자. 먼저 개별 커패시턴스의 역수를 구하면 $\dfrac{1}{C_1} = 10$ 이고, $\dfrac{1}{C_2} = 20$ 이다. 순수 직렬 커패시턴스의 역수를 구하기 위해 각 숫자를 더하면 다음과 같다.

$$\frac{1}{C} = 10 + 20 = 30$$

마지막으로 C^{-1}의 역수를 취하면 총 커패시턴스는 $C = \dfrac{1}{30} = 0.033\,\mu\text{F}$ 이다.

예제 11-2

$0.0010\,\mu\text{F}$과 $100\,\text{pF}$의 값을 갖는 두 커패시터를 직렬로 연결했다고 가정하자. 총 커패시턴스는 얼마인가?

풀이

먼저 두 커패시턴스를 μF으로 변환하자. $100\,\text{pF}$은 $0.000100\,\mu\text{F}$ 이므로 다음과 같다.

$$C_1 = 0.0010\,\mu\text{F}$$
$$C_2 = 0.000100\,\mu\text{F}$$

두 커패시턴스의 역수를 구하면 $\dfrac{1}{C_1} = 1{,}000$ 이고, $\dfrac{1}{C_2} = 10{,}000$ 이다. 이제 직렬 커패시턴스의 역수를 계산하면 다음과 같다.

$$\frac{1}{C} = 1{,}000 + 10{,}000 = 11{,}000$$

따라서 총 커패시턴스는 $C = \dfrac{1}{11{,}000} = 0.000091\,\mu\text{F}$ 이다. 이 커패시턴스는 $91\,\text{pF}$으로 나타낼 수 있다.

예제 11-3

100 pF 커패시터 5개를 직렬로 연결했다고 가정하자. 총 커패시턴스는 얼마인가?

풀이

만약 값이 모두 동일한 n개의 커패시터를 직렬로 연결하면 총 커패시턴스 C는 각 소자가 홀로 있을 때의 개별 커패시턴스 값의 $\frac{1}{n}$과 같다. 이 예제에서는 100 pF 커패시터 5개를 직렬로 연결했으므로 총 커패시턴스는 $C = \frac{100}{5} = 20.0\,\text{pF}$이다.

왜 굽은 선인가?

[그림 11-3]과 이 책의 다른 곳에서 등장하는 커패시턴스 기호에서 왜 한 선은 굽어 있고, 다른 한 선은 곧은 상태인지 궁금하지 않은가? 이는 대부분의 커패시터의 한쪽 끝은 **공통접지점**common ground(기준 전압이 제로인 중성 점)에 직접 연결하거나 공통접지점 쪽으로 향해 있기 때문이다. [그림 11-3]의 회로에서 공통접지는 존재하지 않는다. 따라서 커패시터가 어느 쪽으로 향하고 있는지는 문제되지 않는다. 커패시터의 방향을 고려해야 하는 회로는 이 책의 후반부에서 배울 것이다.

병렬 연결된 커패시터

병렬로 연결된 커패시턴스는 직렬로 연결된 저항처럼 더하면 된다. 즉 각 소자의 커패시턴스 값으로 같은 크기의 단위를 사용하면 총 커패시턴스는 각 소자 값을 더한 것과 같다.

커패시터 C_1, C_2, C_3, $\cdots$, C_n을 병렬로 연결한다고 가정하자. 그 소자 간에 상호 커패시턴스가 관측되지 않는다면 다음과 같이 총 커패시턴스 C를 계산할 수 있다.

$$C = C_1 + C_2 + C_3 + \cdots + C_n$$

만약 둘 또는 그 이상의 커패시터를 병렬로 연결했을 때 한 커패시턴스 값이 다른 커패시턴스 값에 비해 몇 배 더 크다면 대부분의 실용적인 용도에서는 총 커패시턴스가 가장 큰 커패시턴스 값과 같다고 취급한다.

예제 11-4

[그림 11-4]와 같이 커패시턴스 값이 각각 $C_1 = 0.100\,\mu\text{F}$, $C_2 = 0.0100\,\mu\text{F}$, $C_3 = 0.00100\,\mu\text{F}$ 인 3개의 커패시터가 병렬로 연결되었다고 가정하자. 총 커패시턴스는 얼마인가?

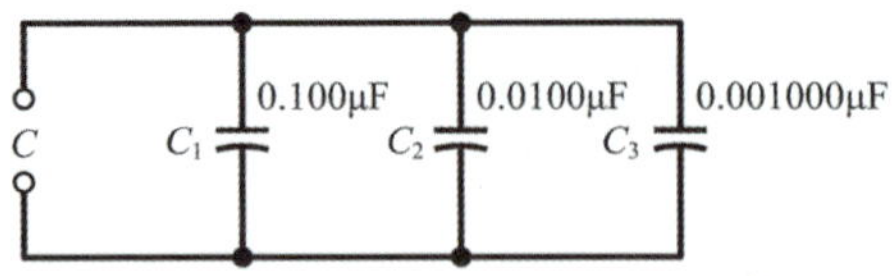

[그림 11-4] 병렬로 연결된 커패시터

풀이

모든 커패시턴스가 동일한 크기의 μF 단위로 표현되었으므로 값을 모두 더하면 된다.

$$C = 0.100 + 0.0100 + 0.00100 = 0.11100\,\mu\text{F}$$

이를 반올림하면 총 커패시턴스는 $C = 0.111\,\mu\text{F}$ 이다.

예제 11-5

$100\,\mu\text{F}$ 과 $100\,\text{pF}$ 인 커패시터 두 개를 병렬로 연결하면 총 커패시턴스는 얼마인가?

풀이

총 커패시턴스가 실제적인 용도에서는 $100\,\mu\text{F}$ 이라고 바로 답할 수 있다. $100\,\text{pF}$ 인 커패시턴스는 $100\,\mu\text{F}$ 인 커패시턴스와 비교하면 단지 백만분의 일에 해당한다. 이런 조합에서 매우 작은 커패시턴스는 총 커패시턴스에 본질적으로 전혀 기여하지 못한다.

고정 커패시터

고정 커패시터 fixed capacitor는 커패시턴스 값을 조절할 수 없고, (이상적으로는) 주변 환경과 회로의 조건이 달라져도 커패시턴스 값이 변하지 않는다. 수십 년 동안 다음과 같은 몇 가지 고정 커패시터들이 사용되어 왔다.

종이 커패시터

전자 공학 초창기에는 [그림 11-5]와 같이 두 금속박 조각 사이에 광물성 기름에 담근 종이를 넣고, 구조물을 말아 올린 뒤 두 금속박 조각에 전선 도선을 부착하고, 감아올린 금속박과 종이를 공기가 통하지 않도록 원통형 케이스 안에 넣어 포장하는 방식으로 커패시터를 제작했다. 예전의 오래된 전자 장치에서는 밀폐된 원통형 케이스에 말아 올린 호일과 종이로 구성된 **종이 커패시터** paper capacitor를 찾아볼 수 있다. 종이 커패시터의 용량은 약 0.001 μF에서 0.1 μF까지이고, 약 1,000 V 전압까지 전위차를 감당할 수 있다.

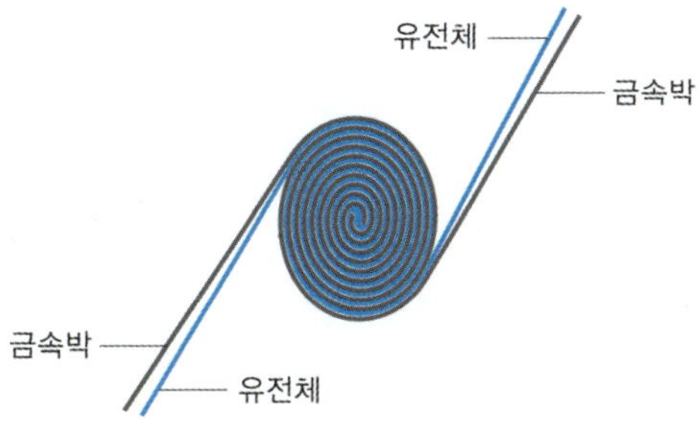

[그림 11-5] 두 금속박 조각 사이를 유전체 물질로 채운 뒤 말아서 만든 커패시터의 단면도

마이카 커패시터

마이카 mica는 고체이면서 투명하고, 얇은 박판으로 벗겨져 떨어지는 성질을 가진 자연 발생적 광물성 물질로 구성되어 있다. 마이카는 커패시터에 사용되는 우수한 유전체로, **마이카 커패시터** mica capacitors는 금속 박판과 마이카 층을 번갈아 쌓거나 마이카 판에 은 잉크를 도포해 제작한다. 금속 박판들은 함께 연결되어 2개의 **서로 맞물린 세트** meshed set 형태를 구성하고, [그림 11-6]과 같이 커패시터의 두 단자를 형성한다.

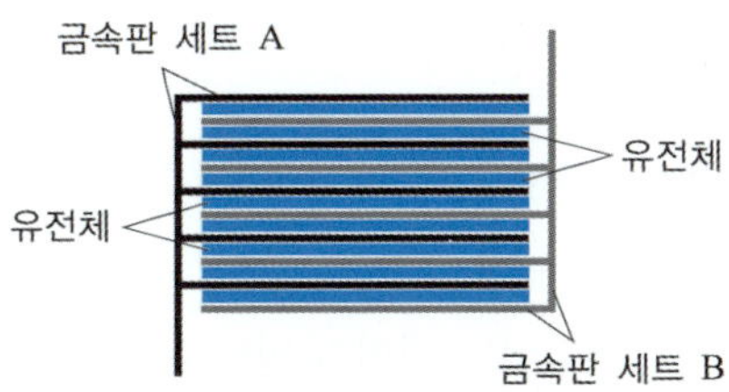

[그림 11-6] 2개의 금속판 세트가 유전체 물질층으로 분리되어 서로 맞물린 세트로 구성된 마이카 커패시터의 단면도

마이카 커패시터는 손실이 적으므로 과도한 전압을 가하지 않는 한 효율이 높다. 마이카 커패시터의 정격 전압은 수 V(얇은 마이카 박판)에서 수천 V(두꺼운 마이카 박판과 굵은-게이지 금속판)까지 올라갈 수 있다. 마이카 커패시터의 물리적인 부피는 커패시턴스에 비례해 커진다. 마이카 커패시터는 무선 수신기와 송신기에서 잘 동작하며 커패시턴스 값은 수십 pF에서부터 대략 0.05 μF까지 다양하다.

세라믹 커패시터

세라믹 재료ceramic materials는 유전체로 잘 동작한다. 세라믹 커패시터를 제작하려면 금속 박판을 세라믹 웨이퍼wafer와 번갈아 쌓아야 하는데, 세라믹 커패시터는 한 층에서 수많은 층까지 제한이 없다. 이렇게 쌓으면 [그림 11-6]과 같이 기하학적인 구조가 될 수도 있다. 세라믹은 마이카처럼 손실이 적으므로 높은 효율을 제공한다.

다층 세라믹 커패시터(MLCC)는 최신 설계에서 가장 일반적으로 사용되는 범용 커패시터이다. 기술의 향상을 통해 몇 pF에서 수 μF까지 광범위한 범위의 커패시턴스를 가질 수 있고, 크기가 매우 작다.

작은 커패시턴스 값을 얻으려면 판 모양으로 된 단 한 층의 세라믹 재료만 필요하다. 이 세라믹 **판**disk의 양쪽 면에 하나씩 두 금속판을 접착시켜 **디스크 세라믹 커패시터**disk-ceramic capacitor를 제작한다. 큰 커패시턴스 값을 얻으려면 금속과 세라믹 층을 번갈아서 여러 층으로 쌓고, 번갈아 쌓은 금속층을 교대로 묶어 전극으로 연결시킨다. 단층 구조의 가장 작은 세라믹 커패시터는 수 pF의 커패시턴스 값을, 대형 다층 구조의 세라믹 커패시터는 수백 μF까지의 값을 갖는다.

플라스틱-필름 커패시터

플라스틱은 커패시터를 제조하기에 좋은 유전체이다. 일반적으로 **폴리에틸렌**polyethylene과 **폴리스티렌**polystyrene이 사용되고, 제작 방법은 종이 커패시터를 제작하는 방법과 유사하다. 쌓는 방법은 플라스틱으로도 잘 구현할 수 있다. 플라스틱은 기하학적 구조를 변화시킬 수 있으므로 다양한 모양의 **플라스틱-필름 커패시터**plastic-film capacitor를 볼 수 있다. 커패시턴스 값은 약 50 pF ~ 수십 μF 사이에 분포하며 주로 0.001 μF ~ 10 μF 범위에서 발견된다. 전자회로에서 플라스틱 커패시터는 모든 주파수에서, 그리고 낮은 전압에서 중간 전압까지 잘 작동한다. 또한 마이카-유전체 또는 공기-유전체 커패시터의 효율만큼은 아니지만 충분히 효율이 좋다.

전해 커패시터

앞서 설명한 모든 커패시터는 비교적 작은 값의 커패시턴스를 제공한다. 커패시턴스는 **비분극화**nonpolarized되어 있는데, 이는 회로 내에서 방향을 구별할 필요 없이 연결해 쓸 수 있다는 것을 의미한다(어떤 경우에는 판매자가 신호 접지로 연결해야 하는 쪽이 어느 것인지 알려준다). **전해**electrolytic 커패시터는 약 1 μF에서 수천 μF까지의 용량을 제공한다. 그러나 전해 커패시터는 **분극화된**polarized (양극과 음극의 극성이 구분된) 소자이므로 정상적으로 동작하기 위해서는 회로 내에서 반드시 올바른 방향으로 연결해야 한다.

소자 제조자들은 **전해액** electrolyte으로 포화된 종이로 분리시킨 알루미늄 **막 조각** foil strip의 여러 층을 말아 올려 **전해 커패시터** electrolytic capacitor를 조립한다. 전해액은 전류를 흐르게 하고, 직류가 소자를 통해 흐를 때 알루미늄은 전해액과의 화학적 상호작용으로 인해 산화된다. 산화물층은 비전도성이므로 커패시터에 사용되는 유전체를 형성하며 그 층은 지극히 얇아 단위 체적당 큰 커패시턴스 값을 만든다. 전해질 커패시터는 수천 μF까지 값을 가질 수 있으며 어떤 것은 수천 V를 감당할 수 있다. 이런 커패시터들은 음성 증폭기와 직류 전원 공급 장치에서 쉽게 찾아볼 수 있다.

커패시턴스 값이 크면($> 10\,\mu$F) 전해 커패시터의 커패시터 제작 비용은 저렴하지만 수명이 짧을 수 있다. 이 커패시터는 평활 커패시터로 자주 사용되므로 높은 속도로 지속적으로 충전 및 방전하면 커패시터가 과열되어 결국 고장이 나게 된다. 따라서 전자 수리기사는 장비가 작동을 멈췄다면 고장 원인을 파악하기 위해 종종 전해 커패시터의 전해액을 먼저 확인한다.

탄탈럼 커패시터

전해 커패시터의 또 다른 형태로 알루미늄 대신 **탄탈럼** tantalum을 사용하기도 한다. 탄탈럼은 전통적인 전해질 커패시터 내의 알루미늄처럼 박막으로 형성될 수 있다. 또한 다공성 **펠릿** pellet의 형태를 띨 수도 있는데 이때는 불규칙한 표면 때문에 작은 부피에서 넓은 면적을 제공한다. 극도로 얇은 산화층이 탄탈럼 위에 형성된다.

탄탈럼 커패시터는 신뢰도가 높고 효율이 매우 우수하다. 탄탈럼 커패시터는 거의 고장나지 않으므로 종종 군사용이나 우주공간 환경에(또는 기술자들이 불편해하거나 불가능한 서비스라 생각하는 어디에나) 사용된다. 탄탈럼 커패시터의 값은 알루미늄 전해질의 값과 유사하며 알루미늄 타입을 대신해 음성 회로와 디지털 회로에 사용되어도 잘 동작한다. 그러나 알루미늄 전해 커패시터보다 제작 비용이 많이 들고, 과전압 조건으로 지속적으로 사용된다면 다소 폭발적인 방식으로 고장이 날 수 있다.

전송선 커패시터

10장에서 전송선의 먼 끝을 단락시키고, $\frac{1}{4}$ 전기 파장보다 짧게 잘린 단선의 전송선은 인덕터로 동작한다고 했다. 이때 전송선의 먼 끝을 단락시키는 대신 개방하면 단선의 전송선은 커패시터로 동작한다. 그런 전송선 단선의 커패시턴스는 전송선의 길이가 증가하면서 계속 증가하다가 전송선의 길이가 $\frac{1}{4}$ 전기 파장이 될 때 입력 쪽 끝에서 단락 회로처럼 동작한다. 전송선 커패시터는 전송선 인덕터와 마찬가지로 주파수에 민감하다.

반도체-기반 커패시터

반도체 semiconductor는 이 책의 후반부에서 배울 것이다. 반도체는 20세기 전기 및 전자회로 설계에 대변혁을 일으켰다. 오늘날 대부분의 전자 시스템은 주로 반도체 기반의 소자로 구성되어 있다.

제조자들은 커패시터를 만드는 데 반도체 재료를 사용할 수 있다. 반도체 **다이오드** diode는 한 방향으로만 전류를 전도하고, 다른 방향으로는 전류의 흐름을 막는다. 전압 전원이 전류가 흐르지 않는 방향으로 다이오드 양단에 연결되면 다이오드는 커패시터로 동작한다. 다이오드에 가한 이 **역방향 전압** reverse voltage의 크기에 따라 커패시턴스가 변화한다. 역방향 전압이 클수록 커패시턴스는 점점 작아진다. 이 현상은 다이오드를 **가변 커패시터** variable capacitor로 동작하게 한다. 어떤 다이오드는 이런 역방향 전압에 따른 커패시턴스의 변동을 활용할 목적으로 특별히 제작되는데, 이런 다이오드의 커패시턴스는 맥동하는 직류에 따라 급격하게 요동친다. 이를 **버랙터 다이오드** varactor diode 또는 **버랙터** varactor라고 한다.

커패시터는 **집적회로** integrated circuit(IC 또는 **칩** chip이라고도 부름)를 만드는 반도체 재료 내에 소형 버랙터로 **식각되어** etched 형성된다. 또한 전도성이 좋은 2개의 얇은 층 사이에 산화물 층을 샌드위치처럼 끼워 넣어서, 집적회로 내에 작은 커패시터가 식각되어 형성될 수 있다. 대부분의 집적회로는 포크 모양의 금속 갈퀴가 달려 있는 작은 상자처럼 보이는데, 이때 금속 갈퀴는 외부 회로나 시스템으로의 전기적 연결을 제공한다.

보통 반도체 커패시터는 값이 작다. 또한 항상 물리적인 크기가 매우 작고, 오직 낮은 전압만 감당할 수 있다. 이런 반도체 기반 커패시터의 장점은 소형화와 빠른 비율로 값을 변화시키는 성능(버랙터의 경우)이다.

가변 커패시터

판 사이의 상호 표면적을 조정하거나 판 사이의 간격을 변경해 커패시터의 값을 원하는 대로 변경할 수 있다. 버랙터를 제외한 가장 보편적인 두 가지 가변 커패시터는 **공기 가변 커패시터** air variable capacitor와 **트리머 커패시터** trimmer capacitor이다. 조금 덜 보편적인 형태로는 **동축 커패시터** coaxial capacitor도 있다.

공기 가변 커패시터

2개의 금속판 세트를 서로 맞물리도록 연결하고, 그중 한 세트를 회전 가능한 축에 붙여 가변 커패시터를 제작할 수 있다. 회전 가능한 판들의 세트는 **회전자** rotor를, 고정된 세트는 **고정자** stator를 구성한다. 오래된 라디오 수신기(특히 반도체 소자보다는 **진공관** vacuum tube을 사용한 수신기)나 고출력 무선 안테나 튜닝 회로망에서 이런 형태의 소자를 볼 수 있다. [그림 11-7]은 공기 가변 커패시터의 모형도이다.

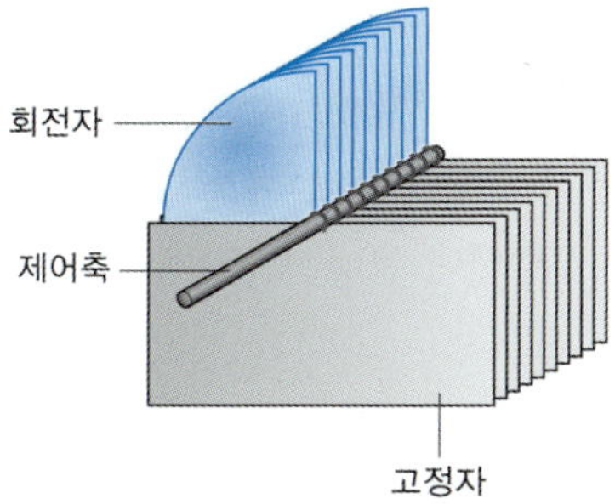

[그림 11-7] 공기 가변 커패시터의 단순 모형도

공기 가변 커패시터의 최대 커패시턴스 값은 각 세트 안에 있는 판의 수와 사이의 간격에 따라 달라진다. 최댓값은 일반적으로 50 ~ 500 pF에 걸쳐 있으며 때때로 1,000 pF 정도로 큰 공기 가변 커패시터도 볼 수 있다. 최솟값은 일반적으로 수 pF 수준이다. 전압 수용 능력은 판들 사이의 간격에 따라 달라진다. 몇몇 공기 가변 커패시터는 높은 교류 주파수에서 수 kV를 감당할 수 있다. 이렇게 유전체 재료로 공기를 사용하는 공기 가변 커패시터의 최대 장점은 진공에 버금갈 정도로 손실이 낮다는 것이다.

공기 가변 커패시터는 약 500 kHz를 초과하는 주파수에서 동작하도록 설계된 무선 장치에서 주로 볼 수 있다. 공기 가변 커패시터는 높은 효율과 우수한 **열 안정도** thermal stability(주변 온도의 급격한 요동에도 그 값이 크게 변화하지 않음)를 제공한다. 공기 가변 커패시터는 기술적 측면에서 분극이 없어도 보통 **공통접지** common ground를 구성하고 있는 금속 섀시나 회로 기판 주변 제어 축을 따라 회전자 판을 연결한다.

트리머 커패시터

커패시터의 값을 자주 변화시키지 않아도 된다면 비싸고 부피가 큰 공기 가변 커패시터보다 **트리머 커패시터** trimmer capacitor가 적합할 수 있다. 트리머는 세라믹 베이스 base 위에 판 2개를 장착하고, 그 사이에 고체 유전체 1장을 끼워 판을 분리시켜 제작한다. 트리머 커패시터는 [그림 11-8]과 같이 나사를 조절해 두 판 사이의 간격을 변화시킬 수 있다. 어떤 트리머는 커패시턴스를 증가시키기 위해 유전체 층과 판을 번갈아 쌓으면서 여러 판으로 구성된 2개의 금속판 세트가 교차되며 끼워지게 제작한다.

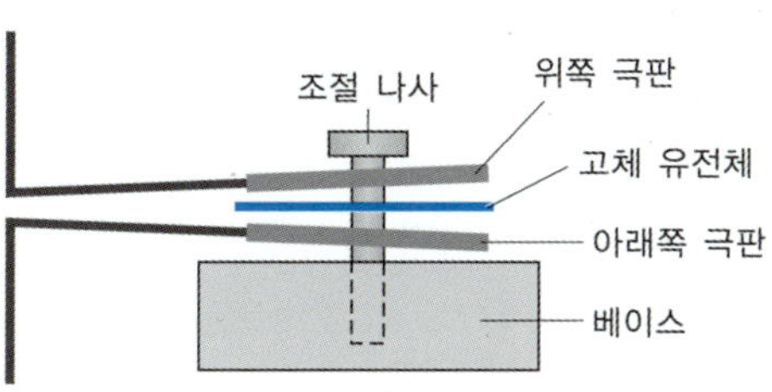

[그림 11-8] 트리머 커패시터의 단면도

트리머 커패시터는 공기 가변 커패시터와 병렬로 연결할 수 있다. 따라서 공기 가변 커패시터의 최소 커패시턴스를 정확하고 쉽게 조절할 수 있다. 어떤 공기 가변 커패시터는 이런 목적으로 트리머를 내장하기도 한다. 트리머의 전형적인 최댓값은 수 pF에서 약 200 pF까지 다양하다. 트리머는 낮은 값에서 중간 정도의 전압을 감당하고, 효율이 우수하며 분극 특성이 없다.

동축 커패시터

동축 커패시터coaxial capacitor를 제작할 때는 [그림 11-9]와 같이 망원경의 통처럼 끼워 넣은 2개의 금속관 구간을 사용한다. 두 관 구간 사이의 가변적인 유효 표면적 때문에 소자는 가변 커패시터로 동작한다. 두 관 구역을 분리시켜주는 플라스틱 유전체 **슬리브**sleeve는 내부 관이 외부 관 구간의 안팎으로 움직일 수 있도록 해 커패시턴스를 조절할 수 있게 한다.

동축 커패시터는 고주파 교류 응용, 특히 무선 안테나 튜너에서 잘 동작하며 그 값은 수 pF에서 약 100 pF까지 걸쳐 있다.

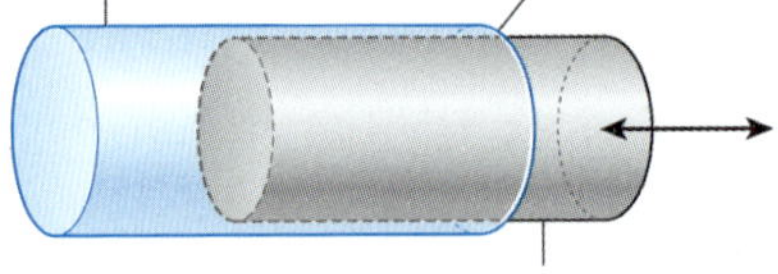

[그림 11-9] 동축 가변 커패시터의 단순 모형도

커패시터 규격

특별한 용도로 사용할 커패시터를 찾는다면 그 용도에 적합한 규격을 가진 소자를 찾아야 한다. 특히 중요한 커패시터의 두 가지 규격은 다음과 같다.

공차(허용 오차)

소자 제조자는 커패시터가 커패시턴스 정격에 얼마나 맞을지 기대하는 정도에 따라 비율을 매기며 이 비율을 **공차**tolerance라고 한다. 고정 커패시터의 일반적인 공차는 ±10%로, 어떤 커패시터는 ±5% 또는 ±1%까지 정격이 매겨진다. 공차 수치가 낮으면 정격값에 더 가까운 실제 소자의 값을 기대할 수 있다. 예를 들어, 100 pF±10%로 정격이 주어진 커패시터는 90 pF ~ 110 pF 범위에 분포할 수 있다. 그러나 만약 공차가 ±1%라면 제조자는 커패시턴스가 99 pF ~ 101 pF 범위를 벗어나지 않는다는 것을 보증한다.

예제 11-6

정격이 $0.10\mu F \pm 10\%$인 커패시터를 발견했다고 가정하자. 이 커패시턴스의 보증 범위는 얼마인가?

풀이

먼저 양(+)과 음(−)의 변화를 구하기 위해 10%인 0.10을 곱하면 $0.10 \times 0.10 = 0.010\mu F$이다. 그다음 커패시턴스 범위를 구하기 위해 정격 커패시턴스에 이 값을 가감하면 최솟값은 $0.10 - 0.010 = 0.09\mu F$, 최댓값은 $0.10 + 0.010 = 0.1\mu F$이다. 따라서 범위는 $0.09\mu F \sim 0.1\mu F$이다.

온도 계수

어떤 커패시터는 온도가 증가하면 값이 증가한다. 이런 소자는 **정특성 온도 계수**positive temperature coefficient를 갖는다. 반대로 어떤 커패시터는 온도가 증가하면 값이 감소하는데, 이런 소자는 **부특성 온도 계수**negative temperature coefficient를 갖는다고 한다. 또 어떤 커패시터는 (상당한 비용으로) 특별하게 제조되어 특정 온도 범위 내에서 값이 일정하게 유지되는데, 이런 소자는 **제로 온도 계수**zero temperature coefficient를 갖는다고 한다.

일반적으로 소자의 온도 계수는 **섭씨 1도당 백분율인 퍼센트/섭씨도**percent per degree Celsius (%/℃)로 표시한다. 때때로 부특성 온도 계수를 갖는 커패시터와 정특성 온도 계수를 갖는 커패시터를 직렬 또는 병렬로 연결하면 제한된 온도 범위에서 2개의 상반된 효과가 서로를 상쇄시키기도 한다. 또한 정특성 또는 부특성 온도 계수를 갖는 커패시터를 사용해 인덕터, 저항과 같은 회로 내 다른 소자에 미치는 온도 효과를 상쇄시키거나 적어도 최소화시킬 수 있다.

전극 간 커패시턴스

어떤 전도성 재료라도 서로 근접해서 위치하면 커패시터처럼 동작할 수 있다. 이런 **전극 간 커패시턴스**interelectrode capacitance는 크기가 작기 때문에(수 pF 또는 그 이하) 걱정하지 않아도 된다. 전기 시설 회로나 음성-주파수(AF) 회로에서 전극 간 커패시턴스는 문제를 거의 일으키지 않는다. 그러나 라디오-주파수(RF) 시스템에서는 문제를 야기할 수 있는데, 주파수가 증가하면 문제가 발생할 위험성은 증가한다.

전극 간 과도한 커패시턴스로 인해 발생하는 가장 일반적인 결과는 동작 주파수가 변화하면서 회로 특성에서 원치 않은 변화와 **피드백**feedback이 일어나는 것이다. 전자 소자나 시스템에서 전극 간 커패시턴스를 최소화시킬 수 있는데, 그러기 위해서는 각 개별 회로 내 연결 전선을 가능한 한 짧게 유지하거나 회로를 서로 연결할 때 차폐된 케이블을 사용하면 된다. 또 다른 방법으로 하우징과 같은 금속 덮개로 가장 민감한 회로를 둘러싸면 된다.

등가 직렬 저항

이상적인 세계에서 커패시터는 커패시턴스만 가지며 인덕턴스나 저항은 없다. 실제로 커패시터에는 등가 직렬 저항(ESR)이 있다. 등가 직렬 저항은 커패시터 리드 및 전극 중 하나와 직렬로 연결된 명목 저항기의 값으로, 특정 작업에 대한 커패시터를 선택할 때 고려해야 할 요소 중 하나이다.

연습문제

01 만약 적정 범위 내에서 온도가 변화하더라도 커패시터의 값(커패시턴스)이 그대로라면 그 커패시터의 온도 계수는 얼마인가?

(a) 0이다.
(b) 1이다.
(c) 무한대와 같다.
(d) 정의되지 않는다.

02 다음 중 다른 모든 요인은 고정시켰을 때 마이카를 무엇으로 바꾸면 마이카-유전체 커패시터의 값을 증가시킬 수 있는가?

(a) 스트론튬 티탄산염
(b) 폴리에틸렌
(c) 종이
(d) 공기

03 다음 괄호에 들어갈 적절한 말은 무엇인가?

> 다른 모든 요인은 고정시킨다고 가정하고, 커패시터의 값을 감소시킨다면 금속판에 6 V 배터리를 연결한 뒤 완전히 충전되기까지는 (   )

(a) 시간이 더 걸린다.
(b) 더 어려워진다.
(c) 시간이 덜 걸린다.
(d) 더 많은 에너지를 소비한다.

04 공기 가변 커패시터에서 가장 흔히 발견할 수 있는 커패시턴스 값은 얼마인가?

(a) 1,000 μF
(b) 68 μF
(c) 3.3 μF
(d) 50,000 pF

05 다음 중 한 층의 디스크 세라믹 커패시터에서 가장 발견하기 힘든 커패시턴스 값이 있다면 무엇인가?

(a) 150 pF (b) 680 pF
(c) 0.01 μF (d) 330 μF

06 0.01 nF의 커패시턴스를 pF으로 나타낸 값은 얼마인가?

(a) 0.1 pF (b) 1 pF
(c) 10 pF (d) 100 pF

07 100 pF 커패시터 4개를 직렬로 연결한다면 총 커패시턴스는 얼마인가?

(a) 25 pF (b) 50 pF
(c) 100 pF (d) 400 pF

08 100 pF 커패시터 4개를 병렬로 연결한다면 총 커패시턴스는 얼마인가?

(a) 25 pF (b) 50 pF
(c) 100 pF (d) 400 pF

09 100 pF 커패시터 4개를 2×2 직병렬 매트릭스로 연결한다면 총 커패시턴스는 얼마인가?

(a) 25 pF (b) 50 pF
(c) 100 pF (d) 400 pF

10 100 pF 커패시터 9개를 3×3 직병렬 매트릭스로 연결한다면 총 커패시턴스는 얼마인가?

(a) 25 pF (b) 50 pF
(c) 100 pF (d) 400 pF

연습문제

11 다음 중 커패시터의 유전체 재료로서 공기의 주요 장점으로 옳은 것은 무엇인가?

(a) 작은 부피로 큰 커패시턴스를 제공한다.
(b) 낮은 손실을 보인다.
(c) 낮은 전압에서 잘 작동한다.
(d) 높은 유전상수를 갖는다.

12 다음 중 6,800 nF의 커패시턴스를 μF으로 나타낸 값은 무엇인가?

(a) 0.06800 μF (b) 0.6800 μF
(c) 6.800 μF (d) 68.00 μF

13 다음 중 탄탈럼 커패시터의 특성으로 옳은 것은 무엇인가?

(a) 높은 신뢰성
(b) 단위 체적당 큰 커패시턴스
(c) 높은 효율
(d) (a), (b), (c) 모두

14 전해 커패시터에서 가장 흔하게 찾아볼 수 있는 값은 얼마인가?

(a) 0.100 pF (b) 100 pF
(c) 0.100 μF (d) 100 μF

15 10 pF 커패시터를 20 pF 커패시터와 병렬로 연결한다면 총 커패시턴스는 얼마인가?

(a) 30 pF (b) 15 pF
(c) 6.7 pF (d) 5.5 pF

16 10 pF 커패시터를 20 pF 커패시터와 직렬로 연결한다면 총 커패시턴스는 얼마인가?

(a) 30 pF (b) 15 pF
(c) 6.7 pF (d) 5.5 pF

17 정격이 220 pF ± 10 %인 커패시터를 발견했다고 가정하자. 수용 범위 밖에 놓여 있는 커패시턴스 값은 얼마인가?

(a) 180 pF
(b) 195 pF
(c) 246 pF
(d) (a), (b), (c) 모두

18 정격이 330 pF인 커패시터가 실제로는 340 pF의 값을 보인다고 가정하자. 실제 커패시턴스는 정격값과 몇 퍼센트 다른가?

(a) +2.94 % (b) +3.03 %
(c) −2.94 % (d) −3.03 %

19 다음 중 종이 커패시터에서 가장 흔하게 발견할 수 있는 값은 얼마인가?

(a) 0.001 nF (b) 1.00 pF
(c) 0.01 μF (d) 100 μF

20 다음 중 다른 모든 요인은 고정시키고, 공기 가변 커패시터에서 판의 수를 감소시키면 일어나는 일로 옳은 것은 무엇인가?

(a) 커패시턴스가 증가한다.
(b) 커패시턴스가 감소한다.
(c) 커패시턴스가 변화하지 않는다.
(d) 이 질문에 답하려면 정보가 더 필요하다.

정답

01 a	02 a	03 c	04 b	05 d	06 c	07 a	08 d	09 c	10 c
11 b	12 c	13 d	14 d	15 a	16 c	17 d	18 b	19 c	20 b

CHAPTER

12

위상

Phase

학습목표

- 교류 파형의 특성과 순시값, 순간변화율을 이해할 수 있다.
- 두 파동의 위상차를 표현하는 방법과 위상차의 벡터 다이어그램을 이해할 수 있다.

모든 사이클은 교류 파동에서 완벽하게 복제되고, 무한히 반복된다. 이번 장에서는 이렇게 무한히 반복되는 사이클인 교류 교란의 가장 간단한 형태(또는 파형)라고 할 수 있는 **사인파**sine wave 또는 **사인 곡선**sinusoid에 관해 배운다.

순시값

순간 진폭(순시 진폭)을 시간의 함수로 그래프에 그리면 교류 사인파는 [그림 12-1]과 같이 나타난다. 이 그림은 함수 $y = \sin x$의 그래프가 (x, y) 좌표 평면상에 어떻게 나타날지 보여준다(sin은 삼각법에서 **사인**sine의 약어이다). 피크 전압은 +1.0V와 −1.0V이고, 주기는 정확히 1초(1.0s)이다. 따라서 파동은 1.0Hz의 주파수를 갖는다. 시간이 $t = 0.0$s일 때부터 파동이 시작된다면 t 값이 정수가 될 때마다 각각의 사이클이 시작된다. t 값이 정수가 되는 매순간마다 전압값은 0이 되고, 양(+)으로 상승한다.

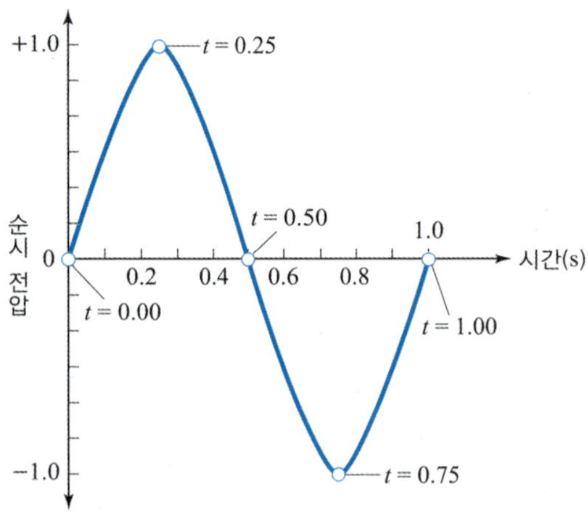

[그림 12-1] 1초의 주기를 갖는 사인파는 1Hz의 주파수를 갖는다.

예를 들어, $t = 446.00$s에 시간을 고정시키고, 순시 전압을 측정하면 전압은 0.0V가 된다. 모든 $\frac{1}{2}$초에 해당하는 시간마다 순시 전압은 0.0V가 되므로 $t = 446.50$s일 때도 0.0V가 된다는 것을 알 수 있다. 그러나 두 번째로 절반이 되는 순간에 전압은 양(+)의 값으로 향하지만 모든 $\frac{1}{2}$초에 해당하는 순간에는 음(−)의 값으로 향한다. 만약 $t = 446.25$s와 같이 $\frac{1}{4}$초에 해당하는 시간마다 시간을 고정시킨다면 순시 전압은 +1.0V가 되며 이때 파동은 정확히 양(+)의 **피크**peak 값에 머문다. 만약 $t = 446.75$s와 같이 $\frac{3}{4}$초에 해당하는 시간마다 시간을 고정시키면 순시 전압은 정확히 음(−)의 피크값인 −1.0V에 머물 것이다. 피크가 아닌 중간의 어느 값, 예를 들어 $\frac{3}{10}$초에 해당하는 시간마다 시간을 고정하면 그 전압은 모두 중간의 어느 값으로 동일할 것이다.

순간변화율

[그림 12-1]에서 순시 전압은 때로는 증가하고, 때로는 감소한다. 이 상황에서 **증가**increasing는 '더 양(+)의 값이 되는 것'을 의미하고, **감소**decreasing는 '더 음(−)의 값이 되는 것'을 의미한다. [그림 12-1]에서 전압이 가장 빠르게 증가하는 순간은 $t = 0.00\,\mathrm{s}$ 와 $t = 1.00\,\mathrm{s}$ 이다. 반대로 전압이 가장 빠르게 감소하는 순간은 $t = 0.50\,\mathrm{s}$ 이다. 한편 $t = 0.25\,\mathrm{s}$ 와 $t = 0.75\,\mathrm{s}$ 일 때는 순시 전압은 증가하지도 감소하지도 않는다. 이렇게 전압이 변하지 않는 상황은 아주 짧은 순간에만 존재한다.

n 이 임의의 양의 정수이고, 단위는 초(s)라고 하자. n 으로 어떤 정수를 선택해도 $t = n.25\,\mathrm{s}$ 와 $t = 0.25\,\mathrm{s}$ 일 때의 상황은 동일하다. 마찬가지로 $t = n.75\,\mathrm{s}$ 와 $t = 0.75\,\mathrm{s}$ 일 때의 상황은 동일하게 나타난다. [그림 12-1]에 나타난 한 사이클은 1 Hz 의 주파수를 가지며 피크값이 +1 V 와 −1 V 인 교류 사인파의 모든 가능한 상태를 보여주고 있다. 회로에서 전압과 주파수가 변경되지 않았다면 교류가 회로에서 계속 흐르는 한 이 전체 파동 사이클은 무한히 되풀이된다.

[그림 12-1]의 파동에서 전압의 **순간변화율**instantaneous rate of change을 시간의 함수로 관측하고 싶어한다고 가정하자. 이 전압의 순간변화율 함수의 그래프 역시 사인파가 되지만 원래 파동보다 $\frac{1}{4}$ 사이클만큼 왼쪽으로 이동해 나타난다. 만약 시간의 함수로 [그림 12-2]와 같이 사인파의 순간 변화율을 그린다면 파형의 **도함수**derivative가 나온다. 사인파의 도함수는 **코사인파**cosine wave가 된다. 사인 함수를 미분한 결과가 코사인 함수이기 때문이다. 코사인파는 사인파와 모양이 동일하지만 **위상**phase은 $\frac{1}{4}$ 사이클만큼 차이가 난다.

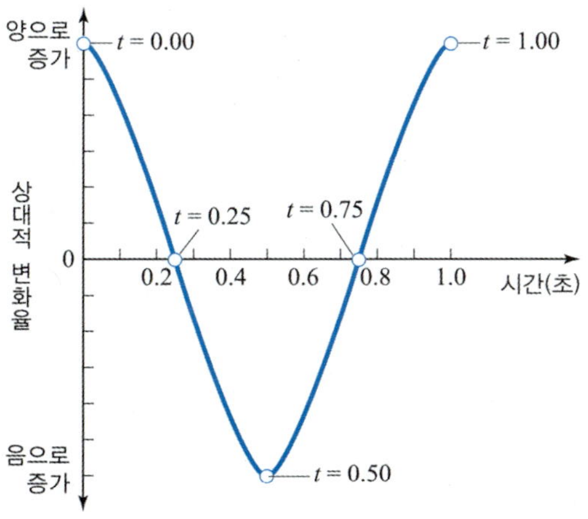

[그림 12-2] [그림 12-1]의 파동에 대해 순시 전압의 변화율을 나타내는 사인파

원과 벡터

교류 사인파는 교대로 변화하는 전기적 양을 가장 효율적으로 표현하는 방법이다. 교류 사인파는 오직 하나의 주파수 성분을 가지며 모든 파동 에너지는 매끈하게 위아래로 움직이는 하나의 변동, 즉 하나의 주파수에 집중되어 있다. 교류 파동이 이런 특징을 가질 때 파동을 물체의 원운동(고정된 중앙 점 주위를 일정한 속도로 원형 궤도에 따라 움직이는 물체의 운동)에 비교할 수 있다.

원운동

[그림 12-3(a)]와 같이 줄 끝에 공을 매달고, 초당 1회전하는 비율(1 r/s)로 빙빙 돌려 공이 공간에서 수평으로 원을 그린다고 가정하자. 만약 친구가 일정한 거리를 두고 떨어져 있을 때 그 친구의 눈이 공의 진행로의 평면상에 있다면 친구는 [그림 12-3(b)]와 같은 1 Hz 의 주파수로 앞뒤로 진동하고 있는 공을 보게 될 것이다. 이는 초당 완벽한 한 사이클에 해당한다. 1 r/s 의 빠르기로 공이 궤도를 만들기 때문이다.

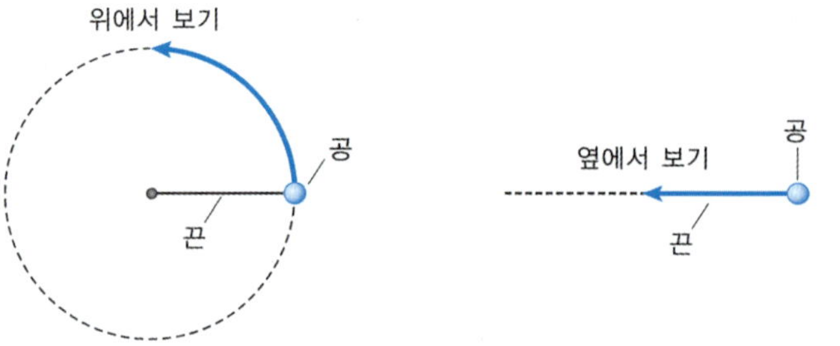

(a) 위에서 보았을 때 (b) 옆에서 보았을 때

[그림 12-3] 빙빙 도는 공과 끈을 위와 옆에서 본 그림

친구가 바라보는 공의 위치를 시간에 따른 그래프로 나타내면 [그림 12-4]와 같은 사인파가 되며 이 파동은 모든 사인파와 동일한 기본적인 모양이다. 한편 어떤 사인파는 다른 사인파보다 피크 간 간격(피크-피크 진폭)이 더 크기도 하고, 또 어떤 사인파는 다른 사인파보다 파장이 수평으로 더 늘어나 있기도 한다. 그러나 모든 사인파는 동일한 일반 성질을 갖는다. 만약 한 사인파의 피크-피크 진폭과 파장 중 어느 하나 또는 진폭과 파장 모두에 적절한 숫자를 곱하거나 나누면 그 사인파는 다른 어떤 사인파 곡선과도 정확하게 일치할 수 있다. **표준 사인파** standard sine wave는 $(x,\ y)$ 좌표 평면에서 다음과 같은 함수를 갖는다.

$$y = \sin x$$

[그림 12-3(a)]와 같은 상황에서 끈의 길이를 더 짧거나 길게 만들 수 있고, 공을 돌리는 속도를 더 느리게 하거나 빠르게 할 수도 있다. 이렇게 변화를 주는 것은 [그림 12-4]와 같은 사인파 그래프에서 피크-피크 진폭과 주파수 중 어느 하나 또는 두 가지 모두를 변화시키는 것에 해당한다. 그러나 이런 일정한 원형 회전운동은 항상 사인파로, 그리고 등가적으로 그릴 수 있다. 이를 사인파의 **원운동 모델** circular-motion model 이라고 한다.

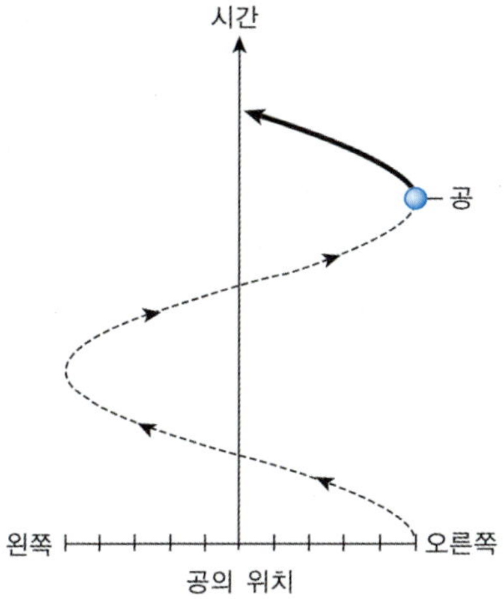

[그림 12-4] 옆에서 보이는 공의 위치(가로축)를 시간(세로축)의 함수로 나타낸 그래프

회전하는 벡터

9장에서 **위상각** degrees of phase 에 대해 배웠다. 만약 위상을 왜 원 주위로 진행하는 각도라고 하는지 의문이었다면 지금 설명을 통해 이해할 수 있을 것이다. 기초 기하학 교과목에서 배웠듯 원의 각도는 360°이므로 사인파를 따라 위치한 점은 직관적으로 원 둘레의 각도 또는 위치에 상응한다.

[그림 12-5]는 **극좌표** polar coordinates 시스템에서 사인파를 표현하기 위해 **회전하는 벡터** rotating vector 를 어떻게 사용할 수 있는지 보여준다. 극좌표 시스템에서 점의 좌표 위치를 결정하는 것은 두 가지로, 그래프의 중심인 **원점** origin 으로부터 그 점까지의 거리인 **반경** radius 과 **정동** 正東, due east 쪽으로부터 그 점까지 반시계 방향으로 회전한 각도인 **방향** direction 이다. 원점으로부터 수평과 수직 방향의 변위에 따라 점의 좌표 위치를 결정하는, 보다 전통적인 시스템인 **직각 좌표계** rectangular coordinates 시스템과 극좌표 시스템을 비교해 보자.

벡터는 **크기** magnitude (길이 또는 진폭)와 **방향** direction (각도)이라는 두 가지의 독립적인 특성으로 수학적 양을 구성한다. 따라서 벡터는 극좌표계에 아주 적합하다. 앞서 비교해 봤던 것처럼 [그림 12-5]의 원운동 모델에서 다음과 같은 특수한 상황에 주목해 보자.

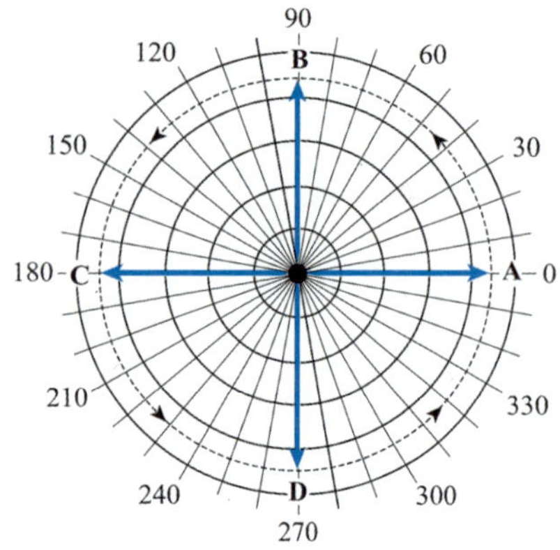

- 벡터 **A** : 사이클의 출발(0°)
- 벡터 **B** : 사이클의 1/4파장(90°)
- 벡터 **C** : 사이클의 1/2파장(180°)
- 벡터 **D** : 사이클의 3/4파장(270°)

[그림 12-5] 회전하는 벡터를 사용한 사인파. 벡터의 길이는 결코 변하지 않는다.

- 벡터 A는 0°의 방향각을 가지며 파동 진폭이 0이고, 양(+)으로 증가하는 순간을 묘사한다.
- 벡터 B는 파동이 최대 양(+)의 진폭을 얻는 지점인(90° 위상각을 나타내는) 북쪽을 가리킨다.
- 벡터 C는 파동이 0의 진폭으로 되돌아가고, 더 음(−)의 값 쪽으로 내려가는 순간인(180° 위상각을 나타내는) 서쪽을 가리킨다.
- 벡터 D는 파동이 최대 음(−)의 진폭을 얻는 순간인(270° 위상각을 나타내는) 남쪽을 가리킨다.
- 벡터가 완전한 원(360°)으로 반시계 방향으로 회전했을 때 벡터는 다시 한 번 벡터 A가 되고, 파동은 다음 사이클을 시작한다.

이 과정을 잘 살펴보면 벡터의 방향이 끊임없이 변화하는 동안 그 길이는 항상 동일하다는 것을 알 수 있을 것이다.

벡터 '스냅사진'

[그림 12-5]의 **순시 벡터**instantaneous vectors A, B, C, D를 사인파에서 점으로 나타내면 [그림 12-6]과 같다. 이 네 점을 파동 벡터의 스냅사진이라고 생각해 보자. 이때 파동 벡터는 파동의 한 사이클당 1회전하는 일정한 **각속도**angular speed를 가지며 반시계 방향으로 회전한다. 만약 파동의 주파수가 1 Hz라면 벡터는 1 r/s의 비율로 회전한다. 주파수는 증가시키거나 감소시킬 수 있고, 여전히 원운동 모델을 사용할 수 있다. 만약 파동의 주파수가 100 Hz라면 벡터의 속도는 100 r/s이고, 0.01 s마다 1회전한다. 만약 파동의 주파수가 1 MHz라면 벡터의 속도는 1,000,000 r/s (10^6 r/s)이고, 0.000001 s (10^{-6} s)마다 원이 1회전한다.

원운동 모델에서 순수한 교류 사인파의 피크 진폭은(+ 또는 − 부호 없이) 그 벡터의 길이에 해당한다. 따라서 피크-피크 진폭은 벡터 길이의 2배이다. 벡터는 진폭이 증가할 때 더 길어진다. [그림 12-5]에서 각 사이클이 진행되는 시간은 정동쪽due east에서부터 반시계 방향으로 진행하는 각도로 표현된다.

[그림 12-5]와 다른 모든 **원-모델** circular-model 사인파 벡터 다이어그램에서 벡터가 반시계 방향으로 일정한 각속도로 끊임없이 회전해도 벡터의 길이는 절대 변하지 않는다. 파동의 주파수는 벡터가 회전하는 속도에 상응하며 파동 주파수가 증가할 때 벡터의 회전 속도 역시 증가한다. 사인파 벡터 길이가 그 회전 속도와 무관하게 유지되듯 사인파의 진폭 역시 사인파의 주파수에 대해 독립적이다.

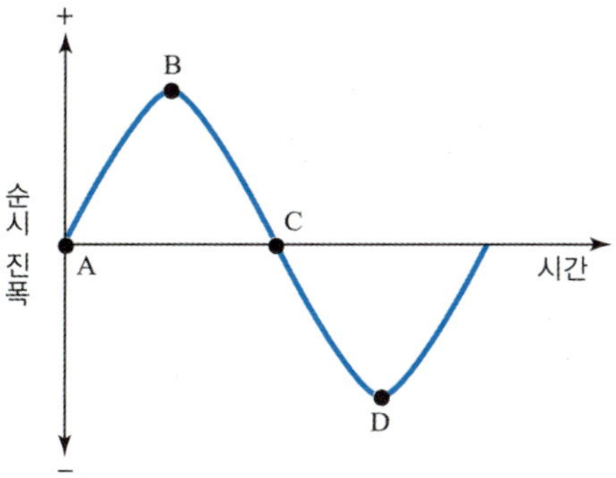

[그림 12-6] [그림 12-5] 벡터 모델의 네 점을 사인파에 대한 진폭 대 시간의 표준 그래프 위에 나타낸 그림

위상차의 표현

두 사인파 간의 **위상차** phase difference는 **위상각** phase angle이라고도 한다. 이 위상차는 두 파동이 동일한 주파수를 가질 때만 의미가 있다. 만약 주파수가 아주 조금이라도 다르다면 상대적인 위상은 계속해서 변화하고, 위상차 값을 지정하는 것은 불가능하다. 이어지는 위상각의 논의에서는 두 파동의 주파수가 항상 동일하다고 가정해 보자.

위상 일치

위상 일치 phase coincidence는 두 파동이 정확히 같은 순간에 시작한다는 의미이다. 즉 두 파동은 완벽하게 정렬되어 있다. [그림 12-7]은 진폭이 서로 다른 두 사인파의 위상이 일치하는 상황을 나타낸다. 이 경우 위상 차이는 0°이다. 다르게 표현하면 이 위상 차이는 360°의 어떤 정수배 각도에 해당한다고도 할 수 있다. 그러나 위상각을 0°보다 작거나 360°보다 큰 값으로 말하는 경우는 거의 없다.

만약 두 사인파의 위상이 일치하고, 두 파동 모두 중첩된 직류를 갖지 않는다면 합성 파동은 두 요소 파동의 양(+)과 음(−)의 피크 진폭을 합한 것과 동일한, 즉 양(+)의 피크(pk+) 또는 음(−)의 피크(pk−) 진폭을 갖는 사인파가 된다. 합성파의 위상은 두 요소 파동의 위상과 동일하다.

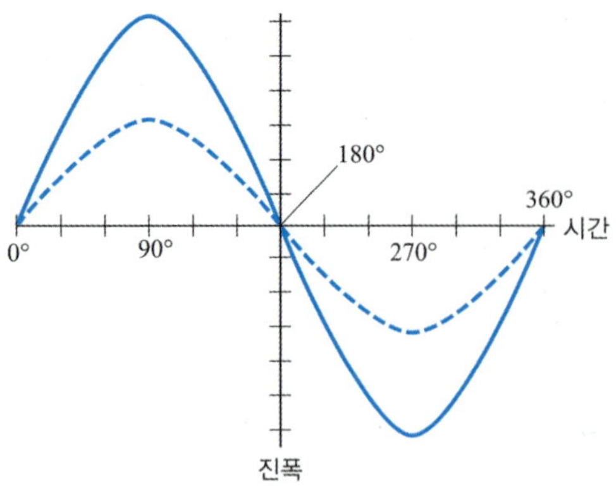

[그림 12-7] 위상이 일치한 상태의 두 사인파

$\frac{1}{2}$ 사이클 위상차의 파동

만약 두 사인파가 정확히 $\frac{1}{2}$ 사이클(180°)만큼 떨어져서 출발하면 [그림 12-8]의 그래프와 같은 상황이 된다. 이 경우 때로는 파동이 **벗어난 위상** out of phase 에 있다고도 말한다. 이 표현은 위상차가 180°가 아닌 다른 어떤 위상 차이값을 갖는다고 생각할 수 있어서 불명확한 진술임에도 불구하고 가끔 사용된다.

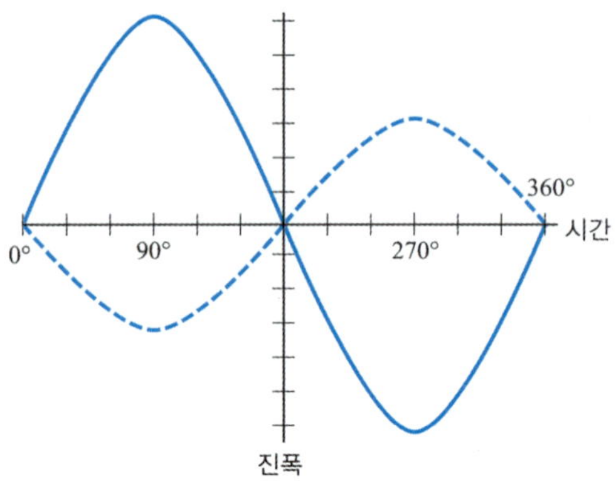

[그림 12-8] 위상이 180° 차이가 나는 두 사인파

만약 두 사인파의 진폭이 동일하고, 180° 위상 차이가 존재할 때 두 파동 모두 중첩된 직류가 없다면 두 사인파는 서로를 상쇄시키고 사라진다. 두 파동의 순간 진폭이 매 순간 크기가 같고, 부호가 반대이기 때문이다.

만약 두 사인파의 진폭이 동일하지 않고, 180° 위상 차이가 존재할 때 두 파동 모두 중첩된 직류가 없다면 합성파는 두 요소 파동의 양(+)과 음(−)의 피크 진폭 차이와 같은 양(+) 또는 음(−)의 피크 진폭을 갖는 사인파가 된다. 합성파의 위상은 두 요소 파동 중 더 강한 파동의 위상과 동일하다.

위상 반대

중첩된 직류가 없는 완전한 사인파는 그 위상을 정확히 180°만큼 이동시키면 '원래 파동의 위아래가 뒤집히는 것', 즉 **위상 반대**phase opposition 상태와 동일해진다. 그러나 모든 파형이 이런 특성을 갖는 것은 아니다. 완전한 방형파는 이처럼 독특한 특성이 있지만 대부분의 방형파(구형파)나 톱니파는 이런 특성을 갖지 않고, 거의 모든 불규칙한 파형 역시 이와 같은 특성을 갖지 않는다.

대부분의 **비사인곡선**nonsinusoidal의 파동(사인 또는 코사인 함수 그래프와는 다른 파동)에서 180° 위상 천이는 '파동의 위아래가 뒤집히는 것'과 같은 결과를 낳지 않는다. 따라서 180° 위상 차이와 위상 반대 상태의 개념적인 차이를 잊지 말아야 한다.

중간 위상차

주파수가 동일한 두 완전한 사인파는 0°(위상 일치)에서 90°($\frac{1}{4}$ 사이클의 위상차를 의미하는 **위상 직각**phase quadrature)를 거친다. 그다음 180°, 270°(다시 위상 직각), 마지막으로 360°(다시 위상 일치)로 되돌아가는 전 과정을 거쳐 0° ~ 360° 사이 어떤 값의 위상차도 가질 수 있다.

앞선 위상

주파수가 동일한 파동 X와 파동 Y라는 두 사인파가 있다. 만약 파동 X가 파동 Y보다 한 사이클의 일부만큼 일찍 시작하면 파동 X가 파동 Y를 위상에서 **앞선다**lead고 한다. 이를 만족하기 위해서는 파동 X는 파동 Y가 시작하기 전 180°보다 작은 위상값에서 사이클을 시작해야 한다. [그림 12-9]는 파동 X가 파동 Y보다 90°만큼 앞서는 것을 보여준다.

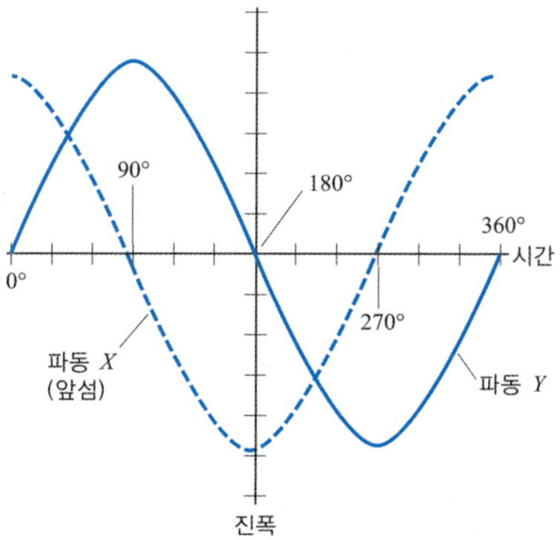

[그림 12-9] 파동 X가 파동 Y보다 90° 위상($\frac{1}{4}$ 사이클)만큼 앞선다.

만약 [그림 12-9]에서 점선으로 표현된 특정 파동 X가 실선으로 표현된 다른 파동 Y를 앞서면 파동 X는 $\frac{1}{2}$파장 이내의 어떤 거리만큼 시간 축에서 파동 Y의 왼쪽으로 옮겨져 위치한다. 시간 도메인의 그래프나 화면에서 왼쪽으로의 변위는 시간이 더 앞선 순간을, 오른쪽으로의 변위는 시간이 더 늦은 순간을 나타낸다. 이는 시간이 왼쪽에서 오른쪽으로 '흘러가기' 때문이다.

뒤선 위상

어떤 사인파 X는 파동 Y가 출발하기 전 $180°$($\frac{1}{2}$ 사이클)보다 크고, $360°$(전체 사이클)보다 작은 위상에서 사이클을 시작한다고 가정하자. 이때 파동 X가 파동 Y보다 $0° \sim 180°$ 범위의 어떤 위상만큼 늦게 그 사이클을 시작한다면 이를 파동 X가 파동 Y보다 **뒤선다**[lag]고 한다. [그림 12-10]은 파동 X가 파동 Y보다 $90°$만큼 뒤서는 것을 보여준다.

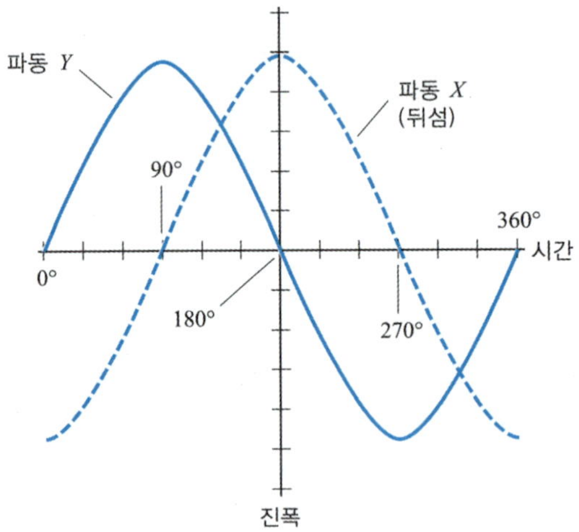

[그림 12-10] 파동 X가 파동 Y보다 $90°$ 위상($\frac{1}{4}$ 사이클)만큼 뒤선다.

만약 [그림 12-10]에서 점선으로 표현된 특정 파동 X가 실선으로 표현된 다른 파동 Y를 뒤서면 파동 X는 $\frac{1}{2}$파장 이내의 어떤 거리만큼 시간 축에서 파동 Y의 오른쪽으로 옮겨져 위치한다.

상대적 위상의 벡터 다이어그램

사인파 X가 사인파 Y를 $q°$(여기서 q는 $180°$보다 작은 양(+)의 각도)만큼 앞선다고 가정하자. 이때 두 파동을 벡터로 그리면 벡터 $\mathbf{X}$는 벡터 $\mathbf{Y}$로부터 $q°$만큼 **반시계 방향**[counterclockwise]으로 더 회전한 방향을 향한다. 반대로 사인파 X가 사인파 Y에 $q°$만큼 뒤선다고 가정하면 벡터 $\mathbf{X}$는 벡터 $\mathbf{Y}$로부터 $q°$만큼 **시계 방향**[clockwise]으로 더 회전한 방향을 향한다.

한편 두 파동 X와 Y의 위상이 일치하면 두 벡터 **X**와 **Y**는 같은 방향을 가리키고, 두 파동 X와 Y가 180° 위상 차이가 나면 반대 방향을 가리킨다.

[그림 12-11]은 주파수는 동일하지만 진폭은 다른 두 사인파 X와 Y 사이의 네 가지 위상 관계를 나타낸 것이다.

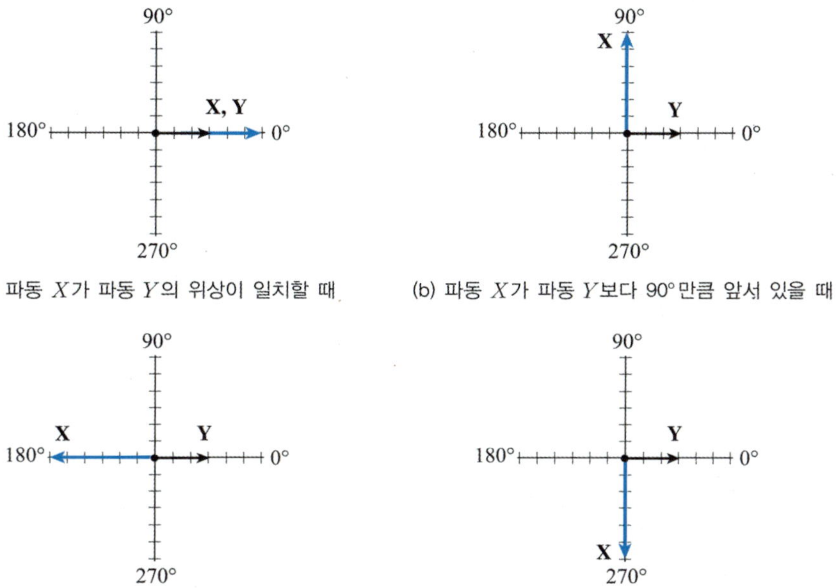

(a) 파동 X가 파동 Y의 위상이 일치할 때

(b) 파동 X가 파동 Y보다 90° 만큼 앞서 있을 때

(c) 파동 X와 Y의 위상이 180° 만큼 차이가 날 때

(d) 파동 X가 파동 Y보다 90° 만큼 뒤서 있을 때

[그림 12-11] **파동 X와 Y의 위상차를 벡터로 표현한 그림. 시간이 흐르면서 두 벡터 X와 Y가 변하지 않는 각속도로 반시계 방향으로 회전한다.**

- (a)에서는 파동 X가 파동 Y와 위상이 동일하므로 두 벡터 **X**와 **Y**는 같은 선상에 있다.
- (b)에서는 파동 X가 파동 Y보다 90° 만큼 앞서 있으므로 벡터 **X**는 벡터 **Y**로부터 반시계 방향으로 90° 인 방향을 가리킨다.
- (c)에서는 파동 X와 Y가 위상이 180° 만큼 떨어져 있으므로 두 벡터 **X**와 **Y**는 반대 방향을 가리킨다.
- (d)에서는 파동 X가 파동 Y보다 90° 만큼 뒤서 있으므로 벡터 **X**는 벡터 **Y**로부터 시계 방향으로 90° 인 방향을 가리킨다.

이 모든 예에서 두 벡터는 항상 같은 각도를 유지한다는 점, 그리고 두 벡터는 벡터의 길이를 항상 동일하게 유지하면서 시간이 흐르면 불변의 속도로 끊임없이 반시계 방향으로 회전한다는 점을 기억해야 한다. 헤르츠로 표시된 주파수를 f라고 하면 그때 벡터 쌍은 단위 초당 완전한 원의 회전수(r/s)로 표현된 각속도 f로 반시계 방향으로 함께 회전한다.

연습문제

01 사인파가 50 kHz 의 주파수를 갖는다면 완전한 한 사이클의 소요 시간은 얼마인가? ($1\,\mu s = 0.000001\,s$)

(a) $0.20\,\mu s$
(b) $2.0\,\mu s$
(c) $20\,\mu s$
(d) $200\,\mu s$

02 다음 중 잘 정의되고, 일정한 주기를 갖는 순수한 사인파의 특성이 아닌 것은 무엇인가?

(a) 넓은 범위(대역)의 주파수에 걸쳐 전기 에너지가 분포되어 있다.
(b) 파동은 일정한 각속도로 회전하는 벡터로 묘사될 수 있다.
(c) 파동은 전파되는 매질이 변하지 않는다면 잘 정의된 일정한 파장을 갖는다.
(d) 파동은 잘 정의된 일정한 주파수를 갖는다.

03 두 사인파 간 위상 차이가 존재하고, 그 위상 차의 크기가 끊임없이 변하고 있다면 다음 중 두 사인파에 대한 것으로 옳은 것은 무엇인가?

(a) 주기가 다르다.
(b) 파장이 다르다.
(c) 주파수가 다르다.
(d) (a), (b), (c) 모두 해당한다.

04 다음 중 파동 X가 파동 Y를 $\frac{1}{3}$사이클만큼 앞설 때의 설명으로 옳은 것은 무엇인가?

(a) 파동 Y는 파동 X에 120°만큼 뒤선다.
(b) 파동 Y는 파동 X에 90°만큼 뒤선다.
(c) 파동 Y는 파동 X에 60°만큼 뒤선다.
(d) 파동 Y는 파동 X에 30°만큼 뒤선다.

05 다음 괄호에 들어갈 적절한 각도는 무엇인가?

> 2개의 순수한 사인파가 주파수가 같고, 직류 성분은 없으며 위상이 일치한다고 가정하자. 한 사인파의 위상을 (　　)만큼 변화시키면 위상이 반대인 두 파동을 얻을 것이다.

(a) 90°　　(b) 180°
(c) 270°　　(d) 360°

06 다음 괄호에 들어갈 적절한 각도는 무엇인가?

> 주파수가 일정하고, 직류 성분이 없는 순수한 사인파의 위상을 (　　)만큼 변화시키면 결국에는 동일한 파동이 된다.

(a) 45°　　(b) 90°
(c) 180°　　(d) 360°

07 다음 중 사인파의 원운동 모델에서 22.5°의 위상 차이가 나타내는 것은 무엇인가?

(a) 한 회전의 $\frac{1}{16}$　　(b) 한 회전의 $\frac{1}{8}$
(c) 한 회전의 $\frac{1}{4}$　　(d) 한 회전의 $\frac{1}{2}$

08 2개의 완전한 사인파의 위상이 반대라고 가정하자. 한 파동의 피크값이 +7 V pk+와 −7 V pk−이고, 다른 파동의 피크값은 +3 V pk+와 −3 V pk−이다. 합성파의 피크-피크 전압은 얼마인가?

(a) 4 V pk − pk
(b) 6 V pk − pk
(c) 8 V pk − pk
(d) 12 V pk − pk

09 사인파가 60 Hz 의 주파수를 가질 때 90° 위상 변화가 일어나는 데 걸리는 시간은 얼마인가? (1 ms = 0.001 s)

(a) 2.1 ms
(b) 4.2 ms
(c) 8.3 ms
(d) 계산하기 위해서는 더 많은 정보가 필요하다.

10 코사인파는 사인파가 얼마만큼 이동한 것인가?

(a) 60° (b) 90°
(c) 120° (d) 180°

11 주파수는 동일하지만 60° 의 위상차가 있고, 어떤 직류 성분도 없는 2개의 사인파는 얼마만큼의 위상 차이를 갖는가?

(a) 한 사이클의 $\frac{1}{6}$
(b) 한 사이클의 $\frac{1}{4}$
(c) 한 사이클의 $\frac{1}{3}$
(d) 한 사이클의 $\frac{1}{2}$

12 다음 중 위상 반대라는 용어는 (사인파든 아니든) 파동의 주파수가 같고, 어떤 특성을 갖는 두 파동을 말하는 것인가?

(a) 서로 거꾸로 뒤집힌
(b) 90° 만큼 위상 차이가 나는
(c) 180° 만큼 위상 차이가 나는
(d) 270° 만큼 위상 차이가 나는

13 다음 중 반경이 전압을 나타내는 극좌표 벡터 다이어그램에서 직류 성분이 없는 순수한 사인파를 나타낸 회전하는 벡터의 길이가 나타내는 것은 무엇인가?

(a) 양(+) 또는 음(−)의 피크 전압의 절반
(b) 양(+) 또는 음(−)의 피크 전압
(c) 양(+) 또는 음(−)의 피크 전압의 2배
(d) 피크-피크 전압

14 파동 X가 파동 Y보다 45° 만큼 뒤설 때, 다음 중 파동 Y에 대한 설명으로 옳은 것은 무엇인가?

(a) 파동 X보다 $\frac{1}{12}$사이클 앞에 있다.
(b) 파동 X보다 $\frac{1}{10}$사이클 앞에 있다.
(c) 파동 X보다 $\frac{1}{8}$사이클 앞에 있다.
(d) 파동 X보다 $\frac{1}{6}$사이클 앞에 있다.

15 [그림 12-12]는 극좌표계에서 벡터 X와 Y의 형태로 주파수가 같은 2개의 순수한 사인파 X와 Y를 나타낸 것이다. 다음 중 두 사인파 모두 직류 성분은 갖고 있지 않을 때 옳은 것은 무엇인가?

(a) 파동 X는 $\frac{1}{6}$사이클만큼 파동 Y에 뒤선다.
(b) 파동 X는 $\frac{1}{3}$사이클만큼 파동 Y에 뒤선다.
(c) 파동 X는 $\frac{1}{6}$사이클만큼 파동 Y에 앞선다.
(d) 파동 X는 $\frac{1}{3}$사이클만큼 파동 Y에 앞선다.

연습문제

16 다음 중 [그림 12-12]에서 두 파동의 상대적인 피크-피크 진폭에 대해 내릴 수 있는 결론은 무엇인가?

(a) 두 파동의 피크-피크 진폭은 동일하다.
(b) 파동 X의 피크-피크 진폭은 파동 Y의 피크-피크 진폭을 초과한다.
(c) 파동 Y의 피크-피크 진폭은 파동 X의 피크-피크 진폭을 초과한다.
(d) 두 파동의 상대적인 피크-피크 진폭에 대해 명확히 말할 수 없다.

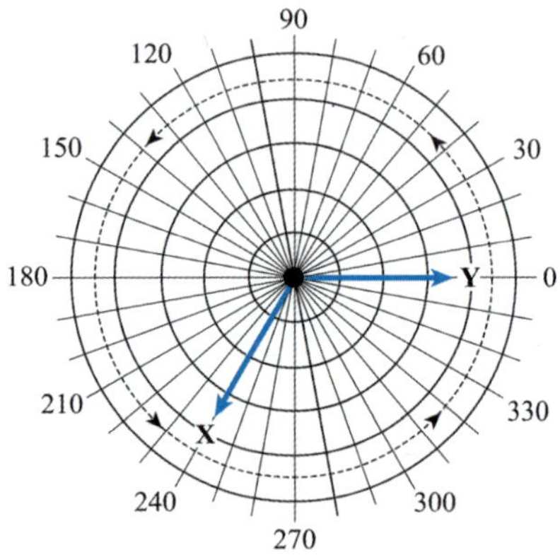

[그림 12-12] [연습문제 15~16]을 위한 그림

17 [그림 12-13]에서 직류 성분이 없는 2개의 순수한 사인파의 위상은 어떤 상태인가?

(a) 위상 일치 (b) 위상 반대
(c) 위상 직각 (d) 위상 강화

18 [그림 12-13]에 있는 파동 중 어느 하나를 뒤집는다면, 두 파동의 위상은 어떻게 되는가?

(a) 위상 일치 (b) 위상 반대
(c) 위상 직각 (d) 위상 강화

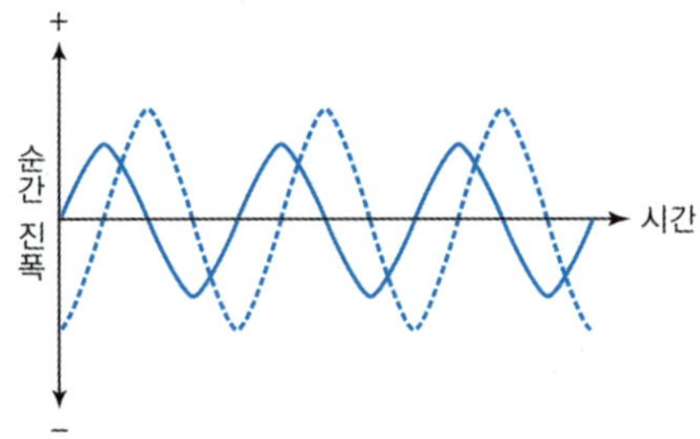

[그림 12-13] [연습문제 17~18]을 위한 그림

19 두 교류 파동(사인파일 필요는 없음)의 주파수는 동일하고, 10 V pk − pk 전압을 가지며 위상은 반대이다. 두 파동 모두 직류 성분은 갖고 있지 않다. 합성파의 피크-피크 전압은 얼마인가?

(a) 7.071 V pk − pk
(b) 14.14 V pk − pk
(c) 0 V pk − pk
(d) 계산하기 위해서는 더 많은 정보가 필요하다.

20 [연습문제 19]의 상황에서 두 파동의 위상은 180°만큼 차이가 난다고 가정하자. 합성파의 피크-피크 전압은 얼마인가? (두 파동이 사인곡선일 필요는 없으며 파형도 가질 수 있음을 유념하라.)

(a) 7.071 V pk − pk
(b) 14.14 V pk − pk
(c) 0 V pk − pk
(d) 계산하기 위해서는 더 많은 정보가 필요하다.

정답

01 c	**02** a	**03** d	**04** a	**05** b	**06** d	**07** a	**08** c	**09** b	**10** b
11 a	**12** a	**13** b	**14** c	**15** b	**16** a	**17** c	**18** c	**19** c	**20** d

CHAPTER
13

유도성 리액턴스

Inductive Reactance

학습목표

- 코일과 직류 및 교류와의 관계를 통해 유도성 리액턴스를 이해할 수 있다.
- 저항과 유도성 리액턴스를 조합한 RX_L 평면상에서 점과 벡터를 표현할 수 있다.
- 저항과 유도성 리액턴스와의 관계에 따른 위상차와 뒤섬의 특성을 이해할 수 있다.

직류 전기회로에서 전류와 전압, 저항, 전력은 간단한 방정식을 통해 서로 연관된다. 만약 소자가 에너지를 저장하거나 방출하지 않고, 단순히 소모만 한다면 직류에서 사용했던 것과 동일한 방정식이 교류 회로에도 적용된다. 그러나 만약 소자가 교류 시스템에서 에너지를 저장하거나 방출한다면 그 소자는 **리액턴스** reactance를 갖는다고 한다. 소자의 리액턴스와 저항을 수학적으로 더하면 소자의 **임피던스** impedance가 된다. 임피던스란 소자들이 교류의 흐름을 얼마나 반대하고, **방해하는지** impede를 완벽히 정량화한 것이다. 이번 장에서는 리액턴스의 형태 중 하나인 유도성 리액턴스에 대해 배운다.

인덕터와 직류

직류 저항은 0(완전 도체를 의미)부터 지극히 큰 값(열등한 전도체를 의미)에 이르는 넓은 범위의 숫자로 나타내고, Ω, kΩ, MΩ, 또는 다른 단위를 붙여 표현할 수 있다. 물리학자들은 저항을 **스칼라** scalar 양이라고 하는데, 이는 [그림 13-1]과 같이 일차원 **눈금** scale을 갖는 **반직선** half-line 위에 점을 찍어 그 값을 표시할 수 있기 때문이다. 그러나 이미 저항을 포함하고 있는 회로에 인덕턴스를 추가한 뒤 그 회로에 교류를 공급할 때는 상황이 좀 더 복잡해진다.

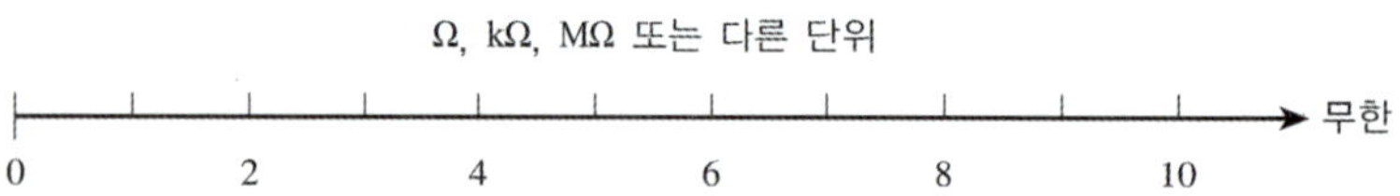

[그림 13-1] 반직선을 따라 저항값을 나타낼 수 있다.

전기가 매우 잘 통하는 도선을 무제한으로 공급받는다고 가정하자. 만약 일정 길이의 도선을 코일로 감아 인덕터를 만든 뒤 [그림 13-2]와 같이 직류 배터리 또는 전원에 연결하면 처음에는 작은 전류가 도선에 흐르다가 곧 전류의 값이 커진다. 이런 현상은 도선을 어떻게 배열해도 발생한다. 도선은 한 번 감은 **루프** loop로 만들 수 있으며 바닥에 아무렇게나 놓을 수도 있다. 또한 나무 막대기를 도선으로 감쌀 수도 있다. 어떤 경우에도 $I = \frac{V}{R}$를 만족하는 전류가 흐른다. 여기서 I는 전류[A], V는 직류 전원 전압[V], R은 도선의 직류 저항[Ω]을 나타낸다.

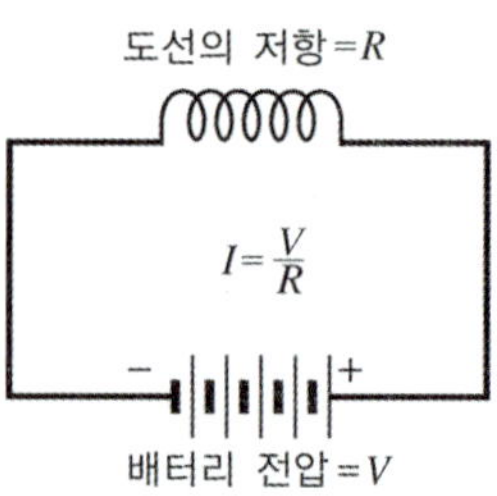

[그림 13-2] 직류 전원 양단에 연결된 인덕터

철심 주위에 코일을 감고, 그 코일에 직류를 흘리면 **전자석**electromagnet을 만들 수 있다. 코일에 철심 코어가 없을 때와 미찬가지로 코일에는 크고 일정한 전류가 흐른다. 실제 전자석에서는 모든 전기 에너지가 자기장 생성에 기여하지 않고, 일부 전기 에너지는 도선에서 소모되어 코일을 가열한다. 만약 직류 전원의 전압을 증가시키거나 전류 공급 능력을 향상시키면 코일의 도선은 더욱 뜨거워진다. 만약 직류 전원의 전압을 충분히 증가시키고, 전류를 무제한으로 공급할 수 있다면 도선은 녹는점까지 가열될 것이다.

인덕터와 교류

[그림 13-3]과 같이 코일 양단에 연결된 전압원을 직류에서 **순수 교류**pure AC(직류 성분을 전혀 갖지 않는 교류)로 바꾼다고 가정하자. 교류 주파수를 수 Hz ~ 수백 Hz, kHz 또는 MHz로 변화시킬 수 있다면 낮은 주파수에서는 직류 전원에서와 같이 코일에 큰 전류가 흐를 것이다. 그러나 코일은 일정량의 인덕턴스를 나타내고, 전류의 흐름이 코일 내에 확립되기 위해서는 얼마간의 시간이 필요하다. 얼마나 많은 횟수로 코일을 감았는지, 그리고 코일의 중심이 공기인지 또는 강자성체인지에 따라 다르지만 주파수를 계속 증가시키면 코일의 반응이 부진해지는 시점에 이르게 된다. 즉 전류가 코일 내에 자리 잡는 충분한 시간을 확보하기 전에 교류 극성이 반전된다.

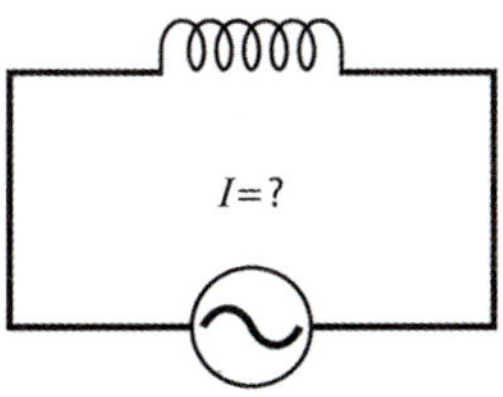

[그림 13-3] 교류 전원 양단에 연결된 인덕터

충분히 높은 교류 주파수에서는 코일에 흐르는 전류가 코일 양단 간의 순시 전압의 변화를 따라가는 데 문제가 생긴다. 코일이 충분히 전류를 흘릴 수 있다고 생각하기 시작할 때 교류 전압 파동은 피크 지점을 통과하고, 0으로 돌아가 반대 방향으로 전류를 끌어당기려고 할 것이다. 실제로 이런 전류 끌어당김 현상은 순수한 저항에서와 매우 유사한 방식으로 코일이 전류 흐름을 방해하게 한다. 교류 주파수가 증가할수록 코일이 전류의 흐름을 방해하는 정도도 증가한다. 이렇게 주파수를 계속 증가시키면 결국 코일은 전압 극성이 반전되기 전에 충분한 전류 흐름을 획득하지 못할 것이다. 이때 코일은 값이 큰 저항처럼 동작하게 된다.

교류에서 인덕터는 주파수에 의존하는 저항처럼 동작한다. 코일의 교류에 대한 저항성은 **유도성 리액턴스**inductive reactance라는 용어로 표현하며 Ω이라는 단위로 나타내고, 측정한다. 저항과 마찬가지로 유도성 리액턴스의 값은 거의 0(짧은 조각의 도선)에서부터 수 Ω(작은 코일), kΩ과 MΩ(많은 회전수를 갖는 코일 또는 높은 교류 주파수에서 동작하는 강자성체 코어를 갖는 코일)까지 다양하다. 유도성 리액턴스 값 역시 저항처럼 반직선에 나타낼 수 있으며 반직선 위의 숫자 값은 0에서 시작하여 무한히 증가한다.

리액턴스와 주파수

유도성 리액턴스는 리액턴스의 두 가지 형태 중 하나이다(나머지 리액턴스는 14장에서 다룬다). 일반적으로 리액턴스는 수학적으로 표현할 때 X로 나타내고, 유도성 리액턴스는 X_L로 나타낸다.

만약 교류 전원의 주파수를 f[Hz]로 나타내고, 코일의 인덕턴스를 L[H]로 나타내면 유도성 리액턴스 X_L[Ω]은 다음과 같은 식으로 계산한다.

$$X_L = 2\pi f L \approx 6.2832 f L$$

이 식은 주파수 f의 단위를 kHz로, 인덕턴스 L의 단위를 mH로 나타내거나 f의 단위를 MHz로, L의 단위를 μH로 나타내도 동일하게 적용된다. 즉 주파수를 1,000배 한다면 인덕턴스는 $\frac{1}{1,000}$배 해야 하고, 주파수를 1,000,000배 한다면 인덕턴스는 $\frac{1}{1,000,000}$배 해야 한다.

유도성 리액턴스는 교류 주파수에 비례해서 선형적으로 증가한다. 따라서 f에 대한 X_L의 함수를 직각 좌표계 평면 위에 그래프로 그리면 직선으로 나타난다. 또한 유도성 리액턴스는 인덕턴스 값에 따라 선형적으로 증가하므로 L에 대한 X_L의 함수도 직각 좌표계 그래프에서 직선으로 나타난다. 이는 다음과 같이 요약할 수 있다.

- 만약 L을 일정하게 유지하면 X_L 값은 f에 정비례한다.
- 만약 f를 일정하게 유지하면 X_L 값은 L에 정비례한다.

[그림 13-4]는 이런 관계를 일반적인 직각 좌표계 평면 위에 그래프로 나타낸 것이다.

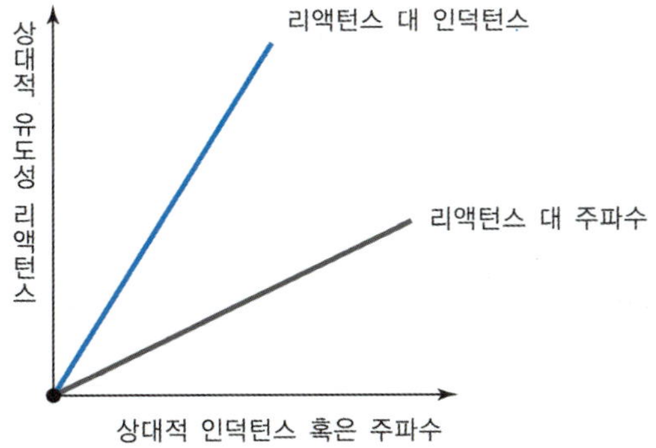

[그림 13-4] 유도성 리액턴스는 고정된 주파수 f에서 인덕턴스에 정비례하고, 고정된 인덕턴스 값에서 주파수에 정비례한다.

예제 13-1

코일의 인덕턴스가 0.400 H이고, 코일에 흐르는 교류 주파수가 60.0 Hz라고 가정하자. 유도성 리액턴스는 얼마인가?

풀이

유도성 리액턴스를 구하는 식을 사용하고, 세 자리 유효숫자로 반올림하면 다음과 같다.

$$X_L = 6.2832 \times 60.0 \times 0.400 = 151\,\Omega$$

예제 13-2

만약 공급 전원이 순수한 직류를 공급하는 배터리라면 [예제 13-1]에서 언급한 코일의 유도성 리액턴스는 얼마인가?

풀이

직류의 주파수가 0이므로 유도성 리액턴스를 전혀 관측할 수 없다. 이는 다음과 같이 증명할 수 있다.

$$X_L = 6.2832 \times 0 \times 0.400 = 0\,\Omega$$

인덕턴스는 순수 직류에 어떤 실질적 영향도 주지 못한다. 어떤 도선도 완전한 전기 전도체가 되지 못하므로 코일은 약간의 직류 저항을 가질 것이다. 그러나 이것은 교류 리액턴스와 다르다.

예제 13-3

코일이 5.00 MHz의 주파수에서 100 Ω의 유도성 리액턴스를 갖는다고 가정하자. 코일의 인덕턴스는 얼마인가?

풀이

이 경우는 숫자를 수식에 대입하고, 미지수 L에 대해 다음 식과 같이 풀어야 한다.

$$100 = 6.2832 \times 5.00 \times L = 31.416 \times L$$

주파수가 MHz로 주어졌으므로 인덕턴스는 μH가 된다. 위의 방정식 양변을 31.416으로 나누고, 세 자리 유효숫자로 반올림하면 다음과 같은 값을 얻을 수 있다.

$$L = \frac{100}{31.416} = 3.18\,\mu\text{H}$$

RX_L 1사분면

교류는 주파수가 변하므로 저항과 인덕턴스를 모두 포함하는 회로라면 회로 동작을 나타내기 위해 직선 눈금을 사용할 수 없다. 따라서 [그림 13-5]와 같이 저항 반직선과 리액턴스 반직선을 서로 직각으로 분리해서 나타내는 좌표계를 형성해야 한다. 저항은 수평 축에 표시하고, 오른쪽으로 갈수록 그 값이 증가한다. 유도성 리액턴스는 수직 축에 표시하고, 위쪽으로 갈수록 그 값이 증가한다. 이 눈금을 **저항-유도성 리액턴스(RX_L) 1사분면**이라고 한다.

소문자 j는 무엇을 의미하는가

[그림 13-5]에서 모든 리액턴스 숫자 앞의 이탤릭 소문자 j가 무엇을 나타내는지 궁금할 수 있다. 공학자는 **단위 허수**unit imaginary number인 수학적 양을 나타내기 위해 기호 j를 사용하며 이 j는 -1의 양의 제곱근이다. 전기 공학자들은 -1의 양의 제곱근을 **j 연산자**operator라고 한다. j를 반복해서 곱하면 다음과 같이 네 가지 수가 반복되는 수열을 얻게 된다.

$$j \times j = -1$$
$$j \times j \times j = -j$$
$$j \times j \times j \times j = 1$$
$$j \times j \times j \times j \times j = j$$
$$j \times j \times j \times j \times j \times j = -1$$
$$j \times j \times j \times j \times j \times j \times j = -j$$
$$j \times j \times j \times j \times j \times j \times j \times j = 1$$
$$j \times j \times j \times j \times j \times j \times j \times j \times j = j$$
$$j \times j \times j \times j \times j \times j \times j \times j \times j \times j = -1$$
$$\vdots$$

2 또는 $\frac{5}{2}$, 7.764958 같은 보통 숫자(즉 **실수** real number)를 j와 곱하면 **허수** imaginary number를 얻는다. [그림 13-5]에서 수직 눈금 위의 모든 점은 허수를 나타낸다. 실수에 허수를 더하면 **복소수** complex number가 된다. [그림 13-5]의 1사분면에 있는 모든 점은 복소수이다. 수학자들은 허수를 표현할 때 j 대신 i를 사용한다. 그러나 전기전자 분야에서는 전류를 I로 표기하기 때문에(교류 전류는 i로) 헷갈리기 쉽다. 따라서 이 책을 비롯한 전기전자 분야에서는 허수를 나타낼 때 j를 사용한다.

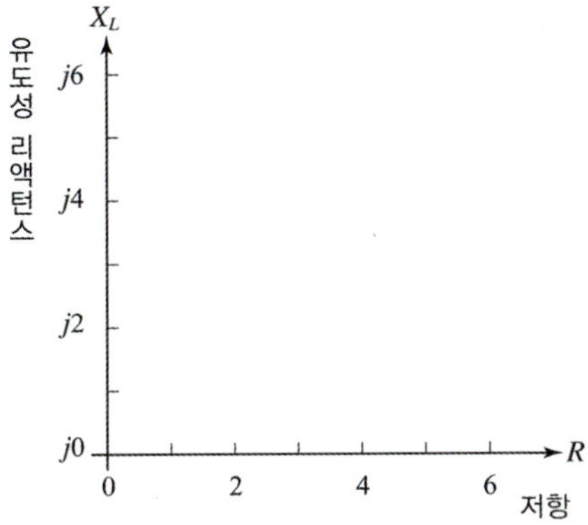

[그림 13-5] 유도성 리액턴스(X_L)와 저항(R)에 대한 RX_L 1사분면

복소 임피던스

RX_L 1사분면상에서 각 점은 단 하나의(유일한) **복소수 임피던스** complex-number impedance(줄여서 **복소 임피던스** complex impedance)에 대응한다. 반대로 각 복소 임피던스 값은 1사분면 위에 있는 단 하나의 점에 유일하게 대응한다. 저항과 유도성 인덕턴스를 포함하는 복소 임피던스 값 Z는 RX_L 1사분면 위에 다음과 같은 형태로 표현된다. 여기서 R은 저항[Ω]을, X_L은 유도성 리액턴스[Ω]를 나타낸다.

$$Z = R + jX_L$$

몇 가지 RX_L 예

예를 들어, $R = 5\Omega$과 같은 순수 저항만 갖고 있다면 복소 임피던스는 $Z = 5 + j0$이고, RX_L 1사분면 위의 점 $(5,\ j0)$에 표시할 수 있다. 만약 $X_L = 3\Omega$과 같은 순수 유도성 리액턴스만 갖고 있다면 복소 임피던스는 $Z = 0 + j3$이고, RX_L 1사분면 위의 점 $(0,\ j3)$에 표시할 수 있다. 때로는 전자회로를 설계할 때 저항과 유도성 리액턴스를 모두 포함해 $Z = 2 + j3$ 또는 $Z = 4 + j1.5$와 같은 형태의 복소 임피던스 값을 만날 수 있다. [그림 13-6]은 이런 네 가지 복소 임피던스를 그래프에 나타낸 것이다.

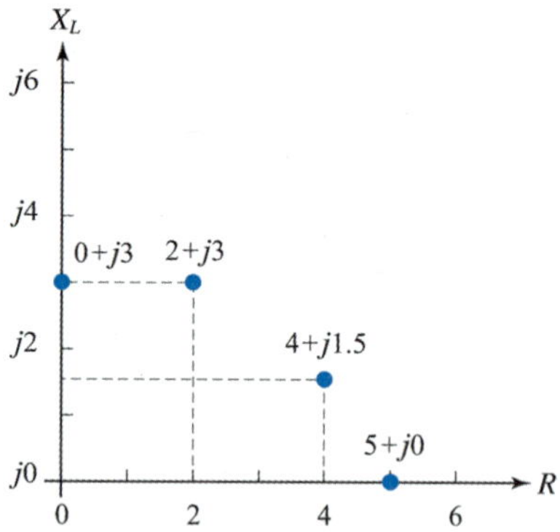

[그림 13-6] RX_L 1사분면에서의 네 점

RX_L 극한에 접근

실제로 모든 코일은 약간의 저항을 갖는다. 어떤 도선도 현실에서는 전류를 완벽하게 전도하지 못하기 때문이다. 모든 저항은 아주 작더라도 유도성 리액턴스를 가지며 모든 전기 소자의 각 끝에는 **리드선**leads이라는 도선이 있다. 그리고 어떤 길이의 도선이든(곧은 도선까지도) 약간의 인덕턴스를 갖고 있다. 따라서 교류 회로에서 $5 + j0$과 같이 수학적으로 완전한 순수 저항이나 $0 + j3$과 같이 수학적으로 완전한 순수 리액턴스는 존재하지 않는다. 이상적인 상태에 접근할 수는 있지만 실제로는 결코 얻을 수 없다(단, 연습문제에서는 예외이다).

RX_L 점들은 어떻게 움직이는가?

X_L 값들은 **리액턴스**reactance(단위는 Ω)를 가리키는 것이지 **인덕턴스**inductance(단위는 H)가 아님을 항상 기억하자. RX_L 회로에서 인덕턴스 값은 변하지 않아도 리액턴스는 교류 주파수에 따라 변한다. 주파수 변화는 RX_L 1사분면에서 점을 움직이게 하는 그래픽 효과를 만든다. 교류 주파수가 증가하면 점은 수직으로 상승하고, 교류 주파수가 감소하면 수직으로 하강한다. 만약 교류 주파수가 0으로 계속 내려가서 직류가 되면 유도성 리액턴스는 사라지고, 오직 인덕터에서의 직류 저항 손실을 나타내는 작은 저항만 남는다.

몇 가지 RX_L 임피던스 벡터들

때때로 공학자들은 RX_L 1사분면 위의 점을 벡터로 표현한다. RX_L 1사분면의 한 점을 하나의 벡터로 표현하는 것은 그 점에 유일한 진폭 및 방향을 부여하는 것이다. [그림 13-6]은 4개의 다른 점들을 보여준다. 각 점은 두 가지 거리에 의해 정해지는데, 하나는 복소수 $0 + j0$에 대응되는 **원점**origin에서 오른쪽으로 일정한 거리이고, 다른 하나는 원점으로부터 위쪽으로 일정한 거리이다. 각 복소합의 첫 번째 숫자는 저항 R을, 두 번째 숫자는 유도성 리액턴스 X_L을 나타낸다.

RX_L 조합은 2차원적인 양을 구성한다. 주어진 모든 RX_L 조합은 독립적으로 변화할 수 있는 두 가지 양을 가진다. 따라서 RX_L 조합을 하나의 숫자(스칼라 양)로 정의할 수는 없다.

[그림 13-6]의 점들은 원점으로부터 그 점까지 직선을 그어 나타낼 수 있다. 그 점 대신 **반직선** ray을 생각하면 각 반직선들은 일정한 길이(크기)를 갖고, 저항 축으로부터 반시계 방향으로 일정한 방향(각도)을 갖는다. 즉 이 반직선은 [그림 13-7]과 같이 **복소 임피던스 벡터** complex impedance vector를 구성한다. 복소 임피던스를 단순한 점이 아닌 벡터로 생각하면 이런 수학적 도구는 교류 회로가 여러 가지 상황에서 어떻게 동작하는지 평가할 때 도움이 된다.

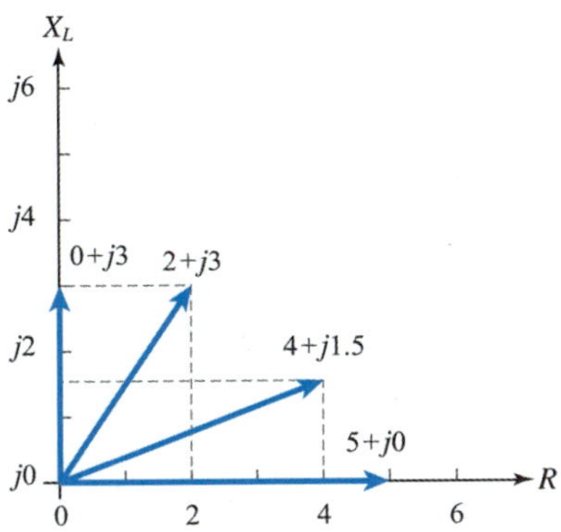

[그림 13-7] [그림 13-6]의 각 점에 대응하는 RX_L 1사분면 안의 네 벡터

전류는 전압에 뒤선다

인덕터의 양단에 교류 전원을 설치하고, 전원을 켜서 순시 전압이 0에서부터 (양 또는 음으로) 증가하기 시작할 때 전류가 이를 따라가려면 한 사이클의 일부분이 소요된다. 또한 교류 파동 사이클의 전압이 (양이거나 음인) 최대 피크로부터 감소하기 시작할 때 전류가 이를 따라가려면 다시 한 사이클의 일부분이 소요된다. 순수 저항에서와 마찬가지로, 순시 전류가 순시 전압을 완전히 따라갈 수 없으므로 유도성 리액턴스를 포함한 회로에서는 전류가 전압에 비해 위상이 **뒤선다** lag(뒤따른다). 어떤 상황에서는 이 뒤섬이 교류 사이클의 일부분에 불과하지만 뒤섬의 정도는 $\frac{1}{4}$ 사이클(90° 위상)까지 큰 값을 가질 수 있다.

순수 유도성 리액턴스

구리와 같은 우수한 도체로 만든 코일 양단에 교류 전압원을 위치시키고, 유도성 리액턴스 X_L이 저항 R보다 매우 크게(예를 들어, 백만 배 정도) 교류 전원의 주파수를 많이 높인다고 가정하자. 이때 본질적으로 코일은 순수 유도성 리액턴스처럼 동작하고, 전류는 [그림 13-8]과 같이 사실상 전압에 $\frac{1}{4}$ 사이클(90°)만큼 뒤선다.

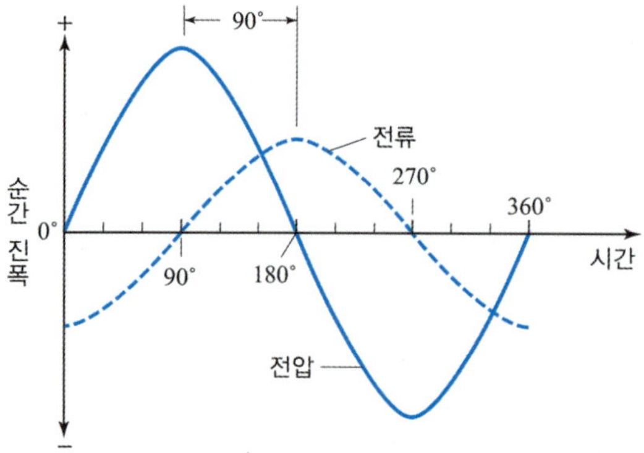

[그림 13-8] **순수 유도성 리액턴스에서 전류는 90°만큼 전압에 뒤선다.**

만약 낮은 교류 주파수에서 **전류 지연** current lag이 90°에 근접하려면 아주 큰 인덕턴스가 필요하다. 교류 주파수가 증가하면 작은 인덕턴스로도 전류 지연이 90°에 근접할 수 있다. 만약 저항이 전혀 없는 어떤 도선을 감아 하나의 코일을 만들었다면 전류는 교류 주파수나 코일의 크기에 관계없이 정확하게 90°만큼 전압에 뒤서게 될 것이다. 이런 경우를 **이상적 인덕터** ideal inductor 또는 **순수 유도성 리액턴스** pure inductive reactance를 갖는다고 한다. 실제 세계에서 순수 유도성 리액턴스를 갖는 일은 존재하지 않지만 X_L 값이 R 값에 비해 매우 클 때는 RX_L 1사분면에서 벡터가 거의 정확하게 X_L 축을 따라 위쪽을 곧게 가리킨다. 즉 벡터는 R축으로부터 거의 90°가 된다.

저항을 가진 유도성 리액턴스

저항-인덕턴스(RL) 회로에서 저항이 유도성 리액턴스만큼 중요해졌을 때 [그림 13-9]와 같이 전류는 90°보다 작은 어떤 각도만큼 전압에 뒤선다. 만약 R이 X_L에 비해 작다면 전류 지연은 거의 90°가 되고, R이 X_L에 비해 커지면 전류 지연은 감소한다.

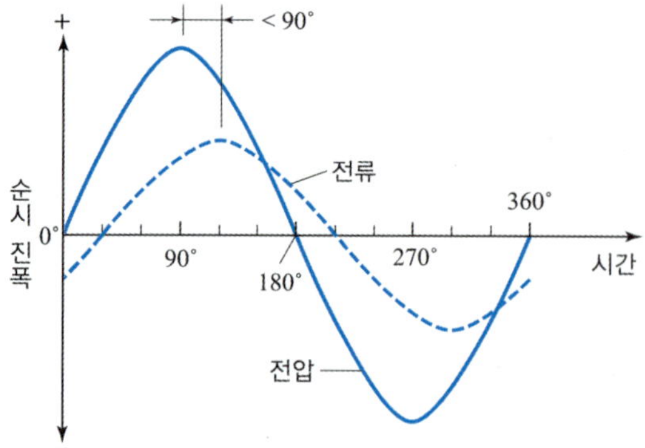

[그림 13-9] **유도성 리액턴스와 저항을 가진 회로에서 전류는 90°보다 작은 값만큼 전압에 뒤선다.**

만약 의도적으로 인덕턴스와 순수 저항을 직렬로 연결한다면 RL 회로에서 R 값이 X_L에 비교될 정도로 증가할 수 있다. 또는 교류 주파수가 낮아지면서 X_L이 감긴 코일의 손실 저항 R에 필적할 정도로 감소할 수도 있다. 어느 경우든 [그림 13-10]과 같이 저항과 직렬로 연결된 인덕턴스로 도식적으로 나타낼 수 있다.

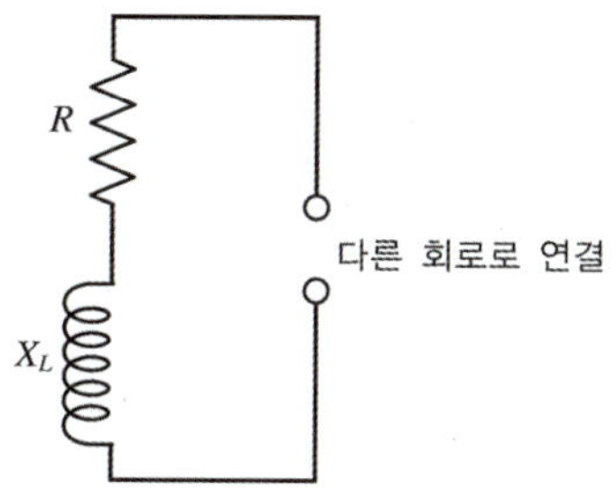

[그림 13-10] **저항과 유도성 리액턴스를 포함하는 회로의 도식적 묘사**

만약 R과 X_L 값을 알고 있다면 RX_L 1사분면에 $R + jX_L$ 점을 찍고, 원점에서부터 이 점까지 벡터를 그린 뒤 저항 축에서부터 그 벡터의 각도를 반시계 방향으로 측정함으로써 ***RL* 위상각**RL phase angle(저항과 인덕턴스를 다루는 것을 안다면 간단히 **위상각**phase angle)이라고 하는 **지연각**angle of lag을 구할 수 있다. 이 각도는 각도기로 직접 측정하거나 삼각법을 사용해 계산할 수도 있다.

그러나 지연각을 계산하기 위해 R과 X_L의 실제 값을 알 필요는 없고, 단지 두 값의 비율만 알면 된다. 예를 들어, $X_L = 5\,\Omega$이고 $R = 3\,\Omega$이라면, $X_L = 50\,\Omega$이고 $R = 30\,\Omega$이거나, $X_L = 200\,\Omega$이고 $R = 120\,\Omega$일 때 얻은 것과 위상각이 동일하다. R에 대한 X_L의 값의 비율이 5:3일 때 지연각은 모두 동일하다.

순수 저항

RL 회로에서 유도성 리액턴스에 비해 저항이 커지면 지연각은 점점 작아진다. 저항에 비해 유도성 리액턴스가 작아져도 동일한 현상이 발생한다. R이 X_L보다 몇 배 크다면 RX_L 1사분면에서 벡터는 거의 R축 위에 놓이고, 동쪽이나 오른쪽을 향한다. 이때 위상각은 $0°$에 가깝다. 전류는 전압 변동과 거의 같은 위상으로 흐른다. 인덕턴스가 전혀 없는 순수 저항이라면 [그림 13-11]과 같이 전류는 전압과 정확히 동일한 위상을 따른다. 순수 저항은 유도성 회로처럼 에너지를 축적하거나 방출하지 않는다. 순수 저항은 모든 에너지를 즉시 획득하고 버린다. 따라서 전류 지연이 전혀 일어나지 않는다.

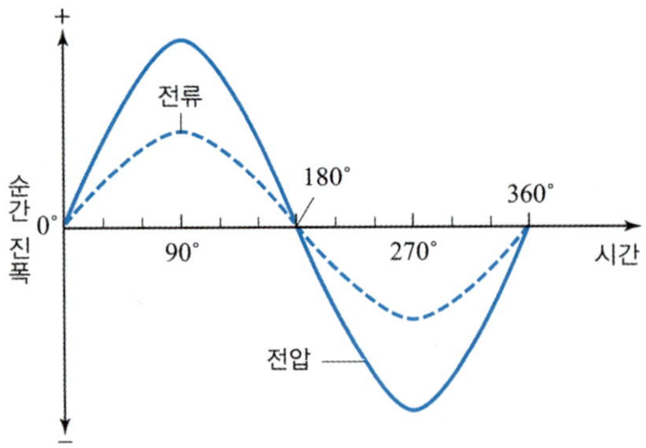

[그림 13-11] (리액턴스 없이) 순수 저항을 포함하는 회로에서 전류는 전압과 정확히 동일한 위상으로 변화한다.

얼마나 뒤서나?

RL 회로에서 저항에 대한 유도성 리액턴스의 비율($\frac{X_L}{R}$)을 알고 있다면 위상각을 알 수 있다. 물론 X_L과 R의 실제 값을 알고 있을 때도 위상각을 알 수 있다.

도식적 방법

한 장의 종이에 RX_L 1사분면을 그린 뒤 자와 각도기를 사용하면 대부분의 RL 회로에 대한 위상각을 찾을 수 있다. 먼저 자와 연필로 종이에 왼쪽에서 오른쪽으로 100 mm 보다 약간 긴 길이의 직선을 그린다. 그다음 각도기를 사용해 먼저 그은 선의 왼쪽 끝에서 수직으로 위를 향하는 100 mm 길이의 선을 긋는다. 이때 오른쪽을 향하는 수평선은 좌표계 시스템의 R 축이 되고, 위쪽을 향하는 수직선은 X_L 축이 된다.

만약 X_L과 R 값을 알고 있다. 그 값들을 일정 숫자로 나누거나 곱해서 모두 0과 100 사이의 값이 되도록 한다. 예를 들어, 만약 $X_L = 680\,\Omega$이고, $R = 840\,\Omega$이라면 이 값들을 모두 10으로 나눠서 $X_L = 68$과 $R = 84$를 얻을 수 있다. 그다음 그려놓은 세로선과 가로선 위에 이 점들을 각각 표시한다. 이때 R점은 원점에서부터 오른쪽으로 84 mm 에 위치해야 하고, X_L점은 원점에서부터 위쪽으로 68 mm 에 위치해야 한다.

다음으로 [그림 13-12]와 같이 두 점을 연결하는 선을 긋는다. 이 선은 기울어져 있고, 2개의 축과 함께 삼각형을 형성할 것이다. 두 점과 좌표계의 원점은 직각삼각형의 세 꼭짓점을 형성한다. 세 각 중 한 각이 직각(90°)이므로 이 삼각형은 직각삼각형이다. 이제 경사진 선이 R 축과 이룬 각도를 측정한다. 각도기로 정확한 값을 얻기 위해 필요하다면 선들 중 한 선 또는 두 선을 연장해 그린다. 이 각은 0° ~ 90° 사이의 값이고, RL 회로에서 위상각을 나타낸다.

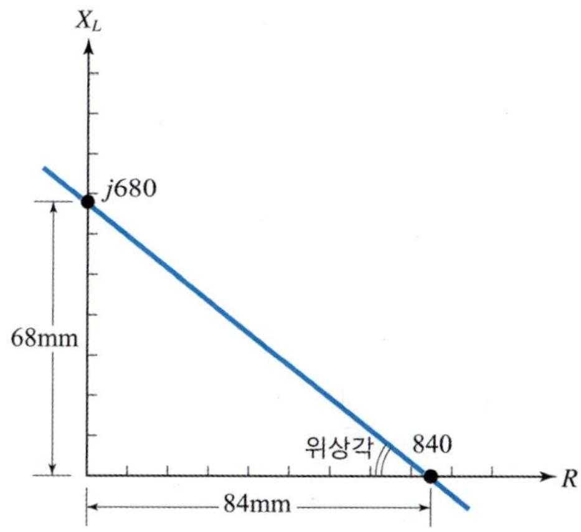

[그림 13-12] 저항과 유도성 리액턴스를 포함하는 회로에서 위상각을 찾는 도식적인 방법

원점과 두 점이 직사각형의 세 꼭짓점이 되도록 나머지 두 선(가로선과 세로선)을 그려 직사각형을 완성하면 복소 임피던스 벡터 $R+jX_L$을 찾을 수 있다. 벡터는 [그림 13-13]과 같이 직사각형의 대각선으로 나타나는데, 이때 이 벡터와 R축이 이루는 각도가 위상각이다. 이 각은 [그림 13-12]에서 R축에 대해 경사진 선의 각도와 동일하다.

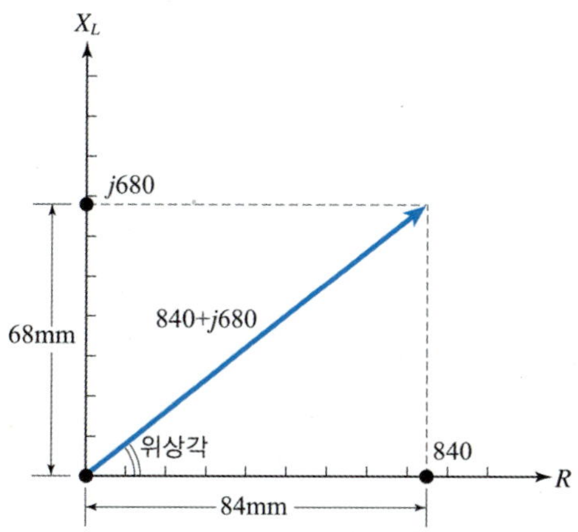

[그림 13-13] 저항과 유도성 리액턴스를 포함하는 회로에서 위상각을 찾는 다른 도식적인 방법. 이 방법은 임피던스 벡터를 보여준다.

삼각법에 의한 방법

만약 어떤 수의 **아크탄젠트** arctangent 또는 **역탄젠트** inverse tangent(Arctan 또는 $\tan^{-1}$로 기호화함)를 계산할 수 있는 계산기가 있다면 도식적 방법보다 더 정확하게 위상각을 결정할 수 있다. X_L과 R 값이 주어졌을 때 위상각은 두 값의 비율의 아크탄젠트이며 그리스 문자 **파이** phi('fie' 또는 'fee'로 발음하고 ϕ로 씀)로 기호화한다.

위상각을 수학적으로 나타내면 다음과 같다.

$$\phi = \tan^{-1}\left(\frac{X_L}{R}\right) \text{ 또는 } \phi = \text{Arctan}\left(\frac{X_L}{R}\right)$$

컴퓨터에서 계산기 프로그램을 사용한다면 '공학용' 모드로 설정하고, 숫자를 입력한 뒤 [inv]를 체크하고 [tan]을 누른다. 그렇게 하면 해당 숫자의 아크탄젠트를 계산할 수 있다.

예제 13-4

RL 회로에서 유도성 리액턴스가 680Ω이고, 저항이 840Ω일 때 위상각을 구하라.

풀이

비율 $\frac{X_L}{R}$은 $\frac{680}{840}$과 같다. 이를 계산기로 계산하면 0.8095와 그 뒤에 많은 숫자들이 나타날 것이다. 이 숫자의 아크탄젠트를 계산하면 38.99와 그 뒤에 더 많은 숫자들이 나타나며 이것을 반올림하면 $39.0°$가 된다.

예제 13-5

저항이 10Ω이고, 인덕턴스가 $90\,\mu\text{H}$인 RL 회로가 1.0 MHz의 주파수에서 동작한다고 가정하고 위상각을 구하라. 또한 이 결과로부터 1.0 MHz 주파수에서 RL 회로 동작의 어떤 면을 알 수 있는지 설명하라.

풀이

먼저 식 $X_L = 6.2832\,fL = 6.2832 \times 1.0 \times 90 = 565\,\Omega$을 이용해 유도성 리액턴스를 찾는다. 그 다음 비율을 계산한다.

$$\frac{X_L}{R} = \frac{565}{10} = 56.5$$

위상각은 Arctan 56.5와 같고, 이를 유효숫자 두 자리로 반올림하면 $89°$가 된다. 이 RL 회로는 위상각이 $90°$에 가까우므로 거의 순수 유도성 리액턴스를 갖는다. 따라서 저항은 1.0 MHz에서 RL 회로의 동작에 거의 기여하지 못한다.

예제 13-6

[예제 13-5]의 회로에서 주파수가 10 kHz 일 때의 위상각을 구하라. 또한 이를 통해 10 kHz 에서의 이 회로 동작에 대해 어떤 점을 알 수 있는지 이야기하라.

풀이

새로운 주파수에 대해 X_L을 다시 계산해야 한다. 식에서 MHz는 μH와 같이 사용되므로 주파수 단위로 MHz를 사용하기 위해 10 kHz를 바꾸면 0.010 MHz가 된다. 바꾼 값을 대입해 계산하면 다음과 같다.

$$X_L = 6.2832\,fL = 6.2832 \times 0.010 \times 90 = 5.65\,\Omega$$

저항에 대한 유도성 리액턴스의 비율은 다음과 같이 계산할 수 있다.

$$\frac{X_L}{R} = \frac{5.65}{10} = 0.565$$

새로운 주파수에서의 위상각은 Arctan 0.565와 같고, 이를 두 자리 유효숫자로 반올림하면 29°가 된다. 이 값은 0°에도, 90°에도 가깝지 않다. 따라서 10 kHz 에서의 저항과 유도성 리액턴스 모두 이 RL 회로 동작에 중요한 역할을 한다는 것을 알 수 있다.

연습문제

01 5.00 kHz 에서 유도성 인덕턴스가 120 Ω 인 코일의 인덕턴스는 얼마인가?

(a) 19.1 mH (b) 1.91 mH
(c) 38.2 mH (d) 3.82 mH

02 다음 중 코일의 인덕턴스가 증가할 때 고정된 주파수에서 리액턴스는 어떻게 변하는가?

(a) 번갈아가며 증가하고 감소한다.
(b) 동일하게 유지된다.
(c) 증가한다.
(d) 감소한다.

03 $f = 2.50$ MHz 에서 $X_L = 700\,\Omega$ 인 인덕터의 L 값은 얼마인가?

(a) 223 μH
(b) 22.3 μH
(c) 446 μH
(d) 44.6 μH

04 다음 중 저항이 0인 코일에 교류 신호를 인가하면 위상각은 어떻게 되는가?

(a) 0°
(b) 45°
(c) 90°
(d) 신호의 주파수에 따라 값이 달라진다.

05 다음 중 RL 회로에서 교류 신호를 인가할 때 유도성 리액턴스가 저항과 같다면(두 단위 모두 Ω 으로 표현) 위상각은 어떻게 되는가?

(a) 0° ~ 45° 사이의 값
(b) 45°
(c) 45° ~ 90° 사이의 값
(d) 신호의 주파수에 따라 값이 달라진다.

06 다음 중 인덕턴스가 없는 순수 저항에 교류 신호를 인가하면 위상각은 어떻게 되는가?

(a) 0°
(b) 45°
(c) 90°
(d) 신호의 주파수에 따라 값이 달라진다.

07 [그림 13-14]에서 $\dfrac{X_L}{R}$ 은 얼마인가?

(a) 17.1
(b) 8.57
(c) 0.233
(d) 0.117

08 [그림 13-14]에서 R과 X_L의 눈금 분할의 크기는 서로 달라도 위상각은 결정할 수 있다. 위상각은 약 얼마인가?

(a) 6.67°
(b) 13.1°
(c) 83.3°
(d) 86.7°

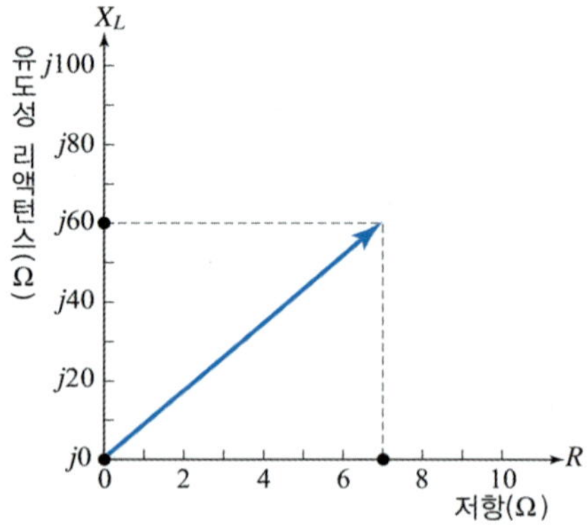

[그림 13-14] [연습문제 07~08]을 위한 그림

09 신호가 통과하는 코일의 회전수를 변경할 수 있는, 조정 가능한 롤러 탭을 사용해 코일에 교류 신호를 인가한다(이런 소자를 **롤러 인덕터**roller inductor라고 한다). 코일 전체를 관통해 신호 전류가 흐르도록 탭을 설치하면 신호 주파수에 의존하는 일정한 리액턴스를 얻는다. 탭을 조정해 신호 전류가 회전수가 점점 작아지는 코일을 관통하도록 할 때 일정한 리액턴스를 유지하기 위해서는 신호 주파수를 어떻게 변화시켜야 하는가? (코일이나 코일과 연결된 부품에는 저항이 존재하지 않는다고 가정하자.)

(a) 주파수를 바꿔선 안 된다.
(b) 주파수를 증가시켜야 한다.
(c) 주파수를 감소시켜야 한다.
(d) 이 질문에 답하기 위해서는 정보가 더 필요하다.

10 [연습문제 09]의 상황에서 코일이 완전 도체로 만들어졌다고 가정하자. 문제에서 기술된 방식대로 코일을 조절하면 위상각은 어떻게 되는가?

(a) 위상각은 변화하지 않는다.
(b) 위상각은 증가한다.
(c) 위상각은 감소한다.
(d) 이 질문에 답하기 위해서는 정보가 더 필요하다.

11 다음 중 RX_L 1사분면에서 수직선 축을 따라 위치한 점들은 어떤 값과 일대일 대응하는가?

(a) 인덕턴스
(b) 유도성 리액턴스
(c) 저항
(d) 복소 임피던스

12 인덕턴스가 50.0 mH인 코일이 5.00 kHz의 주파수에서 갖는 리액턴스는 얼마인가?

(a) 15.7 Ω (b) 31.4 Ω
(c) 785 Ω (d) 1.57 kΩ

13 1.0 mH 인덕터의 리액턴스가 3,000 Ω일 때 주파수는 얼마인가?

(a) 계산하기 위해서는 더 많은 정보가 필요하다.
(b) 0.24 MHz
(c) 0.48 MHz
(d) 0.96 MHz

14 RL 회로에서 유도성 리액턴스를 일정하게 유지하며 저항을 0에서부터 무한대까지 값을 조금씩 증가시킨다고 가정하자. 얻어진 모든 복소 임피던스 점들을 RX_L 1사분면 위에 찍는다면 점들은 다음 중 무엇을 따라 위치하는가?

(a) 저항 축 위의 어떤 점에서 위쪽을 가리키는 곧은 반직선
(b) 리액턴스 축 위의 어떤 점에서 오른쪽을 가리키는 곧은 반직선
(c) 원점으로부터 오른쪽 위로 상승하는 곧은 반직선
(d) 원점에 중심을 둔 $\frac{1}{4}$ 원주

연습문제

15 RL 회로에서 저항과 리액턴스 모두를 일정한 기울기로 0에서부터 무한대까지 값을 조금씩 증가시킨다고 가정하자. 얻어진 모든 복소 임피던스 점들을 RX_L 1사분면 위에 찍는다면 점들은 다음 중 무엇을 따라 위치하는가?

(a) 저항 축 위 어떤 점에서 위쪽을 가리키는 곧은 반직선
(b) 리액턴스 축 위 어떤 점에서 오른쪽을 가리키는 곧은 반직선
(c) 원점으로부터 오른쪽 위로 상승하는 곧은 반직선
(d) 원점에 중심을 둔 $\frac{1}{4}$ 원주

16 어떤 RL 회로에서 유도성 리액턴스의 저항에 대한 비율이 큰 값에서 시작해 0까지 점차 감소한다고 가정하자. 위상각은 어떻게 되는가?

(a) 증가해서 90°에 접근한다.
(b) 감소해서 45°에 접근한다.
(c) 증가해서 45°에 접근한다.
(d) 감소해서 0°에 접근한다.

17 어떤 RL 회로에서 유도성 리액턴스의 저항에 대한 비율이 0에서 시작해 1.732:1의 한계값을 향해 점차 증가한다고 가정하자. 위상각은 어떻게 되는가?

(a) 증가해서 30°에 접근한다.
(b) 감소해서 30°에 접근한다.
(c) 증가해서 60°에 접근한다.
(d) 감소해서 60°에 접근한다.

18 100 MHz의 주파수에서 100 nH의 인덕턴스를 갖는 코일의 유도성 리액턴스는 얼마인가?

(a) 계산하기 위해서는 더 많은 정보가 필요하다.
(b) 126 Ω
(c) 62.8 Ω
(d) 31.4 Ω

19 1.25 mH의 인덕터와 7.50 Ω의 저항으로 구성된 RL 회로가 있고, 회로의 연결선은 완벽하게 전도된다. 1.45 kHz의 주파수에서 위상각은 얼마인가?

(a) 56.6°
(b) 42.3°
(c) 33.4°
(d) 21.2°

20 다음 중 [연습문제 19]의 회로에서 저항을 단락시키면 위상각은 어떻게 되는가?

(a) 위상각은 신호 주파수에 따라 달라진다.
(b) 위상각은 신호 전압에 따라 달라진다.
(c) 위상각은 동일하게 유지된다.
(d) (a), (b), (c) 모두 틀리다.

정답

01 d	02 c	03 d	04 c	05 b	06 a	07 b	08 c	09 b	10 a
11 b	12 d	13 c	14 b	15 c	16 d	17 c	18 c	19 a	20 d

CHAPTER
14

용량성 리액턴스

Capacitive Reactance

학습목표

- 커패시터와 직류 및 교류와의 관계를 통해 용량성 리액턴스를 이해할 수 있다.
- 저항과 용량성 리액턴스를 조합한 RX_C 평면상에서 점과 벡터를 표현할 수 있다.
- 저항과 용량성 리액턴스와의 관계에 따른 위상차와 앞섬의 특성을 이해할 수 있다.

용량성 리액턴스 capacitive reactance는 유도성 리액턴스의 자연스러운 **대응물** countrrpart 역할을 한다. 이는 음의 방향으로 가는 반직선(광선)으로 나타낼 수 있다. 끝점에서 용량성 리액턴스와 유도성 리액턴스 반직선을 결합하면(둘 다 리액턴스가 0) [그림 14-1]과 같이 완전한 수직선을 얻는다. 0이 아닌 리액턴스는 유도성 또는 용량성이어야 하므로 이 선은 모든 표현 가능한 리액턴스 값을 나타낸다. 이번 장에서는 리액턴스 중 하나인 용량성 리액턴스에 대해 배운다.

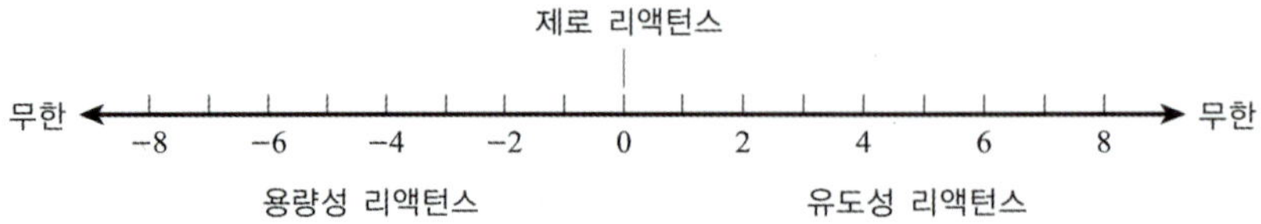

[그림 14-1] 양방향의 직선을 따라 유도성 및 용량성 리액턴스 값을 나타낼 수 있다.

커패시터와 직류

우수한 전기적 도체 성질을 가진 2개의 크고 평평한 금속판을 상상해 보자. 만약 [그림 14-2]와 같이 두 판을 직류 전원에 연결하면 두 금속판은 전기적으로 충전되는 동안 큰 양의 전류가 발생한다. 그러나 두 판이 평형 상태에 도달해가면서 충전 전류는 0으로 낮아진다.

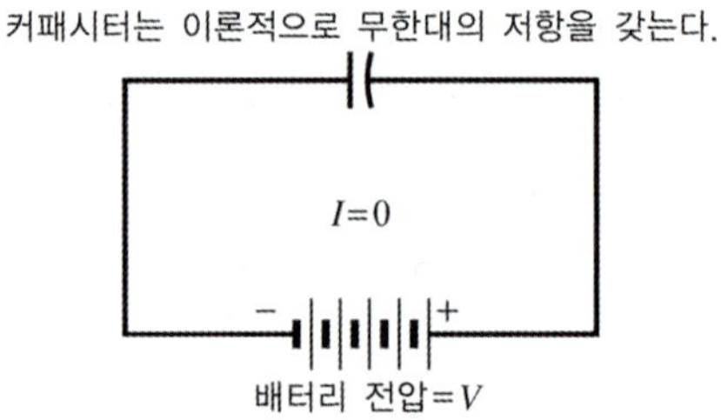

[그림 14-2] 직류 전원 양단 간에 연결된 커패시터

배터리 또는 전원 공급 장치의 전압을 높이면 결국 커패시터 판 사이에서 스파크가 점프하는 지점에 도달한다. 전원 공급 장치가 필요한 전압을 궁극적으로 공급할 수 있으면 스파크 또는 **아크 현상** arcing이 계속 발생한다. 이 상황에서 두 판은 더 이상 커패시터처럼 작동하지 않게 된다. 커패시터에 과도한 전압을 가하면 유전체가 판 사이에 전기적 절연을 제공할 수 없다. 이런 바람직하지 않은 상태를 **유전 파괴** dielectric breakdown라고 한다.

공기-절연체 또는 진공-절연체 커패시터에서의 유전 파괴는 일시적인 현상으로, 소자에 영구적인 손상을 거의 일으키지 않는다. 전압을 줄이면 아크 현상이 멈추고, 그 뒤에는 소자가 정상적으로 동작한다. 그러나 운모나 종이, 폴리스틸렌 또는 탄탈럼과 같은 고체 유전 물질로 만든 커패시터에서 유전 파괴는 유전체를 태우거나 깨트릴 수 있으므로 전압을 줄여도 소자에 전류 전도가 일어난다. 만약 커패시터가 이런 종류의 손상이 생긴다면 손상된 커패시터를 회로에서 제거하고, 폐기한 뒤 새로운 것으로 교체해야 한다.

커패시터와 교류

[그림 14-3]과 같이 전압원을 직류에서 교류로 바꿨다고 가정하자. 그리고 이 교류의 주파수를 수 Hz의 작은 초깃값에서부터 수백 Hz, 수 kHz, MHz, GHz로 조정할 수 있다고 하자.

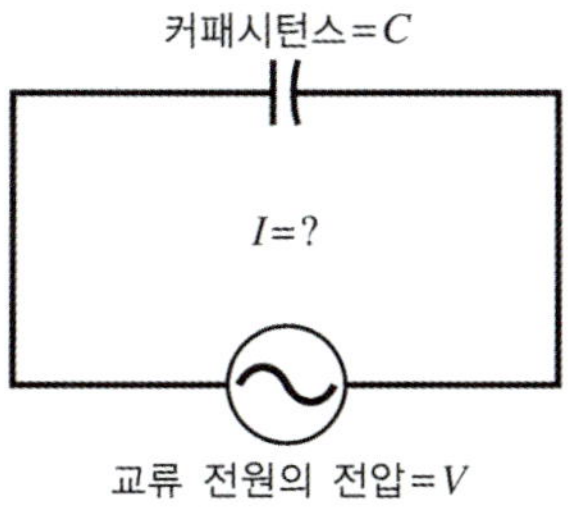

[그림 14-3] 교류 전원 양단에 연결된 커패시터

처음 교류 극성이 반전될 때 두 금속판 사이의 전압은 전원 공급 장치의 전압을 따라간다. 만약 두 판이 작은 표면적을 가질 때나 판 사이에 큰 공간이 존재할 때, 또는 둘 다 해당될 때 두 금속판은 빠르게 충전될 수 있지만 즉시 충전될 수는 없다. 공급된 교류 주파수를 증가시키면 두 금속판이 많이 충전되지 못했음에도 전원의 극성이 반전되는 상황에 이르게 된다. 판이 제대로 충전되기 시작했을 때 교류는 피크 지점을 통과해 판들을 방전시키기 시작한다. 만약 주파수를 더 증가시키면 두 판은 점점 더 **단락회로**short circuit처럼 동작한다. 결국 교류 주파수를 계속 증가시키면 파동의 주기가 충전/방전 시간보다 매우 짧아진다. 또한 전류가 금속판으로 흘러들어가거나 나가는 빠르기가 마치 금속판이 모두 제거되고, 단순히 도선으로 대치될 때 흐르는 전류의 빠르기와 같아진다.

용량성 리액턴스는 커패시터의 교류에 대한 저항성을 정량화한 것이다. 용량성 리액턴스는 유도성 리액턴스 또는 순수 저항과 똑같이 Ω으로 나타내고, 측정한다. 그러나 관례에 따르면 용량성 리액턴스는 양의 값보다 음의 값을 갖는다. 수학식에서 X_C로 표시되는 용량성 리액턴스의 값은 거의 0(금속판이 매우 크고 가깝게 위치할 때나 주파수가 매우 클 때, 또는 둘 다일 때)에서부터 음의 값으로서 수 Ω, 수 kΩ, 수 MΩ까지 다양하다.

용량성 리액턴스는 주파수에 따라 변화한다. 용량성 리액턴스는 주파수가 낮아질수록 **음의 값으로 크기가 더 커지고**larger negatively, 가한 교류 주파수가 증가할수록 **음의 값으로 크기가 더 작아진다**smaller negatively. 이런 성질은 주파수가 높아질수록 **양의 값으로 크기가 더 커지는**larger positively 유도성 리액턴스에서 일어나는 현상과 반대이다. 때로는 비기술자들이 음의 부호를 삭제하고, 그 **절댓값**absolute value만으로 용량성 리액턴스를 나타내면서 주파수가 낮아지면 X_C가 증가하고, 주파수가 증가하면 X_C가 감소한다고 말한다. 그러나 이 책에서는 음의 X_C 값을 채택하는 관례를 따른다. 수학은 교류 회로들이 커패시턴스를 포함할 때 어떻게 동작하는지에 대해 가장 정확한 표현을 제공한다.

용량성 리액턴스와 주파수

순전히 이론적인 측면에서 용량성 리액턴스는 유도성 리액턴스의 '거울에 비친 형상'과 같다. 기하학적인 또는 그래프적인 측면에서 X_C는 음의 값으로 X_L을 확장한 것으로, 섭씨 또는 화씨 온도 눈금을 '0 이하'의 값들로 확장한 것과 같다.

만약 교류 전원의 주파수를 f[Hz]로 나타내고, 소자의 커패시턴스를 C[F]로 나타낸다면 용량성 리액턴스 $X_C[\Omega]$는 다음과 같은 식으로 계산한다.

$$X_C = \frac{-1}{2\pi f C} \approx \frac{-1}{6.2832 f C}$$

이 식은 f를 MHz로, C를 μF으로 나타내도 동일하게 적용된다. 또한 f 값을 kHz로, C 값을 mF으로 할 때도 적용할 수 있다. 그러나 mF으로 표현된 커패시턴스는 거의 보기 어렵다.

기술 노트

- 1마이크로패럿 = 1 μF = 10^{-6} F
- 1나노패럿 = 1 nF = 10^{-9} F
- 1피코패럿 = 1 pF = 10^{-12} F

f에 대한 X_C의 함수를 직각 좌표계 평면상에 그리면 곡선으로 나타난다. 이 곡선은 $f = 0$에서 **특이점**singularity을 포함한다. 즉 주파수가 0에 접근하면 X_C는 음(−)으로 폭발적으로 증가한다. 마찬가지로 $C = 0$에서도 C에 대한 X_C의 함수 역시 특이점을 가진 곡선으로 나타난다. 즉 커패시턴스가 0에 접근하면 X_C는 음(−)으로 크게 증가한다. 이는 다음과 같이 요약할 수 있다.

- 만약 C를 일정하게 유지하면 X_C는 f의 음의 값에 반비례한다.
- 만약 f를 일정하게 유지하면 X_C는 C의 음의 값에 반비례한다.

[그림 14-4]는 이런 관계를 직각 좌표계 평면상에 그래프로 나타낸 것이다.

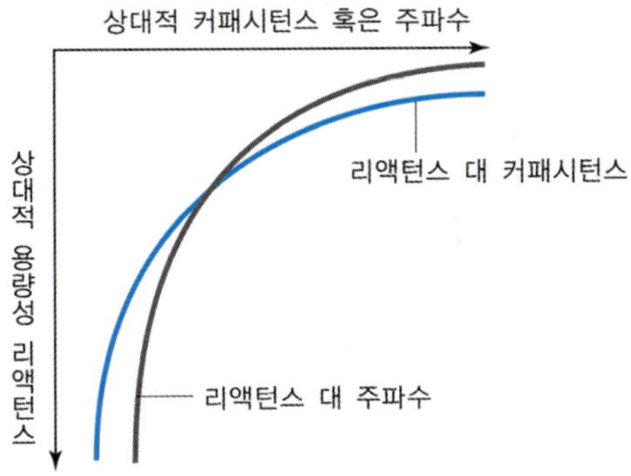

[그림 14-4] **용량성 리액턴스는 음의 값이고, 커패시턴스 또는 주파수에 반비례한다.**

부호를 읽고 혼란 상태를 주시하라!

용량성 리액턴스를 다루는 계산은 주의하지 않으면 문제가 생긴다. 이 계산에서는 역수를 다뤄야 해서 숫자를 사용하는 것이 어려울 수 있다. 용량성 리액턴스가 갖는 음(−)의 부호도 주의해야 한다. 음의 부호를 포함해야 한다는 사실을 잊어버리거나, 그러지 말아야 할 때 음의 부호를 삽입할지도 모른다. 리액턴스를 포함하는 시스템을 그래프로 그릴 때 부호는 매우 중요하다. 음의 부호는 유도성이 아닌 용량성 리액턴스를 다루고 있다는 증거가 되기 때문이다.

예제 14-1

1.00 MHz 주파수에서 동작하는 0.00100 μF의 커패시터가 갖는 용량성 리액턴스를 구하라.

풀이

입력 데이터가 μF(백만분의 일)과 MHz(백만)인 것을 알고 있으므로 용량성 리액턴스를 구하는 식을 바로 사용하면 된다.

$$X_C = \frac{-1}{(6.2832 \times 1.00 \times 0.00100)} = \frac{-1}{0.0062832} = -159\,\Omega$$

예제 14-2

만약 주파수가 0으로 감소해서 전력원이 교류가 아닌 직류를 공급한다면 [예제 14-1]에서 언급한 커패시터의 용량성 리액턴스는 어떻게 되는가?

풀이

이 경우 만약 용량성 리액턴스 식에 숫자를 대입하면 분모가 0이 되어 의미 없는 양이 나올 것이다. "직류에서 커패시터의 리액턴스는 음의 무한대 값이 된다."고 말할지도 모르지만, 수학자는 그런 기술을 꺼릴 것이다. 따라서 "직류에서 커패시터의 리액턴스를 정의할 수 없지만, 리액턴스는 오직 교류 회로에만 적용되기 때문에 문제되지 않는다."고 말하는 것이 나을 것이다.

예제 14-3

10.0 MHz 주파수에서 동작하는 $-100\,\Omega$의 리액턴스를 갖는 커패시터의 커패시턴스를 구하라.

풀이

대수학을 사용해서 식에 숫자를 대입하고, 미지수 C에 대해 다음 식과 같이 풀어야 한다.

$$-100 = \frac{-1}{(6.2832 \times 10.0 \times C)}$$

양변을 -100으로 나누고, C를 곱하면 다음과 같은 값을 얻을 수 있다.

$$C = \frac{1}{(628.32 \times 10.0)} = \frac{1}{6283.2} = 0.00015915$$

반올림하면 $C = 0.000159\,\mu\text{F}$이다. 주파수 값으로 MHz를 입력했으므로 이 커패시턴스는 μF이 된다. $1\,\text{pF} = 0.000001\,\mu\text{F} = 10^{-6}\,\mu\text{F}$임을 기억한다면 $C = 159\,\text{pF}$이라고 해도 된다.

RX_C 4사분면

저항과 용량성 리액턴스를 포함하는 회로는 이차원적으로 RX_L 1사분면에서의 상황이 거울에 비친 것처럼 작용한다. [그림 14-5]와 같이 저항 반직선과 용량성 리액턴스 반직선의 끝과 끝을 맞춰 직각으로 위치시키면 **RX_C 4사분면**을 구성할 수 있다. 저항은 수평 축(가로)에 표시하고, 오른쪽으로 갈수록 그 값이 증가한다. 용량성 리액턴스는 수직 축(세로)에 표시하고, 아래쪽으로 갈수록 음으로 값이 증가한다.

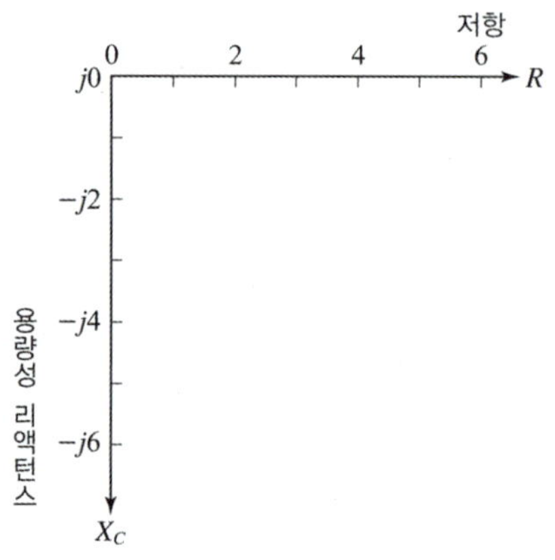

[그림 14-5] 용량성 리액턴스(X_C)와 저항(R)에 대한 RX_C 4사분면

저항과 커패시턴스를 모두 포함하는 복소 임피던스 Z에서 X_C의 값은 결코 양의 영역으로 갈 수 없다. 식으로는 다음과 같이 표기한다.

$$Z = R + jX_C$$

몇 가지 RX_C 예

예를 들어, $R = 3\Omega$과 같은 순수 저항만 갖고 있다면 복소 임피던스는 RX_C 4사분면 위의 점 $(3, j0)$에 해당하는 $Z = 3 + j0$과 같다. 만약 $X_C = -4\Omega$과 같은 순수 용량성 리액턴스만 갖고 있다면 복소 임피던스는 $Z = 0 + j(-4)$이다. 이는 간단히 $Z = 0 - j4$로 쓸 수 있고, RX_C 4사분면 위의 점 $(0, -j4)$에 표시할 수 있다. $Z = 3 + j0$(또는 $3 - j0$으로 표현할 수 있다)과 $Z = 0 - j4$를 나타내는 점들은 [그림 14-6]과 같이 RX_C 4사분면 위의 두 축을 따라 나타난다.

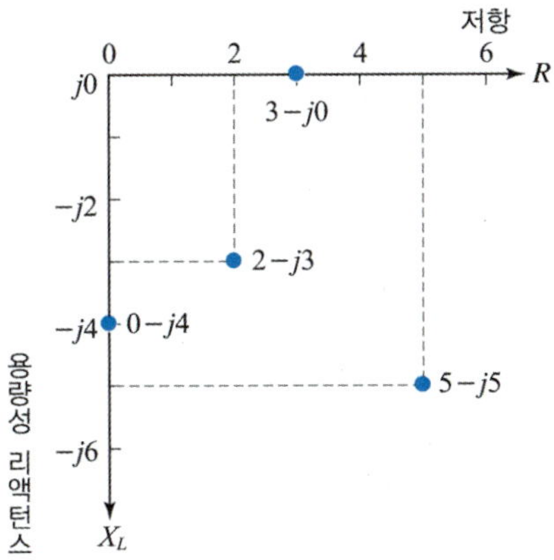

[그림 14-6] RX_C 4사분면에서의 네 점

RX_C 극한에 접근

실제 회로에서 모든 커패시터는 약간의 **누설 컨덕턴스**leakage conductance를 갖는다. 만약 주파수가 0이 되어 직류를 공급한다면 아주 적은 양이라도 전류가 반드시 흐른다. 실제 세계의 어떤 유전 물질도 완벽한 전기 절연체가 되지 못하기 때문이다(심지어 진공조차 그렇다). 어떤 커패시터는 누설 컨덕턴스를 거의 갖지 않지만 그 어느 것도 누설 컨덕턴스로부터 완전히 자유롭지는 못하다. 반대로 모든 전기 전도체는 물리적 공간을 점유한다는 이유만으로도 약간의 용량성 리액턴스를 갖는다. 따라서 수학적으로 완전한 교류의 순수 전도체는 결코 볼 수 없다. 임피던스 $Z = 3 - j0$과 $Z = 0 - j4$ 모두 이론적으로만 나타난다.

RX_C 점들은 어떻게 움직이는가?

X_C 값들은 리액턴스 값을 가리키는 것이지 커패시턴스 값을 가리키는 것이 아님을 기억하자. RX_C 회로에서 리액턴스 값은 주파수에 따라 변화한다. 만약 특정 회로에 가한 교류 주파수를 높이거나 낮춘다면 X_C 값은 변화한다. 교류 주파수 증가는 X_C가 **음(−)의 값으로 더 작아지게** smaller negatively(0에 가까워지도록) 한다. 반대로 교류 주파수 감소는 X_C가 **음(−)의 값으로 더 커지게** larger negatively(0에서 멀어지거나 RX_C 4사분면상에서 더 아래쪽으로) 한다. 만약 주파수가 0으로 계속 떨어지면 용량성 리액턴스는 4사분면의 바닥 쪽으로 떨어지고, 의미를 잃는다. 반대되는 전기 전하량을 가진 두 판 또는 두 세트의 판을 갖고 있다고 해도 그 소자를 방전시키지 않는 한, 또는 방전시킬 때까지 아무런 '작동'도 하지 않는다.

몇 가지 RX_C 임피던스 벡터들

RX_L 1사분면에서 했던 것과 같이 RX_C 4사분면 위의 점을 벡터로 나타낼 수 있다. [그림 14-6]은 4사분면 위의 4개의 다른 점을 보여준다. 각 점은 원점(복소 임피던스 $0 - j0$)으로부터 오른쪽으로 일정한 거리나 아래쪽으로 일정한 거리, 또는 둘 다에 의해 표현된다. 각 값의 첫 번째 숫자는 저항 R을, 두 번째 숫자는 용량성 리액턴스 X_C를 나타낸다.

RX_C 조합은 2차원적인 양을 구성한다. 또한 [그림 14-7]과 같이 원점에서 그 점들로 뻗은 벡터를 그림으로써 [그림 14-6]과 같은 점을 나타낼 수 있다.

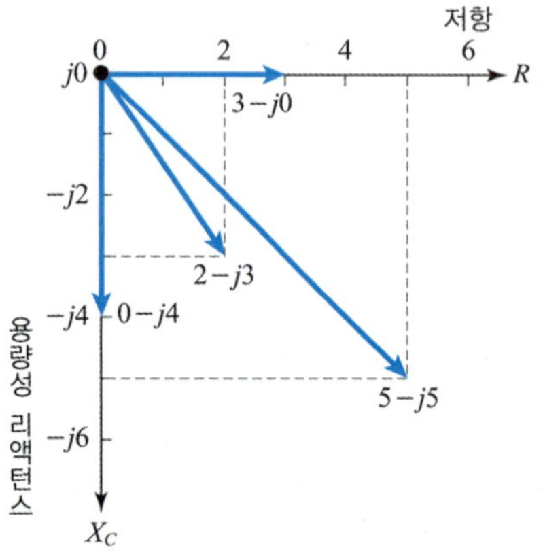

[그림 14-7] [그림 14-6]의 각 점에 해당하는 RX_C 4사분면 위의 네 벡터

커패시터와 직류 복습

만약 실제 커패시터의 두 판이 큰 표면적을 갖고, 서로 가까이 위치하며 양질의 고체 유전체에 의해 분리되었다면 소자를 방전시킬 때 갑작스럽고 극적인 잠깐 동안의 '작동'을 경험하게 된다. 부피가 큰 커패시터는 의심 없이 단자에 접촉하는 사람을 감전시켜 죽음에 이르게 할 정도로 충분한 전하량을 보유할 수 있다.

유명한 과학자이자 미국의 정치가인 벤저민 프랭클린Benjamin Franklin은 자체 제작한 **라이덴 병**Leyden jar이라는 커패시터를 통해 이런 경험을 한 적이 있다고 언급했다. 그는 유리병 내외부에 금속 박판을 붙여서 라이덴 병을 만들고, 그곳에 고전압 배터리를 잠시 동안 연결했다. 그다음 배터리를 제거한 뒤 동시에 두 박판을 만졌다. 그는 그때 받은 충격의 정도에 대해 자신을 바닥에 때려눕힌 '강펀치'였다고 묘사했다. 그는 세상을 위해, 그리고 그 자신을 위해 운 좋게도 살아났다. 이 이야기에서 알 수 있듯 라이덴 병을 다룰 때는 그것이 '무해해' 보이더라도 주의해서 취급해야 한다. 그렇지 않으면 목숨을 잃을 수도 있다!

전류는 전압에 앞선다

커패시터를 통해 교류 전류를 흘려 순시 전류가 증가하기 시작했을 때(어떤 방향으로든) 두 금속판 간의 전압이 이를 따라오려면 한 사이클의 일부에 해당하는 시간이 소요된다. 또한 전류가 그 사이클 내에서 최대 피크로부터 일단 감소하기 시작하면(어떤 방향으로든) 전압이 이를 따라가기 위해 다시 한 사이클의 일부에 해당하는 시간이 소요된다. 순수 저항에서와 같이 순시 전압이 순시 전류에 뒤떨어지지 않고 완전히 따라갈 수는 없다. 따라서 저항과 용량성 리액턴스를 동시에 포함한 회로에서는 전압의 위상이 전류의 위상보다 **뒤선다**lag. 자주 쓰이는 말로는 이 현상을 전류가 전압에 **앞선다**lead고 표현한다.

순수 용량성 커패시턴스

커패시터의 양단에 교류 전압원을 연결한다고 가정하자. 교류 주파수가 충분히 낮거나 커패시턴스가 충분히 작아서, 또는 교류 주파수와 커패시턴스가 모두 낮아서 용량성 리액턴스 X_C의 절댓값이 저항 R보다 지극히 크다고(예를 들어, 백만 배 정도) 가정하자. 이때 전류는 [그림 14-8]과 같이 전압에 거의 90°만큼 앞서고, 본질적으로 순수 용량성 리액턴스를 갖는다. 따라서 RX_C 평면상에서 벡터는 R 축에 대해 거의 정확하게 $-90°$로, 아래쪽으로 곧게 가리킨다.

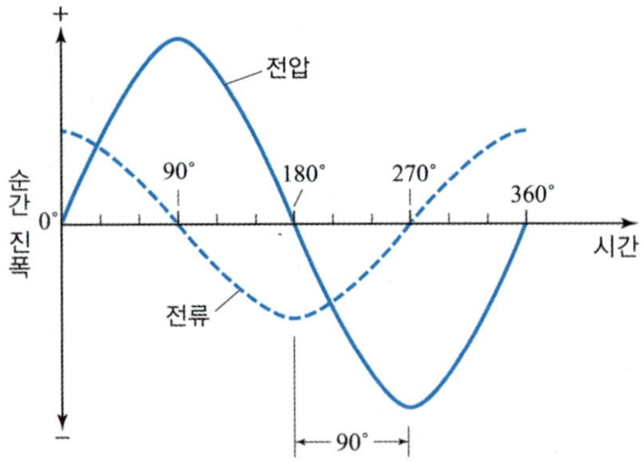

[그림 14-8] **순수 용량성 리액턴스에서 전류는 90°만큼 전압에 앞선다.**

용량성 리액턴스와 저항

저항-커패시턴스 회로에서 저항이 용량성 리액턴스의 절댓값과 비교될 정도의 값으로 증가했을 때 [그림 14-9]와 같이 전류는 90°보다 작은 어떤 각도만큼 전압에 앞선다. 만약 R이 X_C의 절댓값에 비해 작다면 그 차이는 거의 90°가 된다. R이 점점 커지거나 X_C의 절댓값이 점점 작아질 때 위상차는 감소하고, R이 X_C의 절댓값보다 훨씬 커지면 위상각은 0°에 가까워진다. 이렇게 저항과 커패시턴스를 포함하는 회로를 ***RC* 회로**라고 한다.

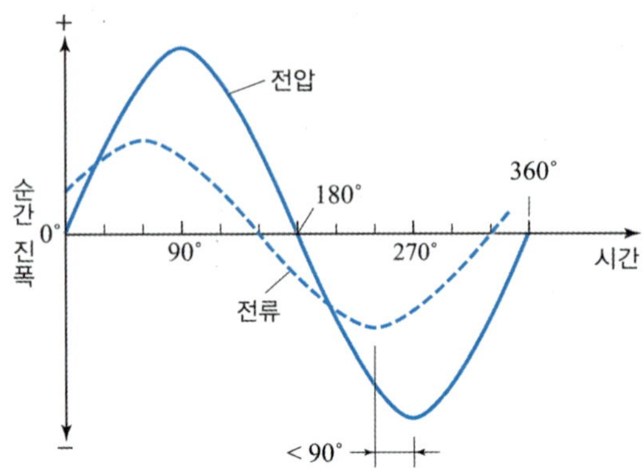

[그림 14-9] **용량성 리액턴스와 저항을 갖는 회로에서 전류는 90°보다 작은 값으로 전압에 앞선다.**

RC 회로에서 저항을 회로에 의도적으로 추가해 R 값을 X_C의 절댓값에 비교될 정도로 증가시킬 수 있다. 또한 주파수가 매우 높아지면 용량성 리액턴스의 절댓값이 회로 도체 내에 있는 손실 저항에 필적할 만한 값으로 떨어지는 일이 발생할 수도 있다. 어떤 경우든 [그림 14-10]과 같이 저항 R과 용량성 리액턴스 X_C가 직렬로 연결된 것으로 나타낼 수 있다.

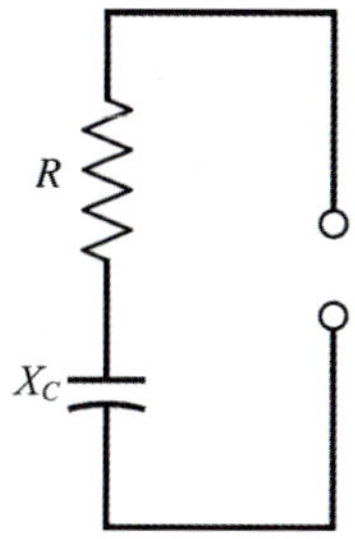

[그림 14-10] 저항과 용량성 리액턴스를 포함하는 회로의 도식적 묘사

만약 X_C와 R 값을 알고 있다면 RC 평면상에 $R-jX_C$ 점을 찍고, 원점 $0-j0$에서 그 점까지 벡터를 그린 뒤 저항 축으로부터 그 벡터의 각도를 시계방향으로 측정함으로써 **진상각**angle of lead 또는 ***RC* 위상각***RC* phase angle을 구할 수 있다. RL 위상각을 구하기 위해서는 13장에서 했던 것처럼 각도기로 측정하거나 삼각법을 사용하면 된다.

RL 회로에서처럼 위상각을 계산하기 위해서는 R에 대한 X_C 값의 비율만 알면 된다. 예를 들어, $X_C=-4\Omega$이고 $R=7\Omega$이라면, $X_C=-400\Omega$이고 $R=700\Omega$이거나, $X_C=-16\Omega$이고, $R=28\Omega$일 때 얻은 것과 RC 위상각이 동일하다. R에 대한 X_C 값의 비율이 -4:7일 때 위상각은 모두 동일하다.

순수 저항

RC 회로에서 용량성 리액턴스에 비해 저항이 커지면 진상각은 점점 작아진다. 저항 R 값에 비해 X_C의 절댓값이 작아져도 동일한 현상이 발생한다. R이 X_C의 절댓값보다 몇 배 크다면 실제 값이 무엇이든지 관계없이 벡터는 RC 평면상에서 거의 R축 위에 놓인다. 이때 RC 위상각은 $0°$에 가깝고, 전압은 전류와 위상이 거의 같다.

커패시터의 두 판은 각 사이클마다 완전히 충전되는 시점에 거의 이르지 못한다. 커패시터는 마치 **단락 회로**처럼 매우 작은 손실과 함께 '교류를 통과시킨다'. 그러나 커패시터는 양단에 동시에 존재하는 매우 낮은 주파수의 교류 신호에 대해서는 여전히 지극히 큰 X_C 값을 갖는다(커패시터의 이런 특성은 전자회로에 활용될 수 있다. 예를 들어, 직류나 저주파 교류 신호는 제거하면서 고주파 교류 신호는 통과시키고 싶을 때 커패시터의 이런 특성을 사용할 수 있다).

얼마나 앞서나?

RC 회로에서 저항에 대한 용량성 리액턴스의 비율$\left(\frac{X_C}{R}\right)$을 알고 있다면 위상각을 알 수 있다. 물론 X_C와 R의 실제 값을 알고 있어도 위상각을 알 수 있다.

도식적 방법

RC 회로의 위상각이 0°나 90°에 너무 가깝지만 않다면 13장에서 했던 것처럼 RC 회로의 위상각을 찾기 위해 각도기와 자를 사용할 수 있다. 먼저 한 장의 종이에 왼쪽에서 오른쪽으로 100 mm 보다 약간 긴 길이의 선을 그린다. 그다음 각도기를 사용해 먼저 그은 선의 왼쪽 끝에서 수직으로 아래를 향하는 100 mm 정도의 세로선을 그린다. 이때 가로선은 RX_C 4사분면의 R축이고, 아래 방향으로 향하는 세로선은 X_C축이다.

만약 X_C와 R 값을 알고 있다면 그 값들을 일정 숫자로 나누거나 곱해서 모두 −100과 100 사이의 값이 되도록 한다. 예를 들어 만약 $X_C = -3,800\,\Omega$이고, $R = 7,400\,\Omega$이라면 이 값들을 모두 100으로 나눠서 −38과 74를 얻을 수 있다. 그다음 그려놓은 선 위에 이 점들을 각각 표시한다. X_C점은 두 축이 만나는 점으로부터 아래쪽으로 38 mm 지점에 놓이고, R점은 두 축이 만나는 점으로부터 오른쪽으로 74 mm 지점에 놓인다.

그다음 [그림 14-11]과 같이 두 점을 연결하는 선을 긋는다. 이 선은 기울어져 있고, 2개의 축과 함께 삼각형을 형성할 것이다. 이 삼각형은 4사분면의 원점에 직각을 낀 직각삼각형이다. 각도기를 사용해 경사진 선과 R축이 이루는 각도를 측정한다. 정확한 값을 읽기 위해 필요하다면 이 선들을 연장해 그린다. 이 각은 0° ~ 90° 사이에 있을 것이다. RC 위상각을 얻으려면 읽어낸 각에 −1을 곱하면 된다. 즉 각도기로 27°를 읽었다면 RC 위상각은 −27°이다.

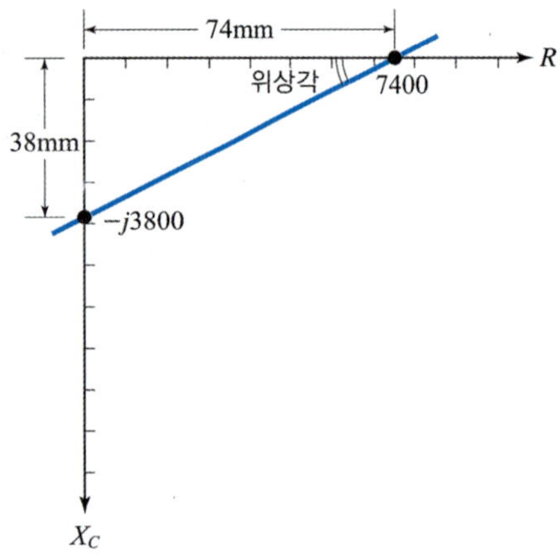

[그림 14-11] 저항과 용량성 리액턴스를 포함하는 회로에서 위상각을 찾는 도식적인 방법

앞서 찍은 두 점과 원점을 세 꼭짓점으로 삼아 새로운 수직선을 그려 직사각형을 만들면 실제 벡터를 나타낼 수 있다. 이 벡터는 [그림 14-12]와 같이 이 직사각형의 원점으로부터 출발하는 대각선이다. 위상각은 R축과 이 벡터 사이의 각도에 -1을 곱한 값으로, [그림 14-11]에서 구성한 경사진 선의 각도와 동일하다.

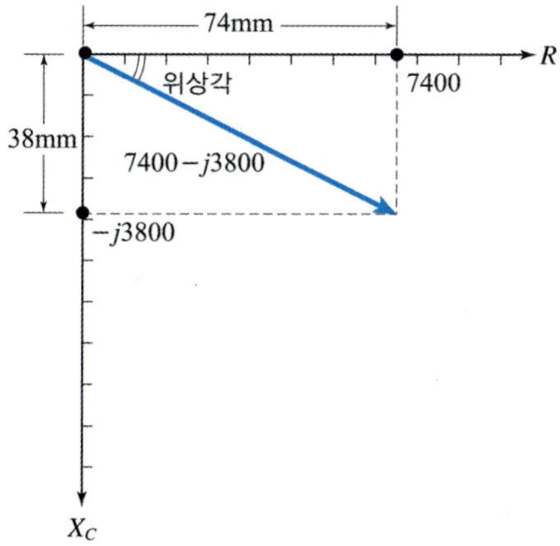

[그림 14-12] 저항과 용량성 리액턴스를 포함하는 회로에서 위상각을 찾는 다른 도식적인 방법. 이 방법은 임피던스 벡터를 보여준다.

삼각법에 의한 방법

삼각법을 사용하면 도식적인 방법보다 더 정확하게 RC 위상각을 결정할 수 있다. X_C와 R 값이 주어졌을 때 RC 위상각은 두 값의 비율의 아크탄젠트이다. RC 회로의 위상각은 RL 회로에서와 같이 소문자 그리스 문자 ϕ로 기호화해 다음과 같이 나타낸다.

$$\phi = \mathrm{Arctan}\left(\frac{X_C}{R}\right)$$

이런 종류의 문제를 풀 때는 X_C 값이 커패시턴스 값이 아닌 **용량성 리액턴스**capacitive reactance 값이라는 점을 잊지 말아야 한다. 또한 X_C의 절댓값(양수)이 아니라 X_C의 실제 값(음수)을 사용해야 한다. 만약 리액턴스가 아니라 커패시턴스를 안다면 커패시턴스와 주파수로부터 X_C 값을 찾는 식을 사용해 위상각을 계산해야 한다. 위상각은 $0°$보다 작고, $-90°$보다 큰 값이 나와야 한다.

각도를 혼동하지 말라!

관례에 따라 RC 회로의 위상각은 항상 $0°$부터 $-90°$에 걸쳐 있다. 이 RC 위상각은 항상 $0°$부터 $90°$에 걸쳐 있는 RL 위상각과 대조된다. 위상각은 항상 리액턴스와 동일한 부호(양 또는 음)를 갖는다는 간단한 규칙을 기억한다면 위상각에 대한 혼동을 피할 수 있을 것이다.

예제 14-4

RC 회로에서 용량성 리액턴스가 $-3{,}800\,\Omega$이고, 저항이 $7{,}400\,\Omega$일 때 위상각을 구하라.

풀이

저항성에 대한 용량성 리액턴스의 비율 $\dfrac{X_C}{R} = -\dfrac{3{,}800}{7{,}400}$을 계산한다. 계산기는 -0.513513513과 같은 숫자를 표시할 것이다. 이 숫자의 아크탄젠트를 계산하면 $-27.18111109°$의 위상각을 얻을 것이며 이것을 반올림하면 $-27.18°$가 된다.

예제 14-5

RC 회로가 3.50 MHz의 주파수에서 동작한다고 가정하자. 저항이 $130\,\Omega$이고, 커패시턴스가 150 pF일 때 위상각을 가장 가까운(근사한) 각도로 구하라.

풀이

먼저 3.50 MHz에서 동작하는 150 pF 커패시터의 용량성 리액턴스를 찾는다. 커패시턴스를 μF으로 변환하면 $C = 0.000150\,\mu\text{F}$이 된다. μF은 MHz와 함께 사용된다는 것을 기억하면 다음을 얻을 수 있다.

$$X_C = \frac{-1}{(6.2832 \times 3.50 \times 0.000150)} = \frac{-1}{0.00329868} = -303\,\Omega$$

이제 비율 $\dfrac{X_C}{R} = \dfrac{-303}{130} = -2.33$을 찾을 수 있다. 위상각은 -2.33의 아크탄젠트이므로 $-67°$가 가장 가까운 각도가 된다.

예제 14-6

만약 [예제 14-5]의 회로에서 주파수가 8.10 MHz로 증가했을 때 위상각을 구하라.

풀이

주파수가 변해서 X_C 값도 변화했으므로 새로운 X_C 값을 찾아야 한다. 바뀐 값을 대입해 계산하면 다음과 같다.

$$X_C = \frac{-1}{(6.2832 \times 8.10 \times 0.000150)} = \frac{-1}{0.007634} = -131\,\Omega$$

이때 비율은 $\dfrac{X_C}{R} = \dfrac{-131}{130}$, 즉 -1.008이 된다. 위상각은 -1.008의 아크탄젠트이므로 반올림하면 $-45°$가 된다.

연습문제

01 저항 없이 순수한 용량성 리액턴스를 갖는 회로의 위상각은 얼마인가?

(a) $+45°$
(b) $0°$
(c) $-45°$
(d) $-90°$

02 저항과 용량성 리액턴스는 서로 같고, 부호는 반대(저항성은 양, 리액턴스는 음)인 회로의 위상각은 얼마인가?

(a) $+45°$
(b) $0°$
(c) $-45°$
(d) $-90°$

03 리액턴스 없이 순수한 저항을 갖는 회로의 위상각은 얼마인가?

(a) $+45°$
(b) $0°$
(c) $-45°$
(d) $-90°$

04 $C = 200\,\text{pF}$인 커패시터에 $f = 4.00\,\text{MHz}$의 신호를 가했을 때 X_C의 값은 얼마인가?

(a) $-498\,\Omega$ (b) $-995\,\Omega$
(c) $-199\,\Omega$ (d) $-3.98\,\text{k}\Omega$

05 0이 아닌 유한한 저항성을 갖고 있는 RC 회로에서 $\dfrac{X_C}{R}$의 비율이 0에 접근할 때(음의 값에서) 위상각은 어느 방향으로 접근하는가?

(a) $-90°$ (b) $-45°$
(c) $0°$ (d) 음의 무한대

06 어떤 주파수에서 $0.0330\,\mu\text{F}$의 커패시터의 리액턴스가 $-123\,\Omega$일 때 주파수 f는 얼마인가?

(a) 39.2 kHz
(b) 19.6 kHz
(c) 78.4 kHz
(d) 계산하기 위해서는 더 많은 정보가 필요하다.

07 다른 변수는 고정시키고, 커패시터의 두 판 사이 간격만 감소시킬 때 커패시터[μF]의 변화에 대한 설명으로 옳은 것은 무엇인가?

(a) 변하지 않는다.
(b) 증가한다.
(c) 감소한다.
(d) 이 질문에 답하기 위해서는 정보가 더 필요하다.

08 12.5 MHz에서 470 pF 커패시터의 리액턴스는 얼마인가?

(a) $-2.71\,\text{k}\Omega$ (b) $-271\,\Omega$
(c) $-27.1\,\Omega$ (d) $-2.71\,\Omega$

09 다음 중 [연습문제 08]에서 주파수를 $\dfrac{1}{10}$로 감소시키면 커패시터의 리액턴스는 어떻게 되는가?

(a) (음으로) 100배가 된다.
(b) (음으로) 10배가 된다.
(c) (음으로) $\dfrac{1}{10}$이 된다.
(d) (음으로) $\dfrac{1}{100}$이 된다.

연습문제

10 200 kHz 에서 $-100\,\Omega$ 의 리액턴스를 갖는 커패시터의 커패시턴스는 얼마인가?

(a) 7.96 nF
(b) 79.6 nF
(c) 796 nF
(d) 7.96 μF

11 동작 주파수에서 리액턴스가 $-75\,\Omega$ 인 커패시터와 $50\,\Omega$ 의 저항이 직렬로 연결된 RC 회로가 있을 때 위상각은 얼마인가?

(a) $-34°$
(b) $-56°$
(c) $-85°$
(d) $-90°$

12 동작 주파수에서 리액턴스가 $-50\,\Omega$ 인 커패시터와 $75\,\Omega$ 의 저항이 직렬로 연결된 RC 회로가 있을 때 위상각은 얼마인가?

(a) $-34°$
(b) $-56°$
(c) $-85°$
(d) $-90°$

13 0.01 μF 의 커패시턴스와 $4.7\,\Omega$ 의 저항이 직렬로 연결된 RC 회로가 있을 때 일정 주파수의 신호에 대한 위상각은 얼마인가?

(a) $-60°$
(b) $-45°$
(c) $-30°$
(d) 이 질문에 답하기 위해서는 정보가 더 필요하다.

14 다음 중 [연습문제 13]의 회로에서 커패시터는 그대로 두고, 저항을 단락시키면 (실제 값을 아는지와는 관계없이) 위상각은 어떻게 되는가?

(a) $-90°$가 될 것이다.
(b) $-45°$가 될 것이다.
(c) $0°$가 될 것이다.
(d) 변화하지 않는다.

15 다음 중 [연습문제 14]의 회로에서 저항을 단락시키고, 커패시턴스를 2배로 증가시키면 위상각은 어떻게 되는가?

(a) $-60°$가 될 것이다.
(b) $-45°$가 될 것이다.
(c) $-30°$가 될 것이다.
(d) 변화하지 않는다.

16 다음 중 ([연습문제 13]이나 [연습문제 14]가 아닌) [연습문제 15]의 회로에서 다른 요인은 고정시키고, 주파수를 3배로 증가시키면 위상각은 어떻게 되는가?

(a) 이 질문에 답하기 위해서는 정보가 더 필요하다.
(b) 음으로 증가해 $-90°$에 접근할 것이다.
(c) 음으로 감소해 $0°$에 접근할 것이다.
(d) 변화하지 않는다.

17 어떤 주파수에서 470 pF 인 커패시터가 $-800\,\Omega$ 의 리액턴스를 갖는다면 주파수는 얼마인가?

(a) 423 kHz
(b) 846 kHz
(c) 212 kHz
(d) 이 질문에 답하기 위해서는 정보가 더 필요하다.

18 다음 중 [연습문제 17]의 회로에서 주파수를 절반으로 낮추면 X_C 값은 어떻게 되는가?

(a) 음으로 $\sqrt{2}$ 배만큼 증가한다.
(b) 음으로 2배만큼 증가한다.
(c) 음으로 4배만큼 증가한다.
(d) 변화하지 않는다.

19 다음 중 [그림 14-13]에서 $\frac{X_C}{R}$ 의 비율을 근사적으로 나타낸 것은 무엇인가?

(a) -0.66
(b) -0.75
(c) -1.5
(d) -3.0

20 [그림 14-13]에서 R과 X_C의 눈금을 분할한 크기가 다르다. 위상각을 가장 가까운 각도로 계산한 것은 얼마인가?

(a) $-19°$
(b) $-56°$
(c) $-37°$
(d) $-33°$

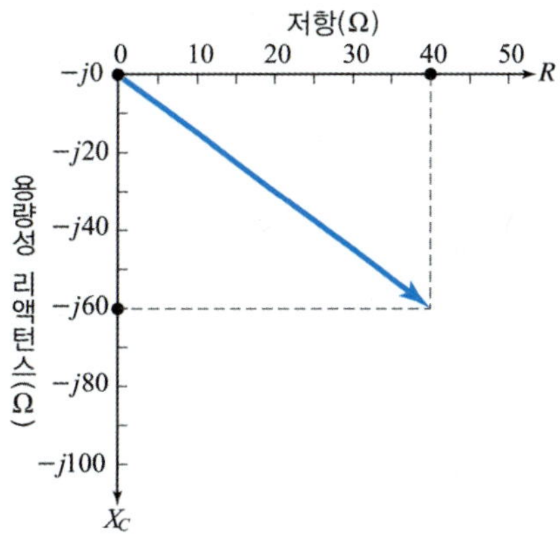

[그림 14-13] [연습문제 19~20]을 위한 그림

정답

01 d	**02** c	**03** b	**04** c	**05** c	**06** a	**07** b	**08** c	**09** b	**10** a
11 b	**12** a	**13** d	**14** a	**15** d	**16** d	**17** a	**18** b	**19** c	**20** b

CHAPTER 15

임피던스와 어드미턴스

Impedance and Admittance

학습목표

- 허수와 복소수를 나타내는 방법을 이해하고, 복소수를 계산할 수 있다.
- RX 반평면 위에 임피던스를 표현할 수 있다.
- 저항의 역수인 컨덕턴스와 리액턴스의 역수인 서셉턴스를 이해할 수 있다.
- 컨덕턴스와 리액턴스를 결합한 어드미턴스를 이해할 수 있다.
- GB 반평면상에 어드미턴스를 표현할 수 있다.

이 장에서는 복소 임피던스에 대한 '엄격한' 수학적 모델에 대해 다룬다. 또한 교류 회로가 전류의 흐름을 제한하고 방해하는 것이 아니라, 허락 및 허용하는 정도를 정량화한 **어드미턴스** admittance에 대해 배운다.

허수 복습

13장에서 기호 j가 -1의 양의 제곱근을 의미하는 단위인 허수를 나타낸다는 것을 배웠다. 음수가 제곱근을 갖는다는 것은 이해하기 어려우므로 개념을 다시 살펴보자. j와 j를 곱하면 -1이 된다.

허수 imaginary라는 개념은 j가 **실수** real number보다 '**덜 실제적** less real'이라는 생각에서 비롯된 것이다. 그러나 이는 사실이 아니다. 수 이론에 관한 교과목을 수강했다면 알 수 있듯 모든 수는 추상적이라는 의미에서 '**비실제적** unreal'이다.

실제로 j는 -1의 유일한 제곱근이 아니다. -1의 음의 제곱근 역시 존재하고, 이는 $-j$로 나타낸다. 즉 j 또는 $-j$는 자기 자신을 제곱하면 -1이 된다(수학자는 이 수들을 i나 $-i$로 나타내기도 한다). **허수 집합** set of imaginary numbers은 j와 모든 가능한 실수의 곱으로 구성된다. 허수 집합의 예는 다음과 같다.

- $j \times 4$는 $j4$로 표기한다.
- $j \times 35.79$는 $j35.79$로 표기한다.
- $j \times (-25.76)$는 $-j25.76$으로 표기한다.
- $j \times (-25{,}000)$는 $-j25{,}000$으로 표기한다.

j에 어떤 실수를 곱한 허수를 **실수 직선** real-number line 위의 한 점으로 표시할 수 있다. 만약 모든 실수에 j를 곱해 직선 위에 점으로 표시하면 [그림 15-1]과 같이 **허수 직선** imaginary-number line을 얻을 수 있다.

만약 실수와 허수를 동시에 그래프로 나타내려면 수평 실수 직선에 직각으로 허수 직선을 위치시키면 된다. 전자공학에서 실수는 **저항** resistance을 나타내고, 허수는 **리액턴스** reactance를 나타낸다.

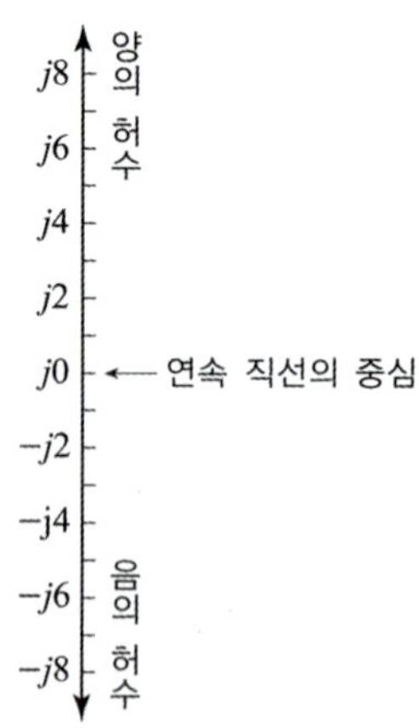

[그림 15-1] 허수축

복소수 복습

실수와 허수를 더하면 **복소수**complex number를 얻는다. 이때 'complex'는 '**복잡함**complicated'보다는 '**복합적**composite'임을 의미한다. 다음의 네 가지 예를 살펴보자.

- 4와 $j5$의 합은 $4+j5$이다.
- 8과 $-j7$의 합은 $8-j7$이다.
- −7과 $j13$의 합은 $-7+j13$이다.
- −6과 $-j87$의 합은 $-6-j87$이다.

이런 복소수 집합을 그래프의 형태로 완전하게 묘사하고 싶다면 2차원 **좌표 평면**coordinate plane이 필요하다.

복소수의 덧셈과 뺄셈

한 복소수를 다른 복소수에 더할 때는 복소수의 실수부는 실수부끼리, 허수부는 허수부끼리 분리해서 더한 뒤 다시 합한다. 예를 들어, $4+j7$과 $45-j83$을 더하는 방법은 다음과 같다.

$$(4+45)+j(7-83)=49+j(-76)=49-j76$$

뺄셈을 할 때는 부호를 혼동하기 쉽다. 따라서 약간의 묘책이 필요한데, 뺄셈을 덧셈으로 변환하면 부호의 혼동을 피할 수 있다. 예를 들어, $(4+j7)-(45-j83)$은 두 번째 복소수에 먼저 −1을 곱한 뒤 더해 계산하면 된다.

$$\begin{aligned}(4+j7)-(45-j83) &= (4+j7)+[-1(45-j83)] \\ &= (4+j7)+(-45+j83) \\ &= [4+(-45)]+j(7+83) \\ &= -41+j90\end{aligned}$$

복소수의 실수부는 실수부끼리, 허수부는 허수부끼리 분리해서 뺀 뒤 다시 합하는 방법도 있다. (−)의 양을 빼는 것은 (+)의 양을 더하는 것과 같다. 따라서 덧셈으로 변환하지 않고, 뺄셈을 하면 다음과 같은 결과를 얻는다.

$$\begin{aligned}(4+j7)-(45-j83) &= (4-45)+j[7-(-83)] \\ &= -41+j(7+83) \\ &= -41+j90\end{aligned}$$

복소수의 곱셈

한 복소수에 다른 복소수를 곱할 때는 두 수 모두 쌍으로 된 수의 합인 **이항식**binomial으로 취급해야 한다. 만약 a, b, c, d라는 4개의 실수를 갖는다면 곱하는 방법은 다음과 같다.

$$\begin{aligned}(a+jb)(c+jd) &= ac+jad+jbc+j^2bd \\ &= (ac-bd)+j(ad+bc)\end{aligned}$$

복소수 평면

실수 직선과 허수 직선이 직각이 되도록 원점 $0+j0$에서 교차시키면 완전한 **복소수 평면**complex number plane을 구성할 수 있다. 이런 배열을 나타내는 [그림 15-2]는 매일 시간에 따른 온도 그래프를 그릴 때 사용하는 것과 동일한 **직각좌표 평면**rectangular coordinate plane이다.

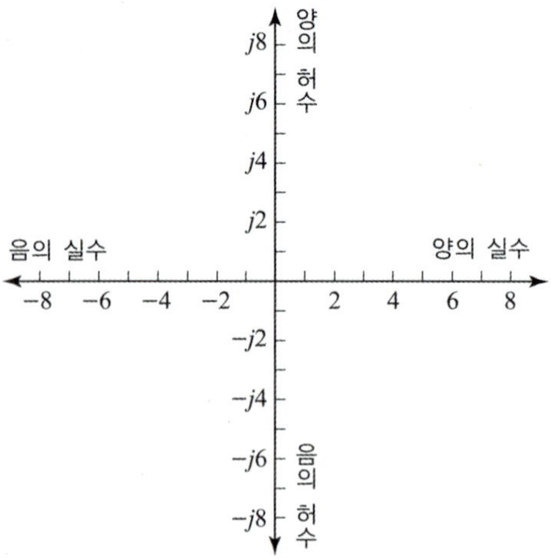

[그림 15-2] **복소수 평면**

복소수 벡터

공학자들은 복소수를 좌표 평면에서 벡터로 표현하기도 한다. 이때 각 복소수는 고유한 **크기**magnitude와 **방향**direction을 갖는다. 복소수 $a+jb$의 크기는 원점 $(0, j0)$으로부터 점 (a, jb)까지의 거리이고, 벡터의 방향은 양의 실수축으로부터 반시계 방향으로 측정된 벡터의 각을 의미한다. [그림 15-3]은 이런 도해가 어떻게 그려지는지 나타낸 것이다.

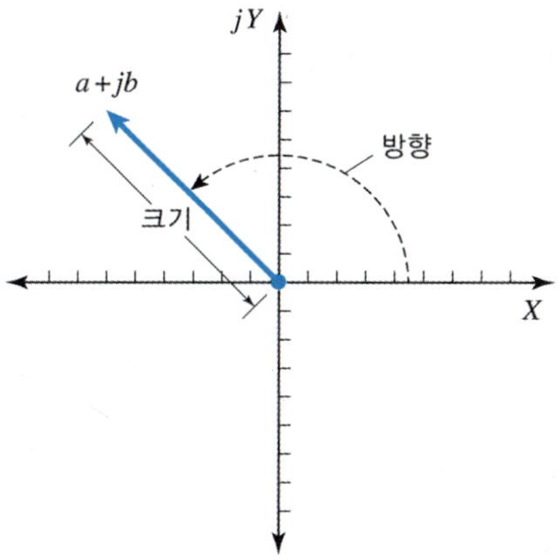

[그림 15-3] **복소수 평면 위에서 벡터의 크기와 방향**

절댓값

복소수 $a+jb$의 **절댓값**absolute value은 원점 $(0, j0)$으로부터 점 (a, jb)까지 측정된 복소 평면에서의 벡터의 크기 또는 길이와 동일하다. 다음의 세 가지 경우를 통해 복소수 $a+jb$의 절댓값에 대해 살펴보자.

- **순실수**pure real number **$a+j0$인 경우**
  a가 양수면 $a+j0$의 절댓값은 a이고, a가 음수면 $a+j0$의 절댓값은 $-a$이다.
- **순허수**pure imaginary number **$0+jb$인 경우**
  실수 b가 양수면 절댓값은 b이고, b가 음수면 $0+jb$의 절댓값은 $-b$이다.
- **$a+jb$가 순실수도 아니고, 순허수도 아닌 경우**
  이 복소수의 절댓값을 찾으려면 공식을 사용해야 한다. 먼저 a와 b를 각각 제곱하고, 제곱한 값들을 더한 뒤 제곱근을 취하면 벡터 $a+jb$의 길이 c를 구할 수 있다. [그림 15-4]는 이 방법을 기하학적으로 나타낸 것이다.

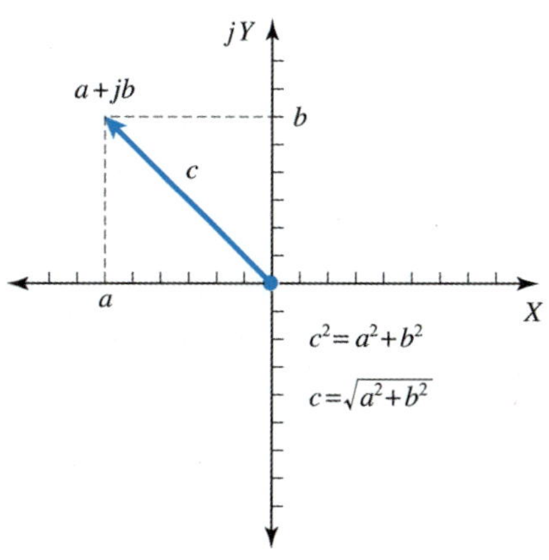

[그림 15-4] **벡터의 절댓값(길이) 계산. 여기서 벡터의 길이는 c로 표시된다.**

예제 15-1

복소수 $-22-j0$의 절댓값을 구하라.

풀이

이 복소수는 순실수에 해당한다. 또한 $-j0=j0$이므로 실제 $-22-j0$은 $-22+j0$과 같은 복소수이다. 따라서 절댓값은 $-(-22)$, 즉 22이다.

예제 15-2

복소수 $0-j34$의 절댓값을 구하라.

풀이

$0-j34=0+j(-34)$이므로 이 복소수는 $b=-34$인 순허수이다. 따라서 절댓값은 $-(-34)$, 즉 34이다.

예제 15-3

복소수 $3-j4$의 절댓값을 구하라.

풀이

이 경우 $a=3$, $b=-4$이다. [그림 15-4]에 표현된 식을 사용하면 절댓값은 다음과 같다.

$$[3^2+(-4)^2]^{\frac{1}{2}}=(9+16)^{\frac{1}{2}}=25^{\frac{1}{2}}=5$$

RX 반평면

13장에서 배웠던 저항 R과 유도성 리액턴스 X_L에 대한 $\frac{1}{4}$ 평면을 생각해 보자. 이는 [그림 15-2]의 복소수 평면의 1사분면에 해당한다. 마찬가지로 저항과 용량성 리액턴스 X_C에 대한 $\frac{1}{4}$ 평면은 [그림 15-2]의 복소 평면의 4사분면에 해당한다. 저항은 음(−)이 아닌 실수들로 표시되고, 리액턴스는 허수들로 표시된다.

음의 저항은 없다

엄격하게 말하면 어떤 것도 완벽한 도체보다 저항이 더 작을 수는 없으므로 음수인 저항은 존재하지 않는다. 어떤 경우에는 배터리 같은 직류 전원을 '음의 저항'을 갖는다고 취급할 수도 있다. 때때로 인가하는 전압을 증가시켰을 때 전류가 감소하는 소자를 만나기도 하는데, 이는 '음의 저항'이라고 부르는 '거꾸로 된' 저항 동작 현상을 보여준다.

그러나 대부분의 실제 용도에서 저항값은 0보다 아래로 내려갈 수 없다. 따라서 복소수 평면에서 1사분면과 4사분면을 남기고, 음수 축을 제거하면 [그림 15-5]와 같은 ***RX* 반평면**RX half-plane을 얻게 된다. 이런 *RX* 반평면은 복소 임피던스를 나타내기 위한 완전한 좌표 세트가 된다.

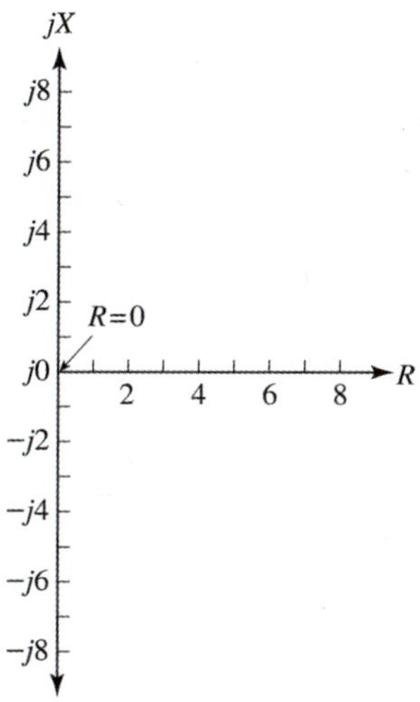

[그림 15-5] 복소 임피던스 반평면 또는 *RX* 반평면

음의 인덕터와 음의 커패시터

용량성 리액턴스 X_C는 유도성 리액턴스 X_L을 사실상 음수 영역으로 확장한 것이라고 볼 수 있다. 커패시터는 '음의 인덕터'처럼 동작하는데, 음수의 음은 양수이므로 커패시터의 경우와 마찬가지로 인덕터는 '음의 커패시터'처럼 동작한다고 할 수 있다. 리액턴스는 매우 큰 음수에서부터 0을 거쳐 매우 큰 양수까지 변화할 수 있다.

복소 임피던스 점

RX 반평면상에서 움직이는 $R + jX$를 나타내는 점과 이 값에 대응하는 각 축 위의 점을 생각해 보자. 이 점들은 $R + jX$의 점에서 R축과 X축에 각각 직각으로 점선을 그어 찾을 수 있다. [그림 15-6]은 이에 따른 몇 가지의 예를 나타낸 것이다.

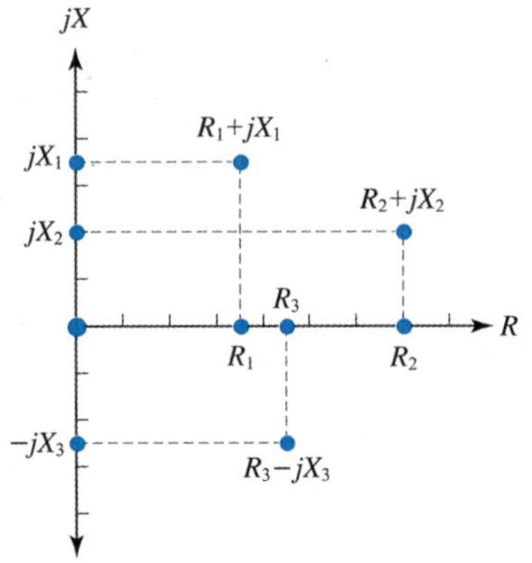

[그림 15-6] 저항 성분과 리액턴스 성분을 보여주는 RX 반평면상의 몇 개의 점

이제 R과 X에 해당하는 점들이 각 축 위에서 상하 또는 좌우로 움직일 때 나타나는 여러 $R+jX$ 점들의 변화를 생각해 보자. 이 변화를 살펴보면 교류 회로에서 저항과 리액턴스가 변할 때 임피던스가 어떻게 변하는지 알 수 있다.

저항은 1차원적인 현상이고, 리액턴스도 1차원적인 현상이다. 그러나 복소 임피던스를 완전하게 정의하려면 2차원의 개념을 사용해야 한다. RX 반평면은 이런 요구를 만족하고, 저항과 리액턴스는 서로 독립적으로 변할 수 있다는 것을 기억하자.

복소 임피던스 벡터

모든 임피던스 $R+jX$는 $a+jb$ 형태의 복소수로 표현할 수 있고, 간단히 $R=a$, $X=b$로 놓는다. 이제 R이나 X 또는 둘 모두를 독립적으로 변화시키면서 임피던스 벡터가 어떻게 변화하는지 생각해 보자. 만약 X가 고정된다면 R이 커질수록 복소 임피던스 벡터는 더 길어진다. R이 고정되고, X_L이 커져도 벡터는 더 길어진다. R이 고정되고, X_C가 음으로 커져도 벡터는 더 길어진다. [그림 15-7]의 벡터들은 [그림 15-6]의 점들을 나타낸 것이다.

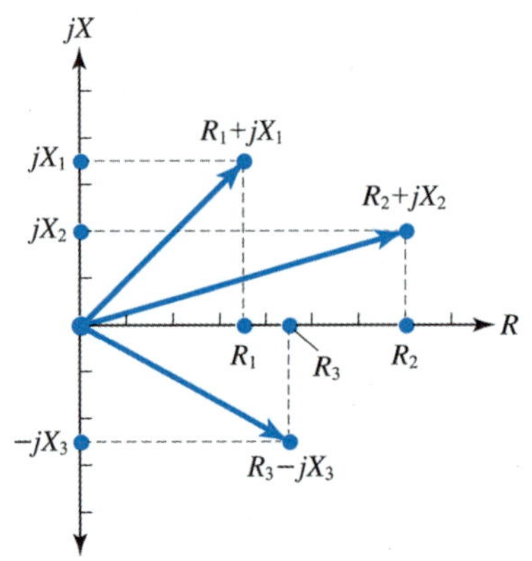

[그림 15-7] [그림 15-6]의 점들을 나타내는 벡터

절댓값 임피던스

때때로 소자나 부품의 임피던스를 '몇 Ω'이라고 표현하기도 한다. 예를 들어, 오디오 시스템을 살펴볼 때 '8Ω 스피커와 600Ω의 증폭기 입력'이라는 말을 접할 수 있을 것이다. 임피던스를 온전히 표현하려면 2차원의 양이 필요한데, 어떻게 하면 제작자가 하나의 숫자를 이용해 임피던스를 표현할 수 있을까? 좋은 질문이다. 두 가지로 이 질문에 대답할 수 있다.

첫 번째로, 8Ω 스피커 또는 600Ω의 증폭기 입력과 같은 규격은 **순수 저항성 임피던스**purely resistive impedance 또는 **비 리액티브성 임피던스**nonreactive impedance를 의미한다. 따라서 8Ω 스피커는 $8+j0$의 복소 임피던스를 갖고, 600Ω의 증폭기 입력 회로는 $600+j0$ 또는 그 근처의 복소 임피던스에서 동작하도록 설계된 것이다.

두 번째로, 임피던스 벡터의 길이(복소 임피던스의 절댓값)를 Ω으로 나타낸 것을 의미한다. 그러나 이렇게 임피던스를 표현하면 혼동을 줄 수 있다. 주어진 일정한 길이에 해당하는 서로 다른 벡터가 RX 반평면 위에 무수히 존재할 수 있기 때문이다.

때때로 '임피던스'라는 용어 대신 이탤릭체 대문자 Z를 쓰고, '$Z=50\Omega$' 또는 '$Z=300\Omega$ nonreactive'와 같이 사용하기도 한다. 이때 특별한 임피던스가 아니라면 $Z=8\Omega$은 [그림 15-8]과 같이 이론적으로 $8+j0$, $0+j8$, $0-j8$ 또는 좌표의 원점에 중심을 두고, 8단위의 반경을 가진 반원 위에 놓인 모든 복소 임피던스 점들을 의미한다.

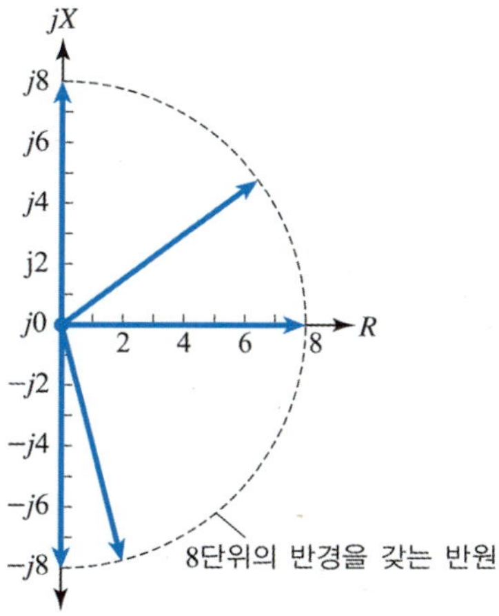

[그림 15-8] 절댓값이 8Ω인 임피던스를 갖는 몇 개의 벡터. 점선에서 끝나는 모든 벡터들, 즉 이론적으로 무한히 많은 벡터들이 절댓값 8Ω 임피던스를 표현한다.

예제 15-4

$Z = 10\Omega$으로 대표될 수 있는 서로 다른 7개의 복소 임피던스를 나열하라.

풀이

순수 리액턴스 또는 순수 저항을 갖는 3개의 임피던스는 쉽게 찾을 수 있다. 이 임피던스는 각각 순수 인덕턴스, 순수 저항, 순수 커패시턴스를 나타낸다.

$$Z_1 = 0 + j10$$
$$Z_2 = 10 + j0$$
$$Z_3 = 0 - j10$$

이제 세 변의 비율이 6 : 8 : 10인 직각삼각형을 생각해 보자. $6^2 + 8^2 = 10^2$이 성립하므로 기초 좌표 기하학에서 직각삼각형임을 확인할 수 있다. 따라서 다음과 같이 절댓값이 모두 10Ω인 임피던스 4개를 마저 얻을 수 있다.

$$Z_4 = 6 + j8$$
$$Z_5 = 6 - j8$$
$$Z_6 = 8 + j6$$
$$Z_7 = 8 - j6$$

컨덕턴스

교류 회로에서 전기적 **컨덕턴스**conductance는 직류 회로에서 작용했던 것과 동일하게 작용한다. (방정식의 변수로서) 컨덕턴스는 이탤릭체 대문자 G로 표시한다. 컨덕턴스와 저항의 관계는 다음의 두 식과 같다.

$$G = \frac{1}{R}, \quad R = \frac{1}{G}$$

컨덕턴스의 표준 단위는 **지멘스**siemens이며 이탤릭체가 아니라 대문자 S로 쓴다. 앞의 식에서 R을 Ω으로 하면 G는 S가 되고, 그 반대 역시 성립한다. 컨덕턴스 값이 클수록 저항값은 작아지고, 고정된 전압에 대해 더 많은 전류가 흐른다. 반대로 컨덕턴스 값이 작을수록 저항값은 커지고, 고정된 전압에 대해 더 적은 전류가 흐른다.

서셉턴스

때때로 교류 회로와 관련해 **서셉턴스**susceptance[1]라는 용어를 접하게 될 것이다. (방정식의 변수로서) 서셉턴스는 이탤릭체 대문자 B로 표시한다. 서셉턴스는 리액턴스의 역수이며 용량성일 수도 있고, 유도성일 수도 있다. **용량성 서셉턴스**capacitive susceptance라면 B_C, **유도성 서셉턴스**inductive susceptance라면 B_L로 나타내며 용량성, 유도성 리액턴스와의 관계는 다음과 같이 나타낼 수 있다.

$$B_C = \frac{1}{X_C},\ B_L = \frac{1}{X_L}$$

j의 역수

X 값과 마찬가지로 모든 B 값에는 이론적으로 j 연산자가 포함된다. j를 포함한 수량의 역수를 찾는 것은 약간 교묘하다. j의 역수는 자신의 음수와 같고, 수학적으로 나타내면 다음과 같다.

$$\frac{1}{j} = -j,\ \frac{1}{(-j)} = j$$

j의 이런 성질 때문에 리액턴스 값에서 서셉턴스 값을 구할 때는 항상 부호가 바뀐다. j로 표현하면 유도성 서셉턴스는 음(−)의 허수, 용량성 서셉턴스는 양(+)의 허수이다. 이는 유도성 리액턴스 및 용량성 리액턴스와 반대이다.

$2\,\Omega$의 유도성 리액턴스의 값은 $j2$라는 허수로 표현된다. 유도성 서셉턴스를 구하려면 $\frac{1}{j2}$을 계산해야 한다. 이 값을 수학적으로 j에 실수를 곱한 형태로 변환하면 다음과 같다.

$$\frac{1}{(j2)} = \left(\frac{1}{j}\right)\left(\frac{1}{2}\right) = \left(\frac{1}{j}\right)0.5 = -j0.5$$

$10\,\Omega$의 용량성 리액턴스의 값은 $-j10$이라는 허수로 표현된다. 용량성 서셉턴스를 구하려면 $\frac{1}{(-j10)}$을 계산해야 한다. 이 값을 j에 실수를 곱한 형태로 변환하면 다음과 같다.

$$\frac{1}{(-j10)} = \left(\frac{1}{-j}\right)\left(\frac{1}{10}\right) = \left(\frac{1}{-j}\right)0.1 = j0.1$$

리액턴스의 허숫값으로 서셉턴스의 허숫값을 구하려면 실수 부분의 역수를 먼저 구한 뒤 결과에 -1을 곱하면 된다.

1 (옮긴이) 서셉턴스는 어드미턴스(admittance)의 허수부를 의미하는 용어이다.

예제 15-5

3.10 MHz 의 주파수에서 100 pF 인 커패시터가 있을 때 용량성 서셉턴스 B_C를 구하라.

풀이

먼저 용량성 리액턴스를 계산하는 공식으로 다음과 같이 X_C를 구한다.

$$X_C = \frac{-1}{6.2832\,fC}$$

이때 $100\,\text{pF} = 0.000100\,\mu\text{F}$ 이므로 다음과 같이 계산할 수 있다.

$$X_C = \frac{-1}{6.2832 \times 3.10 \times 0.000100} = \frac{-1}{0.00195} = -513\,\Omega$$

X_C의 허숫값은 $-j513$ 이고, 서셉턴스 B_C는 $\dfrac{1}{X_C}$ 이므로 다음과 같다.

$$B_C = \frac{1}{-j513} = j0.00195\,\text{S}$$

지멘스는 컨덕턴스를 정의하는 것처럼 서셉턴스도 정량화한다. 따라서 0.00195 S 의 용량성 서셉턴스가 된다.

B_C의 일반 공식

주파수는 Hz, 커패시턴스는 F 으로 적용하면 다음 식의 용량성 서셉턴스 단위는 S 가 된다.

$$B_C = 6.2832\,fC$$

이 공식은 MHz 의 주파수와 μF 의 커패시턴스 값에 대해서도 동일하게 적용된다.

예제 15-6

887 kHz 의 주파수에서 $L = 163\,\mu\text{H}$ 인 인덕터가 있을 때 유도성 서셉턴스 B_L을 구하라.

풀이

887 kHz 는 0.887 MHz 이고, 유도성 리액턴스를 구하는 공식으로 X_L을 구하면 다음과 같다.

$$X_L = 6.2832\,fL = 6.2832 \times 0.887 \times 163 = 908\,\Omega$$

X_L의 허숫값은 $j908$ 이고, 서셉턴스 $B_L = \dfrac{1}{X_L}$ 이므로 $B_L = \dfrac{-1}{j908} = -j0.00110\,\text{S}$ 가 된다. 따라서 $-0.00110\,\text{S}$ 의 유도성 서셉턴스가 된다.

B_L의 일반 공식

주파수를 Hz, 인덕턴스를 H로 적용하면 다음 식의 유도성 서셉턴스 단위는 S가 된다.

$$B_L = \frac{-1}{6.2832 fL}$$

이 공식은 kHz의 주파수와 mH의 인덕턴스 값에 대해서도 동일하게 적용되고, MHz의 주파수와 μH의 인덕턴스 값에 대해서도 동일하게 적용된다.

어드미턴스

실수인 컨덕턴스와 허수인 서셉턴스를 결합하면 **복소 어드미턴스**complex admittance가 된다. (방정식의 변수로서) 복소 어드미턴스는 이탤릭체 대문자 Y를 사용한다. 어드미턴스는 회로가 교류를 흐르게 하는 정도를 완전하게 표현한다. 일반적으로 복소 임피던스의 절댓값이 커지면 복소 어드미턴스의 절댓값은 작아진다. 매우 큰 임피던스는 아주 작은 어드미턴스에 상응하고, 그 반대도 성립한다.

복소 어드미턴스

임피던스와 마찬가지로 어드미턴스도 복소수 형태로 표현된다. 따라서 우리가 다루고 있는 양이 무엇인지 잘 살펴봐야 한다. 같은 복소수 형태라도 기호를 올바르게 사용한다면 혼동을 피할 수 있고, 컨덕턴스와 서셉턴스의 복소수 합성으로 어드미턴스를 완전하게 표현할 수 있다. 일반적으로 복소 어드미턴스 값의 형태가 $Y = G + jB$라면 서셉턴스는 양수(용량성)이고, $Y = G - jB$라면 서셉턴스는 음수(유도성)이다.

병렬의 장점

13장과 14장에서 직렬 RL 회로와 직렬 RC 회로에 대해 살펴보았다. 왜 그때 병렬 회로를 무시하는지 궁금하지 않았는가? 임피던스보다 어드미턴스가 병렬 교류 회로를 수학적으로 이해하기 가장 좋아서 앞선 장에서 다루지 않았던 것이다.

병렬 교류 회로에서 어드미턴스를 구할 때 저항과 리액턴스는 수학적으로 복잡하게 결합된다. 그러나 컨덕턴스와 서셉턴스는 병렬 회로에서 직접 더하기만 하면 어드미턴스를 구할 수 있다. 병렬 RL 회로와 병렬 RC 회로 분석은 다음 장에서 배울 것이다.

GB 반평면

복소 임피던스(RX) 반평면처럼 좌표 격자 위에 복소 어드미턴스를 표현할 수 있다. 실제 세계에서는 음의 컨덕턴스가 존재하지 않으므로 어드미턴스 평면은 전평면이 아니라 반평면이 된다(그렇지 않은 것보다 나쁜 전도를 하는 구성 요소를 가질 수 없다는 뜻이다). 반평면상에서 컨덕턴스 값은 수평의 G축을, 서셉턴스는 수직의 B축을 따라 표시한다. [그림 15-9]는 ***GB* 반평면**GB half- plane 위에 몇 개의 점을 나타낸 것이다.

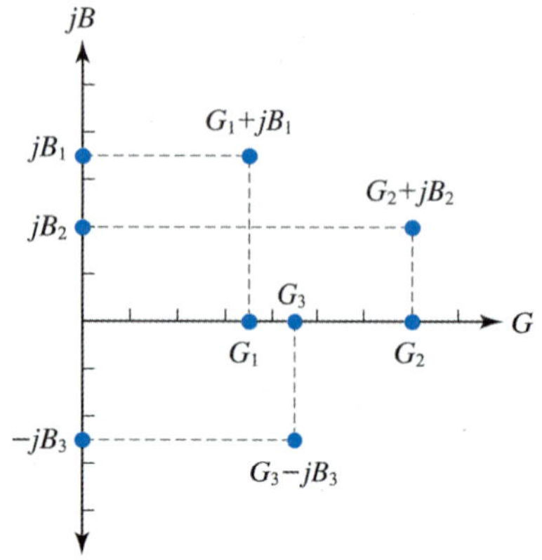

[그림 15-9] 컨덕턴스 성분 및 서셉턴스 성분에 따라 GB 반평면상에 찍힌 복소 어드미턴스 점들

GB 반평면은 뒤집혀 있다

외면적으로는 GB 반평면이 RX 반평면과 동일해 보이지만 수학적으로 봤을 때 이 두 평면은 완전히 다르다. 실제로 GB 반평면은 RX 반평면에 대해 뒤집혀 있다. GB 반평면의 중심인 원점은 직류 또는 교류에 대해 컨덕턴스가 존재하지 않는 점을 나타낸다. 또한 GB 반평면의 원점은 **임피던스가 0인 점**zero-impedance point이 아니라 **어드미턴스가 0인 점**zero-admittance point을 나타낸다. 그리고 GB 반평면에서 원점은 완벽한 개방 회로를 나타내지만 RX 평면에서 원점은 완벽한 단락 회로를 나타낸다.

GB 반평면의 G축(컨덕턴스 축)을 따라서 오른쪽(동쪽)으로 이동할수록 컨덕턴스는 증가하고, 전류는 점점 더 커진다. 원점으로부터 jB 축을 따라 위쪽(북쪽)으로 올라갈수록 양(+)의 용량성 서셉턴스는 계속해서 증가한다. 반대로 원점으로부터 jB 축을 따라 아래쪽(남쪽)으로 내려갈수록 음(−)의 유도성 서셉턴스가 증가한다.

어드미턴스의 벡터 표현

복소 임피던스 값처럼 복소 어드미턴스 값 역시 벡터로 표시할 수 있다. [그림 15-10]은 [그림 15-9]의 점들을 복소 어드미턴스 벡터로 나타낸 것이다. 고정된 교류 전압을 가할 때 GB 반평면의 긴 벡터는 일반적으로 큰 전류를 가리키고, 짧은 벡터는 작은 전류를 가리킨다.

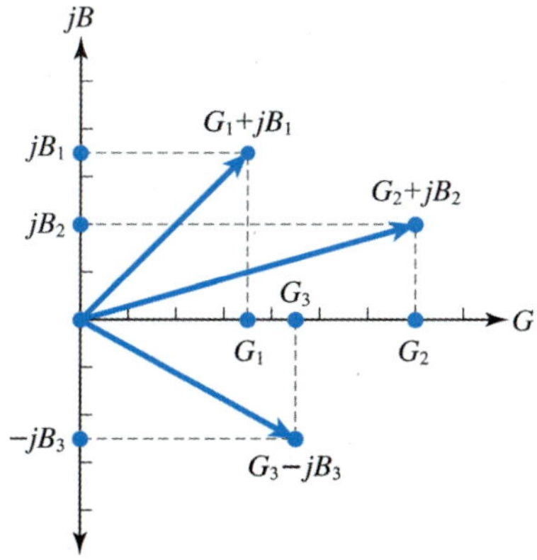

[그림 15-10] [그림 15-9]에 나타낸 점들의 벡터

GB 반평면에서 움직이는 점과 길이가 길어지거나 짧아지는 동시에 방향도 바뀌는 벡터를 생각해 보자. 일반적으로 위쪽과 오른쪽(북동쪽)을 가리키는 벡터들은 병렬로 연결된 컨덕턴스와 커패시턴스에 대응된다. 반대로 아래쪽과 오른쪽(남동쪽)을 가리키는 벡터들은 병렬로 연결된 컨덕턴스와 인덕턴스에 대응된다.

연습문제

01 다음 괄호에 들어갈 적절한 말은 무엇인가?

> 음의 실수값의 양의 제곱근은 (   ) 와/과 같다.

(a) 더 작은 실수
(b) 더 큰 실수
(c) j 연산자에 양의 실수를 곱한 수
(d) 0

02 다음 괄호에 들어갈 적절한 말은 무엇인가?

> j 연산자의 역수는 (   )와/과 같다.

(a) 자기 자신
(b) 그 수의 음수
(c) 실수
(d) 0

03 허수에 실수를 더하면 무엇이 되는가?

(a) 실수
(b) 허수
(c) 복소수
(d) −1

04 $(-1+j7)+(3-j5)$의 결과로 옳은 것은 무엇인가?

(a) $2+j2$
(b) $2-j2$
(c) $-2+j2$
(d) $-2-j2$

05 $(3-j5)+(-1+j7)$의 결과로 옳은 것은 무엇인가?

(a) $2+j2$
(b) $2-j2$
(c) $-2+j2$
(d) $-2-j2$

06 $(-1+j7)-(3-j5)$의 결과로 옳은 것은 무엇인가?

(a) $4+j12$
(b) $4-j12$
(c) $-4+j12$
(d) $-4-j12$

07 $(3-j5)-(-1+j7)$의 결과로 옳은 것은 무엇인가?

(a) $4+j12$
(b) $4-j12$
(c) $-4+j12$
(d) $-4-j12$

08 다음 괄호에 들어갈 적절한 말은 무엇인가?

> 어떤 소자가 50Ω의 출력 임피던스를 갖는다면 제작자가 표시한 부하는 이상적으로 (   )의 복소 임피던스를 나타낸다.

(a) $50+j50$
(b) $50+j50$ 또는 $50-j50$
(c) $0+j50$ 또는 $0-j50$
(d) (a), (b), (c) 모두 답이 아니다.

09 다음 중 $15+j15$의 복소 임피던스 값이 나타내는 것은 무엇인가?

(a) 순수 저항
(b) 순수 리액턴스
(c) 인덕터와 직렬로 연결된 저항기
(d) 커패시터와 직렬로 연결된 저항기

10 다음 중 절댓값이 25인 복소수는 무엇인가?

(a) $15-j20$
(b) $12.5-j12.5$
(c) $5-j5$
(d) (a), (b), (c) 모두 답이 아니다.

11 $4.50+j5.50$의 절댓값 임피던스는 무엇인가?

(a) 4.50Ω
(b) 5.50Ω
(c) 7.11Ω
(d) 50.5Ω

12 $0.0-j36$의 절댓값 임피던스는 무엇인가?

(a) 0.0Ω
(b) 6.0Ω
(c) 18Ω
(d) 36Ω

13 복소수 평면 위의 끝점이 $(1{,}000,\ -j1{,}000)$인 벡터의 크기는 얼마인가?

(a) 1,000
(b) 1,414
(c) 2,000
(d) 2,828

14 복소수 평면 위의 끝점이 $(-1{,}000,\ -j1{,}000)$인 벡터의 크기는 얼마인가?

(a) 1,000
(b) 1,414
(c) 2,000
(d) 2,828

15 다음 중 동축 케이블의 다른 값들은 고정시키고, 동축 케이블 차폐의 내부 반경을 증가시키면 특성 임피던스는 어떻게 되는가?

(a) 증가한다.
(b) 변화하지 않는다.
(c) 감소한다.
(d) 이 질문에 답하기 위해서는 정보가 더 필요하다.

16 다음 중 쌍선 전송선의 다른 값들은 고정시키고, 두 전선의 반경을 증가시켰을 때 특성 임피던스는 어떻게 되는가?

(a) 이 질문에 답하기 위해서는 정보가 더 필요하다.
(b) 증가한다.
(c) 변화하지 않는다.
(d) 감소한다.

17 1.2MHz의 주파수에서 커패시터가 $0.010\mu F$일 때 허수로 표시된 용량성 서셉턴스는 얼마인가?

(a) $B_C = j0.075$
(b) $B_C = -j0.075$
(c) $B_C = j13$
(d) $B_C = -j13$

연습문제

18 다음 중 절댓값 임피던스는 무엇의 제곱근인가?

(a) 리액턴스의 실수 계수에 어드미턴스의 허수 부분을 더한 값

(b) 실수 저항값에 리액턴스의 실수 계수를 더한 값

(c) 컨덕턴스의 실숫값에 서셉턴스의 실수 계수를 더한 값

(d) (a), (b), (c) 모두 답이 아니다.

19 15.91kHz의 주파수에서 인덕터가 10.0mH일 때 허수로 표시된 유도성 서셉턴스는 얼마인가?

(a) $B_L = -j1{,}000$

(b) $B_L = j1{,}000$

(c) $B_L = -j0.00100$

(d) $B_L = j0.00100$

20 다음 중 허수 리액턴스의 역수에 실수 저항값의 역수를 더하면 어떤 복소수를 얻을 수 있는가?

(a) 임피던스

(b) 컨덕턴스

(c) 서셉턴스

(d) 어드미턴스

정답

01 c	02 b	03 c	04 a	05 a	06 c	07 b	08 d	09 c	10 a
11 c	12 d	13 b	14 b	15 a	16 d	17 a	18 d	19 c	20 d

CHAPTER 16

교류 회로 해석

Alternating-Current Circuit Analysis

학습목표

- 코일과 커패시터가 직렬로 연결되어 있을 때 리액턴스를 구할 수 있다.
- 직렬 RLC 회로에서 복소 임피던스를 구할 수 있다.
- 코일과 커패시터가 병렬로 연결되어 있을 때 서셉턴스를 구할 수 있다.
- 병렬 RLC 회로에서 복소 어드미턴스를 구할 수 있다.
- 저항, 커패시터, 코일이 직렬 또는 병렬로 연결된 회로를 단순화할 수 있다.
- 교류 회로에 대한 옴의 법칙과 복소 임피던스의 개념을 이해할 수 있다.

이 장에서는 인덕터와 커패시터의 리액턴스에 대해 개별적으로 배운 내용을 합산해 저항과 커패시터, 인덕터를 포함하는 교류 회로를 분석한다.

코일이나 커패시터 또는 둘 모두를 포함한 교류 회로를 해석할 때 RX(**저항-리액턴스**resistance-reactance)든 GB(**컨덕턴스-서셉턴스**conductance-susceptance)든 하나의 복소 반평면을 생각해야 한다. RX 반평면은 직렬 회로 해석에, GB 반평면은 병렬 회로 해석에 적용된다.

직렬 복소 임피던스

저항, 코일, 커패시터들이 직렬로 연결된다면 각 소자의 임피던스는 RX 반평면상에서 벡터로 표시된다. 저항에 대한 벡터는 주파수와 관계없이 일정하게 유지되지만, 코일과 커패시터에 대한 벡터는 주파수가 증가하거나 감소함에 따라 변화한다.

순수 리액턴스

코일과 커패시터를 직렬로 연결할 때 순수 유도성 리액턴스 X_L과 순수 용량성 리액턴스 X_C는 다음과 같이 단순히 더해진다.

$$X = X_L + X_C$$

RX 반평면에서 이 벡터들은 더해지지만 [그림 16-1]과 같이 방향이 정확히 반대이다(유도성 리액턴스는 위쪽, 용량성 리액턴스는 아래쪽). 따라서 두 리액턴스가 크기가 같고, 방향이 반대여서 상쇄되어 영 벡터zero vector가 되지 않는다면 결과인 합 벡터는 반드시 위쪽이나 아래쪽을 가리킨다.

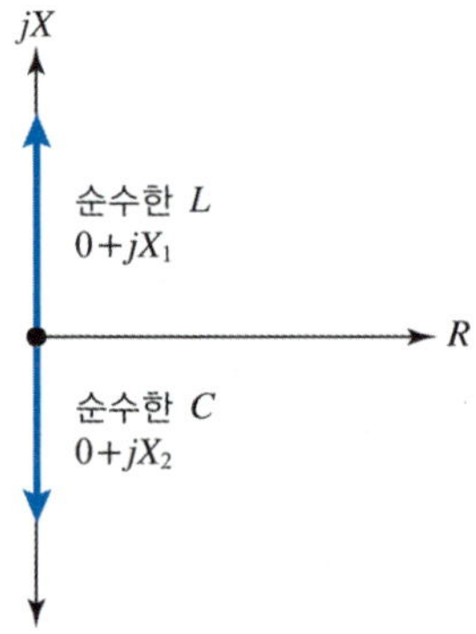

[그림 16-1] 순수 인덕턴스와 순수 커패시턴스를 위쪽과 아래쪽을 가리키는 리액턴스 벡터로 표현할 수 있다.

예제 16-1

$jX_L = j200$ 인 코일과 $jX_C = -j150$ 인 커패시터를 직렬로 연결하면 총 리액턴스는 얼마인가?

풀이

두 값을 더하면 다음과 같이 총 리액턴스를 구할 수 있다.

$$jX = j200 + (-j150) = j(200 - 150) = j50$$

예제 16-2

$jX_L = j30$ 인 코일과 $jX_C = -j110$ 인 커패시터를 직렬로 연결하면 총 리액턴스는 얼마인가?

풀이

두 값을 더하면 다음과 같이 총 리액턴스를 구할 수 있다.

$$jX = j30 + (-j110) = j(30 - 110) = -j80$$

예제 16-3

$L = 5.00\,\mu\text{H}$ 인 코일과 $C = 200\,\text{pF}$ 인 커패시터를 직렬로 연결하고, 주파수 $f = 4.00\,\text{MHz}$ 인 교류 신호를 공급하면 총 리액턴스는 얼마인가?

풀이

먼저 4.00 MHz 의 주파수에서 인덕터의 리액턴스를 계산하면 다음과 같다.

$$jX_L = j6.2832\,fL = j(6.2832 \times 4.00 \times 5.00) = j125.664$$

다음으로 $200\,\text{pF} = 0.000200\,\mu\text{F}$ 이므로 4.00 MHz 에서 커패시터의 리액턴스를 다음과 같이 계산한다.

$$jX_C = -j\left(\frac{1}{6.2832\,fC}\right) = -j\left(\frac{1}{6.2832 \times 4.00 \times 0.000200}\right) = -j198.943$$

마지막으로 유도성 리액턴스와 용량성 리액턴스를 더하고, 유효숫자 세 자리로 반올림하면 다음과 같이 총 리액턴스를 구할 수 있다.

$$jX = j125.644 + (-j198.943) = -j73.3$$

누적된 반올림 오차를 조심하라!

앞선 예제를 계산할 때 여분의 숫자 몇 개를 일관되게 계산하다가 마지막 과정에서 반올림하는 이유는 무엇일까? 중간 단계에서 여분의 숫자들을 계속 사용하면 **누적 반올림 오차** cumulative rounding error를 가진 채 계산이 끝나는 위험성을 줄일 수 있다. 반올림을 되풀이하면 그때마다 작은 오차가 누적되기 때문에 적정 수의 유효숫자로 반올림했더라도 마지막 계산에서 결국 하나 또는 두 숫자가 잘려버릴 수 있다. 앞으로는 모든 계산에서 필요할 때 여분의 숫자를 사용해 이런 현상을 예방하기 바란다.

예제 16-4

[예제 16-3]에서 다룬 직렬 회로에 대해 주파수 $f = 10.0\,\text{MHz}$ 에서의 총 리액턴스는 얼마인가?

풀이

먼저 $10.0\,\text{MHz}$ 의 주파수에서 인덕터의 리액턴스를 계산하면 다음과 같다.

$$jX_L = j6.2832\,fL = j(6.2832 \times 10.0 \times 5.00) = j314.16$$

그다음 $10.00\,\text{MHz}$ 에서 커패시터의 리액턴스를 다음과 같이 계산한다.

$$jX_C = -j\left(\frac{1}{6.2832\,fC}\right) = -j\left(\frac{1}{6.2832 \times 10.0 \times 0.000200}\right) = -j79.58$$

마지막으로 유도성 리액턴스와 용량성 리액턴스를 더하고, 반올림하면 다음과 같이 총 리액턴스를 구할 수 있다.

$$jX = j314.16 + (-j79.58) = j235$$

임피던스 벡터의 합

직렬 회로에서 저항의 크기가 리액턴스보다 커지면 임피던스 벡터는 더 이상 수직 위쪽이나 수직 아래쪽을 가리키지 않는다. 대신 회로의 유도성 부분에서는 '북동쪽'을 향하고, 회로의 용량성 부분에서는 '남동쪽'을 향한다. [그림 16-2]는 이런 예를 나타낸 것이다.

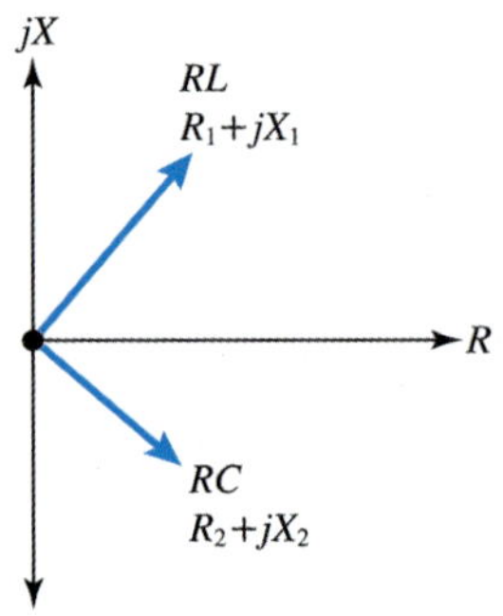

[그림 16-2] 리액턴스와 저항값이 함께 존재할 때 임피던스 벡터는 수직도 아니고, 수평도 아니다.

2개의 임피던스 벡터가 단일 선상에 있지 않을 때 총 임피던스 벡터를 제대로 얻으려면 **벡터 합**vector addition을 사용해 계산해야 한다. [그림 16-3]은 벡터 합의 기하학을 나타낸 것으로, $Z_1 = R_1 + jX_1$과 $Z_2 = R_2 + jX_2$를 표시하는 2개의 벡터를 2개의 이웃하는 변으로 해 **평행사변형**parallelogram을 그린 것이다. 이때 평행사변형의 대각선이 총 복소 임피던스를 나타내는 벡터가 된다. 평행사변형에서 서로 마주 보는 각은 항상 동일하다. 이런 등식은 [그림 16-3]에서 단일 호와 이중 호 쌍으로 표시된다.

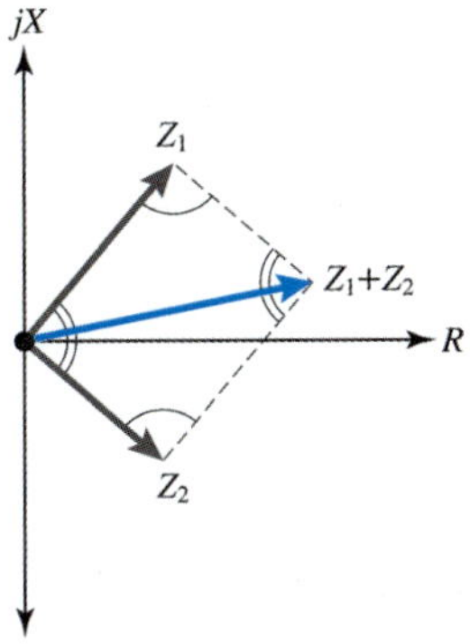

[그림 16-3] 복소 임피던스 벡터의 합을 구하기 위한 평행사변형 방법

직렬 복소 임피던스의 공식

2개의 복소 임피던스 $Z_1 = R_1 + jX_1$과 $Z_2 = R_2 + jX_2$가 직렬로 연결된다면 총 임피던스 Z는 다음과 같이 벡터의 합으로 구할 수 있다.

$$Z = (R_1 + jX_1) + (R_2 + jX_2) = (R_1 + R_2) + j(X_1 + X_2)$$

저항 성분(실수부)과 리액턴스 성분(허수부)을 분리해 더한다. 용량성 리액턴스면 허수부의 부호가 음(−)이 되고, 유도성 리액턴스면 허수부의 부호가 양(+)이 된다는 것을 기억하자.

직렬 RLC 회로

[그림 16-4]와 같이 인덕턴스, 커패시턴스, 저항이 직렬로 연결된다면 앞의 공식을 그대로 적용하기 위해 저항 R은 모두 코일에 속한다고 생각할 수 있다. 그럴 경우 직렬 RLC 회로의 임피던스를 계산할 때 세 벡터가 아니라 두 벡터만 고려해 수학적으로 계산하면 다음과 같다.

$$Z = (R + jX_L) + (0 + jX_C) = R + j(X_L + X_C)$$

이때 X_C는 양수가 아니라는 것을 기억하자. 앞의 공식에 덧셈 기호만 있더라도 용량성 리액턴스를 더할 때는 (뺄셈을 하듯이) 음수를 더해야 한다.

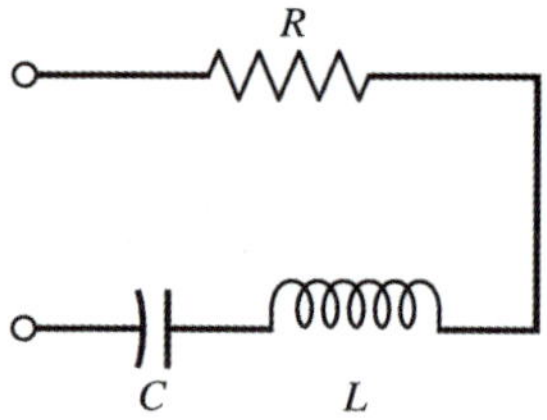

[그림 16-4] 저항-인덕턴스-커패시턴스(RLC) 직렬 회로

예제 16-5

저항, 코일, 커패시터가 각각 $R=50\Omega$, $X_L=22\Omega$, $X_C=-33\Omega$의 값으로 직렬 연결되었다면 총 임피던스 Z는 얼마인가?

풀이

저항을 코일의 일부로 생각하면 $50+j22$와 $0-j33$의 두 벡터를 얻는다. 이 둘을 더하면 저항 성분은 $50+0=50$, 리액턴스 성분은 $j22-j33=-j11$이므로 총 임피던스는 $Z=50-j11$이 된다.

예제 16-6

저항, 코일, 커패시터가 각각 $R=600\Omega$, $X_L=444\Omega$, $X_C=-444\Omega$의 값으로 직렬 연결되었다면 총 임피던스 Z는 얼마인가?

풀이

저항을 인덕터의 일부로 생각하면 2개의 복소 임피던스 벡터는 $600+j444$와 $0-j444$이다. 이 둘을 더하면 저항 성분은 $600+0=600$, 리액턴스 성분은 $j444-j444=j0$이다. 총 임피던스는 $Z=600+j0$으로, 순수 저항성 임피던스가 된다.

직렬 공진

어떤 주파수에서 RLC 직렬 회로의 총 리액턴스가 0이면 그 주파수에서 회로가 **직렬 공진**series resonance을 나타낸다고 한다.

예제 16-7

저항, 코일, 커패시터가 직렬로 연결되어 있고, 저항은 330Ω, 커패시턴스는 220pF, 인덕턴스는 100μH이며 동작 주파수는 7.15MHz이다. 이 회로의 복소 임피던스는 얼마인가?

풀이

먼저 유도성 리액턴스를 계산한다. MHz와 μH가 공식에 함께 사용된다는 점을 기억하자.

$$X_L = 6.2832 fL$$

주어진 값을 곱해서 다음과 같은 값을 얻는다.

$$jX_L = j(6.2832 \times 7.15 \times 100) = j4492$$

그다음 용량성 리액턴스를 구하는 공식을 사용해 다음과 같이 계산한다.

$$X_C = \frac{-1}{6.2832 fC}$$

220pF을 μF으로 변환하면 $C = 0.000220\,\mu\text{F}$이 되므로 다음과 같다.

$$jX_C = -j\left(\frac{1}{6.2832 \times 7.15 \times 0.000220}\right) = -j101$$

저항과 유도성 리액턴스를 합하면 $330 + j4492$가 되고, 다른 하나의 임피던스는 $0 - j101$이 된다. 이 둘을 더하면 총 임피던스는 다음과 같다.

$$Z = 330 + j4492 - j101 = 330 + j4391$$

여기서 유효숫자는 세 자리이므로 이 값은 $Z = 330 + j4.39\text{k}$가 된다. 이때 'k'는 kΩ을 의미한다.

예제 16-8

저항, 코일, 커패시터가 직렬로 연결되어 있고, 저항은 50.0Ω, 인덕턴스는 10.0μH, 커패시턴스는 1,000pF이며 동작 주파수는 1,592kHz이다. 이 회로의 복소 임피던스는 얼마인가?

풀이

먼저 유도성 리액턴스를 계산한다. 1,592kHz = 1.592MHz이므로 이 수를 식에 대입하면 다음과 같은 값을 얻는다.

$$jX_L = j(6.2832 \times 1.592 \times 10.0) = j100$$

그다음 용량성 리액턴스를 계산한다. pF을 μF으로 변환하고, 주파수를 MHz로 변환해 계산하면 다음과 같다.

$$jX_C = -j\left(\frac{1}{6.2832 \times 1.592 \times 0.001000}\right) = -j100$$

저항과 유도성 리액턴스를 더해서 하나의 복소수를 구하면 $50.0+j100$이고, 커패시터의 임피던스는 $0-j100$이므로, 이 두 복소수를 더하면 총 임피던스는 다음과 같다.

$$Z = 50.0 + j100 - j100 = 50.0 + j0$$

1,592 kHz에서 회로는 50.0Ω의 순수 저항을 나타낸다.

병렬 복소 어드미턴스

저항, 코일, 커패시터가 병렬로 연결된다면 각 소자가 무엇이든 GB 반평면에서 어드미턴스는 벡터로 표현된다. 주파수가 변하더라도 순수 컨덕턴스에 대한 벡터는 일정하게 유지되지만, 코일과 커패시터에 대한 벡터는 주파수에 따라 달라진다.

순수 서셉턴스

코일과 커패시터를 병렬로 연결할 때 순수 유도성 서셉턴스 B_L과 순수 용량성 서셉턴스 B_C는 다음과 같이 더해진다.

$$B = B_L + B_C$$

여기서 B_L은 양수가 될 수 없고, B_C는 음수가 될 수 없음을 기억하자. 리액턴스 값과 비교할 때 서셉턴스 값의 부호 관계는 반대가 되어야 한다.

GB 반평면에서 순수한 jB_L과 jB_C 벡터는 더해진다. 이 두 벡터들은 항상 정반대 방향을 향하므로(용량성 서셉턴스는 위쪽, 유도성 서셉턴스는 아래쪽) [그림 16-5]와 같이 두 서셉턴스가 서로 상쇄되어(크기는 같고, 방향이 반대) 영벡터가 되지 않는다면 이들 벡터의 합 jB는 수직으로 위쪽을 향하거나 아래쪽을 향한다.

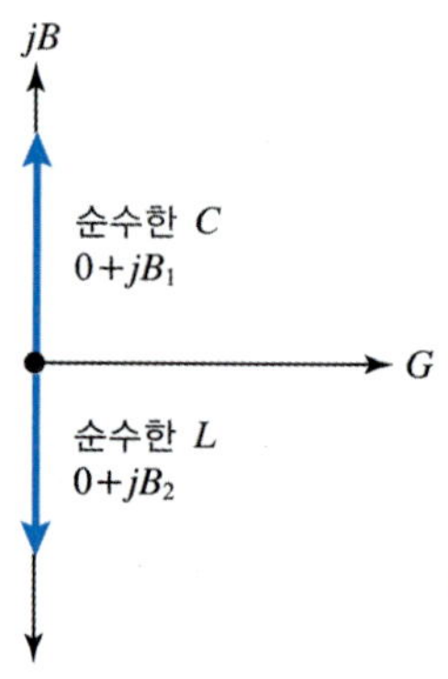

[그림 16-5] 순수 커패시턴스와 순수 인덕턴스는 수직으로 위쪽 또는 아래쪽을 향하는 서셉턴스 벡터로 표현된다.

예제 16-9

$jB_L = -j0.05$ 인 코일과 $jB_C = j0.08$ 인 커패시터가 병렬로 연결되었다면 총 서셉턴스는 얼마인가?

풀이

주어진 값들을 더하면 다음과 같이 총 서셉턴스를 구할 수 있다.

$$jB = jB_L + jB_C = -j0.05 + j0.08 = j0.03$$

예제 16-10

$jB_L = -j0.60$ 인 코일과 $jB_C = j0.25$ 인 커패시터가 병렬로 연결되었다면, 총 서셉턴스는 얼마인가?

풀이

주어진 두 값을 더하면 다음과 같이 총 서셉턴스를 구할 수 있다.

$$jB = -j0.60 + j0.25 = -j0.35$$

예제 16-11

$L = 6.00\,\mu\text{H}$ 인 코일과 $C = 150\,\text{pF}$ 인 커패시터가 병렬로 연결되어 있고, 동작 주파수는 $f = 4.00\,\text{MHz}$ 일 때 총 서셉턴스는 얼마인가?

풀이

먼저 4.00 MHz 에서 인덕터의 서셉턴스를 계산하면 다음과 같다.

$$jB_L = -j\left(\frac{1}{6.2832\,fL}\right) = -j\left(\frac{1}{6.2832 \times 4.00 \times 6.00}\right) = -j0.00663144$$

그다음 4.00 MHz 에서 커패시터의 서셉턴스를 μF 으로 변환해 다음과 같이 계산한다.

$$jB_C = j(6.2832\,fC) = j(6.2832 \times 4.00 \times 0.000150) = j0.00376992$$

마지막으로 유도성 서셉턴스와 용량성 서셉턴스를 더하고, 세 자리 유효숫자로 반올림하면 다음과 같이 총 서셉턴스를 구할 수 있다.

$$jB = -j0.00663144 + j0.00376992 = -j0.00286$$

예제 16-12

[예제 16-11]의 병렬 연결된 인덕터와 커패시터에 대해 주파수가 $f = 5.31\,\text{MHz}$로 바뀐다면 총 서셉턴스는 얼마인가?

풀이

먼저 5.31 MHz에서 인덕터의 서셉턴스를 계산하면 다음과 같다.

$$jB_L = -j\left(\frac{1}{(6.2832 \times 5.31 \times 6.00)}\right) = -j0.00499544$$

그다음 5.31 MHz에서 커패시터의 서셉턴스를 μF으로 변환해 다음과 같이 계산한다.

$$jB_C = j(6.2832 \times 5.31 \times 0.000150) = j0.00500457$$

마지막으로 유도성 서셉턴스와 용량성 서셉턴스를 더하고, 세 자리 유효숫자로 반올림하면 다음과 같이 총 서셉턴스를 구할 수 있다.

$$jB = -j0.00499544 + j0.00500 = j0.00$$

어드미턴스 벡터의 합

인덕턴스와 커패시턴스를 포함한 병렬 회로에서 컨덕턴스 값이 커지면 어드미턴스 벡터는 더 이상 수직 위쪽 또는 수직 아래쪽을 가리키지 않는다. 대신 [그림 16-6]과 같이 회로의 용량성 부분에 대해서는 '북동쪽'을 향하고, 회로의 유도성 부분에 대해서는 '남동쪽'을 향한다. 이미 RX 반평면에서 벡터들을 어떻게 더하는지 보았다. GB 반평면에서도 원리는 같다. 총 어드미턴스 벡터는 각 어드미턴스 벡터들의 합과 같다.

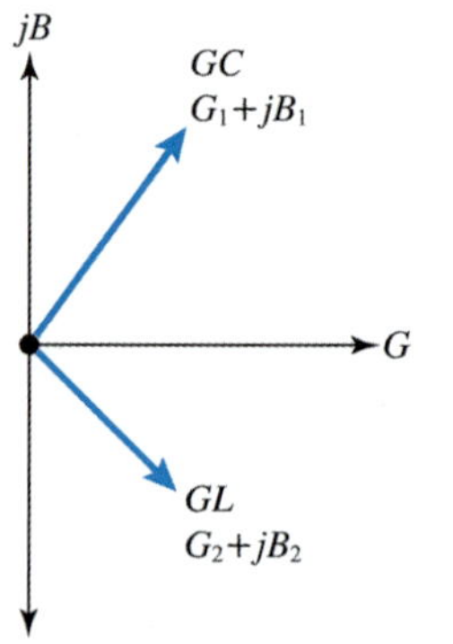

[그림 16-6] 서셉턴스와 컨덕턴스 값이 함께 존재할 때 어드미턴스 벡터는 수직도 아니고, 수평도 아니다.

병렬 복소 어드미턴스의 공식

2개의 복소 어드미턴스 $Y_1 = G_1 + jB_1$과 $Y_2 = G_2 + jB_2$가 병렬로 연결된다면 총 어드미턴스 Y는 다음과 같이 복소수의 합으로 구할 수 있다.

$$Y = (G_1 + jB_1) + (G_2 + jB_2) = (G_1 + G_2) + j(B_1 + B_2)$$

병렬 RLC 회로

[그림 16-7]과 같이 코일, 커패시터, 저항이 병렬로 연결되었을 때 저항은 Ω 값의 역수인 S 단위의 **컨덕턴스**conductance로 생각할 수 있다. 만약 컨덕턴스를 인덕터의 일부분으로 생각한다면 병렬 RLC 회로의 어드미턴스를 구할 때 (3개가 아닌) 2개의 복소수로 다음 식을 사용할 수 있다.

$$Y = (G + jB_L) + (0 + jB_C) = G + j(B_L + B_C)$$

이때 B_L은 양수가 아님을 기억하자. 따라서 앞의 공식에 덧셈 기호만 있더라도 음수를 더하는 것이므로 유도성 서셉턴스는 실제로는 뺄셈을 하는 것이 된다.

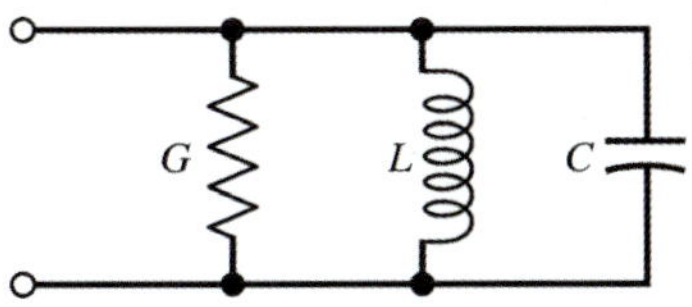

[그림 16-7] 저항-인덕턴스-커패시턴스(RLC) 병렬 회로 : G는 컨덕턴스(저항의 역수)이므로 컨덕턴스-인덕턴스-커패시턴스(GLC) 회로라고도 한다.

예제 16-13

저항, 코일, 커패시터가 병렬로 연결되어 있고, 저항의 컨덕턴스는 $G = 0.10\,\text{S}$이고, 서셉턴스는 $jB_L = -j0.010$, $jB_C = j0.020$이다. 이 병렬 회로의 복소 어드미턴스는 얼마인가?

풀이

저항을 코일의 일부로 생각하면 $0.10 - j0.010$과 $0.00 + j0.020$의 병렬로 연결된 두 복소 어드미턴스를 얻는다. 이 두 값을 부분별로 더하면 컨덕턴스 성분은 $0.10 + 0.00 = 0.10$이고, 서셉턴스 성분은 $-j0.010 + j0.020 = j0.010$이다. 따라서 복소 어드미턴스는 $0.10 + j0.010$이다.

예제 16-14

저항, 코일, 커패시터가 병렬로 연결되어 있고, 저항의 컨덕턴스는 $G = 0.0010\,\mathrm{S}$이고, 서셉턴스는 $jB_L = -j0.0022$, $jB_C = j0.0022$이다. 이 병렬 회로의 복소 어드미턴스는 얼마인가?

풀이

저항을 코일의 일부로 생각하면 복소 어드미턴스는 $0.0010 - j0.0022$와 $0.0000 + j0.0022$가 된다. 이 두 벡터를 부분별로 더하면 컨덕턴스 성분은 $0.0010 + 0.0000 = 0.0010$이고, 서셉턴스 성분은 $-j0.0022 + j0.0022 = j0.0000$이다. 따라서 어드미턴스는 $0.0010 + j0.0000$이며 순수 컨덕턴스이다.

병렬 공진

어떤 주파수에서 병렬 RLC 회로에 **순수**net 서셉턴스가 없다면 그 주파수에서 회로가 **병렬 공진**parallel resonance 조건을 갖는다고 말한다.

예제 16-15

저항, 코일, 커패시터가 병렬로 연결되어 있고, 저항은 $100\,\Omega$이고, 커패시턴스는 $200\,\mathrm{pF}$이며, 인덕턴스는 $100\,\mu\mathrm{H}$이다. 회로가 $1.00\,\mathrm{MHz}$의 주파수에서 동작할 때 총 복소 어드미턴스는 얼마인가?

풀이

먼저 유도성 서셉턴스를 계산한다. MHz와 μH가 공식에 함께 사용된다는 점을 기억하자.

$$jB_L = -j\left(\frac{1}{6.2832\,fL}\right) = -j\left(\frac{1}{6.2832 \times 1.00 \times 100}\right) = -j0.00159155$$

그다음 $200\,\mathrm{pF}$을 $0.000200\,\mu\mathrm{F}$으로 변환해 용량성 서셉턴스를 다음과 같이 계산한다.

$$jB_C = j(6.2832\,fC) = j(6.2832 \times 1.00 \times 0.000200) = j0.00125664$$

마지막으로 $\frac{1}{100} = 0.0100\,\mathrm{S}$인 컨덕턴스와 함께 존재하는 유도성 서셉턴스를 고려하면 병렬 연결된 어드미턴스 중 하나는 $0.0100 - j0.00159155$가 되고, 다른 하나는 $0 + j0.00125664$가 된다. 이 두 복소수를 더한 뒤 서셉턴스 계수를 세 자리 유효숫자로 반올림하면 총 복소 어드미턴스는 다음과 같다.

$$Y = 0.0100 - j0.00159155 + j0.00125664 = 0.0100 - j0.000335$$

예제 16-16

저항, 코일, 커패시터가 병렬로 연결되어 있고, 저항은 10.0Ω이고, 인덕턴스는 10.0μH이며 커패시턴스는 1,000pF이다. 주파수가 $f = 1{,}592\,\text{kHz}$일 때 복소 어드미턴스는 얼마인가?

풀이

먼저 주파수를 MHz로 변환하면 1,592kHz = 1.592MHz이다. 이를 식에 대입해 유도성 서셉턴스를 계산하면 다음과 같다.

$$jB_L = -j\left(\frac{1}{(6.2832 \times 1.592 \times 10.0)}\right) = -j0.00999715$$

그다음 1,000pF을 0.001000μF으로 변환해 용량성 서셉턴스를 다음과 같이 계산한다.

$$jB_C = j(6.2832 \times 1.592 \times 0.001000) = j0.01000285$$

마지막으로 $\frac{1}{10.00} = 0.1000\,\text{S}$인 컨덕턴스와 유도성 서셉턴스를 한 부품으로 생각하면 병렬 연결된 어드미턴스는 $0.1000 - j0.00999715$가 되고, 다른 하나는 $0 + j0.01000285$가 된다. 이 두 복소수를 더한 뒤 서셉턴스 계수를 네 자리 유효숫자로 반올림하면 복소 어드미턴스는 다음과 같이 구할 수 있다.

$$Y = 0.1000 - j0.00999715 + j0.01000285 = 0.1000 - j0.000$$

복소 어드미턴스를 복소 임피던스로 변환

수학적으로 다르긴 하지만 GB 반평면은 RX 반평면과 유사하다. 다음 식을 통해 복소 어드미턴스 $G + jB$를 복소 임피던스 $R + jX$로 변환시킬 수 있다.

$$R = \frac{G}{G^2 + B^2}$$

$$X = \frac{-B}{G^2 + B^2}$$

만약 복소 어드미턴스를 알고 있다면 위의 공식에서 저항과 리액턴스 성분을 개별적으로 찾은 뒤 두 성분으로 복소 임피던스 $R + jX$를 구할 수 있다.

예제 16-17

회로의 어드미턴스가 $Y=0.010-j0.0050$이고, 주파수가 변화하지 않을 때 복소 임피던스는 얼마인가?

풀이

이 경우 $G=0.010\text{S}$이고, $B=-0.0050\text{S}$이므로 G^2+B^2을 구하면 다음과 같다.

$$G^2+B^2=0.010^2+(-0.0050)^2=0.000100+0.000025=0.000125$$

공통 분모를 알고 있으므로 다음과 같이 R과 X를 구할 수 있다.

$$R=\frac{G}{0.000125}=\frac{0.010}{0.000125}=80\Omega$$

$$X=\frac{-B}{0.000125}=\frac{0.0050}{0.000125}=40\Omega$$

따라서 회로의 복소 임피던스는 $Z=80+j40$이 된다.

종합

저항, 인덕턴스, 커패시턴스를 포함한 병렬 회로의 복소 임피던스를 구할 때는 다음의 단계를 순서대로 수행하면 된다.

① 저항의 컨덕턴스 G를 구한다.
② 인덕터의 서셉턴스 B_L을 구한다.
③ 커패시터의 서셉턴스 B_C를 구한다.
④ **순수**[net]서셉턴스 $B=B_L+B_C$를 계산한다.
⑤ G^2+B^2을 계산한다.
⑥ 적합한 공식을 사용해 G와 B를 이용해 R을 계산한다.
⑦ 적합한 공식을 사용해 G와 B를 이용해 X를 계산한다.
⑧ 복소 임피던스 $R+jX$를 구한다.

예제 16-18

10.0Ω의 저항, 820 pF의 커패시터, 10.0 μH의 코일이 병렬로 연결되어 있고, 동작 주파수는 1.00 MHz일 때 복소 임피던스는 얼마인가?

풀이

앞서 언급된 과정을 수행해 보자. 이때 서셉턴스 숫자에 약간의 여분의 숫자를 남겨두고, 마지막 과정에서 세 자리 유효숫자로 반올림한다.

① $G = \frac{1}{R} = \frac{1}{10.0} = 0.100$을 구한다.

② $B_L = \frac{-1}{(6.2832\,fL)} = \frac{-1}{(6.2832 \times 1.00 \times 10.0)} = -0.0159155$를 구한다.

③ $B_C = 6.2832\,fC = 6.2832 \times 1.00 \times 0.000820 = 0.00515222$를 구한다.
(커패시턴스를 pF에서 μF으로 변환해야 한다는 것을 기억하자.)

④ $B = B_L + B_C = -0.0159155 + 0.00515222 = -0.0107633$을 계산한다.

⑤ $G^2 + B^2 = 0.100^2 + (-0.0107633)^2 = 0.0101158$을 계산한다.

⑥ $R = \frac{G}{0.0101158} = \frac{0.100}{0.0101158} = 9.89$를 계산한다.

⑦ $X = \frac{-B}{0.0101158} = \frac{0.0107633}{0.0101158} = 1.06$을 계산한다.

⑧ 따라서 복소 임피던스는 $R + jX = 9.89 + j1.06$이 된다.

예제 16-19

47.0Ω의 저항, 500 pF의 커패시터, 10.0 μH의 코일이 병렬로 연결되고, 주파수는 2.25 MHz일 때 복소 임피던스는 얼마인가?

풀이

[예제 16-18]과 같은 방식으로 진행하면서 마지막까지 컨덕턴스와 서셉턴스에 여분의 숫자를 남겨둔다.

① $G = \frac{1}{R} = \frac{1}{47.0} = 0.0212766$을 구한다.

② $B_L = \frac{-1}{6.2832\,fL} = \frac{-1}{6.2832 \times 2.25 \times 10.0} = -0.00707354$를 구한다.

③ $B_C = 6.2832\,fC = 6.2832 \times 2.25 \times 0.000500 = 0.0070686$을 구한다.
(커패시턴스를 pF에서 μF으로 변환해야 한다는 것을 기억하자.)

④ $B = B_L + B_C = -0.00707354 + 0.0070686 = 0.00000$을 계산한다.

⑤ $G^2+B^2 = 0.0212766^2 + 0.00000^2 = 0.00045269$를 계산한다.

⑥ $R = \dfrac{G}{0.00045269} = \dfrac{0.0212766}{0.00045269} = 47.000$을 계산한다.

⑦ $X = \dfrac{-B}{0.00045269} = \dfrac{0.00000}{0.00045269} = 0.00000$을 계산한다.

⑧ 따라서 복소 임피던스는 $R+jX = 47.000 + j0.00000$이 된다. 세 자리 유효숫자로 반올림하면 $47.0 + j0.00$이 된다. 이 복소수 값은 회로의 저항값과 같은 순수 저항을 의미한다.

복합 RLC 회로의 단순화

때때로 여러 개의 저항과 커패시터, 코일들이 직렬 또는 병렬로 연결된 회로를 분석해야 할 경우가 있다. 이런 회로는 항상 하나의 저항과 하나의 커패시턴스, 그리고 하나의 인덕턴스를 포함한 등가 직렬 또는 등가 병렬 RLC 회로로 단순화할 수 있다.

직렬 연결

직렬 연결된 저항들은 단순히 더하면 된다. 직렬 연결된 인덕턴스 역시 마찬가지이다. 다만 직렬 연결된 커패시턴스는 앞서 살펴본 것처럼 다음과 같이 조금 더 복잡한 방법으로 더한다.

$$C = \frac{1}{\left(\dfrac{1}{C_1} + \dfrac{1}{C_2} + \cdots + \dfrac{1}{C_n}\right)}$$

여기서 C_1, C_2, $\cdots$, C_n은 개별 커패시턴스를, C는 직렬 연결된 전체 커패시턴스 값을 의미한다. [그림 16-8(a)]는 직렬 RLC 회로의 복잡한 예시이고, [그림 16-8(b)]는 저항, 커패시턴스, 인덕턴스를 각각 하나씩 갖고 있는 등가회로를 나타낸 것이다. 이때 저항의 단위는 Ω이고, 인덕턴스의 단위는 μH, 커패시턴스의 단위는 pF이다.

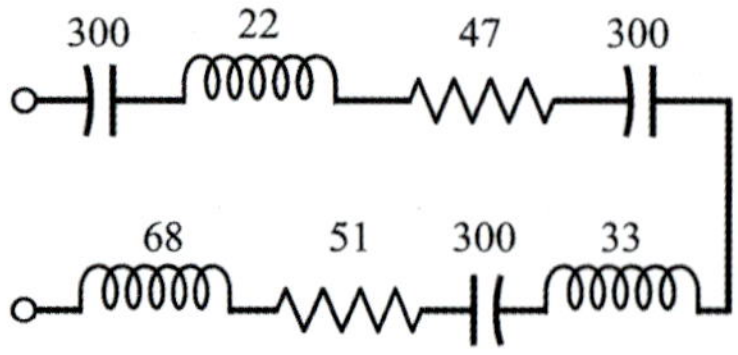

(a) 다수의 저항과 리액턴스를 포함하고 있는 복합적인 직렬 회로

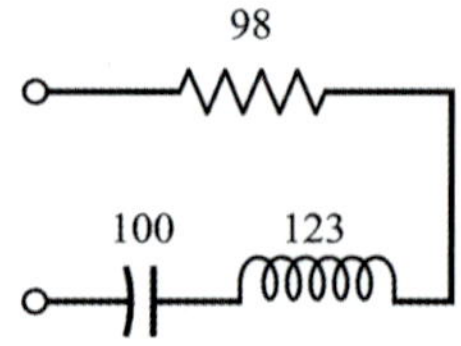

(b) 단순화된 등가 회로

[그림 16-8] 복합적인 직렬 RLC 회로와 단순화된 등가 회로

병렬 연결

저항과 인덕턴스의 병렬 회로는 직렬 연결된 커패시턴스처럼 계산한다. 즉 단순히 더하면 된다. [그림 16-9(a)]는 병렬 RLC 회로의 복잡한 예시이고, [그림 16-9(b)]는 저항, 커패시턴스, 인덕턴스를 각각 하나씩 갖고 있는 등가회로를 나타낸 것이다. 이때 저항의 단위는 Ω이고, 인덕턴스의 단위는 μH, 커패시턴스의 단위는 pF이다.

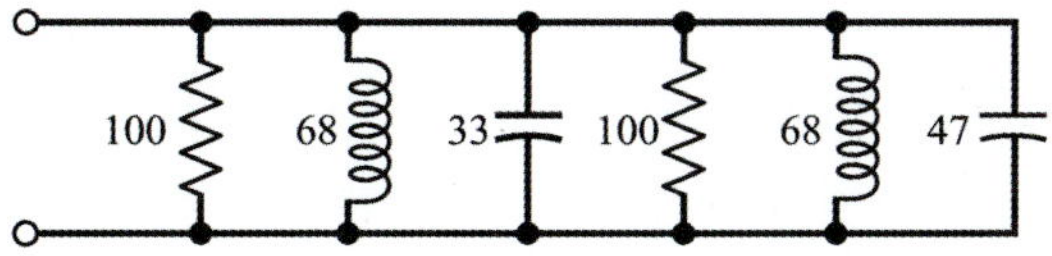

(a) 다수의 저항과 리액턴스를 포함하고 있는 복합적인 병렬 회로

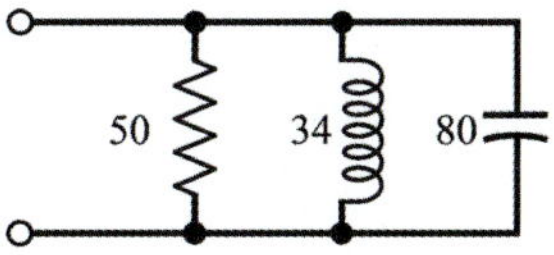

(b) 단순화된 등가 회로

[그림 16-9] 복합적인 병렬 RLC 회로와 단순화된 등가 회로

해석하기 어려운 회로

[그림 16-10]과 같은 RLC 회로의 총 복소 임피던스를 8.54 MHz와 같은 특정 주파수에서 어떻게 구할까? 실제로 이런 회로를 자주 만나는 것은 아니고, 만나더라도 아무도 특정 주파수에서 총 임피던스를 계산하라 할 것 같지는 않다. 그러나 회로가 얼마나 복잡한가에 관계없이 주어진 주파수에서 복소 임피던스가 존재하는 것은 확실하다.

[그림 16-10]과 같은 회로가 특정 주파수에서 갖는 이론적 복소 임피던스를 구하기 위해 컴퓨터를 사용할 수도 있다. 그러나 실제로는 회로를 만들고, 신호 발생기를 입력 단자에 연결한 뒤 **임피던스 브리지** impedance bridge라는 장치로 관심 있는 주파수에서 저항 R과 리액턴스 X를 측정하는 실험적 접근 방법을 취한다. 이때 저항의 단위는 Ω이고, 인덕턴스의 단위는 μH, 커패시턴스의 단위는 pF이다.

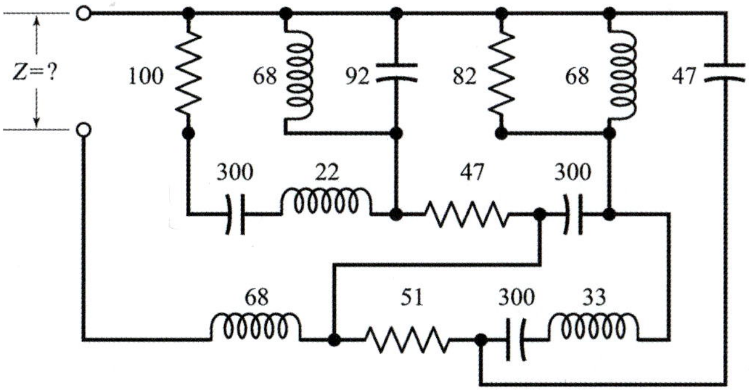

[그림 16-10] 다수의 저항과 리액턴스를 포함한 직병렬 복잡 회로

교류 회로에서의 옴의 법칙

직류 회로에서의 옴의 법칙은 전류 I[A], 전압 V[V], 저항 R[Ω]인 세 변수 사이의 간단한 관계로 나타낼 수 있다. 공식을 다시 떠올려 보자.

$$V = IR, \quad I = \frac{V}{R}, \quad R = \frac{V}{I}$$

리액턴스가 없는 교류 회로에서도 **평균제곱근**Root Mean Square(RMS) 전압과 평균제곱근 전류를 사용한다면 이 공식들이 동일하게 적용된다. RMS의 의미에 대해서는 9장을 참고하라.

순수 저항성 임피던스

교류 회로의 임피던스 Z에 리액턴스가 포함되어 있지 않다면 모든 전류는 순수 저항 R을 통해 흐르고, 모든 전압은 저항 R에 걸린다. 이때 옴의 법칙은 다음과 같이 표현된다.

$$V = IZ, \quad I = \frac{V}{Z}, \quad Z = \frac{V}{I}$$

여기서 $Z = R$이고, I와 V의 값은 각각 RMS 전류와 RMS 전압을 의미한다.

복소 임피던스

저항과 리액턴스를 포함한 교류 회로에서 전류와 전압, 저항 간의 관계를 결정할 때 흥미로운 일이 발생한다. 직렬 RLC 회로에서 절댓값 임피던스의 제곱에 대한 공식을 다시 생각해 보자.

$$Z^2 = R^2 + X^2$$

양변에 $\frac{1}{2}$을 제곱하면 다음과 같다. 여기서 Z는 복소 임피던스 평면에서 벡터 $R + jX$의 길이이다. 이 공식은 직렬 RLC 회로에만 적용된다.

$$Z = (R^2 + X^2)^{\frac{1}{2}}$$

저항 R과 리액턴스 X를 포함한 병렬 RLC 회로에 대한 절댓값 임피던스의 제곱은 다음과 같이 정의할 수 있다.

$$Z^2 = \frac{R^2X^2}{R^2 + X^2}$$

절댓값 복소 임피던스 Z는 다음과 같이 $\frac{1}{2}$을 제곱해 계산한다.

$$Z = \left(\frac{R^2X^2}{R^2 + X^2}\right)^{\frac{1}{2}}$$

어떤 값의 $\frac{1}{2}$ 제곱은 그 값의 양의 제곱근을 나타낸다.

예제 16-20

[그림 16-11]의 일반적인 블록도와 같은 직렬 RX 회로가 $R = 50.0\Omega$인 저항과 $X = -50.0\Omega$인 용량성 리액턴스를 갖는다고 가정하자. 이 회로에 100V RMS 교류를 가하면 RMS 전류는 얼마인가?

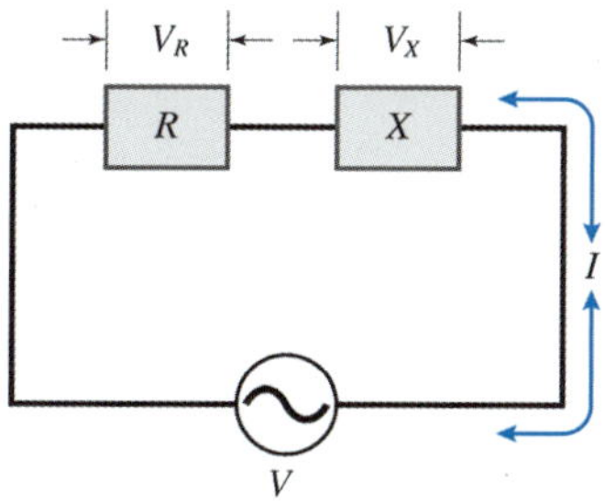

[그림 16-11] 저항과 리액턴스를 포함한 직렬 회로. [예제 16-20]~[예제 16-23]에 적용되는 그림이다.

풀이

직렬 회로에 대해 앞서 나온 공식을 이용하고, 계산 누적 반올림 오차를 막기 위해 약간의 여분의 숫자를 사용해서 다음과 같이 복소 임피던스를 계산한다.

$$Z = (R^2 + X^2)^{\frac{1}{2}} = [50.0^2 + (-50.0)^2]^{\frac{1}{2}} = (2{,}500 + 2{,}500)^{\frac{1}{2}} = 5{,}000^{\frac{1}{2}} = 70.71068\Omega$$

이를 반올림하면 70.7Ω이 된다. 이제 Z에 대한 반올림 전의 원래 숫자를 사용해서 전류를 계산하면 다음과 같다.

$$I = \frac{V}{Z} = \frac{100}{70.71068} = 1.414214\text{A RMS}$$

이를 반올림하면 1.41 A RMS가 된다.

예제 16-21

[예제 16-20]의 회로에서 저항과 리액턴스에 걸리는 RMS 교류 전압은 각각 얼마인가?

풀이

이 문제에는 직류에는 대한 옴의 법칙 공식을 적용할 수 있다. 여분의 숫자 몇 개를 사용해 $I = 1.414214\text{A RMS}$로 전류를 구했으므로 저항에서의 전압 강하 V_R은 다음과 같다.

$$V_R = IR = 1.414214 \times 50.0 = 70.7107\text{V RMS}$$

이를 반올림하면 70.7 V RMS가 되고, 리액턴스에서의 전압 강하 V_X는 다음과 같다.

$$V_X = IX = 1.414214 \times (-50.0) = -70.7107\,\text{V RMS}$$

이를 반올림하면 −70.7 V RMS가 된다. 계산의 중간 단계에서 모든 여분의 숫자를 포함시킨 이유를 알겠는가? 만약 앞의 계산에서 전류에 1.41 A RMS처럼 반올림한 숫자를 사용하면 구한 답 대신 70.5 V RMS와 −70.5 V RMS를 얻을 것이다. 이 문제는 주의하지 않으면 누적된 반올림 오차가 어떻게 잘못된 답을 얻게 하는지 보여주는 좋은 예이다.

RMS 값과 부호 및 위상

RMS 숫자에서 부호(양 또는 음)에 관한 중요한 주의 사항이 있다. RMS 값을 다룰 때 음의 부호는 의미가 없으므로 [예제 16-21]의 리액턴스에 걸리는 RMS 값은 절대 음수가 될 수 없다. 따라서 이 결과의 빼기 기호는 수학적 인공물을 구성한다. 리액턴스 양단의 전압은 저항 양단의 전압과 크기가 같은 70.7 V RMS로 간주할 수 있다. 그러나 **위상은 다르다**. 마이너스 기호가 이런 의미를 우리에게 알려준다.

저항과 리액턴스(앞의 예에서는 음수이므로 용량성 리액턴스)에서의 전압을 더해도 회로 전체에 걸리는 전압인 100 V RMS가 되지 않는다는 것에 주목하자. 그 이유는 저항과 리액턴스를 포함한 교류 회로에서 저항 양단의 전압과 리액턴스 양단의 전압 사이에는 항상 위상 차이가 존재하기 때문이다. 소자들 양단의 전압들은 **산술적으로**arithmetically 더해서는 안된다. **벡터적으로**vectorially 더해야 인가한 전압과 같아진다.

예제 16-22

[그림 16-11]의 직렬 *RX* 회로가 $R = 10.0\,\Omega$인 저항과 $X = 40.0\,\Omega$인 리액턴스를 갖는다고 가정하자. 가한 전압이 교류 100 V RMS라면 전류는 얼마인가?

풀이

먼저 직렬 회로에 대한 앞의 공식을 사용해서 복소 임피던스를 다음과 같이 계산한다.

$$Z = (R^2 + X^2)^{\frac{1}{2}} = [10.0^2 + (40.0)^2]^{\frac{1}{2}} = (100 + 1{,}600)^{\frac{1}{2}} = 1{,}700^{\frac{1}{2}} = 41.23106\,\Omega$$

전류를 계산하기 위해 옴의 법칙을 적용하면 전류 I는 다음과 같다.

$$I = \frac{V}{Z} = \frac{100}{41.23106} = 2.425356\,\text{A RMS}$$

이를 반올림하면 2.43 A RMS가 된다.

예제 16-23

[예제 16-22]의 회로에서 저항과 리액턴스에 걸리는 RMS 교류 전압은 각각 얼마인가?

풀이

반올림되지 않은 전류의 계산 결과를 알고 있으므로 저항 양단 간 전압 V_R을 계산하면 다음과 같다.

$$V_R = IR = 2.425356 \times 10.0 = 24.25356\,\text{V RMS}$$

이를 반올림하면 24.3V RMS가 된다. 리액턴스에서의 전압 강하는 다음과 같다.

$$V_X = IX = 2.425356 \times 40.0 = 97.01424\,\text{V RMS}$$

이를 반올림하면 97.0V RMS가 된다. $V_R + V_X$를 산술적으로 더하면 24.25356 + 97.01424 = 121.2678V RMS를 얻게 되며 이를 반올림하면 R과 X에 걸린 총 전압이 121.3V RMS가 된다. 이 값은 실제 인가된 전압과 다르다. [예제 16-21]과 같은 이유로 이 문제에도 간단한 직류 규칙이 적용되지 않기 때문이다. 즉 두 교류 파동은 같은 위상이 아니므로 저항 양단의 교류 전압을 리액턴스 양단의 교류 전압과 산술적으로 더해서는 안 된다.

예제 16-24

[그림 16-12]의 일반적인 블록도와 같은 병렬 RX 회로가 $R = 30.0\Omega$인 저항과 $X = -20.0\Omega$인 리액턴스를 갖는다고 가정하자. 이 회로에 $V = 50.0$V RMS를 가하면 이 교류 전원으로부터 공급되는 총 전류는 얼마인가?

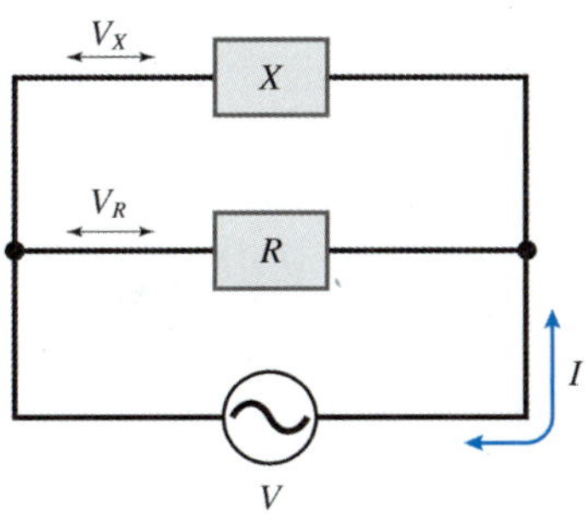

[그림 16-12] 저항과 리액턴스를 포함한 병렬 회로. [예제 16-24] ~ [예제 16-25]에 적용되는 그림이다.

풀이

먼저 병렬 회로에 대한 공식을 사용한 뒤 누적 반올림 오차를 피하기 위해 약간의 여분의 숫자를 사용해 절댓값 임피던스를 다음과 같이 계산한다.

$$Z = \left(\frac{R^2 X^2}{R^2 + X^2} \right)^{\frac{1}{2}}$$

$$= \left[\frac{30.0^2 \times (-20.0)^2}{30.0^2 + (-20.0)^2} \right]^{\frac{1}{2}} = \left(\frac{900 \times 400}{900 + 400} \right)^{\frac{1}{2}} = \left(\frac{360{,}000}{1{,}300} \right)^{\frac{1}{2}}$$

$$= \sqrt{277} = 16.64332\,\Omega$$

따라서 총 전류는 다음과 같다.

$$I = \frac{V}{Z} = \frac{50}{16.64332} = 3.004208\,\text{A RMS}$$

이를 반올림하면 3.00 A RMS가 된다.

예제 16-25

[예제 16-24]의 회로에서 저항과 리액턴스에 흐르는 RMS 전류는 각각 얼마인가?

풀이

이 문제에는 직류에 대한 옴의 법칙 공식을 사용해 저항에 흐르는 전류를 다음과 같이 계산한다.

$$I_R = \frac{V}{R} = \frac{50.0}{30.0} = 1.67\,\text{A RMS}$$

리액턴스를 통해 흐르는 전류는 다음과 같다.

$$I_X = \frac{V}{X} = \frac{50.0}{-20.0} = -2.5\,\text{A RMS}$$

앞서 살펴본 것처럼 RMS 용어를 생각하면 음의 부호는 무시할 수 있다. 따라서 2.5 A RMS라 할 수 있다. 이때 저항을 흐르는 전류와 리액턴스를 흐르는 전류를 직접 합친다고 해도 실제 총 전류인 3.00 A가 되지 않는다는 것에 주목하자. 그 이유는 저항과 리액턴스를 포함한 교류 회로에서, 합성 전압을 단순히 산술적으로 교류 전압을 더해 구할 수 없는 것과 같은 이유이다. 각 전류 성분 I_R과 I_X는 위상이 다르므로 두 전류는 산술적으로 더하면 안 되고, 벡터적으로 더하면 3.00 A RMS가 된다.

연습문제

01 직렬 RLC 회로에서 $R = 50\Omega$이고, 순수 리액턴스는 없다. 이때 복소 임피던스 벡터는 다음 중 어느 방향을 가리키는가?

(a) 원점으로부터 위쪽
(b) 원점으로부터 아래쪽
(c) 원점으로부터 오른쪽
(d) 아래쪽과 오른쪽

02 병렬 RLC 회로에서 $G = 0.05\,\mathrm{S}$이고, $B = -0.05\,\mathrm{S}$이다. 이때 (복소 임피던스가 아닌) 복소 어드미턴스 벡터는 다음 중 어느 방향을 가리키는가?

(a) 원점으로부터 아래쪽
(b) 원점으로부터 오른쪽
(c) 위쪽과 오른쪽
(d) 아래쪽과 오른쪽

03 병렬 RLC 회로에서 $R = 10\Omega$이고, $jX_C = -j10$이다. 이때 (복소 임피던스가 아닌) 복소 어드미턴스 벡터는 다음 중 어느 방향을 가리키는가?

(a) 원점으로부터 위쪽
(b) 원점으로부터 오른쪽
(c) 위쪽과 오른쪽
(d) 아래쪽과 오른쪽

04 다음 중 GB 반평면에서 위쪽과 오른쪽을 가리키는 벡터가 나타내는 것은 무엇인가?

(a) 순수 컨덕턴스
(b) 컨덕턴스와 유도성 서셉턴스
(c) 컨덕턴스와 용량성 서셉턴스
(d) (a), (b), (c) 모두 답이 아니다.

05 다음 중 RX 반평면에서 위쪽과 왼쪽을 가리키는 벡터가 나타내는 것은 무엇인가?

(a) 순수 저항
(b) 컨덕턴스와 유도성 서셉턴스
(c) 컨덕턴스와 용량성 서셉턴스
(d) (a), (b), (c) 모두 답이 아니다.

06 코일이 $j20\Omega$의 리액턴스를 가지고, 회로에 다른 성분은 없다면 서셉턴스는 얼마인가?

(a) $j0.050\,\mathrm{S}$
(b) $-j0.050\,\mathrm{S}$
(c) $j20\,\mathrm{S}$
(d) $-j20\,\mathrm{S}$

07 커패시터가 $j0.040\,\mathrm{S}$의 서셉턴스를 가지고, 회로에 다른 성분은 없다면 리액턴스는 얼마인가?

(a) $j0.040\Omega$
(b) $-j0.040\Omega$
(c) $j25\Omega$
(d) $-j25\Omega$

08 $jX_L = j50$인 코일과 $jX_C = -j100$인 커패시터가 직렬로 연결되어 있다. 이때 총 리액턴스는 얼마인가?

(a) $j50$
(b) $j150$
(c) $-j50$
(d) $-j150$

연습문제

09 $L = 3.00\,\mu\text{H}$ 인 코일과 $C = 100\,\text{pF}$ 인 커패시터가 직렬로 연결되어 있다. 인가한 교류 신호의 주파수가 $f = 6.00\,\text{MHz}$ 라면 총 리액턴스는 얼마인가?

(a) $-j152$
(b) $-j378$
(c) $j152$
(d) $j378$

10 저항, 코일, 커패시터가 각각 $R = 10\Omega$, $X_L = 72\Omega$, $X_C = -83\Omega$ 의 값으로 직렬 연결되어 있다. 총 리액턴스 Z는 얼마인가?

(a) $10 + j11$
(b) $10 - j11$
(c) $82 - j11$
(d) $-73 - j11$

11 220.0Ω 의 저항과 $500.00\,\text{pF}$ 의 커패시턴스, $44.00\,\mu\text{H}$ 의 인덕턴스가 직렬 연결되어 있다. 동작 주파수가 $5.650\,\text{MHz}$ 라면 복소 임피던스는 얼마인가?

(a) $220.0 + j1{,}506$
(b) $220.0 - j1{,}506$
(c) $0.000 + j1{,}506$
(d) $220.0 + j0$

12 75.3Ω 의 저항과 $8.88\,\mu\text{H}$ 의 인덕턴스, $980\,\text{pF}$ 의 커패시턴스가 직렬 연결되어 있다. 동작 주파수가 $1{,}340\,\text{kHz}$ 라면 복소 임피던스는 얼마인가?

(a) $75.3 + j0.00$
(b) $75.3 + j46.4$
(c) $75.3 - j46.4$
(d) $0.00 - j75.3$

13 $jB_L = -j0.32$ 인 코일과 $jB_C = j0.20$ 인 커패시터가 병렬로 연결되어 있다. 이때 총 서셉턴스는 얼마인가?

(a) $j0.52$
(b) $-j0.52$
(c) $j0.12$
(d) $-j0.12$

14 $8.5\,\mu\text{H}$ 의 코일과 $100\,\text{pF}$ 의 커패시터를 병렬로 연결하고, 7.10MHz 의 신호를 인가하면 총 서셉턴스는 얼마인가?

(a) $-j0.0045$
(b) $j0.0018$
(c) $-j0.0026$
(d) (a), (b), (c) 모두 답이 아니다.

15 [연습문제 14]에서 주파수를 14.2MHz 로 2배 늘리면 병렬 연결된 코일과 커패시터의 총 서셉턴스는 얼마인가?

(a) $-j0.0090$
(b) $j0.0036$
(c) $-j0.0013$
(d) (a), (b), (c) 모두 답이 아니다.

16 7.50Ω 의 저항, $22.0\,\mu\text{H}$ 의 인덕턴스, $100\,\text{pF}$ 의 커패시턴스가 병렬로 연결되어 있다. 동작 주파수가 $5.33\,\text{MHz}$ 라면 복소 어드미턴스는 얼마인가?

(a) $0.133 + j0.00199$
(b) $0.133 - j0.00199$
(c) $7.50 + j503$
(d) $7.50 - j503$

17 회로의 어드미턴스가 $Y = 0.333 + j0.667$이다. 주파수가 변하지 않는다면 복소 임피던스는 얼마인가?

(a) $1.80 - j0.833$

(b) $1.80 + j0.833$

(c) $0.599 - j1.20$

(d) $0.599 + j1.20$

18 $25\,\Omega$의 저항, $0.0020\,\mu\mathrm{F}$의 커패시터, $7.7\,\mu\mathrm{H}$의 코일이 병렬로 연결되어 있다. 동작 주파수가 2.0MHz라면 복소 임피던스는 얼마인가?

(a) $8.1 + j22$

(b) $8.1 - j22$

(c) $22 + j8.1$

(d) $22 - j8.1$

19 직렬 RX 회로에서 $R = 20\,\Omega$인 저항과 $X = -20\,\Omega$인 용량성 리액턴스가 직렬로 연결되어 있을 때 이 회로에 42V RMS 교류 전압을 인가한다면 전류는 얼마인가?

(a) 0.67A RMS

(b) 1.5A RMS

(c) 2.3A RMS

(d) 3.0A RMS

20 병렬 RX 회로에서 $R = 50\,\Omega$과 $X = 40\,\Omega$이 병렬로 연결됐다고 가정하자. 이 회로에 $V =$ 155V RMS 전압을 인가했을 때 교류 전원으로부터 공급되는 총 전류는 얼마인가?

(a) 5.0A RMS

(b) 2.5A RMS

(c) 400mA RMS

(d) 200mA RMS

정답

01 c	**02** d	**03** c	**04** c	**05** d	**06** b	**07** d	**08** c	**09** a	**10** b
11 a	**12** c	**13** d	**14** b	**15** d	**16** a	**17** c	**18** d	**19** b	**20** a

CHAPTER 17

교류 회로의 전력과 공진

Alternating-Current Power and Resonance

학습목표

- 전력의 정의를 알고, 전력 형태를 이해할 수 있다.
- 유효 전력과 VA 전력, 무효 전력의 관계를 이해하고, 각 전력값을 계산할 수 있다.
- 역률의 개념을 이해하고, 계산할 수 있다.
- 전력을 전달하기 위해 필요한 전송선의 역할과 올바른 전송선의 조건을 이해할 수 있다.
- 교류 회로에서의 공진을 이해하고, 공진 주파수를 계산할 수 있다.
- 공진 소자를 이해하고, 응용할 수 있다.

이번 장에서는 전력과 공진에 대해 배운다. 한 곳에서 다른 곳으로 전력을 전달하거나 다른 형태로 변환할 때 효율을 어떻게 최적화할지 고민하는 것은 우리의 과제이다. 특히 고주파 교류에서 전력을 전송하고 변환할 때 **공진**resonance이라는 현상은 중요한 역할을 한다.

전력의 형태

전력은 에너지가 소비되고, 방출되고, 사라지는 비율로 정의된다. 이 정의는 기계적 운동, 화학적 효과, 전기, 음파, 전파, 열, 적외선(IR), 가시광선, 자외선(UV), X선, 감마선, 고속 소립자에 적용된다.

전력 단위

전력의 표준 단위는 **와트**(W)이다. 1와트는 1초당 1줄(J/s)을 의미한다. 때때로 전력은 **킬로와트**(kW, 천 와트), **메가와트**(MW, 백만 와트), **기가와트**(GW, 십억 와트), **테라와트**(TW, 일조 와트)로 표시되기도 한다.

- 1 kW = 1,000 W
- 1 MW = 1,000,000 W
- 1 GW = 1,000,000,000 W
- 1 TW = 1,000,000,000,000 W

또한 **밀리와트**(mW, 천분의 일 와트), **마이크로와트**(μW, 백만분의 일 와트), **나노와트**(nW, 십억분의 일 와트), **피코와트**(pW, 일조분의 일 와트)로 표시되기도 한다.

- 1 mW = 0.001 W
- 1 μW = 0.000001 W
- 1nW = 0.000000001W
- 1 pW = 0.000000000001 W

볼트-암페어

직류 회로 또는 리액턴스가 없는 교류 회로에서 전력은 다음과 같이 소자에 걸리는 전압 V와 그 소자를 통해 흐르는 전류 I의 곱으로 정의할 수 있다.

$$P = VI$$

만약 전압이 V로, 전류가 A로 표시된다면 전력 P는 **볼트-암페어**(VA)로 표시된다. [그림 17-1]과 같이 회로에 리액턴스가 존재하지 않을 때 VA는 곧 W로 해석된다.

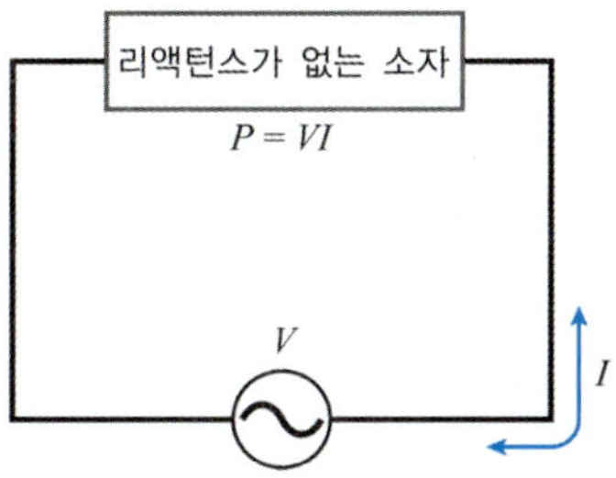

[그림 17-1] 교류 소자에 리액턴스가 없을 때 전력 P는 그 소자에 걸리는 전압 V와 그 소자를 통해 흐르는 전류 I의 곱이다.

VA는 **볼트-암페어 전력** 또는 **피상 전력**apparent power이라고 하며 그 형태가 다양하다. 저항은 전기에너지를 열에너지로 변환시키는데, 그 비율은 저항값과 그 저항에 흐르는 전류에 따라 달라진다. 전구는 전기를 빛과 열로, 무선 안테나는 고주파 교류를 전파로 변환시킨다. 확성기 또는 헤드폰은 저주파 교류를 음파로, 마이크는 음파를 저주파 교류로 변환시킨다. 이때 전력은 열, 빛, 전파, 음파 또는 교류 전기의 세기 척도를 제공한다.

순시 전력

보통 전력은 RMS 값(9장 참조)으로 생각하지만 VA 전력에서는 가끔 피크값을 대신 사용한다. 만약 교류 신호가 직류 성분이 전혀 없는 완전한 사인파라면 피크 전류는(어느 방향이든) RMS 전류의 1.414배가 되고, 피크 전압은(어느 극성이든) RMS 전압의 1.414배가 된다. 만약 전류와 전압의 위상이 정확히 일치한다면 피크값의 곱은 RMS 값의 곱의 2배가 된다.

리액턴스가 없는 사인파 교류 회로에서는 VA 전력이 유효 전력의 2배가 되는 시점들이 존재한다. 어떤 순간에는 VA 전력이 0이 되고, 어떤 순간에는 [그림 17-2]와 같이 VA 전력이 0과 유효 전력의 2배 사이의 어떤 값이 된다. 이렇게 어느 특정 순간에 측정되고 표현된, 지속적으로 변화하는 전력을 **순시 전력**instantaneous power이라고 한다. 진폭 변조된(AM) 무선 신호처럼 어떤 특정한 경우에 순시 전력은 매우 복잡한 양상으로 변화한다.

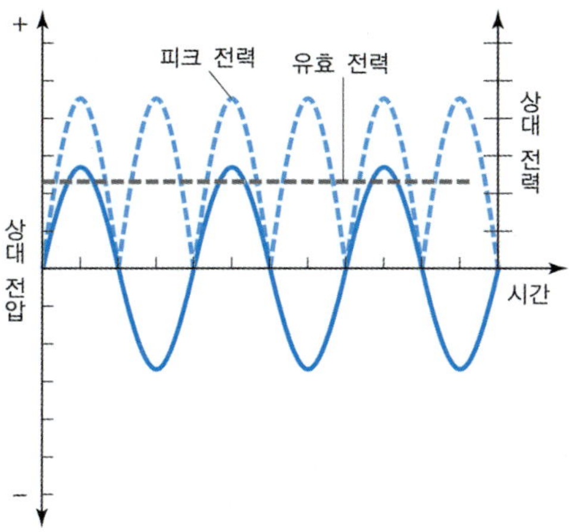

- 왼쪽 세로축: 상대 전압
- 오른쪽 세로축: 상대 전력
- 실선: 시간의 함수로 나타낸 전압
- 얇은 점선과 굵은 점선: 시간의 함수로 나타낸 피크 전력과 유효 전력

[그림 17-2] 사인파에 대한 피크 전력과 유효 전력

무효 전력 또는 허수 전력

순수 저항에서 단위시간당 에너지 소비 비율 또는 **유효 전력**true power은 **피상 전력**apparent power으로도 알려진 VA 전력과 같다. 그러나 교류 회로에 리액턴스가 존재하면 VA 전력은 열, 빛, 전파 등으로 나타나는 전력보다 더 크다. 피상 전력은 유효 전력보다 더 크고, 이 차이를 **무효 전력**reactive power 또는 **허수 전력**imaginary power이라고 한다. 무효 전력은 회로의 리액턴스에만 존재하고, 리액턴스는 복소 임피던스의 허수 부분으로 표현되기 때문이다.

인덕터와 커패시터는 에너지를 축적한 뒤 나중에 사이클 일부에서 에너지를 방출한다. 이런 현상은 교류가 흐르는 동안 계속 반복된다. 이 현상은 유효 전력처럼 에너지가 한 형태에서 다른 형태로 변하는 비율로 표현할 수 있다. 그러나 무효 전력은 어떤 실제적인 방법으로 사용할 수 있는 형태의 전력이 아니라 저장소에 저장되었다가 다시 방출되기만 하는 전력이다. 이런 전력의 저장/방출 사이클은 실제 교류 사이클에서 계속 반복된다.

유효 전력은 이동하지 않는다

외부 안테나에 연결된 케이블을 무선 송신기에 연결할 때 케이블을 통해 안테나로 "전력을 공급하고 있다."고 말할지도 모른다. 숙련된 무선 주파수(RF) 공학자나 기술자들도 종종 이렇게 이야기한다. 그러나 전기적 전류와 전압에서 전파로, 음파에서 열로 변환되는 것처럼 유효 전력은 항상 **형태의 변화**change in form를 야기하지만 실제적으로 한 장소에서 다른 장소로 **이동하지는**travel 않는다. 이런 현상은 단지 어느 특정한 장소에서만 **발생하는**happen 것이다.

무선 안테나 시스템에서 일부 유효 전력은 [그림 17-3]과 같이 송신 증폭기와 전송(급전)선 내에서 열로 방출되어 소모된다. 유능한 RF 공학자들은 이렇게 소모되는 에너지를 최소화하려고 한다. 무효 전력이 전기장과 자기장 형태로 안테나에 도달하고, 안테나에서 **전자기파**electromagnetic wave(EM)로 변환되어 방사될 때 유효 전력은 효과적으로 소모된다.

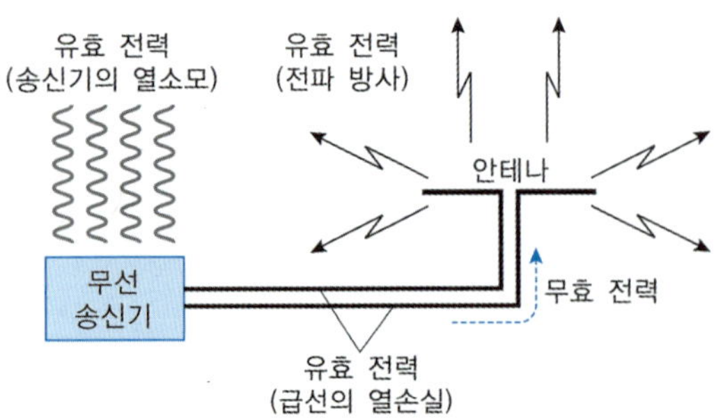

[그림 17-3] 무선 송신기와 안테나 시스템에서의 유효 전력과 무효 전력

무선 전송 안테나 시스템을 많이 다루는 사람이라면 '순방향 전력'과 '반사 전력' 또는 '전력이 증폭기로부터 스피커로 공급된다.'는 표현을 본 적이 있을지도 모른다. 물론 이런 표현을 쓸 수도 있지만, 전력이 이동한다는 개념은 잘못된 결론을 이끌어낼 수도 있음을 명심해야 한다. 예

를 들어, 이 표현 때문에 안테나 시스템이 실제 동작하는 것보다 더 또는 덜 능률적으로 동작한다고 생각할지도 모른다.

리액턴스는 전력을 소모하지 않는다

순수한 인덕턴스 또는 순수한 커패시턴스는 어떤 전력도 소모할 수 없다. 순수 리액턴스는 오직 에너지를 저장하고, 일부 사이클 동안 회로로 전력을 되돌릴 뿐이다. 실제 코일과 커패시터에 있는 유전체나 도선들은 열로 일부 전력을 소모하지만 이상적인 소자는 전력을 소모하지 않을 것이다. 이미 배웠듯이 커패시터는 전기장에, 인덕터는 자기장에 에너지를 저장한다.

리액턴스 성분은 교류의 위상에 변동을 일으키고, 그 결과 리액턴스가 없는 회로에서처럼 전류가 전압과 일치하는 위상으로 전압을 뒤따르지 않는다. 유도성 리액턴스를 가진 회로에서 전류는 전압에 최대 90°(또는 $\frac{1}{4}$사이클)만큼 늦고, 용량성 리액턴스를 가진 회로에서 전류는 전압에 최대 90°만큼 앞선다.

순수한 저항성 회로에서는 [그림 17-4(a)]와 같이 전압과 전류의 위상이 정확히 일치하므로 가장 효과적인 방식으로 결합된다. 그러나 리액턴스를 포함한 회로에서는 [그림 17-4(b)]와 같이 전압과 전류의 위상이 일치하지 않아 정확히 뒤따르지 않는다. 이때 전압과 전류의 곱(VA 전력 또는 피상 전력)은 실제 에너지 소비(유효 전력)를 초과한다.

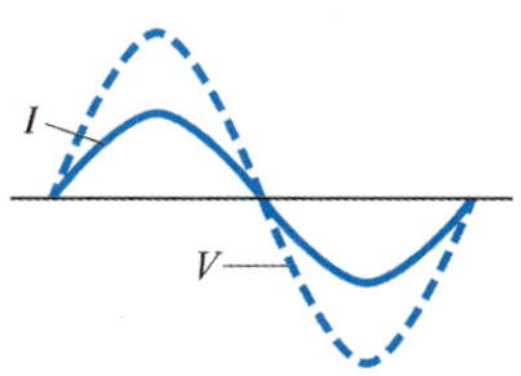

(a) 리액턴스가 존재하지 않을 때 I와 V의 위상은 일치한다.

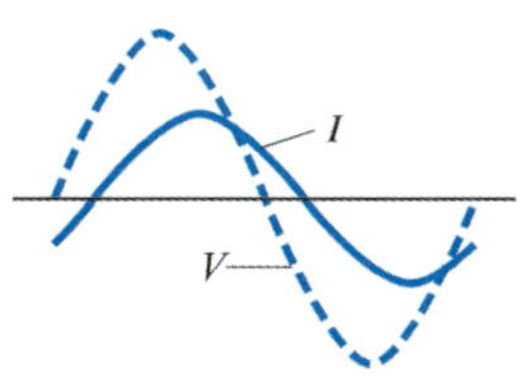

(b) 리액턴스가 존재할 때 I와 V의 위상은 일치하지 않는다.

[그림 17-4] 리액턴스 여부에 따른 교류 회로에서 전류(I)와 전압(V)의 위상

전력 변수

0이 아닌 저항과 0이 아닌 리액턴스를 포함한 교류 회로에서 유효 전력 P_T, 피상전력 P_{VA}, 그리고 무효(허수) 전력 P_X의 관계는 다음과 같이 나타낸다.

$$P_{VA} = (P_T^2 + P_X^2)^{\frac{1}{2}}$$

여기서 $P_T < P_{VA}$, $P_X < P_{VA}$이다. 리액턴스가 없다면 $P_{VA} = P_T$이고, $P_X = 0$이 된다. 공학자들은 전력-전송 시스템에서 리액턴스를 최소화하고, 가능한 한 없애기 위해 노력한다.

역률

교류 회로에서 VA 전력에 대한 유효 전력의 비 $\dfrac{P_T}{P_{VA}}$를 **역률**Power Factor(PF)이라고 한다. 리액턴스가 없는 이상적인 경우에는 $P_T = P_{VA}$가 되고, $PF = 1$이 된다. 만약 리액턴스가 있지만 저항이나 컨덕턴스가 없다면(즉 저항이 0 또는 무한대일 때) $P_T = 0$이므로 $PF = 0$이 된다. 전력을 소모하거나 전력 형태를 변환하고 싶은 회로, 즉 **부하**load가 저항과 리액턴스를 모두 포함하면 PF는 0과 1 사이의 값이 된다. 역률은 0과 100 사이의 퍼센트 값인 $PF_{\%}$로 표현되기도 한다. 만약 P_T와 P_{VA}를 알고 있다면 다음과 같이 PF를 계산할 수 있다.

$$PF = \frac{P_T}{P_{VA}} \qquad PF_{\%} = \frac{100\,P_T}{P_{VA}}$$

부하가 0이 아닌 유한한 저항과 리액턴스를 가질 때 전력의 일부는 유효 전력으로 소모되고, 일부는 부하에서 무효 전력으로 '되돌려진다'.

리액턴스와 저항을 포함한 교류 회로에서는 다음과 같은 방법으로 역률을 결정할 수 있다.

- 위상각의 코사인을 구하는 방법
- 절댓값 임피던스에 대한 저항의 비율을 계산하는 방법

위상각의 코사인

리액턴스와 저항을 가진 회로에서 전류와 전압의 위상은 정확하게 일치하지 않는다는 것을 기억하자. 위상각(ϕ)은 전압과 전류의 위상 차이의 정도를 각도로 표시한다. 위상각은 순수 저항에서는 $\phi = 0°$이고, 순수 리액턴스에서는 (유도성 리액턴스라면) $\phi = +90°$이거나 (용량성 리액턴스라면) $\phi = -90°$가 된다. 역률은 다음과 같이 계산할 수 있다.

$$PF = \cos\phi, \quad PF_{\%} = 100\cos\phi$$

예제 17-1

회로가 리액턴스를 전혀 포함하지 않고, 600Ω의 순수 저항으로 이뤄졌을 때의 역률은 얼마인가?

풀이

순수한 저항에서 $P_{VA} = P_T$이므로 $PF = 1$이다. 따라서 다음과 같이 계산할 수 있다.

$$\frac{P_T}{P_{VA}} = 1$$

또한 전류와 전압의 위상이 같으므로 위상각이 0°라는 사실로부터도 $PF = 1$임을 확인할 수 있다. 계산기를 사용하면 $\cos 0° = 1$임을 알 수 있으므로 역률은 다음과 같다.

$$PF = 1 = 100\,\%$$

[그림 17-5]는 이 경우의 RX 반평면 벡터를 나타낸 것이다. R축을 기준으로 위상각을 표시해야 함을 기억하자.

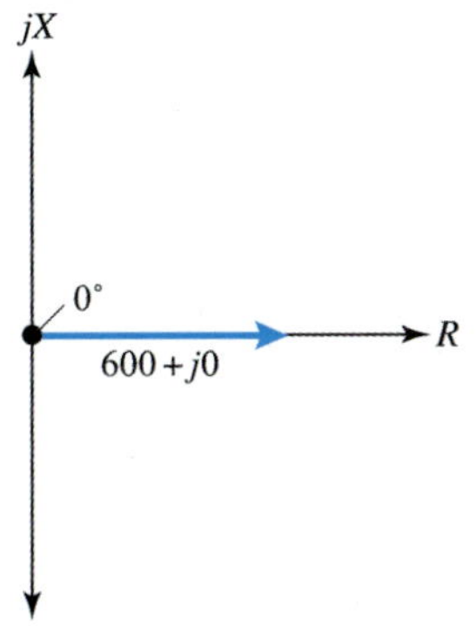

[그림 17-5] $600+j0$인 순수 저항성 임피던스의 위상각을 보여주는 벡터 다이어그램. R과 jX의 크기는 상대적이다.

예제 17-2

저항이 없고, -40Ω의 순수 용량성 리액턴스를 포함한 회로의 역률은 얼마인가?

풀이

[그림 17-6]의 RX 반평면 벡터 다이어그램에서 볼 수 있듯 위상각은 $-90°$이다. 계산기로 계산하면 $\cos -90° = 0$이므로 $PF = 0$, $\dfrac{P_T}{P_{VA}} = 0 = 0\%$이다. 유효 전력은 없고, 모든 전력이 무효 전력이다.

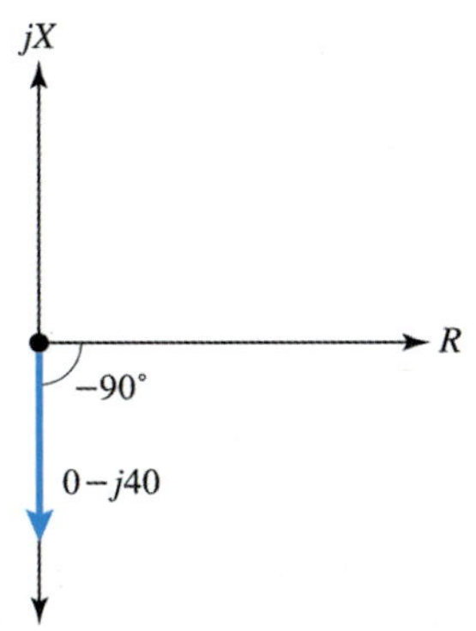

[그림 17-6] $0-j40$인 순수 용량성 임피던스의 위상각을 보여주는 벡터 다이어그램. R과 jX의 크기는 상대적이다.

예제 17-3

50Ω의 저항과 50Ω의 유도성 리액턴스가 직렬로 연결된 회로의 역률은 얼마인가?

풀이

[그림 17-7]과 같이 위상각은 45°이다. 저항 벡터와 리액턴스 벡터는 크기가 같고, 직각삼각형의 두 변을 형성한다. 복소 임피던스 벡터는 직각삼각형의 **빗변** hypotenuse을 형성한다. 역률을 결정하기 위해 계산기를 사용하면 $\cos 45° = 0.707$이므로 $\dfrac{P_T}{P_{VA}} = 0.707 = 70.7\%$이다.

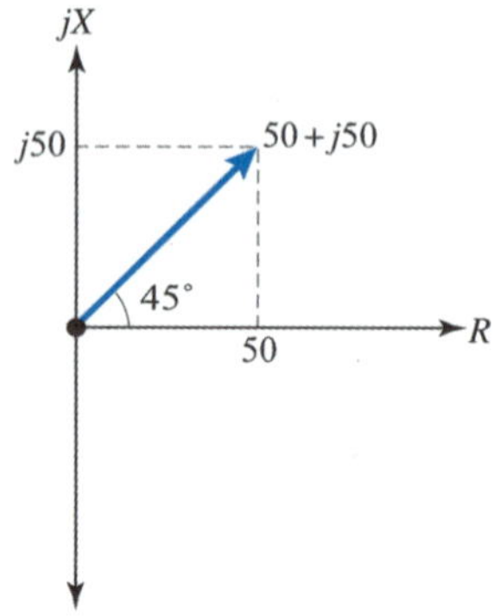

[그림 17-7] 복소 임피던스 $50 + j50$의 위상각을 보여주는 벡터 다이어그램. R과 jX의 크기는 상대적이다.

$\dfrac{R}{Z}$ 비율

절댓값 임피던스 Z에 대한 저항 R의 비율을 구해 RX 회로의 역률을 계산할 수 있다. [그림 17-7]이 그 예시이다. 저항 벡터 R(밑변), 리액턴스 벡터 jX(높이), 절댓값 임피던스 Z(빗변)로 만들어지는 직각삼각형에서 위상각의 코사인은 빗변 길이에 대한 밑변 길이의 비율, 즉 $\dfrac{R}{Z}$과 같다.

예제 17-4

80Ω의 저항 R과 100Ω의 절댓값 임피던스 Z가 직렬 연결된 회로의 역률은 얼마인가?

풀이

다음과 같이 회로의 역률을 계산할 수 있다.

$$PF = \frac{R}{Z} = \frac{80}{100} = 0.8 = 80\%$$

이 회로의 총 리액턴스가 용량성인지 유도성인지는 문제가 되지 않는다.

예제 17-5

순수 저항으로 절댓값 임피던스가 50Ω인 직렬 회로의 역률은 얼마인가?

풀이

$R = Z = 50\Omega$이므로 $PF = \frac{R}{Z} = \frac{50}{50} = 1 = 100\%$가 된다.

예제 17-6

50Ω의 저항과 −30Ω의 용량성 리액턴스가 직렬로 연결된 회로의 역률은 얼마인가? 코사인 방법을 사용해 구하라.

풀이

저항과 리액턴스로 위상각을 구하는 식은 다음과 같다.

$$\phi = \text{Arctan}\left(\frac{X}{R}\right)$$

여기서 X는 리액턴스를, R은 저항을 의미한다. 따라서 위상각은 다음과 같이 구할 수 있다.

$$\phi = \text{Arctan}\left(\frac{-30}{50}\right) = \text{Arctan}(-0.60) = -31°$$

역률은 이 각도의 코사인이므로 다음과 같이 계산할 수 있다.

$$PF = \cos(-31°) = 0.86 = 86\%$$

예제 17-7

30Ω의 저항과 40Ω의 유도성 리액턴스를 직렬로 연결한 회로의 역률은 얼마인가? $\frac{R}{Z}$ 방법을 사용해 구하라.

풀이

먼저 직렬 회로에 대한 식을 사용해 다음과 같이 절댓값 임피던스를 구한다.

$$Z = (R^2 + X^2)^{\frac{1}{2}}$$

여기서 R은 저항을, X는 총 리액턴스를 의미한다. 숫자를 대입하면 다음과 같다.

$$Z = (30^2 + 40^2)^{\frac{1}{2}} = (900 + 1,600)^{\frac{1}{2}} = 2,500^{\frac{1}{2}} = 50\Omega$$

이제 값을 대입해 다음과 같이 역률을 계산할 수 있다.

$$PF = \frac{R}{Z} = \frac{30}{50} = 0.60 = 60\%$$

이 상황은 [그림 17-8]과 같이 그래프를 통해 30 : 40 : 50의 직각삼각형으로 표현할 수 있다.

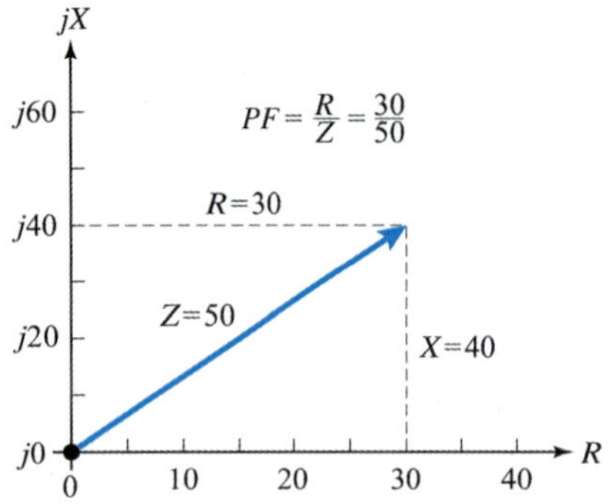

[그림 17-8] [예제 17-7]에 대한 설명. 가로축과 세로축의 눈금 증가율이 다른데, 이는 설명의 편의를 위해 그래프에서 자주 사용하는 방식이다.

얼마나 많은 전력이 유효 전력인가?

앞의 공식들을 통해 저항, 리액턴스, VA 전력이 주어질 때 몇 W가 유효(실수) 전력인지, 그리고 몇 W가 무효(허수) 전력인지 계산할 수 있다. 어떤 RF 전력계는 유효 전력보다 VA 전력을 보여주므로 RF 장비를 다룰 때는 이런 상황을 고려해야 한다. 저항과 함께 리액턴스가 존재하는 회로나 시스템의 전력을 측정하면 VA 전력을 보여주는 전력계에서는 부자연스러울 정도로 매우 큰 값이 표시된다.

예제 17-8

회로에 50Ω의 저항과 30Ω의 유도성 리액턴스가 직렬로 연결되어 있다고 가정하자. 전력계가 보여주는 100W는 VA 전력을 나타내는 것이다. 유효 전력은 얼마인가?

풀이

이 질문에 답하기 위해서는 역률을 계산해야 한다. 먼저 다음과 같이 위상각을 계산한다.

$$\phi = \text{Arctan}\left(\frac{X}{R}\right) = \text{Arctan}\left(\frac{30}{50}\right) = 31°$$

역률은 위상각의 코사인이므로 다음과 같다.

$$PF = \cos 31° = 0.86$$

유효 전력과 VA 전력으로 역률을 구하는 공식은 $PF = \frac{P_T}{P_{VA}}$이다. 이 공식을 유효 전력을 구하는 식으로 정리하면 다음과 같다.

$$P_T = PF \times P_{VA}$$

따라서 $PF = 0.86$과 $P_{VA} = 100$을 대입하면 다음과 같이 유효 전력을 구할 수 있다.

$$P_T = 0.86 \times 100 = 86\,\text{W}$$

예제 17-9

회로에 $1{,}000\,\Omega$의 저항이 있고, 이 저항에 병렬로 연결된 $1{,}000\,\text{pF}$의 커패시턴스가 있다고 가정하자. 동작 주파수는 $100\,\text{kHz}$이다. 만약 VA 전력을 읽도록 설계된 전력계가 $88.0\,\text{W}$를 가리킨다면 유효 전력은 얼마인가?

풀이

소자들이 병렬로 연결되어 있어서 이 문제는 약간 복잡하다. 우선 공식에 적용할 수 있도록 단위가 일치하는지 확인해야 한다. 주파수 f를 MHz로 변환하면 $f = 0.100\,\text{MHz}$이고, 커패시턴스 C를 μF으로 변환하면 $C = 0.001000\,\mu\text{F}$이다. 16장에서 배웠던 용량성 서셉턴스에 대한 공식을 이 문제에 적용하면 다음과 같다.

$$B_C = 6.2832\,fC = 6.2832 \times 0.100 \times 0.001000 = 0.00062832\,\text{S}$$

저항의 컨덕턴스 G는 저항 R의 역수이므로 다음과 같다.

$$G = \frac{1}{R} = \frac{1}{1{,}000} = 0.001000\,\text{S}$$

이제 병렬 회로에서 컨덕턴스와 서셉턴스로부터 저항과 리액턴스를 계산하는 공식을 사용해 다음과 같이 저항을 구한다.

$$R = \frac{G}{(G^2 + B^2)} = \frac{0.001000}{(0.001000^2 + 0.00062832^2)}$$

$$= \frac{0.001000}{0.0000013948} = 716.95\,\text{ohm}$$

다음으로 리액턴스를 구한다.

$$X = \frac{-B}{(G^2 + B^2)} = \frac{-0.00062832}{0.0000013948} = -450.47\,\Omega$$

이제 위상각을 다음과 같이 구한다.

$$\phi = \text{Arctan}\left(\frac{X}{R}\right) = \text{Arctan}\left(\frac{-450.47}{716.95}\right) = \text{Arctan}(-0.62831) = -32.142°$$

역률을 구하기 위해 위상각을 대입하면 다음과 같이 구할 수 있다.

$$PF = \cos\phi = \cos(-32.142°) = 0.84673$$

VA 전력 P_{VA}는 88.0W로 주어졌으므로 (입력 데이터의 정밀도 때문에) 세 자리 유효 숫자로 반올림해 다음과 같이 유효 전력을 계산한다.

$$P_T = PF \times P_{VA} = 0.84673 \times 88.0 = 74.5\,\text{W}$$

전력 전송

라디오 방송 또는 통신 기지국을 생각해 보자. 무선 방송이나 통신 기지국의 송신기에서 고주파 교류 신호를 생성한 뒤 송신기와 일정 거리만큼 떨어진 곳에 위치한 안테나에 이 신호를 효율적으로 보내려고 한다. 이때 피드 라인이라고도 하는 RF **전송선**transmission line, 즉 **급전선**feed line이 필요하다. 급전선의 가장 보편적인 타입은 동축 케이블이지만, 어떤 안테나 시스템에서는 대안으로 2선two-wire line(**쌍선**), 즉 **평행선**parallel-wire line도 사용한다. 초고주파와 마이크로파 주파수 대역에서는 **도파로**waveguide라고 하는 다른 형태의 전송선이 종종 사용된다.

손실은 낮을수록 좋다!

전력 전송power transmission 시스템을 설계하고 구성할 때 가장 중요한 과제는 손실을 최소화하는 것이다. 전력 낭비는 거의 전적으로 전송선 도체와 유전체, 전송선 가까이에 있는 물체에서 열로 발생한다. 일부 손실은 원하지 않더라도 전송선에서 전자기파 방출 형태로 발생할 수 있으며 변압기에서도 손실이 발생한다. 전기 시스템에서의 전력 손실은 기계 시스템에서 마찰로 인해 사용할 수 있는 일이 손실되는 것과 유사하다.

이상적인 전력 전송 시스템에서 모든 전력은 VA 전력을 구성한다. 즉 모든 전력은 도체 내 교류 전류와 도체 간 교류 전압으로 발생한다. 전송선 또는 변압기에서 전력이 유효 전력 형태로 존재하는 것은 바람직하지 않은데, 이는 이런 유효 전력은 열 손실이나 전자파 방출 손실, 또는 두 경우 모두로 변환되기 때문이다. 유효 전력 소비나 유효 전력 방출은 보통 전원으로부터 전송선 반대쪽 끝에 있는 부하에서 발생한다.

전송선에서의 전력 측정

[그림 17-9]와 같은 교류 전송선에서 두 도선 사이에 교류 전압계를 위치시켜 전압을 측정하고, 도선 중 하나에 직렬로 교류 전류계를 위치시켜 전류를 측정함으로써 전력을 측정할 수 있다. (이 그림의 두 계측기가 그렇게 보이지 않더라도) 두 계측기는 전송선의 동일한 지점에 위치시켜야 한다. 이 경우 전력 P[W]는 전압 RMS 값 V[V]와 전류 RMS 값 I[A]의 곱과 같다. 이 방법은 모든 전송선에서, 그리고 60 Hz의 전력 시스템에서부터 수 GHz의 무선통신 시스템에 이르는 모든 교류 주파수 범위에서 사용될 수 있다. 그러나 이 방식으로는 전송선 끝단의 부하에서 소모되는 유효 전력을 항상 정확하게 측정하지는 못한다.

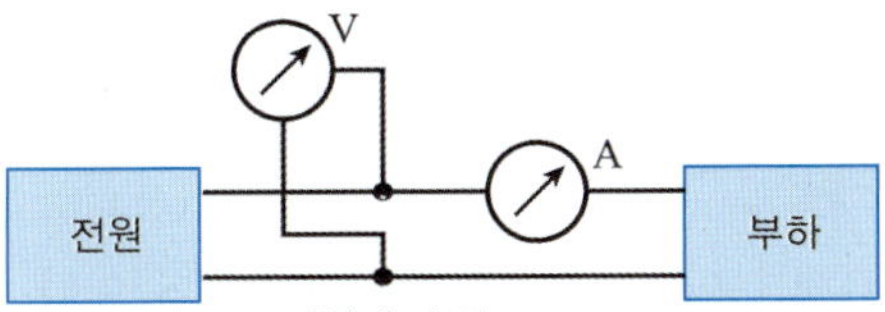

[그림 17-9] 전송선에서의 전력 측정. 이상적으로 전압과 전류는 전송선의 동일한 지점에서 측정해야 한다.

어떤 전송선이든 고유의 **특성 임피던스**characteristic impedance가 있다. 특성 임피던스 Z_o 값은 전송선 도체의 직경, 도체 사이의 간격, 그리고 도체들을 분리해주는 유전체 타입에 따라 달라진다. 만약 부하가 리액턴스가 없는 순수 저항 R이고, $R = Z_o$이면 (전압계와 전류계를 전원 반대쪽 끝단의 전송선의 부하에 직접 위치시켰을 때) 전압계/전류계로 측정한 전력은 부하에 의해 소모되는 유효 전력과 같을 것이다.

만약 부하가 순수 저항 R이지만 $R \neq Z_o$이면 전압계와 전류계는 유효 전력을 가리키지 않을 것이다. 또한 부하가 저항과 함께 리액턴스 성분을 포함한다면 저항이 어떤 값이더라도 전압계 또는 전류계를 이용한 측정 방법으로는 유효 전력을 정확히 읽어내지 못할 것이다.

임피던스 부정합

전력 전송 시스템이 최상의 성능을 발휘하기 원한다면 부하 임피던스는 라인의 특성 임피던스와 동일한 순수 저항을 구성해야 한다. 이런 이상적 조건이 성립되지 않을 때 시스템은 **임피던스 부정합**impedance mismatch을 갖는다.

항상 그런 것은 아니지만 작은 임피던스 부정합은 전력 전송 시스템에서 종종 무시할 만하다. 그러나 초단파(VHF), 극초단파(UHF), 그리고 마이크로파 무선통신 시스템에서는 부하(안테나)와 전송선 사이의 작은 임피던스 부정합조차도 전송선에서 과도한 전력 손실을 일으킬 수 있다.

임피던스 부정합은 대부분 전송선과 부하 사이에 **정합 변압기**matching transformer를 설치해 제거할 수 있다. 또한 기존 부하 리액턴스를 상쇄하기 위해 부하와 직렬 또는 병렬로 리액티브 구성요소(인덕터 또는 커패시터)를 의도적으로 배치해 일부 상황에서 임피던스 부정합을 보정할 수 있다.

부정합 전송선에서의 손실

전송선의 단말이 순수 저항 R로 끝나고, 전송선의 특성 임피던스 Z_o와 같다고 가정하자. 이때 전송선에 저항 손실이 없고, 유전체 손실도 없다면 RMS 전류 I와 RMS 전압 V는 모두 전송선을 따라 일정한 값을 유지한다. 이를 다음과 같은 식으로 나타낸다.

$$R = Z_o = \frac{V}{I}$$

여기서 R과 Z_o의 단위는 [Ω]이고, V의 단위는 [V RMS]이며 I의 단위는 [A RMS]이다. 물론 어떤 전송선도 완전히 **무손실**lossless일 수는 없다. 실제 전송선에서 전류와 전압은 신호가 전원에서 부하 쪽으로 진행되면서 점차적으로 감소한다. 그럼에도 불구하고 부하가 순수 저항이고, 이 값이 전송선의 특성 임피던스와 같다면 전류와 전압은 [그림 17-10]과 같이 전송선을 따라 모든 지점에서 **같은 비율로**in the same ratio 유지된다.

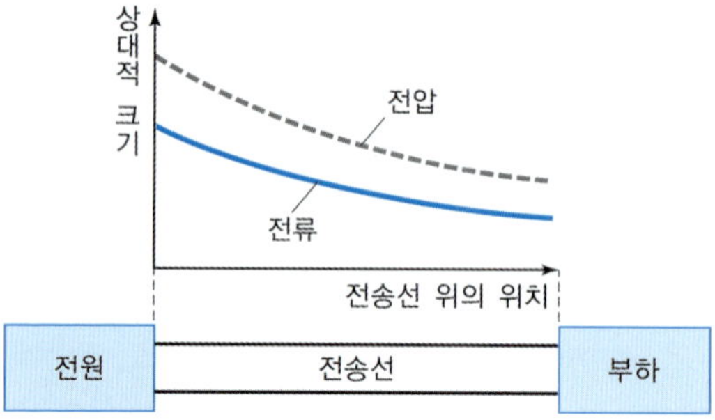

[그림 17-10] 정합된 전송선이라면 실제 V와 I 값은 전원으로부터 멀어질수록 감소한다. 그러나 전압과 전류의 비율 $\left(\frac{V}{I}\right)$은 어느 곳에서나 일정하다.

정재파

만약 전송선과 부하가 완벽하게 정합되지 않으면 전류와 전압은 전송선을 따라 상승과 하강을 반복한다. 이때 최댓점과 최솟점을 각각 **루프**loop와 **마디**node라고 한다. 최대 전류점(**전류 루프**current loop)에서 전압은 최솟값(**전압 마디**voltage node)에 도달한다. 반대로 최대 전압점(**전압 루프**voltage loop)에서 전류는 최솟값(**전류 마디**current node)에 도달한다.

만약 부정합된 전송선을 따라 전류와 전압의 루프와 마디를 거리의 함수로 그리면 시간에 따라 고정된 상태로 유지되는 파동 패턴이 나타난다. 이 전류와 전압의 규칙적인 패턴은 전선을 따라 어느 방향으로도 움직이지 않으며 단순히 그곳에 머무른다. 이와 같은 패턴을 **정재파**standing waves라고 한다.

정재파에 의한 손실

전송선이 정재파를 포함하고 있다면 다음과 같은 전선 손실 크기의 패턴을 관찰할 수 있다.

- 전류 루프에서 전송선 도체의 손실은 최댓값에 도달한다.
- 전류 마디에서 전송선 도체의 손실은 최솟값에 도달한다.
- 전압 루프에서 유전체의 손실은 최댓값에 도달한다.
- 전압 마디에서 유전체의 손실은 최솟값에 도달한다.

부정합 송전선에서 모든 손실의 변화를 평균을 내면 어떤 곳에서 초과된 손실이 다른 곳에서 감소된 손실로 돌아온다고 가정하기 쉽다. 그러나 이런 가정은 성립하지 않는다. 결과적으로 부정합 전송선에서 발생하는 손실은 완벽하게 정합된 전송선에서 발생하는 손실을 항상 초과한다. 초과 전송선 손실은 부정합이 나빠질수록 더욱 증가하는데, 이를 **전송선 부정합 손실**transmission-line mismatch loss 또는 **정재파 손실**standing-wave loss이라고 한다. 이는 열을 소모하는 형태로 발생하므로 유효 전력이다. 전송선을 가열하는 데 사용된 유효 전력은 결코 부하에 도달하지 못하므로 낭비된다. 유효 전력은 전부 또는 전부가 아니라면 가능한 많은 양이 부하(저항)에서 소비되어야 한다.

전력 전송 시스템에서 부정합의 정도가 증가할수록 정재파에서 전류와 전압 루프에 의해 발생하는 손실 역시 증가한다. 완벽하게 정합되었을 때 전송선 손실이 크면 클수록 임피던스 부정합이 증가해 더 큰 손실이 발생하게 된다. 다른 모든 요인을 고정시킨다면 주파수가 증가할수록 정재파 손실도 더욱 증가한다.

전송선 과열

부하와 전송선 사이의 부정합이 심각하면 전력 손실뿐만 아니라 전송선의 물리적 손상, 파괴와 같은 다른 문제도 일으킬 수 있다.

전송선과 부하가 완벽하게 정합되었고, 1 kW까지의 전력을 생성하는 무선 송신기와 연결되어 동작하는 전송선이 있다고 가정하자. 부정합이 심각할 때 전송선으로 1 kW의 전력을 전송하려고 시도한다면 전류 루프에서의 초과 전류가 도체를 과열시켜 유전체 물질이 녹고, 전송선이 **단락**short out 될 수 있다. 또한 전압 루프에서의 전압이 전송선 도체 사이에 **불꽃**arcing을 일으킬 수도 있는데, 이 때문에 유전체에 구멍이 나거나 타면서 전송선이 손상될 수 있다.

어쩔 수 없이 중대한 임피던스 부정합이 있는 RF 전송선을 사용해야 한다면 전송선이 얼마만큼의 전력을 안전하게 전송할 수 있는지 결정하기 위해 **정격 출력 감소 기능**derating functions을 참조해야 한다. 동축 케이블 같은 조립된 전송선의 제조회사는 이런 정보를 제공할 수 있다.

공진

유도성 리액턴스와 용량성 리액턴스가 모두 존재하는 교류 회로에서 두 리액턴스의 크기가 같고, 부호가 반대라면 서로 상쇄되는 현상인 **공진**resonance이 일어난다. 앞서 16장에서 공진의 몇 가지 예를 살펴보았는데, 여기서 좀 더 자세히 다룰 것이다.

직렬 공진

용량성 리액턴스 X_C와 유도성 리액턴스 X_L은 효과가 상반되더라도 크기가 같을 수 있다. 인덕턴스와 커패시턴스를 포함한 어떤 회로에서 $X_L = -X_C$인 주파수가 존재한다. 이 조건은 공진을 일으키며 공진이 일어나는 주파수를 f_o로 표시한다. 간단한 LC 회로에서 공진이 일어나는 주파수는 오직 하나이다. 그러나 전송선이나 안테나를 포함한 회로에서는 이런 주파수가 많이 존재한다. 이때 공진이 일어나는 가장 낮은 주파수를 **기본 공진 주파수**fundamental resonant frequency라고 하고, f_o로 표시한다.

[그림 17-11]은 직렬 RLC 회로의 개략도이다. 양 끝단에 가하는 교류 신호의 주파수를 가변시키면 특정한 '임계' 주파수에서 $X_L = -X_C$가 된다. 이 현상은 L과 C가 유한하고, 0이 아니라면 반드시 존재한다. 이때 이 임계 주파수가 그 회로의 f_o이 된다. f_o에서 용량성 리액턴스와 유도성 리액턴스의 효과는 서로 상쇄된다. 이때 회로는 이론적으로 R 값을 갖는 순수한 저항처럼 보이는데, 이 조건을 **직렬 공진**series resonance이라고 한다.

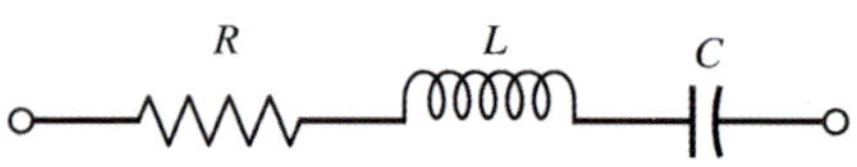

[그림 17-11] 직렬 RLC 회로

만약 $R = 0$(단락 회로)이라면 [그림 17-11]은 **직렬 LC 회로**series LC circuit를 나타내고, 공진에서의 임피던스는 이론적으로 $0 + j0$이 된다. 이런 조건에서 회로는 주파수 f_o에서 교류 전류가 흐르는 데 어떤 방해도 하지 않는다. 물론 '실제' 직렬 LC 회로는 항상 최소한의 저항을 포함하고 있으므로 코일과 커패시터에 약간의 손실이 존재하고, 복소 임피던스의 실수부는 정확히 0은 아니다. 그럼에도 만약 코일과 커패시터가 고품질이고, 최소의 손실을 나타낸다면 보통 '사실상' $R = 0$이라고 할 수 있다.

병렬 공진

[그림 17-12]는 일반적인 **병렬 *RLC* 회로** parallel RLC circuit의 개념도이다. 여기서 저항 R은 컨덕턴스 $G = \frac{1}{R}$로 간주할 수 있으므로 이 배열을 **병렬 *GLC* 회로**라고도 한다. '병렬'이라는 단어를 포함하고 있다면 어떤 용어를 사용해도 된다.

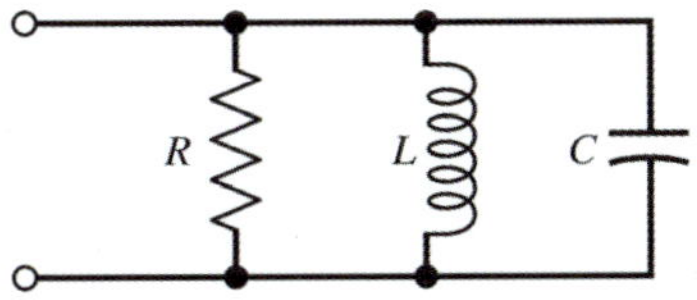

[그림 17-12] 병렬 *RLC* 회로

특정 주파수 f_o에서 유도성 서셉턴스 B_L은 용량성 서셉턴스 B_C와 정확하게 상쇄된다. 이때 $B_L = -B_C$가 된다. 회로가 유한하고, 0이 아닌 인덕턴스와 커패시턴스를 갖는다면 반드시 어떤 교류 신호 주파수 f_o에서는 이 조건이 성립한다. f_o에서 서셉턴스들은 서로 상쇄되어 이론적으로는 0이 되고, 회로의 어드미턴스는 이론적으로 저항의 컨덕턴스 G와 같아진다. 이 조건을 **병렬 공진** parallel resonance이라고 한다.

저항이 없고 코일과 커패시턴스만 있는 회로를 **병렬 *LC* 회로** parallel LC circuit라고 한다. 공진일 때 어드미턴스는 이론적으로 $0 + j0$이 된다. 이는 회로가 f_o에서 교류 전류의 흐름을 크게 방해하는 것을 의미하며 복소 임피던스는 이론적으로 '무한대(∞)'가 된다. '실제' LC 회로에서는 코일과 커패시터에 항상 약간의 손실이 존재하므로 엄밀히 말하면 복소 임피던스의 실수부는 무한대가 아니다. 그럼에도 만약 저손실 소자를 사용한다면 공진에서 병렬 LC 회로의 실수부 계수 범위는 수 $\mathrm{M\Omega} \sim \mathrm{G\Omega}$이 될 수 있으므로 보통 '사실상' $R = \infty$라 할 수 있다.

공진 주파수 계산

인덕턴스 L은 H이고, 커패시턴스 C는 F일 때 직렬 RLC 또는 병렬 RLC 회로의 공진 주파수 f_o는 다음의 식으로 계산할 수 있다.

$$f_o = \frac{1}{[2\pi(LC)^{1/2}]}$$

이 공식에 $\pi = 3.1416$을 대입해 간단하게 나타내면 다음과 같다.

$$f_o = \frac{0.15915}{(LC)^{1/2}}$$

어떤 값의 $\frac{1}{2}$ 제곱은 그 값의 양의 제곱근을 나타낸다. 만약 L이 μH로, C가 μF으로 주어질 때 f_o를 MHz로 구하려면 앞의 공식을 동일하게 사용하면 된다.

R과 G의 효과

R 또는 G 값은 직렬 RLC 회로나 병렬 RLC 회로의 f_o 값에 영향을 주지 않는다. 그러나 직렬 공진 회로에 0이 아닌 저항이 존재하거나 병렬 공진 회로에 0이 아닌 컨덕턴스가 존재하면 저항과 컨덕턴스가 없는 경우와 비교했을 때 공진 주파수가 좁은 폭으로 잘 정의되지 않는다. [그림 17-11]의 회로에서 R을 단락시키거나 [그림 17-12]의 회로에서 R을 제거하면 LC 회로는 가능한 한 가장 명확히 정의된 **공진 응답**resonant response을 보여준다.

직렬 RLC 회로에서는 저항이 증가하면 공진 주파수 특성은 더욱 '넓어지고', 저항이 감소하면 공진 주파수 특성은 더욱 '날카로워진다'. 병렬 RLC 회로에서는 컨덕턴스가 증가하면 (R이 작아질수록) 공진 주파수 특성은 더욱 '넓어지고', 컨덕턴스가 감소하면 (R이 커질수록) 공진 주파수 특성은 더욱 '날카로워진다'. 이론적으로 가능한 한 가장 날카로운 특성은 직렬 회로에서 $R = 0$일 때, 병렬 회로에서 $G = 0$(즉 $R = \infty$)일 때 나타난다.

예제 17-10

100 μH의 인덕터와 100 pF의 커패시터가 직렬 연결된 회로의 공진 주파수를 구하라.

풀이

커패시턴스를 변환하면 0.000100 μF이므로 곱은 $LC = 100 \times 0.000100 = 0.0100$이다. 이 값에 제곱근을 취하면 0.100이 된다. 마지막으로 0.15915를 0.100으로 나누면 $f_o = 1.5915$ MHz이고, 이 값을 반올림하면 1.59 MHz가 된다.

예제 17-11

33 μH의 코일과 47pF의 커패시터가 병렬 연결된 회로의 공진 주파수를 구하라.

풀이

커패시턴스를 변환하면 0.000047 μF이므로 곱은 $LC = 33 \times 0.000047 = 0.001551$이다. 이 값에 제곱근을 취하면 0.0393827이 된다. 마지막으로 0.15915를 0.0393827로 나누고, 이 값을 반올림하면 $f_o = 4.04$ MHz가 된다.

예제 17-12

$f_o = 9.00$ MHz가 되도록 회로를 설계한다고 가정하자. 33.0 pF으로 고정된 커패시터를 사용할 때 요구된 공진 주파수를 얻기 위해 필요한 코일의 값은 얼마인가?

풀이

공진 주파수에 관한 공식을 사용해 값을 대입하고 산술적 계산을 통해 L 을 구한다. 커패시턴스를 변환하면 $0.0000330\,\mu\text{F}$ 이므로 다음과 같이 코일의 값을 계산한다.

$$f_o = \frac{0.15915}{(LC)^{1/2}}$$

$$9.00 = \frac{0.15915}{(L\times 0.0000330)^{1/2}}$$

$$9.00^2 = \frac{0.15915^2}{(0.0000330\times L)}$$

$$81.0 = \frac{0.025329}{(0.0000330\times L)}$$

$$81.0\times 0.0000330\times L = 0.025329$$

$$0.002673\times L = 0.025329$$

$$L = \frac{0.025329}{0.002637} = 9.48\,\mu\text{H}$$

예제 17-13

$f_o = 455\,\text{kHz}$ 가 되도록 LC 회로를 설계한다고 가정하자. 부품 상자에서 $100\,\mu\text{H}$ 의 코일을 사용할 때 필요한 커패시터의 값은 얼마인가?

풀이

주파수를 변환하면 $0.455\,\text{MHz}$ 이다. [예제 17-12]와 동일한 방법으로 계산한다.

$$f_o = \frac{0.15915}{(LC)^{1/2}}$$

$$0.455 = \frac{0.15915}{(100\times C)^{1/2}}$$

$$0.455^2 = \frac{0.15915^2}{(100\times C)}$$

$$0.207025 = \frac{0.025329}{(100\times C)}$$

$$0.207025\times 100\times C = 0.025329$$

$$20.7025\times C = 0.025329$$

$$C = \frac{0.025329}{20.7025} = 0.00122\,\mu\text{F}$$

공진 주파수 조절

실제 회로에서는 공진에서 동작하도록 설계된 직렬 LC 회로와 병렬 LC 회로에 가변 인덕터나 가변 커패시터 또는 둘 모두를 연결해 (계산된 f_o 값과 비교했을 때) 실제 공진 주파수에 발생하는 오차를 아주 작게 만든다. 이런 종류의 **동조 회로**tuned circuit를 설계했을 때 f_o보다 약간 높은 주파수를 나타낸다면 [그림 17-13]과 같이 주 커패시턴스 C와 병렬로 **패딩 커패시턴스**padding capacitance C_p를 설치한다. 패딩 커패시터는 약 1 pF ~ 수 pF 또는 수십 pF 범위에 이르기까지 값을 조절할 수 있는 소형 부품이다. 만약 더 넓은 범위의 공진 주파수를 제공하는 회로가 필요하다면 수 pF ~ 수백 pF 범위에서 값을 조절할 수 있는 가변 커패시터를 사용하면 된다.

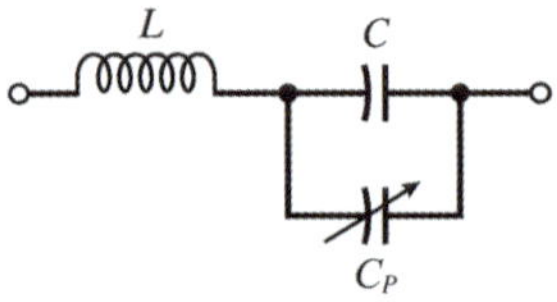

(a) 직렬 LC의 패딩 커패시턴스

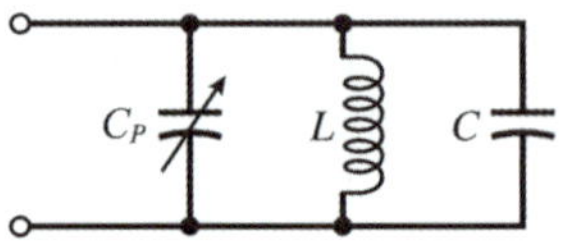

(b) 병렬 LC의 패딩 커패시턴스

[그림 17-13] 패딩 커패시턴스 C_p는 직렬 LC 회로와 병렬 LC 회로의 공진 주파수를 제한적으로 조정할 수 있게 한다.

공진 소자

공진 소자들은 종종 직렬 또는 병렬 연결된 코일과 커패시터로 구성된다. 그러나 다른 종류의 하드웨어도 공진 현상이 나타나기도 한다.

압전 결정

수정quartz 광물 조각들을 잘라서 얇은 웨이퍼로 만들고, 전압을 가하면 고주파로 진동한다. 이런 진동은 **압전 결정**piezoelectric crystal의 물리적 크기 때문에 정밀한 주파수 f_o에서 발생하고, f_o의 정수배가 되는 주파수에서도 일어난다. $2f_o$, $3f_o$, $4f_o$ 등과 같은 f_o의 이런 정수배 주파수를 **고조파 주파수**harmonic frequencies 또는 **고조파**harmonics라고 한다. 주파수 f_o는 **기본 주파수**fundamental frequency 또는 **기본파**fundamental라고 한다. 기본 주파수 f_o는 공진이 일어나는 가장 낮은 주파수이다. 수정 결정은 전자 소자에서 LC 회로처럼 동작할 수 있으며 결정은 주파수에 따라 변화하는 임피던스를 나타낸다. f_o와 고조파 주파수에서의 리액턴스는 0이다.

공동

특정한 크기로 잘린 금속 튜브는 초단파(VHF), 극초단파(UHF), 마이크로파 무선 주파수에서 공진을 일으킨다. 이들 튜브는 악기들이 음파와 공진하는 것과 동일한 방식으로 동작하며 파동은 음향파가 아니라 전자기장 형태이다. 이와 같은 **공동**空洞, cavity은 **공동 공진기**cavity resonator라고 부르기도 하며 약 150 MHz 이상의 주파수에서는 물리적으로 적당한 크기를 갖는다. 150 MHz 보다 낮은 주파수에서 동작하는 공동 공진기를 만들 수는 있지만 공진기의 길이가 길어져 구현하기 힘들다. 결정과 마찬가지로 공동 공진기 역시 기본 주파수 f_o와 모든 고조파 주파수에서 공진한다.

MEMS 발진기

상대적으로 새로운 발명품인 MEMSMicro Electronic Mechanical System **발진기**는 기본적으로 발진을 계속 유지하는 '지속적인' 증폭기와 함께 실리콘 기판에 제작된 공동이 있는 칩이다. 오실레이터의 주파수를 프로그래밍할 수 있는 PLL(26장 참조)과 같은 다른 회로를 포함할 수도 있다. 이런 장치는 크기가 작고, 비용이 저렴해 일반적인 수정 발진기를 대체하고 있다.

전송선 단선

전송선을 $\frac{1}{4}$파장의 정수배로 자르면 이 전송선은 공진 회로처럼 작동한다. **전송선 공진기**transmission-line resonator의 가장 보편적인 길이는 $\frac{1}{4}$파장으로, 이를 $\frac{1}{4}$**파장 단선**quarter-wave section이라고 한다.

$\frac{1}{4}$파장 단선의 한쪽 끝이 단락회로일 때 다른 쪽 끝에 교류 신호를 가하면 $\frac{1}{4}$파장 단선은 병렬-공진 LC 회로처럼 동작하고, 기본 공진 주파수 f_o에서 저항성 임피던스는 매우 높다(이론적으로 ∞). 반대로 $\frac{1}{4}$파장 단선의 한쪽 끝이 개방 회로일 때 다른 쪽 끝에 교류 신호를 가하면 $\frac{1}{4}$파장 단선은 직렬-공진 LC 회로처럼 동작하고, 기본 공진 주파수 f_o에서 저항성 임피던스는 매우 낮다(이론적으로 0). 실제로 $\frac{1}{4}$파장 단선은 특정 주파수 f_o에서 교류 단락회로를 교류 개방 회로로 변환하거나 그 반대로 변환한다.

$\frac{1}{4}$파장 단선의 길이는 기본 공진 주파수 f_o가 얼마인지, 그리고 전자기파 에너지가 얼마나 빨리 전송선으로 전송되는지에 따라 결정된다. 이 속도를 **속도 계수**velocity factor(v)라고 한다. v 값은 진공 중에서 빛 속도의 몇 분의 일 또는 몇 %로 주어진다. 제작자는 동축 케이블 또는 예전의 텔레비전 2선 '리본'처럼 조립된 전송선에 대한 속도 계수를 제공한다.

만약 MHz로 표시된 주파수가 f_o이고, 전송선의 속도 계수가 (분수로 표시된) v라면 피트로 표시된 전송선의 $\frac{1}{4}$파장 부분 길이 L_{ft}를 구하는 식은 다음과 같다.

$$L_{ft} = \frac{246\,v}{f_o}$$

만약 속도 계수로 퍼센트 $v_{\%}$를 안다면 위의 식은 다음과 같이 쓸 수 있다.

$$L_{ft} = \frac{2.46\,v_{\%}}{f_o}$$

또한 속도 계수로 분수 v를 안다면 m로 표시된 $\frac{1}{4}$파장 단선의 길이 L_m은 다음과 같다.

$$L_m = \frac{75.0\,v}{f_o}$$

만약 속도 계수로 퍼센트 $v_{\%}$를 안다면 위의 식은 다음과 같이 쓸 수 있다.

$$L_m = \frac{0.750\,v_{\%}}{f_o}$$

여기서 L은 '인덕턴스'가 아니라 '길이'를 의미한다.

안테나

많은 형태의 안테나가 공진 특성을 보인다. 가장 간단한 공진 안테나는 [그림 17-14]와 같은 **중심급전**center-fed 반파장 **쌍극자 안테나**dipole antenna이다.

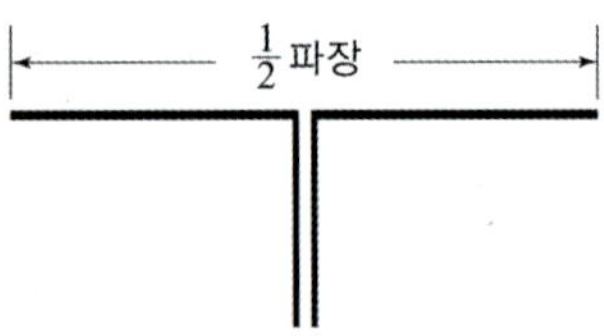

[그림 17-14] 중심급전 반파장 쌍극자는 간단하고 효율적인 안테나이다.

주파수 f_o에서 피트로 표시된 쌍극자 안테나의 근사적인 길이 L_{ft}는 다음 식으로 계산한다.

$$L_{ft} = \frac{467}{f_o}$$

이 식은 안테나선을 따라 이동하는 전기장의 속도가 빛의 속도의 약 95%라는 사실을 고려한 것이다. 따라서 자유 공간에서 가느다란 직선 전선의 속도 계수는 약 $v = 0.95$이다. 만약 m로 표시된 반파장 쌍극자 안테나의 근사적 길이를 L_{m}으로 나타낸다면 다음과 같이 쓸 수 있다.

$$L_{\mathrm{m}} = \frac{143}{f_{\mathrm{o}}}$$

기본 주파수 f_{o}에서 반파장 쌍극자의 순수 저항성 임피던스는 약 $73\,\Omega$이다. 그러나 이런 타입의 안테나는 f_{o}의 고조파에서도 공진을 일으킨다. 이 쌍극자는 $2f_{\mathrm{o}}$에서 끝에서 끝까지가 1파장 길이이고, $3f_{\mathrm{o}}$에서는 끝에서 끝까지가 $\frac{3}{2}$파장 길이, $4f_{\mathrm{o}}$에서는 끝에서 끝까지가 2파장 길이이다.

방사저항

쌍극자 안테나는 f_{o}와 모든 **홀수 고조파** odd-numbered harmonics에서 저항이 매우 낮은 직렬 공진 RLC 회로처럼 동작한다. 반대로 모든 **짝수 고조파** even-numbered harmonics에서는 저항이 높은 병렬 공진 RLC 회로처럼 동작한다.

반파장 쌍극자 안테나의 저항에 대한 설명이 혼란스러울 수 있다. [그림 17-14]는 저항이 없는 안테나를 보여준다. 반파장 쌍극자의 저항이 어디서 오는지 알기 위해서는 방사저항이라는, 모든 안테나가 가진 흥미로운 성질이 필요하다. 방사저항은 다소 난해한 전자파 이론으로, 모든 RF 안테나 시스템을 설계하고 제작할 때 매우 중요한 요소이다.

무선 송신기를 안테나에 연결하고 신호를 전송하면 에너지가 전파의 형태로 안테나에서 공간으로 방사된다. 안테나 시스템에 저항이 실제로 연결되어 있지 않더라도 전파의 방사는 순수한 저항에서 전력이 소모되는 것과 같이 동작한다. 만약 반파장 쌍극자 안테나를 안전하게 충분한 전력을 소모할 수 있고 리액턴스 성분이 없는 $73\,\Omega$의 저항으로 대체한다면 전송선 반대편 끝에 연결된 무선 송신기는 대체된 저항과 원래 쌍극자 안테나 간의 차이를 알지 못할 것이다.

예제 17-14

속도 계수가 80%일 때 7.1 MHz에서 전송선의 $\frac{1}{4}$파장 부분은 몇 피트인가?

풀이

속도 계수가 $v_{\%} = 80$이므로 $\frac{1}{4}$파장 부분의 길이 L_{ft}를 구하는 식을 사용해 계산한다.

$$L_{\mathrm{ft}} = \frac{2.46\,v_{\%}}{f_0} = \frac{(2.46 \times 80)}{7.1} = 28\ \mathrm{ft}$$

연습문제

01 다음 중 전송선이 최상의 효율로 동작하는 때는 언제인가?

(a) 부하 임피던스가 순수 저항이고, 전송선의 특성 임피던스와 같을 때
(b) 부하 임피던스가 순수 유도성 리액턴스이고, 전송선의 특성 임피던스와 같을 때
(c) 부하 임피던스가 순수 용량성 리액턴스이고, 전송선의 특성 임피던스와 같을 때
(d) 부하의 절댓값 임피던스가 전송선의 특성 임피던스와 같을 때

02 900 kHz 의 9번째 고조파는 얼마인가?

(a) 100 kHz
(b) 300 kHz
(c) 1.20 MHz
(d) 8.10 MHz

03 다음 중 순수 저항이 소모하거나 방사하는 것은 무엇인가?

(a) 복소 전력
(b) 무효 전력
(c) 유효 전력
(d) 피상 전력

04 14.3 MHz 의 기본 공진 주파수를 갖도록 $\frac{1}{2}$ 파장 쌍극자 안테나를 설계한다고 가정하자. 한쪽 끝에서 다른 쪽 끝까지 측정한 안테나의 길이는 몇 미터로 만들어야 하는가?

(a) 32.7 m
(b) 10.0 m
(c) 16.4 m
(d) 이 문제에 답하기 위해서는 정보가 더 필요하다.

05 다음 중 전송선이 정재파를 보인다면 전압이 최대인 곳은 어디인가?

(a) 전류가 최대인 곳
(b) 전류가 최소인 곳
(c) 전송선의 송신단 끝
(d) 전송선의 부하단 끝

06 다음 중 어떤 임피던스 부정합도 없는 전송선과 비교할 때 전송선상의 정재파가 전선 도체의 손실을 증가시키는 곳은 어디인가?

(a) 전류가 최대인 곳
(b) 전압이 최대인 곳
(c) 전류는 최소, 전압은 최대인 곳
(d) 전류와 전압이 모두 최소인 곳

07 다음 중 저항과 리액턴스를 모두 포함한 교류 회로 또는 시스템에서 위상각의 코사인을 안다면 무엇을 얻을 수 있는가?

(a) 유효 전력 (b) 무효 전력
(c) 피상 전력 (d) 역률

08 다음 중 교류 회로 또는 시스템에서의 유효 전력의 예를 보여주는 것으로 옳은 것은 무엇인가?

(a) 커패시터의 두 판 사이에 나타나는 교류
(b) 전선 인덕터를 통해 흐르는 교류
(c) 전송선에서 열로 소모되는 교류
(d) 전송선을 따라 이동하는 교류

09 40 W 의 피상 전력과 30 W 의 유효 전력을 가진 회로의 역률은 얼마인가?

(a) 60%
(b) 75%
(c) 80%
(d) 계산하기 위해서는 더 많은 정보가 더 필요하다.

10 40 W의 유효 전력과 30 W의 무효 전력을 가진 회로의 역률은 얼마인가?

(a) 60%
(b) 75%
(c) 80%
(d) 계산하기 위해서는 더 많은 정보가 더 필요하다.

11 24 Ω의 저항과 10 Ω의 유도성 리액턴스를 직렬로 연결한 회로의 역률은 얼마인가?

(a) 42%
(b) 58%
(c) 92%
(d) 18%

12 24 Ω의 저항과 −10 Ω의 용량성 리액턴스를 직렬로 연결한 회로의 역률은 얼마인가?

(a) 42%
(b) 58%
(c) 92%
(d) 18%

13 24 Ω의 저항과 10 Ω의 유도성 리액턴스를 직렬로 연결한 회로에서 VA 전력이 100 W일 때 유효 전력은 얼마인가?

(a) 18 W
(b) 34 W
(c) 85 W
(d) 92 W

14 60.0 Ω의 저항과 80.0 Ω의 유도성 리액턴스를 직렬로 연결한 회로에서 유효 전력이 100 W일 때 VA 전력은 얼마인가?

(a) 167 W
(b) 129 W
(c) 60.0 W
(d) 36.0 W

15 80.0 Ω의 저항과 60.0 Ω의 유도성 리액턴스를 직렬로 연결한 회로에서 유효 전력이 100W일 때 VA 전력은 얼마인가?

(a) 64.0 W
(b) 80.0 W
(c) 125 W
(d) 156 W

16 36 μH의 인덕턴스를 가진 코일과 0.0010 μF의 커패시턴스를 가진 커패시터가 직렬로 연결된 회로의 공진 주파수는 얼마인가?

(a) 36 kHz
(b) 0.84 MHz
(c) 2.4 MHz
(d) 6.0 MHz

17 [연습문제 16]의 회로에서 기존의 코일과 커패시터에 100 Ω의 저항을 직렬로 연결한다면 공진 주파수는 어떻게 변하는가?

(a) 증가할 것이다.
(b) 동일하게 유지될 것이다.
(c) 감소할 것이다.
(d) 이 문제에 답하기 위해서는 정보가 더 필요하다.

연습문제

18 $L = 75\,\mu\text{H}$ 인 코일과 $C = 150\,\text{pF}$ 인 커패시터가 병렬로 연결된 회로의 f_o는 얼마인가?

(a) 1.5 MHz
(b) 2.2 MHz
(c) 880 kHz
(d) 440 kHz

19 [연습문제 18]의 회로에서 기존의 코일과 커패시터에 22 pF 의 커패시터를 병렬로 연결한다면 공진 주파수는 어떻게 변하는가?

(a) 증가할 것이다.
(b) 동일하게 유지될 것이다.
(c) 감소할 것이다.
(d) 이 문제에 답하기 위해서는 정보가 더 필요하다.

20 18.1 MHz 에서 사용될 전송선의 $\frac{1}{4}$ 파장 부분이 있다. 전송선의 속도 계수가 0.667일 때 $\frac{1}{4}$ 파장 부분의 길이는 몇 미터로 만들어야 하는가?

(a) 9.05 m
(b) 3.62 m
(c) 3.00 m
(d) 2.76 m

정답

01 a	02 d	03 c	04 b	05 b	06 a	07 d	08 c	09 b	10 c
11 c	12 c	13 d	14 a	15 c	16 b	17 b	18 a	19 c	20 d

CHAPTER 18

변압기와 임피던스 정합

Transformers and Impedance Matching

학습목표

- 변압기의 동작 원리를 이해할 수 있다.
- 코어의 모양과 권선 방식에 따른 여러 변압기의 구조와 특성을 이해할 수 있다.
- 전력 변압기의 특성을 이해할 수 있다.
- 균형 부하 및 비균형 부하를 이해하고, 임피던스 전달비를 계산할 수 있다.
- 무선 주파수에서 사용되는 변압기의 두 가지 특성을 이해할 수 있다

변압기transformer는 회로나 소자 또는 시스템이 동작할 때 최적의 전압을 얻기 위해 사용되며 전기 및 전자공학에서 다음과 같이 다양한 용도로 활용된다.

- 회로와 부하 사이에서 임피던스를 정합시킨다.
- 2개의 다른 회로나 장치 사이에서 임피던스를 정합시킨다.
- 회로나 소자 사이에서 교류는 통과시키고, 직류는 절연시킨다.
- **균형 회로**balanced circuit와 **불균형 회로**unbalanced circuit, **급전시스템**feed system, **부하**load를 상호 호환되도록 연결한다.

전원 콘센트에서 교류 전원을 저전압 기기를 작동하기 위한 저전압으로 변환하는 변압기는 어디에서나 볼 수 있다. 오늘날 이런 저주파수 용도의 부피가 큰 변압기는 거의 사용되지 않는다. 그러나 고주파수 용도의 경량 변압기는 스위치 모드 전원 공급 장치에서 활용되며 이더넷 커넥터뿐만 아니라 보다 전통적인 용도로도 사용된다.

변압기의 원리

2개의 도선을 서로 가까이 평행하게 놓고, 한 도선에 맥동하는 전류를 흘리면 두 도선 사이에 직접적인 물리적 연결이 없더라도 다른 도선에 변동하는 전류가 나타난다. 이런 효과를 **전자기 유도**electromagnetic induction라고 한다. 모든 교류 변압기는 전자기 유도의 원리에 따라 동작한다.

유도 전류와 결합

한 도선에 특정 주파수의 교류 사인파가 흐르면 다른 도선에 **유도 전류**induced current가 동일한 주파수의 교류 사인파로 나타난다. 첫 번째 도선의 전류량이 일정하다는 조건에서 두 도선을 항상 곧고 평행하게 유지하며 두 도선 사이의 간격을 줄이면 유도 전류는 더 커진다.

[그림 18-1]과 같이 (코일을 감은 것 사이 또는 가까이 있는 어떤 것에도 단락될 수 없도록) 도선이 절연되었거나 에나멜을 입혔는지를 확실히 한 뒤 코일로 감아 공통 축을 따라 놓는다. 그렇게 하면 동일한 도선이 곧고 평행하게 위치했을 때와 비교했을 때 유도 전류를 더 많이 얻을 수 있다. 즉 도선을 코일로 감아서 공통 축을 따라 놓으면 **결합**coupling이 증가한다. 한 코일을 다른 코일 위에 직접 감으면 결합(유도 전류 전달 효율)을 더 증가시킬 수 있다.

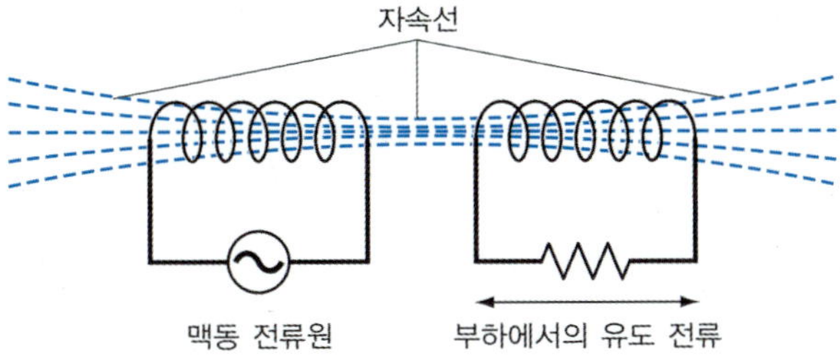

[그림 18-1] 맥동 전류 또는 교류 전류가 하나의 코일에 흐를 때 정렬된 두 코일 사이에서의 자속선

1차 권선과 2차 권선

변압기는 절연되었거나 에나멜을 입힌 두 코일을 **철심**core 또는 **틀**form에 감아 제작한다. 전류를 의도적으로 공급하는 첫 번째 코일을 **1차 권선**primary winding, 유도 전류가 나타나는 두 번째 코일을 **2차 권선**secondary winding이라고 한다. 이 두 권선은 **1차**primary와 **2차**secondary로 줄여 부르기도 한다.

1차 권선에 교류를 공급하면 코일 양단 간 전압인 **1차 전압**primary voltage과 **2차 전압**secondary voltage의 차이에 의해 코일 전류가 수반된다. **강압 변압기**step-down transformer에서는 1차 전압이 2차 전압보다 크고, **승압 변압기**step-up transformer에서는 2차 전압이 1차 전압보다 크다. 1차 전압은 V_{pri}로, 2차 전압은 V_{sec}로 나타낸다. 별도의 언급이 없다면 변압기에서 교류에 대한 언급은 모두 실효(RMS) 전압을 의미한다.

변압기의 권선은 코일이므로 인덕턴스를 갖는다. 1차와 2차의 최적 인덕턴스는 동작 주파수와 코일에 연결된 회로 임피던스의 저항 성분에 따라 달라진다. 임피던스의 저항 성분을 고정했을 때 주파수가 증가하면 최적 인덕턴스는 감소한다. 반대로 주파수를 고정했을 때 임피던스의 저항 성분이 증가하면 최적 인덕턴스는 증가한다.

권선비

변압기에서 **1차-대-2차 권선비**primary-to-secondary turns ratio는 2차 권선수 T_{sec}에 대한 1차 권선수 T_{pri}의 비율로 정의한다. 이 비율은 $T_{\mathrm{pri}} : T_{\mathrm{sec}}$ 또는 $\frac{T_{\mathrm{pri}}}{T_{\mathrm{sec}}}$로 표현할 수 있다. [그림 18-2]와 같은 최적의 1차-대-2차 결합을 갖는 변압기에서는 항상 다음과 같은 관계가 성립한다.

$$\frac{V_{\mathrm{pri}}}{V_{\mathrm{sec}}} = \frac{T_{\mathrm{pri}}}{T_{\mathrm{sec}}}$$

즉 1차-대-2차 전압비는 1차-대-2차 권선비와 같다.

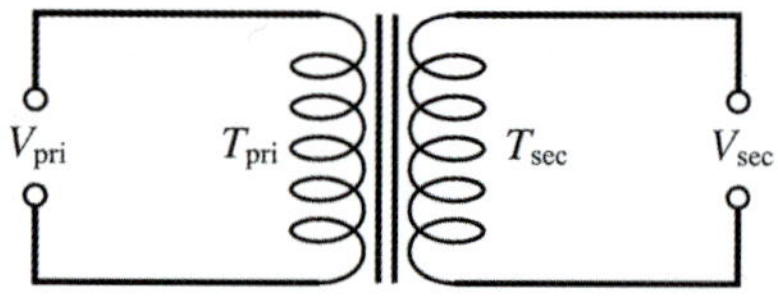

[그림 18-2] 변압기에서 1차 전압(V_{pri})과 2차 전압(V_{sec})은 1차 권선수(T_{pri}) 대 2차 권선수(T_{sec})에 따라 달라진다.

예제 18-1

변압기의 1차-대-2차 권선비가 정확히 9:1이라고 가정하자. 1차 권선에 117V RMS 교류전압을 가할 때 이 변압기는 강압 변압기인가 승압 변압기인가? 또한 2차 권선에 걸리는 전압은 얼마인가?

풀이

이 변압기는 강압 변압기이다. V_{sec}은 앞서 배운 방정식 $\frac{V_{pri}}{V_{sec}} = \frac{T_{pri}}{T_{sec}}$을 사용해 구할 수 있다. 이 식에 $V_{pri} = 117$과 $\frac{T_{pri}}{T_{sec}} = 9.00$을 대입하면 다음과 같다.

$$\frac{117}{V_{sec}} = 9.00$$

이 방정식을 풀면 다음과 같이 2차 권선에 걸리는 전압을 구할 수 있다.

$$V_{sec} = \frac{117}{9.00} = 13.0\,\text{V RMS}$$

예제 18-2

변압기의 1차-대-2차 권선비가 정확히 1:9라고 가정하자. 1차 권선의 전압이 121.4V RMS일 때 이 변압기는 강압 변압기인가 승압 변압기인가? 또한 2차 권선에 걸리는 전압은 얼마인가?

풀이

이 변압기는 승압 변압기이다. [예제 18-1]과 마찬가지로 방정식에 값을 대입하고 V_{sec}에 대해 풀면 된다.

$$\frac{V_{pri}}{V_{sec}} = \frac{T_{pri}}{T_{sec}}$$

이 식에 $V_{pri} = 121.4$와 $\frac{T_{pri}}{T_{sec}} = \frac{1}{9.000}$을 대입하면 다음과 같다.

$$\frac{121.4}{V_{sec}} = \frac{1}{9.000}$$

이를 풀면 다음과 같이 2차 권선에 걸리는 전압을 구할 수 있다.

$$V_{sec} = 9.000 \times 121.4 = 1{,}093\,\text{V RMS}$$

비율의 의미를 제대로 파악하자

제조자가 제공한 변압기의 정격을 보면 종종 1차-대-2차 권선비 대신 **2차-대-1차 권선비** secondary-to-primary turns ratio가 주어져 있다. 2차-대-1차 권선비는 $\frac{T_{sec}}{T_{pri}}$로 표현할 수 있다. 강압 변압기에서는 $\frac{T_{sec}}{T_{pri}}$가 1보다 작고, 승압 변압기에서는 $\frac{T_{sec}}{T_{pri}}$가 1보다 크다.

어떤 변압기의 '권선비'(예 10:1)를 말할 때 그 비율이 무엇을 나타내는지 확실히 해야 한다. $\frac{T_{pri}}{T_{sec}}$과 $\frac{T_{sec}}{T_{pri}}$을 혼동하면 권선비의 **제곱** square만큼 2차 전압을 잘못 계산하게 될 것이다. 예를 들어, $\frac{T_{sec}}{T_{pri}} = 10:1$인 변압기에 입력 전압으로 25 V RMS 교류를 가했을 때 2차 권선의 전압이 2.5V RMS 교류인지 250V RMS 교류인지 잘못 판단하게 되는 상황이 발생한다.

강자성 철심

변압기를 구성하는 한 쌍의 코일 내에 강자성 물질 표본을 놓으면 결합의 정도는 공심 코어에서 얻을 수 있는 값보다 더 증가한다. 그러나 일부 에너지는 항상 강자성 변압기 코어 내에서 열로 손실된다. 또한 강자성 철심은 변압기가 효율적으로 동작하는 최대 주파수를 제한한다.

[그림 18-3(a)]와 같이 공심 코어 변압기에 대한 도식적 기호는 인덕터 기호 2개가 마주한 것처럼 보인다. 만약 변압기에 **적층형 철심** laminated-iron core, layered-iron core을 사용하면 [그림 18-3(b)]와 같이 2개의 평행선을 도식적 기호에 추가한다. 만약 코어를 **분말형 철** powered iron로 만들면 [그림 18-3(c)]와 같이 2개의 평행선을 점선으로 표시한다.

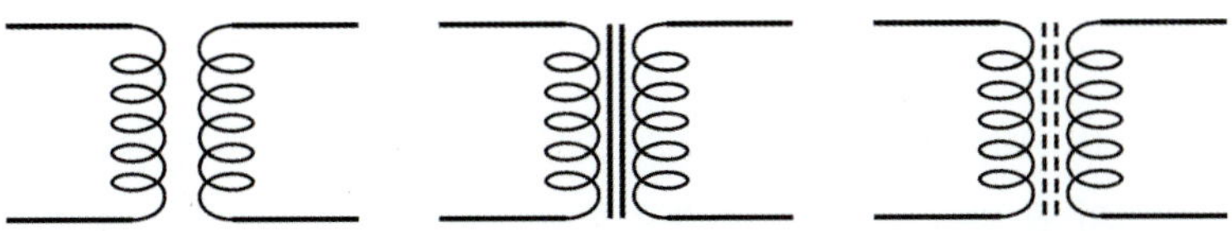

[그림 18-3] 변압기의 도식적 기호

60 Hz 교류 설비용 또는 낮은 오디오 주파수(AF)용 변압기에서는 종종 **실리콘강** silicon steel이라 불리는 합금판을 여러 층으로 붙여서 변압기 코어로 사용한다. 실리콘강은 **변압기 철심** transformer iron이라고도 한다. 코어를 층으로 나누면 고체 철심 내에서 전류가 순환하지 못하게 한다. 이런 **맴돌이 전류** eddy current는 원형으로 흘러 유용한 용도로 쓰이지 못하고, 코어를 가열하거나 2차

권선에서 얻었을 에너지를 낭비하게 한다. 맴돌이 전류를 없애려면 코어를 여러 장의 얇고 평평한 층으로 쪼갠 뒤 각 층 사이를 절연시켜야 한다.

변압기 손실

이력 손실 hysteresis loss이라는, 비선형성을 갖는 다소 난해한 손실은 모든 강자성 변압기 코어에서 발생하지만 특히 적층 구조로 된 철심에서 발생한다. **이력** hysteresis은 맥동하는 자기장을 받아들일 때 코어를 이루는 물질이 '느리게' 반응하는 경향을 의미한다. 공심에서는 이와 같은 손실이 결코 나타나지 않으며 실제로 공기는 어떤 변압기 코어 재료보다 전체 손실이 가장 낮다. 적층 구조로 된 철심은 AF 이상의 영역에서 큰 이력 손실을 나타내므로 수 kHz 이상에서는 제대로 동작하지 않는다.

수십 MHz의 주파수 범위에서, 분말화된 철은 RF 변압기 코어 재료로 효율적일 수 있다. 이 물질은 자성 투자율이 높고, 자속을 효과적으로 집중시킨다. 높은 투자율의 코어는 코일에 필요한 권선수를 최소화해 도선에서 발생할 수 있는 옴성(저항성) 손실을 최소화한다. 공기는 가장 높은 무선 주파수(수백 MHz 이상)에서 최소의 손실과 투자율을 갖는다. 따라서 전반적으로 변압기 코어 재료로 선택하기 가장 적합하다.

변압기의 기하학적 구조

변압기의 성질은 코어의 모양과 도선이 코어에 감겨 있는 방식에 따라 달라진다. 전기 및 전자공학에는 다음과 같이 다양한 **변압기 구조** transformer geometry가 존재한다.

E 코어

E 코어 E core는 코어가 대문자 E와 같은 모양이어서 붙은 이름이다. 코어를 조립할 때는 [그림 18-4(a)]와 같이 막대 하나를 E자의 열린 끝에 위치시킨다. E 코어에 1차 권선과 2차 권선을 감는 방법에는 쉘 방식과 코어 방식이 있다.

가장 간단한 권선 방식은 [그림 18-4(b)]와 같이 두 권선을 모두 글자 E의 가운데 막대에 감는 것이다. 이 방식을 변압기 권선의 **쉘 방식** shell method이라고 한다. 이 방식은 권선 사이에 최대 결합을 제공하지만 상당한 커패시턴스를 유발하기도 한다. 이런 **권선 간 커패시턴스** inter-winding capacitance는 수용되기도 하지만 그렇지 못할 때도 있다. 쉘 구조의 또 다른 단점은 한 권선이 다른 권선 바로 위에 위치할 때 변압기가 매우 큰 전압을 처리할 수 없다는 것이다. 고전압은 권선 사이에 (원하지 않는 전류에 의해 수반된) **불꽃** arcing을 유발하는데, 이는 권선 사이의 절연을 파괴해 영구적인 단락회로를 만들 수 있고, 심지어 변압기에 불을 낼 수도 있다.

쉘 방식을 원하지 않는다면 변압기 권선의 **코어 방식**core method을 사용할 수 있다. 이 방식은 [그림 18-4(c)]와 같이 2차 권선은 글자 E의 바닥 쪽에, 1차 권선은 위쪽에 위치한다. 결합은 코어 내 자속에 의해 발생한다. 두 방식의 전압-전달 비율이 동일하다면 코어 방식의 권선 간 커패시턴스는 쉘 권선 방식보다 낮다. 코어 권선 방식에서 두 권선이 물리적으로 더 멀리 떨어져 있기 때문이다. 코어 권선 방식의 변압기는 물리적 크기가 같은 쉘 방식 변압기보다 더 높은 전압을 견딜 수 있다. E의 중심 부분은 종종 코어에서 제거되기도 한다. 이렇게 되면 **O 코어**O core 또는 **D 코어**D core 변압기가 된다.

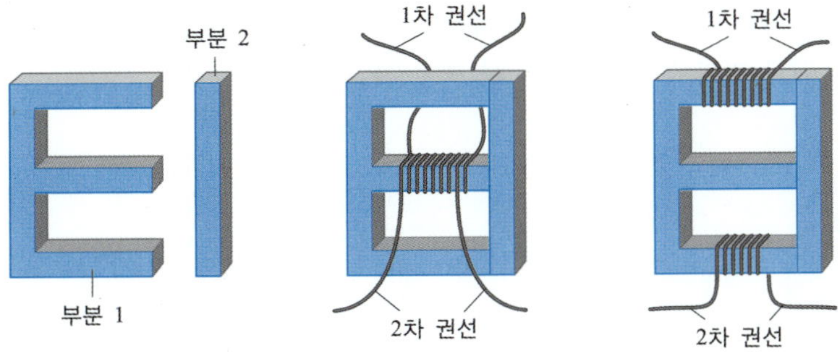

(a) 변압기 E 코어의 두 부분 (b) 쉘 방식 (c) 코어 방식

[그림 18-4] **변압기 E 코어와 두 가지의 권선 방식**

보통 모든 종류의 전기전자 제품과 소자에서 쉘 방식 변압기와 코어 방식 변압기는 60 Hz 에서 사용된다. 이런 변압기는 옛날 AF 시스템에서도 찾을 수 있다.

솔레노이드 코어

분말화된 철로 만든 막대 모양 조각에 감긴 한 쌍의 원통형 코일은 RF 변압기로 동작할 수 있다. 이 코일은 보통 이동형 무선 수신기와 **무선 방향 탐지**Radio Direction-Finding(RDF) 장비에서 **루프스틱 안테나**loopstick antenna로 사용된다. 한 코일을 다른 것 위에 직접 감을 수도 있고, [그림 18-5]와 같이 1차와 2차 권선 사이의 권선 간 커패시턴스를 줄이기 위해 두 권선을 분리할 수도 있다.

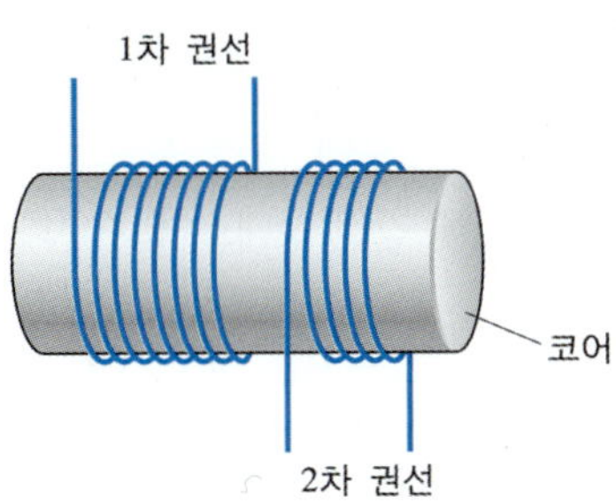

[그림 18-5] **솔레노이드 코어 변압기**

루프스틱 안테나에서 1차 권선은 무선 신호를 운반하는 전자기파를 중간에서 가로채고, 2차 권선은 무선 수신기나 방향 탐지기의 첫 증폭단 또는 **앞단**front end에 최적의 임피던스 정합을 제공한다. 임피던스 정합에 변압기를 사용하는 방법은 뒤쪽에서 배울 것이다.

토로이드 코어

최근 수십 년 동안 도넛 모양의 **토로이드 코어**toroidal core 또는 **토로이드**toroid가 권선형 RF 변압기에서 자주 사용되고 있다. **토로이드 변압기**toroidal transformer를 제작할 때 1차와 2차 권선은 서로 다른 권선 위에 직접 감을 수 있고, [그림 18-6]과 같이 한 코어의 서로 다른 부분에 감을 수도 있다. 다른 변압기와 마찬가지로 권선들이 물리적으로 서로 분리되어 있을 때보다 코일을 서로 직접 배치해(바로 위에 겹쳐서) 감겨 있을 때 권선 간 커패시턴스는 더 커진다.

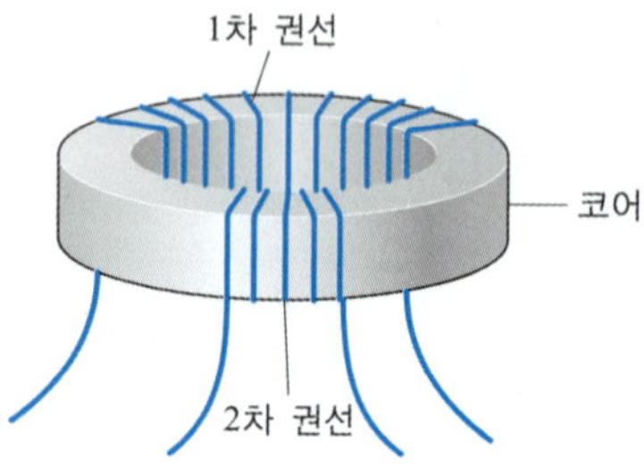

[그림 18-6] 토로이드 코어 변압기

토로이드 인덕터 또는 토로이드 변압기에서 실제 모든 자속은 코어 물질 내에 남아 있으며 바깥쪽에는 거의 존재하지 않는다. 이런 특성 때문에 회로 설계자는 의도치 않게 발생하는 상호 인덕턴스를 걱정할 필요 없이 토로이드를 다른 부품과 가깝게 놓을 수 있다. 또한 토로이드 코일이나 토로이드 변압기는 금속 섀시 위에 직접적으로 장착할 수 있고, 외부 금속은 변압기 동작에 어떤 영향도 주지 않는다.

토로이드 코어는 같은 종류의 강자성 물질에 대해 솔레노이드 코어보다 감은 횟수당 인덕턴스 값이 더 크다. 종종 수백 mH 정도로 인덕턴스 값이 큰 토로이드 코일 또는 토로이드 변압기를 볼 수 있다.

포트 코어

포트 코어pot core 변압기는 루프 모양의 코일 주위를 강자성 물질의 껍질로 완전히 둘러싼 형태이다. 코어는 [그림 18-7]과 같이 두 쪽으로 제조된다. 코일을 한쪽 껍질 내부에 감고, 볼트로 두 쪽을 결합해 고정한다. 결과적으로 소자 내에서 모든 자속은 코어 물질에 갇힌 상태로 유지된다.

포트 코어는 토로이드처럼 **스스로 차폐**self-shielding된다. 또한 포트 코어의 권선과 외부 부품 사이에는 근본적으로 자기장 결합이 발생하지 않는다. 포트 코어는 높은 인덕턴스를 갖는 코일을 감을 때 사용되며 적정한 권선수로 1 H 이상의 인덕턴스 값을 얻을 수 있다.

그러나 1차 권선과 2차 권선은 서로 바로 곁에 나란히 감겨 있어야 하므로 코어는 구조적으로 권선 간의 물리적 간격이 충분하지 않다. 따라서 항상 높은 권선 사이의 커패시턴스를 얻을 수 있다.

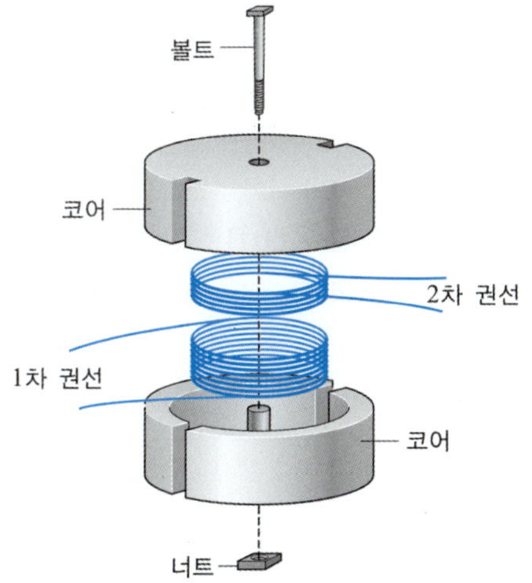

[그림 18-7] 포트 코어 변압기의 분해도

포트 코어는 AF나 RF 스펙트럼의 최저주파 부분에서 다양하게 적용된다. 그러나 고주파 RF 시스템에서는 포트 코어 타입의 코일을 거의 볼 수 없다. 포트 코어가 아닌 다른 구조들이 바람직하지 않은 권선 간 커패시턴스를 갖지 않으면서도 필요한 인덕턴스 값을 제공할 수 있기 때문이다.

단권 변압기

어떤 상황에서는 변압기의 1차와 2차 권선 사이에 직류 절연이 필요하지 않을 수도(또는 원하지 않을 수도) 있다. 이 경우 중간 접점이 있고 하나의 권선으로 이뤄진 **단권 변압기** autotransformer를 사용한다. [그림 18-8]은 세 종류의 단권 변압기 구조를 나타낸 것이다.

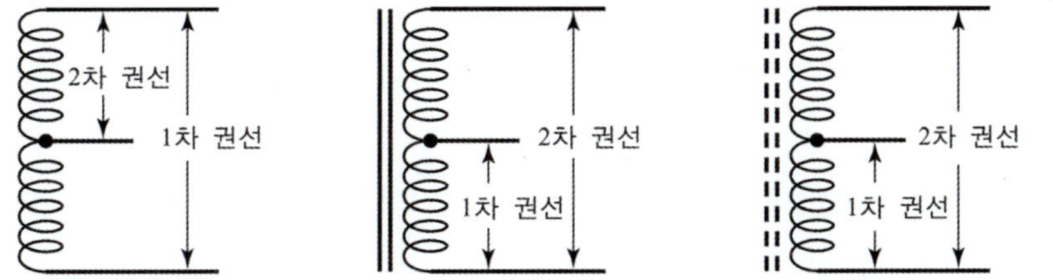

(a) 공심, 강압 변압기 (b) 적층형 철심, 승압 변압기 (c) 분말형 철심, 승압 변압기

[그림 18-8] 단권 변압기의 도식적 기호

- [그림 18-8(a)]의 장치는 **공심** air core이고, 강압 변압기이다.
- [그림 18-8(b)]의 장치는 **적층형 철심** iron core이고, 승압 변압기이다.
- [그림 18-8(c)]의 장치는 **분말형 철심** powdered-iron core이고, 승압 변압기이다.

단권 변압기는 옛날 무선 수신기나 송신기에서 종종 볼 수 있다. 단권 변압기는 임피던스 정합 용도로 잘 동작하며 솔레노이드 루프스틱 안테나로도 잘 동작한다. 또한 자주는 아니지만 종종 AF 응용과 60 Hz 전기설비에 사용된다. 전기설비 회로에서 단권 변압기는 전압을 낮출 때는 크게 낮출 수 있지만 전압을 높일 때는 수 % 이상 효율적으로 높일 수 없다.

전력 변압기

전기회로의 동작을 위해 특정한 RMS 교류 전압을 제공하도록 제작된, 60 Hz 전기설비에 사용되는 모든 변압기는 **전력 변압기** power transformer 이다. 전력 변압기의 물리적 크기는 포도보다 작은 크기부터 거실보다 큰 크기까지 다양하다.

발전소에서

가장 큰 변압기는 전기가 생산되는 곳에서 찾아볼 수 있다. 당연히 고에너지 발전소는 저에너지 지역 발전소보다 높은 전압을 생산하는 더 큰 변압기를 보유하고 있다. 이런 변압기는 고전압과 고전류를 동시에 취급한다.

전기에너지를 멀리 전달하려면 높은 전압을 사용해야 한다. 궁극적으로 부하에서 소모되는 전력량이 주어졌을 때 전압이 높을수록 전류가 작아지기 때문이다. 전류가 작을수록 전송선에서의 **저항손** ohmic loss 은 작아진다. 리액턴스가 없는 회로의 전력을 전류와 전압으로 계산하는 공식은 다음과 같다.

$$P = VI$$

여기서 P는 W로 표시된 전력, V는 V로 표시된 전압, I는 A로 표시된 전류이다. 만약 주어진 전력 레벨에서 전압이 10배 커지면 전류는 $\frac{1}{10}$로 줄어든다. 도선에서 저항손은 전류의 제곱에 비례해서 변화하며 이를 다음과 같은 식으로 나타낸다.

$$P = I^2R$$

여기서 P는 W로 표시된 전력, I는 A로 표시된 전류, R은 Ω으로 표시된 저항이다. 큰 전력망에서 도선 저항 또는 부하에서 소모되는 전력에 대해 할 수 있는 일은 많지 않지만 전압을 조절하고 그에 따라 전류를 조절할 수는 있다.

전송선 끝에 있는 부하가 일정한 전력을 소모하는 상태에서 전력 전송선의 전압을 10배 증가시켰다고 가정하자. 이런 전압 증가는 전류를 이전 값의 $\frac{1}{10}$로 감소시킨다. 결과적으로 저항손은 이전 값의 $\left(\frac{1}{10}\right)^2$, 즉 $\frac{1}{100}$로 감소한다. 따라서 (적어도 도선의 저항손 측면에서는) 전송선의 효율이 매우 개선된다.

이제 지역 발전소에서 수십만 V 또는 수백만 V까지도 만들 수 있는 거대한 변압기를 보유하는 이유를 알게 되었다. 장거리 전기설비 전송선에 굵은 게이지 선을 사용할 때보다 높은 RMS 전압을 사용한다면 어느 선까지는 경제적으로 더 좋은 결과를 얻을 수 있다.

전송선을 따라서

극도로 높은 전압이 **고장력**high-tension 전력 전송에 사용되지만 일반 소비자는 200 kV RMS 교류 콘센트 같은 전압에는 흥미가 없다. 고장력 시스템에서는 배선에 **아크**arc(**스파크**)와 단락이 발생하지 않게 주의해야 한다. 특히 감전사하지 않으려면 도선으로부터 적어도 수 m 떨어져 있어야 한다.

전기설비망에서 중간전압 전력선은 간선으로부터 분기되며 이때 강압 변압기가 분기점에서 사용된다. 중간전압 전력선은 다시 더 낮은 전압의 전력선으로 분기되는데, 강압 변압기가 이 분기점들에서도 사용된다. 최대 전력수요 기간에 각 변압기는 변압기가 서비스하는 모든 가입자에게 전달되는 VA 전력량, 즉 $P = VI$를 감당하기에 충분한 권선을 갖춰야 한다.

혹서기 동안의 전기 수요는 평상시의 최고점보다 높아진다. 이 현상은 전압이 수 % 떨어지는 지점까지 회로에 부하를 가중시키는데, 이때 **경계 등화관제**brown-out(브라운 아웃)[1] 단계가 된다. 만약 전력 소모가 더 증가하면 하나 또는 그 이상의 중간 전력 변압기에 위험한 전류 부하가 나타난다. 그러면 변압기의 **회로 차단기**circuit breaker가 회로를 개방시켜 변압기가 파괴되지 않도록 보호하는데, 이때 **등화관제**blackout 단계가 된다.

(미국의 경우) 일반 가정집과 건물에서 변압기는 전압을 약 234 V RMS 또는 117 V RMS로 강압한다. 보통 234 V RMS 전기는 각각 **위상**phase이 120° 차이가 나는 3개의 사인파 형태로 공급되며 각 사인파는 [그림 18-9(a)]와 같이 전기 콘센트의 3개의 구멍 중 하나에서 나타난다. 이 3상 콘센트는 보통 전기오븐, 에어컨, 세탁기처럼 큰 가전기기에 쓰인다.

117 V RMS는 234 V RMS와는 다르다. 117 V RMS 콘센트는 오직 **단상**one phase을 공급하고, 콘센트의 3개의 구멍 중 2개의 구멍 사이에 나타난다. 콘센트의 세 번째 구멍은 [그림 18-9(b)]와 같이 **실질적 접지**earth ground에 직접 연결된다. 이 단상 시스템은 보통 램프, 텔레비전 세트, 컴퓨터 같은 기본 가전기기에서 사용된다(우리나라에서는 220 V RMS 단상은 가정용 전기에, 3상은 주로 산업용 전기에 사용한다).

1 **(옮긴이)** 브라운 아웃(Brown-out)은 전압이 정상적인 공급 전압값보다 낮아질 때 발생한다. 이는 전압 강하(전압의 단기 강하)와 유사하지만 몇 분에서 몇 시간, 심지어 며칠 동안 지속될 수 있다. 브라운 아웃은 전력 수요 증가, 네트워크 용량 부족 또는 전력 네트워크에 추가적인 부담을 주는 극단적인 기상 조건으로 인해 발생하는 경향이 있다. 이처럼 브라운 아웃은 IT 부하에 피해를 주며 이로 인해 일부 장치가 오작동할 수 있다.

(a) 234V RMS 교류 전기설비의 3상 콘센트　　(b) 일반적인 117V RMS 교류 전기설비의 단상 콘센트

[그림 18-9] 234V RMS **교류 전기설비와** 117V RMS **교류 전기설비의 콘센트**

전자 장치에서

대부분의 소비자용 전자 장치에는 물리적으로 크기가 작은 전력 변압기가 사용되며 대부분의 고체 소자들은 약 5V ~ 50V에 해당하는 낮은 직류 전압을 사용한다. 117V RMS 교류 전기설비에서 이런 장치들을 사용하려면 전원 공급기에 강압 변압기나 스위치 모드 전원 공급 장치(24장 참고)가 필요하다.

만약 매우 낮은 동작 전력만 필요하거나 오래된 장비라면 실제로 벽면 콘센트의 117V 교류에서 일반적인 5V USB(예 휴대폰, 블루투스 스피커)로 최종 변환했을 때 강압 변압기만 직접 사용할 가능성이 높다. 경우에 따라 트랜지스터가 1,000W(1kW) 이상을 요구할 수 있는 고전력 AF 또는 RF 증폭기에서 변압기는 90A 이상의 RMS 전류를 전달할 수 있는 강력한 2차 권선이 필요하다.

> ⚠ **주의 사항**
>
> 어떤 전압도 12V 이상이라면 위험하므로 주의해야 한다. 텔레비전과 아마추어-무선전신 세트의 전압은 시스템의 전원을 끈 뒤에도 감전될 수 있다. 관련 훈련을 받지 않았다면 장치를 수리하려고 해서는 안 된다.

오디오 주파수에서

오디오 주파수(AF) 전력 변압기는 60Hz 전기에서 사용되는 변압기와 유사하다. 차이점은 주파수가 더 높고(20kHz 정도), 오디오 신호가 단지 하나의 주파수가 아니라(20Hz ~ 20kHz) 주파수 대역 또는 **밴드** band로 존재한다는 것이다.

대부분의 AF 변압기는 소형 전기설비 변압기처럼 제작된다. AF 변압기는 [그림 18-4]와 같이 가로 막대 주위에 감긴 1차 권선과 2차 권선을 가진 적층형 E 코어를 사용한다. 오디오 변압기는 승압 또는 강압 변압기 형태로 동작할 수 있고, 특정 전압을 만들기보다는 임피던스를 정합하기 위해 설계된다.

오디오 공학자는 시스템 리액턴스를 최소화해 절댓값 임피던스 Z가 입력과 출력에서 모두 저항 R에 가까워지도록 노력한다. 이런 이상적인 조건이 존재하려면 리액턴스 X는 0이거나 거의 0이어야 한다. 앞으로 다룰 (AF 응용과 RF 응용 모두) 임피던스 정합 변압기에 대한 내용에서 임피던스는 항상 $Z = R + j0$ 형태의 순수 저항이라고 가정한다.

절연과 임피던스 정합

변압기는 전자회로들끼리 서로 **격리**isolation되게 할 수 있다. 변압기는 **유도성 결합**inductive coupling을 제공할 수 있거나 제공해야 하지만 작은 양이라고 해도 **용량성 결합**capacitive coupling이 존재한다. 용량성 결합의 양은 권선에 필요한 도선의 수를 최소화한 코어를 사용하거나 권선들을 서로 분리해 (겹쳐서 감은 것보다) 최소화할 수 있다.

균형 부하 및 불균형 부하와 전송선

균형 부하balanced load에 소자를 연결하면 회로의 동작에 큰 영향을 미치지 않고 단자를 거꾸로 할 수 있다. 단순한 저항은 균형 부하의 좋은 예이고, 옛날 아날로그 텔레비전 수신기의 2선 안테나 입력은 또 다른 균형 부하의 예이다. **균형 전송선**balanced transmission line은 **이중 인입선**twinlead이라고도 하는 오래된 TV **리본**ribbon과 같이 일정한 물리적 거리만큼 떨어져 서로 나란히 달리는 2선 전송선이다.

불균형 부하unbalanced load는 일정한 방식으로 연결해야 하므로 단자를 거꾸로 할 수 없다. 도선을 바꾸면 회로가 제대로 동작하지 않게 될 것이다. 이런 의미에서 불균형 부하는 배터리, 다이오드, 전해질 커패시터와 같이 극성을 가진 부품과 비슷하다. 많은 무선 안테나는 불균형 부하이며 보통 불균형인 소스, 전송선, 부하는 한쪽이 접지에 연결된다. 텔레비전 수신기의 동축 케이블 입력은 불균형이고, 케이블의 차폐(**편조**braid)는 접지되어 있다. 케이블 텔레비전 시스템에서 볼 수 있는 동축 케이블은 일반적으로 **불균형 전송선**unbalanced transmission line이다.

보통 불균형 전송선을 균형 부하에 연결하거나 균형 전송선을 불균형 부하에 연결해서는 최적의 성능을 얻을 수 없다. 그러나 변압기는 이런 두 형태의 시스템 사이에 호환성을 제공한다. [그림 18-10(a)]는 **균형-불균형 변압기**balanced-to-unbalanced transformer로, 변압기의 균형(입력) 측은 접지된 중간 접점을 갖는다. [그림 18-10(b)]는 **불균형-균형 변압기**unbalanced-to-balanced transformer로, 균형(출력) 측은 접지된 중간 접점을 갖는다.

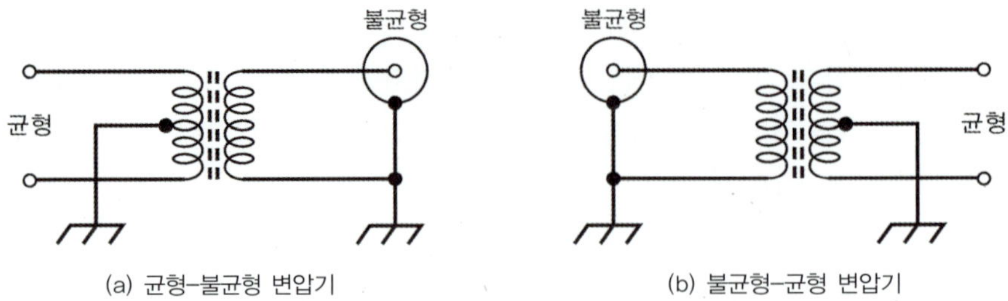

[그림 18-10] **균형-불균형 변압기와 불균형-균형 변압기**

균형-불균형 변압기(balun이라고도 함) 또는 불균형-균형 변압기(unbal이라고도 함)의 권선비는 1:1일 수 있지만 이는 필요조건은 아니다. 시스템의 균형 부분과 불균형 부분의 임피던스가 같으면 1:1 권선비인 것이 바람직하다. 그러나 임피던스가 다르면 권선비는 임피던스가 정합되도록 조정해야 한다. 하나의 순수 저항성 임피던스를 또 다른 순수 저항성 임피던스로 변환하기 위해 변압기의 권선비를 어떻게 조정하는지 알아보자.

변압기 결합

시스템에서 큰 **증폭 계수**amplification factor를 얻기 위해 전자 장치 내 증폭단 사이에서 변압기를 사용하기도 한다. 무선 송신기나 수신기가 잘 동작하게 하려면 증폭기가 안정적으로 동작하게 해야 한다. 만약 피드백이 너무 크면 일련의 증폭기는 발진하며, 라디오의 성능을 저하시키고 망가뜨린다. 원하는 신호들은 전달하면서 증폭단 사이의 커패시턴스를 최소화한 변압기는 이런 발진을 방지하는 데 도움이 될 수 있다.

임피던스 전달비

변압기의 **임피던스 전달비**impedance transfer ratio는 권선비의 제곱과 전압 전달비의 제곱에 따라 달라진다. 만약 1차 권선(소스) 임피던스와 2차 권선(부하) 임피던스가 순수 저항성이고, 각각 Z_{pri}와 Z_{sec}로 표시하면 다음과 같은 관계가 성립한다.

$$\frac{Z_{\mathrm{pri}}}{Z_{\mathrm{sec}}} = \left(\frac{T_{\mathrm{pri}}}{T_{\mathrm{sec}}}\right)^2 \qquad \frac{Z_{\mathrm{pri}}}{Z_{\mathrm{sec}}} = \left(\frac{V_{\mathrm{pri}}}{V_{\mathrm{sec}}}\right)^2$$

이 공식들의 역은 권선비와 전압 전달비를 임피던스 전달비로 다음과 같이 표현한다.

$$\frac{T_{\mathrm{pri}}}{T_{\mathrm{sec}}} = \left(\frac{Z_{\mathrm{pri}}}{Z_{\mathrm{sec}}}\right)^{\frac{1}{2}} \qquad \frac{V_{\mathrm{pri}}}{V_{\mathrm{sec}}} = \left(\frac{Z_{\mathrm{pri}}}{Z_{\mathrm{sec}}}\right)^{\frac{1}{2}}$$

예제 18-3

순수 저항성 입력 임피던스 50.0Ω을 순수 저항성 출력 임피던스 200Ω에 정합시키는 데 필요한 변압기의 권선비 $\frac{T_{pri}}{T_{sec}}$는 얼마인가?

풀이

정합시키기 위해 필요한 변압기는 다음과 같은 승압 임피던스비를 가져야 한다.

$$\frac{Z_{pri}}{Z_{sec}} = \frac{50.0}{200} = \frac{1}{4.00}$$

따라서 변압기의 권선비는 다음과 같다.

$$\frac{T_{pri}}{T_{sec}} = \left(\frac{1}{4.00}\right)^{\frac{1}{2}} = 0.250^{\frac{1}{2}} = 0.5 = \frac{1}{2}$$

예제 18-4

변압기의 1차-대-2차 권선비가 9.00:1이라고 가정하자. 변압기 출력에 연결된 부하는 8.00Ω의 순수한 저항이다. 1차 권선의 임피던스는 얼마인가?

풀이

임피던스 전달비는 권선비의 제곱과 같으므로 다음과 같이 계산할 수 있다.

$$\frac{Z_{pri}}{Z_{sec}} = \left(\frac{T_{pri}}{T_{sec}}\right)^2 = \left(\frac{9.00}{1}\right)^2 = 9.00^2 = 81.0$$

Z_{sec}가 8.00Ω이므로 1차 권선의 임피던스는 다음과 같다.

$$Z_{pri} = 81.0 \times Z_{sec} = 81.0 \times 8.00 = 648\Omega$$

무선 주파수 변압기

무선 주파수 Radio Frequency(RF) 변압기는 전기설비 변압기처럼 1차 권선과 2차 권선을 사용하거나 전송선 단선을 사용한다. 오늘날 대부분의 RF 변압기로 사용되고 있는 두 가지 형태를 살펴보자.

권선형

권선wire-wound형 RF 변압기는 아주 높은 주파수까지 분말화된 철심을 사용할 수 있다. 모든 자속이 코어 물질 내에 제한되어 **스스로 차폐**self-shielding되는 토로이드 코어가 특히 잘 동작한다. 최적 권선수는 주파수와 코어의 투자율에 따라 달라진다.

고전력 응용에서는 종종 **공심**air-core 코일이 선호된다. 공기는 투자율이 낮지만 무시해도 되는 이력 손실을 가지며 분말화된 철심처럼 달궈지거나 균열이 생기지 않는다. 다만 자속 일부가 공심 코일의 바깥쪽으로 뻗어나가기 때문에 공심 코일은 변압기를 다른 부품 가까이에서 동작시켜야 할 때 변압기의 성능을 잠재적으로 감쇠시킨다는 단점이 있다.

토로이드 코어에 감긴 코일 형태 변압기는 특히 3.5 MHz 에서 30 MHz 에 이르는 넓은 주파수 대역에서 효율적으로 동작하게 제작할 수 있다는 장점이 있다. 이처럼 넓은 주파수 범위에서 잘 동작하도록 설계된 변압기를 **광대역 변압기**broadband transformer라고 한다.

전송선형

어떤 전송선이든 전송선의 구조에 의존하는 특성 임피던스 Z_o를 가진다. 이 특성을 사용하면 동축 케이블 또는 평행선으로 무선 주파수에서 동작하는 임피던스 변압기를 만들 수 있다.

전송선 변압기는 보통 $\frac{1}{4}$ 파장 단선에서 만들어진다. 앞 장에서 배운 $\frac{1}{4}$ 파장 단선의 길이에 대한 공식을 다시 한 번 살펴보자.

$$L_{ft} = 246\,v/f_o$$

여기서 L_{ft}는 ft로 나타낸 $\frac{1}{4}$ 파장 단선의 길이이고, v는 분수로 표시된 속도계수, f_o는 MHz 로 표시된 동작 주파수이다. 만약 m 로 표시된 L_m을 원한다면 다음과 같이 쓴다.

$$L_m = 75\,v/f_o$$

특성 임피던스 Z_o인 전송선의 $\frac{1}{4}$ 파장 단선이 순수 저항성 임피던스 R_{out}으로 끝맺음 되었다고 가정하자. [그림 18-11]과 같은 상황에서 전송선의 입력단 끝에 나타나는 임피던스 R_{in}은 순수 저항이 되고, 다음과 같은 관계가 성립한다.

$$Z_o^2 = R_{in}\,R_{out}\,, \quad Z_o = (R_{in}\,R_{out})^{\frac{1}{2}}$$

첫 번째 공식은 R_{out}의 항으로 R_{in}에 대해 다음과 같이 재정리할 수 있고, 그 반대도 가능하다.

$$R_{in} = \frac{Z_o^2}{R_{out}}, \quad R_{out} = \frac{Z_o^2}{R_{in}}$$

이 방정식들은 전송선의 길이가 $\frac{1}{4}$ 파장이 되는 주파수 f_o에서 유효하다. 파장은 그리스 소문자 **람다**lambda(λ)를 사용해 표시할 수 있고, $\frac{1}{4}$ 파장 단선의 길이를 $\frac{1}{4}\lambda$ 또는 0.25λ로 표시한다.

전송선 손실을 무시하면 앞의 관계들은 f_o의 모든 **홀수 고조파**odd harmonic, 즉 $3f_o$, $5f_o$, $7f_o$ 등에서 성립하며 전송선 단선의 길이는 각각 0.75λ, 1.25λ, 1.75λ 등이다. 다른 주파수에서 $\frac{1}{4}$ 파장 단선은 변압기로 동작하지 않는다(대신 복잡한 방식으로 동작하는데, 자세한 수학 이론은 이 책의 영역을 벗어나므로 설명은 생략한다).

$\frac{1}{4}$ 파장 전송선 변압기는 안테나 시스템, 특히 안테나 치수가 실제적이게 되는 (수 MHz를 넘어서는) 고주파 안테나 시스템에서 잘 동작한다. 만약 부하가 불균형이면 $\frac{1}{4}$ 파장 정합 단선도 불균형 전송선을 사용해 만들어야 하고, 부하가 균형이면 균형 전송선을 사용해 만들어야 한다.

$\frac{1}{4}$ 파장 단선은 물리적 길이와 속도계수에 따라 달라지는 특정 주파수에서만 동작한다는 단점이 있다. 그러나 무선 장치를 오직 하나의 주파수나 그 주파수의 홀수 고조파에서 사용하려고 한다면 이런 단점은 종종 제작이 편리하다는 장점이 되기도 한다.

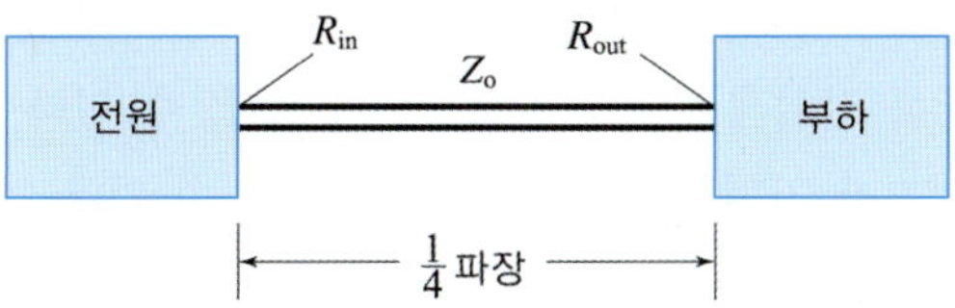

[그림 18-11] **전송선의 $\frac{1}{4}$ 파장 정합 단선. 입력 임피던스는 R_{in}, 출력 임피던스는 R_{out}이고, 전송선의 특성 임피던스는 Z_o이다.**

예제 18-5

안테나가 100Ω의 순수 저항성 임피던스를 갖는다고 가정하자. 이 안테나를 75Ω 동축 케이블의 $\frac{1}{4}$ 파장 단선과 연결했을 때 $\frac{1}{4}$ 파장 단선의 입력단에서 임피던스는 얼마인가?

풀이

공식을 이용해 계산하면 다음과 같다.

$$R_{in} = \frac{Z_o^2}{R_{out}} = \frac{75^2}{100} = \frac{5,625}{100} = 56.25\Omega$$

이 값을 반올림하면 56Ω이다.

예제 18-6

안테나가 300Ω의 순수 저항성 임피던스를 갖는다고 가정하자. 이 안테나를 50.0Ω의 순수 저항을 갖게 설계된 무선 송신기의 출력에 정합시키려고 할 때 $\frac{1}{4}$파장 정합 단선에 필요한 특성 임피던스는 얼마인가?

풀이

공식을 이용해 계산하면 다음과 같다.

$$Z_o = (R_{in} R_{out})^{\frac{1}{2}} = (300 \times 50.0)^{\frac{1}{2}} = 15{,}000^{\frac{1}{2}} = 122\Omega$$

이처럼 특별한 특성 임피던스를 가진 상용 전송선은 매우 드물다. 조립된 전송선들은 표준화된 Z_o 값을 가지며 완벽한 정합은 얻을 수 없을지도 모른다. 이 경우에는 얻을 수 있는 가장 가까운 Z_o 값을 사용한다. 아마도 92Ω 또는 150Ω이 될 것이다. $\frac{1}{4}$파장 정합 단선에 필요한 특성 임피던스에 가까운 어떤 값도 찾을 수 없다면 코일 타입의 변압기를 사용하는 것이 더 나을 것이다.

리액턴스는 어떠한가?

변압기를 사용하는 교류 회로에 리액턴스가 존재하지 않으면 일이 간단하다. 그러나 종종, 특히 RF 안테나 시스템에서 순수 저항만 있는 경우에는 자연스럽게 발생하지는 않는다. 리액턴스를 상쇄하기 위해 인덕터나 커패시턴스 또는 둘 모두를 삽입해 강제로 순수 저항을 얻을 수 있다. 부하에 존재하는 리액턴스는 임피던스 정합 변압기만 가지고는 완전한 정합을 할 수 없다.

유도 리액턴스와 용량 리액턴스는 실질적으로 서로 반대이며 그 크기는 변할 수 있다. 부하를 복소 임피던스 $R + jX$로 나타낸다면, 부하와 직렬로 인덕터 또는 커패시턴스를 연결한다. 이때 크기가 같고 반대인 리액턴스 $-X$를 삽입해 리액턴스 X를 상쇄시킬 수 있다. 이렇게 하면 $(R + jX) - jX$ 또는 단순히 R 값과 같은 순수 저항을 얻을 수 있다. 리액턴스를 상쇄시키기 위해 연결하는 부품은 항상 부하가 전송선과 연결되는 지점에 위치해야 한다.

넓은 주파수 대역에 걸쳐 무선통신을 하기 위해서는 전송선과 안테나 사이에 조절 가능한 임피던스 정합 네트워크나 리액턴스-상쇄 네트워크를 위치시켜야 한다. 이런 회로를 **트랜스매치**transmatch 또는 **안테나 동조기**antenna tuner라고 한다. 이런 장치들은 송신기와 부하 임피던스의 저항 부분을 정합시킬 뿐만 아니라 부하에 있는 리액턴스를 상쇄시킬 수도 있다. 트랜스매치는 아마추어 무선전신 사용자들에게 널리 보급되어 있고, 이 사용자들은 2 MHz 이하에서부터 최고 무선 주파수까지 동작하는 장치를 사용한다.

최적 위치

잘 설계된 안테나의 순수 저항 임피던스에 RF 공급선의 특성 임피던스를 정합시키기 위해 변압기 또는 $\frac{1}{4}$파장 단선을 사용할 때는 항상 전송선과 안테나 사이에 둬야 한다. 이 위치를 **급전점** feed point이라 한다. 변압기 또는 $\frac{1}{4}$파장 단선을 이 지점이 아닌 다른 곳에 위치시키면 이들은 최상의 상태에서 동작하지 않는다. 때때로 변압기 또는 $\frac{1}{4}$파장 단선이 적절하지 않은 지점에 위치한다면 아무리 정격에 맞게 만들어졌다고 해도 전체 임피던스-부정합 상황을 더욱 악화시킬 것이다.

연습문제

01 다음 중 단권 변압기에 대한 설명으로 옳은 것은 무엇인가?

(a) 넓은 범위에 걸쳐 임피던스를 자동으로 정합시킬 수 있다.
(b) 교류 전압 또는 임피던스를 효율적으로 강압시킬 수 있다.
(c) 자동으로 변화하는 중간 접점이 있다.
(d) 가변되는 전송선 길이로 구성된다.

02 다음 중 35 nH의 코일 인덕턴스가 필요할 때 가장 잘 동작하는 코어 타입은 무엇인가?

(a) 공기
(b) 분말형 철심 솔레노이드
(c) 토로이드
(d) 포트 코어

03 다음 중 분말형 철심 변압기와 공심 변압기를 비교한 설명으로 옳은 것은 무엇인가?

(a) 공심 변압기는 분말형 철심 변압기보다 자속선을 더 집중시키므로 감는 수가 정해져 있을 때 더 높은 인덕턴스를 얻는다.
(b) 공심 변압기는 분말형 철심 변압기보다 손실이 더 크므로 공심 변압기는 임피던스 정합 시 불완전하게 동작한다.
(c) 공심 변압기는 토로이드형 권선을 필요로 하므로 배열에 제한이 있지만 분말형 철심 변압기는 그런 제약이 없다.
(d) 공심 변압기는 높은 주파수에서 가장 잘 동작하지만 분말형 철심 변압기는 일반적으로 낮은 주파수에서 필요하다.

04 만약 부하가 어떤 리액턴스도 포함하지 않는다면 변압기를 사용해 이론적으로 그 부하를 다음 중 어떤 전송선에 완벽하게 정합시킬 수 있는가?

(a) 합당한 어떤 특성 임피던스를 가진 전송선
(b) 특성 임피던스가 부하 임피던스와 같거나 낮지만, 높지는 않은 전송선
(c) 특성 임피던스가 부하 임피던스와 같거나 높지만, 낮지는 않은 전송선
(d) 오직 한 주파수의 전송선

05 다음 중 1차 권선 임피던스가 항상 2차 임피던스를 초과하는 변압기는 무엇인가?

(a) 단권 변압기
(b) 승압 변압기
(c) 강압 변압기
(d) 균형-불균형 변압기

06 다음 중 60 Hz 교류 설비용 변압기에서 맴돌이 전류를 최소화하는 방법으로 옳은 것은 무엇인가?

(a) 공심을 사용한다.
(b) 적층형 철심을 사용한다.
(c) 코어 감기 방법을 사용한다.
(d) 1차 권선을 2차 권선 위에 직접 감는다.

07 다음 중 공심 변압기에서 1차 권선 위에 2차 권선을 직접 감았을 때 예측되는 결과로 옳은 것은 무엇인가?

(a) 큰 임피던스 전달 비율
(b) 높은 주파수에서 매우 우수한 성과
(c) 권선 간 비교적 높은 커패시턴스
(d) 중대한 이력 손실

08 어떤 변압기의 1차-대-2차 권선비가 정확히 4.00:1이라고 가정하자. 20.0 V RMS 교류를 1차 단자에 가하면 2차 권선 양단간 교류 RMS 전압은 얼마인가?

(a) 80.0 V RMS (b) 40.0 V RMS
(c) 10.0 V RMS (d) 5.00 V RMS

09 어떤 변압기의 1차-대-2차 권선비가 정확히 1:4.00이라고 가정하자. 1차 권선의 전압이 20.0 V RMS라면 2차 권선의 교류 RMS 전압은 얼마인가?

(a) 80.0 V RMS (b) 40.0 V RMS
(c) 10.0 V RMS (d) 5.00 V RMS

10 어떤 변압기의 2차-대-1차 권선비가 정확히 2.00:1이라고 가정하자. 20.0 V RMS 교류를 1차 단자에 가하면 2차 권선 양단간 교류 RMS 전압은 얼마인가?

(a) 80.0 V RMS (b) 40.0 V RMS
(c) 10.0 V RMS (d) 5.00 V RMS

11 어떤 변압기의 2차-대-1차 권선비가 정확히 1:2.00이라고 가정하자. 1차 권선의 전압이 20.0 V RMS라면 2차 권선의 교류 RMS 전압은 얼마인가?

(a) 80.0 V RMS (b) 40.0 V RMS
(c) 10.0 V RMS (d) 5.00 V RMS

12 300 Ω의 순수 저항 입력 임피던스를 50.0 Ω의 순수 저항 출력 임피던스에 정합시키기 위해 변압기를 사용한다면 1차-대-2차 권선비는 얼마여야 하는가?

(a) 36.0:1 (b) 6.00:1
(c) 2.45:1 (d) 2.00:1

13 어떤 변압기의 1차-대-2차 권선비가 4.00 : 1이라고 가정하자. 변압기 출력에 연결된 부하가 50.0 Ω의 순수 저항이라면 1차 권선의 임피던스는 얼마인가?

(a) 12.8 kΩ (b) 800 Ω
(c) 400 Ω (d) 200 Ω

14 어떤 변압기의 1차-대-2차 임피던스 전달비가 4.00 : 1이라고 가정하자. 1차 권선에 200 V RMS 교류 신호를 인가한다면 2차 권선의 RMS 교류 신호 전압은 얼마인가?

(a) 800 V RMS (b) 400 V RMS
(c) 141 V RMS (d) 100 V RMS

15 600 Ω의 순수 저항 임피던스를 가진 안테나를 92 Ω 동축 케이블의 $\frac{1}{4}$ 파장 단선에 연결한다면 동축 케이블의 입력단에서 임피던스는 얼마인가?

(a) 14 Ω (b) 55 kΩ
(c) 6.5 Ω (d) 346 Ω

16 [연습문제 15]의 시스템이 14 MHz 주파수에서 동작한다고 가정하자. 92 Ω 동축 케이블의 속도 계수가 0.75라면 $\frac{1}{4}$ 파장 단선 구성을 위해 필요한 케이블의 길이는 얼마인가?

(a) 8.0 m (b) 7.5 m
(c) 5.3 m (d) 4.0 m

17 무선 송신기가 50 Ω의 순수 저항성 임피던스에서 동작하도록 설계되었고, 800 Ω의 순수 저항 임피던스를 갖는 안테나가 있다. 두 임피던스를 정합시키기 위해 임피던스 정합 변압기를 만든다고 하자. 1차에 송신기를, 2차에 안테나를 연결했을 때 변압기의 1차 대 2차 권선비는 다음 중 어떤 것이어야 하는가?

(a) 1:16 (b) 1:8
(c) 1:4 (d) 1:2

연습문제

※ [연습문제 18 ~ 20]은 원활한 문제 풀이를 위해 1단으로 제공한다.

18 [연습문제 17]의 상황에서 안테나 임피던스에 송신기 임피던스를 정합시키기 위해 전송선의 $\frac{1}{4}$ 파장 단선을 사용한다면 전송선의 특성 임피던스는 얼마여야 하는가?

(a) 400Ω　　(b) 200Ω　　(c) 141Ω　　(d) 100Ω

19 [연습문제 17~18]에서 안테나는 800Ω 성분과 리액턴스를 가지며 14MHz 주파수에서 $800+j35$인 복소 안테나 임피던스를 갖는다. 안테나가 불균형 시스템이어서 동축 케이블 전송선이나 불균형 변압기 2차 권선과 동작하도록 설계되었다. 앞선 두 문제에 묘사된 임피던스-정합 시스템 중 하나와 14MHz에서 적절하게 동작하게 하려면 안테나를 어떻게 조정해야 하는가?

(a) 용량성 리액턴스가 14MHz에서 -35Ω이 되도록 변압기 2차 권선 또는 $\frac{1}{4}$파장 단선 출력이 안테나와 연결되는 지점에 커패시터를 안테나와 직렬로 연결한다.

(b) 유도성 리액턴스가 14MHz에서 35Ω이 되도록 변압기 2차 권선 또는 $\frac{1}{4}$파장 단선 출력이 안테나와 연결되는 지점에 인덕터를 안테나와 직렬로 연결한다.

(c) 용량성 리액턴스가 14MHz에서 -35Ω이 되도록 송신기 출력이 변압기 1차 권선 또는 $\frac{1}{4}$파장 단선 입력과 연결되는 지점에 커패시터를 시스템과 직렬로 연결한다.

(d) 유도성 리액턴스가 14MHz에서 35Ω이 되도록 송신기 출력이 변압기 1차 권선 또는 $\frac{1}{4}$파장 단선 입력과 연결되는 지점에 인덕터를 시스템과 직렬로 연결한다.

20 [연습문제 17~19]에 묘사된 안테나 시스템을 10MHz ~ 20MHz까지 연속된 주파수 범위에서 사용하고 싶을 때 해당 주파수 범위의 어떤 주파수에서도 완전한 임피던스 정합을 얻으려면 어떻게 해야 하는가?

(a) 변압기 2차 권선 또는 $\frac{1}{4}$파장 단선 출력이 안테나와 연결되는 지점에 가변 인덕터를 안테나와 직렬로 연결한다.

(b) 변압기 2차 권선 또는 $\frac{1}{4}$파장 단선 출력이 안테나와 연결되는 지점에 가변 커패시터를 안테나와 직렬로 연결한다.

(c) 변압기 2차 권선 또는 $\frac{1}{4}$파장 단선 출력이 안테나와 연결되는 지점에 잘 만들어진 트랜스매치를 안테나와 직렬로 연결한다.

(d) 할 수 있는 일이 없다. 이런 상황의 연속된 주파수 범위에서 완전한 임피던스 정합을 구현하는 것은 기대할 수 없다.

정답

01 b	02 a	03 d	04 a	05 c	06 b	07 c	08 d	09 a	10 b
11 c	12 c	13 b	14 d	15 a	16 d	17 c	18 b	19 a	20 c

PART 3

기초 전자공학

Basic Electronics

CHAPTER

19

반도체 개론

Introduction to Semiconductors

학습목표

- 도체와 부도체를 구분해 반도체의 정확한 의미를 이해할 수 있다.
- 반도체의 성질을 갖는 다양한 물질을 배우고, 해당 물질로 만들어진 반도체의 특징을 이해할 수 있다.
- 반도체의 도핑과 정공 및 전자에 의한 전류의 개념을 이해할 수 있다.
- 반도체 PN 접합에 대해 배우고, 바이어스 조건에 따른 반도체의 동작 특성을 이해할 수 있다.
- PN 접합 내에 나타나는 접합 커패시터의 개념과 응용 방법에 대해 이해할 수 있다.
- 애벌런치 효과에 대해 배우고, 이를 이용한 제너 다이오드의 동작 원리를 이해할 수 있다.

1960년대에 트랜지스터가 일반적인 소비자 제품에서 보편화된 뒤로 반도체는 전자공학에서 핵심적인 역할을 해왔다. **반도체**semiconductor라는 용어는 모든 상황에서는 아니어도 어떤 물질이 특정한 상황에서 전기 전도성을 가질 수 있는 능력에서 유래했다. 전기 전도도를 제어해 증폭, 정류, 공진, 신호 혼합, 스위칭 등의 반도체 소자의 다양한 동작을 얻을 수 있다.

반도체 기술의 발전은 개별 부품에서 집적회로의 사용으로 이어지는 움직임을 이끌어냈고, 현재의 소비자 전자제품을 가능하게 했다. 이번 장에서는 이런 반도체에 대해 배운다.

반도체 혁명

수십 년 전 전자 시스템에서 사용할 수 있는 유일한 증폭 소자는 **전자 튜브**electron tube라고도 알려진 **진공관**vacuum tubes이었다. 통상적인 진공관(영국에서는 **밸브**valve라고도 함)은 엄지손가락만한 크기에서 주먹 정도의 크기까지 다양하며 일부 전력 증폭기, 마이크로파 발진기, 비디오 디스플레이 부품에서 여전히 사용되고 있다.

진공관을 효율적으로 동작시키기 위해서는 일반적으로 높은 전압이 필요하다. 라디오 수신기조차 진공관을 동작시키기 위해 직류 50 V 수준의 전압이 필요하고, 더 일반적으로는 직류 100 V 이상의 전압이 필요하다. 이처럼 진공관은 동작 전압이 높아서 크고 무거운 전원 공급 장치가 필요했으며 때때로 전기 사고가 발생하기도 했다.

최근 대부분의 저전력 전자회로에서는 초소형 트랜지스터가 진공관 기능을 수행하고 있다. 전원 공급 장치는 2개의 AA 사이즈 배터리나 9 V 트랜지스터 배터리로도 충분하다. [그림 19-1]과 같은 고전력 응용 기기 안에서조차 트랜지스터는 유사한 신호 출력 사양의 진공관과 비교했을 때 훨씬 작고 가볍다.

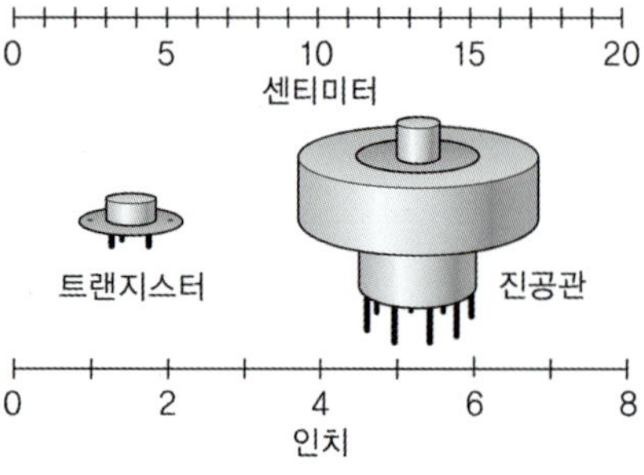

[그림 19-1] 전력 증폭 트랜지스터(왼쪽)는 유사한 신호 출력 사양을 가진 진공관(오른쪽)에 비해 크기와 무게가 훨씬 작다.

집적회로Integrated Circuits(IC)는 개별 트랜지스터보다 크기가 작지만 수백, 수천, 수백만 개의 진공관 역할을 수행할 수 있다. IC 기술은 개인용 컴퓨터와 디스플레이, 외장 디스크 드라이브, 프린터, 모뎀 등의 주변기기에서 대표적인 예를 찾아볼 수 있다.

오늘날에도 진공관은 반도체 소자들에 비해 몇 가지 장점이 있다. 진공관은 사용할 때 전압, 전류, 전력이 순간적으로 정격값을 넘더라도 그런 상황들을 '허용'한다(반대로 소자들은 곧바로 '죽음'을 맞이한다). 또한 오디오 애호가들의 주장에 따르면 반도체 소자로 만든 증폭기보다 진공관으로 만든 증폭기가 더 나은 음질을 만들어낸다.

반도체 재료

다양한 원소, 화합물, 혼합물들은 반도체로 기능할 수 있다. 오늘날 전자 산업에서 사용되는 대부분의 반도체는 실리콘을 기반으로 하지만 때때로 전문적인 응용 분야에서 다른 반도체 재료도 사용된다.

실리콘

실리콘은 원자번호는 14이고, 원자량은 28인 원소이다. 실리콘은 순수한 상태에서는 알루미늄과 같은 경금속처럼 보인다. 순수한 실리콘은 유전 물질보다는 전류를 잘 흘리지만 은, 구리, 알루미늄 등과 같은 대부분의 금속 전도체보다는 전류를 잘 흘리지 못한다.

지각에는 매우 풍부한 양의 실리콘이 존재하며 주로 암석이나 모래에서 실리콘을 얻을 수 있다. 자연 상태에서의 실리콘은 보통 다른 원소들과 화합물로 결합한 상태로 존재한다. 관련 산업체에서는 순수한 원소 상태의 실리콘을 추출하고, 전자 부품 제조사에서는 실리콘에 **불순물**impurity이라고 하는 다른 물질들을 섞어 실리콘이 특정한 전기 전도도를 갖게 한다. 이렇게 만들어진 긴 실리콘 기둥을 얇게 자른 것이 **칩**chip 또는 **웨이퍼**wafer이다.

갈륨비소

일반적으로 사용되는 또 다른 반도체에는 갈륨비소 화합물이 있다. 반도체 기술자들은 이 화합물을 약자와 비슷한 화학식인 GaAs로 표기하고, '개스'라고 읽는다. '**개스펫**gasfet' 이나 '개스 IC'라는 말도 갈륨비소 기술에 관한 것으로 이해하면 된다.

전자는 실리콘보다 GaAs에서 훨씬 빨리 이동할 수 있으므로 GaAs 소자들은 실리콘 기반의 반도체 소자보다 높은 주파수에서도 잘 동작한다. GaAs 소자들은 X선이나 감마선 등과 같은 **방사선에 의한 이온화**ionizing radiation의 직접적 효과에 대해 상대적으로 내구성이 강하다. 또한 GaAs는 태양광전지, 적외선 LED 및 레이저 다이오드에 사용된다.

셀레늄

셀레늄은 입사되는 가시광선과 자외선(UV), 적외선의 세기에 따라 전기 전도도가 달라지는 화학 원소이다. 모든 반도체 물질은 **광전도**photoconductivity라고 하는 특성을 어느 정도 갖고 있지만 셀레늄은 그 효과가 매우 크다. 따라서 셀레늄은 **포토셀**photocell[1] 제작을 위한 가장 좋은 선택이다. 또한 셀레늄은 교류 신호를 펄스형 직류 신호로 변환시키는 일종의 **정류 회로**recitifier에도 사용할 수 있다.

셀레늄은 전기적 과부하를 잘 견디는 **전기적 강인성**electrical ruggedness을 가지고 있어서 순간적으로 발생하는 과전류나 과전압을 견딜 수 있다. 따라서 셀레늄 기반 전자 소자는 다른 반도체 재료로 만든 소자보다 일시적인 과전압 '스파이크' 등에 대한 내구성이 높다.

게르마늄

순수한 게르마늄은 전기 전도성이 좋지 않지만 불순물을 첨가하면 반도체로 사용할 수 있다. 게르마늄은 초기 반도체 기술에 많이 사용되었다. 그러나 오늘날에는 게르마늄 기반의 반도체 소자가 거의 사용되지 않는다. 납땜 공구에서 발생하는 고온에 의해 게르마늄을 기반으로 한 다이오드나 트랜지스터들이 쉽게 파괴될 수 있기 때문이다.

금속–산화막

일부 금속–산화막 조합은 반도체 소자를 제조할 때 유용하다. MOS(흔히 '모스'라고 읽음) 또는 CMOS(흔히 '씨모스'라고 읽음)는 각각 **금속–산화막–반도체**metal-oxide-semiconductor와 **상보성 금속–산화막–반도체**complementary MOS를 의미한다. MOS 기술은 일부 트랜지스터나 다양한 집적회로에서 사용되고 있다. 집적회로의 경우 MOS나 CMOS 공정을 통해 저항, 인덕터, 다이오드, 트랜지스터 등 많은 수의 개별 소자들이 단일 칩상에 제작된다. 즉 MOS/CMOS 회로는 **집적도**component density가 매우 높다.

금속–산화막 요소는 동작할 때 전류를 거의 필요로 하지 않는다. MOS 기반의 작은 소자에 전력을 공급하기 위해 배터리를 연결한다면 사용하지 않고 그냥 두었을 때와 비슷한 수준으로 오래 사용할 수 있다. 대부분의 MOS 기반 반도체 소자들은 초고속 동작이 가능하다. 라디오 주파수(RF) 영역의 고주파 영역에서 동작할 수 있고, 최신 컴퓨터에서 특히 중요한 고속 스위칭 기능을 수행한다.

모든 MOS, CMOS 요소는 정전기 방전에 의해 소자가 순간적으로 파괴될 수 있다는 단점이 있다. 따라서 MOS나 CMOS 소자를 다루는 기술자들은 손목과 접지를 연결하는 금속 손목 보호대를 착용해 정전기 축적이 발생하지 않도록 한다. 이 점은 습도가 매우 낮은 환경에서 MOS나 CMOS 소자를 다룰 때 특히 중요하다.

1 (**옮긴이**) 포토셀(photocell)이란 노출되는 빛의 양에 따라 저항값이 변하는 전자 소자를 의미한다.

도핑과 전하 반송자

불순물은 반도체 재료가 전자 소자로 작동하기 위해 필요한 특성을 부여한다. 불순물은 반도체 재료가 특정 방식으로 전류를 흐르게 만든다. 반도체 제조 과정에서 반도체 재료에 불순물을 주입하는 공정을 **도핑** doping, 불순물 재료 자체를 **도펀트** dopant라고 한다.

도너 불순물

불순물이 자체적으로 전자를 과다하게 포함하고 있다면 이를 **도너 불순물** donor impurity이라고 한다. 반도체에 도너를 도핑하면 도너가 제공한 자유전자들이 이동하면서 전기 전도성이 생기는데, 이와 같은 현상은 구리와 같은 보통 금속의 경우와 같다. 반도체 재료의 두 지점 사이에 전위차가 존재할 때 이 **과잉** excess 전자들은 원자 사이를 자유롭게 이동하게 된다. 도너 불순물로 작용하는 원소들에는 안티모니 antimony, 비소, 비스무스 bismuth, 인 등이 있다. 이렇게 도너 불순물로 도핑된 반도체를 **N형 반도체** N-type semiconductor라고 한다. 전류의 주성분인 전자들이 **음** negative의 전하를 운반하기 때문이다.

억셉터 불순물

전자가 결핍된 고유한 특성 때문에 주변 반도체 물질로부터 전자를 받을 수 있는 불순물을 **억셉터 불순물** acceptor impurity이라고 한다. 알루미늄, 붕소, 갈륨, 인듐 등의 원소를 반도체 재료에 도핑하면 반도체는 **정공의 흐름**에 의해 주로 전도된다. **정공** hole은 일반적인 상황이라면 원자 주변에 있어야 할 전자가 없는 '전자의 빈자리'를 의미한다. 이렇게 억셉터 불순물이 도핑된 반도체를 **P형 반도체** P-type semiconductor라고 한다. 정공이 실질적으로 **양** positive 전하를 갖기 때문이다.

다수 반송자와 소수 반송자

반송자 carrier에는 전자와 정공이 있다. 고에너지 물리학에서 양성자나 헬륨 원자 핵 등이 전하를 나르는 특이한 현상을 접하기도 하지만, 전기 기기에서는 그럴 일이 거의 없다. 어떤 반도체 물질에서든 전체 전류는 낮은 전위에서 높은 전위로 이동하는 전자에 의해 발생하는 전류와 높은 전위에서 낮은 전위로 이동하는 정공에 의한 전류로 구성된다.

때로는 전자에 의한 전류 성분이 대부분의 반도체 내 전류 성분을 차지하기도 한다. 이런 상황은 반도체 물질이 도너 불순물을 다수 갖고 있을 때, 즉 N형 반도체일 때 발생한다. 또한 반도체 물질이 억셉터 불순물을 다수 갖게 됨에 따라 P형 반도체가 될 때 정공에 의한 전류가 더 많은 비중을 차지하기도 한다. 전자와 정공 중 수적으로 더 많거나 더 지배적으로 존재하는 전하 반송자를 **다수** majority **반송자**, 적은 쪽을 **소수** minority **반송자**라고 한다. 다수 반송자와 소수 반송자의 비율은 반도체 재료의 정확한 화학적 구성에 따라 달라질 수 있다.

[그림 19-2]는 N형 반도체에서 전자와 정공의 흐름을 보여주는 모식도이다. 여기서 전자가 다수 반송자이고, 정공이 소수 반송자라는 것을 알 수 있다(그림에서 검은 점은 전자를 나타내고, 비어있는 원은 정공을 나타낸다). 자유 전자들이 원자 사이를 오른쪽에서 왼쪽으로 "점프"해서 이동한다고 상상해 보자. 이때 정공은 왼쪽에서 오른쪽으로 이동하게 된다. 예를 들어, 배터리 또는 전원의 양극(정공의 공급원)을 왼쪽에 놓고, 음극(전자의 공급원)을 오른쪽에 놓으면 그림과 같은 상황이 연출될 것이다.

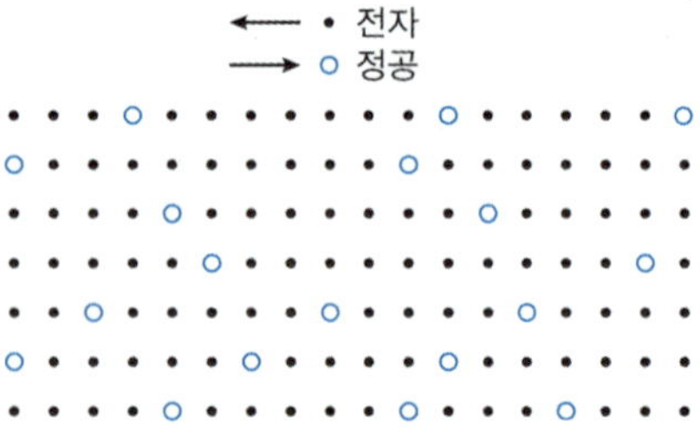

[그림 19-2] 정공의 흐름을 설명하는 모식도. 속이 채워진 검은 점은 전자를 나타내며 한 방향으로 움직이고 있다. 빈 원은 정공을 나타내며 전자와 반대 방향으로 움직이고 있다.

PN 접합

P형 또는 N형 반도체 중 하나를 전원 공급 장치에 직접 연결하면 그 반도체 영역을 통해 전류가 잘 흐르는 것을 관찰할 수 있다. 만약 P형 반도체와 N형 반도체를 서로 접촉시키면 두 반도체 사이에는 PN **접합**P-N junction이 형성되는데, 이는 반도체에 유용한 특성을 제공한다.

반도체 다이오드

[그림 19-3]은 P형 반도체와 N형 반도체를 접합해서 만든 **반도체 다이오드**를 개략적으로 나타낸 것이다. N형 반도체는 **캐소드**cathode라고 하며 짧은 직선으로 되어 있고, P형 반도체는 **애노드**anode라고 하며 삼각형 화살표로 되어 있다. 전자들은 화살표의 반대 방향으로, 정공은 화살표가 가리키는 방향으로 쉽게 움직일 수 있다. 보통 전자는 화살표 방향으로 움직이지 않고, 정공은 화살표의 반대 방향으로 움직이지 않는다.

[그림 19-3] 반도체 다이오드의 도식적 기호

다이오드에 배터리와 저항을 직렬로 연결한다고 가정하자. [그림 19-4(a)]와 같이 배터리의 음극을 다이오드의 캐소드에, 배터리의 양극을 다이오드의 애노드에 연결하면 전류가 흐른다. 이 때, 직렬로 연결된 저항은 과전류로 인해 다이오드가 파괴되는 것을 방지한다. [그림 19-4(b)]와 같이 반대로 연결하면 전류는 흐르지 않는다.

[그림 19-4(a)]에서 반도체 다이오드를 통해 전류가 흐르게 하려면 특정되고, 잘 정의된 최소 인가 전압이 필요하다. 이 전압을 **순방향 브레이크오버 전압**forward breakover voltage이라고 한다. 순방향 브레이크오버 전압은 반도체 물질에 의해 달라지고, 다이오드에 따라 대략적으로 0.3 V에서 1 V 범위의 값을 갖는다. [그림 19-4(a)]와 같은 방식으로 연결되어 있어도 인가되는 전압이 순방향 브레이크오버 전압보다 작으면 다이오드에 전류가 흐르지 못한다. 이런 효과를 **순방향 브레이크오버 효과** 또는 **PN 접합 문턱 효과**P-N junction threshold effect라고 한다.

이러한 다이오드의 정류 특성을 이용하면 전압 신호가 얻을 수 있는 양의 최댓값 또는 (아니면 동시에) 음의 최댓값을 제한하는 회로를 설계할 수 있다. 또한 다이오드의 순방향 브레이크오버 효과를 활용하면 **문턱전압 검출기**threshold detector를 설계할 수도 있다. 이 회로에서는 전압 신호를 통과시키려면 신호의 크기(양 또는 음의 최댓값)가 어떤 기준값 이상이 되어야 한다.

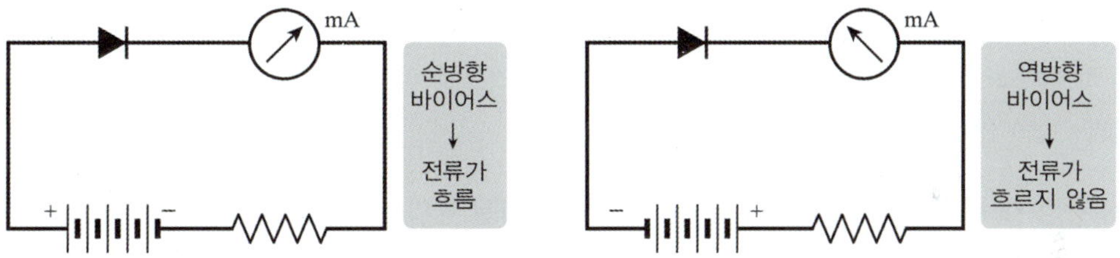

(a) 다이오드가 순방향 바이어스되어 전류가 흐른다. (b) 다이오드가 역방향 바이어스되어 전류가 흐르지 않는다.

[그림 19-4] 배터리, 저항, 전류계, 다이오드를 직렬로 연결한 모습

PN 접합의 동작 원리

[그림 19-4(a)]와 같이 N형 반도체에 인가된 전압이 P형 반도체에 인가된 전압보다 낮을 때 그 차이가 순방향 브레이크오버 전압의 크기보다 크면 전자는 N형 반도체에서 P형 반도체 영역으로 쉽게 흐른다. 이미 많은 전자를 가지고 있는 N형 반도체는 더 많은 전자를 받고, 이미 전자가 부족한 P형 반도체는 더 많은 전자를 빼앗긴다. N형 반도체는 전자들을 계속해서 P형 반도체로 보내 전자의 균형을 만들려고 하고, 배터리나 전원은 P형 반도체로부터 전자들을 넘겨받아 전자의 불균형 상태를 유지하려고 한다. [그림 19-5(a)]는 이런 상황을 도식적으로 보여준다. **순방향 바이어스**forward bias 상태라고 하는 이런 상태에서는 다이오드를 통해 전류가 잘 흐른다.

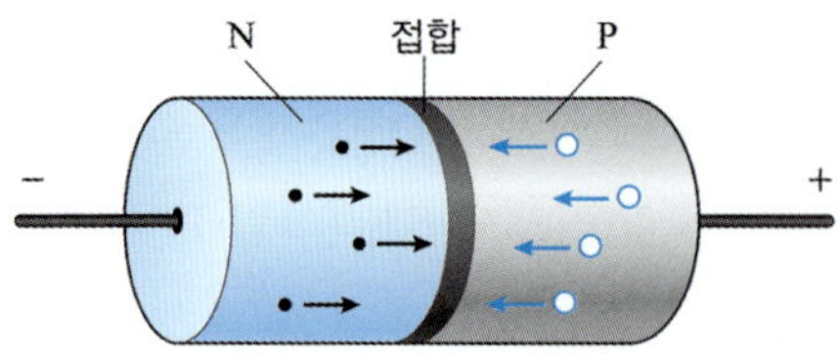

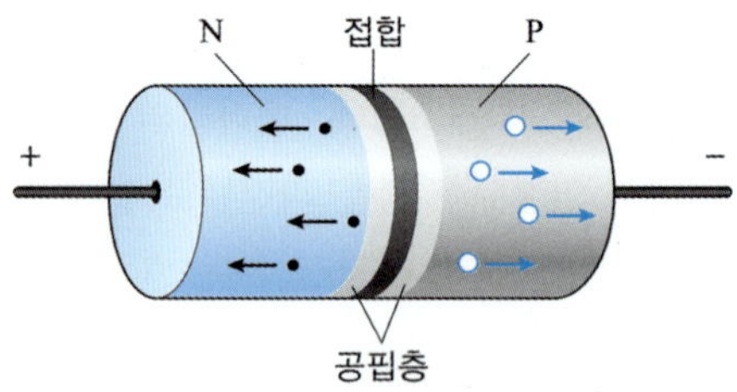

[그림 19-5] PN 접합 동작. 검은 점은 전자, 빈 원은 정공, 화살표는 반송자(정공이나 전자)의 이동 방향을 나타낸다.

배터리나 직류 전원의 극성을 바꿔서 연결하면, 즉 P형 반도체 영역 대비 N형 반도체 영역의 전위가 높아지면 **역방향 바이어스**reverse bias 상태가 되었다고 한다. N형 반도체 내의 전자들은 양의 전압이 인가되는 지점, 즉 PN 접합에서 멀어지는 방향으로 이동한다. P형 반도체 내에서는 정공들이 음의 전압이 인가되는 지점, 즉 PN 접합에서 멀어지는 방향으로 이동한다. 다수 반송자는 N형 반도체에서는 전자이고, P형 반도체에서는 정공이다. [그림 19-5(b)]와 같이 PN 접합 부근에는 전하 반송자가 존재하지 않는다. 이 '반송자가 없는 영역', 즉 양쪽 모두의 다수 반송자가 전혀 없는 이 영역을 **공핍 영역**depletion region(공핍층)이라고 한다. 어떤 반도체 물질 내에 다수 반송자가 없다는 것은 전류가 잘 흐르지 못한다는 것을 의미하므로 공핍 영역은 절연체처럼 동작한다. 이 현상은 역전압이 인가되었을 때 반도체 다이오드가 전류를 정상적으로 흐르게 하지 못하는 이유이다. 그 결과 다이오드는 일반적으로 한 방향으로만 전류를 흘리는 **전류 게이트**one-way current gate를 만든다.

PN 접합의 캐소드와 애노드에 외부 전원으로부터 인가된 전압이 서로 같을 때, 이를 **제로 바이어스**zero bias(0 V 전압) 조건이라고 한다.

접합 커패시턴스

어떤 PN 접합은 전도 상태(순방향 바이어스)와 비전도 상태(역방향 바이어스)를 초당 수백만 번 또는 수십억 번 전환할 수 있다. 반면에 다른 PN 접합들은 그렇게 빨리 동작할 수 없다.

PN 접합의 최대 스위칭 속도는 역방향 바이어스 조건에서 PN 접합의 커패시턴스에 의존한다. 다이오드의 **접합 커패시턴스**가 증가하면 전도 상태와 비전도 상태 사이를 전환할 수 있는 최대 주파수가 감소한다.

다이오드의 접합 커패시턴스는 동작 전압, 반도체 물질의 유형, PN 접합의 단면적 등 몇 가지 요인에 의존한다. [그림 19-5(b)]를 살펴보면 두 반도체 영역 사이에 끼어 있는 공핍 영역이 커패시터의 절연층과 유사한 역할을 할 것이라고 예측할 수 있다. 역방향 전압이 인가된 PN 접합은 커패시터를 형성하는데, **버랙터 다이오드**varactor diodes는 이런 특성을 활용하기 위해 제작된 반도체 소자이다.

역방향 전압의 크기를 조절하면 다이오드의 접합 커패시턴스를 변화시킬 수 있다. 이는 역방향 전압의 크기가 공핍층의 폭을 변화시키기 때문이다. 역방향 전압을 증가시키면 공핍층의 폭이 넓어지고, 커패시턴스는 감소한다.

애벌런치 효과

경우에 따라 다이오드는 역방향 바이어스 조건에서도 전류를 흘린다. 역방향 전압이 증가하면 어느 전압까지는 다이오드가 더 절연체처럼 동작한다. 그러나 역방향 전압이 특정한 임계값 이상이 되면 PN 접합은 전류의 흐름을 차단하는 능력을 잃고, 순방향 바이어스와 같이 순간적으로 많은 전류를 흐르게 한다. 이런 현상을 **애벌런치 효과**avalanche effect라고 한다. 눈 덮인 산에서 갑자기 눈사태가 일어나는 것처럼 순간적으로 엄청난 양의 전류 전도가 발생하기 때문이다.

역방향 전압이 극단적으로 높지만 않다면 애벌런치 효과는 PN 접합을 손상시키지 않는다. 즉 애벌런치 효과는 일시적인 현상으로, 공핍 영역은 애벌런치 효과가 발생하는 동안 사라진다. 그러나 전압이 임계값 이하로 떨어지면 PN 접합은 다시 정상적으로 작동한다. 애벌런치 발생이 끝난 뒤 전압이 다시 역방향 인가 조건을 형성하면 공핍 영역은 원래대로 돌아온다.

어떤 다이오드들은 이런 애벌런치 효과를 활용하기 위해 만들어진다. 그 외에는 보통 애벌런치 효과가 회로의 성능을 제한한다. 직류 전압을 제어하기 위해 설계되는 반도체 소자로 **제너 다이오드**Zener diode가 있고, 이런 제너 다이오드에는 **제너 전압**이라는 성능 지표가 있다. 이 값은 수 V에서 100 V 이상까지 변화할 수 있다. 제너 전압은 이론적으로는 애벌런치 전압과 동일하다. 그러나 제너 다이오드의 경우 제조업체는 정확하고, 예측 가능한 애벌런치 전압을 생성하도록 반도체 물질을 결정한다.

전원에 사용되는 정류 다이오드와 관련해 **최대 반대 전압**Peak Inverse Voltage(PIV)이나 **최대역전압**Peak Reverse Voltage(PRV) 사양에 대해 들어본 적이 있을 것이다. PIV 또는 PRV는 애벌런치 효과가 발생하지 않고 다이오드가 버틸 수 있는 최대 순시 역방향 전압을 의미한다. 실제로 정류 다이오드는 회로를 교류 동작시키는 과정 중 애벌런치 효과 또는 그 징후가 전혀 발생하지 않을 정도로 충분히 높은 PIV 정격을 갖도록 설계된다.

연습문제

01 다음 중 PN 접합에 애벌런치 전압보다 작은 크기의 역방향 전압을 가하면 어떤 일이 일어나는가?

(a) 전류가 흐르지 않는다.
(b) 가끔 전류가 흐른다.
(c) 전류가 상당히 잘 흐른다.
(d) 매우 많은 양의 전류가 흐른다.

02 다음 중 옳지 않은 것은 무엇인가?

(a) 일부 오디오 애호가들은 진공관으로 만든 전력 증폭기가 반도체 소자로 만든 것보다 좋은 소리를 낸다고 생각한다.
(b) 진공관은 동일한 기능을 하는 트랜지스터 대비 물리적인 크기가 크다.
(c) 적절하게 동작하기 위해 트랜지스터들은 통상적으로 진공관보다 높은 전압을 필요로 한다.
(d) (a), (b), (c) 모두 옳다.

03 다음 중 반도체를 억셉터 불순물로 도핑하면 얻게 되는 물질은 무엇인가?

(a) E형 반도체
(b) N형 반도체
(c) P형 반도체
(d) H형 반도체

04 다음 중 반도체를 억셉터 불순물로 도핑하면 얻게 되는 물질은 무엇인가?

(a) 양성자 (b) 중성자
(c) 전자 (d) 정공

05 다음 중 순수한 실리콘은 무엇인가?

(a) 화합물 (b) 원소
(c) 혼합물 (d) 액체

06 다음 중 PN 접합에 순방향 전압을 인가할 때 전류가 흐르지 못하는 상황은 언제인가?

(a) 접합이 충분한 커패시턴스를 갖지 못할 때
(b) 인가된 전압이 순방향 브레이크오버 전압보다 작을 때
(c) 인가된 전압이 애벌런치 전압을 초과할 때
(d) 전압이 고정되어 있지 않을 때

07 다음 중 도너 불순물은 본질적으로 여분의 무엇을 제공하는가?

(a) 중성자 (b) 양성자
(c) 전자 (d) 정공

08 정공보다 전자가 많이 들어 있는 물통을 생각해 보자. 다음 중 물통의 순 전하는 어떤 값을 갖는가?

(a) 양(+)
(b) 음(−)
(c) 0
(d) 결정할 수 없음

09 PN 접합에 직류 역방향 전압을 인가했지만 그 전압은 애벌런치 효과를 발생시킬 정도로 높지 않다. 전압을 2배로 올렸지만 여전히 애벌런치 효과를 발생시키는 조건에 도달하지 않았다. 공핍 영역에 의한 커패시턴스는 어떻게 되는가?

(a) 변함이 없다.
(b) 증가한다.
(c) 감소한다.
(d) (a), (b), (c) 모두 답이 아니다. 공핍 영역은 인덕턴스이지 커패시턴스가 아니다.

10 PN 접합에 직류 역방향 전압을 인가했지만 그 전압은 애벌런치 효과를 발생시킬 만큼 높지는 않다. 전압을 애벌런치 효과가 발생하는 전압 이상으로 높이면 어떤 일이 발생하는가?

(a) 접합에 전류가 흐른다.
(b) 공핍 영역이 다이오드 전체를 차지할 정도로 확장된다.
(c) 접합의 리액턴스가 증가한다.
(d) 다이오드가 타버린다.

11 다음 중 갈륨비소의 특징으로 옳은 것은 무엇인가?

(a) 화합물 (b) 액체
(c) 원소 (d) 혼합물

12 다음 중 포토셀 제작에 가장 적합한 물질은 무엇인가?

(a) 비스무스 (b) 인듐
(c) 알루미늄 (d) 셀레늄

13 다음 중 순수한 게르마늄을 N형 반도체로 만드는 방법은 무엇인가?

(a) 도너 불순물을 첨가한다.
(b) 억셉터 불순물을 첨가한다.
(c) 음의 전하를 인가한다.
(d) (a), (b), (c) 모두 답이 아니다. N형 반도체로 만들 수 없다.

14 다음 중 반도체를 도핑할 때 발생할 수 있는 사항으로 옳은 것은 무엇인가?

(a) 순수한 화학 원소를 얻는다.
(b) 전류는 대부분 정공에 의한 전류로 구성된다.
(c) 전도체를 얻는다.
(d) 유전체를 얻는다.

15 [그림 19-6]의 회로에서 밀리전류계(mA)가 전류값을 나타내고 있지 않다. 다이오드와 직류 전압원의 극성을 살펴봤을 때 다이오드는 어떤 상태에 있다고 할 수 있는가?

(a) 애벌런치 전압보다 큰 전압으로 역방향 바이어스가 된 상태
(b) 애벌런치 전압보다 작은 전압으로 역방향 바이어스가 된 상태
(c) 순방향 브레이크오버 전압보다 큰 전압으로 순방향 바이어스가 된 상태
(d) 순방향 브레이크오버 전압보다 작은 전압으로 순방향 바이어스가 된 상태

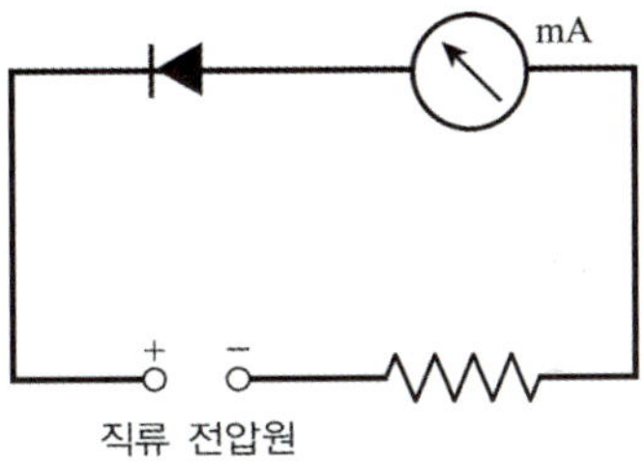

[그림 19-6] [연습문제 15]를 위한 회로도

16 [그림 19-7]의 회로에서 밀리전류계(mA)가 상당히 높은 전류값을 나타내고 있다. 다이오드와 직류 전압원의 극성을 살펴봤을 때 다이오드는 어떤 상태에 있다고 할 수 있는가?

(a) 애벌런치 전압보다 큰 전압으로 역방향 바이어스가 된 상태
(b) 애벌런치 전압보다 작은 전압으로 역방향 바이어스가 된 상태
(c) 순방향 브레이크오버 전압보다 큰 전압으로 순방향 바이어스가 된 상태
(d) 순방향 브레이크오버 전압보다 작은 전압으로 순방향 바이어스가 된 상태

연습문제

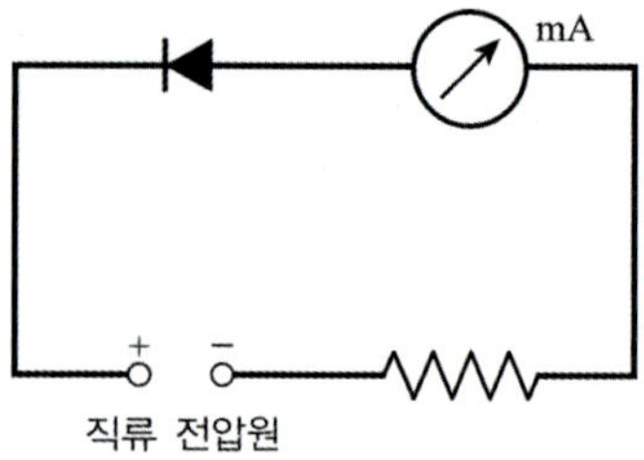

[그림 19-7] [연습문제 16]을 위한 회로도

17 어떤 반도체에서 전하 반송자는 다른 반도체에서보다 빠르게 움직인다. 다음 중 일반적으로 전하 반송자의 속도가 증가했을 때 함께 증가하는 것으로 옳은 것은 무엇인가?

(a) 그 물질로 제작된 반도체 소자가 동작할 수 있는 최대 속도
(b) 그 물질이 파괴되지 않고 버틸 수 있는 최대 전압
(c) 그 물질이 전도시킬 수 있는 최대 전류
(d) 그 물질로 제작한 부품의 최대 저항값

18 PN 접합에 순방향 브레이크오버 전압보다 높은 전압으로 순방향 바이어스되었을 때 접합은 어떻게 되는가?

(a) 전하 반송자가 전혀 없는 영역으로 둘러싸인다.
(b) 커패시터처럼 동작한다.
(c) 전류를 흘리지 않는다.
(d) (a), (b), (c) 모두 답이 아니다.

19 다음 중 반도체의 전하 반송자로서 공통적으로 기능하는 입자는 무엇인가?

(a) 원자핵 (b) 양성자
(c) 중성자 (d) 전자

20 다음 괄호에 들어갈 적절한 말은 무엇인가?

> 반도체 물질에서 (　　)은/는 전류의 대부분을 차지한다.

(a) 소수 반송자 (b) 다수 반송자
(c) 전자 (d) 정공

정답

01 a	02 c	03 c	04 d	05 b	06 b	07 c	08 b	09 c	10 a
11 a	12 d	13 a	14 b	15 b	16 a	17 a	18 d	19 d	20 b

CHAPTER

20

다이오드 응용

Diode Applications

학습목표

- 반도체를 이용한 가장 기본적인 전자 소자인 다이오드의 동작 특성을 이해할 수 있다.
- 다이오드의 정류 및 검파 기능을 배우고, 이를 응용한 정류 회로 및 검파 회로를 해석할 수 있다.
- 주파수 체배 및 혼합, 전압 조정, 발진과 증폭 등 다이오드가 수행할 수 있는 다양한 기능을 학습하고, 이를 응용한 주요 회로들을 이해할 수 있다.
- PIN 다이오드, 제너 다이오드, 버랙터 다이오드의 동작 원리와 특징을 이해할 수 있다.
- 전기적인 에너지를 빛으로 변환해 출력하는 LED와 레이저 다이오드, 입력되는 빛의 파장과 강도에 따라 다른 전기적 출력을 내는 감광성 다이오드, 태양전지 등 다이오드 기반의 광학 소자에 대해 이해할 수 있다.

다이오드는 전류를 한 방향으로만 흐르게 한다는 점에서 전자기기의 일방통행로라고 할 수 있다. 이런 특성 때문에 다이오드는 매우 유용한 소자로, 다양한 종류의 회로에 사용된다. 이번 장에서는 다이오드의 특성 및 응용 방법에 대해 배운다.

정류

정류 다이오드rectifier diode는 동작 사양을 초과하지 않는다면 한쪽 방향으로만 전류를 흐르게 한다. 이런 특성은 교류 신호를 직류 신호로 변환하는 데 매우 유용하다. 일반적으로 정류 다이오드의 특성은 다음과 같다.

- 애노드에 비해 캐소드의 전압이 낮으면 전류가 흐른다.
- 애노드에 비해 캐소드의 전압이 높으면 전류가 흐르지 않는다.

이런 동작의 제약 조건은 19장에서 배운 것처럼 **순방향 브레이크오버 전압**forward breakover voltage과 **애벌런치 전압**avalanche voltage이다.

[그림 20-1(a)]의 회로를 살펴보자. 입력단에 60 Hz 주파주의 교류 사인파 전압을 인가했다고 가정했을 때 반 주기 동안에는 다이오드에 전류가 흐르지만 나머지 반 주기 동안에는 전류가 흐르지 않는다. 이런 동작 특성 때문에 사인파형의 매 주기 신호 중 절반은 차단된다. 다이오드를 회로와 어떤 식으로 연결하느냐에 따라 교류 신호의 양의 부분과 음의 부분 중 어떤 부분을 차단할 것인지 결정할 수 있다. [그림 20-1(b)]는 [그림 20-1(a)]에 나타난 회로의 출력 파형을 보여준다.

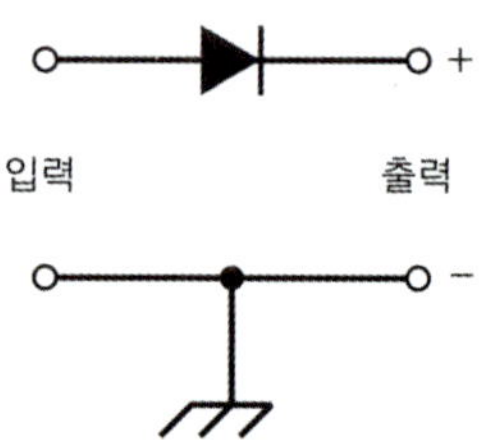

(a) 반파 정류 회로

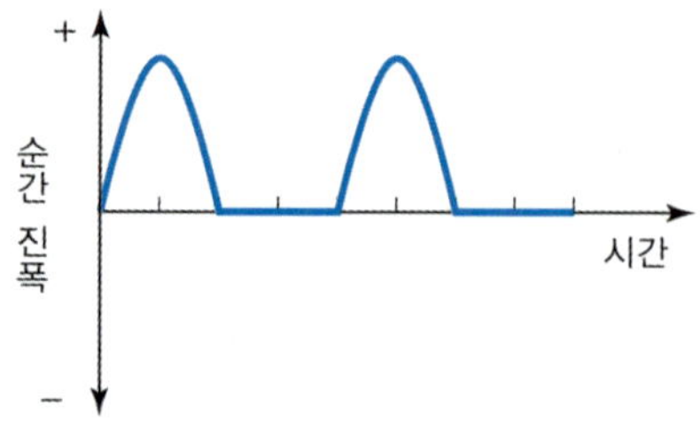

(b) 입력단에 교류 전압을 인가했을 때 (a) 회로의 출력단에 나타나는 신호

[그림 20-1] 반파 정류 회로

[그림 20-1]의 회로와 파형은 **반파 정류 회로**half-wave rectifier circuit를 나타낸 것이다. 이는 정류 회로 중 가장 간단한 형태이다. 다른 정류 회로들과 비교했을 때 반파 정류 회로의 주요 장점은 회로가 간단하다는 것이다. 보다 다양한 종류의 정류 다이오드와 회로에 대해서는 다음 장에서 살펴보자.

검파

진공관 시절 이전에도 반도체 재료로 만들어진 다이오드들이 있었다. '**고양이 수염**cat's whisker'이라고 알려진 초기 다이오드는 작은 **방연석**galena 광석 조각에 미세한 전선을 연결해서 만들었다. 이 장치는 매우 약한 무선 주파수(RF) 전류를 정류시킬 수 있었는데, 실험을 통해 '고양이 수염'을 [그림 20-2]와 같이 연결했을 때 장치는 **크기 변조**Amplitude-Modulated(AM) **무선 신호**radio signal를 수신하고, 귀로 들을 수 있는 음향 신호를 헤드폰으로 출력할 수 있었다.

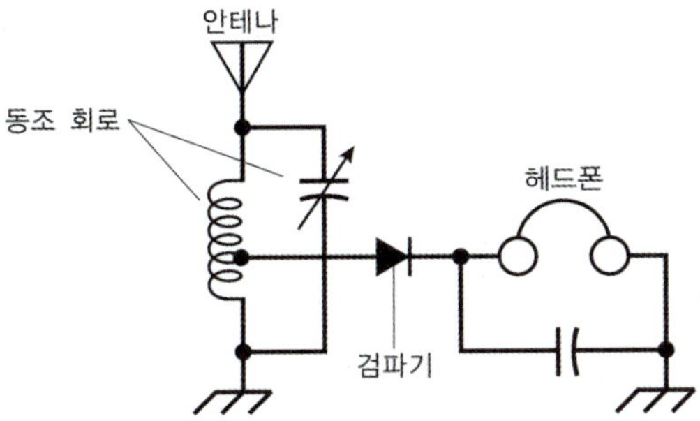

[그림 20-2] **크리스털 무선 수신기의 모식도**

방연석 조각은 종종 '**크리스털**crystal'이라고도 불렸는데, 이로 인해 초창기 무선 수신기에는 '**크리스털 세트**crystal-set(크리스털 수신기)'라는 별명도 있었다. 오늘날에는 크리스털 수신기를 RF 다이오드, 코일, 동조 커패시터, 헤드폰, 긴 안테나 등으로 구성할 수 있다. 이는 배터리나 다른 전원 공급 장치가 필요 없음을 의미한다. 안테나로부터 몇 마일 내에 방송국이 있다면 수신된 신호 자체만으로도 헤드폰을 통해 들릴 정도의 음향 신호를 생성할 수 있다. 이상적인 작동을 위해 헤드폰은 잔류 RF 전류를 그라운드로 내보낼 수 있을 정도의 큰 값을 가진 커패시터로 **션트시켜야**shunted 한다('션트시킨다'는 커패시터가 헤드폰과 병렬로 연결된다는 것을 의미한다). 그러나 커패시터의 크기가 음향 신호까지 제거할 정도로 커서는 안 된다.

[그림 20-2]에서 다이오드는 무선 신호에서 음향 신호를 복원한다. 이 과정을 **검파**detection 또는 **복조**demodulation라고 하고, 이렇게 기능하는 회로 전체를 **검파기**detector 또는 **복조기**demodulator라고 한다. 검파기를 제대로 동작시키려면 RF 주파수를 가진 신호에 대해 다이오드가 커패시터로 동작하지 않고 정류할 수 있도록 접합 커패시턴스가 낮은 다이오드를 사용해야 한다. 최근 일부 RF 다이오드는 초기 다이오드의 '고양이 수염'을 매우 작게 만든 형태와 비슷한데, 유리 케이스 안에 축 형태의 전극이 동봉되어 있다.

주파수 체배

다이오드에 전류가 흐를 때는 [그림 20-1(b)]와 같이 주기의 절반에 해당하는 신호가 차단된다. 이런 차단 효과는 다이오드 커패시턴스가 충분히 작은 값을 유지하고, 역방향 바이어스의 크기가 애벌런치 전압 미만으로 유지된다면 60 Hz 뿐 아니라 RF 주파수를 포함해 인가된 신호의 주파수와 무관하게 발생한다. 다이오드에서 나오는 출력 파형은 입력 파형과 형태가 많이 다른데, 이런 특성을 **비선형성** nonlinearity이라고 한다. 회로가 비선형성을 나타낼 때 출력 신호에는 **고조파** harmonics가 나타난다. 9장에서 살펴보았던 고조파는 입력 신호 주파수의 정수배에 해당하는 주파수를 가진 신호로 나타난다.

비선형성 때문에 바람직하지 않은 상태가 된다면 공학자는 전자회로를 선형적으로 동작시키기 위해 노력한다. 그 결과 진폭이 다르더라도 출력 파형은 입력 파형과 동일해진다. 그러나 고조파를 생성해야 할 때처럼 경우에 따라 비선형적으로 동작하는 회로가 필요할 때도 있다. 즉 **주파수 체배** frequency multiplication 기능을 얻기 위해 회로에서 의도적으로 비선형성을 유도하고자 할 때 다이오드는 이런 목적에 잘 활용된다. [그림 20-3]은 간단한 **주파수 체배기** frequency multiplier 회로를 보여준다. 이 체배기에서는 출력단의 LC 회로를 입력 또는 기본 주파수인 f_0 대신에 원하는 n번째 고조파 주파수인 nf_0에 동조시킨다.

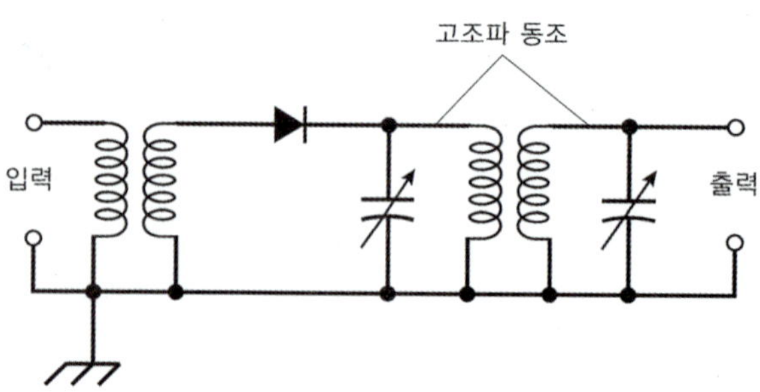

[그림 20-3] 반도체 다이오드를 이용한 주파수 체배기 회로

RF 시스템에서 다이오드가 주파수 체배기로 작동하려면 동일한 주파수에서 안정적인 검파기로도 동작해야 한다. 이는 다이오드가 커패시터가 아니라 정류기처럼 동작해야 한다는 것을 의미한다.

신호 혼합

비선형 회로에서 서로 다른 주파수를 가진 2개의 파를 혼합하면 입력파 주파수의 합과 차와 동일한 주파수에서 새로운 파를 얻는다. 다이오드는 이런 일이 가능하도록 회로에 비선형성을 부여할 수 있다.

주파수가 각각 f_1, f_2인 2개의 교류 신호를 생각해 보자. 이때 f_2가 높은 주파수, f_1이 낮은 주파수라고 가정하자. 이 두 신호를 비선형 회로에서 혼합하면 새로운 사인파 신호들을 얻을 수 있다. 하나는 $f_2 + f_1$의 주파수를, 다른 하나는 $f_2 - f_1$의 주파수를 갖는다. 이런 합과 차 주파수를 **진동 주파수**beat frequency라고 하고, 그 결과로 나타나는 신호들을 **혼합 신호**mixing product 또는 **헤테로다인**heterodyne이라고 한다. 헤테로다인 신호는 출력단에서 f_1과 f_2의 주파수를 가진 원래의 신호와 함께 나타난다.

[그림 20-4]는 가상의 입력 신호와 혼합 회로를 거쳐 나오는 출력 신호를 주파수 영역 화면에서 나타낸 결과이다. 진폭(세로축)을 주파수(가로축)의 함수로 나타냈는데, 이런 화면은 **스펙트럼 분석기**spectrum analyzer라는 실험 장비 화면에서 볼 수 있다. 반면에 일반적인 오실로스코프는 진폭(세로)을 시간(가로축)에 대한 함수, 즉 **시간 영역** 화면으로 나타낸다.

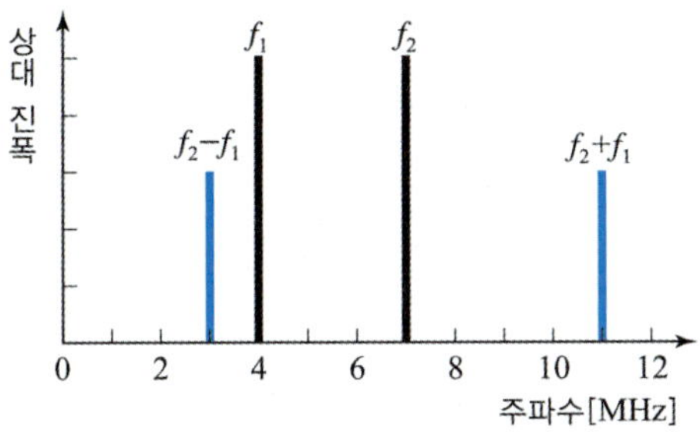

[그림 20-4] 신호 혼합의 스펙트럼(주파수 영역) 모식도

스위칭

순방향 바이어스가 인가되면 전류를 흘리고, 역방향 바이어스가 인가되면 전류를 차단하는 다이오드의 기능은 응용 방법에 따라 스위칭 시 유용하게 사용할 수 있다. 다이오드는 어떤 기계적인 스위치보다도 훨씬 더 빠른 스위칭 동작을 수행할 수 있고, 초당 수백만 번에서 수십억 번에 이르는 on/off 동작을 실행한다.

RF 스위치로 사용하기 위한 한 종류의 다이오드는 P형 반도체와 N형 반도체 사이에 특별한 반도체 층을 갖고 있는데, 이 층은 **진성**intrinsic(또는 **I형**I-type) **반도체**로 구성되어 있다. 이런 진성 영역(또는 I형 층)으로 인해 다이오드의 접합 커패시턴스가 감소해 통상적인 다이오드들보다 높은 주파수에서 효과적으로 동작할 수 있다. [그림 20-5]와 같이 P형 반도체와 N형 반도체 사이에 I형 반도체가 삽입된 구조의 다이오드를 PIN **다이오드**PIN diode라고 한다.

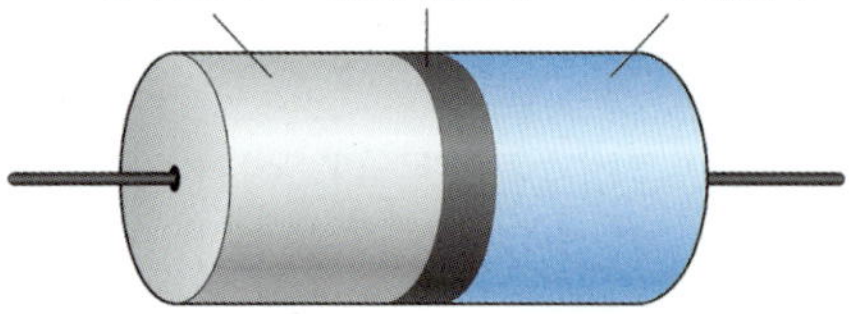

[그림 20-5] PIN 다이오드는 PN 접합에 진성(I형) 반도체 영역을 가지고 있다.

하나 이상의 PIN 다이오드에 직류 전류를 인가하면 릴레이나 케이블 없이도 RF 전류를 원하는 지점까지 효과적으로 보낼 수 있다. 또한 PIN 다이오드는 매우 높은 주파수에서 우수한 동작 특성을 가진 RF 검파기로도 활용된다.

전압 조정

대부분의 다이오드들은 일반적인 동작에서 허용할 수 있는 역방향 바이어스보다 크기가 훨씬 큰 애벌런치 파손 전압을 갖는다. 애벌런치 전압의 값은 다이오드 내부 구조와 내부를 구성하고 있는 반도체 물성에 의해 결정된다. **제너 다이오드**zener diode는 잘 정의되어 일정한 애벌런치 전압을 갖도록 특별히 제작된 다이오드이다.

어떤 제너 다이오드가 50 V 의 애벌런치 전압 또는 **제너 전압**zener voltage을 갖고 있다고 가정하자. PN 접합에 역방향 바이어스를 인가하면 그 역방향 바이어스의 크기가 50 V 를 넘지 않는 한 다이오드는 개방 회로로 동작한다. 그러나 역방향 바이어스가 순간적으로라도 50 V 에 도달하면 다이오드는 도통된다. 이 현상은 순시 역방향 바이어스가 50 V 를 넘는 것을 방지한다.

[그림 20-6]은 가상의 제너 다이오드에 흐르는 전류를 전압의 함수로 나타낸 그래프이다. 제너 전압은 역방향 바이어스가 증가할 때(즉 전압을 가로축의 왼쪽 방향으로 증가시킬 때) 전류가 급격히 증가하는 지점의 전압을 나타낸다.

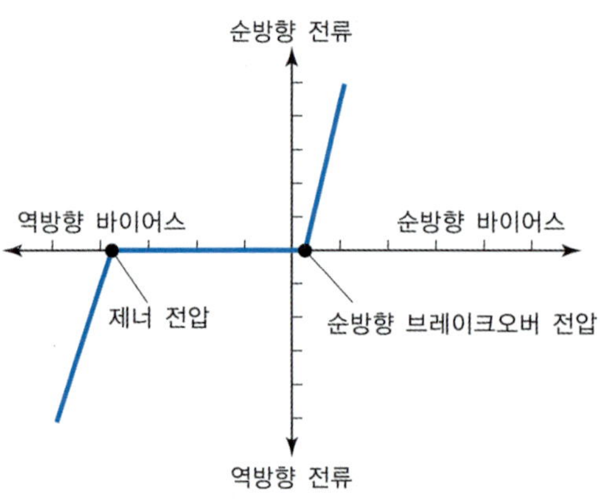

[그림 20-6] 바이어스 전압에 대한 제너 다이오드에 흐르는 전류

[그림 20-7]은 제너 다이오드를 이용한 간단한 **전압 조정기**voltage-regulator(**전압 레귤레이터**) 회로이다. 이때 다이오드의 극성에 유의해야 한다. 일반적인 다이오드를 정류 회로에서 사용할 때와 반대로 캐소드에 양의 전압 단자를, 애노드에 음의 전압 단자를 연결해야 한다. 직렬 연결된 저항은 제너 다이오드를 통해 흐르는 전류를 제한하는데, 이는 저항이 없다면 다이오드에 과전류가 흘러 심한 경우 다이오드가 타버릴 수도 있기 때문이다.

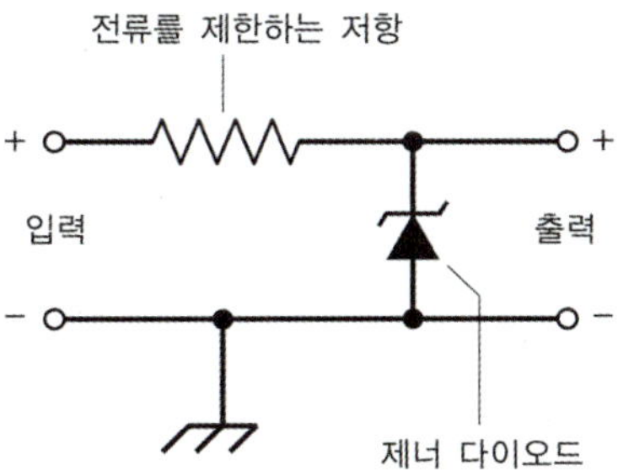

[그림 20-7] 전압 조정을 위한 제너 다이오드 연결. 직렬 연결된 저항은 다이오드가 파괴되는 것을 방지하기 위해 다이오드에 흐르는 전류를 제한한다.

진폭 제한

19장에서 다이오드는 순방향 브레이크오버 전압 이상의 순방향 바이어스가 가해지지 않으면 전류가 흐르지 않는다는 것을 배웠다. 이 원리를 다르게 표현하면, 다이오드는 순방향 브레이크오버 전압 이상의 순방향 바이어스를 인가해야 전류가 흐른다는 것이 된다. 다이오드는 순방향 전류가 흐르는 한 P형, N형 반도체 사이의 전위차가 거의 일정하게 유지되고, 그 값은 대략 순방향 브레이크오버 전압과 같다. 실리콘 다이오드의 전압차 또는 전압 강하는 대략 0.6 V 이고, 게르마늄 다이오드는 약 0.3 V , 셀레늄 다이오드는 약 1 V 이다.

이런 반도체 다이오드의 '고정 전압 강하' 특성을 활용해 신호의 진폭을 제한하는 회로를 만들 수 있다. [그림 20-8(a)]는 입력된 신호의 양(+)의 최대 전압과 음(−)의 최대 전압을 **제한**limit 하거나 **절단**clip하기 위해 신호 경로와 병렬로 2개의 동일한 다이오드를 서로 반대 방향으로 연결하는 방법을 보여준다. 이런 구성을 통해 출력 파형의 피크 전압은 다이오드의 순방향 브레이크오버 전압값으로 제한된다. [그림 20-8(b)]는 입력 파형과 최대값 부분이 잘린 교류 신호의 전형적인 출력 파형을 보여준다.

[그림 20-8(a)]와 같은 다이오드 기반의 전압 제한 회로의 단점은 **클리핑**clipping이 이뤄질 때 왜곡이 발생한다는 것이다. 이런 왜곡은 디지털 신호 수신, 주파수 변조(FM) 신호 또는 제한 전압에 거의 도달하지 않는 작은 아날로그 신호의 수신에는 문제가 되지 않을 수 있다. 그러나 제한 전압을 넘어설 만큼 크기가 큰 진폭 변조(AM) 신호에 대해서는 **클리핑 왜곡**clipping distortion으로 인해 음성이 알아듣기 어려워지거나 음질이 심각하게 저하되는 등의 문제가 발생할 수 있다.

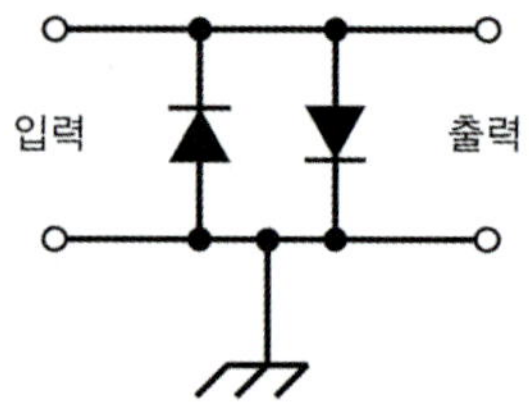

(a) 연결된 두 다이오드는 교류 리미터로 작동한다.

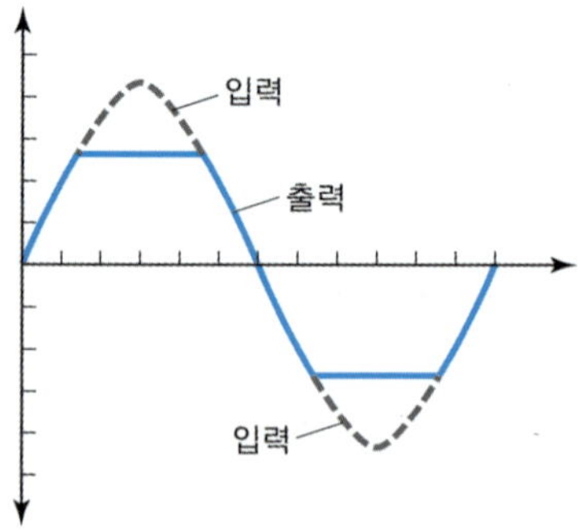

(b) 교류 리미터에서 다이오드의 동작에 의해 입력된 사인파의 피크값들이 잘려 나오는 출력 파형

[그림 20-8] 진폭 제한과 교류 신호의 출력 파형

주파수 제어

다이오드에 역방향 바이어스를 인가하면 PN 접합 부근에서 유전체와 같은 특성(절연성)을 띤 영역이 생기는 것을 관찰할 수 있다. 19장에서 배웠듯 이 영역은 다수 전하 반송자가 매우 부족하므로 **공핍 영역** depletion region 이라고 한다. 공핍 영역의 폭은 역방향 바이어스 전압을 비롯해 몇 가지 파라미터에 의해 달라진다.

역방향 바이어스 전압이 애벌런치 전압보다 작을 때 역방향 바이어스 전압을 변화시키면 공핍 영역의 폭이 변화한다. 폭의 변화는 결국 접합 커패시턴스를 변화시킨다. 이 접합 커패시턴스는 일반적으로 수 **피코패럿** pico-farad (pF) 수준으로 역방향 바이어스 전압의 제곱근의 역수에 비례하는데, 이를 위해서는 역방향 바이어스 전압이 애벌런치 전압보다는 작아야 한다. 예를 들어, 역방향 바이어스 전압을 4배 증가시키면 접합 커패시턴스는 절반으로 줄어든다. 또한 역방향 바이어스 전압을 9배 감소시키면 접합 커패시턴스는 3배 증가한다.

현재 대부분 VCO IC로 대체되었지만 일부 다이오드는 가변 커패시터를 구현하기 위해 특별하게 제작되기도 한다. 이런 다이오드를 19장에서 언급했던 **버랙터 다이오드** varactor diode 라고 한다. 버랙터는 VCO Voltage-Controlled Oscillator 라는 특수한 형태의 회로에 사용된다.

[그림 20-9]는 코일과 고정값을 갖는 커패시터, 버랙터로 구성된 VCO의 병렬 LC 동조 회로의 예를 나타낸 것이다. 고정값을 갖는 커패시터가 버랙터의 커패시턴스 값보다 훨씬 크도록 설계해 코일이 버랙터 양단에 인가되는 컨트롤 전압을 단락시키는 것을 방지한다. 버랙터 다이오드의 회로 기호는 캐소드 쪽에 2개의 선이 표시되어, 선 하나를 표시하는 일반적인 다이오드와 구별된다.

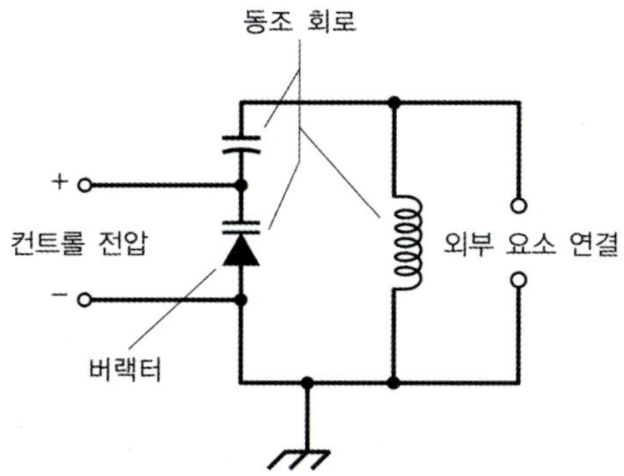

[그림 20-9] **동조 회로에서 버랙터 연결**

발진과 증폭

특정한 조건에서는 다이오드가 마이크로파 RF 신호, 즉 매우 높은 교류 주파수를 갖는 신호를 생성하거나 증폭할 수 있다. 이런 목적으로 만들어지는 다이오드에는 건 다이오드, 임팻 다이오드, 터널 다이오드 등이 있다.

건 다이오드

건 다이오드 Gunn diode는 100 mW ~ 1 W 수준의 RF 출력 전력을 생성할 수 있고, **갈륨비소**GaAs를 기반으로 제작된다. 건 다이오드는 **건 효과**Gunn effect에 의해 신호 발진을 하는데, 이 용어는 1960년대에 이 현상을 처음 발견한 IBM International Business Machines의 기술자 건J. Gunn의 이름에서 유래했다.

건 다이오드는 정류기, 검파기, 혼합기처럼 동작하지 않는다. 대신 **부저항**negative resistance이라고 불리는 특이한 현상quirk 때문에 진동이 발생한다. 특정 조건에서 순시 전압이 증가할 때 오히려 순간적인 전류가 감소하는 현상을 부저항 특성이라고 한다. 건 다이오드 발진기는 동조시키기 위해 종종 버랙터 다이오드를 사용하기도 한다. 건 다이오드에 **호른**horn 형태의 안테나를 직접 연결하면 **건플렉서**Gunnplexer라는 장치를 구현할 수 있다. 아마추어 무선통신을 사용하는 사람들은 100 GHz 이상의 주파수에서 저전력 무선통신을 위해 건플렉서를 사용한다.

임팻 다이오드

임팻IMPATT은 충격 애벌런치 천이 시간(Impact Avalanche Transit Time)의 약자이다. **임팻 다이오드**IMPATT diode는 건 다이오드와 마찬가지로 부저항 특성을 통해 동작한다. 또한 건 다이오드처럼 마이크로파 발진 회로를 구성하는 데에도 사용되는데, 건 다이오드와의 차이점은 갈륨비소보다는 실리콘을 기반으로 만들어진다는 점이다. 임팻 다이오드는 건 다이오드 발진기를 내장한 마이크로파 트랜스미터의 신호를 증폭할 수 있다. 또한 발진기의 한 종류로서 건 다이오드와 비슷한 수준의 주파수에서 거의 동등한 양의 출력 전력을 생산할 수 있다.

터널 다이오드

마이크로파 대역 주파수로 발진할 수 있는 또 다른 다이오드로 **에사키 다이오드**Esaki diode라고도 하는 **터널 다이오드**tunnel diode가 있다. 갈륨비소를 기반으로 제작된 터널 다이오드는 마이크로파 수신기 또는 **트랜시버**transceiver 내에서 국소 발진하는 데 충분한 수준의 전력을 생성한다. 터널 다이오드는 잡음 수준이 매우 낮아서 마이크로파 트랜시버 내에서 약한 신호에 대한 증폭기로 사용하기 매우 적합하다. 이런 저잡음 특성은 갈륨비소를 기반으로 하는 전자 소자들의 전반적인 특성이다.

에너지 방출

일부 반도체 다이오드들은 PN 접합에 순방향 전류가 흐를 때 광신호를 방출한다. 이런 현상은 원자 내에서 전자가 높은 에너지에서 낮은 에너지 상태로 떨어질 때 발생한다.

LED와 IRED

제조에 사용되는 반도체의 정확한 혼합에 따라 순방향 바이어스에서 거의 대부분의 색깔의 가시광선이 제작될 수 있다. 또한 적외선과 자외선 방출 소자를 구현할 수도 있다. **적외선 방출 다이오드**Infrared-Emitting Diode(IRED)는 적색광의 파장보다 약간 긴 파장을 가진 에너지를 방출한다.

LED나 IRED에서 방출되는 에너지의 세기는 순방향 전류에 어느 정도 의존한다. 순방향 전류가 증가하면 어떤 전류 수준에 도달할 때까지는 빛이 밝아진다. 그러다가 전류가 계속 증가해도 더 밝아지지 않는 때가 있는데, 이것을 LED나 IRED가 **포화 상태**에서 동작한다고 한다.

디지털 디스플레이

LED는 다양한 형태와 크기로 제작할 수 있으므로 디지털 디스플레이에서도 잘 동작한다. 우리 주변에서 디지털 시계 라디오와 하이파이 라디오, 계산기, 자동차 라디오 등에 LED를 사용하는 것을 쉽게 볼 수 있다. 이런 기기에서 LED는 켜짐/꺼짐, 오전/오후, 배터리 용량 낮음 등 다양한 상태를 표시한다.

많은 TV 화면, 컴퓨터 모니터 및 각종 크기와 형태의 그래픽 디스플레이는 현재 유기 발광 다이오드(OLED)라고 불리는 LED의 형태로 제작된다. OLED는 실제로 빛을 방출하는 유기 발광층을 포함하며 일반적인 LED와 달리 기판에 인쇄될 수 있고, 심지어 유연한 표면이나 곡면에도 인쇄될 수 있다.

통신

LED와 IRED는 세기를 변조해 정보를 전송할 수 있으므로 통신 시스템에서 잘 동작한다. 다이오드에 흐르는 전류가 광출력을 발생시킬 수 있을 정도로 높으면서 포화 상태가 되지 않을 수준이라면 LED나 IRED의 출력은 고속으로 변하는 전류 속도에 따라 변할 수 있다. 이런 특성을 이용해 가시광선이나 적외선 에너지빔에 디지털 신호를 실어 전송하는 회로를 설계할 수 있다. 최신 장거리 통신 시스템에서는 투명한 유리나 플라스틱 케이블 등을 통해 변조된 광신호를 전송하는 기술을 활용하기도 하는데, 이를 **섬유광학**fiberoptics이라고 한다.

레이저 다이오드

레이저 다이오드laser diode라는 특수한 LED와 IRED는 **위상이 같은**coherent 광신호를 방출한다. 이런 다이오드에서 나오는 빛은 레이저를 생각하면 흔히 떠오르는 강력하고 평행한 광선과는 다르다. 레이저 LED나 IRED는 약한 세기의, 고깔 모양의 광신호를 발산한다. 그러나 렌즈를 사용하면 이 방출광들을 세기가 고른 평행 광신호로 집속시킬 수 있다. 이렇게 얻게 되는 광신호는 대형 레이저에서 방출되는 빔과 같은 특성을 갖게 되고, 최소한의 세기 감쇄를 겪으면서 먼 거리까지 전파될 수 있다. 실제로 수 W의 전력을 갖는 레이저 다이오드가 존재하고, 이 다이오드는 레이저 **절단기**cutter와 레이저 **각인기**engraver에 사용되고 있다.

감광성 다이오드

대부분의 PN 접합은 적외선, 가시광선, 자외선 등의 광신호에 노출되었을 때 전기전도성이 변화한다. 그러나 기존 다이오드는 불투명한 패키지에 밀폐되어 있으므로 빛을 쬐어도 일반적으로 반응하지 않는다. 어떤 **감광성 다이오드**photosensitive diode는 PN 접합에 조사되는 가시광선, 적외선, 자외선의 세기에 따라 직류 저항이 변화한다. 또 어떤 다이오드는 광선 에너지가 존재할 때 자체적으로 직류 전압을 생성한다.

실리콘 광 다이오드

P형 및 N형 물질 사이의 공핍 영역에 가시광선이 도달하도록 투명한 외장으로 보호해서 제작하는 실리콘 다이오드를 **실리콘 광 다이오드**silicon photodiode라고 한다. 역방향 바이어스 전압을 애벌런치 전압보다 작게 인가한다면 다이오드에 빛을 비추지 않은 상태에서는 전류가 흐르지 않지만 다이오드에 외부로부터 광선 에너지가 조사되면 전류가 흐른다.

고정된 역방향 바이어스 전압에서 광신호가 일정 범위 내에 있을 때 다이오드의 전류는 광신호의 세기에 정비례하여 변화한다. 역방향 바이어스가 걸린 실리콘 광전자 다이오드의 PN 접합에 세기가 다른 빛이 조사되면 다이오드의 출력 전류는 빛의 세기 변화를 따른다. 따라서 실리콘 광 다이오드는 광섬유 통신시스템에서 사용되는 변조된 광신호를 수신하는 데 매우 유용하다.

실리콘 광 다이오드는 다른 파장에 비해 일부 특정한 파장을 가진 광신호를 더 민감하게 받아들인다. 실리콘 광 다이오드는 광신호 스펙트럼에서 볼 때 근적외선 영역, 즉 가시광선 대역의 적색광보다 약간 긴 파장 대역에서 최대 감광성을 갖는다.

광 아이솔레이터

LED나 IRED, 광 다이오드를 하나의 패키지 안에 결합해 **광 아이솔레이터**optoisolator를 만들 수 있다. [그림 20-10]과 같이 광 아이솔레이터에서 생성된 변조된 광신호는 좁은 간격의 투명한 매질을 통과해 수신부로 전송된다. LED나 IRED는 전기적인 입력 신호를 가시광선 또는 적외선으로 변환시키고, 광 다이오드는 변환된 가시광선 또는 적외선을 다시 전기적인 신호로 변환시켜 이를 출력단으로 보낸다. 광 아이솔레이터의 외장을 불투명하게 처리해 외부의 빛 또는 적외선이 광 다이오드에 도달하지 못하도록 함으로써 광 다이오드는 오로지 광 아이솔레이터 내부에서 생성되는 광신호에 대해서만 반응할 수 있다.

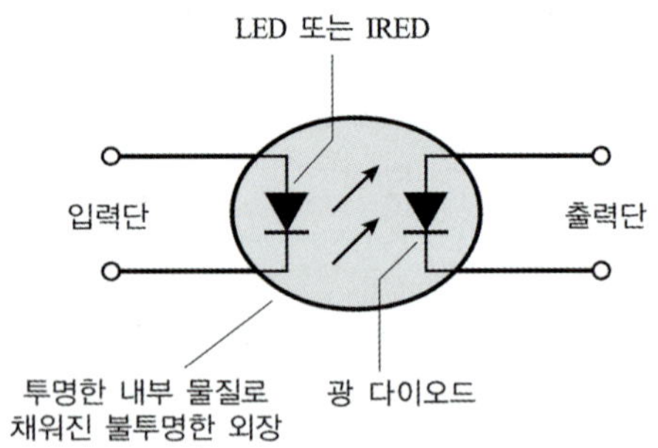

[그림 20-10] 광 아이솔레이터의 입력단에는 LED 또는 IRED가 연결되어 있고, 출력단에는 광 다이오드가 연결되어 있으며 그 사이에는 투명한 매질이 채워져 있다.

교류 신호를 어떤 회로에서 다른 회로로 전송하거나 **커플링**(연결)coupling시킬 때 두 회로를 직접 연결해 전송이 이루어진다면 다른 두 **단**stage은 서로 전기적인 영향을 주고받는다. 가령, 증폭기와 같은 한 단의 입력 임피던스는 그 단에 전력을 공급하는 회로의 동작에 영향을 줄 수 있는데, 이는 결국 전체 회로 동작에 문제를 일으킬 수 있다. 광 아이솔레이터는 회로 간 커플링(신호 전송)을 전기적 방식이 아닌 광학적 방식으로 진행하므로 이런 문제를 극복할 수 있다. 두 번째 단 회로의 입력 임피던스가 변해도 첫 번째 단 회로의 출력 임피던스는 변하지 않는데, 그 이유는 LED나 IRED의 임피던스 성분만 포함하기 때문이다. 두 회로의 임피던스와 그로 인한 전기적 효과는 말 그대로 서로 **격리**isolation된다.

광전지

실리콘 다이오드는 충분한 세기의 적외선, 가시광선, 자외선이 PN 접합에 도달하면 바이어스 전압을 별도로 가하지 않아도 직류 전압을 생성할 수 있다. 이런 현상을 **광기전효과** photovoltaic effect라고 한다. 태양전지는 이런 원리를 기반으로 동작한다.

광전지 photovoltaic cell는 PN 접합에서 받아들이는 광에너지를 극대화하기 위해 PN 접합의 표면적을 최대화하는 구조로 제작된다. 단일 실리콘 광전지는 낮에 0.6 V 정도의 직류 전압을 생성할 수 있다. 이 실리콘 광전지가 공급할 수 있는 전류, 즉 결과적으로 공급할 수 있는 전력은 접합의 표면적에 따라 달라진다.

이 광전지를 직렬-병렬 조합으로 연결하면 이동식 무선 등에 들어가는 반도체 기반 전자 소자에 전력을 공급할 수 있다. 이렇게 연결한 광전지 어레이에서 생성되는 직류 전압으로 배터리를 충전시켜두면 광 에너지가 제공되지 않을 때(밤이나 흐린 날 등)에도 전자 소자를 구동할 수 있다. 이렇게 직렬-병렬로 연결된 대단위 광전지를 **태양광 패널** solar panel이라고 한다.

태양광 패널에서 생성된 총 전력은 개별적인 광전지에서 생성되는 전력량, 패널에 있는 광전지의 수, 패널에 도달하는 광 에너지의 세기, 패널의 표면에 도달하는 광 에너지의 입사각에 따라 달라진다. 일부 태양광 패널은 한낮의 태양광이 방해 없이 모든 광전지의 표면에 수직으로 도달하면 수 kW 수준의 높은 전력을 생산하기도 한다.

연습문제

01 다음 중 초고주파(UHF) 또는 마이크로파 신호를 생성하기 위해 사용할 수 있는 다이오드는 무엇인가?

(a) 건 다이오드
(b) 터널 다이오드
(c) 임팻 다이오드
(d) (a), (b), (c) 모두

02 다음 중 LED를 발견할 수 있는 기기는 무엇인가?

(a) 마이크로파 발진기
(b) 광 아이솔레이터
(c) 정류기
(d) 전압 조정기

03 다음 중 [그림 20-11]과 같이 2개의 다이오드를 연결해 얻을 수 있는 회로의 기능은 무엇인가?

(a) 발진 (b) 복조
(c) 증폭 (d) 클리핑

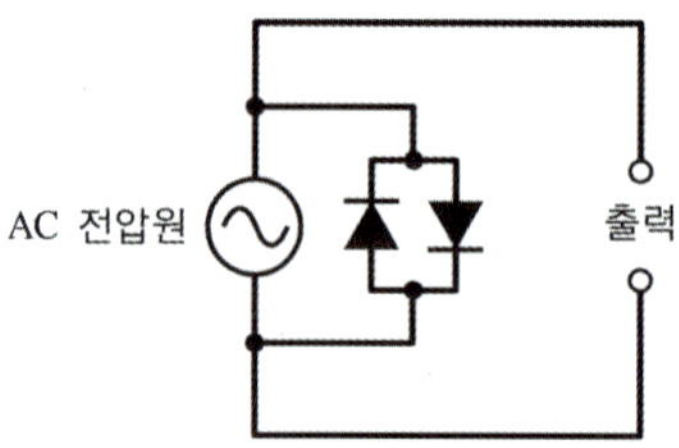

[그림 20-11] [연습문제 03]을 위한 회로도

04 다음 중 크리스털 무선 수신기에서 사용하는 다이오드가 되도록 작은 값을 가져야 하는 것은 무엇인가?

(a) 접합 커패시턴스
(b) 순방향 브레이크오버 전압
(c) 애벌런치 전압
(d) 역방향 바이어스

05 다음 중 다이오드를 주파수 체배기로 사용할 수 있게 하는 다이오드의 특성은 무엇인가?

(a) 비선형 소자
(b) 신호의 복조 가능성
(c) 외부 전력이 필요하지 않은 특성
(d) (a), (b), (c) 모두

06 다음 중 부품의 전압이 증가할 때 부품을 통해 흐르는 전류가 감소하는 현상을 부르는 명칭으로 옳은 것은 무엇인가?

(a) 발생하지 않는 현상으로, 따라서 붙일 수 있는 이름도 없다.
(b) 트랜스컨덕턴스
(c) 부저항
(d) 전류 반전

07 다이오드 기반의 혼합기에 0.700 MHz와 1.300 MHz의 주파수를 가진 신호를 입력했을 때 출력 신호의 주파수는 얼마인가?

(a) 0.500 MHz
(b) 1.00 MHz
(c) 0.600 MHz
(d) (a), (b), (c) 모두

08 다음 중 가시광선의 밝기를 측정하기 위해 설계하는 회로에 응용 할 수 있는 다이오드는 무엇인가?

(a) 정류 다이오드
(b) 광 다이오드
(c) 제너 다이오드
(d) RF 다이오드

09 다음 중 크리스털 무선 수신기에 사용할 수 있는 다이오드는 무엇인가?

(a) 정류 다이오드
(b) 광 다이오드
(c) 제너 다이오드
(d) RF 다이오드

10 다음 중 다이오드의 애노드에는 음의 전압을 인가하고, 캐소드에는 양의 전압을 인가하면 종종 일어나는 현상은 무엇인가?

(a) 애벌런치 붕괴
(b) 순방향 바이어스
(c) 접합 공핍
(d) 순방향 브레이크오버

11 [그림 20-12]의 회로와 같이 다이오드의 비선형성은 주파수 체배기로 응용할 수 있다. 다음 중 그 외에 비선형성을 통해 다이오드를 사용할 수 있는 곳은 어디인가?

(a) 마이크로파 발진기
(b) 신호 혼합기
(c) 광 아이솔레이터
(d) 광전지

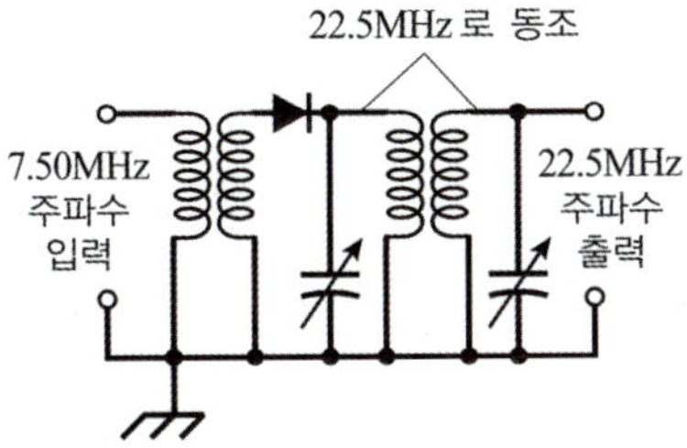

[그림 20-12] [연습문제 11]을 위한 회로도

12 다음 중 전압-조절 발진기(VCO)에 사용되는 다이오드에 관한 설명으로 옳은 것은 무엇인가?

(a) 높은 구동 전압을 요구한다.
(b) 신호를 복조한다.
(c) 역방향 바이어스 조건에서 동작한다.
(d) 0에 가까운 낮은 저항을 갖는다.

13 다음 중 주로 버랙터 다이오드를 찾을 수 있는 곳은 어디인가?

(a) 전압 조정기
(b) 정류기
(c) 광 아이솔레이터
(d) VCO

14 다음 중 비선형성을 가진 다이오드가 있는 회로에 순수한 사인파 신호를 입력했을 때 출력 신호에 관한 설명으로 옳은 것은 무엇인가?

(a) 입력 신호 주파수의 모든 정수배(1, 2, 3, 4 등)에 해당하는 주파수를 가진 무수히 많은 신호를 출력한다.
(b) 입력 신호 주파수의 정수분의 1배(1, $\frac{1}{2}$, $\frac{1}{3}$, $\frac{1}{4}$ 등)에 해당하는 주파수를 가진 무수히 많은 신호를 출력한다.
(c) 하나의 신호에 대해 단 하나의 주파수를 갖는 신호만 출력한다. 이 주파수는 입력 신호의 주파수와 동일하다.
(d) 이 질문에 답하기 위해서는 더 많은 정보가 필요하다.

연습문제

15 다음 중 실리콘 광전지로 제작한 태양광 패널이 생성할 수 있는 최대 전압을 결정하는 요인은 무엇인가?

(a) 직렬로 연결된 광전지들의 수(병렬 연결된 광전지들로 구성된 직렬 어레이 내 광전지들의 수)
(b) 병렬로 연결된 광전지들의 수(직렬 연결된 광전지들로 구성된 병렬 어레이 내 광전지들의 수)
(c) 광전지들의 연결 방식과는 무관하며 전체 패널의 표면적에 비례한다.
(d) (a), (b), (c) 중 어느 것이나

16 다음 중 LED에서 방출되는 가시광선이 발생하는 이유로 옳은 것은 무엇인가?

(a) 애벌런치 효과의 결과로 발생한다.
(b) 역방향 바이어스 전압이 감소할 때 발생한다.
(c) 원자 내에서 전자가 에너지를 잃을 때 발생한다.
(d) PN 접합이 뜨거워질 때 발생한다.

17 [그림 20-13]의 회로에서 버랙터 양단에 인가하는 역방향 바이어스 전압을 증가시키면 LC 공진 주파수는 어떻게 되는가? (단, 애벌런치 현상은 발생하지 않는다고 가정한다.)

(a) 요동친다.
(b) 증가한다.
(c) 감소한다.
(d) 아무런 변화도 일어나지 않는다.

18 만약 [그림 20-13]의 회로에서 고정 커패시터를 단락시키면 어떻게 되는가?

(a) 회로는 더 이상 증폭되지 않는다.
(b) 버랙터를 통해 과도한 전류가 흐른다.
(c) 출력 전압이 불안정해진다.
(d) 인덕터는 버랙터에 대한 역방향 바이어스 소스를 단락시킨다.

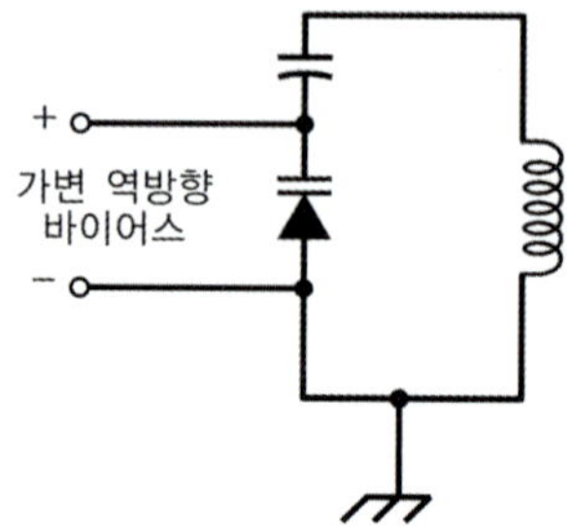

[그림 20-13] **[연습문제 17~18]을 위한 회로도**

19 다음 중 RF 스위치로 응용하기 위해 접합 커패시턴스를 최소화하도록 제작된 다이오드는 무엇인가?

(a) 임팻 다이오드
(b) '고양이 수염' 다이오드
(c) PIN 다이오드
(d) 건 다이오드

20 다음 중 광 다이오드가 필수적인 기능을 수행하는 회로는 무엇인가?

(a) 정류기
(b) 광 아이솔레이터
(c) 주파수 체배기
(d) VCO

정답

01 d	02 b	03 d	04 a	05 a	06 c	07 c	08 b	09 d	10 a
11 b	12 c	13 d	14 a	15 a	16 c	17 b	18 d	19 c	20 b

CHAPTER 21

바이폴라 트랜지스터

Bipolar Transistors

학습목표

- 바이폴라 트랜지스터의 구조와 종류, 바이어스에 따른 동작 특성을 이해할 수 있다.
- 바이폴라 트랜지스터의 증폭 기능 원리에 대해 학습하고, 증폭 성능 인자인 알파(α)와 베타(β)의 정의 및 상관관계를 이해할 수 있다.
- 주파수의 변화에 따른 바이폴라 트랜지스터의 교류 동작 특성을 이해할 수 있다.
- 공통 이미터/베이스/컬렉터 증폭 회로를 해석하고, 각각의 동작 특성을 이해할 수 있다.

트랜지스터transistor는 '**전류를 전달하는 저항**current-transferring resistor'을 축약한 것이다. 전자 제품이 더 디지털화되고, 스위칭 동작이 아날로그 동작보다 더 중요해지면서 바이폴라 트랜지스터는 이전만큼 보편적이지 않지만 여전히 많은 응용 분야에 사용되고 있다.

바이폴라 트랜지스터는 2개의 PN 접합으로 구성된다. 바이폴라 트랜지스터의 종류에는 2개의 N형 반도체 층 사이에 P형 반도체 층이 존재하는 형태(NPN 트랜지스터)와 2개의 P형 반도체 층 사이에 N형 반도체 층이 존재하는 형태(PNP 트랜지스터)가 있다.

NPN과 PNP

[그림 21-1(a)]는 NPN **바이폴라 트랜지스터**의 모식도를, [그림 21-1(b)]는 회로도에서 사용하는 기호를 나타낸 그림이다. 가운데에 있는 P형 반도체 영역은 **베이스**base를 형성하고, 두 N형 반도체 영역 중 하나는 **이미터**emitter를, 다른 하나는 **컬렉터**collector를 형성한다. 베이스, 이미터, 컬렉터는 각각 B, E, C라고 표기한다.

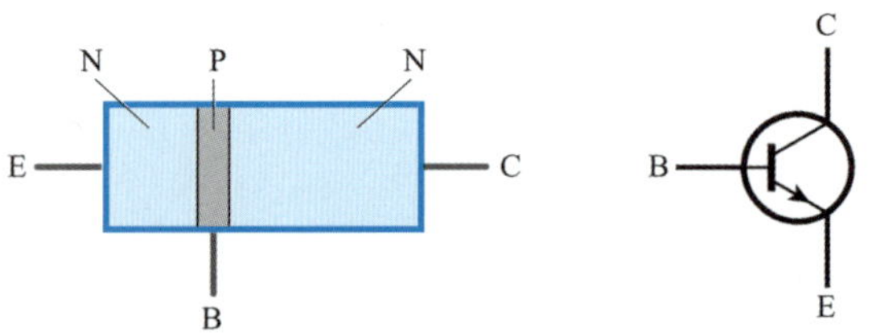

(a) NPN 트랜지스터의 모식도 (b) 회로 기호

[그림 21-1] NPN 바이폴라 트랜지스터 (E = 이미터(emitter), B = 베이스(base), C = 컬렉터(collector))

PNP 바이폴라 트랜지스터는 [그림 21-2(a)]와 같이 얇은 N형 층의 양쪽에 P형 층이 형성되어 있고, 회로 기호는 [그림 21-2(b)]와 같다. 가운데에 있는 N형 반도체 층은 베이스를 형성하고, 두 P형 반도체 층 중 하나는 이미터를, 다른 하나는 컬렉터를 형성한다. NPN과 마찬가지로 각 단자는 B, E, C로 표기한다.

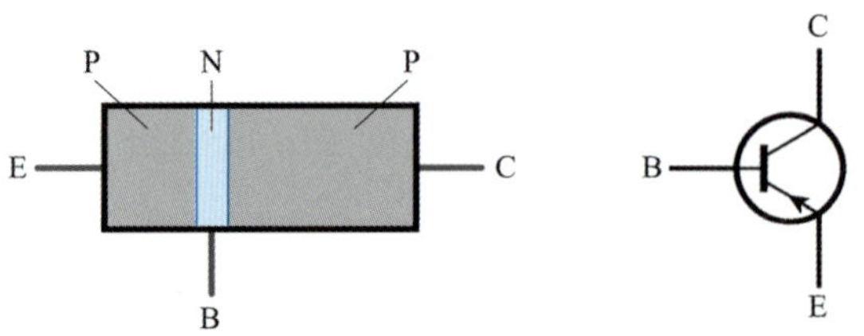

(a) PNP 트랜지스터의 모식도 (b) 회로 기호

[그림 21-2] PNP 바이폴라 트랜지스터 (E = 이미터(emitter), B = 베이스(base), C = 컬렉터(collector))

회로 기호를 보면 바이폴라 트랜지스터의 타입이 무엇인지 알 수 있다. 화살표는 항상 이미터 쪽에 그리므로 별도의 표기가 없어도 세 단자를 구분할 수 있다. NPN 트랜지스터에서 화살표는 바깥쪽, 즉 베이스에서 이미터 쪽을 향한다. 반대로 PNP 트랜지스터에서 화살표는 안쪽, 즉 이미터에서 베이스 쪽을 향한다.

일반적으로 PNP와 NPN 바이폴라 트랜지스터는 동일한 기능을 수행한다. 그러나 동작하기 위해서는 서로 다른 극성의 전압이 필요하고, 전류도 다른 방향으로 흘러가야 한다. 대부분의 경우 NPN 소자를 PNP 소자로, 또는 그 반대로 대체하고 전원 공급 방향을 바꿀 수 있다. 대체 소자가 적절한 성능 요건을 만족한다면 회로가 동작할 것이다.

바이어싱

바이폴라 트랜지스터를 **역 직렬**reverse series, 즉 서로 반대 방향으로 직렬 연결된 2개의 다이오드로 생각해 보자. 일반적으로는 2개의 다이오드를 이런 방식으로 연결해서는 트랜지스터를 동작시킬 수 없다. 그러나 이렇게 가정함으로써 바이폴라 트랜지스터의 동작을 **모델링**modeling(기술적으로 묘사하는 작업)해볼 수는 있다. [그림 21-3(a)]는 이중 다이오드 기반 NPN 트랜지스터 모델의 모식도이며 베이스는 두 다이오드의 애노드 단자들이 연결되는 지점이다. 아래쪽 다이오드의 캐소드는 트랜지스터의 이미터가, 위쪽 다이오드의 캐소드는 트랜지스터의 컬렉터가 된다. [그림 21-3(b)]는 실제로 사용되는 NPN 트랜지스터 회로의 **등가**equivalent 회로이다.

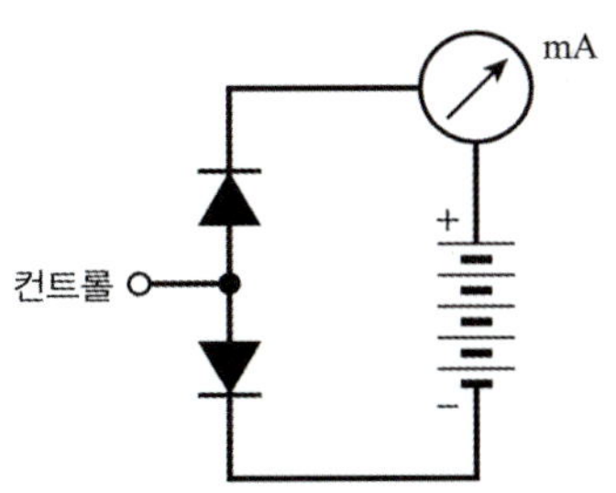

(a) NPN 회로도의 이중 다이오드 모델

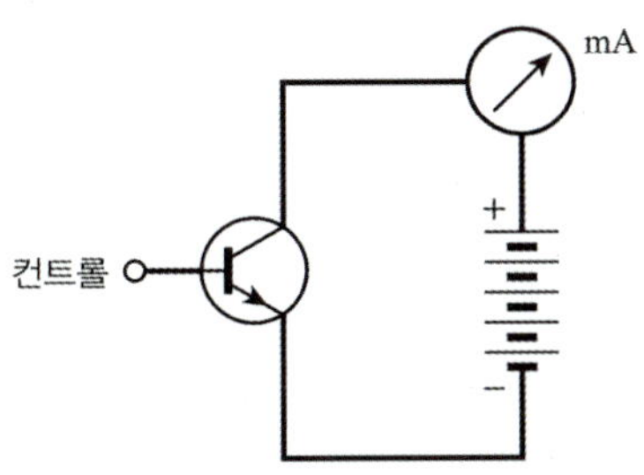

(b) 실제 NPN 트랜지스터 회로도

[그림 21-3] NPN 트랜지스터 회로도

NPN 바이어싱

일반적으로 NPN 바이폴라 트랜지스터에서는 컬렉터 전압을 이미터보다 높게 걸어준다. [그림 21-3(a)], [그림 21-3(b)]와 같이 이런 **바이어싱**biasing 방식을 바이폴라 트랜지스터에 연결한 배터리의 극성 방향으로 나타낸다. 트랜지스터에 공급하는 직류 전압의 범위는 통상적으로 3 V ~ 50 V 인데, 이는 바이폴라 트랜지스터 동작을 위해 컬렉터와 이미터 단자 간의 전위차를 3 V ~ 50 V 가 되도록 한다는 의미이다.

회로도에서 베이스를 '**컨트롤**control'이라고 표기한 것은 트랜지스터를 통과해 흐르는 전류의 흐름이 베이스 단자의 상태에 따라 달라지기 때문이다. 전압의 형태가 직류나 교류에 상관없이 베이스에 인가된 전압의 변화는 트랜지스터 내부에서 발생하는 현상에 영향을 준다. 결과적으로 바이폴라 트랜지스터가 연결된 다른 회로의 동작에도 영향을 준다.

NPN 제로 바이어스

NPN 트랜지스터의 베이스와 이미터에 동일한 전압이 인가된다고 했을 때 이를 **제로 바이어스** zero bias 조건이라고 한다. 이는 두 단자에 인가되는 전위차가 0 V이기 때문인데, 이때 I_B로 표기하는 **이미터-베이스 전류**(간단히 **베이스 전류**)는 0이 된다. **이미터-베이스 접합**E-B junction은 기본적으로 PN 접합이고, **순방향 브레이크오버 전압**forward breakover voltage 이하의 전압 조건에서 동작하며 이미터와 베이스 사이로 전류가 흐르지 않게 한다. 또한 제로 바이어스 상태에서는 베이스에 교류 신호를 인가하지 않는 한 이미터와 컬렉터 사이에도 전류가 흐르지 않는다. 베이스에 인가된 신호는 적어도 E-B 접합의 순방향 브레이크오버 전압과 순간적으로나마 같거나 더 큰 양(+)의 전압을 가져야 한다. 인가되는 신호가 전혀 없어 바이폴라 트랜지스터의 이미터와 컬렉터 사이에 전류가 흐르지 않는다면 바이폴라 트랜지스터가 **컷오프**cut-off 상태에 있다고 한다.

NPN 역방향 바이어스

[그림 21-3(b)]의 회로에서 베이스와 이미터 사이에 배터리를 추가로 연결한다고 가정하자. 이때 베이스 단자의 전압 E_B가 이미터 단자의 전압보다 낮게 연결하면 새로운 배터리 때문에 E-B 접합이 역방향 바이어스 상태에서 동작하게 된다. 이렇게 되면 역방향 바이어스 전압의 크기가 애벌런치 전압(사태 전압)보다 커지지 않는 한 E-B 접합을 통해 전류가 흐르지 않는다. 이런 의미에서 역방향 바이어스 상태의 NPN 바이폴라 트랜지스터는 제로 바이어스 조건과 동일하게 동작한다고 이해할 수 있다. 베이스 단자에 교류 신호를 인가해 교류 신호 주기의 일정 부분에 전류가 흐르게 하려면 인가된 전압 신호는 순간적으로라도 배터리에 의한 역방향 바이어스 전압과 E-B 접합의 순방향 브레이크오버 전압을 합한 값 이상의 양(+)의 전압을 가져야 한다. 따라서 역방향으로 바이어스된 트랜지스터를 전도시키는 것은 제로 바이어스 상태의 트랜지스터를 전도시키는 것보다 어렵다.

NPN 순방향 바이어스

이미터를 기준으로 양(+)의 전압 E_B를 베이스에 인가해 낮은 전압에서 높은 전압으로 점차 증가시키면 E-B 접합은 **순방향 바이어스** 상태가 된다. 이때 순방향 바이어스 전압이 순방향 브레이크오버 전압보다 낮다면 E-B 접합으로 전류가 흐르지 않고 이미터에서 컬렉터 방향으로도 전류가 흐르지 않는다. 그러나 베이스 전압 E_B이 브레이크오버 지점을 초과하면 E-B 접합이 도통되면서 전류가 흐른다.

바이폴라 트랜지스터의 베이스-컬렉터(B-C) 접합은 보통 역방향으로 바이어스된다. 베이스 전압 E_B가 이미터-컬렉터 사이의 공급 전압보다 작으면 접합은 역방향 바이어스 상태를 유지한다. 실제 바이폴라 트랜지스터를 사용하는 회로에서는 통상적으로 E_B의 값을 공급 전압의 몇 분의 일 정도 수준에 맞춘다. 예를 들어, [그림 21-3]의 (a)와 (b) 회로에서 이미터와 컬렉터 사이의 배터리가 12 V 의 전압을 공급한다면 이미터와 베이스 사이에는 1.5 V 수준의 배터리가 있어야 한다. B-C 접합은 역방향 바이어스 상태라고 해도 일단 E-B 접합이 도통되면서 많은 양의 이미터-컬렉터 간 전류, 즉 **컬렉터 전류**collector current가 트랜지스터를 통해 흐르게 된다. 이런 컬렉터 전류는 I_C로 표기한다.

[그림 21-3(b)]와 같은 실제 트랜지스터 회로에서 E-B 접합에 직류 전압을 가하고 증가시키면서 전류계를 살펴보면 순방향 브레이크오버 전압을 넘어서는 순간 전류가 급격히 증가하는 것을 볼 수 있다. 만약 E-B 접합의 순방향 바이어스를 계속해서 증가시키면 E_B의 값이 매우 작게 증가하더라도 베이스 전류 I_B가 증가하며 이로 인해 컬렉터 전류 I_C가 크게 증가한다. [그림 21-4]는 동작 특성을 그래프로 나타낸 것이다. 일단 컬렉터에 전류가 흐르기 시작하면 E_B가 조금만 증가해도 I_C가 크게 증가한다. 그러나 E_B가 계속해서 증가하면 결국에는 I_C - E_B 곡선이 더 이상 증가 곡선을 그리지 않는(수평을 이루는) 전압에 도달하게 되는데, 이를 트랜지스터가 **포화**saturation 상태에 도달했다고 한다. 전류가 더 이상 증가하지 않는 것은 주어진 규격, 즉 단면적으로 제한되는 컬렉터와 이미터 사이에 흐를 수 있는 전류의 양이 최대가 되면서 양 단자 사이에 발생하는 전압 차이 역시 고정되기 때문이다.

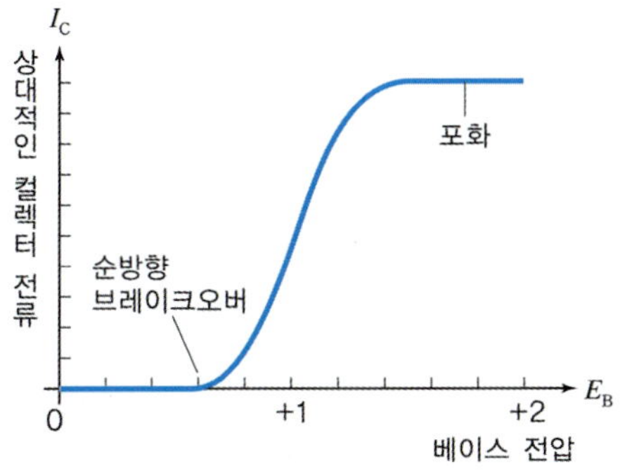

[그림 21-4] 실리콘 기반 NPN 트랜지스터를 가정했을 때 베이스 전압(E_B)에 대한 컬렉터 전류(I_C) 곡선

PNP 바이어싱

이미터와 베이스 사이의 작은 배터리 또는 셀의 전압을 변화시킬 때 NPN 소자를 '거울 대칭'시킨 것처럼 PNP 트랜지스터 내부에서 일어나는 일들을 설명할 수 있다. 다이오드의 방향은 반대가 되고, 트랜지스터 회로 기호 내의 화살표 방향은 바깥쪽이 아닌 안쪽을 향하며 모든 극성은 뒤바뀐다.

[그림 21-5]는 **이중 다이오드**dual-diode PNP 모델과 실제 트랜지스터 회로를 나타낸 것이다. 여기서 NPN에 대해 했던 논의들을 대부분 그대로 반복할 수 있지만 대신 양(+)에 해당하는 용어를 모두 음(−)으로 바꿔야 한다. PNP 트랜지스터 내에서 발생하는 현상들은 NPN 소자에서 발생하는 현상들과 정성적으로 동일하다.

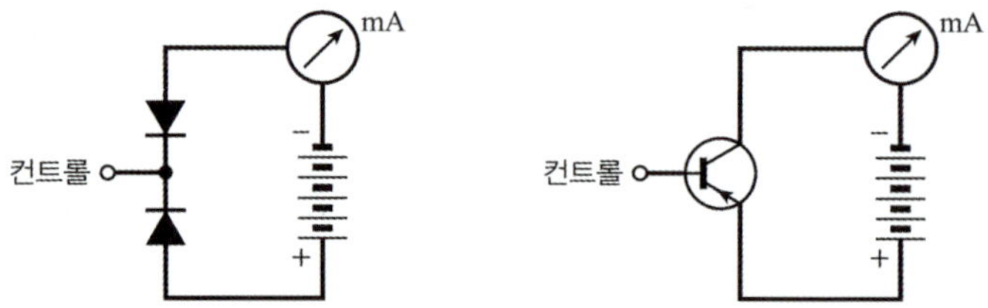

(a) PNP 회로도의 이중 다이오드 모델 (b) 실제 PNP 트랜지스터 회로도

[그림 21-5] PNP 트랜지스터 회로도

증폭

적절한 직류 바이어스 전압을 인가하면 I_B를 약간만 변화시켜도 I_C를 크게 변화시킬 수 있다. 따라서 바이폴라 트랜지스터는 **전류 증폭기**current amplifier로 기능할 수 있다. 바이폴라 트랜지스터의 전류 증폭 특성을 기술하기 위해 다음의 몇 가지 지표들을 사용한다.

컬렉터 전류 대 베이스 전류

[그림 21-6]은 통상적인 바이폴라 트랜지스터에서 I_B의 변화에 따라 I_C가 변화하는 형태를 그래프로 나타낸 것이다. I_C 대비 I_B 곡선을 따라가다 보면 더 이상 전류가 증폭되지 않는 영역을 확인할 수 있다. 예를 들어, 트랜지스터를 포화 영역(그림에서 곡선의 오른쪽 윗부분)에서 동작시키면 I_C 대비 I_B 곡선은 수평적으로 그려진다. 이 영역에서 I_B에 작은 변화가 있어도 I_C는 거의 또는 전혀 변하지 않는다. 그러나 [그림 21-6]의 곡선 중간 부분에 해당하는 경사진 직선 구간에서 트랜지스터를 동작시키면 트랜지스터는 전류 증폭기로 동작한다.

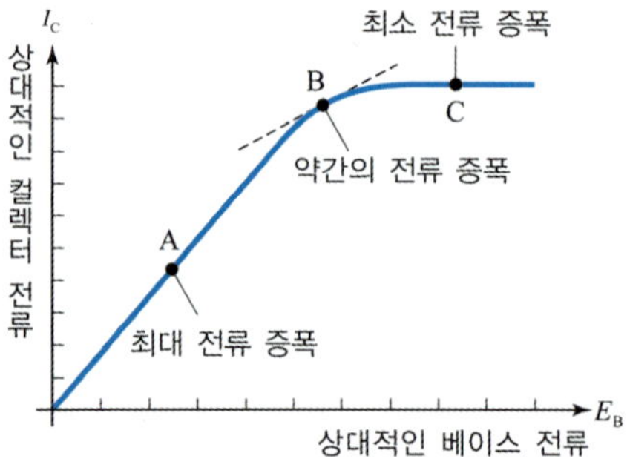

[그림 21-6] 3개의 트랜지스터 바이어스 지점. 곡선의 직선 부분 가운데에서 바이어스시키면 최대의 전류 증폭률을 얻는다.

신호 증폭을 위해 바이폴라 트랜지스터가 필요할 때 이미터와 베이스 사이의 작은 전류 변화가 이미터와 컬렉터 사이의 큰 전류 변화를 만들 수 있도록 바이어스해야 한다. E_B(베이스 바이어스)와 E_C(전원 공급 전압)를 위한 이상적인 전압은 트랜지스터 내부 구성에 따라 달라지고, N형 및 P형 반도체 영역을 구성하는 물질의 화학적 조성에 따라서도 달라진다.

정적 전류 특성

정적 순방향 전류 전달비static forward current transfer ratio와 같이 간단한 지표를 통해 바이폴라 트랜지스터의 전류 전달 특성을 기술할 수 있다. 이 파라미터는 베이스를 전기적으로 접지시켰을 때의 컬렉터 전류 대 이미터 전류의 비(H_{FB})와, 이미터를 전기적으로 접지시켰을 때의 컬렉터 전류 대 베이스 전류의 비(H_{FE})로 살펴볼 수 있다. 먼저 H_{FB}는 베이스를 접지시킨 상태에서 특정 시점의 이미터 전류에 대한 컬렉터 전류의 비로, 다음과 같이 표현할 수 있다.

$$H_{FB} = \frac{I_C}{I_E}$$

예를 들어, 100 mA 의 이미터 전류 I_E로 인해 90 mA 의 컬렉터 전류 I_C가 흐른다면 다음과 같이 H_{FB}를 계산할 수 있다.

$$H_{FB} = \frac{90}{100} = 0.90$$

만약 $I_E = 100\,\mathrm{mA}$ 이고, $I_C = 95\,\mathrm{mA}$ 라면 H_{FB}는 다음과 같다.

$$H_{FB} = \frac{95}{100} = 0.95$$

H_{FE}의 값은 이미터를 접지시킨 상태에서 특정 시점의 베이스 전류에 대한 컬렉터 전류의 비로, 다음과 같이 표현할 수 있다.

$$H_{FE} = \frac{I_C}{I_B}$$

예를 들어, 10 mA 의 베이스 전류 I_B로 인해 90 mA 의 컬렉터 전류 I_C가 흐른다면 다음과 같이 H_{FE}를 계산할 수 있다.

$$H_{FE} = \frac{90}{10} = 9.0$$

만약 $I_B = 5.0\,\mathrm{mA}$ 이고, $I_C = 95\,\mathrm{mA}$ 라면 H_{FE}는 다음과 같다.

$$H_{FE} = \frac{95}{5.0} = 19$$

알파

베이스를 전기적으로 접지시킨 상태(또는 전기적 접지와 동일한 전위차에 위치시킨 상태)에서 바이폴라 트랜지스터의 이미터에 소신호를 인가할 때 발생하는 I_C **변화량**을 I_E **변화량**으로 나눠 바이폴라 트랜지스터 내부의 전류 변화를 기술할 수 있다. 이 비율을 **알파**alpha(α)라고 하며 '변화량'을 수학적인 표현인 d로 나타내면 다음과 같이 α를 정의할 수 있다.

$$\alpha = \frac{dI_C}{dI_E}$$

이 값을 공통 베이스(베이스 접지) 상황에서 트랜지스터의 **동적 전류 이득**dynamic current gain이라고 한다. 바이폴라 트랜지스터의 α는 항상 1보다 작은 값을 갖는다. 이는 입력에 신호를 적용할 때마다 컬렉터로 빠져나가기 전에 이미터에서의 전류가 아주 작은 양이기는 하지만 베이스 전류 성분으로 누설되기 때문이다.

베타

이미터를 전기적으로 접지시킨 상태에서 트랜지스터의 베이스에 소신호를 인가할 때 I_C **변화량**을 I_B **변화량**으로 나눠 실제 신호에 대한 전류 증폭률을 정의할 수 있다. 즉 공통 이미터일 때의 동적 전류 이득을 얻을 수 있다. 이 비율을 **베타**beta(β)라고 하며 앞서 말한 '변화량'을 다시 한 번 d로 나타내면 다음과 같이 β를 정의할 수 있다.

$$\beta = \frac{dI_C}{dI_B}$$

바이폴라 트랜지스터의 β는 1보다 클 수 있고, 매우 큰 값을 갖는 경우도 있으므로 전류 이득이라는 표현은 적합하다. 그러나 트랜지스터를 적절하게 바이어스하지 않았거나 응용 목적에 맞는 트랜지스터 타입을 제대로 선택하지 못했을 때, 또는 트랜지스터가 동작할 수 있는 최대 주파수보다 훨씬 높은 주파수에서 동작시킬 때는 β가 1보다 작을 수 있다.

알파와 베타의 관계

바이폴라 트랜지스터에 베이스 전류가 흐른다면 다음과 같이 β를 α에 관한 식으로 나타낼 수 있다.

$$\beta = \frac{\alpha}{1-\alpha}$$

반대로 다음과 같이 α를 β에 관한 식으로 표현할 수도 있다.

$$\alpha = \frac{\beta}{1+\beta}$$

약간의 계산을 통해 모든 상황에서 컬렉터 전류는 이미터 전류에서 베이스 전류를 뺀 값이 된다는 것을 유도할 수 있다. 즉 다음과 같은 관계식이 성립한다.

$$I_C = I_E - I_B$$

실제 증폭 특성

가상의 트랜지스터에서 컬렉터 전류를 베이스 전류에 대한 함수로(I_C 대 I_B) 나타낸 그래프인 [그림 21-6]을 다시 한 번 살펴보자. 이 그래프로부터 H_{FE}와 β를 모두 파악할 수 있다. 먼저 임의의 지점에서 I_C를 I_B로 나누면 해당 지점의 H_{FE} 값을 얻을 수 있다. β는 기하학적으로 정의될 수 있는 값으로, 임의의 점에서 접선의 기울기$\left(\frac{\Delta I_C}{\Delta I_B}\right)$로 계산된다. 2차원 그래프에서 한 점에서의 곡선의 접선은 해당 점에서 곡선과 교차하지만 그 곡선을 넘지 않는 직선을 만든다.

[그림 21-6]에서 B 지점의 접선은 점선으로 표시된 직선으로 나타난다. A 지점과 C 지점의 접선은 본래의 전류 특성 곡선에 중첩되므로 그림에서는 보이지 않는다. 접선의 기울기가 증가하면 β 값이 증가한다. 주어진 트랜지스터는 입력 신호를 너무 크게 하지 않는 한 A 지점에서 가장 큰 β 값을 얻는다. A 지점 근처에서도 큰 β 값들을 얻게 된다는 것을 예상할 수 있다.

소신호 증폭에서 [그림 21-6]의 A 지점은 좋은 바이어스 조건을 제공할 수 있는데, 이를 적절한 **동작점**operating point 또는 Q-point이라고 한다. 그래프를 따라 오른쪽 위로 이동하면 접선의 기울기가 완만해지므로 B 지점에서의 β 값은 A 지점에서의 β 값보다 작아진다. 즉 B 지점은 A 지점에 비해 소신호 증폭 측면에서 적절하지 않은 동작점이라고 할 수 있다. C 지점에서는 그래프를 따라 오른쪽으로 이동해도 I_C가 증가하지 않으므로 C 지점 근처에서는 곡선의 기울기가 0이고, 따라서 $\beta = 0$이라고 추측할 수 있다. 만약 C 지점 또는 그보다 오른쪽에서 바이어스를 잡는다면 소신호를 증폭시키지 못한다.

오버드라이브

가령 [그림 21-6]의 A 지점 또는 근처에서 가능한 한 최대로 전류를 증폭시키도록 트랜지스터의 바이어스 조건을 잡는다고 해도 너무 큰 교류 신호를 인가하면 문제가 발생할 수 있다. 입력 신호의 크기가 커지면 트랜지스터의 동작점은 B 지점 또는 그보다 오른쪽으로 이동한다. 만약 입력 신호의 한 사이클 동안 신호가 그래프 좌표 안에 표시될 수 없을 만큼 크게 변하면 β의 유효값은 줄어든다. [그림 21-7]은 왜 이런 현상이 발생하는지 보여준다. X 지점과 Y 지점은 이런 상황이 발생했을 때 한 사이클 동안 나타나는 순간적인 전류의 최솟값과 최댓값을 표시한 것이다. 이를 통해 X 지점과 Y 지점을 연결하는 직선의 기울기가 A 지점과 그 근처 접선의 기울기보다 작다는 것을 확인할 수 있다.

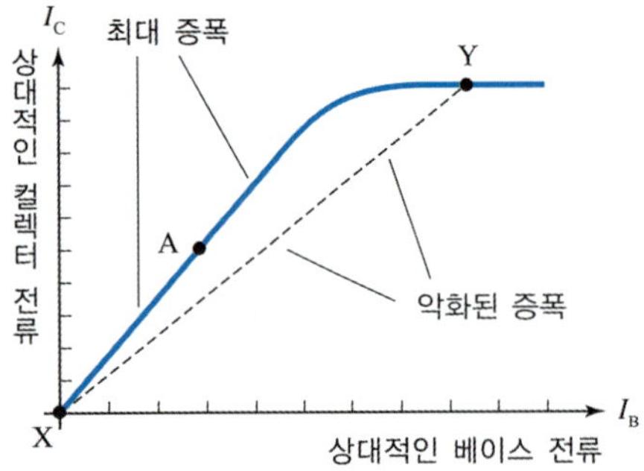

[그림 21-7] **과도한 입력 신호에 의한 증폭 성능 저하**

교류 입력 신호가 너무 커서 [그림 21-7]과 같이 트랜지스터에 X, Y 지점에 해당하는 전류가 흐르게 하면 트랜지스터의 증폭기에서는 **왜곡 현상**distortion이 발생한다. 이는 출력 파형이 입력 파형과 형태가 달라진다는 것을 의미하고, 이런 특성을 **비선형성**non-linearity이라고 한다. 경우에 따라서는 이런 비선형적 증폭 특성을 감수할 수도 있지만 일반적으로는 바람직한 특성이 아니다. 대부분의 경우 증폭기는 **선형적**, 즉 우수한 선형성을 갖기를 바란다. 이는 출력 파형이 입력 파형보다 크기는 크지만 형태는 동일해야 한다는 것을 의미한다.

입력 신호의 크기가 어떤 임계값을 넘어서면 **오버드라이브**overdrive 상황이 발생했다고 한다. 오버드라이브 상태의 트랜지스터는 입력 신호의 일부 사이클에서 포화 영역 또는 그 근처에서 동작한다. 오버드라이브는 전체적인 회로의 효율을 저하시키고, 과도한 컬렉터 전류를 흐르게 하며 베이스-컬렉터 간 접합을 과열시킬 수 있다. 때때로 오버드라이브로 인해 트랜지스터가 파손되기도 한다.

이득 대 주파수

바이폴라 트랜지스터는 입력 신호의 주파수가 증가함에 따라 증폭률(이득)이 감소하는 특성을 보인다. 어떤 바이폴라 트랜지스터는 불과 수 MHz 주파수까지만 입력 신호를 효과적으로 증폭할 수 있다. 또 어떤 바이폴라 트랜지스터는 GHz 범위까지도 증폭할 수 있다. 특정 바이폴라 트랜지스터가 동작할 수 있는 최대 동작 주파수는 소자 내부 PN 접합의 커패시턴스에 따라 달라진다. 접합 커패시턴스가 작으면 동작 가능한 최대 주파수가 높아진다.

이득 표현

앞서 **전류 이득**current gain이 비율로 표현된다는 것을 다뤘다. 그리고 증폭 회로에서의 **전압 이득**voltage gain 또는 **전력 이득**power gain도 들어봤을 것이다. 어떤 이득 특성이든 비율로 표현할 수 있다. 예를 들어, 어떤 회로의 전압 이득이 15라면 출력 전압은 입력 전압의 15배가 된다. 마찬가지로 어떤 회로의 전력 이득이 25라면 출력 전력은 입력 전력의 25배이다.

알파 차단 주파수

바이폴라 트랜지스터를 전류 증폭기로 동작시키고, 입력 신호를 1 kHz 까지 인가했다고 가정하자. 입력 신호의 주파수를 계속 증가시키면 α 값이 감소한다. 이때 α 값이 점차 감소해서 1 kHz 지점에서의 0.707배가 되는 주파수를 바이폴라 트랜지스터의 **알파 차단 주파수**alpha cutoff frequency라고 정의하고, f_α로 표기한다. 여기서 말하는 '차단'은 트랜지스터에 바이어스를 가하지 않거나 역바이어스인 상태에서 전류가 전혀 흐르지 않는 상황을 뜻하는 (트랜지스터) 차단과 다르므로 혼동해서는 안 된다. 트랜지스터는 알파 차단 주파수에서 상당한 이득을 갖는다. 트랜지스터의 알파 차단 주파수를 살펴보면 주파수가 올라감에 따라 트랜지스터의 증폭 능력이 얼마나 빨리 저하될지 가늠할 수 있다.

베타 차단 주파수

앞서 언급한 주파수 변화 실험을 반복해 α 대신 β의 변화를 살펴보자. 주파수가 증가함에 따라 β 값 역시 감소한다. β 값이 1로 떨어질 때의 주파수는 바이폴라 트랜지스터의 **베타 차단 주파수**beta cutoff frequency(또는 이득–대역폭 곱gain bandwidth product)라고 정의하고, f_β 또는 f_T로 표기한다. 만약 바이폴라 트랜지스터를 베타 차단 주파수 이상의 주파수에서 증폭시키려 한다면 동작하지 않을 것이다.

[그림 21–8]은 가상의 트랜지스터에 대한 이득–주파수 그래프에 알파 차단 주파수와 베타 차단 주파수를 표시한 것이다. 이 그래프의 눈금은 선형이 아니며 같은 간격으로 그려져 있지 않다는 점에 유의해야 한다.

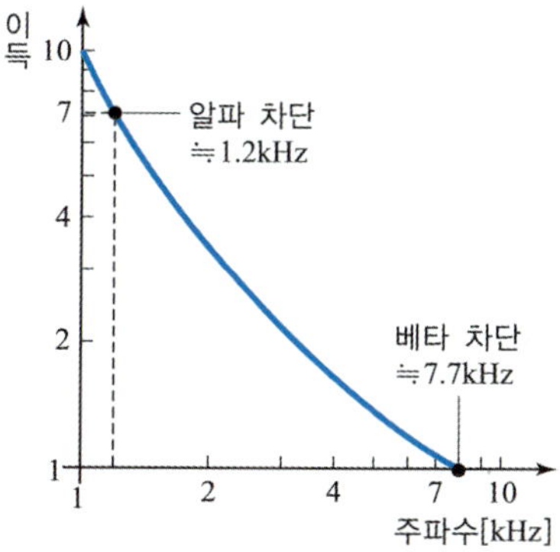

[그림 21–8] 가상의 트랜지스터의 알파 차단 주파수와 베타 차단 주파수

이런 종류의 그래프를 로그–로그 그래프라고 부르는데, 이는 두 축 모두 선형이 아니라 로그 눈금을 따르기 때문이다. 즉 가로 또는 세로축 눈금은 원점으로부터의 거리에 정비례해 그려진 것이 아니라 밑이 10인 로그를 취한 값에 비례해 그려져 있다.

공통 이미터 회로 구성

바이폴라 트랜지스터를 사용하여 회로를 구성하는 방식은 세 가지로, 신호 인가를 위해 이미터를 접지시키는 방법, 베이스를 접지시키는 방법, 컬렉터를 접지시키는 방법이 있다. 그중 자주 사용되는 연결 방법은 **공통 이미터 회로**common-emitter circuit로, **공통**common이라는 것은 신호를 위해 접지시킨다는 것을 의미한다. [그림 21-9]는 그 연결 방식을 나타낸 것이다.

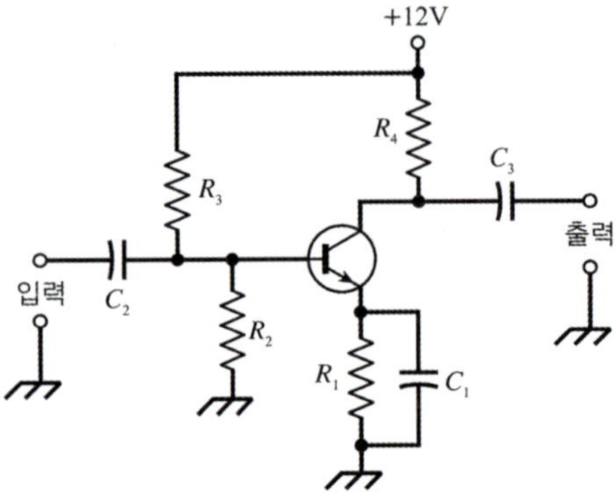

[그림 21-9] NPN 트랜지스터를 사용한 공통 이미터 회로 구성

신호를 인가하기 위해 회로의 어떤 지점이 접지 전위를 갖는다고 해도 실제 전위는 상당한 크기의 직류 전압일 수 있다. [그림 21-9]의 회로에서 커패시터 C_1은 교류 신호에 대해 단락으로 작용해 이미터는 **신호 접지**signal ground 상태가 된다. 반면에 저항 R_1은 이미터가 전기적인 접지에 대해 직류 성분의 양전압(만약 NPN 트랜지스터를 PNP 트랜지스터로 바꿨다면 직류 성분의 음전압)을 가지고 유지하도록 만든다. 이미터 단자의 정확한 직류 전압은 저항 R_1의 값과 베이스에 인가되는 바이어스 전압에 의해 결정된다. 베이스에 인가된 직류 바이어스는 R_2와 R_3의 비율을 조정해 결정된다. 직류 베이스 바이어스는 접지 전위인 0 V에서부터 전원 공급 전압인 + 12 V까지의 범위 내에서 조절하며 대부분 수 V 정도이다.

커패시터 C_2와 C_3는 외부 입력 및 출력 회로로부터 직류 신호를 차단하고, 교류 신호만 통과시키는 역할을 한다. 저항 R_4는 출력 신호가 곧바로 전원으로 단락되는 것을 방지한다. 신호는 C_2를 통해 공통 이미터 회로에 들어가 베이스 전류 I_B를 변화시킨다. I_B의 작은 변화는 컬렉터 전류 I_C를 크게 변화시키고, 이 전류는 R_4를 통과하며 R_4 양단에 변동하는 직류 전압을 생성한다. 이 전압의 교류 성분은 방해없이 커패시터 C_3를 통해 출력 단자로 전달된다.

[그림 21-9]의 회로는 여러 신호 주파수에서 동작할 수 있는 증폭 시스템의 기본 형태를 나타낸 것이다. 공통 이미터 회로 구성은 다른 두 종류의 트랜지스터 회로에 비해 높은 이득을 제공한다. 이 구성에서 출력 파형은 입력 파형이 뒤집힌 형태(위상 반전)로 나타난다. 만약 입력 신호가 순수한 사인파라면 공통 이미터 회로는 신호의 위상을 180° 천이시킨다.

공통 베이스 회로 구성

이름에서 유추할 수 있듯 [그림 21-10]의 **공통 베이스 회로**common-base circuit는 트랜지스터의 베이스를 접지시킨 트랜지스터 회로이다. 이 회로에서 직류 바이어스를 인가하는 방식은 공통 이미터 회로와 동일하지만 입력 신호를 베이스가 아닌 이미터에 인가한다. 이런 방식으로 회로를 구성하면 R_1을 통과하는 전압에 변동을 줄 수 있고, 결과적으로 I_B를 변화시킨다. 이 작은 전류 변동은 R_4로 흐르는 전류를 크게 변화시켜 결과적으로 신호가 증폭된다. 이 회로 구성에서 출력 파형과 입력 파형의 위상은 일치한다.

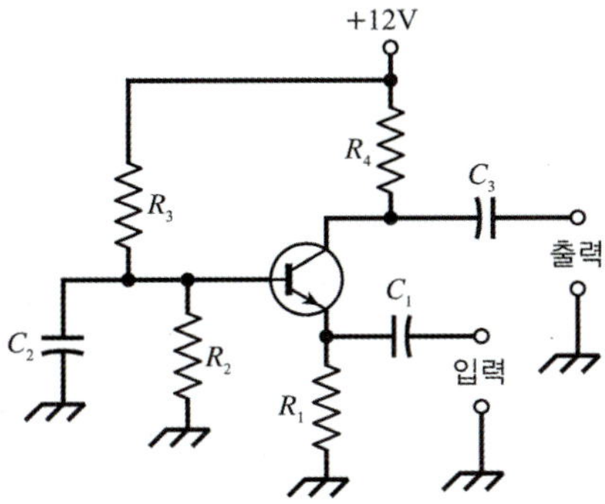

[그림 21-10] NPN 트랜지스터를 사용한 공통 베이스 회로 구성

공통 베이스 회로에서 신호는 커패시터 C_1을 거쳐 트랜지스터로 들어간다. 저항 R_1은 입력 신호가 접지로 단락되는 것을 막고, 저항 R_2와 R_3는 전압 분배를 통해 베이스에 바이어스 전압을 인가하게 한다. 커패시터 C_2는 소신호에 대해 베이스를 접지 상태로 유지한다. 저항 R_4는 출력 신호가 전원으로 단락되는 것을 막는다. 그리고 커패시터에서 C_3를 거쳐 출력 신호를 얻는다. 이런 공통 베이스 회로는 상대적으로 낮은 입력 임피던스를 가지며 공통 이미터 회로에 비해 다소 작은 이득을 제공한다.

공통 베이스 증폭기는 대부분의 공통 이미터 회로보다 **안정성**stability이 뛰어나다. 이는 공통 베이스 증폭기가 자신의 출력 신호 중 일부를 증폭하면서 자체적으로 신호를 생성하는 **발진**oscillation을 일으킬 가능성이 낮다는 것을 의미한다. 이런 좋은 특성의 주요한 이유는 공통 베이스 회로의 입력 임피던스가 낮기 때문인데, 이 경우 입력 신호가 상당한 전력을 공급해야만 시스템을 증폭시킬 수 있다. 그러나 공통 베이스 회로는 이러한 제한 상황을 벗어날 수 있을 정도로 민감하지는 않다.

최적의 조건으로 바이어스된 공통 이미터 회로처럼 민감한 증폭기는 입력과 출력 배선 사이의 부유 커패시턴스로 인해 발생하는 출력 신호의 일부를 골라낼 수 있다. 이처럼 작은 크기의 누설 신호로도 입력 단자를 통해 회로에 충분히 큰 에너지를 공급할 수 있다.

위상이 일치하는 **정궤환** positive feedback이 증폭기 내에서 발진을 일으킬 때 증폭기는 **기생 발진** parasitic oscillation 또는 **기생 성분** parasitics을 겪는다고 표현한다. 이는 무선 송신기가 허용되지 않은 주파수의 신호를 내보내거나 무선 수신기가 작동을 멈추게 만들기도 한다.

공통 컬렉터 회로 구성

[그림 21-11]의 **공통 컬렉터 회로** common-collector circuit는 컬렉터를 접지시킨 상태로 동작한다. 입력 신호는 공통 이미터 회로처럼 트랜지스터의 베이스에 인가되고, C_2를 거쳐 베이스에 도달한다. 저항 R_2와 R_3는 전압 분배에 의해 베이스에 원하는 바이어스 전압을 인가하고, 저항 R_4는 트랜지스터에 흐르는 전류의 양을 제한한다. 커패시터 C_3는 소신호에 대해 컬렉터를 접지시키는 역할을 한다. 변동하는 직류는 이미터에 연결된 R_1로 흘러 변동하는 전압을 만든다. 이 변동분에 해당하는 교류 전압은 C_1을 통과해 출력단에 나타난다. 출력이 이미터 전류를 따르기 때문에 이런 구성을 **이미터-팔로워 회로** emitter-follower circuit라고 한다.

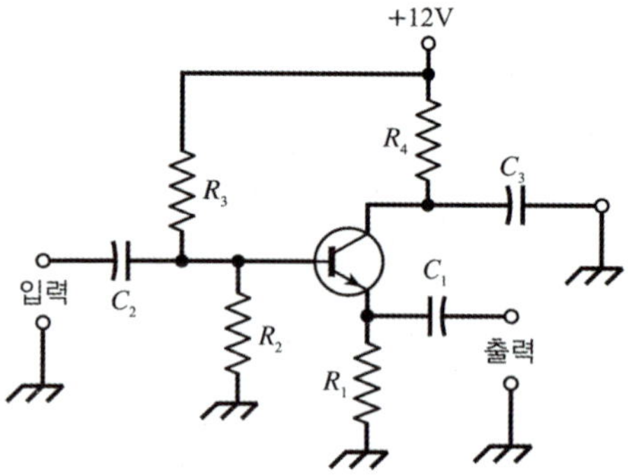

[그림 21-11] NPN 트랜지스터를 사용한 공통 컬렉터(이미터-팔로워) 회로 구성

공통 컬렉터 회로의 출력 파형의 위상은 입력 파형의 위상과 정확히 일치한다. 입력 임피던스는 상대적으로 높지만 출력 임피던스는 낮은 값을 유지한다. 이런 이유로 공통 콜렉터 회로는 높은 임피던스 회로를 낮은 임피던스 회로나 부하에 매칭시키기 위해 변압기 대신 사용할 수 있다. 최적으로 설계된 이미터-팔로워 회로는 코일을 감아서 만든 통상적인 변압기보다 넓은 주파수 범위에서 동작할 수 있다.

연습문제

01 다음 중 공통 베이스 회로에서 출력 파형과 입력 파형의 위상차는 무엇인가?

(a) $\frac{1}{4}$주기

(b) $\frac{1}{3}$주기

(c) $\frac{1}{2}$주기

(d) (a), (b), (c) 모두 답이 아니다.

02 다음 중 높은 입력 임피던스를 낮은 출력 임피던스에 매칭시키기 위해 통상적인 권선 변압기 대신 사용할 수 있는 회로는 무엇인가?

(a) 공통 이미터 회로

(b) 공통 베이스 회로

(c) 공통 컬렉터 회로

(d) (a), (b), (c) 중 어느 것이나

03 만약 이미터를 접지시킨 바이폴라 트랜지스터의 B-C 접합에 전류가 전혀 흐르지 않는다면 다음 중 어느 경우에 해당하는가?

(a) E-B 접합을 역방향 바이어스시키고, 입력 신호를 인가하지 않을 때

(b) 순방향 브레이크오버 전압보다 높은 전압으로 E-B 접합을 순방향 바이어스시키고, 입력 신호를 인가하지 않을 때

(c) E-B 접합에 0 V의 바이어스를 주고, 큰 입력 신호를 인가할 때

(d) 순방향 브레이크오버 전압보다 높은 전압으로 E-B 접합을 순방향 바이어스시키고, 작은 입력 신호를 인가할 때

04 다음 중 [그림 21-12]의 바이폴라 트랜지스터와 다른 구성 요소들이 이루고 있는 회로로 옳은 것은 무엇인가?

(a) 공통 이미터 회로

(b) 이미터-팔로워 회로

(c) 공통 베이스 회로

(d) 공통 컬렉터 회로

05 다음 중 [그림 21-12]의 회로를 구성하는 데 가장 큰 오류가 있다면 무엇인가?

(a) 구성 성분들의 값을 적절히 정하기만 한다면 오류가 없다.

(b) PNP형 트랜지스터가 아니라 NPN형 트랜지스터를 사용해야 한다.

(c) 컬렉터 단자에 연결된 전원 공급 장치의 극성이 음이 아닌 양이 되어야 한다.

(d) 입력과 출력 단자를 바꿔야 한다.

06 다음 중 [그림 21-12]의 회로도에서 회로 구성 요소 X의 역할로 옳은 것은 무엇인가?

(a) 신호가 접지로 단락되는 것을 방지한다.

(b) 베이스에 적절한 바이어스가 인가되게 한다.

(c) 회로가 발진 상태가 되지 않도록 방지한다.

(d) 베이스 단자를 신호 접지에 연결한다.

07 다음 중 [그림 21-12]의 회로도에서 회로 구성 요소 Y의 역할로 옳은 것은 무엇인가?

(a) 입력과 출력을 서로 격리(절연)시킨다.

(b) 출력 신호가 전원 공급 장치로 단락되는 것을 방지한다.

(c) 회로가 발진 상태가 되지 않도록 방지한다.

(d) 베이스에 적절한 바이어스가 인가되게 한다.

연습문제

08 다음 중 [그림 21-12]의 회로도에서 회로 구성 요소 Z의 역할로 옳은 것은 무엇인가?

(a) 궤환을 함으로써 회로가 발진기로 동작하게 한다.

(b) 출력 신호가 전원 공급 장치로 단락되는 것을 방지한다.

(c) 베이스에 적절한 바이어스가 인가되도록 한다.

(d) 출력 파형과 입력 파형의 위상이 뒤바뀌게 한다.

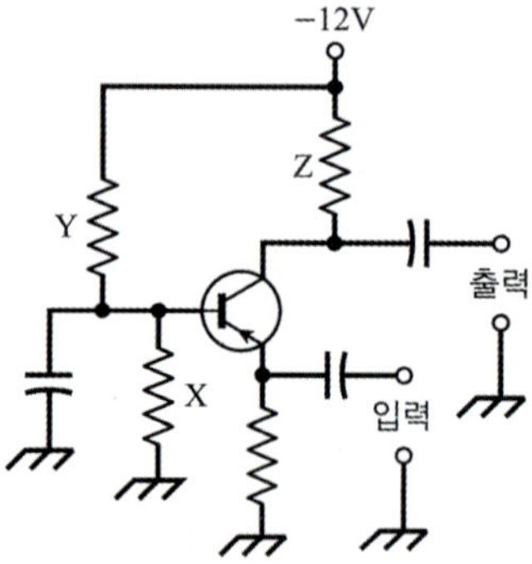

[그림 21-12] [연습문제 04~08]을 위한 회로도

09 다음 중 이미터-팔로워 회로에서 입력 전압을 인가하는 위치는 어디인가?

(a) 컬렉터와 접지 사이

(b) 이미터와 컬렉터 사이

(c) 베이스와 접지 사이

(d) 베이스와 컬렉터 사이

10 다음 중 이중 다이오드 기반 PNP 트랜지스터에서 베이스에 해당하는 지점은 어디인가?

(a) 두 캐소드가 만나는 지점

(b) 한 다이오드의 캐소드가 다른 다이오드의 애노드와 만나는 지점

(c) 두 애노드가 만나는 지점

(d) 두 애노드 중 한 곳

11 바이폴라 트랜지스터를 사용하는 복잡한 회로도가 있다고 가정하자. 회로도를 작성한 사람은 어떤 이유에서인지 트랜지스터 기호에 화살표를 넣지 않았다. NPN과 PNP형 트랜지스터는 어떻게 구분할 수 있는가?

(a) 구분할 수 없다.

(b) PNP형 트랜지스터라면 직류 컬렉터 전압은 항상 이미터 전압보다 높은 값을 갖는다. 반면, NPN형에서는 직류 컬렉터 전압은 항상 이미터 전압보다 낮은 값을 갖는다.

(c) PNP형 트랜지스터라면 직류 컬렉터 전압은 항상 이미터 전압보다 낮은 값을 갖는다. 반면, NPN형에서는 직류 컬렉터 전압은 항상 이미터 전압보다 높은 값을 갖는다.

(d) PNP형 트랜지스터라면 E-B 접합은 항상 순방향 바이어스되고, NPN형 트랜지스터라면 E-B 접합은 항상 역방향 바이어스된다.

12 다음 중 입력 신호가 없을 때 적절히 연결된 공통 이미터 NPN형 바이폴라 트랜지스터가 가장 높은 I_C 값을 가질 때는 언제인가?

(a) E-B 접합을 순방향 브레이크오버 전압 이상의 전압으로 순방향 바이어스시켰을 때

(b) 베이스를 음의 전원 공급 장치 단자로 직접 연결했을 때

(c) E-B 접합을 역방향 바이어스시켰을 때

(d) 베이스를 전기적 접지에 직접 연결했을 때

13 특정 주파수에서 어떤 트랜지스터를 동작시킨다고 가정하자. α 값이 0.9315일 때 β 값은 얼마인가?

(a) α 값이 유의미한 값이 아니므로 β 값을 결정할 수 없다. α 값을 계산하는 과정에서 오류가 있었다.

(b) 13.60

(c) 0.4823

(d) 1.075

14 특정 주파수에서 어떤 트랜지스터를 동작시킨다고 가정하자. β 값이 0.5572일 때 α 값은 얼마인가?

(a) β 값이 유의미한 값이 아니므로 α 값을 결정할 수 없다. β 값을 계산하는 과정에서 오류가 있었다.

(b) 1.258

(c) 0.3578

(d) 1.795

15 특정 주파수에서 어떤 트랜지스터를 동작시킨다고 가정하자. α 값이 정확히 1.00일 때 β 값은 얼마인가?

(a) 정의할 수 없다.

(b) 0.333

(c) 0.500

(d) 1.00

16 다음 중 공통 이미터 회로에서 일반적으로 출력 단자로 삼는 지점은 어디인가?

(a) 이미터

(b) 베이스

(c) 컬렉터

(d) (a), (b), (c) 중 2개 이상

17 다음 중 [그림 21-13]의 회로에서 중요한 오류는 무엇인가?

(a) 바이폴라 트랜지스터가 감당하기에 너무 큰 전원 전압이 공급되고 있다.

(b) PNP형이 아니라 NPN형 트랜지스터를 사용해야 한다.

(c) 컬렉터 단자의 전원 전압 극성이 음이 아닌 양이 되어야 한다.

(d) 입력과 출력 단자를 서로 바꿔야 한다.

18 다음 중 [그림 21-13]의 회로도에서 회로 구성 요소 X의 역할로 옳은 것은 무엇인가?

(a) 신호가 이미터를 통과해 단락되는 것을 방지한다.

(b) 컬렉터에 적절한 바이어스가 인가되게 한다.

(c) 신호가 입력 소자로 다시 궤환하는 것을 막는다.

(d) 외부 입력 장치로부터 직류 신호는 차단하고, 교류 신호는 통과시킨다.

19 다음 중 [그림 21-13]의 회로도에서 회로 구성 요소 Y의 역할로 옳은 것은 무엇인가?

(a) 입력과 출력을 서로 격리(절연)시킨다.

(b) 입력 신호가 전원 공급 장치로 단락되는 것을 방지한다.

(c) 이미터 단자를 신호 접지로 연결해 직류 전압이 그 지점에 잔류하도록 한다.

(d) 베이스에 적절한 바이어스가 인가되도록 한다.

연습문제

20 [그림 21-13]의 회로도에서 회로 구성 요소 Z의 역할로 옳은 것은 무엇인가?

(a) 회로가 발진 상태가 되는 것을 방지한다.

(b) 외부 출력 장치로부터 직류 신호는 차단하고, 교류 신호는 통과시킨다.

(c) 트랜지스터의 임피던스를 출력 단자의 외부 소자 또는 부하의 임피던스와 매칭시킨다.

(d) 출력 파형의 위상이 입력 파형의 위상과 같게 한다.

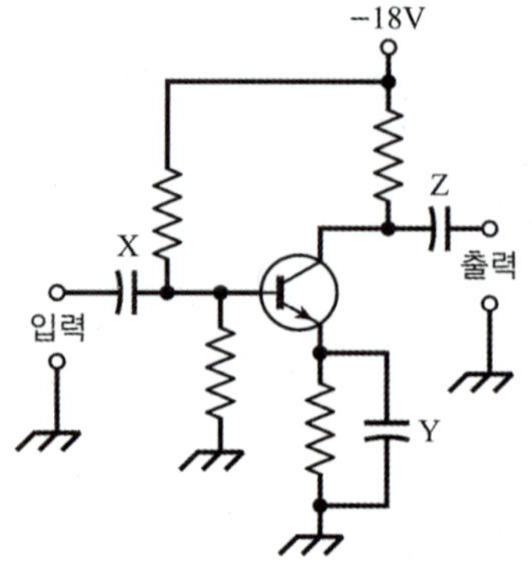

[그림 21-13] [연습문제 17~20]을 위한 회로도

정답

01 d	**02** c	**03** a	**04** c	**05** a	**06** b	**07** d	**08** b	**09** c	**10** a
11 c	**12** a	**13** b	**14** c	**15** a	**16** c	**17** c	**18** d	**19** c	**20** b

CHAPTER
22

전계효과 트랜지스터

Field-Effect Transistors

학습목표

- 전계효과 트랜지스터의 동작 원리를 이해할 수 있다.
- JFET의 구조와 각 단자에 인가되는 전압에 따른 동작 특성을 이해할 수 있다.
- JFET의 교류 증폭 동작 원리를 이해할 수 있다.
- MOSFET의 구조와 각 단자에 인가되는 전압에 따른 동작 특성을 이해할 수 있다.
- 전계효과 트랜지스터의 공통 소스/게이트/드레인 증폭 회로를 해석하고, 동작 특성을 이해할 수 있다.

바이폴라 트랜지스터가 스위칭 동작을 하거나 신호를 증폭하고, 발진할 수 있는 유일한 트랜지스터인 것은 아니다. **전계효과 트랜지스터** Field-Effect Transistor(FET)도 이런 기능들을 수행할 수 있다. 전계효과 트랜지스터에는 **접합 FET** junction FET(JFET)과 **금속-산화막-반도체 FET** metal-oxide-semiconductor FET(MOSFET)이 있다. MOSFET은 디지털 전자기기의 기초를 이루며 디지털 전자기기에 필요한 on/off 스위칭에 매우 적합하다. 현재 MOSFET은 가장 널리 사용되는 트랜지스터 유형이다.

JFET의 동작 원리

JFET에서는 소자 내의 **전계** electric field가 소자에 흐르는 전류의 양을 결정한다. **전하 반송자** charge carrier(전자 또는 정공)는 **소스** source(S) 전극에서 **드레인** drain(D) 전극으로 이동해 일반적으로 **소스 전류** I_S와 동일한 양의 **드레인 전류** I_D를 형성한다. 전하 반송자의 흐름, 즉 전류는 **게이트** gate(G)라는 컨트롤 전극에 인가되는 전압에 따라 결정된다. **게이트 전압** V_G가 변화하면 소스와 드레인 사이를 움직이는 전하 반송자 경로인 **채널** channel에 흐르는 전류량이 변화한다. 채널을 흐르는 전류는 일반적으로 I_D와 동일하다. JFET이 정상적으로 동작하는 조건에서 V_G의 작은 변동은 I_D의 큰 변화를 유발하는데, 이는 결과적으로 출력 저항에 걸린 전압의 상당한 변동을 일으킨다.

N채널과 P채널

[그림 22-1]은 **N채널 JFET**을 간략하게 나타낸 모식도와 회로 기호이다. N채널 JFET에서는 N형 물질이 채널을 형성하고, 채널에서의 다수 반송자는 **전자** electron, 소수 반송자는 **정공** hole이다. 일반적으로 외부 공급 전원 또는 배터리를 사용해 소스 대비 드레인에 양의 직류 전압을 인가한다. PNP 바이폴라 트랜지스터보다 NPN 트랜지스터가 더 일반적으로 사용되는 것처럼 N채널 FET도 P채널 소자보다 훨씬 더 일반적으로 사용된다.

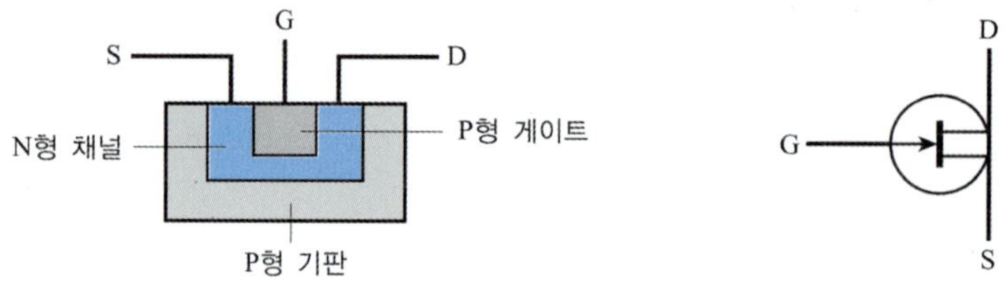

(a) N채널 JFET의 모식도 (b) 회로 기호

[그림 22-1] N채널 JFET (S = 소스, G = 게이트, D = 드레인)

N채널 소자에서 게이트는 P형 물질로 구성된다. P형 물질로 형성할 수 있는 또 다른 영역은 **기판**substrate으로, 게이트 반대편에서 채널과 경계를 이룬다. 게이트에 인가된 전압은 채널을 통과하는 전하 반송자의 흐름을 방해하는 전계를 형성한다. 게이트 전압 V_G가 음의 방향으로 증가하면 전기장에 의해 전류가 흐르는 채널이 좁아지고, 결과적으로 I_D가 감소한다.

[그림 22-2]의 **P채널 JFET**은 P형 반도체 물질로 구성되어 있다. 이 채널에서의 다수 반송자는 정공이고, 소수 반송자는 전자이다. 일반적으로 외부 전원이나 배터리를 사용해 소스 대비 드레인에 음의 직류 전압을 인가한다. 게이트 전압 V_G가 양의 방향으로 증가하면 전기장에 의해 채널에 흐르는 전류의 통로가 좁아지고, 결과적으로 I_D가 감소한다.

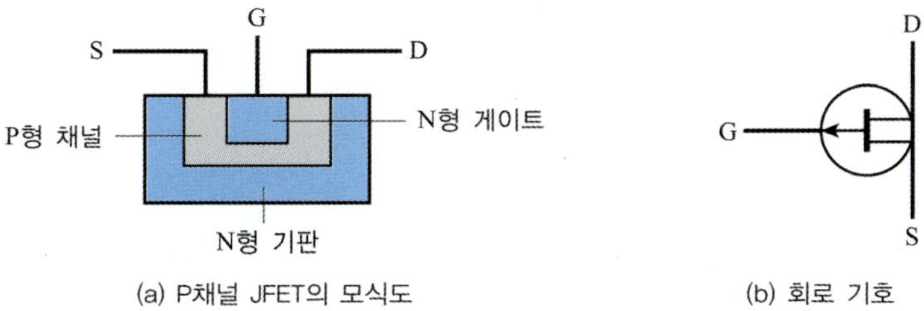

[그림 22-2] P채널 JFET (S = 소스, G = 게이트, D = 드레인)

N채널 JFET은 모식도에서 게이트 안쪽으로 그려진 화살표를 통해 구별할 수 있다. 반대로 P채널 JFET은 게이트 바깥쪽으로 그려진 화살표를 통해 알아볼 수 있다. 화살표가 별도로 표기되어 있지 않다면 전원 공급 장치의 극성을 확인해 P채널 소자와 N채널 소자를 구분할 수 있다. 드레인에 양의 전압을 가해 동작시킨다면 N채널 JFET이고, 음의 전압을 가해 동작시킨다면 P채널 JFET이다.

전자회로에서 N채널 소자와 P채널 소자는 같은 종류의 작업을 수행한다. 두 채널의 주요 차이점은 전력 공급 장치 또는 배터리 극성에 있다. 새로 대체한 소자가 올바른 사양만 갖추고 있다면 N채널 JFET을 P채널 JFET으로 대체하고, 바이어스의 극성을 반대로 해 회로가 동일하게 동작할 것이라고 예상할 수 있다. 바이폴라 트랜지스터의 종류가 다양한 것처럼 JFET도 여러 종류가 있고, 각각 특정한 용도로 사용된다. 약한 신호의 증폭기나 발진기로 사용되거나 전력 증폭기로 사용되고, 이상적인 고속 스위치로 기능하기도 한다.

전계효과 트랜지스터는 바이폴라 트랜지스터에 비해 몇 가지 확실한 장점을 갖고 있다. 그중 가장 중요한 장점은 JFET이 바이폴라 트랜지스터에 비해 내부 **잡음**noise이 작다는 것이다. 이런 특성으로 인해 JFET은 소신호 증폭기로서 고주파 또는 초고주파 영역에서 뛰어난 성능을 보이는데, 이 부분에서 일반적으로 바이폴라 트랜지스터보다 우수하다. 또한 전계효과 트랜지스터는 높은 입력 임피던스 값을 갖는다. 어떤 경우에는 이 값이 매우 높아서 실제로 전류를 받아들이지 않으면서도 상당한 크기의 출력 신호를 내보낸다.

공핍과 핀치오프

JFET은 게이트에 인가된 전압이 전기장을 형성해 채널을 따라 흐르는 반송자의 양을 변화시키는 원리를 통해 동작이 이루어진다. [그림 22-3]은 N채널 소자의 서로 다른 동작 상황을 간단히 표현한 것이다.

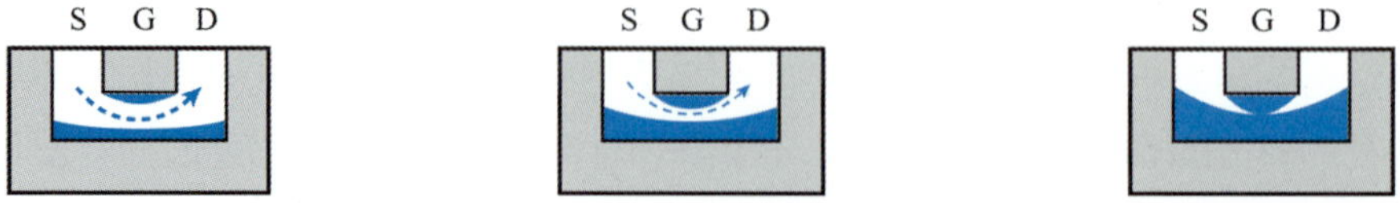

(a) 공핍 영역이 좁고, 채널이 넓어서 많은 반송자가 흐른다.
(b) 공핍 영역이 넓어지고, 채널이 좁아져 적은 수의 반송자가 흐른다.
(c) 공핍 영역이 채널을 가로막아 반송자가 흐르지 못한다.

[그림 22-3] **N채널 소자의 동작 상황 (공핍 영역 = 가장 어두운 부분, 채널 = 흰색 부분, 반송자 흐름 = 화살표)**

드레인 전압 V_D가 증가하면 드레인 전류 I_D도 어느 상한까지는 증가한다. 이런 동작은 일정한 게이트 전압 V_G가 인가되는 상황에서 이뤄진다. 단, V_G는 음의 방향으로 너무 높은 전압이 되어서는 안 된다. [그림 22-3(a)]와 같이 V_G가 점차 음의 방향으로 증가하면 **공핍 영역**depletion region(그림에서 가장 어둡게 칠해진 부분)이 채널 내에 형성되기 시작한다. 반송자들은 공핍 영역을 지나 흐를 수 없으므로 폭이 좁아진 채널을 통해서만 흐른다.

V_G가 음의 방향으로 더 커지면 [그림 22-3(b)]와 같이 공핍 영역이 넓어진다. 채널은 더욱 좁아지고, 채널을 통과하는 전류도 더욱 감소한다. 마지막으로 게이트에 충분히 큰 음의 전압이 인가되면 공핍 영역은 반송자의 흐름을 완전히 막아버리고, 채널에 흐르는 전류는 0이 되어 [그림 22-3(c)]와 같이 출력 신호를 전달하지 못하게 된다. 이런 상태를 **핀치오프**pinchoff라고 한다. 핀치오프는 바이폴라 트랜지스터의 **컷오프**cutoff 동작에 해당한다.

JFET 바이어싱

[그림 22-4]는 N채널 JFET 회로의 두 가지 바이어싱 방법을 나타낸 것이다. [그림 22-4(a)]에서는 저항 R_2를 통해 게이트를 접지시킨다. 소스 저항 R_1은 JFET에 흐르는 전류를 제한한다. 드레인 전류 I_D는 저항 R_3를 통해 흐르며 R_3 양단에 전압을 생성한다. 소스 저항 R_1은 출력 신호가 전원 공급 장치나 배터리로 **단락되는**shorted out 것을 방지하기도 한다. 교류 출력 신호는 C_2를 통과해 다음 단의 회로나 부하로 전달된다.

[그림 22-4(b)]는 게이트를 **전위차계**potentiometer R_2를 통해 접지 대비 음의 값을 가진 전압원을 연결한 것이다. 이 전위차계를 조절하면 저항 R_2와 R_3사이에 다양한 음의 V_G를 인가할 수 있다. 저항 R_1은 JFET에 흐르는 전류를 제한한다. 드레인 전류 I_D는 R_4를 통해 흐르며 R_4 양단에 전압을 생성한다. 이 저항 역시 출력 신호가 전원 공급 장치나 배터리로 곧바로 단락되는 것을 방지한다. 교류 출력 신호는 C_2를 거쳐 다음 단의 회로나 부하에 전달된다.

[그림 22-4]의 두 회로 모두 드레인에는 접지 대비 양의 직류 전압을 인가한다. P채널 JFET 회로라면 [그림 22-4]의 극성을 바꾸고, N채널 소자 회로 기호를 P채널 소자 회로 기호로 바꾸면 된다.

JFET 회로에서 사용되는 통상적인 전원 공급 장치의 전압들은 바이폴라 트랜지스터 회로에서 사용되는 전압들과 비슷한 수준의 값을 갖는다. 소스와 드레인 사이의 전압 V_D는 직류 3 V ~ 150 V 범위의 값을 가질 수 있으며 대부분 직류 6 V ~ 12 V 의 값을 갖는다. [그림 22-4(a)]와 같은 바이어싱 방법은 소신호 증폭기, 신호 레벨이 낮은 증폭기, 발진기 회로에 적합하다. 반대로 [그림 22-4(b)]와 같은 방법은 입력 신호의 크기가 상당히 큰 전력 증폭기에 적합하다.

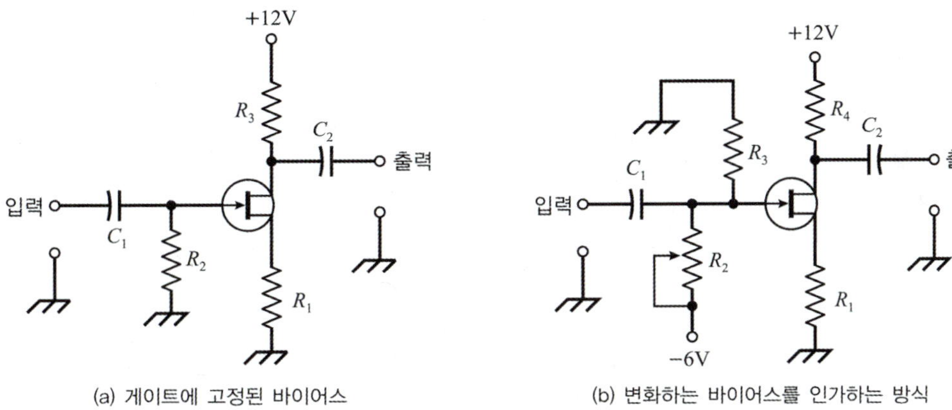

[그림 22-4] N채널 JFET 회로를 바이어싱하는 두 가지 방법

증폭

[그림 22-5]는 가상의 N채널 JFET에 대해 I_D를 V_G의 함수로 나타낸 그래프로, 드레인 전압 V_D는 고정되어 있다고 가정한다. V_G가 충분히 큰 음의 전압일 때 JFET은 핀치오프 상태에서 동작하며 이에 따라 전류가 채널을 통과해 흐르지 못한다. V_G가 작은 음의 전압을 가질수록 채널이 넓어지며 I_D가 증가한다. 만약 V_G가 증가해 PN 접합을 형성하는 소스-게이트 접합에 순방향 브레이크오버가 발생하는 수준에 도달하면 채널은 가능한 최대로 전류를 흘린다. 즉 채널이 "활짝 열리게" 된다.

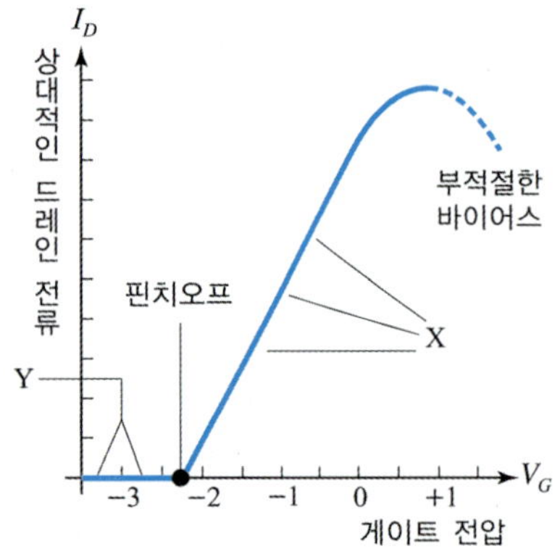

[그림 22-5] 가상의 N채널 JFET에 대해 상대적인 I_D를 V_G의 함수로 나타낸 그래프

만약 V_G가 양의 방향으로 계속 증가해 소스-게이트 접합이 순방향 브레이크오버 지점을 지나 도통된다면 채널의 전류 중 일부는 게이트로 새어 나간다. 그러나 이런 상태로 동작하기를 원하는 경우는 거의 없다. 즉 V_G가 채널의 폭을 제어해 채널로 흐르는 전류의 양을 조절하기 원하지만 채널에서 전류를 빼앗는 상황은 원하지 않을 것이다. 게이트로 빠져나가는 누설 전류는 JFET의 출력에 기여하는 전류 성분에 포함되지 못한다.

JFET의 채널을 정원에 물을 주는 호스라고 생각해 보자. 호스 끝에서 나오는 물의 양을 줄이고 싶다면 호스 중간에 물의 양을 조절할 수 있는 밸브를 설치하거나 호스를 직접 발로 밟아 좁게 만들면 된다. 그러나 호스에서 나오는 물의 양을 줄이기 위해 호스에 구멍을 뚫는 것은 물을 낭비하게 되므로 바람직하지 않다.

FET의 전압 증폭

소신호에 대해 가장 좋은 증폭 특성을 얻기 위해서는 게이트에 신호를 인가하지 않은 상태에서 게이트 전압에 대한 드레인 전류(I_D 대 V_G) 특성 그래프의 기울기를 최대로 만드는 게이트 전압 V_G를 설정해야 한다. [그림 22-5]에서 X로 표기된 범위는 이런 이상적인 조건이 존재하는 일반적인 영역이다. JFET가 시작하기에 상당히 큰 입력 신호가 인가되는 전력 증폭이라면 핀치오프 또는 그 이상으로 JFET을 바이어스했을 때 Y로 표기된 영역에서 최상의 결과를 얻을 수 있다.

[그림 22-4]의 두 회로 모두 I_D는 드레인 저항을 통해 흐른다. V_G의 작은 변동은 I_D의 큰 변화를 만들고 이런 변화들은 결국 [그림 22-4(a)] 회로의 R_3 양단 또는 [그림 22-4(b)] 회로의 R_4 양단에서 직류 전압의 큰 변화폭을 유도한다. 이 전압의 교류 성분은 커패시터 C_2를 통과해 출력 단자에서 게이트의 입력 전압 신호보다 훨씬 큰 교류 전압으로 나타나는데, 따라서 JFET은 전압 증폭기로 동작한다.

드레인 전압에 대한 드레인 전류 변화

드레인 전압 V_D가 증가하면 JFET의 채널에 흐르는 드레인 전류 I_D가 선형적으로 증가할 거라고 추측할 수 있을까? 합리적인 추측 같지만 이는 일반적인 현상은 아니다. 대신에 V_D가 꾸준히 증가시키면 I_D도 어느 정도 이에 비례해 증가한다. 그러나 V_D를 어느 이상 증가시키면 I_D는 거의 증가하지 않는다. 소신호 입력을 인가하지 않은 상태에서 일정한 V_G를 인가해 V_D에 대한 I_D의 함수를 그림으로 나타낼 수 있다. 이 과정을 다양한 V_G값에 대해 수행할 수 있고, 이렇게 측정할 때 **특성 곡선 모음**family of characteristic curve을 얻을 수 있다.

[그림 22-6]은 가상의 N채널 JFET에 대한 특성 곡선 모음이다. 공학자들은 소신호 증폭, 발진 또는 전력 증폭 등 특정 기능을 수행하는 적절한 JFET을 선택할 때 이와 같은 그래프를 보고 싶어 한다. [그림 22-5]와 같이 V_G에 대한 I_D의 그래프 역시 공학자가 고려해야 할 중요한 사양이다. 특성 곡선은 직류 동작 특성만 나타내는데, 이런 곡선들은 항상 게이트에 소신호가 입력되지 않은 상태에서 얻어진다.

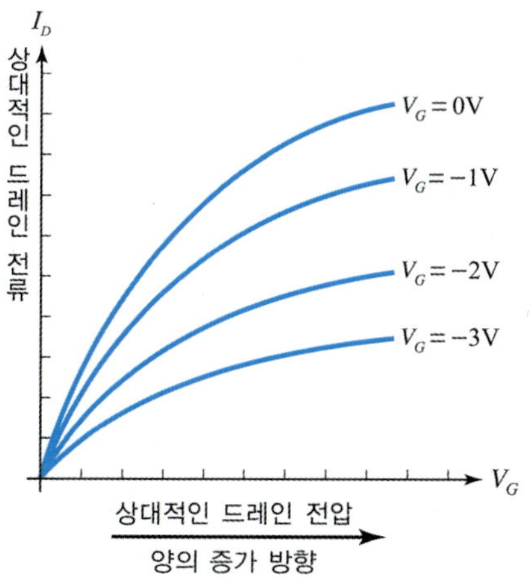

[그림 22-6] 가상의 N채널 JFET 특성 곡선 모음

트랜스컨덕턴스

21장에서 바이폴라 트랜지스터의 베타값을 통해 트랜지스터가 실제 회로에서 신호를 얼마나 잘 증폭시키는지 알 수 있다고 배웠다. 바이폴라 트랜지스터의 베타값을 **동작 전류 증폭**dynamic current amplification이라고도 한다. JFET에서 이와 같이 기능하는 파라미터를 **동적 상호 컨덕턴스**dynamic mutual conductance 또는 **트랜스컨덕턴스**transconductance라고 한다.

[그림 22-5]를 다시 한 번 살펴보자. 게이트 전압 V_G를 특정 값으로 설정해 드레인 전류 I_D가 흐르도록 한다고 가정했을 때 게이트 전압이 dV_G의 작은 크기만큼 변한다면 드레인 전류는 그에 상응해 dI_D만큼 변할 것이다. 이런 트랜스컨덕턴스 g_{FS}는 게이트 전압의 변화에 대한 드레인 전류의 변화 비율로 정의되고 다음과 같은 식으로 나타낼 수 있다.

$$g_{FS} = \frac{dI_D}{dV_G}$$

특정 바이어스 지점의 트랜스컨덕턴스는 [그림 22-5]의 곡선상에서 그 지점의 접선 기울기로 해석할 수 있다. [그림 22-5]와 같이 g_{FS}의 값은 곡선상의 위치에 따라 변한다. 만약 Y로 표시된 영역과 같이 JFET을 핀치오프를 넘어서도록 바이어스시키면 곡선의 기울기는 0, 즉 수평선이 된다. 이때 게이트 전압 V_G가 변해도 드레인 전류 I_D는 변하지 않는다. 인가된 입력 신호의 주기 중 일부에서 채널로 전류가 흐를 때만 V_G의 변화에 따른 I_D의 변화를 볼 수 있다.

곡선상에서 X로 표기된 부분은 트랜스컨덕턴스가 최대인 영역으로, 이 영역의 접선 기울기가 가장 가파르다. 이 영역은 주어진 소자로부터 이득을 최대로 도출할 수 있는 바이어스 조건들의 집합이다. 이 영역은 곡선상에서 직선으로 나타나므로 이 영역에서 JFET을 사용해 증폭기를 구성할 때 가장 우수한 선형성을 기대할 수 있다. 단, 이를 활용해 증폭기를 구성할 때는 입력 전압이 너무 커져 입력 신호의 주기 내 어떤 신호에 대해서도 X 표기 영역 밖에서 소자가 동작하지 않도록 주의해야 한다.

X로 표기된 영역 밖의 조건으로 주어진 JFET을 바이어싱하면 곡선상의 접선 기술기가 감소해 X로 표기된 영역 안에서 얻는 만큼 큰 증폭을 얻지 못한다. 또한 JFET이 더 이상 선형 동작할 수 없게 되는데, 이런 '부적절한 바이어스' 범위에서는 곡선이 직선 형태가 되지 못하기 때문이다. 게이트에 인가되는 양의 전압을 더 증가시키면 점선 영역에 들어가게 된다. 이때 소스-게이트 접합은 순방향 브레이크오버 상태를 지나 전류가 채널에서 게이트로 빠져나가게 된다.

MOSFET

MOSFET(Metal-Oxide-Semiconductor Field-Effect Transistor)('모스-펫'이라고 읽는다)은 **금속-산화막-반도체 전계효과 트랜지스터**의 약자이다. MOSFET의 종류로는 JFET과 마찬가지로 N채널 MOSFET과 P채널 MOSFET이 있다. [그림 22-7]은 간략화한 N채널 MOSFET의 단면도와 회로 기호이다. P채널 소자와 회로 기호는 [그림 22-8]과 같다.

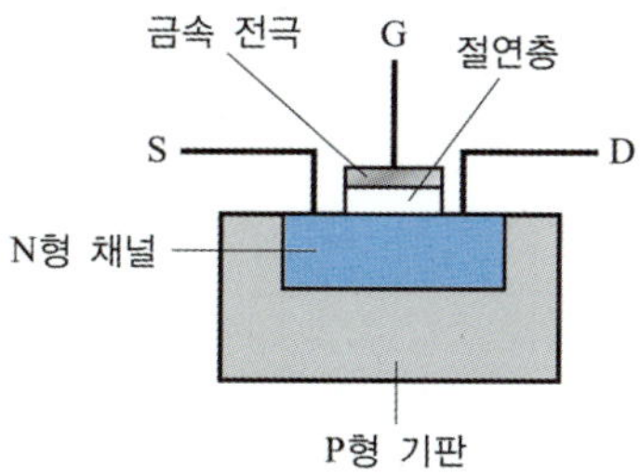

(a) N채널 MOSFET의 기능 구조

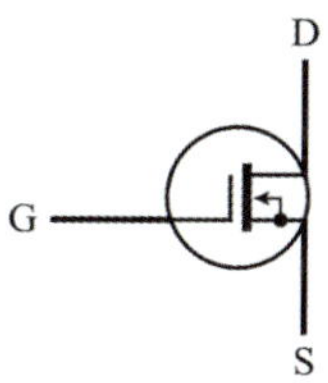

(b) 회로 기호

[그림 22-7] N채널 MOSFET (S = 소스, G = 게이트, D = 드레인)

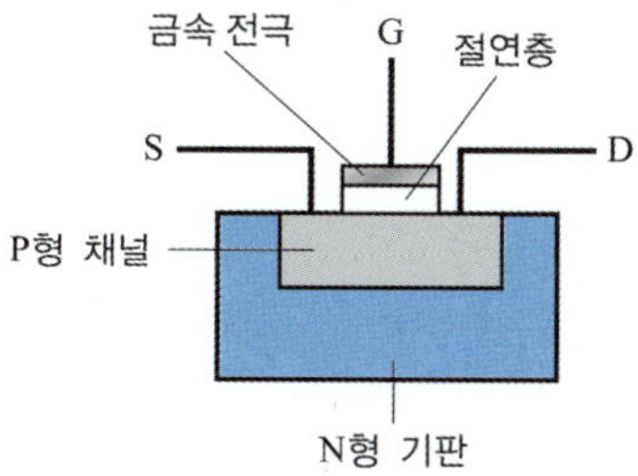

(a) P채널 MOSFET의 기능 구조

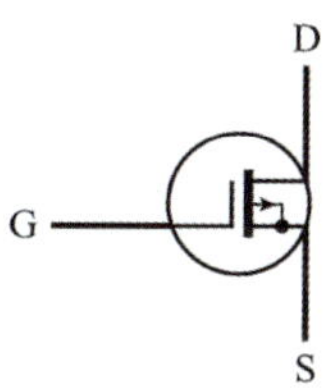

(b) 회로 기호

[그림 22-8] P채널 MOSFET (S = 소스, G = 게이트, D = 드레인)

매우 높은 입력 임피던스

MOSFET은 처음 개발되었을 때 **절연 게이트 전계효과 트랜지스터**Insulated-Gate Field-Effect Transistor, IGFET이라고 불렸으며 이것은 지금도 통용되는 명칭이다. 게이트 전극은 절연 물질로 이뤄진 얇은 층에 의해 채널로부터 전기적으로 절연된다. 따라서 MOSFET의 입력 임피던스는 보통 JFET의 입력 임피던스보다 훨씬 크다. 실제로 통상적인 MOSFET의 게이트-소스 간(G-S) 저항은 같은 물리적 규격을 가진 커패시터의 저항에 비해 유리하다. 즉 '거의 무한대'이다.

이처럼 매우 높은 게이트-소스 간 저항 때문에 MOSFET은 입력 신호원에서 전류를 거의 받아들이지 않고, 결과적으로 전력도 공급받지 않는다. 이런 성질 때문에 MOSFET은 낮은 수준의 소신호 증폭 회로를 만드는 데 매우 이상적이다. 게이트-소스 사이에 형성되는 '커패시터'의 물리적 크기가 매우 작으므로 커패시턴스 역시 매우 작은 값을 갖는다. 결과적으로 MOSFET은 (300 MHz 이상의) 초고주파에서도 잘 동작할 수 있다.

MOSFET은 정전기에 매우 민감하다. 일반적으로는 집적회로 내에 있는 MOSFET에서는 집적회로에 정전기 보호회로가 포함되어 있기 때문에 문제가 되지 않는다. 그러나 개별 MOSFET을 다룰 때는 접지된 손목 스트랩과 접지된 납땜 인두를 사용해야 한다.[1]

바이어스의 유연성

전자회로에서는 N채널 JFET을 N채널 MOSFET으로 교체하거나 P채널 JFET을 P채널 MOSFET으로 교체할 수 있다. 그러나 어떤 경우에는 이렇게 교환하면 회로가 제대로 동작하지 않을 수도 있다. MOSFET의 특성 곡선은 유사한 증폭 특성을 가진 JFET의 특성 곡선과 정성적인 차이가 있다.

MOSFET과 JFET 동작의 주요 차이점은 MOSFET은 소스와 게이트가 서로 PN 접합을 형성하며 접해 있지 않다는 데 있다. 그 대신 두 전극은 절연 물질이 형성하는 '간극'에 의해 물리적으로 분리된다. 따라서 소스-게이트 간 순방향 브레이크오버 동작이 일어나지 않는다. N채널 MOSFET에서는 + 0.6 V 보다 훨씬 큰 양의 전압을, P채널 MOSFET에서는 − 0.6 V 보다 훨씬 큰 음의 전압을 게이트에 인가할 수 있다. 그럼에도 JFET과 같이 채널에서 게이트로 흐르는 누설 전류는 발생하지 않는다(물론 MOSFET의 절연막 간극 사이에 **스파크**(**아크**arc)가 발생할 정도로 큰 전압을 가하지 않는 조건에 국한한다).

[그림 22-9]는 입력 소신호를 인가하지 않은 상태의 가상의 N채널 MOSFET 특성 곡선 모음을 나타낸 것이다. 가로축은 직류 드레인 전압, 세로축은 드레인 전류이다. 임의의 특정 게이트 전압 조건에서 드레인 전류는 드레인 전압이 증가함에 따라 급격히 증가한다. 그러나 드레인 전압을 계속 증가시키면 드레인 전류는 느린 속도로 증가하다가 결국에는 평평한 형태가 된다. 일단 $I_D - V_D$ 곡선이 평평해지면 직류 드레인 전압을 더 가해도 드레인 전류를 증가시킬 수 없다.

1 (**옮긴이**) 정전기가 MOS 소자의 절연층을 관통하면 절연층이 영구적으로 훼손되므로 해당 MOSFET을 폐기해야 한다.

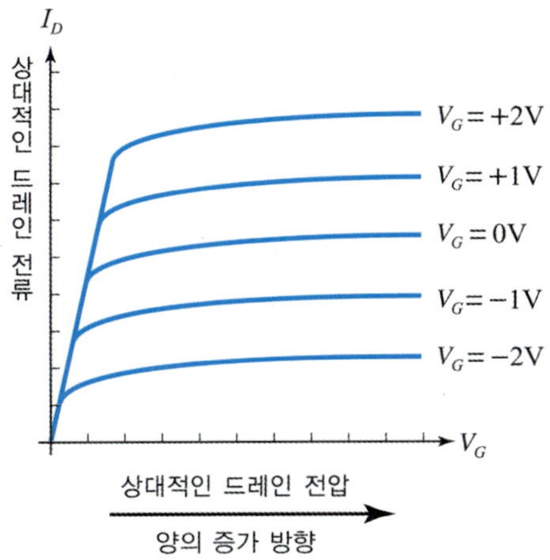

[그림 22-9] 가상의 N채널 MOSFET 특성 곡선 모음

공핍 모드와 증가 모드

지금까지 논의한 FET 소자들에서 채널은 보통 도통 상태이다. 공핍 영역이 확장되면 채널은 좁아지고, 전하 반송자들은 점점 좁아지는 경로를 지나야 한다. 이런 상태를 전계효과 트랜지스터의 **공핍 모드**depletion라고 한다. MOSFET 역시 공핍 모드로 동작할 수 있다. [그림 22-7]과 [그림 22-8]의 모식도와 회로 기호가 모두 공핍형 MOSFET이다. [그림 22-9]의 특성 곡선은 통상적인 공핍형 N채널 MOSFET의 동작을 보여준다(P채널 소자에 대한 그래프를 얻고 싶다면 모든 극성을 바꾸면 된다).

금속 산화물 반도체 기술에서는 전혀 다른 동작 방식이 허용된다. **증가 모드**enhancement mode 또는 **증가형** MOSFET은 보통 채널이 핀치오프 상태이며 채널을 형성하려면 게이트에 바이어스 전압 V_G를 인가해야 한다. 입력 소신호가 없을 때 증가형 MOSFET에서 $V_G = 0$이라면 $I_D = 0$이다. 공핍형 MOSFET처럼 증가형 MOSFET은 게이트와 채널 사이에 매우 작은 커패시터와 매우 높은 임피던스를 갖는다. 참고로 증가형 MOSFET이 공핍형 MOSFET보다 훨씬 일반적이다.

N채널 증가형 소자에서 게이트에 (소스 대비) 양(+)의 전압을 가하면 채널에 전도성 있는 경로가 형성된다. P채널 증가형 소자에서는 채널에 전류가 흐를 수 있도록 게이트에 음(−)의 전압을 가한다. 극성이 올바르다면 전압의 크기가 커질수록 전도성 있는 채널은 점차 확장되고, 소스-드레인 간 전도도가 향상된다. 그러나 이런 효과는 주어진 직류 드레인 전압에 대해 어떤 상한 전류까지만 유효하다.

[그림 22-10]은 N채널 및 P채널 증가형 소자의 회로 기호를 나타낸 것이다. 수직 방향선이 공핍형 MOSFET에서는 실선으로 표시되었다면 증가형 MOSFET에서는 점선으로 표시된다는 점에 주목하자.

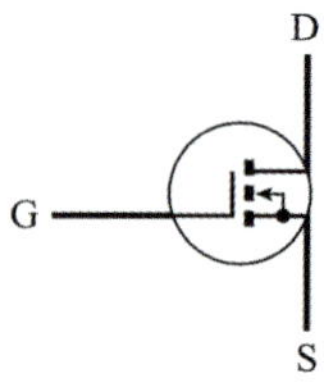

(a) N채널 소자

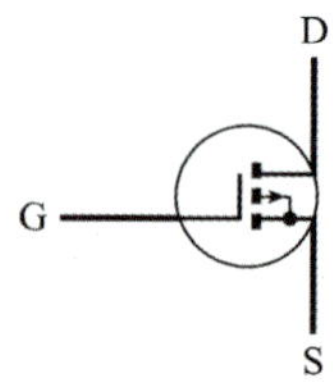

(b) P채널 소자

[그림 22-10] 증가형 MOSFET의 회로 기호 (S = 소스, G = 게이트, D = 드레인)

공통 소스 회로 구성

공통 소스 회로 common-source circuit 에서는 JFET의 소스 단자를 신호 접지에 연결하고, 입력 신호를 게이트에 인가한다. [그림 22-11]은 N채널 JFET을 사용한 일반적인 공통 소스 회로도이다. 트랜지스터 소자는 N채널 공핍형 MOSFET이 될 수도 있고, 그럴 경우 회로 구성은 동일하다. N채널 증가형 소자를 사용한다면 게이트와 양의 전압원 단자 사이에 저항이 추가로 필요하다. 반대로 P채널 소자를 사용한다면 회로 구성은 동일하지만 전압원은 양의 전압보다 음의 전압을 공급해야 한다.

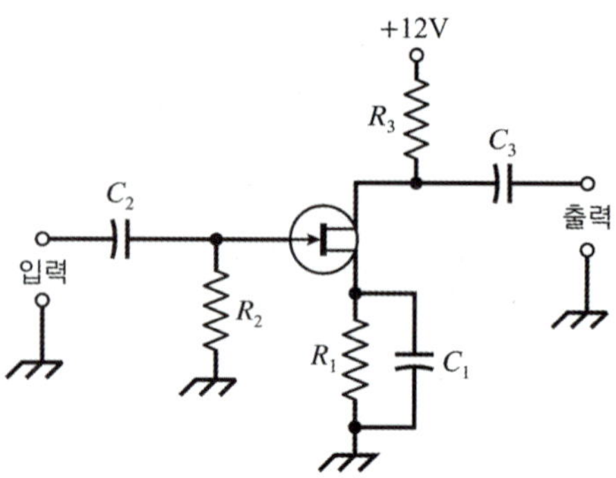

[그림 22-11] 공통 소스 회로 구성. 이 회로도는 N채널 JFET 회로를 나타낸다.

커패시터 C_1과 저항 R_1은 소스를 신호 접지에 연결하는 동시에 소스에 양의 직류 전압을 인가시킨다. 교류 신호는 C_2를 통해 회로로 들어오고, 저항 R_2는 입력 임피던스를 조절하는 동시에 게이트에 바이어스를 인가한다. 교류 신호는 C_3를 통해 회로에서 빠져나간다. 저항 R_3는 출력 신호가 전압원을 통해 쇼트되는 것을 방지하면서 드레인에 양의 전압이 인가되게 한다. 이 회로 구성은 작은 신호의 RF 증폭기와 발진기를 만드는 데 사용된다.

공통 소스 회로 구성은 FET로 구성하는 3개의 증폭 회로 구성 중 가장 높은 이득을 제공한다. 출력 파형의 위상은 입력 파형의 위상과 180° 차이가 난다.

공통 게이트 회로 구성

[그림 22-12]와 같은 **공통 게이트 회로**common-gate circuit에서는 게이트를 신호 접지로 연결하고, 입력 신호를 소스에 인가한다. 이 회로도는 N채널 JFET을 사용한 공통 게이트 회로이다. 다른 종류의 FET들도 공통 소스 회로에 대해 동일한 고려 사항이 적용된다. 증가형 트랜지스터를 사용할 때는 게이트와 전압원의 양의 단자 사이에 추가적인 저항이 필요하다(P채널 MOSFET이라면 게이트와 전압원의 음의 단자 사이에 둬야 한다).

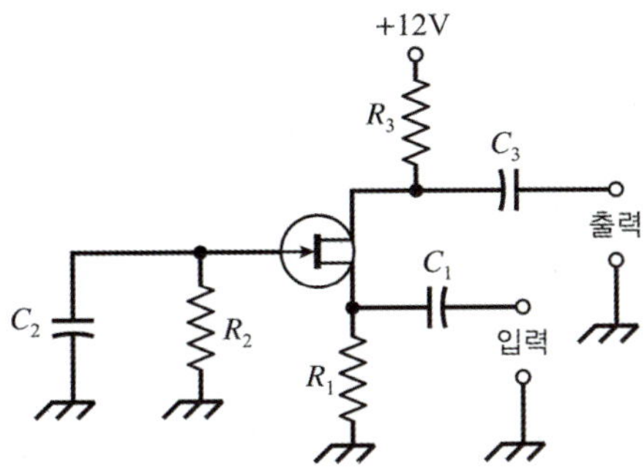

[그림 22-12] 공통 게이트 회로 구성. 이 회로도는 N채널 JFET 회로를 나타낸다.

공통 게이트 회로를 동작시키기 위한 직류 바이어스는 기본적으로 공통 소스 회로와 같지만 신호는 다른 경로를 따라 이동한다. 교류 입력 신호는 C_1을 통해 회로로 들어오고, 저항 R_1은 입력 신호가 접지로 단락되는 것을 방지한다. 게이트 바이어스는 R_1과 R_2에 의해 결정된다. 커패시터 C_2는 게이트를 신호 접지로 연결한다(일부 공통 게이트 회로에서는 R_2와 C_2를 사용하지 않고, 게이트를 곧바로 접지에 연결하기도 한다). 출력 신호는 C_3를 통해 회로에서 빠져나간다. 저항 R_3는 출력 신호가 전압원을 통해 단락되는 것을 방지하면서 FET 동작에 필요한 직류 전압을 공급한다.

공통 게이트 회로는 공통 소스 회로보다 제공하는 이득이 작다. 그러나 원치 않는 발진 상태에 들어갈 가능성은 훨씬 낮다는 장점이 있어 RF 전력 증폭 회로에 적합하다. 출력 파형의 위상은 입력 파형의 위상과 동일하다.

공통 드레인 회로 구성

[그림 22-13]은 **공통 드레인 회로**common-drain circuit이다. 이 회로에서는 드레인을 신호 접지에 연결한다. 공통 드레인 회로는 출력 파형이 소스 단자에서의 신호 형태를 따라가기 때문에 **소스 팔로워**source follower라고도 부른다. 회로에 사용되는 FET는 공통 소스 회로와 공통 드레인 회로 같은 방식으로 바이어스된다. [그림 22-13]에서는 N채널 JFET을 사용하고 있으나 다른 종류의 FET들도 사용할 수 있고, 만약 P채널 소자를 사용할 때는 극성을 바꿔야 한다. 증가형 MOSFET을 사용한다면 게이트와 전압원의 양의 단자 사이에 저항을 넣어야 한다(만약 MOSFET이 P채널이라면 게이트와 전압원의 음의 단자 사이에 둬야 한다).

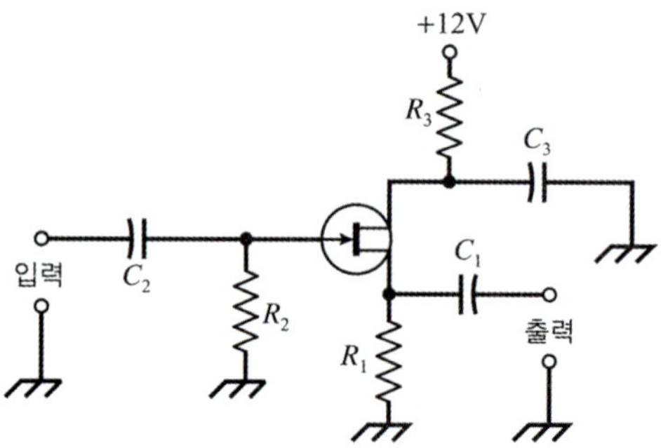

[그림 22-13] 소스 팔로워라고도 불리는 공통 드레인 회로 구성. 이 회로도는 N채널 JFET을 나타낸다.

입력 신호는 C_2를 거쳐 게이트로 들어간다. 저항 R_1과 R_2는 게이트를 바이어스해주며 저항 R_3는 전류를 제한한다. 커패시터 C_3는 드레인을 신호 접지에 연결한다. 입력 신호에 따라 변동하는 직류 성분(채널 전류)은 R_1을 통과해 흐르는데, 이는 R_1의 양단에 변동하는 직류 전압 강하로 나타난다. 이 회로는 소스에서 출력을 가져오고, 교류 성분은 C_1을 통과한다.

공통 드레인 회로의 출력 파형은 입력 파형과 동일한 위상을 갖는다. FET를 사용한 이러한 회로 구성 방식은 바이폴라 트랜지스터를 사용한 공통 컬렉터(이미터 팔로워) 회로 구성 방식과 동일하다. 출력 임피던스가 낮기 때문에 이런 유형의 회로는 넓은 주파수 범위에서 높은 입력 임피던스를 낮은 출력 또는 부하 임피던스에 매칭시키는데 매우 유용하다.

스위치로서의 MOSFET

MOSFET은 매우 낮은 on 저항(mΩ 범위)과 매우 높은 on 저항(MΩ 범위)을 가질 수 있어 디지털 스위치의 이상적인 후보가 된다. 여기서 낮은 on 저항은 면적이 수 평방 밀리미터인 작은 MOSFET이 몇 A의 전류를 쉽게 스위칭할 수 있고, 거의 뜨거워지지 않음을 의미한다.

연습문제

01 다음 중 JFET에서 채널에 흐르는 전류의 양을 변화시키는 것은 무엇인가?

(a) 자기장　　(b) 전기장
(c) 누설 전류　　(d) 애벌런치 전류

02 다음 중 P채널 JFET에서 드레인 전압이 고정되어 있다고 가정할 때 핀치오프가 발생하려면 게이트에 어떤 전압이 인가되어야 하는가?

(a) 소스 단자 대비 크기가 작은 음의 전압이 인가될 때
(b) 소스 단자 대비 크기가 큰 음의 전압이 인가될 때
(c) 소스 단자 대비 크기가 작은 양의 전압이 인가될 때
(d) 소스 단자 대비 크기가 큰 양의 전압이 인가될 때

03 $I_D - V_G$ 그래프에서 JFET이 가장 큰 증폭 특성을 가질 수 있는 조건으로 JFET을 바이어스할 때 해당 지점에서 곡선의 접선 기울기인 $\frac{dI_D}{dV_G}$ 는 어떤 값을 갖는가?

(a) 입력 신호가 인가되지 않은 상황에서 0(접선이 수평선으로 나타남)이며 곡선은 그 지점 부근에서 직선 형태를 나타낸다.
(b) 입력 신호가 인가되지 않은 상황에서 양의 값을 가지며(접선이 오른쪽 위로 증가) 곡선은 그 지점 부근에서 직선 형태를 나타낸다.
(c) 입력 신호가 인가되지 않은 상황에서 음의 값을 가지며(접선이 오른쪽 아래로 감소) 곡선은 그 지점 부근에서 오른쪽 아래 방향으로 구부러진 형태를 나타낸다.
(d) 입력 신호가 인가되지 않은 상황에서 양의 값을 가지며(접선이 오른쪽 위로 증가) 곡선은 그 지점 부근에서 오른쪽 아래 방향으로 구부러진 형태를 나타낸다.

04 다음 중 입력 신호가 없을 때 게이트에 0 V의 직류가 인가된 증가형 MOSFET의 동작 상태는 무엇인가?

(a) 핀치오프
(b) 애벌런치 항복
(c) 포화
(d) 순방향 브레이크오버

05 [그림 22-14]는 다음 중 어떤 소자의 모식도를 나타낸 것인가?

(a) P채널 JFET
(b) N채널 JFET
(c) P채널 MOSFET
(d) N채널 MOSFET

06 다음 중 [그림 22-14]에서 X로 표기된 영역을 구성하는 물질은 무엇인가?

(a) N형 반도체 물질로 이루어진 얇은 웨이퍼
(b) 유전 물질로 이루어진 얇은 층
(c) 전도성이 매우 높은 물질로 이루어진 얇은 층
(d) PN 접합

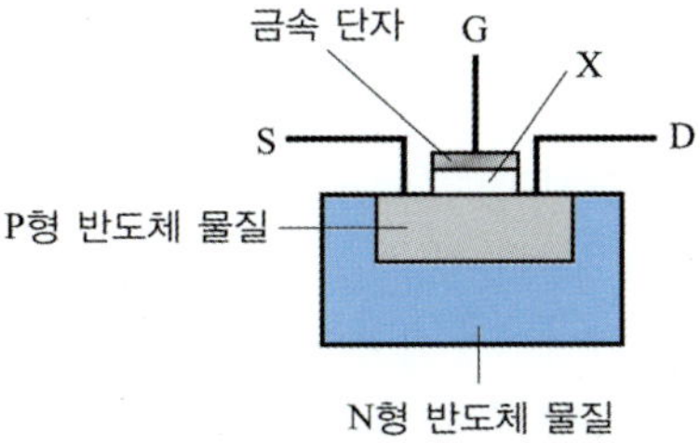

[그림 22-14] [연습문제 05~06]을 위한 그림

연습문제

07 다음 중 바이폴라 트랜지스터는 어떤 목적으로 증폭할 때 JFET이나 MOSFET보다 나은 성능을 보이는가?

(a) 좋은 소신호 증폭 동작 특성을 얻으려 할 때
(b) 낮은 입력 임피던스를 가지려 할 때
(c) 높은 트랜스컨덕턴스를 얻으려 할 때
(d) 입력 신호원으로부터 허용되는 최대 전력을 유도하려 할 때

08 다음 중 올바르게 동작하고 있는 MOSFET의 게이트-소스 간 저항값에 대한 설명으로 옳은 것은 무엇인가?

(a) 거의 0이다.
(b) JFET의 게이트-소스 간 저항보다 작다.
(c) 비슷한 규격의 커패시터의 값과 유사하다.
(d) 바이폴라 트랜지스터의 경우보다 작다.

09 다음 중 어떤 종류의 FET도 직류 성분이 흐르지 않아야 하는 곳은 어디인가?

(a) 소스와 드레인 사이
(b) 소스와 채널 사이
(c) 드레인과 채널 사이
(d) 게이트와 채널 사이

10 다음 중 MOSFET에서 다수 반송자가 전자인 경우는 언제인가?

(a) 소자가 N형 채널을 가질 때
(b) 순방향 브레이크오버가 이루어질 때
(c) 애벌런치 항복이 발생할 때
(d) 어떤 상황에서도 그렇지 않다.

11 다음 중 출력 신호 파형의 위상과 입력 신호 파형의 위상이 정확히 동일한 회로는 무엇인가?

(a) 공통 게이트 회로
(b) 공통 드레인 회로
(c) 소스 팔로워
(d) (a), (b), (c) 모두 답이 아니다.

12 다음 중 사용자의 손에 남은 아주 적은 양의 정전기 방전에 의해서도 MOSFET이 파손될 수 있는 이유는 무엇인가?

(a) 소스가 드레인에 녹아 붙으므로
(b) 채널의 반송자들을 제거하므로
(c) 게이트 절연막의 절연 특성을 훼손시키므로
(d) 게이트-드레인 접합 사이에 순방향 브레이크오버가 야기되므로

13 다음 중 MOSFET과 JFET의 주요 차이점은 무엇인가?

(a) JFET은 일반적으로 더 낮은 입력 임피던스를 갖는다.
(b) JFET이 전기적으로 덜 강인하다.
(c) JFET의 물리적인 규격이 더 크다.
(d) JFET의 동작 전압이 더 높다.

14 다음 중 회로 기호를 통해 (증가형 MOSFET 대비) 공핍형 MOSFET을 쉽게 구분할 수 있게 하는 특징은 무엇인가?

(a) 화살표가 안쪽을 향한다.
(b) 원 안의 수직선이 점선으로 그려진다.
(c) 화살표가 바깥쪽을 향한다.
(d) 원 안의 수직선이 실선으로 그려진다.

15 다음 중 소스 팔로워에서 출력 신호를 얻는 지점은 어디인가?

(a) 드레인과 접지 사이
(b) 드레인과 게이트 사이
(c) 게이트와 소스 사이
(d) 소스와 접지 사이

16 [그림 22-15]의 소스 팔로워에는 2개의 잘못된 점이 있다. 이 오류 중 하나를 바로잡기 위해서는 어떻게 해야 하는가?

(a) 입력 및 출력 단자를 서로 바꾼다.
(b) JFET을 공핍형 MOSFET으로 교체한다.
(c) JFET을 증가형 MOSFET으로 교체한다.
(d) 게이트 저항을 커패시터로 교체한다.

17 [그림 22-15]에서 두 번째 오류를 바로잡으려면 어떻게 해야 하는가?

(a) 드레인 저항을 적절한 길이의 배선으로 교체해 드레인을 양의 직류 전압원에 직접 연결한다.
(b) 게이트 커패시터를 저항으로 교체한.
(c) 소스 커패시터를 저항으로 교체한다.
(d) 직류 전압원의 극성을 바꾼다.

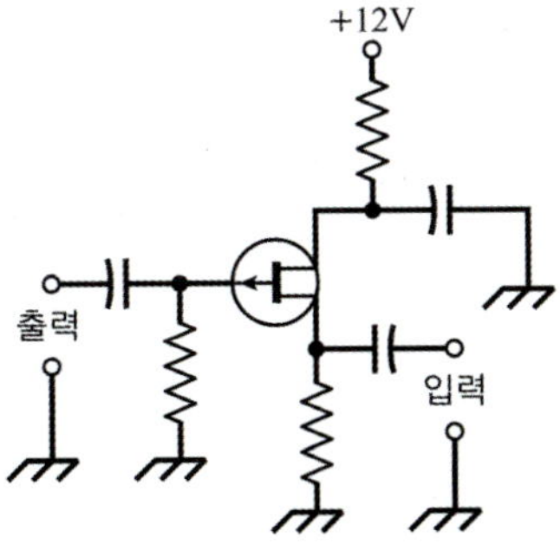

[그림 22-15] [연습문제 16~17]을 위한 그림

18 [그림 22-16]은 가상의 N채널 공핍형 MOSFET의 특성 곡선 모음이다. 다음 중 곡선 V~Z는 무엇이 변할 때의 소자 동작을 나타내는가?

(a) 교류 성분이 인가되지 않은 상황에서 직류 소스 전압이 변할 때
(b) 교류 입력 신호 전압이 변할 때
(c) 교류 성분이 인가되지 않은 상황에서 직류 게이트 전압이 변할 때
(d) 교류 출력 신호 전압이 변할 때

19 다음 중 [그림 22-16]의 곡선 V~Z에 대해 인가되고 있는 전압의 상대적인 크기에 대해 옳은 것은 무엇인가? 단, N채널 공핍형 MOSFET을 다루고 있음을 기억하라.

(a) 게이트에 인가하는 양의 직류 전압의 크기가 작아질수록(또는 음의 직류 전압의 크기가 커질수록) V에서 Z로 곡선이 이동한다.
(b) 게이트에 인가하는 음의 직류 전압의 크기가 작아질수록(또는 양의 직류 전압의 크기가 커질수록) V에서 Z로 곡선이 이동한다.
(c) 게이트에 인가하는 교류 전압의 피크-피크 값이 증가할수록 V에서 Z로 곡선이 이동한다.
(d) 게이트에 인가하는 교류 전압의 피크-피크 값이 증가할수록 V에서 Z로 곡선이 이동한다.

연습문제

20 [그림 22-16]의 모든 곡선들은 그래프에서 오른쪽으로 갈수록 평평해진다. 다음 중 이런 곡선 형태가 N채널 공핍형 MOSFET의 일반적인 동작 특성에 대해 의미하는 것은 무엇인가?

(a) 신호가 인가되지 않은 상황에서 양의 직류 드레인 전압을 높이면 드레인 전류는 처음에 느리게 증가하다가 점차 더 빠르게 증가한다.

(b) 신호가 인가되지 않은 상황에서 양의 직류 드레인 전압을 증가시키면 드레인 전류는 처음에 빠르게 증가하다가 점차 더 느리게 증가한다.

(c) 교류 입력 신호 전압의 피크-피크 값을 증가시키면 드레인 전류는 처음에 느리게 증가하다가 점차 더 빠르게 증가한다.

(d) 교류 입력 신호 전압의 피크-피크 값을 증가시키면 드레인 전류는 처음에 빠르게 증가하다가 점차 더 느리게 증가한다.

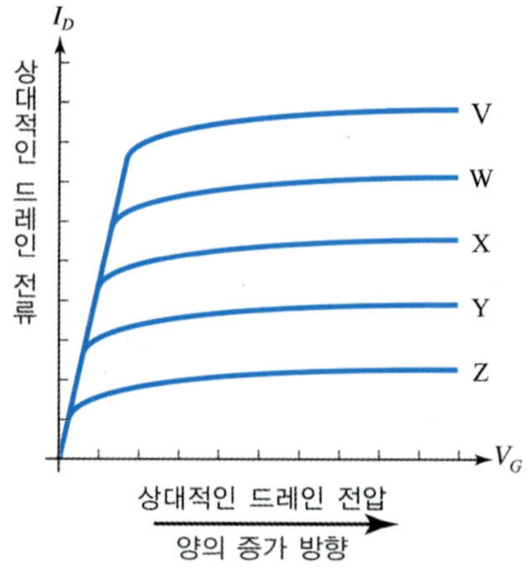

[그림 22-16] **[연습문제 18~20]을 위한 그림**

정답

01 b	**02** d	**03** b	**04** a	**05** c	**06** b	**07** b	**08** c	**09** d	**10** a
11 d	**12** c	**13** a	**14** d	**15** d	**16** a	**17** d	**18** c	**19** a	**20** b

CHAPTER 23

집적회로(IC)

Integrated Circuits

학습목표

- 집적회로의 정의를 알고, 집적회로 기술이 갖는 장점과 한계점을 이해할 수 있다.
- 선형성을 갖는 아날로그 IC와 2진 신호로 동작하는 디지털 IC의 차이점과 응용 방법을 이해할 수 있다.
- 집적도에 따라 집적회로를 분류하고, 다양한 종류의 메모리 IC에 대해 이해할 수 있다.

칩chip이라고도 불리는 대부분의 **집적회로**Integrated Circuit(IC)는 **핀**pin이라는 금속 단자들이 박힌 회색 또는 검은색 상자 형태이다. 집적회로는 삼각형 또는 사각형의 모식도로 나타낸다. IC 내부의 요소들을 그려 넣고, 외부 요소들과 연결되는 선들(실제 소자의 핀들을 나타냄)을 표시한다.

현재 가장 큰 부품 공급 업체 중 하나인 디지키Digikey는 약 72만 개의 다양한 IC 부품 번호를 제공하며 설계하려는 거의 모든 전자회로 또는 하위 시스템에 대한 특수 IC가 있다. IC를 고를 때의 문제는 원하는 기능을 수행하는 IC가 없어서가 아니라 선택할 수 있는 IC가 너무 많다는 것이다. IC는 많은 트랜지스터, 커패시터, 저항, 다이오드 등을 단일 장치에 통합한다. IC는 오디오 증폭기부터 전체 마이크로컨트롤러에 이르기까지 거의 모든 응용 분야에 대해 존재한다.

집적회로 기술의 장점

IC는 개별 트랜지스터, 다이오드, 커패시터, 저항 등의 **독립 소자**discrete component와 비교했을 때 많은 장점이 있다. 주요 장점은 다음과 같다.

소형화 가능성

집적회로 설계는 공간을 효율적으로 사용한다. IC는 독립 소자들로 구성된 등가 회로에 비해 훨씬 작은 면적을 차지하는데, 이로 인해 독립적인 소자들로 구성될 때보다 더 작은 공간에 훨씬 더 복잡한 시스템을 구현할 수 있다.

고속 동작

IC의 내부 구성 요소들 간의 배선은 물리적으로 매우 작아서 고속 스위칭 동작을 할 수 있다. 전하 반송자가 하나의 부품에서 다른 부품으로 이동하는 속도가 빨라지면 주어진 시간 내에 시스템이 수행할 수 있는 연산의 수가 증가하고, 시스템이 복잡한 연산을 수행하는 데 드는 시간을 줄일 수 있다.

저전력 소모

IC는 독립 소자로 구성된 등가회로보다 훨씬 낮은 전력을 소모한다. 이런 장점은 특히 배터리로 동작하는 시스템, 즉 공급할 수 있는 전력이 정해져 있는 시스템에서 필수적이다. IC는 매우 적은 전류를 사용하므로 독립 소자 기반 등가회로와 비교했을 때 발열이 적어 전력을 더 효율적으로 사용한다. 저전류 동작 특성을 통해 사용 과정에서 시스템이 과열됐을 때 발생할 수 있는 동작 주파수 변동이나 간헐적인 시스템 고장 등의 문제를 최소화할 수 있다.

신뢰성

IC는 개별 소자들로 구성된 시스템과 비교했을 때 사용하는 부품의 시간당 파손 가능성이 낮다. 이는 모든 부품 배선들이 케이스에 밀봉되어 있어 먼지나 수분, 부식성 가스 등이 침투하는 것을 막기 때문이다. 따라서 IC는 일반적으로 독립 소자 기반 시스템보다 **유휴 시간**downtime(수리로 인해 장비가 운용되지 않는 기간)이 짧다.

가격

IC 기반 설계는 더 적은 수의 부품을 사용해 제조 비용이 저렴하다. 일반적으로 독립 소자로 만든 동일 회로에 비해 훨씬 더 저렴한데, 이는 IC 기반 설계의 장점이 된다.

모듈화

현대의 IC들은 **모듈화 기법**modular construction을 사용한다. 서로 다른 IC들은 회로 기판 안에서 개별적으로 정의된 기능만 수행하고, 이 회로 기판은 특수한 목적으로 사용된다. 수리할 때는 맞춤 설계한 소프트웨어로 프로그램한 컴퓨터를 사용해 문제가 있는 기판을 찾아서 제거하고, 새로운 기판으로 교체해 가급적 빠른 시간 내에 소비자에게 제품을 돌려준다.

집적회로 기술의 제약

어떤 기술이라도 단점은 있다. 전자 소자나 시스템을 설계할 때 공학자들이 고려해야 하는 IC의 한계점은 다음과 같다.

인덕터 구현의 어려움

어떤 요소들은 칩에서 쉽게 제작할 수 있지만 어떤 요소들은 IC 제조 기술로 만들기 어렵다. 대표적으로 nH(나노헨리) 수준의 매우 낮은 값을 가진 경우 외에는 IC 기술로 인덕터를 제작하기 어렵다. IC를 사용하는 소자는 일반적으로 IC 외부의 독립 인덕터(코일)와 함께 작동하도록 설계된다. 그러나 실제 IC에서는 이것이 크게 문제되지 않는다. 저항-커패시턴스(RC) 구성 회로는 인덕턴스-커패시턴스(LC) 구성 회로가 할 수 있는 대부분의 기능을 그대로 수행할 수 있고, RC 회로는 집적회로 공정을 통해 IC 칩상에 쉽게 제작할 수 있다.

고전력 동작의 부적합

IC의 작은 규격과 저전류 소모는 고유의 한계가 있다. 일반적으로 수백 와트 이상의 매우 높은 전력 응용 분야에서는 독립 부품의 전력 MOSFET 또는 기타 고전력 트랜지스터가 사용된다. 그러나 대부분의 작업을 수행하고 외부 고전력 트랜지스터를 구동하는 IC도 있기 때문에 구성 요소의 수를 최소화한다. 예를 들어, 100 W 이상의 오디오 전력 증폭기 IC는 방열판을 부착할 수 있는 탭을 포함할 수 있다.

선형 IC

선형 IC는 음성이나 음악과 같은 **아날로그 신호**analog signal를 처리한다. '**선형**linear'이라는 표현은 입력 신호의 진폭이 변하는 동안에도 증폭 비율이 일정하게 유지된다는 사실에서 비롯되었다. 보다 기술적으로 표현하면 출력 신호의 강도가 입력 신호의 강도에 대한 **선형 함수**로 나타난다는 의미이다. [그림 23-1]에서 실선으로 된 3개의 직선이 이런 선형 특성을 나타낸다.

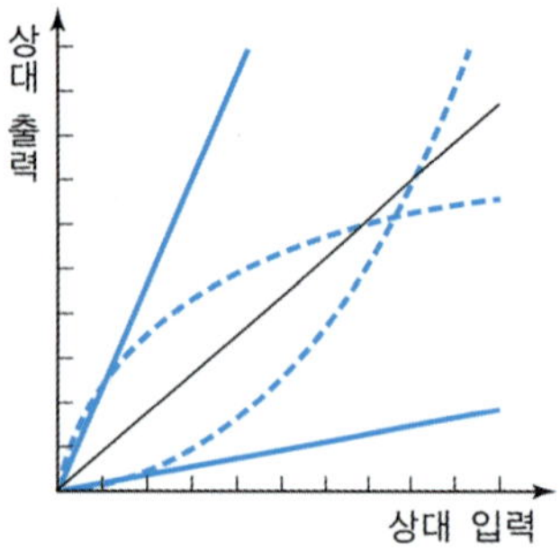

[그림 23-1] 선형 IC에서 상대 출력 신호는 상대 입력 신호에 대해 선형(직선) 함수이다. 실선은 선형 IC 특성의 예이고, 점선은 선형 동작을 제대로 수행하지 않는 IC의 특성을 나타낸다.

연산 증폭기

연산 증폭기operational amplifier(op amp)는 몇 개의 트랜지스터, 저항, 다이오드, 커패시터 등이 서로 연결되어 구성되며 넓은 주파수 영역에서 높은 이득을 얻게 해주는 특별한 선형 IC이다. 어떤 IC는 2개 이상의 연산 증폭기를 포함하며 **듀얼**dual(2개 포함) **연산 증폭기**, **쿼드**quad(4개 포함) **연산 증폭기**라고 한다. 어떤 IC는 다른 회로들과 더불어 1개 이상의 연산 증폭기를 포함하기도 한다.

연산 증폭기는 **비반전**non-inverting 및 **반전**inverting 입력 단자라는 2개의 입력 단자와 1개의 출력 단자를 갖는다. 입력 신호가 비반전 입력 단자로 들어가면 출력 신호의 파형은 입력 신호의 파형과 같은 위상을 갖는다. 반대로 입력 신호가 반전 입력 단자로 들어가면 출력 신호의 파형은 입력 신호의 파형을 뒤집어 놓은 형태가 된다. 연산 증폭기는 양(+)과 음(−), 2개의 전원 공급 장치 연결선이 있지만 단일 공급 전압에서 작동하도록 설계된 연산 증폭기도 존재한다. 일반적인 연산 증폭기의 회로 기호는 [그림 23-2]와 같이 삼각형으로 나타낸다.

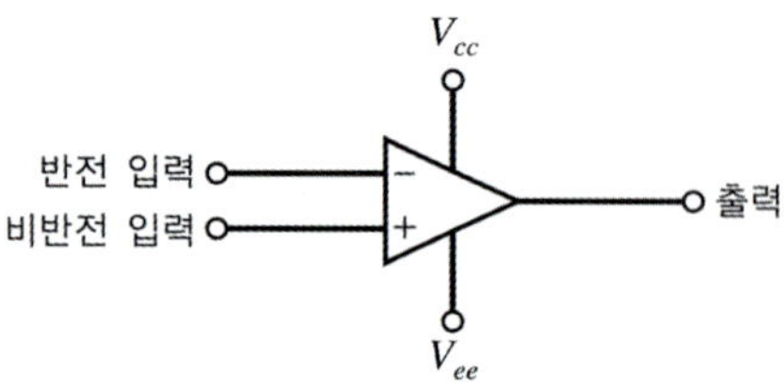

[그림 23-2] 연산 증폭기의 회로 기호

연산 증폭 궤환과 이득

하나 또는 그 이상의 외부 저항으로 연산 증폭기의 이득을 결정할 수 있다. 통상적으로 출력 단자와 반전 입력 단자 사이에 저항을 넣어 **폐쇄 루프 구성**closed-loop configuration을 얻는다. **궤환**feedback을 연결하면 입출력 신호는 서로 **부성**negative을 갖게 되어 180°의 위상차를 보이고, 궤환이 없는 경우에 비해 작은 이득을 얻는다. 저항의 값을 줄일수록 부궤환이 증가해 이득이 감소한다.

궤환 저항을 제거하면 **개방 루프 구성**open-loop configuration을 얻게 된다. 이때 연산 증폭기는 정격이 허용하는 최대 이득을 갖는다. [그림 23-3]은 비반전 폐쇄 루프 증폭기 회로이다. 개방 루프 증폭기 회로는 가끔 저주파 영역에서 불안정해져 예상하지 못한 발진 상태에 들어가기도 한다. 또한 개방 루프 증폭기 회로는 상당한 수준의 내부 잡음이 발생하는데, 이 잡음은 일부 용도에서는 동작 시 문제가 되기도 한다.

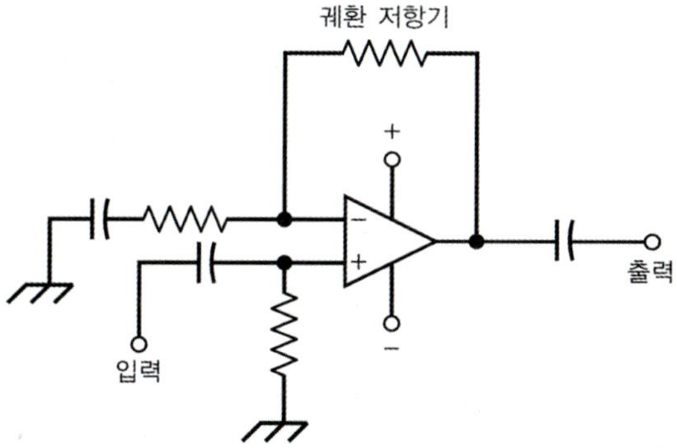

[그림 23-3] 부궤환(negative feedback) 연결된 폐쇄 루프 연산 증폭기 회로. 궤환 저항을 제거하면 개방 루프 회로를 얻는다.

연산 증폭기의 궤환 루프에 RC 조합을 넣으면 이득은 입력 신호의 주파수에 의존한다. 여기에 특정한 저항과 커패시턴스 값을 사용함으로써 4개의 서로 다른 특성을 제공하는 주파수 감응성 필터를 제작할 수 있다. 각 필터들의 주파수 응답 특성은 [그림 23-4] 및 다음 설명과 같다.

❶ 저주파 영역에서 이득이 큰 **저역 통과 응답**lowpass response
❷ 고주파 영역에서 이득이 큰 **고역 통과 응답**highpass response
❸ 단일 주파수 및 근처에서 최대 이득을 갖는 **공진 피크**resonant peak(**첨두**)
❹ 단일 주파수 및 근처에서 최대 손실을 갖는 **공진 노치**resonant notch(**함몰**)

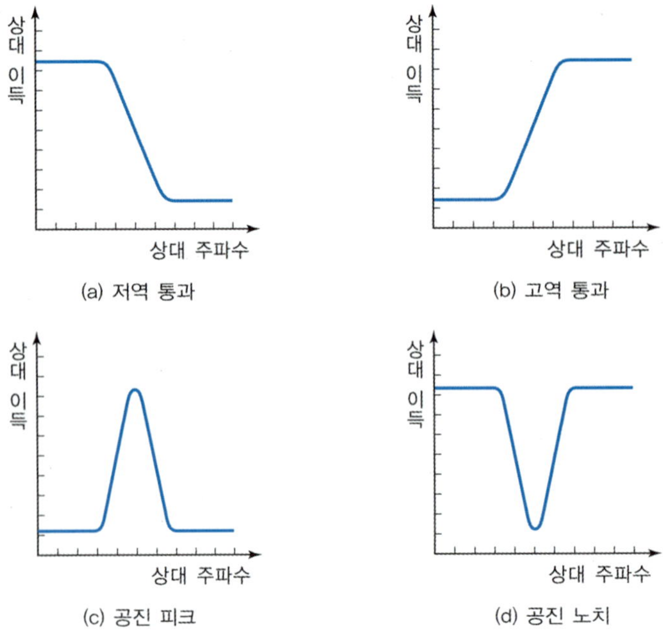

[그림 23-4] **이득 대 주파수 응답 곡선**

연산 증폭기 미분기

미분기 differentiator는 순시 출력 신호의 크기가 입력 신호 크기의 변화율에 정비례해 나타나도록 하는 회로이다. 수학적인 관점에서 이 회로는 입력 신호 파형의 함수를 수학적으로 미분한다. 즉 연산 증폭기 때문에 미분 동작이 가능해지는 것이다. [그림 23-5]는 미분기의 예이다.

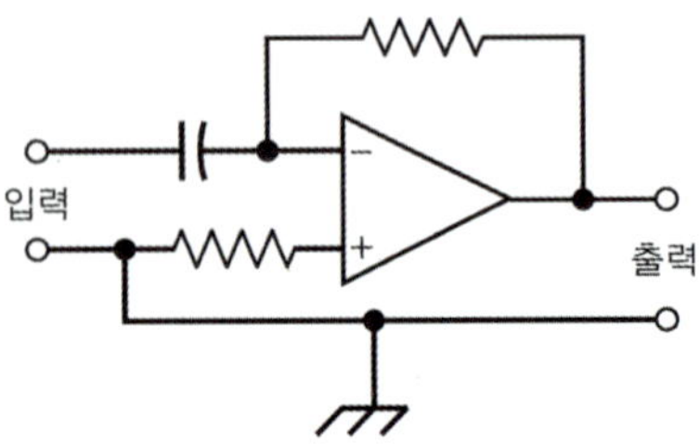

[그림 23-5] **연산 증폭기를 사용하는 미분기 회로**

미분기에 직류 전압이 입력 신호로 인가되면 출력 신호는 0(신호 없음)이 된다. 순시적인 입력 신호의 크기가 증가하면 출력 신호는 양의 직류 전압으로 나타난다. 반대로 순시적인 입력 신호의 크기가 감소하면 출력 신호는 음의 직류 전압으로 나타난다. 입력 신호의 크기가 사인파처럼 주기적으로 변화하면 출력 전압은 **순시적인 입력 신호 크기의 변화율**(수학적으로 **미분** derivative에 해당)에 따라 변화한다. 따라서 입력 신호와는 파형이 다를 수 있지만 주파수는 동일한 출력 신호를 얻게 된다.

미분기 회로에서 순수한 사인파 입력은 순수한 사인파 출력을 생성하지만 출력 신호는 입력 신호보다 90° 만큼 왼쪽으로 이동한(시간적인 관점에서 $\frac{1}{4}$ 주기 먼저 나타나는) 형태를 보인다. 마찬가지로 복잡한 형태의 입력 파형은 다양한 형태의 출력 파형을 만든다.

연산 증폭기 적분기

적분기 integrator는 순시 출력 신호 진폭이 시간 함수로서 누적 입력 신호 진폭에 비례하는 회로로, 수학적으로 입력 신호를 적분한다. 이론적으로 적분기 기능은 미분기 기능의 반전 또는 역과정에 해당한다. [그림 23-6]은 적분기를 구현하기 위해 연산 증폭기를 연결하는 방법을 나타낸 것이다.

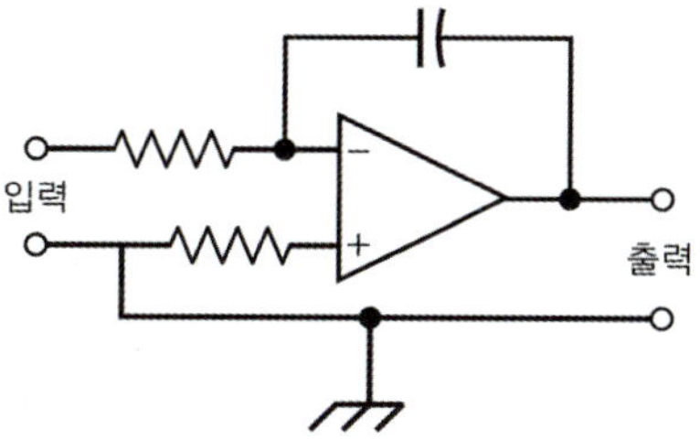

[그림 23-6] 연산 증폭기를 사용하는 적분기 회로

만약 적분기에 주기적으로 변화하는 입력 신호 파형을 인가하면 출력 전압은 입력 전압의 적분 결과에 따라 변화한다. 이렇게 생성된 출력 신호는 입력 신호와 동일한 주파수를 갖지만 파형은 다를 수 있다. 순수한 사인파 입력은 순수한 사인파 출력을 생성하지만 출력 신호는 입력 신호보다 90°만큼 오른쪽으로 이동한(시간적인 관점에서 $\frac{1}{4}$ 주기 늦게 나타나는) 형태를 보인다. 마찬가지로 복잡한 형태의 입력 파형은 다양한 유형의 출력 파형을 만든다.

실제 적분기의 동작은 이론적으로 이상적인 적분기의 동작과 한 가지의 중요한 방식에서 차이가 있다. 입력 함수의 수학적인 적분 결과가 무한히 증가하는 출력 함수를 발생시킨다면 실제 출력 전압은 어떤 양 또는 음의 부호를 가진 상한값까지 증가하고, 그 값에서 더 이상 변화하지 않는다는 것이다. 즉 무제한으로 영원히 증가하는 출력 전압을 얻을 수 없다. 실제 적분기에서 출력 전압의 최댓값은 전원 공급 장치 또는 배터리의 전압을 넘을 수 없다.

연산 증폭기 버퍼

기본적으로 연산 증폭기는 입력 임피던스가 높고, 출력 임피던스가 낮다. [그림 23-7]과 같이 단일 이득 버퍼로 구성되었다면 공통 이미터 구성에서 NPN 바이폴라 트랜지스터를 사용하는 것과 유사한 방식으로 출력 전압이 입력 전압을 따르게 된다. 그러나 연산 증폭기 버퍼로 구성되었다면 베이스-이미터 전압으로 인한 오프셋이 없다. [그림 23-7]은 단일 공급 연산 증폭기가 사용되는 예를 보여준다.

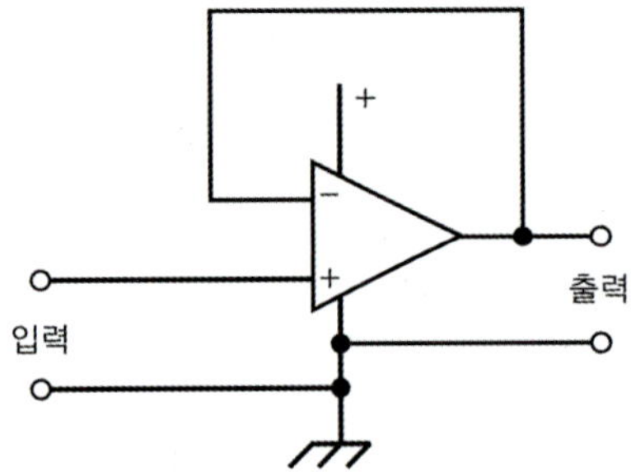

[그림 23-7] 연산 증폭기를 이용한 단일 이득 버퍼

전압 조정기

전압 조정기voltage regulator IC는 전원 공급 장치의 출력 전압을 제한한다. 이 기능은 계측 전자 장비에서 매우 중요하다. 전압 조정기 IC는 다양한 값의 전압 및 전류 정격을 가질 수 있는데, 일반적인 전압 조정기 IC는 3개의 단자(접지, 입력, 출력)를 갖는다. 선형 전압 조정기는 사용하기 매우 쉽지만 높은 전류를 조정할 경우 열이 발생한다. 따라서 이런 상황에서는 효율이 높은 스위칭 조정기가 더 일반적으로 사용된다.

타이머

타이머timer IC는 지연된 출력 신호를 생성하는 특수한 발진기로, 지연 시간은 특별한 소자 요건에 따라 조정할 수 있다. 지연은 진동 펄스의 수를 세어 발생시킬 수 있으며 외부 저항과 커패시터를 통해 지연 길이를 조절할 수 있다. 타이머 IC는 정확한 시간 간격이나 **범위**window가 필요한 디지털 주파수 카운터에서 널리 사용된다.

비교기

비교기comparator IC는 2개의 입력을 갖는다. 비교기는 말 그대로 입력 A와 입력 B의 전압들을 비교한다. 만약 입력 A의 전압이 입력 B의 전압보다 크면 출력 전압은 대략 +5V로 나타나며, 이는 논리값 1 또는 H high 상태에 해당한다. 만약 입력 A의 전압이 입력 B의 전압과 같거나 작으면 출력 전압은 대략 +2V나 약간 작은 값으로 나타나며, 이는 논리값 0 또는 L low 상태에 해당한다.

전압 비교기는 다양하게 응용할 수 있다. 어떤 비교기들은 L, H 상태 사이를 빠르게 스위칭하거나 느리게 스위칭한다. 어떤 비교기들은 입력 임피던스가 작고, 어떤 비교기들은 크다. 또 어떤 비교기들은 AF나 저주파 RF 응용을 위해 사용되고, 어떤 것들은 비디오 신호나 고주파 RF 응용을 위해 사용된다. 또한 전압 비교기는 릴레이, 알람, 전자 스위칭 회로와 같은 다른 기기들을 **트리거**trigger하거나 동작시키는 데 사용하기도 한다.

디지털 IC

디지털 ICdigital IC(**디지털 논리 IC**digital-logic IC)는 2개의 구별 가능한 상태, 즉 Hhigh(논리값 1)와 Llow(논리값 0) 상태를 사용해 동작한다. 디지털 IC는 빠른 속도로 논리 연산을 하는 수많은 논리 **게이트**gate들이 모인 어레이를 사용하기도 한다.

상보성 금속-산화막-반도체 Complementary Metal-Oxide-Semiconductor(CMOS) **논리**는 단일 칩에 N형 및 P형 실리콘을 모두 사용한다. 이는 N채널 및 P채널 MOSFET들을 모두 사용하는 독립 요소 회로에 해당하는 개념으로 이해할 수 있다. CMOS 기술의 장점에는 극단적으로 낮은 전류 구동 능력, 고속 동작 능력, 외부 잡음에 대한 강인성 등이 있다. 대부분의 디지털 IC는 CMOS 기술로 제작된다.

모든 형태의 MOS 논리 IC는 정전기 방전으로 파손되지 않도록 주의해야 한다. 개별 MOSFET들을 다룰 때도 마찬가지이다. MOS IC 작업 시에는 전기적인 접지에 연결된 금속 손목 스트랩을 착용해 신체를 접지시키고, 랩 내부가 너무 건조해지지 않도록 습도를 유지해야 한다. MOS IC들을 보관할 때는 칩을 보관하기 위해 특별히 제작된 전도성 있는 스펀지 또는 고무에 IC의 핀들을 꽂아 둬야 한다.

집적도

디지털 IC에서 칩당 트랜지스터의 수를 **집적도**component density(**부품 밀도**)라고 한다. IC의 집적도는 해마다 계속 증가하고 있다. 일부 반도체 개발자들은 단일 원자들이 언젠가 여러 가지 기능들을 수행하도록 할 수 있을 것이라고 생각하지만(개별 원자들의 물리적 부피로 인한) 집적도의 실질적인 한계는 존재한다. 일반적으로 IC의 집적도가 증가하면 동작 속도도 증가한다.

저집적회로

저집적회로Small-Scale Integration(SSI)는 칩당 10개 이하의 트랜지스터를 갖는다. 이런 소자들은 다른 유형의 IC에 비해 높은 전류를 흘릴 수 있는데, 낮은 집적도는 개별 소자의 부피와 질량이 상대적으로 크다는 것을 의미하기 때문이다. 저집적회로는 전압 조정기나 중전력 시스템에서 활용된다.

중집적회로

중집적회로Medium-Scale Integration(MSI)는 칩당 10개에서 100개의 트랜지스터를 갖는다. 이 기술을 통해 상당한 수준으로 소자를 축소할 수 있지만 최근 기술과 비교하면 그렇게 높은 수준은 아니다.

중집적회로의 장점은 일부 응용 방식에서 개별 논리 게이트들이 상당히 높은 수준의 전류를 흘릴 수 있다는 것이다. 바이폴라 및 MOS 트랜지스터 기술 모두 중집적회로에 적용할 수 있다.

고집적회로

고집적회로Large-Scale Integration(LSI)는 칩당 100개에서 1,000개의 트랜지스터를 가지며 중집적회로보다 집적도가 적어도 10배 더 높다. 대표적으로 전자 손목시계, 단일 칩 계산기, 소형 컴퓨터, 마이크로컨트롤러 등에 고집적회로를 사용한다.

초고집적회로

초고집적회로Very-Large-Scale-Integration(VLSI)는 칩당 1,000개에서 1,000,000개의 트랜지스터를 가지며 고집적회로보다 집적도가 최대 1,000배 더 높다. 고급형 소형 컴퓨터, 마이크로컨트롤러, 메모리칩 등이 이 기술을 기반으로 제작된다.

초초고집적회로

때때로 **초초고집적**Ultra-Large-Scale-Integration(ULSI)이라는 표현을 들어본 적이 있을 것이다. 초초고집적회로는 칩당 1,000,000개 이상의 트랜지스터를 가진다. ULSI 기술의 주된 용도는 고차원 연산, 슈퍼 컴퓨팅, 로보틱스, 인공지능(AI)Artificial Intelligence 등이다. 가까운 미래에는 ULSI 기술이 더 폭넓게 활용되고, 특히 의료용 기기 영역에서도 활용될 것으로 기대된다.

IC 메모리

이진 디지털 데이터는 H와 L 상태(논리값 1과 0)로 다양한 물리적 형태의 메모리칩에 저장될 수 있다. 어떤 IC 메모리칩들은 전원을 계속 공급하지 않으면 데이터가 소멸된다. 또 어떤 IC 메모리칩들은 전원을 공급하지 않아도 데이터를 유지할 수 있는데, 경우에 따라 몇 개월 또는 몇 년까지 저장할 수 있다. 전자 기기에서는 **랜덤 액세스**random access와 **읽기 전용**read-only이라는 두 가지 유형의 메모리를 볼 수 있다.

랜덤 액세스 메모리

랜덤 액세스 메모리 Random-Access Memory(RAM)는 이진 데이터를 **어레이**array에 저장한다. 데이터는 어레이 매트릭스 내 어느 곳에 있어도 저장할 주소를 지정할 수 있는데, 이를 **어드레싱**addressing 또는 **선택**select 동작이라고 표현한다. 데이터는 전체 또는 일부가 쉽게 변경되고, 다시 RAM에 저장된다. 이로 인해 RAM 칩을 종종 **읽기/쓰기 메모리**read/write memory라고도 한다.

RAM의 대표적인 사용 예는 우리가 자주 사용하는 워드 프로세싱 파일이다. 하나의 문단, 장, 책 전체의 내용은 반도체 RAM의 일부 영역에 저장되고, 양이 늘어나면 컴퓨터 하드 드라이브에, 더 늘어나면 외부 저장 장치에 저장된다.

RAM은 크게 **동적 RAM**Dynamic RAM(DRAM)과 **정적 RAM**Static RAM(SRAM)으로 분류된다. DRAM 칩은 트랜지스터와 커패시터로 구성되어 있고, 데이터는 전하 형태로 커패시터에 저장된다. 저장된 전하는 주기적으로 충전되어야 한다. 그렇지 않으면 방전되어 소실된다. 복구 동작은 초당 수백 번씩 자동적으로 이뤄진다. SRAM 칩은 데이터를 저장하기 위해 플립플롭[1]을 이용한다. 이런 구성을 통해 끊임없이 전하의 저장 상태를 복구하는 과정이 필요하지 않게 된다. 그러나 SRAM IC는 DRAM 칩과 비교했을 때 동일한 양의 데이터를 저장하기 위해 더 많은 소자들을 필요로 한다.

RAM 칩은 **메모리 백업**memory backup 수단을 마련하지 않는다면 전원이 끊어졌을 때 데이터도 사라진다. 이런 메모리를 '휘발성' 메모리라고 한다. 가장 일반적인 메모리 백업 방법은 수명이 긴 작은 전원 셀이나 배터리를 달아 주는 것이다. 현대의 IC 메모리들은 데이터를 저장할 때 매우 적은 전류만 필요로 하므로 백업 배터리의 수명이 매우 길다.

비휘발성 메모리

전기적으로 지우고 쓸 수 있는 읽기 전용 메모리electrically erasable programmable read-only memory (EEPROM) 칩은 특정 절차를 거쳐 다시 **프로그래밍**reprogram 할 수 있는 ROM 소자이다. EPROM에서 데이터를 다시 쓰는 것은 RAM에서 하는 것보다 어려운데, 이는 메모리 셀을 지우거나 변경하는 것이 RAM보다 훨씬 느리기 때문이다.

플래시 메모리는 EEPROM과 유사하게 비휘발성이며 종종 마이크로컨트롤러의 프로그램 코드를 저장하는 데 사용된다.

1 (옮긴이) 플립플롭(flip-flop)은 논리 게이트를 사용해 구성한 특별한 회로로, 순차 논리 게이트(sequential gate)라고 알려져 있다. 이에 대한 자세한 내용은 28장을 참고하라.

연습문제

01 다음 중 연산 증폭기가 너무 높은 이득을 내는 것을 방지하거나 원치 않는 발진이 발생하는 것을 최소화하는 것은 무엇인가?

(a) 양궤환
(b) 부궤환
(c) 인덕터를 연결한 궤환
(d) 커패시터를 연결한 궤환

02 다음 중 CMOS 칩이 포함하는 것은 무엇인가?

(a) N채널 MOSFET
(b) P채널 MOSFET
(c) N채널 MOSFET과 P채널 MOSFET
(d) 바이폴라 트랜지스터

03 다음 중 헤드셋이나 작은 스피커를 구동하기 위한 아날로그 오디오 증폭기를 만들고 싶다면 무엇을 사용해야 하는가?

(a) 메모리 IC (b) 선형 IC
(c) 연산 증폭기 (d) CMOS IC

04 다음 중 실제로 IC 칩 상에서 잘 제작되지 않는 소자는 무엇인가?

(a) 저항 (b) 커패시터
(c) 인덕터 (d) 트랜지스터

05 다음 중 순수한 사인파 입력이 들어왔을 때 동일한 주파수를 갖고, 90°만큼의 위상 지연이 발생하는 순수한 사인파 출력을 내는 회로를 만들기 위해 사용하는 IC는 무엇인가?

(a) 연산 증폭기 (b) CMOS
(c) 메모리 IC (d) 디지털 IC

06 다음 중 괄호에 들어갈 적절한 말은 무엇인가?

RAM 칩에서 데이터는 (   )의 형태로 저장된다.

(a) 다양한 주파수를 갖는 사인파
(b) 작은 저항기에 흐르는 전류
(c) 작은 인덕터 내의 자기장
(d) 작은 커패시터 내의 전하

07 다음 중 등가적인 IC와 비교했을 때 독립 소자들로 구성한 회로의 장점으로 옳은 것은 무엇인가?

(a) 고전력을 다룰 수 있는 능력
(b) 일괄적인 유지 보수
(c) 높은 신뢰성
(d) (a), (b), (c) 모두

08 다음 중 데이터를 다시 쓰는 동작이 가장 쉬운 메모리칩은 무엇인가?

(a) 플래시 메모리
(b) 하드디스크
(c) EEPROM
(d) RAM

09 다음 중 CMOS 칩의 대표적인 특징으로 옳은 것은 무엇인가?

(a) 정전기 방전에 의한 파손에 대한 민감성
(b) 아날로그 응용에만 사용 가능한 점
(c) 높은 동작 전류 요구
(d) 매우 제한적인 동작 속도

10 적분기 IC의 출력 신호는 순수한 교류 사인파 입력 신호와 얼마만큼의 위상차를 갖는가?

(a) 180°
(b) 90°
(c) 45°
(d) 주파수에 따라 달라진다.

11 다음 중 메모리와 관련해 외부 공급 전원이 모두 끊어져도 데이터가 그대로 유지되는 특성을 무엇이라 하는가?

(a) 포화
(b) 정적 동작
(c) 동적 동작
(d) 비휘발성

12 다음 중 칩당 최대 트랜지스터의 수와 관련해 LSI는 VLSI보다 10의 몇 승 배 높은 집적도를 갖는가?

(a) 1승
(b) 2승
(c) 3승
(d) 질문의 가정이 잘못되었다. LSI 칩의 최대 트랜지스터 수는 VLSI의 최대 수보다 작기 때문이다.

13 다음 중 IC가 핵심 요소로 기능하는 전자기기는 무엇인가?

(a) 고전압 전력 공급 장치의 필터
(b) TV 방송 송신기의 최종 증폭기
(c) 전자계산기
(d) (a), (b), (c) 모두

14 다음 중 IC에 대한 설명으로 옳은 것은 무엇인가?

(a) IC 기반 설계는 개별 부품을 사용한 것보다 일반적으로 신뢰성이 더욱 높다.
(b) IC를 사용한 해결책은 개별 부품을 사용한 것보다 항상 더 비싸다.
(c) IC는 본질적으로 개별 부품을 활용한 설계보다 신뢰성이 떨어진다.
(d) 커패시터는 IC에 집적될 수 없다.

15 다음 중 IC의 집적도 사양을 통해 알 수 있는 것은 무엇인가?

(a) 칩 내부 요소들의 평균 지름
(b) 칩 내부 요소들의 평균 면적
(c) 칩 내부 요소들의 평균 질량 대 부피 비율
(d) 칩 내부 개별 요소들의 총 수

16 미분기에 +2V의 직류 전압을 입력 신호로 인가하면 얻을 수 있는 출력 신호는 얼마인가?

(a) +2V 직류
(b) 0V, 즉 아무런 출력도 나오지 않는다.
(c) −2V 직류
(d) 순수한 교류 사인파

17 다음 중 연산 증폭기에 적합하지 않은 것은 무엇인가?

(a) 높은 임피던스 출력을 낮은 임피던스로 버퍼링하기
(b) 전력 증폭
(c) 오디오 신호의 전치 증폭Pre-amplification
(d) 적분하기

연습문제

18 다음 중 온도 조절 장치의 일부로 아날로그 온도 센서와 함께 사용될 수 있는 IC는 무엇인가?

(a) 타이머 IC
(b) 메모리 IC
(c) 비교기 IC
(d) 전압 조정기 IC

19 다음 중 연산 증폭기에 대한 설명으로 옳지 않은 것은 무엇인가?

(a) 연산 증폭기는 항상 양과 음의 전원 공급을 가져야 한다.
(b) 연산 증폭기를 이용하면 단일 이득 버퍼를 만들 수 있다.
(c) IC는 여러 개의 연산 증폭기를 가질 수 있다.
(d) 연산 증폭기는 아날로그 IC의 한 예이다.

20 미분기 IC의 출력 신호는 순수한 교류 사인파 입력 신호와 얼마만큼의 위상차를 갖는가?

(a) 180°
(b) 90°
(c) 45°
(d) 주파수에 따라 달라진다.

정답

01 b	**02** c	**03** b	**04** c	**05** a	**06** d	**07** a	**08** d	**09** a	**10** b
11 d	**12** d	**13** c	**14** a	**15** d	**16** b	**17** b	**18** c	**19** a	**20** b

CHAPTER
24

전원 공급 장치

Power Supplies

전력 변압기
정류 다이오드
반파 회로
전파 중간 탭 회로
전파 브리지 회로
전원 공급 장치 평활화
전압 조정
선형 전압 조정기 집적회로
스위칭 전압 조정기
스위치 - 모드 전원 공급 장치
기기 보호
연습문제

학습목표

- 전력 변압기의 종류와 동작 원리를 이해할 수 있다.
- 정전압 공급 및 전압 체배를 위해 다양한 방식으로 다이오드를 활용하는 전원 공급 장치의 종류와 동작 원리를 이해할 수 있다.
- 제너 다이오드와 이를 활용한 전압 조정기의 회로 구성 및 동작 원리를 이해할 수 있다.
- 전원 공급 장치의 요소들과 동작 원리를 이해할 수 있다.
- 접지 문제, 과도 전류 및 전압 등 전자기기에서 발생할 수 있는 여러 신뢰성 문제와 이를 해결하는 방안들을 이해할 수 있다.

전원 공급 장치power supply는 사용할 수 있는 상태의 교류를 전기-화학 배터리 또는 태양전지로부터 얻는 것과 같은 형태의 순수 직류로 변환해주는 장치이다. 이 장에서는 전력 변압기, 정류, 평활화 및 조정을 사용해 전원 공급 장치를 설계하는 일반적인 방법을 배운다. 또한 크기가 작고, 가벼우면서도 높은 출력을 가진 스위치-모드 전원 공급 장치가 어떻게 동작하는지 배운다.

전력 변압기

전력 변압기power transformers는 일반적으로 **강압**step-down 또는 **승압**step-up 방식으로 분류된다. 강압 변압기에서 출력 전압 또는 2차 전압은 입력 전압 또는 1차 전압보다 작다. 반대로 승압 변압기에서 출력 전압은 입력 전압보다 크다.

대부분의 전자 소자들은 동작하려면 수 V만 있으면 된다. 이 기기들을 위한 전원 공급 장치로 1차 권선이 교류 콘센트에 연결된 강압 전력 변압기를 사용한다. 변압기의 물리적인 크기와 무게는 흘리려는 전류의 양에 따라 정해진다. 어떤 소자들은 작은 동작 전압 조건에서 작은 전류만 필요로 한다. 예를 들어, 무선 수신기의 변압기는 물리적으로 크기가 작을 수 있다. 크기가 큰 아마추어 무선 송신기나 하이파이 증폭기는 더 많은 전류를 필요로 한다. 이런 목적으로 사용하는 변압기의 2차 권선에는 굵은 반경의 와이어가 사용된다. 또한 코일에서 생성되는 많은 양의 자속을 포함할 수 있도록 부피도 커야 한다.

변압기 정격

공학자들은 변압기의 최대 출력 전압과 전달할 수 있는 최대 전류로 전력 변압기의 정격을 결정한다. 변압기에서 흔히 볼 수 있는 **볼트-암페어**(VA) 용량은 출력 전압의 액면값과 전달 가능한 최대 전류를 곱한 것과 같다.

최대 10 A까지 전류 공급이 가능한 12 V 출력 변압기는 12 V × 10 A (또는 120 VA)의 VA 용량을 갖는다. 이 장의 후반부에서 살펴볼 전원 공급 장치의 **여과**filtering 특성 때문에 전력 변환 VA 정격은 부하가 소모하는 W 단위 전력의 실제값보다 훨씬 높은 값을 가져야 한다.

필요한 전류나 전압을 공급할 수 있는 우수한 품질의 전력 변압기는 잘 설계된 전원 공급 장치에 있어서 필수적이므로 전원 공급 장치의 매우 중요한 부분이다. 일반적으로 변압기는 전원 공급 장치가 타버렸을 때 교체 시 비용이 가장 많이 드는 부품이므로 전원 공급 장치를 설계하고 제작할 때는 항상 적절한 사양을 가진 변압기를 선택해야 한다.

정류 다이오드

정류 다이오드 rectifier diode는 다양한 크기로 제작되며 여러 가지 목적으로 이용된다. 대부분의 정류 다이오드들은 실리콘 반도체 물질로 구성되어 있어 **실리콘 정류기** silicon rectifier라고 한다. 또한 어떤 정류 다이오드들은 셀레늄으로 만들어져 **셀레늄 정류기** selenium rectifier라고 한다. 전원 공급 다이오드를 동작시킬 때 **평균 순방향 전류** Average forward current(I_0) 정격과 **최대 역전압** Peak Inverse Voltage(PIV) 정격의 사양을 주의 깊게 살펴봐야 한다.

평균 순방향 전류

모든 매개 물질에는 아주 작은 값이라고 해도 약간의 저항이 존재하므로 해당 물질을 통과하는 전류는 항상 열을 발생시킨다. 만약 다이오드에 과도한 전류를 흘리면 이때 발생하는 열 때문에 PN 접합이 파괴될 것이다. 따라서 전원 공급 장치를 설계할 때는 평균 직류 순방향 전류의 예상치보다 최소 1.5배 이상의 I_0 정격을 갖는 다이오드를 사용해야 한다. 예를 들어, 전류가 4.0 A 라면 정류 다이오드의 정격은 $I_0 = 6.0\,\text{A}$ 이상이어야 한다.

하나 이상의 정류 다이오드를 사용하는 전원 공급 장치에서 I_0는 각각의 다이오드로 흐른다. 부하로 흐르는 전류는 일반적으로 I_0와 다르다. 또한 I_0는 평균 수치를 나타낸다는 점에 주목해야 한다. 순시 순방향 전류는 이와는 전혀 다른 값이며 필터 회로의 특성에 따라 I_0의 15배에서 20배까지 될 수 있다.

일부 다이오드에는 PN 접합에서 발생하는 열을 제거하기 위한 **방열판** heatsink이 있다. 방열판은 증기 파이프 주변을 감고 있는 구식 베이스 보드 라디에이터를 축소한 형태로, 방열판 모양을 보고 셀레늄 정류기라는 것을 알 수 있다.

다이오드 하나보다 큰 값의 전류 정격을 얻기 위해서는 2개 이상의 동일한 정류 다이오드들을 병렬 연결한다. 이때 전류를 동일하게 맞추기 위해 작은 값을 가진 저항을 각 다이오드에 직렬로 연결해야 한다. 모든 저항은 일반적인 동작 조건에서 전압 강하가 약 1 V 정도 되는 저항값을 가져야 한다.

최대 역전압(PIV)

다이오드의 PIV 정격은 **애벌런치 항복** avalanche breakdown이 발생하지 않을 때 견딜 수 있는 순간 역바이어스 전압의 최대치를 나타낸다. 잘 설계된 전원 공급 장치는 PIV 정격이 최대 교류 입력 전압보다 훨씬 높은 다이오드를 갖는다. PIV 정격이 충분히 높지 않다면 역방향 사이클의 일부 시간 동안 공급 장치의 1개 또는 다수의 다이오드가 전류를 흘린다. 이런 전류의 흐름은 역방향 전류가 순방향 전류를 상쇄시키므로 전원 공급 장치의 효율을 저하시킨다.

하나의 다이오드가 제공하는 것보다 높은 PIV 정격을 얻으려면 2개 이상의 동일한 정류 다이오드들을 직렬로 연결해야 한다. 공학자들은 튜브형 전력 증폭기에 필요한 것과 같은 고전압 전원 공급 장치를 설계할 때 종종 이런 기술을 활용한다. 다이오드들 사이에 분배되는 역바이어스를 동일하게 만들기 위해 각 피크 역전압에 대해 약 500Ω의 큰 저항을 각 다이오드와 병렬로 연결한다. 또한 각 다이오드들은 (병렬로 연결된) 약 0.01 pF 크기의 커패시터에 의해 **션트**shunt된다.

반파 회로

반파 정류기half-wave rectifier라 불리는 가장 간단한 형태의 정류 회로는 [그림 24-1(a)]와 같이 교류 신호 주기의 반을 '잘라내는' 다이오드 1개로 구성된다. 반파 정류기를 사용하는 전원 공급 장치로부터 얻을 수 있는 유효 출력 전압은 [그림 24-2(a)]의 피크 변압기의 출력 전압보다 훨씬 작다. 다이오드 양단에 역방향으로 걸리는 최대 전압은 인가되는 RMS 교류 전압의 2.8 배까지 높아질 수 있다.

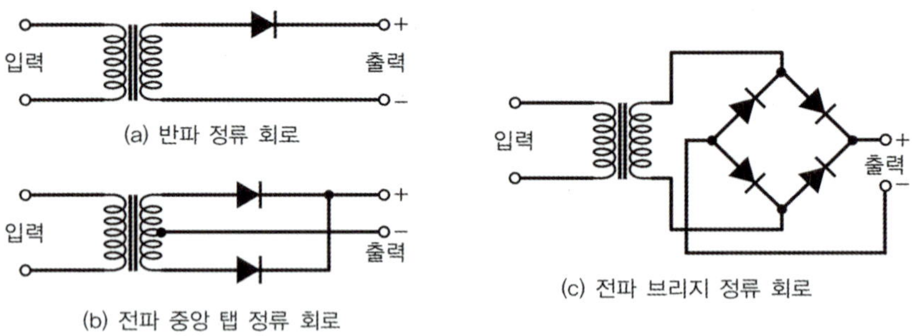

[그림 24-1] 정류 회로의 종류

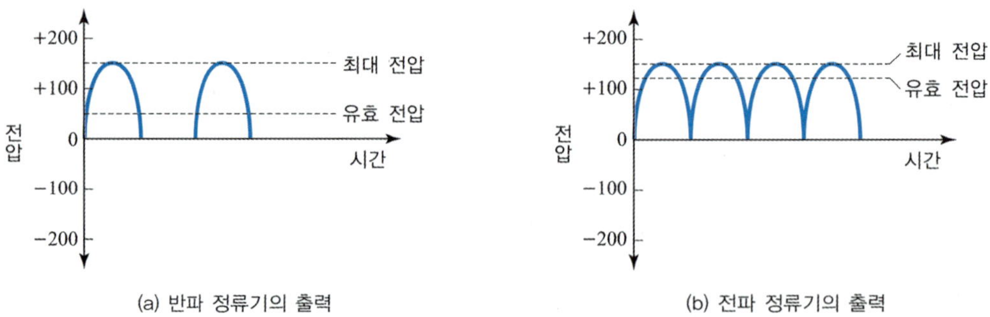

[그림 24-2] 반파 정류기와 전파 정류기의 출력. 유효 전압이 최대 전압과 어떤 차이가 있는지에 주목해야 한다.

대부분의 공학자들은 PIV 정격이 최대 피크 역전압의 예상치보다 최소 1.5배 이상인 다이오드를 선호한다. 따라서 반파 정류 회로의 다이오드들은 전력 변압기의 2차 권선 양단에 나타나는 RMS 교류 전압의 최소한 2.8×1.5배, 즉 4.2배 이상의 정격을 가져야 한다.

반파 정류에는 몇 가지 단점이 있다. 먼저 출력을 필터링하기 어렵다. 그다음으로 전원 공급 장치가 큰 전류를 전달해야 할 때 출력 전압이 상당히 낮아질 수 있다. 마지막으로 반파 정류기는 변압기와 다이오드를 펌프질하는 방식으로 동작시키므로 변압기와 다이오드에 무리를 준다. 즉 반파 정류가 교류 주기의 절반 동안은 다이오드를 강하게 작동시키면서 나머지 절반 동안은 '놀게' 한다.

많은 전류를 전달하지 않아도 되는 전원 공급 장치를 설계할 때나 전압이 바뀌어도 정류기에 연결된 기기의 동작에 영향을 주지 않을 때는 일반적으로 반파 정류기를 전원 공급 장치로 사용해도 충분히 유용하게 쓸 수 있다. 또한 반파 회로는 비교적 적은 부품들로 구성되기 때문에 보다 복잡한 회로들에 비해 비용이 저렴하다는 주된 장점이 있다.

전파 중간 탭 회로

전파 정류 기법 full-wave rectification을 사용하면 교류 신호의 한 주기에서 나타나는 2개의 반파를 모두 사용할 수 있다. **전파 중간 탭 정류기** full-wave center-tap rectifier는 [그림 24-1(b)]와 같이 2차 권선의 중간 부분에 **탭** tap이라는 연결부를 가진 변압기이다. 탭은 **섀시접지** chassis ground라고도 하는 **전기접지** electrical ground에 직접 연결된다. 이 연결 방식으로 2차 권선 양단에서 서로 반대 위상을 갖는 전압과 전류를 생성한다. 2개의 교류파는 각각 반파 정류된 것으로, 한 주기의 반파를 자르고 나머지 하나를 자르는 과정을 반복한다.

[그림 24-2(b)]와 같이 전파 중간 탭 정류기를 사용하는 전원 공급 장치의 최대 전압에 대한 유효 출력 전압은 반파 정류기의 유효 출력 전압보다 크다. 다이오드 양단에 걸리는 PIV는 인가된 RMS 교류 전압보다 적어도 2.8배에 해당하는 정격을 가져야 한다. 따라서 다이오드는 파의 주기 내 어느 시점에서도 애벌런치 항복이 발생하지 않도록 인가된 RMS 교류 전압의 최소 4.2배의 PIV 정격을 가져야 한다.

어느 경우든 교류 입력 주파수가 같다고 가정하면 전파 정류기로부터의 직류 펄스 주파수(**리플 주파수** ripple frequency라고도 함)가 반파 정류기로부터의 직류 펄스 리플 주파수의 2배가 된다. 따라서 전파 중간 탭 정류기의 출력은 반파 정류기의 출력보다 더 쉽게 필터링된다. [그림 24-2(b)]를 [그림 24-2(a)]와 비교해보면 전파 정류의 출력이 반파 정류기의 출력보다 '순수 직류에 더 가깝다'는 것을 알 수 있다. 전파 중간 탭 정류기는 반파 정류기보다 변압기와 다이오드를 더 '조심스럽게' 다룬다는 장점도 있다.

전파 중간 탭 정류 회로를 사용하는 전원 공급 장치의 출력에 부하를 연결하면, 반파 정류기를 사용하는 전원 공급 장치에 동일한 부하를 연결한 경우와 비교했을 때 부하에서 발생하는 전압 강하가 적다. 그러나 전파 변압기가 더 정교하므로 전파 중간 탭 회로는 동일한 최대 정격 전류에서 동일한 출력 전압을 전달하는 반파 회로보다 더 비싸다는 단점이 있다.

전파 브리지 회로

간단히 **브리지**bridge라고도 부르는 **전파 브리지 정류기**full-wave bridge rectifier 회로를 사용해 전파 정류 특성을 얻을 수도 있다. [그림 24-1(c)]는 전형적인 전파 브리지 회로의 모식도이다. 출력 파형은 [그림 24-3(b)]의 전파 중간 탭 회로에서 얻는 출력과 동일하다.

[그림 24-2(b)]와 같이 전파 브리지 정류기를 사용하는 전원 공급 장치로부터의 유효 출력 전압은 피크 변압기의 출력 전압보다 다소 작다. 역방향으로 다이오드에 걸리는 최대 전압은 인가된 RMS 교류 전압의 1.4배이다. 따라서 한 주기 내 어떤 지점에서도 애벌런치 항복이 발생하지 않도록 각 다이오드의 PIV 정격은 적어도 2차 변압기 RMS 교류 전압의 1.4× 1.5(또는 2.1)배가 되어야 한다.

브리지 회로는 중간 탭 2차 변압기가 필요하지 않다. 이 회로는 파형 주기 안에 나타나는 2개의 반파에 대해 전체의 2차 권선을 사용하기 때문에 결과적으로 전파 중간 탭 회로에 비해 변압기를 더 효율적으로 사용한다. 또한 브리지 회로는 반파 회로나 전파 중간 탭 회로보다 개별 다이오드에 부담을 덜 준다.

전원 공급 장치 평활화

직류 전력을 공급받아 동작하는 대부분의 기기는 정류 회로에서 곧바로 나오는, 거칠고 변동성 있는 직류보다 좀 더 '순수한' 형태의 직류가 필요하다. 이때 **전원 공급 장치 필터**power-supply filter를 사용하면 정류기 출력에 포함된 변동(리플ripple)을 제거하거나 최소화할 수 있다.

단일 커패시터

가장 간단한 형태의 전원 공급 장치 필터는 하나 또는 그 이상의 대용량 커패시터들로 구성되며 [그림 24-3]과 같이 정류기 출력에 병렬로 연결된다. **전해 커패시터**electrolytic capacitor는 이런 목적에 적합하다. 이 커패시터는 극성을 가지기 때문에 올바른 방향으로 연결되어야 한다. 모든 전해 커패시터는 특정한 값의 최대 정격 동작 전압을 갖는다. 전해 커패시터를 사용할 때는 이런 세부 사항들을 주의해야 한다.

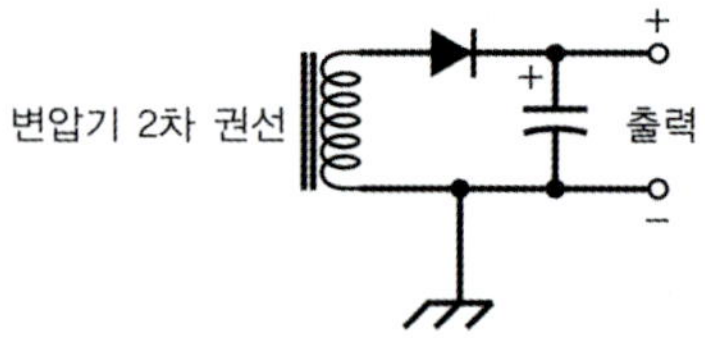

[그림 24-3] 대용량 커패시터 자체를 전원 공급 장치 필터로 사용할 수 있다.

필터 커패시터는 [그림 24-4]와 같이 직류 전압을 최댓값으로 유지하기 위해 '노력'한다. [그림 24-4(a)]의 전파 정류기의 출력은 [그림 24-4(b)]의 반파 정류기의 출력보다 이런 과정에 더 적합하다. 60 Hz 의 교류 전기 입력이 인가되었을 때 전파 정류기의 리플 주파수는 120 Hz 이지만 반파 정류기의 리플 주파수는 60 Hz 이다. 결과적으로 필터 커패시터는 반파 정류기보다 2배 더 자주 재충전된다.

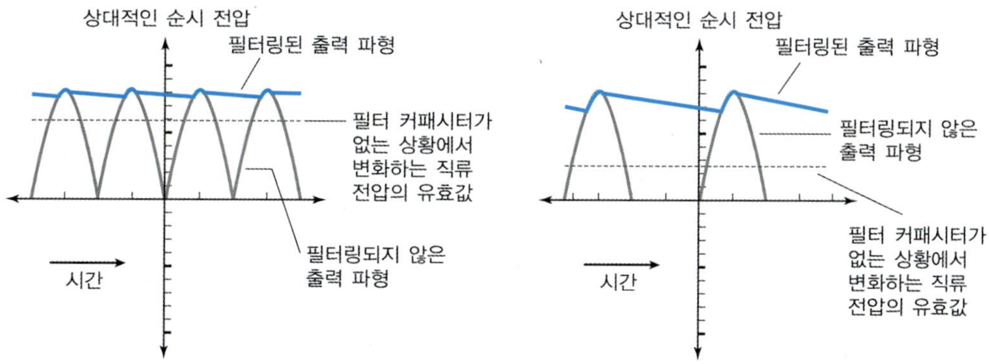

(a) 전파 정류기의 리플 제거

(b) 반파 정류기의 리플 제거

[그림 24-4] **전파 정류기와 반파 정류기의 리플 제거**

[그림 24-4]는 최대 전압과 필터 커패시터의 값이 주어졌을 때 전파 정류기가 반파 정류기보다 더 '순수한' 직류를 생성할 수 있는 이유를 설명한다. 전파 출력에서 커패시터는 '굴곡이 덜한 변화'를 보이지만 반파 출력에서는 '새로운 펄스' 사이에서 더 큰 폭으로 방전한다.

커패시터와 초크

큰 값의 커패시터와 병렬로 연결된 정류기 출력에 큰 값의 인덕터를 직렬로 연결하면 보다 효과적으로 리플을 억제할 수 있다. 이런 역할을 하는 인덕터를 **필터 초크**filter choke라고 한다.

커패시터와 인덕터를 사용하는 필터에서 커패시터를 초크의 정류기 쪽에 배치하면 **커패시터 입력 필터**capacitor-input filter를 [그림 24-5(a)]와 같이 설계할 수 있다. 만약 필터 초크를 커패시터의 정류기 쪽에 배치하면 **초크 입력 필터**choke-input filter를 [그림 24-5(b)]와 같이 얻을 수 있다. 커패시터 입력 필터링은 전원 공급 장치가 많은 전류를 전달하지 않아도 될 때 잘 동작한다. 부하가 '가벼울 때'(회로로부터 큰 값의 전류를 뽑아내지 않을 때) 동일한 입력을 인가하는 조건에서 커패시터 입력 필터의 출력 전압은 초크 입력 필터의 출력 전압보다 높다. 그러나 공급 장치가 큰 값의 전류 또는 변화하는 양의 전류를 공급해야 한다면 초크 입력 필터가 커패시터 입력 필터 대비 넓은 범위의 부하에 대해 더 안정적인 출력 전압을 제공하므로 초크 입력 필터의 성능이 더 좋다.

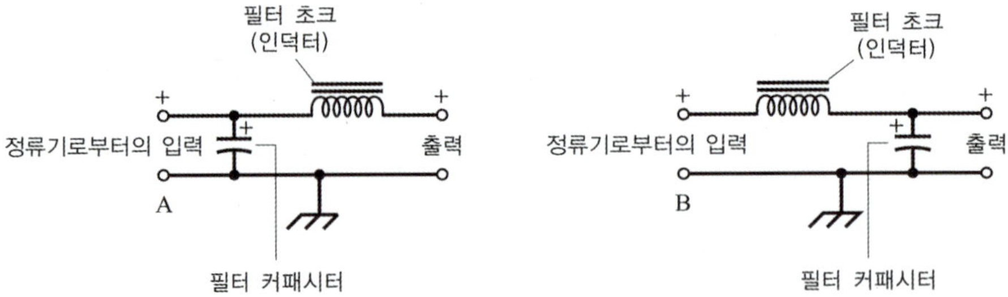

(a) 커패시터 입력 필터 (b) 초크 입력 필터

[그림 24-5] **커패시터 입력 필터와 초크 입력 필터**

만약 전원 공급 장치의 직류 출력에 포함된 리플이 절대적으로 작아야 한다면 2개 또는 3개의 커패시터/초크 쌍을 **종속 연결**cascade해서 이를 구현할 수 있다. [그림 24-6]은 그 예를 나타낸 것으로, 여기서 각 인덕터/커패시터 쌍은 필터의 한 구역을 구성한다. 다중 구간 필터는 커패시터 입력 또는 초크 입력 구역으로 구성될 수 있다. 두 유형은 동일한 필터 내에서 절대 혼용되면 안 된다.

[그림 24-6]의 커패시터/초크 쌍들을 L **섹션**L sections이라고 한다(인덕턴스 때문이 아니라 모식도에 나타난 것처럼 연결의 기하학적인 형태 때문이다). 여기서 두 번째 커패시터를 제거하면 필터는 T **섹션**T section이 된다(인덕터가 T의 윗변을, 커패시터가 T의 가운데 획을 형성한다). 만약 두 번째 커패시터를 입력으로 옮기고, 두 번째 초크를 제거하면 필터는 π **섹션**pi section이 된다(커패시터는 그리스 문자 π의 대문자인 Π에서 두 기둥을, 인덕터는 윗변을 형성한다).

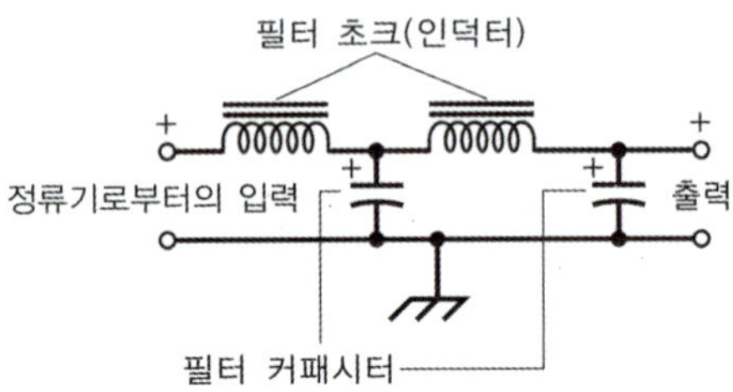

[그림 24-6] **두 초크 입력 필터 섹션의 종속 연결**

전압 조정

제너 다이오드 Zener diode를 전원 공급 장치의 출력에 병렬로 연결해 제너 다이오드에 역전압이 인가되게 하면 다이오드는 출력 전압을 제한한다. 이때 다이오드가 타는 것을 방지하려면 적절한 전력 정격을 갖도록 해야 하고, 전류를 제한하기 위해 저항을 제너 다이오드에 직렬로 연결해야 한다. 제한되는 전압은 사용하는 제너 다이오드의 종류에 따라 달라진다. 제너 다이오드는 거의 모든 전원 공급 장치의 전압에 사용 가능하다.

[그림 24-7]은 전압을 조정하기 위해 제너 다이오드가 포함된 전파 브리지 직류 전원 공급 장치의 회로도이다. 여기서 화살표가 음에서 양의 방향을 가리키도록 제너 다이오드를 연결하는 방향에 유의해야 한다. 이 극성은 정류 다이오드의 방향과 반대이다. 만약 제너 다이오드를 올바르게 연결하지 않으면 회로에 전력을 공급하자마자 제너 다이오드가 타버릴 것이다.

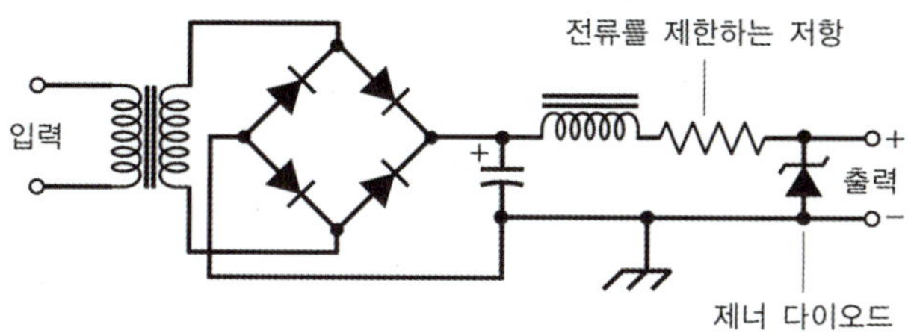

[그림 24-7] **출력에 제너 다이오드 전압 조정기를 연결한 전원 공급 장치**

만약 큰 전류가 필요한 기기와 연결된 전원 공급 장치를 사용한다면 [그림 24-7]과 같은 간단한 제너 다이오드 전압 조정기는 효과적으로 동작하지 못한다. 이는 다이오드의 파괴를 막기 위해 필수적인, 직렬 연결된 저항에 적지 않은 전류가 흐를 때 상당한 크기의 전압 강하가 일어나기 때문에 발생하는 문제이다. 만약 전원 공급 장치가 큰 전류를 전달할 것으로 예측된다면 전압 조정을 위해 제너 다이오드와 함께 **전력 트랜지스터**power transistor를 사용할 수 있다. [그림 24-8]은 회로에 큰 전류가 흐르는 조건에서도 저항이 출력에서 전압 강하 없이 트랜지스터를 적절히 작동시키는 예를 보여준다.

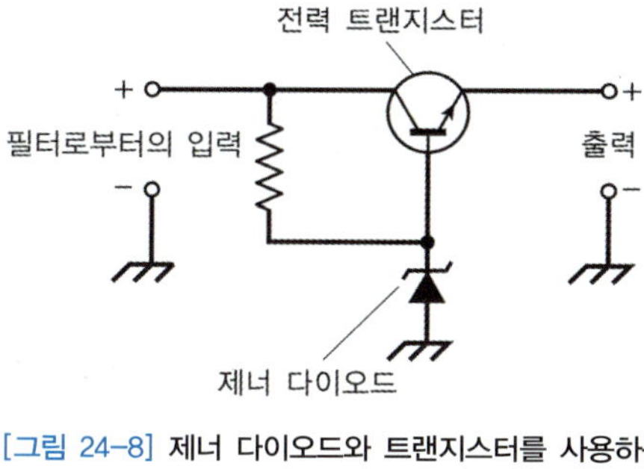

[그림 24-8] **제너 다이오드와 트랜지스터를 사용하는 전압 조정기**

선형 전압 조정기 집적회로

많은 공통 회로의 동작과 마찬가지로 전압 조정 문제는 특수한 목적의 전압 조정기 집적회로(IC)를 사용해 대부분 처리된다.

대중적인 78XX 시리즈의 전압 조정기 IC는 전력 트랜지스터처럼 생긴 3핀 소자이다. 78XX IC의 마지막 두 숫자는 IC가 생성하는 조정된 출력 전압을 나타낸다. 즉 7812는 12 V, 7809는 9 V, 7805는 5 V의 출력을 나타낸다. 내부적으로 이런 IC는 [그림 24-8]에 나타난 전력 트랜지스터와 제너 다이오드의 동작 방식과 매우 유사하게 동작한다. 그러나 이 IC들은 과열 방지 기능을 내장하고 있어 IC가 손상될 정도로 IC 패키지가 뜨거워지면 출력 전압을 떨어뜨리고, 소자가 원래 상태로 돌아올 때까지 전류를 감소시킨다.

[그림 24-9]는 입력이 7 ~ 18 V일 때 정격 5 V 출력을 내보내기 위해 7805를 어떻게 사용하는지 보여준다. IC 양쪽에 한 쌍의 커패시터가 연결되어 있는데, 입력 쪽 커패시터는 조정기가 전원 공급 필터에 가까이 위치하지 않았을 때만 필요하다. 출력 커패시터는 조정기의 안정성과 전류 요구 사항의 급격한 변화에 대한 응답 특성을 향상시킨다. 일반적인 입력 및 출력 커패시터의 값은 각각 0.33 μF과 0.1 μF이다.

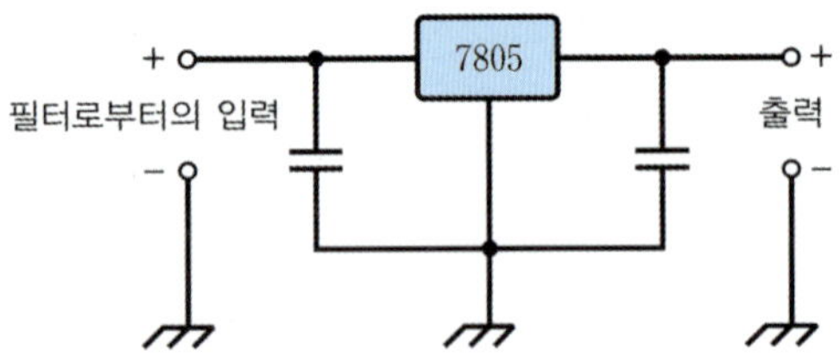

[그림 24-9] 7805 전압 조정기 IC를 사용한 예

스위칭 전압 조정기

선형 전압 조정기는 불필요한 전압을 열로 '손실'한다. 이는 비효율적이고, 수십 mA 이상에서 몇 V 이상을 줄이면 뜨거워질 가능성이 있다. 이런 선형 전압 조정기보다 훨씬 효율적인 방법은 스위칭 조정기를 사용하는 것이다. 이 중 가장 일반적인 것은 **벽 변환기**buck converter로, [그림 24-10]은 벅 변환기의 작동 방식을 나타낸 것이다.

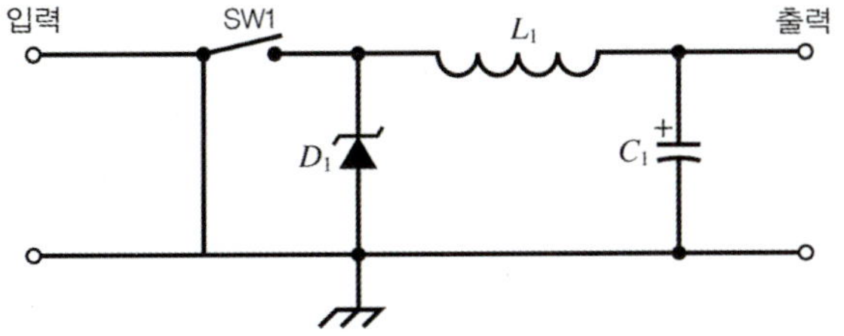

[그림 24-10] **스위칭 벅 변환기**

SW1은 기계식 스위치가 아니라 일반적으로 고속 PWM^Pulse Width Modulation^ 신호로 on/off 되는 MOSFET이다. 스위치가 닫힐 때마다 인덕터 L_1에 전류와 입력 전압에 대항하는 전압이 생긴다. 에너지는 인덕터에 자기장 형태로 저장되며 스위치가 열릴 때 커패시터 C_1에 의해 평활화되고, 부하를 통해 방출된다. 그다음 다이오드 D_1은 전류가 인덕터를 통해 방출되는 경로를 제공하도록 순방향 바이어스가 된다.

[그림 24-11]과 같은 실제 회로에서는 MOSFET 스위치뿐만 아니라 고주파 발진기 및 출력 전압으로부터 피드백을 받는 펄스 제어 회로를 포함하는 IC가 사용된다. 벅 변환기는 전압을 정확하게 조절할 수 있게 한다. 벅 변환기 IC는 LM2596 IC를 사용하는 [그림 24-11]의 예시와 같이 고정 전압으로도 사용된다. 또한 출력 전압을 전압 분배기 역할을 하는 2개의 저항으로 설정해 IC의 피드백 핀에 기준 전압을 공급함으로써 출력 전압이 설정되게 하기도 한다.

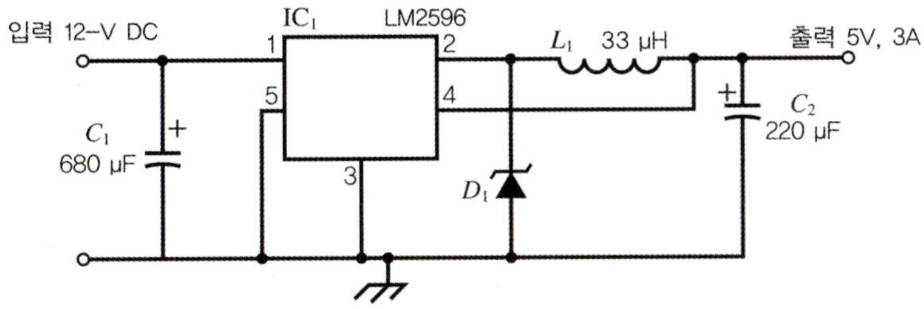

[그림 24-11] **실제 벅 변환기 회로의 설계**

LM2596에는 가변 길이 펄스를 **출력**^OUT^ 핀에 보내 출력 전압을 제어하는 PWM 회로와 MOSFET 스위치가 포함되어 있다. **피드백**^FB^ 핀은 회로의 직류 출력에 연결되어 전압을 5 V로 제어한다. 만약 **활성화**^EN^ 핀이 **입력**^IN^에 연결되었다면 벅 변환기는 저전력 대기 모드로 동작한다. 벅 변환기를 활성화하려면 **활성화**^EN^ 핀을 **접지**^GND^에 연결해야 한다. LM2596은 150 kHz에서 동작하며 80%의 효율로 동작할 수 있어 발생하는 열의 양이 적다.

스위치-모드 전원 공급 장치

앞서 설명한 벅 변환기는 저전압 직류가 이미 있을 때 유용하다. 그러나 주의를 기울이면 더 나아가 117V의 교류 전원에서도 전환할 수 있다. 예를 들어, 휴대전화 충전기를 집었을 때 충전기의 무게만으로도 일반 변압기가 들어 있지 않다는 것을 판별할 수 있다. 휴대전화 충전기에도 변압기가 내장되어 있기는 하지만 작고 가벼운 고주파수 변압기일 것이다. 실제로 최근 소비자 제품용 전력원에는 대부분 **스위치-모드 전원 공급 장치**switched-mode power supplies(SMPS)가 사용된다.

[그림 24-12]는 SMPS가 어떻게 동작하는지 보여준다. 교류 전압을 감소시키기 위해 변압기를 사용하는 대신 고전압 직류 생성을 위해 고전압 교류 입력이 정류 및 필터링된다. 그다음 이 직류 전압은 고주파 조건에서 연속적인 짧은 펄스들로 '**잘라지거나**chopped' 변환되고, 전압을 낮추는 출력 변압기에 인가된다. 결과적으로 저전압 교류는 저전압 직류로 정류되고, 필터링된다. 변압기가 매우 높은 주파수에서 동작하기 때문에 60Hz의 동작 주파수를 가진 변압기보다 훨씬 작고 가볍게 만들 수 있다.

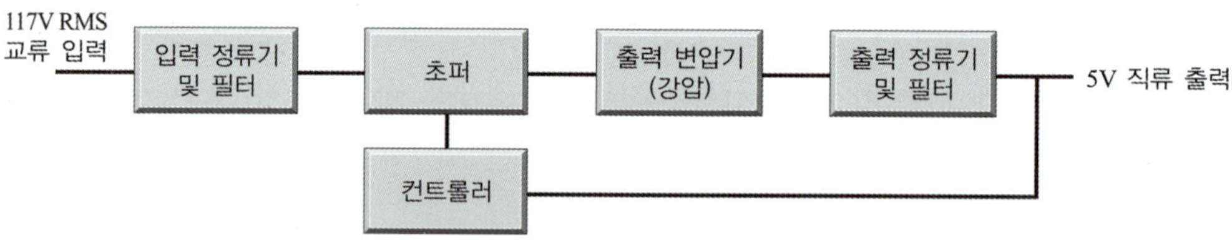

[그림 24-12] SMPS의 블록 다이어그램

직류 전압 조정은 잘리고 있는(초핑되고 있는) 펄스의 폭을 조절하는 컨트롤러 쪽으로 직류 출력을 **궤환**feedback시킴으로써 구현되며 이로 인해 직류 출력 전압이 변하게 된다. 직류 출력을 고전압 교류로부터 절연시키려면 컨트롤러까지의 궤환 경로에 **광 분리기**optoisolator를 사용한다. 이렇게 하면 시스템이 더 복잡해지는 것처럼 보일 수 있으나 변압기의 크기를 줄임으로써 크기와 무게, 비용 측면에서 장점이 된다. 따라서 SMPS는 사용할 만하며 일반적으로 단일 패키지에 초퍼chopper와 컨트롤러 회로가 포함된 SMPS IC가 사용된다.

기기 보호

전원 공급 장치의 출력은 기기 또는 부품을 손상시키거나 정상적인 동작을 방해하는 급격한 변화가 없는 상태로 유지되어야 한다. 전기전자 시스템 주변에서 작업하는 사람들의 안전을 위해 전원 공급 장치 또는 연결된 기기들의 외부 표면에는 절대로 높은 전압이 발생해서는 안 된다.

접지

전원 공급 장치의 가장 좋은 **전기적인 접지**electrical ground는 최신 교류 유틸리티 회로에서 제공되는 '**3선식 접지선**third wire'을 이용하는 것이다. 미국에서 사용되는 전형적인 교류 콘센트를 살펴보면 대문자 D를 90° 회전시킨 형태의 구멍을 볼 수 있다. 이 구멍은 전기적 접지로 연결되고(또는 연결되어야 하고), 구멍 내부에 연결된 전기 배선이 건물로 들어오는 지점 부근의 땅 속에 박힌 금속봉까지 연결된 전선으로 이어진다. 이런 연결 방식을 통해 **지면 접지**earth ground를 하게 된다.

오래된 건물에서는 **2선식**two-wire 교류 시스템이 일반적으로 사용되었다. 접지 구멍이 없는 전기 콘센트에 2개의 슬롯만 있는 것을 통해 이런 유형의 시스템이라는 것을 알 수 있다. 일부 시스템은 **분극**polarization이라는 기법으로 적절한 접지가 이루어지는데, 이때 2개의 슬롯의 길이는 서로 다르며 더 긴 슬롯이 전기적 접지로 간다. 그러나 2선식 시스템은 접지 연결부가 2개의 콘센트 슬롯과 독립되어 설치된 3선식 교류 시스템만큼 안전하지 않다.

안타깝게도 3선 또는 분극 콘센트 시스템이 있다고 해도 콘센트에 연결된 전기기기가 안정적으로 접지되었다는 것을 보장하지는 않는다. 전기기기가 전기적으로 고장이 난 상태이거나 처음에 전기 유틸리티 시스템을 설치한 사람들이 콘센트의 접지 구멍들을 제대로 접지시키지 않았다면 전원 공급 장치는 전기기기나 전자 부품들의 외부 표면에 원치 않는 전압을 인가할 수 있다. 이로 인해 감전 사고가 발생하며 전원 공급 장치에 연결된 기기의 성능이 저하될 수 있다.

⚠ 주의 사항

전원 공급 장치에서 노출된 모든 금속 표면은 3선식 전기 코드의 접지선으로 연결되어야 한다. 절대로 플러그의 '세 번째 가닥'을 손상시키거나 제거하면 안 된다. 건물의 전기 시스템이 올바로 설치되었는지 항상 확인해 실제로 접지가 잘 되지 않았음에도 제대로 되었다고 착각해 작업하는 일이 없도록 한다. 이런 문제들에 대해 하나라도 의심되는 것이 있다면 꼭 전문 전기기사와 상의해야 한다.

과도현상

유틸리티 콘센트에서 공급되는 교류는 117 V RMS 또는 234 V RMS 부근의 일정한 전압을 가진 사인 곡선이다. 그러나 대부분의 가정 내 전기회로에서는 양 또는 음의 최대 전압이 순간적으로 수천 V 에 이르는, **과도현상**transient이라고 하는 전압 스파이크를 종종 볼 수 있다. 과도현상은 유틸리티 회로에서 부하가 급변했을 때 발생할 수 있는데, 만약 뇌우가 치면 동네 전체에 과도현상이 발생할 수 있다. 이런 과도현상은 억제하지 않으면 전원 공급 장치의 다이오드를 파괴할 수 있고, 컴퓨터나 마이크로컴퓨터가 제어하는 전기기기와 같은 민감한 전자 장비에 문제를 일으킬 수도 있다.

[그림 24-13]과 같이 600 V 이상의 정격을 갖는 약 0.01 μF 의 작은 커패시터를 1차 변압기와 전기적 접지 사이에 연결해 가장 보편적으로 발생하는 과도현상을 제거할 수 있다. (전해 커패시터가 아닌) **원판형 세라믹 커패시터**disk ceramic capacitor가 여기에 적합하다. 원판형 세라믹 커패시터는 극성과 관련된 문제가 없으므로 어느 방향으로든 연결하더라도 제대로 동작할 것으로 기대된다.

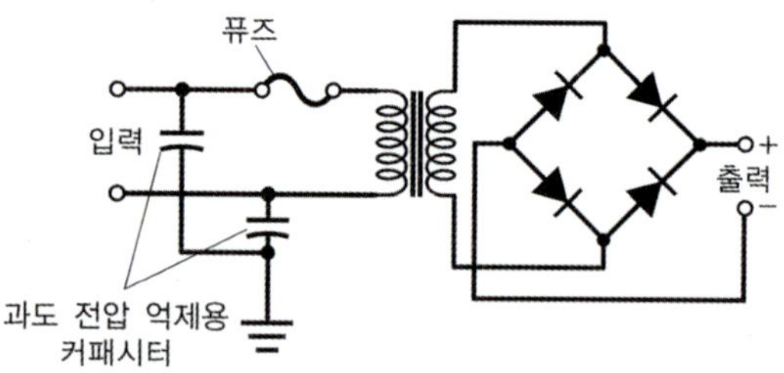

[그림 24-13] 1차 권선에 과도 전압 억제용 커패시터와 퓨즈를 넣은 전파 브리지 정류기

상용으로 제작된 과도현상 억제기를 사용할 수도 있다. 이런 기기들은 전압 스파이크가 문제를 일으키는 수준에 도달하는 것을 방지하기 위해 정교한 방법을 사용한다. 컴퓨터, 하이파이 스테레오 시스템, 텔레비전 세트처럼 민감한 전자기기에는 과도현상 억제기를 사용하는 것이 좋다. 물론 뇌우가 칠 때 해당 기기들을 보호하는 가장 좋은 방법은 폭풍이 지나갈 때까지 플러그를 벽 콘센트에서 뽑아 놓는 것이다.

퓨즈

퓨즈fuse는 녹는 재질의 와이어로 구성되며 전류가 일정 수준 이상 초과하면 회로를 차단한다. [그림 24-13]과 같이 퓨즈는 변압기의 1차 권선에 직렬로 연결해야 한다. 전원 공급 장치나 전원 공급 장치에 연결된 기기 내 어느 부분에서든 단락회로나 과부하가 발생하면 퓨즈가 타서 끊어진다. 퓨즈가 끊어지면 동일한 사양의 다른 퓨즈로 교체해야 한다. 퓨즈는 암페어(A) 단위의 정격을 갖는다. 즉 5 A 퓨즈는 전원 공급 장치의 전압과 상관없이 끊어지기 전까지 5 A 의 전류를 흘릴 수 있고, 20 A 퓨즈는 20 A 의 전류까지 흘릴 수 있다.

퓨즈는 **급속 차단 퓨즈**fast-break fuse와 **저속 차단 퓨즈**slow-blow fuse로 분류된다. 급속 차단 퓨즈는 일정 길이의 직선 형태로 된 와이어 또는 금속 스트립으로 구성된다. 저속 차단 퓨즈는 주로 와이어 또는 스트립과 함께 내부에 스프링을 갖고 있다. 만약 저속 차단 상황에서 급속 차단 퓨즈를 사용하면 이 퓨즈가 불필요하게 타버려 불편을 초래할 수 있다. 반대로 급속 차단 상황에서 저속 차단 퓨즈를 사용하면 퓨즈가 끊어지기 전까지 과전류 흐름을 너무 오랫동안 방치하기 때문에 기기를 제대로 보호할 수 없다.

회로 차단기

회로 차단기circuit breaker는 퓨즈와 동일하게 기능하지만 전원 공급 장치를 끄고, 잠시 기다린 뒤 버튼을 누르거나 스위치를 젖힘으로써 재설정을 할 수 있다는 점에서 차이가 있다. 일부 차단기는 기기가 일정 시간 동안 꺼지면 자동적으로 재설정된다. 회로 차단기는 퓨즈와 같이 암페어(A) 단위의 정격을 갖는다.

만약 퓨즈나 차단기가 반복적으로 타거나, 꺼지거나, 또는 교체하거나 재설정한 직후에 타거나 꺼져버린다면 전원 공급 장치나 연결된 장비에 심각한 문제가 있는 것이다. 공급 장치 내의 타버린 다이오드와 결함이 있는 변압기, 단락된 필터 커패시터 모두 문제를 일으킬 수 있다. 만약 공급 장치에 연결된 장비의 내부 회로가 단락되거나 장비가 잘못된 방향(극성)으로 연결되면 퓨즈가 반복적으로 끊어질 수 있고, 회로가 차단될 수도 있다.

그렇다고 퓨즈나 차단기의 반복적인 끊어짐과 차단의 불편함을 없애기 위해 퓨즈나 차단기를 큰 용량으로 교체해서는 안 된다. 문제의 원인을 찾고, 기기에서 필요한 부분을 고치는 것이 중요하다. 퓨즈 박스에 10원짜리 동전을 끼워 넣는 방법은 장비와 직원을 위험에 빠뜨릴 수 있고, 단락이 발생하게 되면 화재의 위험이 커진다. 이런 조치는 다이오드, 변압기, 필터 초크 등과 같은 전원 공급 장치의 부품에 심각한 손상을 초래할 수 있다.

> ⚠ **주의 사항**
>
> 고전압의 전원 공급 장치는 스위치가 꺼지고, 플러그를 뺀 뒤라고 해도 치명적인 수준의 전압을 유지할 수 있다. 즉 공급 전력이 없어도 필터 커패시터는 얼마 동안 전하를 유지하므로 위험할 수 있다. 만약 안전하게 전원 공급 장치를 구축하거나 전원 공급 장치를 다루는 작업에 관련된 능력이 부족하다고 생각되면 전문가에게 맡기도록 하자.

연습문제

01 전압 조정은 전원 공급 장치의 필터 출력에 제너 다이오드를 걸고 역전압을 인가해 구현할 수 있다. 다음 중 제너 다이오드와 직렬로 연결해야 하는 것은 어느 것인가?

(a) 전압 제한 커패시터
(b) 전력 제한 다이오드
(c) 전류 제한 저항
(d) (a), (b), (c) 모두

02 직류 성분이 없는 60 Hz 주파수 330 V의 피크-피크 값을 가진 순수한 교류 사인파를 전파 브리지 정류 회로의 입력에 인가한다고 가정하자. 유효 직류 출력 전압은 얼마인가?

(a) 330 V 이상
(b) 정확히 330 V
(c) 330 V보다 약간 낮음
(d) 330 V보다 상당히 낮음

03 다음 중 무엇과 비교했을 때 필터링 기능이 우수한 정류 회로의 출력이 더 낫다고 할 수 있는가?

(a) 동일한 전압의 직류 배터리
(b) 동일한 RMS 2차 전압을 가진 교류 변압기
(c) 절반의 전압을 가진 직류 배터리
(d) 동일한 피크-피크 2차 전압을 가진 교류 변압기

04 다음 중 117 V RMS 교류 입력이 인가되는 상황에서 24 V의 순수한 직류 출력이 나오도록 설계한 전원 공급 장치에 꼭 필요한 부품이 아닌 것은 무엇인가?

(a) 변압기
(b) 정류 회로
(c) 필터링 회로
(d) 전압 조정 회로

05 내부에 직선 형태의 와이어와 스프링이 있는 퓨즈가 있다고 가정하자. 다음 중 이 퓨즈에 대해 추측할 수 있는 것은 무엇인가?

(a) 낮은 전류 정격을 갖는다.
(b) 높은 전류 정격을 갖는다.
(c) 저속 차단 타입이다.
(d) 급속 차단 타입이다.

06 다음 중 과도현상이 발생하는 원인으로 옳은 것은 무엇인가?

(a) 전원 공급 장치 내 다이오드의 간헐적인 고장
(b) 국지적인 뇌우
(c) 필터 커패시터의 잘못된 설치
(d) 부적절한 정격을 가진 제너 다이오드를 사용

07 퓨즈가 반복적으로 끊어진다고 가정하자. 불편함을 덜기 위해 더 높은 전류 정격을 가진 퓨즈로 교체했다. 이때 다음 중 한 가지를 제외한 다음의 상황들이 발생할 수 있는데, 이 한 가지는 무엇인가?

(a) 심각한 손상(또는 전보다 심한 손상)이 전원 공급 장치의 전자 부품에 발생할 수 있다.
(b) 전원 공급 장치에 연결된 장비로 작업하는 사람이 치명적인 전기 충격을 받을 수 있다.
(c) 전원 공급 장치에 있는 1개 이상의 부품에 화재가 발생할 수 있다.
(d) 집 외부의 전력선에 전압 또는 전류 스파이크가 발생할 수 있다.

08 다음 중 특정 용도에서 반파 정류 회로의 장점을 설명한 것은 무엇인가?

(a) 전체 교류 입력 주기를 위해 변압기의 2차 권선 전체를 사용한다.
(b) 전파 회로의 출력보다 변동하는 직류 출력을 필터링하기가 더 쉽다.
(c) 더 적은 부품을 사용해 다른 유형의 정류기들보다 저렴하다.
(d) 다른 유형의 정류기들과 비교했을 때 전압 조정 능력이 더 우수하다.

09 우수한 조정 능력 없이도 낮은 전류 수준에서 잘 필터링된 고전압 직류를 제공하는 전원 공급 장치를 제작한다면 어떤 회로를 사용하는 것이 가장 경제적인가?

(a) 고조파 발생기harmonic generator 회로
(b) 전파 중간 탭 회로
(c) 전파 브리지 회로
(d) 배전압 회로

10 다음 중 선형 전압 조정기 대비 벅 변환기의 장점으로 옳은 것은 무엇인가?

(a) 적은 부품이 사용된다.
(b) 효율이 높다.
(c) 커패시터가 필요하지 않다.
(d) 인덕터가 필요하지 않다.

11 다음 중 [그림 24-10]에서 L_1의 목적은 무엇인가?

(a) 부하에 방출하기 위해 일시적으로 에너지를 저장한다.
(b) 출력 전압을 필터링한다.
(c) 입력 전압을 증폭시킨다.
(d) (a), (b), (c) 모두

12 다음 중 [그림 24-10]에서 D_1의 목적으로 옳은 것은 무엇인가?

(a) 전압 스파이크를 차단한다.
(b) 교류 입력을 정류한다.
(c) 인덕터에서 부하를 통해 전류가 흐르는 경로를 제공한다.
(d) 과전압으로부터 C_1을 보호한다.

13 다음 중 [그림 24-11]에서 IC_1에 있는 EN 핀의 목적으로 옳은 것은 무엇인가?

(a) IN에 연결될 때 IC를 활성화시킨다.
(b) 접지될 때 IC를 활성화시킨다.
(c) IC에 두 번째 접지 연결을 제공한다.
(d) 조정을 위한 출력 전압을 측정한다.

14 다음 중 벅 변환기보다 선형 전압 조정기를 사용하면 좋은 경우는 무엇인가?

(a) 에너지 효율이 가장 중요할 때
(b) 회로가 냉각상태로 동작해야 할 때
(c) 고전력 응용에서 사용할 때
(d) 저전력 응용에서 사용할 때

15 다음 중 최신 교류 어댑터('wall-wart' SMPSs)의 무게가 가벼운 이유는 무엇인가?

(a) 철심 변압기 대신 공심 변압기를 사용하기 때문이다.
(b) 일반적인 전원 공급 장치의 고전력 저주파 변압기가 필요하지 않기 때문이다.
(c) 매우 낮은 전류 구동에만 적합하기 때문이다.
(d) 헬륨으로 채워져 있기 때문이다.

연습문제

16 다음 중 선형 전압 조정기 IC와 매우 유사해 보이는 것은 무엇인가?

(a) 큰 저항
(b) 전해 커패시터
(c) 전력 트랜지스터
(d) 제너 다이오드

17 12 V RMS 교류 입력을 가진 전파 브리지 정류 회로를 사용할 때 각 다이오드는 최소한 얼마 이상의 PIV 정격을 가져야 하는가?

(a) 17 V PIV
(b) 25 V PIV
(c) 34 V PIV
(d) 50 V PIV

18 12 V RMS 교류 입력을 가진 반파 정류 회로를 사용할 때 역방향 다이오드의 양단에 실제로 나타나는 PIV의 값은 대략 얼마인가?

(a) 17 V PIV
(b) 25 V PIV
(c) 34 V PIV
(d) 50 V PIV

19 12 V RMS 교류 입력을 가진 반파 정류 회로를 사용할 때 다이오드는 최소한 얼마 이상의 PIV 정격을 가져야 하는가?

(a) 17 V PIV
(b) 25 V PIV
(c) 34 V PIV
(d) 50 V PIV

20 다음 중 SMPS에 포함되는 부품으로 옳은 것은 무엇인가?

(a) 초퍼
(b) 광 분리기
(c) 정류기
(d) (a), (b), (c) 모두

정답

01 c	**02** d	**03** a	**04** d	**05** c	**06** b	**07** d	**08** c	**09** d	**10** b
11 a	**12** c	**13** b	**14** d	**15** b	**16** c	**17** b	**18** c	**19** d	**20** d

CHAPTER

25

증폭기

Amplifiers

학습목표

- 증폭기 이득의 정의와 데시벨 단위를 통해 이득을 정량적으로 나타내는 방법을 이해할 수 있다.
- 바이폴라 트랜지스터, JFET, MOSFET 등 다양한 종류의 트랜지스터를 기반으로 하는 증폭기의 동작 원리를 이해할 수 있다.
- 증폭기의 입출력 전력과 효율의 정의를 이해할 수 있다.
- 증폭기 클래스의 종류와 동작 원리 및 특성을 이해할 수 있다.

증폭amplification은 신호의 전력을 증가시키는 것을 의미한다. 전압, 전류 또는 둘 모두를 증가시킴으로써 증폭이 이뤄진다. 이 장에서는 이를 달성하기 위한 다양한 방법을 개별 트랜지스터와 IC를 사용해 배운다. 먼저 신호의 상대적 세기를 나타내는 단위인 **데시벨**decibel(dB)에 관해 자세히 살펴보자.

데시벨

양(+)의 이득positive gain만큼 이뤄지는 진폭 증가와 **음(−)의 이득**negative gain만큼 이뤄지는 진폭 감소를 생각해 보자. 예를 들어, 회로 출력 신호의 진폭이 입력 신호를 기준으로 +6 dB 이라면 출력 신호는 입력 신호보다 커진다. 만약 출력 신호의 진폭이 입력 신호를 기준으로 −14 dB 이라면 출력 신호는 입력 신호보다 작아진다. 전자의 회로를 6 dB 이득을 가진 회로, 후자의 경우를 −14 dB 이득 또는 14 dB 손실을 가진 회로라고 한다.

전압 이득

전압 단위(V, mV, μV 등)가 동일한 V_{in}의 RMS 교류 입력 전압과 V_{out}의 RMS 교류 출력 전압을 가진 회로가 있다고 가정하자. 입력과 출력 임피던스가 순수한 저항 성분만 가지고, 그 성분들의 옴 값이 동일하다면 dB 단위로 표현되는 전압 이득을 구하는 식은 다음과 같다.

$$\text{Gain(dB)} = 20\log\left(\frac{V_{out}}{V_{in}}\right)$$

이 식에서 'log'는 **10을 밑으로 갖는 로그**, 즉 일반적으로 사용하는 **상용로그**common logarithm이다. 과학자나 공학자들은 10을 밑으로 갖고, x를 진수로 갖는 로그식을 '$\log x$' 또는 '$\log_{10} x$'로 나타낸다. 계산 결과로 나타나는 수의 유효숫자가 얼마나 많은지와는 상관없이 20이라는 숫자는 정확한 값으로서 고정적으로 사용한다.

로그는 10 외에도 다른 수를 밑으로 가질 수 있다. 가장 흔히 사용하는 것이 e(= 2.71828)로 표현되는 **지수상수**exponential constant이다. 과학자나 공학자들은 e를 밑으로 갖고, x를 진수로 갖는 log식(또는 **자연로그**natural logarithm)을 '$\log_e x$' 또는 '$\ln x$'로 나타낸다.

로그 함수가 어떻게 작용하는지에 대해 모든 수학적 세부 사항을 알지 못할 때 공학용 계산기를 사용하면 특정 수들에 대한 로그 계산을 쉽게 할 수 있다. 앞으로 '**로가리즘**logarithm' 또는 '로그(log)'라고 쓰는 것은 밑이 10인 로그를 의미하는 것으로 한다.

예제 25-1

1.00V의 RMS 교류 입력과 14.0V의 RMS 교류 출력을 가진 회로가 있다. 이 회로의 이득을 dB 단위로 표현하면 얼마인가?

풀이

먼저 $\frac{V_{out}}{V_{in}}$을 알아야 한다. $V_{out} = 14.0\text{V}$ RMS이고, $V_{in} = 1.00\text{V}$ RMS이므로 두 값의 비는 $\frac{14.0}{1.00}$ 또는 14.0이다. 다음으로 14.0의 로그 값을 계산기로 구하면 1.146128036이다. 마지막으로 이 값에 20을 곱한 뒤 유효숫자 3개로 반올림하면 22.9dB의 이득을 얻는다.

예제 25-2

24.2V의 RMS 교류 입력과 19.9V의 RMS 교류 출력을 가진 회로가 있다. 이 회로의 이득을 dB 단위로 표현하면 얼마인가?

풀이

[예제 25-2]와 동일한 방법으로 계산하면 된다.

$$\frac{V_{out}}{V_{in}} = \frac{19.9}{24.2} = 0.822314\cdots$$

로그로 표현하면 $\log 0.822314\cdots = -0.0849622\cdots$이다. 이득은 $20 \times (-0.0849622\cdots)$로, 반올림하면 -1.70dB의 이득을 얻는다.

전류 이득

전류의 이득 또는 손실 역시 dB 단위로 나타내고, 전압에서의 이득 또는 손실을 계산했던 것과 같은 방법으로 계산한다. 전류 단위(A, mA, μA 등)가 동일한 RMS 교류 입력 전류(I_{in})와 RMS 교류 출력 전류(I_{out})를 가진 회로가 있다고 가정하면 전류 이득을 구하는 식은 다음과 같다.

$$\text{Gain(dB)} = 20\log\left(\frac{I_{out}}{I_{in}}\right)$$

이 식은 입력과 출력 임피던스가 순수한 저항 성분만 갖고, 그 성분들의 옴 값들이 동일할 때 성립한다.

전력 이득

회로에서 dB로 표현되는 전력 이득은 20의 절반인 10으로 나타낸다. P_{in}이 입력 신호의 전력을 의미한다면 P_{out}은 출력 신호의 전력을 의미한다. 이들의 전력 단위(W, mW, μW, kW 등)가 동일하다면 전력 이득을 구하는 식은 다음과 같다.

$$\text{Gain}(\text{dB}) = 10\log\left(\frac{P_{\text{out}}}{P_{\text{in}}}\right)$$

이 식은 입력과 출력 임피던스가 순수한 저항 성분만 갖고, 그 성분들의 옴 값이 서로 다를 때 성립한다.

예제 25-3

전력 증폭기의 입력이 5.72 W이고, 출력이 125 W일 때 이득은 몇 dB인가?

풀이

입출력 전력의 비율은 $\frac{P_{\text{out}}}{P_{\text{in}}} = \frac{125}{5.72} = 21.853146\cdots$이다. 로그값을 구하면 $\log 21.853146\cdots = 1.339513\cdots$이다. 이 값에 10을 곱하고, 반올림하면 이득은 $10\times(1.339513\cdots) = 13.4$ dB의 이득을 얻는다.

예제 25-4

10 dB의 전력을 감소시키는 감쇠기(의도적으로 전력 손실을 발생시키도록 설계한 회로)가 있다. 이 회로에 94 W의 입력 신호를 인가했을 때 출력 전력은 얼마인가?

풀이

10 dB의 감쇄는 −10 dB의 이득을 의미한다. $P_{\text{in}} = 94$ W이므로 P_{out}은 다음과 같이 구할 수 있다.

$$-10 = 10\log\left(\frac{P_{\text{out}}}{94}\right)$$

먼저 10으로 양변을 나누면 $-1 = \log\left(\frac{P_{\text{out}}}{94}\right)$이다. 이 방정식을 풀기 위해 상용로그의 역함수 antilog를 양변에 취해 우변의 로그항을 없앤다. 수학자뿐만 아니라 과학자, 공학자는 상용로그의 역함수를 '$\log^{-1} x$'로 나타낸다. 상용로그와 같이 특정수를 갖는 로그의 역함수는 공학용 계산기로 쉽게 계산할 수 있다(기능키는 계산기마다 다를 수 있지만 보통 '값 입력 → [log] → [Inv]' 또는 값 입력 → [10^x]의 순서대로 계산기의 키를 누르면 로그의 역함수를 구할 수 있다). 앞선 식에서 상용로그의 역함수를 양변에 취하면 다음과 같다.

$$\text{antilog}(-1) = \text{antilog}\left[\log\left(\frac{P_{\text{out}}}{94}\right)\right]$$

좌변은 계산기로 계산할 수 있고, 우변의 역함수 항은 log 함수의 특성으로 인해 소거되므로 위 식은 $0.1 = \frac{P_{\text{out}}}{94}$ 와 같이 정리된다. 이 식의 양변에 94를 곱하면 $94 \times 0.1 = P_{\text{out}}$가 된다. 마지막으로 좌변의 곱셈을 계산하고 좌변과 우변을 바꾸면 출력 전력은 다음과 같이 구할 수 있다.

$$P_{\text{out}} = 9.4\,\text{W}$$

데시벨과 임피던스

회로에서 dB 단위로 나타내는 전압 이득(또는 손실)과 전류 이득(또는 손실)은 복소 입력 임피던스와 복소 출력 임피던스가 동일할 때 그 값의 전압 및 전류 이득으로 알 수 있다. 입력 및 출력 임피던스가 다르다면(리액턴스나 저항 또는 둘 다) 전압 이득이나 손실은 일반적으로 전류 이득 또는 손실과 다르다.

변압기가 어떻게 작동하는지 생각해보자. 이론적으로 **승압 변압기**step-up transformer는 전압 이득을 갖지만 전압의 증가 자체가 신호를 더 강하게 만드는 것은 아니다. 반대로 **감압 변압기**step-down transformer는 이론적으로 전류 이득을 가지지만 마찬가지로 전류의 증가 자체가 신호를 더 강하게 만드는 것은 아니다. 더 강한 신호를 만들고 싶다면 회로는 신호의 전력(전압과 전류의 곱)을 증가시켜야 한다.

특정 회로에서 dB 단위로 나타내는 전력 이득(또는 손실)을 결정할 때 리액턴스 성분이 없다면 입력 및 출력 임피던스는 문제가 되지 않는다. 이런 맥락에서 양(+)의 전력 이득은 항상 실질적으로 신호 세기가 증가했음을 의미한다. 반대로 음(−)의 전력 이득(또는 전력 손실)은 항상 실질적으로 신호 세기가 감소했음을 의미한다.

전압, 전류, 또는 전력을 dB 단위로 계산하려면 회로에서 모든 리액턴스를 제거해 임피던스가 순수 저항 성분만으로 이뤄지도록 해야 한다. 리액턴스는 '인위적으로' 전류와 전압을 증가 또는 감소시킨다. 이론적으로 리액턴스는 전력을 전혀 소모하지 않지만 전력 측정 기기에는 상당한 영향을 줄 수 있는데, 이는 원치 않는 열 손실을 발생시켜 전력 손실을 초래할 수 있다.

기본적인 바이폴라 트랜지스터 증폭기

이전 장들에서 트랜지스터를 이용한 몇 가지 회로들을 살펴보았다. 입력 신호를 제어 지점(베이스, 게이트, 이미터 또는 소스)에 인가해 출력 노드(대부분 컬렉터나 드레인)에서 더 큰 신호가 나타나도록 할 수 있다. [그림 25-1]은 NPN 바이폴라 트랜지스터를 사용해 **공통 이미터 증폭기** common-emitter amplifier를 구성한 예시이다. 입력 신호는 C_2를 거쳐 베이스로 인가된다. 저항 R_2와 R_3는 베이스에 특정 전압이 걸리도록 바이어싱 한다. 저항 R_1과 커패시터 C_1은 접지에 비해 이미터가 일정한 직류 전압을 가질 수 있도록 하며 교류 신호에 대해서는 접지로 빠지도록 한다. 저항 R_1은 트랜지스터에 흐르는 전류량을 제어하고, 교류 출력 신호는 커패시터 C_3를 통과한다. 저항 R_4는 교류 출력 신호가 전원 공급 장치로 곧바로 흐르는 것을 방지한다.

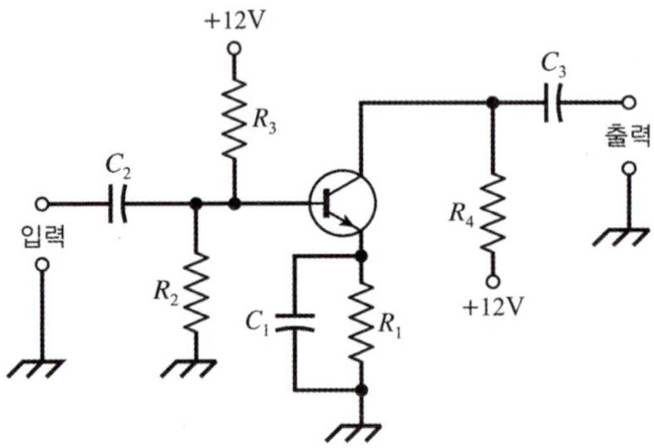

[그림 25-1] 바이폴라 트랜지스터를 사용하는 증폭기 회로의 기본형

이 증폭기에서 최적의 커패시턴스 값은 증폭기의 주파수와 입력 및 출력 임피던스에 따라 달라진다. 일반적으로 주파수나 회로 임피던스를 높이려면 커패시턴스를 낮춰야 한다. 20 Hz ~ 20 kHz 의 주파수를 의미하는 **오디오 주파수** Audio Frequency(AF)와 낮은 임피던스를 가진 상황에서는 커패시터 값이 100 μF 수준으로 커질 수도 있다. **무선 주파수** Radio Frequency(RF)와 높은 임피던스가 요구되는 상황에서의 커패시턴스는 통상 수분의 일 μF 에 불과하거나 가장 높은 주파수와 임피던스 조건에서는 수 pF 까지도 떨어질 수 있다. 최적의 저항값 역시 회로의 응용에 따라 달라진다. 약한 신호를 증폭하는 증폭기라면 보통 470 Ω 의 R_1, 4.7 kΩ 의 R_2, 10 kΩ 의 R_3, 4.7 kΩ 의 R_4 값을 갖는다.

기본적인 FET 증폭기

[그림 25-2]는 N채널 JFET으로 구성된 **공통 소스 증폭기** common-source amplifier이다. 입력 신호는 C_2를 통과해 게이트로 인가된다. 저항 R_2는 게이트에 전압이 인가되도록 바이어싱 하고, 저항 R_1과 커패시터 C_1은 접지를 기준으로 직류 전압을 제공한다. 출력 신호는 C_3를 통과하고, 저항 R_3는 출력 신호가 전압 공급 장치로 곧바로 흐르는 것을 방지한다.

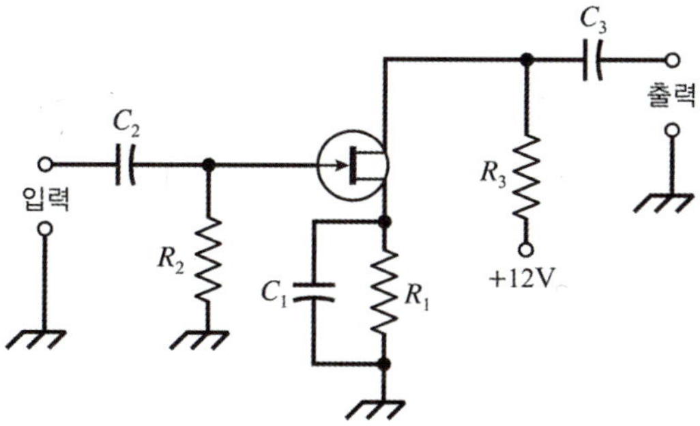

[그림 25-2] JFET을 사용하는 증폭기 회로의 기본형

JFET은 높은 입력 임피던스를 가지므로 C_2의 값이 작아야 한다. 이 회로에서 JFET 대신 MOSFET을 사용하면 더 높은 입력 임피던스를 얻을 수 있고, C_2는 더 작아지며 경우에 따라 1 pF 이하가 될 수도 있다. 저항값은 회로의 응용에 따라 달라진다.

어떤 경우에는 R_1과 C_1을 사용하지 않고 소스를 곧바로 접지에 연결할 수도 있다. 저항 R_1을 사용한다면 최적값은 회로의 입력 임피던스와 FET를 동작시키기 위한 바이어스 값에 의존하게 된다. 약한 신호를 증폭시키는 회로에서는 통상적인 값으로 680 Ω의 R_1, 10 kΩ의 R_2, 100 Ω의 R_3를 사용한다.

증폭기의 분류

아날로그 증폭기 회로는 바이어스의 배치 방식에 따라 A급 class A, AB급 class AB, B급 class B, C급 class C 등으로 분류된다. 각 회로들은 고유한 특성을 가지며 특정 환경에서 최적으로 동작한다. D급 class D이라고 불리는 특수한 증폭기 역시 특정 상황에서 사용할 수 있다.

A급 증폭기

앞서 언급했던 요소들의 값을 사용하면 [그림 25-1]과 [그림 25-2]의 증폭기 회로는 A급 모드로 동작한다. 이 증폭기는 **선형** 동작을 하는데, 이는 출력 파형의 크기가 입력 파형의 크기보다는 크지만 형태는 동일하다는 것을 의미한다.

바이폴라 트랜지스터로 A급 동작을 구현하려면 입력 신호 없이 소자에 바이어스를 인가해야 한다. 이때 트랜지스터는 I_C-I_B(컬렉터 전류 대 베이스 전류) 곡선의 직선 구간의 중간 지점에서 동작하게 한다. [그림 25-3]은 각 클래스에 따른 바이폴라 트랜지스터의 동작 영역을 나타낸 것이다. 만약 JFET이나 MOSFET을 사용했다면 입력 신호를 인가하지 않은 소자는 [그림 25-4]의 I_C-E_G(드레인 전류 대 게이트 전압) 곡선의 직선 구간에서 동작하게 된다.

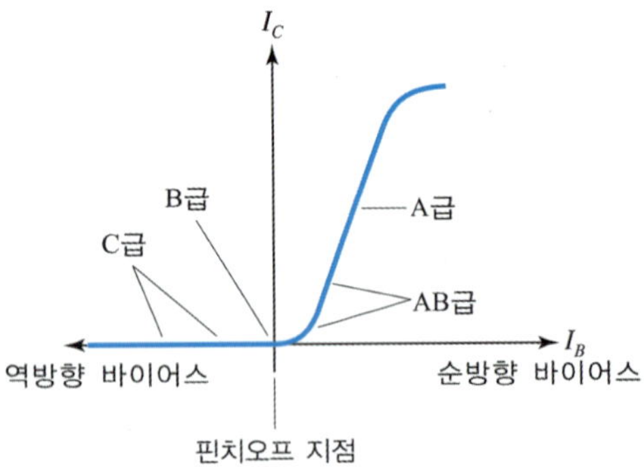

[그림 25-3] 일반적인 바이폴라 트랜지스터를 사용하는 증폭기의 분류

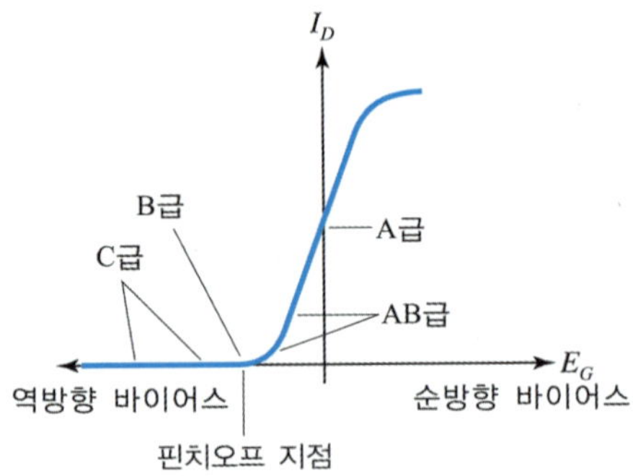

[그림 25-4] 일반적인 JFET을 사용하는 증폭기의 분류

A급 증폭기를 실생활에서 사용할 때는 지나치게 큰 입력 신호가 인가되지 않도록 해야 한다. 너무 큰 입력 신호는 선형 영역에서 동작하던 소자를 동작 주기의 일부 동안 선형 영역 밖으로 벗어나게 한다. 이런 현상이 발생하면 출력 파형은 더 이상 입력 파형과 같은 형태를 갖지 못하고, 증폭기는 **비선형** 동작을 하게 된다. 일부 유형의 증폭기에서는 비선형 동작을 허용할 수 있지만(경우에 따라서는 비선형성을 필요로 하기도 함), A급 증폭기는 항상 선형 동작을 유지해야 하는 유형의 증폭기이다.

A급 증폭기는 트랜지스터가 입력 신호의 유무에 상관없이 항상 전류를 끌어들인다는 한 가지의 두드러진 제한성을 갖는다. 따라서 트랜지스터는 입력 신호가 인가되지 않는다고 해도 동작해야 한다. 약한 신호를 증폭시키는 응용에서는 이런 추가적인 동작 부하가 크게 문제되지 않고, 회로에서 충분한 이득을 얻기 위해 노력해야 한다.

AB급 증폭기

바이폴라 트랜지스터에 신호를 가하지 않아 **컷오프** cutoff(차단) 상태에 가깝도록 하거나 JFET이나 MOSFET이 **핀치오프** pinchoff 조건에 가까워지도록 하는 전압을 가하면 입력 신호는 항상 소자를 **동작 곡선** operating curve의 비선형 영역에서 동작하게 한다([그림 25-3]과 [그림 25-4]는 동작 곡선의 예이다). 이런 증폭기를 **AB급 증폭기**라고 한다. [그림 25-3]과 [그림 25-4]는 전형적인 AB급 증폭기의 바이어스 동작 영역을 나타낸다. 이 증폭기에서는 입력 신호가 없어도 작은 컬렉터나 드레인 전류가 흐르지만 입력 신호가 없을 때의 A급 증폭기 전류 크기보다는 작다.

공학자는 종종 서로 다른 두 가지 모드의 AB급 증폭기를 보게 된다. 만약 바이폴라 트랜지스터나 FET가 어떤 입력 신호 구간에서도 컷오프 또는 핀치오프 특성을 갖지 못하면 이 증폭기는 AB_1급으로 동작한다. 만약 소자가 어떤 신호 주기 구간 내(절반 이상)에서 컷오프 또는 핀치오프 영역에 있다면 증폭기는 AB_2급으로 동작한다.

AB급 증폭기에서는 출력 파형이 입력 파형과 동일하지 않다. 그러나 음성 라디오 송신기에서와 같이 신호가 변조된다면 변조 신호의 파형은 왜곡되지 않은 상태로 나온다. 따라서 AB급 증폭기는 RF 전력 증폭기로 사용하기에 매우 적절하다.

B급 증폭기

입력 신호를 인가하지 않았을 때 바이폴라 트랜지스터에 정확히 컷오프 전압을 인가하거나 FET에 정확히 핀치오프 전압을 인가하면 증폭기를 **B급** 모드에서 동작시킬 수 있다(B급 증폭기의 동작점은 [그림 25-3]과 [그림 25-4]에 표시되어 있다). AB급 모드와 마찬가지로 B급 모드 역시 RF 전력 증폭에 매우 적합하다.

B급 모드로 동작할 때 입력 신호가 없는 상태에서는 컬렉터 또는 드레인 전류가 흐르지 않는다. 따라서 회로는 신호가 인가되지 않는 한 전력을 소모하지 않는다(A급과 AB급 증폭기는 신호가 인가되지 않은 상태에서도 약간의 직류 전압을 소모함). 회로에 입력 신호를 인가했을 때 반 $\left(\frac{1}{2}\right)$주기 동안은 소자에 전류가 흐른다. 출력 파형의 형태는 입력 파형과 크게 다르며 실제로 출력 파형은 증폭된 '반파 정류'로 나온다.

AB급 또는 B급 '선형 증폭기'에 관해 들어본 적이 있을 것이다. 특히 아마추어[ham] 라디오 제작자와 대화할 때 그런 적이 있을 것이다. 여기서 '선형'은 트랜지스터에 입력 신호가 인가되지 않고, 선형 영역에서 동작하도록 바이어스 되지 않았을 때 반송파가 왜곡됨에도 불구하고 증폭기가 **파형 변조**[modulation waveform](**변조 포락선**[modulation envelope]이라고도 함)를 왜곡시키지 않음을 의미한다.

AB_2급 및 B급 증폭기는 입력 신호원으로부터 전력을 받아들인다. 공학자들은 이런 증폭기들은 원하는 동작을 하기 위한 구동 전력을 필요로 한다고 말한다. A급 및 AB_1급 증폭기는 이론적으로는 구동 전력을 필요로 하지 않지만 입력 신호는 트랜지스터를 작동시키는 데 필요한 일정 수준의 전압을 공급해야 한다.

B급 푸시풀 증폭기

2개의 바이폴라 트랜지스터 또는 2개의 FET를 B급 회로에 짝을 지어 연결해 동시에 구동시키면 하나는 양의 반주기를 출력하고, 다른 하나는 음의 반주기 출력 파형을 내도록 동작시킬 수 있다. 이때 B급 증폭기의 모든 장점을 유지하면서 파형의 왜곡을 제거할 수 있는데, 이런 종류의 회로를 **B급 푸시풀 증폭기** class-B push-pull amplifier라고 한다. [그림 25-5]는 NPN 바이폴라 트랜지스터 2개를 사용해 B급 푸시풀 증폭기의 예를 나타낸 것이다.

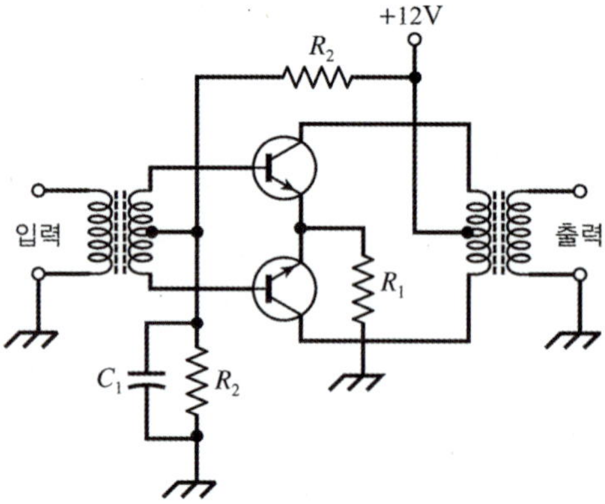

[그림 25-5] NPN 바이폴라 트랜지스터를 사용하는 B급 푸시풀 증폭기

저항 R_1은 트랜지스터로 흐르는 전류의 양을 제한한다. 커패시터 C_1은 입력 변압기의 중간과 접지 신호 사이에 위치하고, 베이스에 직류 바이어스를 공급한다. 저항 R_2와 R_3는 트랜지스터에 컷오프 전압이 인가되도록 정확히 바이어싱 한다. 최상의 성능을 얻기 위해서는 2개의 트랜지스터가 동일해야 하는데, 이는 부품 번호가 일치해야 할 뿐만 아니라 2개의 트랜지스터가 가능한 실험적으로 가장 비슷한 성능을 보여야 함을 의미한다.

B급 푸시풀 회로는 오디오 주파수(AF) 전력 증폭기에서 가장 널리 사용된다. 푸시풀 설계를 하면 B급 모드의 적은 트랜지스터 작업 부하와 A급 모드의 낮은 왜곡 및 선형 증폭 특성을 모두 얻을 수 있다. 그러나 푸시풀 증폭기는 하나는 입력, 다른 하나는 출력에 배치하는 2단 변압기가 필요하기 때문에 다른 종류의 증폭기들에 비해 부피가 크고 가격이 비싸다.

모든 푸시풀 증폭기는 출력에서 발생하는 **짝수차 고조파** even-numbered harmonics를 상쇄시킨다는, 독특하고 흥미로운 특성을 갖는다. 이로 인해 다른 고조파들에 비해 더 큰 문제를 일으키는 2차 고조파를 제거할 수 있어 무선 전송기를 설계, 동작시키는 데 있어 큰 장점이 된다. 푸시풀 회로는 '**단일 출력** single-ended' 회로(출력부에 단일 바이폴라 트랜지스터 또는 FET만 사용하는 회로)와 비교했을 때 비슷한 수준으로 **홀수차 고조파** odd-numbered harmonics를 억제한다.

C급 증폭기

주기의 일부 시간 동안 가해지는 큰 바이어스를 충분히 극복할 수 있다면 바이폴라 트랜지스터나 FET에 컷오프 또는 핀치오프 전압보다 높은 바이어스를 인가할 수 있고, 트랜지스터는 여전히 **전력 증폭기**power amplifier로서 동작할 것이다. 이런 모드를 **C급** 동작이라고 한다. [그림 25-3]과 [그림 25-4]는 C급 증폭기에 신호 바이어스를 인가하지 않는 상황에서의 전압 지점들을 나타낸 것이다.

C급 증폭기는 **진폭 변조**Amplitude Modulation(AM) 포락선에 대해서도 비선형적이다. 따라서 C급 회로는 일반적으로 입력 신호들이 전부 켜지거나 꺼졌을 때 사용된다. 이런 신호에는 주파수 또는 위상(진폭 제외)이 변할 수 있는 디지털 변조와 함께 구식 모스 부호도 포함된다. 그러나 진폭은 항상 0 또는 최댓값이다.

C급 증폭기는 높은 구동 전력을 필요로 하지만 다른 모드의 증폭기에서 얻을 수 있는 만큼의 이득을 제공하지는 않는다. 예를 들어, C급 전력 증폭기에서 300 W의 구동 전력을 공급해 1 kW 정도의 출력 전력만 얻을 수도 있다. 그러나 C급 모드에서는 다른 모드에서 동작하는 증폭기보다 '신호 관점에서 본전을 찾을 수 있을 만한 것들'을 더 많이 얻을 수 있다. 즉 C급 설계 방법을 통해 최적의 효율을 얻을 수 있다.

D급 증폭기

D급 증폭기는 근본적으로 기존 증폭기들과 다르다. D급 증폭기의 출력 트랜지스터(일반적으로는 MOSFET)는 디지털 동작을 하며 다른 아날로그 모드의 증폭기들과 달리 항상 켜져 있거나 꺼져 있다. D급 증폭기는 **펄스 폭 변조**Pulse Width Modulation(PWM)를 사용한다(펄스 폭 변조에 관한 내용은 27장(무선 송신기와 수신기)과 29장(마이크로컨트롤러)에서 배울 것이다). [그림 25-6]은 D급 증폭기의 동작 원리를 나타낸 것이다.

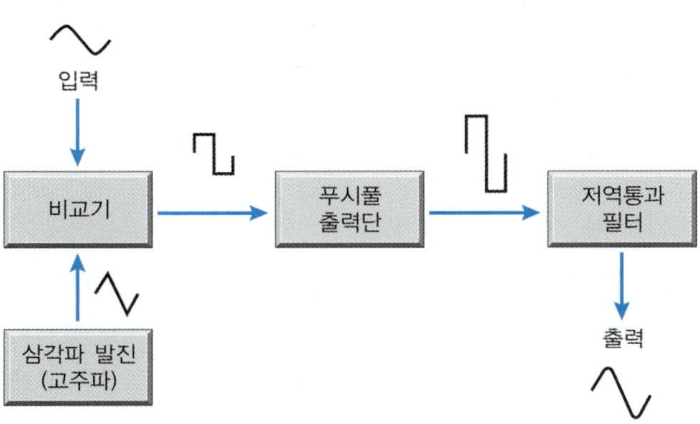

[그림 25-6] D급 오디오 증폭기의 기능을 나타낸 모식도

D급 증폭기는 23장(집적회로)에서 배운 비교기와, 아날로그 입력 신호를 길이가 다른 연속적 펄스로 변환하는 삼각파 발진기를 사용한다. 펄스의 길이는 순시 입력 신호 전압에 정비례한다. 이 펄스들은 C급과 유사한 형태의 푸시풀 단에서 증폭된다. 디지털-아날로그 변환기 역할을 하는 저주파 통과 필터는 펄스 신호를 아날로그 신호로 변환한다(출력 스피커를 가진 낮은 품질의 오디오에서는 스피커가 펄스 주파수를 따라갈 수 있을 만큼 충분히 빠르게 응답할 수 없으므로 별도의 **저역통과 필터** lowpass filter 없이도 디지털 신호를 아날로그 신호로 변환할 수 있다).

디지털화 과정을 가시화하기 위해 삼각파 발진기 출력에 비해 느리게 변화하는 입력 신호를 생각해보자. 만약 입력 신호가 삼각파 발진기 신호보다 세면 비교기는 높은 출력을 낼 것이다. 특정 지점에서 입력 신호가 삼각파보다 약해지면 비교기는 낮은 출력을 낸다. 이런 **천이** transition 가 이루어지는 데 필요한 시간은 입력 신호의 전압에 따라 달라지는데, 진폭이 높을수록 펄스는 길어진다. 이때 높은 펄스 상태로 유지되는 시간이 차지하는 비율을 **듀티 사이클** duty cycle(**작동 주기**)이라고 한다. 작동 주기가 길수록 출력 신호가 강해진다.

수 MΩ 수준에 이르는 높은 입력 임피던스를 가진 MOSFET을 사용해 설계하면 D급 증폭기는 과열 현상 없이도 수십 와트의 전력을 공급할 수 있다. 대부분의 D급 증폭기는 **독립** discrete 부품보다는 IC로 사용되며 휴대전화, 노트북 컴퓨터, 태블릿 컴퓨터 등과 같은 전자제품에서 사용되는 아날로그 증폭기의 대부분을 대체하고 있다. 다만 D급 증폭기는 약간의 왜곡이 발생할 수 있다는 단점이 있다. 따라서 하이-파이 hi-fi 오디오 증폭기에 관해서는 아날로그 설계가 우위에 있고, 증폭기 모델들 중에서는 A급 증폭기가 응용에 적합하다.

전력 증폭기의 효율

효율적인 전력 증폭기는 열 발생을 최소화하고, 트랜지스터에 최소한의 부담을 주면서 최적의 출력 전력을 공급할 뿐만 아니라 에너지를 절약하기도 한다. 이는 비효율적인 전력 증폭기들과 비교했을 때 비용을 절감하고, 크기와 무게를 줄이며 기기의 수명을 연장하는 것으로 이어진다.

직류 입력 전력

전류계(또는 밀리전류계)를 증폭기의 컬렉터나 드레인, 전원 공급 장치와 직렬로 연결했다고 가정하자. 증폭기가 동작하는 동안 전류계는 어떤 값을 보여줄 것이다. 이 값은 일정할 수도 있고, 입력 신호에 따라 변할 수도 있다. 바이폴라 트랜지스터 증폭기 회로에 공급되는 **직류 컬렉터 입력 전력**은 컬렉터 전류(I_C)와 컬렉터 전압(V_C)의 곱과 같다. 마찬가지로 FET도 **직류 드레인 입력 전력**은 드레인 전류(I_D)와 드레인 전압(V_D)의 곱과 같다. 직류 입력 전력은 **평균값** average value 또는 **최댓값** peak value 으로 구분해 표현할 수 있는데, 앞으로의 논의에서는 평균 전력만 다룬다.

증폭기에 입력 신호가 없을 때도 상당한 직류 컬렉터 또는 드레인 입력 전력이 관찰된다. A급 회로가 이런 방식으로 동작한다. 사실 A급 증폭기에 입력 신호를 인가했을 때 평균 직류 컬렉터 또는 드레인 입력 전력은 신호가 없을 때보다 변동이 작다. AB_1급 또는 AB_2급은 입력 신호가 없다면 낮은 전류(낮은 직류 컬렉터 또는 드레인 입력 전력)를, 입력 신호를 인가했다면 높은 전류(높은 직류 입력 전력)를 얻을 수 있다. B급과 C급 증폭기들은 입력 신호가 없어도(직류 컬렉터 또는 드레인 입력 전력이 0일 때) 전류를 만든다. 전류, 그리고 결과적으로 직류 입력 전력은 입력 신호의 증가와 함께 증가한다.

회로에 리액턴스가 없는 한 직류 컬렉터 또는 드레인 입력 전력은 암페어(A)와 볼트(V)의 곱인 와트(W) 단위로 나타낸다. 입력 전력은 저전력 증폭기에서는 수 mW, 고전력 증폭기에서는 수 kW(극단적인 경우 수 MW) 수준으로 나타낼 수 있다.

신호 출력 전력

증폭기의 **신호 출력 전력** signal output power을 정확하게 알고 싶다면 특수한 교류 전력계를 사용해야 한다. AF와 RF 전력계 설계에는 매우 정교한 엔지니어링 전문성이 요구된다. 일반적인 직류 전력계와 정류 다이오드를 전력 증폭기의 출력 단자에 연결하는 것만으로는 신호 출력 전력의 값을 정확하게 얻는 것은 기대할 수 없다.

정상적으로 동작하는 전력 증폭기가 입력 신호를 받지 않을 때는 어떤 출력 신호도 관찰되지 않고, 따라서 전력 출력은 0이 된다. 이런 상황은 모든 클래스의 증폭기에 적용된다. 입력 신호의 세기를 증가시키면 어떤 값까지는 출력 전력 신호가 증가하지만 이 지점을 지나 세기를 계속 증가시키면(강제 구동) 신호의 출력 전력 변화는 매우 작아지거나 변화가 없어진다.

직류 입력 전력과 마찬가지로 신호 출력 전력은 W 단위로 표현하거나 측정한다. 초저전력 회로에서는 신호 출력 전력을 mW로 나타내야 하는 경우도 있으며 중전력, 고전력 회로에 대해서는 W, kW 또는 MW 단위로 전력을 나타낼 수도 있다.

효율의 정의

전력 증폭기의 **효율** efficiency은 직류 입력 전력에 대한 출력 전력 신호의 비로 정의한다. 이 값은 비율(0 ~ 1 사이의 값) 또는 퍼센트(0% ~ 100% 사이의 값)로 나타낼 수 있다. P_{in}이 전력 증폭기에 인가되는 직류 입력 전력이고, P_{out}은 신호 출력 전력을 나타낸다고 하자. 이때 **효율** efficiency 또는 eff은 다음과 같이 정량적으로 표현할 수 있다.

$$\mathrm{eff} = \frac{P_{out}}{P_{in}}$$

퍼센트로 나타낼 경우 이 식은 다음과 같이 쓸 수 있다.

$$\mathrm{eff}_{\%} = 100 \times \frac{P_{\mathrm{out}}}{P_{\mathrm{in}}}$$

예제 25-5

바이폴라 트랜지스터 증폭기의 직류 입력 전력이 120 W, 출력 전력 신호가 84 W라고 할 때 이 증폭기의 효율을 퍼센트로 나타내면 얼마인가?

풀이

퍼센트 형태로 표현된 $\mathrm{eff}_{\%}$ 식을 사용해야 한다. 식을 사용해 증폭기의 효율을 다음과 같이 계산할 수 있다.

$$\mathrm{eff}_{\%} = 100 \times \frac{P_{\mathrm{out}}}{P_{\mathrm{in}}} = 100 \times \frac{84}{120} = 100 \times 0.70 = 70\,\%$$

예제 25-6

FET 증폭기의 효율이 0.600이라고 한다. 이 증폭기가 3.50 W의 출력 전력 신호를 내는 것을 관찰한다면 직류 입력 전력은 얼마인가?

풀이

비율로 표현된 eff 식에 위의 값들을 대입하면 효율을 다음과 같이 간단한 계산을 통해 얻을 수 있다.

$$0.600 = \frac{3.50}{P_{\mathrm{in}}}$$

따라서 직류 입력 전력은 다음과 같다.

$$P_{\mathrm{in}} = \frac{3.50}{0.600} = 5.83\,\mathrm{W}$$

증폭기 클래스와 효율

A급 증폭기는 입력 신호 유형과 사용되는 트랜지스터의 종류에 따라 25% ~ 40%의 효율을 낸다. 최적 설계된 AB_1급 증폭기는 35% ~ 45%의 효율을 내며 최적 설계되어 정상 동작하는 AB_2급 증폭기는 최대 50% 정도의 효율을 낸다. B급 증폭기는 통상적으로 50% ~ 65%의 효율을, C급 증폭기는 75% 수준의 높은 효율을 낸다.

구동과 과도구동

이론적으로 A급 및 AB급$_1$ 전력 증폭기는 상당한 수준의 출력 전력을 생성하기 위해 신호원으로부터의 전력을 끌어 쓰지 않는다. 이 특성은 두 증폭기가 가진 중요한 장점으로, A급 또는 AB급$_1$ 회로에 유용한 수준의 출력 전력 신호를 얻기 위해서는 제어 단자(베이스, 게이트, 이미터 또는 소스)에 특정 교류 신호 전압을 공급해주면 된다. AB급$_2$ 증폭기는 교류 출력 전력을 얻기 위해 일정 수준의 구동 전력을 필요로 하고, B급 증폭기는 AB급$_2$ 증폭기 회로보다 더 큰 구동 전력을 필요로 한다. C급 증폭기는 여러 유형의 증폭기 중 가장 큰 구동 전력을 필요로 하는 증폭기이다.

어떤 상황에서든 전력 증폭기 유형에 상관없이 **과도구동**[overdrive](**오버드라이브**)이라는 원치 않는 조건이 만들어질 수 있으므로 너무 강한 구동 신호는 사용하지 말아야 한다. 과도구동 상태에서 증폭기를 강제 동작시키면 출력 파형에 과도한 왜곡이 발생한다. 이 왜곡은 변조 포락선에도 영향을 준다. **오실로스코프**[oscilloscope](또는 **스코프**[scope])로 이런 왜곡이 어떤 경우에 발생하는지 확인할 수 있다. 오실로스코프는 시간에 따른 함수로 신호의 진폭을 즉시 그래프로 보여주는데, 증폭기의 출력단에 오실로스코프를 연결하면 출력 신호 파형을 분석할 수 있다. 특정 유형의 증폭기 출력은 과도구동이 이뤄질 때 **플랫 토핑**[flat topping]이라는, 윗면이 평평한 특정한 형태의 왜곡으로 발생한다.

[그림 25-7(a)]는 정상적으로 동작하는 B급 증폭기의 출력 신호 파형이고, [그림 25-7(b)]는 과도구동 상태에 있는 B급 증폭기의 출력 신호 파형이다. [그림 25-7(b)]에서 파형의 최대 지점이 뭉툭해진 것을 알 수 있을 것이다. 이 원치 않는 현상으로 인해 라디오 신호 변조에서의 왜곡, 고조파 주파수에서의 과도한 신호 출력 등과 같은 결과가 나타나고, 회로의 효율이 저하될 수 있다. 뭉툭한 파형은 동일한 수준의 유용한 출력 전력을 내는 데 있어서 정상적인 동작 조건에서보다 높은 직류 입력 전력을 필요로 하므로 효율이 급감한다.

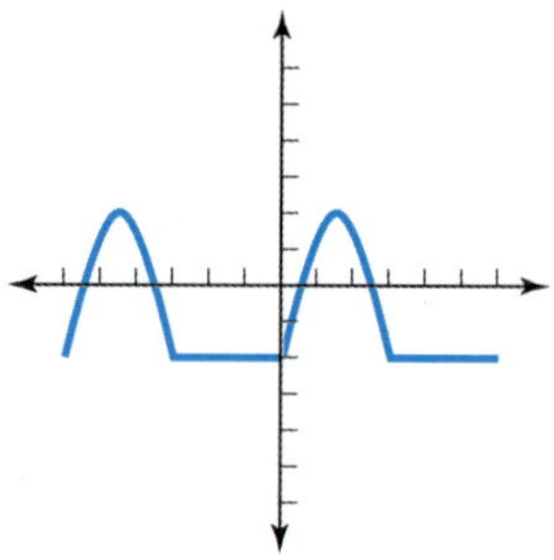

(a) 정상적으로 동작하는 출력 신호 파형

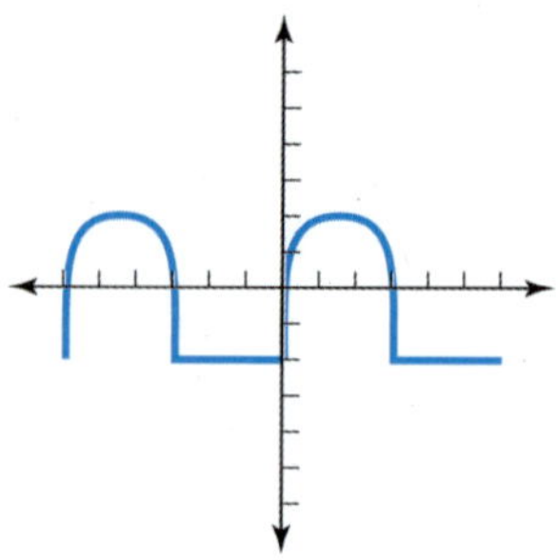

(b) 과도구동에 의해 왜곡된 출력 신호 파형

[그림 25-7] 정상 구동 여부에 따른 B급 전력 증폭기의 오실로스코프 화면

오디오 증폭

지금까지 살펴본 회로들은 일반적인 용도의 회로로, 특정한 용도의 회로는 아니었다. 수 μF 의 커패시터를 사용해 A급 증폭기 동작에 바이어스를 인가하면 이 회로들은 오디오 증폭기에 적합한 회로가 된다.

주파수 응답

음악 시스템에서 사용되는 고성능(또는 하이-파이[hi-fi]) 오디오 증폭기는 적어도 20 Hz ~ 20 kHz 대역에서 일정한 이득을 가져야 하며 5 Hz ~ 50 kHz 의 더 넓은 범위(광대역)에서도 잘 동작해야 한다. 또한 음성 통신을 위한 오디오 증폭기는 대략 300 Hz ~ 3 kHz 사이에서 잘 동작해야 한다. 디지털 통신에서 오디오 증폭기는 100 Hz 이하의 좁은 주파수 범위(협대역)에서 잘 동작할 수 있도록 설계한다.

하이-파이 증폭기는 일반적으로 주파수 응답 특성을 조정하는 저항-커패시터(RC) 네트워크를 포함한다. 이런 네트워크를 통해 음의 높낮이를 제어하는 것을 **톤 제어**[tone control]라고 하고, **베이스**[bass](**최저 음역**) 및 **트레블**[treble](**최고 음역**) 제어라고도 한다. 가장 간단한 하이-파이 증폭기는 톤 제어 기능을 구현하기 위해 단일 제어기만 사용하고, 정교한 증폭기는 독립적인 제어기를 갖고 있어 하나는 베이스, 다른 하나는 고음역을 제어한다. 가장 발전된 형태의 하이-파이 시스템은 **그래픽 이퀄라이저**[graphic equalizer]를 사용해 서로 다른 여러 주파수 대역에 대한 증폭 이득을 조절할 수 있다.

음량 제어

오디오 증폭기 시스템은 일반적으로 2개 또는 그 이상의 **단**stage으로 구성된다. 1개의 단은 1개의 바이폴라 트랜지스터 또는 FET(또는 푸시-풀 조합)와 저항 및 커패시터로 구성된다. 큰 이득을 얻고 싶다면 2개 또는 그 이상의 단들을 직렬로 연결할 수 있다. 이들 중 한 단에서는 **음량 제어** 기능을 구현할 수 있는데, 가장 간단한 방법은 증폭기 시스템이 선형 특성을 유지하면서 이득을 조절할 수 있게 하는 **전위차계**potentiometer를 사용하는 것이다.

[그림 25-8]은 기본적인 음량 제어 회로이다. 증폭기에서 트랜지스터의 입력 신호 세기가 변해도 이득은 일정하게 유지된다. 교류 출력 신호는 C_1을 거쳐 전위차계인 R_1 양단에 나타나 음량을 조절한다. 전위차계의 와이퍼(화살표 모양)는 제어축의 위치에 따라 약간의 차이는 있어도 교류 출력 신호를 제거한 뒤의 값을 보여준다. 커패시터 C_2는 다음 단의 직류 바이어스로부터 전위차계를 차단시킨다.

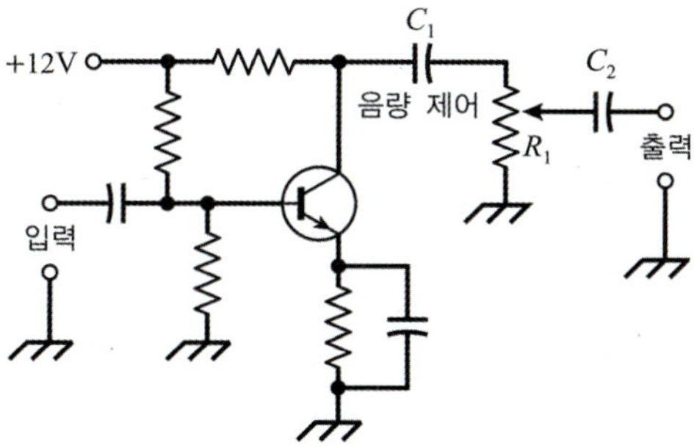

[그림 25-8] **저전력 오디오 증폭기의 이득을 조절하기 위해 사용할 수 있는 간단한 음량 제어 회로(전위차계 R_1).**

음량 제어 장치는 저전력 단에 배치해야 한다. 전력이 높은 지점에 전위차계를 두면 음량이 작은 상태에서 상당한 전력 손실이 발생한다. 고전력 전위차계는 저전력 전위차계보다 가격이 비싸고, 구하기도 어렵다. 만약 이런 제약 사항들을 극복하고 전위차계를 확보했다고 해도 제어 장치를 고전력 단에 배치하면 증폭 시스템의 효율은 매우 낮을 것이다.

변압기 결합

직렬 연결된 증폭 시스템(**증폭기 체인**amplifier chain이라고도 함)에서는 앞 단에서 다음 단으로 신호를 전달(또는 결합)하기 위해 변압기를 사용할 수 있다. [그림 25-9]는 두 증폭기 회로 간 **변압기 결합**transformer coupling을 나타낸 것이다. 커패시터 C_1과 C_2는 변압기 권선의 아래쪽 끝을 신호 접지로 연결한다. 저항 R_1은 첫 번째 트랜지스터 Q_1을 통과하는 전류의 양을 제한하고, 저항 R_2와 R_3는 트랜지스터 Q_2의 베이스 전압을 바이어싱한다.

변압기 결합 방식은 **용량성 결합**capacitive coupling 방식보다 단 하나당 소모되는 비용이 높다. 그러나 변압기 결합은 증폭기 단 사이에 최적의 신호 전송이 이뤄지도록 한다. 양단의 회로에 리액턴스 성분이 전혀 없다고 가정할 때 정확한 권선비를 가진 변압기를 사용하면 첫 번째 단의 출력 임피던스를 두 번째 단의 입력 임피던스와 정확히 **정합**match시킬 수 있다.

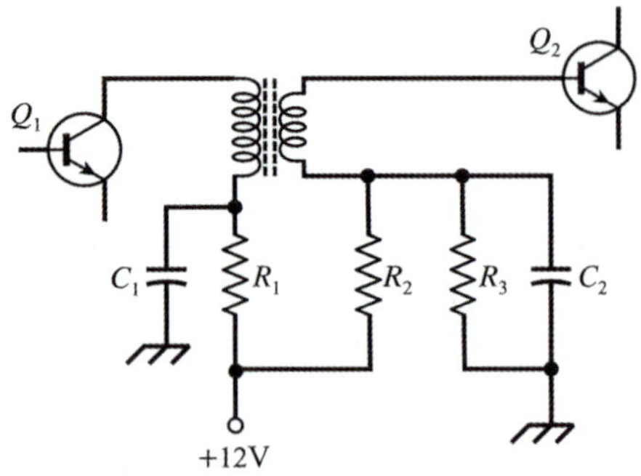

[그림 25-9] 증폭기 회로 간 변압기 결합의 예

IC 기반 오디오 증폭기

설계를 위해 각 증폭기 클래스와 장단점에 대해 알아두면 좋다. 그러나 IC 증폭기를 사용하면 설계를 간단하게 할 수 있음을 기억하자. 1 W 이하의 저출력 증폭기라면 일반적인 TDA7052와 같은 선형 오디오 증폭기 IC가 적합하다. 만약 더 많은 출력이 필요하고, 냉각을 위한 방열판의 사용을 피하고자 한다면 D급 증폭기 IC가 바람직하다.

[그림 25-10]은 TDA7052 증폭기 IC를 사용한 전형적인 응용 예시이다. IC는 푸시-풀 배열에서 직접 8Ω 스피커를 구동한다. 이때 필요한 추가 구성 요소는 증폭되는 오디오 소스의 교류 커플링coupling을 제공하는 커패시터 C_3, 음향 제어를 위한 전위차계 R_1, 그리고 커패시터 C_1과 C_2이다. C_2는 디커플링decoupling 커패시터로서 IC와 가능한 가까운 위치에 배치되어야 한다. 디커플링 커패시터가 IC가 요구하는 고속 이동 전류의 공급 특성을 갖추면 IC의 안정성은 높아진다. C_2는 증폭기가 저임피던스 부하를 구동하기 위해 필요한 전원을 제공하는 저장용 커패시터로 작용한다.

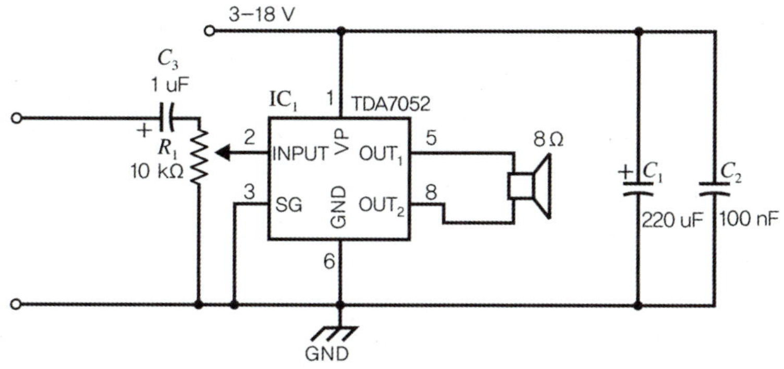

[그림 25-10] TDA7052 전력 증폭기 응용 예시

D급 오디오 전력 증폭기는 스피커를 구동하는 가장 일반적인 방법이 되고 있다. PAM8302와 같은 디지털 IC는 필요한 대부분의 구성 요소를 제공한다. [그림 25-11]은 PAM8302를 사용한 회로 예시를 나타낸 것이다.

PAM8302는 고정된 전압 이득인 24 dB를 가지고, 2.5 W까지의 출력을 부하에 공급할 수 있다. PAM8302는 차동differential 입력을 가지며 IN+와 IN− 사이의 차이를 증폭한다. 일반적으로 IN−는 오디오 신호원과 공통접지를 공유한다.

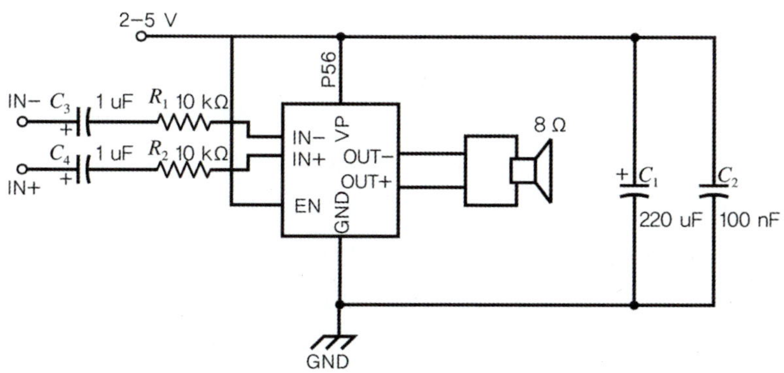

[그림 25-11] PAM8302 전력 증폭기 응용 예시

PAM8302와 같은 IC를 사용하는 것은 별도의 부품을 사용해 동등한 기능을 제공하는 경우와 비교했을 때 다음과 같은 이점이 있다.

- 저비용
- 부품 수 감소
- 단락 보호
- 열 보호

PAM8302와 같은 저렴한 디지털 증폭기 IC는 일반적으로 선형 디자인에 비해 왜곡 수준이 더 높고, 필터링해야 할 고주파 성분을 포함한다. 그러나 저렴한 스피커를 구동할 때는 이 차이를 거의 알아채지 못할 것이다. 디지털 오디오 증폭기 IC의 설계는 끊임없이 발전해 고급 IC들이 선형 증폭기와 동등한 성능을 발휘하고 있으며 심지어 하이파이 오디오 증폭기에도 사용되고 있다.

RF 증폭기

RF^Radio-Frequency^ **스펙트럼**은 300 GHz 이상의 주파수까지 분포한다. 주파수 하한은 소스마다 다르다. 일부는 주파수 하한을 3 kHz나 9 kHz 또는 10 kHz로 하고, 다른 기기들은 AF 범위의 상한으로 정의하는데, 일반적으로는 20 kHz을 주파수 하한으로 한다.

약한 신호 증폭기와 전력 증폭기

무선 수신기의 **앞 단**^front end^, 또는 첫 번째 증폭기 단은 가능한 한 가장 민감하게 작동해야 한다. **민감도**^sensitivity^는 **이득**^gain^(또는 **증폭률**^amplification factor^)과 회로가 **내부 잡음**^internal noise^을 최소화하면서 원하는 신호만 얼마나 잘 증폭하는지 나타내는 척도인 **잡음 지수**^noise figure^의 두 가지 요소로 결정된다.

모든 반도체 소자에는 전하 반송자가 이동함에 따라 내부 잡음이 발생하는데, 이런 현상을 **전기적 잡음**^electrical noise^이라고 한다. 또한 내부 잡음은 반도체를 구성하는 원자의 운동(보다 정확하게는 진동 운동)에서 유발될 수 있고, 이를 **열 잡음**^thermal noise^이라고 한다. 마지막으로 전류가 무작위적이고 급격하게 변동함으로써 발생되는 잡음을 **산탄효과 잡음**^shot-effect noise^이라고 한다. JFET은 일반적으로 바이폴라 트랜지스터보다 전기적 잡음과 산탄효과 잡음이 작다. 일반적으로 GaAsFET('가스펫'이라고 읽음)이라고 하는 갈륨비소 기반의 FET들은 모든 반도체 소자들 중 잡음이 가장 작다.

약한 신호 증폭기의 동작 주파수가 증가하면 잡음 지수는 더욱 중요해진다. 낮은 주파수보다 높은 무선 주파수에서 **외부 잡음**^external noise^이 더 작기 때문이다. 외부 잡음은 태양^solar noise^, 우주^cosmic noise^, 지구 대기권 내에서의 뇌우^sferics^, 인간이 만든 연소 기관^ignition noise^, 그리고 다양한 전기 및 전자기기^application noise^로부터 발생한다. 1.8 MHz 주파수에서 방송 전파는 엄청난 양의 외부 잡음을 포함하고 있기 때문에 수신기 자체의 내부 잡음이 아주 작다고 해도 큰 차이가 없다. 그러나 1.8 GHz에서의 외부 잡음은 훨씬 적고, 수신기 성능은 거의 전적으로 내부적으로 발생하는 잡음에 따라 결정된다.

약한 신호 증폭기의 동조 회로

약한 신호 증폭기는 대부분 입력, 출력 또는 둘 모두에서 **공진**resonant 회로의 이점을 활용한다. 이 특성을 통해 원치 않는 잡음은 최소화하고, 원하는 주파수에서의 증폭은 최적화한다. [그림 25-12]는 10 MHz 부근에서 동작하도록 설계된 전형적인 GaAsFET 기반의 약한 신호 RF 동조 증폭기의 모식도이다.

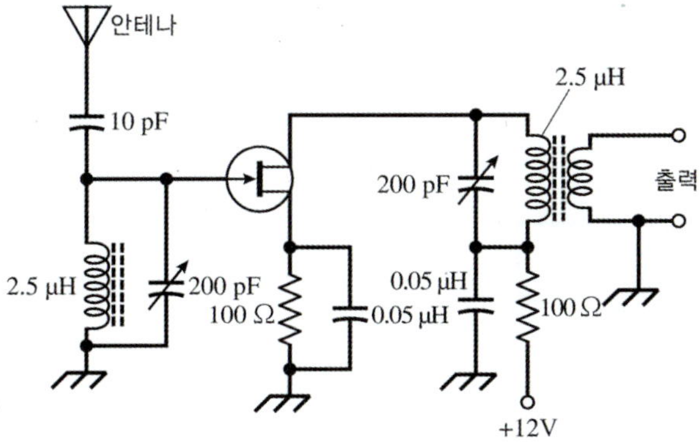

[그림 25-12] 약 10 MHz에서 사용하기 위한 동조 RF 증폭기

일부 약한 신호 RF 증폭기 시스템에서는 단 사이를 변압기 결합으로 연결하고, 변압기의 1차 및 2차 권선을 커패시터로 연결한다. 이런 방법을 통해 커패시터와 변압기 권선의 인덕턴스가 결정하는 주파수에서 공진이 이뤄진다. 여러 개의 증폭기가 하나의 주파수에서만 동작하도록 설계할 때 **동조 회로 결합**tuned-circuit coupling이라고 부르는 이런 방법은 시스템 효율을 향상시킨다. 그러나 증폭기 내의 단들이 공진 주파수에서 발진 상태가 될 수 있다는 위험성도 갖고 있다.

광대역 전력 증폭기

RF 전력 증폭기를 **광대역**broadband 또는 **동조**tuned 모드에서 동작하도록 설계할 수 있다. 용어에서 알 수 있듯 동조 증폭기는 내부 회로의 공진 주파수 조정을 필요로 하지만 광대역 증폭기는 주파수를 조정하지 않아도 넓은 주파수 범위에서 작동한다.

광대역 전력 증폭기는 설계된 주파수 범위 내에서 별도의 튜닝이 필요하지 않아 편리하다. 즉 사용자는 주파수를 변화시킬 때 미세하게 조정할 필요도 없고, 회로 파라미터를 수정하지 않아도 된다. 그러나 광대역 전력 증폭기는 대부분 동조 전력 증폭기보다 효율이 낮다. 광대역 전력 증폭기의 또 다른 단점은 사용자가 원하든 원하지 않든 설계된 주파수 대역 내에서는 모든 주파수의 신호를 증폭시킨다는 것이다. 예를 들어, 라디오 송신기에서 어떤 앞 단이 의도한 신호 주파수와 다른 주파수에서 발진하고, 이 원치 않는 신호가 광대역 전력 증폭기의 설계 주파수 범위 안에 들어오면 이 신호는 본래 의도했던 신호와 함께 증폭되고, 송신기로부터 의도치 않은 **기생 성분**spurious emission을 만들 것이다.

[그림 25-13]은 NPN 전력 트랜지스터를 사용한 통상적인 광대역 전력 증폭기의 회로도를 나타낸 것이다. 이 회로는 1.5 MHz ~ 15 MHz 의 범위에서 수 W 수준의 일정한 RF 출력 전력을 제공할 수 있다. 변압기들은 이 회로의 중요한 부분을 구성하며 10:1의 주파수 대역에서 효율적으로 동작해야 한다. 'RFC'라고 표기된 50 μH 짜리 부품은 **RF 초크**RF choke로, 직류 및 저주파 교류 신호는 통과시키고, 고주파 교류 신호(RF 신호)는 차단하는 역할을 한다.

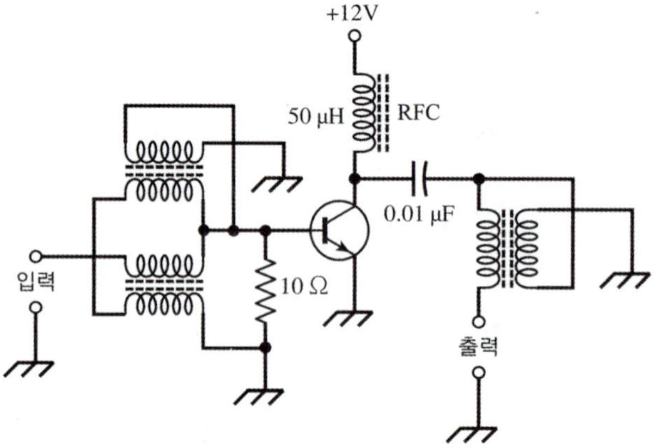

[그림 25-13] 수 W의 출력을 낼 수 있는 광대역 RF 전력 증폭기. 'RFC'라고 표기된 50 μH 부품은 RF 초크이다.

동조 전력 증폭기

동조 RF 전력 증폭기는 광대역 전력 증폭기보다 효율이 높다. 동조 회로는 앞 단에서 증폭되어 전송되는 기생 신호의 위험성을 최소화한다. 동조 전력 증폭기는 넓은 부하 임피던스 범위에서 동작할 수 있다. **동조 제어**tuning control 또는 증폭기의 출력 신호 주파수를 동작 주파수에 맞추는 공진 회로 외에도 동조 증폭기는 증폭기와 부하(일반적으로는 안테나) 사이의 신호 전송을 최적화하는 **부하 제어**loading control 기능을 포함한다.

동조 전력 증폭기는 '**동조**tune-up' 과정(보통 가변 커패시터 또는 가변 인덕턴스 조정)에 시간이 다소 걸린다는 점, 그리고 조정이 정확히 이뤄지지 않으면 트랜지스터에 손상을 줄 수 있다는 점에서 큰 한계가 있다. 동조와 부하 제어가 적절히 이뤄지지 않는다면 직류 전력 입력이 높더라도 증폭기의 효율은 거의 0으로 떨어질 것이다. 이런 조건에서는 과도한 전력은 증폭기의 부품 안에서 열의 형태로 소모되는 것 외에는 '갈 곳이 없으므로' 고체 전자 소자가 급격히 과열된다.

[그림 25-14]는 10MHz 부근의 동작 주파수에서 수 W 수준의 유용한 전력 출력을 제공할 수 있는 동조 RF 전력 증폭기의 회로도를 나타낸 것이다. 트랜지스터의 유형은 [그림 25-13]의 광대역 증폭기에서 사용한 것과 동일하다. 사용자는 동조 및 부하 제어를 수행해야 하며(각각 왼쪽과 오른쪽의 가변 커패시터) 이를 통해 RF 전력계에 나타난 대로 최대 전력 출력을 낼 수 있도록 한다.

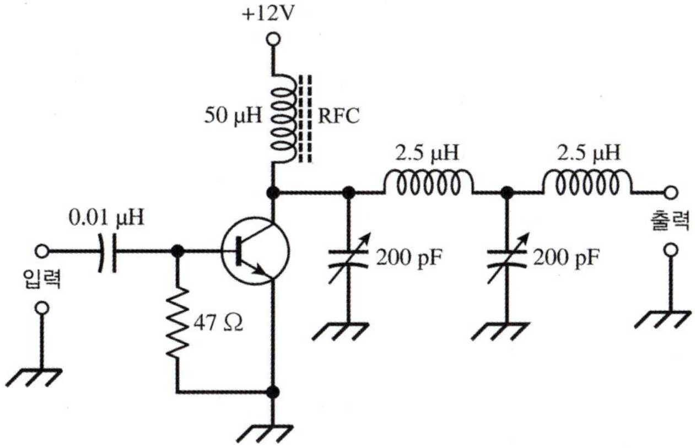

[그림 25-14] 수 W의 출력을 낼 수 있는 동조 RF 전력 증폭기.

연습문제

01 단일 면single-sided B급 증폭기 대비 B급 푸시풀 증폭기 설계의 장점은 무엇인가?

(a) 부품 수가 적다.
(b) 트랜지스터를 매칭할 필요가 없다.
(c) 짝수차 고조파의 수준이 더 높다.
(d) 왜곡이 더 적다.

02 왜곡되지 않고 일정한 값의 저항을 통해 RMS 전압 신호를 10,000배 증가시킨다고 했을 때 얻을 수 있는 이득은 얼마인가?

(a) 100 dB (b) 80 dB
(c) 40 dB (d) 20 dB

03 1.00 W RMS 입력을 33.0 dB의 전력 이득을 가진 증폭기에 인가했다. 증폭기 내에 리액턴스 성분이 없다고 가정하면 출력은 얼마인가?

(a) 2.00 kW RMS
(b) 330 W RMS
(c) 200 W RMS
(d) 50.0 W RMS

04 2차 권선에서 10 V RMS를 얻기 위해 30 V RMS 신호를 완벽하게 효율적인 임피던스 정합 변압기의 1차 권선에 인가한다고 가정하자. 또한 1차와 2차 권선에 연결된 회로에는 리액턴스가 없다고 가정했을 때 이 변압기가 유도할 것으로 예상되는 결과는 무엇인가?

(a) 약 9.5 dB의 전압 손실(또는 −9.5 dB의 전압 이득)
(b) 약 4.8 dB의 전압 이득(또는 −4.8 dB의 전압 손실)
(c) 약 9.5 dB의 전류 손실(또는 −9.5 dB의 전류 이득)
(d) 약 4.8 dB의 전류 이득(또는 −4.8 dB의 전류 손실)

05 다음 중 하나의 회로에서 다른 회로로 직류 신호를 통과시키면서 이 신호 경로에서 고주파 교류 신호를 유지하려 할 때 선택해야 하는 것은 무엇인가?

(a) 버랙터
(b) 블로킹 커패시터
(c) RF 초크
(d) 건 다이오드

06 다음 중 [그림 25-8]을 참고했을 때 C_1의 목적으로 옳은 것은 무엇인가?

(a) 고주파 노이즈를 제거한다.
(b) 증폭기에 대한 직류 공급을 부드럽게 진행한다.
(c) 스피커를 동작시키는 준비된 에너지 저장고를 공급한다.
(d) (a), (b), (c) 모두 답이 아니다.

07 다음 중 [그림 25-8]을 참고했을 때 R_1의 목적으로 옳은 것은 무엇인가?

(a) 볼륨을 조절한다.
(b) 입력 신호를 고정된 양만큼 감소시킨다.
(c) 오디오 톤 조절을 제공한다.
(d) 과전류로부터 오디오 증폭기의 입력을 보호한다.

08 다음 중 오디오 증폭기 IC를 사용할 때 반드시 얻을 수 있는 장점이 아닌 것은 무엇인가?

(a) 왜곡 감소
(b) 부품 수 감소
(c) 설계 단순화
(d) 비용 절감

09 다음 중 신호 주기의 절반보다 작은 시간 동안만 컬렉터 전류가 흐르는 바이폴라 트랜지스터 증폭기는 무엇인가?

(a) C급
(b) B급
(c) AB_2급
(d) AB_1급

10 다음 중 동조된 B급 푸시풀 RF 전력 증폭기를 설계하고 테스트할 때 해야 하는 일로 옳은 것은 무엇인가?

(a) 전체 교류 입력 신호 주기 동안 두 소자에서 모두 컬렉터나 드레인 전류가 흐를 수 있도록 트랜지스터들에 바이어스를 가한다.
(b) 별도의 조정 없이 넓은 주파수 범위에서 시스템이 동작할 수 있도록 커패시터들을 선택한다.
(c) 입력 주파수의 짝수배 고조파에서 공진이 발생하도록 출력 동조 회로를 설정한다.
(d) 가능한 한 거의 동일한 성능을 가진 2개의 바이폴라 트랜지스터 또는 2개의 FET(전계효과) 트랜지스터를 선택한다.

11 다음 중 D급 오디오 증폭기 IC를 사용하는 것에 대한 설명으로 옳지 않은 것은 무엇인가?

(a) D급 증폭기는 일반적으로 선형 증폭기보다 효율이 높다.
(b) D급 증폭기는 일반적으로 선형 증폭기보다 왜곡이 적다.
(c) D급 증폭기는 일반적으로 선형 증폭기보다 뜨거워진다.
(d) D급 증폭기는 일반적으로 선형 증폭기보다 비용이 훨씬 많이 든다.

12 다음 중 전체 신호 주기 동안 드레인 전류의 교류 신호 파형 왜곡이 아주 적거나 없는 FET 증폭기는 무엇인가?

(a) A급 증폭기
(b) AB_1급 또는 AB_2급 증폭기
(c) B급 증폭기
(d) C급 증폭기

13 다음 중 교류 신호 파형에 대해 B급 증폭기가 선형 동작하도록 하는 방법은 무엇인가?

(a) 출력 임피던스를 최소화한다.
(b) 트랜지스터에 컷오프 또는 핀치오프보다 훨씬 높은 바이어스를 인가한다.
(c) 2개의 트랜지스터를 푸시풀 방식으로 연결한다.
(d) 알려진 방법이 없다.

14 다음 중 저 임피던스 확성기를 사용할 때의 장점은 무엇인가?

(a) 적은 도선을 사용한다.
(b) 왜곡이 적다.
(c) 높은 효율로 동작한다.
(d) 동일한 증폭기 출력 진폭으로 더 많은 전력을 전달할 수 있다.

15 FET를 기반으로 하는 어떤 RF 전력 증폭기가 60%의 효율로 동작한다고 가정하자. 90 W의 직류 드레인 입력 전력이 측정되었다면 RF 출력 전력 신호의 값은 얼마인가?

(a) 54 W
(b) 90 W
(c) 150 W
(d) 이 질문에 답하기 위해서는 정보가 더 필요하다.

연습문제

16 [그림 25-15]는 동조 상태의 일반적인 B급 RF 전력 증폭기이다. 다음 중 V로 표기된 커패시터에 관한 설명으로 옳은 것은 무엇인가?

(a) 트랜지스터에 적절한 바이어스를 공급한다.
(b) 교류 입력 신호는 들어가게 하고, 직류는 차단시킨다.
(c) 입력 회로의 공진 주파수를 결정한다.
(d) 전원 공급 장치를 통해 신호가 단락되는 것을 방지한다.

17 다음 중 [그림 25-15]의 회로도에서 W로 표기된 저항에 관한 설명으로 옳은 것은 무엇인가?

(a) 트랜지스터에 적절한 바이어스를 공급한다.
(b) 교류 입력 신호는 들어가게 하고, 직류는 차단시킨다.
(c) 입력 회로의 공진 주파수를 결정한다.
(d) 전원 공급 장치를 통해 신호가 단락되는 것을 방지한다.

18 다음 중 [그림 25-15]의 회로도에서 X로 표기된 RF 초크에 관한 설명으로 옳은 것은 무엇인가?

(a) 콜렉터에서 과도한 전류가 흐르는 것을 방지한다.
(b) 교류 입력 신호는 들어가게 하고, 직류는 차단시킨다.
(c) 입력 회로의 공진 주파수를 결정한다.
(d) 전원 공급 장치를 통해 신호가 단락되는 것을 방지한다.

19 다음 중 [그림 25-15]의 회로도에서 Y로 표기된 인덕터들에 관한 설명으로 옳은 것은 무엇인가?

(a) 출력으로의 신호 전송을 최적화할 수 있도록 돕는다.
(b) 출력 신호의 위상이 입력 신호의 위상과 동일하게 한다.
(c) 회로가 발진하지 않도록 충분한 궤환(피드백)을 제공한다.
(d) 트랜지스터가 과도구동 상태에서 동작하지 않게 한다.

20 다음 중 [그림 25-15]의 회로도에서 Z로 표기된 커패시터들에 관한 설명으로 옳은 것은 무엇인가?

(a) 출력으로의 신호 전송을 최적화할 수 있도록 돕는다.
(b) 출력 신호의 위상이 입력 신호의 위상과 동일하게 한다.
(c) 회로가 발진하지 않도록 충분한 궤환(피드백)을 제공한다.
(d) 트랜지스터가 과도구동 상태에서 동작하지 않게 한다.

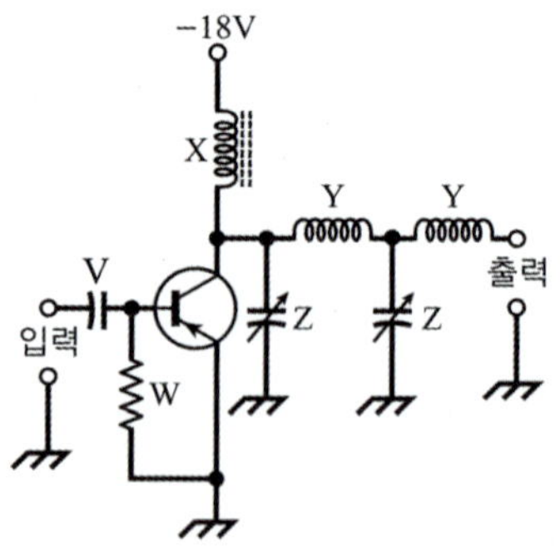

[그림 25-15] [연습문제 16~20]을 위한 그림

정답

01 d	02 b	03 a	04 a	05 c	06 c	07 a	08 a	09 a	10 d
11 b	12 a	13 c	14 d	15 a	16 b	17 a	18 d	19 a	20 a

CHAPTER

26 발진기

Oscillators

학습목표

- 발진기의 동작 원리와 다양한 발진기 회로에 대해 이해할 수 있다.
- 발진기의 품질을 결정하는 안정성과 신뢰성에 대해 이해할 수 있다.

발진기는 정궤환 구조를 가진 특수한 증폭기이다. 또한 사각파를 생성하기 위해 커패시터 충전이나 수정 공진과 같은 타이밍 요소에 의존하는 디지털 회로로 볼 수도 있다. 이 장에서는 이런 두 가지 관점에서 발진기를 살펴본다.

무선 주파수 발진기는 무선 방송 또는 통신 시스템에서 신호를 발생시킨다. 오디오 주파수 발진기는 음악 신시사이저, 전자식 사이렌, 보안 알람, 전자식 장난감 등에 널리 응용된다.

정궤환

일반적으로 **궤환**feedback 신호는 입력 신호의 위상과 같거나 반대이다. 증폭기 회로를 발진시키려면 출력 신호의 일부를 다시 입력 신호에 같은 위상으로 넣어야 하고, 이를 **정궤환**positive feedback이라고 한다. 반대로 출력 신호의 일부를 입력 신호에 반대 위상으로 넣으면 증폭기의 전체 이득을 감소시키는 **부궤환**negative feedback을 얻게 된다. 부궤환이 항상 나쁜 것은 아니다. 어떤 회로에서는 원치 않는 발진을 방지하기 위해 의도적으로 부궤환을 사용하기도 한다.

공통 이미터 또는 공통 소스 증폭기에서 나오는 교류 출력 신호 파형은 입력 신호 파형과 반대의 위상을 갖는다. 커패시터를 통해 컬렉터를 베이스에 결합하면 발진은 발생하지 않는다. 발진을 발생시키려면 궤환 과정에서 위상을 뒤집어줘야 한다. 또한 증폭기는 일정 수준 이상의 이득을 가져야 하고, 출력에서 입력으로의 결합은 상당히 강해야 한다. 그리고 정궤환 경로는 신호가 전송되기 쉬워야 한다. 대부분의 발진기는 정궤환을 갖는 공통 이미터 또는 공통 소스 증폭기 회로로 구성된다.

공통 베이스 또는 공통 게이트 증폭기의 교류 출력 신호 파형은 입력 신호 파형과 위상이 같다. 이런 회로들은 발진기를 위해 좋은 후보가 될 것이라고 예측할 수 있다. 그러나 공통 베이스와 공통 게이트 회로는 공통 이미터와 공통 소스 증폭기 회로에 비해 이득이 작고, 결과적으로 발진시키기 더 어렵다. 공통 컬렉터와 공통 드레인 회로는 부궤환을 가지므로 더 불리하다.

단일 주파수 피드백

일반적으로 인덕턴스-커패시턴스(LC)나 저항-커패시턴스(RC)의 조합으로 구성되는 동조 또는 공진 회로를 사용해 발진기의 발진 주파수를 조정할 수 있다. LC 회로는 무선 송신기 및 수신기에서 흔히 사용되고, RC 회로는 오디오 작업에 자주 사용된다. 동조 회로는 특정 주파수에서 신호가 따라가기 쉬운 궤환 경로를 만들지만 다른 주파수에서는 따라가기 어렵게 한다. 결과적으로 발진은 특정된 주파수에서 발생하며 그 주파수는 인덕턴스와 커패시턴스 또는 저항과 커패시턴스에 의해 결정된다.

구식 발진 회로

여러 가지 회로 구성 방법을 통해 안정적으로 발진하도록 할 수 있다. 예를 들어, 암스트롱 발진기는 궤환 신호의 위상을 뒤집어주는 변압기를 통해 출력을 다시 입력으로 보냄으로써 강제로 A급 공통-이미터 또는 공통-소스 증폭기가 발진하도록 할 수 있다.

[그림 26-1]은 드레인 회로가 변압기를 통해 게이트 회로로 연결된 공통 소스 증폭기를 보여준다. 변압기의 2차 권선과 직렬 연결된 커패시터를 통해 동작 주파수를 조정할 수 있다. 2차 변압기의 커패시턴스와 인덕턴스의 경우 특정 주파수에서는 에너지를 쉽게 통과시키고, 그 외의 주파수에서는 감쇄시키는 공진 회로를 형성한다. 이런 유형의 회로를 **암스트롱 발진기** Armstrong oscillator라고 한다. 만약 A급 증폭을 위해 소자를 바이어싱할 수 있다면 JFET 대신 바이폴라 트랜지스터를 사용할 수도 있다.

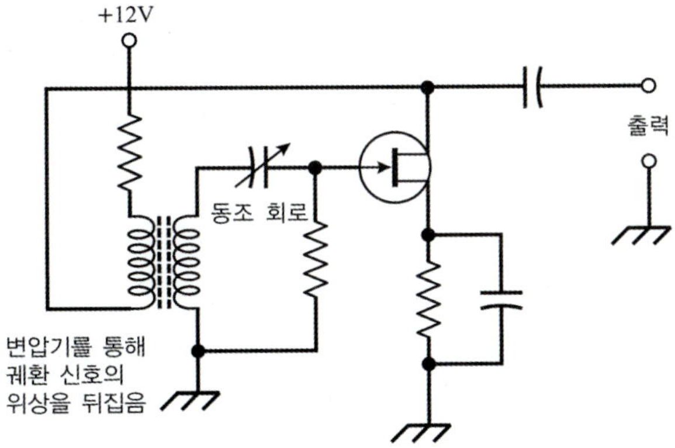

[그림 26-1] N채널 JFET을 사용하는 암스트롱 발진기. 이 회로는 동조 회로를 거쳐 정궤환이 이루어지는 공통 소스 증폭기로 구성된다.

전압 제어 발진기

동조 LC 회로에서 버랙터 다이오드를 연결함으로써 아날로그 발진기의 주파수를 어느 정도 조정할 수 있다. **배리캡** varicap이라고도 부르는 **버랙터** varactor는 역방향 바이어스 상태에서 가변 커패시터로 동작하는 반도체 다이오드이다. 애벌런치 항복이 발생할 정도의 과도한 전압을 인가하지 않는다면 역방향 바이어스의 크기가 증가할 때 접합 커패시턴스는 감소한다.

또한 제어 전압을 사용해 발진기의 출력 주파수를 조절하는 전용 IC 역시 사용할 수 있다.

위상 동기 회로

위상 동기 회로 Phase-Locked Loop(PLL)는 **전압 제어 발진기**voltage-controlled oscillator(VCO)를 효과적으로 활용하는 방법 중 하나이다. 위상 동기 회로는 **주파수 합성기**frequency synthesizer라는 회로를 사용한다. VCO의 출력 전압은 자유롭게 선택할 수 있는 정수값으로 VCO 주파수를 나누거나 정수값을 곱하는 디지털 회로인 **프로그램 가능한 체배기(곱셈기)/분배기(나눗셈기)**programmable multiplier/divider를 통해 전달된다. 결과적으로 출력 주파수는 **기본 주파수**base frequency에 어떤 유리수를 곱한 값이라도 그 값에 맞출 수 있다. 따라서 PLL 회로를 잘 설계하면 넓은 주파수 범위에 대해 작은 디지털 신호 변화만 내도록 제어할 수 있다. [그림 26-2]는 위상 동기 회로의 블록 다이어그램을 나타낸 것이다.

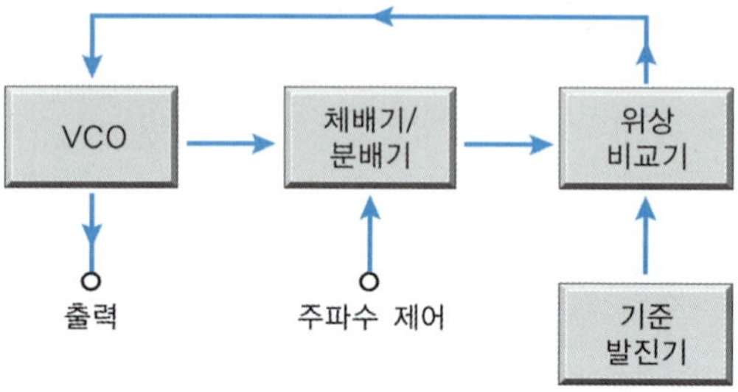

[그림 26-2] 위상 동기 회로(PLL)의 블록 다이어그램

체배기/분배기의 출력 주파수는 **위상 비교기**phase comparator의 동작에 의해 수정 제어 **기준 발진기**reference oscillator 신호에 맞춰 '**잠겨 있는**locked', 즉 동조된 상태이다. 체배기/분배기의 출력 주파수가 기준 발진 주파수로 정확히 맞춰진다면 2개의 신호는 동일한 위상을 유지할 것이고, 위상 비교기의 출력은 0이 될 것이다(0 V 직류). VCO 주파수가 점차 증가하거나 감소하면(**발진 드리프트**oscillator drift 현상) 증감 속도는 다를 수 있지만 체배기/분배기의 출력 주파수도 드리프트할 것이다.

주파수의 차이가 1 Hz 이하의 작은 값이라도 위상 비교기는 직류 오류 전압을 출력한다. 이 오류 전압은 VCO가 높거나 낮은 주파수 중 어떤 것에 의해 드리프트되는지에 따라 양과 음의 값을 모두 가질 수 있다. 이런 오류 전압을 VCO에 입력하면 주파수는 드리프트와 반대의 방향으로 변하고, 정확한 VCO 주파수 값을 유지하는 직류 정궤환 회로를 형성하게 된다. 이런 회로는 위상을 센싱해 VCO를 특정 주파수에서 동작하도록 동조시키는 **루프 회로**loop circuit로, 이로 인해 **위상 동조**phase-locked라는 표현을 사용한다.

기준 발진기가 수정 또는 공진 제어에 의해 동작한다는 것은 PLL의 안정성을 확보하는 핵심 기술이다. PLL은 무선 송수신기와 같은 아날로그 회로뿐만 아니라 디지털 회로에서 클록 신호를 생성하는 데 널리 사용된다.

집적회로 발진기 및 타이머

발진기 IC에는 VCO와 PLL을 포함한 다양한 종류가 있다. 또한 타이머로 사용되기 위해 긴 주기를 갖도록 설계된 발진기도 있다.

대부분의 최신 설계에서는 저렴한 마이크로컨트롤러가 타이머 IC 대신 사용될 수 있다. 대부분의 마이크로컨트롤러가 외부 부품이 없어도 상당히 정확한 타이밍을 제공할 수 있는 내부 공진기를 갖고 있기 때문이다. 다만 이 접근 방식은 마이크로컨트롤러를 사용할 경우 프로그램을 플래시 메모리에 업로드해야 한다는 단점이 있다.

NE555 타이머 IC

NE555 타이머 IC(보통 555 타이머로 불림)는 가장 많이 생산된 IC 중 하나로 역사적인 의미가 있다. 이 IC는 수 센트(몇십 원) 정도로 매우 저렴하다. 555 타이머는 발진기로 사용될 수도 있지만 특정 지속 시간의 단일 펄스를 생성하는 일회성 타이머로 사용될 수도 있는 범용성 때문에 인기가 있다. [그림 26-3]은 555 타이머의 구성을 나타낸 것이다.

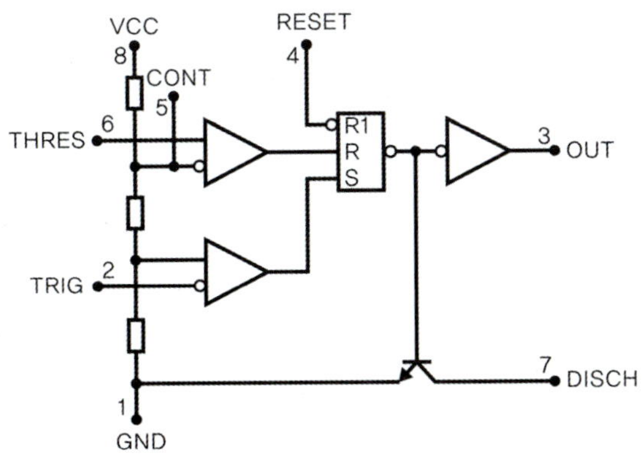

[그림 26-3] NE555 발진기/타이머 IC[1]

양의 공급 전압(VCC)은 전압 분배기로 작용하는, 직렬 연결된 3개의 저항을 사용해 양의 입력에 대한 기준 전압을 2개의 비교기에 제공한다. 비교기의 양의 입력은 THRES 및 TRIG 핀으로 사용할 수 있고, 비교기의 출력은 플립플롭의 S(설정) 및 R(리셋) 핀에 연결된다(28장 참고). 555 타이머는 두 가지의 출력을 제공한다. 먼저 OUT 핀은 버퍼된 푸시-풀 출력으로, 상당히 큰 200 mA 의 전류를 공급하거나 흡수할 수 있다. 이때 부하는 GND 또는 양의 공급 중 하나와 출력 사이에 연결되도록 설계된다. 다른 출력인 DISCH 핀은 명확한 이유로 열린 컬렉터 출력이라고 불린다. 이 훨씬 낮은 전류 출력은 비교기의 입력에 피드백을 제공하기 위해 사용된다.

1 “555 Timer Circuits”. https://en.wikipedia.org/wiki/555_timer_IC

[그림 26-4]는 555 타이머가 발진기로 구성된 모습을 보여준다. CONT 핀은 간섭을 방지하기 위해 10 nF 커패시터 C_2를 통해 GND에 연결되어 있고, THRES와 TRIG 핀은 함께 연결되어 있다. 처음 전원이 인가될 때 C_1은 충전되지 않은 상태로, R_1과 R_2를 통해 충전이 시작된다. THRES과 TRIG의 전압이 공급 전압의 $\frac{1}{3}$에 도달할 때까지 플립플롭이 설정되고, 출력이 켜지며 DISCH에 연결된 트랜지스터가 꺼진다. 만약 C_1의 전압이 공급 전압의 $\frac{2}{3}$를 초과하면 출력과 오픈 컬렉터 트랜지스터가 켜져 R_2를 통해 C_1을 방전시킨다. 만약 C_1의 전압이 공급 전압의 $\frac{1}{3}$ 아래로 떨어지면 플립플롭이 초기화되고, 트랜지스터는 다시 꺼진다. 이로 인해 C_1이 다시 충전되고, 진동이 계속된다.

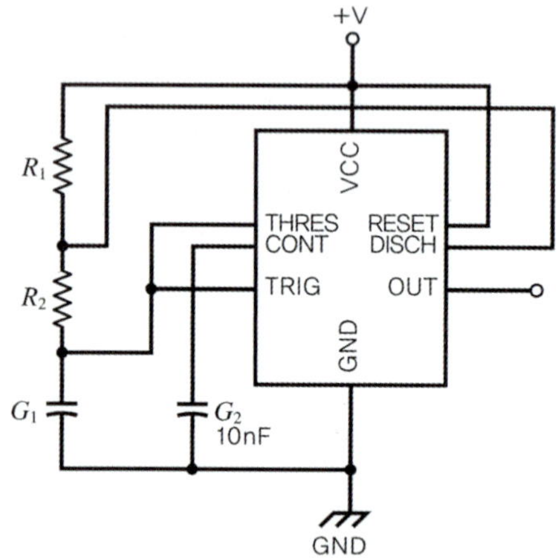

[그림 26-4] **발진기로서의 NE555**

각 주기에서 켜진 시간(T_{on})은 $0.693(R_1 + R_2)C$이고, 꺼진 시간(T_{off})은 $0.693\,R_2 C$이다. 따라서 총 주기는 다음과 같다.

$$T = 0.693(R_1 + 2R_2)C$$

출력이 높은 상태인 시간의 비율(**듀티 사이클**duty cycle)은 일반적으로 백분율로 표현된다. 듀티 사이클은 다음과 같이 계산할 수 있다.

$$D = 100\,T_{on}/(T_{on} + T_{off})$$

예제 26-1

R_1과 R_2는 $1\,\text{k}\Omega$이고, C_1은 $100\,\text{nF}$일 때 발진기의 주파수와 듀티 사이클은 얼마인가?

풀이

각 주기에서 켜진 시간은 $T_{\text{on}} = 0.693(R_1 + R_2)C = 0.693 \times 2\,\text{k}\Omega \times 100\,\text{nF} = 138.6\,\mu\text{s}$ 이고, 꺼진 시간은 $T_{\text{off}} = 0.693R_2C = 0.693 \times 1\,\text{k}\Omega \times 100\,\text{nF} = 69.3\,\mu\text{s}$ 이다. 총 주기는 다음과 같다.

$$T = 136.6 + 69.3 = 207.9\,\mu s$$

따라서 주파수는 $4.81\,\text{kHz}$ 이고, 듀티 사이클은 $100\,T_{\text{on}}/(T_{\text{on}} + T_{\text{off}}) = 66.67\%$가 된다.

이런 계산을 수행할 때 온라인 계산기[2]를 활용하면 시간을 절약할 수 있다. 555 타이머는 매우 효율성이 높은 칩으로, 인터넷[3]에서 555 타이머를 사용한 회로 예제와 정보를 구할 수 있다.

직접 디지털 합성

일반적으로 블루투스와 WiFi와 같은 현대 무선 통신 하드웨어는 앞서 설명한 발진기 유형 중 PLL 외에는 사용하지 않는다. 대신 고속 디지털 하드웨어를 사용해 무선 송수신에 필요한 아날로그 신호를 생성한다. 이는 종종 마이크로컨트롤러와 동일한 칩에 포함되어 있는데, 이 접근 방식을 **직접 디지털 합성** Direct Digital Synthesis(DDS)이라고 한다.

마찬가지로 더 낮은 주파수에서는 디지털-아날로그 변환기(DAC)가 내장된 마이크로컨트롤러가 주로 소프트웨어를 사용해 복잡한 오디오 파형을 직접 생성할 때 자주 사용된다.

발진기의 안정성

발진기에서 **안정성** stability이라는 용어는 주파수 불변성(또는 최소한의 동작 주파수 이동)과 동작의 신뢰성을 의미한다.

주파수 안정성

임의의 발진기를 설계하고 제작할 때 구성 부품들(특히 커패시터나 인덕터)은 가급적 모든 동작 가능 조건에서 동일한 값을 유지해야 한다.

2 "OHMS LAW CALCULATOR". https://ohmslawcalculator.com/555-astable-calculator
3 "555 Timer Circuits". https://www.555-timer-circuits.com/

어떤 커패시터들은 다른 종류의 커패시터보다 온도의 증감에 따라 본래의 값을 더 잘 유지하기도 한다. **폴리스티렌**polystyrene 커패시터는 이런 측면에서 동작 특성이 우수하다. 만약 폴리스티렌 커패시터를 구하기 어렵다면 **실버마이카**silver-mica 커패시터를 사용해도 좋은 특성을 활용할 수 있다. 모든 인덕터 구조 중 코일의 심을 공기로 두는 구조(**공심**air-core 코일)가 가장 좋은 열안정성을 갖는다. 공심 코일은 가능하면 권선을 제자리에 유지하기 위해 플라스틱 스트립으로 강한 와이어 상태에서부터 감아야 한다. 일부 공심 코일은 세라믹이나 페놀 성분으로 만든, 속이 빈 원통 형태의 심 주변을 감싼 형태이기도 하다. 강자성 솔레노이드나 토로이드 코어들은 발진기로 사용하기에 바람직하지 않다. 강자성체는 온도가 변화함에 따라 **투자율**permeability이 변하기 때문이다. 투자율이 변하면 인덕턴스가 변하고, 결과적으로 발진 주파수에 변화가 생긴다.

주파수 안정성 관점에서 가장 좋은 발진기는 **수정**crystal이 제어하는 발진기이다. 이런 종류의 발진기에는 수정 결정의 기본 주파수에서 발진하는 회로, 수정의 고조파 주파수들 중 하나의 주파수에서 발진하는 회로 또는 프로그램 가능한 체배기/분배기를 활용해 수정 주파수에서 유도할 수 있는 여러 주파수에서 발진하는 PLL 회로 등이 있다.

신뢰성

발진기는 직류 전력을 인가하자마자 동작해야 한다. 또한 모든 정상적인 조건에서 발진을 유지해야 한다. 하나의 발진기가 오동작하면 전체 수신기나 송신기 또는 송수신기가 모두 동작을 멈추게 된다.

발진기는 상대적으로 높은 부하 임피던스에서 동작하도록 설계된다. 만약 발진기를 임피던스가 작은 부하에 연결한다면 이 부하는 발진기로부터 많은 전력을 뽑아가려고 할 것이다. 이런 상황에서는 아무리 설계가 잘 된 발진기라고 해도 처음 스위치를 올렸을 때 동작을 멈추거나 아예 동작을 시작하지 못할 수도 있다. 완충(버퍼링)된 출력을 가진 555 타이머 같은 IC를 제외하고, 발진기는 강한 신호를 만들어 내는 것이 목적이 아니므로 그런 용도로는 증폭기를 사용해도 된다. 발진기의 부하 임피던스가 너무 높아지는 것을 걱정할 필요는 없다. 일반적으로 발진기의 부하 임피던스를 증가시키면 전체적인 동작 성능이 개선된다.

연습문제

01 다음 중 VCO가 의미하는 것은 무엇인가?

(a) 가변 제어 발진기Variable Control Oscillator
(b) 전압 제어 발진기Voltage Controlled Oscillator
(c) 가변 통신 발진기Variable Communication Oscillator
(d) (a), (b), (c) 모두 답이 아니다.

02 다음 중 VCO의 주파수를 바꾸는 구성 요소로 옳은 것은 무엇인가?

(a) 버랙터 또는 배리캡
(b) 전위차계
(c) 가변 인덕터
(d) FET 트랜지스터

03 다음 중 PLL이 사용되는 것은 무엇인가?

(a) 디지털 무선 수신기
(b) 오디오 증폭기
(c) 휴대용 계산기
(d) 전자 제어 도어락

04 다음 중 PLL의 출력은 어디로부터 나오는가?

(a) 위상 비교기의 출력
(b) 주파수 체배기의 출력
(c) 참조 발진기의 출력
(d) VCO의 출력

05 다음 중 555 타이머에 대한 설명으로 옳은 것은 무엇인가?

(a) 555 타이머는 발진기 회로를 만들 때만 사용할 수 있다.
(b) 555 기반 발진기는 개별 부품으로 만든 것보다 더 많은 부품을 필요로 한다.
(c) 555 타이머 IC는 많은 상황에서 사용할 수 있고, 발진기에만 사용되는 것은 아니다.
(d) 555 타이머는 가격이 비싸다.

06 다음 중 [그림 26-4]의 발진기에서 C_2의 목적으로 옳은 것은 무엇인가?

(a) 발진기의 주파수를 설정한다.
(b) IC의 출력에 사용할 에너지를 저장한다.
(c) IC의 전원 공급을 부드럽게 한다.
(d) 사용되지 않는 CONT 입력에 들어가 회로의 신뢰성에 영향을 주는 노이즈를 막는다.

07 다음 중 발진기로 사용될 때 555 타이머의 출력 부하가 IC의 타이밍에 영향을 주지 않는 이유로 옳은 것은 무엇인가?

(a) 출력 부하는 회로에 영향을 미치며 부하를 구동하기 전에 증폭되어야 한다.
(b) IC는 높은 출력 전류를 가지므로 부하 전류는 발진기에 거의 영향을 주지 않는다.
(c) DISCH 출력은 완충(버퍼링)되어 있고, 정궤환에 사용되는 OUT 출력과 분리되어 있다.
(d) OUT 출력은 완충(버퍼링)되어 있고, 정궤환에 사용되는 DISCH 출력과 분리되어 있다.

08 다음 중 직접 디지털 합성(DDS)에 대한 설명으로 가장 옳은 것은 무엇인가?

(a) 아날로그 전자 장치를 사용해 아날로그 파형을 생성한다.
(b) 아날로그 전자 장치를 사용해 디지털 파형을 생성한다.
(c) 디지털 전자 장치를 사용해 아날로그 파형을 생성한다.
(d) 디지털 전자 장치를 사용해 디지털 파형을 생성한다.

연습문제

09 다음 중 직접 디지털 합성(DDS)에 대한 설명으로 옳지 않은 것은 무엇인가?

(a) 오디오 주파수에서만 적용된다.
(b) 디지털 전자 장치를 사용해 아날로그 파형을 생성한다.
(c) DDS 하드웨어는 종종 마이크로컨트롤러와 통합된다.
(d) 마이크로컨트롤러와 DAC를 사용해 구현할 수 있다.

10 다음 중 아날로그 발진기의 주파수에 영향을 미칠 것으로 예상되는 것은 무엇인가?

(a) 저항의 온도 민감도
(b) 시간에 따른 저항값의 드리프트
(c) 시간에 따른 커패시터 값의 드리프트
(d) (a), (b), (c) 모두

11 다음 중 가장 안정적인 주파수를 갖는 발진기는 무엇인가?

(a) 암스트롱 발진기
(b) VCO
(c) 발진기로 구성된 555 타이머 IC
(d) 수정 제어 PLL

12 [그림 26-4]와 같이 구성된 555 IC의 최소 듀티 사이클의 이론적인 값은 얼마인가?

(a) 0%　　(b) 33%
(c) 50%　　(d) 99%

13 [그림 26-4]에서 $R_1 = 10\,\text{k}\Omega$, $R_2 = 100\,\text{k}\Omega$, $C_1 = 10\,\mu\text{F}$일 때 발진기의 근사적인 주파수는 얼마인가?

(a) 0.69 Hz　　(b) 6.9 Hz
(c) 69 Hz　　(d) 690 Hz

14 [그림 26-4]에서 $R_1 = 10\,\text{k}\Omega$, $R_2 = 100\,\text{k}\Omega$, $C_1 = 10\,\mu\text{F}$일 때 발진기의 듀티 사이클은 얼마인가?

(a) 25.2%　　(b) 52.4%
(c) 73.6%　　(d) 92.0%

15 다음 중 [연습문제 13]에서 $C = 1\,\mu\text{F}$가 된다면 주파수는 어떻게 변화하는가?

(a) 절반으로 감소한다.
(b) 2배가 된다.
(c) 10배 증가한다.
(d) 100배 감소한다.

정답

01 b　**02** a　**03** a　**04** d　**05** c　**06** d　**07** d　**08** c　**09** a　**10** d
11 d　**12** c　**13** a　**14** b　**15** c

CHAPTER 27

무선 송신기와 수신기

Wireless Transmitters and Receivers

학습목표

- 변조의 정의를 알고, 다양한 변조 기법의 원리를 이해할 수 있다.
- 아날로그 – 디지털 변환의 개념을 이해할 수 있다.
- 무선 통신 시스템을 구성하는 요소의 명칭 및 기능을 이해할 수 있다.
- 무선 통신 대역의 개념과 주파수에 따른 대역의 분류를 이해할 수 있다.
- 지표면에서 발생할 수 있는 통신 저해 요소들과 비이상적 현상들을 이해하고, 이를 극복하는 다양한 통신 기법들의 종류와 특징을 이해할 수 있다.

무선 통신에서 **송신기**transmitter는 데이터가 1개 이상의 **수신기**receiver에서 복구 및 재생될 수 있도록 **전자기파**electromagnetic wave로 변환시킨다. 이 장에서는 데이터를 **전자기장**EM field으로 바꾸는 방법과 원격 지점에서 전자기장을 수신 및 디코딩하는 방법에 대해 배운다.

변조

무선 신호를 **변조**modulation할 때는 전자기파의 진폭, 주파수, 위상을 바꿔 데이터를 전자기파에 기록할 수 있다. 또한 여러 전자기파 신호를 연속적으로 발생시키고 통신 지속시간, 진폭 또는 타이밍을 변화시켜 변조된 신호를 만들 수 있다. 무선 신호의 핵심은 **반송파**carrier라는 사인파로, 수 kHz 부터 수 GHz 범위의 주파수를 갖는다. 효과적인 데이터 전송을 원한다면 반송파 주파수는 적어도 변조하려는 신호의 가장 높은 주파수의 10배는 되어야 한다.

우리가 변조하는 데이터는 아날로그 형태일 수도 있고, 디지털 형태일 수도 있다. 아날로그 TV 송신의 종료로 FM 라디오는 여전히 널리 사용되는 몇 안 되는 아날로그 라디오 신호 중 하나이다. 그러나 반송파의 변조 기본 원리는 여전히 동일하다.

on/off 변조

변조의 가장 간단한 형태는 반송파의 **on/off 변조**on/off keying이다. on/off 변조는 **2진 디지털**binary digital 변조 모드의 가장 간단한 형태 중 하나인 **모스 부호**Morse code를 보내기 위해 무선 송신기의 발진기를 변조할 수 있다. 모스 부호의 **단점**dot(•)의 통신 지속 기간은 **비트**bit라고 하는, **2진 숫자**binary digit 1개의 통신 지속 기간을 의미한다(비트는 on과 off 두 상태를 가진 시스템에서 가장 작은 데이터 단위이다). 모스 부호의 **장점**dash(−)은 통신 지속 기간에서 3비트에 해당한다. **문자열**character 내의 단점과 장점 간 공간은 1비트와 같다. **단어**word에서 문자 간 공간은 3비트이고, 단어 간 공간은 7비트이다. 몇몇 기술자들은 **키-다운**key-down(**풀-반송자**full-carrier) 상태를 **마크**mark(부호)로 나타내고, **키-업**key-up(**신호 없음**no-signal) 상태를 **스페이스**space(공백)로 나타낸다. 모스 부호를 사용하는 아마추어 무선기사들은 보통 분당(wpm) 약 5~60단어들을 주고받는다.

주파수 천이 변조

주파수 천이 변조 기법 Frequency-Shift Keying(FSK)을 사용하면 모스 부호보다 디지털 데이터의 오류를 줄이고 더 빠르게 전송할 수 있다. 몇몇 FSK 시스템에서 반송파는 마크와 스페이스 상태 사이를 몇백 Hz 이하의 속도로 천이한다. 또 어떤 시스템에서는 **오디오 주파수 천이 변조**Audio-Frequency-Shift Keying(AFSK) 라고 하는 **투톤**two-tone 오디오 주파수(AF) 사인파로 반송파를 변조시킨다. FSK와 AFSK에서 가장 널리 사용되는 두 가지 코드는 **보도**Baudot와 ASCII(아스키)American Standard Code for Information Interchange이다.

무선 텔레타이프radioteletype(RTTY), FSK, AFSK 시스템에서 **단말기**Terminal Unit(TU)는 디지털 신호들을 원격 인쇄기를 동작시키거나 컴퓨터 화면에 문자를 표시하는 전기 펄스로 바꾼다. 또한 단말기는 사람이 키보드로 타이핑할 때 RTTY를 보내기 위해 필수인 신호들을 발생시킨다.

AFSK를 주고받는 장치를 보통 **모뎀**modem이라고 하는데, 모뎀은 **변조기/복조기**modulator/demodulator의 약어로, 기본적으로 단말기와 같다. [그림 27-1]은 AFSK 송신기의 블록 다이어그램을 나타낸 것이다.

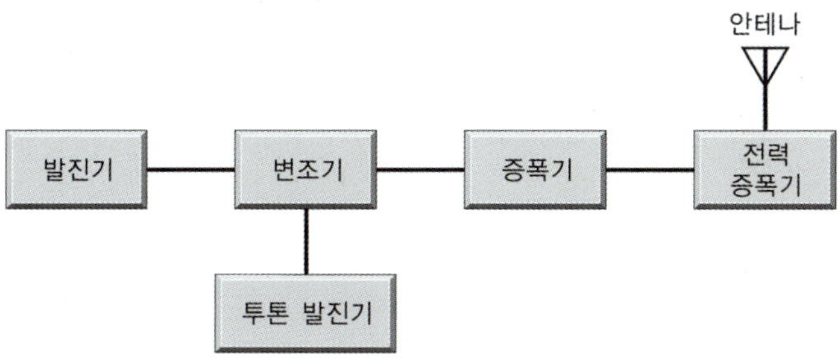

[그림 27-1] AFSK 기법을 사용하는 송신기의 간략화된 블록 다이어그램

FSK 또는 AFSK는 on/off 변조보다 사용하기 좋다. 스페이스 신호들이 단순히 데이터의 간격이 아니라 스페이스 신호 자체로 인식되기 때문이다. on/off 변조된 신호에서 갑작스러운 잡음이 발생하면 수신자는 스페이스를 마크로 잘못 인식할 수 있다. 그러나 스페이스가 신호 자체로 확실히 표현될 때 임의의 데이터 속도에서도 이런 유형의 오류가 덜 발생하게 된다.

진폭 변조

AF 오디오 신호의 주파수 범위는 보통 300 Hz ~ 3 kHz 이다. AF 음성 파형을 가진 RF 반송파의 일부 특성을 변조할 수 있고, 이를 통해 음성 정보를 공중파에 실어 전송할 수 있다. [그림 27-2]는 **진폭 변조**Amplitude Modulation(AM)를 위한 간단한 회로이다. 순시 오디오 입력 진폭에 따라 이득을 얻는 반송파에 대한 RF 증폭기로 이 회로를 생각해 볼 수 있다. 또한 이 회로는 반송파 주파수의 위아래에서 합과 차의 신호를 만들기 위해 RF 반송파와 오디오 신호를 합치는 **혼합기**mixer로도 생각해볼 수 있다.

[그림 27-2]의 회로는 AF 입력 진폭이 너무 커지지 않는 한 정상적으로 동작한다. 너무 많은 오디오 신호를 주입하면 트랜지스터에서 **왜곡**distortion(비선형성)이 발생해 불안전성이 증가하고, **회로 효율**circuit efficiency 감소(직류 전력 입력에 대한 유효 전력 출력), 과도한 출력 신호 **대역폭**bandwidth(최대-최소 성분 주파수 차이) 등의 문제가 발생한다.

변조의 범위는 0% ~ 100%로 나타낼 수 있다. 이때 0%는 변조되지 않은(무변조) 반송파이고, 100%는 왜곡 없이 얻을 수 있는 최대 변조를 의미한다. 만약 100%가 넘게 변조하면 [그림 27-2]와 같은 변조 회로에 과도한 AF 입력을 적용할 때와 같은 문제가 발생한다. 100%의 값에서 변조되는 AM 신호에서 신호 전력의 $\frac{1}{3}$은 데이터를 전송하고, 반송파가 나머지 $\frac{2}{3}$의 전력을 소비한다.

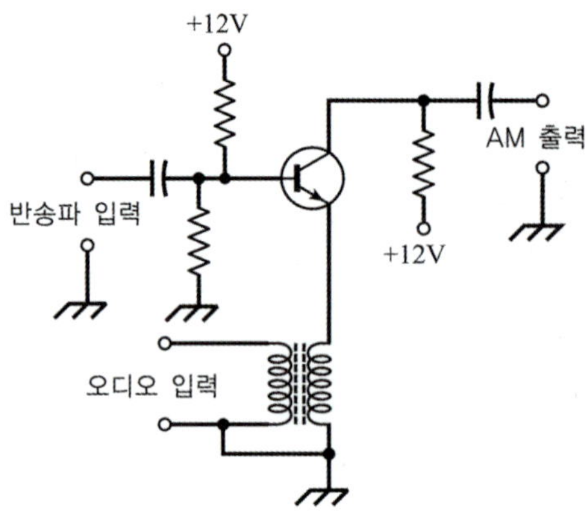

[그림 27-2] NPN 바이폴라 트랜지스터를 사용하는 진폭 변조기

[그림 27-3]은 AM 음성 무선 신호의 스펙트럼 분포를 나타낸 것이다. 수평 **스케일**scale은 눈금당 1 kHz 간격으로 매겨져 있고, 모든 수직 눈금은 3 dB의 신호 강도 변화를 나타낸다. 최대(기준) 진폭은 1 mW에 대해 0 dB과 같고, 이를 0 dBm으로 줄여서 표기한다. 데이터는 반송파 주파수 위아래의 **측파대**sidebands에 놓이는데, 이런 측파대는 오디오와 반송파 사이에 변조 회로를 혼합해 감가산 신호를 구성한다. −3 kHz 지점과 반송파 주파수 사이의 RF 에너지를 **하측파대**lower sideband, 반송파 주파수에서 +3 kHz 지점까지의 범위 내 RF 에너지를 **상측파대**upper sideband라고 한다.

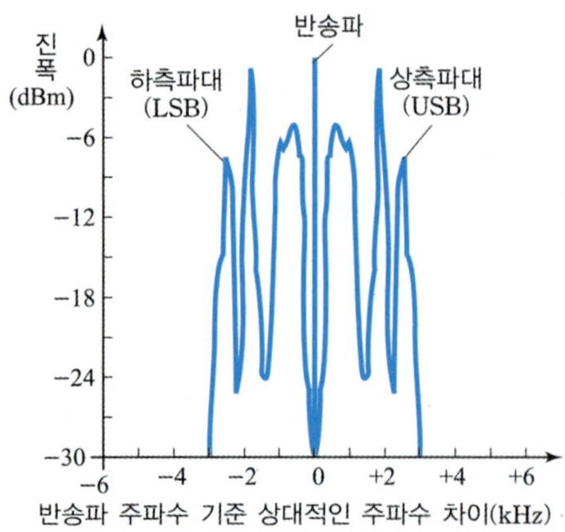

[그림 27-3] 일반적인 진폭 변조(AM) 음성 통신 신호의 스펙트럼 분포

신호 대역폭은 최대 측파대 주파수와 최소 측파대 주파수 간의 차이와 동일하다. AM 신호에서 대역폭은 가장 높은 오디오 변조 주파수의 2배에 해당한다. [그림 27-3]을 보면 모든 AF 음성 에너지는 3 kHz 지점 또는 그 이하의 영역에 존재한다. 따라서 신호 대역폭은 AF 음성 통신에서 전형적인 값인 6 kHz 이다. 음성이 포함된 음악을 전송하는 표준 AM 방송에서 AF 에너지는 10 kHz ~ 20 kHz 의 넓은 대역폭에 분포하는데, 대역폭이 넓어지면 **충실도** fidelity(음질)도 높아진다.

단측파대

100% 변조된 AM에서 반송파는 신호 전력의 $\frac{2}{3}$를 소비하고, 측파대가 대칭 형태로 존재하며 결합된 신호 전력의 $\frac{1}{3}$을 소비한다. 이런 특성 때문에 AM은 불필요하고, 비효율적인 중복성을 갖는다.

만약 한쪽 측파대와 반송파를 제거할 수 있다면 훨씬 적은 에너지를 소비하면서 원하는 모든 정보를 전달하고, 주어진 RF 전력에 대해 더 강력한 신호를 얻을 수 있을 것이다. 또한 신호 대역폭을 동일한 데이터를 가진 변조된 AM 신호 대역폭의 절반 미만으로 줄일 수도 있을 것이다. 결과적으로 스펙트럼 절감을 통해 특정 주파수 범위 또는 대역 내에 2배 이상의 많은 신호들을 넣을 수 있게 된다. 20세기 초반에 통신 엔지니어들은 AM 신호들을 이런 방식으로 수정하는 방법을 완성했고, 이를 **단측파대** single sideband(SSB)라고 불렀다. 이 용어는 지금도 사용되고 있다.

반송파와 AM 신호의 측파대를 제거하면 남은 에너지는 [그림 27-4]와 비슷한 스펙트럼 분포를 나타낸다. 이 경우 반송파와 함께 상측파대를 제거하고, 하측파대는 남긴다. 반송파와 하측파대를 제거하고, 상측파대를 남겨도 된다.

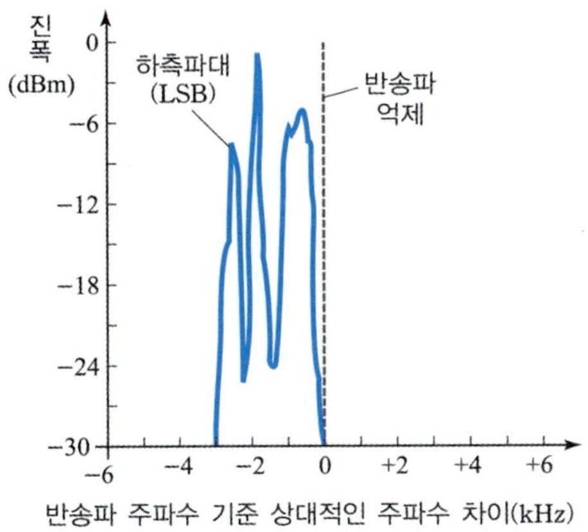

[그림 27-4] 일반적인 단측파대 음성 통신 신호의 스펙트럼 분포(하측파대만 보이는 경우)

평형 변조기

평형 변조기balanced modulator를 사용하면 AM 신호에서 반송파를 거의 없앨 수 있다. 평형 변조기는 [그림 27-5]와 같이 평행하게 연결된 출력과 푸시풀에 연결된 입력을 가진 2개의 트랜지스터를 사용하는 진폭 변조기이다. 이 방식은 출력 신호에서 반송파를 제거하고, 하측파대와 상측파대 영역의 에너지만 남긴다.

평형 변조기는 **양측파대 억제 반송파**doublesideband suppressed-carrier(DSBSC), 간단히 **양측파대**double sideband(DSB)라고 하는 신호를 만든다. 두 측파대 중 한쪽을 다음 단에서 **대역통과 필터**bandpass filter를 거쳐 억제시키면 SSB 신호를 얻을 수 있다.

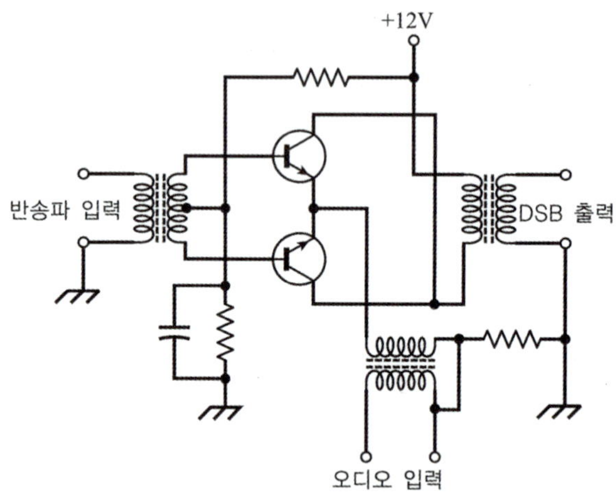

[그림 27-5] 2개의 NPN 바이폴라 트랜지스터를 사용하는 평형 변조기. 푸시풀 파트의 베이스와 컬렉터를 병렬 연결한다.

기본적인 SSB 송신기

[그림 27-6]은 간단한 SSB 송신기의 블록 다이어그램이다. 평형 변조기를 포함한 모든 유형의 RF 증폭기는 왜곡 현상과 신호 대역폭의 불필요한 확산을 막기 위해 선형적으로 동작해야 한다(공학자들은 이런 조건을 **스플래터**splatter라고 부른다). 이 증폭기는 AB급 또는 B급에서 동작하는 전력 증폭기를 제외하고는 일반적으로 A급에서 동작한다. C급 동작에서는 진폭이 연속적인 범위에 걸쳐 변화하는 신호를 왜곡시키므로 SSB 송신기에서는 C급 증폭기를 다루지 않는다.

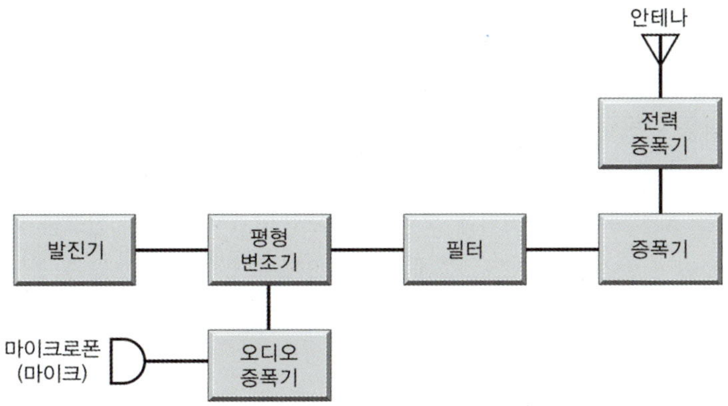

[그림 27-6] 기본적인 SSB 송신기의 블록 다이어그램

주파수 변조

주파수 변조 Frequency Modulation(FM)에서 순시 신호 진폭은 일정하게 유지되지만, 순시 주파수는 변한다. 전압 제어 발진기(VCO)에서 오디오 신호를 버랙터 다이오드에 적용해 FM을 얻을 수 있다. [그림 27-7]은 **리액턴스 변조**reactance modulation라고도 부르는 주파수 변동의 예시이다. 이 회로는 콜피츠 발진기를 사용하고 있지만 다른 발진기를 사용해도 비슷한 결과를 얻을 수 있다. 버랙터 양단의 전압이 변하면 오디오 파형에 따라 커패시턴스가 변하고, 커패시턴스가 변하면 LC inductance-capacitance 동조 회로의 공진 주파수도 변한다. 따라서 발진기에서 생성되는 주파수에 작은 변동이 발생한다.

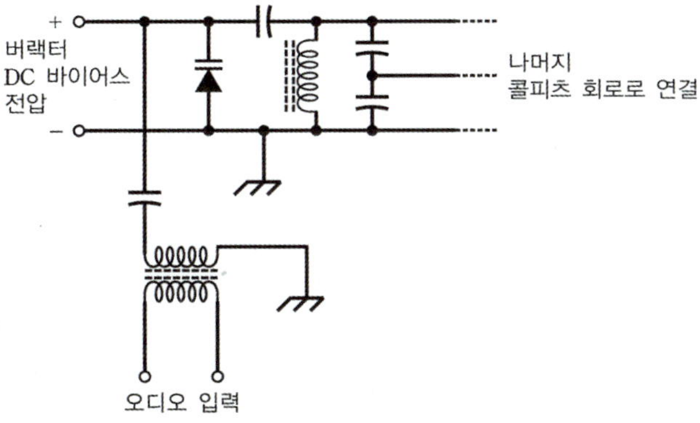

[그림 27-7] 콜피츠 발진기의 리액턴스 변조를 통한 FM 신호 생성. 다른 발진기에서도 유사하게 변조할 수 있다.

위상 변조

발진기 신호의 위상을 변조하면 간접적으로 FM을 얻을 수도 있다. 순간적으로 위상을 바꾸면 불가피하게 주파수에 작은 변화를 유발한다. 순간적인 위상 변화는 순간적인 주파수 변화로 나타나고, 반대의 경우도 마찬가지이다. **위상 변조**Phase Modulation(PM) 기법을 사용할 때는 오디오의 **주파수 응답**frequency response을 조정해주는 변조기에 오디오 신호를 인가하기 전에 신호를 먼저 처리해야 한다. 그렇지 않으면 일반적인 FM으로 설계된 수신기에서 오디오 신호를 들었을 때 소리가 잘 들리지 않을 것이다.

FM과 PM의 편차

FM 또는 PM 신호에서 순시 반송파 주파수와 변조되지 않은 반송파 주파수 사이에 발생할 수 있는 최대 차이는 **편차**deviation라는 파라미터 관점에서 정량화할 수 있다. 대부분의 FM 및 PM 음성 송신기에서 편차는 ±5kHz로 표준화되는데, 이런 모드를 **협대역 FM**narrowband FM(NBFM)이라고 부른다. NBFM 신호의 대역폭은 동일한 변조 정보를 가진 AM 신호의 대역폭과 대부분 같다. FM 하이파이hi-fi 음악 방송과 다른 응용에서는 편차가 ±5kHz를 초과한다. 이런 모드를 **광대역 FM**wideband FM(WBFM)이라고 한다.

주어진 발진 주파수의 경우 FM 방식에서 발생할 수 있는 편차는 PM 방식에서 발생할 수 있는 편차보다 크다. 그러나 주파수 체배기를 통해 FM과 PM 신호의 편차를 늘릴 수 있다. 신호가 **주파수 체배기**frequency multiplier를 통과하면 편차가 반송파 주파수에 따라 증폭되는데, 최적의 오디오 신뢰성을 위해서는 최종 출력에서의 편차가 최대 변조 오디오 주파수와 같아야 한다. 따라서 ±5kHz는 음성 통신에 충분한 편차이다. 만약 훌륭한 품질로 음악이 재생되기를 원한다면 ±15kHz 또는 ±20kHz 수준의 편차가 필요하다.

FM과 PM의 변조 지수

변조 지수modulation index는 임의의 FM 또는 PM 신호에서 가장 높은 변조 오디오 주파수에 대한 주파수 편차의 비율을 의미한다. 이상적으로 이 비율의 값은 보통 1:1과 2:1 사이이다. 만약 변조 지수가 1:1보다 작다면 신호음은 들리지 않거나 왜곡되고, 효율은 떨어질 것이다. 만약 2:1을 훨씬 넘으면 대역폭은 넓어지지만 음향의 명확도나 충실도가 유효하게 개선되지 않는다.

FM과 PM의 전력 증폭

신호 진폭이 일정하게 유지되므로 C급 전력 증폭기는 FM 또는 PM 송신기에서 왜곡 없이 동작할 수 있다. 신호 진폭이 변하지 않으면 부작용 역시 없고, 비선형성(C급 동작의 특징)은 어떤 의미도 갖지 않는다. 이런 이유로 고출력 전력을 갖는 FM과 PM 송신기에서 종종 C급 전력 증폭기가 사용되는 것을 볼 수 있다. C급 동작은 어떤 전력 증폭기 모드에서든 최고의 효율을 제공한다는 점을 기억하자.

펄스 진폭 변조

일정한 흐름을 가진 신호 펄스의 일부 특성을 변화시켜 신호를 변조할 수 있다. **펄스 진폭 변조** Pulse-Amplitude Modulation(PAM)에서는 변조 파형에 따라 개별 펄스의 강도가 달라진다. 이런 점에서 PAM은 AM과 유사하다. [그림 27-8(a)]는 가상 PAM 신호의 진폭 대 시간 그래프로, 변조 파형은 점선, 펄스는 수직 회색 막대로 나타냈다. 일반적으로 순간적인 변조 신호 레벨이 증가하면 펄스 진폭도 증가한다(**양의 PAM** positive PAM). 그러나 더 높은 오디오 레벨은 펄스 진폭을 작아지게 하므로(**음의 PAM** negative PAM) 상황은 뒤바뀔 수 있다. 그렇게 되면 변조가 없을 때 신호 펄스는 가장 강력해진다. 송신기는 양의 PAM을 생성할 때보다 음의 PAM을 생성할 때 더 열심히 동작한다.

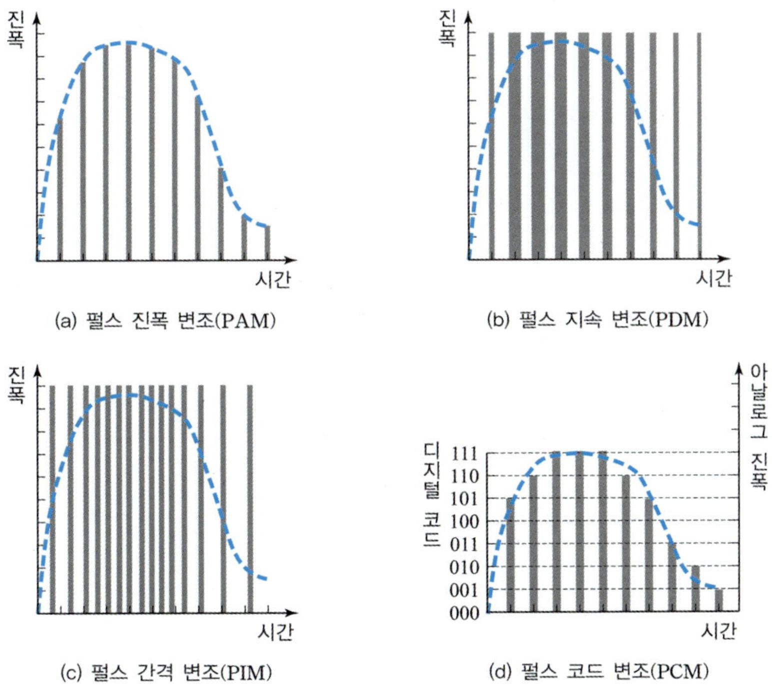

[그림 27-8] **펄스 변조의 다양한 모드에 대한 시간 영역 그래프**

펄스 폭 변조

신호의 펄스 폭(지속 시간)을 변화시키면 RF 송신기의 출력을 변조해 [그림 27-8(b)]와 같이 **펄스 지속 변조** Pulse Duration Modulation(PDM)라고도 알려진 **펄스 폭 변조** Pulse-Width Modulation(PWM) 동작을 구현할 수 있다. 일반적으로 순간적인 변조 신호 레벨이 증가하면 펄스 폭은 증가한다(**양의 PWM** positive PWM). 그러나 이 상황은 뒤바뀔 수 있다(**음의 PWM** negative PWM). 송신기는 음의 PWM 달성을 목표로 할 때 더 열심히 작동해야 한다. 어느 방식이든 펄스의 최대 진폭은 일정한 값으로 유지된다.

펄스 간격 변조

모든 펄스가 동일한 진폭과 동일한 지속 시간을 갖는다고 해도 펄스들의 발생 빈도를 변화시켜 펄스 변조를 실행할 수 있다. PAM과 PWM에서는 항상 동일한 시간 간격으로 펄스를 전송하며 이를 **샘플링 간격** sampling interval이라고 한다. 그러나 **펄스 간격 변조** Pulse Interval-Modulation(PIM)에서 펄스는 변조 조건이 없을 때보다 더 발생할 수도 있고, 덜 발생할 수도 있다. [그림 27-8(c)]는 가상의 PIM 신호이다. 모든 펄스는 동일한 진폭과 동일한 지속 시간을 갖지만 펄스 사이의 시간 간격은 다르다. 변조가 없을 때 펄스는 송신기로부터 시간에 따라 균일한 간격으로 나타난다. [그림 27-8(c)]와 같이 순간적인 데이터 진폭 증가로 펄스가 더 자주 전송될 수 있고(**양의 PIM** positive PIM), 순간적인 데이터 레벨 증가로 펄스가 나타나는 속도가 느려질 수 있다(**음의 PIM** negative PIM).

펄스 코드 변조

디지털 통신에서 변조 데이터는 지속적으로 변하지 않고, 오직 정의된 특정 상태만 갖는다. 상태가 항상 연속적으로 변하는 구식 아날로그 통신과 비교했을 때 디지털 통신은 향상된 신호 대 잡음비 Signal-to-Noise ratio(S/N), 더 좁은 신호 대역폭, 높은 정확성, 높은 신뢰성 등의 장점이 있다. **펄스 코드 변조** Pulse-Code Modulation(PCM)에서 **연속 펄스** pulse sequence(**펄스열** pulse train)의 펄스 진폭, 폭, 간격 등은 모두 변할 수 있다. 상태의 수는 무한한 값보다는 2^2(4가지 상태), 2^3(8가지 상태), 2^4(16가지 상태), 2^5(32가지 상태), 2^6(64가지 상태) 등 2의 거듭제곱에 해당하는 값을 갖는다. 상태의 수가 증가할수록 신호 충실도와 데이터 전송 속도는 증가하지만 신호는 더 복잡해진다. [그림 27-8(d)]는 8레벨 PCM의 예시이다.

아날로그-디지털 변환

[그림 27-8(d)]와 같이 펄스 코드 변조는 **아날로그-디지털 변환** Analog-to-Digital(A/D)의 일반적인 형태이다. 오디오 신호 또는 연속적으로 변화하는 신호는 디지털화하거나 진폭이 특정 레벨로 정해지는 펄스열로 변환할 수 있다.

A/D 변환에서 상태의 수는 2의 제곱수에 해당하므로 2진 코드로 신호를 표현할 수 있다. 2의 지수가 증가하면 충실도도 향상된다. 상태의 수는 **샘플링 해상도** sampling resolution 또는 **해상도**라고 한다. [그림 27-8(d)]의 $2^3 = 8$의 해상도는 기본적인 음성 통신을 하기 충분하고, $2^4 = 16$의 해상도는 상당히 괜찮은 음악 재생이 가능하다.

신호를 디지털화할 수 있는 효율성은 샘플링 주파수에 달려 있다. 일반적으로 **샘플링 레이트** sampling rate는 가장 높은 데이터 주파수의 최소 2배가 되어야 한다. 3 kHz 수준의 높은 성분을 갖는 오디오 신호에 대해 효과적으로 디지털화하기 위한 최소 샘플링 레이트는 6 kHz이다. 물론 음악에 대해서는 이보다 훨씬 높은 값을 가져야 한다.

전자기장

라디오 또는 텔레비전 송신 안테나에서 전자는 끊임없이 앞뒤로 움직인다. 전자들은 한 방향으로 속도를 올리거나, 낮추며 방향을 바꿔 다시 속도를 올리는 등 움직이면서 끊임없이 속도를 변화시킨다. 이런 속도 변화(속력과 방향 또는 둘 중 하나의 변화)를 통해 **가속** acceleration이 이뤄진다. 대전된 입자들이 특정 방향으로 가속될 때 입자들은 **전자기장** electromagnetic field(EM)을 형성한다.

전자기장의 발생 원리

전자들이 움직일 때 **자기(M)장** magnetic field이 형성되며 전자들이 가속 운동을 하면 변화하는 자기장이 형성된다. 또한 전자들이 앞뒤로 방향을 바꾸며 가속 운동을 하면 전자들의 운동이 갖는 주파수와 동일한 주파수로 변화하는 자기장(**교번 자계** alternating M field)이 발생한다.

변화하는 자기장(교번 자계)은 변화하는 **전기(E)장** electric field(**교번 전계** alternating electric field)을 형성하고, 이 전기장은 다시 또 다른 변화하는 자기장을 형성한다. 이 과정은 빛의 속도로 공간을 통해 전파되는 전자기장의 형태로 무한히 반복된다. 전기 및 자기장은 구면파의 중심으로부터 바깥 방향으로 세기의 변화를 보이며 퍼져 나가고, 공간 내 어느 지점에서는 **전속** E flux 방향과 **자속** M flux 방향이 서로 수직이다. 전자기파는 전속선과 자속선 모두 수직인 방향으로 진행한다.

주파수와 파장

모든 전자기장은 **주파수** frequency와 **파장** wavelength이라는 두 가지의 중요한 속성을 갖는다. 이들을 정량화하면 서로 반비례 관계에 있음을 알 수 있다. 즉 하나가 증가하면 다른 하나는 감소한다. 우리는 이미 교류 주파수에 관해 배웠다. 전자기파의 파장은 전기장 또는 자기장이 동일한 진폭과 방향을 가지는 두 인접 지점 간 물리적 거리로 표현할 수 있다.

전자기장은 측정할 수 있는 임의의 주파수를 갖는다. 한 주기당 수백 년에서부터 초당(또는 Hz 당) 10^{24} 주기에 해당하는 범위의 값들을 가질 수 있다. 가령 태양의 자기장은 22년 주기로 변화하고, 전파 radio wave는 수천, 수백만, 또는 수십억 Hz로 진동한다. 적외선(IR), 가시광선, 자외선(UV), X선, 감마선은 수십조 Hz 수준의 주파수로 진동하는 전자기파로 구성된다. 전자기장의 파장도 마찬가지로 상상할 수 있는 가장 큰 범위의 값들을 가질 수 있는데, 그 범위는 수백만 조 km에서부터 몇 분의 일 mm에 이른다.

자유공간을 통해 진행하는 MHz 단위의 전자기파 주파수를 f_{MHz}로 나타내 보자(엄밀히 말하자면 자유공간은 진공을 의미하지만 대부분의 실제 상황에서 지표면의 대기 상태를 자유공간으로 간주할 수 있다). 동일한 파의 파장을 피트(ft) 단위로 나타낸 값을 L_{ft}라고 하면 전자기파 주파수를 구하는 식은 다음과 같다.

$$L_{\mathrm{ft}} = 984 / f_{\mathrm{MHz}}$$

파장을 m 단위로 나타내면 다음과 같다.

$$L_{\mathrm{m}} = 300 / f_{\mathrm{MHz}}$$

앞선 두 식에서 역수를 고려하면 다음 식들을 얻을 수 있다.

$$f_{\mathrm{MHz}} = 984 / L_{\mathrm{ft}}, \quad f_{\mathrm{MHz}} = 300 / L_{\mathrm{m}}$$

속도 계수

자유공간 외의 다른 매질에서 전자기파는 빛의 속도보다 느리게 진행한다. 그 결과 파장은 **속도 계수** velocity factor라고 하는 v 값에 의존해 짧아진다. v는 0(전혀 움직이지 않음)에서 1(자유공간에서 퍼져나가는 속도로, 약 186,000 mi/s 또는 300,000 km/s)의 범위의 값을 갖는다.

속도 계수를 % 단위로 해 v%로 나타낼 수도 있다. 이 경우 가장 작은 값은 0%이고, 가장 큰 값은 100%이다. 실제 상황에서 속도 계수는 0.50(50%) 미만으로는 거의 떨어지지 않으며 대개 0.60(60%) 이상의 값을 갖는다.

속도 계수는 RF 전송선과 안테나 시스템을 설계하는 데 있어 매우 중요한 파라미터로 작용한다. 케이블이나 전선 또는 금속 배관 일부를 파장의 배수로 측정되는 길이, 또는 파장의 정수분의 1배에 해당하는 길이로 절단할 때 사용된다. 비율로 표시되는 속도 계수 v를 고려하면 앞에서 언급한 4개의 공식들을 다음과 같이 수정할 수 있다.

$$L_{\mathrm{ft}} = 984v / f_{\mathrm{MHz}}$$

$$L_{\mathrm{m}} = 300v / f_{\mathrm{MHz}}$$

$$f_{\mathrm{MHz}} = 984v / L_{\mathrm{ft}}$$

$$f_{\mathrm{MHz}} = 300v / L_{\mathrm{m}}$$

전자기(EM) 스펙트럼과 RF 스펙트럼

물리학자와 천문학자, 공학자는 전자기파 파장의 전체 범위를 **전자기**(EM) **스펙트럼** electromagnetic spectrum 이라고 부른다. [그림 27-9(a)]와 같이 과학자들은 로그 스케일을 사용해 m 단위의 파장에 따라 EM 스펙트럼을 표시한다. [그림 27-9(b)]에 라디오, 텔레비전, 마이크로파 등의 RF Radio-Frequency **스펙트럼**을 더 확장해 나타냈고, 축에는 해당 주파수들을 명시했다.

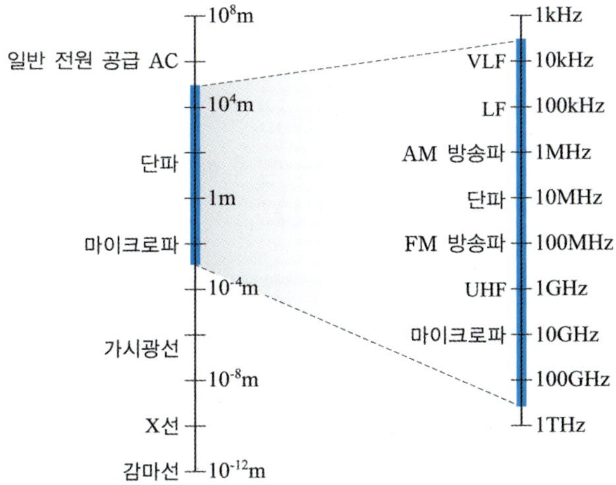

(a) 10^8 m ~ 10^{-12} m 범위의 전자기 스펙트럼 (각 수직 눈금은 10^2 배수로 증가 또는 감소)
(b) 전자기 스펙트럼에서 RF 대역 부분 (각 수직 눈금은 10배수로 증가 또는 감소)

[그림 27-9] 전자기 스펙트럼과 RF 스펙트럼

RF 스펙트럼은 [표 27-1]의 구분에 따라 **초저주파** Very Low Frequency (VLF)에서 **극고주파** Extremely High Frequency (EHF) 범위 내의 서로 다른 **대역** band 에 포함될 수 있다. VLF 범위의 정확한 하한 값은 문헌마다 다르지만 여기서는 3kHz로 정의한다.

[표 27-1] RF 스펙트럼의 대역 구분

주파수 구분	주파수 범위	파장 범위
초저주파(VLF : Very Low)	3kHz ~ 30kHz	100km ~ 10km
저주파(LF : Low)	30kHz ~ 300kHz	10km ~ 1km
중파(MF : Medium)	300kHz ~ 3MHz	1km ~ 100m
고주파(HF : High)	3MHz ~ 30MHz	100m ~ 10m
초단파(VHF : Very High)	30MHz ~ 300MHz	10m ~ 1m
극초단파(UHF : Ultra High)	300MHz ~ 3GHz	1m ~ 100mm
초고주파(SHF : Super High)	3GHz ~ 30GHz	100mm ~ 10mm
극고주파(EHF : Extremely High)	30GHz ~ 300GHz	10mm ~ 1mm

파의 전파

1990년경 마르코니Guglielmo Marconi와 테슬라Nikola Tesla는 전자기장은 다른 장치의 도움 없이도 장거리를 이동할 수 있다는 사실을 발견했다. 그 뒤로 **무선 전파 전송**radio-wave propagation은 많은 과학자들의 관심을 끌었다. 무선 주파수에서 무선 통신에 영향을 준 파의 전송 특성을 자세히 살펴보자.

편파

전속의 방향line of flux은 전자기파의 **편파**polarization로 정의할 수 있다. 전속선이 지표면과 평행하면 **수평**horizontal **편파**를 얻고, 전속선이 지표면과 수직이면 **수직**vertical **편파**를 얻는다. 편파는 기울기를 가질 수 있다.

일부 상황에서 전속은 파가 공간을 통해 퍼져나가는 과정에서 회전한다. 이때 전기장의 세기가 일정하게 유지되면 **원형**circular 편파를 갖고, 전기장의 세기가 어떤 면에서 다른 면에 비해 더 크다면 **타원**elliptical 편파를 갖는다. 원형 또는 타원형으로 편파된 파는 우리에게 오는 파의 **파두**wavefront를 봤을 때 시계 방향 또는 반시계 방향으로 회전할 수 있다. 이런 회전 방향을 **편광 센스**the sense of polarization라고 하며 일부 공학자들은 시계 방향 대신 오른쪽이라는 표현을, 반시계 방향 대신 왼쪽이라는 표현을 사용한다.

가시선 방향파

전자파는 무언가에 의해 경로가 휘지 않는 이상 직진한다. 전파는 나무나 목조 주택과 같이 전도성이 없고 불투명한 물체라도 어느 정도는 투과하기 때문에, 송신 안테나에서 수신 안테나가 보이지 않을 때도 **가시선**line-of-sight 방향파가 발생할 수 있다. 가시선 방향파는 직접파와 반사파로 구성된다.

❶ **직접파**direct wave : 파장이 가장 긴 파는 장애물에 의한 영향을 가장 적게 받는다. 초저주파, 저주파, 중파 주파수에서 직접파는 사물 주위를 **회절**diffract[1]할 수 있다. 주파수가 증가하면, 특히 3 MHz 이상의 주파수가 되면 장애물은 직접파를 점점 더 크게 차단한다.

❷ **반사파**reflected wave : 전자기 에너지는 지표면, 그리고 전선과 강철빔 같은 전도성 물체로부터 반사된다. 반사파는 항상 직접파보다 더 멀리 나아간다.

두 파는 위상이 완벽하게 일치한 상태로 수신 안테나에 도착할 수도 있지만 보통은 그렇지 않다. 직접파와 반사파가 같은 세기와 180°의 위상차를 가지고 수신 안테나에 도착하면 신호를 받기 어려운 **음영 지점**dead spot(난청 지역)이 발생한다. 두 파가 서로 뒤집힌 위상을 갖고(반대 위상) 수신 안테나에 도착해도 동일한 효과가 발생한다.

1 (옮긴이) 회절은 파동이 장애물이나 좁은 틈을 통과할 때 빛이 휘어져서 확산되는 현상을 의미한다.

음영 지점 현상은 가장 높은 주파수 조건에서 가장 잘 관찰할 수 있다. VHF와 UHF 주파수에서는 송신 또는 수신 안테나를 수 센티미터만 움직여도 수신 상태를 개선할 수 있다. 모바일 동작에서는 송신기 또는 수신기가 움직일 때 음영 지점이 여러 번 발생해 신호 수신을 빠르고 반복적으로 방해하게 되는데, 이런 현상을 **피켓 펜싱**picket fencing(말뚝 울타리)이라고 한다.

표면파

신호가 약 10 MHz 이하의 주파수를 가졌다면 지표면이 교류 신호를 잘 전도시킨다. 따라서 수직 편파된 전자기파는 지표면의 도움을 받아서 지표면을 따라 수백 또는 수천 마일을 퍼져나갈 수 있다. 만약 주파수를 줄이고, 파장을 늘리면 **지표면에서의 손실**ground loss이 줄어든다는 것을 확인할 수 있고, 전자기파는 **표면파 전송**surface-wave propagation을 통해 훨씬 더 먼 거리를 이동할 수 있다. 전도성을 가진 지표면이 수평 방향의 전속을 단락시키므로 수평 편파는 이 모드에서 잘 전송되지 못한다. 약 10 MHz 이상의 주파수(파장 기준으로는 약 30 m 미만의 파장을 가진 파)에 대해서는 지표면이 손실을 입게 되고, 표면파 역시 수 마일 이상의 거리를 이동하기 어려워진다.

공간파 전자기 전달

태양 복사 때문에 발생하는 대기권 상층부의 **이온화**ionization는 특정 주파수를 가진 전자기파를 지표면으로 발산할 수 있다. **전리층**ionosphere에는 상당히 일정하고, 예측할 수 있는 고도에서 발생하는 이온화의 밀도가 높은 영역들이 존재한다.

야간 이온화 역시 종종 관찰된다. 그러나 지표면으로부터 50마일(약 80 km) 높이에 존재하는 E층은 주로 낮에 존재한다. **E층**에서는 특정 주파수에서 중거리 무선 통신이 가능하다.

더 높은 고도에는 F_1층과 F_2층이 존재한다. 보통 낮에만 존재하는 F_1층은 지표면으로부터 125마일(약 200 km) 상공에 형성된다. F_2층은 180마일(약 300 km) 상공에 형성되며 지구 대부분에 걸쳐 존재하고, 태양을 받는 밝은 면이나 받지 않는 어두운 면에 모두 존재한다. 때로는 층을 구분하지 않고 **F층**이라고 부르기도 한다. F층에서는 지상에 있는 두 지점 간에 보통 5 MHz ~ 30 MHz 주파수를 가진 신호를 통해 통신이 이뤄진다.

전리층에서 가장 낮은 이온화 영역은 **D층**이다. 이 층은 약 30마일(50 km) 상공에 존재하며 일반적으로 태양광을 받는 지구면 쪽에 나타난다. D층은 특정 주파수를 가진 무선 전파들을 흡수하고 장거리 전리층 전파를 방해한다.

대류권 전파

약 30 MHz 이상의 주파수에서(약 10 m 보다 짧은 파장) 대기권의 하부는 무선 전파를 지표면 방향으로 휘게 만든다. **대류권 굴절**tropospheric bending은 전자기파에 대한 공기의 **굴절률**index of refraction이 고도에 따라 감소하기 때문에 발생한다. 전리층이 전자기파를 지표면으로 돌려보내지 않을 때에도 대류권 굴절을 통해 수백 마일 거리의 통신이 가능하다.

덕팅ducting은 대류권 전파에서 발생하는 현상으로, 굴절보다 적은 빈도로 발생하지만 더 극적인 효과들을 발생시킨다. 덕팅은 전자기파가 상대적으로 따뜻한 두 공기층 사이에 끼어 있는 차갑고, 밀도가 높은 공기층에 갇힐 때 발생한다. 굴절 현상처럼 덕팅 역시 30 MHz 이상의 주파수를 가진 전자기파라면 거의 예외 없이 발생한다.

또 다른 대류권 전파 모드로 **대류권 산란 현상**tropospheric scatter 또는 troposcatter이 있다. 이 현상은 공기 분자와 먼지 입자, 물방울이 전자기장의 일부를 산란시켜 발생한다. 대류권 산란은 보통 VHF와 UHF 주파수를 가진 전자기파에서 주로 관찰되며 어느 정도 기상 조건과 무관하게 발생한다.

특정 모드에 대해 별다른 언급이 없다면 일반적으로 대류권 전송을 **트로포**tropo라고 부르기도 한다.

오로라 전파

비정상적인 태양 활동이 있을 때 **오로라**aurora(북극광, 남극광)는 전파를 지구로 반사하고, 오로라를 통해 전자기파 전송(**오로라 전파**auroral propagation)이 가능해진다. 오로라는 40 ~ 250마일(약 60 km ~ 400 km) 고도에서 발생한다. 이론적으로 지표면의 두 지점 사이에서 오로라가 발생했을 때 시야에 동일한 오로라의 일부가 있다면 오로라 전파가 가능하다. 송신소 또는 수신소가 적도 기준 북위 또는 남위 35° 미만의 위도 내에 있다면 오로라 전파가 발생하기 매우 어렵다.

오로라 전파는 신속하고 깊은 **신호 페이딩**signal fading을 유발한다. 이는 거의 항상 아날로그 음성 및 비디오 신호를 판단하기 어렵게 변형시킨다. 디지털 모드 동작은 아날로그보다는 좀 낫지만 오로라의 움직임으로 인해 유발되는 위상 변조의 결과로 반송파 주파수가 수백 Hz 폭의 대역에 걸쳐 퍼져나갈 수 있다. 이런 스펙트럼 확산은 최대 데이터 전송 속도를 제한한다. 오로라 전송은 **태양 플레어**solar flare라고 하는, 태양 표면에서 발생하는 갑작스러운 폭발로 전리층 전송이 어려운 상황에서 함께 발생한다.

유성 산란 전파

유성은 1초에서 수 초 동안 지속되는 이온화된 궤적을 만든다. 이 궤적의 정확한 지속 시간은 유성의 크기와 속도, 대기로 진입하는 각도에 따라 다르다. 하나의 유성 궤적은 많은 데이터를 전송할 수 있을 만큼 오래 지속되지는 않는다. 그러나 **유성우**meteor shower가 발생하는 동안에는 여러 개의 궤적들이 몇 시간 동안 거의 연속적인 이온화를 발생시킬 수 있다. 이런 유형의 이온화된 영역은 특정 주파수에서 전파를 반사시킬 수 있는데, 통신 엔지니어들은 이런 현상을 **유성 산란 전파**meteor-scatter propagation 또는 **유성 산란**이라고 부른다. 유성 산란은 30 MHz 보다 훨씬 높은 주파수에서, 지평선 바로 위 지점의 거리부터 약 1,500마일(대략 2,400 km)에 이르는 거리에 걸쳐 발생할 수 있다. 최대 통신 범위는 이온화된 궤적의 고도, 송신소, 수신소의 상대적인 거리에 따라 달라진다.

월면 반사 통신

VHF와 UHF 주파수를 사용하는 아마추어 무선기사들은 흔히 **월면 반사**moonbounce라고 불리는 **지구-달-지구 간**Earth-Moon-Earth(EME) 통신 기법을 사용한다. 이 방법을 사용하려면 저잡음 **전치 증폭기**preamplifier와 대형 지향성 안테나, 고전력 송신기를 사용하는 감도 높은 수신기가 필요하다. 월면 반사 통신에서는 디지털 모드보다 아날로그 모드가 훨씬 잘 동작한다.

월면 반사 통신을 고려할 때 가장 어려운 것은 신호 **경로 손실**path loss이다. 월면 반사 신호는 항상 약하게 수신되기 때문에 고이득 지향성 안테나는 계속 달을 향해 있어야 하고, 방향 전환이 가능한 안테나 어레이에 대한 기술적 요건이 필요하다. EME 경로 손실은 주파수가 증가함에 따라 같이 증가하지만 파장이 감소(주파수가 증가)하면 고이득 안테나의 크기가 관리하기 쉬워져 이 효과가 상쇄된다.

태양 잡음solar noise도 문제가 될 수 있다. EME 통신은 달이 떠서 지구와 태양 사이에서 일직선에 가깝게 위치할 때 가장 어려워진다. 태양은 전자기 에너지의 거대한 광대역 발전기인데, 달이 **라디오 스카이**radio sky라고 불리는, 잡음이 매우 많은 영역을 통과할 때 **우주 잡음**cosmic noise이 발생할 수 있기 때문이다. 궁수자리는 은하수의 중심 방향으로 놓여 있는데, 달이 그 별들 앞으로 지구 주변을 지나갈 때 EME 성능이 저하된다.

달은 지구를 향해 거의 동일한 면을 보여주지만 약간의 '흔들림'이 앞뒤로 발생한다. 달의 **칭동**libration이라고 불리는 이 운동은 신호의 강도를 급격히, 큰 폭으로 감소시킨다. 이를 **칭동 감쇄**libration fading라고 하며 동작 주파수가 증가함에 따라 이런 감쇄 현상은 더욱 두드러진다. 또한 칭동 감쇄는 전송된 여러 EM 신호들의 파두가 달 표면의 분화구나 산과 같은, 칭동에 의해 상대적 거리를 계속 변화시키는 달 고유의 다양한 지질학적 특징으로부터 반사될 때 발생한다. 반사된 파들은 위상이 끊임없이 바뀌면서 수신 안테나에 다시 모이는데, 때로는 더 강화되거나 상쇄되기도 한다.

전송 매체

데이터는 케이블, 라디오(무선), 위성 링크(무선의 특별한 형태) 및 광섬유 등을 포함한 다양한 **매체**media를 통해 전송될 수 있다. 케이블, 라디오/TV, 인공위성 통신은 RF 스펙트럼을 사용하고, 광섬유는 적외선 또는 가시광선 에너지를 사용한다.

케이블

초기의 **케이블**cable은 직류를 전송하는 단순한 전선이었다. 최근의 데이터 전송 케이블은 장거리를 거쳐 충분한 간격을 두고 증폭될 수 있는 RF 신호를 전달하는 경우가 많은데, **리피터**repeater라고 하는 증폭기를 사용함으로써 케이블로 전송할 수 있는 데이터의 거리를 크게 증가시켰다. RF를 사용할 때의 또 다른 이점은 서로 다른 주파수를 가진 수많은 신호들을 하나의 케이블로 보낼 수 있다는 것이다.

케이블은 램프 코드와 비슷하게 생긴 와이어 쌍으로 구성할 수 있다. 그러나 대부분 10장 후반부에서 설명한 동축 케이블을 사용한다. 이런 유형의 케이블은 신호를 전달하는 중심 도체를 갖고 있다. 또한 신호를 케이블에 국한하면서 외부 전자기장이 신호를 간섭하지 않도록 하는 접지된 원통형 보호막으로 감싼 형태로 되어 있다.

라디오

모든 **라디오**radio와 TV 신호는 지구의 대기 또는 외부 공간을 통해 나아가는 전자기파로 구성된다. 라디오 송신소에서 RF 출력은 송신기로부터 어느 정도 떨어진 안테나 시스템으로 들어간다. 송신기의 최종 앰프에서 안테나로 들어가기 위해 전자기 에너지는 **급전선**feed line이라고 불리는 **전송선로**transmission line를 따라 이동한다.

대부분의 라디오 안테나 전송선로는 동축 케이블로 구성된다. 특별한 용도를 위한 다른 유형의 케이블들도 있는데, 마이크로파에서는 **도파관**waveguide이라고 하는 **중공**hollow 튜브가 에너지를 전달할 수 있다. 도파관은 사용 가능한 가장 짧은 무선 파장에서 동축 케이블보다 더 효율적으로 동작한다. 아마추어 무선기사들은 종종 두 전도체의 RF 전류 위상이 반대로 되어 있어 전자기장들을 서로 상쇄시키는 **평행 금속선 라인**을 사용한다. 이런 위상 상쇄는 전송선로가 전자기파의 방사를 막고, 전자기파가 안테나 쪽으로 유도되게 한다.

인공위성 시스템

VHF 및 그 이상의 주파수에서 일부 통신 회로는 지구 주위의 **정지궤도** geostationary orbit 를 움직이는 **인공위성** satellite 을 사용한다. 예를 들어, 인공위성이 정확히 적도 위 상공 약 35,800 km (22,200마일)에서 서쪽에서 동쪽으로 돈다면 지구의 자전 방향을 따라가는 것이므로 지표면에서 봤을 때 하늘의 동일한 지점에 머무르게 된다. 이런 이유로 이 위성을 **정지궤도 위성** geostationary satellite 이라고 부른다.

하나의 정지궤도 위성은 지구 표면의 약 40%를 볼 수 있는 위치에 놓여 있다. 지구 주위에 120°($\frac{1}{3}$주기) 간격으로 배치된 세 개의 위성을 통해 인간이 개발한 지구의 모습을 전부 볼 수 있으며 오직 극지방만 시야 밖에 있다. 만약 **접시 안테나** dish antenna 를 정지궤도 위성 방향으로 맞추고, 안테나를 제대로 고정했다면 그대로 둬도 된다.

또 다른 형태의 위성 시스템은 상대적으로 낮은 고도의 궤도를 돌며 극지방이나 그 근처까지 이동할 수 있는 여러 개의 소형 위성들로 구성된다. 이 인공위성들은 지표면에 대해 연속적으로 빠르게 이동할 수 있다. 이런 유형의 인공위성들이 충분히 있다면 전체 위성이 함께 동작해 지표면의 임의의 두 지점 간 신뢰성 있는 통신을 항상 할 수 있다. 이 시스템에서는 지향성 안테나가 필요하지 않다. 공학자들은 이런 시스템을 **지구 저궤도** Low Earth Orbit (LEO) 네트워크라고 부른다.

광섬유

RF 반송파를 변조할 수 있는 것처럼 적외선이나 가시광선도 변조할 수 있다. 적외선이나 가시광선은 어떤 RF 신호보다도 훨씬 높은 주파수를 가진다. 따라서 무선 통신상에서 어떤 속도보다도 빠른 속도로 데이터 변조가 가능하다.

광섬유 기술은 금속 케이블들과 비교했을 때 몇 가지 장점이 있다(금속 케이블은 흔히 구리로 구성되어 있어 단순히 '구리'라고 하기도 한다). 광섬유 케이블은 비싸지 않고, 가벼우며 외부 전자기장으로부터의 간섭에 내성이 있다. 또한 금속 와이어처럼 부식되지 않고, 유지보수가 비싸지 않아 수리하기 쉽다.

광섬유는 주파수 대역폭이 MHz나 GHz 단위상에서 훨씬 넓으므로 케이블보다 훨씬 더 많은 신호들을 전송할 수 있다. 이론적으로 VLF에서 EHF 범위를 아우르는 전 영역의 RF 스펙트럼을 가시광선 빔 하나에 싣고, 머리카락 한 올 굵기보다 더 가는 광섬유를 통해 송신할 수 있다.

수신기의 기초

무선 수신기는 수신한 전자파를 멀리 떨어진 송신기가 보낸 본래의 메시지로 변환한다. 수신기 동작을 위한 몇 가지 중요한 기준들을 정의하고, 일반적인 수신기 설계 기법 두 가지를 살펴보자.

사양

수신기의 **사양**specification은 수신기 하드웨어가 설계 및 제작한 대로 얼마만큼 잘 동작하는지 수치화해 나타낸 것이다.

- **감도**sensitivity : 수신기 감도를 나타내는 가장 일반적인 방법은 데시벨(dB) 단위로 나타낸 특정 **신호 대 잡음비**signal-to-noise ratio(S/N) 또는 **신호-잡음합 대 잡음비**signal-plus-noise-to-noise ratio (S+N/N)의 값을 만들기 위해 안테나 양단에 반드시 존재해야 하는 전압(μV)의 크기를 나타내는 것이다. 감도는 **프런트 엔드**front end(안테나에 연결된 증폭기(들))의 이득에 따라 달라진다. 다음에 연결되는 단들을 거치면서 신호 출력뿐만 아니라 잡음 출력도 같이 증폭되므로 프런트 엔드에서 발생하는 잡음의 양 또한 중요하다.
- **선택도**selectivity : 수신기가 '들을 수' 있는 **통과대역**passband 또는 대역폭은 초기 RF 증폭기 단계에서의 광대역 **전증폭기**preselector에 의해 정해지고, 증폭 단계에서 협대역 필터를 통해 정밀도를 높인다. 전증폭기는 원하는 신호 주파수의 ±10% 내 범위에서 수신기가 가장 민감하게 동작하게 한다. 협대역 필터는 듣고자 하는 특정 신호의 주파수 또는 채널에만 응답하고, 필터는 근처 채널의 신호들을 차단한다.
- **동적 범위**dynamic range : 수신기 입력에서의 신호는 전압의 절댓값을 기준으로 여러 단위 크기(10의 거듭제곱)로 변할 수 있다. 매우 약한 신호부터 매우 강한 신호까지 다양한 신호가 있을 때 수신기가 거의 일정한 출력값과 정격 감도를 유지할 수 있는 능력을 동적 범위라고 한다. 우수한 수신기는 100 dB 이상의 동적 범위를 갖는다. 공학자들은 어떤 수신기라도 실험을 통해 동적 범위를 알아낼 수 있다. 상용 수신기 제조업자들은 이 동적 범위를 상품성의 기준으로 삼는다.
- **잡음 지수**noise figure : 약한 신호를 다룰 때 수신기가 낮은 잡음 지수를 가질수록 우수한 S/N 비율을 기대할 수 있다. 잡음 지수는 특히 VHF, UHF, 극초단파에서 중요하다. 갈륨비소 전계효과 트랜지스터(GaAsFET)는 매우 높은 주파수 조건에서도 소자 내에서 생성되는 잡음 수준이 낮은 것으로 알려져 있다. 낮은 주파수에서는 다른 유형의 FET를 사용할 수도 있다. FET보다 높은 전류가 흐르는 바이폴라 트랜지스터는 FET보다 더 많은 회로 잡음이 발생한다.

직접 변환 수신기

직접 변환 수신기direct-conversion receiver는 들어오는 신호를 가변(주파수 변화 가능) **국부 발진기**Local Oscillator(LO)의 출력과 혼합해 수신기의 출력 신호를 만들어낸다. 수신된 신호는 LO의 출력과 함께 혼합기로 들어간다. [그림 27-10]은 직접 변환 수신기의 블록 다이어그램이다.

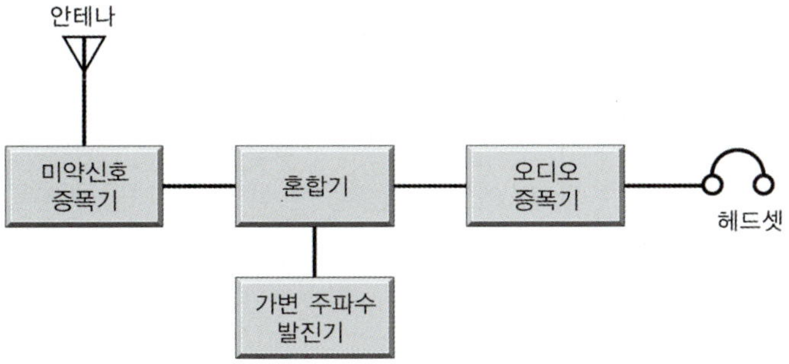

[그림 27-10] 직접 변환 수신기의 블록 다이어그램

라디오 텔레그래피radiotelegraphy 또는 **연속파**Cntinuous-Wave(CW) 모드라고 하는 on/off 변조된 모스 부호를 수신하기 위해 **맥동 주파수 발진기**Beat-Frequency Oscillator(BFO)라고 하는 LO는 신호 주파수보다 수백 Hz 높거나 낮은 주파수에서 동작하도록 설정된다. 이런 구성 방식은 FSK 신호를 수신할 때도 사용할 수 있다. 오디오 출력은 LO 주파수와 수신되는 반송파 주파수의 차이에 해당하는 값과 동일한 주파수를 갖는다. AM 또는 SSB 신호를 수신하려면 LO의 동작 주파수를 신호 반송파의 주파수에 정확히 맞춰야 한다. 맥동 주파수, 즉 LO와 신호 반송파 간 주파수 차이가 0인 조건을 **제로 비트**zero beat라고 한다.

직접 변환 수신기는 선택도가 좋지 못하다. 이는 주파수 관점에서 봤을 때 입력 신호들이 가깝게 붙어 들어온다면 항상 잘 분리해 낼 수는 없음을 의미한다. 직접 변환 수신기에서는 LO 주파수의 양쪽 신호를 동시에 듣게 될 수 있는데, **선택 필터**selective filter는 이론적으로 이런 문제를 제거할 수 있다. 필터가 제대로 동작하려면 고정 주파수에 대해 설계해야 한다. 그러나 직접 변환 수신기에서 RF 증폭기는 넓은 범위의 주파수에 대해 동작해야 하므로 효과적인 필터 설계는 현실적으로 매우 어렵다.

슈퍼헤테로다인 수신기

슈퍼헤트superhet라고도 하는 **슈퍼헤테로다인 수신기**superheterodyne receiver는 하나 이상의 국부 발진기와 혼합기를 사용해 고정 주파수 신호를 얻는다. 이 수신기에서는 직접 변환 수신기처럼 주파수가 변하는 신호보다 주파수가 고정된 신호를 더 쉽게 필터링할 수 있다.

슈퍼헤테로다인 수신기에서 신호는 안테나를 통과해 고성능 약신호 증폭기인 주파수 가변 특성을 가진 민감한 프런트 엔드로 들어온다. 프런트 엔드의 출력은 주파수 가변 특성을 가진 복조되지 않은 국부 발진기로부터의 신호와 혼합(**헤테로다인**heterodyne)되며 다음 단에서의 증폭을 위해 신호의 합 또는 차를 선택할 수 있다. 이 신호를 **제1 중간 주파수**Intermediate Frequency(IF)라고 하고, 선택도를 확보하기 위해 이 신호를 필터링할 수 있다.

제1 IF가 검파기로 곧장 들어가는 형태일 경우 이를 **단일 변환 수신기**single-conversion receiver라고 한다. 어떤 수신기에서는 두 번째 혼합기와 두 번째 국부 발진기를 사용해 제1 IF를 낮은 주파수의 제2 IF로 변환하고, 이를 통해 **이중 변환 수신기**double-conversion receiver를 얻는다. IF 대역통과 필터는 고정된 주파수에서 사용하도록 설계할 수 있고, 이를 통해 우수한 선택도와 가변 대역폭 특성을 가질 수 있게 된다. 고정 IF 증폭기는 동조 상태를 쉽게 유지할 수 있어 감도가 더욱 향상된다.

최고 수준의 슈퍼헤테로다인 수신기조차 원치 않는 신호를 받아들이거나 생성할 수 있다. 이렇게 잘못 들어온 외부 신호들을 **이미지**image, 잘못된 내부 생성 신호들을 **버디**birdie라고 한다. 시스템을 설계할 때 국부 발진기의 동작 주파수(또는 다수의 주파수)를 신중히 선택하면 이미지와 버디는 일반적으로 작동이 이루어지는 동안 문제를 거의 일으키지 않는다.

단일 변환 슈퍼헤테로다인 수신기의 단

[그림 27-11]은 일반적인 단일 변환 슈퍼헤테로다인 수신기의 블록 다이어그램이다. 개별적인 수신기 설계 방식은 서로 다를 수 있지만 가장 대표적인 방식으로 이 예를 들 수 있다. 다양한 **단**stage은 다음과 같이 구분된다.

- **프런트 엔드**front end : 프런트 엔드는 첫 번째 RF 증폭기로 구성된다. 종종 증폭기와 안테나 사이에 LC 대역통과 필터를 포함하기도 한다. 수신기의 동적 범위와 감도는 프런트 엔드의 성능에 따라 좌우된다.
- **혼합기**mixer : 가변 주파수 국부 발진기(LO)와 결합된 혼합기 단은 가변 신호 주파수를 일정한 IF로 변환시킨다. 출력은 신호 주파수와 가변 LO 주파수의 합 또는 차로 나타난다.
- **IF 단**IF stage : 대부분의 이득을 발생시키는 단이다. 원하는 신호는 통과시키고, 원치 않는 신호들과 잡음은 필터링하면서 선택도의 대부분을 이 단에서 확보한다.
- **검파기**detector : 검파기는 신호로부터 정보를 추출한다. 널리 사용되는 회로에는 AM 포락선 검파기, SSB, FSK, CW를 위한 곱 검파기, FM을 위한 비율 검파기 등이 있다.
- **오디오 증폭기**audio amplifier : 1개 또는 2개의 오디오 증폭단은 복조된 신호를 스피커나 헤드셋 출력에 적합한 수준으로 키운다. 증폭된 신호들은 프린터나 팩시밀리 기계 또는 컴퓨터로 보낼 수 있다.

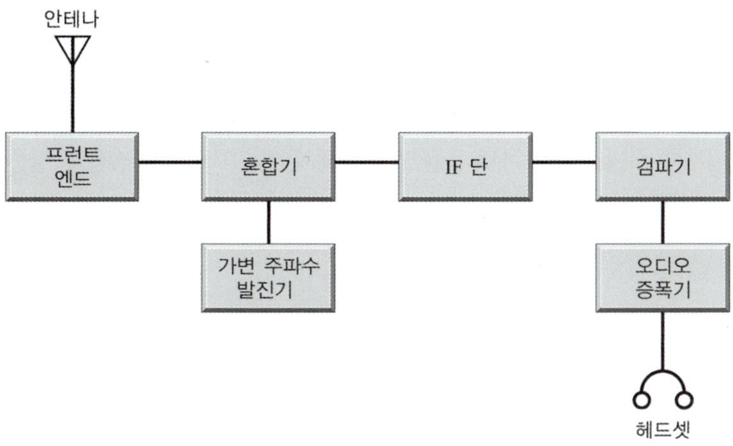

[그림 27-11] 단일 변환 슈퍼헤테로다인 수신기의 블록 다이어그램

전치 검파단

슈퍼헤테로다인 수신기를 설계하고 제작할 때 첫 번째 혼합기보다 앞에 있는 단들이 적절한 수준의 이득을 제공하면서도 내부 잡음을 최소화할 수 있는지 확실히 해야 한다. 또한 수신기는 **과부하** overloading라고 하는 **감도 저하** desensitization(이득 손실) 현상 없이 강한 신호를 처리할 수 있어야 하므로 이 부분도 잘 살펴봐야 한다.

전치 증폭기

모든 **전치 증폭기** preamplifier는 A급 모드로 동작하고, 대부분 FET를 사용한다. FET는 높은 입력 임피던스를 가지는데, 이는 약한 신호를 다루는 데 있어 이상적이다. [그림 27-12]는 일반적인 RF 전치 증폭기 회로를 나타낸 것으로, 입력 신호를 동조시키는 과정에서 잡음이 줄고, 선택도를 어느 정도 확보할 수 있다. 이 회로는 FET의 종류와 동작 주파수에 따라 5~10 dB의 이득을 낸다.

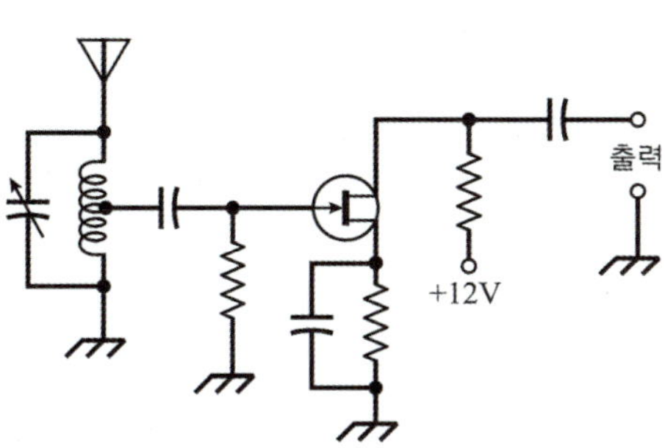

[그림 27-12] 무선 수신기와 사용하기 위한 주파수 가변 전치 증폭기. 이 회로에서는 N채널 JFET을 사용했다.

강한 입력 신호가 있을 때 전치 증폭기가 선형성을 유지하는지 반드시 확인해야 한다. 비선형성은 여러 개의 입력 신호 사이에 원치 않는 혼합을 발생시킬 수 있기 때문이다. 이런 **혼합 곱**mixing products은 **내부 변조 왜곡**intermodulation distortion(IMD) 또는 **인터모드**intermod라는 현상을 유발한다. 이 현상은 수신기 내부에 수많은 오류 신호들을 발생시킬 수 있고, 광대역 잡음의 일종인 **해시**hash를 발생시켜 S/N 비를 저하시킬 수 있다.

프런트 엔드

저주파수 또는 중파에서는 상당한 양의 **대기 잡음**atmospheric noise이 존재한다. 내부적으로 생성되는 잡음에 대해서는 크게 걱정하지 않아도 되므로 프런트 엔드 회로를 설계하는 것은 간단하다.

주파수가 30 MHz 이상 올라가면 대기 잡음은 사라진다. 그러면 감도를 제한하는 주된 요소는 수신기 내부에서 발생하는 잡음이 된다. 따라서 주파수가 VHF, UHF, 극초단파로 증가함에 따라 프런트 엔드 설계는 더욱 중요해진다. 전치 증폭기와 같은 프런트 엔드는 가능한 한 선형성을 유지해야 한다. 비선형성의 정도가 커질수록 회로는 혼합곱 발생과 인터모드 현상에 대해 더욱 취약해지기 때문이다. 또한 프런트 엔드는 가능한 한 최대의 동적 범위를 가져야 한다.

전증폭기

전증폭기preselector는 S/N 비율을 개선하는 대역통과 응답 특성을 제공하며 동작 주파수를 중심으로 제거된 강한 신호에 의한 과부하 가능성을 낮춘다. 또한 전증폭기는 슈퍼헤테로다인 회로에서 **이미지 차단**image rejection 기능을 제공한다.

전증폭기는 수신기의 메인 동조 제어를 **추적**tracking하는 방식으로 동조시킬 수 있지만 이런 기법은 세심한 설계와 시스템 정렬을 요구한다. 예전 방식으로 된 일부 수신기에는 수신기의 동조와는 독립적으로 조정해야 하는 전증폭기가 들어 있다.

IF 체인

이미지를 차단할 때 수 MHz 수준의 높은 IF가 1 MHz 미만의 낮은 IF보다 더 잘 동작한다. 그러나 낮은 IF를 사용하면 높은 선택도를 얻을 수 있다. 이중 변환 수신기는 비교적 높은 제1 IF와 낮은 제2 IF를 갖게 해 일거양득의 효과를 누릴 수 있도록 설계한다. 동조된 변환기 **결합**coupling을 통해 다수의 IF 증폭기를 **종속 연결**cascade할 수 있다. 증폭기는 혼합기에 종속 연결되고, 검파기보다 앞에 배치된다. 이중 변환 수신기는 **체인**chain이라고 하는 IF 증폭기의 직렬 연결 회로 2개를 갖는다. 첫 번째 IF 체인은 첫 번째 혼합기와 두 번째 혼합기 사이에, 두 번째 IF 체인은 두 번째 혼합기와 검파기 사이에 배치된다.

공학자들은 때때로 두 개의 전력 감쇄 값인 −3dB, −30dB(3dB 아래, 30dB 아래라고도 표현)에 대한 대역폭을 비교해 IF 체인의 선택도를 표현한다. 이 사양은 대역통과 응답 특성을 기술하는 좋은 지표가 된다. −3dB에서의 대역폭에 대한 −30dB에서의 대역폭의 비율을 **형상 지수**shape factor라고 하는데, 일반적으로 작은 형상 지수가 큰 지수보다 바람직하다. 그러나 실제로 작은 값의 형상 지수를 얻는 것은 상당히 어렵다. 형상 지수가 작을 때 시스템의 이득을 주파수의 함수로 그리면 직사각형 형태의 곡선으로 그려지는데, 이때 수신기는 **직사각형 응답**rectangular response 특성을 갖는다고 할 수 있다.

검파기

복조demodulation라고도 하는 **검파**detection 과정을 통해 무선 수신기에서 입력 신호에 담겨 있는 음향이나 영상, 인쇄된 데이터 등과 같은 변조 정보들이 복원된다.

AM 검파

무선 수신기는 반송파를 반파장 정류하고, RF 펄스를 제거하기 충분한 수준으로 출력 파형을 필터링해 수신된 AM 신호로부터 정보를 추출할 수 있다. [그림 27-13(a)]는 이런 과정이 어떻게 이뤄지는지 시간 영역에서 살펴본 결과를 간단하게 나타낸 것이다. 빠른 속도의 펄스들(실선)은 RF 반송파 주파수에서 발생하고, 느린 변화(점선)는 데이터 변조를 나타낸다. 반송파 펄스는 하나의 반송파 전류 주기 동안 전하를 붙잡아 둘 수 있을 정도로 큰 값을 갖는다. 그러나 변조 신호 내의 변화들을 감쇄시키거나 제거할 만큼 지나치게 큰 값을 갖지는 않는 커패시터를 통해 출력 신호를 내보냄으로써 반송파 펄스를 제거할 수 있다. 이런 기법을 **포락선 검파**envelope detection라고 한다.

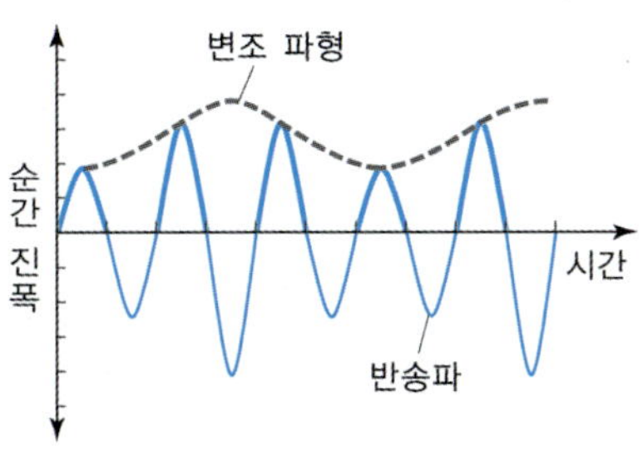

(a) 시간 영역에서 AM의 포락선 검파

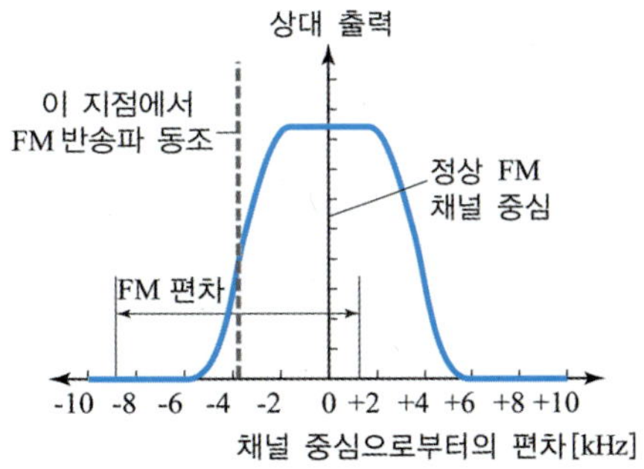

(b) 주파수 영역에서 FM의 경사형 검파

[그림 27-13] AM의 포락선 검파와 FM의 경사형 검파

CW와 FSK의 검파

수신기가 CW 신호를 검출하려면 신호 주파수보다 수백 Hz 위 또는 아래에서 일정한 주파수를 가진 변조되지 않은 반송파를 인가해야 한다. 국부 반송파는 주파수 가변 **맥동 주파수 발진기** Beat-Frequency Oscillator(BFO)에서 생성된다. BFO 신호와 입력된 CW 신호는 각 신호의 주파수 합이나 차를 오디오 출력으로 만들기 위해 혼합기에서 혼합된다. 편안한 청취 **음조**pitch(보통 500~1,000 Hz의 주파수)의 오디오 노트 또는 톤을 얻기 위해 BFO를 동조시킬 수 있는데, 이 과정을 **헤테로다인 검파**heterodyne detection라고 한다.

FSK 신호도 CW 검파와 같은 방법을 사용해 검출할 수 있다. 반송파는 혼합기에서 BFO 신호와 서로 조화되지 못해서 서로 다른 두 음조 사이를 오가는 오디오 톤을 만들어낸다. FSK 기법을 통해 BFO 주파수를 **마크 주파수**mark frequency와 **스페이스 주파수**space frequency에 대해 수백 Hz 위 또는 아래의 값으로 정할 수 있다. **주파수 오프셋**frequency offset 또는 BFO 주파수와 신호 주파수 간 차이는 오디오 출력 주파수를 결정한다. 특정 표준 AF **노트**(예 170 Hz만큼 이동하는 경우 2,125 Hz와 2,295 Hz 주파수)note를 얻기 위해 주파수 오프셋을 조정한다.

FM과 PM의 경사형 검파

수신기 주파수를 변조되지 않은 반송파 주파수와 정확히 일치하지는 않는, 그 근처인 주파수 값으로 설정해 AM 수신기로 FM과 PM을 검파할 수 있다. AM 수신기는 [그림 27-13(b)]와 같이 수 kHz의 통과대역과 선택 특성 곡선이 있는 필터를 갖는다. 변조되지 않은 FM 반송파 주파수가 **스커트**skirt라고 하는 필터 주파수 응답의 끝에 오도록 수신기를 동조시키면 입력된 신호의 주파수 변동으로 반송파가 수신기 통과대역의 안팎을 **스윙**swing하게 된다. 결과적으로 수신기의 순간 출력 진폭은 FM 또는 PM 신호상의 변조 데이터와 함께 변화한다. **경사형 검파** slope detection라고 하는 이런 시스템에서는 [그림 27-13(b)]와 같이 통과대역의 스커트가 직선이 아니므로 순간 오차와 순간 출력 진폭 간의 관계가 비선형적이다. 따라서 경사형 검파는 FM이나 PM 신호들을 검출하는 데 최적의 방법을 제공하지 못한다. 이런 과정은 보통 알아들을 수 있는 음성을 제공할 수는 있지만 음질을 떨어뜨린다.

FM과 PM 검파를 위한 PLL 사용

FM 또는 PM 신호를 PLL 회로에 넣는다면 회로의 루프는 변조 파형을 정확히 복사하는 오차 전압을 생성할 것이다. 이때 수신기가 신호 진폭의 변화에 응답하지 않게 신호의 진폭이 변화하지 않게 하는 **리미터**limiter를 PLL 앞쪽에 배치할 수 있다. 리미팅 기법을 적용한 FM 또는 PM 수신기에서 약한 신호들은 서서히 사라지기보다는 갑자기 나타났다가 사라지는 경향이 있다.

FM 또는 PM 판별기

판별기 discriminator는 순간 신호 주파수에 의존하는 출력 전압을 생성한다. 신호 주파수가 수신기 통과대역의 중앙에 있을 때 출력 전압은 0이다. 순간 신호 주파수가 통과대역 중앙의 주파수보다 아래로 떨어지면 출력 전압은 양의 값을 갖고, 통과대역 중앙의 주파수보다 위로 올라가면 출력 전압은 음의 값을 갖는다. 순간 FM 편차(PM으로부터 간접적으로 발생할 수 있음)와 순간 출력 진폭 간의 관계는 선형적이다. 따라서 검파기 출력은 들어오는 신호 데이터를 충실히 재현한다. 판별기는 진폭의 변화에 민감하지만 이런 문제를 제거하기 위해 리미터를 PLL 검파기에서 했던 것처럼 사용할 수 있다.

FM 또는 PM 비검파기

비검파기 ratio detector는 내장된 리미터를 갖는 판별기로 구성된다. 비검파기는 RCA Radio Corporation of America에 의해 최초로 설계되었으며 하이파이 수신기와 구형 아날로그 TV 수신기의 오디오 파트에서 잘 동작한다. [그림 27-14]는 간단한 비검파기 회로로, 최적의 수신 신호 음질을 얻으려면 '밸런스'라고 표기된 전위차계를 상황에 따라 직접 조정해야 한다.

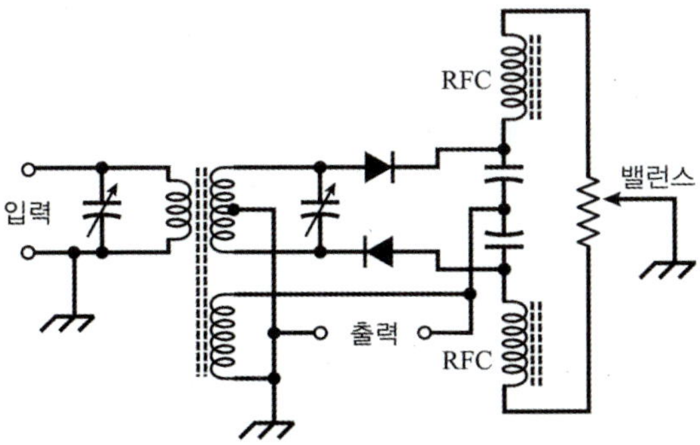

[그림 27-14] FM 신호를 복조하기 위한 비검파기 회로

SSB 검파

직접 변환 수신기를 사용할 수도 있지만 대부분의 통신 엔지니어들은 SSB 신호를 수신할 때 **곱 검파기** product detector를 더 선호한다. 곱 검파기를 통해 CW와 FSK 신호도 수신할 수 있다. 입력 신호는 변조되지 않은 국부 발진기의 출력과 혼합되어 본래의 변조 신호 데이터를 재현해 낸다. 곱 검파는 직접 변환 수신과 마찬가지로 가변 주파수에서보다는 단일 주파수에서 이뤄지는데, 단일 상수 주파수는 입력 신호와 국부 발진기의 출력을 혼합해 얻을 수 있다.

[그림 27-15]는 곱 검파기 회로들의 모식도로, 이 회로들은 슈퍼헤테로다인 수신기들의 혼합기로 기능할 수 있다. [그림 27-15(a)]의 회로는 다이오드가 사용되므로 증폭이 전혀 이루어지지 않는다. [그림 27-15(b)]의 회로는 B급 모드 동작을 위해 바이어스시킨 바이폴라 트랜지스터를 사용해 입력 신호가 검파기 입력에 도달하기 전에 프런트 엔드에서 충분히 증폭되었다면 약간의 이득을 제공한다.

[그림 27-15]와 같은 두 회로의 효율성은 사용된 반도체 소자의 비선형성에 의해 좌우된다. 이 비선형성으로 인해 데이터 출력을 생성하는 합 및 차의 주파수 신호들을 확보하는 데 필요한 신호의 혼합을 할 수 있다.

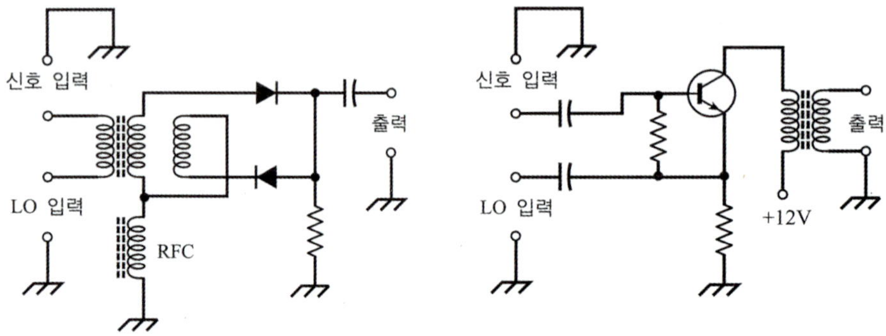

(a) 다이오드를 사용한 곱 검파기

(b) B급 동작을 위해 바이어스시킨 NPN 바이폴라 트랜지스터를 사용한 곱 검파기

[그림 27-15] 곱 검파기 회로의 모식도

검파기 후단

수신기의 선택도를 확보하려면 검파기 앞의 IF 단에서 RF 선택도를 최적화하는 방법 이외에도 검파기 뒤의 AF 증폭단의 주파수 응답을 조율하는 방법을 사용할 수 있다.

필터링

통신 시스템에서 듣는 사람이 음성의 내용을 쉽게 알아듣게 하려면 오디오 신호는 약 300 Hz ~ 3,000 Hz 범위의 대역이 필요하다. 300 Hz ~ 3,000 Hz 범위의 통과대역을 갖는 **오디오 대역통과 필터** audio bandpass filter는 일부 음성 수신기에서 음질을 개선할 수 있다. 비록 이상적인 음성 오디오 대역통과 필터에서는 통과대역 범위 안에서의 신호 감쇄가 매우 작거나 없지만, 통과대역 범위 밖에서는 직사각형 형태의 응답 곡선을 나타내며 큰 감쇄가 이뤄진다.

CW 또는 FSK 신호의 경우 수백 Hz의 대역폭이 필요하다. 오디오 CW 필터는 100Hz 또는 그 이하로 응답 대역폭을 좁힐 수 있지만 약 100Hz보다 좁은 통과대역은 **울림 현상**ringing을 만들어 높은 데이터 속도에서 수신 품질을 저하시킨다. FSK 기법에서는 필터의 대역폭이 적어도 마크 및 스페이스 주파수 간의 차이(이동)만큼은 커야 하지만 이 차이보다 훨씬 더 클 필요는 없고, 그래서도 안 된다.

오디오 노치 필터audio notch filter는 가파르고 좁은 응답 특성을 갖는 **대역차단 필터**band-rejection filter이다. 대역차단 필터는 차단 주파수보다 약간 높거나 약간 낮은 신호들만 통과시킨다. 이 양쪽 제한구역 사이의 **대역저지 범위**bandstop range에서 신호들이 차단된다. 노치 필터는 수신기 출력에서 간섭하는, 변조되지 않은 반송파 또는 일정한 주파수 톤을 생성하는 CW 신호를 '소거'할 수 있다. 오디오 노치 필터는 300Hz~3,000Hz의 범위에서 차단 주파수를 조정할 수 있다. 일부 AF 노치 필터는 자동적으로 동작하는데, 즉 간섭하는 AF 톤이 나타날 때 노치는 수십 분의 일 초 수준의 시간 안에 그것을 발견하고 소거할 수 있다.

스퀠칭

스퀠치squelch는 들어오는 신호가 없으면 수신기를 끄고, 신호가 나타나면 신호 수신을 허용하는 기능이다. 대부분의 FM 통신 수신기들은 스퀠치 시스템을 사용한다. 스퀠치 기능은 일반적으로 닫혀 있고, 신호가 없을 때는 모든 오디오 출력(특히 일부 통신 운용자들을 성가시게 하는 수신기 잡음)을 차단한다. 만약 신호의 증폭이 운용자가 조정할 수 있는 **스퀠치 임계값**squelch threshold을 넘어서면 스퀠치 기능이 열려 모든 신호가 들리게 된다.

일부 시스템에서는 입력 신호가 미리 정해진 특성을 갖지 않는다면 스퀠치 기능이 열리지 않는다. 이런 특성을 **선택적 스퀠칭**selective squelching이라고 한다. 선택적 스퀠칭 특성을 갖는 가장 일반적인 방법은 송신기에서 오디오 주파수 이하(300Hz 이하)의 신호음 발생기 또는 대량 AF 신호음 발생기를 사용하는 것이다. 스퀠치 기능은 적절한 특성을 가진 어떤 음 또는 연속음으로 변조된 신호가 존재할 때만 열린다. 일부 무선 운용자들은 원치 않는 전송 신호들이 들어오는 것을 막기 위해 선택적 스퀠칭을 사용하기도 한다.

전문화된 무선 통신 모드

통신 엔지니어들은 오랜 시간에 걸쳐 혁신을 이뤄왔고, 그 과정에서 수많은 무선 통신 모드를 개발했다. 최근에도 새로운 모드들이 나타나고 있는데, 낯설거나 극한의 조건에서 특별한 장점을 제공하는 새로운 모드들이 계속해서 출현할 것으로 기대되고 있다. 다음은 무선 통신 모드의 세 가지 공통적인 예제들이다.

동기화된 통신

디지털 신호는 단위 시간당 주어진 정보의 양을 전달할 때 아날로그 신호보다 작은 대역폭을 필요로 한다. **동기화된 통신** synchronized communications이라는 용어는 통신 채널이나 대역 안에서 전송될 수 있는 데이터의 양을 최적화하기 위해 공통적인 주파수-시간 표준을 따르는 송신기와 수신기가 동작하는 임의의 전문화된 디지털 통신 모드를 의미한다.

동기화된 디지털 통신은 **동일 위상 통신** coherent communications이라고도 부르며 수신기와 송신기는 정확히 **동일한 방식** lock-step[2]으로 동작한다. 수신기는 1개의 비트가 유지되는 특정 시간 동안 지속되는, 한 블록의 시간 동안 전송되는 개별적인 데이터 비트들을 평가한다. 이런 과정 덕분에 극도로 좁은 대역폭을 가진 수신 필터를 사용할 수 있다. 동기화는 미국의 NIST National Institute of Standards and Technology 라디오 방송국 WWV에서 제공하는 것과 같은 외부의 주파수-시간 표준을 사용해야 한다. 주파수 분할기는 주파수 표준 신호로부터 필요한 동기화 신호를 생성한다. 평균 신호 전압이 특정 비트의 지속 시간 동안 특정 값을 넘어서면 톤 또는 펄스가 해당 비트에 대해 수신기 출력에 나타난다(반대는 성립하지 않는다). 필터의 울림이나 **공전** sferics 또는 점화 잡음 등에 의해 발생하는 잘못된 신호들은 충분한 크기의 평균 비트 전압을 만들어 내지 않아 일반적으로 무시된다.

비동기화된 시스템 통신과 비교했을 때 동기화된 통신을 사용한 실험에서는 S/N 비가 적당한 데이터 속도에서 수 dB 개선된 것이 검증되었다.

다중화

통신 채널 또는 대역에서 신호는 다양한 방법으로 뒤얽힐(**다중화** multiplexing될) 수 있다. 가장 일반적인 방법은 **주파수 분할 다중화 방식** Frequency-Division Multiplexing(FDM)과 **시분할 다중화 방식** Time-Division Multiplexing(TDM)이다. FDM에서는 채널이 여러 개의 서브 채널로 나뉘고, 신호의 반송파 주파수는 서로 중첩되지 않도록 간격을 두고 있다. 각각의 신호들은 다른 신호에 영향을 받지 않으며 유지된다. TDM 시스템은 신호를 특정 지속 시간에 맞춰 조각으로 분해한 후 순서대로 신호 조각들을 전송한다. 수신기는 단파 방송국 WWV에서 오는 데이터처럼 외부의 시간 표준에 의해 송신기와 동기화 상태를 유지한다. 다중화 기술을 사용하려면 송신기에서 신호들을 조합하거나 뒤얽히게 하는 **인코더** encoder와 수신기에서 신호들을 다시 분리하거나 풀어내는 **디코더** decoder가 필요하다.

---

2 (옮긴이) 락스텝(lock-step)이라는 용어는 동일한 연산이 2개의 프로세서에서 수행되는 것이 마치 여러 죄수들의 발을 사슬로 묶어 함께 걷게 만드는 것(lockstep)을 연상시킨 것에서 파생된 용어이다.

스펙트럼 확산

스펙트럼 확산 통신spread-spectrum communications에서 송신기는 신호 변조와는 별개로 제어된 방식을 통해 주 반송파 주파수를 변화시킨다. 수신기는 매 순간 송신기의 주파수를 따르도록 프로그램되므로 전체 신호는 정의된 범위 안에서 주파수가 위아래로 움직인다.

스펙트럼 확산 모드에서 하나의 강한 간섭 신호가 원하는 신호를 제거하는 **치명적인 간섭**catastrophic interference이 발생할 확률은 0에 가깝다. 비인가자는 **주파수 전개함수**frequency-spreading function라고 하는 **시퀀스 코드**sequencing code에 접근 허락을 받지 못하면 확산 스펙트럼 통신 링크를 도청할 수 없다. 그런 기능은 물론 복잡하고, 보안이 필요하다. 송신기나 수신기 운용자 가 시퀀스 코드를 누설하지 않는다면 (이상적으로) 허가받지 않은 사람은 정보를 가로챌 수 없다.

정해진 송신자와 수신자 간에 스펙트럼 확산 통신이 이루어지는 동안 동작 주파수는 수 kHz 에서 MHz, 또는 수십 MHz 의 범위에 걸쳐 변화할 수 있다. 하나의 대역이 점차 더 많은 스펙트럼 확산 신호들로 채워지면 대역 내의 전체적인 잡음 수준 역시 증가한다. 따라서 실제로는 하나의 대역에서 처리할 수 있는 스펙트럼 확산 통신의 수에 제한을 두게 된다. 이 제한 수는 모든 신호들이 동일한 주파수를 갖고, 서로 구분되는 채널을 보유했을 때 갖게 되는 수와 거의 동일하다. 고정 주파수 통신과 스펙트럼 확산 통신 사이의 주된 차이점은 대역이 신호들로 가득 찼을 때 신호 간 상호 간섭성이 존재하는지에 달려 있다.

스펙트럼 확산 통신 신호를 생성하는 일반적인 방법으로 **주파수 도약**frequency hopping 기법이 있다. 송신기에는 특정한 순서로 따르는 채널들의 리스트가 있으며 송신기는 리스트에 있는 하나의 주파수에서 다른 주파수로 점프 또는 도약한다. 이때 수신기에는 동일한 리스트가 동일한 순서로 프로그래밍 되어 있어야 하며, 송신기와 동기화 상태에 있어야 한다. **체류 시간**dwell time은 신호가 임의의 주어진 주파수상에서 유지되는 시간의 길이를 의미한다. 이는 주파수 변화가 발생하는 시간 간격과도 동일하다. 잘 설계된 주파수 도약 시스템에서 체류 시간은 비인가자가 일정한 주파수에 맞춰진 수신기를 사용해 신호를 인식할 수 없어야 하고, 신호가 어떤 주파수에서도 간섭을 일으키지 않을 정도로 충분히 짧아야 한다. 시퀀스는 수많은 체류 주파수를 포함하고 있으므로 누군가 시퀀스 내에 있는 특정 주파수에 동조시킨다고 해도 신호를 인지하지 못할 정도로 신호의 에너지가 매우 작게 분산된다.

주파수 스위핑frequency sweeping은 스펙트럼 확산 통신을 얻는 또 다른 방법이다. 이 방법은 할당된 대역 내에서 완만하게 위아래로 진행하는 파형을 가진 주 송신 반송파의 주파수를 변조한다. '스위핑 FM'은 신호가 전달하는 실제 데이터와는 완전히 무관하게 유지된다. 수신기는 순간 주파수가 동일한 파형에 대해 동일한 대역에서 동일한 속도로, 그리고 송신기와 수신기가 동일한 위상을 가진 상황에서 변화할 때만 신호를 가로챌 수 있다. 송신기와 수신기는 실질적으로 대역의 모든 주파수를 돌아다니며 사용할 수 있고, 그들만 아는 '비밀 지도'에 따라 매 순간 서로를 따라가며 동작하기도 한다.

연습문제

01 다음 중 하나의 반송파 주파수에서는 기호 요소를, 다른 반송파 주파수에서는 공간 요소를 갖는 통신 모드는 무엇인가?

(a) CW (b) FSK
(c) AM (d) FM

02 다음 중 반송파가 완전히 켜진full-on 상태의 마크 요소를 갖고, 반송파가 전혀 없는 상태의 스페이스 요소를 갖는 통신 모드는 무엇인가?

(a) CW (b) FSK
(c) AM (d) FM

03 다음 중 FM 신호를 복조할 수 있는 것은 무엇인가?

(a) 판별기
(b) 비검파기
(c) 포락선 검파기
(d) (a), (b), (c) 모두

04 다음 중 AM 신호를 복조하고자 할 때 최상의 결과를 얻을 수 있게 하는 것은 무엇인가?

(a) 판별기
(b) 비검파기
(c) 포락선 검파기
(d) 곱 검파기

05 다음 중 스펙트럼 확산 통신을 구현할 수 있도록 해주는 방법으로 옳은 것은 무엇인가?

(a) 비검파기
(b) 곱 검파기
(c) 주파수 도약
(d) (a), (b), (c) 모두

06 다음 중 버디birdies가 발생할 수 있는 곳은 어디인가?

(a) 직접 변환 수신기
(b) 슈퍼헤테로다인 수신기
(c) 비검파기
(d) 열악한 동적 범위를 갖는 프런트 엔드

07 다음 중 수신기의 동적 범위 사양은 어떤 조건에서 시스템이 얼마나 신호를 잘 처리할 수 있는지 알려주는가?

(a) 다양한 변조 모드에서
(b) 넓은 주파수 범위에서
(c) 잡음 수준이 높은 상황에서
(d) 매우 약한 신호에서 매우 강한 신호까지

08 다음 중 신호를 특정 지속 시간 조각으로 나눠 순서대로 전송하고, 수신기에서 다시 합쳐 원래의 신호를 복원하는 모드는 무엇인가?

(a) FSK (b) TDM
(c) AM (d) CW

09 RF 반송파의 주파수가 830 kHz라고 가정하자. 이 반송파에 포함해 변조할 수 있는 정보의 최대 주파수는 대략 얼마인가?

(a) 83.0 Hz (b) 830 Hz
(c) 8.30 kHz (d) 83.0 kHz

10 다음 중 수신 안테나에 도달하는 직접파와 반사파의 위상차가 얼마일 때 신호를 수신하기 어려운 음영 지점dead spot(난청 지역)이 나타날 것으로 예측되는가?

(a) 0°
(b) 180°
(c) 90°
(d) 위상 일치 외 임의의 위상차

11 지구 대기권에서는 지표면으로부터 고도가 증가하면 일반적으로 무선 전파에 대한 굴절률이 감소한다. 다음 중 이런 특성이 일부 무선 주파수에서 초래하는 현상은 무엇인가?

(a) 전리층 반사　　(b) 대류권 산란
(c) 대류권 굴절　　(d) 오로라 전파

12 주파수 성분이 최대 20 kHz 인 AF 데이터로 SSB 모드에서 VHF 반송파를 변조한다고 가정하자. SSB 신호의 대략적인 대역폭은 얼마인가?

(a) 10 kHz　　(b) 20 kHz
(c) 40 kHz　　(d) 80 kHz

13 다음 중 FM 방송은 일반적으로 어느 주파수 근처에서 전송되는가?

(a) 100 kHz　　(b) 1 MHz
(c) 10 MHz　　(d) 100 MHz

14 다음 중 억제된 반송파 신호인 DSB를 발생시킬 수 있는 기기로 옳은 것은 무엇인가?

(a) 주파수 변조기
(b) 위상 변조기
(c) 평형 변조기
(d) 경사 변조기

15 다음 중 [그림 27-16]에 나타난 회로의 기능으로 옳은 것은 무엇인가?

(a) 비검파
(b) 변조
(c) 발진
(d) 곱 검파

16 다음 중 [그림 27-16]의 회로도에서 *X*로 표시한 요소들에 대한 설명으로 옳은 것은 무엇인가?

(a) 시간에 따라 변하는 신호들은 통과시키고, 직류 신호는 차단한다.
(b) 직류 신호는 통과시키고, 시간에 따라 변하는 신호들은 차단한다.
(c) 트랜지스터가 배터리로부터 순수한 직류 신호를 인가받도록 한다.
(d) 트랜지스터의 E-B 및 B-C 접합을 통해 흐르는 전류를 제한한다.

17 구성 요소의 값들을 정확히 결정하고 시스템이 올바르게 동작한다고 가정하자. 다음 중 [그림 27-16]의 회로의 출력 단자들에 나타나는 신호로 옳은 것은 무엇인가?

(a) FM 신호
(b) SSB 신호
(c) DSB(억제된 반송파 신호)
(d) AM 신호

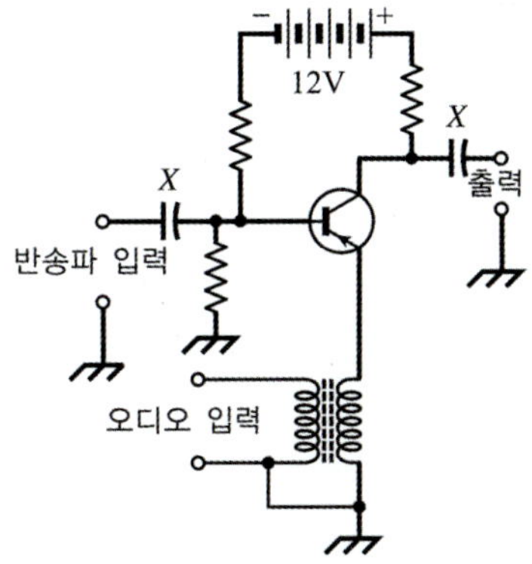

[그림 27-16] [연습문제 15~17]을 위한 그림

연습문제

18 [그림 27-17]은 무선 통신 수신기의 프런트 엔드에서 볼 수 있는 약한 신호 증폭기의 모식도이다. 다음 중 이 회로에서 잘못된 것은 무엇인가?

(a) N-채널 JFET이 아니라 P-채널 JFET을 사용해야 한다.
(b) 게이트 저항과 인덕터의 중앙 탭 사이에 차단 커패시터를 연결해야 한다.
(c) 출력 단자의 커패시터를 RF 초크로 바꿔야 한다.
(d) 소스와 접지 사이의 커패시터를 제거해야 한다.

19 다음 중 [그림 27-17]의 회로에서 X로 표시한 LC 회로에 대한 설명으로 옳은 것은 무엇인가?

(a) JFET에 인가되는 바이어스를 최적화한다.
(b) 원하는 주파수를 가진 강한 신호로 인해 시스템에 과부하가 걸리지 않게 한다.
(c) 수신기의 프런트 엔드에서 선택도를 제공한다.
(d) S/N 비를 최소화한다.

20 다음 중 [그림 27-17]의 회로에서 Y로 표시한 저항에 대한 설명으로 옳은 것은 무엇인가?

(a) JFET에 인가되는 바이어스를 최적화한다.
(b) 강한 신호로 인해 시스템에 과부하가 걸리지 않게 한다.
(c) 선택도를 제공한다.
(d) S/N 비를 최소화한다.

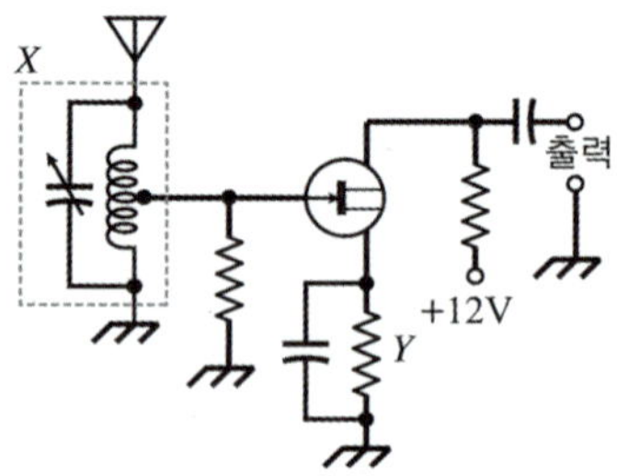

[그림 27-17] [연습문제 18~20]을 위한 그림

정답

01 b	02 a	03 d	04 c	05 c	06 b	07 d	08 b	09 d	10 b
11 c	12 b	13 d	14 c	15 b	16 a	17 d	18 b	19 c	20 a

CHAPTER 28

디지털의 기초

Digital Basics

학습목표

- 컴퓨터와 통신 기기에서 사용되는 다양한 진법 체계를 살펴보고, 임의의 진법으로 나타낸 수를 10진수로 계산하는 방법을 이해할 수 있다.
- 디지털 논리 연산의 기본을 이루는 불 대수를 이해할 수 있다.
- 디지털 논리와 이를 하드웨어적으로 구현하는 논리 게이트의 차이를 이해할 수 있다.
- 디지털 시스템을 구성하는 주요 요소의 기능과 동작 원리를 이해할 수 있다.
- 대용량 데이터의 크기를 2진수 체계로 나타내는 방법과 대수 표기 방법을 알아본다.
- 디지털 데이터 통신을 위한 A/D 및 D/A 변환 원리를 이해할 수 있다.
- 디지털 데이터의 종류와 처리 속도, 처리 방식에 관한 기본 이론을 이해할 수 있다.

공학자나 기술자들은 전자 신호가 잘 정의된 상태의 제한된 수를 얻을 수 있을 때 이를 **디지털**digital 신호라고 부른다. 디지털 신호는 연속적인 범위에 걸쳐 변하는데, 이는 이론적으로 무수히 많은, 서로 다른 순시 상태를 얻을 수 있는 **아날로그**analog 신호와 대조된다. [그림 28-1]은 이런 아날로그 신호와 디지털 신호의 예시를 나타낸 것이다.

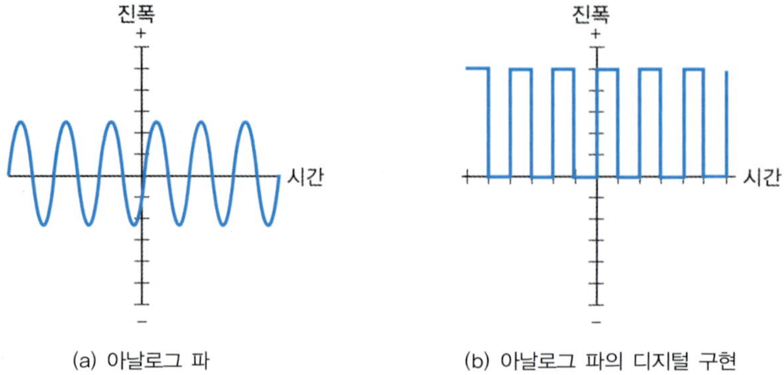

[그림 28-1] **동일한 파동에 대한 아날로그 신호와 디지털 신호**

수 체계

대부분의 사람들은 {0, 1, 2, 3, 4, 5, 6, 7, 8, 9} 집합의 숫자들을 사용하는 **10진법**decimal number system을 일상생활에서 사용한다. 컴퓨터나 통신 장비 같은 기계는 다른 종류의 수 체계를 사용한다.

10진법

우리에게 가장 친숙한 **10진법**decimal **수 체계**는 10 **밑수법**base 10 또는 10 **기수법**radix 10이라고도 한다. 이 수 체계로 음(−)이 아닌 정수를 10진법으로 표현할 때는 가장 오른쪽 숫자에 10^0, 즉 1을 곱한다. 그다음 이 수의 왼쪽에서 첫 번째 숫자에는 10^1을 곱한다. 왼쪽으로 이동할 때마다 곱해지는 10의 지수가 증가한다. 모든 수에 대한 곱이 끝나면 각 값을 모두 더한다. 다음은 이 수 체계의 예시이다.

$$8 \times 10^0 + 5 \times 10^1 + 0 \times 10^2 + 2 \times 10^3 + 6 \times 10^4 + 8 \times 10^5 = 862,058$$

2진법

2진법binary **수 체계**는 숫자들을 0과 1만 사용해 나타내며 2 **밑수법**base 2 또는 2 **기수법**radix 2이라고도 한다. 이 수 체계로 음(−)이 아닌 정수를 2진법으로 표현할 때는 가장 오른쪽 숫자에 2^0, 즉 1을 곱한다. 그다음 이 수의 왼쪽에서 첫 번째 숫자에는 2^1을 곱한다. 왼쪽으로 이동할 때마다 곱해지는 2의 지수도 하나씩 증가해 다음 숫자에는 4가 곱해지고, 그 다음에는 8, 그 다음 숫자에는 16 등이 곱해진다. 10진법 숫자 94를 예로 들어보자. 이 값을 2진법으로 표기하면 1011110인데, 이 숫자를 다음과 같이 전개해 더하면 본래의 10진법 수를 얻을 수 있다.

$$0 \times 2^0 + 1 \times 2^1 + 1 \times 2^2 + 1 \times 2^3 + 1 \times 2^4 + 0 \times 2^5 + 1 \times 2^6 = 94$$

16진법

컴퓨터 작업에서 사용하는 또 다른 체계인 **16진법**hexadecimal **수 체계**에는 총 $16(= 2^4)$개의 기호가 있다. 이 수 체계에서는 일반적으로 사용하는 0 ~ 9의 숫자에 6개가 더해지는데, 이를 알파벳 A~F의 대문자로 표기해 {0, 1, 2, 3, 4, 5, 6, 7, 8, 9, A, B, C, D, E, F}의 기호 집합을 만든다. 이를 16 **밑수법**base 16 또는 16 **기수법**base 16이라고도 한다. 0 ~ 9의 16진법 숫자들은 10진법의 동일한 숫자에 다음과 같은 추가적인 숫자들을 갖는다.

- 16진법의 A는 10진법의 10과 같다.
- 16진법의 B는 10진법의 11과 같다.
- 16진법의 C는 10진법의 12와 같다.
- 16진법의 D는 10진법의 13과 같다.
- 16진법의 E는 10진법의 14와 같다.
- 16진법의 F는 10진법의 15와 같다.

이 수 체계로 음(−)이 아닌 정수를 16진법으로 표현할 때는 가장 오른쪽 숫자에 16^0, 즉 1을 곱한다. 그다음 이 수의 왼쪽에서 첫 번째 숫자에는 16^1을 곱한다. 왼쪽으로 이동할 때마다 곱해지는 16의 지수도 하나씩 증가해 다음 숫자에는 256이, 그 다음에는 4,096 등이 곱해진다. 10진법 숫자 35,898을 예로 들었을 때 이 값을 16진법으로 표기하면 8C3A가 된다. C는 12, A는 10이라는 것을 상기하면서 다음과 같이 전개해 더하면 본래의 10진법 수를 얻을 수 있다.

$$A \times 16^0 + 3 \times 16^1 + C \times 16^2 + 8 \times 16^3 = 35,898$$

디지털 논리

간단히 **논리**logic(**로직**)라고도 하는 **디지털 논리**digital logic는 전자기기에서 사용하는 '**추론**reasoning' 형태이다. 공학자들은 디지털 소자와 시스템을 구성하는 회로들과 관련해 이 용어를 사용하기도 한다.

불 대수

불 대수 Boolean algebra는 0과 1과 함께 AND(곱), OR(합), NOT(부정)의 연산자들을 사용하는 논리 시스템을 구성한다. 이 연산자들의 조합을 통해 NAND(NOT AND)와 NOR(NOT OR)의 두 가지 연산자를 추가적으로 생성할 수 있다. 19세기 영국의 수학자인 조지 불George Boole의 이름에서 유래한 이 시스템은 디지털 전자회로를 설계할 때 매우 중요한 역할을 한다.

- AND **연산** : **논리곱**logical conjunction이라고도 하며 둘 또는 그 이상의 입력값들에 대해 연산을 수행한다. 별표(∗)를 사용해 X∗Y와 같이 나타낸다.
- NOT **연산** : **논리 반전**logical inversion 또는 **논리 부정**logical negation이라고도 하며 하나의 입력값에 대해 연산을 수행한다. 빼셈 부호(−)를 사용해 −X와 같이 나타낸다.
- OR **연산** : **논리합**logical disjunction이라고도 하며 둘 또는 그 이상의 입력값들에 대해 연산을 수행한다. 덧셈 부호(+)를 사용해 X+Y와 같이 나타낸다.

[표 28-1]은 앞서 설명한 불 연산의 모든 입력 및 출력 값을 나열한 것이다. 여기서 0은 '거짓'을, 1은 '참'을 나타낸다. 수학과 철학 과목에서는 논리와 관련된 곱과 합을 나타내기 위해 다른 기호를 사용할 수도 있다.

[표 28-1] 불 연산

X	Y	−X	X∗Y	X+Y
0	0	1	0	0
0	1	1	0	1
1	0	0	0	1
1	1	0	1	1

정리

[표 28-2]는 모든 상황에서 항상 참인 논리 방정식들이다. 이는 **논리 변수**logical variable X, Y, Z가 어떤 값을 갖더라도 항상 성립한다는 것을 의미하며 이런 사실들을 **정리**theorem라고 한다.

각 경우에서 등호 기호(=) 양변의 내용은 서로 **논리적 등가성**logically equivalent을 갖는다. 이는 어느 한 쪽이 **참이면 그리고 참이기만 하면**if and only if(iff라고 간략히 표기한다) 다른 한 쪽도 반드시 참이라는 것을 의미한다. 예를 들어, X = Y 논리 방정식은 "X면 Y이고, Y면 X다"

라는 뜻이다.

이렇게 불 정리를 통해 복잡한 **논리 함수**logic function들을 간략하게 표현할 수 있고, 이를 기반으로 가능한 한 가장 적은 수의 스위치들을 사용하면서 특정한 디지털 동작을 수행하는 회로를 구현할 수도 있다.

[표 28-2] 불 대수의 공통적인 정리

정리(논리 방정식)	용어
X+0=X	OR 연산의 항등원
X∗1=X	AND 연산의 항등원
X+1=1	-
X∗0=0	-
X+X=X	-
X∗X=X	-
−(−X)=X	이중 부정
X+(−X)=1	-
X∗(−X)=0	모순(보수 곱)
X+Y=Y+X	OR 연산의 교환법칙
X∗Y=Y∗X	AND 연산의 교환법칙
X+(X∗Y)=X	-
X∗(−Y)+Y=X+Y	-
(X+Y)+Z=X+(Y+Z)	OR 연산의 결합법칙
(X∗Y)∗Z=X∗(Y∗Z)	AND 연산의 결합법칙
X∗(Y+Z)=(X∗Y)+(X∗Z)	분배법칙
−(X+Y)=(−X)∗(−Y)	드모르간 정리
−(X∗Y)=(−X)+(−Y)	드모르간 정리

양의 논리와 음의 논리

양의 논리positive logic에서는 회로가 대략 +5V 직류(HIGH **상태** 또는 HIGH라고 함)의 **전기적 전위**electrical potential를 나타내는 값으로 2진법 숫자 1을 사용하고, 직류 전압이 매우 낮거나 0인 경우(LOW **상태** 간단히 LOW) 2진법 숫자 0을 사용한다. 어떤 회로에서 적용하는 **음의 논리**negative logic에서는 직류 전압이 매우 낮거나 0일 때(LOW) 논리 1을 나타내고, 반면에 +5V 직류(HIGH)는 논리 0을 나타낸다. 또 다른 형태의 음의 논리 시스템에서는 2진법 숫자 1이 음의 전압(가령 LOW 상태를 나타내는 −5V 직류)을 나타내고, 2진법 숫자 0이 매우 낮거나 0인 직류 전압(LOW 상태의 전압 대비 더 양의 값을 가지므로 HIGH 상태에 해당)을 나타내기도 한다. 혼동을 피하기 위해 이 장에서는 양의 논리만 생각하자.

논리 게이트

모든 디지털 전자기기들은 특정한 논리 연산을 수행하는 스위치를 갖는다. 이 스위치들을 **논리 게이트**logic gate라고 하는데, 이 스위치는 어느 위치에서든 1개부터 여러 개의 입력과 (일반적으로) 1개의 출력을 갖는다.

- **논리 반전기**logical inverter**(NOT 게이트)** : 1개의 입력과 1개의 출력을 갖는다. 논리 반전기는 입력 상태를 뒤집는다(반전시킨다). 만약 입력이 1이면 출력은 0이고, 입력이 0이면 출력은 1이다.
- **OR 게이트** : (보통 2개의 입력만 갖는 경우가 대부분이지만) 2개 또는 그 이상의 입력을 가질 수 있다. 2개 또는 다수의 입력이 모두 0이면 출력은 0이고, 입력 중 단 하나라도 1이면 출력은 1이 된다. OR 게이트가 모든 입력이 높은 경우를 '포함'하므로 이런 게이트의 동작을 **포함적 OR 연산**inclusive-OR operation이라고도 부른다.
- **AND 게이트** : (보통 2개의 입력만 갖는 경우가 대부분이지만) 2개 또는 그 이상의 입력을 가질 수 있다. 2개 또는 다수의 입력이 모두 1이면 출력은 1이고, 입력 중 단 하나라도 0이면 출력은 0이 된다.
- **NOR 게이트** : OR 게이트 뒤에 NOT 게이트가 연결되어 NOT-OR 게이트를 형성하므로 게이트 또는 NOR 게이트라고 부른다. 2개 또는 다수의 입력이 모두 0이면 출력은 1이고, 입력 중 어느 하나라도 1이면 출력은 0이다.
- **NAND 게이트** : AND 게이트 뒤에 NOT 게이트가 연결되어 NOT-AND 게이트를 형성하므로 NOT-AND 게이트 또는 NAND 게이트라고 부른다. 2개 또는 다수의 입력이 모두 1이면 출력은 0이고, 입력 중 어느 하나라도 0이면 출력은 1이다.
- **배타적 OR**exclusive OR **게이트(XOR 게이트)** : 2개의 입력과 1개의 출력을 갖는다. 2개의 입력이 동일하다면(모두 1로 같거나 모두 0이면) 출력은 0이고, 2개의 입력이 서로 다르다면 출력은 1이다. XOR 게이트는 모든 입력이 높은 경우를 포함하지 '않으므로' **배타적 OR 연산**exclusive-OR operation이라고 부르기도 한다.

[표 28-3]은 NOT 게이트에서는 입력이 1개, 다른 게이트들에서는 입력이 2개라는 가정하에 앞서 정의한 논리 게이트들의 기능들을 요약한 것이다. [그림 28-2]는 공학자와 기술자가 회로도에서 이런 게이트를 나타내기 위해 사용하는 회로 기호이다.

[표 28-3] 논리 게이트와 각각의 특성들

게이트 유형	입력 개수	설명
NOT	1	입력 상태를 바꿈
OR	2개 또는 그 이상	입력 중 하나라도 HIGH면 HIGH를 출력함
		모든 입력이 LOW면 LOW를 출력함
AND	2개 또는 그 이상	입력 중 하나라도 LOW면 LOW를 출력함
		모든 입력이 HIGH면 HIGH를 출력함
NOR	2개 또는 그 이상	입력 중 하나라도 HIGH면 LOW를 출력함
		모든 입력이 LOW면 HIGH를 출력함
NAND	2개 또는 그 이상	입력 중 하나라도 LOW면 HIGH를 출력함
		모든 입력이 HIGH면 LOW를 출력함
XOR	2	입력 값들이 서로 다르면 HIGH를 출력함
		입력 값들이 서로 같으면 LOW를 출력함

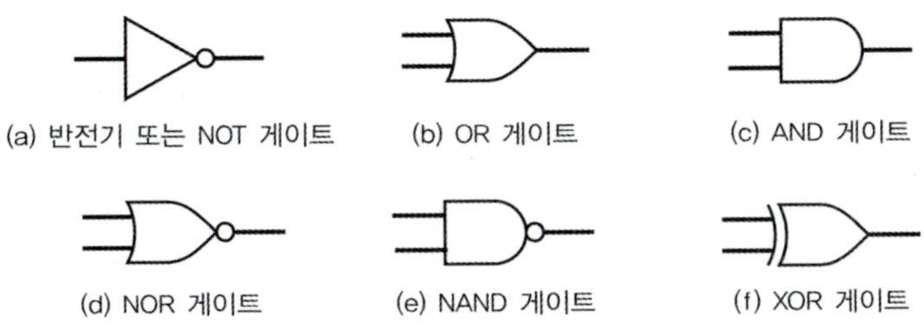

[그림 28-2] 회로도에서 게이트를 나타내는 회로 기호

클록

전자공학에서 **클록**clock이란 정확하고 일정한 시간 간격으로 빠르게 펄스를 만드는 회로를 말한다. 클록은 디지털 기기의 동작 속도를 결정하는데, 컴퓨터에서 클록은 **마이크로프로세서**microprocessor를 위한 메트로놈처럼 동작한다. 클록 속도는 Hz 단위의 주파수로 나타내거나 측정하고, 1 Hz는 1초당 1개의 펄스를 의미한다. 고주파수 기기들은 다음과 같은 속도로 동작하는데, 이는 아날로그 파동 신호에 대해 기술하는 방식과 동일하다.

- **킬로헤르츠**(kHz) : 초당 1,000 또는 10^3개의 펄스를 의미한다.
- **메가헤르츠**(MHz) : 초당 1,000,000 또는 10^6개의 펄스를 의미한다.
- **기가헤르츠**(GHz) : 초당 1,000,000,000 또는 10^9개의 펄스를 의미한다.
- **테라헤르츠**(THz) : 초당 1,000,000,000,000 또는 10^{12}개의 펄스를 의미한다.

양의 논리에서 클록은 일정한 간격으로 짧고 높은 펄스들을 생성한다. 평소의 상태는 LOW이다.

플립플롭

플립플롭flip-flop은 논리 게이트로 구성된 특별한 회로로, **순차 논리 게이트**sequential gate라고 알려져 있다. 순차 게이트에서의 출력 상태는 입력과 출력 상태에 따라 달라진다. '**순차**sequential'라는 용어는 출력 상태가 임의의 순간에서 회로의 상태뿐만 아니라 바로 직전의 상태에 따라서도 달라진다는 사실로부터 유래했다. 플립플롭에는 **셋**set과 **리셋**reset이라는 두 가지 상태가 있는데, 일반적으로 셋 상태는 논리 1(HIGH)에, 리셋 상태는 논리 0(LOW)에 해당한다. 회로 모식도에서 플립플롭은 보통 2개 또는 그 이상의 입력과 2개의 출력을 가진 직사각형으로 표현된다. 만약 직사각형 기호를 사용하면 직사각형의 안쪽이나 바깥쪽 윗부분에 플립플롭을 의미하는 FF를 기재한다. 다음은 플립플롭의 몇 가지 유형이다.

- **R–S 플립플롭** : 입력에 R(리셋)과 S(셋)가 표기되어 있다. 공학자들은 출력을 Q와 –Q라고 부른다(때때로 –Q보다는 Q′나 Q 위에 선을 그은 것으로 표기하기도 한다). [표 28–4(a)]는 입력과 출력 상태를 나타낸 것이다. 만약 R = 0이고, S = 0이면 출력 상태는 그 순간까지 유지해 온 값들을 그대로 유지한다. R = 0, S = 1이면 Q = 1, –Q = 0이고, R = 1, S = 0이면 Q = 0, –Q = 1이다. S = 1, R = 1이면 회로의 출력값을 예측할 수 없다. (26장을 생각해 보자. 555 타이머 IC에 포함된 R–S 플립플롭을 사용했다.)
- **동기식 플립플롭**synchronous flip-flop : 외부 클록에서의 신호로 **트리거**trigger될 때 상태가 바뀐다. **정적 트리거링**static triggering 방식에서는 클록 신호가 완전히 높거나 낮은 상태에 있을 때만 출력 상태가 바뀌는데, 때때로 이런 유형의 회로를 **게이트가 달린 플립플롭**gated flip-flop이라고 한다. **포지티브 에지 트리거링**positive-edge triggering 방식에서는 클록 펄스가 상승하는 순간에 출력 상태가 바뀐다. 반대로 **네거티브 에지 트리거링**negative-edge triggering 방식에서는 클록 펄스가 하강하는 순간에 출력 상태가 바뀐다. 펄스의 급격한 상승과 하강은 마치 [그림 28–3]과 같이 절벽의 낭떠러지처럼 보인다.
- **마스터–슬레이브(M/S, 주종형) 플립플롭**master/slave flip-flop : 출력이 상태를 바꾸기 전에 입력 상태들이 저장된다. 이 플립플롭은 반드시 직렬로 연결된 2개의 R–S 플립플롭들로 구성되며 첫 번째 플립플롭을 **마스터**master**(주)**, 두 번째 플립플롭을 **슬레이브**slave**(종)**라고 한다. 마스터는 클록 출력이 HIGH일 때 동작하고, 슬레이브는 바로 뒤따라 나오는 클록 출력의 LOW 부분에서 동작한다. 이런 시간 지연을 통해 입력과 출력 신호 간 혼동을 방지할 수 있다.
- **J–K 플립플롭** : 두 입력이 모두 1일 때도 출력을 예측할 수 있다는 점을 제외하면 R–S 플립플롭과 유사하게 동작한다. [표 28–4(b)]는 이 유형의 플립플롭에 대한 입력과 출력 상태들을 나타낸 것이다. 출력 상태는 트리거링 펄스가 회로에 인가될 때만 바뀐다.
- **R–S–T 플립플롭** : 추가적으로 존재하는 T 입력에 HIGH 펄스가 들어가야만 회로가 상태를 바꾼다는 점을 제외하면 R–S 플립플롭과 유사하게 동작한다.
- **T 플립플롭** : 하나의 입력만 갖는다. 입력에 HIGH 펄스가 나타날 때마다 출력은 1에서 0 또는 0에서 1로 상태를 바꾼다. 단순한 반전기(NOT 게이트)와의 차이점에 주목하자.

[표 28-4] 플립플롭의 상태

(a) R-S 플립플롭

R	S	Q	−Q
0	0	Q	−Q
0	1	1	0
1	0	0	1
1	1	?	?

(b) J-K 플립플롭

J	K	Q	−Q
0	0	Q	−Q
0	1	1	0
1	0	0	1
1	1	−Q	Q

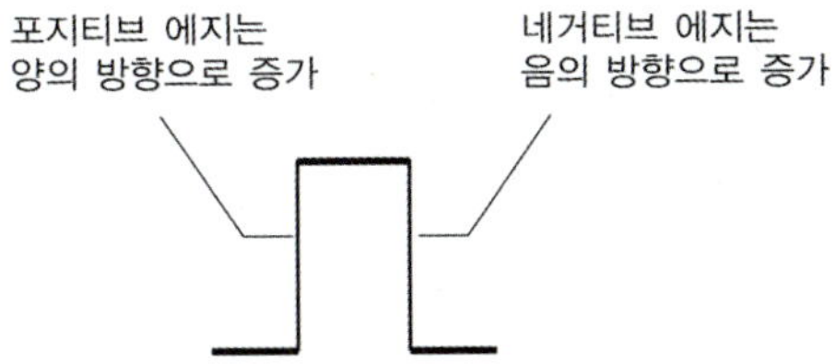

[그림 28-3] 디지털 펄스의 에지는 양의 방향으로 급격히 상승하거나 음의 방향으로 급격히 하강한다.

카운터

카운터 counter는 말 그대로 디지털 펄스를 하나씩 세는 기능을 수행한다. 카운터가 HIGH 펄스를 입력받을 때마다 카운터가 갖고 있는 **메모리** memory의 2진수는 1씩 증가한다. **주파수 카운터** frequency counter는 정확히 알려진 시간 동안 주기를 집계해 교류 파동이나 신호의 주파수를 측정할 수 있다. 카운터는 정의된 간격에서 각 계수 주기를 시작하고 종료하는 **게이트** gate로 구성된다(이 게이트와 앞서 기술한 논리 게이트를 혼동하면 안 된다). 카운터의 정확도는 **게이트 시간** gate time, 즉 계수를 위한 펄스를 받아들이기 위해 게이트가 얼마나 열려있을 수 있는지에 따라 결정된다. 주파수 카운터 동작에서 게이트 시간을 늘리면 정확도가 향상된다. 카운터는 펄스를 2진법의 숫자로 더하지만, 디스플레이에서는 10진법의 디지털 숫자로 볼 수 있다.

2진 통신

다중 신호 통신 multilevel signaling(2개 이상의 상태를 갖는 디지털 전송)을 구현하고 싶다면 서로 다른 신호 레벨을 특정 2진수를 나타내는 고유의 2진 숫자 그룹으로 표현할 수 있다. 예를 들어, 3개의 2진 숫자들로 나타낼 수 있는 수의 그룹은 2^3개로, 8개의 레벨까지 나타낼 수 있다. 4개의 2진 숫자들로 나타낼 수 있는 수의 그룹은 2^4개로, 16개의 레벨까지 나타낼 수 있다. '**2진 숫자** binary digit'라는 용어는 일반적으로 **비트** bit라고 표현하고, 하나의 비트는 0 또는 1의 논리값을 가질 수 있다. 일부 공학자들은 8개의 비트 묶음을 **옥텟** octet이라고 부르는데, 옥텟은 많은 전자 시스템에서 **바이트** byte라는 단위에 대응한다.

2진 신호법의 유형

공학자는 다양한 유형(또는 모드)의 **2진 통신 기법** binary communications을 개발해 왔다. 다음은 2진 신호법의 대표적인 세 가지 예이다.

❶ **모스 부호** Morse code : 가장 오래된 2진 모드이다. 논리 상태는 닫힌 키 또는 온 상태인 **마크** mark(기호)와 열린 키 또는 오프 상태인 **스페이스** space(공백)로 구분된다. 모스 부호는 현대 전자 시스템에서는 더 이상 사용하지 않지만 아마추어 무선 운용자들이 디지털 신호를 읽는 기기에 문제가 발생했을 때 사용할 수 있는 백업 모드로 기능할 수 있다.

❷ **보도 코드** Baudot code(**머레이 코드** Murray code) : 다섯 자리의 디지털 코드로, (일부 구식 인쇄 전신기 시스템에서 사용되는 것을 제외하고는) 오늘날 디지털 기기에서 널리 사용되지는 않는다. 2^5개, 즉 32개의 레벨 표현이 가능하다.

❸ ASCII **코드** : 텍스트를 전송하고, 간단한 프로그래밍을 할 때 사용할 수 있는 일곱 자리 코드이다. 2^7개, 즉 128개의 레벨 표현이 가능하다. ASCII는 American National Standard Code for Information Interchange의 약자이다.

비트

대용량 데이터는 2 또는 10의 지수 형태로 양을 나타낼 수 있는데, 이 두 가지 방법은 종종 혼동을 초래한다. 다음은 **비트** bit에 대해 논할 때 단위를 정하는 방법이다.

- **킬로비트**(kb) : 10^3 또는 1,000비트
- **메가비트**(Mb) : 10^6 또는 1,000,000비트
- **기가비트**(Gb) : 10^9 또는 1,000,000,000비트
- **테라비트**(Tb) : 10^{12} 또는 1,000Gb
- **페타비트**(Pb) : 10^{15} 또는 1,000Tb
- **엑사비트**(Eb) : 10^{18} 또는 1,000Pb

디지털 신호를 어떤 위치(**송신지** source)에서 다른 위치(**수신지** destination)로 전송할 때의 데이터 속도를 표현하기 위해 **초당 비트 수** bits per second(bps)에 10의 지수를 곱한 단위들(bps, kbps, Mbps, Gbps 등)을 사용할 수 있다.

바이트

데이터 스토리지 또는 메모리(한 장소에서 다른 장소로 이동할 수 있는 형태보다는 한 곳에 위치가 고정된 형태)의 데이터 양은 2의 지수의 배수로 표현되는 **바이트** byte 단위로 나타낸다. 다음은 바이트의 단위를 정하는 방법이다.

- **킬로바이트**(KB) : 2^{10} 또는 1,024바이트
- **메가바이트**(MB) : 2^{20} 또는 1,048,576바이트
- **기가바이트**(GB) : 2^{30} 또는 1,073,741,824바이트
- **테라바이트**(TB) : 2^{40} 또는 1,024GB
- **페타바이트**(PB) : 2^{50} 또는 1,024TB
- **엑사바이트**(EB) : 2^{60} 또는 1,024PB

단위와 배수 접두사에 대한 일반적인 약어 표기법은 다음과 같다.

- 소문자 b : 비트^bit^
- 대문자 B : 바이트^byte^
- 소문자 k : 10^3 또는 1,000
- 대문자 K : 2^{10} 또는 1,024
- 배수에 관한 접두사 M, G, T, P, E는 항상 대문자로 표기

보

보^baud^는 신호가 상태를 바꾸는 초당 횟수를 의미한다. 종종 **보 레이트**^baud rate^라고도 하는 보에 대한 글은 대략 1980년대 이전의 문서와 논문에서만 접할 수 있을 것이다. 초당 비트수(bps)와 보는 특정 디지털 신호에 대해 정량적으로 매우 근접한 정의를 갖지만, 정성적으로는 서로 다른 속도 파라미터를 나타낸다. 일부 공학자들은 bps와 보가 서로 같은 단위를 나타내는 것처럼 말하지만, 사실은 그렇지 않다.

데이터 변환

아날로그 신호는 진폭이 유한한 숫자 상태(보통 2의 거듭제곱)를 갖는 일련의 펄스로 변환할 수 있다. 이 기법을 통해 아날로그-디지털(A/D) 변환이 이루어진다. 이는 디지털-아날로그(D/A) 변환의 역과정이다.

[그림 28-4]는 아날로그 신호와 디지털 신호의 기능적인 차이를 나타낸다. 펄스의 **열**^sequence^ 또는 펄스 **트레인**^train^을 얻기 위해 곡선을 샘플링한다고 가정하거나(A/D 변환) 펄스들을 완만하게 연결해 곡선을 얻는 과정(D/A 변환)을 생각하면 된다.

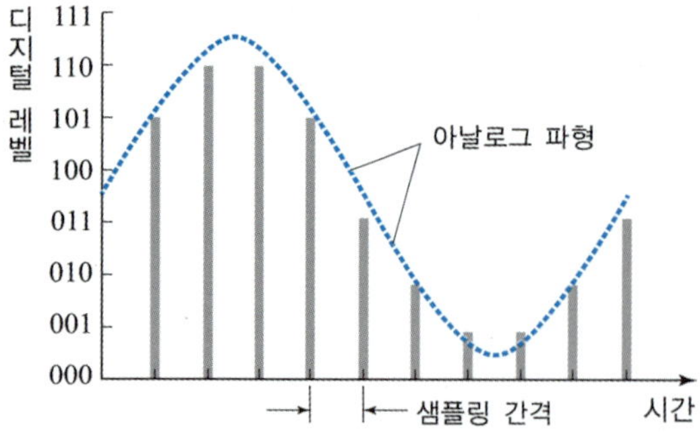

[그림 28-4] 아날로그 파형(점선)과 동일한 곡선을 8레벨 디지털 방식으로 나타낸 결과(수직 막대)

하나의 통신선 또는 채널을 따라 한 번에 한 비트씩 2진 데이터를 전송하고 수신할 수 있다. 이런 모드를 **직렬 데이터 전송**serial data transmission이라고 하는데, 여러 개의 통신선이나 광대역 채널을 사용해 각 선이나 서브 채널을 따라 서로 독립적인 비트 시퀀스를 전송하는 방식을 통해 데이터 속도를 높일 수 있다. 이런 방식을 **병렬 데이터 전송**parallel data transmission이라고 한다.

병렬-직렬parallel-to-serial(P/S) 변환은 여러 개의 통신선이나 다중 채널에서 비트들을 수신한 뒤 하나의 통신선 또는 채널을 따라 하나씩 재전송하는 과정으로 이뤄진다. 직렬 선이나 직렬 채널을 통한 전송 순서를 대기하는 동안 **버퍼**buffer는 병렬 선이나 병렬 채널에서 온 비트들을 저장한다. **직렬-병렬**serial-toparallel(S/P) 변환은 직렬 선이나 직렬 채널을 통해 비트들을 하나씩 수신한 뒤 여러 개의 선 또는 채널을 통해 그 비트들을 일괄적으로 재전송하는 과정으로 이뤄진다. S/P 변환기의 출력은 입력 신호보다 속도가 결코 빠를 수 없다. 그러나 직렬 데이터 기기와 병렬 데이터 기기 사이를 연결할 때는 이런 변환 시스템이 매우 유용하다.

[그림 28-5]는 송신지에 P/S 변환기를 배치하고, 수신지에 S/P 변환기를 배치한 회로이다. 여기서 **워드**word는 8비트 단위의 바이트로 구성되지만, 통신 시스템에 따라 16, 32, 64, 128비트의 길이를 가질 수도 있다.

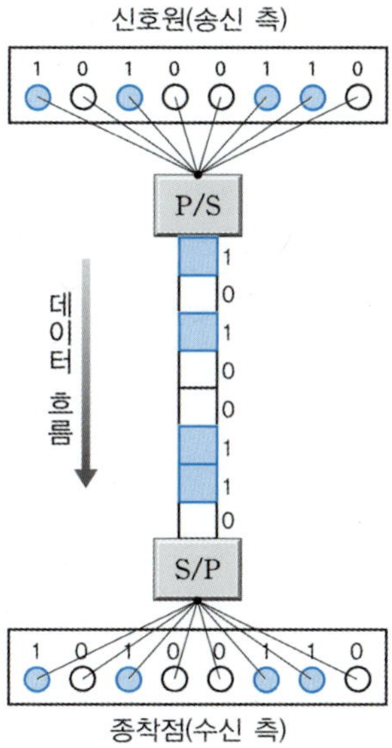

[그림 28-5] **신호원에 병렬-직렬(P/S) 변환기를, 종착점에 직렬-병렬(S/P) 변환기를 배치한 통신 회로**

데이터 압축

데이터 압축data compression은 어떤 기기가 주어진 공간에 저장할 수 있는 디지털 정보의 양 또는 특정 시간 동안 전송할 수 있는 디지털 정보의 양을 극대화할 수 있는 방법이다.

디지털 이미지와 오디오 파일은 무손실성 이미지 압축 방식과 손실성 이미지 압축 방식 중 하나를 선택해 압축할 수 있다. **무손실성 이미지 압축 방식**lossless image compression을 사용하면 이미지의 세부 사항들은 손실되지 않고, **여분 비트**redundant bit만 제거된다. **손실성 이미지 압축 방식**lossy image compression을 사용하면 (이미지 또는 오디오 품질이 쓸 수 없을 정도로 심각하게 저하되는 경우는 매우 드물지만) 일부 세부 사항들은 잃을 수 있다.

디지털 신호 처리

디지털 신호 처리는 오디오나 비디오 같은 아날로그 신호를 처리하기 위해 디지털 기술을 사용하는 방법으로, 다음과 같은 다양한 목적으로 사용될 수 있다.

- 필터링
- 잡음 감소
- 노이즈 캔슬링 헤드폰
- 비디오 자막

신호는 먼저 아날로그/디지털 변환을 통해 디지털 형태로 변환된다. 변환된 디지털 데이터는 마이크로컨트롤러의 소프트웨어를 사용해 처리된다. 마지막으로 디지털/아날로그 변환기를 통해 디지털 신호가 원래의 음성이나 비디오로 다시 변환된다.

연습문제

01 다음 중 불 대수에서 포함적 논리 OR 연산이 수행하는 기능으로 옳은 것은 무엇인가?

(a) 곱셈 (b) 나눗셈
(c) 덧셈 (d) 뺄셈

02 다음 중 16진수 C7을 같은 값의 10진수로 나타낸 것은 무엇인가?

(a) 127
(b) 199
(c) 212
(d) 263

03 [그림 28-6]과 같이 AND 게이트의 두 입력인 X와 Y NOT 게이트를 각각 종속 연결(직렬 연결)했다고 가정하자. 만약 X = 1, Y = 0이라면 다음 중 P와 Q 지점에서의 논리값은 무엇인가?

(a) P=1, Q=1
(b) P=0, Q=1
(c) P=1, Q=0
(d) P=0, Q=0

04 다음 중 [그림 28-6]과 같은 상황에서 출력 노드 R에서 1의 논리값을 얻게 되는 입력 조건은 무엇인가?

(a) X=1, Y=1
(b) X=0, Y=1
(c) X=1, Y=0
(d) X=0, Y=0

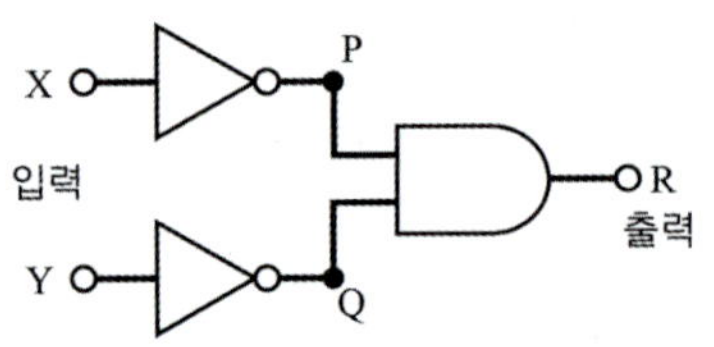

[그림 28-6] [연습문제 03~04]를 위한 그림

05 다음 중 2진수 10101을 같은 값의 10진수로 나타낸 것은 무엇인가?

(a) 18
(b) 21
(c) 29
(d) 57

06 다음 중 16진수 FF를 같은 값의 10진수로 나타낸 것은 무엇인가?

(a) 1034
(b) 1515
(c) 255
(d) 194

07 다음 중 10진수 104를 같은 값의 16진수로 나타낸 것은 무엇인가?

(a) 173
(b) 11
(c) 68
(d) 137

08 [그림 28-7]과 같이 XOR 게이트의 출력에 NOT 게이트를 두었다고 가정하자. 그리고 이 게이트들의 조합의 조건을 공개하지 않고 동작시킨다고 하자. 다음 중 출력 노드 Q에서 LOW 상태를 얻을 수 있는 입력 X와 Y의 조건은 무엇인가?

(a) X = 0, Y = 0일 때만
(b) X = 1, Y = 1일 때만
(c) X = Y(X와 Y가 동일한 논리 상태)라면 언제든
(d) X ≠ Y(X와 Y가 반대의 논리 상태)라면 언제든

09 다음 중 입력 X와 Y가 어떤 값을 갖는 조건일 때 [그림 28-7]의 블랙박스 출력 노드 Q에서 HIGH 상태를 얻을 수 있는가?

(a) X = 0, Y = 0일 때만
(b) X = 1, Y = 1일 때만
(c) X = Y라면 언제든
(d) X ≠ Y라면 언제든

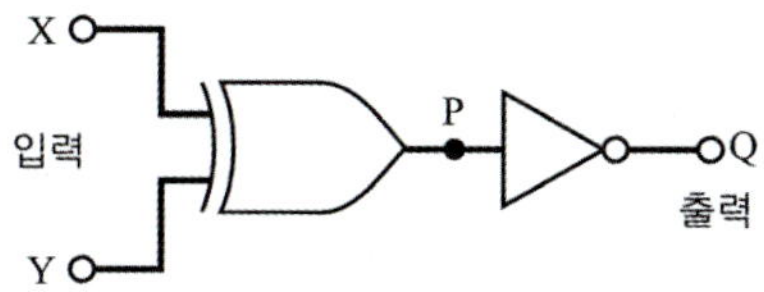

[그림 28-7] [연습문제 08~09]를 위한 그림

10 다음 중 여덟 자리 2진수에 있어서 왼쪽에서 두 번째 숫자에 곱해지는 수를 10진수로 나타낸 것은 무엇인가?

(a) 64
(b) 128
(c) 256
(d) 512

11 다음 중 10진수 35를 16진수로 나타낸 것은 무엇인가?

(a) B2
(b) 2A
(c) AB
(d) 23

12 다음 중 R-S 플립플롭의 두 입력이 모두 HIGH일 때 출력 상태들의 논리값은 얼마인가?

(a) 예측할 수 없다.
(b) 모두 HIGH
(c) 모두 LOW
(d) 서로 반대로 나타난다.

13 [그림 28-8]의 XOR 게이트의 두 입력 X와 Y에 NOT 게이트를 종속 연결했다고 가정하자. 다음 중 출력 노드 R에서 1의 논리값을 얻게 되는 입력 조건은 무엇인가?

(a) X = 1, Y = 1일 때만
(b) X = 0, Y = 0일 때만
(c) X = Y라면 언제든
(d) X ≠ Y라면 언제든

14 다음 중 [그림 28-8]의 회로에서 출력 노드 R에서 0의 논리값을 얻게 되는 입력 조건은 무엇인가?

(a) X = 1, Y = 1일 때만
(b) X = 0, Y = 0일 때만
(c) X = Y라면 언제든
(d) X ≠ Y라면 언제든

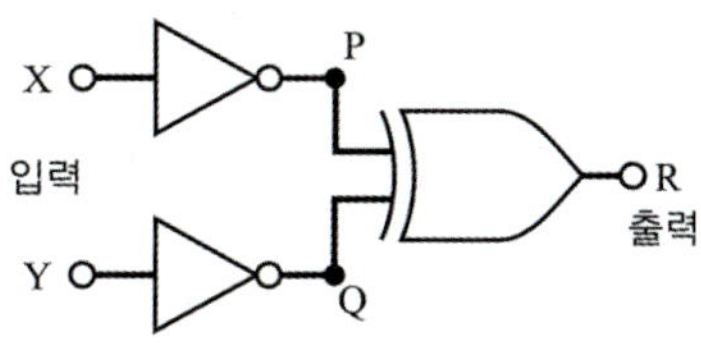

[그림 28-8] [연습문제 13~14]를 위한 그림

15 다음 중 16진법 체계에서 999 다음에 오는 숫자는 무엇인가?

(a) 1,000 (b) 99A
(c) A000 (d) A99

16 다음 중 디지털 신호 처리가 수행할 수 있는 용도로 옳은 것은 무엇인가?

(a) 하이파이 시스템의 톤 제어
(b) 오디오 시스템의 잡음 제어
(c) 오디오 신호의 필터링
(d) (a), (b), (c) 모두

연습문제

17 다음 중 여덟 자리 2진수로 표현할 수 있는 가장 큰 10진수는 무엇인가?

(a) 511
(b) 255
(c) 127
(d) 63

18 다음 중 문자나 기호의 실제 개수를 증가시키지 않고도 주어진 시간 안에 전송할 수 있는 유용한 정보의 양을 최대화하기 위해 사용하는 기법으로 옳은 것은 무엇인가?

(a) D/A 변환
(b) A/D 변환
(c) 데이터 압축
(d) 데이터 가속

19 다음 중 입력 단자가 둘인 NAND 게이트의 두 입력 논리값이 모두 0일 때 출력 상태는 무엇인가?

(a) LOW
(b) HIGH
(c) 예측할 수 없으며 불안정하다.
(d) 이전 상태에 의존한다.

20 다음 중 디지털 신호가 HIGH에서 LOW로 변하거나, 반대로 LOW에서 HIGH로 변하는 초당 횟수를 의미하는 것은 무엇인가?

(a) 보baud
(b) 초당 비트 수
(c) 초당 문자 수
(d) 변환 속도conversion rate

정답

01 c	**02** b	**03** b	**04** d	**05** b	**06** c	**07** c	**08** d	**09** c	**10** a
11 d	**12** a	**13** d	**14** c	**15** b	**16** d	**17** b	**18** c	**19** b	**20** a

PART 4

특수 장치와 시스템

Specialized Devices and Systems

CHAPTER 29

마이크로컨트롤러

Microcontrollers

마이크로컨트롤러의 장점

마이크로컨트롤러의 모양과 크기

범용 입출력 핀

디지털 출력

디지털 입력

PWM 출력

아날로그 입력

전용 직렬 하드웨어 인터페이스

마이크로컨트롤러 사용 예 : ATtiny44

프로그래밍 언어

마이크로컨트롤러의 프로그래밍 방법

연습문제

학습목표

- 마이크로컨트롤러의 기능과 장점에 대해 이해할 수 있다.
- 마이크로컨트롤러의 종류에 대해 이해할 수 있다.
- 마이크로컨트롤러를 구성하는 각핀들의 동작에 대해 이해할 수 있다.
- 마이크로컨트롤러를 실제로 사용하고, 프로그래밍하는 방법을 이해할 수 있다.

마이크로컨트롤러는 1980년대 대부분의 가정용 컴퓨터에서 사용되었던 내용을 담고 있는 단일 IC이다. 마이크로컨트롤러는 8비트(또는 그 이상)의 **마이크로프로세서**microprocessor와 실행할 프로그램을 저장할 때 사용되는 비휘발성 기억 장치인 **플래시 메모리**flash memory, 데이터와 값을 임시로 저장할 때 사용되는 휘발성 기억 장치인 **램**(RAMRandom Access Memory)을 포함한다.

프로그램 데이터를 저장할 때 비휘발성 기억 장치인 **이이피롬**(EEPROMElectrically Erasable Programmable Read-Only Memory)을 사용하는 마이크로컨트롤러도 있다. 이이피롬에 저장된 데이터는 램과 달리 마이크로컨트롤러의 전원이 꺼져도 사라지지 않는다. 마이크로컨트롤러는 각종 **센서**sensor, **스위치**switch, LED, **표시 장치**display 등을 간편하게 제어할 수 있는 **범용(다용도) 입/출력**General Purpose Input/Output(GPIO) 핀을 여러 개 가지고 있다. 즉 마이크로컨트롤러는 1개의 칩에 집적된 컴퓨터라고 할 수 있다.

마이크로컨트롤러의 장점

별도의 칩들을 여러 개 사용하는 대신 마이크로컨트롤러 칩 1개를 사용하면 비용을 절감할 수 있다. 마이크로컨트롤러는 우리 주변의 대부분의 가전제품에서 찾아볼 수 있다. 전동칫솔에서 자동차(수십 개의 마이크로컨트롤러 사용)에 이르는 모든 제품에서 마이크로컨트롤러가 사용되고 있다. [그림 29-1]은 일반적인 마이크로컨트롤러 칩의 구성도이다.

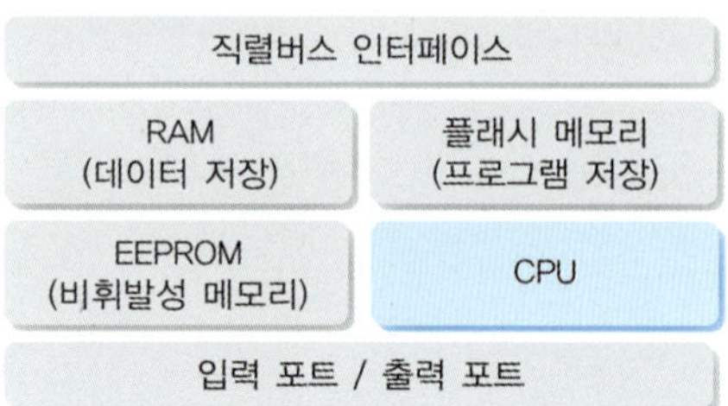

[그림 29-1] 마이크로컨트롤러의 핵심 구성 요소

중앙처리장치Central Processing Unit(CPU)는 플래시 메모리에 저장된 명령어들을 한 번에 하나씩 차례로 가져온다. 프로그램이란 마이크로컨트롤러가 수행하는 명령어들을 모아놓은 것으로, 명령어의 몇 가지 종류는 다음과 같다.

- 두 수를 더하라(add).
- 두 수를 비교하라(compare).
- 비교 결과에 따라 프로그램의 특정 부분으로 점프하라(jump).
- 디지털 입력을 읽어라(read).
- 디지털 출력을 작성하라(write).

마이크로컨트롤러는 명령어가 지시하는 작업을 한 번에 한 단계씩 수행한다. 각 단계는 **클록**clock에 맞춰 실행된다. 클록은 **저전력**low power 마이크로컨트롤러의 경우 1MHz에서 20MHz, 고전력 프로세서의 경우 수백 MHz에 이르는 발진기이다. 명령들은 클록에 맞춰 차례대로 실행된다.

마이크로컨트롤러는 GPIO 핀을 통해 외부 장치와 상호작용한다. GPIO 핀은 필요에 따라 입력 또는 출력으로 설정해 28장에서 다룬 논리 게이트의 입력과 출력처럼 사용할 수 있다. 그러나 GPIO 핀은 하드웨어와 논리 게이트가 아니라 소프트웨어에 연결되어 있다. 따라서 마이크로컨트롤러는 거의 무한히 자유롭게 사용할 수 있고, **실행 속도**speed와 **메모리**memory, 제어 프로그램을 작성하는 사람의 능력에만 제한된다.

마이크로컨트롤러는 일반적으로 연속적인 세계(아날로그 신호)와 on/off 세계(디지털 신호)를 서로 바꾸는 방법을 갖고 있다. 이는 마이크로컨트롤러가 단지 디지털 분야뿐만 아니라 아날로그 전자 분야에도 응용될 수 있다는 의미이다.

이처럼 아날로그 분야에 최적화된 마이크로컨트롤러를 **디지털 신호 처리**Digital Signal Processing용 마이크로컨트롤러, 간단히 DSPDigital Signal Processor라고 한다. 예를 들어, 반사음 효과를 내는 장치인 **에코 효과 박스**echo effects box는 기타guitar 또는 오디오 증폭기용 톤 조정기에 사용된다. 이 장치는 아날로그 신호를 디지털화하고, 여러 수학 연산을 사용한 뒤 처리된 디지털 값을 아날로그 신호로 다시 변환한다.

적용성(응용성)이 뛰어나다는 마이크로컨트롤러의 장점은 사용자가 용도에 맞춰 프로그램을 직접 작성해 명령하지 않으면 아무 기능도 수행하지 못한다는 단점이 되기도 한다. 따라서 마이크로컨트롤러를 사용하는 사람은 응용할 전자 장치와 컴퓨터 프로그램에 대해 잘 알아야 한다. 마이크로컨트롤러의 프로그램은 일반적으로 짧고 간단하다. **아두이노**Arduino라는 매우 유명한 마이크로컨트롤러 보드는 30장에서 자세히 배울 것이다.

아두이노 같은 마이크로컨트롤러 보드에는 마이크로컨트롤러 칩에 전압 조정기(안정기)나 USB 프로그래밍 인터페이스 같은 지원 장치가 있다. 따라서 프로그래밍을 위한 별도의 하드웨어 장치가 없어도 마이크로컨트롤러 칩 안에 프로그램을 써넣을 수 있다.

마이크로컨트롤러의 모양과 크기

마이크로컨트롤러는 핀이 3개인 것부터 수백 개인 것까지 그 종류가 다양하다. 따라서 설계하려는 장치에 적합한 특징과 성능, 가격, GPIO 핀의 개수를 고려해 적당한 것을 고르면 된다. 종류가 무척 다양하기 때문에 가장 적합한 것을 찾는 것이 쉽지는 않다. 이 작업을 쉽게 하기 위해 마이크로컨트롤러는 기본 구조와 프로그래밍 명령어는 동일하지만, 핀의 개수와 플래시 메모리 용량은 다른 그룹으로 묶이곤 한다. 이렇게 묶인 하나의 그룹을 **패밀리** family(계열)라고 한다.

칩 제조사인 Microchip의 ATTiny 마이크로컨트롤러 패밀리는 **로엔드** low-end 마이크로컨트롤러의 전형적인 예이다. 더 높은 파워를 내는 마이크로컨트롤러의 경우 많은 제조사들이 마이크로컨트롤러 디자인 회사인 ARM의 디자인을 기반으로 한다. 이런 장치들은 ATTiny 시리즈의 8비트가 아니라 32비트 단위로 데이터에 접근하고 연산을 수행한다. [표 29-1]은 이런 일반적인 마이크로컨트롤러의 특징을 나타낸 것으로, 칩 제조사인 ST Electronics의 인기 있는 ARM 장치들도 포함하고 있다. 표의 가격은 이 책을 집필하는 시점에서 조사한 칩 1개의 가격이므로 다소 부정확할 수 있다.

[표 29-1] ATmega328 마이크로컨트롤러

마이크로컨트롤러	아키텍처 (bit)	최대 클록 (MHz)	패키지 핀 수	GPIO 핀 수	플래시 메모리 (kB)	가격 (달러)
ATtiny4	8	20	8	6	4	0.60
ATtiny3227	8	20	24	22	21	1.20
STM32F030	ARM 32	48	20	18	16	1.75
STM32F303	ARM 32	72	48	37	64	7.50

범용 입출력 핀

GPIO General-Purpose Input/Output(범용 입출력) 핀의 장점은 '범용(여러 용도로 사용할 수 있음)'이라는 것이다. 이는 마이크로컨트롤러에서 수행되는 프로그램에 의해 핀이 입력일지 출력일지 결정된다는 뜻이다. 또한 핀이 입력으로 설정되면 그 입력 핀을 칩 내부에 있는 저항(**풀업 저항** pull-up resistor)을 통해 마이크로컨트롤러의 (+) 전원에 연결할지의 여부도 프로그램에 의해 결정된다는 것을 뜻한다.

[그림 29-2]는 전형적인 GPIO 핀의 구성을 간략하게 나타낸 회로도이다. 출력 구동회로는 **푸시-풀**push-pull 구조로 되어 있다. 따라서 어떤 핀이 출력으로 설정되면 그 핀은 전류를 받아들이거나(sink, 출력 논리가 '0'(LOW)일 때) 내보낸다(source, 출력 논리가 '1'(HIGH)일 때). 이 때 흐르는 전류는 일반적으로 10 mA 에서 40 mA 사이이다. 또한 그림의 **출력 허용**Output enable 단자를 통해 전체 출력이 '**사용 금지**disable(차단)' 되도록 제어하면 그 핀은 디지털 입력으로 동작할 수 있다. 마이크로컨트롤러의 일부 핀은 아날로그 입력으로 사용되기도 한다. 이 핀은 마이크로컨트롤러 칩 내부에 들어 있는 비교기에 연결되어 있다. 비교기는 이 핀으로 들어오는 전압을 마이크로컨트롤러 칩 내부에서 만들어낸 전압들과 비교한다. 즉 이 핀은 입력된 전압의 값을 측정할 때 사용된다.

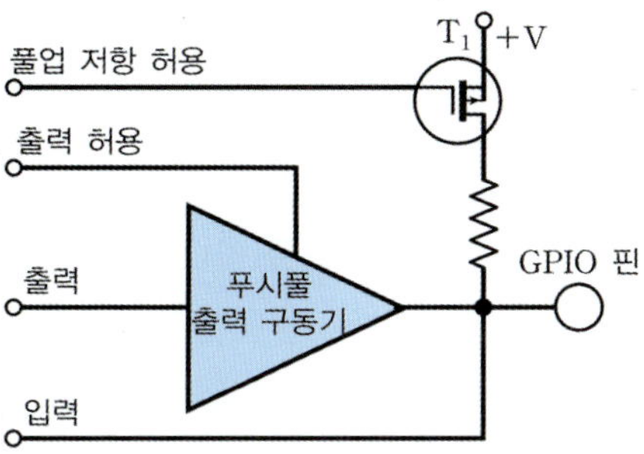

[그림 29-2] GPIO 핀의 구성도

디지털 출력

GPIO 핀은 디지털 출력으로 가장 널리 사용된다. 즉 GPIO 핀은 외부 장치 또는 부품을 **온**on, **오프**off할 때 사용한다. 따라서 LED 같은 부품을 GPIO 핀에 직접 연결하거나 트랜지스터 또는 **릴레이**relay(계전기)를 사용해 제어되고 있는 항목에 더 많은 전류나 전압, 또는 둘 다를 공급할 수 있다. [그림 29-3]은 마이크로컨트롤러의 GPIO 핀을 LED에 연결하는 방법을 나타낸 것으로, GPIO 핀은 일반적으로 수십 mA 정도의 전류를 공급할 수 있다. 이를 제한하기 위한 저항 R이 직렬로 연결되어 있다.

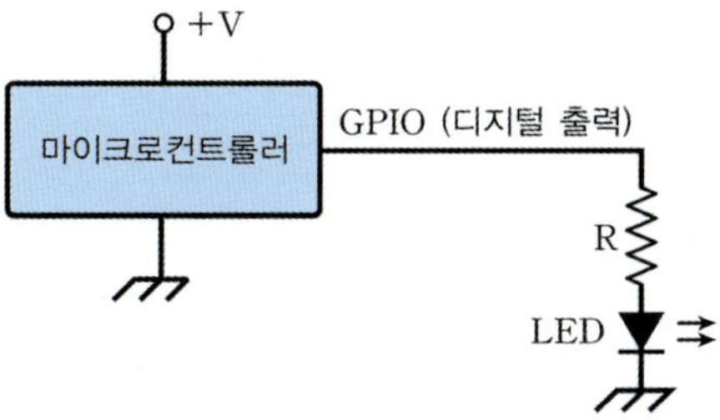

[그림 29-3] 디지털 출력을 이용한 LED 온, 오프 제어

어떤 디지털 출력 핀을 HIGH로 설정하면 그 출력 핀에는 마이크로컨트롤러의 전원 전압(5V 또는 3.3V)이 나타나고, LOW로 설정하면 0V가 나타난다. 대부분의 마이크로컨트롤러는 5V 또는 3.3V의 전압으로 동작한다(5V 마이크로컨트롤러는 3.3V의 전압으로도 대부분 동작한다. 그러나 그 반대로는 동작하지 않기도 한다). 마이크로컨트롤러가 5V로 동작하고 있고, 저항기의 값이 470Ω, LED의 순방향 전압이 2V라면 LED에 흐르는 전류는 $I = V/R = (5-2)/470 = 6.38\,\mathrm{mA}$가 된다. 이 정도 크기의 전류는 LED가 밝게 빛나게 하기 충분하다.

디지털 입력

마이크로컨트롤러가 들어오는 입력에 반응해 어떤 일을 하게 하려면 GPIO 핀을 디지털 입력으로 설정하면 된다. 예를 들어, 디지털 입력은 **누름 스위치**push switch 또는 디지털 출력을 가진 **동작 탐지기**motion detector에 연결될 수 있다.

마이크로컨트롤러가 어떤 디지털 입력을 '읽으면' 입력은 HIGH 또는 LOW 중 하나일 것이다. 일반적으로 들어오는 입력 전압의 크기가 마이크로컨트롤러의 전원 전압의 절반(5V 마이크로컨트롤러라면 2.5V, 3.3V 마이크로컨트롤러라면 1.65V)보다 크면 HIGH, 작으면 LOW가 된다.

크기가 3.3V인 디지털 출력을 5V 입력에 연결하는 것은 문제가 없다. 3.3V 'HIGH' 전압이 2.5V의 입력 문턱전압보다 크기 때문이다. 그러나 어떤 3.3V 디지털 입력에 '5V 입력 허용' 능력이 없다면 이 입력에 5V 디지털 출력을 연결하면 안 된다. 보통 3.3V 마이크로컨트롤러에 5V 입력 허용 능력을 가진 핀이 있는 경우는 드물다. 물론 이런 핀이 있다면 여러 개의 전원 전압을 가진 시스템들에 쉽게 접속할 수 있다.

마이크로컨트롤러는 모든 복잡한 논리를 자체적으로 전부 구현할 수 있으므로 누름 스위치보다 복잡한 방법을 사용해 마이크로컨트롤러에 스위치를 연결할 필요가 없다. 이런 스위치는 접지에 연결되도록 배치되며 스위치에 의해 전지에 연결되기 전까지 입력을 HIGH로 유지하는 **풀업 저항**pull-up resistor을 사용한다. [그림 29-4(a)]는 마이크로컨트롤러의 내부 풀업 저항을 사용해 디지털 입력에 연결된 스위치를 나타낸 것이고, [그림 29-4(b)]는 외부 풀업 저항을 사용하는 유사한 스위치를 나타낸 것이다.

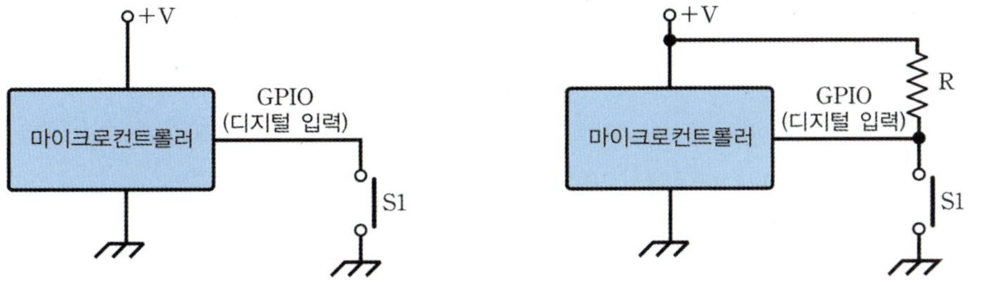

(a) 내부 풀업 저항을 통한 스위치-디지털 입력 연결 (b) 외부 풀업 저항을 통한 스위치-디지털 입력 연결

[그림 29-4] **디지털 입력에 스위치를 연결하는 방법**

외부 풀업 저항을 사용하지 않으려면 마이크로컨트롤러의 핀 내부에 풀업 저항이 들어 있어야 하고, 이 저항은 마이크로컨트롤러에서 실행되고 있는 프로그램의 접속을 **허용**enable하거나 **차단**disable할 수 있어야 한다. 풀업 저항의 값은 특정한 값 대신 어떤 범위로 표시되는데, 이 범위는 보통 30kΩ에서 50kΩ 사이이다. 대부분 내부 풀업 저항만으로도 충분하지만 입력 핀과 스위치를 연결하는 도선의 길이가 길다면 충분한 전류가 필요하므로 추가로 외부에 270Ω 정도의 작은 값을 연결해야 한다. 이 경우에는 [그림 29-4(b)]와 같은 방식으로 저항을 연결해야 한다.

스위치가 닫힐 때는 접점에서 **바운스**bounce가 일어난다. 바운스란 버튼을 누를 때 접점이 한 번에 닫히지 않고, 여러 번 열림과 닫힘이 빠르게 되풀이되는 현상이다. 이런 바운스 현상은 문제가 되지 않는 경우도 있다. 그러나 스위치 버튼을 누를 때마다 마이크로컨트롤러가 어떤 장치의 동작을 번갈아 온, 오프하고, 스위치를 누를 때 생기는 접점의 바운스 횟수가 짝수 번이라면 버튼을 눌렀을 때 아무 일도 일어나지 않은 것처럼 보일 수 있다.

마이크로프로세서가 없는 디지털 회로에서 바운스 현상을 제거하려면 별도의 **디바운싱 회로**debouncing circuit가 필요하다. 그러나 스위치가 마이크로컨트롤러에 연결되어 있다면 외부에 별도의 회로를 달지 않고, 소프트웨어를 사용해 디바운싱할 수 있다. 30장에서 이 방법에 대해 살펴볼 것이다.

마이크로컨트롤러에서 수행되는 프로그램은 변화가 있을 때까지 디지털 입력에 들어오는 값을 일정한 시간 간격마다 반복적으로 읽어들인다. 디지털 입력의 아주 짧은 펄스들은 마이크로컨트롤러의 프로그램이 변화를 기록하기 전에 값이 빠르게 변하므로 프로그램은 이 펄스들을 놓칠 수 있다. 버튼이 눌리는지 감지할 때는 이런 문제가 생길 것을 걱정하지 않아도 된다. 그러나 시간 폭이 아주 짧은(수 μs) 펄스를 감지해야 할 때는 문제가 된다. 이를 해결하기 위해 마이크로컨트롤러 GPIO 핀 중 일부가 '**인터럽트**interrupt'용으로 사용된다. 이 핀에 아주 짧은 펄스가 들어와도 마이크로컨트롤러는 이를 인식한 뒤 실행 중인 프로그램을 중단하고 **인터럽트 서비스 루틴**interrupt service routine[1]에 수록된 명령들을 대신 실행한다.

1 (옮긴이) 프로그램에서 인터럽트가 발생했을 때 이를 처리하고, 프로그램을 수행하기 위한 특수한 루틴을 의미한다.

PWM 출력

어떤 마이크로컨트롤러는 완전한 아날로그 출력을 제공한다. 이들은 0 V와 마이크로컨트롤러 전원 전압(5 V 또는 3.3 V) 사이에서 많은 단계(보통 1,024 또는 4,096단계)로 전압 크기를 변화시켜 아날로그 신호를 출력할 수 있다. 이런 기능을 가진 마이크로컨트롤러는 일반적이지 않다. 통상적인 마이크로컨트롤러는 PWM(25장의 'D급 증폭기'와 27장의 '펄스폭 변조' 참조) 방식을 사용해 아날로그 신호와 비슷한 역할을 하는 어떤 출력을 내보낸다.

PWM을 사용해 27장에서 설명한 것처럼 신호를 송출하거나 25장에서 설명한 것처럼 오디오 신호를 증폭하는 방식 대신 마이크로컨트롤러는 낮은 주파수의 PWM을 사용해 외부 장치에 공급되는 전력을 제어한다. 즉 PWM으로 출력되는 펄스의 폭을 바꿔 외부 모터의 속도를 조절하고, LED의 밝기를 변경한다.

[그림 29-5]는 PWM의 동작 원리를 나타낸 것이다. 펄스폭이 좁으면(예 HIGH 시간이 한 주기의 5%) 각 펄스에 공급되는 에너지의 양은 아주 적다. 반대로 펄스폭이 넓으면 더 많은 에너지가 부하로 공급된다. 모터에 전력을 공급하면 펄스 폭을 조정해 모터의 회전속도를 조절할 수 있고, PWM으로 LED를 구동하면 빛의 밝기를 바꿀 수 있다. LED는 초당 수십만 번에서 수백만 번 켜지고 꺼질 수 있어 LED에 가해지는 PWM 펄스의 온, 오프에 맞춰 LED의 빛도 켜지고 꺼진다. 사람의 눈과 뇌는 아주 짧은 빛의 깜빡임을 알아차리지 못하고, 평균적인 밝기로 인식하므로 펄스폭으로 LED의 밝기를 변화시킬 수 있다.

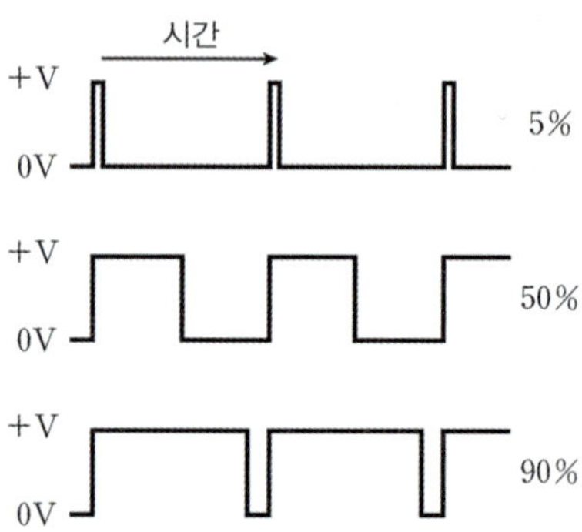

[그림 29-5] PWM의 동작 원리

대부분의 마이크로컨트롤러는 핀 일부 또는 전체에서 사용할 수 있는 PWM 출력 핀을 몇 개 갖고 있다. 만약 PWM 출력 핀이 없다면 소프트웨어를 통해 PWM을 쉽게 구현할 수 있다. PWM 출력의 펄스 주파수는 보통 500 Hz 정도로, 용도에 따라 이보다 높거나 낮게 설정할 수 있다.

아날로그 입력

어떤 크기의 전압(0 V ~ 마이크로컨트롤러 전원 전압)을 마이크로컨트롤러에서 수행되는 프로그램이 사용할 수 있는 값(디지털 데이터)으로 변환하려면 ADC라고도 하는 **아날로그-디지털 변환기** Analog-to-Digital Converter(ADC)가 필요하다.

거의 모든 마이크로컨트롤러는 **연속근사** successive approximation 기법을 사용해 아날로그 전압을 디지털 데이터로 변환한다. 이 기법은 [그림 29-6]과 같이 디지털 데이터를 아날로그 전압으로 변환하는 **디지털-아날로그 변환기** Digital-to-Analog Converter(DAC)와 비교기를 사용한다.

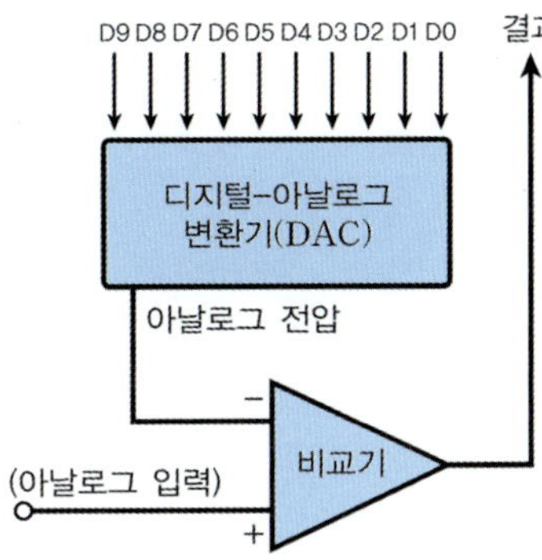

[그림 29-6] 연속 근사 ADC

아날로그 입력으로 사용되는 GPIO 핀은 전압 비교기의 입력 중 하나에 연결되고, 비교기의 다른 입력은 DAC의 출력과 연결된다. DAC는 마이크로컨트롤러의 D0 ~ D9 신호선(핀)을 통해 2진수 값이 DAC에 전달되면 그 값에 해당하는 아날로그 전압을 생성한다. 만약 D0 ~ D9의 데이터가 모두 LOW면 DAC 출력 전압은 0 V이고, D0 ~ D9의 데이터가 모두 HIGH면 DAC 출력 전압은 마이크로컨트롤러 전원 전압이 된다.

비교기의 역할은 DAC의 출력 전압과 GPIO 핀으로 들어오는 입력 전압의 차이를 **피드백** feedback 하는 것이다. 마이크로컨트롤러는 두 전압의 차이를 줄일 수 있도록 DAC의 입력(D0 ~ D9)을 바꿔 DAC의 출력 전압을 높이거나 낮춘다. 이 과정은 여러 단계를 거치는데, 필요한 총 단계 수는 DAC에 입력되는 비트의 개수와 같다. [그림 29-6]의 경우 총 단계 수는 10단계이다.

[그림 29-6]과 같이 ADC의 변환 과정은 최상위 비트(D9)에서 시작한다. 마이크로컨트롤러의 전원 전압은 5 V라고 가정한다. D9 비트는 HIGH, 나머지 D8 ~ D0 비트들은 모두 LOW라고 가정하면 DAC 출력 전압은 2.5 V가 된다(전원 전압의 절반). 만약 GPIO 핀에서 들어오는 입력 전압이 이 값보다 크다면 비교기의 출력은 HIGH가 되고, 작다면 LOW가 된다. [그림 29-6]에서 비교기의 출력이 HIGH가 되면 마이크로컨트롤러는 D9 비트 값을 설정한 채로 두고 D8로 이동해 동일한 테스트를 실행한다. 이 과정은 DAC의 모든 비트에서 반복된다.

마이크로컨트롤러마다 ADC의 **비트 해상도**bit resolution(비트 수)는 다를 수 있다. 앞서 예로 든 비트 수는 10개로, 많은 마이크로컨트롤러가 10개의 ADC 비트 수를 가진다. 아두이노에서 사용되는 ATmega328 마이크로컨트롤러 역시 10개의 ADC 비트 수를 가지고 있다. 어떤 마이크로컨트롤러는 8비트 또는 12비트의 해상도를 갖는다. 비트 해상도가 많을수록 아날로그 신호를 더 정확하게 읽을 수 있지만, 디지털 값으로 변환하는 데 더 많은 시간이 걸린다.

8비트 해상도의 ADC는 아날로그 신호의 크기를 0부터 255(2^8-1) 사이의 값으로 바꾼다. 따라서 5 V 마이크로컨트롤러의 GPIO 핀으로 3 V 크기의 전압이 들어오면 이 값은 ADC에서 $\frac{3}{5}\times 255 = 153$으로 읽힌다. 10비트 ADC를 내장한 마이크로컨트롤러의 경우 읽을 수 있는 값의 범위는 0부터 1,023($2^{10}-1$)이다.

[그림 29-7]은 마이크로컨트롤러의 아날로그 입력(GPIO 핀)에 가변 저항기가 부착된 것이다. 가변 저항기의 조정손잡이를 돌려 위치(저항값)를 바꾸면 마이크로컨트롤러에서 실행되는 프로그램이 그 값을 읽을 수 있다. 이때 가변 저항기의 저항값은 비교기의 입력 임피던스보다 훨씬 낮아야 한다. 대부분의 마이크로컨트롤러의 비교기의 입력 임피던스는 MΩ 단위이므로 10 kΩ 정도인 가변 저항기면 충분하다.

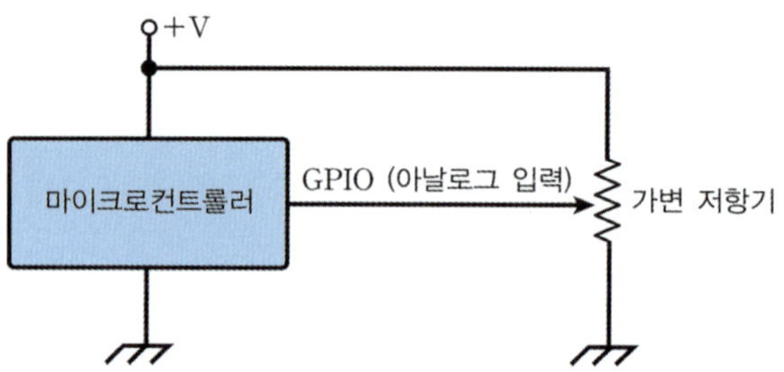

[그림 29-7] 마이크로컨트롤러의 아날로그 입력에 연결된 가변 저항기

전용 직렬 하드웨어 인터페이스

대부분의 마이크로컨트롤러는 1개 이상의 직렬 데이터 인터페이스를 갖고 있다. 마이크로컨트롤러를 프로그래밍하려면 최소 1개의 직렬 데이터 인터페이스가 있어야 하는데, 이를 **직렬 주변 장치 인터페이스**Serial Peripheral Interface(SPI)라고 한다. 이 인터페이스는 마이크로컨트롤러를 프로그래밍하는 데 사용되고, 마이크로컨트롤러의 프로그래밍 작업을 완료한 뒤 다른 주변 장치 또는 다른 마이크로컨트롤러와 인터페이스를 할 때도 사용할 수 있다.

앞으로 설명할 모든 직렬 통신 방식은 소프트웨어를 사용해 시뮬레이션할 수 있지만(이를 **비트 뱅잉** bit-banging이라고도 함), 마이크로컨트롤러는 몇 가지 인터페이스에 대해 이를 구현할 수 있는 하드웨어를 제공한다. 따라서 마이크로컨트롤러를 간단히 프로그래밍하고, 더욱 빠른 속도로 통신할 수 있다.

직렬 주변 장치 인터페이스

SPI는 총 4개의 **데이터 선** data line을 사용해 통신한다. [그림 29-8]을 보면 2개의 주변 장치가 데이터 **버스** bus를 통해 마이크로컨트롤러에 연결되어 있다. 여러 개의 **슬레이브** slave(종) 장치가 한 개의 **마스터** master(주) 장치에 의해 제어되는 것에 주목하자.

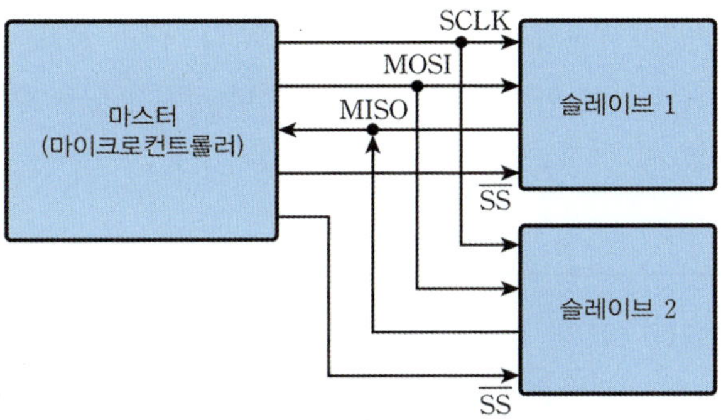

[그림 29-8] SPI를 이용하면 2개 이상의 주변 장치를 데이터 버스에 연결할 수 있다.

각 슬레이브 장치는 슬레이브 선택에 사용되는 SS Slave Select 라인을 가지고 있고, 마스터 장치는 통신하고자 하는 장치만 **허용** enable하는 신호를 보낸다. 마스터 장치와 슬레이브 장치는 동시에 신호를 주고받을 수 있어야 하므로 데이터 선은 2개가 필요하다. MOSI Master Out Slave In 선은 마스터 장치에서 슬레이브 장치로 데이터를 전송하고, MISO Master In Slave Out 선은 슬레이브 장치에서 마스터 장치로 데이터를 전송한다. SCLK는 별도의 **클록 신호** clock signal 선으로 데이터 통신을 동기화할 때 사용된다.

> **TIP**
>
> 마스터와 슬레이브라는 용어는 부정적인 의미를 지니고 있어 때로는 마스터라는 용어가 **컨트롤러** controller로, 슬레이브는 **주변기기** peripheral로 대체되기도 한다. 이는 축약어에도 동일하게 적용되어 MOSI는 COPI로, MISO는 CIPO로 변한다.

I^2C

I^2C Inter-Integrated Circuit는 TWI Two-Wire Interface라고도 하며 SPI와 거의 같은 기능을 수행하지만 데이터 선이 2개인 점에서 선이 4개인 SPI와 다르다. I^2C는 **표시 장치** display와 주변 장치 모듈들을 마이크로컨트롤러에 연결할 때 사용된다.

I^2C의 두 데이터 선은 **오픈 드레인** open-drain 구조로 되어 있어서 마이크로컨트롤러는 두 선을 입력과 출력으로 모두 동작시킬 수 있다. 이때 풀업 저항을 연결해 데이터 선의 출력을 LOW로 구동하지 않을 때는 HIGH가 출력되도록 해야 한다. 이때 데이터의 전송 방향을 제어하는 프로토콜(규칙)을 잘 만들어야 한다. 즉 데이터 버스에서 한쪽 끝은 디지털 출력이 LOW이고, 반대쪽 끝은 데이터 출력이 HIGH인 상황이 절대 일어나지 않게 해야 한다.

[그림 29-9]는 마이크로컨트롤러 2개가 I^2C를 사용해 통신하는 것을 나타낸다. I^2C 장치는 마스터나 슬레이브 중 무엇이든 될 수 있으므로 한 버스에 여러 개의 마스터 장치가 있을 수 있다. 또한 흔히 사용되는 방식은 아니지만 각 장치들이 역할을 바꿀 수도 있다.

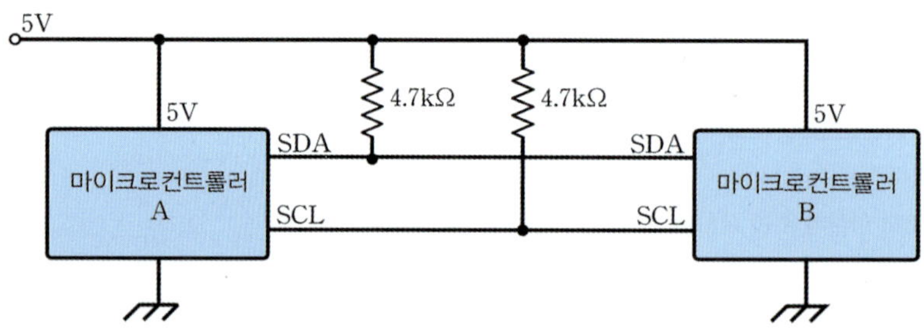

[그림 29-9] I^2C를 이용한 두 마이크로컨트롤러 사이의 통신

SCL Serial Clock Line이라는 데이터 선은 **클록** clock이고, SDA Serial Data Line선은 데이터를 전송한다. [그림 29-10]은 이들 핀 사이의 타이밍 관계를 나타낸 타이밍도이다.

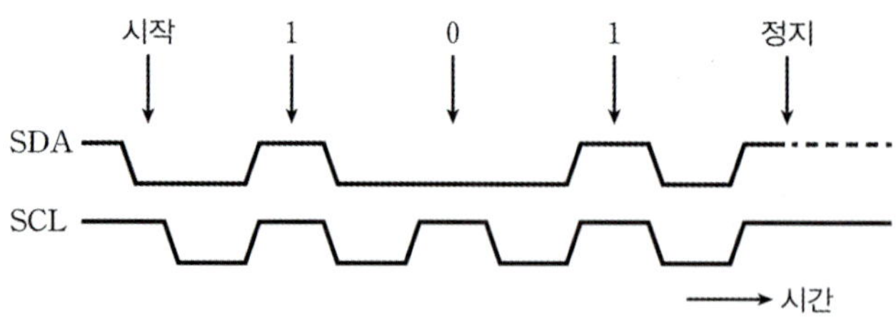

[그림 29-10] I^2C의 타이밍도

마스터 장치는 SCL 클록을 공급한다. 마스터나 슬레이브 장치는 전송할 데이터가 있다면 클록 신호와 동기화해 SDA 선을 **트라이 상태** tri-state 중 HIGH나 LOW로 바꿔 데이터를 전송한다. 전송이 완료되면 클록은 멈추고, SDA 핀은 트라이 상태로 돌아간다.

시리얼 인터페이스

많은 마이크로컨트롤러는 **시리얼**serial(직렬)이라는 인터페이스를 갖고 있다. 시리얼 인터페이스는 **텔레타이프**teletype가 사용되던 시절에 기원을 둔 구식 표준 규격 중 하나로, 많지는 않지만 여전히 시리얼 포트가 달린 컴퓨터를 볼 수 있다. 예전에는 컴퓨터끼리 전화선을 통해 통신하기 위해 컴퓨터의 시리얼 포트에 **모뎀**modem을 부착해야 했다.

시리얼 포트에 사용되는 신호들은 RS232 규격을 따른다. 이들 신호의 전압 레벨(크기)은 GND를 기준으로 (+) 전압과 (−) 전압을 **스윙**swing, 즉 왔다 갔다 해야 한다. 마이크로컨트롤러를 사용할 때 RS232 규격이 크게 불편한 것은 아니므로 마이크로컨트롤러는 종종 RS232와 같은 통신 프로토콜을 사용하는데, 그 대신 전압 레벨은 논리 레벨(0 V ~ 공급 전압)을 사용한다. 이런 인터페이스 방식을 **TTL 시리얼**TTL Serial이나 **시리얼**Serial이라고 하고, 일반적인 시리얼 통신과 구별하기 위해 첫 글자를 대문자 S로 적는다.

전기적으로 TTL 시리얼은 **송신**transmit(Tx)과 **수신**receive(Rx)이라는 두 가지 데이터 핀을 사용한다. 두 핀은 **버스**bus가 아닌 **점 대 점**point to point 방식으로 연결되므로 다양한 장치에 주소를 지정할 때 문제가 되지 않는다. 따라서 마이크로컨트롤러에 여러 개의 직렬 장치를 연결하려면 마이크로컨트롤러에 여러 개의 시리얼 포트가 있어야 한다.

시리얼 통신의 대역폭을 나타내기 위해 오래전에 만들어진 **보 레이트**baud rate라는 용어는 아직까지도 사용되고 있다. 두 장치 사이에 시리얼 통신이 이루어지려면 두 장치의 보 레이트가 동일해야 한다. 이런 보 레이트(28장 참조)란 신호가 초당 상태를 변경할 수 있는 횟수이다. 이는 **데이터 페이로드**data payload의 초당 전송되는 비트 수와 동일하다고 간주한다. 그러나 **시작 비트**start bit, **중지 비트**stop bit 또는 가능한 **패리티**parity 비트를 포함하지 않으므로 실제 데이터의 초당 전송 속도는 보 레이트보다 약간 느리다. 두 장치가 서로 보 레이트를 쉽게 맞출 수 있도록 표준 보 레이트가 사용된다. 표준 보 레이트의 종류에는 110, 300, 600, 1,200, 2,400, 4,800, 9,600, 14,400, 19,200, 38,400, 57,600, 115,200, 128,000, 256,000baud(보)가 있다.

널리 사용되는 보 레이트 중 가장 낮은 보 레이트는 1,200baud이다. 대부분의 TTL 시리얼 장치는 이 값에서 115,200baud까지의 보 레이트를 사용하고, 그중에서 가장 널리 사용되는 보 레이트는 9,600baud이다. 대부분의 장치들은 기본적으로 9,600buad가 설정되어 있지만, 필요에 따라 다른 보 레이트로 변경할 수 있다.

보 레이트 대신 **워드**word당 비트 수, 패리티 비트의 종류, 스타트 비트와 스톱 비트의 수로도 시리얼 통신을 정의할 수 있다. 보통 워드당 비트 수는 8개이고, 패리티 비트는 **사용하지 않으며**none 스타트 비트와 스톱 비트는 각각 1개이므로 줄여서 8N1으로 나타낸다.

각 비트들은 [그림 29-11]과 같이 HIGH(1) 또는 LOW(0)의 논리 레벨로 전송된다. 별도의 클록 신호가 없으므로 타이밍이 매우 중요하다. 따라서 스타트 비트를 감지한 뒤 수신기는 8개의 데이터와 1개의 스톱 비트를 차례로 읽기 위해 적절한 속도로 비트들을 **샘플링**sampling한다. 이때 데이터의 **최하위 비트**Least Significant Bit(LSB)부터 차례로 전송된다.

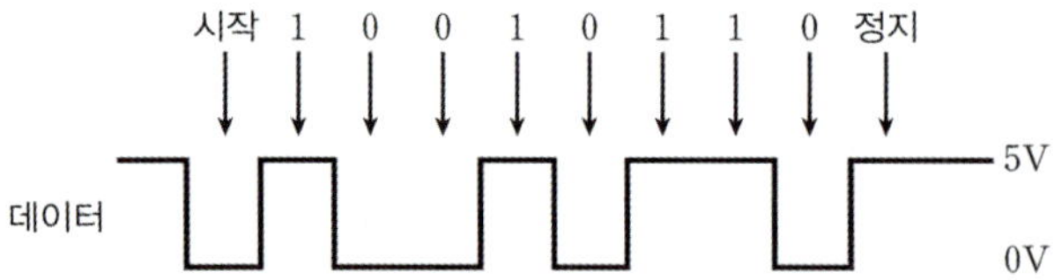

[그림 29-11] TTL 시리얼의 타이밍도

두 시리얼 장치를 연결할 때는 한 장치의 Tx 핀을 다른 장치의 Rx 핀에, 또 한 장치의 Rx는 다른 장치의 Tx에 연결해야 한다. GPS 수신기 같은 일부 장치의 경우 장치가 데이터를 반복적으로 전송하기만 하므로 **단방향 통신**one-way-comunication만 사용하면 된다. 이 경우에는 한 방향으로 신호가 전달되도록 선을 연결한다.

대부분의 마이크로컨트롤러는 TTL 시리얼을 지원하는 하드웨어 장치를 내장하고 있다. 이 하드웨어 장치를 **범용 비동기 송수신기**Universal Asynchronous Receiver Transmitter(UART)라고 한다.

USB 인터페이스

전기적으로 RS232와 비슷한 인터페이스인 USBUniversal Serial Bus(범용 시리얼 버스)는 소프트웨어와 통신 프로토콜 측면에서 가장 복잡한 인터페이스 중 하나이다. 이는 키보드와 마우스를 비롯해 프린터, 카메라에 이르는 다양한 주변 장치를 컴퓨터에 접속해야 하기 때문이다. 다행스럽게도 마이크로컨트롤러로 USB를 사용하는 것은 그렇게 복잡하지 않다.

마이크로컨트롤러는 일반적으로 내장된 USB 하드웨어 장치는 없지만 대부분의 마이크로컨트롤러 패밀리는 USB 하드웨어를 갖고 있어 이를 통해 마이크로컨트롤러와 컴퓨터가 통신할 수 있다. 사실 마이크로컨트롤러가 USB를 지원하는 하드웨어를 내장하고 있지 않더라도 일반적으로 시리얼 인터페이스와 응용 소프트웨어를 사용해 마이크로컨트롤러와 USB가 통신할 수 있다.

마이크로컨트롤러는 키보드와 같은 USB 주변 장치를 구현할 때 종종 사용된다. USB 커넥터에는 2개의 전원 핀(GND와 5 V)과 2개의 데이터 핀(D+와 D−)이 있다. USB 규격에 따르면 USB 호스트(일반적으로 컴퓨터)는 전원 핀을 통해 5 V의 전압과 최소 500 mA의 전류를 공급해야 한다.

마이크로컨트롤러 사용 예 : ATtiny44

[그림 29-12]는 ATtiny44 마이크로컨트롤러의 **데이터시트**datasheet에서 가져온 핀 구성도이다. ATtiny44는 응용 범위가 매우 다양한 대표적인 마이크로컨트롤러로, 그림에서 볼 수 있듯 각 핀들에는 고유의 역할이 있다.

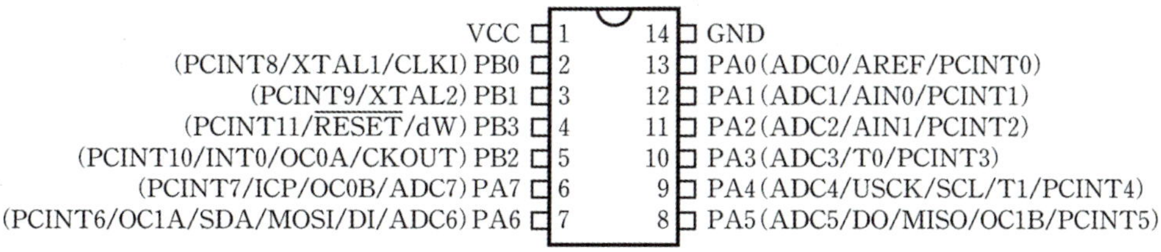

[그림 29-12] ATtiny44의 핀 구성

[그림 29-12]를 통해 1번 핀(VCC, 전원 전압)과 14번 핀(GND, 접지)을 제외한 나머지 핀들은 핀 하나로 여러 가지 역할을 수행할 수 있다는 사실을 알 수 있다. 이론적으로 이 핀들은 모두 GPIO 핀으로 사용할 수 있고, 전원(공급) 전압은 2.7 V ~ 5.5 V 사이의 어떤 값도 될 수 있다.

ATtiny44의 GPIO 핀들은 크게 포트 A(PA)와 포트 B(PB)로 구분할 수 있다. 칩 오른편의 13 ~ 8번 핀의 이름은 PA0 ~ PA5로, 이들이 포트 A로 사용되는 GPIO 핀들이다. 이 핀들의 또 다른 역할은 [그림 29-12]의 괄호 안에 적혀 있다. 예를 들어, PA0 ~ PA5 핀은 ADC0 ~ ADC5라고도 한다. 이는 이 핀들이 아날로그 입력으로도 사용될 수 있음을 의미한다.

앞서 살펴본 SPI에서 프로그래밍할 데 필요한 SPI 핀들(MOSI, MISO, USCK) 역시 GPIO 핀으로 설정해 사용할 수 있다.

칩 왼편의 2번과 3번 핀은 XTAL1과 XTAL2의 기능을 함께 갖고 있다. 따라서 두 핀 사이에 발진기를 연결해 마이크로컨트롤러의 클록 주파수를 설정할 수 있다. 이렇게 하면 마이크로컨트롤러에 내장된 공진 회로가 공급하는 클록 주파수보다 훨씬 정확한 타이밍을 만들 수 있다. ATtiny44는 최대 20 MHz 의 주파수까지 동작할 수 있다.

클록 주파수를 위해 마이크로컨트롤러 내부의 공진 회로를 사용할지, GPIO 핀 2개를 희생해 더 정확한 클록 주파수를 만들지는 마이크로컨트롤러 칩을 어떻게 프로그래밍할 것인지에 따라 정해진다.

프로그래밍 언어

마이크로컨트롤러의 **기계어**machine code는 마이크로컨트롤러를 동작시키기 위한 명령어들의 집합으로 사람이 직접 사용하기 위한 언어가 아니다. 기계어를 직접 사용하는 대신 프로그래머(사람)는 **고급 언어**high-level language로 작성된 텍스트 파일을 만들어 컴퓨터에 입력한다. 그러면 이 텍스트 파일은 **컴파일러**compiler라는 프로그램으로 전달된다. 컴파일러는 고급 언어를 기계어로 변환해 마이크로컨트롤러의 플래시 메모리로 옮겨 설치한다.

마이크로컨트롤러를 프로그래밍하기 위해 사용되는 프로그래밍 언어는 다양하다. 가장 널리 사용되는 것은 C **언어**C anguage로, C 언어는 다른 언어들에 비해 사용하기 쉽고, 상대적으로 하드웨어와 직접 상호작용하며 프로그래밍할 수 있다. 따라서 C 언어로 작성된 프로그램은 간결하고 효율적으로 컴파일된다. 이런 특징은 한정된 메모리의 마이크로컨트롤러를 프로그래밍할 때 유용하다. 다음 장에서는 C 언어로 마이크로컨트롤러를 프로그래밍하는 방법을 살펴볼 것이다.

마이크로컨트롤러의 프로그래밍 방법

프로그램을 작성해 마이크로컨트롤러에 장착하는 방법은 다양하다. 일반 컴퓨터로도 가능하고, 종종 [그림 29-13]과 같이 AVR **드래곤 프로그래머**AVR Dragon programmer라는 특수한 프로그래밍 하드웨어 장치를 사용하기도 한다.

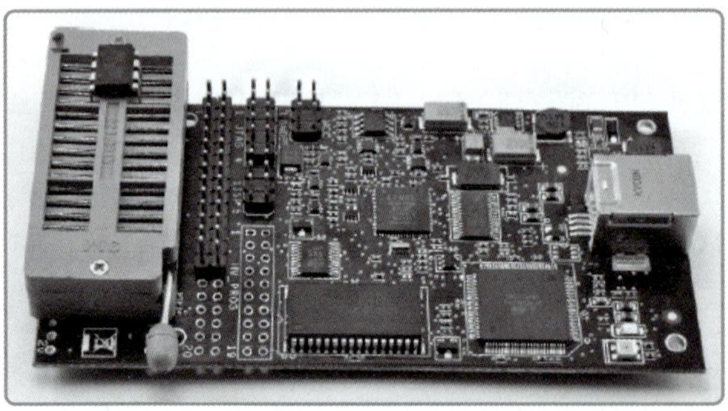

[그림 29-13] AVR 드래곤 프로그래머

이미 기판에 납땜된 마이크로컨트롤러를 프로그래밍해야 할 경우 **헤더 리드**header lead를 사용해 프로그래밍 인터페이스를 연결할 수도 있다. 이 하드웨어 보드의 왼쪽에 있는 **ZIF 소켓**Zero Insertion Force socket에 프로그래밍될 마이크로컨트롤러 IC 칩을 끼운다. [그림 29-13]의 오른쪽에 있는 USB 인터페이스를 통해 컴퓨터와 프로그래머(이 경우 AVR 드래곤 프로그래머와 같은 하드웨어 장치)를 연결해 데이터 통신을 할 수 있다. 프로그래밍되는 동안에는 마이크로컨트롤러의 SPI 핀을 사용해 마이크로컨트롤러의 플래시 메모리에 **접근**access할 수 있다.

AVR Dragon과 같은 프로그래밍 장치는 이미 PCB에 납땜된 마이크로컨트롤러를 프로그래밍해야 할 때도 사용할 수 있다. 이 방법을 **인서킷 시리얼 프로그래밍**In-Circuit Serial Programming(ICSP)이라고 한다. 여기서는 마이크로컨트롤러의 SPI 핀들을 PCB의 **헤더 핀**header pin에 연결해 이 핀들이 '프로그래밍 케이블'을 통해 프로그래밍 하드웨어 장치에 접속되게 한다.

마이크로컨트롤러를 프로그래밍하는 또 다른 방법은 앞서 설명한 방법 중 하나를 사용해 **부트로더**bootloader를 가진 마이크로컨트롤러를 프로그래밍하는 것이다. 부트로더는 마이크로컨트롤러가 **재시동**restart될 때마다 실행되고, 시리얼 인터페이스가 새 프로그램을 전송하기 위해 사용되고 있는지 확인하기 위해 잠시 멈춘다. 시리얼 인터페이스가 사용되고 있다면 부트로더는 수신된 데이터(프로그램)를 플래시 메모리에 복사하고, 다시 시작된다. 이 과정에서 부트로더는 손상되지 않으므로 다음번에 프로그램을 올려놓을(업로드할) 때도 다시 사용할 수 있다.

마이크로컨트롤러를 SPI가 아닌 시리얼로 프로그래밍할 수 있다는 것은 USB 또는 **시리얼 어댑터**Serial adaptor 같은 간단한 하드웨어를 사용해 쉽게 프로그래밍할 수 있다는 뜻이다. 아두이노 보드에는 실제로 이런 변환기가 포함되어 있으므로 USB 케이블만 있다면 아두이노를 프로그래밍할 수 있다.

연습문제

01 다음 중 마이크로컨트롤러에서 플래시 메모리의 용도로 옳은 것은 무엇인가?

(a) 프로그램 변수들을 저장
(b) 프로그램 명령어들을 저장
(c) 전하를 저장
(d) GPIO 핀과의 인터페이스를 수행

02 다음 중 마이크로컨트롤러에서 RAM의 용도로 옳은 것은 무엇인가?

(a) 프로그램 변수들을 저장
(b) 프로그램 명령어들을 저장
(c) 전하를 저장
(d) GPIO 핀과의 인터페이스를 수행

03 다음 중 GPIO 핀에 대한 설명으로 옳은 것은 무엇인가?

(a) 어떤 GPIO 핀이 입력 또는 출력으로 설정되면 그 뒤에는 바꿀 수 없다.
(b) GPIO 핀은 일반적으로 큰 전류를 받아들이거나 내보낼 수 있다.
(c) GPIO 핀은 마이크로컨트롤러에서 실행되는 프로그램에 의해 입력에서 출력으로, 출력에서 입력으로 전환될 수 있다.
(d) GPIO 핀은 보통 10 V의 전압으로 동작한다.

04 다음 중 마이크로컨트롤러에 손상을 일으킬 수 있는 연결 방식으로 옳은 것은 무엇인가?

(a) 3.3 V 디지털 출력을 5 V 입력에 연결
(b) 5 V 디지털 출력을 3.3 V 입력에 연결
(c) 마이크로컨트롤러의 디지털 출력 핀을 같은 마이크로컨트롤러의 디지털 입력 핀에 연결
(d) 마이크로컨트롤러의 디지털 입력 핀과 접지(GND) 핀 사이에 1.5 V 전지를 연결

05 다음 중 디지털 입력 단자에 외부 풀업 저항을 연결해야 하는 상황으로 옳은 것은 무엇인가?

(a) 디지털 입력에 스위치를 연결할 때
(b) 디지털 입력과 스위치를 연결하는 선의 길이가 길 때
(c) 한 마이크로컨트롤러의 디지털 출력을 다른 마이크로컨트롤러의 디지털 입력에 연결할 때
(d) 3.3 V 마이크로컨트롤러에 디지털 입력이 있을 때

06 다음 중 마이크로컨트롤러에 의해 HIGH로 인식될 가능성이 가장 높은 디지털 입력 핀의 전압은 무엇인가?

(a) 전원 전압이 5 V인 마이크로컨트롤러의 2 V 전압
(b) 전원 전압이 5 V인 마이크로컨트롤러의 0 V 전압
(c) 전원 전압이 3.3 V인 마이크로컨트롤러의 2 V 전압
(d) (a), (b), (c) 모두 답이 아니다.

07 5 V의 디지털 출력이 1 kΩ의 직렬 저항을 거쳐 LED(순방향 전압 2 V)와 연결되어 있을 때 LED를 통해 흐르는 전류는 얼마인가?

(a) 1 mA (b) 2 mA
(c) 3 mA (d) 4 mA

08 다음 중 스위치의 디바운싱에 대한 설명으로 옳은 것은 무엇인가?

(a) 하드웨어로만 가능하다.
(b) 소프트웨어로만 가능하다.
(c) 필요하지 않다.
(d) (a), (b), (c) 모두 답이 아니다.

09 다음 중 인터럽트 입력이 일반적인 입력과 다른 점으로 옳은 것은 무엇인가?

(a) 다른 점 없이 동일하다.
(b) 속도가 빠르다.
(c) 속도가 느리다.
(d) 인터럽트 입력에 들어오는 신호의 레벨(논리)이 변하면 인터럽트 서비스 루틴이 시작된다.

10 다음 중 PWM에 대한 설명으로 옳은 것은 무엇인가?

(a) PWM은 마이크로컨트롤러에서 아날로그 출력을 생성할 수 있는 유일한 방법이다.
(b) 마이크로컨트롤러는 일반적으로 PWM에 100 kHz 이상의 높은 주파수를 사용한다.
(c) 5 V의 마이크로컨트롤러 PWM 출력의 듀티 사이클 100% 펄스는 0 V 전압을 발생시킨다.
(d) 5 V의 마이크로컨트롤러 PWM 출력의 듀티 사이클 100% 펄스는 5 V 전압을 발생시킨다.

11 다음 중 PWM 출력을 LED에 연결했을 때 할 수 있는 일로 옳은 것은 무엇인가?

(a) LED의 실제 밝기를 조절할 수 있다.
(b) LED 양단의 피크 전압을 조절할 수 있다.
(c) LED에 흐르는 피크 전류를 조절할 수 있다.
(d) 사람이 눈과 뇌로 인식하는 LED의 밝기를 조절할 수 있다.

12 다음 중 마이크로컨트롤러에 대한 8비트 아날로그 입력은 어떤 범위의 디지털 데이터로 바꿀 수 있는가?

(a) 0 ~ 256 (b) 0 ~ 1,023
(c) 0 ~ 4,096 (d) 0 ~ 255

13 다음 중 8비트 ADC가 내장된 5 V 마이크로컨트롤러의 아날로그 입력에 들어오는 1 V 전압은 어떤 디지털 데이터로 바꿀 수 있는가?

(a) 1 (b) 51
(c) 48 (d) 127

14 다음 중 SPI에 대한 설명으로 옳은 것은 무엇인가?

(a) 대부분의 마이크로컨트롤러에서 프로그래밍 인터페이스로 사용된다.
(b) 어떤 장치를 마이크로컨트롤러에 연결할 때만 사용될 수 있다.
(c) 클록을 사용하지 않으므로 데이터 통신을 위해 정확한 타이밍이 필요하다.
(d) 마이크로컨트롤러에서 프로그래밍 인터페이스로 절대 사용되지 않는다.

15 다음 중 I^2C에 대한 설명으로 옳은 것은 무엇인가?

(a) 대부분의 마이크로컨트롤러에서 프로그래밍 인터페이스로 사용된다.
(b) 어떤 장치를 마이크로컨트롤러에 연결할 때만 사용될 수 있다.
(c) 클록을 사용하지 않으므로 데이터 통신을 위해 정확한 타이밍이 필요하다.
(d) 마이크로컨트롤러에서 프로그래밍 인터페이스로 절대 사용되지 않는다.

연습문제

16 다음 중 TTL 시리얼에 대한 설명으로 옳은 것은 무엇인가?

(a) 마이크로컨트롤러에서 항상 프로그래밍 인터페이스로 사용된다.
(b) 하나의 TTL 시리얼 연결은 한 번에 한 장치에만 연결할 수 있다.
(c) 0 V 이상과 이하를 스윙(왔다갔다)하는 전압을 사용한다.
(d) 마이크로컨트롤러에서 프로그래밍 인터페이스로 절대 사용되지 않는다.

17 다음 중 시리얼 인터페이스에서 잘 사용되지 않는 보 레이트로 옳은 것은 무엇인가?

(a) 100　　(b) 300
(c) 1,200　　(d) 9,600

18 다음 중 USB에 대한 설명으로 옳은 것은 무엇인가?

(a) 몇몇 마이크로컨트롤러는 하드웨어 USB 인터페이스를 내장하고 있다.
(b) USB 호스트 장치는 3 V의 전압을 공급한다.
(c) USB 규격에 따르면 USB 주변 장치는 USB 인터페이스의 전원 핀으로부터 최대 100 mA의 전원을 받아들일 수 있다.
(d) (a), (b), (c) 모두 답이 아니다.

19 다음 중 마이크로컨트롤러를 동작시키기 위해 작성한 C 프로그램에 대한 설명으로 옳은 것은 무엇인가?

(a) 마이크로컨트롤러의 플래시 메모리에 직접 복사된다.
(b) 인터프리터라고 하는 소프트웨어를 사용해 마이크로컨트롤러의 플래시 메모리에 저장하기 적합한 형태로 변환된다.
(c) 컴파일러라고 하는 소프트웨어를 사용해 마이크로컨트롤러의 플래시 메모리에 저장하기 적합한 형태로 변환된다.
(d) 마이크로컨트롤러의 RAM에 저장된다.

20 다음 중 부트로더의 용도로 옳은 것은 무엇인가?

(a) SPI를 사용해 마이크로컨트롤러를 프로그래밍한다.
(b) I^2C를 사용해 마이크로컨트롤러를 프로그래밍한다.
(c) 시리얼과 USB를 사용해 마이크로컨트롤러를 프로그래밍한다.
(d) (a), (b), (c) 모두 답이 아니다.

정답

01 b	02 a	03 c	04 b	05 b	06 c	07 c	08 b	09 d	10 d
11 d	12 d	13 b	14 a	15 d	16 b	17 a	18 a	19 c	20 c

CHAPTER 30

아두이노

Arduino

학습목표

- 아두이노 보드의 하드웨어 구성과 IDE 프로그램을 사용하는 방법을 이해할 수 있다.
- 스케치 프로그램을 작성한 뒤 아두이노 보드에 업로드해 실행하는 방법을 이해할 수 있다.
- 스케치 프로그램을 구성하는 각 요소들을 이해하고, 프로그래밍에 사용되는 다양한 명령들과 함수들의 종류, 사용법을 이해할 수 있다.
- 시리얼 모니터의 사용법에 대해 이해할 수 있다.
- 아두이노의 다양한 라이브러리와 사용법에 대해 이해할 수 있다.
- 많이 사용되고 있는 몇 가지 아두이노 보드의 용도와 특징에 대해 이해할 수 있다.

오래전부터 전자 장치 제작 애호가들은 마이크로컨트롤러를 사용했고, 지금도 여전히 사용하고 있다. 그러나 마이크로컨트롤러가 유명해진 것은 **아두이노**Arduino라는 이름의 마이크로컨트롤러가 크게 성공했기 때문이다. 아두이노 플랫폼이 성공을 거둔 몇 가지 이유는 다음과 같다.

- 내장 USB 인터페이스와 프로그래머(프로그래밍을 위한 별도의 하드웨어 장치가 필요 없음)
- 프로그램 작성에 사용되는 **통합 개발 환경**Integrated Development Environment(IDE)의 사용이 간단함
- **마이크로소프트 윈도우**Microsoft Windows, **맥**Mac, **리눅스**Linux 환경에서 모두 실행할 수 있음
- 간단한 프로그래밍 언어
- '**실드**shield'라는 확장 모듈(장치)을 쉽게 추가(장착)할 수 있게 만든 표준 GPIO 소켓
- 보드의 회로도와 회로의 동작 원리를 이해할 수 있게 하는 오픈소스 기반 하드웨어 설계

아두이노 우노/제누이노

오늘날 아두이노는 다양한 모델로 나와 있다. 아두이노의 대표적인 모델은 **아두이노 우노**Arduino Uno, 보다 정확하게는 **아두이노 우노 리비전 3**Arduino Uno revision 3으로, 대부분의 사람들이 아두이노라고 생각하는 것이 이 모델이다. 법적 문제를 겪은 뒤 아두이노의 최초 개발자는 상표명을 아두이노에서 **제누이노**Genuino로 변경해야 했다. 두 모델은 전기적으로 동일하지만 외관은 약간 다르다. [그림 30-1]은 아두이노 우노이다.

[그림 30-1] 아두이노 우노 보드

아두이노 우노의 USB 포트는 아두이노를 프로그래밍할 때 사용된다. 또한 아두이노로 컴퓨터와 통신할 때도 사용할 수 있고, 5V 전압을 장치에 공급하는 용도로도 쓸 수 있다.

아두이노 우노 보드에는 실제로 2개의 마이크로컨트롤러가 있다. 메인 마이크로컨트롤러인 ATmega328 칩은 IC 소켓에 끼워져 있고, 또 하나의 마이크로컨트롤러는 USB 소켓 바로 오른쪽에 있다. 두 번째 마이크로컨트롤러는 USB 인터페이스를 내장하고 있어 ATmega328에 USB

인터페이스를 제공하는 역할을 한다. USB 인터페이스용 마이크로컨트롤러는 자체적으로 **인서킷 시리얼 프로그래밍**In-Circuit Serial Programming(ICSP) 헤더를 갖고 있어 보드 제작 중에 프로그래밍을 할 수 있다.

아두이노 우노 보드의 왼쪽 위에는 **리셋 스위치**reset switch가 있다. 이 스위치를 누르면 ATmega328 칩의 RESET 핀이 LOW로 떨어지면서 마이크로컨트롤러가 초기화된다.

아두이노 보드의 위쪽에는 **소켓형**female(암) **헤더 핀**header pin들이 두 그룹으로 나뉘어 배치되어 있다. 이 핀들은 ATmega328 칩의 GPIO 핀 0~13에 연결되어 있는데, 이중 13번 핀은 보드 위에 장착된 LED('L' LED라고 함)에 연결되어 있다. 이것을 이용하면 아두이노 보드 외부에 아무런 부품도 연결하지 않고 아두이노의 GPIO 핀을 디지털 출력으로 실험할 수 있어 유용하다. 0번 핀과 1번 핀은 USB를 통한 통신 및 프로그래밍에도 사용되는 TTL 직렬 연결로도 사용되고 있어 이 두 핀은 다른 용도로 사용하지 않는 편이 좋다.

13번 핀 왼쪽 옆에는 GND(접지) 핀과 AREF 핀이 차례대로 배치되어 있다. AREF 핀에는 아날로그 입력 범위를 제한할 목적으로 5 V 보다 낮은 전압을 연결할 수 있지만, 이 기능은 잘 사용하지 않는다. 아두이노 우노는 5 V 로 동작하므로 모든 디지털 출력은 HIGH일 때 5 V를 내보낸다.

AREF 핀의 왼쪽 옆에는 이름이 붙어 있지 않은 2개의 소켓 핀이 위치한다. 이 두 핀은 I^2C 인터페이스에 사용되는 것으로, 각각 SDA 핀과 SCK 핀이라고 한다.

아두이노 보드의 오른쪽에 있는 ICSP 헤더 핀들은 ATmega328 칩에 **부트로더**bootloader 프로그램을 올릴 때 사용하기 위한 것이다. ATmega328에 부트로더 프로그램이 설치되면 ATmega328의 프로그래밍을 ICSP 대신 USB로 할 수 있어 특수한 프로그래밍 장치가 없어도 ATmega328에 사용자가 작성한 프로그램을 올릴 수 있다.

ATmega328 칩 자체는 IC 소켓에 끼워 넣어 아두이노 보드에 장착한다. 이렇게 하면 칩을 쉽게 교체할 수 있지만 대신에 뜻하지 않게 핀을 잘못 꽂아 출력 핀이 손상되지 않게 주의해야 한다. 소켓을 활용해 프로그래밍된 ATmega328 칩을 빼내 다른 아두이노 소켓에 장착해 사용할 수도 있으므로 부트로더가 이미 프로그래밍된 ATmega328 IC 칩을 구입해 사용해도 된다.

아두이노 보드의 오른쪽 아래에는 A0 ~ A5라는 이름의 핀 6개가 배치되어 있다. 이 핀들은 주로 아날로그 입력으로 사용하지만 디지털 입력이나 출력으로 사용할 수도 있다. 6개의 핀 오른쪽에는 주로 전원과 관련된 핀들이 배치되어 있다. 아두이노 보드의 동작에 필요한 직류 전원을 직류 전원 소켓이나 USB 커넥터로 공급하는 대신 V_{in} 핀에 7 V ~ 12 V 의 전압을 넣어줄 수도 있다. 아두이노 보드에 장착된 **전압 안정기**voltage regulator에서 만들어진, 안정화된 5 V 와 3.3 V 를 공급하기도 한다. USB로 전원을 공급받는 경우에는 USB 소켓에서 오는 5 V 를 이용한다. 정확한 타이밍이 필요할 때는 아두이노 보드는 16 MHz 의 외부 발진기를 사용해 ATmega328 칩에 클록 주파수를 공급한다.

아두이노 IDE 설정

아두이노 통합 개발 환경 integrated development environment(IDE)은 공식 아두이노 마이크로컨트롤러 보드에만 국한되지 않는다. 실제로 공식 아두이노 보드를 사용하는 사람보다 비공식 아두이노 보드를 아두이노 IDE와 함께 사용하는 사람이 더 많을 것이다. 이는 모든 종류의 마이크로컨트롤러를 프로그래밍하는 일반적인 방법이 되었고, 각 칩 제조업체의 독자적인 개발 환경을 사용하는 방법을 배울 필요가 없다는 장점이 되었다.

아두이노 IDE 프로그램은 윈도우, 맥, 리눅스 등의 모든 운영체계에서 실행된다. 이 IDE 프로그램을 활용해 아두이노를 작동시키기 위한 프로그램을 작성하고, USB를 통해 아두이노 보드에 올릴 수 있다. 다음 웹사이트를 통해 최신 버전의 아두이노 IDE를 설치할 수 있다.

https://www.arduino.cc/en/Main/Software

소프트웨어가 설치되면 아두이노 IDE를 실행한다. [File] 메뉴에서 [Examples] → [01 Basic] → [Blink] 항목을 차례로 선택하면 [그림 30-2]와 같은 창을 볼 수 있다.

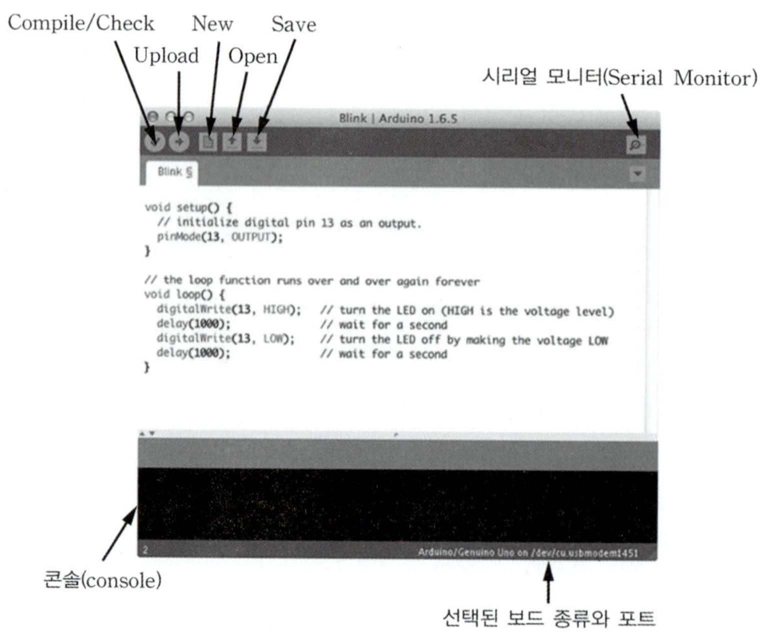

[그림 30-2] 아두이노 IDE

왼쪽 위 가장자리의 [Compile/Check] 버튼을 누르면 아두이노 C 코드가 컴파일된다. 이때 C 코드는 보드에 업로드되지 않는다. [Upload] 버튼을 누르면 먼저 아두이노 C 코드를 컴파일한 뒤 그 결과를 USB를 통해 아두이노로 업로드한다.

아두이노 체계에서는 프로그램을 '스케치'라고 부른다. [New], [Open], [Save] 버튼은 차례대로 스케치를 '새로 만들고', 기존에 만든 스케치를 '열며' 현재 작업 중인 스케치를 '저장한다'. 스케치는 확장자가 .iso인 파일로 저장된다. 스케치 파일은 자동적으로 스케치 파일과 같은 이름의 폴더에 저장된다.

아두이노 IDE 창의 도구 막대toolbar(툴바) 오른쪽 위 가장자리에는 [Serial Monitor]라는 버튼이 있다. 이 버튼을 누르면 컴퓨터에서 아두이노와 통신할 수 있는 **시리얼 모니터**Serial Monitor라는 별도의 창이 열린다. IDE의 콘솔console 영역에는 스케치를 컴파일하거나 아두이노에 업로드할 때 발생하는 에러 메시지가 표시된다.

LED 점멸 프로그램 작성하기

아두이노 우노의 13번 핀에는 'L'이라는 이름이 붙은 작은 LED가 연결되어 있다. 이제 이 LED를 깜빡이게 해보자. 그런데 LED의 두 단자를 아두이노 보드의 13번 핀과 접지 사이에 끼워 넣으면 벌써 'L' LED가 깜빡거리는 것을 볼 수도 있다. 이는 보통 아두이노가 'LED 점멸' 기능을 수행하는 스케치가 설치된 상태로 출고되기 때문이다. 그렇다면 깜빡거리는 'L' LED를 이미 설치된 LED 점멸 스케치에서 설정한 속도보다 더 빠르게 깜빡이게 해보자.

IDE를 실행한 뒤 '깜빡임'이라는 의미를 가진 'Blink'라는 이름의 스케치를 열면 다음과 같은 스케치 프로그램이 나타난다.

```
/*
Blink
  Turns on an LED on for one second, then off for one second, repeatedly.

  Most Arduinos have an on-board LED you can control. On the Uno and
  Leonardo, it is attached to digital pin 13. If you're unsure which
  pin the on-board LED is connected to on your Arduino model, check
  the documentation at http://www.arduino.cc

  This example code is in the public domain.

  modified 8 May 2014
  by Scott Fitzgerald
*/

// the setup function runs once when you press reset or power the board
void setup() {
  // initialize digital pin 13 as an output.
  pinMode(13, OUTPUT);
}
```

```
// the loop function runs over and over again forever
void loop() {
  digitalWrite(13, HIGH);  // turn the LED on (HIGH is the voltage level)
  delay(1000);             // wait for a second
  digitalWrite(13, LOW);   // turn the LED off by making the voltage LOW
  delay(1000);             // wait for a second
}
```

/* 와 */ 사이의 문장은 '**설명문**comment'이다. 설명문은 명령어 문장(**코드**code)이 아니라 해당 스케치 프로그램이 어떤 기능을 수행하는지 설명하는 내용을 담은 문장으로, 비슷한 기호로 //이 있다. 위 프로그램을 보면 실제 코드 다음에 // 기호가 있고, 그 기호 다음에는 앞의 명령문이 어떤 동작을 수행하는지 설명하는 내용이 적혀 있다. 이 내용 역시 프로그램 코드가 아니라 '설명문'이다. // 기호를 사용한다면 설명문은 //에서 시작해 그 줄에서 끝난다.

스케치 프로그램에서 아래쪽에 있는 두 개의 `delay(1000)`을 모두 `delay(200)`으로 고친 뒤 스케치를 저장한다. 이때 IDE는 새로운 파일 이름을 입력하라고 할 것이다. 이는 이 스케치가 내장 프로그램이어서 읽기 전용으로 설정되어 있기 때문이다. 따라서 수정한 스케치를 다른 폴더에 저장한다.

스케치 프로그램을 아두이노 보드에 업로드하기 위해 USB 케이블을 사용해 아두이노와 보드를 연결해 보자. 그다음 아두이노를 어떤 USB 포트에 연결했는지 알려주기 위해 [그림 30-3]과 같이 [Tools] 메뉴에서 'Port'를 선택한 뒤 (Arduino/Genuino Uno)라는 내용이 적힌 항목을 선택한다. 맥이나 리눅스 컴퓨터를 사용한다면 화면에 표시되는 내용이 [그림 30-3]과 비슷할 것이고, 윈도우 컴퓨터를 사용한다면 COM1, COM2, …처럼 COM 뒤에 숫자가 따라 나올 것이다.

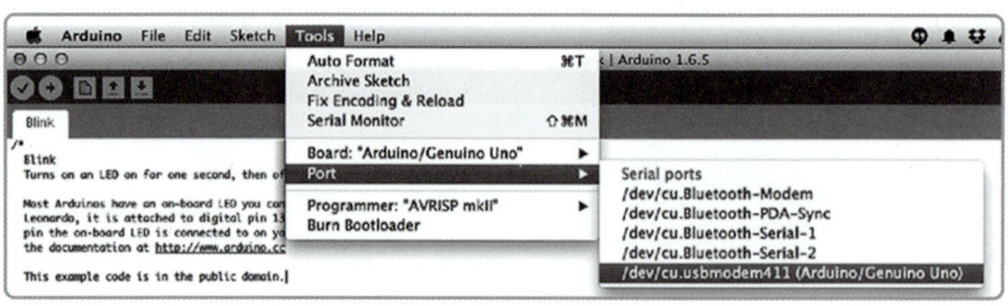

[그림 30-3] 시리얼 포트 선택하기

이제 IDE에 아두이노 보드의 종류가 무엇인지 알려줘야 한다. [Tools] 메뉴에서 'Board' → 'Arduino/Genuino Uno'를 차례로 선택하면 된다.

[Upload] 버튼을 누르면 스케치 프로그램이 컴파일된다. ATmega328의 플래시 메모리에 그 결과가 업로드되는 동안 TX와 RX라는 이름의 LED들이 몇 초 동안 깜빡이는 것을 볼 수 있다. 업로드가 완료되면 'L' LED가 매우 빠른 속도로 깜빡이는 것을 볼 수 있을 것이다.

프로그래밍의 기초

'Blink' 스케치를 분해하고, 몇 가지 기능을 추가하기에 앞서 아두이노 프로그래밍의 기초에 대해 살펴보자.

아두이노에서 프로그램을 가리키는 용어인 '**스케치**sketch'는 컴퓨터에서 실행하는 명령문들을 담고 있는 텍스트 파일이다. 아두이노에서 사용하는 명령문들은 C 언어라는 프로그래밍 언어이다. 스케치에서는 명령문들이 차례대로 실행되고, 마이크로컨트롤러는 한 번에 한 명령문만 실행할 수 있다. 예를 들어, 다음 네 줄의 코드는 순차적으로 실행되어 LED를 깜빡이게 한다.

```
digitalWrite(13, HIGH); // turn the LED on (HIGH is the voltage level)
delay(200);             // wait for a second
digitalWrite(13, LOW);  // turn the LED off by making the voltage LOW
delay(200);
```

이 명령문들은 이해하기 쉽다. 명령문 뒤에 적힌 설명문을 보면 더 그렇다. 두 번째 줄의 'wait for a second'는 **지연 시간**delay을 변경했으므로 이제 틀린 설명이 됐다. 이제 이 설명문을 'wait for 200 milliseconds(1/5 of a second)'로 바꿔야 한다.

이 스케치의 구조에 대해서는 다음 절에서 조금 더 자세히 살펴볼 것이다. 지금은 이 프로그래밍 언어들이 하나씩, 차례대로 수행된다는 사실을 이해하는 것이 중요하다.

사실 ATmega328 마이크로컨트롤러의 플래시 메모리 속에 들어가는 것은 위와 같은 프로그램의 명령문 텍스트가 아니라 이를 컴파일해 만든 결과이다. 즉 아두이노 IDE는 우리가 타이핑한 명령문 텍스트를 컴파일해 간결한 기계어로 만들고, ATmega328의 부트로더 프로그램은 이 기계어를 ATmega328의 플래시 메모리에 복사한다.

setup과 loop 함수

LED 점멸 프로그램에서 설명문을 제외하면 다음과 같이 실제로 실행되는 프로그램 코드만 남게 된다. 다음의 스케치 프로그램을 살펴보자.

```
void setup() {
  pinMode(13, OUTPUT);
}

void loop() {
  digitalWrite(13, HIGH);
  delay(200);
  digitalWrite(13, LOW);
  delay(200);
}
```

이 코드를 보면 두 개의 블록('**함수**function'라고 함)으로 구성된 것을 볼 수 있다. 첫 번째 블록은 `void setup {` 으로 시작하고, `}` 로 끝난다. 이 블록의 두 괄호 `{ }` 사이에는 명령문이 한 줄만 들어 있으며 여기서 13번 핀을 출력으로 설정한다. 다른 경우에는 `setup { }` 안에 여러 줄의 코드가 들어 있을 수 있다. `setup` 함수는 아두이노가 리셋될 때 한 번만 실행된다.

두 번째 함수인 `loop`는 계속해서 되풀이된다. 괄호 `{ }` 안에서 맨 마지막 줄의 명령문 실행이 완료되면 첫 번째 줄로 돌아간다. 루프 함수 내의 각 줄에 있는 코드 뒤에 세미콜론(;)이 찍혀 있는 것에 주목하자.

`loop` 함수 속 첫 번째 줄의 명령문은 `digitalWrite` 명령에 의해 13번 핀을 HIGH로 만든다. 두 번째 줄의 `delay` 명령은 아두이노 프로세서가 200 ms (1/5초) 동안 아무 것도 하지 않고 기다리게 만든다. 세 번째 줄은 `digitalWrite` 명령에 의해 13번 핀을 LOW로 만들고, 네 번째 줄의 `delay` 명령으로 200 ms 를 기다린 뒤 첫 번째 줄의 명령으로 돌아가 네 줄의 명령문을 되풀이한다.

변수와 상수

변수variable는 프로그래밍에서 가장 중요한 개념 중 하나이다. 변수를 사용하면 **값**value에 이름을 부여할 수 있다. 예를 들어, 앞서 'Blink' 스케치에서 13번 핀을 반복해서 온, 오프시켰다면 이번에는 13번 핀 대신 10번 핀을 사용해 같은 작업을 수행해 보자. 이렇게 하려면 스케치의 명령문 텍스트에 들어 있는 모든 '13'을 '10'으로 바꿔야 한다.

이 'Blink' 스케치의 경우에는 바꿔야 하는 횟수가 세 번 밖에 되지 않는다. 그러나 이보다 훨씬 길고 복잡한 스케치에서는 핀 번호를 바꿔야 하는 곳이 매우 많을 것이고, 그중 하나만 제대로 바꾸지 않아도 **버그**bug(오류)가 발생할 것이다. 이런 버그를 찾아서 고치려면 시간이 오래 걸린다. 이런 문제를 피하는 좋은 방법은 변수를 사용해 핀에 이름을 부여하는 것이다. 이렇게 하면 스케치 코드에서 핀 이름을 봤을 때 핀을 숫자로 표시했을 때보다 해당 핀의 용도가 무엇인지 이해하기 쉬워진다.

다음 코드에서는 변수를 사용해 LED 핀을 정의하는 방법으로 'Blink' 스케치를 개선한 것이다. 바뀐 부분은 알아보기 쉽도록 굵게 표시했다. 코드를 직접 타이핑하는 것은 번거롭고, 오류가 발생할 수 있으니 다음 웹사이트를 통해 내려받기 바란다.

https://github.com/simonmonk/tyee6

GitHub 웹사이트에서 [Download ZIP] 버튼을 눌러 내려받는다. 그다음 적당한 위치에 내려받은 zip 파일의 압축을 푼다. 내려받은 각 스케치 파일마다 해당 스케치가 어떤 프로그램인지 알 수 있는 설명문이 있다.

```
// blink_variable
int ledPin = 13;

void setup() {
  pinMode(ledPin, OUTPUT);
}
void loop() {
  digitalWrite(ledPin, HIGH);
  delay(200);
  digitalWrite(ledPin, LOW);
  delay(200);
}
```

지연 시간 값을 변수로 지정해 프로그램을 다시 작성하면 다음과 같다.

```
int ledPin = 13;

int blinkDelay = 200;
void setup() {
  pinMode(ledPin, OUTPUT);
}
void loop() {
  digitalWrite(ledPin, HIGH);
  delay(blinkDelay);
  digitalWrite(ledPin, LOW);
  delay(blinkDelay);
}
```

변수 이름은 반드시 한 단어여야 하고, 중간에 공백이 있으면 안 된다. 또한 관습적으로 첫 문자는 소문자로 시작하며 중간에 대문자를 사용해 한 단어상의 다른 부분과 구별하기도 한다. 이 방식은 변수의 의미를 설명할 때 유용하다. 예를 들어, (문법과 관습을 무시하고) 변수의 가장 논리적인 이름은 'LED pin'과 같은 식이 된다. 그러나 이렇게 하면 첫 문자가 대문자고, 중간에 공백이 있으므로 문법과 관습에 어긋난다. 따라서 이 예에서는 변수의 이름을 ledPin으로 표시해 첫 문자를 소문자로 하고, 공백을 없애 한 단어로 만들었다. 대신 P를 대문자로 써 앞부분과 구별되고, 읽기 쉽게 만들었다.

변수는 setup 블록을 작성하기 전 프로그램 맨 처음에 정의해준다. int는 integer(정수)의 줄임말로, 해당 변수는 정수를 저장한다는 것을 의미한다. 나중에 다른 정수 외에 다른 변수 유형도 보게 될 것이다.

앞의 예제에서는 ledPin과 blinkDelay라는 두 변수를 정의하고, 그 뒤에 이 값들을 변경하는 명령을 사용하지 않았다. 따라서 두 변수가 **상수**constant와 같은 역할을 했다고 볼 수 있다. 이 경우에는 다음과 같이 const라는 단어를 변수 앞에 써서 아두이노 컴파일러에 이 변수들이 상수라는 것을 알릴 수 있다.

```
const int ledPin = 13;
const int blinkDelay = 200;
```

이 코드의 경우 const를 쓰지 않아도 프로그램은 잘 동작한다. 그렇지만 const를 씀으로써 이 코드를 읽는 사람이 나중에 이 변수들이 프로그램에서 값이 바뀌지 않을 것임을 예측할 수 있다. 또한 컴파일러가 이 명령어를 컴파일하면 보다 효율적이고, 간결한 기계어 명령어가 만들어지기 때문에 프로그램이 실행되는 동안 프로그램의 크기는 작아지고, RAM 사용량은 절약된다.

시리얼 모니터

아두이노가 현재 어떤 일을 하고 있는지 알기 어려울 때가 있다. 보드에 장착된 LED가 깜빡인다면 아두이노가 뭘 하는지 알 수 있겠지만 소프트웨어에 문제가 있다면 무엇이 잘못되었는지 알아내기 힘들 수 있다. USB 인터페이스는 컴퓨터에서 아두이노로 스케치 프로그램을 올리는 데 사용한다. 또한 아두이노가 컴퓨터와 통신하면서 변수의 값을 피드백하고, 프로그램이 어떤 작업을 하고 있는지 알려주는 데도 사용할 수 있다.

시리얼 모니터를 시험해보기 위해 'Blink' 스케치를 다음과 같이 수정해 보자.

```
// blink_serial_monitor
void setup() {
  pinMode(13, OUTPUT);
  Serial.begin(9600);
}

void loop() {
  Serial.println("on");
  digitalWrite(13, HIGH);
  delay(200);
  Serial.println("off");
  digitalWrite(13, LOW);
  delay(200);
}
```

setup 블록 안에 추가한 명령문에 의해, 지정된 **보 레이트**baud rate로 컴퓨터에서 실행되고 있는 아두이노 IDE와 직렬 통신을 시작한다. 기존 보 레이트는 9,600이고, 이 값을 더 높거나 낮게 변경할 수 있지만 스케치에서 사용하는 값과 일치하도록 시리얼 모니터의 **드롭다운 목록**drop-down list에서 선택해야 한다.

loop 함수 안에는 새롭게 추가한 명령문 두 줄이 있다. 두 명령문은 직렬 통신을 통해 시리얼 모니터로 각각 on과 off라는 글자를 전달한다.

이제 아두이노에 스케치를 올려보자. 그렇게 하면 스케치의 내용을 바꾸기 이전과 다름없이 동작할 것이다. 그러나 아두이노 IDE 화면상의 시리얼 모니터 버튼을 누르면 시리얼 모니터가 열리면서 [그림 30-4]와 같은 화면이 나타날 것이다. LED가 켜지고 꺼질 때마다 시리얼 모니터 화면에 on과 off 글자가 나타난다.

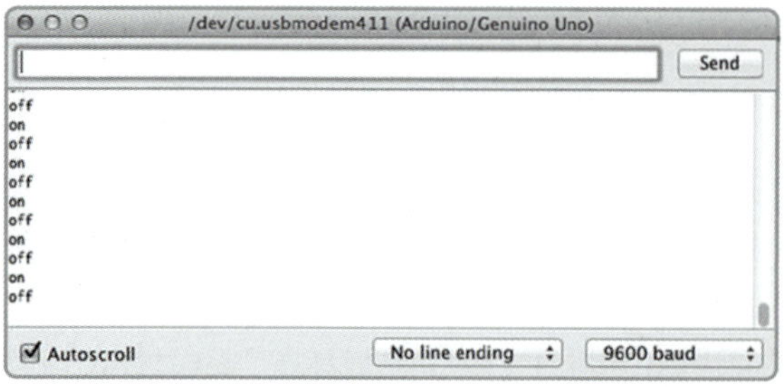

[그림 30-4] 시리얼 모니터

Serial.println 명령문의 괄호 안에 들어 있는 값인 on과 off를 string(문자열)이라고 한다. C 언어는 이런 식으로 문자를 표시한다. 프로그래밍 경험이 있다면 string의 개념을 잘 알고 있고, 많이 사용해봤을 것이다. string은 아두이노를 구동하는 프로그램을 작성할 때 잘 사용되지 않는다. 아두이노가 문자를 표시하는 장치가 없는 분야에 주로 응용되기 때문이다. 물론 아두이노를 컴퓨터처럼 표시 장치(모니터)가 있는 장비와의 통신에 사용하거나 아두이노에 표시 장치를 부착한 경우는 예외이다.

if 명령

프로그램이 실행되면 명령들은 차례대로 하나씩 실행되는 것이 일반적이다. 그러나 때때로 어떤 조건이 '참'일 때만 일부 명령이 수행되게 할 필요가 있다. 예를 들어, 아두이노의 디지털 입력에 연결된 스위치가 눌릴 때만 특정 명령들이 수행되게 하고 싶을 수 있다. 또 다른 예로 온도 센서에서 측정된 온도가 어떤 값보다 클 때만 디지털 출력에 on을 내보내고 싶을 수도 있다. 이럴 때 사용하는 것이 **if 명령**이다. 온도 데이터 값을 저장하는 변수 temperature를 정의한 뒤 다음과 같이 프로그램을 작성해 보자.

```
if (temperature > 90) {
  Serial.println("Its hot!");
}
```

지금 당장은 변수 temperature가 값을 어디서 얻는지 생각하지 않아도 된다. 여기서 중요한 것은 if 명령의 구조이다. if 다음에 오는 괄호 ( ) 안의 문장을 '**조건**condition'이라고 한다. 이 예에서 조건은 "변수 temperature의 값이 90보다 크다(>)"이다. 그 뒤에 나오는 { 는 코드 블록의 시작을 나타낸다. 괄호 { } 속의 모든 코드는 temperature 값이 90보다 클 때만 실행된다. if 명령에 속해 있는 명령문임을 나타내기 위해 Serial.println("Its hot!"); 명령문은 오른쪽으로 들여쓰기가 되어 있다.

반복 명령

if 명령을 사용하지 않고도 일련의 명령들을 차례대로 실행되지 않게 하려면 이 명령들을 여러 번 되풀이하면 된다. 아두이노 스케치에서 loop 함수는 그 안에 들어 있는 명령들을 무한히 반복하지만, 반복하는 횟수를 지정해줘야 하는 경우도 있다.

어떤 명령을 정해진 횟수만큼 반복하는 C 언어 명령에는 for 명령이 있다. 다음 스케치는 for 명령을 사용해 1부터 10까지의 숫자를 시리얼 모니터에 전송하는 프로그램이다.

```
// count_to_ten_once
void setup() {
  Serial.begin(9600);
  for (int i = 1; i <= 10; i++) {
    Serial.print(i);
  }
}

void loop() {
}
```

이 프로그램은 아두이노가 1부터 10까지 한 번만 세게 하기 위해 for 루프를 setup 블록에 집어넣었다. 1부터 10까지 반복해서 세게 하려면 for 루프 괄호 ( ) 안의 세 줄을 현재 비어 있는 loop 함수 안으로 옮겨 프로그램을 다음과 같이 써줘야 한다.

```
// count_to_ten_repeat
void setup() {
  Serial.begin(9600);
}

void loop() {
  for (int i = 1; i <= 10; i++) {
    Serial.println(i);
  }
}
```

for 명령 다음의 괄호 ( ) 안에는 세미콜론(;)으로 분리된 3개의 짧은 코드가 있는데, 이를 **스니펫** snippet(짧은 토막)이라고 한다. 첫 번째 스니펫 명령은 변수 i를 정의한다. 두 번째 명령은 루프 안에 있기 위한 조건(반복 조건)이다. 이 예에서는 i가 10보다 작거나 같은 동안에는 루프 안에서 코드가 계속 실행된다. 마지막으로 세 번째 스니펫 명령 i++는 루프를 한 번 돌 때마다(전체 명령어가 한 번 되풀이될 때마다) i의 값에 1을 더하라는 것을 의미한다. for 루프의 괄호 { } 사이에 있는 코드들은 i가 10이 될 때까지 반복해서 실행된다.

이 프로세스가 실행된 결과로 시리얼 모니터에는 [그림 30-5]와 같이 1에서 10까지의 숫자가 표시된다.

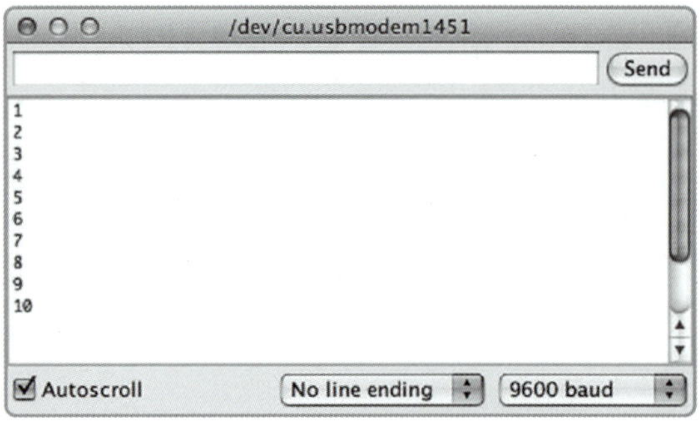

[그림 30-5] 1부터 10까지 센 결과가 출력된 시리얼 모니터 출력

while 루프는 C 언어에서 사용되는 또 다른 루프 명령으로, 때때로 매우 유용하다. while 명령은 언뜻 보면 if 명령과 상당히 유사하다. 그러나 조건이 '참'일 때 괄호 { } 안에 있는 명령문들이 실행되는 if 명령과 달리 while 명령에서는 조건이 '참'인 동안 괄호 안의 명령이 계속 반복되며 실행되다가 조건이 '거짓'이 되면 실행을 멈춘다. while 루프의 실행이 멈추면 while 루프 바로 다음의 코드가 (있을 때) 이어서 실행된다.

while 명령을 사용해 앞의 프로그램을 다시 쓰면 다음과 같다. 여기서 변수 i는 루프가 시작되기 전에 정의된다.

```
// count_to_ten_once_while
void setup() {
  Serial.begin(9600);
  int i = 1;
  while (i <= 10) {
    Serial.println(i);
    i++;
  }
}

void loop() {
}
```

함수

함수function는 코드 블록에 어떤 이름이 붙은 것을 말한다. 모든 스케치에는 `setup` 함수와 loop 함수가 사용되지만 사용자가 함수를 정의해(만들어) 사용할 수도 있다.

스케치를 작성하면서 몇 줄의 코드를 여러 곳에서 사용해야 하는 경우가 있다고 가정하자. 한 무리의 코드를 반복해 사용하는 대신 이들을 함수로 정의해 사용하면 프로그램을 더 쉽게 이해할 수 있다. 다음 스케치에서는 `blink`라는 사용자 정의 함수를 사용해 'L' LED 핀(13번 핀)을 10번 깜빡이고 있다.

```
// blink_function_broken
const int ledPin = 13;
void setup() {
  pinMode(ledPin, OUTPUT);
}

void loop() {
}

void blink() {
  for (int i = 1; i <= 10; i++) {
    digitalWrite(ledPin, HIGH);
    delay(1000);
    digitalWrite(ledPin, LOW);
    delay(1000);
  }
}
```

이 스케치 프로그램을 실행해도 실제로는 LED가 깜빡이지 않는다. 코드가 수행해야 하는 작업을 명시하고, `blink` 함수라는 이름을 지정했지만 스케치 어디에도 실제로 함수를 '호출'해 실행하도록 하는 부분이 없기 때문이다.

어떤 함수를 **정의**defining하는 것과 그 함수를 **실행**running하는 것의 차이를 구분하는 것은 매우 중요하다. LED를 깜박이게 하는 코드 조각들을 모아 이름을 붙였으나 실제로 깜박이라는 지시를 내리지는 않았다. 비유하자면 커피를 만드는 방법이 적힌 설명서를 주었지만, 실제로 커피를 만들라는 지시를 내리지 않은 것이다.

이 문제를 해결해 실제로 LED가 깜빡이게 하고 싶다면 다음과 같이 `setup`에 굵은 글씨로 표시된 `blink` 명령을 추가하면 된다.

```
// blink_function
const int ledPin = 13;
void setup() {
  pinMode(ledPin, OUTPUT);
  blink();
}
void loop() {
}

void blink() {
  for (int i = 1; i <= 10; i++) {
     digitalWrite(ledPin, HIGH);
    delay(1000);
    digitalWrite(ledPin, LOW);
    delay(1000);
  }
}
```

사용자가 정의한(만든) 함수는 스케치 프로그램 안의 어느 위치에 들어가도 상관없지만 보통은 setup 함수와 loop 함수 다음에 배치한다. blink 함수를 실행(호출)하려면 함수의 이름 뒤에 괄호 ( )를 붙여 사용하면 된다. 이렇게 만든 blink 함수는 유연성이 전혀 없다. 깜빡이는 횟수는 10번이고, ledPin이 가리키는 핀에 연결된 장치만 깜빡일 수 있다. 또한 **지연**[delay] 값이 고정되어 있어 깜빡이는 속도도 정해져 있다. 이 함수를 좀 더 유연성 있고 다양한 용도로 쓰고 싶다면 다음과 같이 파라미터를 사용해 함수를 제어하면 된다.

```
// blink_function_params
const int ledPin = 13;

void setup() {
  pinMode(ledPin, OUTPUT);
  blink(ledPin, 20, 200);
}

void loop() {
}

void blink(int pin, int times, int period) {
  for (int i = 1; i <= times i++) {
    digitalWrite(pin, HIGH);
    delay(period);
    digitalWrite(pin, LOW);
    delay(period);
  }
}
```

바뀐 부분은 알아보기 쉽도록 굵은 글씨로 표시했다. 첫 번째로 바뀐 명령문에서는 setup 블록 안의 blink를 호출하는 명령에서 괄호 안의 세 가지 항목이 쉼표로 구별되어 있다. 이 항목들을 **파라미터**parameter라고 하는데, 어떤 함수를 파라미터를 사용해 호출하면 그 함수 속으로 파라미터들이 전달된다. 이 예에서 괄호 안의 첫 번째 파라미터는 깜빡일 핀(이 경우 ledPin)이다. 두 번째 파라미터는 깜빡일 횟수, 마지막 파라미터는 핀을 **온**on하고 **오프**off하는 사이의 지연 시간이다.

함수의 파라미터는 그 함수 블록 안에서만 사용되므로 **지역 변수**local variable라고 한다. 따라서 함수를 호출하고 첫 번째 파라미터를 ledPin으로 쓰면 ledPin의 값이 함수 내부에 있는 pin이라는 지역 변수로 전달된다. 앞서 말한 것처럼 지역 변수는 그 함수 안에서만 사용할 수 있다. 반면에 ledPin과 같은 변수들은 스케치 프로그램의 어느 곳에서든 사용할 수 있어 **전역 변수**global variable라고 한다.

데이터 유형

아두이노 C에서 int로 정의되는 변수는 2바이트의 데이터를 사용한다. 변수의 데이터 유형은 대부분 int이다. int형 변수의 값의 범위는 −32768 ~ 32767이므로 −32768보다 작은 수나 32767보다 큰 수를 나타내기에는 충분하지 않다. 이 경우 4바이트의 데이터를 사용하는 long형을 사용하면 더욱 큰 수를 나타낼 수 있다.

int형을 사용할 수 없는 또 다른 경우는 소수점 아래에 자릿수를 가진 숫자인 **실수**real number를 나타낼 때이다. 데이터 유형 중 float형은 과학적 표기법인 이진법으로, 즉 **가수**mantissa와 **지수**exponent로 숫자를 나타낸다. 이렇게 하면 값의 범위는 매우 넓어지고, 정밀도는 제한된다.

0 대신 0.0으로 수를 표시하면 이 수가 **정수**integer가 아니라 실수임을 확실히 나타내는 데 도움이 된다. [표 30-1]은 여러 가지 데이터 유형을 정리한 것이다.

[표 30-1] 아두이노 C에서 사용되는 데이터 유형

데이터 유형	메모리 (바이트 수)	범위	내용
boolean	1	참(1) 또는 거짓(0)	
char	1	−128 ~ +128	문자의 ASCII 코드(부호)를 나타낼 때 사용된다. A의 경우 65로 표시된다. 일반적으로 음수는 사용되지 않는다.
byte	1	0 ~ 255	시리얼(직렬) 데이터를 통신할 때 주로 사용된다.
int	2	−32768 ~ +32767	
unsigned int	2	0 ~ 65536	음수가 필요 없는 경우 정밀도를 높일 때 사용될 수 있다. int로 산술 연산하는 경우에는 이상한 결과가 나올 수도 있으므로 주의해야 한다.
long	4	−2,147,483,648 ~ 2,147,483,647	아주 큰 수를 나타내는 경우에만 사용한다.
unsigned long	4	0 ~ 4,294,967,295	unsigned int와 동일하다.
float	4	−3.4028235E+38 ~ +3.4028235E+38	
double	4	float과 동일	8바이트가 사용되기도 하며 float보다 수의 범위가 넓고, 정밀도가 높다. 아두이노에서는 float과 동일하다.

변수의 데이터 유형으로 지금까지 사용해왔던 int형은 다음과 같이 정의한다.

```
int x = 0;
```

데이터 유형을 정의한 뒤 등호(=)를 사용해 초깃값을 지정해주는 것은 필수가 아니다. 그러나 초깃값을 지정해주면 변수가 갖는 값의 모호성을 제거해주므로 좋은 방법이 될 수 있다. float 형 변수는 다음과 같이 정의한다.

```
float x = 0.0;
```

일반적으로 데이터 유형이 다른 수끼리(예 int형과 float형) 계산하는 경우에는 컴파일러가 알아서 데이터 유형을 변경한다. 예를 들어, 다음 프로그램을 실행하면 계산 결과로 25,000,000.00을 얻을 수 있다.

```
// calc_1
void setup() {
  Serial.begin(9600);
  float x = 5000.0;
  int y = 5000;
  float result = x * y;
  Serial.println(result);
}

void loop() {
}
```

그런데 계산 과정에서 나오는 수가 int형 데이터의 범위보다 크다면 예상하지 못한 결과가 나올 수 있다. 다음 프로그램을 살펴보자.

```
// calc_2
void setup() {
  Serial.begin(9600);
  int x = 500;
  int y = 500;
  int result = (y * x) / 1000;
  Serial.println(result);
}

void loop() {
}
```

이 경우 결과로 250, 즉 $\frac{250,000}{1,000}$이 나올 것을 예상했을 것이다. 그러나 이 스케치를 실행하면 −12가 나온다. 프로그램에서 수행되는 첫 번째 계산은 $500 \times 500 = 250,000$인데, 이는 int형이 처리할 수 있는 수의 범위를 넘어섰기 때문이다. C 언어에서는 어떤 수가 데이터 유형의 범위를 넘어서면 음수로 넘어가므로 이 예시와 같이 이상한 결과가 나오게 된다. 만약 변수 x, y를 long형으로 정의한다면 예상한 결과가 나올 것이다.

따라서 산술 연산을 할 경우에는 데이터 유형이 가진 수의 범위를 벗어나는 큰 수가 나오지 않는지, 특히 중간 계산 과정에서도 이런 일이 발생하지 않는지 항상 생각하면서 충분히 큰 범위를 가진 데이터 유형을 사용해야 한다.

GPIO 핀과의 인터페이스

아두이노의 GPIO 핀을 사용하는 경우 몇 가지의 내장 함수들을 사용해 원하는 핀을 입력 또는 출력 핀으로 설정한다. 입력 핀으로 설정되었다면 그 핀의 값을 읽어 들이고, 출력 핀으로 설정된 경우 그 핀으로 값을 내보낼 수 있다.

핀 모드 설정

별도로 지정하지 않을 경우 아두이노의 핀은 입력으로 동작한다. 이때 핀의 풀업 저항은 **활성화**active(동작)되지 않은 상태이다. pinMode 명령을 사용하면 어떤 핀을 입력 또는 출력으로 설정하고, 풀업 저항을 활성화 또는 비활성화할지 결정할 수 있다.

핀의 **모드**mode(동작 방식)는 보통 setup 함수로 설정한다. 스케치가 실행되는 과정에서 핀의 모드는 프로그램에 의해 언제든 바뀔 수 있다.

내장 함수인 pinMode는 2개의 파라미터를 갖고 있다. 첫 번째 파라미터는 핀의 번호, 나머지 파라미터는 핀의 모드이다. 모드는 반드시 INPUT, INPUT_PULLUP, OUTPUT 중 하나로 써야 한다. 이들은 아두이노 C에서 **상수** constant 로 정의되어 있다.

디지털 값 읽기

입력 핀의 디지털 값을 읽을 때 사용되는 내장 함수는 digitalRead이다. 이 함수의 파라미터에 핀 번호를 지정해주면 0 또는 1 값이 **반환된다** return (얻어진다). 값을 반환한다는 것은 디지털 입력 핀의 값을 읽은 결과를 어떤 변수에 할당할 수 있다는 의미이다. 다음 프로그램을 살펴보자.

```
// digital_read
const int inputPin = 7;

void setup() {
  Serial.begin(9600);
  pinMode(inputPin, INPUT);
}

void loop() {
  int x = digitalRead(inputPin);
  Serial.println(x);
  delay(1000);
}
```

변수 x는 loop 함수 내부에서 정의되어 있으므로 이 함수 안에서만 사용할 수 있는 지역 변수이다. digitalRead 함수를 호출한 결과는 변수에 할당되는데, 이때 입력 핀(여기서는 7번 핀)이 HIGH면 x 값은 1이 되고, LOW면 0이 된다. HIGH와 LOW는 아두이노에서 상수로 정의된 특수한 변수이므로 숫자 1과 0 대신 이 변수들을 각각 사용할 수 있다.

스위치를 사용해 불을 켜고 싶다면 아두이노의 7번 핀에 스위치를 부착한 뒤 다음 프로그램을 설치하면 된다. 그러면 스위치가 눌릴 때 아두이노 보드에 설치된 'L' LED에 불이 들어온다.

```
// digital_read_switch
const int switchPin = 7;
const int ledPin = 13;

void setup() {
  pinMode(switchPin, INPUT_PULLUP);
  pinMode(ledPin, OUTPUT);
}

void loop() {
  if (digitalRead(switchPin) == LOW) {
    digitalWrite(ledPin, HIGH);
  }
  else {
    digitalWrite(ledPin, LOW);
  }
}
```

이 예에서는 앞선 예처럼 변수를 사용해 `digitalRead` 명령으로 읽은 결과를 저장하는 대신 `if` 명령의 조건문에 `digitalRead` 함수를 직접 사용했다. `if` 명령의 조건문에서 두 값이 같은지 비교할 때는 단일등호(=)가 아니라 이중등호(==)를 사용해야 한다. 단일등호(=)는 변수에 값을 할당하는 데 사용하므로 혼동하지 않도록 주의한다. 디지털 입력 핀은 풀업 저항이 달려 있어 평소에는 HIGH 상태로 있다가 스위치를 누를 때만 LOW로 떨어진다.

이번 스케치에는 `if` 명령문에 `else` 블록이 있다. 이 부분은 `if` 조건이 참이 아닐 때 실행된다. 이번 예는 아두이노 없이도 구현할 수 있다. 스위치, LED, 전류제한용 저항을 직렬로 연결한 뒤 전원을 인가하면 된다.

만약 **누름 스위치** push switch를 누를 때마다 LED가 온과 오프 사이를 왔다 갔다 하게 하고 싶다면 LED의 마지막 상태가 온인지 오프인지 기록하는 변수, 즉 LED의 **상태** state를 저장해놓는 변수를 사용해야 한다. 상태를 기록하는 변수를 사용해 다시 작성한 스케치 프로그램은 다음과 같다.

```
// digital_read_toggle
const int switchPin = 7;
const int ledPin = 13;

int ledState = LOW;

void setup() {
  pinMode(switchPin, INPUT_PULLUP);
  pinMode(ledPin, OUTPUT);
}

void loop() {
  if (digitalRead(switchPin) == LOW) {
    ledState = ! ledState;
    digitalWrite(ledPin, ledState);
    delay(100);
    while (digitalRead(switchPin) == LOW) {}
  }
}
```

이제 변수 `ledState`의 값은 `digitalRead`가 스위치가 눌린 것을 감지하면 not(!) 명령에 의해 바뀐다. 즉 `ledState`의 값은 현재 설정된 값의 반대가 되므로 현재 값이 LOW면 HIGH, HIGH면 LOW가 된다.

`digitalWrite` 함수는 출력을 새로 바뀐 `ledState` 값으로 설정한다. 스위치가 눌린 동안 스위치 접점이 닫힘과 열림을 반복하면서 HIGH와 LOW를 왔다 갔다 하는 **바운스**bounce 현상이 종종 일어난다. 따라서 지연 시간을 100 ms 로 하는 명령을 사용해 바운스 현상이 사라져 접점이 안정화될 수 있도록 시간을 벌어준다. 그다음 줄에 있는 `while` 루프는 `ledState`의 값이 곧바로 다시 바뀌지 않도록 스위치가 열릴 때까지 기다리게 한다.

디지털 값 쓰기

앞서 이미 `digitalWrite` 명령을 사용해 아두이노 보드에 있는 'L' LED를 켜고 끄는 동작을 실행했다. 이 명령은 2개의 파라미터를 사용한다. 첫 번째 파라미터는 핀 번호이고, 다른 파라미터는 그 핀에 쓸 HIGH(1)와 LOW(0) 값이다. 이 명령은 `pinMode` 명령으로 핀이 이미 디지털 출력으로 설정되었을 때만 핀을 제어한다.

아두이노 핀은 ATmega328 마이크로컨트롤러에 손상을 주지 않으면서 40 mA 의 전류를 핀 밖으로 내보내거나 핀 내부로 흘러들어오게 할 수 있다. 이 정도 전류 크기라면 핀에 곧바로 연결된 LED를 구동하기 충분하다. 그러나 **릴레이**relay(계전기)나 직류 모터와 같은 장치를 구동하기에는 충분하지 않으므로 전류를 증폭해주는 장치(부품)가 있어야 한다. 만약 아두이노의 핀에 연결된 장치를 켜고 끄기만 하면 되는 경우에는 선형적으로 증폭해줄 필요가 없다. 이 경우에는 대부분의 상황에서 트랜지스터 하나만으로 간단히 전류를 증폭할 수 있다.

[그림 30-6]은 릴레이를 구동시키는 데 필요한 50 mA ~ 100 mA의 전류를 하나의 NPN 바이폴라 트랜지스터로 릴레이 코일에 공급하는 것을 보여준다. 저항은 베이스에 흐르는 전류가 40 mA를 넘지 않도록 해야 하므로 150Ω으로 하는 것이 좋다. 트랜지스터는 값이 저렴한 2N3904가 적합하다. 릴레이 양단에 연결된 다이오드는 릴레이 코일과 같은 **유도성 부하** inductive load를 구동할 때 발생하는 전압 펄스를 억제하는 데 사용된다.

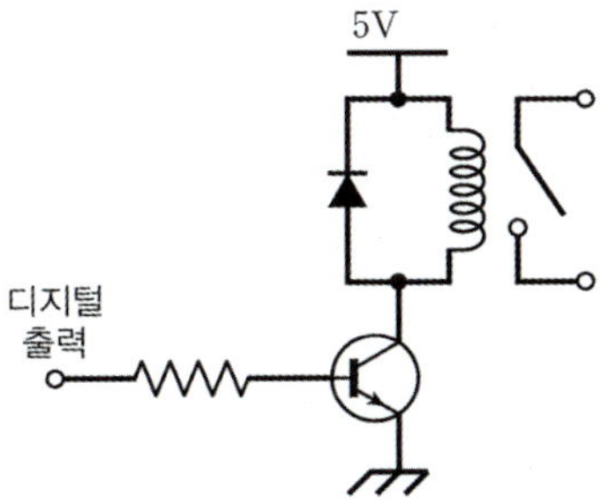

[그림 30-6] 디지털 출력을 이용해 릴레이 제어하기

아날로그 입력

아두이노에 있는, A0 ~ A5까지 이름이 붙은 6개의 핀들은 10비트 아날로그 입력을 제공한다. 내장 함수인 analogRead는 아날로그 입력 핀에 들어오는 전압의 크기에 따라 0 ~ 1,023 사이의 숫자를 반환한다. 다음 스케치 프로그램은 전압 값을 읽고, 수학 연산을 한 뒤 그 결과를 시리얼 모니터로 보내는 것이다.

```
// analog_read
const int analogPin = A0;

void setup() {
  Serial.begin(9600);
}

void loop() {
  int reading = analogRead(analogPin);
  float volts = reading * 5.0 / 1023.0;
  Serial.println(volts);
  delay(1000);
}
```

위 프로그램에서는 `int`형 변수인 `reading` 값에 5.0을 곱한 뒤 1023.0으로 나눈다. 5.0과 1023.0은 소수점이 있으므로 C는 이 두 값을 `int`형이 아니라 `float`형 데이터로 취급한다.

시리얼 모니터는 A0 핀으로 들어오는 전압을 1초에 한 번씩 표시한다. 이 스케치 방식을 사용하면 아두이노 보드상의 여러 전압이 실제로 얼마인지 측정할 수 있다. [그림 30-7]은 A0 핀과 GND가 **점퍼선**jumper wire으로 연결된 것을 보여준다.

[그림 30-7] 아두이노를 이용하여 자체 전압 측정하기

이때 시리얼 모니터에 표시되는 값은 0 V 여야 한다. 이번에는 점퍼선으로 A0 핀과 3 V 핀을 연결해 보자. 그러면 시리얼 모니터에는 약 3.3 V 의 값이 표시되어야 한다. 마지막으로 A0 핀을 아두이노의 5 V 핀에 연결해 보자. 이 결과는 [그림 30-8]의 시리얼 모니터 화면에서 확인할 수 있다.

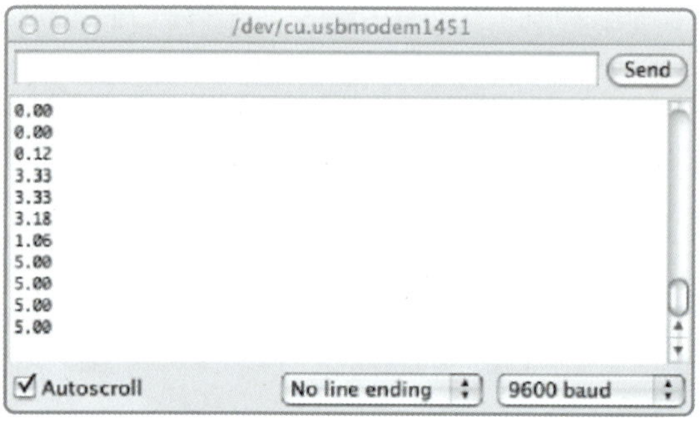

[그림 30-8] 아날로그 입력값을 나타내는 시리얼 모니터

전압을 측정할 때는 아날로그 입력에 가할 수 있는 최대 허용 전압인 5 V 를 넘지 않도록 주의해야 한다. 만약 더 큰 전압을 측정해야 한다면 2개의 저항을 사용해 전압 분배기 회로를 구성한다.

아날로그 값 쓰기

아두이노 우노 Arduino Uno는 진정한 아날로그 출력은 갖고 있지 않다. 그 대신 29장에서 다룬 **펄스폭 변조**Pulse Width Modulation(PWM) 출력을 사용해 아날로그 신호를 내보낸다. PWM을 지원하는 하드웨어는 아두이노 우노에 3, 5, 6, 9, 10, 11로 표시된 핀에만 들어 있다.

이런 출력에서 제공하는 펄스의 듀티 사이클은 analogWrite 명령으로 설정한다. 이 명령은 2개의 파라미터를 사용하고, 첫 번째 파라미터는 핀 번호, 두 번째 파라미터는 0 ~ 255 사이의 정수이다. 만약 두 번째 파라미터 값이 0이면 듀티 사이클은 0이 되고, 출력은 완전히 off 상태가 된다. 반대로 파라미터 값이 255면 출력은 완전히 on 상태가 된다. 출력값의 범위가 0 또는 1(LOW 또는 HIGH)이 아니라 0 ~ 255 사이라는 것을 제외하면 digitalWrite와 동일하다.

이를 설명하기 위해 [그림 30-9]와 같이 아두이노에 전위차계를 부착해 LED의 밝기를 조절하는 경우를 살펴보자.

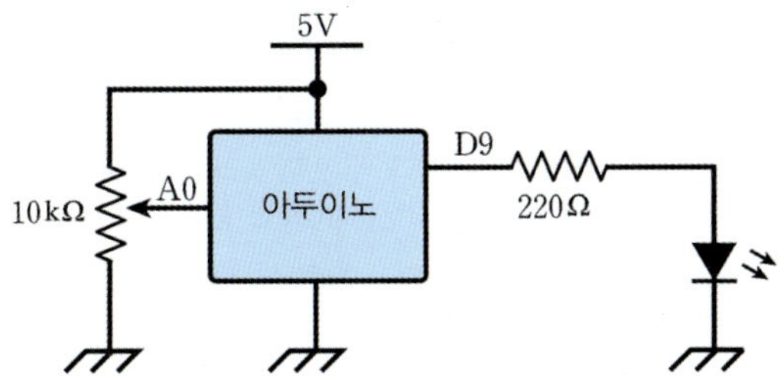

[그림 30-9] 전위차계를 사용해 LED 밝기 조절하기

이렇게 기능할 수 있도록 전위차계로부터 아날로그 입력 핀에 들어오는 0 ~ 1,023 사이의 값을 읽고, 이 값을 4로 나눠 얻어지는 0 ~ 255의 값을 analogWrite로 내보내는 스케치 프로그램은 다음과 같다.

```
// analog_write
const int potPin = A0;
const int ledPin = 9;

void setup() {
  pinMode(ledPin, OUTPUT);
}

void loop() {
  int reading = analogRead(potPin);
  analogWrite(ledPin, reading / 4);
}
```

전위차계의 조정 손잡이를 돌리면 LED로 출력되는 펄스의 폭이 증가해 겉으로 보이는 LED의 밝기가 증가한다. 이렇게 LED 밝기를 조절하는 것은 LED에 인가되는 전압 크기를 변화시켜 밝기를 조절하는 방식보다 훨씬 효과적이다. LED에 인가되는 전압이 LED를 동작시키는 데 필요한 순방향 동작 전압(보통 1.6V)보다 작다면 LED가 빛을 전혀 발산하지 않기 때문이다.

아두이노 C 라이브러리

아두이노 라이브러리에는 지금까지 우리가 사용한 명령어를 비롯해 매우 많은 명령어가 있다. [표 30-2]는 그중 가장 널리 사용되는 명령어를 정리한 것이다. 아두이노의 모든 명령어에 대해서는 다음 웹사이트의 공식 아두이노 자료에서 살펴볼 수 있다.

http://www.arduino.cc

[표 30-2] 아두이노 라이브러리 함수

명령	사용 예	설명
디지털 입출력		
pinMode	pinMode(8, OUTPUT);	8번 핀을 출력으로 설정한다. 두 번째 파라미터로 OUTPUT 자리에 INPUT 또는 INPUT_PULLUP을 쓸 수 있다.
digitalWrite	digitalWrite(8, HIGH);	8번 핀을 HIGH로 설정한다. LOW로 설정하려면 HIGH 자리에 LOW를 써준다.
digitalRead	int i; i = digitalRead(8);	변수 i에 8번 핀의 전압 크기에 따라 HIGH 또는 LOW 값을 할당한다.
pulseIn	i = pulseIn(8, HIGH)	8번 핀에 HIGH 신호가 지속되는 시간을 ms로 반환한다.
tone	tone(8, 440);	8번 핀에 주파수가 440 Hz인 펄스를 발생시킨다.
noTone	noTone(8);	8번 핀에 펄스 신호가 출력되는 것을 중지시킨다.
아날로그 입출력		
analogRead	int r; r = analogRead(A0);	변수 r에 0 ~ 1023 사이의 값을 할당한다. 이때 A0 핀의 전압이 0 V면 값은 0이 되고, 5 V면 1,023이 된다.
analogWrite	analogWrite(9, 127);	9번 핀으로 PWM 신호를 출력한다. 둘째 파라미터는 듀티 사이클을 설정하는 수로 0 ~ 255 사이의 값이다. 0은 듀티 사이클 0%를, 255는 100%를 나타낸다. 첫째 파라미터는 아두이노 보드에서 PWM 출력으로 사용할 수 있는 핀 번호(3, 5, 6, 9, 10, 11)여야 한다.
시간 명령		
millis	unsigned long l; l = millis();	아두이노에서 데이터 유형이 long인 변수는 32비트로 표현된다. millis() 명령으로 반환되는 숫자는 바로 전에 리셋된 때부터 경과된 시간으로, 단위는 ms이다. 경과시간은 대략 50일이 지나면 다시 0으로 돌아가 측정된다.
micros	long l; l = micros();	측정 단위가 μs인 것을 제외하면 mills 명령과 동일하다. 대략 70분이 지나면 다시 0으로 돌아간다.
delay	delay(1000);	1,000 ms, 즉 1초 동안 지연된다(아무 동작도 수행하지 않는다).
delayMicroseconds	delayMicroseconds(100000);	100,000 μs 동안 지연된다. 최소 지연시간은 3 μs이며 최대 지연시간은 16 ms이다.
인터럽트		
attachInterrupt	attachInterrupt(1, myFunction, RISING);	interrupt 1(우노의 D3)이 상승할 때(LOW에서 HIGH로 변할 때)^{rising} 이름이 myFunction인 함수를 호출한다.
detachInterrupt	detachInterrupt(1);	interrupt 1을 해제(중단)한다.

라이브러리

아두이노 IDE는 **라이브러리**library 개념을 사용해 스케치에서 사용되는 코드를 정리한다. 이런 라이브러리에는 사용자들이 작성해 공유하는 프로그램 명령들이 들어 있는데, 이를 통해 특정한 종류의 하드웨어 장치와 더 쉽게 인터페이스할 수 있다.

예를 들어, 아두이노 IDE에는 사용자가 이용할 수 있는 많은 라이브러리가 이미 설치되어 있다. 통상적으로 라이브러리에는 몇 개의 예제 스케치가 들어 있어서 처음 라이브러리를 사용한다면 이를 참조해 프로그래밍을 쉽게 시작할 수 있다. [그림 30-10]과 같이 차례로 IDE 메뉴에서 [File]을 누른 뒤 'Example'을 선택하면 아두이노 IDE에 포함된 라이브러리의 내용을 확인할 수 있다.

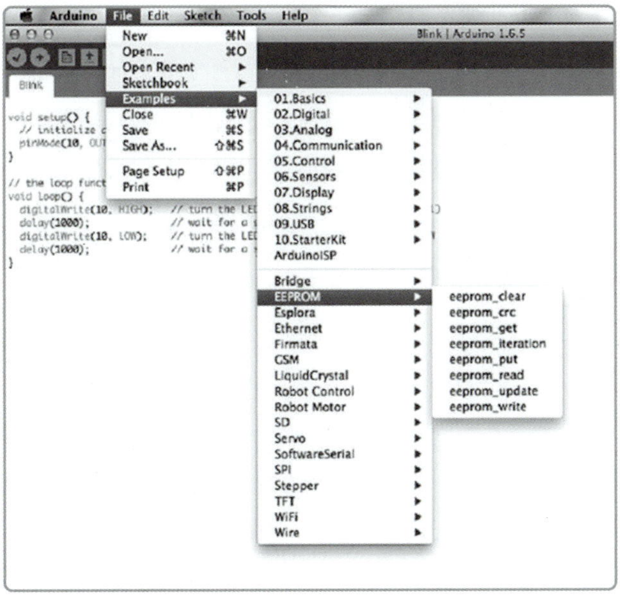

[그림 30-10] 라이브러리의 예제 스케치

이 예제 목록들은 두 부분으로 나뉜다. 위쪽의 절반의 예제 목록은 라이브러리와 관계가 없지만, 나머지 절반은 라이브러리와 관련되어 있다. 예를 들어, 아두이노가 리셋될 때 저장된 값이 사라지지 않고 계속 남아 있게 하려면 EEPROM 라이브러리를 사용할 수 있다. 다음은 'eeprom_clear'라는 스케치로, 편의상 원래 설명문의 일부를 삭제했다.

```
#include <EEPROM.h>
void setup()
{
  for ( int i = 0 ; i < EEPROM.length() ; i++ ) {
    EEPROM.write(i, 0);
  }
  // turn the LED on when we're done
  digitalWrite(13, HIGH);
}
void loop(){ /** Empty loop. **/ }
```

아두이노 IDE에 특정 라이브러리가 필요하다는 것을 알리기 위해 `#include` 명령 다음에 해당 라이브러리 헤더 파일의 이름을 적는다. 작성 중인 스케치 프로그램에 사용할 명령을 얻는 가장 좋은 방법은 해당 명령을 예제 스케치에서 복사해서 가져오는 것이다.

아두이노 IDE에 들어 있는 다른 라이브러리로는 이더넷[Ethernet] 라이브러리(네트워크 하드웨어 프로그래밍), LCD[Liquid-Crystal Display] 라이브러리(액정 표시 장치), SD 라이브러리(SD 카드 읽고 쓰기), Servo 라이브러리(서보 모터 제어), Stepper(스테퍼 모터 제어) 라이브러리가 있다.

어떤 장치를 아두이노로 제어하려고 할 때 그 장치의 구동에 필요한 라이브러리가 이미 아두이노 IDE에 들어 있을 수도 있다. 만약 라이브러리가 아두이노 IDE에 들어 있지 않다면 누군가가 만들어둔 라이브러리가 있을 수도 있는데, 그렇다면 그 라이브러리를 IDE에 설치하면 된다.

아두이노 커뮤니티[Arduino community](온라인 사용자 모임)에서는 라이브러리를 만들고, 공유하는 활동이 활발히 이루어지고 있다. 여기서는 오픈소스 방침에 따라 라이브러리가 항상 무료로 제공되며 사용에 있어 어떤 형태의 라이센스 제한도 없다. 만약 이곳에서 사용하려는 라이브러리를 찾았다면 그 라이브러리는 ZIP 파일 형태로 되어 있을 것이다. 해당 ZIP 파일을 **내려받기**[download]한 다음 아두이노 IDE의 메뉴에서 [Sketch] → [Include Library] → [Add ZIP Library]를 차례로 선택하고, 내려받은 파일을 찾아서 지정하면 된다. 이렇게 하면 새 라이브러리가 설치된다. 아두이노 IDE의 메뉴에서 [File] → [Examples]를 선택해 방금 설치한 라이브러리와 관련된 예제들을 살펴볼 수 있다.

특수 목적용 아두이노 보드

공식 아두이노 중 가장 널리 사용되는 것은 **아두이노 우노**Arduino Uno이다. 그러나 아두이노 우노 이외에도 다양한 모델이 있으므로 용도에 맞춰 가장 적합한 모델을 사용하면 된다. 이런 모델 중에는 공식 아두이노 보드도 있고, 제3자가 만든 것도 있다. 이 모델들은 아두이노 IDE를 쓰거나 다른 IDE를 쓰기도 하지만 언어는 같은 아두이노 C 언어를 사용한다.

아두이노 보드 Arduino board와 **아두이노 호환 보드**Arduino-compatible board의 종류는 매우 다양하며 새로운 보드도 계속해서 개발되고 있다. 여기서는 전체를 광범위하게 조사하는 대신 세 종류의 대표적인 아두이노 보드에 대해 알아본다.

아두이노 프로 미니

아두이노 우노는 많은 부품과 특성을 갖고 있다. 따라서 아두이노 우노를 사용해 어떤 장치를 만드는 것이 비효율적인 때가 있다. 예를 들어, 아두이노 보드에 USB 인터페이스가 내장되어 있는데 이것이 보드를 프로그래밍하는 동안에만 필요하다면 USB 인터페이스를 계속 연결해둘 필요는 없다.

[그림 30-11]은 **아두이노 프로 미니**Arduino Pro Mini로, 아두이노 보드에서 USB 인터페이스를 분리해 사이즈를 줄이고 가격을 저렴하게 만든 것이다. 프로젝트가 끝나면(완성되면) USB 인터페이스가 필요하지 않으므로 아두이노 프로 미니를 사용하는 것이 더 합리적이다.

[그림 30-11] 아두이노 프로 미니(왼쪽)와 USB 인터페이스(오른쪽)

만약 아두이노 스케치를 수정해야 한다면 USB 인터페이스를 부착해 아두이노를 다시 프로그래밍하면 된다. 아두이노 프로 미니의 프로그래밍 방식은 아두이노 우노와 같다. 아두이노 IDE의 [Tools] 메뉴에서 'Board'를 'Arduino Pro or Pro Mini'로 선택하면 된다.

Wemos D1

[그림 30-12]는 Wemos D1이다. 이 아두이노 보드는 ESP8266 프로세서를 사용하고, 아두이노 IDE에서 프로그래밍할 수 있다. 또한 **와이파이**Wi-Fi 기능이 포함되어 있어 있어 **사물 인터넷**Internet of Things 프로젝트에 매우 적합하다. 즉 가격 대비 성능이 매우 뛰어나다.

[그림 30-12] Wemos D1

만약 GPIO 핀의 개수가 부족하거나 더 큰 처리 능력이 필요하다면 LOLIN32 및 기타 ESP32 프로세서 기반 보드를 사용해도 가격 대비 뛰어난 성능을 얻을 수 있다.

라즈베리 파이 피코

[그림 30-13]은 **라즈베리 파이 피코**Raspberry Pi Pico로, 이 아두이노 보드 역시 아두이노 IDE에서 프로그래밍할 수 있다. 이 아두이노 보드는 라즈베리 파이를 기반으로 설계한 RP2040 프로세서를 사용하며 크기 측면에서 아두이노 프로 미니에 대한 대안을 제공한다. 또한 USB 인터페이스가 내장되어 있고, 2개의 프로세서로 구성된 강력한 ARM m0 칩이 장착되어 있다.

[그림 30-13] 라즈베리 파이 피코

Adafruit Feather 보드

Adafruit사는 다양한 종류의 마이크로컨트롤러 및 실드 기판 시스템을 개척했다. 앞서 언급한 RP2040 및 ESP 보드를 포함하는 Adafruit사의 제품은 마이크로컨트롤러 IC에 광범위하게 사용되고 있다.

이런 보드는 대부분 **파이썬**Python으로 프로그래밍되지만, 아두이노 IDE를 사용해 프로그래밍할 수도 있다. 이 보드 제품군에 대한 자세한 내용은 다음 웹사이트를 통해 확인할 수 있다.

https://www.adafruit.com/category/943

실드

아두이노 헤더 소켓에는 **실드**shield라는 보드를 꽂을 수 있고, 다양한 용도로 사용할 수 있다. 인터넷을 통해 수많은 실드가 다양한 용도로 나와 있음을 확인할 수 있다. 다음은 실드의 몇 가지 용도를 정리한 것이다.

- 모터 제어motor control
- 릴레이relay
- 이더넷ethernet과 와이파이Wi-Fi
- 다양한 표시 장치display
- 각종 센서sensor

일반적으로 실드마다 해당되는 아두이노 라이브러리가 함께 제공되므로 쉽게 사용할 수 있다.

연습문제

01 다음 중 아두이노 우노에 마이크로컨트롤러 칩이 2개인 이유로 옳은 것은 무엇인가?

(a) 실행 속도를 2배 빠르게 하기 위해
(b) 한 칩은 USB 인터페이스를 제공하는 데 사용하기 위해
(c) 한 칩은 비디오 인터페이스를 제공하는 데 사용하기 위해
(d) (a), (b), (c) 모두 답이 아니다.

02 다음 중 아두이노 우노의 'L' LED 핀은 몇 번 디지털 핀에 연결되어 있는가?

(a) 10 (b) 11
(c) 12 (d) 13

03 아두이노 우노의 클록 주파수는 얼마인가?

(a) 4 MHz (b) 8 MHz
(c) 16 MHz (d) 20 MHz

04 아두이노 우노의 조정 전압 출력의 크기는 얼마인가?

(a) 3.3 V와 5 V
(b) 3.3 V
(c) 5 V
(d) (a), (b), (c) 모두 답이 아니다.

05 다음 중 아두이노에 전원을 공급하는 방법으로 옳은 것은 무엇인가?

(a) USB 포트를 통해서만 공급할 수 있다.
(b) USB 포트 또는 DC 배럴 잭 소켓을 통해 공급할 수 있다.
(c) DC 배럴 잭 소켓이나 V_{in} 핀을 통해 공급할 수 있다.
(d) USB 포트 또는 DC 배럴 잭 소켓 또는 V_{in} 핀을 통해 공급할 수 있다.

06 다음 중 아두이노 IDE를 사용하기 위한 컴퓨터의 운영체계로 옳은 것은 무엇인가?

(a) 윈도우Windows
(b) 리눅스Linux
(c) 맥오에스텐Mac OS X.
(d) (a), (b), (c) 중 어느 것이나

07 다음 중 아두이노 USB 인터페이스의 용도로 옳은 것은 무엇인가?

(a) 아두이노를 프로그래밍하는 데 사용
(b) 아두이노와 컴퓨터의 통신하는 데 사용
(c) 아두이노에 전원을 공급하는 데 사용
(d) (a), (b), (c) 모두

08 다음 중 아두이노에서 A0 ~ A5 핀의 용도로 옳은 것은 무엇인가?

(a) 아날로그 입력으로만 사용
(b) 아날로그 입력 또는 아날로그 출력으로 사용
(c) 아날로그 입력 또는 디지털 입력으로 사용
(d) 아날로그 입력 또는 디지털 입력 또는 디지털 출력으로 사용

09 다음 중 아두이노의 `delay` 함수에서 사용되는 시간 단위는 무엇인가?

(a) s (초)
(b) ms (밀리초)
(c) μs (마이크로초)
(d) 클록 주기

10 다음 스케치에서 'L' LED가 켜지지 않는 이유로 옳은 것은 무엇인가?

```
void setup() {
  digitalWrite(13, HIGH);
}
void loop() {}
```

(a) 13번 핀이 출력으로 설정되지 않았기 때문이다.
(b) 'L' LED가 13번 핀에 연결되지 않았기 때문이다.
(c) loop 함수 안에 명령이 없기 때문이다.
(d) 13번 핀은 출력으로 사용할 수 없기 때문이다.

11 다음 중 프로그래밍에서 변수[variable]에 대한 설명으로 옳은 것은 무엇인가?

(a) 123과 같이 숫자로 된 값이다.
(b) 어떤 값에 이름을 부여해 그 값을 이름으로 가리키고, 원한다면 나중에 바꾸는 방법이다.
(c) 어떤 값에 이름을 부여한 것으로 나중에 프로그램에서 바꿀 수 없다.
(d) (a), (b), (c) 모두 답이 아니다.

12 다음 중 상수[constant]에 대한 설명으로 옳은 것은 무엇인가?

(a) 프로그램이 실행되는 동안에는 값이 바뀌지 않는 변수이다.
(b) 프로그램이 어떤 작업을 수행하고 있는지 확실히 알 수 있는 것이다.
(c) 변수와 동일하다.
(d) 변수보다 많은 메모리 용량을 사용한다.

13 다음 중 스케치[Sketch]에 대한 설명으로 옳은 것은 무엇인가?

(a) 프로그램이 동작하는 방식을 대략적으로 종이에 그린 것이다.
(b) 아두이노와 전자부품들의 연결 상태를 나타내는 회로도이다.
(c) 특수한 하드웨어에 접속할 수 있도록 프로그램에 포함되는 명령어이다.
(d) 아두이노에서 프로그램의 의미로 사용되는 용어이다.

14 다음 스케치를 실행할 때 시리얼 모니터 화면에 나타나는 숫자는 무엇인가?

```
void setup() {
  Serial.begin(9600);
  int x = 12;
  x++;
  Serial.println(x);
}
void loop() {}
```

(a) 0　　(b) 12
(c) 13　　(d) 9600

15 다음 스케치를 실행한 결과로 옳은 것은 무엇인가?

```
void setup() {
  pinMode(13, OUTPUT);
}

void loop() {
  digitalWrite(13, HIGH);
  delay(200);
  digitalWrite(13, LOW);
}
```

(a) LED는 1초에 200번 깜빡인다.
(b) LED는 1초에 5번 깜빡인다.
(c) LED는 계속 켜져 있다.
(d) LED는 계속 꺼져 있다.

연습문제

16 다음 중 아두이노 스케치에 반드시 들어가야 하는 함수는 무엇인가?

(a) `setup` 함수
(b) `setup` 함수와 `loop` 함수
(c) `loop` 함수
(d) 함수가 필수적이지 않다.

17 다음 중 시리얼 모니터에 대한 설명으로 옳은 것은 무엇인가?

(a) 아두이노 보드에 장착된 USB 하드웨어 인터페이스이다.
(b) 컴퓨터의 네트워크 트래픽을 감시한다.
(c) 아두이노를 프로그래밍하는 데 사용한다.
(d) 아두이노 IDE가 USB를 통해 아두이노와 통신할 수 있도록 한다.

18 다음 중 변수 `i`를 사용해 5부터 10까지 헤아리는 `for` 명령문은 무엇인가?

(a) `for (int i = 5; i <= 10; i++)`
(b) `for (int j = 5; i <= 10; j++)`
(c) `for (int i = 5; i < 10; i++)`
(d) `for (int i = 1; i <= 5; i++)`

19 다음 중 데이터 유형이 `int`인 변수로 처리할 수 있는 최대 양수는 무엇인가?

(a) 255　　(b) 256
(c) 65535　　(d) 32767

20 다음 중 릴레이 코일의 양단에 역방향으로 다이오드를 연결하는 까닭은 무엇인가?

(a) 전류를 증가시키기 위해
(b) 전압을 증가시키기 위해
(c) 코일에 흐르는 전류가 스위칭될 때 발생하는 큰 전압을 억제하기 위해
(d) (a), (b), (c) 모두 답이 아니다.

정답

01 b	**02** d	**03** c	**04** a	**05** d	**06** d	**07** d	**08** d	**09** b	**10** a
11 b	**12** a	**13** d	**14** c	**15** c	**16** b	**17** d	**18** a	**19** d	**20** c

CHAPTER 31

변환기와 센서

Transducers and Sensors

학습목표

- 다양한 전파 변환기와 변위 변환기의 동작 원리를 이해할 수 있다.
- 여러 가지 물리량을 감지 및 측정하는 센서의 종류와 동작 원리, 응용 방법에 대해 이해할 수 있다.

이 장에서는 한 에너지를 다른 형태의 에너지로 변환하는 장치에 대해 알아본다. 또한 어떤 현상을 감지하고, 그 세기를 측정하는 장치에 대해서 배운다.

파동 변환기

전자공학에서 **파동 변환기**wave transducer는 직류나 교류를 **음파**acoustic wave 또는 **전자파**electromagnetic wave(전자기파동)로 변환한다. 또한 반대로 음파나 전자파를 직류나 교류 신호로 변환한다.

음향용 다이내믹 변환기

다이내믹 변환기dynamic transducer는 코일과 자석으로 구성되어 있으며 기계적 **진동**vibration을 전류electric current로 변환하거나 반대로 전류를 기계적 진동으로 변환한다. 대표적인 다이내믹 변환기로 **다이내믹 마이크로폰**dynamic microphone과 **다이내믹 스피커**dynamic speaker가 있다.

[그림 31-1]은 다이내믹 변환기의 구성도이다. 진동판은 중심축을 따라 앞뒤로 빠르게 움직일 수 있는 코일에 부착되어 있다. 코일 내부에는 영구 자석이 있고, 음파는 진동판과 코일을 함께 움직이게 해 코일 내의 자기장을 변동시킨다. 따라서 코일에는 진동판에 부딪힌 음파와 똑같은 형태의 교류 전류가 흐른다.

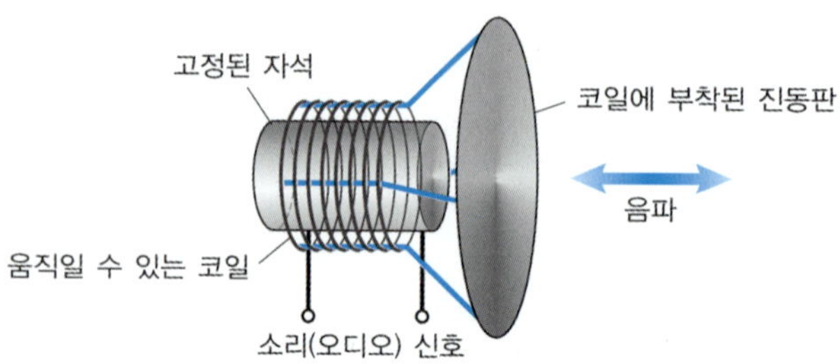

[그림 31-1] 음향용 다이내믹 변환기의 구성도

코일에 오디오 신호를 가하면 전선에 흐르는 교류 신호가 자기장을 생성하고, 코일에 힘을 가한다. 이 힘으로 인해 코일과 연결된 진동판이 앞뒤로 움직여 주변 공기에 음파를 생성한다.

음향용 정전 변환기

정전 변환기electrostatic transducer는 전기장에 의해 발생하는 힘을 이용하는 변환기이다. [그림 31-2]에서 2개의 금속판은 서로 마주보며 나란히 놓여 있는데, 하나는 잘 휘는 유연한 판, 다른 하나는 단단한 판이다.

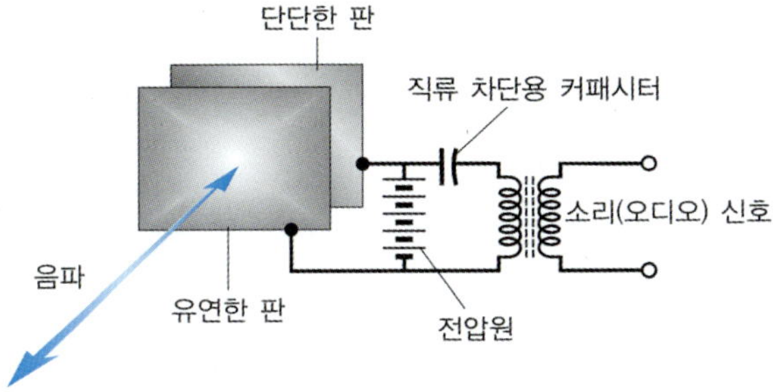

[그림 31-2] 음향용 정전 변환기의 구성도

정전 픽업 electrostatic pickup 에서 음파가 유연한 판에 부딪혀 판을 진동시키면 두 판 사이의 간격이 작지만 빠르게 변하는데, 이로 인해 두 판 사이의 커패시턴스가 변화한다. 두 판 사이에는 일정한 직류 전압이 인가되고 있는데, 두 판 사이의 커패시턴스가 변화하면 전기장의 세기도 달라지고, 변압기의 1차 권선을 통과하는 전류에도 변화가 생긴다. 이 변화가 변압기의 2차 권선에 오디오 신호로 나타난다.

정전 이미터 electrostatic emitter 에서는 변동하는 전류에 의해 두 판 사이의 전압이 변한다. 이에 따라 두 판 사이의 전기장이 변해 유연한 판을 안팎으로 밀고 당기는 힘을 생성한다. 유연한 판이 움직이면 공기 중에 음파가 발생한다.

다이내믹 변환기가 사용된다면 대부분 정전 변환기를 사용할 수 있다. 정전 변환기는 가볍고, 감도가 우수하다. 자기장이 상대적으로 작다는 것도 특정 상황에서는 장점이 될 수 있다.

소리 및 초음파용 압전 변환기

압전 변환기 piezoelectric tansducer 는 [그림 31-3]과 같이 2개의 금속판 사이에 **수정** crystal of quartz 또는 **세라믹** ceramic 을 끼운 구조이다. 압전 변환기는 다이내믹 변환기나 정전 변환기보다 높은 주파수에서 동작할 수 있어 침입 감지기처럼 초음파를 사용하는 분야에서 선호된다.

음파가 1개 또는 2개의 금속판에 부딪히면 판이 진동한다. 이 진동은 기계적 접촉을 통해 수정에 전달되고, 기계적인 응력을 받아 미약한 전류를 만들어낸다. 따라서 두 금속판 사이에 음파와 동일한 형태의 교류 전압이 발생한다. 소리 신호를 판에 인가하면 수정 결정에 변동하는 전류가 흐른다. 그러면 수정 결정은 전류 변동에 정확히 맞춰 진동하고, 결정과 직접 접촉해 있는 금속판이 함께 진동하면서 공기 중에 음파가 발생한다.

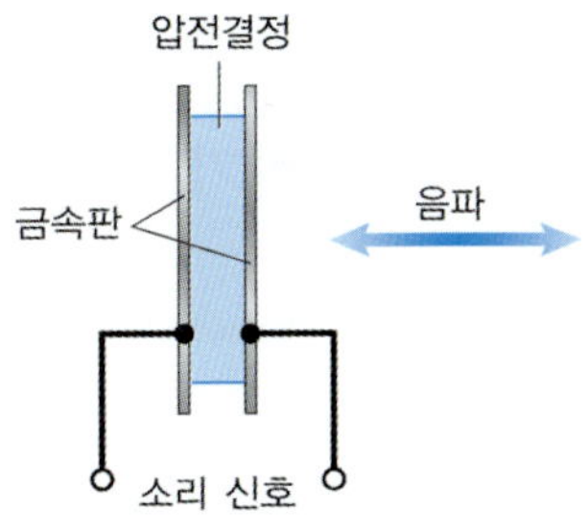

[그림 31-3] 소리 및 초음파용 압전 변환기의 구성도

RF용 변환기

안테나는 **RF 변환기** Radio-Frequency transducer라는 이름으로도 부를 수 있다. 안테나는 **수신 안테나** receiving antenna와 **송신 안테나** transmitting antenna로 분류할 수 있다.

적외선 및 가시광선용 변환기

많은 무선 장치는 적외선 대역의 주파수를 가진 에너지를 송수신한다. 적외선 주파수 대역은 RF 주파수 대역보다 높고, 가시광선 주파수 대역보다 낮은 대역에 펼쳐져 있다. 가시광선 주파수 대역에서도 전자파 신호를 송수신하는 무선 장치가 있지만 적외선 주파수 대역에서 더 많이 찾아볼 수 있다.

가장 흔하게 볼 수 있는 적외선 송신 변환기는 **적외선 방출 다이오드** infrared-emitting diode(IRED)이다. IRED에 변동하는 직류를 인가하면 적외선이 방출되며 전류의 변동에 의해 PN 접합 반도체에서 방출되는 빛의 세기가 변한다. 이렇게 변조된 적외선에는 TV를 시청할 때 보고 싶은 채널 번호나 볼륨의 높임/낮춤 같은 정보가 담겨 있다. 만약 광학렌즈나 거울을 사용해 적외선 **빔** beam(빛줄기)을 집중시켜 평행한 광선으로 만들면 하늘(공기)을 통해 수백 미터 떨어진 곳까지 정보를 전달하는 **가시선** line-of-sight(LOS) 전송을 할 수 있다.

적외선 수신 변환기는 **광 다이오드** photodiode 또는 **광전지** photovoltaic cell와 같은 장치이다. 송신기에서 방출된, 변동하는 적외선 에너지는 수신 다이오드의 PN 접합에 부딪힌다. 수신 장치가 광 다이오드라면 광 다이오드에 전류를 인가하고, 송신기에서 방출된 적외선 빔에 실린 신호 파형에 따라 전류가 빠르게 변동한다.

만약 수신 장치가 광전지라면 광전지가 자체적으로 변동하는 전류를 발생시키므로 광전지에 외부 전원을 인가할 필요가 없다. 광 다이오드와 광전지 모두 전류 변동의 크기가 미약하므로 이를 증폭시킨 뒤 무선 시스템으로 조정하는 설비(TV, 차고 문 개폐 장치, 오븐, 보안 장치 등)로 보내야 한다.

변위 변환기

변위 변환기 displacement transducer는 움직인 거리나 각도 또는 두 점 사이의 거리나 각도를 측정한다. 또한 전기 신호를 특정 거리나 각도에 대한 기계적인 움직임으로 변환할 수도 있다. 직선 길이를 측정하거나 직선 형태로 움직이는(이동하는) 장치는 **선형 변위 변환기** linear displacement transducer라고 하며 각도를 측정하거나 각도에 해당하는 거리만큼 움직이는 장치는 **각 변위 변환기** angular displacement transducer라고 한다.

위치 지정 및 조종 장치

조이스틱joystick은 2차원으로 움직임을 만들거나 변화량을 조종할 수 있는 장치이다. 이 장치에는 자유롭게 움직일 수 있는 레버가 조종 상자 내부의 볼베어링에 부착되어 있고, 손으로 이 레버를 상하좌우로 조종할 수 있다. 어떤 조이스틱은 레버를 회전해 3차원으로 조종할 수도 있다. 조이스틱은 컴퓨터 게임이나 컴퓨터에 좌표를 입력하고, 로봇을 원격 제어하는 데 사용된다.

마우스mouse는 개인용 컴퓨터에서 흔히 사용되는 주변 장치로, 평평한 표면을 따라 마우스를 움직여서 컴퓨터 화면에 표시된 커서나 화살표를 원하는 곳에 가져다 놓을 수 있다. 또한 마우스 위쪽의 누름 버튼 스위치를 눌러 커서나 화살표가 보여주는 기능(메뉴)을 수행하도록 컴퓨터에 명령한다. 이 동작을 **클릭**click이라고 한다.

트랙볼trackball은 마우스를 뒤집어 놓은 듯한 형태이거나 레버가 없는 2차원 조이스틱과 유사한 형태이다. 평평한 표면에서 장치를 움직이는 방식 대신 집게손가락으로 볼베어링을 조작해 화면의 커서를 수직과 수평으로 움직인다. 컴퓨터가 기능을 수행하게 하려면 컴퓨터 키보드에 있는 누름 버튼 스위치나 트랙볼 상자의 누름 버튼 스위치를 활용하면 된다.

소거헤드 포인터eraser-head pointer는 지름이 약 5 mm인 고무 버튼으로, 보통 컴퓨터 키보드의 중간에 놓여 있고, 버튼을 눌러 화면의 커서를 움직인다. 키보드의 버튼 스위치로 클릭 동작을 실행한다.

터치패드touch pad는 신용카드와 비슷한 크기와 모양의 민감한 판이다. 판 위에 검지를 올린 뒤 움직이면 화면의 커서나 화살표가 이동한다. 터치패드는 트랙볼이나 소거헤드 포인터와 같은 방식으로 클릭 동작을 실행한다.

전기모터

전기모터electric motor(**전동기**)는 전기에너지를 각angular(경우에 따라서는 직선) 운동에너지로 변환한다. 모터는 직류나 교류 중 어느 하나로 동작하며 초소형 로봇에 사용되는 아주 작은 것부터 여객 열차에 사용되는 거대한 것까지 크기가 다양하다. 직류 모터의 기본 원리에 대해서는 8장에서 배운 바 있다. 교류로 동작하는 모터에는 **정류자**commutator가 없다. 대신에 교류에서는 전류의 교대가 항상 극성을 정확하게 유지하기 때문에 **모터 축**shaft이 계속 회전한다. 교류 모터의 회전 속도는 인가되는 교류의 주파수에 따라 변한다. 예를 들어, 60 Hz의 교류를 인가하면 회전 속도는 초당 60번(60 r/sec), 또는 분당 3,600번(3,600 rpm)이 된다. 모터에 **부하**load를 연결하면 모터 축을 회전시키기 위해 더 큰 회전력이 필요하므로 모터는 전원에서 그만큼 전력을 더 끌어온다.

스테퍼 모터

스테퍼 모터 stepper motor는 연속적으로 회전하지 않고, 조금씩 불연속적으로 회전한다. 이때 한 번에 움직이는 회전 각도를 **스텝각도** step angle라고 한다. 스텝각도는 모터마다 다르며 1°에서 90°까지 다양하다. 스테퍼 모터는 지정된 스텝각도만큼 회전하면 코일에 전류가 흐르고 있어도 회전을 멈춘다(제동 효과). 만약 코일에 전류가 흐르는 상태에서 스테퍼 모터의 축이 멈춰 있다면 축은 자신을 회전시키려고 하는 외부의 힘에 저항하며 그 위치를 계속 고수한다.

일반적인 모터의 회전속도는 분당 수백 번에서 수천 번이다. 스테퍼 모터의 회전 속도는 이보다 훨씬 낮은 편으로, 대부분 분당 180번 이하이다. 스테퍼 모터의 회전력은 가장 낮은 속도로 회전할 때 가장 크고, 가장 높은 속도로 회전할 때 가장 작다. 즉 스테퍼 모터의 회전력은 회전 속도에 반비례한다.

스테퍼 모터에 일정한 주파수의 전류 펄스를 공급하면 모터 축은 한 펄스마다 한 스텝각도씩 일정한 비율로 회전한다. 이런 식으로 모터는 정확한 회전 속도를 유지할 수 있다. 스테퍼 모터의 제동 효과 덕분에 스테퍼 모터는 넓은 범위의 기계적 회전 저항력을 가지고, 회전 속도를 일정하게 유지한다.

스테퍼 모터는 한 위치에서 다른 위치까지 정확히 움직여야 하는 분야에 응용하면 효과적이다. 마이크로컴퓨터로 제어하는 스테퍼 모터를 사용해 특수 로봇을 제작하면 어렵고 복잡한 작업을 수행할 수 있다.

발전기

발전기 electric generator는 구조가 교류 모터와 거의 동일하지만 기능은 정반대이다. 어떤 발전기는 모터로도 동작하는데, 이런 유형의 모터/발전기를 이중 목적 장치라고 한다.

일반적으로 발전기는 강한 자기장 속에서 코일을 기계적으로 회전시켜 교류를 만든다. 이때 코일 대신 영구자석을 회전시킬 수도 있다. 발전기의 회전축은 가솔린 엔진이나 증기 터빈, 물 터빈(수차), 바람 터빈(풍차), 또는 그 밖의 기계적 동력원으로 동작시킬 수 있으며 코일에 정류자를 부착하면 발전기와 함께 맥동하는 직류 출력을 발생시킬 수 있다. 필요하다면 **필터** filter(여파기)를 이용해 맥동하는 직류를 전자기기를 동작시키는 순수한 직류로 바꿀 수 있다.

수 kW의 전력을 공급할 수 있는 소형 휴대용 가솔린 발전기는 백화점이나 일반 상점에서 구입할 수 있다. 프로판이나 메탄(천연가스)을 태워 구동하는 대형 발전기는 가정이나 빌딩에서 정전사고가 발생했을 때도 전력 공급을 일정하게 유지할 수 있다. 초대형 발전기는 발전소에서 찾아볼 수 있고, 매우 큰 전력을 생산할 수 있다. 특수한 소형 발전기는 로봇을 원격으로 조종할 수 있는 싱크로 시스템에서도 기능할 수 있다. 발전기는 자동차나 로봇의 이동 속도 측정에 사용될 수 있다. 발전기의 축을 바퀴에 연결하면 발전기의 출력 전압과 주파수는 바퀴의 회전 각속도에 정비례한다. 이를 **회전속도계** tachometer(타코미터)라고 한다.

광학 인코더

전위차계는 소리 조절용으로 많이 사용되지만 끝단에 걸리는 부분이 있어 움직일 수 있는 각도에 제한이 있다. 광학 인코더 역시 각도 위치를 감지할 때 사용할 수 있다.

광학 인코더는 2개의 LED와 2개의 **광검출기** photodetectors, 그리고 **초핑바퀴** chopping wheel라는 장치로 구성된다. LED에서 방출되는 빛은 초핑바퀴의 틈을 통과해 광검출기를 비춘다. [그림 31-4]처럼 초핑바퀴에는 투명한 띠와 불투명한 띠가 번갈아가며 그어져 있고, 회전축과 조정 손잡이가 부착되어 있다. 손잡이를 돌리다가 빔이 불투명한 띠에 막히면 빛이 차단되는데, 이때 주파수는 정해진 증가분만큼 변한다.

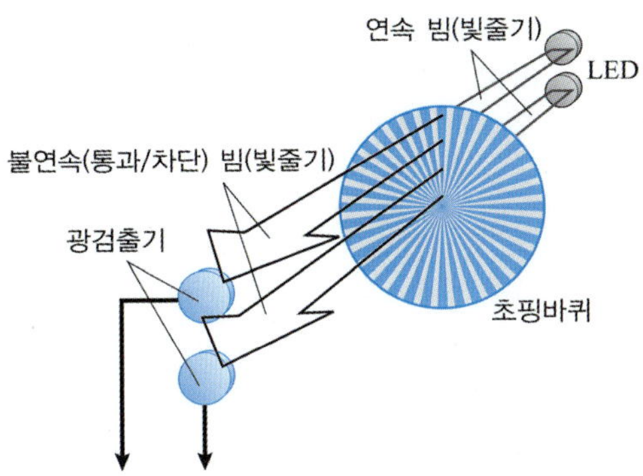

[그림 31-4] **광학 인코더는 LED와 광검출기를 통해 바퀴 축의 회전 방향과 회전량을 감지할 수 있다.**

주파수를 조정할 때 광축 인코더는 2개의 광검출기 중 어떤 검출기에서 빛 차단이 먼저 감지되는지에 따라 '주파수 올림(시계 방향 회전)'과 '주파수 내림(반시계 방향 회전)'으로 구별할 수 있다. 이와 같은 광학 센서는 비용이 많이 들기 때문에 유사하게 동작하는, 기계적 접촉을 이용하는 직교 인코더가 가전제품에 주로 사용된다.

감지와 측정

센서 sensor는 1개 또는 여러 개의 변환기를 사용해 온도, 습도, 기압, 압력, 질감 texture, 근접성 proximity 등의 물리량을 감지 및 측정하는 장치이다.

용량성 압력 센서

[그림 31-5]는 **용량성 압력 센서** capacitive pressure sensor의 상세 구성도이다. 이 구성도를 보면 2개의 금속판 사이에 압축성 유전체가 있고, 이 가변 커패시터는 인덕터와 병렬로 연결되어 LC 공진 회로를 구성하고 있다.

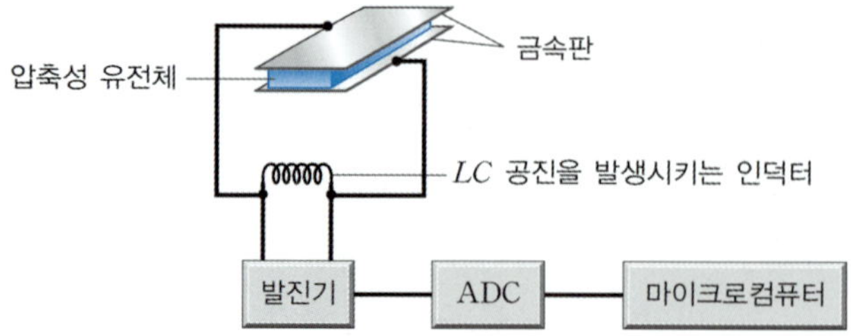

[그림 31-5] 용량성 압력 센서. 힘이 가해지면 판 사이의 간격이 감소해 커패시턴스는 증가하고, 발진기의 주파수는 감소한다.

LC 공진기의 공진 주파수는 커패시턴스 값과 인덕턴스 값에 따라 정해진다. 만약 어떤 물체가 센서에 부딪히거나 센서를 누르게 되면 두 판 사이의 간격이 순간적으로 감소해 가변 커패시터의 커패시턴스 값이 증가하고, 발진기의 주파수는 감소한다. 물체가 변환기에서 떨어지면 압축된 유전체는 다시 부풀어 원래의 두께로 되돌아가고, 두 판의 간격도 원래대로 돌아간다. 따라서 공진 주파수도 처음 값으로 되돌아간다.

아날로그-디지털 변환기 Analog-to-Digital Converter(ADC)를 사용하면 용량성 압력 센서의 출력을 디지털 데이터로 변환할 수 있다. 디지털로 변환된 신호는 로봇 조종기와 같은 마이크로컴퓨터로 전송되어 처리될 수 있다. 예를 들어, 주행 로봇의 앞뒤 좌우의 다양한 위치에 압력 센서를 장착했다면 이 로봇의 앞면에 부착한 센서에 실제 압력이 가해졌을 때 센서는 조종기에 신호를 보내 로봇을 뒤로 움직이게 할 수 있다.

용량성 압력 센서는 근처에 도체나 반도체로 만들어진 대형 물체가 있다면 제대로 동작하지 않을 수도 있다. 이런 대형 물체가 변환기 근처에 접근하면 직접적인 접촉이 없어도 압력 센서의 커패시턴스가 변할 수 있다. 이런 변화를 **몸체 커패시턴스** body capacitance라고 하는데, 몸체 커패시턴스는 때로는 문제가 되기도 하고, 문제가 되지 않기도 한다.

엘라스토머

몸체 커패시턴스의 영향을 피하고 싶다면 용량성 장치 대신 **엘라스토머** elastomer 장치를 압력을 감지하는 용도로 사용할 수 있다. 엘라스토머는 고무나 플라스틱과 유사한 유연한 물질로, 기계적 압력이 있는지 감지할 때 사용된다.

[그림 31-6]은 엘라스토머를 사용해 압력이 가해진 위치를 찾아내는 방법을 나타낸 것이다. 엘라스토머는 전도성이 좋은 편이지만 도체만큼 완벽하지는 않다. 대신에 엘라스토머는 물질의 밀도가 **폼** foam과 비슷해서 압축성이 좋다. 엘라스토머 패드의 양쪽에는 전도성 판이 부착되어 있다. 패드상의 한 점에 압력이 가해지면 엘라스토머 물질이 압축되면서 전기저항이 낮아진다. 저항이 작아지면 두 판 사이에 흐르는 전류가 증가한다. 가해지는 압력이 증가하면 엘라스토머는 더 얇아지고, 전류는 더 증가한다. 이 전류 변화 데이터를 로봇 조종기와 같은 마이크로컴퓨터로 보내 이용할 수 있다.

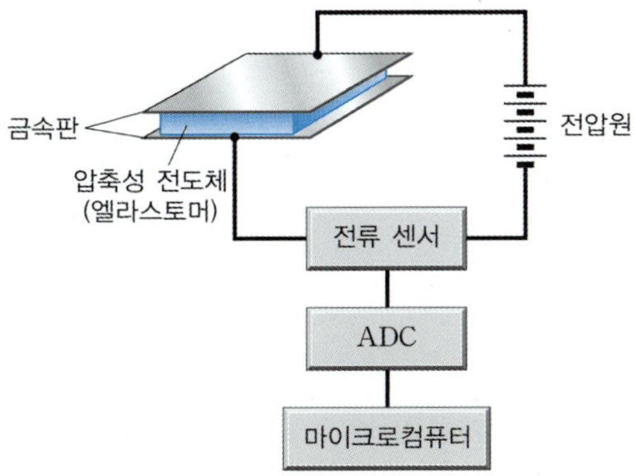

[그림 31-6] **엘라스토머 압력 센서는 원하지 않는 커패시턴스의 영향을 받지 않으면서 가해지는 압력을 감지한다.**

배압 센서

모터는 외부에서 인가된 **토크**torque(회전력)에 따라 그에 해당하는 압력을 생성한다. **배압 센서**back-pressure sensor는 임의의 순간에 모터가 가하는 토크를 감지해 그 크기를 측정한다. 이 센서는 토크가 증가하면 함께 증가하는 신호(주로 가변 전압)를 생성한다. [그림 31-7]은 이런 배압 센서 시스템의 구성도를 나타낸 것이다.

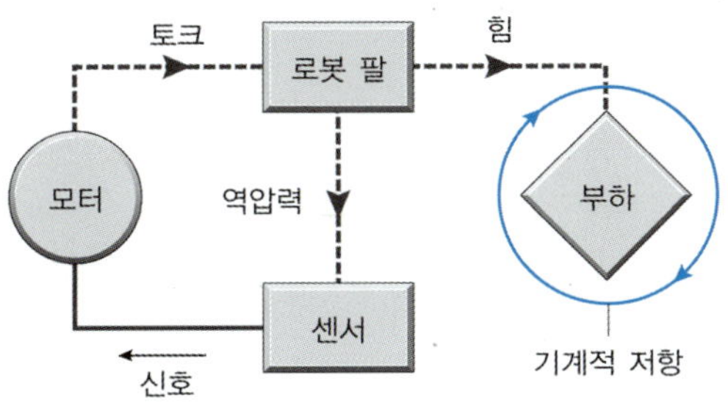

[그림 31-7] **배압 센서는 로봇 팔 또는 다른 기계 장치가 가하는 힘을 통제할 수 있다.**

로봇 공학자는 배압 센서를 사용해 로봇 집게gripper, 팔, 드릴, 망치 등 로봇의 **말단 실행 장치**end effector에 가해지는 힘을 제한한다. **센서에서 발생하는 신호(역전압**back voltage이라고 함)는 모터가 가하는 토크를 줄여 로봇이 다루는 물체에 손상이 생기는 것을 방지하고, 로봇 주변에 있는 작업자의 안전을 보장한다.

용량성 근접 센서

용량성 근접 센서capacitive proximity sensor는 [그림 31-8]과 같이 RF 발진기와 주파수 감지기, 발진기에 연결된 금속판으로 구성되어 있다. 이 센서 장치는 용량성 압력 센서를 비정상적으로 동작하게 하는 **몸체 커패시턴스**body capacitance를 이용한다. 발진기는 그 근처의 환경이 변해 금속판의 커패시턴스가 달라지면 발진기의 주파수가 변하도록 설계되어 있고, 이 변화를 주파수 감지기가 감지하면 로봇 조종기나 마이크로컴퓨터로 신호를 보낸다.

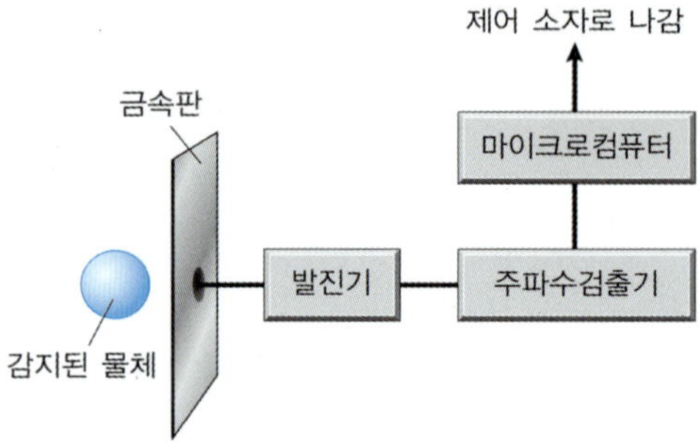

[그림 31-8] **용량성 근접 센서는 근처에 있는, 도체나 반도체로 만들어진 물체를 감지할 수 있다.**

전도성을 가진 물질(금속, 소금물, 인체와 같은 생체조직)은 비전도성 물질(마른 나무, 플라스틱, 유리, 마른 직물)보다 용량성 변환기에 더 쉽게 감지된다. 따라서 용량성 근접 센서는 근처에 전도성을 가진 물체가 없는 경우에는 제대로 동작하지 않는다. 즉 용량성 근접 센서는 어린이 침실보다는 기계 공장에서 더 잘 동작할 것이다.

광전 근접 센서

반사된 빛은 로봇이 다른 물체나 장애물에 접근하는 것을 감지하는 데 도움을 준다. **광전 근접 센서** photoelectric proximity sensor는 [그림 31-9]와 같이 광선 발생기와 광검출기, 주파수 감지 증폭기, 마이크로컴퓨터가 서로 연결되어 동작한다.

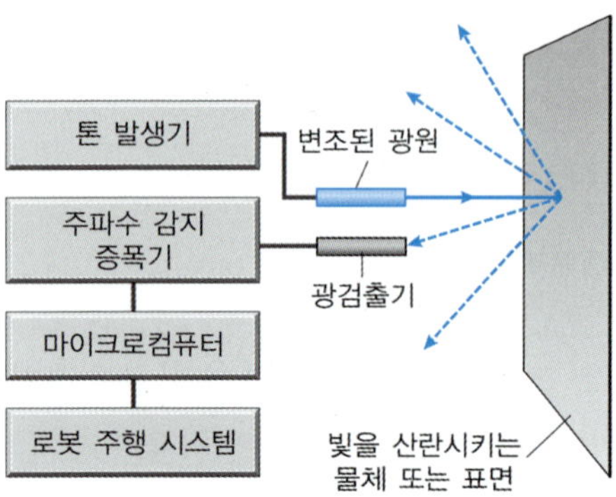

[그림 31-9] **광전 근접 센서는 빛을 변조해 센서에서 방출된 빛과 주변에 존재하는 다른 빛을 구별한다.**

광선 발생기에서 방출된 **빔** beam(빛줄기)에 물체가 반사되면 반사된 빔의 일부가 광검출기에 포착된다. **톤 발생기** tone generator는 빔을 어떤 특정한 주파수(예 1,000 Hz)로 변조하는데, 광검출기에 연결된 증폭기는 그 특정 주파수로 변조된 빛에만 반응한다. 이 변조 방식은 플래시 빛이나 햇빛이 옆에서 새어 들어와 실제로 존재하지 않는 허상이 감지되는 것을 방지한다(이런 빛은 변조된 빛이 아니므로 변조된 빛에만 반응하도록 설계된 센서는 동작하지 않는다). 로봇이 어떤 물체에 접근하면 로봇 조종기에 감지되는 변조된 반사광의 세기는 증가한다. 그러면 로봇은 물체의 방해를 피해 이동할 수 있다.

광전 근접 센서는 빛을 반사하지 않는 물체에 접근하거나 유리창이나 거울처럼 빛을 잘 반사하는 매끄러운 물체가 작은 각도로 접근할 때는 잘 작동하지 않는다. 이런 경우에는 광검출기에 포착되는 반사광이 없다. 따라서 이런 물체는 로봇에게 '보이지 않는' 셈이 된다.

질감 센서

질감 센서 texture sensor는 매끄러운 표면인지 거친 표면인지를 알아내는 장치이다. 간단한 질감 센서는 레이저와 몇 개의 빛 감지 센서로 이루어져 있다.

[그림 31-10]은 레이저(L)와 센서(S)가 매끄러운 표면과 거친 표면을 어떻게 구별하는지 보여준다. [그림 31-10(a)]와 같이 평평한 유리 거울이나 유리창처럼 매끄러운 표면은 입사되는 빛을 입사 각도와 같은 각도로만 반사시킨다. 그러나 [그림 31-10(b)]와 같이 종이처럼 거친 표면은 입사되는 빛을 모든 방향으로 반사시켜 흩어지게 한다. 따라서 표면이 매끄럽다면 반사된 빛이 반사 각도가 입사 각도와 같은 경로에 놓여 있는 센서에만 포착된다. 반대로 표면이 거친 경우에는 반사된 빛이 모든 센서에서 포착된다. 이런 차이점을 마이크로컴퓨터가 구별할 수 있도록 프로그래밍할 수 있다.

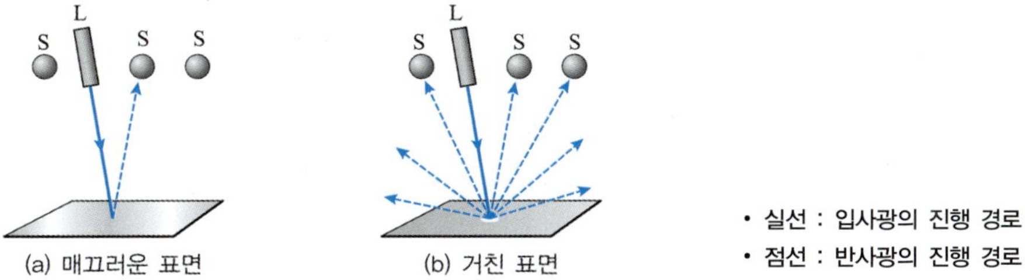

[그림 31-10] 질감 센서는 레이저(L)와 센서(S)를 사용해 매끄러운 표면과 거친 표면을 구별한다.

물론 [그림 31-10]과 같은 질감 센서로 구별하기 어려운 표면도 있을 수 있다. 예를 들어, 작은 얼음덩이 여러 개를 모아 놓았을 때 이 얼음들은 아주 좁은 범위에서 보면 매끄러운 표면이지만 넓은 범위에서 보면 거친 표면으로 볼 수 있다. 레이저 빔의 지름 크기에 따라 질감 센서는 이 다수의 얼음덩이 표면을 매끄럽다고 판단할 수도 있고, 거칠다고 판단할 수도 있다. 또한 표면에 대한 질감 센서의 상대적인 움직임에 따라서도 판단 결과가 달라질 수 있다. 즉 센서를 기준으로 정지해 있는 표면은 매끄러운 표면으로 판단될 수 있고, 센서를 기준으로 움직이고 있는 표면은 거친 표면으로 판단될 수 있다.

소나(음파 탐지기)

소나 sonar는 음파를 사용해 중거리 범위에서 물체를 탐지하는 장치이다. 소나는 **소리를 이용한 항법과 거리 측정** sound navigation and ranging의 약어로, 음파가 물체에 부딪혀 되돌아오는 데 걸리는 시간을 측정하는 간단한 방식을 사용한다.

[그림 31-11(a)]는 간단한 소나 시스템을 나타낸 것이다. 마이크로컴퓨터는 2차원 또는 3차원의 여러 방향에서 반사되어 되돌아오는 음파를 분석해 주변 공간에 대한 컴퓨터 지도를 만들 수 있다. 이 지도는 해당 영역에서 로봇이나 선박의 운행을 돕는다. 그러나 [그림 31-11(b)]와 같이 에코 지연 시간이 펄스 간 시간 간격과 같거나 더 길다면 소나 시스템은 잘못된 판단을 내리게 된다. 이 문제점을 해결하기 위해 마이크로컴퓨터는 주파수가 다른 여러 개의 펄스들을 정해진 순서대로 내보내도록 펄스 발생기에 명령을 내린다. 그렇게 한 뒤 마이크로컴퓨터는 되돌아오는 에코가 어떤 펄스에 해당하는지 계속 파악한다.

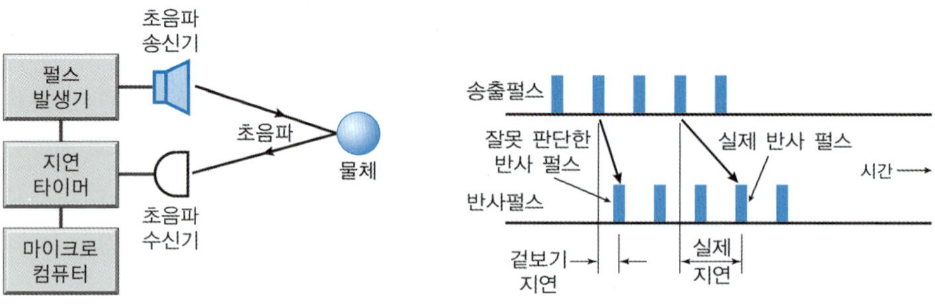

(a) 중거리 소나 시스템 (b) 소나 시스템에서 거리를 잘못 측정한 경우

[그림 31-11] 중거리 소나 시스템과 지나치게 긴 지연 시간 때문에 소나 시스템에서 거리를 잘못 측정한 경우

음파는 공기보다 물속에서 더 빨리 전파된다. 예를 들어, 강이나 바다, 호수의 깊이를 측정할 목적으로 배에서 소나를 사용할 때 물속의 소금의 양에 따라 음파의 전파 속도에 차이가 있다. 또한 온도가 달라지면 물의 밀도도 변한다. 음파의 진짜 속도를 알지 못하면 정확한 측정 결과를 얻을 수 없다. 음파는 민물fresh water에서 약 1,400 m/s (4,600 ft/s)의 속도로, 소금물에서는 약 1,500 m/s (4,900 ft/s)로 진행된다. 공기 중에서는 약 335 m/s (1,100 ft/s)의 속도로 진행된다.

일반적으로 소나는 대기 중에서 가청 주파수를 가진 음파보다 초음파 주파수를 가진 음파를 사용한다. 초음파의 주파수는 20 kHz 에서 100 kHz 로, 주파수가 높아 사람은 들을 수 없다. 초음파의 가장 큰 장점은 소나 장치 주변에서 일하는 사람들이 초음파 신호를 듣지 못하므로 소음에 의한 업무 방해나 두통 같은 부작용을 겪지 않는다는 것이다. 또한 초음파 신호를 사용하는 소나는 가청주파 신호를 사용하는 소나보다 사람들의 대화, 중장비, 시끄러운 음악 등 흔히 존재하는 잡음에 의해 잘못 동작할 가능성이 낮다. 즉 가청 주파수 범위보다 높은 주파수 범위에서는 가청 주파수 범위만큼 소리 방해가 일어나는 빈도수가 적고, 그 강도도 약하다.

저렴한 소나 모듈은 마이크로컨트롤러와 함께 사용하기 쉬운 형태로 제공된다. HC-SR04를 검색해보면 이런 모듈의 예시를 찾을 수 있다.

연습문제

01 다음 중 압전 변환기를 사용해 감지할 수 있는 것은 무엇인가?

(a) 자기장
(b) 초음파
(c) 마이크로파 신호
(d) 모터에서 발생하는 토크

02 다음 중 자기 감지기와 마이크로컴퓨터로 외부 자기장의 유무 및 변화를 감지하는 시스템은 무엇인가?

(a) 용량성 근접 센서
(b) 소나
(c) 전위차계
(d) (a), (b), (c) 모두 답이 아니다.

03 다음 중 접시 안테나를 원하는 방향으로 조종하고, 그 방향을 표시하는 데 사용하는 장치는 무엇인가?

(a) 플럭스게이트 자기 감지기
(b) GPS
(c) 싱크로
(d) 용량성 근접 센서

04 다음 중 엘라스토머 패드는 어떤 특성을 가진 물질로 볼 수 있는가?

(a) 컨덕턴스가 변하는 물질
(b) 자기장 세기가 변하는 물질
(c) 초음파에 반응하는 물질
(d) 유도성 리액턴스를 가진 물질

05 다음 중 다이내믹 확성기에서 이동식 코일의 용도로 옳은 것은 무엇인가?

(a) 고주파 필터링
(b) 확성기의 출력 임피던스를 변경
(c) 소리의 압력파를 전압으로 변환
(d) 오디오 신호에 맞춰 콘을 이동

06 다음 중 소나가 측정하는 것은 무엇인가?

(a) 소리의 세기
(b) 소리의 주파수
(c) 소리의 속도
(d) (a), (b), (c) 모두 답이 아니다.

07 다음 중 초음파를 생성할 때 가장 널리 사용되는 변환기는 무엇인가?

(a) 광학 인코더
(b) 압전 소자
(c) 발전기
(d) 엘라스토머

08 다음 중 전자-기계 변환기가 아닌 장치는 무엇인가?

(a) 전기 모터
(b) 발전기
(c) 전위차계
(d) 톤 발생기

09 다음 중 각도를 측정하는 장치는 무엇인가?

(a) 소나
(b) 직각 인코더
(c) 배압 센서
(d) 발전기

10 다음 중 로봇에 장착하는 배압 센서의 용도로 옳은 것은 무엇인가?

(a) 가시광의 세기 측정
(b) 전기 드릴에 의해 발생하는 토크 조정
(c) 자속선의 방향 감지
(d) 음향 변환기의 출력 조정

연습문제

11 정전 변환기의 두 금속판에 가청 주파수를 가진 교류 전압을 인가하면 금속판 사이의 전기장 세기가 변동한다. 다음 중 이 결과로 인해 일어나는 현상으로 옳은 것은 무엇인가?

(a) 자기장에 의해 음파가 발생한다.
(b) 커패시턴스가 변하므로 위상이 변화한다.
(c) 유연한 판이 움직이면서 음파가 발생한다.
(d) 두 판이 충전, 방전되면서 교류 전류가 흐른다.

12 다음 중 RF 변환기에 속하는 장치는 무엇인가?

(a) 소형 루프 안테나
(b) 압력 억제 센서
(c) 엘라스토머
(d) 전위차계

13 다음 중 다이내믹 픽업 또는 마이크로폰에서 음파가 교류 전류로 변환되는 요인으로 옳은 것은 무엇인가?

(a) 자기장 속에서 움직이는 코일
(b) 정전기장 속에서 움직이는 코일
(c) 코일에 인가된 직류 전압
(d) 코일 양단의 용량성 리액턴스의 변화

14 다음 중 연속적으로 회전하지 않고 한 번에 조금씩 불연속적으로 회전하는 모터는 무엇인가?

(a) 인크리멘탈 모터incremental motor
(b) 스테퍼 모터stepper motor
(c) 프랙셔널 모터fractional motor
(d) 셀신selsyn

15 다음 중 광전 근접 센서로 탐지하기 어려운 물체는 무엇인가?

(a) 회색 커튼
(b) 검은색 벽
(c) 빨간색 공
(d) (a), (b), (c) 모두 답이 아니다.

16 다음 중 물체 사이의 자기력 변동을 이용해 기능을 수행하는 것은 무엇인가?

(a) 소나 시스템
(b) 로란 시스템
(c) 다이내믹 변환기
(d) 용량성 근접 센서

정답

01 b	**02** d	**03** c	**04** a	**05** d	**06** d	**07** b	**08** d	**09** b	**10** b
11 c	**12** a	**13** a	**14** b	**15** b	**16** c				

CHAPTER 32

RF 통신용 안테나

Antennas for RF Communications

방사 저항

반파장 안테나

$\frac{1}{4}$파장 수직 안테나

루프 안테나

접지 시스템

이득과 지향성

위상 배열 안테나

기생 배열 안테나

UHF 대역 및 초고주파 대역용 안테나

안전수칙

연습문제

학습목표

- 안테나의 동작 원리와 방사 저항, 효율에 대해 이해할 수 있다.
- 반파장 안테나와 $\frac{1}{4}$파장 수직 안테나, 루프 안테나의 구조와 특성을 이해할 수 있다.
- 안테나의 이득과 지향성을 이해할 수 있다.
- 위상 배열 안테나, 기생 배열 안테나의 구조와 특성을 이해할 수 있다.
- UHF 대역 및 초고주파 대역에서 사용되는 몇 가지 안테나의 구조와 특성을 이해할 수 있다.
- 안테나를 설치, 운용, 보수, 관리할 때 알아둬야 할 안전수칙을 이해할 수 있다.

무선 안테나는 송신용과 수신용으로 분류할 수 있다. 대부분의 송신 안테나는 설계된 주파수 범위 내에서 신호를 잘 수신할 수 있고, 대부분의 수신 안테나 역시 양호한 효율로 무선 신호를 송신할 수 있다. 이번 장에서는 다양한 안테나의 구조와 특징에 대해 배운다.

방사 저항

도선wire이나 금속관 같은 **전기 도체**electrical conductor에 전류가 흐르면 전자기 에너지(전자파)가 공간으로 **방사**radiation된다. 송신기에 안테나를 연결한 뒤 전체 시스템을 시험하는 경우를 생각해보 자. 안테나를 떼어 내고, 그 자리에 저항과 커패시터로 구성된 RC 회로 또는 저항과 인덕터로 구성된 RL 회로를 연결한다. 그다음 송신기의 동작이 안테나가 연결되어 있을 때와 똑같아질 때까지 RC 회로 또는 RL 회로를 구성하는 부품(R과 L 또는 R과 C) 값을 조정한다. 특정 주파수에서 동작하는 모든 안테나는 Ω 단위의 고유한 저항값을 갖는다. 이 방식을 통해 송신기가 RC 또는 RL 회로를 안테나와 동등한 역할을 한다고 이해할 수 있다. 이때 이 회로의 저항 R을 해당 안테나의 **방사 저항**radiation resistance이라고 하고, R_{R}로 표시한다.

도선 길이의 영향

수평이고, 완전한 전도성을 띠는 얇고 곧은 형태의 손실이 없는 도선을 접지 위에 수직으로 놓았다고 가정하자. 이 도선 근처에는 어떤 물체도 존재하지 않는다고 했을 때 도선과 접지면 사이에 RF 신호를 공급하면 이 도선의 방사 저항 R_{R}은 도선의 높이에 따라 달라진다. 이를 그래프로 나타내면 [그림 32-1(a)]와 같다. 이번에는 진공과 같은 **자유공간**free space에 얇고 곧은 형태의 손실이 없는 도선이 놓여 있다고 가정하자. 역시 도선 근처에는 어떤 물체도 존재하지 않는다고 했을 때 이 도선의 중앙에 RF 신호를 공급하면 이 도선의 방사 저항 R_{R}은 도선의 길이에 따라 달라진다. 이를 그래프로 나타내면 [그림 32-1(b)]와 같다.

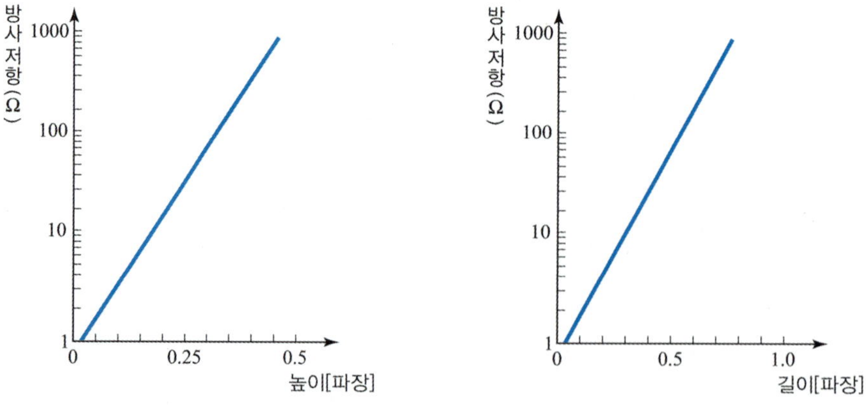

(a) 완전도체의 특성을 가진 접지면 위에 설치된 수직 안테나의 방사 저항 값

(b) 자유공간에 놓인 중앙급전 안테나의 방사 저항 값

[그림 32-1] 도선의 높이/길이에 따른 도선의 방사 저항 변화

안테나 효율

수신 시스템에서는 **안테나 효율**antenna efficiency을 신경 쓸 필요가 거의 없지만 송신 안테나 시스템에서는 안테나 효율이 항상 중요하다. 안테나 효율은 송신 안테나가 인가된 RF 전력을 실제 방사되는 EM 전력으로 변환하는 정도를 나타낸다. 안테나의 방사 저항 R_R은 항상 안테나의 **손실 저항**loss resistance R_L과 직렬 연결된 형태로 나타나며 다음 식을 통해 안테나 효율 Eff를 계산할 수 있다.

$$Eff = \frac{R_R}{R_R + R_L}$$

이 식을 백분율로 표시하면 다음과 같다.

$$Eff_{\%} = 100 \times \frac{R_R}{R_R + R_L}$$

송신 안테나의 효율이 높으려면 방사 저항이 손실 저항보다 훨씬 커야 한다. 그렇게 하면 인가된 대부분의 RF 전력이 유용한 EM 방사선으로 공급되고, 나머지는 접지와 안테나 주변 물체에서 열로 낭비된다. 방사 저항이 손실 저항과 비슷하거나 작으면 송신 안테나는 효율적으로 동작하지 못한다. 도선의 길이가 아주 짧은 안테나는 방사 저항이 작아 종종 이런 상황이 발생한다. 방사 저항 R_R이 작은 안테나의 방사효율을 높이려면 손실 저항 R_L을 줄여야 한다. 그러나 실제로 안테나의 R_L을 수 Ω 이하로 낮추는 것은 어렵다.

안테나의 손실 저항이 높다면 방사 저항을 키워 안테나를 효율적으로 동작시킬 수 있다. 안테나 도체가 주어진 주파수에서 특정 높이(길이)이고, 도선이나 금속관으로 만들어졌다면 안테나의 방사 저항은 1,000Ω 이상이 될 수 있다. 그렇게 하면 상당한 손실 저항이 있더라도 효율이 높은 안테나를 만들 수 있다.

반파장 안테나

자유공간에서 주파수가 f_0인 전자파의 반$\left(\frac{1}{2}\right)$파장의 물리적 길이 L_{ft}은 다음 식으로 계산할 수 있다. 여기서 f_0의 단위는 MHz이고, L_{ft}의 단위는 ft이다.

$$L_{ft} = \frac{492}{f_0}$$

만약 반파장의 단위를 m로 바꾼다면 L_m은 다음과 같이 계산할 수 있다.

$$L_m = \frac{150}{f_0}$$

속도 계수

앞의 공식은 모든 EM 주파수에서 저항이 없고, 무한히 얇은 전도체를 가정한 이론적인 이상을 나타낸다. 이런 안테나 전도체는 물리적 현실에 존재하지 않는다. 도선 또는 금속관의 원자적 특성 때문에 EM 필드는 빛이 자유공간을 통해 전파하는 것보다 조금 더 느리게 실제 도체를 따라 이동한다. 일반적인 도선이라면 이 효과를 설명하기 위해 0.95(95%)의 **속도 계수**velocity factor v를 통합해야 하지만, 튜빙 또는 직경이 큰 도선이라면 v의 범위는 약 0.90(90%)까지 낮아질 수 있다.

개방 다이폴 안테나

개방 다이폴 안테나open dipole antenna 또는 **더블릿 안테나**doublet antenna는 [그림 32-2(a)]와 같이 중앙에서 급전되는 반파장 방사기로 구성된다. 안테나의 각 측면 또는 '다리'는 **급전점**(전송선로가 안테나와 연결되는 지점)feed point에서 도체의 끝까지 길이의 $\frac{1}{4}$ 파장을 측정한다.

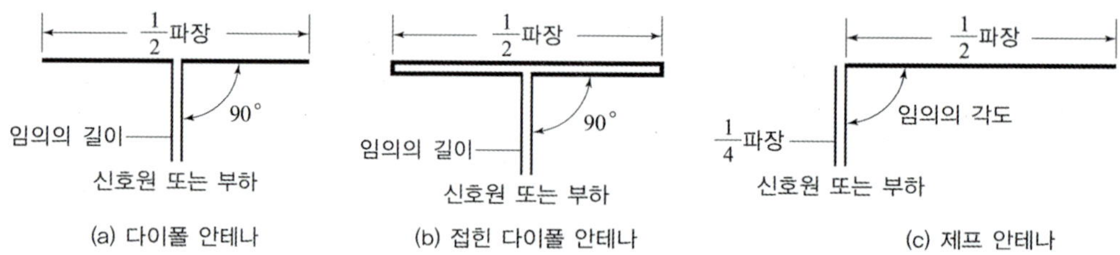

[그림 32-2] 다양한 구조의 반파장 안테나

자유공간에서 직선형 방사기일 때 중앙급전 반파장 다이폴 안테나의 길이 L_{ft}는 다음 식으로 계산할 수 있다. 여기서 f_0의 단위는 MHz이고, L_{ft}의 단위는 ft이다.

$$L_{\mathrm{ft}} = \frac{467}{f_0}$$

만약 반파장의 단위를 m로 바꾼다면 L_{m}은 다음과 같이 계산할 수 있다.

$$L_{\mathrm{m}} = \frac{143}{f_0}$$

다이폴 안테나의 길이에 해당하는 이 값들은 일반적으로 적당한 직경의 구리선에서 예상되는 것처럼 속도 계수 $v = 0.95$라고 가정한 뒤 곱해서 구한 것이다. 자유공간에서 중앙급전 반파장 개방 다이폴 안테나의 급전점 임피던스는 약 73Ω의 순수 저항을 갖는다. 이 저항은 R_{R} 성분만을 나타낸다. 개별 저항, 인덕터 및 커패시터로 구성된 RLC 회로를 만든 것처럼 반파장 개방형 다이폴 안테나는 공진하므로 리액턴스가 존재하지 않는다. 실제로 다이폴 안테나 및 기타 여러 유형은 전문적이고, 고유한 RLC 회로를 구성한다.

접힌 다이폴 안테나

접힌 다이폴 안테나는 [그림 32-2(b)]에 표시된 것처럼 끝이 서로 연결된 2개의 평행한 도선으로 구성된 중앙급전 반파장 개방 다이폴 안테나이다. 접힌 다이폴 안테나의 급전점 임피던스는 약 290Ω으로, 하나의 도선으로 만들어진 반파장 개방 다이폴 안테나의 4배이다. 이처럼 큰 임피던스를 가진 접힌 다이폴 안테나는 특성 임피던스 Z_0가 큰 평행 전송선로와 연결해 사용하기 좋다.

반파장 수직 안테나

반파장 수직 안테나는 반파장인 도선을 수직으로 세우고, 도선의 아래쪽 끝과 **대지접지**earth ground(땅)를 급전점으로 삼아 전송선로를 연결한다. 즉 광범위한 값에 대한 리액턴스를 상쇄하도록 설계된, **안테나 튜너**antenna tuner 또는 **트랜스매치**transmatch라고 하는 LC 회로를 통해 전송선로를 안테나에 연결한다. 그다음 다른 쪽 끝을 무선 송신기에 연결한다. 이런 구조의 안테나는 방사 저항 R_R이 크므로 안테나 도체, 대지(땅), 주변의 다른 물체가 가진 손실 저항 R_L이 적지 않더라도 효율이 좋은 안테나로 동작한다.

제프 안테나

제프zepp라고도 하는 **제플린 안테나**zeppelin antenna는 [그림 32-2(c)]와 같이 반파장 길이의 안테나 도선 한쪽 끝에 길이가 $\frac{1}{4}$파장인 평행 전송선로를 연결한다. 급전점에서의 안테나 임피던스는 매우 크고, 순수한 저항 성분만 갖는다. 전송선의 특정 길이 때문에 송신기는 동작 주파수에서 낮고, 순수한 저항을 인식한다. 제플린 안테나는 의도한 설계 주파수뿐만 아니라 고조파 주파수에서도 잘 동작한다. 트랜스매치 회로를 사용하면 안테나의 리액턴스 성분을 상쇄할 수 있으므로 상황에 맞춰 편리한 길이의 전송선로를 사용해도 된다.

제플린 안테나는 비대칭 구조이므로 안테나뿐만 아니라 급전을 위한 전송선로에서도 약간의 전자파가 방사된다. 이런 현상 때문에 제플린 안테나를 무선 송신에 응용했을 때 가끔 문제가 발생한다. 아마추어 무선기사들은 이를 '무선실 내부의 전자파 간섭RF in the shack(장해)'이라는 관용구로 표현한다. 이런 문제를 줄이려면 안테나 방사체를 기본 주파수의 절반이 되도록 조심스럽게 자르고, 안테나는 기본 주파수 또는 그 고조파에 해당하거나 근처인 주파수로만 동작시켜야 한다.

제이폴 안테나

제플린 안테나에서 방사소자인 도선은 수직으로 세우고, 급전선은 그대로 둬 서로 일직선이 되게 한 것을 **제이폴 안테나**J pole antenna라고 한다. 제이폴 안테나는 수평으로는 모든 방향으로 전자파를 동일하게 방사한다. 제이폴 안테나는 제작 비용이 적어 대략 10MHz ~ 300MHz의 주파수 범위에서 금속관으로 만든 수직 안테나를 대신할 수 있다.

실제로 제이폴 안테나는 길이가 반파장인 수직 안테나에 임피던스 정합 기능을 수행하는 $\frac{1}{4}$ 파장 길이의 전송선로가 연결된 구조이므로 수직 안테나의 일종이다. 그러나 제이폴 안테나는 수직 안테나와 달리 접지를 필요로 하지 않아 공간(대지) 면적이 좁아도 쉽게 설치할 수 있다.

아마추어 무선기사 중에는 3.5 MHz 또는 1.8 MHz 의 동작 주파수에 맞춰 제작한, 길이가 긴 제이폴 안테나를 연kite이나 헬륨 풍선에 매달아 사용하기도 한다. 이런 안테나는 성능이 매우 우수하지만 줄이 끊어지거나 풀려서 날아가 버리지 않게 주의해야 한다. 자칫하면 전신주나 송전선에 떨어져 큰 사고가 날 수도 있다. 또한 연이나 풍선에 매달린 긴 도선 안테나에는 맑은 날에도 엄청나게 많은 전하가 쌓일 수 있으므로 번개가 떨어지기 쉽다. 따라서 불안정한 날씨에 이 안테나를 띄우면 참사가 발생할 수 있다.

$\frac{1}{4}$ 파장 수직 안테나

$\frac{1}{4}$ 파장 안테나의 길이 L_{ft} 는 다음 식으로 계산할 수 있다. 여기서 f_0 의 단위는 MHz 이고, L_{ft} 의 단위는 ft 이다. v 는 속도 계수를 나타낸다.

$$L_{\mathrm{ft}} = \frac{246\,v}{f_0}$$

만약 길이를 m 로 바꾼다면 L_{m} 은 다음과 같이 계산할 수 있다.

$$L_{\mathrm{m}} = \frac{75\,v}{f_0}$$

일반적인 도선이라면 앞선 식에 $v = 0.95$ (95%)를, 금속관이라면 $v = 0.90$ (90%)를 대입한다.

$\frac{1}{4}$ 파장 수직 안테나가 효율적으로 작동하려면 접지의 손실이 작아야 한다. 접지의 특성이 완전도체(전도율이 무한인 이상적인 도체)라면 $\frac{1}{4}$ 파장 수직 안테나의 급전점 임피던스의 저항 성분(방사 저항) R_{R} 은 약 37 Ω 으로, 자유공간에 놓인 중앙급전 반파장 개방 다이폴 안테나의 절반이다. 이는 리액턴스가 없는 방사 저항의 값을 나타내고, 대부분의 동축 케이블 형태 전송선로와 양호한 임피던스 정합을 이룬다.

지표면 근처에 설치하는 수직 안테나

가장 간단한 수직 안테나의 구조는 **대지접지**ground 바로 위에 $\frac{1}{4}$ 파장의 도체가 놓인 구조이다. 수직 도체는 아래쪽에서 동축 케이블로 급전된다. 동축 케이블의 중심 도체는 도체 아래쪽 끝에 연결되고, 동축 케이블의 **차폐**shield(실드) 도체는 대지접지(지표면)에 연결된다.

$\frac{1}{4}$ 파장 수직 안테나를 갖춘 광범위한 방사형 시스템을 설치하지 않는 한 수직 안테나의 효율이 양호하려면 수직 도체 아래에 위치한 접지(땅)의 지표면은 도체처럼 양호한 전도성을 가져야 한다(예 소금물 또는 소금기가 많은 땅). 수신 시 수직으로 세워진 안테나는 수평으로 놓인 안테나보다 인공 잡음을 더 많이 포착한다. 또한 송신 시 지표면 근처에 설치한 수직 안테나는 지표면에서 높은 위치에 설치한 안테나보다 근처에 있는 전자 장치에 전자기 간섭(전자파 장해)을 일으킬 가능성이 더 높다.

접지면 안테나

접지면 안테나ground-plane antenna는 **레이디얼**radial이라는 $\frac{1}{4}$ 파장의 도체 시스템으로 동작하는 $\frac{1}{4}$ 파장 높이의 수직 방사기이다. 이 안테나의 급전점은 수직 도체의 아래쪽 끝과 레이디얼 도체 연결부의 중심점이므로 급전점은 지표면에서 레이디얼의 중심점의 높이만큼 위쪽에 놓인다. 급전점의 위치를 지표면에서 $\frac{1}{4}$ 파장보다 높게 하면 레이디얼 도체의 개수가 3 ~ 4개만 되어도 높은 안테나 효율을 얻을 수 있다. 즉 급전점 위치에서 0°와 45° 사이가 되도록 레이디얼 도체를 직선으로 펼치면 된다. [그림 32-3(a)]는 이런 접지면 안테나의 구조를 나타낸 것이다.

접지면 안테나는 동축 케이블로 급전하는 것이 가장 좋다. 수직 도체의 길이가 $\frac{1}{4}$ 파장인 접지면 안테나의 급전점 임피던스는 레이디얼 도체가 0°(수평)일 때 약 37Ω이다. 레이디얼 도체가 아래로 **처질**droop 때마다 임피던스는 증가해 45°의 **처짐각**droop angle에서 약 50Ω이 된다. 27 MHz의 CB Citizens Band(시티즌 대역)의 주파수를 사용하는 고정 무선설비 또는 50 MHz나 144 MHz의 VHF **대역**Very-High-Frequency band 주파수를 사용하는 아마추어 무선설비가 설치된 곳에서는 이런 유형의 접지면 안테나를 볼 수 있다.

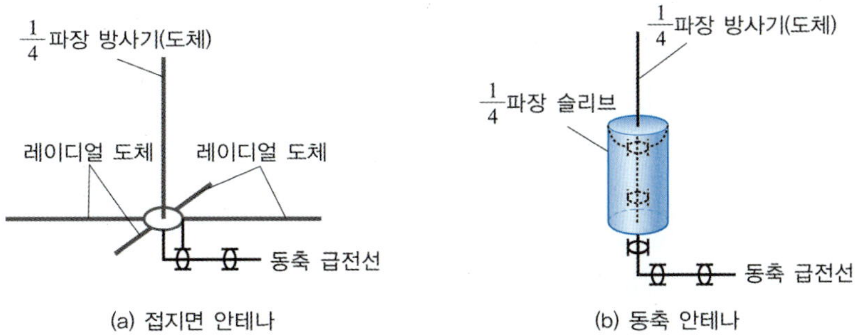

[그림 32-3] $\frac{1}{4}$ 파장 수직 안테나

동축 안테나

접지면 안테나에서 레이디얼 도체를 아래쪽으로 곧게 편 뒤 길이가 $\frac{1}{4}$ 파장인 원통(**슬리브**sleeve) 속으로 밀어 넣어 원통면과 하나가 되게 한다. 그다음 [그림 32-3(b)]와 같이 방사형 슬리브 내부에 급전선을 연결해 '끝을 통해' 안테나에 급전한다. 급전점에서 안테나의 방사 저항은 약 73Ω으로, 반파장 개방 다이폴 안테나의 방사 저항과 같다. 이런 구조의 안테나를 **동축 안테나**coaxial antenna라고 한다. 급전선과 슬리브가 모두 동축 구조로 되어 있기 때문이다.

루프 안테나

도선이나 금속관을 한 번 이상 감아서 만든 안테나를 **루프 안테나**loop antenna라고 한다.

소형 루프 안테나

루프 안테나에서 도선 루프의 둘레가 0.1파장보다 작으면 **소형 루프 안테나**small loop antenna로 분류된다. 소형 루프 안테나도 무선 신호(전자파)를 수신할 수 있지만 방사 저항이 작아 도선(도체)의 손실이 아주 작지 않으면 효율이 낮아진다. 따라서 전자파 송신을 제대로 할 수 없으므로 소형 루프 안테나는 널리 사용되지는 않는다.

작은 루프에 전선이 많이 감겨 있고, 전체 도체 길이가 파장의 큰 부분 이상에 해당한다고 해도 실제 안테나의 방사 저항은 안테나의 전체 길이가 아니라 실제 공간의 둘레에 따른다. 예를 들어, 원주 길이가 0.1파장인 후프 주위에 도선을 100번 감았다면 도선의 전체 길이가 전체 파장의 10개와 같더라도 방사 저항이 낮다.

소형 루프 안테나는 루프의 중심축(루프 도선이 평면 위에 놓여 있을 때 그 평면에 수직인 방향)과 나란한 방향에서 오는 신호(전자파)는 가장 잘 수신하지 못하고, 중심축에 수직인 방향(루프 평면과 나란한 방향)에서 오는 신호는 가장 잘 수신한다. 가변 커패시터를 루프와 직렬 또는 병렬로 연결한 뒤 가변 커패시터의 커패시턴스를 조정하면 루프의 인덕턴스 성분과 상호 작용해 원하는 수신 주파수에서 공진이 발생하도록 할 수 있다. [그림 32-4]는 이 방법을 그림으로 나타낸 것이다.

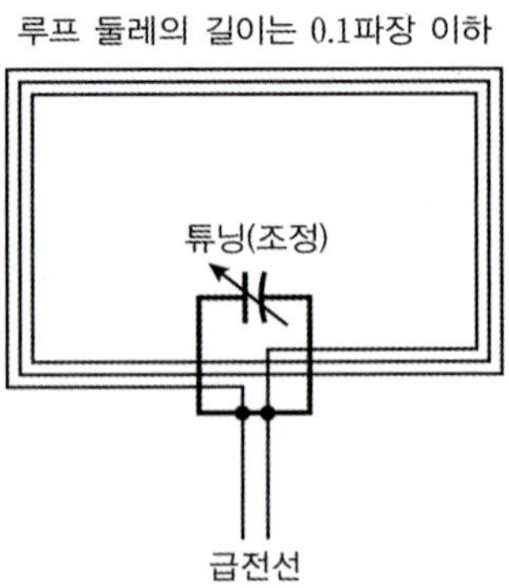

[그림 32-4] 공진 주파수 조정용 커패시터가 장착된 소형 루프 안테나

소형 루프 안테나는 대략 20 MHz 까지의 주파수 대역에서 **전파 방향 탐지**Radio Direction Finding (RDF)용으로 사용하거나 인공 잡음 또는 강한 신호(전자파)에 의한 간섭(장해)을 줄일 목적으로 종종 사용한다. 소형 루프 안테나는 축 방향으로 들어오는 신호를 잘 수신하지 못한다. 따라서 간섭을 일으키는 외부의 강한 전자파 신호나 잡음 신호가 있을 때 신호가 들어오는 방향에 루프의 축을 일치시키면 수신되는 신호의 크기를 20 dB 이상 감쇠시킬 수 있다.

루프스틱 안테나

대략 20 MHz 까지의 주파수 범위에서 **루프스틱 안테나**loopstick antenna는 소형 루프 안테나 대신 사용할 수 있다. 이 안테나는 원기둥 모양의 분말형 코어에 도선을 감아서 만든 코일로 구성되고, 이 코일에 직렬이나 병렬로 커패시터를 연결해 주파수 **동조 회로**tuned circuit를 만든다. 루프스틱 안테나의 전자파 수신 특성은 [그림 32-4]의 소형 루프 안테나와 비슷하다. 따라서 코일의 중심축에 수직인 방향으로는 수신 감도가 최대이고, 코일 축에 나란한 방향(코일이 감긴 원기둥 막대의 양 끝이 향하는 방향)으로는 전혀 수신하지 못한다.

대형 루프 안테나

대형 루프 안테나large loop antenna는 루프의 둘레가 대부분 반파장 또는 1파장이다. 루프의 모양은 원형, 육각형, 정사각형 등 다양하며 한 번만 감겨 있고, 송신 또는 수신용으로 적합하다.

반파장 루프 안테나는 급전점에서 방사 저항이 크다. 최대 방사/응답은 루프의 평면에서 발생하고, 축을 따라 얕고 넓은 **널**null[1]이 존재한다. 1파장 루프 안테나의 급전점에서의 방사 저항은 약 100 Ω 이다(리액턴스 성분은 0이 되고, 임피던스는 순전히 저항 성분만 갖는다). 반파장 루프 안테나와 마찬가지로 최대 방사(또는 수신)는 루프 축을 따라 나타나고, 최소 방사(또는 수신)는 루프를 포함한 평면에 나란한 방향에서 나타난다.

반파장 루프 안테나는 최적의 방향(가장 좋은 성능을 발휘하는 방향)에서 반파장 개방 다이폴이나 접힌 다이폴 안테나에 비해 약간 큰 전력 손실을 나타낸다. 1파장 안테나는 최적의 방향에서 다이폴 안테나에 비해 **이득**gain이 약간 크다. 이런 루프 안테나의 특성은 루프 도선의 길이가 정확한 반파장이나 1파장에 비해 수 % 길거나 짧아도 그대로 적용된다. 루프 안테나가 의도하는 주파수에서 공진하지 않는다면 급전점에 트랜스매치 회로를 연결해 공진이 일어나게 할 수 있다.

1 (옮긴이) 널(null)은 서로 완전히 상쇄되는 2개 이상의 반대되는 필드에 의해 필드 양이 0이 되는 지점이다. 안테나의 다른 부분이 다른 위상의 전파를 방사해 발생하며 간섭 소스의 방향이 안테나의 null에 위치하도록 수신기의 안테나를 조정해 간섭 수신을 최소화할 수 있다.

둘레가 파장의 몇 배인 초대형 루프 안테나는 통신용 **타워**tower(탑), 나무, 나무 기둥과 같은 지지대를 여러 개 사용해 수평으로 펼쳐 설치할 수 있으며 이를 **자이언트 루프 안테나**giant loop antenna라고 한다. 자이언트 루프 안테나의 이득과 방향 특성(지향성)은 예측하기 어렵다. 전송선로의 끝에서 트랜스매치를 사용해 급전하고, 지표면에서 적어도 $\frac{1}{4}$ 파장을 넘는 높이에 이 안테나를 설치하면 신호를 송수신할 때 우수한 성능을 나타낸다.

접지 시스템

$\frac{1}{4}$ 파장 안테나가 양호한 효율로 동작하려면 안테나 도체 아래에 위치한 접지 시스템의 손실이 적어야 한다. 중앙급전 반파장 안테나는 접지 시스템이 필요하지 않다. 그러나 어떤 유형의 안테나든 전자파 간섭과 전기사고(위험)를 최소화하려면 좋은 접지를 확보하는 것이 바람직하다.

전기접지

전기접지electrical ground는 안전을 위해 중요하게 고려해야 할 요소이다. 양호한 전기접지(직류 전원의 접지와 교류 전력선의 접지)는 통신장비 근처에 번개가 떨어졌을 때 장비가 손상되는 것을 막는 데 도움이 될 수 있다. 또한 좋은 전기접지는 통신장비로 전자파가 유입되거나 반대로 통신장비가 외부로 전자파를 방출해 **전자기 간섭**electromagnetic interference(EMI)을 일으킬 위험성을 최소화한다. 이때 **3선식 전력공급 시스템**three-wire electrical utility system에서 플러그에 달려 있는 3개의 발(단자) 중 가운데에 있는 접지 발(단자)은 절대 훼손해서는 안 된다. 외부로 노출된 금속 케이스 표면에 감전될 수 있는 고전압이 나타날 수 있기 때문이다.

양호한 접지 시스템은 안테나의 효율을 높이는 데 꼭 필요한 것은 아니지만 전자기 간섭을 줄이는 데는 도움이 될 수 있다. [그림 32-5]는 각각 적절한 RF 접지 방식과 부적절한 RF 접지 방식을 보여준다. [그림 32-5(a)]와 같이 우수한 RF 접지 시스템에서는 각 장치가 공통 **접지 버스**ground bus에 연결되어 있고, 버스는 단일 도체를 통해 접지로 연결된다. 이 도체는 가능한 가장 작은 물리적 길이를 가져야 한다. [그림 32-5(b)]와 같이 부적절한 RF 접지 시스템은 루프 안테나처럼 작동하는 접지 루프를 포함하고, EMI 위험을 증가시킬 수 있다.

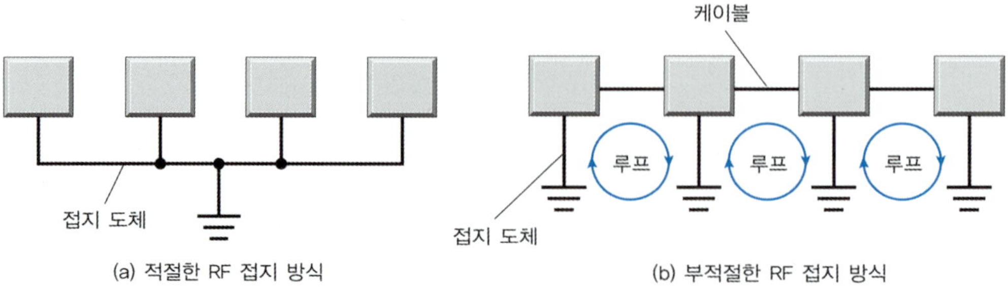

[그림 32-5] 적절한 RF 접지 방식과 부적절한 RF 접지 방식

레이디얼과 카운터포이즈

지표면 위에 설치하는 수직 안테나는 **접지 레이디얼**radial 도체를 가능한 한 많고, 긴 것으로 사용해야 한다. 레이디얼 도체들은 지표면 위에 올려놓거나 땅속에 몇 인치(수 cm ~ 수십 cm) 깊이로 묻는다. 일반적으로 레이디얼 도체의 길이가 일정하고, 도체의 개수가 증가하면 수직 안테나의 전체 효율이 향상된다. 레이디얼 도체는 우산살처럼 급전점 위치에서 **접지봉**ground rod(접지막대)에 모두 연결되어 있어야 한다.

카운터포이즈counterpoise는 수직 안테나에 대해 사용되는 또 다른 접지로, 접지 레이디얼과는 달리 대지(땅)와 직접적으로 접속되지 않는다. 대신에 **도선 격자**wire grid, 도체 **그물망**screen(스크린) 또는 **금속판**metal sheet을 지표면 위의 어느 정도 떨어진 높이에 지표면과 나란히(수평으로) 놓아 이들 구조물과 지표면 사이에 **용량성 결합**capacitive coupling, 즉 커패시턴스가 생기도록 한다. 수직 안테나는 카운터포이즈 중앙에 위치한다. 이처럼 카운터포이즈가 땅속 또는 유틸리티 시스템 접지에 연결되어 있지 않다면 양호한 전기접지를 제공하지는 못하지만 RF 접지 손실은 줄일 수 있다. 카운터포이즈는 반지름이 동작 주파수 범위에서 가장 낮은 주파수의 $\frac{1}{4}$ 파장 이상이 되게 하는 것이 바람직하다.

이득과 지향성

송신 안테나의 **전력 이득**power gain은 급전점에 인가된 실제 RF 전력에 대한 최대 **유효 방사 전력**Effective Radiated Power(ERP)의 비율과 같다. 전력 이득은 데시벨(dB)로 표시하고, 일반적으로 안테나가 선호하는 방향 또는 방향으로 표현된다. 특정 안테나에 대한 ERP(와트)가 P_{ERP}와 같고, 인가된 전력(와트)도 P와 같다고 가정하면 다음의 식으로 안테나의 전력 이득을 계산할 수 있다.

$$\text{전력 이득(dB)} = 10\log_{10}\left(\frac{P_{\text{ERP}}}{P}\right)$$

전력 이득을 정의하려면 선호하는 방향에서 이득이 0 dB로 정의된 **기준 안테나**reference antenna를 사용해야 한다. 자유공간의 반파장 개방형 또는 접힌 다이폴은 유용한 기준 안테나를 제공하며 다이폴(선호하는 방향)에 대해 측정된 전력 이득 수치는 dBd라는 단위로 나타낸다.

일부 공학자들은 **등방성 안테나**isotropic antenna라는 특수 시스템을 기준으로 전력 이득을 측정한다. 이 시스템은 이론적으로 3차원의 모든 방향에서 균등하게 전력 이득을 방사 및 수신한다(선호하는 방향이 없다). 이때 전력 이득의 단위는 dBi이다. 특정 안테나에 대해 dBd 및 dBi 단위의 전력 이득은 대략 2.15 dB만큼 차이가 나고, dBi 수치가 더 커지면 다음과 같은 식을 쓸 수 있다.

$$\text{전력이득(dBi)} = \text{전력이득(dBd)} + 2.15\,\text{dB}$$

등방성 안테나는 선호하는 방향에서 반파장 다이폴에 대해 2.15 dB 의 손실을 나타낸다. 앞선 식을 다시 쓰면 다음과 같다.

$$전력이득(dBd) = 전력이득(dBi) - 2.15\ dB$$

지향성 그래프

[그림 32-6]을 사용해 안테나 **방사 패턴** radiation pattern(신호 전송용)과 **응답 패턴** response patterns(수신용)을 나타낼 수 있다. 여기서 안테나는 **극좌표계** polar coordinate system의 중심(또는 원점)을 차지한다고 가정한다. 특정 방향에서 안테나의 방사 또는 수신 성능이 크고, 중심에서 멀어질수록 해당 지점이 표시된다.

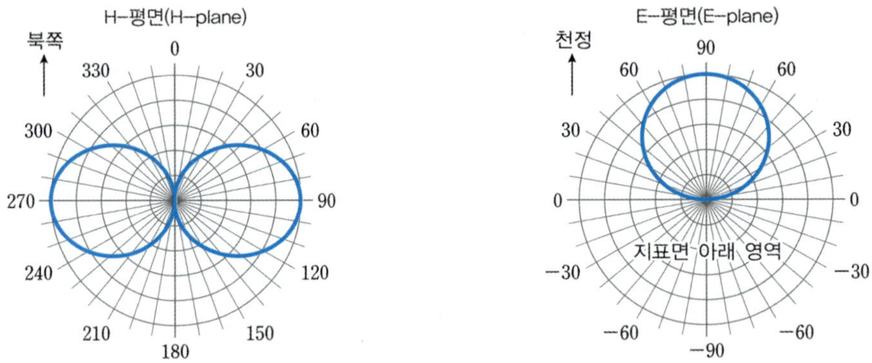

(a) H-평면(수평면) 그래프 : 안테나를 위에서 바라본 그래프. 좌표의 숫자는 나침반 방향(방위각)을 ° 단위로 나타낸다.

(b) E-평면(고도 평면) 그래프 : 안테나에서 멀리 떨어진 지표면의 한 지점에서 바라본 그래프. 좌표의 숫자는 지표면 기준 위 또는 아래쪽의 고도 각도를 나타낸다.

[그림 32-6] **다이폴 안테나의 지향성 그래프(방사 패턴)**

수평 다이폴 안테나는 도체가 남북 방향으로 이어지도록 [그림 32-6(a)]와 유사한 **수평면** horizontal plane(H-평면) 패턴을 갖는다. **고도 평면** elevation plane(E-평면) 패턴은 시야각에서 **유효 접지** effective ground 위의 안테나 높이에 따라 달라진다. 대부분의 위치에서 유효 접지는 실제 지구의 표면보다 약간 아래에 있는 가상의 평면 또는 등고선 표면이다. 도체가 책 표면(지면)에 수직으로 배열되고, 안테나가 유효 접지 위의 $\frac{1}{4}$ 파장에 위치하도록 다이폴을 배향했다면 반파장 다이폴의 E-평면 방사 패턴은 [그림 32-6(b)]와 유사하다.

전방 이득

전방 이득 forward gain은 선호하는 방향의 기준 안테나(주로 반파장 다이폴)의 ERP와 비교하면 **단방향성 안테나** unidirectional antenna의 **메인 로브** main lobe로 나타난다. 전방 이득은 dBd 단위로 계산, 측정되며 파장이 감소할수록(주파수가 높을수록) 높은 전방 이득 값을 쉽게 얻을 수 있다.

전후방 비

단방향 안테나의 **전후방 비**front-to-back(f/b) ratio는 메인 로브의 중심 반대 방향을 기준으로 메인 로브 중심의 방사/응답 집중도를 정량화한다. [그림 32-7]은 북쪽을 가리키는 단방향성 안테나에 대한 가상의 지향성 그래프이다.

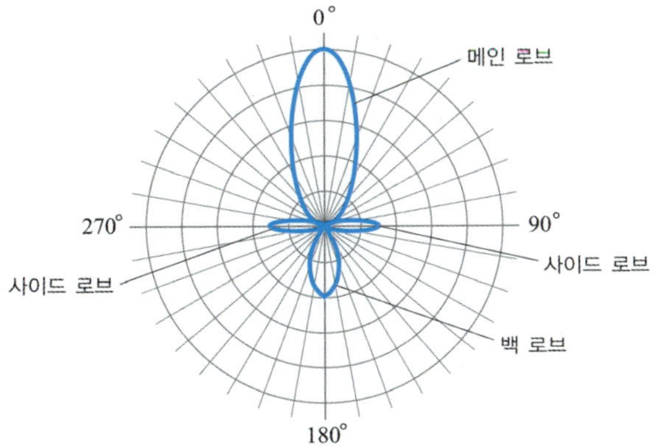

[그림 32-7] 어떤 안테나의 H-평면 지향성 그래프(방사 패턴). 이 그래프를 통해 전후방 비와 전측방 비를 구할 수 있다. 표시된 각도는 수평각(방위각)이다.

가장 바깥쪽 원은 메인 로브 중심 방향의 RF **전계 강도**field strength를 나타내며 0 dB (다이폴이 아닌 메인 로브를 기준으로 함)로 나타낸다. 그다음의 작은 원은 메인 로브에 대해 5 dB 감소한 전계 강도(방사/응답 레벨 − 5 dB)를 나타낸다. 안쪽으로 갈수록 원은 − 10 dB, − 15 dB, − 20 dB 감소한 값을 나타낸다. 결과적으로 그래프의 원점은 메인 로브를 기준으로 25 dB 감소한 값(− 25 dB)을 나타내고, 안테나의 위치도 표시한다. 이런 특정한 예에서는 북쪽(방위각 0°)과 남쪽(방위각 180°) 사이의 신호 레벨을 비교해 안테나의 전후방 비를 결정할 수 있다. [그림 32-7]에서의 전후방 비는 15dB이다.

전측방 비

안테나의 지향성을 나타내는 또 다른 항목은 **전측방 비**front-to-side(f/s) ratio이다. 전측방 비는 단방향성 안테나뿐만 아니라 **양방향성 안테나**bidirectional antenna에도 적용된다. 양방향성 안테나는 전자파를 잘(최대로) 방사하는 방향이 둘(메인 로브가 둘)인 안테나로, 이 두 방향은 서로 반대이다.

전후방 비와 마찬가지로 전측방 비 역시 dB 단위로 표시한다. 전측방 비를 구할 때는 메인로브의 최대 전자파 세기를 측면 방향(방위각 90°)에 있는 사이드 로브의 전자파 세기와 비교하면 된다.

[그림 32-7]의 방사 패턴에서 전측방 비를 구하면 북쪽 방향(방위각 0°)과 동쪽 방향(방위각 90°)의 세기를 비교한 것과 북쪽 방향과 서쪽 방향(270°)의 세기를 비교한 것으로 분류된다. 대부분의 지향성 안테나는 이론상 동쪽 방향에 대해 구한 전측방 비와 서쪽 방향에 대해 구한 전측방 비가 동일하다. 그러나 실제로는 종종 서로 다르게 나타나는데, 이는 안테나 구조를 이루고 있는 물질들의 결함과 안테나 주변에 있는 전도성 물체들, 불규칙한 형태의 지표면 등의 영향 때문이다. [그림 35-7]의 방사 패턴에서 동쪽 방향의 사이드 로브에 대한 전측방 비와 서쪽 방향 사이드 로브에 대한 전측방 비는 모두 약 17 dB로 동일하다.

위상 배열 안테나

위상 배열 안테나 phased array antenna는 2개 이상의 **급전 소자**(급전선에 **연결된 방사기**) driven element를 사용해 어떤 방향으로는 전자파를 잘 방사하지 않게 하는 대신 특정 방향으로는 전자파를 잘 방사하게 만든 안테나이다.

엔드파이어 배열

일반적인 **엔드파이어 배열** end-fire array은 [그림 32-8(a)]와 같이 2개의 평행한 반파장 개방 다이폴 안테나로 구성되어 있다. 두 안테나 사이의 간격은 $\frac{1}{4}$ 파장이며 90°의 위상차를 갖고 급전되고 있다. 이 형상은 단방향 방사 패턴을 생성한다. 2개의 요소는 상대적으로 [그림 32-8(b)]과 같이 하나의 전체 파장의 분리에서 동일한 위상으로 급전되면 양방향 방사 패턴을 생성할 수 있다. 위상조정 시스템인 **페이징 시스템** phasing system(**페이징 하네스** phasing harness라고도 함)을 설계할 때는 전송선로의 속도 계수를 고려해 급전선의 가지를 정확한 길이로 잘라서 제작해야 한다.

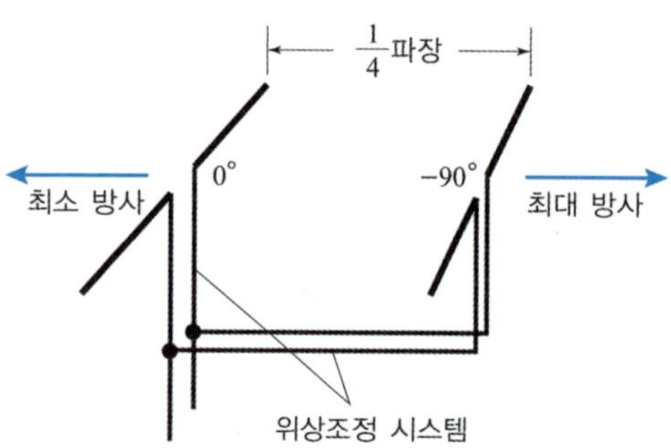

(a) 단방향성 엔드파이어 배열 안테나

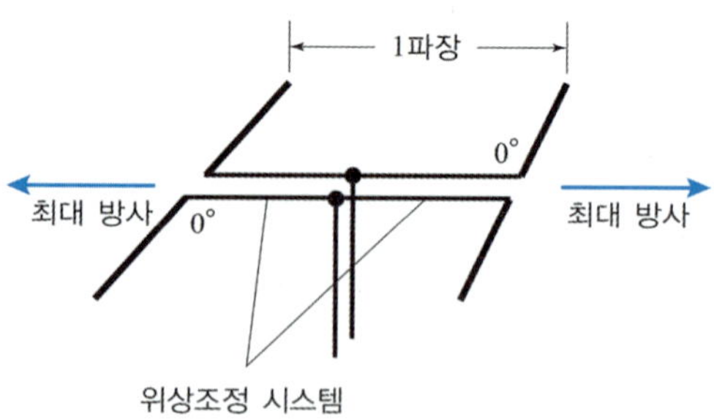

(b) 양방향성 엔드파이어 배열 안테나

[그림 32-8] 엔드파이어 배열 안테나

긴 도선 안테나

1파장 이상의 긴 도선 한쪽 끝에 큰 전류를 급전하는 구조의 안테나를 **긴 도선 안테나**longwire antenna라고 한다. 긴 도선 안테나는 반파장 안테나보다 높은 이득을 얻을 수 있다. 도선의 길이를 증가시킬 때는 도선 전체를 곧게 펴서 일직선이 되게 해야 한다. 메인 로브의 방향이 안테나 도선 방향에 가까워질수록 전자파의 방사 세기도 증가한다. 직선형 긴 도선 안테나에서 메인 로브의 **전력 이득**major lobe(최적의 방향을 나타내는 가장 강한 로브)은 안테나의 총 길이에 따라 달라지는데, 도선이 길수록 이득이 커진다. 긴 도선은 RF 전류가 최대가 되는 점이 도선상에 여러 개 존재하므로 위상 배열 안테나로 볼 수 있다. 이런 **전류 루프**current loops는 반파장 다이폴 또는 제프 안테나의 중심처럼 동작한다. 따라서 전체 긴 도선 안테나는 사실상 끝에서 끝까지 배치된 2개 이상의 반파장 안테나 세트를 구성하고, 각 섹션은 인접한 섹션 또는 섹션들에 대해 반대의 위상이 되도록 배치된다.

브로드사이드 배열

[그림 32-9]는 **브로드사이드 배열 안테나**broadside array antenna이다. 급전 소자들은 [그림 32-9]와 같이 단일 방사기가 될 수도 있고, 지향성을 갖는 복잡한 안테나가 될 수도 있다. 모든 급전 소자는 동일하며 페이징 하네스를 따라 반파장 간격으로 배치되어 있다. 평행 도선 전송선로를 중간에서 번갈아 꼬아가며 모든 소자에 급전시키면 모든 급전 소자의 위상이 일치한다(위상차가 0° 이다). 만약 [그림 32-9]의 다이폴 배열 안테나 뒤쪽에 전자파를 반사하는 평평한 도체 스크린(도체 그물망)을 설치하면 **빌보드 안테나**billboard antenna가 된다. 브로드사이드 배열 안테나의 지향성 특성은 급전 소자의 개수, 급전 소자 자체에 이득이 있는지의 여부, 급전 소자 간의 간격, 반사 스크린 사용 여부에 따라 달라진다. 일반적으로 급전 소자의 개수가 증가하면 전방 이득과 전후방 비, 전측방 비가 모두 증가한다.

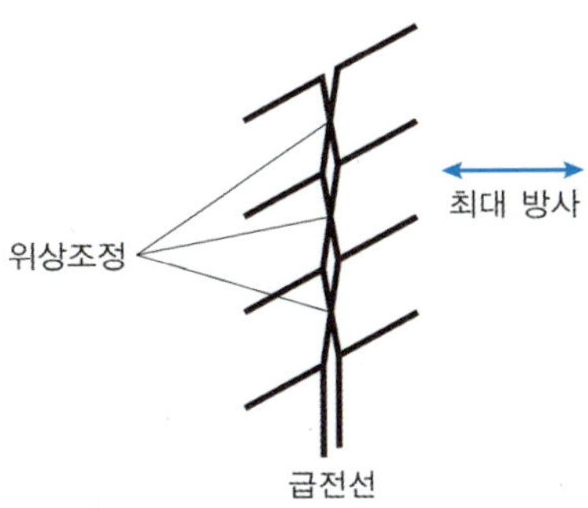

[그림 32-9] 브로드사이드 배열 안테나. 모든 급전 소자는 신호를 동일한 위상 및 동일한 진폭으로 수신한다.

기생 배열 안테나

통신 엔지니어는 지향성과 순방향 이득을 얻기 위해 약 5 MHz 에서 극초단파 범위까지의 주파수에서 **기생 어레이**parasitic array를 사용한다. **야기 안테나**Yagi antenna와 **쿼드 안테나**quad antenna가 이런 기생 배열 안테나에 해당한다. 안테나 배열 분야에서 사용하는 **기생**parasitic이라는 용어는 안테나 소자의 특성을 의미하고, RF 전력 증폭기에서 오동작을 일으키는 현상인 **기생 발진**parasitic oscillation의 '기생'과는 의미가 다르다.

개념

기생 소자parasitic element는 안테나 시스템에서 중요한 역할을 하지만 급전선에 연결되어 있지 않은 도체이다. 기생 소자는 **전자기 결합**EM coupling(전기장과 자기장에 의해 신호가 전달되는 것)에 의해 급전 소자와 상호작용하면서 동작한다. 기생 소자는 급전 소자를 기준으로 기생 소자가 위치한 쪽 방향으로 전력 이득이 발생하면 **도파기**director라고 하고, 기생 소자의 반대쪽 방향으로 전력 이득이 발생하면 **반사기**reflector라고 한다. 도파기는 일반적으로 급전 소자의 길이보다 약간(수 %) 짧게 하고, 반사기는 약간(수 %) 길게 한다.

야기 안테나

아마추어 무선 분야에서 **빔 안테나**beam antenna, 줄여서 **빔**beam이라고 부르기도 하는 **야기 안테나**Yagi antenna는 여러 개의 직선 도체를 나란히 배열하고, 일부를 기생 소자로 사용하는 구조이다(**야기**Yagi라는 이름은 이 안테나를 최초로 설계한 사람의 이름에서 유래했다). 2소자 야기 안테나는 단일 반파장 급전 소자 옆에 도파기 또는 반사기를 평행하게 배치해 만들 수 있다. 만약 도파기를 배치했다면 급전 소자와의 최적 간격은 0.1 ~ 0.2파장으로, 도파기는 급전 소자의 공진 주파수보다 5% ~ 10% 정도 높은 공진 주파수를 갖게 한다. 만약 반사기를 배치했다면 급전 소자와의 최적 간격은 0.15 ~ 0.2파장으로, 반사기는 급전 소자의 공진 주파수보다 5% ~ 10% 정도 낮은 공진 주파수를 갖게 한다. 두 설계 모두 2소자 야기 안테나이며 잘 설계된 2소자 야기 안테나의 최대 방사 방향에서의 전력 이득은 약 5 dBd 이다.

3소자 야기 안테나는 급전 소자의 좌우에 도파기와 반사기를 각각 하나씩 배치해 만들 수 있다. 이렇게 하면 2소자 야기 안테나보다 이득과 전후방 비를 증가시킬 수 있다. 최적의 구조로 설계한 3소자 야기 안테나의 최대 방사 방향에서의 전력 이득은 약 7 dBd 이다. [그림 32-10]은 일반적인 3소자 야기 안테나로, 표시된 치수대로 설계된 야기 안테나는 최적의 성능을 발휘한다. 그러나 실제로 제작해 사용한다면 최적의 성능을 발휘하는 3소자 야기 안테나의 치수는 그림에 표시된 치수와 약간 다를 수 있다. 이는 실제 안테나를 이루고 있는 물질들의 결합과 안테나 주변에 있는 전도성 물체들, 그리고 불규칙한 형태의 지표면의 영향 때문이다.

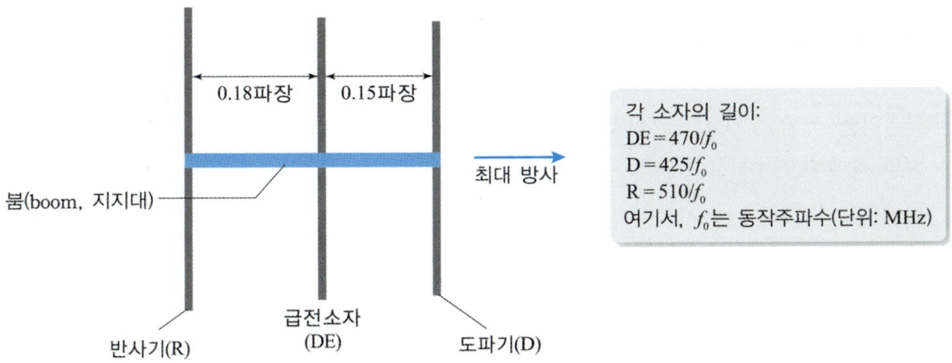

[그림 32-10] **3소자 야기 안테나**

올바르게 설계된 야기 안테나는 소자를 추가하면 이득, 전후방 비, 전측방 비가 모두 증가한다. 3소자 야기 안테나의 도파기 앞에 추가로 도파기를 배치하면 4소자, 5소자, 또는 더 큰(긴) 야기 안테나를 만들 수 있다. 이때 추가된 도파기는 이전에 있는 도파기보다 짧아야 한다. 시중에 판매되는 야기 안테나 중에는 총 소자 개수가 12개를 넘는 것도 있다. 이런 야기 안테나가 최적의 성능을 발휘하기 위해서는 각 기생 소자의 최적 길이와 최적 간격을 구하는 데에 많은 노력과 시간을 들여야 한다.

쿼드 안테나

쿼드 안테나quad antenna는 구성 소자로 반파장 다이폴 대신 1파장 루프 안테나를 사용하는 것만 제외하면 동작 원리가 야기 안테나와 동일하다.

2소자 쿼드 안테나는 1개의 급전 소자에 반사기 또는 도파기를 배치해 만들 수 있다. 3소자 쿼드 안테나는 1개의 급전 소자를 중심으로 좌우에 각각 도파기와 반사기를 배치해 만들 수 있다. 도파기의 둘레는 0.95 ~ 0.97파장이고, 급전 소자의 둘레는 정확하게 1파장이며 반사기의 둘레는 1.03 ~ 1.05파장이다. 이 수치는 자유공간의 치수가 아니라 (도선 또는 금속관의 속도 계수를 고려한) 전기적 치수를 나타낸다.

3소자 쿼드 안테나 구조에는 원하는 개수의 도파기를 추가로 연결할 수 있다. 도파기의 개수가 늘어날수록 이득은 증가한다. 이때 추가된 도파기는 이전에 있는 도파기보다 조금 짧아야 한다. 또한 길이가 긴 쿼드 안테나를 실용적으로 사용하려면 동작 주파수가 100 MHz 이상이어야 한다. 쿼드 안테나는 약 10 MHz 미만의 주파수에서는 물리적으로 크고, 다루기 어렵지만 일부 아마추어 무선기사들은 3.5 MHz 이하의 주파수에서 쿼드 안테나를 만들어 사용하기도 한다.

UHF 대역 및 초고주파 대역용 안테나

극초단파Ultra High Frequency(UHF) 대역과 **초고주파**microwave frequency 대역은 주파수가 매우 높아 파장이 아주 짧으므로 이득이 높은 안테나를 합리적인 크기로 설계, 제작할 수 있다.

도파관

도파관waveguide은 원 또는 사각형 형태의, 속이 빈 금속 파이프 구조의 특수한 RF 전송선로이다. 어떤 전자파의 파장이 도파관 단면 치수에 비해 충분히 짧다면 그 전자파는 도파관 내부의 빈 공간을 따라 아주 잘 진행한다. 전자파가 사각형 도파관 속을 잘 전파하려면 사각형 단면의 폭과 높이(가로와 세로의 치수)가 최소 0.5파장이어야 하고, 0.7파장 이상이 바람직하다. 원형 도파관은 원형 단면의 지름이 최소 0.6파장이어야 하고, 0.7파장 이상이 바람직하다.

도파관의 특성 임피던스 Z_0는 주파수에 따라 변화한다. 이는 특성 임피던스 Z_0가 주파수의 변화와 무관하게 전체 사용 주파수 범위에서 일정한 값을 유지하는 동축 또는 평행선 RF 전송선로와 다르다.

적절하게 설치되고, 관리된 도파관은 매우 우수한 성능을 가진 RF 전송선로이다. 도파관 속은 공기air로 채워져 있다. 건조한 공기는 UHF 대역과 초고주파 주파수 대역에서도 손실이 거의 없기 때문이다. 도파관이 제대로 동작하려면 내부에 오염, 먼지, 곤충, 거미집, 물방울 등이 없도록 관리해야 한다. 이런 방해물은 아무리 크기가 작아도 도파관의 성능을 저하시키고, 큰 전력 손실을 만든다.

실용적인 측면에서 도파관의 가장 큰 문제점은 구부리기 어렵다는 것이다. 서로 떨어져 있는 두 점을 연결할 때 동축 케이블을 사용하면 마음대로 휠 수 있지만 도파관으로는 그렇게 할 수 없다. 도파관을 급작스럽게 구부리거나 휘면 문제가 발생하므로 단면의 모양을 유지하면서 점진적으로 이뤄지도록 해야 한다. 도파관의 또 다른 문제점은 특정한 주파수 범위에서만 사용할 수 있다는 것이다. 약 300 MHz 이하의 주파수 대역에서는 도파관의 단면 치수가 매우 커지므로 이 대역에서 도파관을 사용하는 것은 비실용적이다.

혼 안테나

혼 안테나horn antenna는 단면이 사각형 형태인 **나팔**horn(혼)과 비슷한 구조이다. 혼 안테나는 혼의 열린 구멍이 가리키는 방향으로 전자파를 방사하므로 단방향성 방사 및 응답 패턴을 갖는다. 혼 안테나는 혼의 좁은 입구에 도파관을 접속하여 급전한다. 혼 안테나는 보통 그 자체로 사용하지만 UHF 대역과 초고주파 대역에서 대형 접시 안테나의 급전 소자(급전용 안테나)로 사용하기도 한다. 이렇게 하면 접시 안테나의 급전 소자로 다이폴 안테나를 사용할 때 발생하는 **외부방사**extraneous radiation를 최소화할 수 있어 전측방 비를 개선할 수 있다.

접시 안테나

접시 안테나dish antenna는 상업용 위성을 이용한 TV와 인터넷 서비스에 널리 사용되고 있어 우리에게 친숙한 안테나이다. 언뜻 보면 접시 안테나의 구조는 간단해 보인다. 그러나 각 구성 요소들을 정확하게 만들고, 정확히 정렬하지 않으면 의도한 대로 성능을 발휘하지 못한다. 파장이 아주 짧은 주파수 대역에서 특히 효율적인 접시 안테나는 **포물면 반사기**paraboloidal reflector로, 이는 포물선을 그 축을 중심으로 회전시키면 만들어지는 포물면이 포물면 반사기의 형태와 같아 붙은 이름이다. 반사면이 구(공)의 일부와 같은 형태로 된 **구형 반사기**spherical reflector 역시 접시 안테나의 반사기로 기능할 수 있다.

접시 안테나의 반사기 초점에는 급전 소자로 사용되는 혼 안테나 또는 헬리컬 안테나가 위치한다. 급전 소자와 송신기(또는 수신기)를 연결하는 급전선에는 동축 케이블이나 도파관이 사용된다. [그림 32-11(a)]는 **일반적인 접시 안테나**conventional dish의 급전 방식이고, [그림 32-11(b)]는 **카세그레인 접시 안테나**Cassegrain dish의 급전 방식이다. 카세그레인이라는 용어는 이 안테나의 구조가 **슈미트 카세그레인 반사 망원경**Schmidt-Cassegrain reflector telescope과 비슷하다는 점에서 유래했다. 접시 안테나는 UHF 대역과 초고주파 대역에서 전자파를 잘 송수신한다. 그러나 300 MHz 이하의 주파수 대역에서 개인적인 용도로 사용하기에는 반사기의 사이즈가 너무 커 비실용적이다.

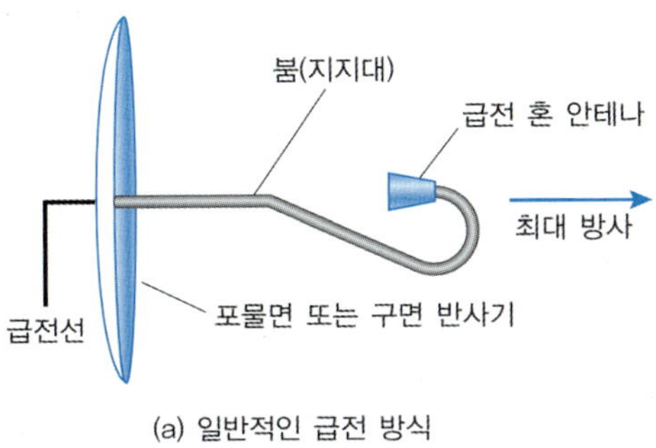

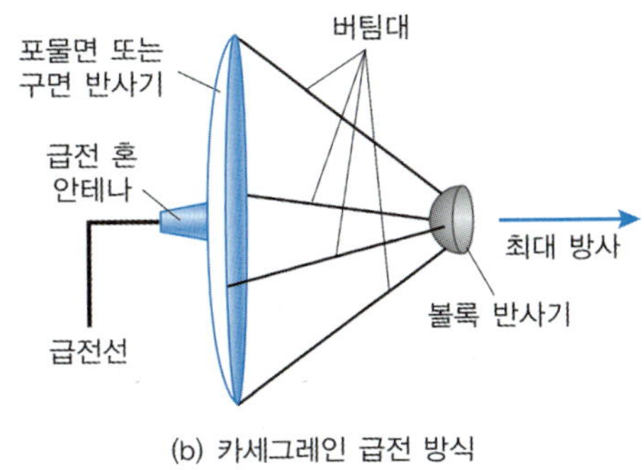

[그림 32-11] **접시 안테나**

반사기의 지름을 증가시킬수록 접시 안테나의 이득, 전후방 비, 전측방 비는 모두 증가하고, 메인 로브의 폭은 감소하므로 안테나의 단방향성은 더 민감해진다. 접시 안테나의 반사기 지름은 적어도 파장의 몇 배가 되어야 한다. 반사기는 얇은 두께의 금속판, 스크린, 도선망을 사용해 만들 수 있다. 만약 스크린이나 도선망으로 반사기를 만든다면 도선(도체) 사이의 간격은 파장의 수 분의 일에서 수십 분의 일 이하가 되어야 한다. 초고주파 대역에서 대형 접시 안테나의 전방 이득은 35 dBd를 넘기도 한다.

헬리컬 안테나

헬리컬 안테나helical antenna(나선형 안테나)는 높은 이득을 가진 단방향성 안테나로, **원형편파**circular polarization로 된 전자기파를 송수신한다. [그림 32-12]는 일반적인 헬리컬 안테나의 구성도이다. 반사기의 지름은 동작 주파수 범위에서 가장 낮은 주파수에 대해 적어도 0.8파장 이상이 되어야 한다. 헬리컬(나선)의 반지름은 동작 주파수 범위의 중앙, 즉 중심 주파수에 대해 약 0.17파장이어야 하고, 길이 방향의 나선 간 간격은 중심 주파수에 대해 0.25파장이어야 한다. 또한 헬리컬의 총 길이는 가장 낮은 주파수에 대해 적어도 1파장 이상 되어야 한다. 잘 설계된 헬리컬 안테나는 약 15dBd의 전방 이득을 제공할 수 있다. 이런 헬리컬 안테나는 접시 안테나처럼 주로 UHF 대역과 초고주파 대역에서 사용된다.

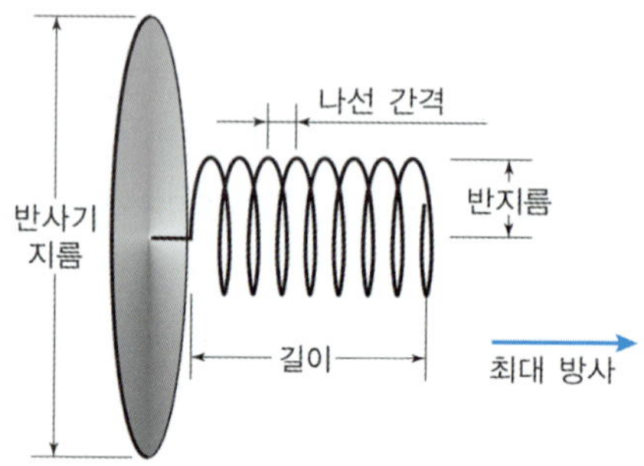

[그림 32-12] 평평한 반사기가 부착된 헬리컬 안테나

코너 반사기 안테나

[그림 32-13]은 급전 소자로 반파장 개방 다이폴을 사용하는 **코너 반사기 안테나**corner reflector antenna이다. 이렇게 설계하면 반파장 다이폴 안테나보다 전력 이득이 높아진다. 반사기는 도선망, 스크린 또는 금속판으로 만들고, **열린각**flare angle은 약 90°이다. 코너 반사기는 UHF 대역과 초고주파 대역의 지상 통신에 널리 사용된다. 이득을 더 높게 하고 싶다면 더 긴 반사기에 반파장 다이폴 안테나 여러 개를 축에 맞춰 일직선으로 배치한 뒤 모두 같은 위상으로 급전하면 된다. 이렇게 만든 배열 안테나를 **코너 반사기 일직선 배열 안테나**collinear corner-reflector array라고 한다.

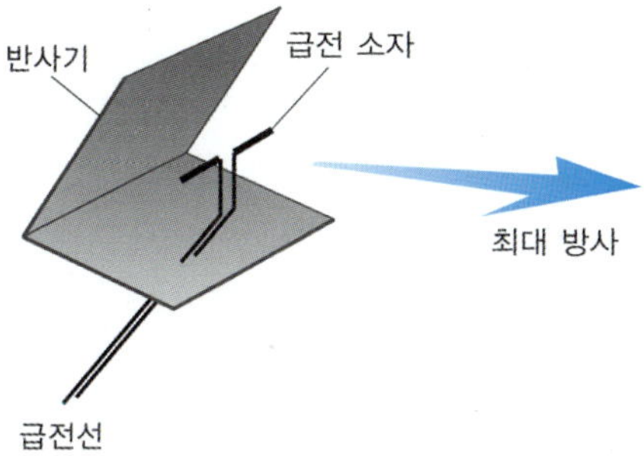

[그림 32-13] 급전 소자로 다이폴 안테나를 사용하는 코너 반사기 안테나

안전수칙

안테나 시스템, 그 중에서도 특히 대형 배열 안테나와 길이가 긴 도선을 사용하는 안테나를 다룰 경우 여러 신체적인 위험에 노출된다. 몇 가지 안전수칙을 준수하면 위험을 최소화할 수 있지만 100% 안전하다는 것은 있을 수 없음을 기억하고 다음의 기본 안전수칙을 알아두자.

안테나를 설치하거나 다룰 때는 안테나가 전력선에 떨어지거나 날아가지 않도록 주의해야 한다. 또한 폭풍이 심할 때 전력선이 안테나 위로 떨어질 수도 있으므로 그런 일이 절대 일어나지 않도록 미리 조치해야 한다.

실외 안테나에 연결해 사용하는 무선장비는 주변에 천둥번개가 칠 때에는 사용하지 말아야 한다. 안테나 설치와 유지보수는 번개가 치는 것이 보이거나 천둥소리가 들릴 때, 심지어는 멀리 떨어진 곳에서 폭풍우가 발생했을 때에도 절대로 해서는 안 된다. 안테나를 장비와 분리시키고, 장비를 사용하지 않아도 안테나가 대지 접지에 연결되어 있도록 하는 것이 바람직하다.

송출탑과 안테나에 올라가는 것은 전문가만 할 수 있다. 경험이 없는 사람은 안테나 지지용 구조물에 올라가려는 시도조차 하지 말아야 한다.

실내 송신 안테나를 사용한다면 장비 운용자가 전자기장의 에너지에 노출될 수 있다. 전자기장 노출에 따른 위험 정도는 아직 확실히 규명되지 않았으나 그 위험성에 대해 우려하는 전문가들이 많다. 따라서 이 주제와 관련된 최신 발표 내용에 관심을 가지는 것이 좋다.

⚠ 주의 사항

안테나 관련 안전 문제에 대한 자세한 정보는 전문 안테나 엔지니어에게 문의하거나 안테나 설계 및 제작에 관해 종합적으로 기술된 참고자료를 찾아보기 바란다. 또한 거주 국가, 도시, 지역의 전기 법규와 건축 법규를 참조하고, 주의 사항에 따라야 한다.

연습문제

01 어떤 안테나의 방사 저항은 900Ω이고, 손실 저항은 100Ω이다. 이 안테나의 방사효율을 백분율로 나타내면 얼마인가?

(a) 66%
(b) 75%
(c) 90%
(d) 93%

02 어떤 안테나의 방사 저항은 10Ω이고, 손실 저항은 40Ω이다. 이 안테나의 방사효율을 백분율로 나타내면 얼마인가?

(a) 20%
(b) 25%
(c) 33%
(d) 67%

03 원주에서 정확히 1파장을 측정하는 원형 루프 안테나가 있다. 이 안테나가 완전히 단일 평면에 놓여 있을 때 다음 중 어느 방향으로 전자파를 가장 잘 방출하는가?

(a) 모든 방향(등방성 방사특성)
(b) 루프 축에 수직인 방향
(c) 루프 축을 따라 양 방향으로(루프 축과 평행한 두 방향)
(d) 루프 축을 따라 한 방향으로(루프 축과 평행한 어느 한 방향)

04 자유공간에서 주파수 7.05 MHz에 해당하는 파장은 얼마인가? (단, 답을 유효 숫자 3개로 반올림하라.)

(a) 85.039m
(b) 42.672m
(c) 21.275m
(d) 10.638m

05 얇은 와이어의 일반적인 속도 계수를 고려할 때 7.05 MHz의 기본 주파수에서 동작하려면 직선형 중앙급전 반파장 개방형 다이폴 안테나의 양쪽을 얼마만큼의 길이로 잘라야 하는가? (단, 답을 유효 숫자 3개로 반올림하라.)

(a) 10.1 m
(b) 20.2 m
(c) 40.2 m
(d) 80.8 m

06 다음 중 중앙급전 반파장 접힌 다이폴 안테나의 급전점 임피던스의 저항 성분(방사 저항)은 얼마인가?

(a) 반파장 개방 다이폴 안테나 방사 저항의 8배
(b) 반파장 개방 다이폴 안테나 방사 저항의 4배
(c) 반파장 개방 다이폴 안테나 방사 저항의 2배
(d) 반파장 개방 다이폴 안테나의 방사 저항과 동일

07 다음 중 손실 저항이 큰 안테나가 있을 때 이 안테나를 높은 효율로 동작시키려면 어떻게 설계해야 하는가?

(a) 안테나가 낮은 리액턴스 값을 갖도록 설계
(b) 안테나가 높은 리액턴스 값을 갖도록 설계
(c) 안테나가 낮은 방사 저항 값을 갖도록 설계
(d) 안테나가 높은 방사 저항 값을 갖도록 설계

08 접지 위에 설치한 어떤 $\frac{1}{4}$파장 수직 안테나가 10 MHz에서 동작하고 있을 때 이 안테나의 높이는 얼마인가? (단, 방사 요소에 사용된 튜브의 속도 계수가 92%라고 가정한다.)

(a) 2.1 m (b) 4.3 m
(c) 7.0 m (d) 13.7 m

09 완전도체의 특성을 가진 접지 위에 베이스 공급, 유도 부하, 짧은 수직 안테나를 사용해 무선 신호를 전송하려고 한다. 인덕터는 저손실 코일로 구성된다. 저손실 50Ω 동축 케이블을 안테나에 공급하고, 라디오가 비반응성 50Ω 부하에서 작동하도록 설계되었을 때 다음 중 최고의 결과를 얻을 수 있는 방법은 무엇인가?

(a) 안테나의 높이를 $\frac{1}{8}$ 파장보다 짧게 만든다.
(b) 두꺼운 구리로 만든 관(파이프)을 방사소자로 사용한다.
(c) 급전점에 넓은 조정 범위를 가진 안테나 튜너를 장착한다.
(d) 안테나와 동축 케이블을 직접 연결한다.

10 다음 중 도파관의 물리적 사이즈를 고려할 때 모든 주파수에서 실용적으로 사용할 수 있는 주파수의 범위는 무엇인가?

(a) 3 MHz 이하
(b) 300 MHz 이하
(c) 3 MHz 이상
(d) 300 MHz 이상

11 다음 중 제프 안테나의 급전점 임피던스를 이루는 성분은 무엇인가?

(a) 높은 저항 성분
(b) 낮은 저항 성분
(c) 높은 용량성 리액턴스 성분
(d) 높은 유도성 리액턴스 성분

12 다음 중 3소자 야기 안테나에서 도파기는 어떤 주파수에서 공진하는가?

(a) 급전 소자의 공진 주파수와 동일한 주파수
(b) 급전 소자의 공진 주파수의 2배인 주파수
(c) 급전 소자의 공진 주파수보다 약간 낮은 주파수
(d) 급전 소자의 공진 주파수보다 약간 높은 주파수

13 다음 중 전도성이 양호한 도체 위에 설치하는 반파장 수직 안테나의 효율을 좋게 만들기 위한 방법은 무엇인가? (단, 안테나의 베이스에는 안테나의 방사기를 급전선에 정합시키기 위한 광대역 안테나 튜너가 장착되어 있다.)

(a) 방사소자를 두껍고 균일한 금속 막대(봉)로 만든다.
(b) 접지봉과 몇 개(많을 필요는 없음)의 레이디얼 도체를 사용한다.
(c) 반파장 또는 그 이상의 파장을 측정하는 레이디얼 도체를 100개 이상 사용한다.
(d) 접지 전도성을 높이기 위해 안테나 주변의 땅에 소금을 뿌린다.

14 길이가 $\frac{1}{4}$ 파장이고, 처짐각이 45°인 레이디얼도체 4개로 구성된 높이 $\frac{1}{4}$ 파장의 접지면 안테나가 있다고 가정하자. 급전점을 지표면 위 최소 $\frac{1}{4}$ 파장 이상 높이고, 레이디얼을 접지선의 2배로 만들었을 때 이 안테나의 순수 저항성 급전점 임피던스는 대략 얼마인가?

(a) 37Ω (b) 50Ω
(c) 73Ω (d) 100Ω

연습문제

15 어떤 안테나의 총 손실 저항이 급전점 방사 저항의 절반과 정확히 같을 때 이 안테나의 효율은 얼마인가?

(a) 33% (b) 50%
(c) 67% (d) 75%

16 다음 중 7소자 야기 안테나에서 가장 긴 소자는 무엇인가?

(a) 급전 소자
(b) 첫 번째 도파기
(c) 맨 끝에 있는 도파기
(d) 반사기

17 다음 중 소형 루프스틱 안테나는 어느 방향에서 들어오는 전자파를 가장 잘 수신하는가?

(a) 모든 방향(등방성 방사특성)
(b) 루프 축에 수직인 방향
(c) 루프 축을 따라 양 방향으로(루프 축과 평행한 두 방향)
(d) 루프 축을 따라 한 방향으로(루프 축과 평행한 어느 한 방향)

18 다음 중 반파장 접힌 다이폴 안테나와 함께 사용하기 가장 적합한 전송선로는 무엇인가?

(a) 평행 도선 선로
(b) 도파관
(c) 동축 케이블
(d) (a), (b), (c) 모두. 어떤 종류든 상관없음

19 다음 중 위성 TV용 안테나로 가장 적합한 것은 무엇인가?

(a) 접힌 다이폴 안테나
(b) 접지면 안테나
(c) 루프스틱 안테나
(d) 접시 안테나

20 다음 중 반파장 다이폴에 비해 높은 이득을 가진 안테나는 무엇인가?

(a) 야기 안테나
(b) 접시 안테나
(c) 헬리컬 안테나
(d) (a), (b), (c) 모두

정답

01 c	02 a	03 c	04 b	05 a	06 b	07 a	08 c	09 c	10 d
11 a	12 d	13 b	14 b	15 c	16 d	17 b	18 a	19 d	20 d

Appendix

도식적 기호

Schematic Symbols

001 전류계

002 일반 증폭기

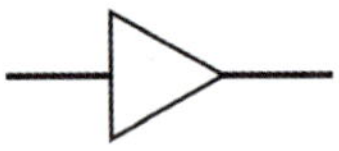

003 반전 증폭기

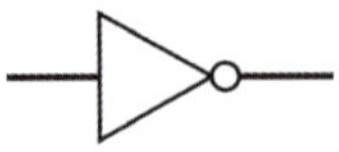

004 연산 증폭기

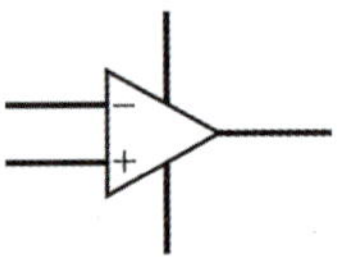

005 AND 게이트

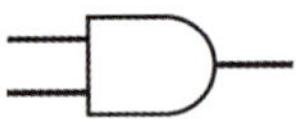

006 균형 안테나

007 일반 안테나

008 루프 안테나

009 멀티턴(multiturn) 루프 안테나

010 전기화학 배터리

011 피드쓰루(feedthrough) 커패시터

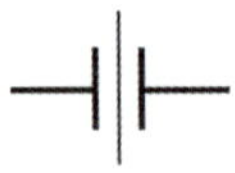

012 고정 커패시터

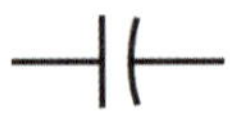

013 가변 커패시터

014 회전자 분할 가변 커패시터

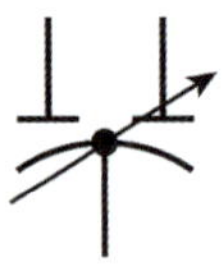

015 고정자 분할 가변 커패시터

016 공동 공진기

017 전기화학 전지

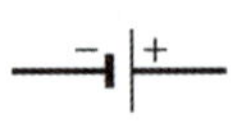

018 회로 차단기

019 동축 케이블

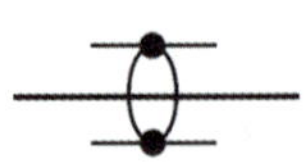

020 압전 결정

021 지연선

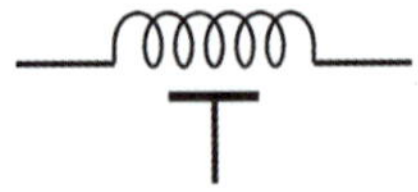

022 다이악(diac)

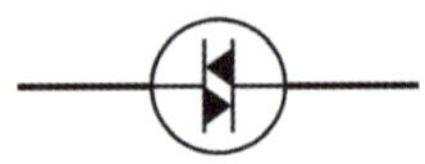

023 전계효과 다이오드

024 일반 다이오드

025 건 다이오드

026 발광 다이오드

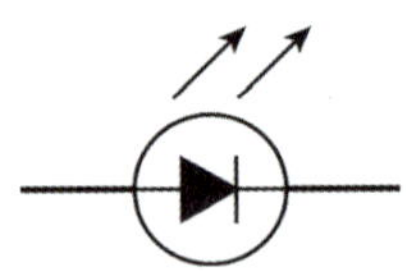

027 감광성 다이오드

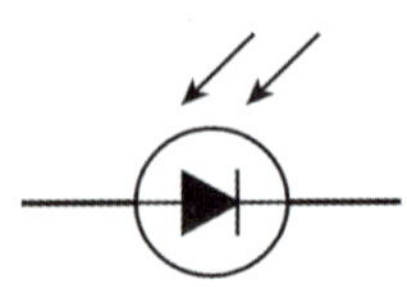

028 PIN 다이오드

029 쇼트키 다이오드

030 터널 다이오드

031 버랙터 다이오드

032 제너 다이오드

033 방향 결합기

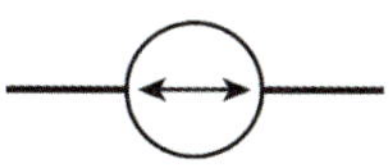

034 방향 전력계

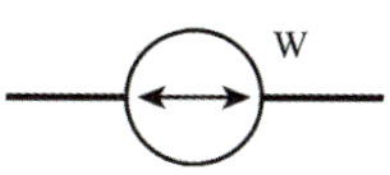

035 배타적 OR 게이트

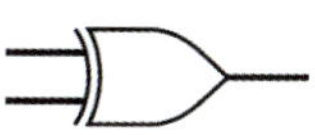

036 일반 암형(female) 접촉

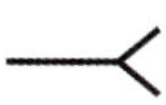

037 페라이트 구슬(bead)

038 퓨즈

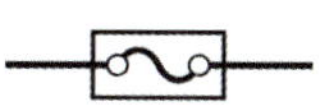

039 검류계

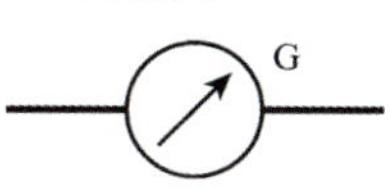

040 섀시접지

041 대지접지

042 공심 인덕터

043 바이필라 공심 인덕터

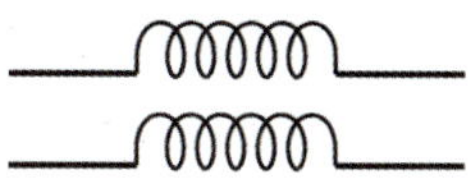

044 탭이 달린 공심 인덕터

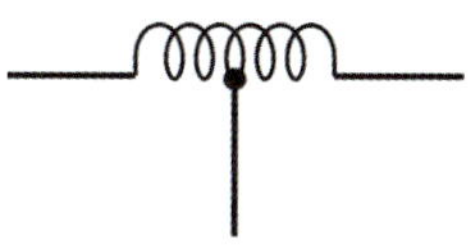

045 가변 공심 인덕터

046 철심 인덕터

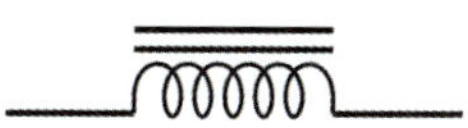

047 바이필라 철심 인덕터

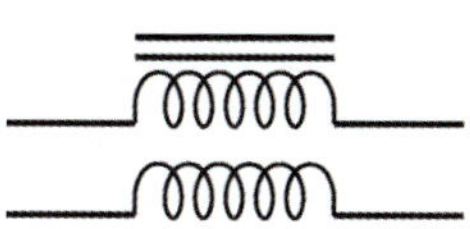

048 탭이 달린 철심 인덕터

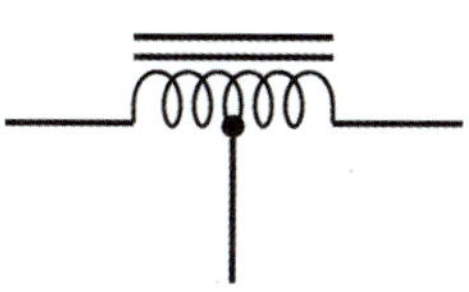

049 가변 철심 인덕터

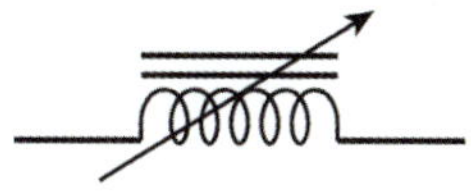

050 분말형 철심 인덕터

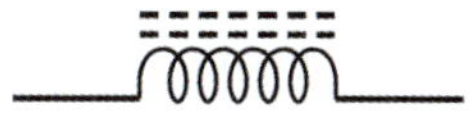

051 바이필라 분말형 철심 인덕터

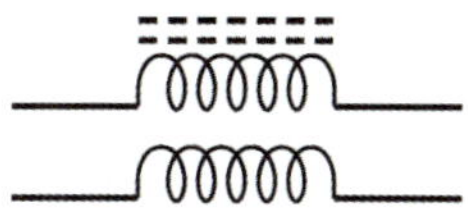

052 탭이 달린 분말형 철심 인덕터

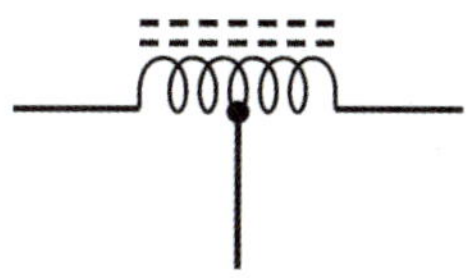

053 가변 분말형 철심 인덕터

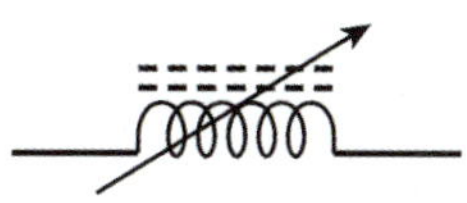

054 일반 집적회로

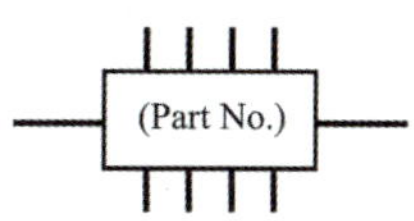

055 동축 혹은 음성 잭

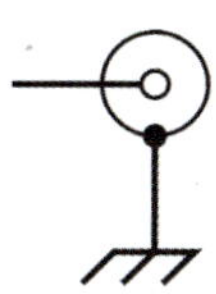

056 2–선 전화기 잭

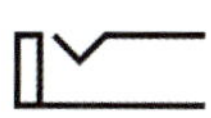

057 3–선 전화기 잭

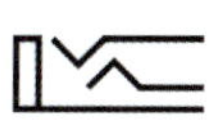

058 백열등

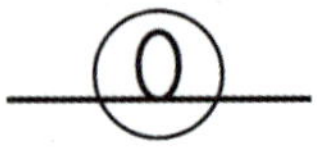

059 네온등

060 일반 수형(male) 접촉

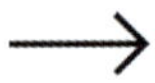

061 일반 미터

062 마이크로전류계

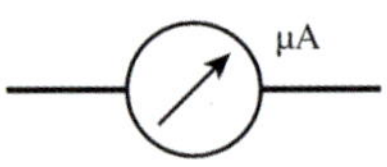

063 마이크

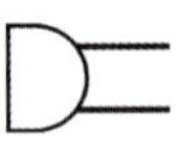

064 방향 마이크

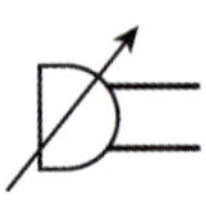

065 밀리전류계

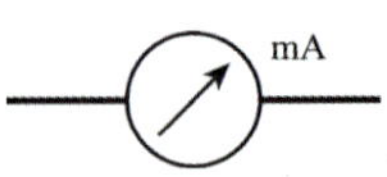

066 NAND 게이트

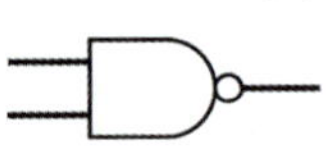

067 음 전압 연결

068 NOR 게이트

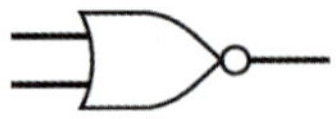

069 NOT 게이트

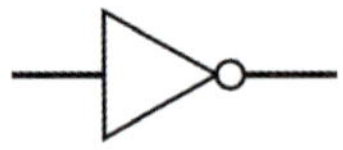

070 광 절연기

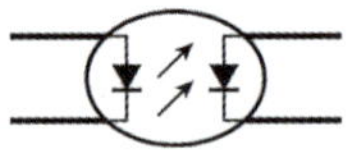

071 OR 게이트

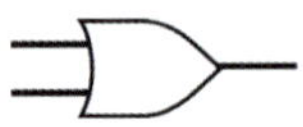

072 무극 2-선 콘센트

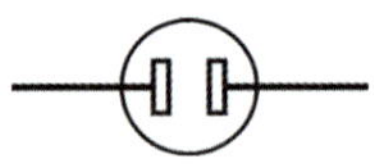

073 극성 2-선 콘센트

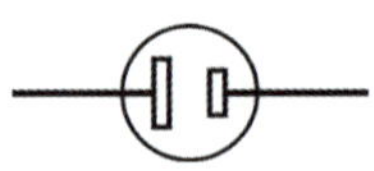

074 3-선 콘센트

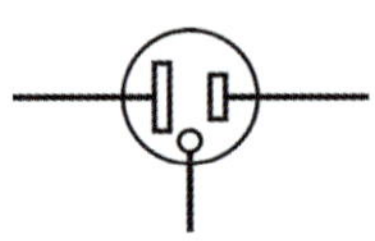

075 234-volt 콘센트

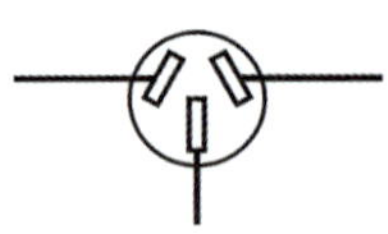

076 무극 2-선 플러그

077 극성 2-선 플러그

078 3-선 플러그

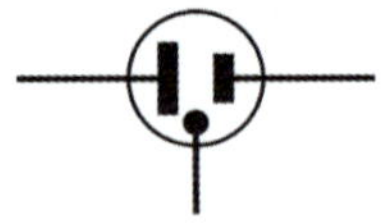

079 234-volt 플러그

080 동축 또는 음성 플러그

081 양 전압 연결

082 전위차계

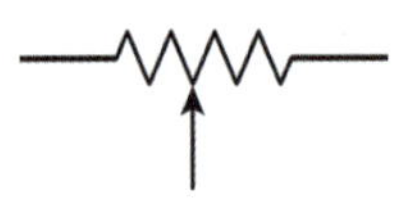

083 무선 주파수 프로브

또는

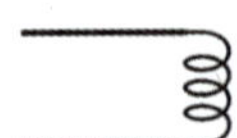

084 반도체 정류기

085 실리콘 제어 정류기

086 2-극(pole) 2-점(throw) 릴레이

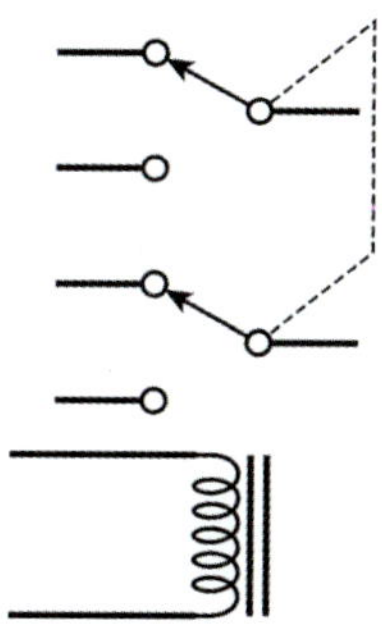

087 2-극(pole) 1-점(throw) 릴레이

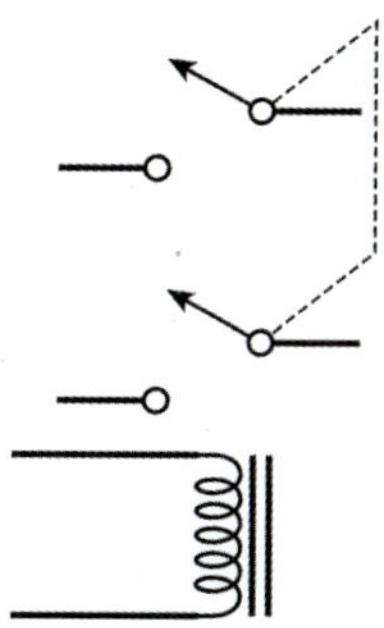

088 1-극(pole) 2-점(throw) 릴레이

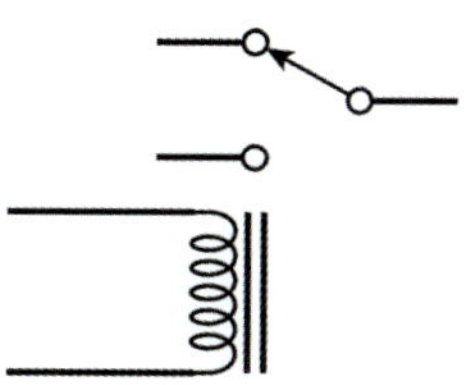

089 1-극(pole) 1-점(throw) 릴레이

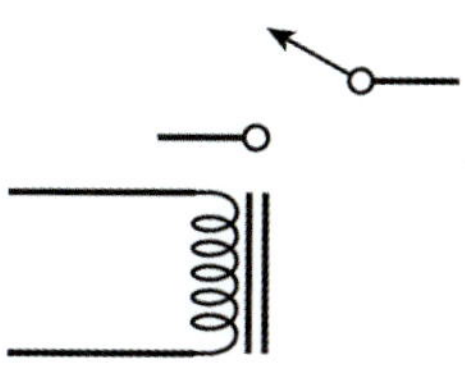

090 고정 저항

091 프리셋 저항

092 탭이 달린 저항

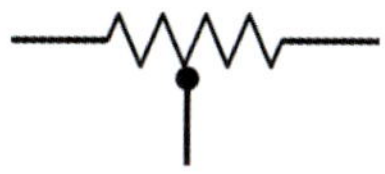

093 공진기

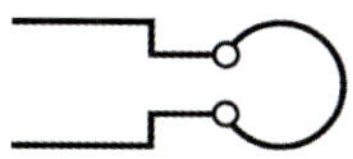

094 가감 저항기

095 포화시킬 수 있는 리액터

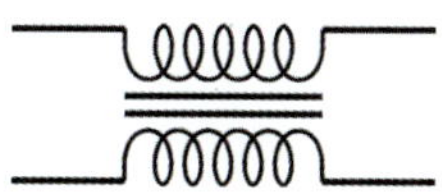

096 신호원

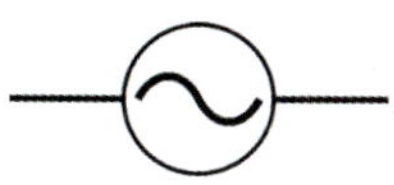

097 태양광 배터리

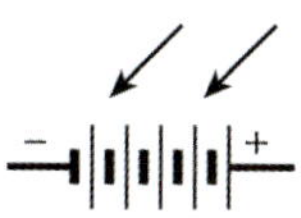

098 태양 전지

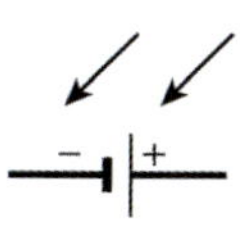

099 일정 전류원

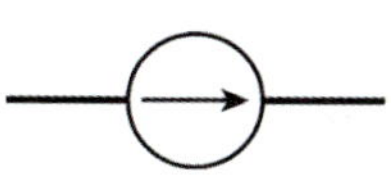

100 일정 전압원

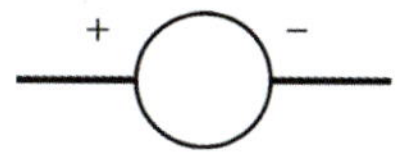

101 스피커

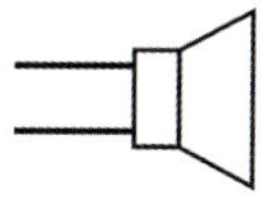

102 2-극(pole) 2-점(throw) 스위치

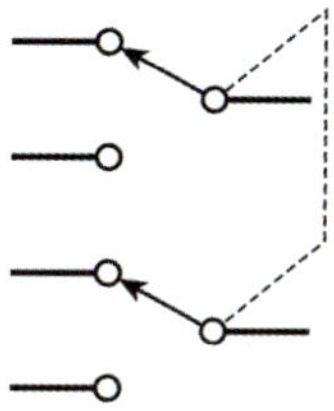

103 2-극(pole) 회전 스위치

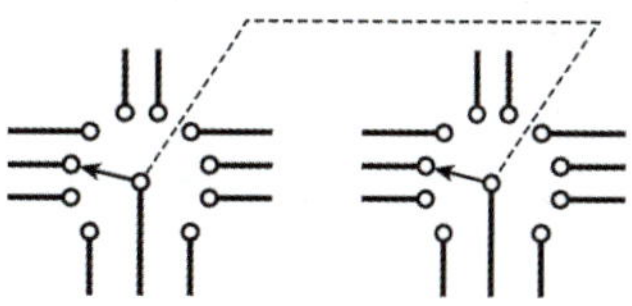

104 2-극(pole) 1-점(throw) 스위치

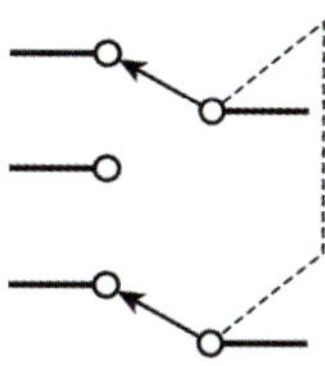

105 순간 접촉 스위치

106 실리콘 제어 스위치

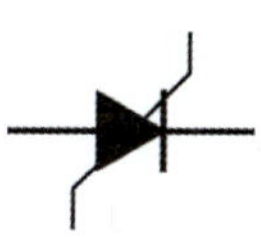

107 1-극(pole) 2-점(throw) 스위치

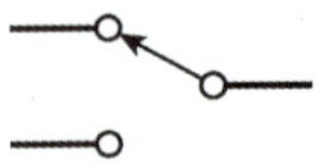

108 1-극(pole) 회전 스위치

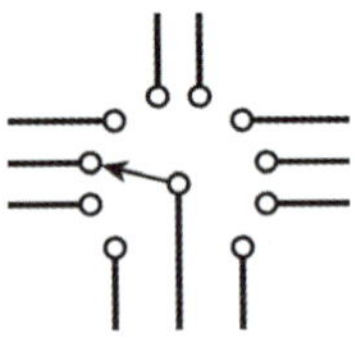

109 1-극(pole) 1-점(throw) 스위치

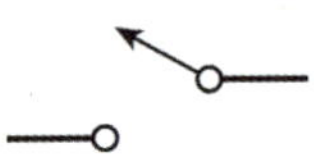

110 일반 균형 단자

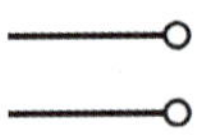

111 일반 비균형 단자

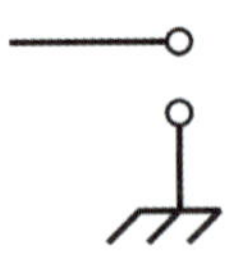

112 테스트 포인트

113 열전쌍

또는

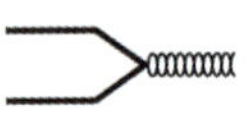

114 공심 변압기

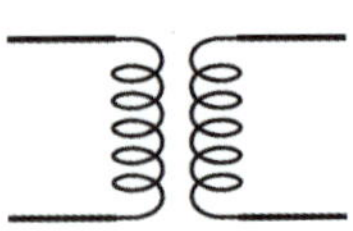

115 감압 공심 변압기

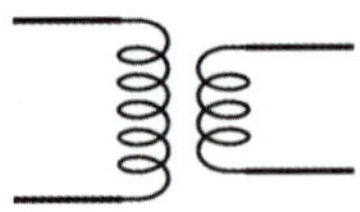

116 승압 공심 변압기

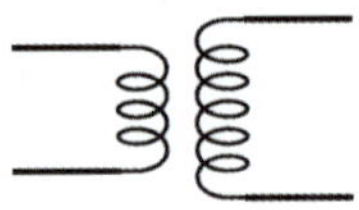

117 1차 측에 탭이 달린 공심 변압기

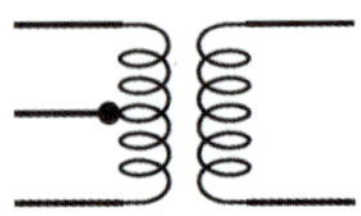

118 2차 측에 탭이 달린 공심 변압기

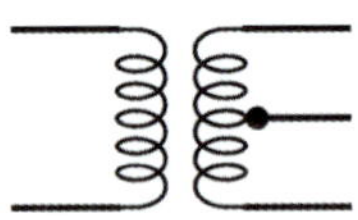

119 철심 변압기

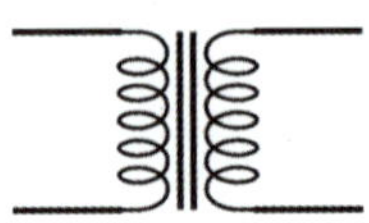

120 감압 철심 변압기

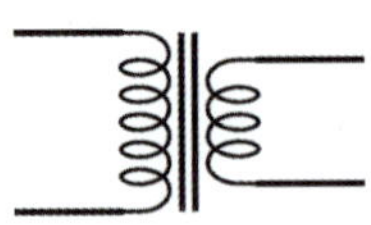

121 승압 철심 변압기

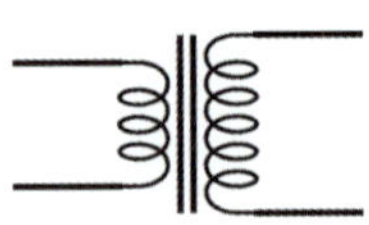

122 1차 측에 탭이 달린 철심 변압기

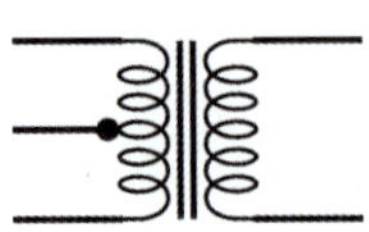

123 2차 측에 탭이 달린 철심 변압기

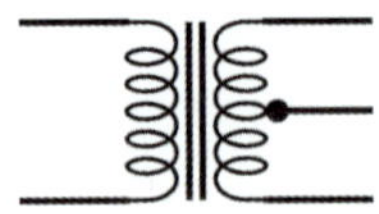

124 분말형 철심 변압기

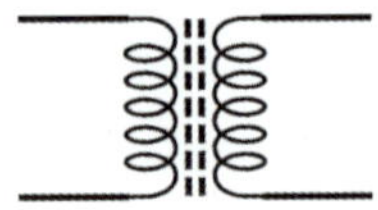

125 감압 분말형 철심 변압기

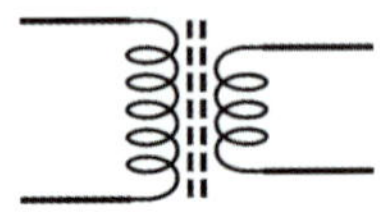

126 승압 분말형 철심 변압기

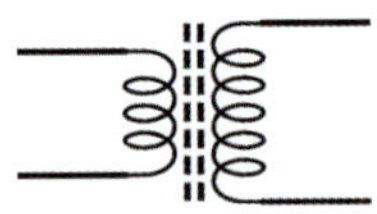

127 1차 측에 탭이 달린 분말형 철심 변압기

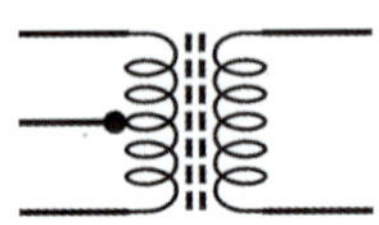

128 2차 측에 탭이 달린 분말형 철심 변압기

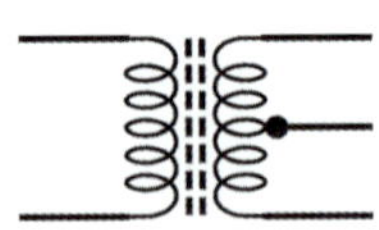

129 NPN 쌍극성 트랜지스터

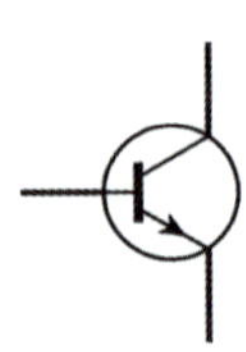

130 PNP 쌍극성 트랜지스터

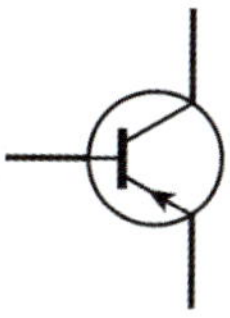

131 N채널 전계효과 트랜지스터

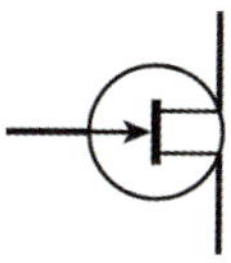

132 P채널 전계효과 트랜지스터

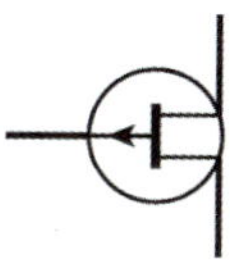

133 N채널 MOS 전계효과 트랜지스터

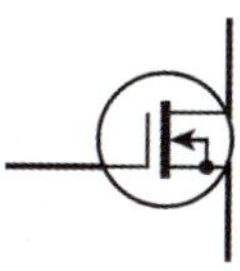

134 P채널 MOS 전계효과 트랜지스터

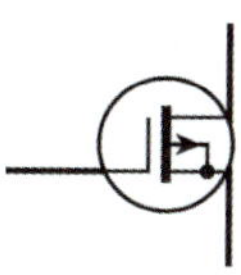

135 NPN 감광성 트랜지스터

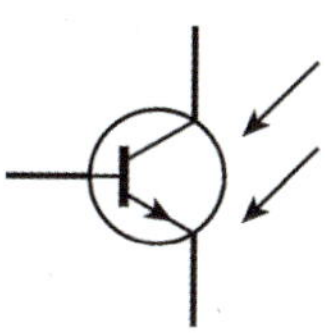

136 PNP 감광성 트랜지스터

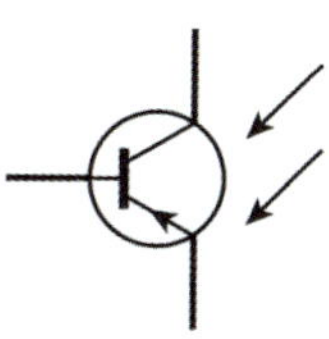

137 N채널 전계효과 감광성 트랜지스터

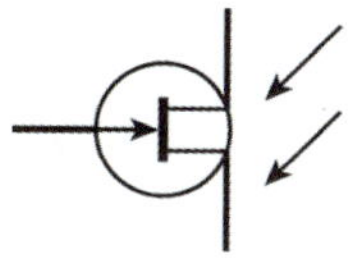

138 P채널 전계효과 감광성 트랜지스터

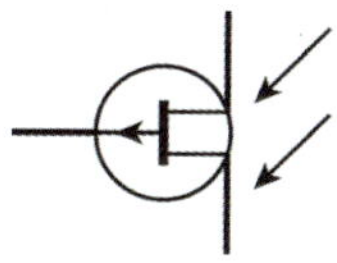

139 단일 접합 트랜지스터

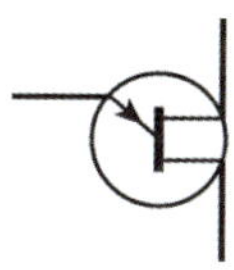

140 트라이악(triac)

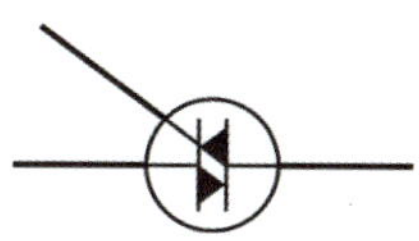

141 지정되지 않은 단위 또는 부품

142 전압계

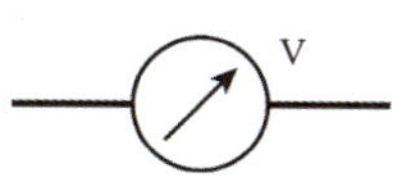

143 전력계

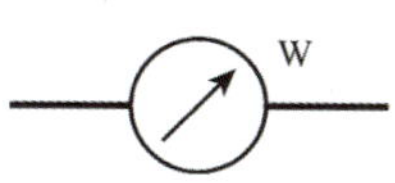

144 원형 도파관

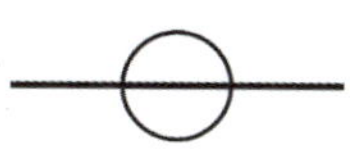

145 플렉시블 도파관

146 직사각형 도파관

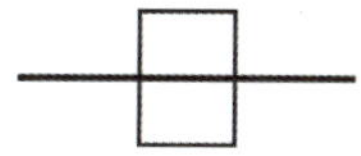

147 뒤틀린 도파관

148 연결된 교차 도선

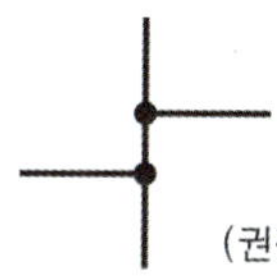

(권장)

또는

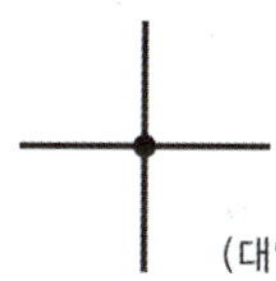

(대안)

149 연결되지 않은 교차 도선

(권장)

또는

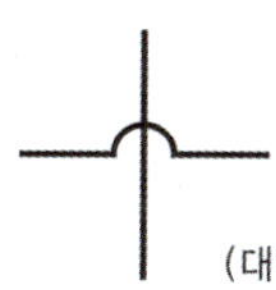

(대안)

찾아보기

ㅇ

ㅎ

A

B

C

D

E

L

M

N

O

P

Q ~ R

S